오렌지전쟁계획

태평양전쟁을 승리로 이끈 미국의 전략, 1897-1945

에드워드 S. 밀러(Edward S. Miller) 지음

김현승(金炫承) 옮김

조이스에게

우리가 함께 세운 계획은 언제나 성공적이었지!

목차

지도 목차

표 목차

서 문

이 책의 저자인 에드워드 밀러(Edward Miller)가 복잡한 업무에 시달리는 회사 중역을 그만두고 태평양전쟁 시 해군의 전략과 관련된 수많은 기록을 열람하기 위하여 해군역사센터의 작전기록관(the Naval Historical Center's Operational Archives)을 찾은 것이 대략 20년 전이었다. 그 당시 나는 방문자들이 대부분 해군장교, 해군전문연구자, 역사연구자 또는 해군 예비역인 해군의 작전기록관장을 맡고 있었다. 보통 관광객이면 거의 들를 일이 없는 워싱턴(Washington D.C.)의 변두리에 위치한 전 워싱턴 해군조선소(Washington Navy Yard) 건물을 개조해 만든 우리의 사무실에 저자가 무엇 때문에 찾아오게 되었는지를 알게 되었을 때 나와 직원들이 매우 놀랐던 기억이 아직도 생생하다.

그 후 몇 년 동안 저자는 해군역사센터를 수없이 방문했고, 해군의 대일전쟁계획의 기원 및 발전과정에 관한 그의 심도 있는 연구가 본업을 그만두고 시작한 프로젝트란 것에 우리는 더욱 감명을 받게 되었다. 이러한 수년간에 걸친 저자의 노력은 20세기 미국의 군사 분야를 연구하는 학생들에게 아주 귀중한 내용을 전해주는 이 책으로 빛을 보게 되었다.

저자는 연구실보다는 사업 분야에서 많은 경험을 쌓았지만 이 책은 역사연구의 매우 좋은 표본이다. 그는 오렌지전쟁계획을 조사하면서 해군역사센터 및 국립기록청 그리고 다른 여러 기록관에 보관된, 그동안 역사연구자들이 거의 활용하지 않은 다양한 기록들을 활용하였다. 그리고 저자는 어느 한 역사이론에 치우치지 않고 자신이 조사한 방대한 자료의 함의를 평가할 수 있도록 스스로가 구상한 의문점들을 제시하였다. 놀랍게도 이러한 과정을 통해 저자는 스스로 발굴한 증거자료의 유효성을 평가하는데 비판적인 관점을 유지할 수 있었다.

일각에서는 이제 제2차 세계대전 발발의 배경에 대한 연구에서는 더 이상 새로울 것이 없다는 의견도 있으나, 저자의 연구를 보면 이 분야는 아직도 연구할 만한 가치가 있다는 것을 보여준다. 특히 저자의 가장 큰 업적 중 하나는 바로 오렌지전쟁계획의 최초작성 및 수차례 개정 중 지속적으로 진행되었으며, 대체적으로 효율적이었다고 평가된 미 해군의 계획수립절차를 상세히 제시하였다는 것이다. 저자는 전간기 미 해군지휘부가 전함만을 우선시하고 급변하는 해전의 현실을 외면하였다는 익숙한 의견에 반대한다. 대신 저자는 당시 다수의 해군전략가들은 1945년 가차 없이 일본의 항복을 받아낼 수 있게 해준 유연한 전략개념을 개발한 혜안을 가진 지도자들이었다는 것을 증명하고 있다.

그는 제2차 세계대전 당시 태평양을 횡단하여 적의 안마당에서 적함대를 격파하기 위해 미군 전력을 지휘한 킹(Ernest King) 제독, 니미츠(Chester W. Nimitz) 제독 그리고 다른 미 해군지휘관들이 장기간에 걸친 오렌지전쟁계획 안에서 정립된 전략원칙들을 어떻게 활용하였는가를 설명해 주고 있다.

한편 몇몇 역사연구자는 오렌지전쟁계획은 일본의 필리핀 침공을 막지 못했기 때문에 실패한 계획이라는 주장을 하기도 한다. 그러나 저자는 이러한 주장은 당시 해군전략가들이 추구한 핵심목표를 정확히 이해하지 못했기 때문이라는 것을 증명하고 있다. 당시 해군전략가들의 관점에서 볼 때 오렌지전쟁계획은 극동에서 미국의 영토를 유지하기 위한 소극적 방어수단이 아니라 극동의 미국안보를 위협하는 근본요인인 일본의 침략을 패퇴시키기 위한 공세적 수단이었다는 것이 저장의 주장이다.

그리고 저자는 이 책을 저술하는 과정에서 미 국방부(Pantagon), 미 해군대학(the Naval War College) 및 기타 해군교육기관에 소속된 현재의 해군전략기획자들로부터 많은 도움을 받았다. 이러한 실무와의 연계성은 1897년에서 1941년 사이에 오렌지전쟁계획 수립 시 적용되었던 계획수립절차와 관련된 많은 개념들이 오늘날의 전략수립과정에서도 그대로 적용되고 있다는 것을 잘 증명해 주고 있다. 과거의 전쟁계획 수립방식이 어떻게 성공할 수 있었는가를 탐구하는 이 연구가 현재의 역사연구자뿐 아니라 향후 국가안보정책을 수립할 책임이 있는 사람들에도 많은 시사점을 주고 있다는 것은 두말할 필요가 없을 것이다.

이전부터 출중한 능력을 갖춘 여러 역사학자들이 해군에 관한 연구를 진행해 왔는데, 이들 중에는 해군과 관련된 직무에 종사하는 연구자들뿐 아니라 다양한 관심과 배경을 가진 민간학자들도 포함되어 있다. '오렌지전쟁계획'은 이러한 민간학자들의 해군에 대한 관심이 얼마나 가치 있는지를 증명해주고 있다. 우리는 저자가 향후에도 해군역사의 다양한 의미와 그것의 현재 우리에게 어떠한 시사점을 주는가에 대한 연구를 지속해 주기를 바라마지 않는다.

딘. D. 앨라드(DEAN E. ALLARD)

해군역사국장

해군성

감사의 글

이 책은 8년간 많은 사람들의 도움으로 탄생하게 되었다. 나를 격려해주고 도와준 수많은 사람들에게 많은 빚을 졌다. 그 중에서도 가장 고마운 이들은 귀중한 기록의 보고(寶庫)로 나를 이끌어 준 헌신적인 기록관리전문가(archivist)들이다. 특히 딘 앨러드(Dean Allard) 미 해군역사센터 소장은 나의 연구에 대해 아낌없는 지원을 해주었다.

그리고 미 해군역사센터 소속의 칼 카벌칸트(Cal Cavalcante), 캐슬린 로이드(Kathleen Lloyd), 마이크 팔머(Mike Palmer)는 나의 연구를 적극적으로 도와주었으며, 특히 마르타 크로울리(Martha Crawley)는 항상 한결같은 모습으로 나를 지원해 주었다. 미국 국립기록청 현대군사부(Modern Military Branch of the National Archives)의 직원들 역시 언제나 친절하게 나의 연구를 도와주었는데, 그 중에서도 존 테일러(John Taylor), 리차드 폰 돈호프(Richard Von Doenhoff), 조지 캐러우(George Chalou), 리차드 폭스(Richard F. Fox) 및 깁슨 스미스(Gibson B. Smith) 등에게 많은 도움을 받았다. 또한 해군대학 해군역사자료실(Naval Historical Collection in Newport)의 에블린 세어팍(Evelyn M. Cherpak)과 해군사진기록센터(Naval Photographic Center)의 척 하버레인(Chuck Haberlein)의 도움도 빼놓을 수 없다.

전문연구자가 아닌 내가 처음 군사사(Military History)라는 낯선 영역에 발을 들여놓았을 때, 군사사학자들이 나에게 보여준 따듯한 환대를 아직도 잊을 수가 없다. 나는 군사사학계의 많은 인사들에게 빚을 졌다. 그 중에서도 명예퇴직한 군사사학자인 로저 피누(Roger Pineau)는 내가 연구를 지속할 수 있도록 많은 영감을 불어넣어 주었다. 현대전략에 관한 저명한 책들을 저술한 예일대학교의 폴 케네디(Paul M. Kennedy) 교수, 로날드 스펙터(Ronald Spector), 미 해군역사센터 소장들, 그리고 전략분야 연구자인 노먼 프리드먼(Norman Friedman), 클라크 레이놀즈(Clark Reynolds), 윌리엄 브레이스테드(William R. Braisted), 포레스트 포그(Forrest C. Pogue) 등은 나를 그들의 동료로 기꺼이 받아 주었다. 또한 군사정보관련 역사(history of military intelligence)의 일인자이며, 나의 어린 시절 친구로 중학교 시절부터 줄곧 나의 지적 호기심을 자극해준 데이비드 칸(David Kahn)에게도 감사의 말을 전하고 싶다.

또한 미 해군 소속의 여러 학술연구기관과 그 기관의 관계자들은 미 해군 전쟁계획의 역사에 관한 나의 연구를 적극적으로 후원해 주었다. 미 해군대학의 프랭크 울리그(Frank Uhlig)와 로버트 우드(Robert Wood), 데이비트 로젠버그(David Rosenberg), 존 하텐도르프(John Hattendorf) 등을 포함한 동료교수들은 오렌지전쟁계획의 초창기 탄생과정에 관한 귀중한 정보를 제공해 주었다. 또한 전 해군대학 교수인 케네스 맥도날드(Kenneth McDonald), 미 중앙정보국 선임역사학자인 마이클 블라호스(Michael Vlahos), 토마스 무어러 예비역 해군대장(Admiral Thomas Moorer, USN(Ret.)) 등도 많은 도움을 주었다. 마크 피티(Mark Peattie)와 토마스 혼(Thomas Hone)은 나의 연구가 체계적인 틀을 갖출 수 있도록 폭넓은 조언을 아끼지 않았다. 그리고 미 해군사관학교(U.S. Naval Academy), 미 해군대학원(U.S. Naval Postgraduate School), 미 해군대학 및 미국방대학교(U.S. National Defense University)의 여러 교수들은 책의 가독성을 높이기 위해 책에 지도를 포함하는 게 좋겠다는 귀중한 의견을 제시해 주었다. 또한 다케시 사쿠라우치(Dakeshi Sakurauchi)와 NHK 방송국은 나의 연구 성과를 일본에 알릴 기회를 제공해 주었다.

나는 전통 있는 미 해군연구소 출판부를 통해 이 책을 출간하게 된 것을 매우 기쁘게 생각하며, 미 해군연구소장인 짐 바버 대령(Captain Jim Barber)에게 감사의 마음을 전한다. 특히 아무런 구체적 산물이 없는 상태에서 단지 내 머릿속의 구상만 믿고 흔쾌히 출간을 허락해 준 데보라 에스테스(Deborah Estes)에게 어떻게 감사의 말을 전해야 할지 모르겠다. 그녀가 이 결과물을 보고 기뻐하기를 바랄 뿐이다. 또한 책의 편집과 교정을 맡아준 트루디 칼버트(Trudie Calvert)와 책에 삽입된 각종 지도 작성을 도와준 빌 클립슨(Bill Clipson)의 노고가 없었다면, 이 책은 빛을 보지 못했을 것이다.

최근 1980년대 미 해군 해양전략의 수립을 주관했던 인사로 밝혀진 피터 슈와츠 해군 대령

(Captain Peter M. Swartz)에게도 특별히 감사의 말을 전한다. 그는 나의 연구가 현대 미 해군의 계획수립조직의 변천을 이해하고 이를 교육하는 데 많은 도움이 될 것이라 높게 평가해 주었다. 또한 그는 해군에 대한 전문지식이 부족한 내가 해군의 계획수립체계를 심도 있게 이해할 수 있도록 많은 도움을 주기도 하였다. 아무쪼록 이 책이 그가 원하는 방향으로 쓰였기를 바란다.

항상 "아빠, 힘내세요!"라고 격려해준 수지(Susie)와 탐(Tom)에게 무한한 사랑을 보낸다. 그리고 마지막으로 책을 쓰는 동안 언제나 인내심과 사랑으로 나를 격려해 준 아내 조이스(Joyce)에게 감사하다는 말을 전하고 싶다.

서 론

태평양전쟁 이전부터 일본과 싸워 승리하기 위한 목적으로 비밀리에 작성되었던 미국의 전략계획인 '오렌지전쟁계획'은 역사상 가장 성공을 거둔 전쟁계획 중 하나라고 할 수 있을 것이다. 제2차 세계대전 이전 약 40년 동안 육·해군의 뛰어난 전략기획자들이 한데 모여 작성하고 수차례에 거쳐 개정된 이 전쟁계획 상에서 일본은 오렌지(Orange)로, 미국은 블루(Blue)로 약칭되었기 때문에 이 계획은 통상 '오렌지전쟁계획'이라 불리게 되었다. 제2차 세계대전 시 미국은 오렌지전쟁계획을 태평양전쟁에 적용하여 크나큰 성공을 거두었다. 특히 태평양의 복잡한 지정학적 요건, 전쟁발발 직전까지 긴박하게 전개되던 급격한 국제정세의 변화 및 전쟁 중 무기체계기술의 급속한 발전 등을 고려하였을 때 이러한 성공은 더욱 빛을 발한다고 할 수 있다. 이에 반하여 전간기 다른 강대국에서 작성한 전쟁계획은 대부분 실패로 귀결되었는데, 예들 들어 제2차 세계대전 초기 승승장구하던 독일군 장군참모단(German General Staff)도 전투에서는 승리했지만 전쟁에서는 패배하고 말았던 것이다.

현재까지 오렌지계획을 체계적으로 분석한 연구는 거의 없었다. 이제까지 대부분의 역사연구자들은 일본에 대항하기 위하여 미 해군이 주도하여 발전시킨 총체적 공세전략인 오렌지계획을 실패한 소극적 계획으로 간주했던 육군 역사연구자의 견해를 그대로 받아들이고 있는 실정이다(제28장 참조). 또한 미 해군 계획수립의 역사에 관해서도 단지 계획수립과정에서 있었던 몇몇 단편적 일화만이 해군저널 등에 소개되었을 뿐이다.

그리고 태평양전쟁을 연구하는 대다수의 학자들은 진주만 조사위원회 청문회(the Pearl Harbor investigations) 과정에서 공개된 1941년 발간된 육·해군의 전쟁계획들을 연구하였으나 오렌지계획이 본질적으로 공세적 전략이라는 측면에는 거의 관심을 두지 않았다. 자세한 이유는 알수 없지만 비밀로 분류되어 전후 10여 년간 연구가 불가능했던 오렌지계획과 관련된 문서들은 1970년대가 되어도 여전히 비밀로 남아 있었기 때문에 태평양전쟁이 끝난 몇십 년 이후에도 오렌지계획에 관한 체계적 연구가 진행되지 못하는 실정이었다.

한편 전쟁계획담당자들은 자신들이 수행하는 업무를 누설하면 안 되었기 때문에 당시 계획수립업무에 종사했던 인사들의 성격, 신분 등 역시 지금까지 구체적으로 밝혀진 바가 없었다. 계획수립관련 문서가 비밀문서에서 일반문서로 바뀌기 이전에 출판된 일부 해군장교들의 회고록 역시 계획담당자들의 임무에 관해서는 거의 언급하지 않았으며, 지금 남아있는 당시의 공문서들에서도 계획수립에 관한 유용한 정보는 거의 발견할 수 없다. 저자는 8년 동안 오렌지계획에 대한 연구를 진행하면서 자체적으로 입수한 2차 자료를 살펴보기도 했지만 대부분의 자료는 이제까지 심층적으로 연구된 적이 없는 미국 국립기록청 현대 군사부(the Modern Military Branch at the National Archives), 미 해군 작전기록관(the Naval Operational Archives) 및 미 해군대학(the Naval War College) 등에 보존 중인 비밀해제 된 1차 자료를 활용하였다.

이 책에서는 전간기(戰間期) 미국의 대전략 구상뿐 아니라 이전에 학계에 발표된 적이 없는 미 해군의 작전계획(전역계획[戰役計劃]이라고도 불리는 전쟁의 중간수준의 계획)도 중점적으로 다루고 있다. 그러나 태평양전쟁 이전 일본과의 외교, 경제 및 문화적 충돌로 인해 발생한 사건들은 다루지 않았으며, 계획담당자들이 직접 구상한 것이 아닌 이상 무기체계의 발전, 군사편제 및 조직의 변경, 정보수집활동, 해상기동훈련, 전쟁연습 등과 같은 미국의 기타 전쟁준비 활동은 제외하였다. 또한 미·일 양국 간 세부적인 해군전력의 비교 역시 전투함연감(fighting ships) 등과 같은 책자에서 확인할 수 있기 때문에 생략하였다.

그리고 당시 일본의 전쟁계획 또한 연구 분야에서 제외하였다. 언어의 장벽 및 자료의 가용여부 -일본은 1945년 미국의 점령 직전 방대한 양의 전쟁관련 문서를 소각하였다- 문제는 차치하더라도, 일본은 전쟁발발 후 몇 달 이내에 대규모 함대결전으로 전쟁의 승패가 결정될 것으로 예상하고 미국만큼 장기간 동안 체계적으로 전쟁계획을 수립하지 않았다는 것이 저자의 견해이다. 당시 미국의 계획담당자들은 적의 의도를 비교적 정확하게 판단하고 있었기 때문에 독자들은 그들의 시각을 통하여 일본의 대미전략에 대한 적절한 시사점을 얻을 수 있을 것이다. 가까운 장래에 누군가가 양국의 전쟁계획을 비교분석한 연구 성과를 발표할 것이라 믿는다. 또한 영국을 포함한 기타 유럽열강의 전쟁계획 또한 그 구체화 수준이 낮았다고 생각하여 이 책의 연구범위에서 제외하였다.

이상하게도 미국의 전쟁계획에는 거리표를 제외하고는 해도 및 요도가 거의 포함되어 있지 않아서 전쟁계획을 이해하는데 도움을 줄 목적으로 24개의 해도 및 요도를 필자가 자체적으로 작성하였다. 이 지도들은 대체적으로 정확하게 작성되었으나 몇몇 오류도 있을 수 있음을 밝히고자하며, 모든 해석상의 오류는 모두 저자 자신의 책임이다.

이 책에서 사용하는 거리단위는 해리(nautical miles)이며 1해리는 6,076.1피트(feet), 1.15법정마일(statute miles) 및 1.85킬로미터(kilometers)와 동일하다. 함정의 속력을 나타내는 단위인 노트(knot)는 시간당 이동한 해리를 말하는데, 1노트는 1.15m/h와 같은 속력이다. 또한 수심의 단위인 패덤(fathom)은 6피트이고, 배수량 단위인 톤은 1톤이 2,000파운드인 미톤(American ton)을 적용하였다. 그리고 이 책에 나오는 지명은 전쟁 전 또는 전쟁 후의 지명이 아닌 제2차 세계대전 당시 사용했던 지명으로 수록하였다.

이 책은 세 가지 목표를 가지고 있다. 첫째는 미국의 공식적인 태평양전략이 최초로 탄생한 1906년부터 진주만기습 때까지 그 내용이 어떻게 변천되었는지 자세히 살펴보는 것이다. 이 기간 동안 미 해군에는 공식적 혹은 비공식적으로 다양한 판본의 오렌지전쟁계획이 존재하였는데, 몇몇의 경우 그 내용이 상호 모순된 것들도 있다. 저자는 전쟁 이전 지속된 계획의 검증과정을 통하여 자연스럽게 도태된 전략개념보다는 제2차 세계대전 시에 유용성이 입증되었던 전략개념을 분석하는데 중점을 두었다.

둘째로 "미국의 계획수립방식(The American Way of War)"이라는 제목의 장을 여러 개 편성, 당시의 세부적인 계획수립과정 및 당시 계획수립을 주관했던 사람들이 누구였는지에 대해 설명하는 것이다. 셋째로 전쟁 이전 오렌지전쟁계획 상의 가정과 전시에 실제로 발생했던 사건 및 전투 경과에 따라 변경된 실제전략을 비교분석함을 통해 1941년에서 1945년까지 진행된 태평양전쟁에서 오렌지전쟁계획이 얼마나 효과적으로 적용되었는가를 검토하는 것이다. 이러한 비교검토의 대상을 선택하는 데에는 저자의 주관이 개입하기 마련이지만, 최대한 균형 잡힌 시각을 유지하기 위해 노력하였다는 것을 밝히고 싶다. 결론적으로 오렌지전쟁계획은 당시 현실을 적절히 반영한 실제 전쟁에 적용이 가능한 유효적절한 계획이었으며, 미국을 태평양전쟁의 승리로 이끈 성공적인 계획이었다고 말할 수 있다.

현재 미군의 전략기획자들은 태평양전쟁 이전 미국의 계획수립방식이 장기간에 걸친 전쟁계획준비의 유일한 성공사례라는 점으로 인해 지금도 자신감을 가지고 있을지 모른다. 그러나 현재 그들이 직면한 전략적 상황은 과거 니미츠가 활약한 시대나 마한이 활약한 시대의 상황과는 비교할 수 없을 정도로 급변하고 있음을 깨달아야 할 것이다.

〈일러두기〉

1. 이 책은 Edward S. Miller, War Plan Orange: the U.S. Strategy to Defeat Japan, 1897-1945(Naval Institute Press, 1991)의 완역이다.
2. 외래어는 국립국어원의 외래어 표기법에 따라 표기했다.
3. 일련번호가 붙은 주는 모두 지은이 주이며 후주로 처리했다. 단, 본문 중 옮긴이의 설명이 필요하다고 판단되는 내용은 *, †, ‡ 등을 표시하고 해당 페이지 하단에 옮긴이 각주로 처리했다.
4. 1장에서도 언급하듯이 저자는 이 책에서 '오렌지전쟁계획(War Plan Orange 또는 간단히 Orange Plan)'을 전간기 미국의 대일전쟁에 관한 군사전략지침 및 작전방침을 수록한 각종 계획을 통틀어 가리키는 용어로 사용하고 있다. 따라서 본문에서 빈번히 등장하는 '오렌지전쟁계획'은 합동위원회에서 작성한 육·해군에 공통으로 적용되는 대일 합동군사전략계획을 지칭하는 말로 사용되기도 하고 전시 일본 연합함대에 대항하여 미국 함대가 어떠한 방식으로 작전을 벌일지를 수록한 대일 함대작전계획을 지칭하기도 한다. 당시 미군에서는 현재와 같이 군사력 운용의 단계를 전략적, 작전전, 전술적 수준으로 구분하고 있지 않았기 때문에 각 수준별 대일전쟁계획을 모두 오렌지계획으로 통칭하였다. 따라서 독자의 이해를 돕기 위해 군사전략적 수준을 다루는 육·해군 합동기본오렌지전쟁계획(Joint Army-Navy Basic War Plan Orange)은 '합동기본오렌지전략계획'으로 번역하였다. 그리고 해군차원에서 대일전쟁을 어떻게 준비하고 수행해야 하는가를 수록한 해군성에서 작성한 해군 오렌지전쟁계획(Navy War Plan Orange)은 '해군 오렌지전략계획'으로, 일본 함대를 격파하기 위한 함대작전분야를 주로 다루는 미 함대사령부(또는 태평양함대 사령부)의 함대 오렌지전쟁계획(Fleet War Plan Orange)은 '함대 오렌지작전계획'으로 번역하였다.

오렌지전쟁계획

1. 오렌지계획과 전 세계전쟁

1941년 12월 6일 토요일, 진주만에 위치한 태평양함대사령부(the Untied States Pacific Fleet, Pearl Harbor)의 전쟁계획 담당장교는 함대에 소속된 주요 함정의 현재 위치를 확인한 다음, 향후 24시간 이내 전쟁이 발발할 경우 어떻게 대응할 것인지에 대한 지침이 수록된 현용 태평양함대 작전계획을 갱신하였다. 이 문서가 이전 수십여 년간 미 해군 내에서 비밀리에 작성된 여러 대일전쟁계획의 최종본이었다. 미 해군에서 대일전쟁계획의 연구가 시작된 것은 이미 30여 년 전의 일이었지만 최초 계획담당자들이 다져놓은 근본원칙은 진주만 기습 전일까지도 현용 태평양함대 작전계획에 그대로 남아있었다.

한편 태평양전쟁 막바지인 1945년 8월, 미국은 원자폭탄 두 발을 일본에 투하하였다. 태평양전쟁 이전 대일전쟁계획을 구상한 사람들은 이러한 새로운 무기의 등장을 전혀 예상하지 못하였다. 그러나 미국은 핵무기라는 수단을 활용하여 일본 본토를 완전히 봉쇄하여 일본을 항복시킨다는 시어도어 루즈벨트(Theodore Roosevelt) 대통령 시절부터 태동되어 이어져온 대일전쟁 전략목표를 결국 달성하게 되었다. 진주만 기습에서 원자폭탄 투하까지 미국은 -20세기 초반부터 작성된 국가별 익명부여 전쟁계획 중 가장 탁월한 전쟁계획이라 할 수 있는- 오렌지계획이라 알려진 전쟁이전 대일전쟁전략에 근거하여 태평양전쟁을 수행하였다(20세기 초반, 미국 대통령의 군사자문기관인 육·해군 합동위원회(The Joint Army and Navy Board)에서는 각 나라별로 색깔별 익명을 지정하였는데, 일본은 '오렌지', 미국은 '블루'였다)[1].

이 책에서 오렌지계획은 태평양전쟁 이전 발간된 미국의 대일전쟁전략을 수록한 각종 전략계획 및 작전계획을 가리키는 용어로 사용한다. 해군 오렌지전략계획, WPL-13 또는 함대 오렌지작전계획 O-1 등과 같은 약칭이 붙은 대일전쟁계획은 30여 년의 기간 동안 수십여 종이 정식발간 되었는데, 그 중에는 분량이 수백 페이지 이상 되는 것도 있었다. 이후 일본을 '오렌지'로 지정한 대일전쟁계획의 익명은 1940년 말 폐지되고, 레인보우계획으로 대체되었지만 전략기획자들은 이후에도 대일전쟁계획을 지칭할 때 이 명칭을 관례적으로 동일하게 사용하였다. 그러나 이렇게 오랜 역사를 가진 오렌지계획이었지만 의회의 공식인준이나 대통령의 재가는 한 번도 받지 못했다. 1941년 중반 루즈벨트 대통령이 제2차 세계대전 시 미국의 기본 군사전략지침이 되는 레인보우계획-5를 구두로 승인한 것이 전부였다.[2] 육군장관 및 해군장관의 경우에도 1924년이 되어서야 오렌지계획에 정식으로 서명하기 시작하였으며, 그 이전에는 단지 전쟁계획수립에 책임을 지는 고위급장교의 결재가 전부였다.

한편 오렌지계획은 구체적 절차를 수록한 세부적인 문서의 종합본이라기보다는 향후 발생할 가능성이 있는 미일전쟁에 관한 공통의 인식을 제공하기 위한 개념적 문서에 가까웠다. 제2차 세계대전 이전 육·해군의 고위 장교는 숫자가 얼마 되지 않았는데도 불구하고, 100여 명의 고위 지휘관들에게 오렌지계획의 사본이 배부되었다.[3] 그리고 매년 해군대학에 입교한 수십여 명의 학생장교들은 오렌지계획을 참고하여 태평양을 무대로 한 대일작전을 연구하고 이에 대한 전쟁연습을 실시하였다. 또한 함정의 사관실이나 함대사령부에서도 오렌지계획 대해 활발하게 토의했을 것이 틀림없다. 결론적으로 오렌지계획은 당시 '미 해군의 공통된 인식을 집대성하여 기록한 일종의 신조집'이라 할 수 있었으며, 이러한 인식은 미 해군 장교단 내에서 지속적으로 계승 발전되었다.[4]

제2차 세계대전을 지휘하게 되는 미 해군지휘관들 역시 전쟁이전부터 오렌지계획의 전략개념을 자연스럽게 받아들였고 이러한 인식은 그들이 해군장교로서 사고방식을 형성하는데 영향을 주었다. 또한 태평양 전쟁 중 지휘관들 다수는 전쟁이전 고위급 전략기획자들의 지도 아래 계획수립부서에서 근무한 경험이 있었기 때문에 전쟁 중에도 이러한 인식을 계속해서 유지할 수 있었다. 의식적이었든 혹은 무의식적이었든 간에 이들은 이미 그들의 사고 속에 형성되어있던 오렌지계획의 전략개념을 태평양전쟁 시에 적용해 나갔다(그러나 이들은 매뉴얼을 보듯이 오렌지계획의 세부적인 내용까지 그대로 실제 전쟁에 적용하려 한 것은 아니었으며 그때의 상황에 맞추어 융통성을 발휘

하기도 하였다).[5]

"일본과의 태평양전쟁은 해군대학의 전쟁연습에서 예측한대로 전개되었다"라는 니미츠 (Chester W. Nimitz) 제독의 -니미츠는 20세기 미 해군 최고의 전략가라 할 수 있는 클래런스 윌리엄스가 해군대학총장을 맡고 있던 1923년에 해군대학에서 수학하였다.- 언급은 오렌지계획의 전체적인 전략원칙이 실제 태평양전쟁의 현실과 잘 부합하였다는 것을 증명해주고 있다.[6]

태평양전쟁이 발발하기 전까지 미국의 태평양전략은 수십 년 동안 다양한 변화의 과정을 거쳤다. 일례로 대일전쟁 발발 시, 신속하게 필리핀을 탈환하기 위해 즉각적인 '해군 공세작전'을 펼친다는 구상은 '실패한 전략'으로 판정되어 공식적으로 폐기되기도 했는데, 이렇게 폐기된 개념은 제2차 세계대전 시 실제로 적용된 전략과 특별한 관련이 없기 때문에 이 책에서는 간단하게만 언급하였다. 그러나 폐기되거나 대체되지 않고 지속적으로 계승된 오렌지계획의 전략개념은 명시적으로 혹은 잠재적으로 대일전쟁전략의 기초를 이루게 되었으며, 태평양전쟁 당시 미 해군지휘부의 주목을 받게 되었다. 한편 오렌지계획의 발전과정에서 자주 발생한 계획의 급격한 전환은 구체적인 작전방책보다는 보다 장기적이고 핵심적인 전략개념분야에서 주로 발생하였다. 그리고 실무부서에서 오렌지계획의 개정이 완료되었더라도 지휘부의 승인을 받아 정식으로 공포되지 않은 경우에는 이전 버전의 계획이 미국의 공식적인 대일전쟁 전략계획으로 취급되었다.

한편 1934년 이전 오렌지계획의 경우에는 전체적인 전쟁수행에 관한 전략계획은 자세히 수록한 반면 전구(戰區)작전계획은 전쟁 초기단계까지만 수록하였는데, 그 이유는 당시 계획담당자들이 점진전략을 시행할 경우 세부적인 전쟁후반부 작전계획의 수립은 전쟁발발 이후부터 시작해도 충분하다고 간주하였기 때문이다. 그러나 후반부 전구(戰區)작전계획이 포함되지 않았다고 해서 오렌지계획의 유용성이 저하된 것은 아니었으며 오렌지계획은 실제 태평양전쟁에서 성공적으로 적용되었다.

이 책은 지정학(geopolitics), 대전략(grand strategy), 동원 및 군수 정책(mobilization and logistics), 전구(戰區)를 포괄하는 전략 및 작전계획 등과 같은 전쟁계획의 상위 개념을 다루고 있다.[7] 그러나 하와이의 오아후(Ohau)섬 방어계획, 필리핀의 코레히도르(Corregidor)섬 방어계획 등과 같은 육상방어계획, 육군 및 해병대 참모부서에서 주관하여 작성한 다량의 특정도서 상륙작전계획 등과 같은 전술수준의 계획은 이 책에서 거의 다루지 않았다. 또한 전략적 수준의 계획이 아닌 해상기동훈련, 전쟁연습에 필요한 함정전술교리, 전투수행교리 등과 같은 해군의 전술계획 등 도 이 책의 연구범위에서 제외하였다.

오렌지계획의 배경지식에 대해 간단히 언급하였으니 이제부터 왜 태평양전쟁발발 1년 전이 되어서야 오렌지계획이 미국에서 공식적으로 인정받게 되었는지 그 경과를 개략적으로 살펴보 기로 하자.

오렌지계획에서는 역사적으로 미국과 일본은 우호관계를 유지해 왔으나 언젠가는 양국 간 전쟁이 발발하게 될 것이며, 이 전쟁은 동맹국은 참전하지 않는 양국만의 전쟁이 될 것이라고 전제하였다. 먼저 미일전쟁은 극동의 영토, 주민 및 자원을 지배하려 하는 일본의 야욕으로부터 비롯될 것이다. 그러나 미국은 아시아에서 서방국가의 영향력을 유지할 수 있게 해주는 수호자 라 자부하고 있으며, 민족자결주의와 중국의 문호개방정책을 지지하기 때문에 일본의 팽창주 의와 충돌하게 된다. 결국 일본은 자국의 목적을 달성하기 위하여 필리핀(the Philippine Islands) 및 괌(Guam)의 미군 기지를 선제공격 후 점령하여 극동해역에서 미국세력을 완전히 몰아내고자 할 것이다.

일본은 아시아에서 자국의 핵심이익을 지키기 위해 모든 능력을 동원하려 할 것이며, 전쟁준 비가 완료되면 미국에 기습을 단행할 것이다. 이러한 경우 일본이 서태평양에서 자국의 목적을 달성하는 것은 어렵지 않겠지만 미국의 본토까지는 공격하지 못할 것이다. 일본은 전쟁이 장기 화될 경우 미국의 국민들은 본토에서 멀리 떨어진, 별다른 이익도 없는 아시아에서 전쟁을 계속 하는데 곧 염증(厭症)을 느낄 것이라는 가정 하에 장기전태세로 전환할 것이다. 이후 일본은 자 신들이 확보한 모든 권익을 보장한다는 조건 하에 미국에 평화조약의 체결을 요구할 것이다.

그러나 일본의 이러한 도박은 큰 착오임이 드러날 것인데, 미국은 이전부터 아시아 및 태평양 에 지대한 관심을 가지고 있었기 때문이다. 미국의 영토, 그중에서도 특히 하와이가 공격받을 경우 일본에 대한 미국민의 적개심이 불타오를 것이며 미국민은 자신들이 옳다고 믿는 가치를 수호하기 위해 어떠한 어려움도 감당할 것이다. 일본이 공격할 경우 미국은 먼저 막강한 산업능력을 활용하여 빼앗긴 영토를 회복하고 서태평양의 해양통제권을 장악한다. 이후 적극적인 반격작전을 개시하여 일본의 해군전력을 격멸한 다음 일본 근해의 해상봉쇄를 통해 일본의 전시 산업능력을 마비시켜 무조건 항복을 받아낼 것이다.

당시의 계획담당자들은 "지정학적 조건은 전쟁전략의 방향을 결정하는 기본요소"라고 인식하고 있었기 때문에 오렌지계획의 대전략에도 당연히 지정학적 고려요소가 포함되었다. 미 해군은 대일전쟁전구는 북태평양 및 하와이에서부터 아시아대륙 연안까지 5,000해리 이상 이어지는 태평양해역이 될 것으로 예측하였다. 그리고 미국은 아시아 대륙 및 일본 본토에 주둔하고 있는 강력한 일본육군까지 상대할 필요는 없으며, 해양을 무대로 해군이 주역이 되어 승리를 쟁취할 수 있을 것이라 판단하였다.

이러한 태평양의 지정학적 고려요소와 미·일 양국의 군사적 중심(重心)이 멀리 이격된 상황을 고려하여 계획담당자들은 대일전쟁계획을 3단계로 나누어 구상하였다. 먼저 1단계는 일본이 방어가 취약한 미국의 아시아 전진기지를 공격, 탈취하고 원유 및 천연자원이 풍부한 남방자원지대 및 서태평양을 확보하는 단계이다. 본토기지에 집중배치 되어있는 미 해군은 일본의 이러한 초기공세를 막을 수는 없을 것이지만, 비교적 안전하다고 간주되는 미 본토와 가까운 동태평양의 미군기지에 전력을 집결시키는 것은 가능할 것이다.

2단계는 막강한 해군전력 및 항공전력을 필두로 한 미국의 원정부대가 서태평양을 횡단하여 일본의 근거지로 진격하는 단계이다. 이 과정에서 미 원정부대는 소규모지만 격렬한 전투를 통해 일본이 점령하고 있는 중부태평양의 섬들을 점령한 후, 해군 및 항공전진기지를 설치하고 해상교통로를 유지한다. 이에 대항하여 일본은 주력함대를 원거리까지 진출시켜 미 함대를 공격, 지연전 및 소모전을 강요하려할 것이지만 미국은 이러한 소모전에서도 점차 우위를 점하게 될 것이다. 전쟁발발 후 2년에서 3년 정도가 되면 미국은 일본에 빼앗겼던 필리핀의 기지를 탈환하게 될 것이며 일본의 해상교통로에 대한 지속적인 해상봉쇄를 점차 강화해 나갈 것이다. 그리고 일본이 선택한 시점과 장소에서 양국 전투함대가 조우, 격렬한 함포전 끝에 미 함대가 결국 승리하게 된다.

전쟁의 3단계에서 일본의 고립은 점차 심화될 것이며, 미국은 경제전쟁에 필요한 새로운 전진기지의 확보를 위해 아시아 연안의 도서권을 따라 북쪽으로 전진한다. 미국은 일본 열도 및 중국에 주둔한 강력한 일본육군은 그대로 둔 채, 일본 본토로 향하는 모든 자원물자의 유입을 차단하고 지속적인 항공폭격을 실시함으로써 일본의 산업시설 및 도시를 초토화시켜 결국 일본이 평화를 구걸하게 만들 것이다.

광대한 태평양을 무대로 전쟁을 벌여야 한다는 지정학적 고려요소는 세부적인 작전계획의 수립에도 많은 영향을 미쳤다. 1단계에서 일본의 공격으로 필리핀에 고립된 미군은 마닐라만 입구의 요새에서 희생적인 전투로 적의 진격을 최대한 지연시킨다. 동시에 미 함대는 우선 일본의 강력한 공격을 충분히 방어할 수 있는 진주만에 집결한 후 전쟁초기에는 비교적 위험이 덜한 중부태평양 해역에서만 작전을 실시, 일본군 세력권 외곽의 전진기지를 공격하고 함대결전의 기회를 모색한다. 한편 전쟁발발과 동시에 서태평양에서 대일통상파괴전을 곧바로 시작하며 대서양 및 인도양에서도 일본의 해상수송을 교란할 수 있도록 한다.

전쟁발발 후 반년 정도가 지나면 미국은 제2단계 공세를 개시하게 된다. 해군함정 및 항공전력의 지원을 받는 상륙군이 일본이 점령하고 있는 미크로네시아(Micronesia)*의 섬들에 상륙작전을 실시하여 사전에 선정한 주요 도서를 점령하고 마셜(Marshall) 제도 및 캐롤라인(Caroline) 제도와 필리핀 남부에는 함대전진기지를 건설한다. 그리고 일본 본토폭격에 필요한 항공기지 건설을 위해 마리아나 제도 또한 탈취한다. 이후 미 해군이 일본 함대와의 함대결전에서 승리하게 되면, 전력이 크게 증강된 미국의 원정부대가 3단계 작전을 개시하게 된다. 오렌지계획에서는 미군이 오키나와(Okinawa)까지 점령한다면 일본의 고립은 성공한 것이라 가정하였고, 이후 지속적인 일본 근해 해상봉쇄 및 항공폭격을 통해 항복을 강요한다고 규정하였다.

전쟁이전 오렌지계획은 실제 태평양전쟁의 전체적인 국면을 비교적 정확하게 예측하였으나 계획과 실제 전쟁의 구체적 전개과정 간에는 상당한 차이점을 보이기도 했다. 그러나 이러한 계

---

* 멜라네시아, 폴리네시아와 함께 태평양 제도(諸島)의 문화적 경계를 지칭하는 용어로 미크로네시아는 적도 이북의 태평양에 산재하는 캐롤라인, 마리아나, 마셜의 3개 제도로 이루어진다. 정식국가 명칭인 미크로네시아 연방(폰페이(포나페), 야프, 추크(트루크), 코스라에(쿠사이에)로 구성)과는 차이가 있다.

획과 실제전쟁 사이의 일부 차이점이 태평양전쟁 내내 적용되었던 오렌지계획의 유용성에 부정적 영향을 미치진 못하였다는 것이 필자의 생각이다(이에 대한 세부적인 내용은 제27장부터 제30장 참조). 이번 장의 나머지부분에서는 미일전쟁은 일본의 기습공격으로 시작되며 단일 전구에서 미·일 양국만 참가하는 전쟁이 될 것이라 가정한 오렌지계획과 전 세계전쟁으로 확대된 제2차 세계대전 간의 과의 차이점에 대해 간단히 살펴보도록 하자.

　제2차 세계대전 초, 히틀러가 유럽에서 대승리를 거두기 이전에는 일본이 미국과 전쟁을 벌이면서 동시에 영국의 함대나 소련의 육군에 대적할 가능성은 없다고 생각되었다. 그러나 일본은 유럽의 위기를 틈타 첫 번째로 중국을, 다음으로 독일에 점령되었거나 공격받고 있는 프랑스, 네덜란드, 영국 등의 아시아 식민지를 탈취하려 하였다. 미국은 오렌지계획에서 일본의 중국침략은 예측하였으나 유럽열강은 중립을 지킬 것이며, 일본은 필리핀의 미군전력을 격파한 이후에는 유럽열강의 아시아 식민지를 확보하는데 만족할 것이라 예측하였다(1939년까지 일부 계획담당자들은 미국이 아시아에서 유럽 제국(諸國)의 이익을 보호한다는 명분을 들어 대일전쟁에 참전할 수도 있다고 보기도 하였으나, 대부분은 일본이 미국의 영토를 공격하면서 미국이 참전하게 된다는 의견을 가지고 있었다). 그러나 1941년 말, 일본은 자신들 원하던 남방자원지대를 확보했음에도 불구하고 팽창의 야욕을 버리지 않았고 결국 미국의 개입을 사전에 차단하기 위해 미국 영토를 직접 공격하게 되었다. 이러한 일본의 기습공격으로 인해 시작된 태평양전쟁은 오렌지계획의 전제와 유사하게 흘러가게 되었던 것이다.

　제2차 세계대전은 전체적으로 볼 때 독일, 이탈리아 및 일본으로 구성된 추축국(樞軸國)과 미국과 영국이 주도한 연합국 간의 싸움이었다. 그러나 일본은 히틀러에게 지원을 받거나 무솔리니를 지원하지 않고 태평양에서 단독으로 싸웠기 때문에 미일전쟁은 미·일 양국 간의 적대행위가 될 것이라는 오렌지계획의 전제는 결과적으로 맞는 것이 되었다. 한편 실제 태평양전쟁 중 미국과 연합국 간 협력의 결과는 좀 더 복잡한 문제인데, 영국을 비롯한 미국의 동맹국이 태평양전쟁에 참전하긴 하였으나 그들의 주요 목표는 일본의 지상군을 저지하는 것이었다. 예를 들어 중국은 산발적으로 전투를 벌여 일본 육군의 약 20% 정도를 중국대륙에 묶어 놓았다. 소련은 태평양전쟁이 종전되기 일주일전에 비로소 대일전에 참전하여 일본 관동군의 몇몇 사단을 접수하였다. 그리고 네덜란드와 오스트레일리아, 영국 및 기타 영연방 여단들은 남서태평양 및 버마에서 열심히 싸우기도 했다. 그러나 동맹국들의 이러한 영웅적인 노력에도 불구하고 일본 육군의 병력을 점진적으로 소모시키는 것은 태평양전쟁의 전체적 결과에 큰 영향을 미치지 못하였다.

전쟁말기가 되면 완전히 붕괴하게 되는 독일의 국방군(Wehrmacht)과는 달리 일본의 육군은 전쟁이 끝날 때까지 대부분 그대로 남아있는 상태였다. 연합군의 해군 및 공군전력이 일본의 해군력과 해양경제활동을 파괴하였기 때문에 일본은 비로소 붕괴하게 되었던 것이다. 이러한 역할을 수행한 주역은 바로 미국이었다(전쟁 초기 몇 주와 전쟁말기 몇 주간 영국해군의 제한적인 지원을 제외한다면 말이다). 그리고 태평양의 핵심 전진기지를 탈취하기 위한 상륙작전 및 지상전투 또한 거의 대부분 미군이 수행하였다. 결론적으로 태평양전쟁 시, 미·일 양국의 국력의 투입 및 산출 결과를 예측하는 데에는 미·일 양국 간 전쟁을 가정한 오렌지계획이 매우 적합한 도구가 되었던 것이다.

태평양전쟁 당시 일본의 인구는 미국의 절반이었고, 산업능력은 미국의 1/10에 불과하였으며, 재정 상태는 미국에 비해 매우 취약한 상태였다. 오렌지계획은 전쟁 이전 추정결과에 근거하여 일본은 미일전쟁의 승리를 위해 총동원을 실시하는 반면, 미국은 대서양에서 전쟁을 수행함과 동시에 태평양에서도 점진적인 동원을 실시할 것이라고 정확하게 예측하였다. 오렌지계획의 연구 초기부터 미국의 계획담당자들은 자국의 산업생산능력 전부를 동원하지 않아도 태평양에서 해양이 중심이 된 전쟁에 필요한 전력소요를 충분히 충당할 수 있을 것으로 판단하고 있었다. 군수산업능력에 대한 가장 세부적인 분석내역은 2년 이내 전쟁을 종결한다는 1929년 미일전쟁 시나리오에 포함되어 있었다. 이 계획에서 미국은 일본의 군수생산능력을 '압도하는' 연간 18,000대의 항공기를 생산할 수 있을 뿐만 아니라 연간 잠수함 및 구축함 건조량은 일본의 2배에 달할 것이며, 연간 1,000척의 수송선을 건조하여 배치할 수 있을 것이라 예측하였다.

이러한 예측내역은 실제 태평양전쟁의 사례와 비교해 볼 때 그 규모면에서 상당히 정확한 것으로 밝혀지게 된다. 3년 이내 전쟁종결 시나리오 경우 미국은 막대한 전시산업능력을 활용, 전쟁 개시 시점에 보유하고 있는 함대전력에 추가하여 10여 척 이상의 전함으로 구성된 '두 번째 전투함대(second fleet)'를 창설하여 미일전쟁에 투입할 수 있을 것이라 보았다. 반면에 오렌지계획에서 예측한 미일전쟁에 참가할 지상군전력은 현역 30만 명에 '긴급사태'에 대비한 예비병력 100만 명 정도로 해군전력에 비하여 그 규모가 그리 크지 않았다. 실제로 전쟁 발발 후 미 해군전력이 태평양에 집결하는 것은 오렌지계획에서 예측한 것보다 훨씬 신속하게 이루어졌으나 지상군병력 및 지상군군수물자의 배치는 계획의 예측과 비슷하게 진행되었다(제13장 및 제14장 참조). 미국은 태평양전쟁 중 대부분의 고속 항공모함, 최신 전함 및 순양함, 잠수함 및 해병사단뿐 아니라 상당수의 상선단을 태평양에 배치하였으며, 소형함정 및 항공기, 상륙함정도 대량으로 배치하였다. 그러나 육군 및 육군항공군의 경우에는 전체 병력 8백만 명 중 1/4도 안 되는 병력만이 태평양전구에서 작전을 수행하였고, 나머지 대부분은 유럽전구에서 싸웠다.[8]

전쟁이전 오렌지계획에서 가정한 미일전쟁의 주요 전쟁전구는 남북으로 적도부터 북위 35도선까지, 동서로 하와이에서 아시아대륙까지였고 나머지 대양은 기타 작전을 위한 예비해역이나 이동로로 지정되어 있었다. 미국이 연합국의 일원으로 제2차 세계대전에 참전하면서 실제 태평양전구는 남태평양과 동남아시아까지 확장되었다. 그러나 태평양전쟁의 실제 전쟁전구가 기존 오렌지계획보다 2배 이상 확장되긴 하였으나 결정적 해전은 모두 오렌지계획에서 전쟁전구로 가정한 구역 내에서 이루어졌다. 이에 따라 오렌지전쟁계획은 그 유용성을 잃지 않을 수 있었는데, 여기에서는 그 내용을 간단히만 언급하고자 한다(마지막 장에서 상세히 설명할 예정).

제2차 세계대전 중 미국은 대륙의 동맹국에 기대를 걸고 태평양전쟁전략을 수정하고자 하였다. 당시 상당수의 민간 지도자들, 그중에서도 특히 루즈벨트 대통령은 중국이 대일전에서 큰 역할을 해줄 것이라 믿었다. 1944년 중반까지도 미국은 중국에 상륙하여 중국의 막대한 육군에 장비를 지원하고, 중국대륙에 일본 본토 전략폭격을 위한 기지를 건설한다는 전략구상을 가지고 있었다. 그러나 일본과의 전쟁을 거치면서 중국군의 취약성이 드러나게 되고 미국이 태평양공세에서 연전연승함에 따라 이러한 구상은 그 필요성이 사라지게 되었다. 또한 중국을 기지로 하여 일본 본토를 폭격하는 방안도 그 효과가 미미한 것으로 판명되었다. 한편 영국은 인도에서 중국의 후방으로 통하는 진격로를 개척하려 노력하였으나 성공하지 못하였고, 버마 탈환을 위한 영국의 공세 또한 태평양전쟁의 전체국면에는 별다른 영향을 미치지 못하였다. 그리고 시베리아를 전력폭격기지로 활용하려는 미국의 구상 역시 유용성이 없는 것으로 밝혀졌으며, 1945년 소련의 만주진격도 일본의 항복 일주일 전에 급하게 이루어진 것이었다. 전쟁 중 미국은 대륙의 동맹국을 끌어들여 태평양전쟁의 전략방침을 수정하고자 지속적으로 노력하였지만 결국은 오렌지계획의 핵심개념인 해양을 무대로 한 진격을 통해 전쟁의 승리를 획득하게 되었던 것이다.

1939년에서 1941년까지 전쟁이전 계획담당자들의 경우 중부태평양을 미일전쟁의 핵심전구로 보았으며 싱가포르(Singapore), 인도네시아의 자바(Java) 및 라바울(Rabaul) 등을 해군함대기지로 고려한 것을 제외하고는 남태평양에는 거의 주의를 기울이지 않았다. 그러나 전쟁이전 예측과는 달리 실제 태평양전쟁 중 연합군은 남태평양 해역에서 세 개의 대규모 작전을 수행하게 된다. 이러한 남태평양 작전들은 오렌지계획에서 미처 예측하지 못한 것이었지만 각각의 작전은 오렌지계획의 전략원칙과 모두 연계된 것이었으며, 계획과 실제 전쟁의 연계성에는 크게 영향을 미치지 못하였다.

태평양전쟁 초기 1차 남태평양 작전은 일본이 말라야(Malaya)와 네덜란드령 동인도 제도(Netherlands Indies)를 점령, 신속하게 남방 유전 및 천연자원지대를 확보하는 단계였다. 일본의 남방공세에 대해 미국은 우선 잠수함을 이용하여 일본의 해상수송자산에 대해 지속적으로 기습공격을 가하고 이후 필리핀을 탈환하여 남방자원지대와 일본 본토간의 자원수송을 완전히 차단하는 것으로 대응하였다. 이러한 일본 초기공세에 대한 대응전략은 전쟁이전 오렌지계획의 전략원칙을 그대로 따르는 것이었다.

이후 솔로몬 제도(Solomon Islands)와 뉴기니아(New Guinea)를 무대로 1942년부터 1943년까지 21개월간 벌어진 전쟁의 두 번째 남태평양 작전은 일본의 소모전략에 대항하여 적도 이북에서 일련의 상륙작전을 전개한다는 오렌지계획의 예측과 동등한 것이었다. 작전이 진행된 구역은 오렌지계획에서 예측한 중부태평양이 아니라 남서태평양이었지만 일본의 소모전략이 미국의 진격을 잠시 늦출 수는 있어도 완전히 막아내지는 못할 것이라는 오렌지계획의 전체적인 개념은 적중하였다.

　태평양전쟁의 세 번째 남태평양 작전은 맥아더 장군의 지휘 하에 이루어진 '비스마르크 제도 방어선(Bismarcks Barrier)' 전투에서부터 1944년 필리핀 상륙까지 이어지는 작전이었다. 이 작전은 니미츠 제독이 지휘하는 중부태평양공세와 동시에 진행되었는데, 일부에서는 이 남태평양공세는 중부태평양을 통한 진격을 중시했던 전쟁이전 오렌지계획과는 완전히 상반된 것이라 평가하기도 한다. 그러나 태평양전쟁 당시의 미군 합동참모단뿐 아니라 전후 대부분의 역사학자들도 남태평양공세보다는 오렌지계획에서 중시하던 중부태평양공세가 태평양전쟁의 승부를 결정짓는 핵심적 공세였다고 여기고 있었다. 중부태평양 공세를 통해 비로소 미국은 태평양의 해양통제를 극대화하고 전략적으로 유용한 도서들을 확보할 수 있었다. 또한 일본 본토로 바로 진격할 수 있게 됨으로써 일본정권 및 군부에 혼란을 가중시킬 수 있었다.

　한편 미ㆍ일 양국 간 전쟁으로 가정했던 태평양전쟁이 제2차 세계대전 중 연합국간 협력으로 인하여 전 세계 전쟁으로 확대됨에 따라 계획담당자들이 불가능할 것이라 생각하고 반대했던 상황들이 발생하기도 하였다. 계획담당자들은 무엇보다도 일본과의 전쟁이 2년 이상을 끌게 되면 미국민의 전쟁의지가 약화될 것이라 우려하였으나 실제로는 독일의 유태인 대량학살로 인하여 미국은 모든 추축국의 무조건 항복을 전쟁방침으로 결정하게 되었다. 그리고 독일의 격파에 우선순위를 둔다는 미 정부의 결정은 미국민이 태평양전쟁의 장기화를 감수할 수 있게 해주었다. 태평양전쟁이 3년 8개월간이나 계속됨에 따라 미국은 전례 없이 강력한 함대 및 군수지원부대를 건설할 수 있게 되었다. 더욱이 장기간 힘을 축적한 태평양의 미군전력은 유럽전쟁의 종결로 유럽전구의 전력이 재배치됨에 따라 더욱 막강해지게 되었다. 태평양전쟁 말기가 되면 태평양전구에 배치된 전력 규모를 볼 때 미국은 자신들이 원하는 어떠한 전략이라도 수행이 가능한 상황이었다. 결국 미국은 이 막강한 전력을 활용하여 이전부터 계승되어온 오렌지계획의 전략원칙을 적용하기로 결정하였던 것이다.

이 장에서는 제2차 세계대전과 오렌지전쟁계획의 몇 가지 연계성을 간단히 알아보았다. 좀 더 세부적인 비교분석은 이 책의 본문에서 지속적으로 논의될 것이다. 우리는 전 세계 전쟁이었던 제2차 세계대전에 실제로 적용이 가능하였을 뿐 아니라 적용결과 상당한 성공을 거두었던 전략원칙의 시초가 1906년에서 1914년 사이였다는 것에 주목할 필요가 있다. 먼저 오렌지계획을 만들어낸 사람들과 그 시스템은 어떠했는지 살펴보는 것에서부터 오렌지계획의 역사를 추적해 보도록 하자.

2. 미국의 계획수립 방식 : 독립적인 참모활동

제2차 세계대전이 끝나고 40여 년이 지난 후에 미 해군참모총장은 미 해군의 계획수립방식을 현대해양전략에 적용할 수 있도록 정리한 바 있었다. 여기서 그는 "견실한 계획은 동시에 진행되는 다양한 구상과정 및 서로 상충하는 다양한 아이디어를 발굴하고 이를 선별하는 과정을 통해 탄생된다. 이러한 과정은 언뜻 난잡해 보일 수도 있지만 이것이 바로 미국적인 방식이며, 계획수립 시 탁월한 성과를 거둘 수 있다."라고 언급하였다.[1]

태평양전쟁 이전 미국의 계획수립 방식은 매우 복잡하였으며 일정한 규칙을 따르지 않는 경우도 있었다. 당시 계획수립 책임은 업무분야가 달라 상호협조가 어려운 다양한 군사관련 부서에 분산되어 있었다. 어떤 부서는 장기적이고 적극적으로 계획수립 업무를 한 반면, 다른 부서는 단기간만 계획수립에 참여하는 경우도 있었다. 이러한 이유로 다양한 아이디어를 적극적으로 제시하고 그에 대한 반론도 경청하는 자유방임적인 분위기가 형성되었다. 육군과 해군 간, 해군의 관련 참모부서간, 그리고 각 개인 간 진지한, 때로는 공격적이기까지 한 논쟁을 거쳐 계획수립과 관련된 결정이 내려졌다. 또한 비공식적인 관행도 군부의 관료구조만큼 중요하였는데, 오렌지전쟁계획에는 군 지휘부의 의견보다는 계획수립이라는 전문 업무를 위해 영입한 능력 있는 중견장교의 개인적 견해가 반영된 경우가 더 많았다.

제2차 세계대전 발발 직전까지 미국의 민간관료들은 전쟁계획수립에 별다른 관심을 두지 않았기 때문에 전략은 민간관료들의 도움을 기대하지도, 원하지도 않는 현역장교들만의 영역이었으며, 이러한 군사와 민간분야 간 협조의 부재는 태평양전쟁 중에도 계속되었다. 유럽의 다른 강대국들은 일찍부터 유럽대륙의 전쟁은 국가의 생존을 위협하는 중대한 사건이라고 인식하였기 때문에 대외정책 및 국내정책을 군사전략에 통합하는 현명한 조치를 취하였다. 반면 미국의 경우에는 나라 전체가 바다로 둘러싸여 상대적으로 안보의 위협이 덜하다는 점, 군국주의에 대한 미국민의 태생적 거부감, 서반구(Western Hemisphere)*의 안전보장에 만족하는 대외정책 및 동맹에 대한 소극적 태도 등의 이유로 인해 민간관료가 전략문제에 많은 관심을 두지 않았다.

20세기 초반부터 전략계획수립은 미국 군부의 중요한 기능 중 하나가 되었지만 통상 민간정치가들은 그 존재 자체를 모르거나 미국은 공격계획을 보유할 필요가 없다는 신중한 태도를 취하였다. 1920년대의 '평화계획(Peace Plan)', 1930년대의 '방어계획 연구(defense study)' 등과 같은 오렌지계획에 부여된 익명들은 군 외부에 오렌지계획의 존재를 감추기 위한 것이었다.

미국 연방의회는 육·해군의 규모, 부대편성 및 지휘구조 등을 결정하였으며, 국가 간 통상협정의 체결, 군비축소, 국제기구 가입, 식민지 및 해외기지 운영 등과 관련된 결정을 내림으로써 전략에 영향을 미쳤으나 상하원 및 각종 군사관련 위원회에서는 오렌지전쟁계획의 존재에 관해 거의 알지 못하였다. 미 해군의 제독들과 육군의 장군들은 영국의 국방위원회(British National Defense Committee)[2]와 같은 체계적이고 조직적인 민간 전략관련부서의 설치를 원했을 테지만 이의 설치를 건의했다 하더라도 연방의회의 승인을 받기는 어려웠을 것이다.

오렌지계획이 존재했던 기간 동안 7명의 대통령이 재임하였는데, 어느 누구도 대일전쟁계획의 작성에 직접적으로 관여하지 않았다. 시어도어 루즈벨트 대통령은 최초로 대일전쟁계획의 준비를 지시한 장본인이지만 그가 계획의 준비를 지시한 목적은 실제로 일본과 전쟁을 벌이기 위함이 아니라 계획을 준비하는 과정을 통해 미군이 상시 방어준비태세를 갖추도록 하기 위함이었다. 시어도어 루즈벨트 대통령 재임 기간 중 미국은 파나마 운하(Panama Canal)를 확보하였으며, 하와이 및 태평양 연안에 기지를 갖춘 세계적 수준의 함대를 건설한다고 천명함으로써 오렌지계획의 기본 토대가 마련되었다.

당선 이전 육군장관 및 필리핀 총독을 역임했던 태프트(William Howard Taft) 대통령은 극동정책에는 많은 관심을 기울였으나 그의 재임기간 동안 활발하게 진행되었던 오렌지계획의 발전

---

* 영국 그리니치 천문대를 지나는 본초자오선을 기준으로 서쪽의 반구(半球)를 말한다. 아메리카 대륙 전체 및 아프리카와 유럽 일부, 동태평양을 포함한다.

에는 무관심하였다. 그리고 우드로 윌슨 대통령은 대놓고 오렌지계획을 적대시하였다. 1913년, 윌슨 대통령은 오렌지전쟁계획의 연구를 중단시켰고 얼마 되지 않아 제1차 세계대전이 발발하면서 계획담당자들의 관심은 유럽해역의 작전계획(특히 대유보트작전)으로 집중되었다. 그러나 윌슨 대통령은 드레드노트급 전함으로 구성된 대함대를 건설하기 위한 1916년 '대건함법(Big Navy Act)'의 연방의회 통과를 적극 지원하였으며, 외교적 압력을 통해 일본이 제1차 세계대전 참전의 대가로 획득한 남태평양 도서의 중립화를 성사시킴으로써 오렌지계획 내 공세전역의 태동을 무의식적으로 도와준 셈이 되었다.

1920년대의 공화당 출신 대통령인 워런 하딩, 캘빈 쿨리지 및 허버트 후버 역시 전쟁계획의 작성 및 준비에 별다른 관심을 보이지 않았다. 일본의 침략활동이 본격화되기 전인 당시의 대통령들은 해군전력 및 기지의 규모를 제한한 해군군축조약이 전쟁을 억제하는 효과를 발휘할 것이라 믿고 있었다. 일본의 팽창주의를 혐오하고 군사력의 재건에 많은 관심을 기울였던 프랭클린 루즈벨트 대통령도 유럽에서 제2차 세계대전이 발발하고 나서야 비로소 전쟁계획에 관심을 가지기 시작했다. 전쟁발발 후 그는 합동기획위원회를 직접적인 통제아래 두었다. 1940년에서 1941년의 기간 동안 루즈벨트 대통령은 전략방침을 직접 지시하기보다는 육·해군 최고위부가 보고한 전략구상에 답변하는 형식으로 전략문제에 대한 의견을 제시하였다. 1941년, 루즈벨트 대통령은 레인보우계획-5(Plan Rainbow Five)에 서명하였는데, 그는 대일전쟁수행계획에 공식적으로 서명한 유일한 대통령이었다. 그러나 이전 대통령들이 대일전쟁계획을 승인하지 않았다고 해서 군부 지휘관들이 전시 임무를 숙지할 수 있게 해준 지침인 전쟁계획의 가치가 저하된 것은 아니었다.

미국무부(The State Department)는 군부의 전쟁계획수립활동에 대해 신중한 태도를 보였다. 1912년, "전쟁은 또 다른 수단에 의한 정치의 연속이다."라는 카를 폰 클라우제비츠(Karl von Clausewiz)의 금언을 신봉하고 있던 해군대학(the Naval War College) 교수진은 오렌지계획은 미국과 적국의 전쟁동기를 식별하기 위한 정치·경제적 지침이라 주장하며, 계획의 작성에 공을 들이고 있었다. 당시 해군대학의 프랭크 쇼필드(Frank Shofield) 중령은 정부부처 간 정보교환체계를 구축하고 국무부, 육군성 및 해군성이 서로 협력하여 계획을 수립할 것을 제안하기도 하였다. 그러나 해군의 고위 지휘부는 너무 비현실적일 뿐 아니라 절차가 복잡하다는 이유로 그의 구상을 일축해 버렸다.[3]

또한 외교 관료들을 계획위원회에 참여시키려는 시도도 공세전략은 국가 간 우호, 군비축소, 방어전용 군사시설만 설치 등과 같은 외교가의 대외정책에 반할 뿐 아니라, 평화를 사랑하는 집단이라고 요란하게 떠드는 자신들의 이미지에 손상을 입을 수 있다는 외교 관료들의 반대로 실패하였다.[4] 1921년, 당시 국무장관이었던 찰스 휴스(Charles Evans Hughes)는 국제적 위기 시를 제외하고 육·해군 계획담당자들과 자리를 같이 하는 것은 현명치 못한 일이라 생각하고 "최대한 그런 자리는 피할 것이다."라고 말하기까지 하였다.[5]

한번은 해군에서 오렌지계획 작성 시 미국의 태평양 방위권을 어디까지로 할 것인가를 확정하기 위해 국무부(그리고 재무부 및 상무부)에 지정학적 조건을 고려하여 이에 관한 부서의 견해를 제시해 달라고 요청하였으나 국무부에서는 아무런 답변을 해주지 않았다.[6] 이후 전쟁 위기가 점차 고조되기 시작하던 1938년, 루즈벨트 대통령은 코델 헐(Cordell Hull) 국무장관이 건의한 육·해군성과 국무부 간의 상설연락위원회(Standing Liaison Committee)의 설치를 승인하였으나 이것만으로는 태평양의 상황을 해결할 수 없었으며, 이후 각군이 대통령에게 직접 보고하게 되면서 유명무실한 기구가 되었다. 1940년대 중반이 되어서야 비로소 비공식적인 "전시 내각"이 구성되어 국무부장관, 육군장관 및 해군장관이 한자리에 모일 수 있게 되었다.[7]

그러나 민간관료의 지도가 없었다고 해서 군부의 계획담당자들이 세계정세에 대해 무지했다거나 전쟁에 미치는 정치적 문제의 영향을 과소평가한 것은 아니다. 계획담당자들은 당시 국제정세의 변화 상황을 사건 발생 이전부터 또는 발생 즉시 반영하려 노력하였으며, 상당한 시간이 경과한 후에라도 전쟁계획에 반영하기도 하였다. 그러나 오렌지계획의 작성활동이 반드시 당시의 국제정세의 긴장상태 또는 소강상태와 연계된 것은 아니었다. 예를 들어 1907년과 1913년 일본과의 '전쟁 공포', 1937년 일본의 중국 침략, 1940~1941년 사이 일본의 아시아 침략 야욕과 같은 위기들은 대일전쟁계획수립의 필요성을 자극하였던 시기였다.

그러나 계획담당자들은 1931년 만주사변이 발발했을 때는 무기력하게 손을 놓고 있었던 반면, 1922년 워싱턴 군축조약 이후 국제적 우호 분위기가 형성되었을 때에는 오렌지계획을 활발히 연구하는 모습을 보여주었다. 그리고 당시의 국제정세보다는 새로운 무기체계, 전술교리의 출현 또는 계획작성실무를 담당하는 중견장교의 견해가 전쟁계획의 방향에 더욱 중대한 영향을 미치는 경우도 있었다.

미 해군은 행정부 및 민간관료의 무관심에 전혀 개의치 않고 계획수립업무를 지속적으로 추진하였다. 1909년, 미 해군은 군사부처뿐 아니라 정치·외교부처도 전쟁계획수립에 참가하는 것이 물론 필요하긴 하지만 향후 미국의 대일정책은 큰 변화가 없을 것이며 태평양의 전략적 상황 또한 그리 바뀔 것이 없기 때문에 해군은 자신감을 가지고 독립적으로 최적의 군사전략방침을 결심해도 된다는 -당시 가장 유능한 계획수립요원이었던- 클래런스 윌리엄스 중령의 주장을 받아들였으며, 해군장관도 이에 동조하였다.[8]

이후부터 미 해군은 미국이 과연 일본과 전쟁을 벌여야 하는가, 전쟁의 목적은 무엇인가, 그리고 전쟁의 목표는 무엇인가 등과 같은 전략의 근본문제들을 독자적으로 결정하게 되었다. 이후 제2차 세계대전 이전까지 미 해군은 계획수립의 자율성을 잃지 않았으며, 이러한 자율성은 전쟁 중에도 계획수립의 주요특성으로 그대로 유지되었다.

육군성과 해군장관 및 부장관은 현역 담당자들이 주관하는 계획수립과정에 거의 관여하지 않았으며, 주요문제에 관한 의견교환도 거의 없었다(있었다 하더라도 대부분 문서형식이 아닌 구두로 의견을 교환하였을 것이다). 전간기 동안 육군성 및 해군장관은 총 6개의 합동기본오렌지전략계획과 여러 개의 수정문에 서명하였는데, 그들은 전쟁계획을 위기 발생 시 대통령의 명령을 수행할 수 있게 해주는 국가정책의 도구로 인식하였다.

각군성 장관은 가끔 국제조약 체결이나 국제정세의 변화를 반영하여 작전절차를 재조정하거나 계획을 수정하도록 계획담당자들에게 넌지시 지시한 경우도 있었다. 그러나 계획담당자들이 자체적으로 각종 혁신적 요소를 반영하여 계획을 개정한 후에 각군성 장관의 승인을 받는 것이 일반적이었다. 한편 해군의 제독들 및 육군의 장군들뿐 아니라 각 군의 장관들도 자군의 계획을 상대군에게 공개하는 것을 꺼리는 경우가 자주 있었다.

더욱이 일반대중에게는 이런 전쟁계획이 존재한다는 것 자체를, 특히 그 성격이 공세적 계획이라는 것을 절대 공개하려 하지 않았다. 단적인 예로 전간기 해군성에서 생산한 방대한 연간 보고서 중에서 전쟁계획부(War Plan Division)와 관련된 자료는 전쟁계획과는 전혀 연관이 없는 일반적인 사무내용들뿐이며 그나마 내용도 매우 간략한 형편이다.[9]

태평양전쟁 이전 미군의 전쟁계획수립과 관련된 내용이 신문 머리기사에 실린 적은 단 두 번이었다. 첫 번째는 1920년, 윌리엄 심슨(William S. Sims) 소장이 의회청문회 석상에서 제1차 세계대전 발발 당시 해군에는 변변한 대독일 전쟁계획조차 없었다는 예를 들며, 당시 해군의 전쟁준비태세가 형편없었다는 신랄한 비판을 한 것이다.[10]

두 번째는 1939년, 괌 및 기타 섬들에 군사기지를 건설해야 한다는 해군의 제안에 대해 의회의 고립주의자들이 일본을 선제공격하기 위한 사전 준비가 아니냐며 의문을 제기했을 때였다. 당시 해군차관이던 찰스 에디슨(Charles Edison)은 "공식적이든 비공식적이든 공격을 목적으로 한 전쟁계획의 존재에 대해 들어본 바 없다… 해군성 및 해군은 어떠한 공세계획에도 관심이 없으며, 나의 개인적 견해도 이와 동일하다. 해군이 겉으로는 방어를 표방하면서 뒤에서는 공격을 준비하고 있다는 것은 있을 수 없는 일이며, 아무런 근거도 없는 말이다."[11]라고 언급하였다. 당시 에디슨 차관은 정말로 오렌지계획의 존재에 대해 몰랐을 수도 있고, 알고 있었는데도 거짓말을 한 것 일수도 있다.

한편 미 육군의 시각에서 볼 때는 미일전쟁을 대비하기 위한 계획을 수립하는 것 자체가 육군의 실정과는 맞지 않는 것이었다. 전간기 당시 미 육군의 수준은 본토의 치안유지대 정도에 불과하여 해외원정작전 능력을 보유하고 있지 못했다. 1930년대 초 미 육군 참모총장을 역임했던 더글러스 맥아더(Doulglas McArthur) 장군의 주장에 따르면 1930년대 미 육군의 병력은 145,000명 정도로 당시 세계 7위 수준에 불과하였다.[12]

전쟁 발발 시, 미 육군은 안전해역 후방으로 이동 배치될 예정이었고, 대규모 원정작전을 준비하려면 상당한 시간이 필요하였기 때문에 육군 지도부는 이 기간 동안 작전계획을 심사숙고할 수 있는 충분한 시간을 벌수 있다고 보았다. 육군의 오렌지계획은 주로 시차별 병력동원계획과 해군주도의 공세를 지원하기 위한 병력탑재계획이었다. 또한 육군은 필리핀, 하와이, 파나마 운하 등의 방어를 위한 전술적 수준의 지상방어계획을 치밀하게 준비하긴 하였으나, 육군의 전략구상은 위기에 대응하는 수동적인 것으로 혁신적인 방식이라고 할 수는 없었다. 그리고 전쟁 이전 작성된 육군의 전략계획은 일관성이 부족하였는데, 해군의 계획과 대략적인 관점이 일치하는 경우도 있었으나, 어떤 때에는 해군이 좀 더 공세적인 계획을 채택하도록, 또 다른 경우에는 좀 더 방어적인 계획을 수용하도록 강요하기도 하였다. 당시 육군이 일관된 전략방침을 유지하지 못하고 갈팡질팡했던 이유는 세계대전 발발 시 필리핀에 배치된 지상군을 최우선 지원해야 한다는 전략목표와 대서양 및 미 본토와 가까운 동태평양의 핵심이익을 보호하기 위해 필리핀을 포기하고 전력을 보존해야 한다는 전략목표가 서로 상충하였기 때문이다.

육군의 계획수립조직은 해군보다 훨씬 이전에 설립되었고, 40여 년이 넘게 유지되었다. 미국-스페인전쟁(Spanish-American War)을 거치며 지휘구조의 비효율성을 깨달은 육군은 참모총장이 군 전체를 지휘하는 장군참모제도(general staff system)를 도입하게 된다. 육군본부 내에서도 육군의 전쟁계획수립을 전담하던 전쟁계획부(Army War Plans Division)는 참모총장 직속 기구였다. 그러나 많은 이들의 기대와는 달리 육군의 계획수립조직은 대일전쟁의 승리를 위한 계획을 구상하는데 별다른 역할을 하지 못하였다. 그리고 해군대학이 초창기 오렌지계획의 틀을 갖추는데 큰 축을 담당한 것에 비해, 육군대학은 오렌지계획의 구체화에 거의 기여하지 못하였다.

1903년, 내각 이하의 수준에서 육·해군 간에 논의되어야 할 문제들을 조정하기 위해 육·해군 합동위원회(Joint Army and Navy Board)*가 최초로 설치되었다. 이 기구는 참모조직이 아니라 자문조직이었고 각군성 장관이나 대통령의 요청이 있을 때만 자문을 제공했다. 이에 따라 합동위원회는 '조정권한은 별로 없는 반면 책임은 막중한' 조직이 되어버렸다. 육군본부에서 4명, 해군 일반위원회(General Board)에서 4명이 합동위원회의 위원으로 선발되었다. 위원들은 업무 정도에 따라 부정기적으로 회의를 개최하였는데, 회의 개최간격이 매우 긴 경우도 있었고 특히 휴가 기간이 집중되어 있는 여름에는 절대 회의를 개최하지 않았다. 당시 미군의 최선임 장교였던 조지 듀이(George Dewey) 해군원수(Admiral of Navy)가 1917년 사망 시까지 합동위원회 회의를 실질적으로 이끌었다. 합동위원회에는 사무처가 없었고 의사록을 작성하는 초급장교만 한

---

* 이제부터 '합동위원회'로 약칭함

명 있었다.[13] 합동위원회는 해군이 주도한 초창기 대일전쟁전략을 1919년부터 공식적으로 인정하기 시작하였으며, 1924년이 되어서야 오렌지전략계획을 정식으로 육·해군 합동 대일전략계획으로 채택하였다.

합동위원회는 상황에 맞지 않는 건의안을 내놓은 경우가 많았기 때문에 대통령들이 이를 멀리하는 경향이 있었다. 1907년 일본과의 전쟁위기 시 합동위원회는 미 서부해안 기지들과 해외 영토의 방어시설을 강화해야 한다는 비현실적인 건의를 하였으며[14] 필리핀의 해군기지에 관해 시어도어 루즈벨트 대통령과 의견 차이를 보여 그의 분노를 사게 되었다. 그리고 1913년 전쟁위기 시에는 가능성이 거의 없는 일본의 공격에 대비한다는 명분으로 독단적으로 예비군의 소집을 지시하기도 하였다. 이를 알게 된 우드로 윌슨 대통령은 즉시 소집해제 명령을 내리고 더 이상 합동위원회가 월권행위를 하지 못하도록 조치하였다. 이후 합동위원회의 역할은 대폭 축소되었고 제1차 세계대전 시에는 거의 기능을 하지 못하였다.[15]

해군의 전쟁계획 구상방식은 육군과는 완전히 달랐다. 육군의 계획담당자들은 육상거점의 방어계획을 구상하는데 집착한 반면, 해군의 계획담당자들은 방대한 해역을 아우르는 오렌지전쟁계획을 작성하기 위해 노력하였다. 해군은 자신들은 언제라도 싸울 준비가 되어 있다고 자신하고 있었고, 본토에서 멀리 떨어진 해역까지 전력을 전개시켜 운용해야만 해양력의 이점을 극대화시킬 수 있다고 믿고 있었다. 당연히 오렌지계획은 전적으로 해군의 작품이었다.

당시 미 해군의 계획수립절차와 육·해군이 함께 진행한 합동계획수립절차는 많은 차이가 있었다. 지금부터는 미 해군이 어떻게 오렌지계획의 전제가 되었던 탁월한 가정들을 단기간 내에 도출해 낼 수 있었는지 그 방식에 대해 알아보고자 한다.

20세기에 들어설 때까지 미 해군에는 평시에도 지속적으로 전략계획을 수립하는 체계가 정립되어 있지 않았다. 19세기 중후반 벌어진 남북전쟁 중 전략기획업무는 임시 전쟁위원회에서 이루어졌다. 그리고 1898년 미국-스페인전쟁 시에는 몇몇 장교들이 개별적으로, 그리고 특별위원회에서 몇 가지 기본적인 전쟁계획들을 작성하기도 하였으나, 존 롱(John D. Lomg) 국무장관을 보좌하는 임시전략위원회(temporary strategy board)에서 대부분의 전쟁지침을 제공하였다. 한편, 전략분야 및 과학적인 전쟁수행방법에 대한 지식을 갖춘 유능한 장교를 양성할 목적으로 1884년 로드아일랜드주 뉴포트(Newprot, Rhode Island)에 설립된 미 해군대학(the Naval War College)에서는 이미 대서양에서 영국과의 전쟁, 케리비안 해역 위기발생 상황 등을 가정하여 전쟁연습을 실시하고 있었을 뿐만 아니라 작전수행계획도 연구하고 있었다.[16] 그리고 1898년, 당시 유명한 해양전략가이던 알프레드 마한(Afred T. Mahan)이 2대 총장이 되면서 해군대학은 그 명성이 더욱 높아지게 되었다.

미국-스페인전쟁의 결과로 미국은 자국의 해양세력권을 하와이에서 괌과 필리핀까지 확장하여 실질적으로 태평양을 아우르는 제국(帝國)으로 발돋움 하였다. 당시는 제국주의열강 간의 식민지경쟁이 치열했던 시기였기 때문에 미국은 자연히 "태평양 제국"의 방위를 위한 상설 해군 계획수립조직이 필요하게 되었다. 그러나 미국-스페인전쟁 시, 미 해군은 별다른 참모조직 없이도 잘 싸운바 있었고, 해군의 주요 군정업무를 관장하는 부처들은 정치가들의 눈치를 보는 민간관료인 해군장관이 직접통제하고 있는 상태였기 때문에 해군 내부에서는 계획수립전담조직의 필요성에 대해 회의적이었다. 이에 따라 윌리엄 맥킨리(William McKinley) 대통령은 순수하게 자문기능만을 가진 해군 고위급 장교로 구성된 위원회의 설치를 지시하였다.

1900년 3월 30일, 워싱턴(Washington D.C)의 해군성 청사에서 11명의 장교들로 구성된 해군 일반위원회(General Board of U.S. Navy)가 창설되었다. 일반위원회의 임무에는 여러 가지가 있었으나 그 중에는 "해군전력을 가장 효율적으로 운용할 수 있는 계획을 발전시킨다… 또한 … 미 본토, 미국의 보호령 및 해외 등 각각의 전구에서 적대행위 발생 시 작전수행을 위한 계획 또한 발전시킨다… 그리고 필요시 사전 준비한 계획의 시행을 해군장관에게 건의한다." 라는 내용도 포함되어 있었다.[17]

맥킨리 대통령은 마닐라만 해전(the Battle of Manila Bay)을 승리로 이끈 영웅이자, 당시 국민들의 선망의 대상이던 듀이 해군원수가 대통령 선거에 출마하여 자신의 대통령 재선을 방해할지도 모른다고 우려한 나머지 약삭빠르게 그를 일반위원회 의장으로 지명하였다.[18] 이후 듀이 원수는 1917년 사망 시까지 일반위원회 의장 및 합동위원회 최선임장교의 직위를 유지하였다.

해군대학과 일반위원회는 상호 보완적인 역할을 하면서 미 해군의 초창기 전쟁계획수립활동을 이끌었다. 해군대학의 계획수립활동은 연중 지속적으로 이루어진 것은 아니었으며 매년 특정한 기간에 집중적으로 이루어졌고, 상당히 포괄적인 주제를 다루었다. 특히 당시 유능한 장교들이 많이 참가하던 해군대학의 하계전략세미나는 해군의 전략 및 전쟁계획문제를 집중적으로 연구하는 기회로 활용되었다. 일반위원회의 경우에는 계획수립 외에도 다른 업무가 많았기 때문에 전쟁계획 준비를 전담하는 제2위원회를 별도로 설치하였다. 1906년부터 1910년까지 일반위원회와 해군대학은 미 해군의 태평양전략을 발전시키기 위해 상호 긴밀하게 협조하게 된다.[19]

초창기 계획수립활동을 추진하는 데에는 해군대학과 일반위원회 모두 당시 저명한 제독들의 명성에 힘입은 바가 컸다. 해군대학은 평범한 해군장교에서 1890년대 "해양력이 역사에 미친 영향(Influence of Sea Power upon History)"이라는 제목의 책을 출판하여 일약 해군최고의 전략가라는 명성을 얻게 된 마한의 정신이 살아 숨 쉬고 있는 곳이었다. 마한은 해군대학총장이라는 직위와 다양한 저술활동을 통하여 정치가들의 호감을 사게 되었고, 특히 시어도어 루즈벨트의 멘토로 활동하게 되면서 미국뿐 아니라 당시 주요 해양강국에 상당한 영향력을 미치는 인사가 되었다.[20]

마한과 해군대학 설립 초기의 총장들은 자신들이 국력 및 국가의 위신을 결정짓는 주요 요소라고 여겼던 해양력의 중요성, 구체적으로 미국의 국외무역과 해외식민지를 보호하는데 필수적인 강력한 해군의 중요성을 해군장교단에 심어주었다. 미·일 간 전쟁계획의 연구가 최초로 시작될 무렵, 마한은 이미 해군에서 퇴역한 상태였으나 해군대학 관계자들과 지속적으로 의견을 교환하고 학술세미나에 참가하는 등 전략문제에 대한 자문활동을 계속하고 있었다.

반면 일반위원회 의장인 듀이 원수는 마한과 같이 학문적, 지적능력이 뛰어난 사람은 아니었다. 듀이는 미국-스페인전쟁에서 빛나는 전과를 이루기 전까지는 '탁월한 전략가도 아니고 혁신가도 아닌' 그저 평범한 고참 제독 중 한명에 불과하였다. 그러나 듀이 원수는 일반위원회의 의장으로서 '탁월한 중재능력'을 발휘하여 위원회 내의 의견충돌을 해소하고, 그의 명성을 활용하여 위원회 건의안의 권위를 강화시키기도 하였다. 그럼에도 불구하고 그는 자신의 한계 또한 잘 알고 있었기 때문에 계획수립분야에 직접 관여하지는 않았으며, 자신감 넘치고 능력이 뛰어난 보좌관들을 활용하여 계획수립을 추진하였다.[21]

초창기 오렌지계획을 수립하는 과정에서 국가정책에 관한 공감대가 쉽게 형성되었다는 것은 당시 해군대학과 일반위원회 대표자들이 핵심가치를 공유하고 있었다는 것을 반증한다. 그들은 모두 미국이 강대국이 되는 것은 숙명이고, 미국이 제국주의에 합류하는 것은 정당한 일이라고 여겼으며, 해상무역은 국가 번영의 기초이기 때문에 이를 보호하기 위한 강력한 해군과 해외기지가 필요하다고 주장하였다. 결론적으로 새로 획득한 해외식민지를 방어하고 라틴아메리카 및 중국에서 기회균등을 보장하기 위한 수단, 즉 해군을 충분히 확보해야 한다는 주장이었다. 그리고 그들은 영국해군을 자신들의 롤 모델로 생각하였는데, 특히 영국해군의 공세적 기질을 부러워하였다. 또한 그들은 미 해군이 추구해야 할 가장 이상적인 전쟁목표는 완전한 승리가 되어야 한다는 것에도 의견이 일치하였다.

당시 해군대학에는 체계적 연구 및 강의를 위해 학문에 소질이 있는 장교들이 많이 모여들었는데, 이곳은 "계급이나 직책보다는 개개인의 사고력, 현상분석능력 및 논리적 판단력을 더욱 중시하는"[22] 곳이었다. 해군대학에서 전쟁계획수립활동이 점차 진행됨에 따라 이곳의 많은 사람들이 전쟁계획은 과학적 비교분석활동과 학문적 추론을 통한 결과물이라는 것을 인식하기 시작하였다. 1910년 경, 당시 해군대학총장이던 레이몬드 로저스(Raymond P. Rodgers)는 "정세판단절차(Estimate of the Situation Process)"라는 제목으로 더 잘 알려진 최초의 "실용적 전쟁계획수립체계"를 확립하였다. 이 체계는 전략구상절차의 일종으로서 로저스 총장의 먼 친척인 윌리엄 로저스(William ledyard Rodgers) 대령이 육군대학에서 이것을 배운 후에 해군대학에 채택을 건의한 것이었다. 이 체계를 활용하여 우군 임무의 설명, 적의 전력 및 의도의 평가, 아군전력 평가 및 가용한 방책의 발전 등 전쟁계획의 4가지 핵심요소의 도출이 가능해짐으로써 해군의 전쟁계획수립분야에 큰 서광이 비치게 되었다.[23] 이 계획수립체계는 1912년 해군대학이 계획수립 업무에서 손을 뗀 이후에도 해군의 다른 계획수립부서에서 오랫동안 사용되었다.

한편 일반위원회에서는 유능한 계획수립요원을 확보하기 위하여 능력 있고 전도유망한 대령 및 소장(少將)들을 다수 영입하였다. 그리고 롱(Long) 해군장관은 함대에서 능력이 검증된 수상함병과 위관장교 20여 명을 선발하여 전쟁계획수립과 관련된 업무를 겸직하게 하였는데, 여기에는 향후 제독으로 진급하는 윌리엄 심슨이나 클래런스 윌리엄스 같은 장교들도 포함되어 있었다. 이후 미 해군에서는 유능한 장교로 인정받아 2년간 전쟁계획수립부서에서 근무 후 함대로 복귀하는 장교는 제독으로 진급이 거의 확실시 된다는 전통이 생겨나게 되었다.

1900년 일반위원회는 선발 시 기준이 되는 계획수립요원에게 필요한 자질을 건전한 판단력(good judgement), 이해력(aptitude), 지적능력(intelligence), 인원사고 및 항해사고 유무(success in handling men and ships), 함정근무경력(practical sea experience) 순으로 규정하였다.[24] 이후 40여 년 동안 이러한 각각의 선발기준들은 강화되기도 하고 약화되기도 하였는데, 선발자들의 면면을 찬찬히 살펴볼 때, 그들의 능력은 이러한 선발조건의 역순에 더 가까운 것 같다.

계획수립과정은 본질적으로 누군가가 일사분란하게 지시하고 통제하는 것이 아닌 수평적이고 병행적인 참모활동으로 이루어지는 것이었으나 미 해군에서는 항상 수상함병과 장교를 책임자로 임명하였다. 계획수립부서의 책임자가 되려면 최소 10년에서 30년까지 해상 및 육상부대에서 근무한 경력을 보유해야 하였는데, 야망 있는 장교들은 이와 같은 전망 있는 보직에서 근무하고 싶어 하였기 때문에 전함근무 경력자들 중 항상 지원자가 넘쳐났다. 그러나 이러한 상황과는 반대로 계획수립부서의 실무요원 중에는 일찍부터 기뢰전, 상륙전, 군수, 전진기지 설계 등과 같은 최신 특기를 보유한 장교들 또한 포함되어 있었으며, 이후에는 잠수함 및 항공병과 장교들도 참여하게 되었다.

전쟁의 양상이 점점 복잡해짐에 따라 계획수립요원의 지적기준은 더욱 강화되었고, 이후 설립되는 전쟁계획부(WPD) 부장의 경우에는 사관학교 졸업서열(academic standing)로 지적수준을 판단하게 되었다(〈표 19.1〉 참조). 그러나 머리가 좋다고 해서 반드시 훌륭한 계획을 만들 수 있는 것은 아니었다. 간혹 탁월한 지적능력을 가진 사람은 풀기 어려운 복잡한 세부내용에 집착하여 장황한 말만 늘어놓아 '도무지 이해할 수 없는' 수많은 우발계획들만 양산한 경우도 있었다.[25] 그리고 필요한 순간에 적절한 결심을 내리는 능력을 배양하기 위한 해군대학교육의 이수 여부 역시 계획수립부서 근무의 전제조건이 되었다. 또한 고위 지휘관과의 친분이 때때로 계획수립요원의 선발에 영향을 미치기도 했지만 예상대로 이러한 장교들의 업무성취도는 일정치 않았다. 실제 계획작성 실무를 맡았던 기안자가 아니라 계획수립부서의 수장이 거의 모든 계획수립 문서에 서명을 하였기 때문에 누가 더욱 탁월한 성과를 냈는지 확인하는 것은 어렵지만, 그 당시 작성한 문서들을 분석해 보면 계획수립부서원들은 업무의 질보다는 업무 결과량에 더 많은 정력과 열정을 쏟은 것 같아 보인다.

건전한 판단능력은 계획담당자에게 필요한 가장 중요한 자질이었으나, 사전에 식별해 내기가 가장 어려운 자질이기도 했다. 한 전문가에 따르면 건전한 판단능력을 판가름하는 열쇠는 '지속적이고 끊임없는 연구'였으며 또 다른 이는 '공상까지 포함하는 뛰어난 구상능력'이 가장 중요하다고 주장하기도 하였다. 확실한 것은 명확하고 설득력 있는 분석능력이 건건한 판단을 내리는데 많은 도움이 되었다는 것이다. 가장 유능한 계획담당자는 신중한 현실감각과 과감한 결단력을 두루 갖추고 있는 사람이었다. 한 노련한 계획담당자는 적의 입장에서 사고할 수 있는 현실감각과 '생생한 구상능력'을 모두 갖춘 가진 사람이 바로 탁월한 계획담당자라 정의하기도 하였다.[26]

계획수립부서에서는 실무진 자리에 소수정예의 유능한 장교들을 데려다 앉히기는 했으나 그들의 고위직 진출까지 보장해 준 것은 아니었다. 제2차 세계대전 이전 계획수립부서의 수장(首長)을 역임한 장교 중 해군참모총장(CNO)까지 오른 사람은 단 한명 -윌리엄 스탠들리 제독- 이었고 미 함대사령관(commander in chief of the fleet)까지 오른 사람 역시 단 한명 -프랭크 쇼필드 제독- 뿐이었는데, 둘 다 1920년대에 전쟁계획부를 이끈 사람들이었다. 일부 계획수립부서 근무자들은 해군대학총장이 되었거나, 제2차 세계대전 기간 중 계획수립부서에서 다시 근무하기도 하였다. 한편 태평양전쟁 이전 계획수립분야 근무자들은 태평양전쟁 중에는 상륙작전과 같은 비교적 새로운 분야의 지휘관을 제외하고는 고속항모기동부대 지휘관 등과 같은 주요 해상부대 지휘관으로 거의 진출하지 못하였다.

계획수립 초기 해군대학과 일반위원회의 일부 정력적인 중견장교들은 부서 수장들이 정립한 오렌지계획의 지정학적 · 대전략적 구상에 적극적으로 동조하였는데, 이들은 오렌지계획의 형태가 갖춰지기 시작하던 초창기에 중요한 영향을 미치게 된다. 그중에서도 함포전문가이자 해군대학에서 세 번이나 근무한 바 있으며, '대전략 및 국제관계의 전문가'라 불렸던 제임스 올리버 중령은 당시 해군대학의 실질적인 대변인이었다.[27]

그는 미국의 대륙지향적 목표를 달성하기 위한 해양전략의 원칙들을 정립하였으며, 일본의 초기공격 방어 -서태평양을 횡단하여 반격 개시- 일본봉토 봉쇄로 순으로 이어지는 3단계로 이루어진 대일전쟁수행개념을 최초로 제시하기도 하였다. 미국의 지적자원이 전시 산업생산능력만큼 잠재력을 가지고 있다고 확신하였던 그는 전문적인 능력을 갖춘 장교들을 계획수립업무에 배치해야 한다고 주장하기도 하였다.[28]

한편, 일반위원회 제2위원회에서 가장 뛰어난 능력을 발휘한 클래런스 윌리엄스 중령은 전략적 사고능력까지 갖춘 수상함병과 장교였다.[29] 그는 올리버 중령이 강조한 대외정책분야에는 거의 이견이 없었으나, 올리버 중령이 중시한 태평양을 둘러싸는 해군기지망(chain of bases) 구축은 정치가들이 절대 동의하지 않을 것이라는 사실을 잘 인식하고 있었다. 그리고 그는 불완전한 계획이라도 만들어 놓는 것이 나중에 수정할 수도 있고, 전시 하나의 대안이 될 수도 있으므로 아예 없는 것보다는 낮다고 여기는 사람이었다.[30] 그리고 상급 문민기관에서 부여한 국가전략지침을 수용해야 한다고 주장한 올리버 중령과는 다르게 윌리엄스 중령은 해군자체의 능력을 강조하면서 해군이 주체적으로 전략의 방향을 설정해야 한다고 주장하였다. 이렇듯 양 기관을 대표하는 두 사람의 인식에는 차이가 있었지만, 대일전쟁계획의 수립이라는 공통의 목표가 있었기 때문에 세부적인 작전계획의 수립이 시작되기 전까지 이러한 차이점은 표면으로 드러나지 않았다.

해군대학과 일반위원회 모두 소규모 엘리트들로 구성되어 자문 또는 교육기능을 담당하는 조직이었기 때문에 외부로부터 어떠한 영향도 받지 않고 비교적 독립적으로 대일전쟁계획 수립활동을 진행할 수 있었다. 이 조직의 구성원들은 자유롭게 사고하고, 토론하고 계획을 수립할 수 있는 특권이 있었으며, 번잡한 현실업무에만 묶여있지 않고 창의성을 발휘할 수 있었다. 초창기 미국의 계획수립체계는 미국과 일본 간 전쟁이라는 심각한 주제를 연구하는데 매우 적합한 방식이었는데, 1906년에서 1914년까지는 계획수립부서에 노련한 현역장교들이 근무하고 있었고, 고위 지도부가 계획수립활동을 적극적으로 지원하였으며, 육군은 해군의 계획수립활동을 묵인하던 시기로써, 실제적인 해양전략을 수립하는데 이상적인 조건을 갖추어졌던 몇 안되는 시기 중 하나라 할 수 있었다.

그러나 개념적인 전략계획이 아닌 세부적인 작전계획의 수립에는 이러한 수평적 책임관계 및 자유로운 사고의 분위기가 적합하지 않는 것으로 드러났다. 당시 해군지휘부는 계획담당자들이 작성한 전략원칙에는 적극 찬성한 반면, 수많은 전력과 막대한 노력이 필요하다고 분석한 세부적인 대일작전계획에는 반대하였다. 이후 제1차 세계대전이 시작되면서 계획수립분야에도 위계질서를 강조하는 관료제적 통제체계가 적용되기 시작하였으며, 전략계획수립분야에서 독립적인 지위를 누렸던 초창기 계획수립조직은 그 자취를 감추게 되었다.

3. 태평양전쟁의 지정학적 고려요소

미일전쟁에서 승리하기 위한 최선의 전략방향을 설정하기 위해서는 먼저 양국 간 전쟁의 원인(原因)[원인(遠因)과 근인(近因)], 작전환경, 양국의 전쟁목표, 목표달성에 소요되는 시간과 비용 등과 같은 지정학적 전제들을 확정해야 하였다. 그러나 앞에서 살펴본 바와 같이 당시 미국의 민간지도부는 미일전쟁에 관한 국가정책이나 국가전략 수준의 지침을 제공해주지 않았기 때문에, 미군의 계획담당자들은 전쟁계획의 수립의 전제가 되는 지적학적 고려요소에 관해 자체적으로 가정을 수립해야 하였다.

우선 일본과 전쟁을 벌여야만 하는 타당한 근거를 만들어내는 것은 그리 간단한 일이 아니었는데, 그 당시 미국은 일본과 전쟁을 벌일만한 명확한 사유가 없는 상태였다. 1853년 미 해군 아시아전대를 이끌고 내일한 매튜 페리 제독(Commodore Matthew Perry)의 주도로 미국과 일본막부(幕府)는 미일화친조약을 맺고 일본은 서구에 문호를 개방하였다. 이후 양국은 우호적인 관계를 지속 유지하였으며 교역 또한 꾸준히 증가하고 있는 상태였다. 미국은 일본이 발전하고 서구화되기를 진심으로 바라마지 않았으며 일본은 급속한 서구화를 달성하여 미국의 이러한 기대에 부응하였다.

그리고 러일전쟁에서 일본이 승리하자 다른 미국 국민들과 마찬가지로 시어도어 루즈벨트 대통령도 이를 "진심으로 환영하였으며"[1] 그는 1905년에는 러일전쟁의 종전협상(일명 포츠머스조약)을 중재한 대가로 노벨 평화상까지 받았다. 그리고 같은 연도에 미·일 간 체결된 태프트-가쓰라 협정(Taft-Katsura Agreement)*에서 양국은 극동에서 서로의 이익을 존중한다고 합의하였다.

---

* 우리나라에서는 가쓰라-태프트 밀약이라 부르며, 협정에 따르면 일본은 필리핀에 대한 미국의 식민통치를 인정하며, 미국은 일본이

이렇게 양국 간에 우호적인 관계가 지속되고 있었기 때문에 1906년 이전 일본과의 전쟁계획수립을 정당화할 수 있는 유일한 근거는 일본이 태평양의 미국령 도서들을 탐낼 수도 있다는 가정뿐이었다. 1890년대 많은 일본인 노동자들이 일자리를 찾아 당시 미국의 보호령이었던 하와이로 이주하였다.[2] 이후 일본의 군함이 하와이에 이주한 일본인들을 보호한다는 명목으로 하와이 근해에 나타나자, 당시 해군차관이던 시어도어 루즈벨트는 해군성 장교들에게 일본의 개입을 차단할 필요가 생길 경우에 대비한 방어계획을 준비하라고 지시하였다(지도 3.1 참조).[3] 그러나 1898년 미국이 하와이를 정식으로 합병함으로써 이러한 우려는 가라앉게 되었다. 한편 당시는 제국주의적 팽창에 이론적 근거를 제공한 사회진화론(the Social Darwinian)*이 풍미하던 시기였기 때문에 미국인들은 일본이 자국의 급속히 증가하는 인구를 이주시키기 위하여 극동의 필리핀을 탐낼 수도 있다고 여기게 되었다.[4] 심지어 일본의 비밀조직이 미국의 통치에 반대하는 필리핀의 원주민세력을 지원하고 있다는 근거 없는 루머까지 미국 내에서 떠돌았다.[5] 그러나 일본의 입장에서 볼 때 자원이 별로 없는 필리핀보다는 아시아대륙을 확보하는 것이 더 많은 이익을 얻을 수 있었기 때문에 미 해군의 전략기획자들은 일본이 필리핀을 침공하여 미일전쟁이 발발할 것이라고는 전혀 생각지 않고 있었다(그러나 1907년 이후 오렌지계획에서는 관례적으로 미국영토에 대한 일본의 야욕으로 인해 양국 간 긴장이 고조된다고 가정하게 된다)[6].

실제로 미 해군이 오렌지계획을 연구하기 시작한 것은 아주 사소한 사건에서부터 시작되었다. 1891년에서 1906년 사이, 수천 명의 일본인들이 미국의 캘리포니아(California)주로 이주하게 되었다. 다수의 일본인이 지역사회에 정착하게 됨에 따라 그 지역의 백인우월주의자들은 위기의식을 느끼게 되었고 일본인들의 이주를 방해할 목적으로 일본인들은 "부도덕하고 무절제할 뿐 아니라, 서로 싸우기기만 일삼는 허드렛일이나 할 수 있는 인간들"이라는 악의적인 소문을 퍼뜨리기 시작했다.

대한제국을 보호령으로 삼는 것을 용인한다는 내용이었다.

* 다윈의 진화론을 바탕으로 하여 하버트 스펜서(Herbet Spencer)가 주장한 이론을 말한다. 사회 역시 적자생존의 원칙을 적용받으며 우월한 인종이 열등한 인종을 지배하는 것은 자연법칙이라고 주장한 이론으로써, 제국주의를 정당화하는데 기여하였다.

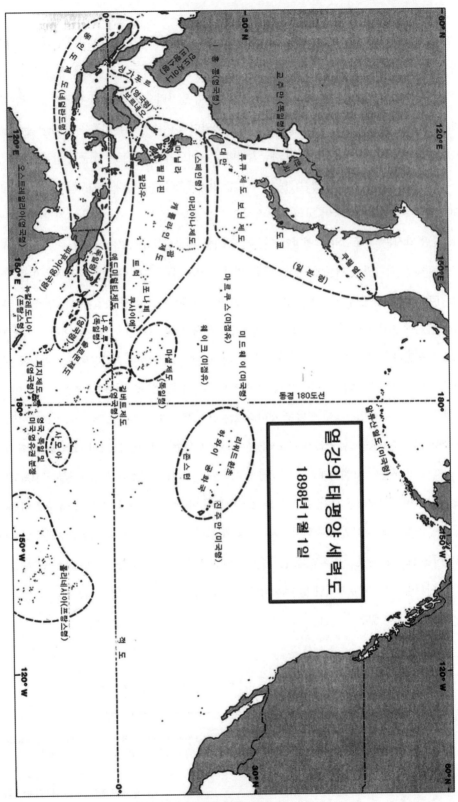

〈그림 3.1〉 열강의 태평양 세력도, 1898년 1월

1906년 4월, 샌프란시스코(San Francisco) 대지진이 발생하고 연이은 화재로 지역사회에 혼란이 발생하자 백인우월주의자들은 아시아인들의 재산을 빼앗고 폭력을 행사하여 재난의 희생양으로 삼았다. 더욱이 캘리포니아주 정치가들은 재미아시아인들의 재산권(property rights)을 제한하고, 백인과 아시아인 학생을 분리ㆍ교육시키는 배일이민법(排日移民法)을 통과시켰는데, 이러한 법안은 분명히 국가 간의 평등조약에 위배되는 것이었다. 이러한 미국의 조치를 접한 일본의 언론 또한 분개하였다. 그리고 엘리후 루트(Elihu Root) 국무장관이 "굶주린 흡혈귀와 같이… 신문 몇 부 더 팔기 위해 조국을 전쟁으로 몰아넣는 자들"이라 혹평한 바 있는 미국의 삼류 언론들은 짜르의 나라(러시아)를 쓸어버린 호전적인 일본인들의 위협이 커지고 있다며 거창하게 떠들어댔다. 결국 루즈벨트 행정부는 캘리포니아 주정부 관료들이 입안한 배일이민법을 취소하도록 조치하고 일본과는 정부차원에서 일본인의 미국 이민을 제한한다는 "신사협정(Gentlemen's Agreement)"을 체결함으로써 상황을 진정시켰다.

그러나 1907년 봄, 또 다시 반아시아 폭동이 발생하였고 일본과의 "전쟁의 공포"가 다시 한 번 신문의 머리기사를 장식하게 되었다.[7] 이민문제에서 발단이 된 이러한 양국 간 신경전이 해군대학에서 미국-일본 간 전쟁 시나리오를 연구하기 시작하는 계기를 제공하였던 것이다. 한편 일반위원회의 제2위원회에서도 나름대로 "(일본과의) 전쟁 임박 시 취해야 할 조치"를 수록한 개략적인 계획을 급하게 작성하기 시작하였다.[8]

1907년 배일폭동 발생 몇 달 전, 일본과의 전쟁가능성에 당황한 루즈벨트 대통령은 해군에 일본과 싸울 방안을 연구하고 있는지 여부를 문의하였다. 듀이 원수는 해군일반위원회 주관으로 이미 "효과적인 대일전쟁계획을 준비해 두었다"고 답변하였고[9] 합동위원회에서는 대통령에게 그 내용을 보고하였다.[10]

루즈벨트 대통령은 인종적 편견이나 언론이 조장한 호전론으로 인해 미ㆍ일 간 전쟁이 발발할 것이라고 믿진 않았다.[11] 해군의 계획담당자들 역시 일본은 만주침략에 집중하고 있으며, 러일전쟁으로 인한 국가재정의 고갈상태에서 아직 회복하지 못하였기 때문에 실제로 미국과 전쟁을 벌일 가능성은 희박하다고 보았다.[12] 이후 1908년 미국의 백색함대가 도쿄를 친선방문 할 때쯤에는 미ㆍ일 간 전쟁의 위기는 자연히 해소되었다. 그러나 미국의 계획담당자들은 실제 전쟁까지 갈 정도는 아니나 일본이 격앙된 여론이나 국제적 동정심을 자신들에게 유리하게 이용하는 것을 차단하려면 미국은 서부해안에 언제라도 싸울 있는 준비태세를 유지해야 한다고 생각하게 되었다.[13]

1913년, 캘리포니아 주의회에서 아시아인의 토지소유를 금지하는 법안을 통과시키자 양국의 '황색 언론'은 또다시 대중을 선동하기 시작했다. 미국 행정부는 다시금 자제를 촉구하였으나, 당시 대통령이던 우드로 윌슨은 시어도어 루즈벨트 대통령과는 반대로 대일전쟁계획의 준비를 중단시켰다. 또한 윌슨 대통령은 자신이 모르는 사이에 합동위원회에서 병력동원을 위한 준비를 진행하자 합동위원회가 모든 계획수립업무에서 손을 떼게 만들어 버렸다.[14]

1920년대 초반, 미국이 모든 아시아인의 이민을 제한하는 이민법을 통과시켜 재차 일본을 자극하게 되었으나, 이때쯤 미군의 전략기획자 중에 인종분쟁이 미·일 간 전쟁을 유발할 것이란 생각을 가진 사람은 거의 없었다. 그럼에도 불구하고 1906년 발생한 인종차별사태는 미국이 대일전쟁계획을 연구하게 되는 시발점이 되었다는 점에서 중요한 의의를 지닌다.

계획담당자들은 미국의 극동정책의 근저를 이루는 문호개방정책을 검토하고 나서야 미·일 간 전쟁의 논리적인 원인을 식별할 수 있었다. 이전부터 미국 정부와 사업가들은 중국시장에 진출하기를 학수고대해 왔었다. 중국시장 진출에 대한 미국의 열망은 맥킨리 대통령이 아시아무역을 위한 기지로 활용하기 위하여 미국-스페인전쟁 후 필리핀을 식민지로 삼은 이유이기도 했다. 그러나 당시 유럽열강들은 빈사상태에 빠진 청(淸)제국으로부터 배타적 무역지분을 획득하고 중국에 해군기지를 확보하는데 혈안이 되어 있었는데, 그중에서도 가장 탐욕스러운 제국주의 국가는 독일과 프랑스와 러시아였다.

1899년, 존 헤이(John Hay) 국무장관은 중국 내 자유무역의 보장을 모든 열강국가에 호소하였으나 별다른 성과를 거두지 못하였다. 다음 해인 1900년, 미국을 포함한 8개국 연합군이 중국 민족주의자들이 중심된 의화단운동(Boxer Uprising)을 진압하고 난 이후부터 중국대륙에 대한 열강의 침탈은 더욱 가속화되었고, 특히 러시아는 만주의 주요지역을 실질적으로 병합하게 되었다. 이러한 상황에서 헤이 국무장관은 중국내 자유무역 보장에 관한 제안을 더욱 확대하여 모든 국가가 중국의 정치적 주권을 존중해야 한다고 각국에 호소하였다. 이러한 중국에서 자유무역 보장과 중국의 정치주권 존중에 대한 미국의 호소를 총괄하여 문호개방정책(Open Door policy)이라 불렀는데, 이 정책은 도의적인 측면, 그리고 현실적인 측면 모두에서 미국에게 이익이 되는 것이었다. (맥킨리 대통령이 암살된 후 루즈벨트 행정부에 재입각하여) 문호개방정책을 처음 천명한 헤이 국무장관은 아무런 근거 없이 미국이 주도하여 아시아의 세력균형을 유지하는 것에 대해 유럽열강이 암묵적으로 승인한 것으로 간주하였다. 마한이 주장한 대로 먼로독트린(Monroe Doctrine)과 함께 문호개방정책은 해군의 전쟁계획이 탄생할 수 있는 배경이 된 "근본적이고 영구적인 미국의 외교정책"이었다.[15]

1905년 러일전쟁이 끝날 때까지 미국의 계획담당자들은 적대세력으로부터 문호개방정책의 실행을 보장하기 위한 방안을 연구하였다. 이전부터 이어진 고립주의정책으로 인해 소규모 육군만 보유한 미국으로서는 러시아와 같은 대륙열강에게 문호개방정책의 준수를 강요할 수 없었기 때문에 극동에서 강력한 우방이 필요하였다. 당시에는 영국과 일본이 미국의 동맹국으로 가장 적합해 보였는데, 영국은 동방에 수많은 식민지를 보유한 거대제국이었고 일본은 청일전쟁의 승리 이후 대만을 식민지로 삼고 실질적으로 한국을 지배하고 있는 상태였다. 미국은 1902년 체결된 영일동맹이 미국의 문호개방정책을 안정화시킬 수 있는 수단이 될 것으로 생각하고 이것을 환영하였다.[16] 이에 따라 해군 일반위원회는 극동에서 중국에서 독점적 이익을 확보하려는 대륙열강을 저지하기 위하여 영국, 일본 해군과 연합하여 대항한다는 가상 시나리오를 준비한 후 이를 시행하기 위한 대략적인 계획 및 해도로 구성된 전쟁 포트폴리오 2(War Portfolio No. 2)를 작성하였다.

당시 듀이 원수의 오른팔이었던 헨리 테일러(Henry C. Taylor) 소장이 계획의 작성을 주도하였는데, 그가 작성한 미국이 영일동맹국과 연합하여 러시아, 독일, 프랑스 등과 같은 사악한 국가들에 대항한다는 시나리오는 당시 큰 주목을 받았다(어떤 이유에선지는 모르지만 그는 이 전쟁이 아시아를 제외한 다른 대륙까지 확대되지는 않을 것이라 보았다). 그러나 정작 계획을 시행해야 하는 당사자인 미 해군 아시아기지 사령관 프레더릭 로저스(Frederick Rodgers) 소장은 이에 대해 별다른 반응을 보이지 않았다. 이 계획이 정식으로 공포되자 로저스 소장은 마지못해 그가 지휘하는 13척의 함정은 방어가 취약한 마닐라기지를 출항, 가장 약한 적인 프랑스 전대를 격파하고 인도양과 대서양간 해상교통로를 보호하기 위하여 인도차이나의 항구들을 점령한다는 계획을 작성하였다. 이후 북중국 및 시베리아에 위치한 독일 및 러시아 함대를 봉쇄하기 위해 영국 및 일본 해군과 연합함대를 구성한다는 계획이었다.[17] 그러나 로저스 제독의 후임자가 세부적인 계획을 작성하는 것을 거부하자 제 2위원회와 해군대학은 어쩔 수없이 다른 시나리오들로 눈을 돌릴 수밖에 없었다.[18]

1904년, 합동위원회의 육군위원들이 해군에서 자체적으로 작성한 식민지열강 간 전쟁계획의 존재에 대해 알게 되면서 이 계획을 더 이상 구체화하는 일은 중단된다.[19] 당시 채피(Adna R. Chaffee) 육군참모총장은 해군의 계획은 현실성이 없다며 비판하였으며 육군대학총장 블리스(Tasker Bliss) 준장은 아시아에서 전쟁계획보다는 서반구의 방어를 위한, 특히 파나마운하의 방어를 위한 계획을 발전시키는 것이 더 시급한 일이라고 주장하였다.[20] 해군은 육군의 이러한 주장을 수용하여 더 이상의 계획발전을 중단하였는데, 러일전쟁에서 일본의 승리와 독일과 프랑스가 대립하기 시작한 유럽정세의 변화로 인하여 테일러 제독의 시나리오는 이미 그 유용성을 상실했기 때문이었다.[21] 그리고 그해 테일러 제독이 사망한 이후로는 육·해군은 식민지열강 간 전쟁계획을 다시는 재검토하지 않았다. 중국의 독일 조차지인 교주만 공격에 관한 개략계획은 1906년 10월, 루즈벨트 대통령이 일본과의 전쟁계획이 있는지 문의할 때까지 그 존재가 잊혀졌다.[22]

테일러 제독의 연구는 당시 국제정치의 현실과는 동떨어진 것이었지만 육군을 배제한 채 해군이 주도적으로 작성한 작전구상이었고, 원거리 해군기지의 중요성을 최초로 강조하였다는 점에서 초창기 오렌지계획에 크나큰 유산을 남겨주었다. 당시의 연구에서 테일러 제독은 극동에서 강력한 전투전대를 운용하기 위해서는 필리핀에 대규모 해군 정비시설이 필요하다고 주장하였으며, 필리핀을 기점으로 했을 때 미 함대의 작전반경이 황해까지 미치지 못하기 때문에 재보급 및 간단한 정비를 위해 전투구역 근해에 배치할 '이동식' 또는 '신속전개식' 기지가 필요하다는 점을 역설하였다. 이를 접한 일반위원회에서는 중국에 저탄기지(貯炭基地)를 확보하는 방안을 고려하기도 했다. 그러나 평시 기지의 확보는 다른 열강국을 도발할 우려가 있고 행정부가 이것을 승인하지 않을게 확실하다는 것을 깨닫고 곧 포기하였다(로저스 제독은 일본이 승인할 가능성이 거의 없는 한국에 해군기지를 확보하는 방안을 은밀히 제안하기도 하였다). 사전에 아시아 연안에 해군기지를 확보하기 어렵다는 것이 확실시됨에 따라 전쟁이 시작되면 미 해군은 필리핀에 저장된 군수물자를 전투구역 가까이에 집적하기 위해 이동식 전진기지(mobile advanced bases)를 신속하게 설치해야 할 것이었다. 일반위원회는 이동식 전진기지는 전투구역 근처에 간편하게 설치가 가능해야 하며 적 공격에 대해 일정한 수준까지는 자체무기만으로 방어가 가능한 능력을 갖추어야 한다고 결정하였다.[23] 이러한 이동식 전진기지의 요구성능은 이후 수십 년간 미 해군의 태평양 전략구상의 근저를 이루는 요소가 되었다.

한편 1906년 이전까지는 듀이 원수를 포함한 미 해군의 어느 누구도 일본이 미국에 위협이 된다고 생각하지 않았다. 듀이 원수는 미국-스페인전쟁에 참전하기 이전부터 일본천황에 대해 상당한 호감을 가지고 있었으며, 페리 제독의 내항을 거부하기도 했던 중세 막부제의 일본이 단 40여 년 만에 근대적 입헌군주국가로 변화한 것을 매우 대견하게 생각하고 있었다.[24] 미국이 중국, 일본 및 러시아로 구성된 동맹군과 싸운다는 전쟁 시나리오까지 연구한 바 있는, 상상력이 매우 풍부했던 테일러 제독까지도 현실적으로 일본과 전쟁을 벌일 일은 없을 것이라고 간주하였다.[25] 그러나 1904년 2월부터 1905년 9월까지 벌어진 러일전쟁의 결과 일본이 미국의 문호개방정책을 위협할 것이라는 인식이 급격히 자라나게 되었다. 일본이 러일전쟁에서 승리하면서 극동에서 러시아세력은 일소(一掃)되었고, 다음해에는 유럽에서 전쟁위기의 고조로 인해 극동에 배치된 유럽 국가들의 함대가 속속 본토로 복귀하게 됨에 따라 극동에서 일본의 팽창을 저지할만한 세력이 사라지게 되었다. 그리고 러일전쟁 시 일본은 놀랄만한 군사력을 과시하였는데 일본 해군의 현대식 전투함대는 일사불란하게 기동하여 러시아함대를 격파하였고, 일본육군은 극심한 전력손실에도 불구하고 높은 사기를 바탕으로 열광적으로 전투를 벌였다. 또한 일본의 국민들은 전쟁에 필요한 막대한 재정지출을 버텨내었다.

러일전쟁에서 승리함으로써 일본은 극동에서 무시할 수 없는 열강국이 되었다. 미국의 입장에서 볼 때 이렇게 강력한 적(즉 일본)과 싸우기 위해서는 결속력이 취약한 식민지열강 연합함대 따위의 구상보다는 좀 더 체계적인 연구가 필요하게 되었던 것이다. 러일전쟁의 결과로 체결된 포츠머스 강화조약(the Treaty of Porthmouth)은 일본의 완전한 만주지배를 제한하긴 했지만 미국의 계획담당자들은 일본이 여전히 만주를 노리고 있다고 보았는데, 이제 극동에는 일본의 이러한 야심을 저지할 만한 국가가 없었다. 레이몬드 로저스 해군대학총장과 참모진은 1911년 "미·일 정세 연구"에서 일본은 결국 중국에 대한 점진적인 경제적 침탈에서 공개적 야욕의 표출로 그 전략을 변경하게 될 것이며, 이에 따라 미국도 자국의 문호개방정책을 견지하기 위해 '적극적 행동'이 필요할 때가 올 것이라 예측하였다.

해군대학 교수진은 대일전쟁의 전개양상을 아래와 같이 세 가지로 나누어 가정하였다. 먼저 전쟁발발 시 미국에 가장 이상적인 상황은 한 개 또는 그 이상의 동맹군이 일본을 대륙의 지상전에 고착시켜 미국의 세력권에 대한 위협은 단지 견제 수준에 불과한 상황으로, 이 경우 미 해군은 대일전쟁에서 제한적인 역할을 할 것이며, 미 육군은 특별히 할 일이 없을 것이었다. 다음으로 계획담당자들이 인정한 발생가능성이 가장 높은 상황은 일본이 자국의 해상교통로를 보호함과 동시에 미국의 봉쇄기도를 돌파하고 향후 태평양으로 진출하기 위한 적절한 발판을 확보하는 것이었다. 이 경우 필리핀 및 괌 그리고 하와이가 공격을 받아 미국은 서태평양에서 일시적으로 후퇴해야 할 것이었다. 마지막으로 미국에 가장 불리한 상황은 만주에서 일본의 철수를 강요하기 위해 미국이 단독으로 일본과 싸우게 되는 상황으로, 대륙에서 지상전이 아닌 제해권(command of the sea)의 확보, 일본이 점령한 도서의 탈환 및 일본 본토 해상봉쇄를 통한 경제적 압박 등과 같이 해양작전을 통해 만주에서 일본의 철수를 강요하는 것이었다.

이에 따라 1911년, 해군대학의 계획담당자들은 미일전쟁계획의 가장 핵심적인 전제인 전쟁발발의 원인을 "일본이 중국대륙에 대한 침략야욕을 실현하기 위해 미국령 도서를 선제공격함으로써 전쟁이 시작된다."라고 확정하였다. 그러나 해군대학의 계획담당자들은 전쟁발발 시 일본을 중국대륙의 지상전으로 끌어들여 전력을 약화시키기 위해서는 미국이 유럽열강들과 동맹을 맺어야 한다고 권고함으로써 군이 정치·외교적 문제에까지 관여하는 큰 실수를 범하였다.[26] 전통적으로 미국은 고립주의정책을 고수한 관계로 동맹관계에 얽히는 것은 정치권의 격렬한 반대를 불러일으킬 수 있다고 우려한 해군장관은 해군대학에 정치적 문제까지는 다루지 말라고 지시하였다.[27] 그리고 해군 현역장교들이 '도를 넘어서' 국가의 대외정책에까지 관여하는 것을 탐탁지 않게 여긴 듀이 원수는 오렌지계획과 문호개방정책 간의 긴밀한 연계성을 분리시키기로 마음먹었다. 1914년, 일반위원회는 "일본이란 나라는 본래 탐욕스럽고, 호전적이고, 거만할 뿐만 아니라 미국을 경멸하고 있기 때문에 서태평양에서 미국을 몰아내기 위해 전쟁을 일으킬 것이다."라는 전쟁의 원인에 관한 대전제를 채택하였다.[28]

10년이 못되는 사이에 미국 전략가들의 자국에 대한 인식은 중국의 든든한 후견인에서 일본이 자국의 야욕달성을 위해 언젠가는 공격하게 되는 행동의 제약을 받는 나라로 바뀌었다. 이후 상급 국가통수기구에서 미일전쟁의 원인에 관한 지침을 내려준 적은 한 번도 없었지만, 미일전쟁의 원인에 대한 미 해군장교들의 이러한 인식은 1914년 이후로 바뀌지 않았다. 결과적으로 볼 때 이러한 인식은 타당한 것이었다. 미국은 1931년 만주사변 발발 시, 1937년 중일전쟁 발발 시에도 일본에 선전포고하지 않았으며 1941년 태평양전쟁 발발 시에도 일본을 먼저 공격하지 않았다. 일본이 동아시아 정복에 주된 걸림돌인 미국을 제거하기 위해 먼저 공격을 시작했을 때 미국은 비로소 일본과 전쟁을 하게 되었던 것이다.

실제로 미국이 대아시아무역의 이익이나 중국의 주권을 보호하기 위하여 일본과 싸우게 된다는 거창한 가정보다는 필리핀에서 자국의 정당한 이익을 보호하기 위하여 싸운다는 것이 고립주의를 고수하던 미국이란 나라의 특성에 좀 더 적합한 가정이었다. 그러나 필리핀의 불확실한 위상 때문에 향후 30년간 이 가정은 매우 혼란스러운 문제가 되었다. 필리핀은 통치에 많은 예산이 소요되는 반면, 미국이 얻을 수 있는 경제적 이익은 그리 많지 않았기 때문에 상당수의 미국인들은 이 식민지를 포기하기를 원하고 있었다(마닐라 해군기지에서 근무한 이후 필리핀에서 미국의 철수를 지지하게 된 한 해군 제독은 값싼 아시아 상품에 비해 가격경쟁력이 떨어지는 필리핀에서 교역상의 이익을 기대하면서 필리핀을 지키기 위해 전쟁을 벌인다는 것은 터무니없는 일이라 주장하기도 하였다)[29].

1916년 연방의회에서 통과된 존스법(The Jones Act)에서는 필리핀인들에게 궁극적으로 독립을 약속하였으나 필리핀의 열렬한 지지자였던 레오나드 우드(Leonard Wood) 장군이나 더글러스 맥아더(Douglus McArthur) 장군과 같은 사람들은 필리핀이 독립한다 하더라도 미국이 영구적으로 필리핀의 방어를 지원해야 한다고 계속해서 주장하였다.

1920년대 필리핀 총독을 역임했던 우드 장군은 미국은 필리핀을 경제분야의 단기적인 이익보다는 미국이란 나라의 도덕성 및 위신 등과 같은 궁극적인 이익에 초점을 맞추어 바라보아야 한다고 말하면서, 필리핀의 방어는 미국이 져야 할 신성한 책무라고 주장하였다. 그리고 그는 오렌지계획의 주 전략목표를 일본의 필리핀 침략을 격퇴하는 것으로 재설정해야 한다고 하딩 행정부를 설득하기도 하였다(제11장 참조). 이에 따라 미군은 필리핀에서 자발적으로 빠져나오는 것을 거부한 채 태평양전쟁 발발 시 필리핀의 방위에 말려들게 되었다.

합동위원회 역시 1924년, 1931년, 1934년 오렌지계획의 재검토 시 아시아에서 "백인국가의 신성한 책무"를 포기하는 것은 "적절치 않다"고 하면서 필리핀을 포기하는 것에 부정적 의견을 피력하였다. 합동위원회에서 작성한 보고서에서는 아시아에서 미국이 철수하게 되면 이 지역에 대한 미국의 영향력과 무역규모가 감소될 것이며, 문호개방정책도 유명무실해 질 것이라 보았다. 특히 미국이 떠나게 되면 필리핀은 탐욕스러운 열강의 금융권에서 자금을 빌리기 시작하게 되고 머지않아 채무 불이행(default)을 선언하게 될 것이며, 결국 또 다른 열강의 식민지로 전락할 것으로 판단하였다. 이렇게 되면 필연적으로 일본이 서구열강이 떠난 아시아의 대부분을 차지하게 될 것이며 필리핀까지 지배하게 될 것이었다. 쿠바의 경우와 마찬가지로 미국은 필리핀에도 준후견인(semiprotectorate)과 같은 의무가 있다고 간주한 합동위원회는 필요시 미국이 예전의 피후견인에게 군사원조를 제공하는 것이 바람직하다고 보았다. 합동위원회는 이러한 이유로 필리핀의 독립은 일본과의 전쟁가능성을 높이게 될 것이라 경고하였던 것이다.

일부 해군 고위 지휘관은 필리핀의 요새화된 기지 및 8개의 항구에 대한 영구적 사용권리 등을 확보하기 위한 목적으로 미군이 필리핀에 계속 주둔해야 한다고 대정부 로비활동을 벌이기도 하였다. 그리고 합동기획위원회는 술루 군도(Sulu Archipelago)와 -함대전전기지 건설에 적합한 지역이 있는- 서부 민다나오(western Mindanao)를 독립하는 필리핀에서 분리하여 미국의 통치 하에 두자고 주장하였다. 1933년 미 의회는 필리핀 내 미국군사기지의 유지를 조건으로 한 필리핀 독립법안을 승인하였는데, 필리핀 자치의원들은 당연히 이 법안에 반대하였다. 그리고 다음해 통과된 타이딩스-맥더피법(Tydings-McDuffe Act)은 1946년 완전한 필리핀의 독립을 약속하였다. 이러한 연방의회의 결정을 접한 계획담당자들은 필리핀 독립의 결정으로 인해 미국은 아시아에서의 영향력과 교역시장을 완전히 상실하게 된 반면, '아무런 실익도 없이 명분 때문에' 필리핀의 방위에 말려들게 되었다고 다시 한 번 불만을 토로하였다.[30]

필리핀의 독립이 기정사실화되긴 했지만 필리핀의 자치기간 중에도 계속 미군이 필리핀에 주둔하였기 때문에 오렌지계획담당자들은 1911년 확정된 미일전쟁발발 원인에 대한 가정을 수정할 필요가 없었다. 계획담당자들은 미국이 네덜란드령 동인도제도나 영국령 말레이반도 등과 같은 유럽의 아시아 식민지를 방어하기 위하여 전쟁을 벌일 가능성도 있다고 판단하기도 하였지만(1939~1940년의 몇몇 계획은 이렇게 가정함), 어쨌든 일본은 아시아에서 미국을 축출하기 위해 필리핀을 공격할 것이라 믿어 의심치 않았다.

예를 들어 1940년, 당시 아시아함대 사령관이 전쟁발발 시 일본은 남방의 영국령 말레이반도 및 네덜란드령 동인도 제도에 대한 공격에 집중하기 위해 필리핀 제도는 그냥 우회할 수도 있다는 의견을 제시하자, 워싱턴의 전쟁계획부에서는 일본이 남방진출을 개시할 경우 필리핀 또한 공격할 것이 분명하므로 이 경우 양국 간 전쟁은 불가피 한 것으로 간주하고 있다고 통보하였다.[31]

일본의 야욕에 의해 미일전쟁이 발발한다고 보면 전쟁이 시작될 때의 상황도 비교적 정확하게 예측이 가능하였다. 미국의 계획담당자들은 일본은 기민하고 은밀하게 군대를 동원할 것이며, 자신들에게 유리한 시점, 즉 미국이 아직 전쟁준비를 완료하지 못해 미 해군 전력이 상대적으로 취약하다고 생각되는 시점에 공격을 개시할 것으로 판단하였다.

마한은 일본이 러일전쟁 때 그랬던 것처럼 비양심적으로 선전포고 없이 기습공격을 가할 것이라 예측하기도 하였다.[32] 그러나 계획담당자들은 일본과의 전쟁위기가 고조된다 할지라도 미국의 국가지도부는 함대를 극동으로 미리 이동시키는 것 등과 같은 전쟁을 사전에 준비하기 위한 전력의 전방배치는 승인하지 않을 것이라 보았다.[33] 또한 계획담당자들은 전쟁발발을 사전에 예측할 수 있는 기간을 최소 2일에서 최대 40일까지로 판단한 경우도 있었으나[34] 대부분은 일본이 초전에 일격을 가하기 위해 완벽한 기습을 실시할 것이므로 전쟁발발시점을 사전에 정확히 예측하는 것은 어려울 것이라 보았다.

당시 미국 전략기획자들이 상정한 대일전쟁의 목표를 한마디로 요약하면 바로 완전한 승리였다. 그들은 대일전쟁 초기 주력함대가 격파되지만 않는다면 미국에게 아주 불리한 상황은 없을 것이라 보았다. 그리고 당시 미 함대의 대부분은 대서양과 접한 미국동부해안의 모항에 주둔하고 있었기 때문에 일본과 전쟁이 발발해도 안전할 것이라 판단하였다. 그러나 일부 비판자들은 1907년판 오렌지계획에 대해[35] 미 함대가 대서양의 모항을 출항하여 서태평양에 전개할 때쯤이면 일본은 이미 하와이를 점령하여 전략적 우위를 확보한 다음 미국의 서부해안을 위협하며 "자신들에게 유리한 평화협정의 체결을 요구"할 것이기 때문에 일본 함대와 싸워보기도 전에 "전쟁은 이미 끝나버릴 것이다"[36] 라고 비판하기도 했다.

1914년경이 되면 대일전쟁 시 미국이 패할 수도 있다는 부정적 예측은 미 해군 내에서 거의 사라지게 되지만, 여전히 계획담당자들은 주력함대의 패배는 곧 전쟁의 주도권 상실을 의미하는 것으로 인식하고 있었다. 실제로 1941년 12월, 일본은 진주만기습으로 태평양에 배치된 미 함대의 절반을 파괴하였지만 이로 인해 미국은 도리어 전쟁의지를 불태우게 되었으며, 동태평양에 사전에 구축된 미국의 강력한 방어망과 일본의 취약한 군수능력으로 인해 '자신들에게 유리한 평화협정의 체결을 요구'할 수가 없었다. 일본의 입장에서 볼 때 대미전쟁은 시간과의 싸움이었던 것이다.

전체 전력 면에서 미국보다 열세인 일본의 입장에서 볼 때 미국이 전력을 총동원하기 전에 단기간에 승부를 내야 어느 정도 승산이 있었지만, 현실적으로 일본의 고위지도부 역시 미국과의 전쟁은 장기간의 소모전이 될 수밖에 없을 것이라 판단하였다. 미국 계획담당자들이 생각한 일본의 기본적인 군사목표는 가능한 한 장기간 서태평양의 해양통제권을 유지함과 동시에[37] 남방자원지대에서 석유, 고무 등의 천연자원 및 북중국에서 곡물 등의 전쟁필요자원을 수입, 비축하여 전시산업능력을 보존하면서 -미 함대를 격파할 수 있는- 적절한 기회가 올 때까지 함대전력을 보존한다는 것이었다.

1920년대의 계획수립 연구보고서에서는 일본은 미국민들이 전쟁에 염증을 느낄 때까지 전쟁을 장기화하려 할 것이며, 일본의 야심찬 정치적 목표에 따라 일본국민들은 이러한 장기전을 기꺼이 수용할 것이라 예측하였다.[38] 그리고 일본은 자신들이 침략하여 확보한 영토의 보유를 인정하는 평화협정을 맺을 때까지 미국과 전쟁을 계속할 것이라 판단하였다.

앞에서도 언급하였듯이 당시 미국의 민간지도부는 미일전쟁 발발 시 미국의 핵심이익을 어떻게 보호할 것인지에 관한 국가전략지침을 내려주지 않았기 때문에 군의 계획담당자들은 상당한 자율성을 가지고 예상되는 적의 전략에 대한 대응책 구상할 수 있었다. 당시 계획담당자들은 모든 해양, 특히 서태평양에서 일본의 통상활동을 파괴하고, 일본의 전진기지를 점령함과 동시에, 외교적 및 재정적 압박을 통해 외국자본의 유입 및 통상활동을 차단하여 일본의 침략야욕을 차단한다는 저강도전쟁 또한 한 가지 전쟁방안이 될 수 있다고 판단하였다.

그러나 클래런스 윌리엄스는 이러한 저강도전쟁전략에 대해 일본이 아시아의 점령지에서 자원을 약탈하는 동안 미국은 이를 수수방관해야 하는 매우 소극적인 대응방안이라고 비판하였다.[39] 계획담당자들이 구상한 미국의 또 다른 대일전쟁전략에는 필리핀 탈환을 최우선 목표로 하고 필리핀을 탈환한 이후에는 일본과 협상에 임하는 것, 일본을 중국대륙의 전쟁에 끌어들이기 위해 러시아나 중국과 협력하는 것 등 매우 다양하였는데, 그 중에서도 가장 극단적인 방안은 무제한전쟁을 수행하여 일본을 완전히 격파한다는 것이었다.

일찍이 1906년부터 미국의 계획담당자들이 수용한 대일전쟁전략은 바로 무제한 경제전이었다. 대부분 외국자본을 조달하여 전쟁을 수행하였고, 자금조달에 실패해 국가재정이 파산할 경우 아무리 호전적인 국가라도 평화협상에 임할 수밖에 없었던, 자못 신사적으로 전쟁을 수행했던 제1차 세계대전 이전에는 이러한 경제전도 상당한 실현 가능성이 있었다. 더욱이 듀이 원수와 그의 동료들은 남북전쟁 당시 북부연방 해군이 1861년부터 1865년까지 700여 척의 군함을 동원, 남부연합의 해상무역을 봉쇄하기 위해 실시했던 아나콘다 작전(the Anaconda Plan)에 초급장교로 참여한 경험이 있었다. 그들은 일본에 대한 지속적인 해상봉쇄와 항구 및 상선의 파괴 그리고 '결정적이고 완전한 경제적 고립'[40]을 통해 일본을 빈사 상태로 만들 수 있다고 확신하였다.[41] 바로 이것이 미국이 대일전쟁에서 승리할 수 있는 가장 확실한 방법이라고 생각했던 것이다.

자연히 미국이 대일전쟁 시 수행할 무제한전쟁의 최종목표는 무조건 승리로 귀결되었다. 1907년, 올리버 중령은 대일전쟁의 최종목표를 "전쟁에서 승리할 때까지 포기하지 않는다는 굳건한 결의"[42]를 가지고 싸우는 것으로 제안하였고, 이후 윌리엄스는 최종목표를 "우리의 의도대로 일본을 굴복시키는 것"[43] 아니면 간단히 "우리의 의도를 강요하는 것"[44]으로 표현하였다. 우직한 뱃사람이었던 듀이 원수는 전쟁의 목표는 간단히 "적을 격파하는 것"이라고 생각하였으며, 적을 격파하는 최선의 방안은 적부대를 "완전히 전멸시키는 것"이라 보았다. 그는 전쟁의 '이면에 있는' 정치적 동기 따위는 신뢰하지 않았으며 미 해군은 "최단시간 내 전쟁의 승리라는 유일한 목표를 달성하기 위해 가장 완벽하고 프로다운 자세를 견지하면서 전력(全力)을 다하여 전쟁을 수행해야 한다."[45]고 제안하였다. 듀이의 이러한 사상은 1941~1945년 태평양전쟁 시 모든 정치적 결과는 배제한 채 군사작전의 승리에만 집중했던 미군 지휘관들의 사고방식을 형성하는 근저가 되었다.

　　미 해군이 대일전쟁 시 무조건적 승리라는 대담한 결심을 하게 된 원인이 무엇인지는 알려진 바가 없다. 과거 역사를 살펴볼 때 이렇게 상대방을 완전히 격멸하는 전쟁은 그리 흔한 것이 아니었으며, 해군력만으로 전쟁에서 승리한 사례도 거의 없었다. 남북전쟁 시 북부의 연방군이 이러한 무제한적 승리를 위해 노력한 적은 있었으나 이것도 남부 연합군을 붕괴시키기 위한 비상수단으로 취해진 것이었다. 20세기 초반의 미국 해군은 근대적 해군과 전투를 벌인 경험도 없었고, 장거리 해역을 이동하여 강대국해군과 전쟁을 한 경험도 없었다. 당시 미 해군의 완전한 승리에 대한 집착은 아마도 영국 해군의 전통인 넬슨 제독의 감투정신에 대한 동경에서 기인했을 가능성이 높다. 당시 미 해군은 미일전쟁계획수립 시, 제2차 세계대전 승리의 실질적인 결정요인이었던 미국의 수많은 인구와 막대한 산업생산능력을 계산해 넣지 않았다. 해군계획담당자들은 태평양을 무대로 한 미·일 간 전쟁에서는 대규모 지상군전투는 없을 것이라 간주하고 인구를 중요하게 생각지 않았으며, 1914년 이전에는 산업생산력을 전쟁의 승패를 결정하는 핵심적 요소로 취급하지 않았다. 그 당시 전쟁의 사례로 미루어 볼 때 장래의 미·일 간 전쟁은 단기간에 승부가 결정되어 몇 년이 아닌 몇 달 안에 끝날 것이라 예측되었다.

　　당시 계획담당자들은 미국은 전쟁기간에 관계없이 이를 지속적으로 지원할 수 있는 충분한 전시산업능력을 갖추고 있으며[46] 복종심이 강한 일본인들은 그 지도자들이 항복을 결심하기 전까지는 저항을 계속할 것이라는 사실에는 의문의 여지가 없다고 보았다. 가장 불확실한 점은 미국민들이 자국의 생존과 직결되지 않는 대일전쟁의 장기화를 견뎌낼 수 있을 것인가 여부였다. 이 문제에 대해 마한은 미국민은 견뎌내지 못할 것이라 확신하였다. 마한 및 그와 의견을 같이하는 전략기획자들은 미국 사회를 관심사가 수시로 바뀌고, 장기전에서 오는 고통을 기꺼이 감내할 마음이 없는 변덕스러운 사회라 인식하고 속전속결을 위한 공세전략을 제안하였다.[47] 그러나 미국민은 이것저것 따지지 않고 기꺼이 '장기간의 소모적 전쟁'을 감내할 것이라 확신한 올리버 중령은 이러한 의견에 반대하였다.[48] 한편 윌리엄스는 미일전쟁의 기간이 길어진다면 "미국민의 인내심과 냉정심이 실험대에 오를 것"이라고 우려하긴 했지만 올리버 중령의 장기전 예측에는 동의하였다.[49]

의심의 여지없이 미국 본토가 공격받는다면 미국민의 장기전에 대한 의지가 비등하게 될 것이 분명하였다. 그러나 1911년 마한은 일본은 미국민의 분노를 일으킬게 분명한 미 본토에 대한 공격을 시도할 만큼 어리석지는 않으며[50] 캘리포니아는 일본군의 행동반경 밖이기 때문에 공격 가능성도 없다고 보았다. 일반위원회는 1914년 이후에도 계속 일본의 기습가능성은 희박하다는 마한의 인식을 그대로 받아들였다. 일반위원회에서 볼 때 하와이는 '완전한 미국의 영토'이기 때문에 하와이를 침공 또는 기습하는 것만으로도 "미국민의 엄청난 분노를 촉발시킬 것이며, 일본은 결국 미국의 단호한 응징을 받게 될 것"[51]으로 판단하였다. 그러나 기습을 받으면 미국민의 적개심이 폭발할 것이라는 미국의 우려도 일본의 침략야욕을 억제하지는 못하였다. 1941년 12월 7일, 야마모토 이소로쿠(山本五十六) 제독은 미 함대에 대한 은밀한 기습을 강행하였으며, 이로 인해 일본인들은 결국 국가의 초토화라는 쓰디쓴 패배를 맛보게 되었던 것이다.

미국민이 대일장기전을 감내할 수 있을지 여부는 미국의 태평양전략의 방향을 결정하는 중요한 요소가 되었다. 1914년 이전에는 대일전쟁이 6개월에서 12개월간 지속될 것이라 예측하였으나, 잠수함과 같은 소모전을 수행할 수 있는 현대적 무기체계가 속속 등장함에 따라 1920년대에는 2년 정도 지속될 것이라고 바뀌었다.[52] 미 해군 계획담당자들은 대일전쟁이 2년간 지속된다고 했을 때 미국은 막대한 수량의 소형함정, 상선 및 항공기를 생산해 전장에 투입할 수 있으며, 전함 등 주력함을 수리할 수 있는 초대형 부선거(floating dock, 浮船渠)*까지 건조하여 서태평양의 전진기지에 배치할 수 있을 것이라 판단하였다(제13장 참조).

그러나 당시 바다의 지배자였던 전함이나 대형항공모함을 건조하는 데에는 3년 가량이 소요된다는 예측이 일반적이었다. 1923년, 당시 계획담당자들은 전쟁기간이 늘어나더라도 막강한 해군력을 구축하여 대일전쟁에 투입하는 것이 낫다고 판단하고 장기전전략을 작성하여 상부에 제출하였으나, 당시 해군참모총장은 미국민은 추가적 함대건설로 인한 전쟁의 장기화를 견뎌내지 못할 것으로 판단하고 이 전략을 승인하지 않았다.[53]

결국 미국민의 인내심에는 한계가 있다는 인식으로 인해 미 해군은 대일전쟁에서 최단 기간 내 승리를 거두기 위한 신속하고 강력한 반격구상에 집착하게 된다. 계획담당자들은 "장기전이 이상적이긴 하지만 현실적으로는 최단시간 내 결정적 승리를 얻기 위해 노력해야 한다."[54]는 모순되는 주장을 내놓기도 하였다. 또한 1924년 합동계획담당자들은 대일전쟁 발발 시 정부와 산업계는 장기전에 대비해야 하지만, 신속한 승리가 가능할 것이기 때문에 전면적인 병력 및 물자동원은 불필요할 것이라는 모순적인 가정을 하기도 하였다.[55] 이후 대일전쟁계획 발전의 침체기였던 1930년대에 들어서면서 미 해군 내에서는 대일전쟁은 장기전이 될 것이라는 인식이 완전히 굳어졌고, 해군에서는 더 이상 대일전쟁기간에 대한 공식적 예측을 내놓지 않았지만 대일전쟁은 4년에서 5년 동안 계속될 것이라는 전망이 계속해서 나돌았다.[56] 당시 일부 계획담당자들은 완전한 승리에 대한 미군의 의지가 이전에 비해 약해졌다고 불만을 늘어놓기도 했지만 태평양전쟁이 시작될 때까지도 대다수 군인들의 마음속에는 압도적 승리라는 대일전쟁의 관념이 깊게 뿌리내려 있었다(제26장 참조).

1943년, 미국민이 장기전을 계속해서 지지할 것인지에 대한 확신이 없었음에도 불구하고 미국 정치지도부는 태평양전쟁의 최우선 전략목표로 일본의 무조건 항복을 결정하게 되는데, 이것은 전쟁이전 오렌지계획담당자들이 생각한 장기전 구상이 옳았다는 것을 증명해주는 사건이었다. 그러나 1945년, 미국은 가용한 시간 내에서 일본의 무조건적 항복을 받아내야 한다는 조

---

* 선거(船渠) 자체의 밸러스트 탱크에 물을 주입 또는 배출하여 선거 갑판을 가라앉히거나 부상시킬 수 있는 설비로써, 부상된 갑판 위에서 선박을 건조, 수리하고 일정 수심으로 가라앉혀 진수시킨다.

바심으로 인하여 오렌지계획의 전략원칙에 완전히 반하는 지상군 군사행동 -일본 본토 공격-의 준비를 결심하게 되는 것이다.

4. 대전략

미국이 과연 대륙강국인가, 아니면 해양강국인가 하는 문제가 해소됨에 따라 지정학적 고려요소를 대전략으로 구체화하는 작업은 순탄하게 진행되었다. 당시 일본은 주된 관심을 중국대륙의 점령에 두고 이를 달성하기 위해 강력한 상비육군을 구축하고 있었기 때문에 미국이 일본과의 지상전을 벌일 경우에는 승산이 없다는 것이 자명하였다. 미국이 처한 이러한 지정학적 현실에 따라 대일전쟁에서는 해군이 주도적인 적인 역할을 해야 한다는 것이 당연시 되었다. 결국 미국의 대일전쟁목표는 해양국가인 미국이 강력한 해군력을 활용하여 막대한 육군력을 갖춘 대륙국가 일본을 격파하는 것이 되었고, 이것은 오렌지전쟁계획의 근본을 이루는 원칙이 되었다.

오렌지계획의 발전 초기, 미 해군은 일본의 해양력이 당연히 미국에 비해 취약하다고 가정하였는데, 이러한 가정은 제1차 세계대전 이전 아직 경험이 부족했던 계획담당자들의 인식에 근거한 것이었다. 그리고 1920년대에 들어서 이러한 원칙은 강력한 일본육군을 대륙에 묶어두고 일본 열도를 해상 봉쇄한다는 기본 개념으로까지 확장되었다. 당시 해군전쟁계획부장이었던 프랭크 쇼필드(Frank Shofield) 소장은 "가장 바람직한 대일전쟁전략은 미국이 상대적으로 열세한 일본육군과의 전투는 회피하되, 우세한 미 해군의 능력은 최대한 활용하는 것이다. 구체적으로 상륙전력 및 항공전력을 활용, 핵심적인 해양기지를 순차적으로 확보함으로써 해군력이 중심이 되어 전략목표를 달성하는 것이다"[1]라고 언급하였다.

제2차 세계대전 중 미국의 전략기획자들이 중국과 일본 본토에서 대규모 지상전투 개시를 제안한 적도 있긴 했지만, 해양전력으로 지상전력을 격파한다는 대일전쟁전략의 기본개념은 태평양전쟁을 승리로 이끈 원동력이었다(전쟁이전 계획담당자들은 대일전쟁은 해양전력이 주도하는 전쟁이 될 것이라 확신하였기 때문에 대규모 지상전을 통하여 일본을 격파한다는 방안은 부정적으로 생각하였고, 해양공세 실패 시 사용할 최후의 수단으로 간주하고 있었다).

태평양의 경우 그 지리적 범위가 매우 넓고, 광대한 해역에 소규모 도서가 산재하고 있었기 때문에 이러한 지정학적 조건들을 전략계획으로 구체화하는 것은 매우 어렵고 힘든 일이었다. 계획담당자들은 미 함대가 주둔하고 있는 미 본토는 주전장이 될 서태평양에서 멀리 이격되어 있기 때문에 일본이 전쟁초기 서태평양의 주도권을 장악하는데 유리하게 작용할 것으로 판단하였다. 제1차 세계대전 이전 석탄연소추진방식 전함은 기지로부터 반경 2,000해리까지 작전이 가능하였고, 어뢰정(torpedo boats) 및 구축함(destroyers)은 대략 반경 1,000해리 이상까지 작전이 가능하였다(제9장 참조).

미국의 태평양 전진기지인 마닐라와 괌은 일본 본토로부터는 1,500해리, 일본의 외곽기지인 페스카도레스 제도(Pescadores Islands, 대만 근해) 및 보닌 제도(Bonin Islands)*로부터는 각각 570해리, 900해리 떨어져 있어 일본의 선제공격에 매우 취약한 상태였다. 그러나 하와이는 도쿄에서 3,500해리 이상 떨어져 있어 일본이 이를 직접 공격하기에는 무리가 따랐다.

대일전쟁 발발 시 미국이 자국의 해군전력을 서태평양까지 전개시키기 위해서는 전례 없는 어려움들을 극복해야만 하였다. 당시 미 해군전력의 대부분은 동부해안의 체서피크만(Cesapeake)에 전개하고 있었기 때문에 대일전쟁전구인 서태평양까지 이동하기 위해서는 대서양 및 인도양을 통과하는 항로로 14,000 해리를 항해하거나, 마젤란 해협(the Straight of Magellan)을 통과하여 19,700 해리를 항해해야 했는데 후자의 경우에는 지구를 한 바퀴 도는 거리의 80%에 육박하는 거리였다.

1914년 파나마 운하가 개통된 이후 미 동부해안에서 태평양까지 이동거리가 상당히 단축되기는 했으나 여전히 12,000해리를 항해해야 했다. 그리고 캘리포니아와 하와이에 건설예

---

* 정식 명칭은 오가사와라 제도(小笠原諸島)다. 현재는 일본의 영토로서 일본 본토에서 남쪽으로 약 1,000km 가량 떨어져 있다. 태평양전쟁의 격전지인 이오지마(硫黃島)도 오가사와라 제도에 속한다.

정이던 해군기지도 필리핀까지 각각 7,000해리, 5,000해리 떨어져 있었다. 또한 미 본토에서 태평양까지 함대가 이동하는데 필요한 군수지원의 규모도 막대하였다. 러일전쟁 시 발틱해(the Baltic)에서 일본 근해까지 힘겨운 항해를 벌인 러시아 함대가 결국 쓰시마 해전(the Battle of Tsushima)에서 완패한 사실은 장거리 항해가 얼마나 어렵고 불리한지를 극명히 보여주는 사례였다.

당시 해군의 계획담당자들은 함대가 1,000해리를 항해할 때 마다 그 전체전력은 10%씩 감소한다고 예측하였다.[2] 모항을 떠나 장기간 항해 시 승조원들의 피로도 증가 및 정비의 불가로 인한 함정장비의 노후, 수온이 높은 열대해역에서 선체 부식의 증가, 수개월간 선저작업을 하지 못해 생성된 선저부착물로 인한 속력의 감소 등에 따라 함대의 전투능력이 점차 저하될 것이었다. 또한 이동 중 일본의 소모전략으로 인해 피해를 입는 함정 또한 생겨날 것이므로 시간이 지남에 따라 미국의 해군력 우위가 점차 저하될 것이 확실하였다. 그리고 일단 전투가 벌어진 이후에는 쌍방 간 전투력은 교전에 참가한 함정 수(또는 함포 수)의 제곱에 비례한다는 "제곱의 법칙"과 맞물려 함대전력이 급격히 감소하게 될 것으로 판단하였다.[3] 이러한 거리와 전력간의 전투력지수 방정식은 1922년 워싱턴 해군군축조약(Washington Treaty)* 시 서태평양에서 미·일 간 해군력 균형을 맞추기 위해 미일양국이 협상할 때 미국이 제시한 유명한 전함톤수 5:3 비율의 근거가 되었다(이후 석유추진방식으로 전환에 따른 함정 작전반경의 증대와 해상 유류공수급 기술의 등장으로 항해거리에 따른 불리함은 어느 정도 해소되었지만, 작전반경이 수천 마일이 아닌 수백 마일 밖에 안되는 항공기시대가 도래하면서 이러한 거리증가에 따른 전력감소는 더욱 심각한 문제가 되었다).

더욱이 미 본토의 조선소와 석탄광산이 전쟁전구와 멀리 떨어져 있기 때문에 미 해군이 태평양의 전쟁전구 내에서 일본과 동등한 수준의 전력을 유지하기 위해서는 일본에 비해 5~10배에 달하는 군수지원용 선단을 운용해야 하였다. 또한 미국의 선단은 전쟁전구로 이동 중 일본의 공

---

* 주요 해군국 간 해군군비제한뿐 아니라 동아시아 및 중국에서 열강 간 권익을 조정하기 위해 1921년 11월 12일부터 1922년 2월 6일까지 개최된 워싱턴 회의(Washington Conference)의 결과로 체결된 주력함의 보유를 일정수준으로 제한한다는 조약이다. 워싱턴 해군군축조약의 정식명칭은 "해군군비 제한에 관한 5개국 조약"이다. 이 조약에서는 1만 톤급 이상의 주력함 척수의 비율을 영국 5, 미국 5, 일본 3, 프랑스 1.75, 이탈리아 1.75로 정하였다. 일본은 처음에는 미국의 70%에 해당하는 비율을 자국에 배정할 것을 주장했으나 동북아시아와 서태평양 지역에서는 미국의 60% 정도에 해당하는 주력함만으로도 자국의 국익을 보호할 수 있다고 판단해 위와 같은 비율을 받아들였다. 또한 미국, 영국, 일본 3국은 태평양의 섬에 방어시설이나 해군기지를 신설하지 않고 '현상을 유지한다'는데 합의했다.

격에 노출될 가능성이 농후한 반면, 일본은 미 해군 전력이 도착하기 전까지 전진기지에서 자유롭게 군수지원을 받을 수가 있었다.

그러나 이러한 거리의 이점이 일본 측에 불리하게 작용할 가능성도 없진 않았다. 일단 일본 해군보다 강력한 전력을 갖춘 미 해군이 서태평양에 전개하게 되면 일본의 생명줄인 해상교통로를 교란하고 외곽 전진기지들을 무력화할 것이며, 함대결전을 벌여 일본 함대를 격파한 다음 일본 본토를 포격할 것이므로 일본의 패배는 피할 수 없는 일이었다. 윌리엄스는 "일본이 미국에서 상당히 멀리 떨어져 있다는 것은 일본의 입장에서 볼 때 가장 큰 힘의 원천이다. 그러나 일본의 가장 큰 취약점은 일본이 해외무역에 의존해야 하는 섬나라라는 것에 있다."[4]라고 보았다.

이러한 태평양의 지리적 고려요소에 따라 미일전쟁은 자연히 3단계로 나누어지게 되었다(지도 4.1 참조). 계획담당자들은 전쟁의 첫 단계에서는 일본이 지리적 이점을, 그리고 전쟁의 마지막 단계에서는 미국이 지리적 이점을 누릴 것이란 사실을 자연스럽게 예측할 수 있었다. 이러한 전쟁의 첫 단계에서는 일본이, 그리고 마지막 단계에서는 미국이 유리할 것이라는 가정은 오렌지계획이 탄생한 1906년에서 1911년 사이에 확정되었으며, 이후 오렌지계획의 발전과정에서 거의 변경되지 않고 그대로 이어지게 된다.

계획담당자들은 전쟁의 첫 단계에서 일본이 신속하게 서태평양의 미국령 도서들을 점령할 것이라 보았다. 오렌지전쟁의 발전 과정에서 전쟁 초기 일본이 다른 방책을 취할 것이라는 의견이 가끔 제기되기도 했지만, 그때마다 결국 최초에 가정한 방책으로 되돌아왔다. 이후 태평양전쟁 직전까지도 일본의 방책에 대한 미 해군의 예측은 35년 전의 그것과 별반 다르지 않았다. 1906년부터 1941년까지 1단계 전쟁계획수립에 대한 자세한 내용은 동태평양전구와 서태평양전구를 별도로 나누어 제5장 및 제6장에서 자세히 설명할 것이다.

대일전쟁 3단계의 방책을 확정하는 것 또한 그리 많은 시간이 소요되지 않았다. 일단 미국의 함대와 원정전력이 서태평양에 함대 기지를 확보한 후에는 아시아 해안과 평행한 도서군을 따라 일본 본토로 북진을 시작하게 될 것이며, 일본 본토에 다르게 되면 일본이 항복할 때까지 해상봉쇄를 통해 식량, 석유 및 기타 천연자원의 유입을 차단하고 주요 지상표적에 포격을 가한다는 내용이었다. 이러한 3단계 진격 시나리오는 당시 해군장관이 오렌지계획을 검토한 후 "적대행위 발발부터 적 주력함대의 격파까지는 구체적으로 서술되어 있으나 전쟁 최종단계의 전략계획은 빠져있다"[5]라고 지적한 이후 연구가 시작되어 1911년에 최초로 작성이 완료되었다.

그러나 최초로 작성된 3단계 전략계획은 비현실적인 부분이 많았으며, 일본 본토를 폭격할 수 있는 항공기가 등장하는 1920년대 말이 되어서야 좀 더 구체적이고 현실적인 3단계 전략계획이 탄생하게 된다(제14장 참조). 이후 시간이 지나면서 전쟁계획 상의 일본 본토 진격시간이 늦춰짐에 따라 최종단계전략에 관한 좀 더 상세한 연구는 1930년대까지 미뤄지게 되었지만, 당시 일본 본토 봉쇄전략은 일반적으로 미국의 3단계 대일전쟁전략으로 인식되고 있었다(제26장 참조).

그러나 오렌지계획의 2단계 전략은 매우 답을 찾기 어려운 문제였다. 1914년 작성된 표준 시나리오에는 미 해군과 원정군전력은 극동으로 진격하여 전진기지를 건설한 후, 미국의 해상교통로를 보호하고 한반도를 통하는 경로를 제외한 일본의 모든 교역로를 봉쇄함과 동시에 3단계 작전을 위한 전력을 축적하는 것으로 되어있었다. 이 대략적인 2단계 전략구상의 틀 안에서 다양한 전략 및 작전계획의 구상이 가능하였기 때문에 1906년부터 1941년까지 대일전쟁의 2단계 전략을 구체화한 다양한 계획들이 만들어졌다.

실제로 이 책에서는 1942년 중반부터 1944년 말까지 진행된 -전체 태평양전쟁기간의 70% 이상을 차지했으며, 태평양전쟁의 가장 긴 단계였던- 2단계 전략 및 작전계획의 작성경과를 집중적으로 분석하고 있다.

한편 광대한 해역을 아우르는 태평양의 지리적 특성과 장기전 대 단기전에 관한 딜레마 때문에 2단계 전략계획을 구상하는 데는 많은 어려움이 가중되었다. 태평양의 경우 그 범위와 영역이 광대하여 어떠한 공세전략도 시행하기가 쉽지 않았다. 하와이와 아시아대륙에 인접한 군도 사이에 가로놓인 태평양에는 넓은 육지도, 군사용으로 활용 가능한 항구도 없었다. 미일전쟁의 지속기간은 전쟁의 2단계에서 미 해군이 서태평양에 진입하여 전진기지의 건설을 완료하는데 얼마나 많은 시간이 소요되는지에 따라 좌우될 것이었다. 그리고 미국이 전진기지의 위치를 어

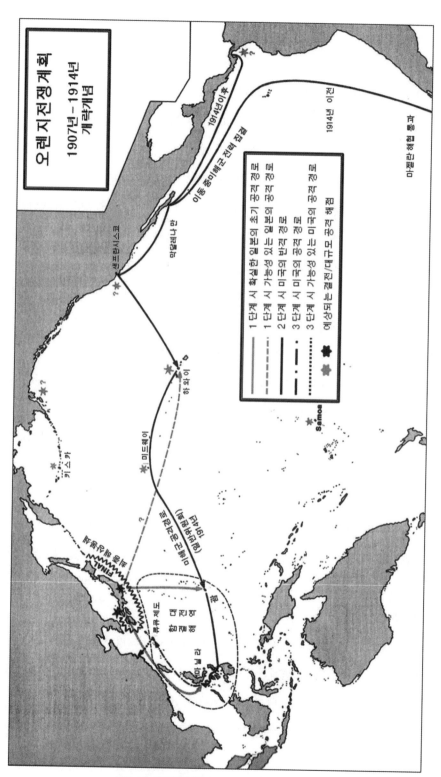

오렌지전쟁계획
1907년~1914년
개략개념

1914년이후

이동 중인 해군 전략 접점

1914년 이전

마젤란 해협 통과

한가페루나

샌프란시스코

?

하와이

?

미드웨이

키스카

?

Samoa

1단계 시 확실한 일본의 초기 공격 경로
1단계 시 가능성 있는 일본의 공격 경로
2단계 시 미국의 반격 경로
3단계 시 미국의 공격 경로
3단계 시 가능성 있는 미국의 공격 경로
예상되는 결전/대규모 함대 해전

FINAL
동해 해상결전

미국 공격 경로
(동경 최대한계)
1942년

괌

류큐제도

대만해협
함대결전

마리

〈그림 4.1〉 오렌지전쟁계획 개략개념, 1907년~1914년

디로 선택하느냐에 따라 일본의 핵심 세력권을 얼마나 효과적으로 위협할 수 있는가가 결정될 것이었다.

이러한 태평양의 지리적 불리점을 극복하기 위해 미 해군에서는 대략 세 가지 방안을 구상하였다. 가장 간단한 방안은 전시 함대가 도착할 때까지 버틸 수 있는 난공불락의 해군기지 및 군사기지를 평시부터 극동에 확보해 놓는 것이었다. 필리핀의 루손(Luzon) 섬이나 괌에 해군기지를 건설하게 되면 서태평양에 미군전력을 전개시키는데 필요한 군수지원문제 및 기타 일본의 공격위협문제를 쉽게 해결할 수 있었으며, 전쟁기간 또한 단축시킬 수 있었다. 이 방안은 20세기 초부터 1920년대 초까지 미 해군지휘부에서 상당히 유행하였으나 이를 지지한 제독들은 정치지도자 및 민간관료들의 의중을 파악하는 정치적 감각이 떨어지는 사람들이었다. 미국 행정부는 해군에서 건의한 극동 해군기지 건설계획을 받아들이지 않았으며, 1922년 워싱턴 해군군축회의 시 열강 간 상호해군력 군축에 관한 합의를 타결시키기 위해 태평양도서 비요새화 조항에 합의함으로써 평시 전진기지 건설권한을 아예 포기해버렸던 것이다.

두 번째 방안은 최단시간 내 서태평양 기지의 확보를 위해 전쟁 발발직후 미 함대가 곧바로 필리핀을 향해 진격하는 것이었다. 이 방안은 "마닐라행 직행티켓(Through Ticket to Manila)"[6]이라 불렸으며, 마닐라만(Manila Bay)에 대한 일본의 항공위협이 상당할 것이란 예측에 따라 1925년 이후 미 함대의 최종목표가 필리핀 남부의 항구로 변경된 후에도 계속 이 익명을 유지하였다. 이 방안을 성공적으로 실행하기 위해서는 엄청난 군수지원문제를 해결해야 했기 때문에 미 해군의 입장에서는 단 한 장의 패에 모든 것을 거는 도박이나 마찬가지였다. 그러나 이러한 난제에도 불구하고 '직행티켓' 방안을 따를 경우 전쟁을 단기전으로 끝낼 수 있다는 전망이 있었기 때문에 1906년에서 1934년까지 미 해군에서는 이 방안을 대일전쟁 2단계 전략계획의 기본개념으로 채택하게 된다.

사실 1922년 워싱턴군축조약 체결 전까지 이 방안은 본래 서태평양 전진기지의 건설이 시작되기 이전까지만 적용할 임시방편적인 구상이었다. 그러나 1922년 워싱턴 해군군축조약으로 인해 평시 전진기지 전설이 불가능해 졌을 뿐 아니라, 육군에서 대일전쟁 발발 시 필리핀의 미 육군부대를 지원해야 한다고 계속 주장함에 따라 해군계획담당자들은 1934년까지 이 방안을

2단계 전략계획으로 유지하였다. 이후 1934년, 원정함대에 배속시킬 항공전력이 일본의 항공
전력에 비해 절대적으로 부족하다는 '직행티켓' 방안의 자체적 모순이 심화됨에 따라 미 해군은
결국 이 방안을 포기하게 된다.

사실 전쟁 이전 서태평양기지 건설 및 마닐라행 직행티켓구상은 제2차 세계대전이 시작되
기 훨씬 이전에 폐기된 '실패한 전략' 중 하나였다. 그리고 당시 미국뿐 아니라 다른 아시아 식
민지 열강들도 미국과 비슷하게 일본과 전쟁발발 시 대응계획을 수립하였는데, 이것들 또한 모
두 직행티켓구상과 유사한 운명을 맞게 된다. 영국은 일본 해군의 남방진출에 대비하기 위해 싱
가포르(Singapore)에 대규모 함대 기지를 건설하였으나 결국 아무 쓸모없는 것이 되어버렸는데,
1942년 일본육군이 싱가포르를 점령했을 때는 영국은 해상에서 일본과 싸움을 벌일 아무런 수
단이 없는 상태였다. 그리고 1905년 쓰시마해전에서 장거리 항해를 벌인 러시아 함대의 궤멸
은 직행티켓구상의 취약점을 명확하게 증명해주고 있었다. 그러나 이러한 계획 자체의 결함에
도 불구하고 태평양전쟁 시 최종적으로 유효성이 증명된 2단계 전쟁계획이 전간기 동안 어떻게
발전되었는지 추적하기 위해서는 실패한 전략들을 이해하는 것이 필수적이다.

초창기 오렌지계획 작성 시 일부 유능한 중견장교들이 2단계 전략의 난제들을 해결하기 위하
여 서태평양 진격로 중간의 섬들에 이동식 기지를 설치하여 단계별로 태평양을 횡단하는 방안
을 제시하였다. 이후 이 방안은 상당한 이점을 가지고 있다고 판단되어 지속적으로 연구가 진행
되었다. 그러나 1914년 이전에는 제3국들이 이동식 기지의 설치에 적합한 도서의 대부분을 통
치하고 있었기 때문에 이 방안을 적용할 수 없었다. 일본은 본토와 멀리 떨어진 곳에 해군기지
로 사용할 만한 도서를 보유하고 있지 않았으며 미국의 경우, 하와이 이서에 함대기지로 활용할
수 있는 섬은 괌뿐이었고 그 수용능력도 제한적이었다. 그리고 미국령 사모아(Samoa)와 알류샨
열도(the Aleutians)는 섬의 지형조건이 해군기지 건설에 적합하지 않았을 뿐 아니라 대일통상파
괴전을 지원하기에는 너무 원거리에 위치해있었고, 기타 미국령 태평양 환초(Pacific atolls)들도
항공기 시대 이전에는 해군기지로서 별다른 가치가 없다고 판단되었다.

그러나 1914년, 일본은 미국의 서태평양 진격로 상에 흩어져 있는 수백 개의 독일령 미크로

네시아(German Micronesia)에 대한 지배권을 얻게 되었는데, 이중 많은 섬들이 해군기지로 최적의 자연조건을 갖추고 있었다. 이 소식을 접한 통찰력 있는 전략기획자들은 태평양의 지정학적 고려요소가 점진적 공세전략에 유리한 방향으로 전환되었다고 판단하였다. 그들은 1911년에서 1921년까지 태평양의 단계별 진격방안을 간략하게라도 오렌지계획에 포함시켰으나 속전속결 원칙을 고수하는 당시 해군의 고위지휘관들은 이 방안을 공식적으로 채택하는 것을 계속 거부하고 있었다. 그러나 1934년, 마침내 이 단계별 진격전략이 대일전쟁의 2단계 기본전략으로 채택되었다.

이 전략은 1940년 이후 미 해군이 동남아시아의 연합국 해군기지와 연합국 소유의 남태평양 도서들을 사용할 수 있게 되었음에도 변경되지 않고 대일전쟁의 2단계 기본전략으로 지위를 유지하였으며, 최종적으로 제2차 세계대전에 실제로 적용되어 놀라운 성과를 거두었다. 이 책에서 점진론자(cautionaries)와 급진론자(thrusters)간 대결로 표현하는 대일전쟁계획의 2단계전략방안을 두고 미 해군 내에서 벌어진 현실주의자와 모험주의자 간의 기나긴 논쟁 또한 저자가 다루고자하는 주요 주제 중 하나이다.

대일전쟁 3단계전략은 주력함대 간 해전을 벌여 일본 함대를 완전히 격파하고 해양통제권을 단번에 장악한다는 함대결전사상을 기초로 하고 있었다. 계획담당자들은 미·일 해군 간 함대결전은 일본이 원하는 시간과 장소에서 벌어질 것이라 판단하였는데, 구체적으로 그 시간은 미일전쟁의 2단계 또는 3단계 중 일본이 미 함대에 결정적 타격을 가할 수 있다고 판단한 시점에, 그리고 그 장소는 일본과 필리핀을 연하는 선 중 일본의 기지에서 가까운 해역이라 보았다(1941년 미국이 전체 해군전력의 절반 이상을 대서양에 배치한 이후 태평양함대의 계획담당자들은 일본과의 함대결전이 1단계 작전기간 중 중부태평양 근해에서 벌어질 것이라 예측하기도 하였다). 미국의 전략기획자들은 언제나 우세한 미 함대가 일본과의 함대결전에서 승리할 것이라 예측하였기 때문에 함대결전의 시점과 장소의 잦은 변동은 오렌지계획에서 그리 중요한 문제가 되지 않았다.

3단계로 구성된 대일전쟁의 전략계획은 태평양의 지정학적 요소를 고려하여 해양강국이 대륙강국에 대해 어떻게 하면 승리할 수 있는가를 구체화한 대전략이었다. 해군계획담당자들은 일본이 강력한 육군을 보유하고 있긴 하지만 해양을 주 무대로 한 미일전쟁에는 별다른 역할을 할 수 없을 것이라 판단하였다. 일단 미 해군이 태평양의 해양통제권을 확보하게 되면 미국은 특정해역에 엄청난 해상전력의 집중이 가능한 반면, 일본은 좁은 섬에는 많은 지상전력을 배치할 수 없었기 때문에 지상군의 우위를 활용하는 것이 불가하였다.[7]

대일전쟁의 단계별 전략개념은 해군력이 중심이 되어, 그리고 미국민이 감당할 수 있는 기간 내에 완벽한 승리를 거둔다는 대일전쟁의 지정학적 고려요소와 잘 맞아떨어졌다. 오렌지계획 발전의 초창기인 1906년부터 1914년까지 미 해군은 이미 이러한 대일전쟁에 관한 대전략의 개념들을 확립하였다. 이후 미국의 대일전쟁의지의 부침(浮沈) 및 양국 간 군사력 격차의 급격한 변화가 있었음에도 불구하고 대일전쟁을 3단계로 나눈 해군의 대전략은 제2차 세계대전이 끝날 때까지 미국의 국가전략으로 계속 유지되었다.

종종 어떤 이들은 오렌지전쟁계획과 태평양전쟁은 알프레드 마한(Alfred T. Mahan)이 주장한 해양전략사상이 실제로 구현 된 것이라 보기도 하는데, 실제로 마한이 주장한 해양전략의 원칙 중 일부는 오렌지계획담당자들에게 영향을 주기도 하였다. 마한은 해군의 가장 중요한 기능은 제해권을 확보하여 적국의 통상은 봉쇄하고 아국의 원활한 통상을 보장하는 것이라 보았다. 이러한 목표만 달성할 수 있다면 전쟁에서 승리할 수 있다는 그의 주장은 복잡다단한 전쟁의 본질을 지나치게 단순화한 것이었으나, 미 · 일 간 전쟁의 경우에는 어느 정도는 적용이 가능한 이론이었다(그러나 그는 대형함정을 적국의 통상파괴전에 직접 활용하는 것은 어리석은 짓이라 간주했다).

마한은 스위스 출신 군사이론가였던 앙또니 앙리 조미니(Antoine Henri Jomini)*가 주장한 지상전투의 원칙들을 차용하여 자신의 해양전략원칙을 도출하는데 활용하였다. 이를테면 그는 우군 함대의 핵심표적은 적 해군이기 때문에 함대결전에서 승리하기 위해서는 항상 전력을 집중하여 작전해야 한다고 주장하였다("절대로 함대를 분할하지 말라[Never divide the fleet]!"). 또한 마한은

---

* 조미니(1779~1869)는 스위스 출신의 군인이자 군사상가로 나폴레옹의 참모로 활약한 바 있으며, 나폴레옹전쟁을 연구한 결과를 토대로 『전쟁술』을 집필하였다. 그는 이 저서를 통해 불확실한 전쟁의 영역에서 사전에 전쟁의 승리를 예견할 수 있는 불변의 원칙들을 찾으려 노력했으며, 이를 바탕으로 전투에서 승리를 이끌어 낼 수 있는 구체적인 방향과 방법을 제시하였다는 평가를 받는다.

내선(interior line of communication)*의 중요성을 강조함으로써 파나마 운하의 개통 및 하와이에 해군기지 건설에 힘을 실어주기도 하였다. 그리고 그는 군수지원은 해전에서 매우 핵심적인 요소이긴 하지만 해군기지의 방어를 위해 전력을 분산시키는 것은 바람직하지 않으므로 전진기지는 최소한으로 유지해야 한다고 보았다.

그러나 마한은 과거의 역사적 교훈에 너무 집착함으로써 당시대 미 해군이 직면하고 있던 변화된 현실을 정확히 파악하지 못하고 말았다. 급속히 발전하던 당시 해군의 현실을 반영하지 못한 채, 마한은 범선시대의 전쟁수행 방식에만 집착하는 우를 범하였던 것이다. 그는 당시 새롭게 등장하는 무기체계나 증기추진해군의 군수지원문제 등을 심도 있게 고려하지 않았다. 그리고 극적인 함대결전을 신봉한 반면, 원양항해가 가능한 소형함정 및 잠수함을 활용하여 통상파괴전을 벌이는 것은 그리 중요시하지 않았다. 한편 마한은 해군전력으로 육상표적을 공격하는 것을 반대하였지만 -범선시대 해군의 영웅인 넬슨 제독은 "함정으로 요새를 공격하는 것은 어리석은 짓이다"[8]라고 말한 바 있었다- 태평양에서 일본과 전쟁을 치르기 위해서는 상륙작전이 반드시 필요했기 때문에 이러한 자신의 견해를 공개적으로 표명하지는 않았다. 그러나 미국의 계획담당자들은 이러한 마한의 주장에 제한됨이 없이 적극적으로 외선(exterior lines)작전†을 구상하게 된다.[9]

결론적으로 마한은 과거의 해양전략을 분석하는 데에는 탁월한 능력을 갖추고 있긴 했지만 당시대의 미 해군에게 필요한 해양전략을 도출해내는 데에는 그리 큰 능력을 발휘하지 못하였다. 1910년에서 1911년까지 마한은 이제까지 쌓아온 명성을 이용하여 계획담당자들에게 비현실적인 참견을 하는 것으로 시간을 소비하였다. 그는 위대한 군사적 승리는 "대담하게, 대담하게, 더욱 대담하게(l'audace, de l'audace et encore de l'audace)"‡ 행동하는 것에서 비롯된다고 주장하며, 적 함대를 격파하는데 모든 노력을 집중해야 한다고 계획담당자들에게 강조하였다(함대결전을 강조하는 그의 주장이 반대의견에 부딪힐 경우 마한은 계획담당자들은 항상 자신들의 약점은 과장하는 반면,

---

* 결정적 지점에 적보다 우세한 전력을 집중적으로 투입할 수 있도록 우군부대가 상호지원이 가능한 위치에서 작전을 벌이는 것을 뜻한다.

† 미 함대가 서태평양을 횡단하여 함대의 근거지인 미 본토와 멀리 떨어진 일본 근해에서 함대결전을 벌인다는 것을 말한다.

‡ 본래 이 말은 프랑스혁명 당시 혁명가였던 당통(Georges Jacques Danton)이 했던 말이다.

적의 약점은 경시한다고 불평하기도 했다)[10].

결론적으로 마한이 오렌지계획의 몇 가지 원칙들을 정립하는데 어느 정도 기여한 바는 인정되나, 오렌지계획의 대다수 혁신적 방안들은 마한이 아닌 평범한 계획수립 실무장교들의 머릿속에서 나온 것이었다. 마한이 오렌지계획의 발전과정에서 유일하게 기여한 점은 해양을 중심으로 한 전쟁계획의 수립과정에서 발생하는 문제들을 극복할 수 있게 해준 힘의 원천, 즉 미일 전쟁의 승패는 해양력에 의해 결정될 것이라는 해양력 대한 변함없는 확신을 미 해군 장교들에게 불어넣어 준 것이라 할 수 있다.

5. 동태평양 : 반격의 발판

오렌지전쟁계획 상 동태평양은 일본의 공격이 미치지 못하는 미국의 성역(sanctuary)이었으며, 본격적인 대일공세를 준비하기 위한 미군전력의 집결구역이었다. 최초에 계획담당자들은 지리학자들과 동일하게 미국 서해안에서부터 동경 180도의 날짜변경선까지로 동태평양의 범위를 획정하였다. 그중에서도 동태평양의 중앙해역은 정치적으로 매우 중요한 의미를 지니고 있었다. 미국은 1823년 먼로독트린을 통해 "서반구"에서 식민주의의 거부를 선언하였다. 이러한 미국의 정책은 1842년 "테일러 독트린(Tyler Doctrine)"을 통해 하와이선까지 확대되었으며, 1867년 제정러시아로부터 알래스카(Alaska)의 구매 및 미드웨이 제도의 점령, 19세기말 사모아 제도 일부의 확보 및 하와이와 그 부속도서 합병에 따라 미국의 식민지거부 정책이 적용되는 구역은 조금씩 날짜변경선 방향으로 더욱 확장되었다. 1941년이 되면 태평양에서 미국의 배타적 영향권의 범위를 웨이크 서쪽 수천 마일까지로 상정하는 계획담당자들도 있었다[1](한편 괌과 필리핀은 언제나 동반구(Eastern Hemisphere)에 포함되어 있는 것으로 간주되었다).

미국은 시어도어 루즈벨트 행정부 시절 하와이에 해군기지를 건설하고 함대를 배치하고 나서야 동태평양에서 독점적인 영향력을 구축할 수 있었다. 1901년 이전까지만 해도 미국 내에서는 해군은 "해안방어대 수준 밖에 안 되는 이류해군"[2]이라는 인식이 지배적이었다. 심지어 일부 아마추어 전략가들은 일본 함대가 은밀하게 알류샨 열도를 통과하여 퓨젓 사운드(Puget Sound)로 진입하거나 샌프란시스코만을 공격할 수도 있고,[3] 샌디에고(San Diego)에 대규모 육군을 상륙시킬 수도 있다고 상상하기도 하였다.[4]

그리고 일본이 러일전쟁에서 승리하게 되자, 삼류소설 작가들은 일본이 태평양 연안국들을 정복할 수도 있다는 허황된 소설을 출판하여 미국 대중들에게 퍼뜨리기도 했다(지도 5.1 참조). 실제로 1907년 일본과의 전쟁의 위기 중 합동위원회는 일본이 미국의 서부해안을 공격할 수도 있다고 우려한 나머지 대통령에게 노후 된 요새들을 보수하고 서부해안도시 연안에 기뢰를 부설해야 한다고 주장하기도 하였다.[5]

그러나 해군대학의 냉철한 계획담당자들은 이러한 비현실적인 과대망상에 현혹되지 않았다.[6] 그들은 일본이 캘리포니아에 상륙하기 위해서는 남미대륙 끝단의 케이프 혼(Cape Horn)을 돌아 항해해야 하며, 이러한 행동은 스스로 미 육군의 포위망으로 들어서는 것이라고 지적하였다. 1911년까지 계획담당자들은 일본의 미국서부해안 침공은 "현실과 동떨어진 것"[7]이며, 일본이 이런 실현가능성이 희박한 작전을 위해 해군의 주력함을 투입하는 도박을 하진 않을 것이라 확신하였다[8](태평양전쟁 발발 직후인 1942년 미 서해안의 일본계 미국인들을 내륙지역으로 강제 이주시킨다는 결정을 내린 정치지도자들이 미 해군의 이러한 냉철한 평가를 진작에 알고 있었더라면 그러한 어리석은 결정을 내리진 않았을 것이다).

일본이 미 서부해안을 공격할 가능성이 없다고 확신한 미 해군은 제1차 세계대전 이후부터 서해안에 함대전력을 배치하기 시작하였으며, 1935년에는 본토해안으로부터 300해리 이내 해역의 방위임무를 육군으로 이양해 버렸다.[9]

한편 암석 및 수직안벽으로 이루어진 파나마 운하는 적의 기습공격에 취약할 것으로 예측되었으나, 파나마 운하가 상용화된 1914년 당시 미 해군 군수기획자들은 일본의 군함들이 "항공기를 탑재하고 있다고 해도" 절대 운하를 공격할 수 없다고 주장하였다. 그들은 일본 함대가 파나마 운하를 공격하기 위해서는 속력이 느린 다수의 석탄운반선과 함께 이동해야 하며, 파나마 운하까지 이동거리는 왕복 18,000해리에 달하기 때문에 석탄운반선은 자체항해에만도 적재한 석탄을 모두 소모할 것이라 예측하였다.[10]

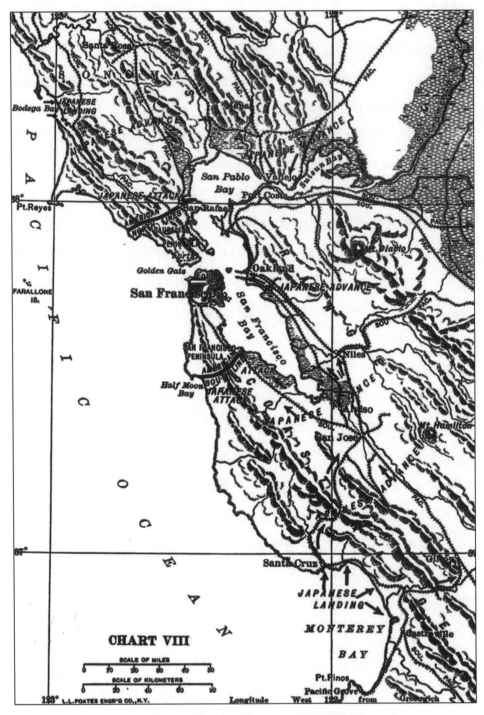

〈지도 5.1〉 소설 속 일본의 샌프란시스코 침공 상상도(1909년)
출처 : Homer Lea, The Valor of Ignorance (1909: rpt. New York: Harper & Brothers, 1942), 296a

1920년대 이후 석유추진방식 함정의 도입으로 인해 군수지원조건이 약간 나아지지는 했지만 미국의 계획담당자들은 여전히 일본은 파나마운하에 미국의 운하방어부대를 위협할 만한 전력을 파견할 수는 없을 것이라 생각하였다. 그러나 미 육군의 입장은 해군과는 달라서, 일본의 파나마운하 공격가능성을 심각하게 받아들였다. 1920년대 육군의 오렌지전략계획에는 200대의 항공기로 구성된 항공전력 및 동부해안에 배치된 지상군 4만 명을 수송선에 탑재하여 파나마 운하방어를 위해 파견해야 한다고 되어있었다.[11] 또한 육군은 일부 오렌지전략계획에서 일본이 파나마운하에 은밀 파괴공작(sabotage)을 시행할 수도 있다고 언급하기도 하였다. 1925년에는 일본이 자국의 상선을 파나마 운하에서 자폭시켜 미일전쟁이 발발하게 된다는 내용의 소설이 발표되기까지 하였다.[12]

해군의 계획담당자들은 미 본토에서 서쪽으로 가장멀리 떨어져있는 알래스카는 별로 중요하게 여기지 않았으며, 일본의 별다른 위협도 없을 것이라 보았다. 일본이 어업전진기지로 활용하거나 협상카드로 활용하기 위하여 알래스카를 공격할 수도 있다는 의견이 나오기도 하였으나 거의 주목을 받지 못했으며[13] 초기 오렌지계획에서는 치안유지에 필요한 약간의 지상병력과 잠수함 몇 척 만을 알래스카 방위에 할당했을 뿐이었다.[14]

육군의 경우에는 일본이 알래스카 점령, 대미통상파괴기지로 활용하는 것을 사전에 차단하기 위해 대규모 지상병력을 배치하는 것을 고려하기도 하였으나[15] 1920년대 중반 알래스카는 결국 미일전쟁의 주요전구에서 제외되었다.[16] 그러나 1930년대 말부터 미국의 전략기획자들은 알래스카의 중요성을 인식하기 시작했다. 육·해군은 알래스카에 군사기지 건설을 정당화하기 위하여 존재하지도 않는 일본특수부대의 위협이 있다는 내용을 꾸며내기 시작했다.

육군 계획담당자들은 일본은 미국의 해군전력만으로는 저지하기 어려운 특수여단을 보유하고 있으며, 이 여단은 알래스카를 급습, 알래스카반도 또는 방어가 취약한 해안에 잠수함기지를 건설한 후 하와이와 미 본토 간 해상교통로를 공격하고, 궁극적으로 해상교통로 보호를 위한 미국의 전력을 분산시킴으로써 미국의 대일공세를 방해하려 할 것이라 상상하였다. 더욱이 일본이 알래스카 비행장에 폭격기를 배치한다면 미 서해안 북서부의 폭격이 가능할 것이라 보

왔다.[17]

1938년, 미 육군은 미일전쟁 발발에 대비하여 8,100명의 병력과 항공기를 급하게 알래스카에 배치하였다. 당시 육군 제4군(the Fourth Army) 작전장교였던 매튜 리지웨이(Mattew B. Ridgway)* 소령은 북극지방작전에 대비하여 혹한지작전에 적합한 훈련을 실시하고 관련 장비를 갖추어야 한다고 주장하기도 하였다.[18] 그리고 1940년, 사이먼 버크너 2세(Simon Bolivar Buckner Jr.)† 대령이 지휘하는 독립사령부가 이곳에 설치됨으로써, 알래스카 및 인접도서는 육군의 책임구역으로 지정되었다.

이후 육군항공단(Army Air Corps)은 대일전쟁발발 시, '강력한 항공기습'을 가할 수 있도록 앵커리지(Anchorage)에 항공본부의 설치를 요청하였으며 육군 전쟁계획부는 있을지도 모르는 소련공수부대의 공격을 방어하기 위해서 탱크를 배치해달라고 요구하기도 하였다. 그리고 1941년 중반, 나치독일이 러시아를 침공하자 걱정 많은 일부 인사들이 이번에는 일본-독일 연합군이 알래스카를 공격할 수도 있다는 우려를 하기 시작하였다. 그러나 육군 정보참모부(G-2)에서는 일본은 알래스카와 같이 멀리 떨어진 곳까지 관심을 둘 여력이 없으며, 설사 공격을 하더라도 소형함정의 전진기지를 확보하기 위해 미군이 주둔하고 있지 않은 일부 지역만 공격할 것이라고 정확하게 예측하였다.

조지 마셜(George Marshall) 육군참모총장 역시 일본의 알래스카에 대한 공격가능성은 매우 낮다고 판단하였으나 소규모 기습의 대비용으로 항공 및 지상방어전력의 배치는 승인하였다. 육군은 새로운 계획에서 알래스카 방위에 23,000명의 병력을 할당하였으며, 1941년 10월 이 병력이 50대의 항공기와 함께 알래스카에 배치되었다. 이렇게 실제로 방어를 위한 병력까지 배치했음에도 마셜은 "사실 당시 육군성은 태평양 최북단의 방어에 별다른 관심을 가지고 있지 않았다."[19] 라고 회고하였다. 결론적으로 전쟁이전 오렌지계획에서도 그리고 실제 태평양전쟁 중에도 알래스카는 전략적으로 중요치 않은 지역으로 취급되었다.

---

* 제2차 세계대전 중 유럽전선에서 사단장으로 활약하였으며, 6.25전쟁 시에는 맥아더 장군의 후임으로 유엔군 사령관이 된다.
† 태평양전쟁 초반에는 미 육군의 알래스카 방위를 지휘하였고, 1945년에는 중장으로 육군 제 10군을 지휘하여 오키나와 상륙작전에 참가하였다. 오키나와의 잔적 소탕작전을 시찰 중 일본군이 쏜 포탄의 파편에 맞아 전사하였다.

알래스카에서 서쪽으로 1,000해리 정도 떨어져 있어 일본으로 향하는 최단항로 선상에 위치해 있는 알류샨 열도 역시 전략적 중요성이 그다지 높지는 않았다. 제1차 세계대전 이전 미 해군은 알류샨 열도 항로를 거치는 대일공세를 연구하기도 하였으나 물리적 · 전략적으로 불리하다는 것이 밝혀져 이를 완전히 포기한 바 있었다. 그러나 이 알류샨열도를 통과하는 최단항로를 활용한 대일공세구상은 1945년 태평양전쟁이 끝날 때까지 조자룡 헌 창 쓰듯 미 해군 내에서 빈번하게 제안되었으나 그때마다 받아들여지지 않았다.

알류샨 열도는 대규모 함대기지로는 적합지 않았지만 상대방의 기지를 공격하기 위한 발판으로는 쌍방 모두에게 어느 정도 가치가 있었다. 초창기 오렌지계획에서는 일본이 알류샨 열도에 은밀하게 순양함기지를 건설할 것이나 미국이 곧바로 파괴할 수 있을 것이라 가정하였다.[20] 1922년부터 1936년까지는 워싱턴 해군군축조약으로 인해 알류샨 열도에서 일본과 가장 가까운 미국령인 쿠릴 열도(the Kurile Islands)에는 군사시설 설치가 금지되어 있었다.

조약의 시효가 다하자 알류산 열도의 방어는 해군이 책임지는 것으로 확정되었고, 알류샨 열도에 대한 통제책임이 제13 해군구(the Thireenth Naval District)에서 미 함대 및 해병대로 전환되어 전보다 방어태세가 강화되었다.[21] 한편 1935년, 미 해군 항공국장(chief of the Bureau of Aeronatics)을 맡고 있던 어네스트 킹(Ernest King) 대령은 이곳에 수상기기지의 설치를 제안하기도 하였다.[22] 알류샨 열도에 파견된 측량사들은 알래스카 반도 끝단의 더치하버(Dutch Harbor)와 중간에 위치한 아닥(Adak) 섬이 기지건설에 적합한 것을 확인하였다(열도의 섬들 중 일본과 가장 가까운 아투섬(Attu)과 카스카섬(Kiska)은 기지 건설에 적합지 않았다).[23]

그리고 1938년, 미 해군의 향후 해군기지 발전방안을 집중적으로 연구하기 위해 구성된 일명 "헵번위원회(Hepburn Board)"에서는 동태평양 전체를 아우르는 항공정찰망의 구축을 위해 알류샨 열도에서 시작하여 적도까지 이어지는 일련의 항공기지 건설계획을 건의하였는데, 알류샨 열도의 경우 후방기지는 코디악 제도(Kodiak Islands)에, 보조전진기지는 더치하버에 건설하는 것으로 제안하였다.[24]

다음해 미 해군에서는 접이식 랜딩기어를 장착한 수륙양용 비행정이 실용화되어 알류샨 근해의 얼음으로 뒤덮인 항구에서도 수상기를 운용할 수 있게 되었다.[25] 이에 따라 북태평양 항공기지 건설계획은 대규모 항공기지를 더치하버에, 전진기지를 아닥에 설치하는 것으로 확대되었으나[26] 태평양전쟁이 시작되었을 때는 더치하버의 기지만 완성된 상태였다.

알류샨 열도에 기지건설을 주장한 해군의 계획담당자들은 전쟁이 발발하면 일본은 본토방어를 위해 이 섬들에 대대적인 공격을 가할 것이라 주장하였다. 1939년, 알류샨 열도의 방어를 주장한 사람들은 실제적인 근거 없이 막연한 추측만으로 일본의 지도자들은 미국이 북방항로를 통과하여 방어력이 가장 취약한 일본 북부로 공격해 들어올 것이라 판단하고 있으며, 전쟁발발 시 일본은 쿠릴 열도에 강력한 항공전력을 배치하여 알류샨 열도에 '기습'을 가한 후 잠수함 및 항공기지로 활용할 섬들을 점령할 것이라 예측하였다.

이러한 구상은 군 지휘부에서 별다른 주목을 받지 못했지만 태평양의 '북방 측익'의 방어를 중시한 사람들은 만약 미국이 알류샨 열도의 일부분이라도 상실하게 된다면 미국의 정치역량, 경제력 그리고 사기에 악영향을 미치게 될 것이라 주장하였다. 더욱이 이렇게 되면 알류샨 열도의 적을 축출하기 위해 미 해군은 어쩔 수 없이 '공세전력을 분할'해야 할 것이라고 경고하였다.[27] 북태평양방어 지지론자들의 이러한 주장은 1943년, 알류샨 열도 점령을 위해 미국이 북쪽으로 공세방향을 전환한 것을 정확히 예측한 것이었다.

북태평양방어 지지론자들의 이러한 과장된 주장은 결국 그 결실을 맺게 되었다. 의회의 고립주의자들까지도 북태평양 해역은 미국의 적법한 방위구역에 포함된다는데 동의함에 따라 연방의회는 북태평양기지 건설을 위한 예산을 승인하였던 것이다. 그러나 1941년에 들어서면서 미 해군은 일본군이 알류샨 열도에 '매우 강력한' 기습을 가하더라도 이를 막아내기에 충분한 전력을 신속하게 집결시킬 수 있다고 판단하게 되었다.[28] 이에 따라 미 해군 내에서 '알래스카 방위는 그다지 중요치 않은 문제'가 되었으며, 대일전쟁계획에서 알래스카에서 활동하는 일본군을 격퇴하는 것은 우선순위가 그리 높지 않은 임무로 지정되었다.

미국이 일본의 공격으로부터 동태평양을 방어하는데 필요한 가장 중요한 전략거점은 바로 하와이였다(지도 5.2 참조). 하와이 오아후(Oahu) 섬의 진주강(Pearl River) 어귀에는 반경 2,000해리 내에서 유일하게 대형함정의 정박이 가능한 호노룰루(Honolulu) 항이 위치하고 있었다. 일찍이 1841년, 미 해군의 세계일주 탐험가였던 찰스 윌키스(Charles Wilkes) 대위는 하와이의 전략적 중요성에 대해 언급한 바 있었다.[29]

그리고 미국이 하와이를 정식으로 병합한 1898년 훨씬 이전부터 하와이는 미국의 실질적인 보호령이었다. 미 해군지휘부는 일찍부터 미 본토와 아시아 해역을 잇는 해상교통로의 보호에 필요한 저탄기지를 확보할 수 있기를 간절하게 원하고 있었다. 1870년, 미국은 미드웨이를 둘러싸고 있는 환초를 통과할 수 있도록 진입수로를 개설하려고 시도하였으며, 사모아(Samoa)와 협상을 통하여 그곳의 항구를 사용할 수 있는 권리를 얻기도 하였으나 두 곳 모두 미국의 관심 구역과는 너무 멀리 떨어져 있었다. 1880년, 존 쇼필드(John M. Schofield) 육군 중장이 '강대한 해양국가와 전쟁발발 시' 가장 유용한 기지로 하와이를 지목한 이후[30] 미국은 하와이의 칼라카우라(Kalakaua) 왕으로부터 하와이에 군사기지를 설치할 수 있는 권리를 받아내었다.

하와이는 전 세계 해군의 함정이 전부 정박할 수 있을 정도로 넓다고 과장되게 알려지기도 했지만 개발 초기 항구 입구는 천연 환초대로 막혀있어서 함정의 진입이 불가능한 상태였다.[31] 1906년 작성된 첫 번째 오렌지계획에서는 함대가 수에즈운하를 통과하여 필리핀으로 이동한 다고 가정하여 문제가 없었으나, 1907년 올리버 중령이 함대의 진격로를 태평양을 횡단하는 경로로 해야 한다고 주장하면서 하와이에 해군기지건설 문제가 대두되었다(제9장 참조).

올리버 중령이 주장한 태평양 진격전략을 달성하기 위해서는 미국 서해안에 병기탄약창 및 건선거(dry dock, 乾船渠)*를 갖춘 기지가, 그리고 진주만에는 함정의 정박이 가능하고 방어시설이 갖춰진 기지가 필요하였다.[32] 필리핀기지의 방위가 형편없다는 폭로를 접한 시어도어 루즈벨트 대통령은 하와이에 방호능력을 갖춘 해군기지의 건설을 지시하였으며(제7장 참조)[33] 1908년 합동위원회는 대통령의 뜻을 따라 진주만 해군기지의 설치를 승인하였다.[34] 연방의회 또한 하와이 해군기지 설치에 필요한 예산은 승인하였지만 이후로는 하와이의 서쪽에 추가적으로 해군 기지를 건설하는 것에는 계속해서 반대하였다. 1911년에 대형함정이 출입항 할 수 있도록 진

---

* 큰 배를 만들거나 수리할 때 해안에 배가 출입할 수 있을 정도로 땅을 파서 만든 구조물. 여기에 배를 넣은 다음 입구의 문을 닫고 내부의 물을 뺀 다음 작업을 한다.

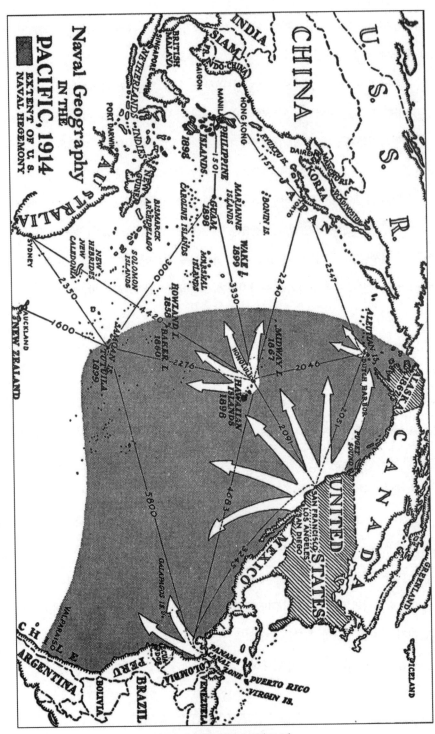

〈지도 5.2〉 태평양의 전략적 상황(1914년)
출처 : Livezey, Mahan, 160.

주만의 수로준설이 완료되었지만 건선거 및 육상지원시설 건설은 매우 느리게 진행되어 제2차 세계대전 직전이 되어서야 대규모 함대의 수용이 가능하게 되었다.[35]

짧은 시간의 연구 및 논쟁을 거친 후, 미 해군은 하와이가 일본의 공격으로부터 안전하다고 확신하게 되었다. 1898년 이전의 경우, 일본이 하와이 원주민의 자치공화국(Hawaiian republic) 건설 및 독립활동을 지원할 수도 있다고 우려한 미 해군 전략기획자들은 일본의 침략을 사전에 차단할 필요가 있을 경우 하와이에 해군 함정과 지상병력을 사전에 출동시켜야 한다고 제안하였다.[36]

한편 1906년 첫 번째 오렌지계획에서는 미국의 함대가 태평양을 횡단한 후 필리핀 근해에서 일본 해군에게 격파될 경우, 일본은 곧바로 강력한 전력을 동원하여 하와이를 공격할 것이라 우려하였다.[37] 이후 미 해군이 태평양을 횡단하는 진격방안을 2단계 전략으로 결정함에 따라 미일전쟁이 발발하면 '즉각적이고 영구적으로' 오하후 섬을 통제 하에 두어야 했지만[38] 당시 이곳은 적의 공격에 매우 취약한 실정이었다. 이에 따라 1907년 전쟁위기 시 합동위원회는 시어도어 루즈벨트 대통령에게 하와이의 방어능력보강공사를 즉각 실시해야 한다고 요청하기도 하였다.[39]

그러나 윌리엄스와 그 동료들은 대일전쟁발발 시, 필리핀 기지에서 이동하는 아시아전대의 함정들과 본토에서 증원되는 지상군병력이 일본군보다 먼저 하와이에 도착할 수 있기 때문에 주력함대가 남미대륙 끝단의 케이프 혼(Cape Horn)을 통과하여 하와이에 도착할 때까지는 일본군의 공격으로부터 자체적으로 하와이를 방어할 수 있다고 낙관적으로 판단하였다.[40]

태평양에서 미국의 우위를 흔들 수 있는 가장 큰 위협은 전쟁발발 직후 일본이 하와이를 기습공격하는 것이었다. 1911년, 로저스 해군대학총장과 해군대학 참모들은 일본이 25,000명의 이상의 병력을 하와이에 상륙시킨다면 5,000명밖에 안 되는 미군방어부대를 단숨에 쓸어버리는 것이 가능할 것이나, 실제로 일본이 오아후 섬에 상륙작전을 감행한다 해도 대규모 공세가 아닌 양동작전 정도일 것이며, 적의 주력함 역시 출동하지 않을 것으로 예측하였다. 그렇지만 만에 하나 미국이 오아후 섬을 상실하게 된다면 섬을 탈환할 때까지는 대일해양공세를 추진하는 것

이 불가능하기 때문에 이는 미국에게 '돌이킬 수 없는 재앙'이 될 것이라 판단하였다.[41]

올리버 중령은 일단 하와이가 일본의 손에 떨어진다면 이를 탈환하는 것은 매우 어렵다고 보았으며, 최소한 1년간 처절한 전투를 거쳐야 탈환이 가능할 것이라 보았다. 그러나 마한의 경우에는 해군이 하와이 제도의 다른 섬에 해군기지를 추가로 건설한다면 오아후 섬은 공격받아도 상관없다는 자신감을 보였다. 그리고 올리버 중령은 러일전쟁 시 일본이 여순항(Port Arthur) 배후의 고지를 점령 후 대구경포를 설치하여 항구에 정박한 러시아함정들을 공격한 사례를 염두에 두고 일본의 오아후 섬 점령은 해군에 돌이킬 수 없는 일이 될 것이라 우려하였다.

반면 마한은 육상에 배치된 대구경포로는 기동하는 함정을 명중시키기 어렵기 때문에 그다지 걱정할 필요는 없다고 보았다.[42] 하와이 방위에 관한 이러한 논쟁은 자연히 하와이에 방어시설의 설치를 촉진하는 계기가 되었는데, 당시 해병대는 그 규모가 너무 작은 상태였고 해군력의 기동성을 활용한 해양공세를 중시하던 해군은 고정적인 기지방어는 그다지 선호하지 않았기 때문에 하와이의 요새화작업은 자연히 육군의 몫이 되었다.[43]

마한은 본토 동해안에 정박 중인 전투함대가 출항하여 하와이에 도착할 때까지의 기간을 3개월로 판단하였다. 따라서 그는 최소 이 기간의 2배인 6개월 이상을 적의 공격으로부터 견딜 수 있어야 한다며 이 같은 방어력이 하와이에 구축되어야 한다고 '강력하게' 주장하였다.[44] 1913년까지 오아후 섬에 육군 해안포병대(the Army Coast Artillery)가 배치를 완료하였으며, 이어서 12문의 12인치 해안포 또한 배치될 예정이었다.[45]

파나마 운하가 개통될 즈음이었던 1914년, 당시 미 해군의 군수전문가였던 윌리엄 슈메이커(William Rawle Shoemaker) 대령은 군수지원측면을 논리적으로 분석하여 일본은 '미국의 제1급 전진기지'인 하와이를 공격할 수 없을 것이라는 결론을 도출하였다. 그는 소규모 전력을 활용한 기습은 성공할 수도 있겠으나, 일본이 하와이를 점령한 후 미국의 반격을 방어하기 위해서는 전체 71,150명의 병력, 4,000두의 가축(家畜), 다량의 대형화력장비 등이 필요한데, 일본은 이의 수송에 필요한 100여 척의 장거리 증기선(왕복항해에 필요한 석탄운반선 포함)을 동원할 수 없을 것이라 보았다.

또한 일본 함대가 충분한 수송선단을 확보한다 하더라도 하와이로 이동하는 도중에 미 해군의 순양함과 어뢰정이 일본수송선단에 대해 지속적인 공격을 펼칠 것이었다. 그는 일본이 자국이 보유한 전함 8척과 순양함 21척을 모두 선단호송에 투입한다 하더라도 충분한 구축함과 잠수함 없이는 수송선단의 안전한 이동이 불가능 할 것이기 때문에 미 함대가 본토에서 하와이 근해에 도착할 무렵이면 일본 해군의 수송선단은 이미 와해되고 없을 것이라 판단하였다. 슈메이커는 일본이 아무리 전쟁초기에 사기나 전력배치 면에서 앞선다 하더라도 '돌이킬 수 없는 방향으로 진격'한 대가를 감당할 수 없을 것이라 결론지었다.[46]

이후 대일전쟁 발발 시 하와이를 상실하게 될 것이라는 현실적인 우려는 거의 부상하지 않았지만 미 군부는 하와이의 방어태세에 지속적인 관심을 가졌다. 1919년, 하와이 방위의 주책임은 육군의 임무임이 재차 확인되었고[47] 육군은 1920년대에 하와이에 비행장을 건설하였으며 태평양에서 전쟁발발 시 30일간 지켜낼 수 있는 방어능력을 갖추겠다고 해군에 약속하였다.[48] 1928년 합동위원회에서는 적의 하와이 기습가능성을 다시 한 번 판단하게 되는데, 이때에도 해군계획담당자들은 일본의 수송선은 속력이 낮기 때문에 하와이 비행장에 배치된 139대의 항공기에 좋은 먹잇감이 될 것이며, 캘리포니아에서 출발한 미국의 주력함대가 도착할 때까지도 상륙에 성공하지 못할 것이라 설명하였다.

이때까지만 해도 육군은 동원령 선포 당일(M Day)에 9만 명의 증원 병력을 하와이로 보낸다는 방침을 유지하고 있었다. 그러나 이러한 증원 병력을 수송하기 위해서는 해군의 수송자산을 활용해야 하였다. 해군전쟁계획부는 해군의 대일공세작전에 필요한 수송자산을 하와이 증원 병력의 이송에 투입하는 것을 꺼린 나머지 어떠한 적의 병력도 하와이에 상륙할 수 없을 것이라 주장하게 된다. 결국 육·해군 간 타협을 통해 육군은 해군의 해양공세를 방해함이 없이 하와이를 방어하겠다고 약속하였으며, 해군은 2단계 공세 개시 전까지는 육군이 하와이의 방어력을 강화하는데 필요한 '모든 활동'을 지원하겠다고 마지못해 동의하게 되었다.[49]

1935년, 육군은 해군 주력함대가 대서양에 배치되어 있을 때 전쟁이 발발하면 일본이 오아후 섬을 공격할 수도 있다고 주장하며 재차 하와이 방어문제를 제기하기 시작하였다. 그러나 앞에서도 살펴보았듯이 해군에서는 실제로 그럴 가능성은 희박하다고 생각하고 있었다. 해군계획담당자들은 대서양의 주력함대가 하와이에 도착하는 데에는 한 달 정도가 소요되지만, 그 동안 하와이에 배치된 잠수함과 항공기만으로도 일본의 모든 공격을 격퇴할 수 있다고 육군을 안심시켰다.

만약 일본이 파나마운하를 은밀히 공격하여 주력함대가 남아메리카 대륙을 돌아 하와이에 도착하는데 70일 이상 걸린다고 해도 본토에서 증원된 육군항공단 폭격기를 활용하여 하와이 방어를 지원할 수도 있었다. 결국 육군은 하와이가 일본의 공격에 절대 취약하지 않다는 해군의 의견을 받아들여 전쟁 발발이전 병력을 탑재한다는 하와이 병력증원계획을 전쟁발발 이후 병력을 탑재하는 것으로 재조정하였다.[50]

그리고 해군은 육·해군 합동으로 하와이를 70일 이상 방어해야 한다는 책임을 흔쾌히 수락하고 그 지역에 배치된 잠수함과 항공기를 대서양으로 이동시키지 않겠다고 약속하였다. 이때부터 오렌지계획에서 전쟁발발 후 일본이 점령한 하와이 제도 중 '필수적인' 섬들을 탈환한다는 문구는 사라지게 되었으며, 합동위원회는 "대일전략계획 수립 시 더 이상 일본의 하와이 점령 가능성은 고려치 않는다."라고 못 박았다.[51]

이후 태평양전쟁 발발 전까지 하와이 상실이라는 미국의 오래된 불안감은 수면 아래로 그 모습을 감춘 듯 보였다. 그러나 1941년 12월 7일, 일본의 진주만기습 이후 며칠간 미 해군 내에서는 일본군이 하와이에 상륙하지 않을까 하는 해묵은 불안감이 되살아났으며, 이러한 불안감은 1942년 일본의 함대가 미드웨이 공격을 위해 집결할 때 다시 반복되었다. 그러나 현실을 냉정히 파악하고 있던 당시의 해군지휘부는 하와이 점령은 일본의 능력을 넘어서는 것이라고 확신하고 있었다.

미 해군은 일본이 동태평양에 전진기지를 확보하지 않는 이상 하와이와 미 본토를 잇는 해상교통로에 대한 공격은 불가능할 것으로 판단하였다. 1930년대 해군계획담당자들은 일본이 항속거리가 증대된 장거리잠수함을 진수한 사실에 관심을 갖기 시작하였는데, 1940년, 태평양함대가 하와이를 모항으로 하여 주둔하기 시작하면서 일본 장거리잠수함의 위협에 대해 더욱 관심을 가지게 되었다.

1941년, 당시 태평양함대 전쟁계획관이었던 찰스 맥모리스(Charles H. McMorris) 대령은 전쟁 발발 시 일본이 잠수함모함, 순양함, '포켓전함(pocket battleships)' 또는 항공모함 등의 지원 하에 하와이의 동쪽해역에서 잠수함을 운용할 수도 있을 것이라 예측하였다. 이에 따라 그는 예상되는 일본잠수함의 위협에 대항하기 위하여 순양함 일부 및 호위함정을 공격전력에서 분리, 호송 전력으로 활용한다고 함대전쟁계획을 수정하였고, 하와이와 캘리포니아 사이의 대잠초계항공기 작전반경이 미치지 못하는 음영구역에는 대잠초계항공기 모함 임무를 띤 항공모함 한척을 파견한다는 계획을 마지못해 작성하게 되었다.[52] 이미 알려진 대로 태평양전쟁 시 중간 지원기지 없이 장거리 잠수함만을 활용하여 미국의 해상교통로를 차단한다는 일본의 계획은 결국 비효율적인 것으로 판명되었다.

미 해군이 판단하기에 동태평양을 방위하는데 가장 어려운 문제는 바로 하와이가 항공공격, 특히 선제기습에 매우 취약하다는 것이었다.[53] 제1차 세계대전 이전의 경우, 계획담당자들은 하와이에 대한 일본 수상함정의 해상포격은 별다른 위협이 되지 않는다고 간주하였다. 그러나 일본이 속력이 빠른 순양함 등을 활용한다면 수천 명의 병력을 하와이에 기습상륙 시킨 다음 미국에 반대하는 일본계 이민자들에게 무기를 제공하여 폭동을 선동하고 기지시설을 파괴할 수도 있다고 가정하기도 하였다.[54] 1935년까지도 육군의 하와이 위기사태 대응목록에는 일본의 하와이 상륙기습, 친일계 주민의 폭동 발생, 좁은 항만진입수로에 일본선박의 자침(自沈) 등과 같은 항목이 포함되어 있었다.[55]

1920년대 말, 일본이 대형항공모함을 진수하기 시작하면서 하와이 방어의 취약성은 더욱 민감한 문제가 되었다. 1928년, 육군계획담당자들은 전쟁발발 시 일본이 100여 대의 항모함재기를 동원, 하와이를 기습할 수 있다고 가정하고 이에 대비하여 항공기 237대 및 다수의 대공포 등 충분한 방공전력을 배치해야 한다고 상부에 건의하였다. 무엇보다 적 함재기기습을 조기에 탐지하기 위해서는 310대의 장거리 수상기가 필요하다는 예측이 나왔는데 이 수량은 당시 미해군이 지원할 수 있는 능력을 훨씬 뛰어넘는 것이었다. 만약 적이 항공기습을 가함과 동시에 전쟁이 시작된다면 하와이기지는 완전히 허를 찔리게 되는 격이었다.[56]

현재의 시각에서 보면 전쟁이전 일본이 항공기를 활용, 하와이를 기습할 것이라 예측한 인사들은 정말로 선견지명이 있는 사람들이었다고 생각될 수도 있다. 실제로 미 해군은 하와이기습에 대비한 함대기동훈련(Fleet Problems)을 실시하기도 하였으며, 1911년부터 1941년까지 오렌지계획 및 관련된 연구에서 최소한 7번 이상 하와이 기습문제를 다루었다. 그러나 기지방어시설이나 방공전력에는 관심을 가진 반면, 함대 자체의 안전에 대해 관심을 가진 사람들은 없었는데, 이는 함정은 자체 대공방어능력을 갖추고 있다고 보았기 때문이다. 미 함대의 모항이 진주만으로 변경된 1940년 이전 오렌지계획의 경우에는 미국 함대가 미 서부해안에 집결한 후 서태평양으로 이동하는 중에는 진주만 군항이 아닌 라하니아 로즈(Lahania Roads) 묘박지에 잠시 머무르는 것으로 되어 있었다. 30여 년 동안 미국의 계획담당자들은 일본의 주 공격목표는 육상기지시설이라 판단하였지만 1941년 12월 7일 실제 진주만기습 시, 나구모 주이치(南雲忠一) 제독의 주 공격목표는 육상시설이 아니라 항구에 정박하고 있는 함정이었다.

일본 항공모함의 기습 위협에 대비하기 위한 방안으로 진주만을 둘러싸는 외곽기지 구축의 필요성이 제기되기도 하였다. 19세기 중 미국은 다른 제국주의국가들과 마찬가지 방식으로 알류샨 열도, 하와이 근해 리워드 환초군(Leeward Chain of atolls), 하와이 남서쪽의 존스턴 제도(Johnston Islands) 및 팔미라(Palmyra), 캔턴(Canton), 사모아(Samoa) 등과 같은 남태평양 환초를 획득하였다.

이 섬들은 함대기지로는 적합지 않았지만 경도선과 평행하게 위치해 있어 이 섬들을 기지로 항공기와 소형함정을 운용한다면 남북으로 4,500마일 이상 이어지는 광대한 정찰망을 구축할 수 있었다. 초기 오렌지계획담당자들은 일본이 이 섬들을 점령하여 해상교통로 교란 및 소모전 수행기지로 활용할 수도 있으므로 전략적으로 취약한 곳으로 판단하였다. 이후 워싱턴 해군군축조약에 의해 1922년부터 1936년까지 이들 섬에도 군사시설의 설치가 금지되었다(최초 리워드 환초군, 존스턴, 팔미라 등은 하와이 부속도서로 인정되어 군사시설 설치금지 도서에서 제외되었으나 결국은 미국의 고립주의정책으로 인해 모든 군사시설이 철거되었다).

이후 조약의 효력이 다한 1938년, 동태평양 방어망의 구축을 위해 이 해역에 일련의 항공기지 및 잠수함기지를 설치해야 한다는 헵번위원회의 권고안이 의회의 승인을 받았다.[57] 그러나 헵번위원회에서는 북극해의 알류샨 열도나 남태평양의 사모아 등은 전략적 중요성이 별로 없다는 오렌지계획의 판단을 그대로 적용하여 태평양 방어망의 북단은 알류샨 열도 아래로, 남단은 사모아 위쪽으로 설정하였다. 이후 1939년, 연합국에 합류할 가능성이 높은 오스트레일리아(濠洲)와 해상교통로의 연결이 필요하다는 것을 깨닫고 나서야 미국은 하와이 남부의 환초들에 관심을 가지기 시작하였다.

반면 미드웨이 등과 같이 중부태평양의 환초들은 일본의 기습을 감시하기 위한 전초기지 및 미 해군의 서태평양 공세를 위한 지원기지로 일찍부터 그 중요성이 강조되었다. 이 책에서는 미드웨이와 이를 둘러싸고 있는 대부분 모래톱으로 이루어진 존스턴 환초 및 리워드 환초를 하나로 묶어 "내부 환초군(inner atolls)"이라 지칭할 것이다(서태평양에 가까워 전략적으로 볼 때 공세적 위치를 점하고 있는 웨이크 제도(Wake Islands)는 다음 장에서 별도로 다룰 것이다).

미드웨이는 하와이의 부속도서인 리워드 환초의 끝단과 가까이 위치해 있으며, 제도의 중심으로부터 일본을 향하여 북서방향으로 바위섬 및 산호초 섬이 산재해 있다.[58] 일본과의 전쟁위기가 고조되던 1941년이 되면서 미드웨이의 중요성은 크게 강조되기 시작하였다. 1941년 12월, 진주만 기습 직후 킹 제독이 참모총장이 되어 미 해군 전체를 지휘하게 되자, 그는 미드웨이의 가치에 의문을 제기한 전임자의 평가를 완전히 뒤엎고[59] 만신창이가 된 태평양함대에 하와이와 본토간의 해상교통로뿐 아니라 "하와이-미드웨이 간 해상교통로 또한 보호 및 유지"하라는 명령을 내렸다.[60]

실제로 미드웨이는 오렌지계획의 발전 초창기에서부터 많은 주목을 받은 바 있었다. 일찍부터 해군의 계획담당자들은 일본이 하와이의 오아후 섬을 기습함과 동시에 해상교통로를 차단하기 위해 리워드 환초에 전진기지를 건설할 것이라 판단하였다. 또한 이 섬들은 미일전쟁 시, 본토 서해안에서 출발한 미 함대가 괌을 향해 진격할 할 경우 반드시 거쳐야 했기 때문에 "크나큰 군사적 가치"[61]를 지니고 있었다(제10장 참조).

이에 따라 해군의 계획담당자들은 전시 미 해군은 미드웨이를 고수해야 하며 빼앗길 경우 반드시 탈환해야 한다고 주장하였다.[62] 그러나 제1차 세계대전 이후 미 해군 전력이 서해안의 캘리포니아에 상시 전개하여 하와이의 안전이 확보됨에 따라 미일전쟁 시 미국의 전시진격경로가 미드웨이보다 남쪽으로 변경되었고, 자연스레 미드웨이의 전략적 가치도 하락하게 되었다.

1922년 체결된 워싱턴 해군군축조약의 비요새화 조항으로 인해 태평양의 대부분 섬들에 군사시설의 설치가 금지되었으나, 소형 도서에 이동식 설비를 설치하는 것까지 금지한 것은 아니었다. 하와이 방위를 책임지고 있는 제14 해군구사령관(the Commandant of the Forteenth Naval District)은 미드웨이가 일본의 접근방향에 가로놓여 있어 하와이에 대한 공격을 사전에 탐지할 수 있다는 의견에 적극적으로 동조하였다.

그는 정찰용 수상기모함을 미드웨이에 파견하였기도 하였으며[63] 항공분야의 문외한인 정보장교의 반대에도 아랑곳하지 않고[64] 미드웨이에 대공감시기지의 설치를 상부에 요구하기도 하였다. "적의 공격을 받아 감시기지를 포기하거나 항복해야 할 경우(또는 기지 시설을 파괴해야 할 경우)에는 어떻게 할 셈이냐?"라는 질문에 그는 "공격받기 전까지 감시기지에서 사전에 획득할 수 있는 정보만으로도 그 존재 가치는 충분하다."[65]고 응수하였다.

1924년, 저돌적인 항공병과 장교이자 유명한 해군가문 출신인 존 로저스(John Rodgers) 소령은 미드웨이에 함정이 진입할 수 있는 수로를 개설한다면 '아주 유용한' 정찰기지로 활용할 수 있는 초호(礁湖, lagoon)가 존재한다는 사실을 발견하였다.[66]

그러나 당시 워싱턴의 해군계획담당자들은 미드웨이에 기지를 설치할 경우 막대한 예산이 소요되고 일본을 자극하게 될 뿐만 아니라, 함대의 지원 없이는 방어가 불가능할 것이라 생각하여 진입수로 개설에 반대하였다. 또한 미드웨이에 설치한 군사기지를 적이 점령할 경우 미국은 이를 사전에 파괴하거나 나중에 탈환해야 할 것이었고, 이것은 결국 미국의 태평양공세를 지연시키게 될 것이라 판단하였다.

미드웨이를 미·일 양측 모두 활용할 수 없는 현재의 상태로 그냥 방치하는 것이 더 나은 방안이라고 여긴 계획담당자들은 일본과의 전쟁발발 시 미드웨이의 확보여부는 고려할 필요가 없으며, 1903년 개설된 무선전신국은 그냥 파괴해 버리면 된다고 제안하였다.[67] 1928년에는 프렌치 프리깃 숄(French Frigate Shoals) 근해 수상기모함에서 발진한 일본 항공기가 미드웨이와 오아후 섬 중간에 위치한 리워드 환초를 중간기착지로 활용하여 하와이를 기습할 수도 있다는 주장이 제기되었으나 이번에도 계획담당자들은 그럴 가능성은 희박하다고 주장하였다.*

육군 또한 미국이 태평양 환초들에 군사시설을 설치한다 해도 일본이 잠수함을 이용하여 이를 봉쇄해버릴 것이라 판단하고 있었다. 당시 계획담당자들이 판단하기에 일본이 미드웨이에 항공기지를 설치하더라도 하와이와는 너무 멀리 떨어져 있어 하와이를 위협할 수 없었기 때문에 미드웨이의 방어를 위해 군사기지를 설치하는 것은 그 가치에 비해 "너무나 비효율적인" 일이었다.[68]

그러나 1930년대에 들어서면서 미 해군의 고위 계획담당자들은 미드웨이에 대한 기존의 시각을 180도 바꾸게 된다. 장거리 비행정이 등장하고 팬아메리카 항공사(Pan America Airways)가 미드웨이를 상용 대형비행정의 중간기착지로 사용하게 됨에 따라 당시 태평양함대 사령관이던 리브스(Joseph Reeves) 제독, 킹 제독 등과 같은 항공병과 출신 제독들은 미드웨이에 군사기지의 설치를 주장하기 시작하였다.

1935년, 당시 태평양함대 사령관 리브스 제독은 63대의 수상기를 포함한 태평양함대 소속 전 함정을 이끌고 미드웨이 근해에서 기동훈련을 벌이기도 했다.[69] 결국 전쟁계획담당자들은 이러한 항공병과 고위장교들의 압력에 따라 미드웨이 제도는 전시 핵심적인 역할을 하게 될 것이라 주장하게 되었으며, "반드시 적보다 먼저 점령해야 한다"[70]고 결론을 내리게 되었다. 민간 항구 개발로 가장하여 미드웨이 기지건설에 필요한 예산을 따내려 한 해군의 서투른 전략은 의회통과가 어려운 듯 보였으나[71] 고립주의 정치가들까지도 태평양방어 시 미드웨이가 전략적으로 중요하다는 것을 인정하고 예산안을 통과시켜 주었다.[72]

이 결정을 접한 헵번위원회에서는 크게 환영하며 미드웨이를 진주만 다음으로 중요한 해군 기지로 지정하였다.[73] 그러나 블로크(Claud Bloch) 태평양함대 사령관이 미드웨이에 건설될 기지의 규모를 '서태평양 진격을 위한 핵심 함대기지' 수준으로 크게 확대하려 하자 해군성에서는 이에 제동을 걸기도 하였다.[74]

하지만 미드웨이의 중요성이 대두된 이후에도 해군의 고유한 강점인 기동성을 활용한 공세

---

* 실제로 1942년 3월 마셜 제도를 발진한 일본 해군의 비행정이 프렌치 프리깃 숄에서 잠수함으로부터 급유를 받은 뒤 진주만을 폭격한 일명 "K 작전"이 벌어진다.

적 행동을 강조하던 미 해군은 좀처럼 대양의 고정지점의 방어개념을 수용하려 하지 않았으며 미드웨이 방어의 '궁극적' 책임은 육군이 지기를 원하였다.[75] 미 해군지휘부는 미드웨이는 하와이에 가깝기 때문에 일본이 감히 공격하지 않을 것이며, 공격한다 해도 해안포를 활용하면 적의 화력지원함정들을 격퇴할 수 있다는 해병대의 주장을 그대로 받아들여 일본이 미드웨이 제도에 상륙하거나 해안포격을 감행하지 못할 것이라 보았다.

한편 1939년, 블로크 태평양함대 사령관은 일본이 항공모함을 이용하여 항공공격을 가한다면 심각한 위협이 될 것이라 판단하고 미드웨이에 전투기 비행전대를 배치하자고 건의하였다. 그러나 이러한 요구는 항공기는 함대와 같이 작전해야 한다는 당시 해군의 전술교리(naval doctrine)에 위배되었기 때문에 워싱턴의 해군성은 미드웨이에 비행장을 건설하는 것에 반대하였다. 적의 항공공격을 방어하기 위해 구식 구축함을 묘박시켜 대공방어 플랫폼으로 활용하자는 등의 실현가능성이 별로 없는 의견 등이 여러 차례 오고간 이후, 해군성은 결국 대공포를 장비한 해병대 대대병력을 미드웨이에 배치하기로 결정하였다.[76]

1940년, 유럽에서 독일이 파죽지세로 프랑스를 점령하고 영국까지 위협함에 따라 미국 또한 상당한 위기의식을 느끼게 되었고, 도서기지의 방어능력 강화에 박차를 가하게 되었다. 연방의회가 군비증강을 위한 예산증액을 승인함에 따라 미드웨이를 둘러싼 환초를 관통하는 수로가 개설되었으며, 비행장 역시 건설되었다. 1941년 12월 7일 진주만 기습 당시 미드웨이에는 대규모 수상기기지 및 육군비행장이 있었고 모든 종류의 항공공격에 견딜 수 있는 정도의 대공방어능력을 갖추고 있었다.[77]

하와이를 둘러싼 섬들 중 가장 작은 섬인 존스턴 제도는 진주만에서 남서쪽으로 700 마일 정도 떨어져 있다. 항공기시대 이전부터 계획담당자들은 존스턴 제도를 미크로네시아로 진격하기 위한 발판으로 판단하고 있었으나[78] 섬의 면적이 66에이커에 불과하여 실제로 활용하기는 쉽지 않았다.[79] 이후 1920년대 항공정찰을 통해 존스턴 제도에 수상기기지의 설치가 가능하다고 밝혀졌으며[80] 1933년 미 함대의 계획담당자들은 존스턴 제도를 중간기착지로 활용한다면 수상기를 마셜 제도 근해까지 진출시킬 수 있다고 가정하기도 하였다.[81]

1938년, 헵번위원회에서는 오아후 섬 방위를 위한 항공정찰망의 구축을 위해 존스턴 제도에 적 순양함에서 발진한 정찰기를 방어할 수 있는 대공방어시설을 갖춘 소규모 정찰기를 설치하자고 제안하였다.[82] 태평양전쟁 발발 시, 존스턴 제도는 계획된 방어시설이 완전히 갖춰진 상태였으나 미드웨이와는 달리 한 번도 일본 함대의 공격을 받지 않았다.

1938년부터 1941년까지 미국의 "내부 환초(inner atolls)"에 초계비행정 수용시설의 설치가 완료됨에 따라 미 해군은 태평양 북방을 제외한 모든 방향에서 진주만으로 접근하는 적 전력을 탐지할 수 있는 능력을 갖추게 되었다. 킹 제독을 포함한 일부 장교들은 미드웨이와 알류샨 열도를 잇는 선을 따라 주기적인 항공정찰을 실시하는 것을 고려하기도 하였으나[83] 2,500마일의 간격을 지속적으로 감시하는 것은 전쟁이전에 미 해군이 보유하고 있던 항공기의 능력을 벗어난 것이었다. 결국 일본항공함대는 미국의 태평양 북방의 정찰공백권을 교묘하게 이용하여 하와이로 접근, 진주만을 기습하게 된다.

1940년 5월, 루즈벨트 대통령은 일본이 유럽의 아시아 식민지로 진출하는 것에 대한 경고메세지로 태평양함대의 모든 전력을 진주만으로 이동시키라고 명령하였다. 이러한 함대전력의 재배치에 따라 동태평양의 방어준비태세의 강화 또한 탄력을 받게 되었다. 그러나 방어준비태세가 아직 완벽하지 못하다는 현장지휘관들의 지속적인 불만에도 불구하고 워싱턴의 계획담당자들은 태평양의 기지들이 안전하다고 확신하고 있었다.

1941년 초, 함대전쟁계획관 맥모리스는 일본이 항공모함을 이용, 진주만에 기습을 가함과 동시에 전쟁이 시작될 수도 있다고 언급한 바 있었지만, 그 실현가능성에 대해서는 회의적이었다. 이에 따라 그는 함대작전계획의 작성 시, 함대소속 전체 7개의 초계비행정전대 중 어느 하나에도 하와이 근해의 사전정찰임무를 부여하지 않았으며, 전쟁이 시작된 이후 1개 전대만 하와이 근해의 초계임무에 투입하는 것으로 계획하였다.[84]

이미 수많은 연구에서 일본의 기습 직전, 진주만의 방어준비태세를 분석하고 논의하였기 때문에 이 책에서 그 내용을 재차 언급할 필요는 없을 것이다. 그러나 한 가지 확실한 점은 전쟁이전 오렌지계획(그리고 이를 계승한 레인보우계획-5 또한)에서는 항공모함을 활용한 일본의 기습을 예측하지 못했다는 것이다. 태평양전쟁 이전 마지막으로 작성된 1941년 7월판 함대 오렌지작전 계획에서는 이러한 일본의 기습 '가능성'이 존재한다고만 언급하였으며[85] 이전계획에 포함되어 있던 일본의 진주만기습 시기 및 규모를 판단한 참고자료는 아예 삭제되었다. 그러나 일본의 기습 가능성에 대한 이러한 오판에도 불구하고 동태평양을 미국의 태평양공세를 준비하기 위한 튼튼한 보루로 활용한다는 오렌지계획의 전략개념은 전쟁발발 초기를 제외하고는 태평양전쟁 기간 내내 미 해군에서 그대로 유지되었다. 파죽지세로 세력을 확장하던 일본은 1942년 6월, 미국의 성역인 동태평양까지 돌파하려했지만 결국 미드웨이에서 패배를 맛보고 말았다.

일찍이 1897년 하와이 제도의 병합 시부터 미국은 이에 반대하는 일본 해군과 하와이 근해 에서 전투가 발생할 수도 있다고 우려하기 시작하였다.[86] 그러나 1911년 즈음이 되자 해군계획 담당자들은 일본이 기습상륙전력을 하와이까지 이동시키기 위해서는 전함까지 모두 선단호송 에 투입해야 할 것이므로, 하와이 근해에서 미일주력함대간 해전은 발생하기 어려울 것이라 간 주하였다.[87] 그리고 이후의 연구에서는 일본은 미 해군의 전쟁수행능력에 결정적 타격을 가할 수 있다는 확신이 섰을 때만 하와이 제도 및 주변 환초를 공격할 것이라고 판단하였다. 마침내 1928년, 미 해군은 일본 함대가 동태평양까지 진출한다 하더라도 이를 '완전히 격파'할 수 있다 고 자신 있게 결론을 내리게 된다.[88]

이후 동태평양을 무대로 하여 일본 해군과 일전을 벌인다는 구상은 해군 내에서 완전히 사장 되었다가 1941년 중반, 태평양함대 사령부에서 미드웨이 근해에서 적 함대를 격멸한다는 함대 작전계획을 수립하면서 다시금 주목을 받게 된다. 결국 미드웨이 해전(the Battle of Midway)은 하 와이로 접근하는 적에 반격을 가할 경우 미국이 대일전쟁에서 아주 유리한 고지를 점할 수 있다 는 오렌지계획의 가정이 바람직했다는 사실을 실제로 증명해 주었다.

6. 서태평양 : 전략적 후퇴

미국의 계획담당자들은 미일전쟁 1단계에서 서태평양의 상황은 동태평양의 상황과는 정반대로 전개될 것이라 예상하였다. 그들은 별다른 방어시설 없이 상징적인 의미에 불과한 소수의 해병대병력만 배치되어있는 괌의 경우에는 바로 일본에게 빼앗길 것이라 보았다. 그리고 1898년 합병 이후로 상당수의 육군 및 해군전력이 주둔하고 있는 필리핀 역시 일본 해군의 해상봉쇄와 일본육군의 강력한 공격에 그리 오래 버티지 못할 것이라 판단하였다. 필리핀 주둔군은 1900년에서 1941년까지 필리핀방어를 위한 다양한 전술방어계획을 작성하였지만, 오렌지계획에서는 이 전술계획이 제대로 시행된다 하더라도 미일전쟁의 전체국면에는 별다른 영향을 미치지 못할 것이라 가정하였기 때문에 이 책에서는 그 대강만 간단히 살펴보도록 하겠다.

미군의 전략기획자들은 필리핀 군도의 총면적은 영국과 비슷하지만 7,000개가 넘는 섬으로 이루어져 있고, 해안선의 길이는 미 본토의 전체 해안선 길이에 필적하기 때문에 방어가 매우 어렵다는 것을 일찍부터 인식하고 있었다. 1906년 오렌지계획의 연구가 최초로 시작될 때부터 계획담당자들은 일본은 전쟁시작과 거의 동시에 해상봉쇄로 필리핀을 고립시킨 다음 2만여 명 가량의 필리핀 주둔군 -그나마 2/3는 훈련정도가 떨어지는 필리핀 방위군으로 구성된- 을 격파하기 위해 10만 명에 육박하는 육군을 루손 섬에 집중적으로 상륙시킬 것이라 가정하였다.[1]

미국의 계획담당자들은 필리핀방어계획이 성공하기 위해서는 필리핀에 대규모 함대기지의 확보가 필수적이라고 판단하였으나 끝내 이곳에 함대기지가 건설되지는 못했다. 1908년에서 1912년 사이에 해군 내에서 활발하게 진행된 필리핀 기지건설 논의와 이후 추진된 몇 번의 기지건설 시도도 정치가들과 해군 내 일부 계획담당자들의 반대로 모두 좌절되었던 것이다. 소규모의 아시아함대를 수용하기 위해 건설한 루존 섬의 해군기지는 필리핀 탈환작전에 필요한 대규모 전투함대를 수용할 수 없었기 때문에, 필리핀 방어에 별다른 역할을 할 수가 없었다.

필리핀에 대규모 함대 기지를 건설한다고 할 경우 항내면적이 30평방마일로 넓고 상당한 기반시설을 갖춘 민간항만이 인접해 있으며, 해안선 배후에 대규모 도시가 형성되어 있는 마닐라만이 최적의 후보지였다. 1916년, 육·해군 공동으로 필리핀 주둔군의 최우선 임무는 마닐라 중심부 및 마닐라항의 방어가 되어야 한다고 상부에 건의하였고, 합동위원회에서도 필리핀에서 미군의 가장 중요한 임무는 마닐라만의 방위라고 강력히 주장했음에도 불구하고 이것은 당시 필리핀 주둔군의 현실을 고려할 때 불가능한 일이었다.

그리고 육군대학에서 필리핀 방어가능 여부를 연구한 결과, 현재 필리핀 주둔군의 규모로는 제한된 지역에서 몇 달간 버티는 것 정도만 가능하다는 사실이 밝혀졌다. 일부 비판자들은 겁쟁이같이 참호 속에 숨어서 '깃발만 걸고 있는' 것은 패배주의에 물든 것이라고 비난하였으나, 당시 전력이 절대적으로 부족했던 필리핀 주둔군의 입장에서는 이것이 그들이 할 수 있는 최선의 방책이었다.[2]

한편 해군 내의 낙관주의자들은 필리핀 주둔군의 현실은 고려치 않은 채 그들이 일정기간 동안 일본 해군의 마닐라만 점령을 막아주기를 막연히 기대하고 있었다. 그들은 만약 일본 해군이 마닐라만을 점령하여 활용하게 된다면, 남중국해의 연합국 항구들을 점령하여 활용하는 것보다 미일전쟁에서 훨씬 유리한 입장에 설 수 있다고 보았다.

그러나 일본이 마닐라만의 해군기지 및 항만시설을 확보하지 못한다면 충분한 탄약과 보급품을 루존 섬에 집적할 수 없기 때문에 미 함대의 반격을 당해낼 수 없을 것이었다. 필리핀의 미군이 마닐라만을 지켜준다면 일본이 향후 대일공세의 중간기지로 활용할 필리핀 남부의 항구까지 점령하는 것을 막을 수 있으며, 차후 미군원정부대가 루존 섬 탈환공격 시 필리핀 주둔군의 지원을 받는 것 또한 가능하다고 판단하였다.[3]

결국 합동위원회는 해군 낙관론자들의 시나리오에 솔깃한 나머지 필리핀 주둔군에 마닐라

항만을 우군이 활용할 수 있도록 통제하라는 전시임무를 부여하였다.[4] 그러나 미 해군 내의 비관론자들은 일본 해군은 제1차 세계대전 중 수립한 해군건함계획에 따라 전력이 3배 이상 확장될 것이 분명한 바, 이러한 미·일 해군 간의 전력 차이를 고려할 때 마닐라만의 '통제'보다는 '방어'가 좀 더 실현가능성이 높을 것이라 주장하였다.[5]

그들은 미 함대가 태평양을 횡단하여 필리핀에 도착하기 전에 일본군이 마닐라만을 점령할 것이라 예측하였기 때문에 속으로는 어차피 일본에 뺏길 마닐라만은 "전략적으로 가치가 없다"고 생각하고 있었다.[6] 그들은 약체인 필리핀 주둔군이 할 수 있는 일이라고는 단지 미군의 명예를 지키고 국민의 사기를 고양시키는 희생적인 지연작전뿐이며, 적에게 어느 정도 피해를 입힐 수는 있어도 마닐라를 고수하는 것은 불가능 할 것이라고 주장하였다.

이는 1942년 필리핀 방어전 시 실제로 벌어질 사태를 정확히 예측한 것이었다. 그러나 이러한 주장에도 불구하고 1919년, 육·해군은 향후 괌의 해군기지를 기반으로 일본 본토로 진격한다는 전략구상이 실현될 것이라 기대하면서 우선은 필리핀 주둔군의 임무를 마닐라만의 통제로 결정하였다[7](제7장 참조).

마닐라만에는 "암석(the Rock)"이라 불리는 코레히도르 섬(the island of Corregidor)이 만 입구에 가로놓여 있었으며, 이외에도 만 내부에 3개의 작은 섬들이 있었다. 육군은 1904년부터 코레히도르 섬에 방어시설을 건설하기 시작하였는데, 대규모 포격에도 견딜 수 있는 지하터널을 건설하고 전함의 함포사격에도 맞설 수 있는 대구경포도 설치하였다. 육군은 항만입구에 부설된 기뢰와 코레히도르 요새의 대구경포를 활용한다면 적 함대가 마닐라만에 접근하는 것을 차단할 수 있다고 기대하였다. 또한 일본군이 마닐라만의 배후를 점령한다하더라도 병목과 같은 위치인 코레히도르 요새를 미군이 계속 점유한다면 일본에게 마닐라 항은 아무런 활용가치가 없을 것이었다.

그러나 육군의 이러한 방어개념에는 치명적인 약점이 존재하였는데, 그 중에서도 코레히도르 섬과 마닐라만으로 돌출된 바탄반도(Bataan peninsula)와의 거리가 불과 2마일 밖에 안 된다는 것이 가장 큰 취약점이었다. 육군 계획담당자들은 바탄반도를 미국이 계속 점유한다고 가정할 때, 코레히도르 요새는 미 함대가 태평양을 횡단하여 필리핀 도착 시까지 소요된다고 판단한 6개월 정도까지는 적의 공격에 버틸 수 있다고 판단하였다. 하지만 만약 바탄반도를 잃게 된다면, 일본이 러일전쟁에서 여순 항의 배후고지를 점령 후 대구경포를 설치하여 여순 군항을 공격했던 것처럼 코레히도르 요새가 배후에서 공격을 받을 수 있었다.

그럼에도 불구하고 제1차 세계대전 중 갈리폴리(Gallipoli) 전역과 프랑스(France)의 참호전을 통해 공격 측이 방어선을 돌파하는 것이 매우 어렵다는 사실이 증명됨에 따라 코레히도르 요새를 충분히 방어할 수 있다는 낙관적인 전망이 생겨나게 되었다. 코레히도르 섬 지하터널에 은폐한 방어군은 상당 기간 동안 적의 집중포화를 견뎌낼 수 있을 것이었고, 해안에는 상륙거부용 철조망 및 기관총을 활용하여 중첩방어선을 구축한다면 적의 상륙 또한 저지할 수 있을 것이었다.[8]

그러나 1922년 워싱턴 해군군축조약으로 인해 코레히도르 섬의 모든 요새화 작업이 중단되었고, 육군 필리핀관구(Philippine Department)*는 상부로부터 현재 코레히도르 요새의 방어취약점을 고려하여 절절한 "방어계획"을 수립하라는 지시를 받게 된다.[9]

1900년부터 필리핀방어계획의 수립에 일정 부분 관여해온 해군 역시 필리핀의 방어가 현실적으로 어렵다는 것을 잘 알고 있었기 때문에[10] 필리핀에 해군전략기지를 건설해야 한다는 요구안을 연방의회가 거부한 이후로는 필리핀에 대한 관심이 점차 사그라지게 되었다(제7장 참조). 이에 따라 미 해군은 아시아에서 미국의 통상활동을 보호하고 미국의 존재를 현시할 수 있는 수준으로 아시아함대의 규모를 대폭 축소하였다. 1907년 오렌지계획의 최초작성 시 해군계획담당자들은 루존 섬의 함락은 불가피하다는 올리버 중령의 '직설적인' 주장[11]을 그대로 반영하여, 소수의 전력으로 구성된 아시아함대는 전쟁발발과 동시에 필리핀을 탈출하는 것으로 계획하였다.[12] 또한 제2위원회의 윌리엄스는 냉소적으로 오렌지계획에는 전쟁발발 시 일본이 사용할 수 없도록 마닐라 해군기지시설의 파괴라는 명령만 수록하면 된다고 제안하기도 하였다.[13]

---

* 육군 필리핀관구는 1911년 필리핀에 설치된 미 육군성 산하 정식 부대로, 주 임무는 필리핀의 방어 및 필리핀 방위군의 훈련이었다. 필리핀관구의 지휘관 및 장교는 미군이었으나 사병들은 대부분 필리핀인들(일명 필리핀 스카우트)로 구성되어 있었다. 이후 1941년, 새로이 창설된 미 극동육군사령부로 통합된다.

1915년, 조시퍼스 대니얼스(Josephus Daniels) 해군장관이 오렌지계획 상의 필리핀방어 관련 내용에 대해 언급하고 나서야 육군성은 비로소 해군은 필리핀 방어문제를 육군과는 정반대의 관점에서 바라보고 있다는 것을 알게 되었다. 이 자리에서 대니얼스 장관은 미일전쟁 발생 시, 미 해군은 필리핀 구원을 위한 지상군전력의 적시도착을 보장할 수 없다고 언급하였는데, 그도 그럴 것이 해군의 입장에서 볼 때 일개 전방기지를 구원하는 것은 그들의 핵심임무가 아니었기 때문이다.[14] 그리고 당시 아시함대 사령관인 앨버트 윈터할터(Albert Winterhalter)는 당시 필리핀의 상황을 적나라하게 서술한 전보를 미국으로 타전하기도 하였다.

"일본이 공격할 경우 필리핀 전체는 고사하고 일부라도 방어할 수 있다는 주장은 현실성이 없으며, 결국 엄청난 자원의 소모와 의미 없는 희생만 초래할 것임. 대규모 함대를 이용하여 필리핀 주변의 제해권을 장악하는 것만이 필리핀을 방어할 수 있는 유일한 방안임. 충분한 방어능력을 갖추지 못한 해군기지는 무용지물임"[15]

이어서 그는 현재 운용하고 있는 마닐라의 해군기지는 폐쇄하고 코레히도르 섬에 병력탈출용 소형함정의 정박에 필요한 임시기지만 설치하자고 건의하였다.

한편 제1차 세계대전 중 독일의 무제한잠수함작전을 지켜본 해군의 일부 낙관론자들은 해상에 설치 가능한 이동식 지원바지(floating tender)를 기지로 하여 연안잠수함을 운용한다면 필리핀을 공격하는 적의 진격을 늦출 수도 있다고 생각하기도 하였다.[16] 나중에 전쟁계획부장이 되는 윌리엄스는 워싱턴 해군군축회담 시 해군전문요원으로 참석하였는데, 그는 이러한 이동식 지원설비는 워싱턴 군축조약의 "즉시 중단(stop now)" 원칙에 해당되지 않는다고 해석하였다. 이에 대해 회담전권대표의 해군보좌관으로 군축조약의 문구를 직접 기안했던 윌리엄 프랫(William V. Pratt) 소장은 "이봐, 우린 변호사가 아니야."라고 말하며 윌리엄스가 조약을 자의적으로 해석하는 것을 반박하기도 하였다.

프랫 제독은 국가간 군비경쟁을 해소한다는 군축조약의 "포괄적인 정신"을 존중해야 하며, 필리핀에 전력 증강배치를 자제해야 한다고 해군성을 설득하였다.[17] 육군은 이에 동의하여 폭격기전대의 필리핀 배치를 취소하기도 하였다. 그러나 윌리엄스는 내심 미 함대가 도착하기 전에 필리핀이 함락될 것이라는 계획담당자들의 가정에 대단히 만족해하고 있었다. 그리고 전쟁계획부장이 되자 대일전쟁의 2단계 전략방책을 그전까지 활발히 논의되었던 전투함대가 신속하게 서태평양을 횡단하여 필리핀을 구원한다는 방안에서 중부태평양 제도들을 따라 순차적으로 진격한다는 방안으로 변경하였다(제10장 참조). 당시 윌리엄스는 "적에게 결정적 타격을 가할 수 있다면 아군의 어떠한 피해라도 감수해야 한다."고 언급하며 미일전쟁 발발 시 필리핀의 포기를 기정사실화하였는데[18] 그의 이러한 냉정한 태도는 육군의 분노를 사기도 하였다.

    당시의 상황을 놓고 볼 때 필리핀의 방어가능여부를 누구도 장담할 수 없었지만 미일전쟁 시 이곳이 전략적으로 매우 중요하다는 것은 부인할 수 없는 사실이긴 하였다. 그리고 이러한 필리핀의 전략적 중요성을 끈질기게 강조한 2명의 육군 장군들로 인하여 오렌지계획의 근저에 깔린 개전 초 필리핀 함락이라는 가정은 결국 사라지게 된다. 이러한 변화를 주도한 장본인은 바로 전직 육군참모총장이자 필리핀 주둔군사령관을 역임한 레오나드 우드 장군과 더글러스 맥아더 장군이었다.

    1941년, 새로이 미 극동육군(USAFFE: U.S. Army Forces in the Far East) 사령관이 된 더글러스 맥아더 장군은 충분한 무기와 장비만 갖추어진다면 필리핀을 방어할 수 있다고 행정부를 설득하기 시작했는데, 이러한 주장은 1923년 필리핀 총독이었던 레오나드 우드 장군이 주장했던 것과 동일한 것이었다. 그 당시 우드 장군은 해군성의 필리핀 포기방침에 배신감을 느낀 나머지 필리핀을 포기할 수는 없다며 육군성과 대통령을 끈질기게 설득하였고, -해군의 지지를 받지 못한 맥아더와는 달리- 당시 해군참모총장이던 쿤츠(Robert E. Coontz) 제독과의 개인적 친분이 있었던 관계로 해군 고위인사의 지지까지 약속받았다. 우드 장군으로부터 전시 필리핀 포기전략을 철회해 달라는 요청을 받은 쿤츠 해군참모총장은 윌리엄스가 구상한 미일전쟁 2단계의 중부태평양 작전계획을 최단시간 내 필리핀 구원을 위해 진격한다는 작전계획으로 바꾸어버렸다(제11장 참조).

    이에 따라 1923년, 육·해군은 마닐라를 적에게 내어준 후 재탈환하는 것보다는 끝까지 방어하는 것이 더욱 효율적이라는 근거를 들어 마닐라를 미일전쟁 시 활용할 수 있는 가장 이상적인 전략기지라고 공식선언하였다. 그리고 우드 장군은 필리핀 주둔군의 규모를 일본군의 대규모 공격 시 바탄반도와 코레히도르 섬뿐 아니라 마닐라만 전체를 6개월 이상 방어할 수 있는 정도로 확장해야 한다고 주장하였다.[19]

우드 장군이 주장한 -이후 맥아더 장군 역시 그대로 답습하게 되는- 필리핀 방어 전략이 성공하기 위한 핵심요건은 필리핀 방위군의 주력이 되는 필리핀 현지인으로 구성된 부대를 대규모로, 동시에 신속하게 동원할 수 있는가, 그리고 동원 후에도 이 부대가 전투력을 지속적으로 유지할 수 있는가 여부였다. 우드 장군은 해군이 지원 병력의 이동을 보장해준다면 요새포병대와 항공부대가 주력인 미국의 필리핀 주둔군과 필리핀인으로 구성된 필리핀 방위군은 끝까지 루존 섬을 지켜낼 수 있다고 자신하였다.[20]

이러한 우드 장군의 주장에 고무된 마닐라의 육군 지휘관들은 이전에 자신들이 작성했던 필리핀방어계획은 폐기하고 1922년에서 1923년 사이에 새로운 계획을 작성하여 제출하였다. 이 방어계획의 내용을 간단히 살펴보면 아래와 같다. 먼저 미군은 항공기, 장거리 야포 및 해상에 부설한 기뢰 등을 활용하여 적 상륙부대의 마닐라만 접근을 차단한다. 충성심이 뛰어난 필리핀 주민들로 구성된 필리핀 방위군은 일본의 필리핀 상륙을 저지하는 임무를 수행하는데, 특히 마닐라만으로 곧바로 진격할 수 있는 링가옌만(Lingayen Gulf)에 일본의 상륙가능성이 높기 때문에 그곳에 병력을 집중적으로 배치한다. 일본군이 상륙한 이후에는 방어군은 강력한 저항을 펼치며 주저항선인 바탄반도로 이동한다. 이후 미군과 필리핀 방위군은 바탄반도 및 코레히도르 섬에서 '마지막 순간'까지 저항함과 동시에 루존 북부의 산악지대에 게릴라부대를 파견하여 적의 후방을 교란하는 것으로 계획되어 있었다.

육군이 이렇게 필리핀 방어개념을 변경함에 따라 해군의 쿤츠 제독과 그의 지지자들 또한 일본이 필리핀을 공격할 시, 마닐라만을 방어하기 위한 연안방어계획을 궁리하기 시작하였다. 그들이 짜낸 방안은 아시아함대의 '한줌 밖에 안 되는' 전력으로 일본의 상륙선단을 공격하고 상선을 개장한 보조순양함을 활용, 일본의 해상교통로를 교란한다는 것이었다.[21] 이후 1922년 8월, 제1차 세계대전 시 대서양에서 유보트전투에 참전한 경력이 있던 에드윈 엔더슨(Edwin A.

Anderson) 제독이 갑자기 마닐라의 아시아함대 사령관으로 부임하게 되는데, 그는 부임하자마자 마닐라만 연안방어계획을 작성하라는 지시를 받았다.[22] 그는 잠수함모함을 포함한 1개 잠수함전단이 전쟁발발 직후 최단시간 내 태평양을 횡단하여 마닐라만에 배치된다면 루존 섬 전체를 방어할 수 있는 '가능성이 매우 높다'고 보고하였다. 그는 잠수함의 어뢰를 활용한다면 연안으로 접근하는 적 함대 및 상륙선단에 막대한 피해를 줄 수 있다고 확신하고 있었다. 그리고 이러한 잠수함작전이 성공한 후에는 구축함 및 개장순양함을 추가로 파견하여 통상파괴전을 가속화한다고 계획하였다.

또한 앤더슨 사령관은 중국에 도움을 요청하고, 미국의 전투함대가 태평양을 횡단하는 동안 루존 섬의 수빅만에 전투함대 지원기지를 건설한다고 계획하였다. 이에 대해 육상기지사령관이 전쟁이 발발하면 수빅만은 적에게 점령될 것이 확실하다고 회의적으로 답변하자, 앤더슨 사령관은 그러면 바탄반도와 비슷하게 반도로 이루어진 루존 섬 북단의 케이프 엥가노(Cape Engano)로 잠수함부대를 이동시켜 미국의 전투함대의 도착을 기다리면 될 것이라고 대응하였다.[23]

그러나 충분히 필리핀을 방어할 수 있다는 당시 미국의 허세는 현실과는 완전히 동떨어진 것이었다. 해군 내에서 호전론자들이 점차 사라짐에 따라 -특히 쿤츠 제독이 미 함대 사령관을 끝으로 전역한 이후로- 1920년대 중반 이후부터 해군은 다시금 현실을 직시하게 되었다. 해군의 신중한 계획담당자들은 원정함대의 필리핀 도착일정을 늦춰 잡았으며, 그 진격목표도 마닐라가 아닌 좀 더 안전한 루존 섬 남방의 섬으로 변경하였다.

또한 육군은 필리핀 현지인 부대를 육성하는데 무관심하였고, 해군 또한 현지인 부대가 제대로 전투력을 발휘할지 확신하지 못했기 때문에 그들을 필리핀 방위에 활용한다는 환상도 사라지게 되었다. 결국 워싱턴의 합동계획담당자들은 루존 섬은 단시간 내에 일본에 함락될 것이라 재차 확인하게 되는데, 그들은 적의 공격에 대해 바탄반도는 약 60일, 코레히도르 섬은 약 120일 정도 견딜 수 있을 것으로 예측하였다.[24]

필리핀 주둔군의 육군 장군들은 코레히도르 섬 주변의 해역에 기뢰를 부설하여 적 함대의 접근을 거부하면 어떻겠느냐고 제안하였지만 이에 대해 해군은 적이 그 구역까지 함대를 진입시키지 않을 것으로 판단하고 있으며, 마닐라에 기뢰저장소를 설치하는 것 또한 군사시설의 설치를 제한한 워싱턴 해군군축조약에 위배된다고 답변하였다.[25]

1920년대 말까지 해군계획담당자들은 전시 필리핀 남부에 건설될 예정인 함대기지에서 코레히도르 섬까지 해상을 통해 군수물자를 보급하는 것 이외에는 마닐라만 주변에서 다른 군사활동은 불가능할 것이라 판단하고 있었다(제13장 참조).

1930년대에 들어 기술의 발전, 특히 항공력의 발전에 따라 미 군부 내에서 필리핀 방어에 대한 소극적 태도는 더욱 심화되었다. 1934년, 마닐라의 지휘관들은 "전쟁기술의 엄청난 진보와 일본의 급격한 군사대국화로 인해 마닐라만은 미국의 군사기지로서 그 가치를 상실하였다"고 주장하고, 현지 주둔군의 임무를 '실현가능한' 현실적 임무로 재정립해 줄 것을 상부에 요청하였다.[26]

개전 시점에 관해 육군 필리핀관구 정보참모부(G-2)에서는 일본은 벼 수확이 끝난 12월에서 1월 사이 루존 섬의 여러 방향에서 동시다발적으로 상륙할 것이라 예측하였다.[27] 곧 육군전쟁계획부장이 되는 스탠리 엠빅(Stanley D. Embick) 소장은 일본군이 바탄반도 근처 해안에 상륙하여 새로 건설된 도로를 따라 진격, 바탄반도를 위협할 것으로 보고 일본군은 M+15일 이내에 마닐라 시내 및 주요비행장을 점령할 것이라 예측하였으며 마닐라에 저장된 미군의 각종 보급물자는 일본군의 포격으로 소실되기 전에 별도의 장소로 이동시켜야 한다고 보았다.[28]

한편 해군이 마닐라만 입구에 기뢰부설을 완료하기 위해서는 육군이 적절한 반격을 펼쳐 바탄반도 남부를 최소 30일 이상 확보해주어야 하였다. 그러나 1936년 당시 필리핀 주둔군 소속의 한 장교는 일본군이 필리핀을 공격 시 미국은 적절한 대응을 펼칠 수 없을 것이라 예측하였다. 그는 바탄반도에 몰린 미군은 탈출이 불가능하다고 보고, 주요 물자들은 사전에 코레히도르 섬으로 이동시키고 이동이 불가능한 물자들은 파괴해야 한다고 판단하였다. 또한 각종 화포와 가축도 적이 사용할 수 없도록 파괴해야 할 것이며, 부상자들은 후송이 불가능할 것이기 때문에 야전병원에 그대로 방치될 것으로 보았다.[29] 무엇보다도 최악의 상황은 전쟁발발 직후 일본이 대규모 함정 및 잠수함전력을 동원, 야간에 코레히도르 섬에 기습 상륙하여 단숨에 섬을 점령하

는 것이었다.[30]

전쟁이 발발하게 되면 일본은 압도적인 해군전력을 활용, 필리핀으로 유입되는 미군의 연료 및 탄약의 보급을 차단할 것이기 때문에 아시아함대의 작전가능기간은 단 몇 주에 불과하게 될 것이었다. 당시 해군참모총장이었던 프랫 제독은 미군의 명예를 지키기 위해서라도 전쟁이 발발하면 아시아함대는 어쨌든 적과 싸워야 한다고 생각하고 있었다.

그러나 아시아함대 사령관 테일러(Montgomery Taylor) 제독이 현재의 전력만으로는 일본 해군에 대항하는 것은 불가능하다고 호소함에 따라 결국 마음을 돌리게 되었다. 테일러 사령관은 현실을 직시하고 동원령 선포 즉시 아시아함대를 이끌고 안전해역으로 이동하기로 결심하였다.[31] 아시아함대가 이동하게 될 안전해역의 위치는 개정된 오렌지계획마다 상이했는데, 초기 오렌지계획에서는 괌이나 괌과 하와이 중간 해역이었고, 후기 오렌지계획에서는 서태평양으로 진격하는 전투함대와 태평양 중간에서 합류하는 것으로 되어 있었다.

그리고 1936년의 오렌지전쟁계획에는 안전해역으로 이동하는 함정과는 별도로 구축함 수척 및 순양함 한척으로 구성된 아시아함대의 수상전대를 인도양으로 파견, 미국의 보급품 수송선박을 보호하고 일본선박 및 전시금제품(contraband)을 수송하는 중립국선박은 나포한다는 방안이 포함되었다. 이러한 해군의 일본의 필리핀 침공 시 대응의도를 확인한 육군은 아시아함대의 탈출에 대해 별다른 이견을 표시하지 않았다. 심지어 윌리엄 스탠들리(William Standley) 해군참모총장은 전시 마닐라를 탈출한 아시아함대를 이용하여 인도양의 해상교통로 보호한다면 이 경로를 통하여 필리핀섬에 부족한 전쟁 물자를 보충하는 것 또한 가능하다고 육군에 자신 있게 이야기하기도 하였다.

최종적으로 일본이 필리핀을 침공할 경우 아시아함대의 전력 중 잠수함과 기뢰전함만이 코레히도르 섬에 잔류하는 것으로 결정되었다. 그러나 당시 아시아함대에서 보유하고 있던 잠수함은 모두 구형 잠수함이라서 함대결전 시 주력함대 지원보다는 정찰 및 연안봉쇄 임무에 더 적합한 것들이었다. 바탄반도는 적의 공격 후 1개월 이내 함락될 것이라는 엠빅 장군의 보고를 접한 해군참모총장실에서는 아시아함대의 잠수함기지를 바탄반도에서 코레히도르 섬으로 이전하였다. 또한 필리핀은 방어가 매우 취약하다는 엠빅 장군의 주장을 그대로 따른다면 코레히도르 섬 역시 개전 2개월 이후부터는 방어여부를 장담할 수 없었다. 이에 따라 해군계획담당자들은 코레히도르 섬 함락 직전까지 생존한 잠수함들은 일본이 점령한 섬들을 정찰하면서 은밀하게 하와이까지 이동하고, 일부는 남태평양의 모처에 매복한 잠수함모함의 지원을 받아 적 함대에 대한 전투정찰을 실시한다는 계획을 수립하였다.[32]

시간이 흐를수록 필리핀 방어에 대한 비관적인 전망이 더욱 확산되었고 1934년, 합동위원회는 필리핀에 주둔하고 있는 해군의 임무를 단기간 동안만 일본의 마닐라만 진입을 거부하는 것으로 확정하였다.[33] 1936년, 합동계획담당자들은 강력한 필리핀인 부대를 육성하여 필리핀을 방어한다는 필리핀 자치정부 원수(field marshal of the Philippine Commonwealth) 맥아더 장군의 주장을 무시한 채, 바탄반도와 코레히도르 섬은 결국 일본에 점령될 것이라는 비관적인 내용을 미일전쟁의 정식가정으로 채택하였다.[34]

한편 필리핀 주둔군에서 작성한 필리핀방어계획에서는 필리핀 남부 섬들에 관한 내용은 거의 다루지 않았다. 1907년, 해군대학의 계획담당자들은 필리핀 남부의 여러 항구들은 전투함대의 루존 섬 진격을 지원하는 해군기지나 임시정박지로 적합한 조건을 갖추고 있다고 언급하긴 하였으나 일본군은 코레히도르 섬 점령에 전력을 집중할 것이기 때문에 이 지역까지 공격할 여력은 없을 것이라고 낙관적으로 판단하였다.[35]

이후 1911년이 되어서야 전쟁발발 시 일본은 필리핀 남부까지 진격하여 기지를 점령하거나 만 전체에 기뢰를 부설하고 미 함대가 이동할 것이라 예상되는 해협에 어뢰정을 배치할 것이라고 예측하기 시작하였다.[36] 육군 역시 필리핀 남부 섬들의 방어에 별다른 관심을 보이지 않았다. 1925년 육군의 필리핀방어계획 중 필리핀 남부지역 방어와 관련된 내용은 '미국의 주권을 유지하기 위해' 필리핀 군도에서 가장 큰 섬인 민다나오 섬에 1개 육군연대를 배치한다는 내용뿐이었다.[37]

1930년대에 들어서면서 계획담당자들은 일본의 항공력이 미 해군 공세의 1차 목표인 필리핀 남부의 섬까지 위협할 수 있다고 인식하기 시작하였고, 1934년판 육군의 필리핀방어계획에서는 일본이 개전 즉시 민다나오 섬을 침공할 것이라 판단하였다.[38] 그리고 육군 정보참모부는 일본이 루존 섬을 조기에 확보하게 된다면 이곳의 비행장을 활용, 200여 대의 항공기를 출격시켜 일본 함대가 필리핀 남부기지를 점령하는 것을 지원할 것이라 예측하고, 이것은 미국의 입장에서 볼 때 매우 '위협적이고 곤란한' 상황이 될 것이라 결론지었다.[39]

또한 해군에서 실시한 필리핀해역방어 도상연습(naval chart maneuver)에서도 미국이 민다나오에 해군기지를 건설한다 하더라도 일본 함대는 기지로 통하는 해상보급로를 차단, 미 함대를 유인해 낸 다음 이를 격파하고 결국에는 민다나오를 점령한다는 결과가 도출되었다.[40] 그리고 해군전쟁계획부의 조지 메이어스(George Julian Meyers) 대령은 일본은 필리핀 남부의 미 함대를 공격하기 위해 육상비행장에 다수의 항공기를 배치할 것인 반면, 미 함대는 대공방어력이 약하기 때문에 함대가 일본의 육상기지 항공기와 교전하는 것은 강력한 일본육군과의 전투는 최대한 회피한다는 오렌지계획의 대원칙에 위배되는 것이라 주장하였다.

그는 루존 섬에 배치된 육군항공전력은 강력한 일본항공단의 공격으로 순식간에 소멸될 것이 분명하기 때문에, 차라리 이 전력은 민다나오 섬에 배치하여 미 해군의 진격을 지원하는 것이 훨씬 낫다고 강력하게 주장하였다. 그는 향후 100여 대의 항공기를 필리핀 남부에 배치한다면 남부지역 공격에 필요한 일본의 임시활주로 전설을 저지할 수 있으며, 미 함대가 안전한 항구에 도착할 때까지 일본 해군 항공모함의 공격도 막아낼 수 있다고 주장하였다.[41]

그러나 육군항공단은 마닐라의 항공전력을 필리핀 남부로 이동시키는 것에 반대하였고 결국 1935년, 전쟁 발발 시 육군항공기는 마닐라 근처의 클라크비행장 및 니콜스비행장에서 루존 섬 내륙의 간이비행장으로 이동한 후 일본의 상륙을 저지하는데 활용한다고 결정되었다.[42] 민다나오 섬의 두만퀼라스(Dumanquilas) 만에서 실제 기동훈련을 실시해본 결과 이곳은 함대의 항구로는 최적의 조건을 갖추었으나 비행장 건설에는 부적합하다는 것이 밝혀졌던 것이다.[43] 이렇게 육군의 반대로 인해 필리핀 남부에 해군기지를 건설하려는 해군의 구상은 점차 그 추진력을 잃게 되었고, 사전에 필리핀에 해군기지를 확보하지 못할 경우 대일전쟁 발발 시 최단시간 내 필리핀으로 진격하는 것보다는 중부태평양을 통과하는 점진적인 진격이 불가피하다는 결론이 도출되었다. 이후 해군계획담당자들은 레이테 만(Leyte Gulf)을 포함한 필리핀 남부의 여러 곳을 해군기지 후보지로 검토하기도 하였으나 이때를 기점으로 필리핀 남부 해군기지건설 구상

은 실질적으로 중단되었다.[44]

1937년 중일전쟁이 발발하고 1939년 유럽에서 제2차 세계대전이 발발한 이후에도 미군의 필리핀방어계획은 그 내용이 바뀌지 않았다. 일본은 이미 대만 및 중부태평양 도서에 전진기지를 보유하고 있어서 필리핀을 북쪽과 동쪽에서 위협하고 있는 형국이었는데, 일본이 중국의 해안지방을 석권하고 프랑스가 독일에 패배한 틈을 타서 프랑스령 인도차이나까지 점령함에 따라 필리핀은 서방세계로부터 완전히 고립된 형국이 되었다.

1939년, 당시 아시아함대 사령관이던 토마스 하트(Thomas C. Hart) 제독은 미국 정부가 결정한 "중립적 정찰(neutrality patrol)"*의 수행 및 일본 침략행동의 억제를 위해 아시아함대의 전력을 증강해 달라고 요청하였다. 그러나 해군계획담당자들은 아시아함대의 전력을 아무리 증강한다 하더라도 육군이 마닐라만을 방어하지 못할 것을 이미 알고 있었기 때문에[45] 수상기 몇 기만 보내주었으며, 아시아함대 사령부에는 대일관계가 더욱 악화될 경우에 대비한 "위기대응계획"을 작성하라고 지시했을 뿐이었다.[46]

1939년 중반 이후 미국의 정치지도자들은 일본은 보르네오(Borneo) 및 뉴기니아(New Guinea)까지 점령하여 필리핀을 완전 포위하려 할 것으로 판단하고, 이러한 일본의 침략에 대항하기 위하여 아시아의 다른 민주국가들과 협력가능성을 고려하기 시작하였다.

이에 따라 해군계획담당자들은 레인보우계획-2 및 레인보우계획-3(War Plans Rainbow Two and Rainbow Three)을 작성할 때 싱가포르, 자바 및 필리핀에 상당한 규모의 미 해군전력을 파견한다는 구상을 하기도 하였으나 이러한 구상은 1940년대 말에 모두 폐기되었다(제22장 참조). 이후 1941년 미 해군 지도부에서 하트 제독이 지휘하는 아시아함대에 소형 전투함정, 구식 순양함 및 어뢰정 등 일부전력을 증강을 추진하였으나 이러한 조치 역시 필리핀의 방어를 위해 끝까지 싸우라는 신호는 아니었다.

미 해군 지도부는 하트 아시아함대 사령관에게 대일전쟁이 발발하면 사령관 '재량 하에' 소속

---

* 제2차 세계대전 발발 이후 미국은 즉각 중립을 선언하였다. 그러나 1939년 9월, 미국은 향후 발생할지도 모르는 미국에 대한 적대행위를 사전에 감시하기 위하여 서반구 전 해역에서 적대국의 모든 군사 활동을 추적 및 감시하는 '중립적 정찰'을 실시하기로 결정하였다.

수상함정들을 이끌고 마닐라를 탈출하라고 지시하였는데, 이것은 필리핀 남방의 연합국 식민지의 방어에 집중할 것이며 맥아더장군이 지휘하는 필리핀 주둔군의 지원은 포기한다는 뜻이었다. 그리고 전시 아시아함대의 어뢰정들은 영국령 말레이시아(British Malaysia)와 네덜란드령 동인도제도(the Dutch East Indies)를 공격하는 일본군의 해상보급로를 차단하기 위하여 필리핀이 아닌 '서태평양의 다른 해역'에서 작전하는 것으로 되어 있었다.

당시 아시아전구를 도쿄에서 오스트레일리아까지 거창하게 확장했던 해럴드 스타크(Harold R. Stark) 해군참모총장은 이러한 아시아함대의 활동이 미국에 '매우 유익할' 것이라 판단하였으나[47] 계속되는 아시아함대의 전력증강요청은 모두 거부하였다. 아시아함대의 참모들 대부분은 변변치 않은 전력으로 동인도제도와 일본 간의 석유수송로를 차단할 수 있다고 기대하는 것 자체가 현실에 근거하지 않은 단순한 희망사항에 불과하다며 한탄할 정도였다.[48] 그럼에도 불구하고 스타크 참모총장은 아무런 지원도 해주지 않은 채 하트사령관에게 아시아함대의 전시작전계획을 작성하라고 요구하였던 것이다.[49]

한번은 하트 사령관이 참모총장실에 급강하폭격기를 아시아함대에 배치해달라고 요구하자 스타크 참모총장은 맥아더 장군에게 지원을 요청하라고 응답하였는데,[50] 육군의 폭격기는 폭격정밀도가 낮아 기동하는 함정의 공격에는 부적절하다는 것을 잘 알고 있는 아시아함대 참모들의 입장에서는 맥 빠지는 답변이었다.[51]

1941년 여름에 들어서면서부터는 미 육군에서도 대일전쟁발발 시 필리핀의 상실을 기정사실로 받아들이기 시작하였다. 1938년판 합동기본오렌지전략계획을 기초로 하여 작성한 육군의 현행작전계획 "WPO-3"은 대일전쟁발발 시 증강 및 구원병력 없이 22,000명의 지상군이 바탄반도와 코레히도르 섬에서 "최후의 순간까지" 저항하는 것으로 명시하였다. 워싱턴 육군본부의 이러한 판단과는 달리 필리핀의 맥아더 장군은 필리핀 독립이 예정되어있는 1946년까지 자주방위가 가능하도록 필리핀 자치정부의 육군 및 항공단 건설을 지원해달라고 육군성에 지속적으로 요구하고 있었다. 그러나 육군성은 독립이 가까운 시기에 일부 장비만 제공하겠다고 약속한 상태였다. 당시 맥아더 장군이 육군전쟁계획부와 협조하여 작성한 필리핀 방위력증강 5

개념계획에는 기뢰, 해안포 및 어뢰정들을 활용, 7개에 달하는 주변 해협을 봉쇄하여 필리핀 군도수역을 적 해군이 침입할 수 없는 안전한 내해로 만든다고 되어 있었다. 강력한 함대전력의 지원 없이 필리핀 군도를 방어한다는 계획은 그 자체로 어불성설이었음에도 불구하고 맥아더 장군의 이러한 계획은 해군의 지원이 없이도 필리핀을 방위할 수 있다는 그의 고집에 대한 일종의 자위책이었던 것이다.[52]

1941년 4월, 미국, 네덜란드 및 영국의 극동지역 사령관들은 계획수립참모단을 대동하고 "ADB-1"이라 알려진 회의에 참가하라는 지시를 받는다. 이 회의의 보고서에는 각국의 극동방어용 해상 및 육상전력의 운용에 관한 극비내용들이 수록되어 있었다. 이 회의에서 극동의 연합군 수뇌부는 장거리 폭격기를 활용한 일본 본토 공격, 일본을 완전히 굴복시키기 위한 강력한 경제봉쇄 및 점진적인 자원수송의 차단 등과 같은 거창한 임무들을 아시아전구에 배치된 연합군의 임무로 할당하는 것에 합의하였다.

또한 이들은 연합국의 극동식민지 중 일본 주요도시를 폭격할 수 있는 장거리폭격기가 발진할 수 있는 곳은 루존 섬뿐이기 때문에 루존 섬을 끝까지 방어해야 하며, 이곳에 일본 본토공격용 항공 전력을 추가로 배치해야 한다고 강력히 주장하였다.[53] 그러나 스타크 해군참모총장과 마셜 육군참모총장은 이러한 회의결과를 탐탁지 않게 받아들였다.

7월 초, 육·해군 참모총장은 극동지역 사령부의 계획담당자들이 모여 작성한 ADB-1 회의결과보고서를 승인하지 않았을 뿐만 아니라 이 회의 결과보고서는 수마트라(Sumatra)에서 오스트레일리아까지 섬들을 연결한 "말레이 방어선(Malay Barrier)"의 방어라는 현실적 방안에 초점을 맞추고 있지 않다며 화를 내기까지 했다.[54]

육군의 공인역사학자의 표현을 빌리자면 "명확한 이유는 알 수 없지만" 태평양전쟁 발발 몇 달 전 육군성은 갑자기 필리핀에 전투기의 증강배치를 결정하였다. 육군에서 이러한 결정을 내린 이유는 아마도 육군 수뇌부가 일본의 프랑스령 인도차이나 점령에 충격을 받았기 때문일 것이다. 그리고 맥아더 장군은 1941년 7월, 현역으로 복귀하여 새로이 창설된 미 극동육군(USAFFE) 사령관에 임명되었다. '타고난 낙관주의자이며 필리핀인의 능력을 절대적으로 신뢰하던' 61세의 노장은 현재의 전력만으로는 필리핀방위를 책임질 수 없다고 육군성에 강력히 주장하기 시작하였으며, 맥아더의 이러한 열정으로 인해 몇 주 만에 믿을 수 없는 결과를 만들어 낼 수 있었다.

맥아더의 미 극동육군사령부는 최신무기장비를 우선적으로 배치 받는 특혜를 얻게 되었는데, 핸리 스팀슨(Henry Stimson) 육군장관은 B-17 중폭격기 272대를 생산 공장에서 출고되는 대로 필리핀에 배치하도록 승인하였다. 이에 따라 미 본토에서 병력과 장비들이 필리핀에 속속 배치되기 시작하였으며 1년 후에는 그 배치에 더욱 가속도가 붙을 예정이었다. 또한 마셜 육군참모총장은 12월 말까지 극동지상군 병력을 두 배로 증강해 줄 것이며, 다음해에는 대구경 화포 또한 배치해주겠다고 약속하였다.

그리고 "햅" 아놀드(HAP Arnold) 육군항공군 사령관은 중폭격기 360대 및 전투기 260대를 1942년 4월까지 필리핀에 배치한다는 계획을 수립하였다(1941년 12월 7일 기준으로 필리핀 전력증강 계획 대비 중폭격기는 10%, 전투기는 40%, 병력은 50% 가량이 필리핀에 배치가 완료된 상태였다). 한편 필리핀 주둔군의 희생을 기정사실화한 당시 미국의 현행전쟁계획인 레인보우계획-5(Rainbow Five)의 내용을 인지하게 된 맥아더 장군은 일본군의 상륙시도를 초기에 차단하기 위해 루존 섬 해안에 병력을 집중적으로 배치해야 한다고 강력하게 주장하였다.

11월 21일, 합동위원회는 맥아더의 주장을 전폭적으로 지지하였으며, B-17 폭격기를 활용, 필리핀을 침공하는 일본군과 일본 본토를 제외한 일본의 해외전진기지를 공격한다는 "전략적 방어계획" 또한 승인하였다. 이러한 일련의 전력증강으로 인해 필리핀은 점차 외부로부터 고립되어도 자급자족이 가능한 강력한 요새로 변해가고 있었으며, 놀랍게도 필리핀의 방어가능 예상 일수는 최소 180일까지 늘어나게 되었다.[55]

그러나 1941년 미 육군이 채택하게 된 루존 섬을 요새화하여 일본의 남진에 대항하는 전략적 거점으로 활용한다는 필리핀 방어 전략은 해군에서 이미 오래 전에 유용성이 없다고 폐기한 필리핀 방어개념과 유사하였다. 해군은 1941년 10월 필리핀 주변해역의 정찰용으로 12척의 최신 잠수함을 아시아함대에 보낸 것을 제외하고는 더 이상 육군의 필리핀방어계획에 협조하는 것을 거부하였다.[56] 하트 아시아함대 사령관은 참모총장실로부터 보다 현실적인 말레이 방어선(Malay Barrier)의 방어를 지원하는데 필요한 보급품을 비축하라는 명령을 받았으며, 전쟁이 발발할 경우 필리핀을 포기하라는 명령을 재차 수명하게 된다.[57]

미 육군이 왜 필리핀방위에 뒤늦게 관심을 보이기 시작하였는지는 매우 설명하기 어려운 부분이다. 전간기 동안 이루어진 미군의 계획수립활동을 전체적으로 살펴볼 때 이것보다 더 모순적인 사건은 없을 것이다. 1920년대 우드장군이 주장한 필리핀을 방어에 대한 환상은 1941년 맥아더의 필리핀 방어계획 만큼이나 현실성이 떨어지기는 했지만, 최소한 해군으로부터 필리핀 탈환을 지원하겠다는 약속은 받아둔 상태였다.

그러나 1934년 이후로 해군은 단 한 번도 필리핀 탈환이나 필리핀의 전력증강을 위해 전쟁 발발 즉시 행동을 취한다는 의견을 표명한 적이 없었다(제17장 참조). 육군의 계획수립을 연구한 육군성 역사학자의 말을 빌리자면 다음과 같다.

"1941년 당시 육군 고위인사 중, 전쟁발발 시 필리핀에 방어병력을 증강하기 위해 해군이 즉각적으로 행동을 취할 것이라 믿고 있는 사람은 아무도 없었다. 해군에서 제출한 의견에 따르면 태평양함대가 태평양을 횡단하여 일본 해군과 전투를 벌이기 위해서는 최소한 2년 이상을 기다려야 하였다."[58]

한편 1941년 후반기에 급부상한 필리핀 방어계획에 대해 미 해군 계획담당자들은 거의 관심을 보이지 않은 반면, 싱가포르에 함대전력의 배치를 준비하고 있던(제22장 참조) 영국해군지휘부는 필리핀이 일본의 공격을 받게 되면 어느 정도의 해군전력을 마닐라에 지원할 것인가를 고민하고 있었다. 그들은 영국함정을 마닐라 근해로 파견, 맥아더 장군이 제공할 항공엄호 아래 일본의 상륙전력을 공격하여 루존 섬을 구원한다는 계획을 수립하였다. 영국 해군성(the Admiralty)은 이전의 경험에 비추어 볼 때 "마닐라에서 대만 사이 해역에서 적의 항공위험은 생각보다 강력하지 않을 것"이라는 의견을 피력하였다.

이러한 영국해군의 의견에 대해 스타크 해군참모총장과 마셜 육군참모총장은 마닐라는 기지 시설이 빈약하고 작전에 필요한 군수물자도 집적되어 있지 않으며, 모든 방향에서 적의 공격을 받을 수 있기 때문에 이를 확보한다 해도 해상교통로의 유지가 어렵다고 경고하였다.[59] 더욱이 당시 해군전쟁계획부장이던 켈리 터너(Kelly Turner) 소장은 마닐라 근해에서는 어떠한 수상함정도 살아남기 어렵다고 보고 있었다.

1941년 11월 그는 영국에 "필리핀에 미 육군전력이 증강된다 하더라도 이것이 사전에 치밀하게 계획된 일본의 공격을 방어하는데 얼마나 효과를 발휘할 것인지 과대평가하는 것은 매우 위험한 발상이다." 라고 충고하기도 했다.[60]

실제로 전쟁이 시작되자 서태평양의 전쟁양상은 오렌지계획의 예측과 크게 다르지 않게 전개되었다. 일본은 압도적인 해상, 공중 및 지상전력을 필리핀에 투입하여 3주 만에 마닐라를 점령하였다. 맥아더 장군의 항공전력은 대부분 지상에서 파괴되었으며, 해안방어를 위해 투입된 필리핀인 부대는 일본의 공격에 맥없이 무너져 내렸다. 전쟁발발 며칠 만에 맥아더 장군은 오렌지계획의 놀라운 적중률을 인정하지 않을 수 없었다.

바탄반도로 몰린 맥아더 장군의 군대는 일본군에게 완전히 포위되었고 마닐라에 비축되어있던 미 육군의 보급품과 식량은 불타는 마닐라의 연기와 함께 사라져 버렸다. 3개월을 넘기지 못할 것이라는 오렌지계획의 예상과는 달리 바탄반도는 5개월, 코레히도르 요새는 6개월이나 일본군의 공격을 견뎌내긴 했지만, 필리핀 주둔군의 이러한 결사적인 항전도 태평양전쟁의 전체 국면에는 그다지 중요한 역할을 하지 못하였다.

스탠리 앰빅(Stanley D. Embick) 장군이 이전에 언급하였듯이 마닐라만은 "전략적으로 그다지 중요하지 않았기 때문에" 해군은 이곳의 방어를 지원할 필요가 없었으며, 당시 필리핀 남부에도 이렇다 할 미군기지가 없었기 때문에 이를 지원하는 것 또한 불가능한 일이었다. 아시아함대는 일본 해군과 전투를 회피한 채 인도양으로 탈출하였으며, 마닐라만에 잔류한 잠수함 역시 마닐라 방어에 이렇다 할 역할을 하지 못하였다.

지금 돌이켜볼 때 태평양전쟁 중 마닐라의 함락은 전쟁 이전부터 예고된 것이나 마찬가지였다. 1942년 봄까지 일본이 공격을 개시하지 않아서 마닐라의 전력증강이 완료되었고 항공기들이 육상에서 파괴되지 않았다고 최대한 낙관적으로 가정한다 하더라도 맥아더의 군대는 필리핀을 지켜낼 수 없었을 것이다. 왜냐하면 지상방어전력의 규모와 상관없이 일본이 필리핀 근해의 해상통제권을 장악하였을 것이기 때문이다. 당시 상황을 살펴볼 때 미 해군 함대는 필리핀 반경 3,000마일 이내 해역으로 진입하는 것 자체가 불가능한 실정이었다(제25장 참조).

그리고 싱가포르를 태평양함대가 사용할 수 있도록 제공해 주겠다던 영국의 제안 또한 충분한 기지방어능력과 함대를 엄호할 항공전력을 보유하지 못한 영국이 태평양함대를 끌어들여 자국 함대의 방어력을 높이기 위한 방편에 불과하였다. 당시 미국 민간지도부가 마닐라보다 더욱 양호한 시설을 갖추고 있고 더욱 안전하다고 판단된 싱가포르에도 함대를 배치하지 않겠다고 확실히 결정한 사실로 미루어 볼 때, 만약 일본이 진주만을 기습하지 않아 태평양함대가 피해를 입지 않았다면 정치권에서 해군에게 필리핀을 즉시 구원해야 한다고 압력을 가했을 것이라는 일부의 주장은 그다지 신빙성이 없어 보인다. 당시 맥아더 장군의 지상군은 비교적 강력한 전력을 자랑하였지만 필리핀 주변의 해상통제권을 장악한 일본 해군에 의해 모든 보급선이 차단되자 결국 무너질 수밖에 없었다.

한편 태평양전쟁 시 필리핀을 점령한 일본이 동남아시아에 대한 침략을 가속화하여 그 외곽 방위권을 버마에서 비스마르크 제도까지 확장한 것은 오렌지전쟁계획에서도 예측하지 못한 결과였다(태평양전쟁 발발 직전인 1939년에서 1941년간 진행된 레인보우계획의 연구과정에서는 이러한 사항을 고려하기도 하였다).

그러나 1942년 초반까지 계속된 일본의 필리핀공격은 오렌지전쟁계획에서 가정한 필리핀 전투 시나리오와 유사하였다. 일본은 압도적인 전력을 투입하여 필리핀에 전격적으로 상륙한 다음, 오합지졸의 식민지군대를 격파하고 급조된 해상전력 및 항공전력 또한 대부분 파괴하였다. 이후 일본군은 미군을 코레히도르 요새로 몰아넣고 결국 항복을 받아 내었다. 1단계 공세가 마무리되었을 즈음 일본은 전쟁 이전 미국의 계획담당자들이 일본의 핵심목표라고 판단했던 남방자원지대의 점령에 그치지 않고 더 광대한 지역까지 지배영역을 확장하였다.

이러한 광대한 점령지역의 확장은 필연적으로 해상교통로의 과도한 신장을 불러오게 되었고, 일본 본토와 해외점령지 간의 원거리 이격은 미국의 계획담당자들이 전쟁 전에 예측한 바와 같이 큰 취약점이 되었다. 결론적으로 서태평양에서 전개된 태평양전쟁의 1단계 전체를 놓고 보았을 때, 오렌지계획은 이러한 전쟁의 진행양상을 사전에 예측한 견실한 계획이라고 할 수 있다.

한편 필리핀 함락은 이미 예상된 일이었지만 실제로 필리핀이 일본에 함락되고 나자 전혀 예상치 못했던 정치적 파급효과가 생겨나게 되었다. 더글러스 맥아더 장군이 미국의 국민적 영웅으로 부상하게 된 것이다. 맥아더 장군의 지휘 하에 수행된 필리핀 주둔군의 끈질긴 저항은 태평양전쟁 초 일본에 연패하던 암울한 시기에 미국민의 사기를 북돋아 주었다.

1941년 12월, 한때 맥아더의 부관이기도 했던 드와이트 아이젠하워(Dwight D. Eisenhower) 준장이 필리핀 함락에 대비한 긴급대응계획(emergency plan)을 작성하기 위해 워싱턴의 육군성으로 호출되었다.[61] 그리고 미국 정치지도부는 코레히도르 요새에 있는 맥아더 장군을 오스트레일리아로 탈출 시킨 후 오스트레일리아에 일본에 반격을 가하기 위한 대규모 전진기지를 구축한다고 결정하였는데, 이것은 오렌지계획에서 전혀 예측하지 못했던 상황의 전개였다.

7. 서태평양 전략기지

미일전쟁이 발발하게 되면 일단 서태평양에서 한걸음 물러났다가 동태평양의 기지를 발판으로 일정기간 준비를 거친 후에 반격을 가한다는 전략구상은 적을 앞에 두고 물러설 수 없다는 군인정신으로 똘똘 뭉친 사람들의 입장에서 볼 때는 받아들이기 어려운 방안이었다. 이들은 미국이 강력한 해군력을 활용하여 대규모 전력을 서태평양에 신속하게 전개시킨다면 이러한 비극은 충분히 피할 수 있다고 믿었다.

이러한 이유로 공세적 성향을 가진 미 해군의 전략기획자들은 여러 해에 걸쳐 서태평양에 신속하게 해군전력을 전개시킬 수 있는 방안을 구상하게 된다. 첫 번째 방안은 평시부터 서태평양에 함대 전략기지를 확보하여 전쟁발발 시 이를 활용한다는 방안이었고, 두 번째는 전쟁이 발발하면 기존의 임시기지만을 활용하여 함대가 신속하게 진격한다는 방안이었다. 그러나 이 두 가지 방안 모두 미일전쟁의 2단계 전략을 성공시킬 수 있는 명쾌한 해답을 제시하지 못하고 실패한 전략으로 판명됨으로써 제2차 세계대전 발발 이전에 공식적으로 모두 폐기되었다. 이러한 평시 서태평양 전략기지 확보 구상과 신속진격구상은 모두 현실성이 결여된 실패한 전략구상이었지만, 미국의 계획담당자들은 이렇게 단순한 공상에서 실제적인 계획을 도출해내는 과정을 거치면서 승리를 보장하는 현실적 전략으로 한걸음씩 다가갈 수 있었다.

1898년에서 1922년까지 줄곧 미군 지도부는 서태평양에 전략기지의 건설을 열망하였으나 민간지도부(행정부 및 입법부)는 이의 승인을 계속해서 거부하였다. 이러한 미군 지휘부의 서태평양 전략기지 확보에 대한 집착은 계획담당자들이 실현가능성이 있는 현실적인 전쟁계획을 완성하는 것을 지체시키기는 했지만 그렇다고 해서 오렌지계획이 현실과 완전히 동떨어진 방향으로 흘러가지는 않았다. 해군의 제독들과 육군의 장군들은 서태평양 전략기지가 존재한다는 가정 하에 작성한 비현실적 계획을 정식으로 승인할 만큼 어리석지는 않았던 것이다. 그리고 또 다른 실패한 구상인 전쟁발발 직후 필리핀 남부의 임시기지까지 함대가 신속하게 진격한다는 전략구상은 서태평양 기지건설 구상이 완전히 사라진 이후에도 10여 년간이나 그 생명력을 이어갔으며, 1934년이 되어서야 완전히 폐기되었다.

20세기 초반, 해외의 해군기지는 제국주의 열강국가의 상징이자 힘의 원천이었다. 마한의 주장에 따르면, 해외 해군기지가 없이는 군함은 "바다 위를 날 수 없는 육지의 새"에 불과하였다. 당시 전함은 추진연료로 엄청난 양의 석탄을 소모하였고 몇 시간동안 일제사격을 한 이후에는 탄약을 재보급받아야 했다. 그뿐 아니라 수면 아래의 선체수리 및 선저청결작업을 위해 지속적으로 선체를 물 밖으로 들어 올려 정비(일명 상가수리[上架修理])를 해야 하였다. 때문에 해외에 다수의 해군기지를 보유해야만 해군력의 운용효과를 극대화할 수 있었는데, 당시 전 세계에 그물망 같이 퍼져있는 영국의 해군기지들은 다른 국가 해군들의 선망의 대상이었다.

20세기 초, 미 해군에서는 해군장비국장(chief of the Bureau of Equipment)이던 버드 브레드포드(Bird Bradford) 소장이 원거리 해군기지 확보의 중요성을 적극적으로 주장하고 있었다.[1] 그리고 일반위원회에서 듀이 원수의 대변인 역할을 맡고 있던 테일러 제독은 1901년, 그가 작성한 매우 독특한 식민지국가 전쟁계획(제3장 참조)을 실행하기 위한 '전제조건'으로 필리핀에 함정수리용 건선거를 확보하는 것이 필요하다고 주장하기도 하였다.[2]

필리핀의 수빅만(Subic Bay)은 마닐라에서 60마일 정도 떨어진 루존 섬 서부해안에 위치해 있는데, 이곳은 일찍이 필리핀을 지배했던 스페인이 해군기지 건설을 고려했었던 장소였다. 수빅만에는 충분한 수심을 보유한 묘박지가 있고 육상의 노동력과 항구기반시설에 대한 접근성이 우수하였으며, 항구 주변 육상지역은 언덕으로 둘러싸여 있고 항 입구에는 섬이 가로놓여 있어 해상으로 적의 접근이 어려웠다. 듀이 원수는 이러한 천혜의 자연조건을 갖추고 있는 수빅만에 해군기지를 건설하자는 의견에 적극적인 지지를 표명하였으며, "수빅만을 보유한 자가 마닐라를 확보하게 될 것이고, 마닐라를 확보한 자가 루존 섬을 통제하게 될 것이며, 루존 섬을 통제하는 자가 궁극적으로 필리핀을 지배할 것이다."라고 주장하기도 하였다.[3]

그는 수빅만에 해군기지 건설을 성사시키기 위해 전례 없는 열정을 쏟아 부었는데[4] 1901년에는 수빅만의 올롱가포(Olongapo)에 '대규모 해군기지'를 건설해야 한다고 일반위원회와 롱(Long) 해군장관을 설득하기도 했다.[5] 또한 듀이 원수는 당시 필리핀의 어느 곳이 해군기지 건설에 최적인지를 선정하기 위해 연구를 진행 중이던 프랜치 채드윅(French E. Chadwick) 해군대학 총장에게 유럽열강들이 이미 남태평양 섬들에 기지를 건설한 것으로 가정하고 연구를 진행하라고 지시하는 등 채드윅총장이 수빅만에 기지건설을 건의하는 연구결과를 내놓도록 유도하기도 하였다.[6]

해군대학의 분석가들은 자연히 미국이 필리핀의 지배권을 놓고 독일과 싸워야 할 경우 올롱가포에 해군기지 확보가 필수적이라는 결론을 내놓게 되었다.[7] 그리고 시어도어 루즈벨트 대통령 또한 수빅만에 해군기지 및 요새 건설의 필요성에 대해 적극 공감하고 있었다. 그러나 수빅만에 대규모 해군기지 건설을 위한 예산을 지속적으로 승인한 20세기 후반의 연방의회와는 달리, 시어도어 루즈벨트 행정부 당시의 연방의원들은 수빅만 해군기지 건설계획을 부정적으로 보았으며, 이의 승인을 계속 미루었다.[8]

그러나 천혜의 조건을 갖춘 수빅만에도 한 가지 치명적인 단점이 있었는데, 그것은 바로 항구 배후에 적이 상륙하게 되면 육상방어가 매우 어렵다는 것이었다. 이 사실을 알고 있던 미 육군은 일본을 가상적국(假想敵國)으로 간주하기 전부터 수빅만은 방어에 상당한 어려움이 있다고 호소하였으나, 미 해군 지도부는 러일전쟁 중 일본이 여순항 배후의 고지를 점령 후 대구경포를 이용하여 러시아의 해군기지를 초토화시킬 때까지 육군의 수빅만 육상방어에 대한 연구결과[9]를 받아들이려 하지 않았다.

수빅만은 그 형세가 여순항과 유사하였기 때문에 방어기뢰를 부설하고 해안포 및 어뢰정들을 활용하여 항입구를 틀어막는다 하더라도 배후고지를 점령 후 대구경포를 활용한 공격에는 어찌할 방법이 없었다. 레오나드 우드 소장이 시어도어 루즈벨트 대통령에게 조언한 바와 같이, 수빅만에 기지를 건설하는 것은 전략상 '크나큰 실수'가 될 수 있었다(미국-스페인전쟁 중 우드 소장이 쿠바에서 의용기병연대(the Rough Rider regiment)를 지휘할 당시, 루즈벨트 대통령은 중령 대대장으로 그의 지휘 아래 있었다).

또한 당시 필리핀의 해군지휘관은 수빅만이 미국의 발목을 붙잡는 '덫'이 될 수도 있다고 말하였다.[10] 그러나 이러한 부정적 의견에도 불구하고 듀이 원수는 다시 한 번 시어도어 루즈벨트 대통령의 설득에 성공하였다.[11] 일본을 가상적국으로 상정한 전쟁계획의 수립이 최초로 시작된 1906년, 윌리엄 하워드 태프트(William Howard Taft) 육군장관을 의장으로 한 해안방어위원회(board on coastal defenses)는 필리핀의 방어를 위해서는 수빅만에 해군기지를 건설하는 것이 필요하다고 결정하였다.[12] 해군은 수빅만에 소규모 저탄기지를 설치하고 –상황에 딱 들어맞게도– "듀이함(USS Dewey, YFD-1)"이라 명명한 중형함정 상가수리용 부선거(floating dock)를 건조 및 배치하는데 필요한 예산을 조달할 수 있게 되었다.[13]

1906년에서 1907년까지 이어진 일본과의 전쟁위기는 해군에게 있어 미국과 일본 간 전쟁발발 시, 수빅만이 전략적으로 매우 중요하다는 점을 강조할 수 있는 절호의 기회였다.[14] 듀이 원수는 상부에 미 함대가 캘리포니아-하와이-괌까지 이어지는 미 해군기지의 연결망을 통과한 이후에도 계속 서쪽으로 진격하기 위해서는 수빅만에 방어시설을 갖춘 함정수리기지가 절대적으로 필요하며, 이 내용은 해군지휘부에서도 절대적으로 지지하고 있는 사안이라고 보고하였다.[15]

그리고 미군의 전략기획자들은 필리핀에 주둔한 모든 미군전력은 본토 서해안을 출발한 함대가 필리핀에 도착할 때까지 소요되는 시간인 3개월 동안 수빅만을 '결사적으로' 방어하는데 모든 노력을 집중해야 한다고 건의하였는데, 수빅만의 해군기지가 함대 도착 이전에 적에게 함락된다면 보급 및 수리의 불가로 곤경에 빠진 함대는 '하룻밤 새에 궤멸될 수 있다고' 보았기 때문이었다.[16] 육군은 본토의 함대가 도착할 때까지 수빅만을 방어할 수 있을지 여부를 확신하지 못한 채 마지못해 수빅만에 해군기지를 건설한다는 것을 받아들였다.[17] 결국 시어도어 루즈벨트 대통령은 수빅만에 우선 임시 방어시설을 설치한 다음 견고한 요새화작업을 시작하라고 승인하였으며[18] 이에 고무된 일반위원회에서는 수빅만에 탄약 및 연료를 비축하고 잠수함까지 배치한다는 계획을 수립하였다.[19]

그러나 해군은 필리핀 사단장을 거쳐 1908년 미 육군 동방관구(Department of the East)* 사령관이 되는 레오나드 우드 장군과 그가 올롱가포의 방어가능여부 검토를 위해 파견한 해안포운용 전문가인 스텐리 앰빅(Stanley D. Embick) 대위가 수빅만 해군기지 건설을 완강히 반대할 것이라고는 전혀 예측하지 못하였다(이 두 사람은 이후 30여 년에 걸쳐 계속해서 해군계획담당자들의 발목을 잡게 된다). 우드 사령관과 앰빅은 수빅만은 육상방어가 대단히 어렵고 적의 배후고지 점령을 막기 위해서는 러시아군이 여순항 방어 시 구축한 참호선보다 3배나 긴 35마일에 이르는 참호선에 125,000명의 병력을 배치해야 할 것이라 보고하였다[20](수빅만 해병 수비대에서 유사시 필리핀인 폭동 진압용으로 설치한 소구경포는 적의 배후공격을 막아내기에는 역부족이었다)[21].

마침 마닐라를 방문한 태프트 장관은 우드 장군의 주장에 동조하게 되었으며, 이후 태프트 장관은 우드 장군과 함께 수빅만 해군기지건설계획을 폐기해야 한다고 시어도어 루즈벨트 대통령을 설득하게 된다.[22] 이러한 육군의 반대 입장을 접한 시어도어 루즈벨트 대통령은 군부가 그 동안 자신을 속여 왔다는 생각에 매우 불쾌해 하였다. 그는 지난 몇 년 동안 계속 수빅만 해군기지건설계획을 관철시키려고 연방의회를 설득해 왔는데, 해군의 제독들과 육군의 장군들은 이제 와서 수빅만 기지건설에 대한 의견대립을 일삼으며 그를 '정치적으로 난처한 상황'에 빠뜨리려 하고 있었던 것이다.

루즈벨트는 화가 난 나머지 앞으로 육·해군이 공통으로 관련되는 합동차원의 문제에 대해서는 사전 상호협의를 완료한 후에만 자신에게 보고하라고 각군 지휘부에 경고하였다. 이후 루즈벨트는 해군기지 건설계획을 수빅만에서 진주만으로 변경하여 추진하기 시작하였다.[23] 1908년 1월 31일, 대통령의 엄포에 지레 겁먹은 합동위원회는 결국 수빅만은 방어가 어렵기 때문에 해군전략기지가 위치할 부지로는 접합치 않다고 결정하고 말았다.[24]

그러나 해군의 일부 강경론자들은 이러한 군 지휘부의 결정에 계속해서 저항하였다. 1907년에서 1909년까지 진행된 백색함대의 세계일주가 성공리에 마무리되자 그 결과에 고무된 해군의 강경론자들은 신식전함은 성능이 뛰어나고 신뢰성이 높기 때문에 적이 점령하기 이전에 수

---

* 미국의 아시아 식민지(필리핀 포함)에 주둔하고 있는 육군부대를 지휘하는 육군성 산하 조직으로서, 1911년 필리핀 방어임무는 새로이 창설된 육군 필리핀관구(Philippine Department)로 이관됨.

빅만에 도착하는 것이 충분히 가능하다고 주장하였다. 또한 일반위원회 소속 계획수립부서원들은 작전반경이 확대된(150마일) 최신 잠수함 20여 척을 수빅만에 사전에 배치, 상륙군 및 대구경포를 싣고 오는 적의 수송선을 격침시킨다면 수빅만 기지를 '난공불락'의 요새로 지켜낼 수 있다고 주장하였다.[25] 그리고 브래들리 피스케 소장은 항공기 100대만 있다면 올롱가포를 충분히 방어할 수 있다는 의견을 내놓기도 하였다. 그러나 당시 수빅만의 육군항공기 중 운용이 가능한 것은 단 1대뿐인 실정이었다.[26]

1908년 당시 우드 육군 극동부 사령관이 수빅만에 해군기지건설을 반대했던 이유, 그리고 이후 필리핀 총독이 되고 나서는 대일전쟁발발 시 마닐라를 반드시 구원해야 한다고 주장하게 된 동기는 군사적인 고려보다는 정치적인 고려에서 비롯된 것이었다. 우드 장군의 시각에서 볼 때 동아시아에서 전략적으로 가장 중요한 곳은 마닐라였기 때문에, 수빅만보다는 코레히도르 섬이 입구를 막아주고 있는 마닐라만에 함대 기지를 건설하는 것이 가장 바람직한 방향이었다.[27]

그러나 마닐라 도심을 연하고 있는 마닐라만 해안에 기지의 건설을 추진한다는 육군의 계획은 민간항구시설(그곳에 위치한 사치스러운 육군클럽 및 해군클럽 또한 포함)을 보호한다는 이유 때문에 수포로 돌아가게 되었다. 해군 역시 마닐라 부근에서는 해군기지에 적절한 부지를 찾아내지 못하였다. 한편 미 군부 내의 일부 낙관주의자들은 전시 마닐라 부근에 저탄기지와 안전한 묘박지만 있다면 원정함대를 충분히 지원할 수 있다고 가정하고 코레히도르 섬 정도만 되어도 해군기지건설에 충분하다고 생각하기도 하였다.

특히 육군은 코레히도르 섬에 인공 접안구조물의 설치가 가능하며, "적이 아무리 강하더라도 1년 동안은 지켜낼 수 있다"고 호언장담하였다. 심지어 이보다 한발 더 나아가 코레히도르 섬에 부속된 작은 섬인 카발로(Caballo)에 해군기지를 건설하자는 의견까지 나오게 되었다.[28] 그러나 이미 현실을 파악하고 있던 해군의 대다수는 이에 반대하였다. 코레히도르 섬에 항만구조물을 설치하기 위해서는 먼저 수백피트의 방파제 건설이 선행되어야 했다. 그리고 코레히도르 섬은 근무지원설비 및 건선거 설치를 위한 육상면적 또한 부족하였으며, 육지 쪽에서 적이 대구경포로 공격할 경우 기지방어가 매우 취약한 실정이었다. 1917년, 대규모 해군확장계획의 승인으로 해군기지 확보의 필요성이 증대되자 일반위원회는 가능성이 희박한 위의 기지건설 방안들을 재검토 하였으나 결국 모두 부적합한 것으로 다시금 판명되었다.[29]

1910년 해군대학의 전략학술세미나 참석자들은 필리핀의 어디에 기지를 건설하더라도 본토의 함대가 도착할 때까지 방어하는 것은 불가능하다는 결론을 내렸다.[30] 결국 미 해군은 아시아함대용 소규모 기지를 마닐라만의 한 편에 위치한 카비테(Cavite)에 건설한다고 확정하였는데, 이곳은 육군의 방어지원을 받기는 어려운 위치였다.[31]

이후 1921년 말 개최된 워싱턴 해군군축회의 직전에 루존섬에 해군기지를 건설해야 한다는 주장이 다시 한 번 제기되었다. 당시 해군군축회의를 준비하던 미 행정부는 미국이 서태평양에 해군기지 건설을 포기하는 조건으로 일본이 주력함보유 톤수제한 조항을 받아들이게 한다는 협상전략을 준비하고 있었다. 그러나 정치권 및 행정부의 이러한 의도를 알 리 없던 해군의 필리핀 기지건설 지지자들은 강력한 방어력을 갖춘 해군기지는 "일본이 감히 전쟁이라는 모험을 감행할 수 없게 해주는 보증수표가 될 것"이라고 주장하고 있었다. 예컨대 해군대학의 레지날드 벨크넵(Reginald Belknep) 대령은 아시아함대 소속의 구축함과 잠수함을 활용한다면 필리핀 해군기지에 집적해 놓은 전시물자를 보호하는 것이 가능하며, 이렇게 되면 미 해군 함대는 소규모 군수지원부대만 대동하고도 태평양을 횡단하는 것이 가능하다고 주장하였다.[32] 그러나 그 당시 이미 필리핀 해군기지 건설은 해군군축이라는 시대의 조류에 맞지 않는 구상이었으며, 이후 20여 년간 간헐적으로 제기되었던 유사한 주장들도 모두 단순한 해프닝으로 끝나고 말았다.

1908년 이후부터 미 해군은 서태평양 전략기지의 또 다른 후보지로 마리아나 제도(Mariana Islands)의 가장 남쪽에 위치한 괌(Guam)을 주시하기 시작하였다. 특히 전쟁계획담당자들은 마닐라에서는 1,510마일, 도쿄에서는 1,360마일 떨어진 괌의 지정학적 위치에 주목하였다. 미국의 입장에서 볼 때 괌은 필리핀보다 일본 본토로의 접근이 용이한 반면, 일본이 해군력을 활용하여 고립시키기는 어려운 위치에 있어 잠재적인 이점이 뛰어난 곳이었다. 그러나 괌은 루존섬과 달리 면적이 200평방마일에 불과하였고 그나마 대부분이 산지로 이루어져 있었다. 또한 인구는 1만 명에 불과하여 루존섬에 훨씬 미치지 못하였으며 산업기반시설이 하나도 없었다. 그뿐 아니라 괌의 유일한 항구인 아프라(Apra)는 마닐라에 비하여 그 넓이가 매우 협소하고 암초가 산재하고 있었으며, 강풍을 막아주기 어려운 형세였다. 당시 윌리엄스는 아프라항의 경우 대형함은 6~7척까지만 동시 석탄보급이 가능할 것이라고 예측하였다.[33]

미국은 미국-스페인전쟁 시 마닐라 공격을 위한 병력수송선의 중간기지로 활용하기 위해 괌을 점령한 바 있었다. 당시 괌은 전략적으로 유리한 위치였고, 섬 자체에 석탄이 매장되어 있다고 여겨졌기 때문에 해군전쟁위원회(Naval War Board)는 괌의 점령을 결정하였다. 미국은 순양함 한척에서 함포 몇 발 발사하는 것만으로 손쉽게 괌을 점령하였는데, 당시 미국-스페인전쟁 발발 소식을 듣지 못했던 괌의 스페인 총독은 미국 순양함이 예포를 발사한 것으로 착각하고 자신에게는 화약이 없어 답례포를 발사하지 못한다고 사과했다는 웃지 못 할 상황도 연출되었다.[34]

미국-스페인전쟁이 끝난 후 저탄기지로서 괌의 가치는 점점 증대되기 시작했는데, 당시는 증기추진시대여서 일부 대형함만이 필리핀과 하와이 간 5,000마일의 거리를 석탄 재보급 없이 항해할 수 있었기 때문이다(당시 미 해군 함정들은 본토에서 아시아로 이동할 때 통상 수에즈운하를 통과하는 항로를 이용하였다). 브래드포드(Bradford)의 주장에 따라 미 해군은 1905년에서 1906년간 5,000톤급 석탄저장설비를 일단 괌에 설치하였으나 백색함대의 세계일주기간 동안 미 함대가 석탄보급선을 활용한 해상보급절차를 숙달함에 따라 괌의 저탄시설의 확장은 이후로 연기되었다.[35]

1906년 해군대학에서 작성한 첫 번째 미일전쟁 분석보고서에서는 괌의 유용성을 명시하였으나, 적절한 시간 내에 마닐라의 아시아함대가 지원전력을 보내지 않는다면 적에게 빼앗길 것이라 가정하였다. 한편 괌에 어느 수준까지 방어능력을 갖출 것인가를 연구하기 위해 구성된 연구위원회에서는 괌 주변 해안에 기뢰를 부설하고 주요 고지에 야포를 배치한다면 아프라 및 몇몇 조건이 양호한 해안을 방어할 수 있을 것이라고 긍정적으로 보고하였다. 그리고 1907년 해군대학에서는 일반위원회에 제출할 목적으로 적의 소규모 공격을 방어하는데 필요한 괌의 방어수준에 대한 개략적인 연구를 진행하기도 하였다. 그러나 괌은 코레히도르나 하와이만큼 주목을 받지는 못하였다. 구식 순양함에서 철거한 함포 몇 문이 섬에 설치되고 1개 해병 헌병대가

배치된 이후 괌은 사람들의 머릿속에서 점차 잊혀져가고 있었다.[36]

하지만 1908년, 수빅만에 해군기지를 건설한다는 계획이 좌초되자 예상치 못하게 괌의 중요성이 부각되기 시작하였다. 육·해군 간 견해차로 인하여 올롱가포의 해군기지 건설계획이 물거품이 되는 것을 지켜보았던 해군 제독들의 시각에서 볼 때, 괌은 좌초될 가능성이 없는 최적의 기지위치였다. 괌은 해군과 해병대전력만으로 방어가 가능한 크기였으며 이전부터 전적으로 해군에서 관할하고 있었기 때문에 육군 반대자들이 큰 목소리를 내기도 어려웠다.

1910년, 해군대학에서 개최한 하계 전략학술세미나에 참석한 장교들은 괌에 1급 방어능력을 갖춘 해군기지를 "건설하는 것이 가능하며, 반드시 건설해야 한다"고 결의하였다.[37] 한편 다음해인 1911년 작성된 오렌지계획에는 무방비상태의 괌을 일본이 점령하고 난 다음 미국이 엄청난 희생을 치러가며 이를 재탈환한다는 시나리오가 포함되었는데, 이것은 개전 초 괌을 상실하게 되면 미국의 서태평양공세가 심각하게 지연될 수도 있다는 의미였다. 그리고 시종일관 극동으로 신속한 진격을 주장한 마한도 괌에 해군기지 건설을 적극적으로 지지하기 시작하였다 (그는 1898년 미국-스페인전쟁 당시 괌의 점령을 주장한 바 있었다).

그는 괌을 태평양의 "지브롤터(a kind of Gibraltar)"로 만든다면 태평양 및 극동과 연계된 "미국의 모든 이익을 보호할 수 있다"고 주장하였다. 마한은 괌에 강력한 해군기지를 건설한다면 이곳을 거점으로 하와이를 방어하는 것이 가능하고(또는 하와이로 접근하는 일본의 전력을 차단할 수 있고) 필리핀으로 신속하게 진격하여 필리핀 방어군을 지원 수 있으며, 궁극적으로 일본을 굴복시키는데도 큰 도움이 것이라 보고 있었다.[38]

한편 해군 내부적으로도 괌 기지건설계획을 관철시켜야 한다는 목소리들이 생겨나기 시작하였다. 1911년 해군대학에서는 점진적 공세를 골자로 하는 오렌지계획을 작성하여 보고하였는데, 강경론자들이 주를 이루고 있던 일반위원회는 이를 승인하지 않았다. 그리고 일반위원회로부터 앞으로도 상부의 의도에 부합하지 않는 계획을 제출한다면 해군대학의 전쟁계획수립기능을 없애버리겠다는 위협을 받은 레이몬드 로저스 총장은 "미일전쟁에서 결정적 승리를 거두기 위해서는 괌의 해군기지가 절대적으로 필요하다"라는 일반위원회의 주장에 적극 찬동하기 시

작하였다.[39]

그러나 당시 해군 및 각종 합동 위원회에서 상당한 발언권을 가지고 있던 브래들리 피스케 대령이 전투함대가 아프라에 입항할 일도, 아프라를 방어할 일도 없을 것이므로 괌에 기지건설은 예산낭비라고 주장하면서 괌 해군기지건설운동에 찬물을 끼 얹는 듯했다. 피스케 대령은 괌은 넓은 대양에 홀로 위치해 있어 적 함정들이 우회할 수 있기 때문에, 영국이 상대적으로 좁은 지중해를 통제하기 위해 확보한 말타(Malta)와 괌을 비교하는 것은 우스운 일이라고 비판하였다.[40]

이렇게 해군 내에서도 엎치락뒤치락하던 괌 기지건설 활동은 1912년 결정적인 추진력을 얻게 된다. 당시 괌 총독으로 부임한 로버트 쿤츠(Robert Edward Coontz) 대령은 괌 방어력 강화를 위해 구식 해안포를 설치하였을 뿐 아니라 이곳에 "1급 해군기지 수준의 방어시설을 갖추어야 한다"고 상부에 끊임없이 요청하였고[41] 마침내 듀이 원수의 마음을 움직일 수 있었다. 듀이 원수는 미국의 태평양전략 달성에 괌 해군기지가 필수적이라고 천명하였으며, 그 이유를 조지 메이어(George Meyer) 해군장관에게 아래와 같이 설명하였다.

괌은 태평양에서 중요한 전략적 위치를 점하고 있으며, 태평양에서 국익을 보장하는데 없어서는 안 될 중요한 자산입니다. 따라서 괌을 적의 공격으로부터 완벽하게 보호하는 것이 필수적입니다. 극동에서 미일전쟁 발발 시 승리 여부는 해양통제권의 획득에 달려있다는 것은 자명한 이치입니다. 해상통제권을 획득을 위해서는, 그리고 획득한 해상통제권을 지속적으로 유지하기 위해서는 적 함대의 격파보다도 함대의 해상교통로를 유지하는 것이 무엇보다 우선되어야 합니다. 태평양은 그 면적이 광대하여 적절한 지원기지 없이는 함대가 한 번에 횡단하기가 어려운데… 바로 괌은 함대를 지원하기에 아주 적절한 해점에 위치하고 있습니다. 그러나 괌에 방어능력을 갖추어 놓지 않거나 방어능력이 불충분한 경우에는 적이 이를 점령하게 될 것입니다. 적이 괌을 점령하게 된다면 이를 기반으로 하여 태평양의 해상통제권을 놓고 (미국과) 장기간 경쟁을 벌일 것이 확실하기 때문에, 미국이 태평양의 해상통제권을 획득하는 것이 어려워 질 수도 있습니다. 결론적으로 미국이 극동에서 일본과 전쟁을 수행하기 위해서는 괌을 사전에 확실하게 통제하고 있어야 합니다.[42]

당시 미 해군 내에서 영웅대접을 받던 듀이와 마한 모두 괌 기지건설을 지지하였는데, 그들 주변에는 태평양전략의 달성을 위해서는 괌에 해군기지 건설이 필수적이라고 인식하는 일단의 장교그룹이 생겨나게 되었다. 이 활동그룹은 괌에 해군기지 건설을 끈질기게 주장하였는데, 이로 인해 향후 10여 년 동안 현실적인 태평양전략의 발전이 지체되었다. 예를 들어 일반위원회가 승인한 1914년 오렌지계획에서는 미국이 서태평양에 '적의 어떠한 공격에도 견딜 수 있는' 해군기지 -즉 괌- 를 보유하게 된다면, 미일전쟁 2단계 작전의 향방이 크게 달라질 수 있다고 예측하였다. 구체적으로 미 함대가 괌 해군기지를 기반으로 하여 작전을 펼친다면 일본 본토와 필리핀(일본의 공격으로 미국이 필리핀에서 철수했다고 가정) 간의 해상교통로를 교란할 수 있고, 일본의 방위권 내에 있는 보닌 제도, 류큐 제도 등을 압박할 수 있으며, 궁극적으로 일본 본토 또한 위협할 수 있다고 내다보았다.[43] 그리고 1917년, 일반위원회에서는 해군확장계획에 따른 대규모 함대를 수용하기 위해서 괌의 묘박지 준설공사가 필요하다고 주장하였을 뿐 아니라 적의 대규모 공격에도 몇 달간 견딜 수 있도록 병기탄약창, 함정수리창, 유류저장시설 및 기타 근무지원 시설 등도 설치해야 한다고 해군성에 요청하였다.[44]

괌 기지건설 지지자들은 기지 확보가 하루아침에 성사될 것이라고는 생각지 않았으며, 수빅만과 같은 실패를 되풀이하지 않기 위해서는 차근차근 육군의 협조를 얻어내야 한다는 것을 잘 인식하고 있었다. 최초에 육군은 괌에 소규모 방어부대만 배치해 줄 수 있다는 있다는 입장을 보여서 육군의 협조를 얻으려는 해군의 시도는 별다른 성과가 없었다.

그러나 곧 육군대학에서 쿤츠 대령의 제안에 관심을 가지기 시작하였으며[45] 1913년 일본과의 전쟁의 위기가 고조되자 육군은 해군의 괌 기지건설계획을 전폭적으로 지지하게 되었다. 결국 합동위원회는 괌에 적의 공격에 4개월 이상 견딜 수 있는 방어시설을 설치해야 한다고 행정부에 건의하였고 이를 접한 우드로 윌슨 대통령은 썩 내키지 않았지만 합동위원회의 검토결과를 승인하였다.[46]

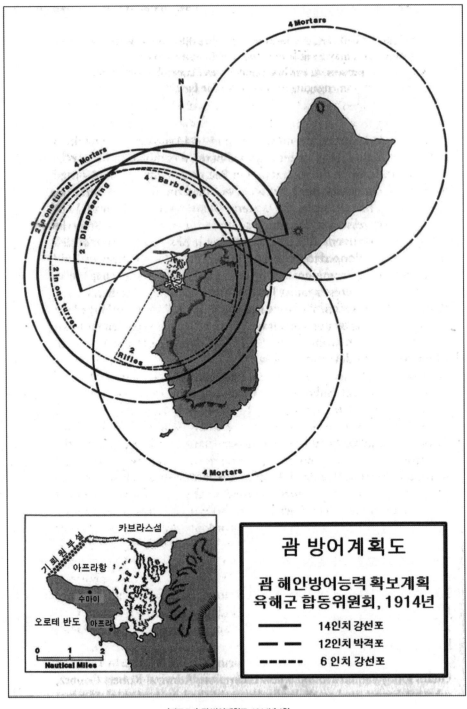

〈지도 7.1〉 괌 방어계획도, 1914년 4월

기지설치에 대한 승인이 떨어지자마자 해군계획담당자들은 괌을 오하후나 코레히도르보다 더욱 강력한 요새로 만들기 위해 방어병력 1만 명을 배치하고 12인치 곡사포 십여 문, 다수의 엄폐형 14인치 직사포 포대를 설치한다는 계획을 수립하였다(지도 7.1 참조). 또한 괌 주변해역에는 보호기뢰를 부설하고 잠수함을 배치하여 해상경계를 강화하고 공중은 '항공전대'가 방어하는 것으로 계획하였다.[47]

그러나 제1차 세계대전이 발발하고 유럽대륙에서 진행된 참호전의 교훈이 미국에 전해지면서 괌의 방어시설의 생존성에 대한 의구심이 생겨나기 시작했다. 당시 미 육군에는 전함의 함포보다 긴 사정거리를 가진 곡사포가 없었기 때문에 자연히 해안포로는 전함의 육상함포공격을 저지할 수 없다는 것을 깨닫게 되었다. 그리고 전함의 함포보다 긴 사정거리가 긴 곡사포가 있더라도 마한이 지적한대로 기동하고 있는 함정을 명중시키는 것은 매우 어려운 일이었다.[48]

제1차 세계대전 기간 중에 마한과 듀이 원수가 모두 사망하면서 괌 해군기지 건설 활동은 다시금 그 추진력이 약하지는 듯 보였다. 그러나 괌 기지건설 지지자들은 1919년 신임 해군참모총장(CNO)으로 임명된 로버트 쿤츠 제독을 중심으로 다시 집결하게 된다. 쿤츠 참모총장은 1898년 미국-스페인전쟁 중 괌 점령작전에 참가하기도 하였으며, 괌 총독으로 재직 시에는 괌의 개발에 '진심어린 관심'을 보인 바로 그 사람이었다.[49] 그는 당시 신설된 참모총장실 계획부장에 해군대학에서 근무하면서 오렌지전쟁계획의 연구 초창기에 큰 영향력을 발휘했던 제임스 올리버(James H. Oliver) 소장을 임명하였다. 앞에서 보았듯이 올리버 소장은 1907년에서 1911년 사이 해군대학에서 미일전쟁의 핵심 전략개념을 정립할 때 주도적인 역할을 했던 사람이었다. 그는 해군대학을 떠난 이후에는 한직인 해군정보국(Office of Naval Intelligence)국장을 거쳤으며, 제1차 세계대전 중에는 버진 아일랜드 총독(governor of Virgin Islands)으로 근무하기도 하였다.[50]

올리버 소장은 초창기에는 괌을 무시하고 우회하자고 주장한 적도 있지만 계획부장이 된 이후부터는 괌 기지건설 지지활동에 참가하게 되었는데, 올리버 소장의 보좌관 중 한명인 해리 야넬(Harry Yarnell) 대령이 그의 대변인 역할을 맡게 되었다.[51] 새로이 창설된 계획부의 근무자들은 함대의 서태평양진격에 필요한 태평양기지의 후보지들을 검토하기 시작하였으며, 미일전쟁

시 미국이 제해권을 확보하고 일본을 격파할 수 있으려면 어디에 기지를 건설해야 하는가를 활발히 토의하였다.

육군의 계획담당자들 역시 괌에 기지를 확보하게 되면 필리핀에 기지건설 시 발생할 수 있는 여러 가지 문제들을 손쉽게 해결할 수 있다고 판단하고 이를 적극 지지하게 되었다. 이에 따라 해군에서 괌을 대규모 함대를 수용할 수 있는 태평양의 지브롤터로 만든다는 4단계 대규모 기지건설계획을 작성할 때 육군도 함께 참여하였다(표 7.1 참조).

미군 지휘부는 평시부터 강력한 함대를 괌에 배치하게 되면 일본은 감히 필리핀을 공격할 수 없을 것이며, 필리핀을 확보하지 못하면 '승리를 확신'하지 못할 것이기 때문에 감히 전쟁을 감행하지 않을 것이라 판단하였다. 반면에 괌을 현 상태로 방치한다면, 일본은 먼저 괌을 탈취한 다음 최근에 획득한 미크로네시아의 섬들 및 괌에 미국의 공세를 격퇴할 수 있는 충분한 방어전력을 구축할 수 있기 때문에 전쟁을 벌일 가능성이 높다고 판단하였다.[52] 1919년 말이 되면 뉴튼 베이커(Newton D. Baker) 육군장관까지도 괌 해군기지건설계획을 지지하게 되었는데[53] 이때가 괌 기지건설 추진이 가장 탄력을 받던 시기였다.

그러나 시간이 흐르면서 괌 기지건설계획의 현실적 문제점이 서서히 드러나기 시작했다. 1921년, 클레런스 윌리엄스가 위원장을 맡은 해군의 조사위원회는 아프라항은 준설한다 해도 주력함의 묘박에 필요한 45피트 이상의 수심을 확보할 수 없으며, 부선거의 설치도 불가능하다고 보고하였다. 위원회에서는 아프라항을 최대한 준설한다 해도 20피트 이상 수심의 확보는 어려우며 구축함 및 잠수함 수리용 지원시설의 설치만 가능하다고 판단하였다.[54] 또한 육군은 괌의 해군기지를 중심으로 하는 태평양전략을 채택할 경우 대일전쟁에서 자신들은 부차적인 역할 밖에 할 수 없다는 것을 깨닫게 되면서 이 계획에 점차 등을 돌리게 되었다.[55]

상황이 이렇게 되자 쿤츠 참모총장은 육군을 배제하고 해병대 단독으로 괌 육상을 방어할 수 있는 계획을 작성하라고 지시하였다. 그러나 당시 해병대의 현실을 고려했을 때 괌에 배치할 수 있는 전력은 병력 1,900여 명과 몇 문의 야포, 그리고 구식 항공기뿐 이었다. 또한 일반위원회에서도 해병대가 보유한 7인치 야포로는 일본의 전함을 당해낼 수 없다고 인정할 정도였다. 그래도 쿤츠 참모총장은 포기하지 않고 괌에 128척의 어뢰정을 배치하여 해안에 차단선을 구축한다면 적의 공격으로부터 항구를 방어할 수 있다는 의견을 피력하기도 하였다.[56] 그러나 쿤츠 참모총장의 이러한 끈질긴 노력에도 불구하고 괌에 대한 해군의 인식은 전투함대의 분대급 전력이 긴급 상황 시 활용하는 임시기지로 정도로 서서히 바뀌게 되었으며, 결국 서태평양기지의 후보순위에서 점차 밀려나게 되었다.[57]

〈표 7.1〉 합동위원회 작성 '4단계 괌 기지건설계획' 주요내용, 1919년 12월

단계	육 군	해 군	소요비용 (백만달러)	전략적 목표
1 단계	최초 5,000명 배치, 이후 13,500명으로 증강 화포, 항공기 포함	신형 잠수함 7척 및 잠수함모함 배치, 접촉기뢰 1,000기 저장		제한된 방어능력
2 단계	도로, 막사, 탄약고 및 기타 기반시설 건설	항만 준설, 잠수함 20척 수용가능한 기지시설 건설 지하화 또는 엄폐화된 수리창, 연료저장고 등 건설	21.7	원정함대가 괌에 도착할 때까지 적의 공격을 방어할 수 있는 수준 잠수함 20척 공세적 운용
3 단계	16인치 직사포 2문, 16인치 곡사포 4문 설치	추가 항만 준설작업, 구축함 108척 수용가능한 기지시설, 전함상가가 가능한 건선거 설치	18.0	더욱 강화된 방어 수준 잠수함 20척 및 구축함 108척 공세적 운용
4 단계	16인치 직사포 2문, 16인치 곡사포 8문 추가 설치	주력함대 정박이 가능한 1급 함대기지 건설	59.0	"어떠한 규모의 공격"도 격퇴가능한 최고의 방어 수준 함대 전체전력의 공세적 운용이 가능한 기지 건설 일본이 섣불리 미국과 전쟁을 벌일 수 없을 정도의 억제력 확보

출처 : JB to SecWar & SecNav, Dev and Def of Guam, 18 Dec 1919, #322, Ser 28, JB Records.

1921년 후반, 참모총장실과 일반위원회는 워싱턴회의(Washington Conference)에 참가하게 될 미국대표단에게 괌 해군기지의 필요성을 장황하게 설명하면서 괌 해군기지건설을 성사시키기 위한 최후의 노력을 펼치기 시작하였다.[58] 또한 쿤츠 참모총장은 괌 기지건설의 근거를 확보하기 위해 클레런스 윌리엄스 전쟁계획부장에게 압력을 행사하여 이전에 윌리엄스가 작성한 미크로네시아를 통한 점진적 진격을 골자로 하는 전쟁계획을 괌 해군기지를 기반으로 신속하게 서태평양으로 진격하여 조기에 전쟁을 종결짓는다는 방향으로 수정하도록 하였다.

쿤츠 참모총장은 이렇게 수정된 전쟁계획을 근거로 하여, 괌에 강력한 방어시설을 구축하지 않으면 함대의 진격이 지연될 뿐 아니라 괌 재탈환 시 상당한 전력손실이 발생할 것이 확실하기 때문에 대일전쟁에서 승리하지 못할 수도 있다는 결론을 도출하여 괌 기지건설의 당위성을 역설하였다. 그러나 상부 지시에 따라 전쟁계획을 수정한 당사자인 윌리엄스조차도 괌 기지의 중요성을 강조하는 이 전쟁계획은 아전인수 격이라는 것을 잘 알고 있었다. 왜 괌 해군기지가 유일한 전략적 대안인가를 구체적으로 설명하지 않은 채, 단지 '진격시간의 절약을 위하여' 괌 해군기지가 필요하다는 전쟁계획상의 무미건조한 설명에서 당시 그의 불편한 속마음을 엿볼 수 있다.[59]

한편 누구보다도 군사주의에 강한 거부감을 가지고 있었던 대니얼스 해군장관은 괌 기지건설계획을 예산과 시간의 낭비로 보고 매우 혐오하였다. 그는 2년간이나 괌 해군기지건설계획에 동의하지 않다가 1921년이 되어서야 워싱턴 해군군축조약이 체결되지 않는 다면 괌 해군기지 건설을 승인해주겠다고 냉소적으로 이야기하였다.[60] 그는 이미 워런 하딩(Warren G. Harding) 대통령이 선거운동 당시 제1차 세계대전 이후 가속화되기 시작한 막대한 예산이 소요되는 해군군비경쟁을 중지하고 상황을 '정상'으로 되돌리겠다고 공약한 것을 알고 있었던 것이다. 하딩 대통령은 취임 직후 각국의 해군력 및 해군기지 규모의 감축을 논의하기 위해 해양열강 5개국을 워싱턴으로 초청, 이른바 "워싱턴 회의"를 개최하였다. 이 회의에서 시어도어 루즈벨트 전 대통령의 아들인 시어도어 루즈벨트 2세(Theodore Roosevelt Jr.) 해군차관이 해군의 입장을 변호하였으나 해군력 및 해군기지의 감축은 이미 거스를 수 없는 당시 회의의 대세였기 때문에 "태평양의 지브롤터"를 지켜내려는 해군 제독들의 목소리가 반영될 여지는 없었다.[61]

괌 해군기지건설을 성사시키기 위한 로비활동은 워싱턴 회의로 인해 결국 실패하고 말았다. 워싱턴 해군군축조약 제19조(Article XIX of the Washington Treaty)에 따라 동경 180도 이서의 모든 미국령 도서에 군사시설의 설치가 금지되었는데, 여기에는 필리핀, 괌, 웨이크 및 알류샨 열도 서쪽 일부가 포함되었다. 또한 이 조약은 일본령 도서에 군사시설의 설치도 금지하였는데, 여기에는 대만(Formosa), 페스카도레스 제도(the Pescadores), 류큐 제도(the Ryukyus), 보닌 제도

(the Bonins), 볼케이노스 제도(the Volcanoes), 쿠릴 열도(the Kuriles), 마르쿠스섬*(the Marcus) 등이 포함되었다.

영국은 자치령 및 싱가포르를 제외한 나머지 태평양 식민지에 군사시설의 설치를 제한한다는 내용을 수락하였다. 루즈벨트 2세 해군차관은 1922년 2월 6일 종료된 워싱턴 회의의 결과에 대해 매우 만족하였는데, 그 이유는 미국이 서태평양에 기지를 건설하지 않는다는 대가로 일본의 해군력 증강에 제한을 가할 수 있었기 때문이었다. 당시 미국의 국내 정치 상황을 고려할 때 서태평양에 전략기지를 건설하는 것은 정치가들의 반대로 어차피 성사될 가능성이 거의 없었던 반면, 일본은 이미 해군력 증강을 위한 계획을 수립하여 함정을 건조하고 있는 중이었기 때문에 이러한 조약체결은 확실히 미국에게 유리한 것이었다. 군축조약의 결과 미국은 일본의 주력함 최대보유톤수를 미일 5:3의 비율로 묶어둘 수 있었다.[62]

결국 워싱턴 해군군축조약의 체결로 인해 괌에 해군기지를 건설해야 한다는 주장은 해군 내에서 완전히 자취를 감추게 되었다. 1938년, 워싱턴군축조약이 만료된 직후 미 함대의 전략기획자들이 서태평양 해군기지의 부지를 다시 물색하기 시작하면서 괌 기지건설 주장이 잠깐 되살아나기도 하였으나 정치 및 군사적 이유로 또다시 좌절되었다(제22장 참조). 결국 괌은 태평양전쟁 발발 첫 주 만에 일본군의 손에 떨어졌다. 1944년 미군은 괌을 탈환한 후 여기에 해군 군수지원 및 정비기지를 설치하였으나 다수의 해군전력을 수용할 수 있는 대규모 군항의 건설은 이루어지지 않았다.

아이러니하게도 "서태평양의 지브롤터"를 건설하겠다는 실패한 노력은 제2차 세계대전 시 적용된 이동기지전략의 발전을 촉진하는 계기가 되었다. 태평양에서 함대작전을 지원할 적절한 해군기지를 확보하지 못함에 따라 미 해군은 이를 대신할 적절한 대안을 모색할 수밖에 없었다. 수빅만, 괌 등으로 이어지는 기지건설계획의 좌초는 해군이 필요로 하는 작전요구조건을 만족하는 대체방안(상당한 작전반경, 내구력 및 자급자족능력을 갖춘 이동식 기지의 확보)을 도출하도록 자극

---

* 정식 명칭은 미나미토리시마(南鳥島)이다. 현재는 일본의 영토로서 일본 본토에서 남동쪽으로 약 1,800km 가량 떨어져 있으며, 행정구역상으로는 오가사와라 제도에 속한다.

한 혁신의 동력이 되었던 것이다. 수빅만 기지건설추진활동이 실패로 돌아간 이후 미 해군은 기반시설이 갖추어지지 않은 항만에서도 함대에 석탄을 보급할 수 있는 대형석탄수송함을 건조하였고, 해상에서 전투함정에 근무지원을 제공해줄 수 있는 다목적 보조함정도 도입하기 시작하였다. 그리고 대규모 함대군수지원부대를 운용하는 방안을 연구하기도 하였다.

한편 1922년 미 해군은 함대의 모든 석탄연소 추진방식 함정을 석유연소 추진방식 함정으로 전환하는 작업을 완료하였다. 당시 다른 해군열강들도 미국과 마찬가지로 함정추진방식의 전환을 추진하고 있었으나, 특히나 미 해군은 추진방식 전환을 통하여 함정의 작전반경을 증대시키는데 많은 시간과 노력을 투자하였다. 무엇보다도 중요한 사실은 괌 해군기지건설이 좌절된 이후 미 해군은 모듈식 전진기지(modular advanced bases) 및 부선거의 설계를 구체적으로 연구하기 시작하였다는 것이다(그러나 이러한 이동식 기지시설의 획득은 해군예산의 감축으로 인해 계속해서 지연되었다).

1938년, 괌에 해군기지를 건설하려는 최후의 노력이 실패하고 난 직후 마침내 미 해군에서는 항해를 하면서 전투함정에 유류를 공급할 수 있는 고속해상보급함(fast oilers for refueling at sea) 및 기반시설이 갖추어지지 않은 항만 및 도서에서 신속한 기지건설을 주 임무로 하는 해군건설대대(SeaBees, 設營隊)가 모습을 드러내게 되었다.

통상 조직은 실패로부터 교훈을 얻기 마련이다. 미 해군은 이미 제2차 세계대전이 발발하기 20여 년 전부터 서태평양에 전략기지를 건설한다는 계획을 포기하였으며, 이후 서태평양 기지를 손쉽게 얻을 수 있는 기회가 왔음에도 불구하고 이를 확보하는데 미련을 두지 않았다. 1941년 초, 영국은 싱가포르의 방어능력을 강화하기 위하여 태평양함대를 싱가포르에 배치해달라고 미국에 공식적으로 요청하였다.

당시 싱가포르는 최고수준의 함대지원시설 및 방어능력을 갖추고 있었고, 동남아시아 자원지대(특히 인도네시아의 유전)에 접근이 용이하여 이전에 미 해군의 제독들이 바라던 그 어떤 곳보다 이상적인 조건을 갖춘 해군기지였다. 그럼에도 불구하고 미 해군 전략기획자들은 영국의 제안을 거절하였다(제22장 참조). 그 무렵이면 미 해군의 오렌지계획에 이미 이동식기지 운용교리

(doctrine of mobile bases)가 명확하게 정립되어 있어서, 서태평양 전략기지 확보라는 빛바랜 공상이 다시 끼어들 여지가 없었던 것이다.

결론적으로 서태평양 전략기지를 확보한다는 전간기 미군의 구상은 전략적으로 완전히 실패한 구상이었다. 태평양전쟁이 발발하기 직전 태평양의 지정학적 상황을 놓고 볼 때, 일본은 자신들이 원하는 시점에 전쟁을 개시할 수 있다는 주도권을 쥐고 있었고, 미국보다 서태평양 도서에 접근이 용이하다는 이점을 보유하고 있었기 때문에 미국이 서태평양에 아무리 강력한 해군기지를 구축했다 하더라도 모두 비극적인 결말을 맞고 말았을 것이다. 미 해군은 일찍부터 이러한 실현이 불가능한 구상은 배제한 채 이동식 기지구상을 발전시키기 시작하였고, 이러한 과정을 통해 점진전략에 필요한 개념과 이의 실행을 위한 구체적 수단을 하나씩 만들어 나갔다. 러일전쟁 시 여순의 함락과 태평양전쟁 시 싱가포르의 함락은 적의 육상공격에 취약하다는 사실은 간과한 채 해군기지의 건설에만 집착한 러시아와 영국의 전략적 과오를 여실히 보여주는 대표적 사례라고 할 수 있을 것이다.

8. 미국의 계획수립 방식 : 급진론자 대 점진론자

1906년에서 1914년까지 해군대학과 일반위원회 부속 제2위원회는 각기 독립적으로 전쟁계획을 연구하였는데, 이 초기 기간 중에 이미 태평양전쟁 시 실제로 적용된 지정학 및 대전략의 전체적인 틀이 확립되었다. 그리고 이 시기 해군계획담당자들은 미일전쟁 1단계 전략을 수행하기 위한 작전계획을 구체화하였고 2단계 전략의 주요 가정들을 확정하였을 뿐 아니라 3단계 전략의 핵심원칙 또한 이 시기에 개념화가 시작되었다.

초기 전쟁계획수립 기간 중 해군대학과 제2위원회는 원활하게 협력하긴 했지만 그 전략구상 방식은 서로 달랐다. 1906년, 해군대학은 제2위원회가 작성하여 제공한 오렌지계획 초안(시어도어 루즈벨트 대통령의 지시로 시작되었으나 일반위원회의 승인을 받지 못함)을 바탕으로 태평양을 사이에 두고 벌어질 미일전쟁의 기본적인 원칙들을 식별한 결과를 제출하였다. 그리고 1907년, 올리버 중령의 지도하에 열린 연례 하계전략학술세미나에서는 태평양을 횡단하여 일본을 공격하는 것으로 미일전쟁의 2단계 전략을 정립하게 되었다.[1]

그러나 포괄적인 주제를 다루는 전략계획과는 다른 구체적이고 복잡한 내용이 포함되는 작전계획의 작성이 시작되면서 계획수립분야에서 해군대학과 제2위원회의 원활한 협력관계는 점차 자취를 감추게 되었다. 이른바 "근대적인 군사조직은 '용감함과 감투정신을 강조하는 영웅적 지도자'와 '과학적 이론에 근거한 합리적인 전쟁수행을 중시하는 군사 전문가' 간의 긴장과 대립을 통해 형성되었다"[2]는 익숙한 주장을 알고 있는 독자라면 이러한 대립관계를 쉽게 이해할 수 있을 것이다.

당시 해군에서 미일전쟁 2단계 공세 시, 작전계획은 영웅적 지도자를 지지하는 인사들과 과학적 군사전문가 간의 씨름장이 되었던 바, 이 책에서는 전자는 "급진론자(thrusters)", 후자는 "점진론자(cautionaries)"라고 부르고자 한다. 이 둘의 논쟁은 토끼와 거북이의 경주(hares and tortoises)를 연상시켰는데, 양자 모두 미일전쟁 시 적극적인 공세와 완전한 승리를 추구한다는 데에는 의견이 일치하였지만, 구체적 작전목표, 진격방향 그리고 특히 전쟁발발 후 공세의 개시 시점에 관해서는 서로 의견을 달리하였다.

먼저 급진론자들은 미국민은 미일전쟁의 장기화를 원치 않을 것이기 때문에 최단시간 내에 승리를 획득해야 한다고 확신하고 극동으로 신속한 진격을 주장하였다. 그들은 힘은 전력과 시간의 조합에서 비롯된다고 주장하면서, 전쟁발발 직후가 미국의 힘이 가장 강력한 시점이라고 보았다.[3]

이들은 신속한 반격을 실시한다면 일본이 태평양의 주요 함대 기지를 점령하는 것을 저지할 수 있고, 일본의 소모전략으로 우군전력이 점차 약화되기 전에 일본 본토 근해에서 일본 해군과 함대결전을 벌일 수 있다고 보았다. 또한 급진론자들은 '미국의 지브롤터(즉 괌) 확보' 구상을 지지하였지만, 괌 해군기지 건설계획이 완전히 폐기되거나 기지가 미완성일 경우에는 임시 전진기지라도 활용하여 신속하게 진격해야 한다고 주장하였다.

1907년, 미 해군 백색함대의 세계일주 시 함대는 그때그때 상황에 따라 순항경로 및 기항지를 결정하여 항해를 성공적으로 끝마쳤는데, 급진론자들은 이를 근거로 임시 전진기지만으로도 충분히 태평양횡단이 가능하다는 자신감을 가지게 되었다(지도 8.1 참조).

한편 점진론자들은 미국민은 일본과의 전쟁이 정당한 전쟁이라는 이유로 장기전을 기꺼이 받아들일 것이지만, 해군이 준비를 철저히 하지 않아 일본 함대에 패하게 되면 미국민은 전쟁의지를 상실할 것이라 생각하였다. 그들은 점진적인 공격전략을 시행한다면 예비함정을 재취역시키고 민간상선을 지원함정으로 개조·개장하는 것이 가능할 뿐만 아니라 육군부대의 전투준비 등을 더욱 완벽히 할 수 있으며, 미국의 막대한 공업생산능력을 활용할 수 있기 때문에 함대의 전력을 더한층 강화시킬 수 있다고 보았다.

<기호 범례>

1904년 - 1909년간 대규모 함대 순항 경로

— 1904년 - 1905년 러시아 발틱함대 순항 경로

---- 1907년 - 1909년 미국 백색함대 순항 경로

<지도 8.1> 대규모 함대 순항 경로, 1904년-1909년

점진론자들은 우선 특정한 섬을 점령하여 이를 완전히 확보한 다음, 그 섬을 발판으로 또 다른 섬을 점령해 나가는 식으로 중부태평양을 순차적으로 관통하는 진격방안을 제안하였다. 이들은 이러한 순차적 진격은 그 진격속도가 상대적으로 느리고 점령한 섬에 기지를 건설하는 동안은 진격이 잠시 중단될 수도 있었지만, 필요시에는 진력경로를 변경하는 것이 가능하다고 보았다.

그리고 급진론자들과 마찬가지로 점진론자들도 일본 해군과 미 해군의 함대결전을 예상하였지만 결전의 위치는 상대적으로 좁은 동중국해역이 아닌 일본의 근거지로부터 멀리 떨어진 대양이 될 것이라 판단하였다. 그들은 또한 기뢰, 어뢰, 잠수함 및 항공기 등과 같은 새로이 등장한 소모전략용 무기체계들이 미 함대의 장거리 진격을 위협할 수도 있다는 것을 인식하고 있었으며 완벽한 준비를 갖추지 않은 섣부른 진격은 막대한 재앙을 초래할 수도 있다고 우려하였다.

그들은 러일전쟁 시, 로제스트벤스키(Zinovi Rozhestvensky) 제독이 지휘한 발틱함대가 적절한 보급기지 하나 없이 지구 반 바퀴를 돌아 일본 해군이 기다리고 있는 쓰시마해협까지 이동한 절망적인 항해를 그 예로 들었다. 그리고 점진론자들은 미 함대가 전쟁발발 후 6개월에서 1년 이내, 심지어 2년 이내까지는 괌으로 진격하기 어렵기 때문에 괌에 해군기지를 건설하는 것은 전쟁에 별다른 도움이 되지 않는다고 간주하였다.

1914년 이전까지는 하와이와 필리핀 사이에 위치한 태평양 도서는 모두 제3국이 점유하고 있었기 때문에 중부태평양을 통한 점진적 진격구상은 실제로 실행하기 어렵다는 딜레마를 안고 있었다. 그러나 제1차 세계대전 발발 후 일본이 독일령 미크로네시아를 점령하게 되면서 점진적 진격의 실현가능성이 점차 높아지게 되었다.

용기와 불굴의 투지를 해군장교의 최고의 덕목으로 강조했던 당시 미 해군의 원로들은 대부분이 급진론을 지지하고 있었다. 20세기 초반 미 해군의 원로들은 해군의 최고정책결정체인 일반위원회를 통제하고 있었으며, 제1차 세계대전 이후에는 해군참모총장(CNO)과 미 함대사령관(CinC the U.S Fleet) 등과 같은 신설 고위직까지 차지하게 되었다. 결국 이들 원로들이 전략계획상의 주요쟁점들에 대해 결정을 내리게 되었으며, 반대자들의 의견은 배척되었다.

한편 점진론자들은 대부분 계획수립분야에서 근무하는 뛰어난 전략적 식견을 가진 중견장교들로 구성되어 있었다. 이들은 비교적 젊고 해군대학의 정규교육을 거친 장교들로서 이전의 증기선시대와는 환경이 완전히 변화된 새로운 해양 전장에서 해결해야 할 과제들이 무엇인가를 명확히 이해하고 있는 사람들이었다. 이후 1930년에 들어서 점진론자의 선두주자들이 해군의 고위직에 진출하기 시작하고 나서야 점진론자가 급진론자보다 큰 목소리를 낼 수 있었다.

오렌지계획의 태동기인 1906년에서 1907년까지는 해군대학과 제2위원회에서 각각 작성한 전쟁전략의 원칙들이 원로 제독들의 의도와 잘 부합하였기 때문에 급진론자와 점진론자의 대립은 표면화되지 않았다. 그리고 1909년 백색함대의 세계일주가 성공적으로 마무리된 이후에도 양자의 협력관계가 잘 지속되고 있는 것처럼 보였다. 특히 당시 메이어(Meyer) 해군장관은 계획수립요원들과 긴밀한 관계를 유지하고 있었다.

그리고 메이어 장관의 작전보좌관이었던 리처드 웨인라이트(Richard Wainwright) 소장은 미국-스페인전쟁의 영웅이자 정보분야 전문가로서, 해군대학의 전쟁계획수립을 감독할 수 있을 뿐 아니라 일반위원회에서 제2위원회의 입장을 대변할 수 있을 정도의 영향력을 보유하고 있던 인사였다.[4] 제2위원회에서는 전쟁계획에서 다루어야 할 주요과제목록을 작성하였는데, 여기에는 양측의 전력구성 및 전쟁목표, 전쟁전구의 범위, 기지, 군수지원, 적군세력의 격파 및 아군전력의 보호 방안 그리고 가장 중요한 공세작전 개시의 기준이 되는 필수요건 등이 포함되었다.[5]

1910년, 양 계획수립기관(해군대학과 제2위원회)은 공세전역수행에 필요한 전략구상을 작성하여 제출하였는데[6] 일반위원회에서는 태평양기지의 건설 위치와 백색함대 세계일주의 교훈을 두고 지루한 논쟁을 계속하고 있는 상황이어서 전쟁계획의 구체화에는 별다른 관심을 기울이지 않았다. 이렇게 미일전쟁계획의 발전에 아무런 진전을 거두지 못하던 일반위원회는 1910년 말, 해군대학의 전쟁계획수립 기능을 없애기로 결정하였다.

그러나 메이어 해군장관은 두 부서가 계속해서 서로 협력하여 전쟁계획을 수립하기를 원했기 때문에, 해군대학 교수부는 전쟁계획의 정보분야 및 제2위원회에서 작성한 주요과제목록에서 제시하는 주요과업을 달성할 수 있는 세부적인 전략계획 초안을 작성하는 책임을 맡게 되었다.

해군대학에서 작성한 전략계획 초안이 일반위원회의 사전 승인을 통과한 이후에는 해군대학에서 순항(cruising), 정찰(patrolling), 봉쇄(blockade) 및 기타 해전전술에 관한 전술교리를 개발하기로 하였으며, 이와 동시에 해군성의 각 부국(府局)에서는 전쟁수행에 필요한 자원·물자 소요를 조정하고 종합하기로 하였다. 이러한 과정을 통하여 작성이 완료된 전쟁계획은 일반위원회의 최종승인을 거친 후 해군장관과 대통령의 재가를 받게 되어 있었다.[7] 그러나 전쟁계획을 작성하기 위한 이러한 협력관계는 오래 지속되지 않았다.

1911년, -친절하게도 일반위원회에서 제공한 오렌지색 바인더에 정리하여[8]- 해군대학에서 일반위원회에 제출한 전쟁계획은 '태평양의 지브롤터(岬)'에 기지를 건설하고 이를 구원한다는 내용이 포함되지 않아 급진론자들의 구미에 맞지 않았으며, 전쟁계획에서 군의 관여분야를 넘어서는 정치적 문제까지 다루는 바람에 듀이 원수의 반감을 사게 되었다(제3장 참조).[9] 또한 이 계획은 필리핀으로 즉각 진격한다는 방안을 포함하고 있었던 관계로 점진론자의 견해를 완전히 반영한 것도 아니었는데, 당시 피스케 제독은 "이 계획은 장기전을 수행할 시 승리할 수 있다는 명확한 근거를 제시하지 못하고 있다."라고 비판하기도 하였다.

해군대학에서 제출한 전쟁계획에 대한 이러한 부정적 평가를 접한 로저스 해군대학총장은 매우 불쾌해 하였는데, 강의 외에도 여러 부가업무에 시달리는 교수부 장교 6명에게 그들의 개인시간을 할애하여 전쟁계획을 작성하라고 하는 것은 '살인행위'나 마찬가지였기 때문이다. 로저스 총장은 좀 더 충실하고 탁월한 전쟁계획을 작성하기 위해서는 해군대학을 졸업한 장교 7명으로 구성된 계획수립전담조직을 편성하는 것이 필요하다고 상부에 요청하였으나 해군지휘부는 이를 거부하였다.

결국 메이어 해군장관은 해군대학에서 오렌지계획의 초안을 작성하라는 이전의 지시를 취소하고 앞으로 오렌지계획의 작성은 일반위원회에서 전담하라고 다시 지시하게 된다.[10] 이에 따라 해군대학은 전쟁계획수립에서 한발 물러나 전쟁연습의 수행 및 전략학술세미나의 개최, 수시 연구보고서 작성 등을 통하여 일반위원회에서 작성한 전쟁계획의 유효성을 검증하는 역할을 맡게 되었다.

계획수립기능이 일반위원회로 완전히 넘어간 지 몇 년이 지난 후 당시 해군에서 주목받는 인

재였던 윌리엄 심스(William S Sims) 대령, 얼 엘리스(Earl H. Ellis) 해병대위와 이후 해군전쟁계획 부장을 역임하게 되는 장교 6명이 해군대학에서 같이 근무하게 되었는데, 이때까지 해군대학에 계획수립기능이 계속 남아있더라면 좀 더 훌륭한 전쟁계획을 만들어 낼 수도 있었을 것이다.[11]

미 해군의 전쟁계획수립 조직이 개편된 이후 제1차 세계대전 발발 이전까지 일반위원회의 급진론자들은 두 차례에 걸쳐 전쟁계획을 연구하였으나 그 결과는 모두 만족스럽지 못하였다. 1914년 2월, 일반위원회는 소속 계획담당자들이 작성한 "해군 오렌지전략계획"을 승인하였는데, 이 계획은 미일전쟁수행의 구체적 방안을 수록하고 있진 않았지만 해군지휘부에서 정식으로 승인한 최초의 대일전쟁계획이라는데 의의가 있었다[12](이 첫 번째 계획은 당시 듀이 원수의 보좌관 역할을 맡고 있던 피스케의 주도 하에 작성된 것으로 보인다)[13].

이 계획은 중부태평양을 통한 순차적 공세의 가능성을 언급하긴 하였지만, 서태평양에 미국이 활용할 수 있는 적절한 군수지원기지가 없기 때문에 결국은 태평양의 지브롤터(괌)에 해군기지를 설치해야 한다는 주장을 수록하고 있었다. 1917년 초 듀이 원수가 사망한 이후 일반위원회 선임위원이 된 찰스 배저(Charles J. Badger) 소장 또한 급진론을 지지하였다. 배저 제독은 전략적 식견이 그리 뛰어나다는 평을 듣지는 못했지만 대니얼스 해군장관이 존경하는 사람이었다.[14]

듀이 원수가 사망한 이후로 미 해군지휘부는 일본과 전쟁을 벌일 경우 대규모 함대의 군수지원문제, 잠수함 및 선단호송, 기지방어 등의 문제들이 특히 중요하다는 것을 첨차 이해하기 시작하였으나 일반위원회에서 내놓은 방안은 태평양에 일련의 난공불락의 해군기지를 건설한다는 등의 기존의 내용을 답습한 것이었다.[15]

당시 일반위원회는 미일전쟁계획을 전시에 바로 활용할 수 있는 계획이 아니라 아시아에서 일본을 누르고 미국의 제국주의적 야심을 충족시키기 위한 하나의 국가정책수단으로 생각하는 경향이 강하였다. 이러한 사실은 당시 미 해군성의 조직편제가 그다지 체계적이지 못했다는 것을 반증한다. 당시 해군조직의 개혁을 지지하는 장교들은 지속적으로 다른 어떤 이유보다도 계획수립의 효율성을 향상시켜야 하다는 이유를 들어 해군조직을 육군식의 장군참모제도로 개편해야 한다고 주장하고 있었다.

하지만 개혁 반대자들은 대규모 참모요원을 수용할 공간이 제한되는 함정의 근무여건을 고려할 때 해군에 별도의 참모조직은 필요치 않으며, 육군 장군참모제도의 경우를 보더라도 제대로 기능하지 못하고 있기 때문에 해군에는 이러한 조직의 설치가 필요치 않다고 반박하였다.[16] 그러나 미국이 세계대전에 참전하기 직전인 1915년, 마침내 연방의회는 군의 문민통제라는 미국의 오랜 전통을 뒤로한 채 해군작전의 효율성을 증대시킨다는 이유로 해군참모총장(OpNav)이라는 직위를 신설하기로 결정하였다.[17]

이에 따라 해군의 현역수장인 해군참모총장은 전시 함대를 효율적으로 운용할 수 있도록 평시 함대의 배치 및 전투준비태세 유지와 관련된 업무뿐만 아니라 전시에 대비한 전쟁계획수립 업무 역시 관장하게 되었다. 그러나 해군참모총장은 해군대학 및 해군정보국을 직접 지휘하긴 했지만, 일반위원회 내에서는 민간인인 해군장관에게 책임을 지는 여러 위원들 중 한명에 불과하였다. 초대 미 해군참모총장이 된 윌리엄 벤슨(William S. Benson) 대장은 전략계획수립에는 별다른 관심을 보이지 않았으며, 그의 보좌관인 윌리엄 프랫(William V. Pratt) 대령이 구축한 계획수립 참모조직은 제1차 세계대전 기간 동안 행정조직으로 변질되어[18] 해군대학을 비롯한 이전에 계획수립을 담당했던 부서들이 그 기능을 다시 가져오려고 시도할 정도였다.

당시 오스틴 나이트(Austin Knight) 해군대학총장은 벤슨 참모총장의 승인을 받아낼 의도로 해군대학에서 계획수립분야의 전문가들로 팀을 구성하여 전쟁계획의 연구를 진행하겠다고 건의하였으나, 제1차 세계대전 동안 해군대학이 임시 휴교함에 따라 이러한 시도는 무위로 돌아가고 말았다. 반면에 듀이 원수와 배저 제독은 공식적으로 계획수립기능은 일반위원회에 속한다는 1900년의 해군성 지시를 근거로 들면서 전쟁계획수립은 일반위원회에서 관장해야 한다고 계속해서 주장하였다.[19] 다른 부서의 별다른 반대가 없는 상황에서, 일반위원회는 1919년까지 사실상 계획수립업무를 전담하였으며, 1923년까지 계획수립분야에 큰 영향력을 행사하게 된다.

1917년 4월, 미국이 독일에 선선포고를 했을 당시 해군성은 완전히 혼란에 빠지게 되었는데, 왜냐하면 그때까지도 미 해군은 이렇다 할 대서양에서의 전쟁계획을 보유하고 있지 않았기 때문이었다(이러한 사실은 제1차 세계대전 종전 후 상원 청문회에서 윌리엄 심스 제독이 그 내용을 폭로하면서 세상에 알려지게 되었다. 제1차 세계대전 중 주유럽 해군사령관(commander of U.S naval forces in Europe)이었던 심스 제독은 청문회에서 참전 당시 미 해군 함정들은 전투준비태세가 갖추어져 있지 않아 많은 함정과 인명을 상실하게 되었다고 주장하였다. 또한 케리비안해(the Caribbean)에서 독일해군과 결전을 벌인다고 예측한 블랙전쟁계획 (War Plan Black)은 현실과 완전히 동떨어진 계획이었다고 증언하였다)[20].

유럽주둔해군 사령관으로 임명된 심스 제독은 실제적인 전쟁계획수립의 필요성을 절감하고 능력 있는 계획수립 장교들을 -유럽주둔해군 사령부가 위치한- 런던으로 불러 모았는데, 이들은 다양한 근무지에서 선발된 해군대학 출신의 소위 "우수한 졸업생들"이었다. 그리고 1918년, 벤슨 참모총장은 유럽주둔 해군사령부의 참모단과 유사한 조직을 참모총장실에도 만들라고 해리 야넬(Harry E. Yarnell) 대령에게 지시하였다.

이에 따라 전쟁이 끝날 즈음에는 프랭크 쇼필드 대령, 더들리 녹스(Dudley W. Knox) 대령, 토마스 하트(Thomas C. Hart) 대령 및 윌리엄 파이(William S. Pye) 중령 등과 같은 상당수의 '열정이 넘치는 젊은 장교들'이 워싱턴의 참모총장실에서 평화협상전략 및 전후 적정 해군력 수준 등을 연구하고 있었다.[21]

이렇게 제1차 세계대전 중 워싱턴과 런던에서 각각 독립적으로 진행된 전문참모조직의 활동은 해군참모총장 직속의 계획수립부서(planning division)의 창설을 촉진하였는바, 드디어 1919년 8월, 참모총장실 산하에 계획부(OpNav Plans Division) -통상 부서 약칭인 Op-12로 더 잘 알려지게 된다- 가 창설되었다. 최초에 계획부는 장차계획수립에 필요한 편제(organization), 훈련 (training), 무기체계(weapon) 등 각 분야별로 8개 반을 편성하고 총 20명의 장교가 근무하였는데, 최초 조직이 너무 방만하였기 때문에 차츰 대부분의 기능이 소관부서로 이관되었다. 1921년, 근무자수가 장교 8~9명으로 줄어든 계획부는 전쟁계획부(War Plans Division: WPD)로 그 명칭이 변경되었고, 오로지 전쟁계획수립 임무만을 전담하도록 규정되었다.[22]

초창기 전쟁계획부의 열정이 넘치는 장교들은 현실성이 떨어지는 이전의 오렌지계획을 그 기초부터 다시 검토해야만 했다. 당시 벤슨 참모총장은 태평양전략을 좌지우지하던 급진론자 파벌과 관계가 별로 좋지 않았으며, 해외기지 건설에 반대하던 대니얼스 해군장관이 매우 아끼는 사람이었기 때문에 그가 참모총장직을 좀 더 오래 유지하였다면 전쟁계획부가 점진론에 기반하여 오렌지계획을 재검토하도록 적극적으로 지원했을 수도 있었을 것이다. 그러나 1919년, 새로운 참모총장으로 쿤츠 제독이 취임하면서 상황이 완전히 바뀌게 되었다.

쿤츠 참모총장은 일본을 미 해군의 가상적국으로 규정하고 함대를 서해안으로 이동시켜 배치함으로써 계획담당자들이 직면한 대일전쟁 시 전략적 부담을 경감시켜 주기도 했지만 작전계획수립분야에서는 현실적 감각이 없는 사람이었다.[23] 그는 괌에 해군기지를 건설해야 한다고 끈질기게 주장하였는데, 그의 이러한 고집은 신속진격방안을 주장하는 급진론자와 이동식 기지 활용방안을 지지하는 점진론자 양쪽 모두에게 도움이 되지 않았다. 괌 해군기지 건설이라는 쿤츠 참모총장의 공상을 맹목적으로 추종하고 있던 야넬과 올리버 계획부장은 해군전력의 규모와 태평양의 기지건설을 제한하려는 정치적 기류의 변화(워싱턴 회의)를 전혀 예측하지 못하고 있었던 것이다.

1920년 이후 계획부 창설 초기인원들이 하나 둘씩 떠나가게 되자 부서의 위상도 하락하게 되었고, 1921년, 올리버 소장의 후임으로 평범하다는 평을 듣고 있던 루시어스 보츠윅(Lusius A. Bostwick) 대령이 전쟁계획부장에 임명되었다.[24] 한편, 윌리엄 로저스 소장이 이끄는 일반위원회는 미국의 지브롤터 구상을 관철시키기 위해 끈질기게 노력하고 있었으나 별다른 성과를 거두지 못하고 있었다. 결국 1922년 워싱턴 해군군축조약의 체결로 괌 기지건설에 대한 모든 희망이 사라지고 난 이후에야 미일전쟁계획에서 점진전략이 점차 구체화될 수 있었다. 미 해군의 가장 탁월한 전략가라 할 수 있는 클래런스 윌리엄스는 3대 계획부장으로 당시 공백상태였던 전쟁계획수립분야에 뛰어들어 해군대학, 해병대 및 군수 관련 부서에서 제출한 혁신적 아이디어들을 통합, 태평양의 지정학적 상황에 부합하는 "도서 건너뛰기(island-hopping)" 작전개념을 창출해내게 된다(제10장 참조).

그러나 그 당시까지도 미 해군에는 영웅적 투지와 신속한 승리에 대한 환상이 깊게 뿌리박혀 있었기 때문에, 점진론자가 우세를 점한 기간은 아주 잠깐이었다. 해군 내부의 관료주의적 경쟁으로 인해 대일전쟁계획수립분야에 일종의 그레셤의 법칙(Gresham's Law)*이 또다시 나타나게 되었는데, 불량한 급진전략이 양호한 점진전략을 밀어내게 되었던 것이다. 놀랍게도 급진론자들이 오렌지계획을 다시 통제하도록 촉진한 대상은 바로 육군이었다.

제1차 세계대전 이후 육군의 장군들은 윌슨 대통령이 권한을 축소시킨 합동위원회를 정상화시키고 싶어 하였고, 시어도어 루즈벨트 2세로부터 육군의 이러한 의도를 전해들은 해군도 이에 동조하게 되었다. 그리하여 베이커 육군장관과 대니얼스 해군장관은 각군 부서를 대표하는 장교 6명으로 구성된 합동위원회의 구성에 합의하였는데, 육군 측에서는 참모총장, 작전부장, 전쟁계획부장이, 해군 측에서는 참모총장, 참모차장, 선임전쟁기획장교가 위원이 되었다. 그리고 새로이 구성되는 합동위원회는 이전같이 단순 서열순으로 위원을 구성한 것이 아니었기 때문에 이들의 발언은 자군의 입장을 공식적으로 대변하는 것이 되었다.

각군 참모총장과 그 참모단은 워싱턴의 컨스티튜션로(Constitution Avenue in Washington)에 위치한 서로 인접한 건물에서 일했기 때문에 매우 밀접하고 친밀한 관계를 유지할 수 있었다. 이러한 대규모 조직개편을 통해 합동위원회는 각군성 장관의 지시를 기다릴 필요 없이 주도적으로 연구를 진행할 수 있는 권한을 가지게 되었다. 이때부터 합동위원회의 연구결과가 주목을 받기 시작하였는데, 합동위원회는 연간 약 25건의 공식 연구보고서를 발행하였다. 1936년까지는 민간인 비서가 합동위원회 월간회의 의사록을 기록하였는데, 그 이후에는 보안유지를 이유로 현역장교가 그 역할을 맡게 되었다.

합동위원회에는 각군 전쟁계획부(WPD)에서 3명씩 차출하여, 6명의 중견장교로 구성된 합동기획위원회(Joint Planning Committee: JPC)를 두었는데, 이들은 해군분과 및 육군분과로 나뉘어 활동하였으며, 각 분과는 거의 쉼 없이 연구를 진행하였다. 합동기획위원회는 별도의 사무공간은 없었으며, 평균 주 1회 모여서 회의를 하였다. 자유로운 의견교환을 위해 회의는 별다른 격식 없이 진행되었고 별도의 의사록도 없었으며, 회의는 전원합의체로 진행되었다.

또한 합동기획위원회는 합동위원회에서 부여한 계획수립과제의 해결을 위해 상부지시 없이

---

* 악화(惡貨)가 양화(良貨)를 구축(驅逐)한다(Bad money drives out good)는 경제 법칙. 경제 체제 내에서 귀금속으로서의 가치가 서로 다른 태환 화폐(금화와 은화 따위)가 동일한 화폐가치로서 유통되는 경우, 귀금속 가치가 작은 화폐(惡貨: 은화)는 가치가 큰 화폐(良貨:금화)의 유통을 배제한다는 뜻이다.

도 사전에 연구에 착수할 수 있는 권한이 부여되었다. 당시 합동기획위원회 위원으로 근무하는 것은 장교들이 선망하는 보직이었는데, 여기에서 근무하게 되면 우선 합동분야에 대한 안목을 높일 수 있었고 같이 일하는 타군 장교들과 돈독한 관계를 맺을 수 있었기 때문이었다. 또한 합동기획위원회는 초창기 참모총장실 계획부의 활동에 많은 도움을 주기도 했는데, 해군계획담당자들은 일반위원회의 간섭을 벗어나 합동기획위원회에서 자신들만의 전략구상을 발전시킬 수 있었기 때문이었다.

한편 미일전쟁을 다루는 오렌지계획의 발전은 이전과 같이 계속해서 해군이 주도하였는데, 미일전쟁은 전적으로 해군의 책임이라는 관점에서 볼 때 육군의 계획은 해군의 함대작전계획에 비해 매우 단순한 것이었다. 당시 육군은 대일전쟁전략의 발전에 별다른 역할을 하지 않았으며, 해군의 견해에 대부분 동의하는 수준이었다.[25]

1919년, 합동위원회는 합동기획위원회에서 보고한 괌 해군기지건설을 지지하는 내용이 포함된 "합동기본오렌지전략계획"을 흔쾌히 승인하였다.[26] 그러나 최초에 군조직개편법 때문에 정신이 없어 계획의 구체적 내용을 인지하지 못했던 육군 지도부는 괌 기지건설이 별 이익이 되지 않는다는 것을 곧 깨닫게 되었고, 해군의 괌 기지건설계획에 거리를 두기 시작하였다.[27]

1922년 워싱턴해군군축조약이 체결된 이후, 마닐라를 포기하면 안 된다는 레오나드 우드 필리핀 총독의 주장에 따라 육군 지휘부는 미일전쟁 발발 시 마닐라를 구원할 수 있는 신속진격전략이 필요하다고 해군에 요구하기 시작하였다. 쿤츠 참모총장은 이러한 육군의 요구에 찬성함과 동시에 윌리엄스 계획부장이 주장한 점진전략 또한 승인함으로써 곤란한 상황에 빠지게 되었다. 이에 따라 쿤츠 참모총장은 독립기구인 일반위원회에서 육군의 구상을 지원하는 계획을 작성하는 방향으로 문제를 해결하려고 시도하였다.

결국 일반위원회가 마지막으로 주도하여 연구한 전쟁계획에는 미일전쟁 발발 시, 마닐라 고수라는 육군의 비현실적인 계획을 지원한다는 내용이 담기게 되었다(제11장 참조). 한편 1923년 이후 일반위원회는 전략계획수립업무에서 완전히 배제되었으며, 함정 성능개량 및 적정 전력 수준 결정 등의 업무만 담당하게 되었다.

육군의 계획수립체계는 끊임없이 변화해온 해군계획수립체계와는 달랐다. 1921년 육군은 전시 해외에 별도로 창설되는 야전사령부인 총사령부(GHQ) 개념을 도입하였는데, 전쟁이 발발하면 육군전쟁계획부(AWPD) 요원들은 모두 총사령부에 배속되는 것으로 규정되었다. 그러나 육군의 총사령부는 전쟁이 시작되어야 실제로 기능을 발휘하는 개념적인 조직이었기 때문에, 평시 육군전쟁계획부 요원들이 야전사령부급의 전략계획을 작성할 일은 없었다. 실제로 육군 전쟁계획부는 제2차 세계대전이 발발하고 나서야 전략계획수립이라는 본연의 업무에 집중할 수 있었다.[28]

1925년, 해군 계획수립기능의 일원화를 방해하는 사건이 또다시 발생하였다. 그 당시 해군을 떠나기 전 마지막으로 미 함대사령관으로 재직하고 있던 쿤츠 제독이 함대사령부에서 태평양의 대일전략계획의 작성을 주도하려고 시도하였던 것이다. 그리고 그의 사령부 참모단은 공세적인 함대작전계획을 작성하였는데, 이 계획은 적절한 대책 없이 공격만을 강조하는 바람에 워싱턴의 해군 지도부는 이를 탐탁지 않게 여겼다. 쿤츠 제독이 전역하자마자 참모총장실에서는 그가 작성한 작전계획을 폐기하고 1926년 전쟁계획부의 작전계획수립권한을 다시 복권시켰으며, 1930년대 후반까지 미 함대사령부는 대일전략계획수립에 관여하지 못하였다. 이후 미 함대사령부는 계속해서 급진론자들의 정신적 안식처 역할을 하긴 했지만, 미 함대의 계획수립 권한이 사라짐에 따라 이 기간 동안 급진론자들은 당시 해군 내에서 일반적으로 수용되었던 점진전략구상에 대응할 수 있는 신속한 진격전략을 발전시키기가 어렵게 되었다.

1911년부터 1920년대 중반까지 펼쳐진 미 해군 계획수립체계의 변화과정은 우리에게 두 가지 시사점을 던져준다. 그 첫 번째는 바로 해군 계획수립조직의 변천 -조직의 인원구성, 조직의 권한 및 지휘계통 상, 위계- 보다는 해군지휘부의 사고방식이 대일전쟁전략의 결정에 더욱 큰 영향을 미쳤다는 것이다. 이 기간은 여전히 급진론을 지지하던 해군의 고위 지도부가 오렌지계획의 전체적인 성격을 결정하고 있는 상태였다.

이들이 사망하거나 퇴역하여 점차 해군에서 사라지고난 이후에야 계획수립부서는 점진전략을 발전시킬 수 있게 되었다. 두 번째는 제2차 세계대전에서 그 유용성이 입증된 동시적이고 병렬적인 계획수립체계가 확립되었다는 점이다. 1920년대 재건된 합동위원회(Joint Board)는 1940년대에 강력한 기능을 발휘하게 되는 합동참모본부(Joint Chiefs of Staff)의 모체가 되었으며, 합동기획위원회(JPC)는 1942년부터 1945년까지 활동한 합동계획수립참모단(Joint Staff Planners) 및 합동전쟁계획위원회(Joint War Plans Committee)로 발전하게 된다.

참모총장실 계획부(Op-12)는 전쟁계획부(WPD)로 명칭을 바꾼 후 해군성의 전시 전략계획수립부서로 계속 기능을 발휘하게 되었다. 그리고 1920년대에 해군전략계획수립기능을 상실한 미 함대는 함대작전계획의 발전에 집중하게 되었으며, 향후 제2차 세계대전 시에는 태평양의 함대작전계획의 작성을 주관하게 된다. 그리고 전략계획수립에서 배제된 해군대학과 일반위원회는 다시는 예전과 같은 영광을 되찾지 못하였다. 결국 지정학적 고려요소 및 대전략 연구에는 발군의 능력을 보였지만 보다 구체적인 전략 및 작전계획의 구상에는 그다지 능력을 발휘하지 못했던 해군대학과 일반위원회의 독립적인 연구자들은 대일전쟁계획수립분야에서 완전히 퇴장하게 되었던 것이다.

9. 직행티켓구상

확실한 승리를 보장할 수 있는 최선의 방안을 만들어 내는 것이 계획수립의 목적이긴 하지만 계획담당자들은 반드시 현재 보유하고 있는 실제 자산에 근거하여 실행 가능한 계획을 구상해야 한다. 전간기 미국의 전략기획자들은 실제 보유하고 있지 않은 가상의 기지나 건조되지 않은 함정을 계획에 포함시키는 것을 최대한 자제하였지만, 소위 "직행티켓구상"이라 불린 현실적 수단이 결여된 대일 반격 구상의 유혹에는 결국 무릎을 꿇고 말았다. 당시 미 해군 계획담당자들은 미일전쟁의 2단계 전략으로 서태평양의 임시기지를 활용, 강력한 해군전력을 신속하게 진격시킨다는 방안을 제안하였다.

1906년부터 1934년까지 발행된 모든 오렌지계획을 지배한 이러한 급진적 구상은 결국 실패한 전략으로 판명되었지만, 이후 미 해군의 전략발전에 밑거름이 되었다. 계획담당자들은 급진전략을 적용할 경우 발생하는 문제점들을 해결할 수 있는 방안을 발전시켜야 했는데, 특히 이들이 연구한 군수지원문제 해결방안은 이후 제2차 세계대전 시 좀 더 나은 전략계획을 수립하는 데 기초가 되었다. 그러나 다른 무엇보다도 "직행티켓구상"의 가장 큰 기여는 '이렇게 하면 안 된다'라는 실례를 보여준 것이다. 서태평양에 전략기지를 확보한다는 구상과 마찬가지로 직행티켓구상은 현실적 대안의 발전을 저해한 크나큰 전략상의 오산이었다. 이 직행티켓구상의 오류를 인식해가는 과정을 통해 미 해군의 전략기획자들은 좀 더 나은 전략을 찾아 낼 수 있었던 것이다.

최초에 직행티켓구상은 오렌지계획의 대전략을 구체적으로 구현하기 위한 수단으로부터 연구가 시작되었다. 1906년, 일반위원회는 적에게 함대결전을 준비할 수 있는 시간을 주지 않기 위해서는 '가능한 최단시간 내에' 함대를 필리핀으로 진격시켜야 한다고 제안하였다[1](함대의 신속한 진격을 통하여 일본의 전쟁도발을 억제하거나 최소한 일본의 필리핀 침공을 억제할 수 있다는 좀 더 전략적인 이점들도 언급되었으나 그리 심각하게 받아들여지지는 않았다).

1906년 듀이 원수는 루즈벨트 대통령에게 미일전쟁 발발 시 강력한 해군력을 즉각 아시아로 파견한다면 "90일 이내에 극동의 제해권을 확보할 수 있을 것이다."라고 보고하였으며[2] 육군 또한 여기에 가세하여 "가능한 한 빨리 급진전략을 채택해야 한다"고 대통령을 설득하였다.[3] 신속한 진격을 성공시킬 수 있는 방안 중 하나는 해군전력을 진격목표 가까이에 사전에 배치하는 것이었다.

1907년에서 1909년까지 일반위원회의 네이선 사전트(Nathan Sargent) 대령과 시드니 스턴톤(Sidney Staunton) 대령은 대서양에 배치된 미 함대전력을 분리하여 일본제국 해군보다 우세한 전력으로 구성된 태평양함대를 창설하자고 제안하였다. 이렇게 되면 함대가 미 서해안에서 곧바로 출발할 수 있기 때문에 38일 내에 필리핀에 도착할 수 있다는 결론이 도출되었다(하와이에서 출발 시 22일).[4] 그러나 이러한 함대전력의 분리는 마한이 주장한 집중의 원칙에 위배된다는 이유로 일반위원회에서 반대하였기 때문에[5] 제1차 세계대전 끝날 때까지 미 함대의 대부분은 언제 일어날지 알 수 없는 유럽의 위기에 대응하기 위해 계속 대서양에 배치되어 있었다.

또한 전쟁발발 즉시 진격을 개시하기 위해서는 함대가 높은 수준의 전투준비태세를 항상 유지하고 있어야 했다. 계획수립 초창기 해군대학 교수진은 편의상 양국 간 관계가 악화되어 전쟁의 위기가 고조되면 사전에 행정부에서 총동원령을 선포할 것이라 가정하였다.[6] 반면 일반위원회는 사전 동원령선포의 가능성을 부정적으로 보았는데, 1913년 전쟁위기 시 윌슨 대통령이 그랬던 것처럼 전쟁 전 동원령 선포에 반대하는 정치인이 있을 수 있다고 생각하였기 때문이다.[7]

그러나 이러한 부정적 의견에도 불구하고 1914년 일반위원회는 "확실한 전쟁징후가 있을 시 군부의 독촉을 받은 정치가들은 모항 내에서 함대의 전투준비활동 및 훈련 등은 허용할 것이다."라는 슈메이커의 가정을 채택하였다.[8] 이러한 가정은 전쟁준비시간을 벌기 위해 외교적 지연전술을 활용해야 한다고 생각한 듀이 원수의 생각과 부합하였기 때문에 그도 슈메이커의 가정에 별다른 이의를 달지 않았다(1941년 일본과의 전쟁위기 고조 시 미군 지휘부는 이러한 외교적 지연전술의 활용을 행정부에 건의하기도 하였다).

이러한 장밋빛 가정을 기반으로 계획담당자들은 전쟁발발 후 2일에서 7일 사이에 전함들을 출동시킨다는 계획을 작성하게 되었다. 또한 계획담당자들은 모든 함정이 탄약적재 및 출항준비를 완료하는 데는 3개월이 소요될 것이라는 해군성 군수 관련 국장들의 판단을 무시한 채 예비함정 및 대다수의 군수지원함정들은 전쟁발발 2주 후에는 출항할 수 있다고 가정해 버렸다.[9]

실제로 대서양함대가 극동으로 진격하기 위해서는 선결해야 할 문제들이 한두 가지가 아니었다. 시어도어 루즈벨트 대통령이 시작한 해군확장계획이 거의 성공을 거두어 전함의 수는 1906년 14척에서 1914년 22척으로 늘어나긴 했지만 당시의 미국 함대는 그다지 균형 잡힌 함대가 아니었다. 순양함의 경우, 노후함이 퇴역하고 나자 척수가 30여 척에서 10여 척으로 줄어들었으며, 정찰이나 초계임무에 투입할 구축함의 수도 현격하게 모자랐다. 1914년부터 석유연료추진방식의 내파성(seaworthy)이 뛰어난 구축함 35척이 함대에 배속되기 시작하였는데, 이에 따라 계획담당자들은 작전반경이 2,500마일 이하인 이 구축함을 작전반경이 3,000~3,500마일인 전함과 어떻게 함께 이동시킬 것인지를 해결해야 하였다. 이렇게 여러 가지 유형의 함정들로 구성된 함대 전체가 필리핀까지 이동하기 위해서는 '깡통배(tin cans, 구축함을 의미)'들을 함대 주력부대에서 분리하여 구축함모함과 함께 별도로 전쟁구역 근방의 상봉점(rendezvous)까지 이동시킨 후 그곳에서 다시 함대에 합류시키거나 대형함정들이 예인하는 방법을 사용해야 했다.

그리고 1914년 파나마운하 개통 이후에는 잠수함 또한 원정함대전력에 포함되었으나, 당시 잠수함은 작전반경이 너무 짧다는 문제가 있었다[10](수십 년 후 제2차 세계대전이 발발하였을 때 잠수함의 작전지속능력은 크게 향상된 상태였으나, 이때의 경우 잠수함은 함대에 배속되어 작전하지 않고 통상파괴전 등의 독립적인 임무에 투입되었다).

미 본토에서 필리핀까지 함대의 이동기간은 순항속력과 연료재보급을 위한 중간기항 회수 및 기간에 따라 좌우되었는데, 신중한 계획담당자는 순항속력은 10노트로 가정하고 한번 연료보급 시마다 일주일이 소요될 것이라 예측하였다. 반면에 낙관주의자들은 신식전함의 성능 및 석탄보급기술의 개선 등을 근거로 들면서 순항속력은 12노트, 석탄재보급은 3일이면 충분하다고 보고 한 달이면 필리핀 근해에 도착할 수 있을 것이라 예측하였다.[11] 이동기간에 가장 큰 영향을 미치는 요소는 바로 어떤 진격경로를 택할 것인 가였는데, 〈표 9.1〉에서와 같이 4개의 진격경로 모두 상당한 시간이 소요된다고 예측되었다.

〈표 9.1〉 미 동부해안에서 필리핀까지 항해 시 경로별 분석자료, 1910년

경로	총 항정	소요일수	중간기항회수
대서양 진격경로			
수에즈운하 통과	13,418	74일	4회
희망봉 통과	14,265	79일	5회
(캘리포니아, 하와이를 거치는) 태평양 진격경로			
마젤란해협 통과	19,725	111일	7-9회
파나마운하 통과(1914년 이후)	11,772	65일	3-5회
지구 반바퀴 거리	10,825		

출처: GB 1910 Plan, 15-16; 파나마운하 통과 자료는 저자 추정치

먼저 서태평양을 통과하는 경로로 함대가 항진할 경우에는 함대사령관은 연료재보급, 함정의 수리, 진격로 상에 있는 중립국 영토의 진입 협조 여부 등과 같은 난제에 끊임없이 직면하게 될 것이라 예측되었다. 그리고 서태평양을 무사히 통과하여 전쟁구역으로 진입한 이후에는 함대사령관은 이동속력, 작전보안, 전투준비태세 수준 및 함대의 최종 목적지를 어디로 할 것인가 등을 고민해야 하였다.

최초에 해군계획담당자들은 이동거리가 가장 짧고 기상이 상대적으로 양호할 뿐만 아니라 상업 항만시설 및 전신시설 등과 같은 민간기반시설이 잘 갖추어져 있고 석탄 구매가 용이한 수에즈 운하(Suez Canal)를 통과하는 진격경로를 선호하였다. 아프리카 대륙을 돌아서 진격하는 것 또한 한 가지 대안이었는데, 이 경우 수에즈 운하를 통과하는 경로보다는 상대적으로 기상이 불량하고 기반시설이 잘 갖추어져 있지는 않았지만 작전보안의 유지는 좀 더 용이할 것이라 보았다. 두 경로 모두 인도양에서 마닐라를 탈출한 아시아 전대와 합류할 수 있을 것이라 예측하였

으며, 인도양에 도착한 이후에는 함대가 통과한 동일한 경로를 통하여 석탄을 지속적으로 보급받을 수 있다고 가정하였다.[12]

그러나 미 함대가 대서양-인도양의 진격경로로 이동할 경우에는 복잡한 정치적 문제를 야기할 수 있었다. 제1차 세계대전 이전까지만 해도 각국은 국제법상 중립국의 권리를 성실하게 존중하는 분위기였다. 헤이그 조약(Hague Convention)에 따르면 전쟁 중인 국가의 군함은 단 3척만 중립국 항구에 입항할 수 있었으며 24시간을 초과하여 머무를 수 없었다. 또한 이전에 한번 입항했던 중립국 소속의 다른 항구에는 3개월 이내에 다시 입항할 수 없다고 규정하였다. 그리고 영국의 경우에는 긴급 상황을 제외하고는 전투구역으로 향하는 모든 군함은 자국소유 항구에서 재보급할 수 없다고 규정하고 있었다.[13] 이에 따라 전시 미국의 함대지휘관은 국제법을 위반하지 않는 보급항을 찾아야만 하였다. 계획담당자들은 만입구가 넓고 육지에서 3마일 이상 떨어진 묘박지(당시는 일반적으로 영해를 육지로부터 3마일까지라고 보았기 때문에 3마일 외곽 해상은 해당국 주권 범위 밖이라 인식되었다)를 갖춘 안전한 만을 찾아서 자료를 정리하기 시작하였다.

오렌지계획의 구상 초기인 1907년에서 1914년까지는 대서양 진격경로에 대한 반대의견이 계속 쏟아져 나왔다. 사전트 대령은 일본의 동맹국인 영국이 수에즈 운하를 통제하고 있을 뿐 아니라 전 세계 대부분의 항구를 점유하고 있기 때문에 이 진격경로는 '말도 안 되는 것'이라 간주하였다. 그리고 슈메이커는 전투준비를 위해 각종 탄약 및 보급품을 가득 실은(만재[滿載] 상태) 전함은 수에즈 운하의 낮은 수심을 통과하지 못할 것이기 때문에 구축함은 수에즈 운하를 통과하여 이동하고 전함은 아프리카의 희망봉을 돌아 이동한 다음 인도양에서 상봉해야 할 것인데, 이러한 경우 함대분리로 인해 전력이 약화되고 군수지원 문제가 더욱 복잡해 질 것이라 보았다.[14]

한편 윌리엄스는 모든 함대가 대서양을 통하여 이동하게 되면 하와이가 적의 공격에 노출될 수 있다고 우려하였다.[15] 그러나 미 해군이 대서양-인도양 진격경로를 포기하고 태평양 진격경로를 선택하게 되는 가장 큰 계기는 바로 백색함대의 세계일주를 통해서였다.

1907년, 이민자문제로 촉발된 일본과의 외교적 마찰이 한창 심화되고 있을 때 루즈벨트 대통령은 그의 강경외교정책 -일명 곤봉외교(big stick diplomacy)- 을 구현하기 위하여 미국이 건설한 새로운 해군전력을 전 세계에 현시(顯示)하기로 결정하였다. 16척의 미 해군 전함으로 구성된 백색함대는 남아메리카를 시작으로 태평양을 거쳐 전 세계를 순항하였다. 외부선체를 순백색으로 칠하고 번쩍이는 금색 문장(crest)을 함수에 단 미국의 전함들은 항구 방문 시 마다 열렬한 환영을 받았으며, 도쿄 기항 시에도 역시 마찬가지였다.

백색함대는 434일 동안 46,000마일을 항해하였으며 미국-스페인 해전 시 함포발사를 위해 사용한 화약보다 더 많은 양의 화약을 예포(salutes)발사에 사용하였다. 백색함대 세계일주의 성공은 급진론자들에게 자신감을 심어주었는데, 이를 통해 최신 군함은 내구성니 뛰어나며 소규모 수리 및 군수지원부대만 대동한다면 장거리 항해가 가능하다는 것이 증명되었던 것이다. 그러나 이번 세계일주를 통해 서태평양의 미국령 기지는 전시 함대지원에는 적합하지 않다는 것과 순항 중 해상연료보급이 상당히 어렵다는 것 또한 밝혀졌다. 당시 백색함대는 49척의 석탄보급선 중 대부분을 영국으로부터 용선(傭船)하여 사용하였는데 석탄의 보급이 늦거나 보급받은 석탄의 질이 떨어지는 경우가 많았다(당시 일부 미 해군 관계자는 영국이 고의로 질 낮은 석탄을 판매하여 백색함대의 항해를 방해하려 한다고 의심하기도 하였다).[16] 무엇보다 전시 원정함대가 성공적인 작전을 펼치기 위해서는 안정적인 연료보급기지 및 연료운반수단의 보장이 선결되어야 하였다.

백색함대의 세계일주 이후 미 해군 내에서는 이동거리가 길지만 남아메리카를 돌아 태평양을 통과하는 진격로를 지지하는 의견이 우세하게 되었다. 1910년, 하와이의 안전을 보장할 수 있으며 진격 중 발생할 수 있는 정치적 문제를 최소화할 수 있다는 올리버의 주장에 자극을 받은 해군대학과 제2위원회는 남아메리카 진격경로를 지지하기 시작하였다. 미 해군은 남아메리가 진격경로를 택할 경우 원정함대는 베네주엘라(Venezuela) 또는 브라질(Brazil) 해안으로부터 3마일 이상 떨어진 만에서 1차로 재보급을 할 수 있다고 판단하였다.

이후 원정함대가 마젤란해협(the Strait of Magellan)을 통과한 후에는 "연료를 모두 소모한 군함은 외국항구에서 자국의 가장 가까운 기지(이 경우 미국령 파나마 운하가 가장 가까운 자국령이 됨)까지 이동에 필요한 연료를 조달할 수 있다"는 헤이그조약의 맹점을 이용하여 칠레(Chile)나 페루(Peru)의 항구에 입항하여 재보급이 가능할 것이었다. 이때 중립국 권한을 침범할 가능성이 있었는데 당시 미 해군은 강경한 태도를 보이는 유럽 국가보다는 라틴아메리카 국가가 외교적 수단 및 경제적 보상으로 반발을 무마하기가 좀 더 수월할 것이라 보았다.[17]

당시 함정의 석탄재보급은 매우 해결하기 어려운 문제였기 때문에 계획담당자들은 군수지원 문제를 심도 있게 연구해야 했으며, 이후에도 오렌지계획의 작성 시 항상 중점적으로 연구하는 분야가 되었다. 미 해군은 원정함대가 아시아까지 항진해기 위해서는 함대의 규모, 속력 및 이동경로에 따라 최소 197,000톤에서 최대 480,000톤의 석탄이 소모될 것이라 예측하였다. 당시 고출력을 낼 수 있는 고품질 무연탄(無煙炭)은 영국의 웨일즈(Wales)와 미국의 애팔래치아(Appalachia) 지방에서만 생산되었기 때문에 고품질 무연탄을 대서양에서 원정함대까지 수송하는 것은 많은 노력이 소요될 것이 확실하였다(미국 서부 주들과 알래스카에서 생산되는 석탄은 품질이 매우 떨어졌다. 오스트레일리아산 석탄도 품질이 그다지 높지 않아 고품질 무연탄과 비교했을 때 1마일 이동 시 50% 이상이 더 소모되었다).

20세기 초 석탄운반선은 보통 3,000톤에서 5,000톤의 석탄을 적재할 수 있었는데, 당시 미 해군에는 1898년 구매한 낡아빠진 석탄선 6척이 전부였고 이중에는 심지어 범선도 있었다. 그리고 당시 미 해운업계는 37척의 석탄운반선을 보유하고 있었지만 모두 철도분야 및 산업분야에 필요한 석탄 보급용이었다. 해군대학에서는 전시 함대에 원활하게 석탄을 보급하기 위해서는 100척의 석탄운반선을 외국으로부터 구매하거나 용선하여 활용하는 것이 필요하다는 결과를 내놓았다.[18]

당시 석탄의 해상보급 또한 매우 원시적인 방법으로 이루어졌다. 그 절차를 간단히 살펴보면, 먼저 수백 명의 수병들이 석탄운반선에서 끌어올린 석탄이송낭을 갑판까지 옮긴 다음 갑판에 쏟아 붓는다. 이후 하부갑판의 석탄저장고와 연결된 스커틀에 석탄을 퍼 넣으면 저장고 안에 있는 다른 인원들이 삽을 이용하여 석탄더미를 층층이 쌓아 적재하게 된다. 이렇게 인력으로 이루어지는 석탄보급작업은 대단히 고된 일이어서 모든 수병들이 꺼려하였기 때문에 '항해 중 수병들이 모항으로 복귀하길 간절히 바라는 가장 큰 이유'는 바로 석탄보급작업 때문이라는 말이 돌 정도였다.[19]

인력 이용 시, 1시간에 약 10~30톤 밖에 이송하지 못하였기 때문에 육상 크레인 없이 인력으로 2,000톤이나 되는 전함의 석탄저장고를 모두 채우는 것은 매우 힘든 일이었다. 이후 보급함에 수평지주대를 설치하여 기계적으로 석탄이송낭을 끌어올려 이송하는 석탄이송장치가 개발됨에 따라 석탄보급능력이 크게 향상되었다.

이러한 기계식 이송장치는 미국에서 처음 발명하였는데, 미 해군은 이것의 적용시험에 무관심했던 반면, 영국해군은 영국선적의 민간 석탄운반선이 많았기 때문에 이를 활용하기 위해 백여 척의 군함에 기계식 석탄이송장치를 설치하였다. 1904년 러시아 함대도 이 장치를 활용하였고 제1차 세계대전 이후 전리품으로 획득한 독일의 순양함도 이 장치가 설치되어 있었다. 그럼에도 불구하고 미 해군 군수분야 실무자들은 태평양과 같은 대양에서는 함대와 같이 작전이 가능하며 자체 이송장치를 보유한 대형 석탄운반선이 필요하다는 이유를 들어 전투함정에 이를 설치하는 것을 서두르지 않았다. 1908년, 백색함대가 해상 석탄재보급의 어려움을 보고한 이후에야 미 해군은 전체 함정 중 59%에 기계식 이송장치를 설치하라고 지시하였다.[20]

석탄운반선을 제외하면 원정함대지원에 필요한 나머지 군수지원함정은 비교적 소규모였는데, 미 해군의 전함은 처음부터 장기 항해가 가능하도록 다량의 식량과 항해 중에도 소요물품을 적재할 수 있도록 설계되었기 때문이다. 그리고 화물운반선(cargo haulage), 병원선(hospital care), 청수선(water distilling) 및 예인선(tug) 등의 지원선박 19척은 미국의 상선단에서 징발할 예정이었다. 한편 미 해군은 민간 증기선을 전시용 수리지원선(repair ship)과 탄약운반선(ammunition carriers)으로 개장하기 위한 연구도 시작하였는데, 증기선을 탄약을 안전하게 수송할 수 있도록 개장하는 것은 미 해군에게 줄곧 해결하기 어려운 문제가 되었다. 그리고 전진기지 방어병력 수송을 위한 병력수송선의 경우 민간 대형여객선을 활용하면 1~2개 해병연대에 해당하는 병력(5,000명~10,000명) 및 장비를 수송할 수 있다고 판단하였다. 그러나 1910년 필리핀에 주둔할 병력 1만 명을 실제로 미 본토에서 필리핀까지 수송하게 되었는데 국내 민간선박에 모두 수용이 불가하여 상당수의 외국선박을 용선해야 하였다.[21]

1912년, 윌리엄 슈메이커(William Shoemaker) 대령은 대서양함대 참모장(chief of staff of the

Altantic Fleet)을 마치고 일반위원회에서 근무하게 되었다.[22] 그는 당시의 다른 해군장교들과는 달리 군수(logistics)능력이 전략의 승패를 좌우하는 핵심요소라고 생각하고 있었는데, 이러한 그의 사상은 "해상교통로가 전쟁의 승패를 좌우한다."는 말로 대변할 수 있었다.[23] 그는 오렌지계획의 행정분야(an Administration Section)에 수록된 대부분 외국선박을 용선하여 함대에 군수지원을 제공한다는 기존의 군수지원방안을 폐기하고 새로이 내용을 작성하기 시작하였다. 이때는 파나마 운하가 개통되기 직전이었기 때문에 슈메이커 대령은 쿠바와 파나마 운하에 있는 미 해군기지, 그리고 하와이 및 태평양 연안국가의 항구에 미 함대가 사용할 석탄을 미리 저장해 두자고 제안하였다(그는 태평양 연안국가의 항구 중 멕시코 서해안의 막달레나만(Magdalena)이 가장 활용이 편리할 것으로 예측하였다). 또한 슈메이커는 징발대상인 민간 석탄운반선 및 여객선에 대한 검열을 계획하기도 했고 군수분야 동원업무는 해군성의 각 부국(部局) 및 각 해군구(海軍區)에 할당하였다.[24]

1914년 파나마 운하가 개통되면서 동태평양에 함대를 집결시킬 경우 발생할 수 있는 많은 문제들이 차츰 해결되기 시작하였다. 이제 남은 문제는 드넓은 태평양 중 어디를 통과하여 일본으로 진격할 것인가였다(지도 9.1 참조). 먼저 극동까지의 최단경로는 알래스카와 알류샨열도를 지나는 경로였지만, 상대적으로 기상이 불량하고 적절한 재보급 항구가 없는 것이 단점이었다.

하지만 이 경로를 이용할 경우 일본 함대를 일본 열도 북쪽으로 유인할 수 있다는 장점은 있었다.[25] 당시 미 해군에서 이 북방경로를 지지한 사람은 속전속결을 신봉하던 마한뿐이었다. 마한은 미 함대가 알류샨열도 서쪽 키스카(Kiska) 섬을 기반으로 활동할 경우 하와이를 공격할 가능성이 있는 일본 함대를 북쪽으로 유인할 수 있고 괌이나 류큐 방향으로도 바로 진격이 가능하다고 주장하였다. 또한 그는 백인종은 선천적으로 추위에 강하기 때문에 북태평양의 거친 파도 및 추위는 작전에 별다른 문제가 되지 않는다고 주장하였다.

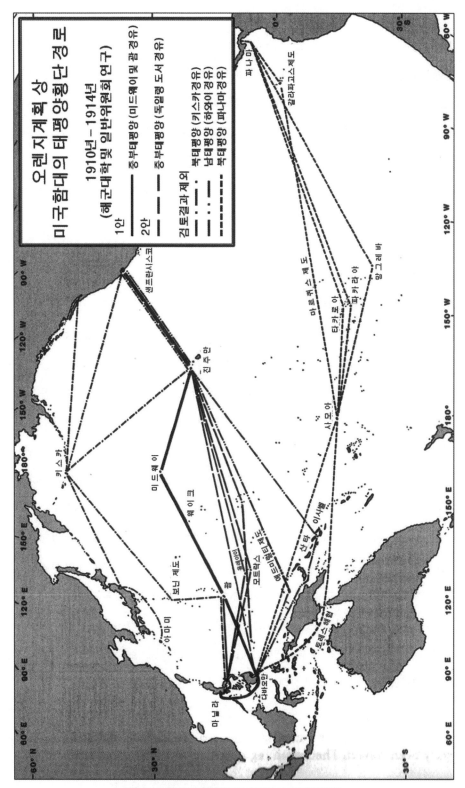

<지도 9.1> 미 함대의 태평양횡단 경로, 1910년-1914년 오렌지계획

그러나 올리버 중령은 북방경로로 진격하는 것은 "적의 계략에 놀아나는 꼴"이라고 주장하며 마한의 의견에 반대하였다. 그는 키스카 항은 대규모 함대를 수용할 수 없었으며, 중요한 전략목표와도 너무 멀리 떨어져 있다고 판단하였다. 또한 알류샨 열도를 통한 진격은 일본의 세력권이나 통상에 타격을 가할 수 없었으며, 일본 함대를 유인하는 것도 불가하여 최악의 경우에는 일본 함대의 자유로운 활동을 손 놓고 바라 볼 수밖에 없을 것이라 주장하였다.

북방경로에 대한 자신의 주장이 지지를 받지 못하자 마한은 이번에는 괌으로 그 관심을 돌렸다.[26] 그는 언제 그랬냐는 듯이 알류샨열도에 대해서는 일절 언급하지 않고 괌에 해군전략기지를 건설해야 한다고 주장하기 시작하였다. 이후 오렌지계획의 연구 시 알류샨열도를 통과하는 북방경로는 가능한 방안 중 하나로 계속 고려되긴 하였으나 제2차 세계대전 이전까지는 큰 주목을 받지 못하였다. 미 해군에서 북방경로의 채택을 가장 심각하게 고려한 때는 러시아 혁명(Russian Revolution) 중 일본이 시베리아 캄차카 반도(Kamchatka Peninsula of Siberia)에 있는 페트로파블로프스크(Petropavlovsk) 항을 점령한 1922년이었다. 미국은 최초에 북방경로를 이용할 경우 페트로파블로프스크에 대한 공격이 용이할 것이라 생각하였으나, 이곳이 항공공격에 취약하다는 것이 밝혀지고[27] 무엇보다도 일본이 시베리아에서 곧 철수하게 되면서 이번에도 북방경로를 함대의 주요 진격경로로 채택하지 않았다.

파나마 운하에서 출발하여 중간에 하와이를 거치거나, 또는 곧바로 남태평양을 통과하는 경로도 별다른 주목을 끌지 못하였다. 우선 미 해군함정의 내구성이 일본의 그것에 비해 상대적으로 뛰어나다는 사실을 고려한다 하라도 이 경로는 항해거리가 너무 길었다. 그리고 남태평양 경로를 통과할 경우 미 해군이 사용할 수 있는 기지는 규모가 작은 사모아 섬의 투툴리아 항밖에 없었기 때문에 프랑스령 폴리네시아(French Polynesia), 영국령 솔로몬 제도(British Solomon Islands), 독일령 애드미럴티 제도(German Admiralty Islands) 등에서 석탄을 보급받아야 했다. 이 경우 제국주의 열강국가들을 자극할 위험이 있었다. 결국 계획담당자들을 대서양경로와 마찬가지로 남태평양경로 역시 필리핀 함대기지로 연결되는 예비 보급경로로 분류하였다.[28]

이렇게 여러 가지 진격경로를 고려한 끝에 1914년, 미 해군은 함대전력의 집중과 안전을 보장할 수 있고 전략적 유연성 확보가 가능하다는 근거를 들어 전쟁 2단계 시 진격경로로 하와이를 거쳐 중부태평양을 통과하는 경로를 확정하였다.[29] 그러나 이 진격경로를 선택할 경우 진격의 마지막 단계에서 적의 공격권 내로 함대가 진입해야 한다는 문제가 있었다(마지막 단계에서 필리핀 남부의 좁은 해협으로 통과하게 되면 일본 함대의 공격을 받을 가능성이 좀 더 낮아질 것으로 판단되었다).[30]

함대의 전체적인 진격경로가 중부태평양을 통과하는 것으로 결정되자, 올리버는 전쟁전구로 진입한 이후부터 필리핀에 도착할 때까지 마지막 3,000마일의 진격경로를 어떻게 구체화할 것인가에 대해 고민하기 시작하였다. 일본은 보닌 제도와 괌에서 순양함을 출동시키고 필리핀 근해에 어뢰정을 매복시켜 이동하는 미 함대를 지속적으로 공격, 전력을 점차 감소시키는 소모전략을 구사할 것이 분명하였다.[31]

올리버와 그의 동료들이 작성한 몇몇 계획수립 연구보고서에서는 일본이 미 함대의 진격경로 상에 일련의 공격기지를 확보하고 이를 연계시킨 해상방위망을 구축할 수도 있다고 판단하였다. 이들 연구보고서에서는 -미 함대가 필리핀에 도착하는 데까지 3개월이 소요된다고 가정하고- 전쟁발발 직후 일본은 괌, 미드웨이, 웨이크, 키스카 및 사모아 등 미국령 도서를 점령한 다음, 원래 일본령인 쿠릴 열도, 보닌 제도 및 마르쿠스 섬 등과 연계하여 방어권을 구축, 이곳을 기지로 하여 미 함대를 적극적으로 공격함으로써 외양에서부터 "공세적 방어전략(offensive-defensive)"을 펼칠 것이라 판단하였다.

그리고 주력함대가 기지연계 해상방위망을 통과한 이후에는 태평양 전역에서 지속적인 통상파괴전(guerre de course)을 실시하여 미국의 해상교통로를 차단하려 할 것이었다.[32] 이러한 일본의 소모전략 가능성에 대해 마한이 육군사단 1개만 투입해도 일본에게 빼앗긴 섬들을 모두 탈환할 수 있다고 평가절하하자, 올리버는 일본은 미 함대의 발을 묶어 놓을 수 있다면 섬 방어전력의 희생 따위는 아랑곳하지 않을 것이기 때문에 한번 빼앗긴 섬을 탈환하는 것은 매우 어려울 것이라고 반박하였다.[33]

일본이 미 함대의 진격을 저지하기 위해 광범위한 해상방위망을 구축할 것이라는 올리버의 개략적인 판단결과는 1914년 일반위원회에서 작성한 오렌지계획에 반영되었는데[34] 제1차 세계대전 이후 일본이 미크로네시아 군도의 위임통치권을 획득하고 이곳에 기지를 건설하게 되면서 실제로 현실화되었다.

미 함대가 신속하게 일본의 외곽 방위권을 돌파하기 위해서는 최소 1개월에서 최대 2개월간 작전에 필요한 125,000톤에서 225,000톤의 석탄을 적재한 보급선단과 함께 이동하는 방법밖에 없었다.[35] 또한 전투구역 진입 직전 석탄재보급을 실시할 해점을 확보해야 했으며 효율적인 재보급수단 또한 강구해야 하였다. 그러나 당시 미 해군이 도입한 최신형 석탄선의 성능은 매우 실망스러운 수준이었다. 6척의 최신형 석탄선은 12,000톤의 석탄을 적재할 수 있었으나 속력이 매우 느렸고, 인력이송방식을 사용하고 있어 석탄을 시간당 120톤 밖에 보급할 수 없었다(이 석탄선은 나중에 보급지원선 및 수리지원선으로 개조된다).[36]

그러나 1910년에 들면서 사이클롭스함(Cyclops)을 시작으로 전함만큼 큰 초대형 석탄선 7척이 차례대로 건조되기 시작하였다. 이 석탄선은 직접 석탄이송을 위한 고속윈치 및 그래브 버킷(grab bucket)을 장착하고 있었으며 선체가 커서 파도에도 잘 흔들리지 않았기 때문에 지주대를 이용하여 시간당 1,000톤의 석탄을 보급할 수 있었다. 또한 한척의 석탄선이 한척의 전함 석탄보급에는 2시간, 2척 동시보급에는 4시간 밖에 소요되지 않았으며, 어뢰정과 같은 소형함의 재보급은 몇 분이면 충분하였다. 단 몇 명만으로 작동할 수 있는 윈치가 수백 명의 삽을 대체하게 되었던 것이다.

1914년 무렵이 되자 해군은 자체 보유한 석탄선을 활용하여 파도가 잔잔한 항구라면 어디에서나 신속하게 전체 함대의 재보급을 수행할 수 있는 능력을 갖추게 되었다. 그리고 이러한 자체 석탄보급능력의 발전과는 별도로 계획담당자들은 함대의 석탄보급능력을 강화하기 위해 전시 상당수 민간선박의 징발을 계획해 놓고 있었다.[37]

이렇게 선박성능의 개량으로 석탄보급능력은 점차 해결되었으나 필리핀을 공격할 수 있는 거리 내에서 안전하게 재보급을 실시할 수 있는 항구를 어디로 하는가의 문제가 아직도 해결되지 않고 남아 있었다. 하와이와 필리핀간 거리는 5,000마일이었던 반면 당시 전함의 작전반경은 4,000마일 밖에 안 되었기 때문에 진격 중간에 재보급은 필수적이었다. 더욱이 '불운한' 어뢰정의 경우에는 2,500마일 마다 재보급을 받아야 했고 내파성이 낮아 승조원들이 피로도가 빨리 누적되었기 때문에 어쩔 수 없이 대형함이 예인을 해야 하였다. 그리고 외해의 파도를 막아주는 항구 내가 아닌 대양에서 해상보급을 하는 것은 그 당시에는 매우 어려운 일이었다.[38]

1898년 미국-스페인전쟁 시 미 함대는 쿠바 근해에서 해상보급을 시도하였으나 그 결과는 매우 참담하였다. 전함의 함외로 돌출된 현측포대가 석탄보급을 위해 옆에 계류한 석탄선의 현측에 부딪히면서 석탄선 선체에 구멍을 내 버렸던 것이다. 그리고 석탄을 부력상자(floating box)에 담은 후 바다에 띄워 건네거나 로프를 연결하여 건네는 방법도 모두 실패하였다. 이후 두 함정이 나란히 항해하면서 표면장력유지 와이어를 연결한 후 이를 통해 석탄이송낭을 건네주는 방식이 개발되면서 대양에서 시간당 40에서 60톤의 석탄이송이 가능하였는데, 이 방식은 석탄선이 선미에 다른 함정을 예인하면서 석탄을 이송하는 것과 동시에 진행할 수 있었다. 그러나 이 수평보급방식은 파도가 높은 북해에서 작전하는 영국해군에게 적합하다고 간주되어 당시에는 대양의 장거리 항해에 시에는 거의 사용되고 있지 않던 방식이었다.[39]

직행티켓구상의 가장 큰 선결과제는 바로 태평양 중간에 함대의 재보급을 위한 기지를 확보해야 한다는 것이었다. 당시 하와이 서부의 미국령 환초군에는 적당한 묘박지가 없었고 괌은 함대를 수용하기에는 항내 면적이 너무 좁았다. 그러나 중부태평양 진격로에서 남쪽으로 2,000마일 정도 떨어진 독일령 미크로네시아 근처에는 초호(lagoon, 礁湖)가 산재해 있었는데, 이곳은 대규모 함대를 수용할 수 있으며 보안유지도 용이할 것으로 판단되었다.

1907년에서 1914년까지 윌리엄스, 프랫 및 슈메이커 등은 그 당시 잘 알려지지 않았던 미크로네시아의 섬들이 함대 묘박지로 적합한지 여부에 관해 연구를 진행하였다(당시 미크로네시아 해역을 수록하고 있는 최신해도가 없어 윌리엄스는 1830년대에 작성된 해도를 활용해야 하였다. 그리고 이들은 이 환초군에 대한 현장실사도 계획하였으나 태평양기지 사령관이 반대하였으며, 해군정보부서 관계자 또한 이러한 행동은 독일을 자극할 수 있다는 우려를 전달함에 따라 실사계획은 결국 취소되었다)[40].

미 해군 함대가 미크로네시아의 도서 근해에서 재보급을 하게 될 경우 두 가지 발생할 수 있는 문제가 있었다. 첫 번째는 이러한 활동이 국제법에 위배될 수도 있다는 것이었는데, 이 문제는 해안에서 3마일 이상 떨어진 위치에 투묘하거나 또는 섬에서 멀어지는 방향으로 표류하면서 석탄을 보급한다면 해결할 수 있었다. 좀 더 효과적이고 안전한 방법은 -상대적으로 좁은 환초 진입수로가 해당국의 영해에 포함되지 않는다고 가정하고- 환초대 안으로 진입한 다음 넓은 초호(lagoon, 礁湖) 내에서 육지로부터 1리그(league)* 이상 떨어져 묘박 후 재보급을 실시하는 것이었다.

프랫은 미크로네시아의 섬들 주변에 이러한 "합법적인" 묘박지가 다수 있다고 생각하고 있었다(지도 9.2 참조). 예컨대 마셜 제도의 콰절린(Kwajalein)의 초호는 세계에서 가장 큰 면적을 자랑하기 때문에 중립국 영토 근접할 우려 없이 재보급을 실시할 수 있으며, 에니웨톡(Eniwetok)의 초호 또한 면적이 넓고 환초진입수로 간격이 7마일이나 되어 함대가 진입하는데 문제가 없다고 판단되었다.[41]

해군의 계획담당자들은 미크로네시아를 지배하고 있는 독일이 영국의 동맹국인 일본에 그리 호의적이진 않을 것이기 때문에 미 함대의 진입을 호의적으로 받아들일 것이라 판단하였다. 그러나 만에 하나 독일이 중립국의 권리를 보호하기 위해 미크로네시아에 군함을 파견한다면 미 함대는 서태평양을 횡단하는데 매우 큰 어려움을 겪을 것이 분명하였다.[42]

예상되는 두 번째 문제는 재보급을 위해 미크로네시아의 섬들 부근에 잠시 머무르게 되면 아군의 의도가 적에 노출될 수 있어 작전의 은밀성을 유지하는 측면에서 불리할 수 있다는 것이었다. 미 함대가 서태평양을 통과 시 무선전신기를 보유한 일본의 정찰함정들은 미 함대를 은밀하게 추적하며 미 함대의 동태를 자국에 보고할 가능성이 있었다.

만약 미 함대가 초호 안에 묘박하게 된다면 사전에 정보를 입수하여 준비하고 있는 일본 함대의 함정에 빠질 수도 있었다. 일본 함대는 환초 근해에 은밀히 매복하고 있다가 미국이 재보급을 실시하고 있을 때 잠수함과 어뢰정을 초호내로 진입시켜 미 함대를 기습함과 동시에 환초 외부에 배치된 전함들은 고속으로 항진하며 미 함대에 함포사격을 가할 수도 있었다. 이럴 경우 묘박을 하고 있어 기동이 불가능한 미 함대는 일본 함대의 손쉬운 목표가 될 것이었다.

---

* 영미권에서 쓰는 해상거리의 단위로 약 3마일(4.8km)이다.

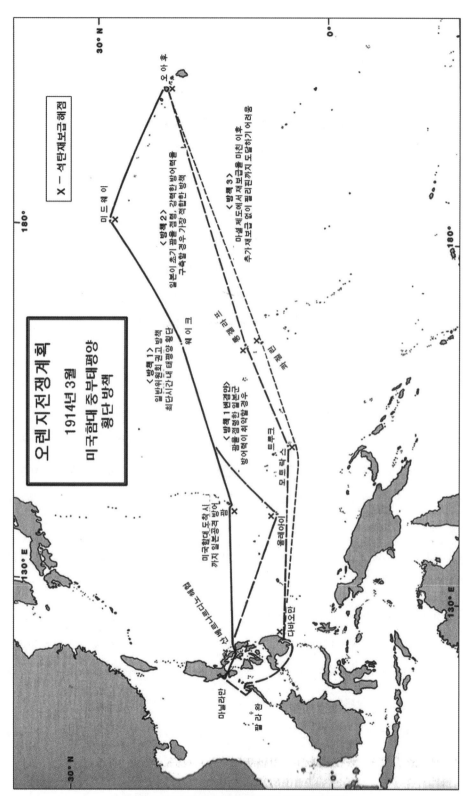

〈지도 9.2〉미 함대의 중부태평양 횡단 방책, 1914년 3월 오렌지계획

미크로네시아에서 재보급을 실시할 경우 발생할 가능성이 있는 이러한 정치적 위험성과 군사적 위험성을 수용 가능한 수준으로 낮추기 위해서는 완벽한 보안의 유지가 필수적이었다. 이에 따라 미 함대는 트루크 제도(Truk Islands)나 잴루잇(Jaluit) 등 무선송수신국이 있고 민간선박의 방문이 잦은 섬들은 우회하고 캐롤라인 제도의 올레아이(Woleai)나 홀 군도(the hall group) 등과 같이 사람이 거의 살지 않으며 다른 선박도 거의 지나지 않는 곳을 통과해야 하였다. 한편 마셜 제도의 환초에서 재보급을 실시할 경우 보안유지는 용이하였지만 필리핀까지 거리가 너무 멀기 때문에, 필리핀 도착 전에 다시 한 번 재보급을 해야 했다. 중부 캐롤라인 제도의 모트락스(Mortlocks) 환초는 중심 섬이 작아 초호내 묘박가능 면적이 넓으며, 초호가 양쪽으로 열려있어 비상시 탈출 또한 용이하였기 때문에 가장 이상적인 재보급 장소로 판단되었다. 슈메이커는 이곳은 다른 국가의 선박들이 거의 다니지 않아 미 함대가 발견될 가능성이 적기 때문에 '다른 국가에서 미 함대가 이곳에 정박하고 있다는 정보를 얻기 전에 재빨리 재보급을 마치고 이동할 수 있을 것'이라고 낙관적으로 판단하였다.[43]

미크로네시아를 안전하게 통과했다고 하더라도 직행티켓방안에는 필리핀에 적절한 함대 기지를 확보해야 한다는 또 다른 과제가 남아있었다. 급진론자들은 세계를 일주한 미국의 최신 전함들은 성능이 뛰어나기 때문에 '미국본토를 출발할 때만큼 좋은 컨디션으로' 일본 함대를 상대할 수 있으며, 긴급하게 대규모 수리를 해야 할 경우는 없을 것이라 예측하였다. 그들은 필리핀의 함대기지의 규모는 코레히도르 섬의 석탄저장기지 정도면 충분하며, 손상을 입은 함정은 캘리포니아까지 자력으로 항해하여 돌아가면 되기 때문에 수리지원함이 동행할 필요도 없다고 보았다.[44]

그러나 현실주의자들은 미 함대가 서태평양을 통과하는 동안 일본이 지속적으로 소모전략을 구사할 것이기 때문에 전쟁전구에 도착할 때쯤이면 많은 함정들이 손상을 입고 연료 또한 부족한 상태가 될 것이라 판단하였다. 그리고 개전 후 루존 섬의 모든 항구는 적이 점령할 것으로 예상되기 때문에 미 함대는 필리핀 남부에 적절한 묘박지를 찾아야만 하였다[45](점진론자들은 코레히도르 섬을 함대기지로 지정하는 것은 필리핀 구원이라는 정치적 의도가 깔려있다고 보고 이를 탐탁지 않게 보

왔다).[46]

1911년, 일반위원회는 전쟁발발 시 일본이 필리핀의 모든 항구를 점령할 것이라는 윌리엄스의 가정에 동의하였으나[47] 3년 후 1914년 오렌지계획 발간 시에는 미 함대가 신속하게 필리핀으로 진격, 그때까지 일본에게 점령되지 않은 항구를 활용할 수 있을 것이라는 1906년 계획의 가정으로 회귀하였다. 적극적인 성격의 함대사령관이라면 마닐라에서 250마일 밖에 떨어지지 않은 남중국해의 팔라완(Palawan)으로 진격한 다음, 루존 섬 남부에 대한 일본의 공격을 저지하고 대만(Formosa) 근해에서 일본 함대와 함대결전을 벌일 수 있을 것이었다. 반면 신중한 성격의 사령관이라면 공세작전을 벌이기에는 적절치 않지만 일본의 공격을 받을 염려가 없으며 보급선의 유지가 용이한 민다나오 섬 남부해안을 묘박지로 선택할 것이었다(함대의 중간기착지로 피스케가 적극적으로 지지한 루존섬 동부해안의 포릴로(Polillo)는 마닐라에서 너무 가까웠다).[48]

1920년대에 내내 미 해군 내에서는 필리핀 남부의 함대기지의 위치를 어디로 할 것인가에 관해 지속적으로 논쟁이 벌어졌다. 그리고 이러한 논쟁은 1944년 실제로 미국이 필리핀 탈환을 준비하면서 다시 한 번 재현되었다.

제1차 세계대전 발발 직전까지 미 해군 계획담당자들은 중부태평양 진격경로가 그 자체로도 유용성이 높고 다른 경로와 비교했을 경우에도 이점이 많다는 이유를 들어 이를 직행티켓구상의 실행방책으로 확정하였다(육군의 경우 해군이 주도하는 전역수행계획에 별다른 관심이 없었기 때문에 별다른 이견을 제시하지 않았다). 그리고 미국 정부에서는 태평양에 해군기지건설 및 항속거리가 증대된 군함의 건조를 승인하였을 뿐 아니라 외국상선의 용선 없이도 함대 군수지원이 가능하도록 군수지원함의 도입 또한 승인함으로써 직행티켓계획에 힘을 실어 주었다.

이에 고무된 계획담당자들은 중부태평양의 외딴 섬 근해에서 다른 국가에게 발각되지 않고 은밀하게 석탄을 재보급할 수 있는 방안을 열심히 연구하였다. 그러나 이 직행티켓전략에는 신속한 진격의 전제조건인 함대의 전투준비태세를 단시간 내에 갖출 수 있을 것인가, 다른 국가에 발각되지 않고 중립국 도서를 은밀하게 활용하는 것이 과연 가능한가, 그리고 필리핀 근해 도착 시 적절한 기지를 어디로 할 것인가 등과 같은 문제들이 해결되지 않는 채 남아있었다.

이러한 취약점에도 불구하고 거시적인 관점에서 보았을 때 직행티켓구상은 계획수립과정에서 군수지원의 중요성을 강조함으로써 제2차 세계대전 시 실제전략을 구상하는 과정에 도움을 주었다. 슈메이커는 "일본과 전쟁의 성패는 장비, 보급품 및 해상교통로 등과 같은 군수문제에 의해 좌우될 것이 분명하다. 함대결전이 이루어지는 전투해역(戰鬪海域)에 함대의 완전한 전력발휘를 보장하는데 필요한 군수지원이 제대로 이루어지지 않는다면 이것은 국가 전체의 커다란 재앙이 될 것이다."라고 주장하였다.[49]

당시 미 해군의 현실 및 제반 지원요소를 고려하지 않은 채 무리하게 신속한 진격만을 강조한 직행티켓구상은 필연적으로 군수지원 상의 문제점들이 노출될 수밖에 없었고, 이러한 문제들은 제1차 세계대전 중 함대확장계획이 승인되고 종전 이후 함정건조가 가속화됨에 따라 더욱 심화되었다. 당시는 일본 또한 해군력 증강에 열을 올리고 있었기 때문에 1917년, 미국은 이전의 계획에서 명시한 전력보다 더 큰 규모의 원정함대를 구성하여 서태평양으로 진격한다는 내용을 담은 오렌지계획을 승인하였다.

이에 따라 1917년 오렌지계획의 원정함대 석탄소요 예측량은 제1차 세계대전의 이전 계획의 예측량보다 5배에서 7배까지 증가하였다. 그리고 슈메이커가 다시 근무하게 된 일반위원회에서는 함대지원용 군수물자뿐 아니라 향후 소요에 대비하여 서태평양 함대기지에 저장해 둘 물자까지 포함하여 총 2백만 톤의 군수물자 및 50만 명의 병력 수송이 필요하다고 판단하였다. 그리고 이를 근거로 군수지원 및 수송부대의 규모를 이전의 예측치보다 10배 이상 증가된 646척(석탄운반선 494척 포함)으로 늘려 잡았다.[50]

이렇게 걷잡을 수 없이 비대해진 직행티켓구상의 군수지원상 문제들은 관련기술의 발달로 인해 자연스럽게 해결되었다. 먼저 미국의 민간상선단(merchant marine)의 규모가 제1차 세계대전 기간 중 크게 확장되었다. 그리고 독일의 패망으로 유럽 및 대서양에 배치했던 전함을 1919년과 1922년, 두 차례에 걸쳐 캘리포니아로 복귀시킴에 따라 일본과의 전쟁 시 함대의 항진거리가 4,000마일로 줄어들게 되었다. 그리고 참모총장실 전쟁계획부는 해군기지 건설이 필요한 10개의 지역을 선정, 해군기지건설 요망목록을 작성하여 제출하였는데 합동위원회와 육·해군장관이 모두 승인하였다[51](그러나 연방의회에서는 해군이 이러한 계획에 원칙적으로는 공감하였지만 관련 예산을 거의 승인해 주지 않아 서해안에 배치된 전투함들은 인공방파제로 둘러싸여 묘박지 넓이가 700에이커에 불과한 캘리포니아의 산페드로(San Pedro)에 계속 주둔해야 하였고, 이러한 상황은 이후 20년간 지속되었다)[52].

또한 미 해군이 함정추진방식을 석탄연소 추진방식에서 석유연소 추진방식으로 완전히 전환하게 되면서 함대의 연료보급문제가 매우 간편해졌다. 어뢰정의 경우에는 이미 20세기 초반부터 석유추진방식을 채택하고 있었고 첫 번째 석유추진 전함은 1910년 이전부터 설계가 시작되었으며, 1920년대 중반까지 미 해군의 모든 함정이 석유추진방식으로 전환되었다. 석유를 연료로 사용하는 증기터빈이 열효율이 떨어지는 석탄연소방식의 왕복동기관을 대체함에 따라 함정의 항속거리는 40~50% 가량 증가되었다.

그리고 석유정제산업의 발달로 손쉽게 양질의 석유를 확보할 수 있게 됨에 따라 전시 필리핀 기지에서 작전하게 될 미 함대용 석유는 네덜란드령 동인도제도에서 바로 구매하여 사용하는 것이 가능하게 되었다. 또한 유류지원함에서 함정으로, 대형함정에서 소형함정으로 플렉시블 호스(flexible hose)를 이용한 석유이송방식이 일반화됨에 따라 항구 내 재보급 시간이 크게 단축되었다(그러나 대양에서 항진하며 실시하는 해상유류 보급절차는 제2차 세계대전 직전까지 정립되지 않았다).

한편, 중부태평양 진격로 상 해역에 적절한 함대기지가 없다는 것은 여전히 해결되지 않고 있었다. 이를 해결하기 위해 올리버 계획부장은 진주만 개발에 가장 우선순위를 두었다. 함정수용능력 확장을 목표로 한 진주만의 장기준설계획이 완료될 경우 진주만에는 원정함대의 주력인 3척의 전함 및 8척의 순양함이 동시에 정박할 수 있을 것이었다. 다수의 군수지원 선박은 마우이(Maui) 섬 근해 라하이나 로즈(Lahaina Roads) 묘박지에 집결하게 될 것이었다.[53] 해군계획담당자들은 또한 하와이 이외에도 태평양 서부에 추가적인 해군기지를 확보하기 위한 목적으로 괌의 개발에도 많은 공을 들였다. 그러나 1922년 워싱턴 해군군축조약 체결로 인해 괌 해군기지건설 추진이 좌절되자 급진론자들은 큰 타격을 받게 되었고 서태평양으로 신속하게 진격한다는 그들의 주장은 점차 설득력을 잃게 되었다.

이러한 상황에서 태평양 진격로상에 일본이 점유하고 있던 미크로네시아의 섬들이 자연스럽게 주목을 받게 되었다. 원래 독일이 식민통치하고 있던 미크로네시아의 섬들은 제1차 세계대전 중 일본의 지배하에 들어가게 되었으며, 1922년부터는 워싱턴 해군군축조약의 비요새화 대상에 포함되었다. 1914년 이후 일본이 미크로네시아의 섬들을 지배하게 되면서 미일전쟁이 발발할 경우 미 함대는 -적국이 통치하는 섬을 빼앗는 것은 국제법상 아무런 하자가 없으므로- 중립국의 권한을 침해할 우려 없이 이곳의 섬들을 점령 후 기지로 활용하는 것이 가능하게 되었다.

하지만 급진론자들은 이러한 전략 환경의 변화에 적절히 대응하지 못하였다. 1919년 합동계획담당자들은 미크로네시아의 섬들을 점령하는 것은 괌 해군기지를 기반으로 한 태평양전략에 별다른 실익이 없다는 이유를 들어 이 섬들을 점령 후 기지로 활용한다는 내용을 오렌지계획에서 삭제해 버렸던 것이다.[54] 그러나 1922년 워싱턴 해군군축조약의 체결로 미일 양국이 서태평양에 보유하고 있던 모든 섬들이 비요새화 대상에 포함됨에 됨에 따라, 드디어 점진론자들이 자신의 주장을 펼칠 수 있는 전략적 환경이 조성되었다.

10. 점진전략

점진론자들이 구상한 대일전쟁의 2단계 전략은 그 실행에 상당한 시간이 소요되는 장기전 전략이었다. 실제로 제2차 세계대전 중 시행되었던 점진전략은 직행티켓전략이 태평양 섬들을 함대의 근무지원과 재보급을 위한 일시적 거점으로 간주한 것과는 달리 해군기지 및 항공기지로 활용할 수 있는 태평양의 섬들을 순차적으로 점령해 나간다는 개념에 기초하고 있었다. 두 전략 모두 최대 규모의 해외기지가 건설될 필리핀을 최종목표로 하고 있었지만 점진론자들은 중부 태평양을 점령한 후 함대의 진격을 지원하기 위한 전진기지를 구축하는 것이 우선되어야 한다고 보았다.

점진론자들은 태평양의 중간에 해군기지를 구축하여 진격의 근거지로 삼는다면 전쟁전구까지 이동하는데 일본보다 장시간이 소요된다는 상대적인 불리함을 어느 정도 상쇄할 수 있을 것이라 보았다. 점진전략의 작전 초기목표는 일본 본토보다는 하와이에 좀 더 근접한 중부태평양의 섬들이었는데 구체적 내용은 〈표 10.1〉에 제시되어 있다.

〈표 10.1〉 급진전략과 점진전략간 거리 비교

미 해군 원정함대의 1차 예상목표		양국 전략기지로부터 거리		미일간 거리 비율
		미국(하와이)	일본(본토 또는 대만)	
급진전략	루존	5,000	570	8.8 : 1
	민다나오	5,000	1,150	4.3 : 1
점진전략(1914년 이전)	괌	3,300	1,500	2.2 : 1
점진전략(1914년 이후)	중부 캐롤라인제도	3,150	1,950	1.6 : 1
	서부 마셜제도	2,450	2,100	1.2 : 1
	동부 마셜제도	2,050	2,500	0.8 : 1

주: 일본은 1940년에 들어서야 미크로네시아 지역에 대규모 해군기지를 건설하기 시작했다.

1907년, 최초로 중부태평양을 통과하는 "점진적인 단계별 진격"을 주장한 사람은 바로 올리버 중령이었다. 그는 태평양의 양 측 날개인 남태평양과 알류샨 열도에 일정한 해군전력을 배치하여 일본의 진격을 견제한 다음 중부태평양으로 은밀하게 진격하는 방안을 구상하였다. 그는 이러한 점진전략이 '너무 소극적이고 더딘' 방안이 될 수도 있다는 것을 인정하긴 했지만, 이 방안을 적용할 경우 주력함을 피해 없이 보존할 수 있고 군수지원문제를 손쉽게 해결할 수 있으며 강력한 일본육군과 대적하는 것을 회피할 수 있다고 주장하였다. 그는 무엇보다도 "장기적이고 소모적으로" 전개될 가능성이 농후한 대일전쟁에서는 점진전략을 활용해야 승리를 거둘 수 있다고 보았다.[1]

하지만 올리버는 괌 및 필리핀의 루존에 해군기지를 설치하여 활용할 수 있다는 비현실적 가정을 채택함으로써 전략구상의 오류를 범하고 말았다. 한편 1909년 클래런스 윌리엄스는 전시 극동으로의 진격발판으로 이동식 해양기지(mobile mid-ocean bases)를 구축하여 활용하자는 정치적으로 볼 때 좀 더 현실적인 계획을 내놓았다.[2] 그러나 1914년 제1차 세계대전이 발발하여 일본이 독일령 미크로네시아를 점령하기 전까지는 중부태평양에서 이동식 해양기지 설치에 적합한 섬을 확보하는 것이 불가능한 상태였다.

독일령 미크로네시아를 제외하면 그나마 일본의 방위권 내에 있는 보닌 제도가 전시 기지위치로 적합한 듯 보였으나 그곳에는 일본이 이미 견고한 방어시설을 구축해 놓은 상태였으며, 무엇보다도 일본 본토에서 너무 가까워 안전한 해군기지로 활용하기에는 무리가 있었다[3](저널리스트이자 해군 제독들과 밀접한 관계를 맺고 있던 헥터 바이워터가 1925년 저술한 태평양전쟁에 관한 가상소설에는 미국 원정함대가 보닌 제도 점령을 시도했으나 격퇴 당한다는 내용이 등장하기도 한다)[4]. 그리고 마르쿠스섬(Marcus)과 이오지마(Iwo Jima, 硫黃島)는 함정이 정박할 수 있는 항구가 없었기 때문에 오렌지계획에서 거의 취급되지 않았다.

이에 따라 미 해군 장교들은 미일전쟁 시 활용할 전진기지로 하와이와 괌 사이에 있는 미국령 무인 환초들로 관심을 돌리기 시작하였다(1900년대 초 일본의 밀렵꾼들이 당시 유행하던 여성용 모자의 깃털을 얻을 목적으로 바다새 포획을 위해 이들 환초에 상륙한 적이 있었는데, 미국 정부는 일본이 이곳을 점령하지 않을까 우려한 나머지 일본정부에 항의하여 양국간 외교문제로까지 비화된 적이 있었다)[5].

미 해군은 그중에서도 1867년 미국이 중부태평양에서 첫 번째로 점령한 미드웨이를 특히 중시하였다. 1869년, 해군은 미드웨이를 캘리포니아와 아시아 간을 운항하는 외륜선의 중간기착지로 활용하고자 한 태평양 우편증기선 회사(Pacific Steamship Company)와 협력하여 이곳에 항구의 개발을 모색하기 시작하였다. 해군은 "미드웨이는 대규모 함대를 수용하기에 충분한 최적의 항구이며, 미국의 대아시아 무역활동을 보호하기 위해서는 이곳에 해군기지의 설치가 필수적"이라고 연방의회를 설득하기 시작했다. 그러나 실제로 미드웨이의 초호(礁湖)는 면적이 넓긴 했지만 대형함을 수용하기에는 수심이 너무 낮았으며, 웰러스항(Welles Harbor)은 입구가 북서쪽으로 열려있어 북풍을 막아줄 수 없었고 항내에 해저암초가 산재해 있어 대형함의 진입이 어려웠다. 이러한 문제점으로 인해 1870년 해군은 결국 미드웨이항의 개발을 포기하였다.[6] 이후 1903년, 미드웨이는 해군 관할구역으로 편입되었고 통신중계소가 이곳에 설치되었다.[7]

그러나 위에서 언급한 문제점에도 불구하고 오렌지계획담당자들은 일찍부터 웰러스 항을 하와이 환초군을 방어하기 위한 순양함기지로 활용할 수 있을 것이라 생각하였다. 하지만 실제적으로 웰러스 항보다도 전략적가치가 높은 것은 바로 함대 전체가 묘박 가능한 미드웨이 보초(堡礁) 외측의 해저붕이었다(이곳은 겨울에 폭풍이 몰아칠 때를 제외하고는 대부분 기간에 함정의 묘박이 가능하다고 판단되었다).

1914년, 일반위원회는 미드웨이를 괌으로 진격하는 함대의 마지막 중간기착지로 확정하였는데,[8] 미드웨이와 비슷한 해저붕이 있는 하와이 남부의 존스턴 환초의 경우 최대 350척의 함정의 묘박이 가능하였다.[9] 그러나 제1차 세계대전 중 유보트의 등장으로 인해 정박한 함정을 은밀하게 공격하는 것이 가능해 지면서 적 잠수함의 접근을 차단할 수 없는 외양 묘박지를 활용한다는 개념은 전쟁계획에서 삭제되었다.[10]

한편 미드웨이와 괌 중간에 위치한 웨이크는 군사적으로는 그다지 가치가 없는 곳이었다. 1841년, 찰스 윌크스(Charles Wilkes) 대위는 유명한 탐험항해(exploration voyages) 중에 미 해군으로서는 최초로 웨이크를 방문하고 이 섬을 해도에 그려 넣었다. 그는 초호로 진입할 수 있는 유일한 수로는 수심이 무릎높이 밖에 되지 않으나 보초(堡礁) 바깥으로는 수심이 급격하게 깊어진다는 것을 발견했다[11](1930년대, 웨이크의 정착민들은 그곳을 처음 방문한 사람들에게 웨이크는 마치 버섯과 같은 형태라서 강한 파도를 맞으면 지반이 한쪽으로 기울어 질수도 있다고 말하기도 하였다)[12].

1899년, 브레드포드의 주장에 따라 미국은 웨이크에 해저전선을 가설하기로 결정하였으나 사전조사를 위해 웨이크를 방문한 사람들은 마실 물조차도 발견할 수 없었으며[13] 웨이크를 조사한 육군의 한 장군은 이 섬은 군사기지로서 일고의 가치도 없다고 주장하였다.[14] 그러나 로블리 에반스(Robley Evans) 제독은 훌륭한 조함술을 보유한 뱃사람이라면 수로를 통과할 수 있다고 믿고 있었다. 1904년, 아시아전대 사령관이었던 에반스 제독은 시어도어 루즈벨트 대통령이 획책한 파나마의 혁명을 지원하기 위한 무력시위를 마치고 마닐라로 복귀하는 길에 웨이크에 잠시 들렀다. 그는 파도가 잔잔해지기를 기다려 웨이크 근해에서 함대의 재보급을 시도했으나 바닷물이 산호초와 부딪혀 흰 파도가 생기는 기파대까지 표류하게 되었고 결국 재보급을 중단할 수밖에 없었다.[15]

에반스 제독의 이러한 위험천만한 시도에도 불구하고 웨이크를 전진기지로 활용한다는 방안은 오렌지계획에 반영되지 못했다. 1911년 발행된 오렌지계획에서는 일본이 웨이크를 점령한다면 정찰기지 정도는 설치할 수 있을 것이나 미국은 이곳을 확보해도 별다른 유용성이 없을 것이라 보았다.[16] 1914년판 오렌지계획에서는 웨이크를 함대진격로 상에 있는 섬이라고만 언급하였다.[17] 웨이크를 포함한 기타 미국령 환초들은 항공기시대가 도래한 이후에야 계획담당자들의 관심을 받기 시작했다.

결국 점진론자들도 하와이와 필리핀 사이에서 유일하게 해군기지의 설치가 가능한 섬인 괌으로 관심을 돌리기 시작했다. 점진론자들은 괌은 해군기지로서 부족한 면이 없진 않지만 어쨌든 이곳을 점령한 쪽이 상대편에 비하여 상당한 전략적 우위를 점할 수 있을 것이라 판단하였다. 만약 일본이 괌을 점령한다면 미 함대가 필리핀으로 진격하는 것을 저지하고 소모전략을 강요하기 위해 전진기지를 구축할 것이 분명하였다.[18]

1911년판 오렌지계획은 일본이 괌을 기지로 하여 순양함을 운용한다면 미국의 주력함대를 공격하는 것은 어려울 것이나 군수지원부대를 공격하여 주력함대를 곤경에 빠뜨릴 수도 있다고 판단하였다. 그리고 미 함대가 괌을 무사히 통과한다 할지라도 괌에 전개한 일본 순양함은 토레스 해협(Torres Strait)*, 심지어 오스트레일리아 근해까지 진출하여 미국의 해상교통로를 교란할 것이라 예측하였다.

이럴 경우 미 해군은 주력함대에서 순양함을 차출하여 선단호송 및 정찰임무에 투입해야 하기 때문에 결과적으로 주력함대의 전력이 약해질 것이었다. 반면에 괌을 미국이 보유하고 있을 경우 필리핀으로 진격하는 원정함대의 재보급을 위한 묘박지로 활용하는 것이 가능하였다. 그리고 괌을 거치는 해상교통로의 안전을 확보한 이후에는 미 함대는 일본의 해외기지 또는 일본 본토를 위협하여 일본 함대를 유인함과 동시에 일본과 필리핀간의 해상교통로를 교란함으로써 필리핀에서 일본의 철수를 강요할 수도 있다고 예측되었다.[19]

그러나 앞에서도 살펴보았듯이 전시 괌을 해군기지로 활용한다는 구상은 애당초 실현이 불가능한 구상이었다. 1911년, 해군대학에서는 마닐라에 주둔하고 있는 아시아함대 전력 중 모니터급(monitor) 장갑함, 구축함 및 해병대병력 3,000여 명을 전쟁발발 이전 괌에 증강 배치한다는 방어계획을 급히 작성하였다. 그들은 아시아함대 전력을 코레히도르 섬의 미 육군부대에 합류시키는 것은 별다른 의미가 없는 반면, 괌에 배치한다면 일본의 공격을 완전히 막아내기에는 역부족이겠지만 일본의 출혈을 강요하고 일본이 태평양의 다른 섬들을 점령하는 것을 지연시킬 수 있다고 보았던 것이다.[20] 그러나 윌리엄스와 제 2위원회는 괌의 방어구상은 유용성이 없다고 판단하고 아시아함대 전력의 증강배치에 반대하였으며, 일반위원회도 이에 동의하였다.[21] 치안유지 목적으로 괌에 주둔하고 있던 소규모 방어부대는 일본이 공격 시 "끈질긴 저항을 펼쳐 적의 점령을 최대한 지연시키라"는 터무니없는 전시작전명령을 받고 나자 어깨를 으쓱할 수밖에 없었다.[22]

제1차 세계대전 이전까지 점진론자들은 미일전쟁이 발발하면 괌은 바로 일본의 수중에 떨어질 것이라 예상하고 필리핀 탈환 전에 괌을 먼저 탈환해야 한다는 주장을 펼쳤다. 1910년, 윌리엄스는 해군대학에 괌 탈환작전계획 및 원정함대 지원용 괌 기지건설계획을 작성해달라고 요

---

* 오스트레일리아 대륙과 뉴기니 섬 사이의 해협이다. 동쪽으로 산호해, 서쪽으로 아라푸라 해와 연결된다. 수로 폭이 좁고 암초가 산재하고 있을 뿐 아니라 조류까지 강해 항해에 어려움이 많은 곳이다.

청하였다.[23)]

한편 해군대학의 로저스 총장과 올리버는 괌 탈환작전은 매우 어려운 작전이 될 것이라고 판단하고 있었다. 일본은 괌 점령 후 방어시설을 대폭 강화할 것이 분명한데, 특히 일본이 설치할 것이 분명한 대구경 해안포를 무력화하기 위해서는 원정함대 전체를 동원해야 하였다. 그리고 하와이를 출발한 원정함대와 병력수송선단, 군수지원부대가 괌에 도착할 무렵이면 이미 적재한 석탄의 2/3 이상을 소모한 상태일 것인데, 만약 단기간 내에 아프라항의 확보에 실패한다면 부근에서 재보급에 적합한 장소가 찾을 수가 없을 것이었다. 이러한 예측을 근거로 로저스 총장과 올리버는 괌은 무시하고 캐롤라인 제도 부근에서 안전하게 재보급을 마친 다음 바로 필리핀으로 진격하는 것이 낫다고 주장하게 된다.

그들은 일본은 미국의 재보급 지점을 포착하긴 어려울 것이며, 일본이 이를 눈치 채고 공격을 가하더라도 최소한 괌을 공격하는 것보다는 전함의 손실을 줄일 수 있을 것이라 믿고 있었다. 이후 미 함대가 필리핀에 도착하고 나면 괌으로 통하는 일본의 해상교통로를 교란하고 괌을 봉쇄하는 것이 가능할 것이었다. 로저스 총장과 올리버는 전쟁발발 6개월 이후부터는 미국의 전력이 점차 일본의 전력을 압도할 것이기 때문에 우군전력이 열세한 전쟁초기에 괌을 공략하기보다는 필리핀을 먼저 확보한 이후 충분한 해군전력을 활용하여 괌의 점령을 시도하는 것이 바람직하다고 보았던 것이다.[24)]

그러나 당시 일반위원회를 장악하고 있던 급진론자들은 괌을 우회하자는 해군대학의 건의안을 그다지 긍정적으로 보지 않았다(그리고 해군대학의 계획수립기능을 박탈해 버렸다).

1914년, 일반위원회의 제독들은 전쟁발발 60일을 전후하여, 원정함대가 필리핀으로 진격하는 도중에 괌을 탈환한다는 내용을 오렌지계획에 포함시키도록 요구하였다. 제2위원회에서는 일본은 정확도가 높은 곡사포와 대구경 화포 등을 괌에 배치할 것이 분명하며 보닌 제도에 배치된 해군전력을 파견하여 괌의 방어를 지원할 것이기 때문에 괌의 방어정도는 아주 견고한 수준이 될 것이라 예상하였다. 이에 따라 미 함대가 괌을 탈환하는 과정에서 주력함이 상당한 피해를 입을 것이며, 최악의 경우 탈환에 실패할 수도 있다고 보았다.

그러나 일반위원회는 제2위원회의 이러한 부정적인 예측에도 불구하고 태평양에서 미국의 해군력 우위를 저하시킬 정도가 아닌 이상 괌을 반드시 탈환해야 한다고 지속적으로 주장하여 마침내 이를 관철시키게 된다. 한편 계획담당자들은 괌 탈환에 실패할 경우 취할 행동 역시 구상하였는데, 그 내용 모두 한심하기 짝이 없는 것들이었다. 이 중에는 함대의 손실을 무시하고 필리핀으로 계속 진격하는 방안, 카스카로 후퇴한 후 북방경로를 통과하여 일본 본토 북부로 진격하는 장기작전을 준비하는 방안, 심지어 함대의 진격방향을 180도 바꾸어 대서양을 통과하여 아시아의 전쟁전구로 진입한다는 방안까지 있었다. 이러한 비현실적인 방안들은 당시 현실적인 판단을 무시하면서까지 괌 해군기지건설을 관철시키려 노력하던 일반위원회의 논리적 모순을 단적으로 보여준다.[25]

이때부터 워싱턴 해군군축조약이 체결되는 1922년까지 약 8년간 미국의 전략기획자들은 전시 원정함대의 첫 번째 전쟁목표를 괌으로 해야 하는가 아닌가를 두고 지루한 논쟁을 계속하게 된다. 한편 1917년, 일반위원회는 마침내 괌은 미·일 양국 모두에게 별다른 가치가 없을 것이란 사실을 시인하게 된다. 일본은 괌을 지키는데 그리 열정을 보이지 않을 것이고, 미국 또한 괌의 재점령으로 얻을 수 있는 이익은 별로 없다고 판단하였던 것이다.[26] 그러나 1919년, 이번에는 합동위원회에서 미일전쟁의 승패에 관건이 될 괌에 평시부터 충분한 방어전력을 구축해 놓지 않는다면 미국은 이를 탈환하기 위해 장기전을 할 수 밖에 없을 것이라는 이전의 주장을 다시 들고 나왔다.[27](제8장 참조)

그리고 1921년, 해군전쟁계획부는 '태평양의 지브롤터'를 확보하려는 목적으로 '어떠한 희생'에도 불구하고 괌은 '반드시 탈환'해야 하며, 미크로네시아에 먼저 기지를 구축하자는 것은 일본에게 괌의 방어력 강화를 위한 시간을 주는 것뿐이라고 다시금 주장하게 된다. 당시 전쟁계획부는 일본이 괌을 점령한 다음 방어력을 강화하여 미국이 괌의 탈환에 실패하게 될 경우, 이는 미국민의 대일전쟁에 대한 굳건한 의지를 뿌리부터 흔드는 심각한 문제가 될 것이라 판단하였다.[28]

앞에서도 살펴보았듯이 1922년 2월 조인된 워싱턴 해군군축조약으로 인해 괌의 해군기지건설 추진은 결국 물거품으로 돌아갔다. 그리고 이해 말 전쟁계획부장이 된 윌리엄스는 미크로네시아를 통한 점진전략을 제안함으로써 괌을 주요 전쟁목표로 삼아야 한다는 주장에 마침표를 찍게 된다. 윌리엄스는 일단 제반 조건이 월등히 양호한 트루크(Truk) 제도에 이동식기지를 설치하게 되면 괌의 아프라항은 전체 함대전력의 '일부분'만 수용할 수 있는 보조기지에 불과하다는 사실이 명확해 질 것이라 주장하였다.

그는 괌은 '함대전략기지'로 삼을 만한 가치가 없다고 생각하였다. 현명한 사령관이라면 괌에 설치된 일본의 잠수함기지를 파괴하고 보조기지 하나를 얻기 위해 엄청난 손실을 감수하진 않을 것이며, 괌을 고립시킨 다음 서쪽으로 항진을 계속할 것이었다.[29]

일반위원회에서 대일전쟁 발발 시 신속하게 괌을 점령한다고 결정한 1914년부터 워싱턴군축조약 체결되는 1922년까지 8년 동안 미 해군의 급진론자들은 일본에 넘어간 미크로네시아를 진격로로 활용하자는 점진론자의 주장을 억누르기 위하여 최대한 신속하게 괌을 점령해야 한다는 주장을 고수하였다. 그러나 1930년대에 들어서면서 미크로네시아 섬들의 점령은 미일전쟁 2단계 전략의 핵심개념으로 부상하게 되며, 실제로 제2차 세계대전 중에 적용되어 그 전략적 효용성이 입증되었다.

미크로네시아(그리스어로 "작은 섬들"이라는 의미)는 크게 마리아나, 캐롤라인, 마셜 등의 3개의 제도로 이루어져 있으며 적도 이북 716평방마일의 구역에 100여개의 섬들이 넓게 흩어져 있다(영국의 보호령이었던 길버트 제도(the Gilberts)에도 미크로네시아인이 거주하고 있지만 적도 이남에 위치하고 있어 이 책에서 정의하는 미크로네시아의 범위에서는 제외하였다).

먼저 마리아나 제도는 1521년 마젤란이 최초로 발견한 이후 줄곧 스페인이 지배해 왔으며 캐롤라인 제도 또한 1600년대 초 이후 계속 스페인의 지배를 받았다. 마셜 제도에는 19세기 독일인들이 식민지를 건설하였으며 1885년 독일의 보호령으로 선포되었다.[30] 그리고 제1차 세계대전 이후에는 일본이 미크로네시아 지역을 위임통치하게 되었는데, 이후 이 지역은 간단히 "위임통치령(Mandates)"으로 불리기도 했다. 전간기 동안 이 지역의 인구는 10만 명 정도였는데, 반절은 미크로네시아 원주민이었고 나머지는 대부분 일본인이었다. 미국의 전쟁계획에서는 미크로네시아에 속하는 섬들과 그 주변 해역을 "위임통치령"으로 통칭하였다.

미크로네시아를 구성하는 각 군도는 지리적으로 그리고 전략적으로 각기 다른 특성을 가지고 있었다(표 10.2 참조). 먼저 스페인의 마리아 안나 여왕(Queen Maria Anna)의 이름을 따서 명명된 마리아나 제도는 최남단 섬인 괌에서 시작하여 북쪽으로 일본 열도 향하여 뻗어있다. 마리아나 제도의 섬들은 화산활동으로 인해 생겨난 것으로 대부분 바위로 이루어져 있으며, 초호는 생성되어 있지 않다.

제도의 중간에 위치한 싸이판(Saipan) 섬과 티니안(Tinian) 섬의 면적은 약 40에서 45마일 정도이며 사이판 섬의 하나뿐인 항구는 괌의 아프라항보다 그 규모가 작다. 마리아나 제도는 당시 증기선으로 왕복할 수 있을 만큼 필리핀과 가까웠지만 대규모 함대를 수용할만한 적절한 항구가 없다는 점 때문에 미 함대의 진격 시, 측익을 보호해 준다는 역할 외에는 별다른 주목을 받지 못하였다. 그러나 미국이 1944년에서 1945년간 마리아나 제도를 장거리 전략폭격기지로 활용하게 되면서 그 전략적 가치를 인정받게 되었다.

스페인의 왕 카를로스 2세(King Charles Ⅱ)의 이름을 따서 명명된 캐롤라인 제도는 미크로네시아 제도에서 가장 많은 섬들로 구성되어 있다. 2,000마일에 달하는 면적 내에 55개의 섬들이 동서방향으로 흩어져 있다. 캐롤라인 제도의 동쪽 끝단에는 대형 화산섬인 쿠사이에(Kusaie)와 포나페(Ponape)가 위치하고 있는데 당시 두 섬 모두 소규모 항구가 있었다. 중부 캐롤라인 제도에서 전략적 가치가 가장 높은 곳은 바로 트루크* 제도로서, 이곳은(화산활동으로 인해 바닷속으로 침강한 화산의 꼭대기 부분으로) 부근에 산재한 섬들의 중심부에 위치하고 있으며 보초로 둘러싸인 대규모 초호는 그 둘레가 100 마일에 달하여 대규모 함대의 수용이 가능하였다. 캐롤라인 제도의 서쪽 끝단에 위치한 팔라우 제도는 해군기지로 활용하는데 적합한 항구가 있었으나 필리핀에서 가까워 전략적 중요성이 크게 부각되지는 않았다. 캐롤라인 제도의 주요 섬들 주변에는 많은 환초들이 흩어져 있었고 그 중 몇몇은 상당히 넓은 초호를 보유하고 있었다.

마셜 제도는 이곳을 우연하게 방문한 영국인 선장 윌리엄 마셜(William Marshall)의 이름을 따서 명명되었으며, 해도 상으로 보면 염주를 바닥에 아무렇게나 던져놓은 모양을 하고 있다(표 10.1에서는 마셜 제도의 섬들을 지리학자들이 주로 사용하는 원주민의 관습차이에 따른 분류가 아닌 전략적 가치에 따라 분류하였다).

---

* 쿠사이에의 현재 명칭은 코스라에(Kosrae), 포나페의 현재 명칭은 폰페이(Pohnpei), 트루크의 현재 명칭은 추크(Chuuk) 이다.

마셜 제도는 전체 31개의 환초로 구성되나 각 섬의 면적을 합한 전체 육지면적은 70평방마일에 불과하다. 마셜제도 환초는 대부분 해발 6피트 내외, 면적 2~6 평방마일 정도의 모래섬으로 이루어져 있는데, 가장 큰 내부섬이라도 면적이 대부분 1평방마일 이하이어서 대규모 육상기지시설의 설치에는 적합지 않았다. 그러나 마셜제도의 초호는 그 면적이 비교적 넓고(200~300평방마일에 달하는 곳도 있다) 파도가 잔잔하였으며, 다수의 초호는 수심도 충분하고 암초도 별로 없었다.

그리고 내부섬을 둘러싸고 있는 보초(堡礁)를 구성하는 산호초군락은 해군함정이 묘박하는데 천혜의 조건을 제공해 주었다. 통상 바람이 불어오는 쪽의 보초는 살아있는 산호가 왕성하게 자라게 되며, 바람이 불어가는 쪽의 보초는 파도가 산호초군락에 침식작용을 하여 수심이 깊은 천연 수로가 만들어지게 된다.[31] 이러한 조건을 갖춘 마셜 제도의 환초는 부선거의 묘박에 아주 적합하였다. 또한 항공기시대가 도래하면서 평평하고 길쭉한 형태의 내부섬이 있고 수상기 운용이 가능한 이착수항로(fairway)가 있는 환초의 군사적 가치가 크게 높아지게 되었다. 마셜 제도는 일본보다는 미국의 전진기지인 하와이에 근접해 있으며, 방어측은 여러 섬에 전력을 분산시켜야 하는 반면 공격측은 전력의 집중이 가능하였기 때문에 미국의 전략기획자들은 미 함대가 서태평양으로 진격하기 위해서는 마셜 제도를 활용하는 것이 반드시 필요하다고 간주하게 된다.

1914년 이전 미국의 계획담당자들은 미크로네시아의 전략적 가치에 대해 상당히 고민하고 있었다. 미국-스페인전쟁 중 듀이 원수는 괌 대신 미크로네시아를 점령하여 저탄기지로 활용하자고 제안한 바 있었으며[32] 미크로네시아에 교회를 설립한 바 있는 기독교 선교단체의 압력으로 인하여 해군전쟁위원회(Navy War Board)는 마닐라 점령을 위해 이동하고 있던 병력수송선의 침로를 미크로네시아로 전환하는 것을 심각하게 고려하기도 하였다. 그러나 육군은 해군의 지원전력이 없고 해상교통로의 유지가 곤란하다는 이유로 미크로네시아의 점령에 반대하였다.[33] 그리하여 미국-스페인전쟁이 끝난 이후에도 미크로네시아는 계속 스페인의 통치 하에 있었다.

<표 10.2> 오렌지계획에서 중요시된 미크로네시아의 주요 도서 목록

구분	형태a	환초 내 섬의 수	총 육상 면적	가장 큰 내부 섬 면적	환호 면적	인구(1935년) 원주민	인구(1935년) 기타
마리아나 제도							
사이판(Saipan)	H	1	47.5	74.5	0	3,282	20,290
티니안(Tinian)	H	1	39.3	39.3	0	25	14,108
우라카스(Uracas)	H	1	0.8	0.8	0	0	0
동부 캐롤라인 제도							
쿠사이에(Kusaie)	H	5	42.3	42[b]	c	1,189	31
포나페(Ponape)	C	26	129.0	125[b]	69	5,601	2,499
중부 캐롤라인 제도							
트루크(Truk)	C	98	38.6	13.2	822	10,344	1,992
모트락스(Mortlocks)	A	83	3.6	0.6	175	2,200	17
홀 제도(Hall Islands)	A	62	1.4	0.2	257	445	0
서부 캐롤라인 제도							
올레아이(Woleai)	A	22	1.7	0.6	11	570	1
야프(Yap)	C	15	38.7	35[b]	10	3,713	392
울리시(Ulithi)	A	49	1.8	0.4	210	433	1
팔라우(Palaus)	C	343	188.3	153.2	479	5,679	6,760
동남부 마셜 제도							
워체(Wotje)	A	75	3.2	0.7	241	590	10
말로에라프(Maloelap)	A	75	3.8	0.9	376	460	3
마주로(Majuro)	A	64	3.5	2.0	114	782	3
밀리(Mili)	A	92	6.2	1.2	295	515	4
잴루잇(Jaluit)	A	91	4.4	1.0	266	1,989	433
서북부 마셜 제도							
타옹기(Taongi)	A	10	1.3	0.6	30	0	0
바이커(Bikar)	A	7	0.2	0.1	14	0	0
에니웨톡(Eniwetok)	A	44	2.3	0.4	388	94	0
비키니(Bikini)	A	36	2.3	0.7	229	159	0
롱겔라프(Rongelap)	A	61	3.1	0.8	388	98	0
콰절린(Kwajalein)	A	93	6.3	1.1	839	1,079	6
기타 미국령 도서							
괌(Guam)	H	1	206	206	0	20,117	2,113[d]
미드웨이(Midway)	A	2	1.4	1.0	21	0	28[d]
존스턴(Johnston)	A	2	0.05	0.04	11	0	0
웨이크(Wake)	A	3	2.9	2.2	3	0	0[d]

출처 : E. H. Bryan, Jr., comp., Guide to Place Names in the Trust Territory of the Pacific Islands(Honolulu: Bernice P. Bishop Museum, 1971). 기타 미국령 도서의 정보는 제2차 세계대전 이전 해도를 참고하여 저자가 계산함.
a: H =화산섬, A=환초섬, C=복합지형(화산섬과 환초 내부섬 모두 존재) b: 추정치 c: 항구만 존재 d: 민간항공사 기지 건설 이전

한편 당시 해군 내에서 군수문제에 많은 관심을 보였던 로열 브레드포드(Royal Bradford)는 미국-스페인전쟁 종전평화협상에서 전략적 이유를 들어 최소한 캐롤라인 제도의 섬 하나만이라도 미국이 획득해야 한다고 주장하였다.[34] 그는 "적은 중국해에서 우리를 기다리고 있는데… 미국 서부해안에서 아시아 사이에 저탄지기 하나 보유하고 있지 못하다면 전함 50척으로 구성된 대함대가 있다한들 무슨 소용이 있겠는가? 군수기지가 확보되지 않은 해군은 무용지물이다… 반면 캐롤라인 제도를 적이 점령하게 되면 그곳에 대규모 해군기지를 건설한 후 미 본토와 필리핀을 잇는 해상교통로를 공격하게 될 것이다."[35]라고 말하기도 하였다.

한편 민간 전신회사들도 정부의 지원을 받아 필리핀까지 이어지는 해저통신선 중계소를 미크로네시아의 섬에 설치하고 싶어 하였고, 시어도어 루즈벨트 해군장관과 그의 현역 해군보좌관들은 미 함대의 진격로와 동일한 루트로 필리핀까지 해저통신선을 매설해야 한다고 주장하였다. 그러나 해저통신선의 전송률은 중계소간 거리의 제곱에 반비례하여 감소하기 때문에 하와이에서 괌까지 3,500마일을 한 번에 잇는 해저통신선을 설치하는 것은 매우 비효율적인 일이었다. 이에 따라 해저통신중계소로 미드웨이가 주목받기 시작하였다.[36]

1898년 11월, 윌리엄 맥킨리(William Mckinley) 대통령은 미국-스페인전쟁 종전평화협상 대표들에게 통신중계소 설치용으로 캐롤라인 제도의 섬중 한 개를 스페인으로부터 구매하라고 훈령을 내렸는데, 당시 파산상태에 있던 스페인정부는 독일과 캐롤라인 제도 전체의 매각에 대해 이미 협상을 끝마친 상태였기 때문에 미국의 이러한 기도는 실패하게 되었다.[37] 독일은 그 대신에 마셜 제도의 환초 한 개와 필리핀 남부 술루 제도의 섬 한 개를 맞교환하자고 미국에 제안하였는데, 해저통신체계 전문가이기도 했던 브래드포드는 술루 제도는 필리핀의 방어에 중요한 반면 마셜 제도는 그 위치가 미국에 별다른 이익이 되지 않는다고 주장하면서 이에 반대하였다.[38]

이러한 미독 간의 협상은 합의점을 찾지 못한 채 누가 사모아(Samoa)를 차지할 것인가의 문제로 양국 관계가 악화된 1899년까지 계속되었다.[39] 독일이 첫 번째로 제안한 마셜 제도의 타옹기(Taongi) 환초는 보초의 높이가 낮아 외해의 높은 파도를 막아주기 어려웠기 때문에 브래드포드가 이를 거절한 것은 현명한 일이었지만[40] 독일이 그 다음으로 제안한 에니웨톡 환초의 경우에는 사정이 달랐다. 전략적으로 중요한 위치를 점하고 있는 에니웨톡 환초는 초호가 상당히 넓고 초호 내부로 진입이 가능한 천연수로가 2개나 있었으며, 육상기지 설치에 필요한 내부섬의 면적도 충분하였다.

제1차 세계대전은 미일전쟁계획의 수립에 엄청난 지각변동을 가져왔다. 제1차 세계대전의 결과 미 · 일 양국은 공히 해군전력 및 민간상선단의 확장을 추진하게 되었으며, 잠수함과 항공기의 유용성이 증명됨에 따라 전후 이의 개발에 힘을 쏟게 되었다. 그리고 일본이 독일령 미크로네시아를 점령함에 따라 양국 간 전쟁발발 시 일본이 이곳을 기반으로 잠수함, 항공기 등을 활용하여 소모전을 벌일 수 있게 되었으며, 미 해군에서는 이러한 소모전에 적절한 대응방안을 강구하지 못하면 미일전쟁에서 패할 수도 있다는 인식이 생겨나게 되었다.

일본은 1914년 이전까지는 자국에서 1,000마일 이내에 있는 섬들에만 군사적 야욕을 보이고 이었다. 간혹 미국은 일본이 하와이 또는 자국령 서태평양 환초를 점령할 수도 있다는 초조함을 내비치기도 했으나 이것은 쓸데없는 걱정이었다. 미국의 몇몇 제국주의적 언론사들의 주장과는 달리 제1차 세계대전 이전 일본의 미크로네시아 진출은 순수이 상업적인 목적이었다.[41]

그러나 유럽에서 제1차 세계대전이 발발하면서 일본이 미크로네시아를 확보할 수 있는 절호의 기회가 생겨나게 되었다. 제1차 세계대전 발발 초기 그라프 폰 쉬페 제독(Admiral Graf Maximilian von Spee)이 지휘하는 독일해군의 강력한 순양함전대(동아시아전대)가 태평양에서 자유롭게 활동하면서 연합국 병력수송선과 상선의 안전을 위협하기 시작하였다. 자연히 영국은 연합국을 지원하기 위해 유럽으로 이동하는 오스트레일리아의 병력수송선과 화물선 등의 안전을 우려하기 시작하였고, 일본에 이를 보호해 줄 해군전력의 파견을 요청하게 된다. 요청을 접수한 일본은 동맹국인 영국을 지원한다는 명목 하에 즉시 독일에 선전포고하고 독일의 유일한 아시아 기지이자 독일해군 동아시아전대의 모항이던 중국의 교주만(Kiaochow)을 공격, 점령하였다.

이에 따라 모항이 사라져 재보급 및 수리가 불가능해진 폰 쉬페 제독의 전대는 순양함을 이용한 통상파괴전(Kreuzerkrieg; cruiser warfare)을 지속하는 과정에서 점차 전력이 약화될 수밖에 없었다. 결국 폰 쉬페 제독은 희망봉을 돌아 본국으로 귀환하기로 결정하고 해군기지시설이 없는 미크로네시아의 섬 근해에서 석탄을 재보급을 한 후 태평양을 횡단하였다. 폰 쉬페 제독은 1914년 11월 칠레 근해에서 벌어진 코로넬 해전에서 영국해군 전대를 격파하고 계속 동쪽으로 항진하였으나, 결국 1914년 12월 포틀랜드 제도 근해에서 벌어진 포틀랜드 해전에서 우세한 영국함대에 패하고 말았다.

폰 쉬페 제독의 동아시아전대를 추적하기 위해 태평양을 곳곳을 휘젓고 다닌 연합국의 해군 전대들은 그 목표가 사라지자 각국의 제국주의 야욕의 확대를 위해 노력하기 시작하였다. 오스트레일리아 해군은 재빨리 독일령 남태평양 도서 중에 부겐빌(Bougainville), 뉴브리튼(New Britain), 애드미럴티 제도(the Admiralty islands) 및 독일 세력권 하에 있던 사모아와 뉴기니아(New Guinea)의 일부분을 점령하였다. 영국 해군성(The British Admiralty)은 영연방의 일원인 오스트레일리아해군이 미크로네시아도 점령하기를 바랐으나 일본이 한 발 먼저 움직이게 되었다.

1914년 가을, 일본은 폰 쉬페 제독의 전대를 추적한다는 명목으로 2개의 해군전대를 파견, 본국에서 멀리 떨어진 북태평양의 독일령 미크로네시아 제도를 점령하게 된다. 미크로네시아 점령 문제로 일본과 마찰이 생길 수도 있다는 오스트레일리아의 우려를 의식한 영국은 일본에 적도 이북의 섬들만 점령해달라고 요청하였다. 그리고 영국은 연합국의 적도 이남 독일령 섬들의 점령에도 참가하겠다는 일본의 제안을 거절하였는데, 오스트레일리아 해군의 전대장이 계급이 높은 일본 해군 제독의 지휘를 받는 사태를 방지한다는 것이 표면적 이유였지만 실제로는 더 이상의 일본의 세력팽창을 막기 위한 것이었다.[42]

미크로네시아의 점령 이후 일본정부는 국가의 위상 강화 및 태평양에서 전략적 우위 확보를 위해 이곳의 영구적인 점유를 추진하게 된다. 유럽해역에서 독일 유보트의 활발한 활동으로 인해 대잠수함전을 담당할 구축함전력이 절실하게 필요진 영국은 1917년 2월, 일본과 협약을 맺어 이러한 일본의 야욕을 보장해 주었고 일본은 미크로네시아의 영구점령을 보장해준다는 조건으로 연합국을 지원할 구축함전단을 유럽에 파견하였다.

당시 영국의 벨푸어(Arthur Balfour) 외무장관은 일본이 점령한 미크로네시아 제도뿐 아니라 자치령을 포함한 영국연방 군대가 점령한 지역까지도 모두 일본이 보유한다는데 동의하였고 다른 연합국들의 양해까지도 받아 주었다. "미국이 세계대전에 참전할 가능성이 높아지고 있는 바, 전후 미크로네시아 지역에 대한 미국의 점유권 주장을 차단하기 위해서는 다른 열강국가를 이용하여 미크로네시아에 관한 문제를 조기에 매듭지을 필요가 있다."는 영국 전시내각의 결정에 따라 벨푸어 외무장관이 재빠르게 움직였던 것이다. 이러한 영국의 신속한 대응에는 제1차 세계대전 이후 강대국 지위를 놓고 미국과 경쟁할 경우에 대비해 미국이 태평양에서 전략적 우위를 점하지 못하게 해야 한다는 영국의 은밀한 의도가 숨어 있었다. 영국은 미크로네시아에 관한 일본과의 협상결과를 미국에 알리지 않았고 로버트 랜싱(Robert Lansing) 미 국무장관은 일본에 이러한 '전리품'의 소유를 보장해주는 영국과 일본과의 거래를 나중에야 알게 되었다.[43]

미군의 전략기획자들은 일본에게 제공된 전리품이 오렌지계획에서 '얼마나 중요한' 위치를 차지하고 있는지 잘 알고 있었다. 점진론자들에게 미크로네시아는 "광야의 만나"같이 없어서는 안 될 존재였다.[44] 그런데 미크로네시아에서 독일 세력의 축출되면서 전시 건너뛰기식 공세 (stepping-stone offensive)의 시행에 필수적인 중부태평양을 관통하는 일련의 항구들을 이용할 수 있게 된 것이다. 일반위원회의 실무장교로 윌리엄스의 후원을 받고 있던 슈메이커는 일본 해군 육전대가 미크로네시아에 상륙하기도 전인 1914년 8월, 당시 돌아가는 상황을 보면서 대단히 기뻐하였다. "일본이 독일령 미크로네시아를 모두 점유한다 하더라도 미국이 막강한 함대전력을 보유하고 있다면 태평양전쟁에서 전략적 우위를 점할 수 있다. 태평양진격에 필요한 섬들은 우세한 해군전력을 활용하여 점령하면 되는 것이다… 일본은 자원이 부족하기 때문에 마셜 제도와 캐롤라인 제도의 모든 섬에 강력한 방어시설을 구축하진 못할 것이다."[45] 슈메이커는 방어가 부실한 일본령 섬들을 손쉽게 점령할 수 있다면 미국이 전략적 우위를 점하는 것은 그리고 어렵지 않다고 판단한 것이다.

그러나 일본이 독일령 남태평양 제도를 점령한 사건은 -급진론자를 포함한- 미 해군 지도부 대다수에게 엄청난 충격을 주었다. 마한은 프랭클린 루즈벨트 해군차관에게 일본이 상기 도서를 영구보유하게 되면 미국본토와 괌, 필리핀간의 해상교통로를 지속적으로 교란할 수 있기 때문에 미국이 전략적으로 매우 어려운 상황에 처할 수 있다고 경고하면서, 미국은 영국을 통하여 이에 항의해야 한다는 내용의 서한을 보냈다.

1914년 말, 마한은 워싱턴을 방문하였으나 루즈벨트 차관을 만나지는 못했으며, 워싱턴을 다녀 온 지 몇 주 후에 사망하였다.[46] 1940년 5월, 독일군의 파리점령이 임박할 즈음 프랭클린 루즈벨트 대통령은 일본이 유럽열강 -특히 프랑스- 의 아시아 식민지를 점령하는 것을 견제하기 위해 태평양함대를 하와이에 전진배치 하도록 지시하였는데, 프랭클린 루즈벨트 대통령의 이러한 결정은 아마도 1914년 일본이 미크로네시아에서 벌였던 행각이 재발할지도 모른다는 우려 때문이었을 수도 있다.

제1차 세계대전에 즈음하여 -시어도어 루즈벨트 2세 해군차관이 '늙은 과부들'이라 불렀던- 괌 기지건설을 주장했던 원로 제독들은 해군의 고위직에서 점차 물러나게 되었다.[47] 또한 일본이 마리아나 제도의 도서를 확보하여 언제든지 괌을 공격할 수 있게 되자 태평양의 지브롤터를 확보해야 한다는 괌 기지전설 지지자들의 주장 또한 자연히 약화되었다.

그리고 이전에는 아무것도 없던 캐롤라인 제도와 마셜 제도에 일본이 방어기뢰를 부설하고 어뢰정을 배치하며 무선전신설비를 갖춘 정찰시설을 설치할 것이라 예상되자 직행티켓구상 또한 설자리를 잃게 되었다. 한편 당시 대서양에 벌어지고 있는 독일 유보트와의 전투를 통해 해상교통로를 방어하는 것이 얼마나 어려운지가 실제로 증명됨에 따라, 일본의 잠수함과 통상파괴함정이 중부태평양 기지를 이용하여 은밀하게 미국의 해상교통로를 교란할 것이라는 우려가 크게 증대되었다.

이를 우려한 미 해군제독들을 일본의 미크로네시아 지배에 대항할 대책을 요구하기 시작했는데, 순진하게도 영국이 미국의 미크로네시아 지배 요구를 지지할 것이라 생각한 알프레드 니블랙(Alfred P. Niblack) 소장은 "미크로네시아는 미국의 전략적 방위권에 포함된다."라고 주장하였다. 그리고 일반위원회에서는 해군참모총장에게 정부에 미크로네시아 합병 및 방어시설의 설치를 건의하라고 요구하였다.[48] 또한 참모총장실 계획부 소속 계획수립 실무장교들은 당시 러시아혁명으로 사실상 무정부상태가 된 시베리아(Siberia)에서 일본의 '자유로운 활동'을 미국이 묵인한다면 일본이 미크로네시아 제도를 양보할 수도 있다는 의견을 제시하였다.[49] 한편 국무부의 외교관들과 관료들은 미크로네시아 제도를 신뢰할 수 있는 제3국 또는 중견국가의 관리 하에 두거나 독일에 돌려준 다음 나중에 전쟁배상금을 삭감해주는 대가로 미국이 구매하자는 고리타분한 계획을 내놓기도 하였다.[50]

하지만 일본의 미크로네시아제도 점령에 반대하는 이러한 미국 각계의 주장은 모두 현실성을 결여하고 있었다. 당시 우드로 윌슨 대통령은 미국은 해외 식민지를 보유하지 않는다는 신념을 가지고 있었고 필리핀을 독립시키는 것까지 고려하고 있었기 때문에 미크로네시아 문제에는 전혀 관심이 없는 상태였다.[51] 그리고 한 외교관의 증언에 따르면, 일부 해군계획담당자들은 일본의 전리품인 미크로네시아를 억지로 빼앗으려는 무리한 시도는 오히려 미국에 대한 일본의 적개심을 강화시킬 수 있다고 우려하기도 했다고 한다.[52] 당시 미국 국무부의 극동문제 전문가였던 스탠리 혼벡(Stanley K. Hornbeck)과 그와 의견을 같이하는 인사들은 미크로네시아를 국제연맹(League of Nations)의 관리 하에 두자고 제안하였다. 해군의 일반위원회는 이러한 국제연맹에서 미크로네시아를 관리하는 방안은 최후의 수단으로 생각하고 있었지만, 이것은 바로 윌슨 대통령의 의도와 일치하는 것이기도 했다.[53]

초대 해군참모총장인 윌리엄 벤슨(William Benson) 제독은 점진론을 지지하는 사람이었다. 최초에 대니얼스 해군장관은 원로 제독들이 해군의 제반 문제에 지나치게 간섭하는 것을 차단하기 위해 그의 지시를 충실히 이행할 것으로 생각되는 벤슨 제독을 초대 해군참모총장으로 앉혔다. 이러한 고도의 정치적 계산에 따라 임명된 벤슨 참모총장은 해군에서 가장 능력이 뛰어난 장교도 아니었고[54] 이전에 태평양전략 수립문제에 관여한 경험도 없었다. 이후 벤슨 참모총장은 제1차 세계대전 종전 후 제반문제를 논의하기 위한 베르사이유 평화회담에 미 해군대표로 참석하게 되었다.

그는 회담 시 제시할 미 해군의 입장을 정리하기 위하여 프랭크 쇼필드 대령을 계획수립보좌관으로 대동하였고 회담의 세부적인 문제들은 쇼필드에게 위임하였다.[55] 이후 10여 년간 미 해군 전략계획수립의 책임을 맡게 되는 쇼필드 대령은 회담과정에서 책임감을 가지고 막중한 임무를 성실히 이행한 바, 타의 귀감이 되어 훈장을 받기까지 했다.[56]

베르사이유 평화회담 시 해군 보좌관들은 심사숙고 끝에 슈메이커가 1914년 주장한대로 비요새화 조건으로 일본의 미크로네시아 제도 점령을 인정하자고 제안하였는데, 방어시설이 설치되지 않은 미크로네시아 제도는 전시 미 해군의 '담보물'로 활용이 가능하였기 때문이다. 그리고 당시 윌슨 대통령의 측근이었던 에드워드 하우스(Edward M. House) 대령도 이러한 해군의 제안을 지지하였다.

윌슨 대통령은 일본이 신탁통치(trusteeship) -일명 국제연맹 위임통치령(League of Nations Madates)- 라는 미명 아래, 구 독일령 미크로네시아에 딴마음을 품고 있는건 아닌지 의심하였지만, 곧 일본이 비요새화 조항을 기꺼이 수용하겠다는 의사를 표명한 사실을 인식하게 되었다. 1919년 6월 28일 조인된 베르사이유 평화조약에서는 구 독일령 미크로네시아를 일본제국이 통치하는 3등급 위임통치령(C Class Mandate)으로 규정하였다. 그리고 일본은 이곳에 "해군기지 시설 및 방어시설 등 군사용으로 사용할 수 있는 어떠한 시설도 설치하지 않을 것"을 약속하였다. 일본 해군지휘부는 비록 미크로네시아의 완전한 통치주권을 획득하지는 못했지만 전쟁발발 시 미크로네시아 제도(諸島)에 곧바로 군사시설의 설치가 가능하고, 태평양의 지배권을 놓고 미국과 협상을 해야 할 경우 유리한 교섭수단(bargaining chip)으로 활용할 수 있다는 것으로 위안을 삼았다.[57]

이제까지 역사학계에서는 미국이 일본의 미크로네시아 위임통치를 인정한 것은 태평양에서 전략적 우위를 스스로 포기한 것이었다는 주장이 우세하였다. 영국의 한 저명한 해군역사학자는 "사실상 미국이 중부 및 서태평양의 우위를 일본에게 헌납한 것이나 마찬가지"라고 주장하였으며, 당시 미 해군의 고위 당국자는 일본은 "해양을 통한 공격에 대비할 충분한 완충지대를 얻게 되었다"고 주장하기도 하였다.[58]

그러나 당시 태평양전략의 양상에 비춰볼 때 이러한 견해는 모두 잘못된 것으로 밝혀지게 된다. 벤슨 제독과 그의 보좌관들은 국제정치의 정책결정의 장인 베르사이유 평화협상에서 미 해군의 입장을 충분히 반영시켰다.[59] 그들은 군사시설의 설치가 불가능한 위임통치령은 미 해군의 신속한 태평양 진격을 가로막는 장애물이 아니라 점진적 공세를 보장하는 해상의 고속도로가 될 수 있다고 현명하게 판단하였던 것이다.

고집스러운 급진론자들과 괌 기지건설 지지자(둘 다 동일한 인물인 경우가 많았음)들은 이러한 상황을 달가워하지 않았으며, 일본의 미크로네시아 위임통치가 결정된 후 3년이 지날 때까지 대일전쟁계획의 핵심개념을 급진전략에서 점진전략으로 변경하는 것에 대해 계속해서 반대하였다. 그들은 미크로네시아가 어디에 귀속되어야 하는가의 결정은 국제연맹보다는 연합국위원회 (the council of Allies)에서 하는 것이 타당하다는 당시 미국외교관들의 의견을 근거로 하여, 일본의 미크로네시아 위임통치는 불법이며 취소가 가능하다는 비현실적인 주장을 계속하였다.[60]

휴 로드맨(Hugh Rodman) 제독은 "미국은 최소한 미크로네시아 제도를 일본과 균등하게 나누어 지배해야 한다."고 주장하였다.[61] 그리고 제2대 계획부장이던 루시어스 보츠윅(Lusius A. Bostwick) 대령은 베르사유조약에 명시된 위임통치령 해역의 "자유롭고 개방된 통항"을 보장한다는 조항을 활용, 미국령 야프섬(the island of Yap)의 통신중계소와 연락을 유지한다는 명목 하에 미 해군이 위임통치령 해역으로 진입하는 방안을 구상하기도 하였다.[62] 그러나 미국이 국제연맹에 가입을 거부하면서 이러한 수단도 사용할 수 없게 되었다.

워싱턴 해군군축회의가 개최되기 직전인 1921년 말이 되자 일본의 미크로네시아 위임통치에 대한 일반위원회의 분위기는 점점 극단으로 치닫게 되었다. 베르사이유 평화회담의 위임통치에 관한 협의에서는 기뢰나 잠수함과 같은 이동이 가능한 무기체계의 배치나 연료저장고, 함정수리시설과 같은 준군사시설의 설치까지 엄격히 제한한 것은 아니었기 때문에 일반위원회에서는 일본이 언젠가는 위임통치령에 대한 완전한 통치주권을 선언하고 전쟁을 위한 군사시설을 설치할 것이라 보았다. 이에 따라 미국은 평시 및 전시 위임통치령에 대한 비요새화 준수 여부를 시찰(視察)할 수 있는 권한을 가지게 되었다. 급진론을 지지하는 제독들은 일본이 미국의 시찰을 거부할 경우에는 무언가 음모를 꾸미고 있다는 것이 확실하기 때문에, 이 경우 미국은 전략상 필요하다고 인정되는 위임통치령 도서를 점령하는 것이 가능하다고 주장하기도 하였다.[63]

급진론을 지지하는 제독들은 서태평양으로 진격 시 위임통치령 도서를 점령하여 활용한다는 점진전략을 인정하게 되면 자신들이 주장하는 괌 해군기지건설과 직행티켓구상 모두에 도움이 되지 않는다고 생각하고 일본의 위임통치령 지배가 가져다주는 전략적 이점을 애써 외면하고 있었다. 일반위원회에서는 "미크로네시아는 서태평양으로 향하는 함대의 주진격을 지원하는 '보조진격로로 활용할 정도'의 가치 밖에 없다"고 오렌지계획을 수정해 버렸다. 예컨대 캐롤라인 제도는 순양함까지 수용하는 기지로 활용이 가능할 수도 있지만 마셜 제도의 구축함 및 잠수함기지는 가상의 전략기지인 괌으로 진격하는 주력함대 및 주력함대의 교통로를 보호하는 역학 밖에 하지 못할 것이라 가정하였다.

또한 위임통치령 도서 중 이동식 기지의 설치, 활용이 가능한 곳은 팔라우(Palaus)뿐인데[64] 이곳은 하와이에서 한 번에 이동하는 것이 불가하고 필리핀에서 가깝기 때문에 전략적 이점이 별로 없다고 하면서 이동식 기지의 유용성에도 의문을 제기하였다(이전에 미크로네시아를 방문한 적이 있었던 로드맨 태평양함대 사령관은 전시 트루크 제도에 해군기지를 설치해야 한다고 건의하였는데[65] 전쟁계획부의 파이 중령은 하와이로부터 거리도 비슷하고 국제법상 분쟁의 소지도 적은 괌에 해군전략기지를 건설하는 것이 더 낫다고 반박하였다)[66].

그리고 일반위원회에서는 위임통치령의 경우 괌의 아프라항보다 함대수용능력이 뛰어난 섬들이 다수 있다는 사실을 인식하고 있었음에도 불구하고[67] 괌 탈환작전 시 활용할 섬 한개만 점령하는 것을 승인하였다. 급진론을 지지하는 제독들은 괌이 기대만큼 전략적 가치가 뛰어나지 않다는 것을 알고 있었음에도 불구하고 괌에 기지건설을 추진해야 한다는 이전의 주장을 되풀이하고 있었다.[68]

워싱턴 회의가 점차 다가옴에 따라 1921년 10월, 참모총장실 계획부의 태도도 정치권의 입장과 부합하는 점진론으로 점차 기울게 되었다. 파이 중령은 일본의 미크로네시아 위임통치는 국제연맹의 승인을 받았기 때문에 국제법상으로 하자가 없긴 하지만 미·일 간 전쟁이 발발할 경우에는 미국이 이를 점령해도 전혀 문제가 없을 것이라 주장하였다.

에드윈 덴비(Edwin Denby) 해군장관 또한 일본의 위임통치 권한을 인정하는 것이 미국에 전략적으로 유리하다는 것을 이해하고 있었다.[69] 이러한 기류가 군부 및 정치권에서 확산됨에 따라 찰스 휴스(Charles Evans Hughes) 국무장관은 워싱턴회의 시 몇 가지 문제를 제외하고는 일본의 위임통치령 지배는 문제 삼지 않고 다른 문제들을 제기하기로 결정하였다. 실제로 워싱턴 해군군축조약 이후 미국은 일본의 미크로네시아 제도 위임통치를 공식적으로 인정하였으며, 미크로네시아 제도에 대한 권한을 미국과 공유해야 한다는 주장을 모두 철회하였다. 그리고 일본 또한 상업적 목적의 위임통치령 진입은 제한하지 않겠다고 약속하였으며, 비요새화 조항을 철저

히 준수하겠다고 재차 확인해 주었다.[70)]

  베르사이유 평화조약과 워싱턴 해군군축조약은 이전 15년간 미국이 연구해온 대일전쟁계획을 그 근본부터 흔들어 놓았다. 미·일 양국 공히 서태평양 도서의 요새화를 제한한다는 워싱턴 해군군축조약 제19조는 괌 해군기지건설 추진계획과 완전히 상충하는 것이었고, 미국이 일본의 위임통치령 지배를 공식적으로 인정함에 따라 미크로네시아 섬들을 은밀하게 활용하여 신속하게 진격한다는 직행티켓구상도 그 실효성이 사라져 버렸다. 결국 미국의 전략기획자들이 어쩔 수 없이 점진전략을 선택할 수밖에 없는 시점이 다가왔던 것이다.

  1921년 여름, 전쟁계획부장으로 부임한 클래런스 윌리엄스 제독은 나중에 전쟁계획수립분야에서 탁월한 능력을 발휘하게 되는 윌슨 브라운(Wilson Brown), 러셀 윌슨(Russell Wilson)과 해병대의 홀랜드 스미스(Holland M. Smith) 소령 등과 같은 유능한 장교들을 그의 밑으로 불러 모았다. 현재는 그를 기억하는 사람이 많지 않지만 –이후 윌리엄스 제독은 해군대학총장이 되었지만 현재 뉴포트의 미 해군대학에 있는 해군대학총장 기념홀에는 그의 초상화가 걸려있지 않다– 클래런스 윌리엄스 제독은 제2차 세계대전 이전 미 해군에서 가장 뛰어난 작전계획수립전문가 중 한명이었다.

  그는 해군사관학교 졸업서열이 1/10안에 드는 수재였고(초기 전쟁계획부서 수장 중 졸업서열이 가장 높았다) 당시 미 해군이 보유하고 있던 모든 유형의 함정에서 근무한 경력이 있었으며, 드레드노트급 전함으로 구성된 전함전대장을 역임하기까지 하였다. 또한 당시 해군장교들이 선망하던 해군대학 정규과정을 졸업하였고, 해군대학 참모장으로 근무하기도 하였다. 윌리엄스는 1916년 육·해군 간 합동작전 문제를 협의하는 실무위원회의 책임자로 근무할 때는 고민 끝에 기동성이 핵심요소인 해군은 고정방어임무를 맡을 필요가 없다고 판단하고, 해안포(coast artillery)의 관리는 육군의 관할 하에 두어야 한다는 의견을 제출하기도 하였다(당시 대부분의 국가에서 해안포는 해군의 관할 하에 있었다).

  그리고 제1차 세계대전 발발 이전에는 미크로네시아에 대한 연구결과와 도서 건너뛰기 진격 개념을 작성하여 일반위원회에 제출한 적도 있었다. 윌리엄스는 탁월한 분석력을 보유하고 있었으며 신중하게 판단을 내리는 성격으로, 남의 말에 쉽게 흔들리지는 않았으나 다른 사람의 의견 또한 경청할 줄 아는 성격을 가지고 있어 계획담당자로서 필요한 자질을 갖추고 있었다. 일반위원회에서는 그의 탁월한 예측력을 높게 평가하여 그를 "신의 계시자"라고 불렀다. 한편 술을 마시지 않는 탓에 동기생들은 그를 "목사님"이란 별명으로 불렀지만, 함상생활의 무용담을 늘어놓을 때는 눈이 반짝이는 진짜 뱃사람이기도 했다.[71]

윌리엄스가 전쟁계획부장으로 재직했던 1921년 7월부터 1922년 9월까지, 오렌지계획의 2단계 전략은 위임통치령을 통과하는 점진진격전략으로 다시 정립되었다. 당시 작성된 2단계 전략계획은 한 개의 공식계획이 아닌 여러 부문에서 작성한 연구보고서를 종합하여 정리한 것이었는데, 이것은 당시 미 해군이 병행적 계획수립체계를 활용하여 어떻게 전략계획을 완성해 나갔는지를 잘 보여준다.

윌리엄스가 작성을 주관한 2단계 전략계획에는 해군대학의 1921년반 학생장교들과 교관들이 작성하여 제출한 미일정세판단서(Estimates of the Blue-Orange Situation)가 포함되어 있었다.[72] 윌리엄스는 당시 해군대학총장이던 심스 제독과 긴밀한 관계를 유지하고 있었기 때문에, 아마도 그에게 정세판단서의 작성을 요청하였을 것이다(심스 제독은 윌리엄스가 전쟁계획부장이 되기 전 그에게 해군대학의 전략연구부장을 맡아달라고 요청하기도 했는데, 그는 윌리엄스의 능력은 다른 경쟁자의 두 명의 능력을 합친 것보다 낫다고 평가하기도 하였다)[73].

1920년 심스 해군대학총장은 괌은 별다른 가치가 없으며, 필리핀으로 진격을 위해서는 위임통치령에 해군기지를 건설하는 것이 필수적이라고 일반위원회에 말한 바 있었다.[74] 윌리엄스는 쿤츠 참모총장의 지시에 따라 어쩔 수 없이 미크로네시아는 괌을 탈환을 준비하기 위해 사전에 거치는 경로에 불과하다는 내용으로 전쟁계획을 변경하기 이전까지 점진전략의 유효성을 검증하는 부처 간 회의를 지속적으로 마련하였다.[75]

한편 워싱턴회의 직후 육군의 자극을 받은 해군차관 시어도어 루즈벨트 2세는 오렌지계획을 전면적으로 수정하도록 지시하였다.[76] 아마도 루즈벨트 2세는 일반위원회에 전시 국가정책의 대강을 밝히는 개략계획 수준의 전략계획을 기대한 것으로 보이나, 실제로 그의 손에 들어온 것은 전쟁계획부에서 작성한 세부적인 작전계획이었다.

1922년 9월 1일, 전쟁계획부는 윌리엄스의 구상이 반영된 상당히 정확하고 광범위한 미일정세판단서를 제출하였고[77](해군전쟁계획부장은 합동기획위원회가 이 정세판단서를 승인해 주길 희망하였으나, 필리핀 방어전력을 동결한다는 내용을 확인한 육군측 위원들은 완전히 할 말을 잃게 되었다)[78] 몇 달 후 약간의 수정 후에 해군참모총장과 덴비 해군장관은 이 정세판단서를 기존 오렌지전쟁계획의 기초자료로 활용하도록 승인하였다.[79]

참모총장실 계획부(Op-12)의 군수분야 담당자와 해군기지발전계획 연구위원회(the Board for Development of Navy Yard Plans)에서는 군수분야 자료를 정세판단서에 추가하였다.[80] 그리고 전쟁계획 중 "미크로네시아 전진기지 점령작전(Advance Base Operations in Micronesia)" 이란 제목의 세부작전계획분야는 의욕이 넘치는 엘리스("Pete" Ellis) 해병소령이 작성한 것이었다(지금까지도 미 해병대에서 존경받고 있는 지도자 중 한명인 존 르준(John A. Lejeune) 해병대 사령관은 이때 엘리스 소령이 작성한 작전계획을 기초로 하여 제2차 세계대전 이전 미 해병대의 상륙작전교리(doctrine for assault landings)를 정립하게 된다)[81].

윌리엄스가 작성했던 전쟁계획에 수록된 점진전략의 개념은 그리 복잡한 것이 아니었는데 그 핵심개념은 다음과 같았다. 먼저 서태평양의 해양통제권을 확보한다는 해군의 전통적인 임무를 달성하기 위해서는 미국은 강력한 함대와 이를 지원할 수 있는 전진기지가 필요하다. 그러나 미국이 서태평양에서 보유하고 있는 괌과 필리핀은 현실적으로 방어가 불가하며, 괌은 대규모 함대의 수용에 적합하지 않은 것이 사실이다.

그리고 필리핀으로 최단시간에 진격한다는 직행티켓구상은 함대의 전투준비시간이 부족하고 최종목적지를 어디로 할 것인지 또한 불분명하며, 해상교통로가 적의 기습에 취약하다는 점 등으로 인해 파멸적인 도박이 될 가능성이 있다. 하지만 미 해군이 중부태평양을 통제하게 된다면 이곳을 기반으로 하여 충분한 군수지원 하에 적절한 섬을 순차적으로 점령하며 진격할 수 있기 때문에 미 해군에게 '행동의 자유'를 보장하는 것이 가능하다. 결론적으로 미국이 위임통치령을 통과한다면 '천연의 진격로'를 활용하는 것이 가능할 것이고, 만약 이곳을 통과하지 않는다면 대일공세는 '현실적으로 불가능'할 것이다.[82]

당시 미 해군은 미크로네시아 제도의 위임통치가 국제연맹이라는 현실적 권한이 없는 국제 조직의 결정에 따라 이루어진 것이기 때문에 -미국은 국제연맹에 가입하지 않았음- 전시 미국이 이곳을 점령한다 해도 어떠한 법적, 도의적 하자가 없을 것이라 간주하였다. 전쟁기획부의 파이 중령은 국무부에 전시 해군에서 미크로네시아를 점령하는 것을 인정해 주지 않을 경우 아예 평시부터 합병을 요구하겠다고 하면서 해군의 이러한 입장을 인정해주도록 촉구하였다.[83] 그리고 윌리엄스는 미국이 전시 이곳을 점령하더라도 국제연맹은 일본의 항의를 받아들이지 않을 것이며, 다른 국가들의 비판은 미국의 선전활동으로 충분히 무마할 수 있다고 판단함으로써 미크로네시아 점령으로 인해 발생할 수 있는 도의적 문제 또한 간단히 해결할 수 있다고 간주하였다.[84]

1907년 윌리엄스가 미크로네시아를 통한 진격을 처음으로 구상한 이후로 이곳에 대한 해양조사가 수차례 이루어졌으며, 1914년까지 해군계획담당자들은 "직행티켓함대"가 임시로 사용할 수 있는 항구를 식별한 다음 항구별로 각 지점간 거리, 작전보안의 유지 가능성 및 군수지원 가능 수준 등을 모두 파악해 놓고 있었다. 먼저 서부 캐롤라인 제도는 하와이로부터 거리가 너무 떨어져 있을 뿐 아니라 중간에 일본의 전초기지가 위치하고 있었기 때문에 이곳까지 한 번에 진격하는 것은 불가능하였다.

윌리엄스는 트루크 제도가 위치가 양호하고 함대의 보안유지가 용이하다는 이유로 이곳을 중간기지로 선호하였으나 다른 계획담당자들은 트루크 제도는 하와이로부터 거리가 너무 떨어져 있는 반면 일본의 세력권으로부터는 너무 가깝다고 여겨 그의 의견에 반대하였다. 한편 마셜 제도는 양호한 초호가 많고 일본의 세력권과도 멀리 떨어져 있어 '좋은 대안'이 될 수 있었으나, 이곳에서 필리핀까지 진격하기 위해서는 중간 기지를 한 차례 더 거쳐야 한다는 문제점이 있었다.[85]

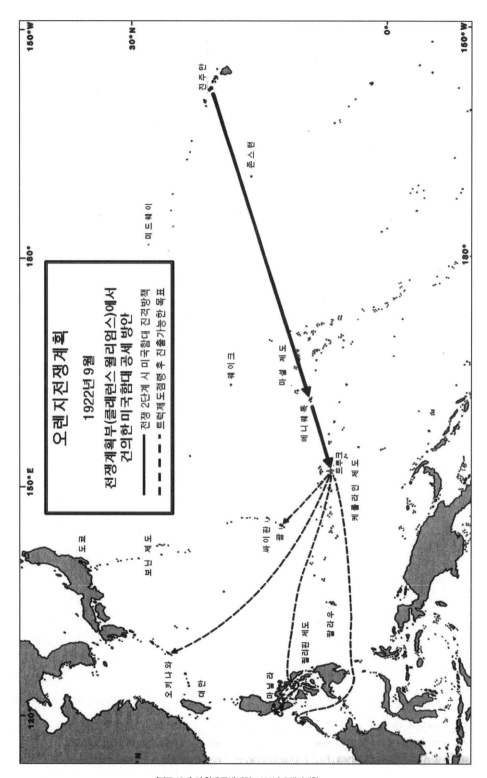

<지도 10.1> 미 함대 공세 방안, 1922년 오렌지계획

일찍이 1914년 슈메이커는 먼저 적의 공격으로부터 안전한 마셜 제도 서북방에서 재보급을 하고 중부 캐롤라인 제도에서 최종보급을 받은 후 필리핀으로 진격하는 단계별 이동방안을 제시한 바 있었다.[86) 태평양의 지리적 조건을 고려한 슈메이커의 이러한 제안은 1922년과 1930년대 오렌지계획에서 채택한 점진전략, 그리고 제2차 세계대전 시 실제로 적용된 중부태평양을 통한 단계적 진격전략의 모태가 되었다.

점진전략에 기반을 둔 대일공세작전은 하와이에 함대전투전력과 군수지원전력을 집결시키는 것으로부터 시작된다. 1922년 오렌지계획 상 원정함대의 규모는 이전 계획상의 규모보다 크게 확대되었는데, 전체 800여 척의 함정으로 구성되어 있었다. 그리고 민간상선단의 화물수송 할당량은 1910년의 경우 557,000톤이었으나 1922년 계획에서는 170만 톤으로 증가되었다. 원정함대의 원활한 군수지원을 위해서는 당시 미국선적 상선의 35%, 미국선적 유조선의 대부분이 필요할 것으로 예측되었지만, 이전의 계획과 같이 외국상선의 용선은 필요하지 않을 것이라 예측되었다.[87)

전쟁발발 60일 후(D+60) 원정함대는 전진기지 확보를 위해 일찍이 1907년 윌리엄스가 '최고의' 기지라고 점찍었던 마셜 제도 서쪽 끝단에 있는 에니웨톡(Eniwetok)을 향해 출항한다.[88)(지도 10.1 참조) 하와이에서 에니웨톡까지는 2,375마일로, 소형함들도 재보급 없이 도착할 수 있으며, 일본이 점령하고 있는 섬들과도 충분히 거리를 두고 항해하는 것이 가능할 것이다. 점진론자들은 일본은 본토 근해에서 함대결전을 준비하는데 집중하여 주력함들을 원거리까지 파견하지 않을 것이기 때문에 에니웨톡으로 진격 중 조우할 가능성이 있는 일본 소형함정들은 손쉽게 격퇴할 수 있을 것이라 예상하였다.[89)

한편 함대가 해상에서 환초를 포위한 후 전방위에서 함포사격을 가하면 환초 방어부대를 쉽게 무력화할 수 있다는 예측이 예전부터 미 해군 내에서 지속되고 있었다[90)(이러한 주장은 미드웨이에 주둔하고 있던 해병부대가 실수로 탄약고를 불태웠던 사고 이후 더욱 강화되었다)[91). 그러나 엘리스 소령은 이러한 예측과는 달리 일본은 환초에 방어병력을 증강하고 '광범위한 해안방어선'을 구축할 것이며, 특히 마셜 제도의 주요 환초인 에니웨톡, 잴루잇(Jaluit), 워체(Wotje) 등에는 상당한 방어태세를 갖출 것이라 판단하였다. 이에 따라 미 함대는 해병상륙군이 해안두보를 확보할 때까지 장시간 상륙군을 지원해야 할 것이며, 이 경우 일본이 부설해 놓은 기뢰 및 어뢰정, 항공기 등의 공격으로 인해 전력이 소모될 수도 있다고 판단하였다.

엘리스 소령은 일본은 강력한 육군을 배치하여 미 함대의 상륙작전을 방어하려 할 것이기 때문에 이들 방어전력이 힘을 발휘하지 못하게 하고 신속한 승리를 추구하기 위해서는 해병대가 여러 섬의 '광정면'에 동시에 상륙해야 한다고 보았다. 이와 동시에 함대는 상륙작전해역의 해양통제권을 유지하기 위해 주력함을 원해로 파견, 적 증원부대의 진입을 사전에 차단해야 한다고 주장하였다. 이에 따라 해병대는 중소형함들의 함포화력지원만으로 상륙작전에 성공해야 할 것이었다.

당시 엘리스 소령이 구상한 에니웨톡과 같이 이미 방어체계가 구축된 섬에 대한 상륙돌격절차는 이후 미 해병대 상륙작전교리의 전범(典範)이 되었다. 그가 구상한 세부적인 상륙돌격절차의 대략적 내용은 아래와 같다. 먼저 항공기를 이용, 상륙구역에 대한 항공정찰을 실시한 이후 상륙선단은 이른 새벽 야음을 틈타 섬의 바람이 불어가는 쪽 해안에 도착, 병력과 물자를 상륙주정으로 하역한다. 일본군은 바람이 불어가는 쪽으로 독가스를 살포하고 잠수함을 이용하여 상륙선단을 공격할 것이지만 상륙군 병력이 2/3 이하로 줄어들지 않는 이상 상륙작전을 속행할 수 있다고 판단하였다.

그리고 우군 항공기의 근접항공지원 -어느 기지에서 발진한다고 명시하지는 않음- 과 상륙선단 양익에 위치한 수상함의 함포화력지원을 통해 적 방어부대를 한두 곳의 거점에 고착시킬 수 있을 것이다. 한편 상륙군을 실은 상륙주정이 수로를 통과하여 내부섬으로 접근해야 하기 때문에 소해함이 사전에 초로로 진입하는 수로의 기뢰를 제거한다.

야포 등 중장비는 바지선에 탑재하여 섬으로 이송할 수 있도록 준비한다. 이렇게 준비가 완료되면 상륙제대가 목표해안에 상륙돌격을 실시하는데, 완전무장한 해병이 탑승한 보트를 예인선이 예인하는 방식(제2차 세계대전 시 사용된 평저선형의 상륙주정이나 상륙돌격 장갑차와 비교하면 참으로 열악한 수준이었다)으로 해안으로 이동하며, 상륙제대는 총 세개 파(wave)로 구성된다. 엘리스는 상륙작전의 성패는 전적으로 해안에서 결정된다고 보았으며, 일단 상륙군이 해안두보를 점령하게 되면 내륙으로 진격하여 지상작전으로 전환 및 잔적 소탕 등은 며칠이면 종료될 것으로 판단하였다. 일단 미군이 마셜 제도의 주요 섬을 점령하게 하게 되면 나머지 섬들은 방어력이 약하거나 방어력 자체가 구축되어있지 않을 것이기 때문에 손쉽게 확보할 수 있을 것이다.

미 해군이 에니웨톡을 점령하고 나면 이곳은 함대지원을 위한 첫 번째 상설해군기지(B-1 또는 X-1로 명명)가 된다. 미 해군이 태평양의 해상통제권을 유지하는 한 B-1에 대한 일본의 재공격은 불가능할 것이나 섬의 안전한 방어를 위해서는 5인치 또는 8인치 야포를 장비한 1개 해병여단을 배치하고 초호 진입수로에 수중방어망(net), 청음기(listening device) 등의 대잠방어수단의 설치 및 보호기뢰부설 등이 필요하다. 또한 섬 주변해역의 순찰 및 수송선단 호송을 위해 60여 척의 소형함정이 필요하며, 섬에 설치된 대공포는 저고도로 접근하는 폭격기에만 유효하기 때문에 대공방어를 위해 최소한 48대의 전투기 또한 필요할 것으로 판단되었다.[92]

에니웨톡 점령 2주 후 미 함대는 이곳에서 800마일 가량 떨어진 트루크 제도로 향해 항진한다(트루크 제도는 일본이 독일령 미크로네시아 점령 시 일본 해군의 사령부로 사용되었으며, 제2차 세계대전 시에도 일본의 남방진출을 위한 1급 기지로 활용되었다)[93].

트루크 제도는 양호한 초호(礁湖)를 보유하고 있으며 높이 솟아있는 섬이 함포사격으로부터 정박한 함정들을 보호해 주기 때문에 미국의 계획담당자들은 일찍부터 트루크 제도에 눈독을 들이고 있었다.[94] 일찍이 로드맨 제독은 트루크 제도 진입수로는 기뢰를 부설하여 방어가 가능하며, 넓은 초호 안에서 소형함정 및 수상기를 운용할 수 있기 때문에 방어에 최적의 조건을 갖추고 있다고 평가하기도 하였다.[95]

당연히 미 해군이 트루크 제도 공격 시 일본군도 이러한 방어상의 이점을 활용할 것이 분명하기 때문에, 점령을 완료하기 위해서는 장기간에 걸쳐 상당한 노력을 투입해야 할 것이라 판단되었다. 그러나 엘리스 소령은 트루크 제도 상륙작전계획 수립 시 자세한 상륙돌격절차는 생략한 채 적은 주로 산중턱 및 암벽에 겹겹이 방어선을 구축하고 모든 수단을 동원하여 반격을 가할 것이라고만 판단하였다.

트루크 제도 공략을 위해 미 해군은 드레드노트 이전급 구식전함이 아닌 1급 최신전함을 투입해야 할 것인 바, 이 경우 전함들이 적 잠수함의 공격을 받거나 기뢰에 접촉할 우려가 있었으며 해도에 기입되지 않은 암초에 걸릴 가능성도 있었다. 그러나 새로 구축한 전진기지에서 지속적인 보급을 받는 미 해군의 계속되는 공격으로 트루크 제도의 방어력은 점차 약화될 것이며, 결국 미국이 점령하게 될 것이다. 이후 미 해군은 에니웨톡을 위협할 수 있는 쿠사이에(Kusaie), 포나페(Ponape) 등 북부 캐롤라인 제도의 섬들을 확보하고 일본이 점령하고 있는 괌의 해상교통로를 차단하기 위해 팔라우(Palau) 및 야프(Yap) 등도 점령한다. 이렇게 캐롤라인 제도를 확보하기 위한 전역은 매우 지난하고 힘든 과정이 될 것이다.

트루크 제도를 점령하게 되면 기존에 일본군이 만들어 놓은 다양한 함대기지시설과 비행장의 활용이 가능하며 해상으로 접근하는 적의 공격을 막아낼 수 있는 강력한 방어시설을 설치할 수 있기 때문에 이곳은 미 해군의 두 번째 상설해군기지가 될 것이다. 그러나 일본이 작전반경이 긴 전투순양함을 활용하여 에니웨톡과 트루크 제도 간의 해상교통로를 교란할 우려가 있기 때문에 미 해군은 함대의 구식전함 및 구식순양함을 이곳에 배치하여 일본의 해상교통로 교란을 방어할 필요가 있다고 판단되었다.[96]

이 점진전략에서 가장 논란이 되는 부분은 "서태평양 전략기지(필리핀을 의미)로 진격을 지원하는 중간거점기지인 트루크 제도를 어느 시점부터 활용할 수 있을 것인가"였다.[97] 낙관론자들은 전쟁발발 후 180일(D+180)일 경에는 미 본토에서 트루크 제도로 기지건설자재 및 인력이 출발할 수 있다고 보았다.[98] 그러나 윌리엄스는 미 함대가 일본 함대 대비 25% 이상의 전력 우위를 확보하기 이전에는 미 함대가 하와이 이서로 진출하는 것에 반대하였다.

그리고 부선거를 트루크 제도에 설치하기 위해서는 이동거리, 이동 중 선체손상 정도, 적의 공격을 받을 위험성 등을 고려해야 했는데, 윌리엄스는 이러한 이유를 들어 트루크 제도에 대규모 함대를 지원할 수 있는 능력을 갖추는 것은 현실적으로 제한이 있다고 판단하였다. 현실적으로도 당시 미 해군은 소형 부선거를 한척 밖에 보유하고 있지 못했기 때문에 트루크 제도에 배치할 대형 부선거 한 척을 건조하는데도 180일 이상이 소요될 것이었다.[99] 더욱이 군수전문가들은 계획에서 요구한 5척의 대형 부선거를 확보한다 하더라도 이를 트루크 제도의 환초 내에 모두 묘박시키는 것은 불가능하기 때문에 트루크 제도 서부에 별도의 기지가 필요할 것이라 판단하였다.[100]

대일전쟁 후반부의 미군의 전략목표 및 단계별 진격계획은 트루크 제도 점령 이후 상황에 따라 결정될 것이었다. 윌리엄스는 트루크 제도에 배치한 이동식 기지 및 부선거가 함대와 같이 이동할 수 있는 준비가 완료된 이후에야 원정함대가 필리핀으로 진격을 재개할 수 있다고 가정하였다.[101] 그는 대일전쟁에서 승리하기 위해서는 '장기간 어렵고 힘든 작전'을 펼쳐야 하는데, 이러한 '엄청난 임무'의 달성은 강력한 국력과 굳건한 전쟁의지를 보유한 나라만이 가능하다고 보았다.[102]

윌리엄스의 이러한 가정은 미국민의 전쟁의지를 고양시키기 위해서는 최단시간 내 승리를 거두어야 한다는 급진론자들의 주장과 완전히 상반되는 것이었다. 윌리엄스는 오렌지전쟁계획에 트루크 제도 점령 이후의 세부적인 작전목표 및 단계별 진격계획은 개략적으로만 제시하고 구체적으로 수록하지 않는 방법으로 미일전쟁의 장기화라는 민감한 문제를 살짝 덮어두려 하였다.

1922년 9월 말, 클래런스 윌리엄스 제독은 전쟁계획부장에서 해군대학총장으로 영전하였으며, 이후 1925년에서 1927년까지는 아시아함대 사령관으로 재직하게 된다.[103] 윌리엄스는 전쟁계획부장으로 재직하는 동안 그를 지지하는 점진론자들고과 함께 전체 미일전쟁의 기간 중 전쟁초기부터 중반까지를 아우르는 상세한 전쟁계획을 발전시켜 이를 유산으로 남겨주었다. 그들은 방어가 강한 거점 섬들은 우회하고 방어가 취약한 섬들을 계속 점령하는 방식을 통해 적의 저항을 약화시킬 수 있다고 정확하게 예측하였다.

그리고 상륙작전 시 상륙돌격을 성공적으로 지원하면서도 적의 소모공격(잠수함, 어뢰정 등)으로 인한 함정의 피해를 최소화하기 위해서는 함대는 해안두보에서 멀리 떨어져 지원해야 한다고 판단하였다. 또한 향후 해양 전역에서 항공력이 중요한 역할을 하게 될 것이라 내다보았다. 그리고 트루크 제도 점령 이후 전략목표와 단계별 진격계획은 간략하게만 언급함으로써 이후 융통성 있는 작전이 가능하게 하였다.

1922년의 점진전략은 1941년 12월 미국이 제2차 세계대전에 참전할 당시 공식전쟁계획이었던 레인보우계획-5의 에니웨톡과 트루크 제도점령을 점령한다는 태평양전략과 놀랄 정도로 유사하였다. 또한 점진론자들은 비록 정확하진 않았지만 1944년 미국이 애드미럴티 제도의 마누스 섬(Manus Island)에 대규모 전진기지 건설 후 방어력이 강한 트루크 제도를 우회한 것과 트루크 제도 대신 에니웨톡을 마리아나 제도 점령의 발판으로 사용한 사실 또한 사전에 예측하기도 하였다(제28장 참조).

그러나 1922년판 점진전략계획에는 1934년에서 1941년까지 점진전략이 다시 미일전쟁계획을 주도할 때에도 수정되지 않은 몇 가지 잘못된 가정이 포함되어 있었다. 먼저 모든 위임통치령 도서에서 일본군을 몰아내야 한다는 당시 계획의 가정은 너무 비현실적이었던 바, 점령이 불필요한 섬은 우회하는 것이 현실적인 방안이었다. 그리고 점진론자들은 -다른 모든 계획담당자들도 그러하였듯이- 아무런 근거 없이 병력 및 물자 동원과 이동이 계획대로 신속하게 이루어질 것이라 낙관적으로 판단하였다.

또한 상륙군의 해안두보 확보 시, 근접항공지원의 필요성을 강조하였으나 어떻게 항공전력을 상륙작전구역까지 투입시킬 것인가에 대한 구체적 방안이 없었다. 그들은 일본은 위임통치령을 방어하기 위해 주력함을 파견할 만큼 어리석진 않을 것이라 예측하였는데, 결과적으로 이 가정은 잘못된 것이었다. 실제로 1944년 미국이 마리아나 제도를 공격 할 당시 이를 저지하기 위해 일본은 대부분의 항공모함전력을 투입하게 되었고 미 해군은 이를 대파하였는데, 이는 미국이 사전에 전혀 예상치 못했던 전략적 횡재였다.

위에서 열거한 몇 가지 오류에도 불구하고 1922년의 점진전략에 기반을 둔 해군작전계획은 태평양전쟁 승리를 위한 미 해군의 전쟁전략이 진일보하는 계기가 되었다. 그러나 아쉽게도 육·해군지휘부는 바로 그 다음해에 점진전략에 대한 지지를 철회하게 된다.

1923년 점진전략에 기초한 작전계획의 무효화로 인해 향후 10여 년간 미 해군에서는 현실적인 해양전략의 발전뿐만 아니라 이에 적합한 무기체계 및 전력지원체계의 개발 또한 저해 받게 되었다. 육·해군지휘부는 점진전략은 신속하게 필리핀을 지원할 수 있는 가능성이 전무하고, 더욱이 전쟁이 너무 장기화된다는 이유를 들어 이를 거부하였다. 이러한 결정이 내려지자마자 곧바로 점진전략에 반대하는 급진론자의 격렬한 판뒤집기가 시작되었다.

11. 급진론자의 부활

워싱턴 해군군축조약이 체결되자 급진론자들은 어쩔 수 없이 점진전략을 인정할 수밖에 없었다. 그러나 언젠가는 자신들의 주장을 관철시키겠다는 반격의 불씨는 여전히 급진론자들의 마음속에 남아있었는데, 1923년 정치가들이 점진전략에 대해 문제를 제기하면서 이러한 반격의 불씨에 불을 지피게 되었다.

이러한 논쟁에 불을 붙인 장본인은 당시 필리핀 총독이던 레오나드 우드 장군이었다. 당시 미국에서 우드 장군은 입지전적 인물로 추앙받고 있었다. 우드는 본래 의사였으나, 1880년대 인디안 토벌전에 참가한 공로로 의회명예훈장(the Medal of Honor)을 받았으며, 미국-스페인전쟁 시에는 의용기병대(the Rough Riders)를 지휘, 쿠바전선에서 활약하기도 했다. 이후 육군참모총장까지 역임하여 당시 미군부에서는 그의 경력과 위신을 따라올 사람이 없었다.

그는 공화당(Republican)의 진보주의자들의 권유로 1920년 공화당 대통령후보 경선에 출마하였으나 결국 하딩 후보에게 패하였다. 대통령이 된 하딩은 그와 박빙의 승부를 펼친 경쟁자에게 위로의 표시로 워싱턴과는 아주 멀리 떨어진 필리핀의 총독 자리를 제안하였다. 우드 장군은 "매우 영광스러운 임무"라 기뻐하면서 아시아에서 미국의 영향력 확장을 위해 봉사한다는 마음으로 필리핀으로 출발하였다.[1]

1922년 말, 덴비 해군장관이 마닐라를 방문했을 당시 우드 총독은 해군계획담당자들이 일본과 전쟁이 발발하게 되면 필리핀을 포기하기로 결정했다는 사실을 알게 되었으며, 곧바로 육군성 고위관료들에게 이에 대해 항의하기 시작했다.[2] 우드총독은 해군의 지원이 없이는 필리핀의 방어가 불가능하다는 것을 잘 알고 있었지만 워싱턴 해군군축조약에서 보유를 승인한 필리핀주둔 기계화부대의 지원 하에 필리핀인 부대를 주축으로 방어전을 벌인다면 해군의 원정함대가 도착하여 증원부대를 상륙시킬 때까지 필리핀을 방어 할 수 있다고 자신하고 있었다. 그리고 당시 아시아함대 사령관은 아시아함대의 잠수함들을 활용하면 필리핀 방어를 지원 할 수 있다고 발언하여 우드 총독의 주장에 힘을 실어 주었다(제6장 참조).[3] 그리하여 우드 총독은 존 윅스(John W. Weeks) 육군장관에게 아래와 같은 편지를 보내게 된다.

> 저는 일본과 전쟁발발 시 "필리핀은 방어가 불가능하기 때문에 포기하는 것이 바람직하며 이후 장기전을 통해 필리핀을 탈환하고 극동에 미국의 군사력을 재투입한다." 라는 해군의 가정에 깊은 유감을 표시하며 장관께서 해군장관 및 대통령께 이에 대해 항의해주시길 간곡히 부탁드립니다. 필리핀을 포기하는 이러한 정책은 아시아에서 국가위신의 추락 및 영향력의 저하를 초래할 것이며, 그 결과는 말하지 않아도 아실 것입니다. 또한 필리핀을 포기한다는 정책은… 미국의 국제적 위신에 심각한 타격이 될 것이며 국민들을 분열시킬 뿐 아니라 사기까지 저하시키게 될 것입니다. 따라서 일본과의 전쟁이 발발한다면 즉시 해군의 함대를 투입하여 반드시 필리핀을 구원해야 합니다.[4]

우드 총독의 이러한 간곡한 호소는 미국의 정치가들을 자극하게 되었다. 당시 대통령이었던 하딩은 미국 역시 다른 제국주의열강들과 같이 아시아에서 정당한 권리를 누려야 한다고 믿고 있었으며, "핍박받는 필리핀인을 대신하여 칼을 뽑아들었던*" 맥킨리 대통령과 자신을 비교하길 좋아하는 사람이었다. 하딩 대통령은 필리핀의 독립에 반대하였으며, 필리핀에서 교역 및 사업을 하려는 그의 지인들을 지원해 주기도 하였다.[5]

-공식문서로 남아있지는 않지만- 하딩 대통령은 "극동의 기독교 서구문명의 최대 보루인 필리핀을 끝까지 지켜낼 수 있다"는 원로 영웅의 호언장담에 자극을 받고서는 해군에 오렌지계획을 다시 검토하라는 지시를 내렸을 가능성이 높다.[6]

---

* 맥킨리 대통령이 미국-스페인전쟁의 개전을 결정하면서 내세운 구실이다. 미국-스페인전쟁의 결과 스페인의 필리핀 지배는 종식되었으나, 미국이 이어서 통치함에 따라 필리핀의 식민지배는 계속되었다.

우드 총독이 미일전쟁 시 즉각적인 필리핀 구원을 요구한 1923년 당시 미 정계와 군부의 관계를 살펴보면, 이전과는 달리 해군보다는 육군이 정계로부터 좀 더 신뢰를 받고 있는 상태였다. 육군은 제1차 세계대전 이후 조직개편을 통해 안정을 되찾았으며, 윅스 육군장관은 당시 정계에서는 영향력 있던 정치가였다. 여기에 더하여 제1차 세계대전의 영웅이며, 과감한 성격의 존 퍼싱(John J. "Black Jack" Pershing) 장군이 합동위원회 의장으로 취임하게 되면서 군사정책 및 전략 결정에서 육군의 영향력이 더욱 강화되었다.

이렇게 상황이 역전됨에 따라 육군 전략기획자들은 괌 기지건설구상 이든 직행티켓구상이든 어떤 방책을 사용하던 간에 전쟁발발 즉시 해군은 필리핀으로 진격해야 한다고 요구하면서 점진전략에 대한 비난에 열을 올리기 시작했다. 반면에 해군은 워싱턴 해군군축조약으로 인해 최신전함들이 고철덩어리로 변해가는 것을 손 놓고 지켜볼 수밖에 없던 상황이었기 때문에 이전과 같은 자신감을 회복하고 있지 못하고 있는 상태였다. 더욱이 당시 덴비 해군장관은 티팟돔 석유스캔들(Teapot Dome oil scandal)*에 연루되어 있어 육군의 반발에 아무런 대응을 할 수 없었고, 얼마 지나지 않아 해군장관에서 해임되었다. 한편 쿤츠 해군참모총장은 임기가 얼마 남지 않았으므로 이후 해상근무로 복귀하기를 바라고 있었다. 정치적 감각이 뛰어나 "상원의원(the senator)"이라는 별명을 가지고 있던 쿤츠 참모총장은 해군의 전격전(즉 급진전략)을 다시 부활시키려는 정치권의 기류변화를 재빨리 눈치 챘다.[7] 그는 윌리엄스가 작성한 점진전략에 기초한 전쟁계획을 승인하는 것을 계속 미루었으며[8] 상관에게 고분고분한 싱클레어 가논(Sinclair Gannon) 대령을 계획부장대리로 임명하였다. 가논 대령은 당시 뛰어난 참모장교라는 평가를 받고 있었으며, 제2차 세계대전 이전 전쟁계획수립부서 책임자 중 가장 젊은 사람이었다.[9]

1923년 전반기 내내 쿤츠 참모총장은 민첩하게 미일전쟁 2단계 전략계획을 급진전략을 기초로 하는 계획으로 재작성하기 위하여 합동 및 육군 등 여러 전쟁계획수립부서의 의견을 수렴하였을 뿐 아니라 급진전략을 지지하는 각종 연구 보고서를 작성토록 하였다. 그리고 이후 2년 동안 이전에 점진전략을 연구하였던 방식과 마찬가지로 급진전략에 기초한 다양한 연구보고서

---

* 미국 와이오밍주 티팟돔에 있는 해군의 유류비축용 정부유전을 당시 내무장관 앨버트 B. 폴이 뇌물을 받고 민간업자에게 몰래 대여한 사건. 1920년대 초기 미국 전체를 발칵 뒤집어 놓은 하딩 행정부의 대표적인 비리사건이다.

를 활용하여 전체적인 대일전략 개념을 세부적인 오렌지계획으로 구체화하는 작업이 진행되었다.

쿤츠 참모총장은 기존의 위임통치령점령 작전계획의 내용이 적절치 못하다는 근거를 마련하기 위해 윌리엄스가 작성했던 정세판단서의 '오류를 정정'하도록 가논 부장에게 지시하였다.[10] 그러나 이렇게 억지를 부리는 게 아무래도 부담스러웠던지 그는(혹은 덴비 해군장관이나 시어도어 루즈벨트 2세 해군차관 지시한 것이었을 수도 있다) 일반위원회에 태평양의 전략적 환경에 대한 상세한 재검토를 요청하였다.

예상대로 그때까지도 급진론자가 대부분이던 일반위원회는 당연히 직행티켓 방안을 지지하는 결과를 작성하였고, 쿤츠 참모총장은 대외적으로는 이 검토결과가 "현재 대일전쟁전략에 대한 해군의 일치된 의견"이라고 둘러대었다. 그리고 정치권으로부터 육·해군의 의견이 일치하지 않아서 불협화음을 내고 있다는 지적을 받지 않기 위해 육·해군이 함께 모여 합동정세판단서를 작성하고 이를 근거로 하여 새로운 오렌지계획을 작성하겠다고 육군에 약속하였다.[11]

한편, 가논은 군부 내 급진전략 반대자들을 설득하기 위한 작업을 진행하고 있었다.[12] 가논은 미 함대가 너무 늦게 진격하게 되면 일본이 방위권 내 섬들의 방어력을 강화할 수 있는 시간을 주게 될 것이며, 결국 육군이 중국에서 일본육군과 치열한 전투를 벌여야만 승리할 수 있을 것이라 말하면서 윌리엄스의 점진전략은 잘못된 것이라고 말하였다. 결론적으로 일본 육군과의 지상전을 태평양 상의 소규모 섬의 점령으로만 국한시키려면 직행티켓전략을 채택하는 것이 필수적이라고 주장하였다. 합동위원회는 가논의 이러한 주장을 열렬히 환영하였으며, 마침내 육·해군장관은 급진전략을 지지하는 합동계획위원회의 정세판단서를 승인하였다.[13] 이후 가논부장은 점진전략은 적절치 못하다는 주장의 근거를 요약, 부록으로 추가하는 것으로 윌리엄스가 작성한 오렌지계획의 수정작업을 마무리 하였다.[14]

1923년 여름이 되자 워싱턴 정가의 대부분 인사들은 마닐라를 절대 포기할 수 없다는 우드 총독의 주장에 공감하게 되었다.[15] 한편, 합동위원회는 1924년 8월 합동기획위원회에서 작성하여 보고한 합동기본오렌지전략계획(Joint Army and Navy Basic War Plan-Orange)을 최종 승인하였다. 이 1924년판 계획은 육·해군장관까지 모두 승인함으로써 대통령을 제외한 고위민간관료의 승인을 받은 첫 번째 합동기본오렌지전략계획이 되었다.[16]

이후 합동기본오렌지전략계획을 기초로 육·해군이 각자의 지원계획의 작성을 추진함에 따라 1925년에도 점진전략을 급진전략으로 수정하는 작업은 계속되었다. 육군전쟁계획부가 주관하여 작성한 육군의 대일전쟁계획은 이전의 작전계획과 크게 달라진 것이 없었는데, 육군은 루존 섬을 포기하지 않고 끝까지 방어한다는 것과 필요할 경우 해군이 루존 섬에 기지를 확보하는 것을 지원한다는 내용이 전쟁계획에 구체적으로 반영되었다는 것에 만족하고 있었다.[17]

그러나 해군의 전쟁계획은 구체적 내용이 없이 원론적인 말만 늘어놓을 뿐이었다. 한편, 쿤츠 제독에 이어 참모총장이 된 에드워드 에벌(Edward W. Eberle) 제독은 미일전쟁과 관련된 전략문제를 정확히 판단하기 위해서는 미일전쟁 시 실제 작전을 주도할 미 함대에 그 중요성에 '상응하는' 계획수립기능을 부여하는 것이 타당하다고 결심하였다(제1차 세계대전 이후 대서양함대와 태평양함대를 통합, 1922년 12월 미 서해안을 모항으로 하는 미 함대가 창설되었다).

미국-스페인전쟁 시 실제 전쟁전구와 멀리 떨어져있는 워싱턴의 해군 지도부가 전구상황을 제대로 인식하지 못해 적절한 지휘를 하지 못한 것을 목도했던 에벌 참모총장은 미 함대사령부가 전시 전체 해군전력을 지휘하는 중추기관이 되어야 한다고 결정하였던 것이다. 이에 따라 미 해군의 전쟁계획 작성절차도 미 함대사령관이 오렌지계획의 함대지원계획을 작성하여 제출하면, 참모총장실에서는 그 내용을 보강하여 해군의 오렌지전략계획을 작성하는 것으로 변경되었다.[18]

1925년 미 함대사령관은 바로 쿤츠 제독이었고, 부참모장은 그의 지시를 충실히 따르는 가논 대령이었다(지금의 관점으로 보면 참모총장을 마치고 해상지휘관으로 간다는 것이 이상하게 보일 수도 있지만, 전간기의 경우 미 함대사령관은 해군의 모든 전투함정을 지휘하였기 때문에 참모총장보다 그 권위와 위신이 더욱 빛나는 자리였다).

이러한 계획수립기능의 전환이 참모총장실에서 대일전쟁계획수립에 별다른 관심이 없어서였는지, 아니면 쿤츠 제독의 이면공작 때문이었는지는 확실치 않지만, 하여튼 간에 쿤츠 사령관은 오렌지계획에 직행티켓구상을 주입시키기 위한 준비가 완료된 상태였다.

1923년에서 1924년간 육군 및 해군 계획수립부서에서 지지했던 급진전략에는 -하나는 오래 전부터 있어왔고 또 다른 하나는 최근에 나타난- 두 가지 기본원칙이 혼재하고 있었다. 첫 번째 기본원칙은 오렌지계획의 전통적인 대전략 개념을 그대로 따른 것으로 미일전쟁은 기본적으로 해군이 주도하는 공세적 전쟁이라는 것이었다.

이 공세 개념에 근거하여 해군과 해병대는 "전쟁의 초기단계부터 공세적 기질을 발휘하여 모든 작전에서 '주도권을 확보'할 수 있도록 노력한다"고 규정되었다. 그리고 해군 함대는 "강력한 항공전력의 지원 하에 압도적인 전력을 최단시간 내에 서태평양기지에 전개시켜 일본 해군과의 함대결전 및 대일경제봉쇄전을 준비한다는 것"이었다.[19] 급진전략의 이러한 첫 번째 기본원칙은 점진론자들이 주장했던 내용과도 별반 다르지 않았다.

두 번째 기본원칙은 미국이 필리핀을 계속 보유하는 것이 경제적으로 이익이 되며, 필리핀을 포기할 경우에는 국가 위신의 하락은 물론 전시 미국민의 사기저하를 초래할 수 있다는 우드 총독의 정치적 신념에서 비롯된 것이었다. 이전부터 우드 총독과 의견을 같이 하고 있었다고 주장한[20] 합동위원회가 정치적 결정에 부합하도록 군사전략을 수정하는 임무를 맡게 되었는데, 합동기획위원회의 계획담당자들은 서태평양 전략기지의 최적위치는 바로 마닐라라고 주장하며 이 문제를 해결하려 하였다.[21]

간단히 생각한다면 마닐라를 끝까지 지켜내는 것이 빼앗긴 후 재탈환하는 것보다 이익이 되는 것은 분명해 보였다.[22] 그러나 워싱턴 해군군축조약의 제한치까지 필리핀의 방어수준을 높인다하더라도 현지전력만으로는 장기간 방어가 불가능하므로 필리핀 현지의 지휘관들은 전쟁 발발 즉시 가용한 모든 육군병력을 실은 해군원정함대를 파견해야 필리핀을 지켜낼 수 있다고 판단하였다.[23] 또한 우드 총독은 전시 "해군의 가장 중요한 임무는 필리핀을 구원하고 마닐라에 해군기지를 확보하는 것이며, 일본 함대를 격파하는 것은 그 다음 임무로 해야 한다"고 강력하게 주장하였다.[24]

해군의 기동성과 함대결전의 중요성을 강조한 마한의 주장을 신봉하고 있던 당시의 미 해군이 육상의 고정위치 방어를 우선시하는 육군의 이러한 주장에 동조했다는 사실은 매우 이해하기 어려운 일이다. 당시 미 해군에서는 해양통제권을 장악하는 것도 물론 중요하지만, 적함대의 전력이 우군보다 우세할 경우에는 이러한 전력의 열세를 상쇄시켜줄 수 있는 '가장 효율적인 기지'인 마닐라를 확보하는 것이 더욱 중요하다는 논리를 내세워 이러한 모순을 해결하려 하였다.[25] 참모총장실 전쟁계획부에서도 원정함대가 신속하게 필리핀으로 진격한다면 적이 시간을 버는 것을 방지할 수 있으며, 궁극적으로 전쟁의 장기화 시 발생할 수 있는 우군의 희생을 줄일 수 있다는 근거를 들어 해군이 고정위치방어(즉, 필리핀의 방어)를 지원하는 것이 타당하다는 입장을 표명하였다.[26]

그러나 쿤츠 미 함대사령관의 주도하에 작성된 원정함대의 태평양횡단 진격계획은 직행티켓 구상의 비현실성을 적나라하게 보여주었다. 미국의 지브롤터 -즉, 괌- 를 확보하는 것이 불가능 하다는 것을 인식하고 있었던 쿤츠 사령관은 중간기지를 거치지 않고 하와이에서 곧바로 필리핀으로 진격한다는 무모한 태평양횡단 진격계획을 만들어 냈던 것이다.

쿤츠 사령관은 참모총장실의 전쟁계획부장이 현실감각이 뛰어난 윌리엄 슈메이커(William shoemaker)에서 이전에 자신의 밑에서 근무했던 스탠들리(Standley) 대령으로 교체되자, 더 이상 그의 구상에 제동을 걸만한 사람이 없다고 판단하고 함대작전계획의 구체화에 착수하였다.[27] 당시 미 함대사령부에는 원래 전쟁계획관이 편제되어 있지 않았으나 전쟁계획분야 근무경력이 있는 장교 2명이 사령부에 배속되어 계획수립임무를 맡게 되었는데, 로우클리프(G. J. Rowcliff) 중령은 전력분석분야를, 가논 대령은 작전계획분야를 맡아서 작성하였다.[28]

1925년 1월, 미 함대사령부는 전쟁 이전 어떻게 전투준비태세를 갖출 것인가를 수록한 함대 오렌지전투준비계획, R-3(Fleet Orange Plans R-3)와 전쟁 중 실제 함대를 어떻게 운용할 것인지를 수록한 함대 오렌지작전계획, O-3(Fleet Orange Plans O-3)의 작성을 완료하였다[29](오렌지전쟁계획을 구체화한 해군 각 부서의 세부지원계획은 1번에서 13번까지 일련번호가 부여되었는데, 미 함대의 일련번호는 3번이었으며, 나중에 1번으로 변경되었다).

미·일 간 적대행위가 시작된 이후 마닐라를 적시에 구원하기 위해서는 강력한 원정함대를 구성, 최단시간 내 태평양을 횡단하여 필리핀으로 향하는 것이 필수적이었다. 우드 총독은 이전의 전쟁사례에서 볼 수 있듯이 미국은 불가능하다고 여겨진 전시 군수문제를 언제나 잘 극복해

왔다고 주장하며 미 함대에서 작성한 급진전략을 열렬히 지지하였다.[30] 함대 오렌지작전계획에서는 전쟁발발 이전에 미국 서해안에 배치된 미 함대는 Z+10일까지 하와이에 집결을 완료하게 되는데, 이때 미 해군전력은 일본제국 해군보다 25% 이상 우세한 전력을 유지할 수 있을 것으로 판단하였다[31](당시 해군에서는 동원령선포일과 전쟁발발일을 Z일로 동일하게 표기하였다. 그러나 육군의 경우에는 동원령선포일은 M일로, 전쟁발발일은 D일로 표기하였고, D과 M일이 같은 날이 될 수도, 다른 날일 될 수도 있다고 판단하였다)[32].

동시에 군수지원부대의 편성을 시작하고 하와이의 군수지원시설 또한 보강을 시작한다고 계획하였다.[33] 그리고 진주만 항구 내에 정박이 불가한 함정들은 라하니아 로드 묘박지의 방어기뢰원 후방에 투묘하여 대기하는 것으로 하였다.[34] 참모총장실 전쟁계획부에서는 10일 내에 모든 함정에 편제인원을 완벽하게 충원하고 출항준비를 완료하는 것은 불가능하며, 더욱이 숙련된 수병들이 모두 하와이로 떠난 상황에서는 예비함들을 재취역시키는 데에도 많은 시간이 소요될 것이란 근거를 들어 미 함대의 이러한 계획에 반론을 제기하였다.[35]

그러나 쿤츠 사령관은 그가 참모총장으로 재직 시의 경험을 언급하면서 선견지명을 가진 미국 정부는 전쟁발발 40일 이전에 동원령을 선포할 것이기 때문에 함정수리와 군수품 적재에 필요한 충분한 시간을 확보할 수 있다고 낙관적으로 주장하며 이러한 지적을 은근슬쩍 회피하였다.[36] 또한 그는 정기 총분해수리(overhaul) 중인 전함 4척이 원정함대에 합류하지 못한다 하더라도 14척의 전함을 주축으로 전투함대를 구성하면 전함이 10척뿐인 일본 함대를 충분히 제압할 수 있을 것이라 여겼다. 그리고 미 함대사령부는 제1차 세계대전 이전 건조된 구식 순양함 전체와 20척의 대형잠수함을 제외한 기타 잠수함전력 전체도 함대결전에는 별다른 도움이 되지 않으므로 원정함대전력에서 제외하는 것으로 계획하였다.

쿤츠 사령관이 명명한 미아시아원정군(The United States Asiatic Expeditionary Force; USAEF)은 계획 상 총 551척의 함정으로 구성되었다(표 11.1 참조). 또한 이 계획에서는 그때까지 시험운항 중이던 항공모함 랭글리(Langley)의 함재기, 전투함 탑재기 및 개장 수상기모함에 탑재된 300대의 수상기를 활용한다면 압도적인 항공전력을 함대에 제공하는 것이 가능하다고 가정하였다. 그리고 아시아에서 연료유의 직접구매가 가능하다고 가정하여 군수지원부대의 유류지원함의 수는 이전계획의 예측치보다 감소하였으나 적이 해상교통로를 교란할 경우를 대비, 최소 3개월간 작전을 지원할 수 있는 탄약 및 군수지원물자를 이송할 수 있도록 기타 군수지원함정의 수는 증가하였다.[37] 더불어 민간선박을 개장한 수송선을 활용하여 5만 명의 육군병력을 수송하는 것으로 계획하였는데, 육군부대의 중화기는 사전에 필리핀에 비축되어 있을 것이라 보았기 때문에 병력의 수송만 고려하여 수송선단의 규모를 판단하였다.[38]

합동위원회는 '시간지연을 최소화할 수 있는' 미 함대의 이러한 2단계 작전계획을 당연히 환영하였다.[39] 당시 미 군부는 필리핀의 미군부대는 일본의 공격에 최대 60일까지 버틸 수 있다고 판단하고 있었기 때문에, 함대계획담당자들은 군수지원부대 및 병력수송부대의 준비가 완료되지 않았다하더라도 미 함대사령관은 '신속한 진격만이 전쟁을 승리로 이끌 수 있다'는 확신 하에 Z+14일 07시에 전 함대에 출항을 명령할 것이라 보았다.[40]

공식적으로 원정함대가 출항 후 서태평양의 어떤 기지로 침로를 잡을 것인지는 미 함대사령관이 선택할 문제이었지만, 예상대로 함대계획담당자들은 당연히 마닐라가 주목표가 되며 다른 모든 기지들은 마닐라의 구원을 지원하기 위한 경유지에 불과하다고 보았다. 미 함대사령부는 참모총장실로부터 북위 30도에서 남위 20도 사이에서 미아시아원정군(USAEF)의 진격경로(알류샨열도 경로는 제외)를 선정하고 진격을 위해서는 어떤 섬의 점령이 필요한지 결정할 수 있는 권한을 부여받았다.[41]

쿤츠 사령관은 진격경로의 선정 이전 함대의 순항능력을 시험할 목적으로 46척의 함정으로 기동부대를 편성, 오스트레일리아까지 순항훈련을 실시하도록 하였는데, 하와이에서 오스트레일리아까지의 거리는 하외이에서 필리핀까지와 동일한 거리였다.[42] 한편 함대계획담당자들은 적도 이남의 진격경로는 이동속도가 너무 느리다는 이유로 배제하였으며, 위임통치령 해역 중간을 관통하는 진격경로 또한 적의 기습우려가 있고 확인되지 않은 암초가 많다는 이유로 후보에서 제외하였다.

〈표 11.1〉 해군원정함대 규모 비교, 1922년~1925년

	마셜 및 캐롤라인 제도를 점령, 서태평양기지로 활용			필리핀으로 곧바로 진격	
	전쟁계획부[a], 1922년 11월			전쟁계획부, 1924년 1월	미 함대, 1925년 1월
	위임통치령	서태평양	소계		
전함	3	15	18	18	14
항공모함		2	2	2	
항공모함(구형)		1	1	1	1
중순양함(구형)	4	7	11	6	
경순양함		14	14	10	10
대형함 소계	7	39	46	37	25
기뢰전함	22	40	62	23	48
구축함	76	233	309	208	190
잠수함	19	47	66	52	20
수상기모함 및 지원함정	6	20	26	18	20[b]
소형함정 소계	123	340	463	301	278
전체 전투함정 계	130	379	509	338	303
부선거(중대형)		5	5	1	
병력수송함	4	8	12	32	39[c]
병원선	4	5	9	2	6
탄약/물자수송함정 및 기타	48	58	106	22	83
연료지원함정 제외 소계	56	76	132	57	128
유류지원함	88	28	116	116	100
석탄지원함	19	8	27	32	20
연료지원함정 소계	107	36	143	148	120
전체 군수지원함정 계	163	112	275	205	248
총 계	293	491	784	543	551

a: 전쟁계획부의 요청으로 해군기지발전 연구위원회에서 분석
b: 수상기모함 척수가 포함되지 않는 것으로 추정됨 / c: 해병대 수송용 12척, 육군 수송용 27척

　　결국 신속한 진격 및 작전보안의 유지를 위해서는 중간 기착지 없이 바로 필리핀으로 바로 진격하는 것이 필요하다는 결론이 도출되었다. 그들은 이러한 논스톱 진격은 우군의 공격기도가 노출되는 것을 최소할 수 있으며, 전체 유류소모량이 상대적으로 적기 때문에 군수지원부대의 규모를 줄일 수 있는 이점이 있다고 주장했다. 함대 계획담당자들은 일본보토와 너무 근접하지 않게 북위 23도 선을 따라 일본 위임통치령을 통과, 동경 145선까지 서진 후 남쪽으로 변침하여 루존 섬의 마닐라만으로 진입하는 것으로 세부 진격경로를 확정하였다(지도 11.1 참조).

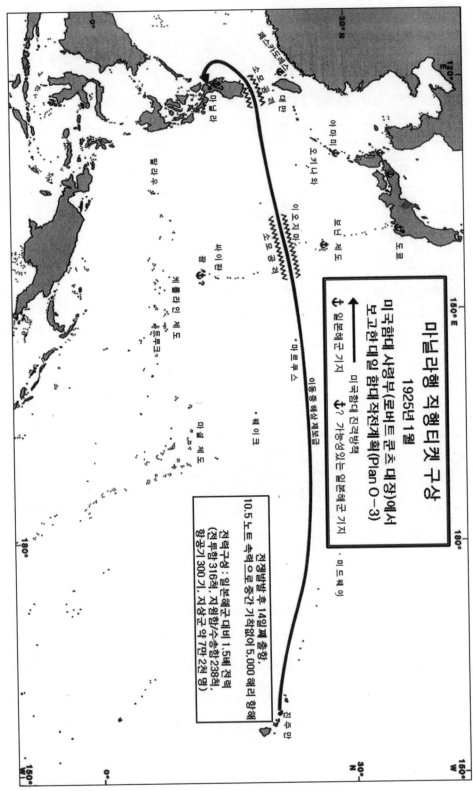

〈지도 11.1〉 마닐라행 직행티켓구상, 1925년 1월

한편 함대 오렌지작전계획 O-1의 내용 중 군수지원 및 전력방어분야는 그 내용이 매우 비현실적이었다. 이 계획에서는 적합한 섬이 없다는 이유를 들어 진격로 상에 단 하나의 보급지원기지도 정해놓지 않았다. 예를 들어 리워드 군도(Leeward Chain), 미드웨이(Midway) 및 존스턴(Johnston) 등 미국령 환초는 함대를 수용하기에는 그 규모가 너무 작다거나 적의 기습위협에 노출되어 있다는 이유 등을 들어 보급기지에서 제외하였으며, 위임통치령의 초호 역시 일본이 부설한 기뢰원 및 잠수함의 위협이 예상된다는 이유로 제외되었다.[43]

함대계획담당자들이 진격 중 재보급기지를 지정하지 않았다는 사실을 확인한 참모총장실 전쟁계획부는 진격 중 재보급을 위한 적절한 방안을 강구할 필요가 있다고 조언하였다.[44] 이에 대해 함대계획담당자들은 동경 160도를 전후한 해점(웨이크와 마르쿠스의 중간 해점)에서 해상재보급을 실시할 것이며, 소형함은 좀 더 서진한 후에 재보급하거나 대형함이 예인하는 방안을 이용할 것이라 답변하였다. 그러나 어떻게 해상에서 재보급을 실시할 것인가에 대한 구체적인 방안은 내놓지 못했다. 1920년대 내내 해군이 연구했던 해상보급방식은 전함이나 대형함이 유류지원함을 저속으로 예인하면서 유류호스를 이용하여 연료를 이송하는 함미예인보급방식으로서, 절차가 복잡하고 보급 중 속력을 15노트 이상 낼 수 없어 시간이 오래 걸리는 방식이었다. 구축함의 경우 유류지원함 현측에 계류하여 연료를 보급하는 방법(구축함 계류에 필요한 설비는 몇몇 유류지원함에만 설치되었다)이 이후에 개발되었으나, 해상보급방식의 획기적 개선은 1938년이 되어서야 이루어지게 되었다.[45]

수백 척의 함정으로 구성된 미아시아원정군 전체가 태평양을 횡단한다고 가정할 경우 함정들이 넓은 해역에 광범위하게 산개되기 때문에 이를 일사불란하게 통제하기가 매우 어려울 것이었다. 그리고 수송함정에 탑승한 육군은 북태평양의 높은 파도에 시달려야 했다. 최악의 상황은 일본이 속력이 빠른 최신 전투순양함을 이용하여 이동중인 수송선단을 기습하는 것이었다. 쿤츠 사령관은 수송선단 호송함정들을 이용하여 일본 해군의 기습을 차단한다는 계획을 세웠지만, 일본의 최신 전투순양함들은 미국의 소형 호송함을 단숨에 격파하고 수송선단을 격침시킬 가능성이 매우 높았다.

이러한 전망에 따라 미국의 주력함대는 불가피한 상황이나 적 주력함대를 격파할 수 있는 호기를 잡는 경우를 제외하고는 이동 중에 일본 함대와 전투는 회피하는 것이 바람직하다고 판단되었다. 그러나 함대계획담당자들은 일본은 미 함대를 자신들에게 유리한 일본 본토 근해로 끌어들이기 위해 대양에서 함대결전은 지양하는 대신, 미 함대가 태평양을 횡단하는 동안 지리적 이점을 활용하여 지속적으로 전술적 공세를 펼칠 것이라 예측하였다.

함대 계획담당자들이 판단한 일본이 구사할 단계별 소모전략의 양상 및 그 대응방안을 간단하게 살펴보면 아래와 같다. 함대 오렌지작전계획 O-3에서는 일본 잠수함은 하와이에서 출항할 때부터 은밀하게 미 원정함대를 추적할 것이며, 위임통치령의 환초에 잠복한 구축함 등의 소형함정은 이동 중인 미 원정함대를 교란할 것으로 판단하였다. 또한 일본 해군은 위임통치령의 주요 섬에 방어전력을 배치하여 미 원정함대가 이곳을 활용할 수 있는 가능성을 원천봉쇄하려 할 것이었다. 그러나 미아시아원정군이 항공정찰을 적극적으로 활용하고 함대의 '전초전력'을 공세적으로 운용한다면 일본의 이러한 기도를 사전에 분쇄할 수 있다고 판단되었다. 이후 미 원정함대가 -일본이 점령할 것이 확실시 되는- 괌 및 보닌 제도에서 수백 마일 떨어진 이오지마 서남부 해역에 도착하게 되면 일본은 잠수함과 육상기지 항공기를 이용하여 미 함대를 공격할 것이었다. 그러나 원정함대는 대공경계진을 구성, 적의 항공공격을 방어하고 및 항공모함 랭글리(Langley)의 함재기, 주력함 탑재기 및 수상기 등으로 구성된 '강력한 항공전력'을 활용하여 일본의 항공공격을 물리칠 수 있을 것으로 판단되었다. 마지막으로 서진하던 함대가 좌현으로 변침하여 필리핀의 마닐라만으로 향할 때 대만 및 루존 섬에 전개한 육상기지 항공기의 항공공격을 받을 가능성이 있었다.[46] 다행히도 함대 오렌지작전계획 O-3은 이 시점에서 그 내용이 마무리되었다.

종합적으로 판단해 볼 때 1925년판 함대 오렌지작전계획 O-3는 그 성공가능 여부를 고려하지 않은 채 실현가능성이 없는 정치적 목표를 무리하게 군사전략에 적용시킨 결과물이었다. 장거리 순항에서 오는 여러 가지 문제점 및 지정학적 열세를 안은 채 원정함대가 신속한 태평양 횡단을 강행하는 것은 미국의 함대전력과 군수지원부대에게는 자살행위나 마찬가지였다. 결국 이 사건을 계기로 해군은 육군 역시 미일전쟁계획의 향방에 상당한 영향을 끼칠 수 있다는 것을 깨닫게 되었으며, 이후 오렌지계획을 연구할 때는 육군의 의견을 진지하게 고려하기 시작하였다.

1925년 이후 전략계획수립에 부담을 주었던 정치적 목표의 즉흥적 변화가 점차 약화됨에 따라 해군 내에서 최소한 고정된 지상목표(fixed target)의 방어를 기동의 자유(freedom of maneuver)보다 우선시하는 태도는 점차 사라지게 되었으며, 1940년이 될 때까지 이러한 일이 다시 발생하지는 않았다. 그러나 1940년에서 1941년간 정치적 결정이 다시금 대일전쟁의 1단계 작전방향에 큰 영향을 주게 되었다.

일본의 세력 확장을 억제한다, 일본을 봉쇄하기 위한 연합전력을 구축한다는 등의 정치·외교적 구상이 태평양전략에 영향을 미치게 되었던 것이다. 그리고 정치적 결정에 따라 군사전략의 방향을 바꾸었던 1920년대 상황이 태평양전쟁 중인 1944년에도 그대로 반복되었다. 당시 루즈벨트 대통령은 맥아더 장군의 끈질긴 요청에 따라 아무런 군사적 이점이 없다는 해군의 반대에도 불구하고 루존 섬을 해방하고 필리핀 남부에 해군기지를 건설한다는 전략방침을 결정하였던 것이다(제30장 참조).

1920년대 중반 참모총장실에서는 급진론자의 대표 격인 쿤츠 미 함대사령관에게 대일 함대작전계획의 작성을 맡기는 우를 범하였다. 1925년 10월, 쿤츠 제독이 미 함대사령관에서 물러나자 전간기 미 해군에서 가장 비현실적인 계획이었던 물불을 가리지 않는 함대진격계획은 사라지게 되었으나, 필리핀행 직행티켓개념은 미일전쟁 2단계의 기본 전략개념으로 계속해서 살아남게 되었다. 그러나 직행티켓개념은 태생적으로 실현될 수 없는 운명이었다. "서태평양에 최단시간 내 일본을 압도할 수 있는 전력을 전개시킨다"[47]라는 1923년 합동위원회의 지침은 그 자체가 모순적이었다. 전간기 내내 계속된 미국의 정치권의 고립주의적 성향과 1920년대 말부터 불어 닥치게 되는 세계대공황으로 인한 경제적 침체를 고려할 때 일본군을 압도할 수 있는 전력을 단기간에 구성하는 것도, 최대한 신속하게 전쟁전구로 이동시키는 것도 현실적으로 불가능하였기 때문이다. 그럼에도 불구하고 이후 10여 년간, 양자를 동시에 달성하는 것은 불가능하다는 것을 완전히 깨닫게 될 때까지 미국의 계획담당자들은 이 풀리지 않는 수수께끼를 해결하기 위해 그들의 모든 정력을 쏟아 붓게 된다.

12. 미국의 계획수립 방식 : 전문가집단

1920년대 말이 되면 급진론자들이 해군 고위직에서 대부분 물러나게 되면서 대일전쟁계획 수립에 좀 더 체계적인 방식이 정착되기 시작하였다. 우드 총독과 쿤츠 사령관은 더 이상 대일전략 분야에 대한 간섭할 수 없게 되었으며, 급진론자의 대표 격인 윌리엄 로저스(William Rodgers) 제독이 해군연구소(Naval Institute) 소장으로 임명되어 일반위원회를 떠난 이후에는 일반위원회의 강경한 요구사항도 점차 줄어들게 되었다.

이후 일반위원회는 대일전략 계획분야에 거의 관여하지 않게 된다. 그리고 1920년대 후반에는(1931년 만주사변 발발 이전까지) 미일관계가 비교적 소강상태였기 때문에, 이 기간 중 재임했던 캘빈 쿨리지(Calvin Coolidge) 대통령과 허버트 후버(Herbert Hoover) 대통령은 대일전쟁계획에 거의 관심을 보이지 않았고, 대통령의 민간 안보보좌관과 육·해군장관 역시 마찬가지였다. 육군의 장군들은 마닐라를 구원한다는 비현실적인 계획을 접고 국지적인 급변사태대응계획을 발전시키는데 관심을 돌렸다.

이 시기, 에벌(Edward W. Eberle) 제독에서 찰스 휴스(Charles F. Hughes) 제독, 윌리엄 프랫(William V. Pratt) 제독으로 이어진 3명의 해군참모총장 역시 전쟁계획수립에 별다른 관심을 보이지 않았으며, 특히 프랫 총장의 경우 전쟁계획수립활동에 적대감을 보이기까지 하였다. 이렇게 해서 이 기간 동안 오렌지계획의 작성책임은 육·해군 전쟁계획부와 합동기획위원회(JPC)에 속한 전략기획담당자들에게 전적으로 위임되었다.

해군의 경우에는 참모총장실 전쟁계획부의 체계적인 지도감독 하에 해군 전부서의 노력을 규합하여 전쟁계획을 작성하는 것으로 그 기능범위가 확대되었다. 이제 전쟁계획수립에 필요한 충분한 시간적 여유를 가지게 된 계획담당자들은 이전의 각 부서 간 상호 견제가 아닌 각 부서 간 협조를 통해 적절한 해결방안을 도출함으로써, 전쟁계획수립과정에서 발생할 수 있는 불필요한 논쟁을 피하려 하였다.

한편 당시 계획담당자들은 해군에서 일반적으로 인정되는 대전략의 범위를 벗어나지 않는 방향으로 신중하게 작전계획을 구상하였다. 그리고 직행티켓방안의 극단적인 호전성은 삭제하되, 이 방안의 핵심개념인 속도의 강조 및 적의 심장부 관통이라는 개념은 유지하는 등, 타협안을 도출하여 급진론자와 점진론자 간의 상호 대립문제를 해소하려 하였다. 무엇보다도 이 기간 중 일본 본토를 공격하는 미일전쟁 마지막 단계의 작전계획을 완성하고 미일전쟁의 종결조건을 도출해 냄으로써, 향후 제2차 세계대전 중의 계획담당자들이 이를 참고하여 태평양전쟁의 마지막 작전단계를 정확히 구상할 수 있도록 기반을 조성해 주었다.

1920년대 후반, 해군에서 전쟁계획수립절차가 크게 발전하게 된 것은 육군의 태도전환에 힘입은 바가 컸다. 당시 육군은 오렌지계획 구상의 초창기와 같이 해군이 구상한 대일전쟁전략을 그대로 수용하는 태도를 취하였는데, 그들은 해군에서 작성한 세부적인 태평양 공세일정을 그대로 승인하였다.[1]

육 · 해군은 대일전쟁계획수립 중 협력의 상징으로 동원령선포일 및 전쟁개시일을 육군이 사용하는 M일로 통일하기로 합의하였으며, 미일전쟁 발발 시 미군전체를 지휘할 미합동아시아군 사령관의 명칭은 해군식(CinCUSJAF)으로, 사령부의 명칭은 육군식(GHQ)으로 표기하는데 동의하였다.[2] 그리고 합동기획위원회에서 관련문제를 토의할 때 해군담당자들의 솔직한 태도에 감명을 받은 육군전쟁계획부의 대령들은 해군 담당자들에게 전시 "전폭적인 항공전력을 지원해줄 용의가 있다"는 말을 던지기까지 하였다. 또한 해군이 주도하여 작성한 오렌지계획은 그 내용이 "탁월하다"고 말하며 이에 적극 찬동하였다.[3]

그러나 육군본부는 해군이 주도하는 해양전쟁에서 육군이 부차적 지위를 점하는 것에 대해 계속 불만을 가지고 있었으며 이러한 불만은 제2차 세계대전 때까지도 해소되지 않았다. 결국 제2차 세계대전 중 육군은 태평양전구를 2개의 전구로 나누는 무리한 방법을 사용하게 된다.

그리고 미일전쟁 발발 시 미군전력을 총지휘할 사람이 누가 될 것인가는 언제나 매우 민감한 논쟁거리였다.

1924년 합동기획위원회는 해상전투가 태평양전쟁의 승패를 결정할 것이기 때문에 미 함대 사령관이 미군 공세전력 전체를 지휘하고 해군장관을 거쳐 대통령에게 보고하는 것이 타당하다고 건의하였다. 그러나 육군의 장군들은 이에 크게 반발하였으며, 육·해군으로 구성된 합동 참모단을 갖춘 독립사령부를 구성, 미일전쟁을 지휘하게 해야 한다고 주장하였다. 이후 계획담당자들은 기본적으로 해양작전 지휘는 해군 제독이, 지상작전의 지휘는 육군 장군이 맡되, 어느 한 쪽의 작전에 전쟁의 '핵심적 이익'이 걸려있을 경우 군별 개별 지휘는 잠시 중단하고 해당 작전의 주도지휘관이 육·해군을 통합 지휘하는 공동지휘방식을 제안하기도 하였다.

예를 들어 먼저 해군이 주도하여 일본 본토를 봉쇄하고, 봉쇄작전이 실패할 경우에는 육군의 주도로 대륙에서 추가초치를 시행하여 일본이 평화를 구걸하도록 강요한다는 것이었는데[4] 당시 중국이나 일본 본토에서 지상작전이 가능하다고 생각하는 사람은 아무도 없었기 때문에 육군에게는 별다른 의미가 없는 방안이었다(제14장 참조).

다음으로 육군본부에서는 최초 대일공세 시부터 루존 섬과 같은 요새화된 기지에 도착할 때까지는 해군의 제독이 총사령관이 되어 육·해군의 모든 공세전력을 지휘하고 그 이후부터는 육군의 장군이 지상군부대에 대한 지휘권을 행사한다는 지휘권의 단계별 전환방안을 제안하였다. 그러나 이번에도 육군의 고위 장군들이 육군병력에 대한 지휘권은 언제나 육군이 보유해야 한다고 주장하며 이 방안에 반대하였다.

이후 육군의 장군들은 특정작전 중, 꼭 필요한 경우에 한해서 해군지휘관이 육군병력을 지휘할 수 있다는 조건 하에 이를 수용하였으며, 태평양 전쟁은 해군이 주도하는 대신 대서양 전쟁은 육군이 주도해야 한다고 주장하였다. 결국 합동위원회에서는 미일전쟁 시 지휘권을 단계별로 전환하는 지휘통제 원칙을 적용하기로 결정하였으며, 이러한 결정은 제2차 세계대전이 발발할 때까지 변경되지 않았다. 그리고 육군은 미일전쟁 시 핵심구역의 방어는 자신들이 책임지고 있다는 것을 강조하기 위해 일본의 공격가능성유무에 따라 미국의 해외영토 및 해안에 등급을 부여하였다. 육군이 부여한 등급 중 A부터 C급까지는 실제적으로 적의 공격가능성이 희박한 해안지역, D급(파나마 및 하와이)은 적의 기습 대상, E급(알래스카 및 사모아)은 적의 점령 대상이 었다.[5]

한편 1920년대 후반 해군계획담당자들이 적극적인 자세로 미일전쟁계획의 준비를 주도하게 됨에 따라 육군에서는 자군 역시 전쟁준비에 일정한 역할을 담당해야 한다는 위기의식이 생겨나게 되었다. 해군의 전쟁계획 수립활동에 자극을 받은 육군은 미일전쟁에서 해군의 주도적인 역할을 시기한 나머지 엄청난 예산이 필요하나 연방의회에서 승인해줄 가능성이 거의 없는 비현실적인 계획을 수립하게 된다. 이때부터 육군본부는 오렌지계획에 미 본토를 방어할 육군 예비군의 규모를 포함시켜야 한다고 주장하기 시작하였는데, 이들이 주장한 예비군의 규모는 1920년대 오렌지계획에서는 25만 명이었으나 이후 50만 명으로, 최종적으로는 120만 명까지 늘어나게 되었다.[6]

그러나 해양을 주전장으로 하는 미일전쟁에서 지상군은 몇십만 명이면 충분할 것이라는 사실은 누구나 인정하는 사실이었다. 육군이 예비군 병력의 확충을 주장한 근거는 영국(익명 'Red')의 침입을 방어하거나 기타 미국을 위협 수 있는 국가를 견제한다는 명목이었다. 육군은 일본으로 향하는 제3국 선박을 봉쇄하는 과정에서 통상교역문제를 놓고 영국과 무력충돌이 발생할 수도 있다고 판단하였으며, 미국의 태평양 점령은 필연적으로 영국을 전쟁으로 끌어들일 것이라 가정하였다. 결국 육군계획담당자들은 해양작전에 관한 내용은 하나도 포함시키지 않은 채 당시 세계 제일의 해군력을 자랑하던 영국과의 전쟁에 관한 청사진, 즉 "레드전쟁계획(War Plan Red)"을 자체적으로 작성하였다.

육군은 영국과 전쟁이 발발할 경우 대서양은 영국에게 내준 다음 태평양에서 일본에 대한 공세를 취소하고 해군은 본토 해안방어에 투입하며, 해병대는 영국의 공격으로부터 미국의 해외 기지를 방어하는 임무에 투입한다고 계획하였다. 육군이 작성한 레드전쟁계획의 핵심개념은 해상과 지상을 통하여 46만 명의 육군병력을 영국의 자치령인 캐나다로 투입하여 영국에 정전 협상을 강요한다는 것이었다.

그러나 해군은 이러한 육군의 구상을 회의적으로 보았기 때문에 레드전쟁계획과 일본과 영국이 동맹하여 미국과 싸우게 되는 상황을 가정한 레드-오렌지전쟁계획(Red-Orange Plan)은 육·해군 합동으로 완성했다기보다는 단순히 해군의 의견을 참고하여 육군이 독자적으로 작성한 것에 불과하였다. 1930년, 결국 합동위원회는 -캐나다가 중립을 선언할 경우 육군의 캐나다 침공계획은 무용지물이 된다는 해군의 예측을 무시한 채- 육군이 작성한 레드전쟁계획과 레드-오렌지전쟁계획을 승인하게 된다.

이후에도 육군은 비현실적인 대영전쟁계획의 연구를 1939년까지 계속하였으나 해군은 더 이상 별다른 관심을 보이지 않았다.[7] 한편 일본과 영국 동맹에 대항하여 대서양과 태평양에서 동시에 전쟁을 치른다는 육군의 연구는 제2차 세계대전 시 실제로 적용된 양대양전략계획(two-ocean plans)을 구체화하는데 큰 도움을 주었다고 일부 역사학자들이 주장하기도 했지만 이것은 그다지 설득력이 없다. 영국과 전쟁 시 캐나다를 볼모로 삼기 위해 미국과 캐나다의 국경으로 진격한다는 당시 육군의 계획은 제2차 세계대전 시 -영국을 포함한- 유럽의 연합국들과 협력하여 독일을 격파하기 위해 대서양을 가로질러 지상, 해상 및 항공전력을 투입한 사실과는 아무런 연관성이 없기 때문이다.

육군이 어떠한 분야에 관심을 보이든지 간에, 해군전쟁계획부의 주요 관심은 여전히 태평양에서 일본의 침략에 대항하기 위한 오렌지전쟁계획이었다. 여러 해군참모총장의 무관심 속에서 "스스로 살아남아야 했던"[8] 전쟁계획부는 능력이 출중한 부장들과 선임부서원들의 관리 아래 경쟁력 있고 자신감 넘치는 부서로 변모하였다.

1923년 중반, 에벌 참모총장은 미 함대사령관 재직시절 전함전대 사령관이었던 윌리엄 슈메이커(William Rawle Shoemaker) 소장을 전쟁계획부장으로 임명하였다. 슈메이커 부장은 이전에 오렌지계획의 작성을 담당했던 일반위원회에서 두 번이나 근무한 적이 있었으며, '군수계획수립절차'를 해군에 도입한 공로로 해군십자훈장을 받은 사람이었다. 그는 윌리엄 파이(William S. Pye) 대령과 윌리엄 스탠들리(William H. Stadley) 대령을 영입하여 전쟁계획부의 능력을 한층 더 향상시켰다.[9] 또한 참모총장을 설득하여 전쟁에 필요한 군수물자 및 자원의 준비에 중점을 둔 계층적 계획수립체계(heirarchical planning system)를 도입하기도 하였다.

예컨대 당시 모든 전쟁계획의 수립은 "평화 계획(Peace Plan)"이란 익명이 붙은 해군 기본전쟁준비계획(the Basic Readiness Plan) WPL-8을 기초로 하여 시작되었다. 그리고 전시 동원 및 군수에 관한 긴급지침이 수록된 기본전쟁운영계획(A Basic War Operating Plan) WPL-9이 있었다. 이를 토대로 전쟁계획에서 가장 핵심이 되는 기본전략계획이 만들어졌다. 함정을 건조하려면 각 분야 전문가의 능력을 빌려서 함께 작업을 진행해야 하는 것과 마찬가지로 전체적인 오렌지계획을 완성하기 위해서는 해군의 모든 부국(部局), 지상의 해군구(海軍區), 각종 위원회 및 함대에서 각 분야의 세부적인 지원계획을 작성해야 했다. 이러한 계층적인 계획수립과정을 거치게 되면 번잡한 문서작업이 많은 부담이 되긴 하였지만 에벌 참모총장이 언급하였듯이 전쟁계획수립은 매우 중요하고 복잡한 업무이기 때문에 "문서 몇 장이나 단어 몇 개로 끝낼 수 있는 문제가 아니었다."[10]

슈메이커는 이전부터 점진론을 지지하는 사람이었지만 그가 전쟁계획부장으로 재직하던 시기는 아직까지도 급진론자들이 해군을 장악하고 있던 시기였기 때문에 미일전쟁에 대비하기 위한 현실적인 분석결과를 내놓을 수 없었다. 1924년 여름, 슈메이커의 뒤를 이어 전쟁계획부장이 된 스탠들리는 함대사령부 참모로 많이 근무한 장교였다.

그는 전쟁계획부장으로 근무하는 동안 이전 상관이었던 쿤츠 미 함대사령관이 대일 함대작전계획을 비현실적인 직행티켓계획으로 변경하는 것을 저지하지 않고 수수방관 하였다. 그러나 스탠들리는 이후 육군인사들과 활발히 교류하였고 해군의 다양한 부서에 근무함으로써 상당한 전략적 안목을 갖추게 되다.[11] 8년 후 해군참모총장이 된 스탠들리는 함대사령부에 대일 함대작전계획을 발전시키는 임무를 부여하여 함대사령부를 계획수립조직으로 재통합시키는데 성공하였는데, 이 방식은 제2차 세계대전 시 실제로 적용된 방식이었다.

점진전략에 입각한 오렌지계획의 대폭적인 수정은 1926년 스탠들리의 후임으로 취임한 파이 부장의 지도 아래 시작되었고, 그해 말 프랭크 쇼필드 소장이 참모총장실 전쟁계획부장으로 임명되면서 이러한 작업은 더욱 가속화되었다. "인간적으로는 냉정하지만 계획수립업무에 관해서는 치밀하고 논리적이다."라는 평가를 받은 쇼필드는 과묵하지만 넓은 시야를 가진 탁월한 분석가였다. 그는 건강상태가 그리 좋지 않았지만 해군대학 재학시절 능력 있는 장교들과 맺은 인맥 덕분에 인기 있는 참모보직을 맡을 수 있었다. 또한 제1차 세계대전 시, 심스 유럽주둔해군 사령관 밑에서 근무하였고, 베르사이유 평화회담 시에는 해군대표인 벤슨 제독을 보좌하였다. 그리고 1920년대 초반에는 일반위원회에서 직행티켓전략지지자들의 대변인 역할을 하기도 하였다.[12]

전쟁계획부장이 된 후 그는 부서원을 10~12명으로 늘리고 각 부서원을 전투준비태세(readiness), 군수(logistics), 기지(bases), 상륙전(landings) 및 항공(aviation) 등 각 전문분야에 따라 8개의 반으로 나누어 배치하였다. 각 반은 Op-12-A, Op-12-B 등의 방식으로 약칭을 부여하고 오렌지전략반에서 각 분야의 세부계획의 작성을 총괄하여 감독하였다.

그러나 각 반의 편성인원은 고정된 것이 아니어서 모든 부서원은 필요에 따라 반을 이동하여 활동하였다. 또한 전쟁계획부는 전쟁계획분야뿐 아니라 평시전력수준, 함정 및 항공기 설계, 훈련 등 분야에 관해서도 참모총장을 보좌하였으며, 당시 전쟁계획부에서 작성한 연간 정세판단서(annual estimate)는 해군 예산편성의 기본 자료로 활용되기도 하였다.[13]

1927년, 쇼필드 소장은 제네바 군축회담(Geneva Naval Conference)에 참가하게 되는데, 회담 참가 이전과 참가 후 두 번에 걸쳐 오렌지계획의 대폭적인 수정을 총괄하여 감독하였다. 첫 번째 대폭적인 수정 시 전쟁계획부장의 선임보좌관은 바로 파이였다.

파이는 1918년에 전투함대 사령부의 전쟁계획실무자로 근무한 경험이 있었으며, 미일전쟁을 백인종대 황인종의 대결로 단순화하는 경향이 있긴 했지만 전략적 식견은 풍부한 사람이었다.[14] 1927년 두 번째 대일전계획의 수정 시에는 프레더릭 혼(Frederick J. Horne) 대령이 선임보좌관이었는데 그 역시 해군대학을 졸업하였고, 일본에서 근무한 경험을 바탕으로 일본 해군에 관한 책을 쓰기도 한 장교였다.

무엇보다도 그는 해군항공병과였기 때문에 전쟁계획수립 시, 항공분야 전문지식을 반영하는 데 많은 도움을 주었다. 쇼필드 부장은 육군과 마찰이 생기는 것을 원치 않았는데, 다행히도 그의 보좌관들은 '매우 현실적이고 격식을 차리지 않는' 사람들이라 육군 전쟁계획부의 대령들과 별다른 마찰이 없이 지낼 수 있었다(프레더릭 혼은 50년간 해군에 근무하면서 제2차 세계대전 시에는 해군

전력획득 및 군수정책을 책임지는 해군참모차장을 역임하기도 하였다)[15].

1927년 내내 해군전쟁계획부는 육군전쟁계획부와 함께 미일정세연구를 진행하였는데, 이 연구결과는 1928년 1월 합동기획위원회에서 발행한 방대한 양의 합동미일정세판단서(Joint Estimate of the Situation- Blue Orange)로 구체화되었다. 이후 육·해군 간 얼마간의 추가적인 논의를 거친 후 1928년 7월, 합동위원회 및 육·해군장관은 합동정세판단서의 요약본을 합동기본오렌지전략계획의 개정판으로 승인하였다. 1928년 합동기본오렌지전략계획의 해군지원계획은 다음해인 1929년에 작성되었는데, 전체 분량이 4권이었고 그중 군수분야의 내용만 해도 100페이지가 넘었다. 뒤이어 각 함대 및 육상사령부에서도 군수분야를 주로 수록한 세부지원계획을 작성하여 제출하였다.[16] 1929년 대폭 개정된 해군 오렌지전략계획은 자주 수정되긴 했지만 큰 틀은 계속 유지되었으며, 1938년까지 해군의 공식 전쟁계획으로 명맥을 유지하였다.

1920년대 후반에 미 해군 내에서 정력적으로 이루어진 계획수립과정은 장점과 취약점을 모두 가지고 있었다. 먼저 1945년 실제로 시행된 미일전쟁 3단계 전략의 틀이 이 시기에 세부적으로 마련되었다(제14장 참조). 반면에 계획담당자들은 2단계 전략수립 시, 현실성이 떨어지는 직행티켓구상의 잔재를 완전히 털어내지 못하였다. "힘은 전력과 시간의 합으로부터 산출된다." 라는 쇼필드의 주장에 따라 계획담당자들은 미국의 상대적인 힘은 전쟁발발 직후 최고가 되며, 시간이 지날수록 일본에 유리하게 될 것이라 보았다. 그들은 신속한 진격으로 전쟁 초반 승리를 거두어 미국민의 사기를 대폭 고양시킬 경우 미일전쟁을 2년 정도 지속할 수 있을 것이라 가정하였는데, 결국 점진적인 진격은 국민여론의 지지를 받지 못할 것이라 판단한 것이다.[17]

쇼필드가 떠난 이후 5년간 전쟁계획부는 다시금 암흑기에 접어들게 된다. 자유로운 분위기에서 탁월한 능력을 발휘했던 계획수립전문가들은 1930년대 초반부터 평범한 장교들로 교체되었다. 1929년, 군을 떠날 날이 몇 달 남지 않은 메를린 쿡(Merlyn Grail Cook) 대령이 계획부장으로 부임하였는데, 그에게 이 보직은 잠깐 머물러가는 자리에 불과하였다.[18] 그 뒤를 이어 전쟁계획부장이 된 몽고메리 테일러(Montgomery Taylor) 소장은 취임 당시 제독으로 진급한지 7년이나 된 사람이었다.

그는 계획분야의 전문지식은 그리 뛰어나지 못했으나 상륙작전 및 봉쇄작전 연구에는 많은 관심을 보였기 때문에 이 분야의 연구에는 어느 정도 도움을 주었다.[19] 그러나 테일러 제독은 전쟁계획부장으로 재임한 2년 동안 오렌지계획의 발전에 이렇다 할 공헌을 하지 못하였다. 그는 미국은 일본과 친선관계를 유지해야 하며 일본의 중국지배는 당연한 것이라 생각하고 있었는데, 이 때문인지는 몰라도 오렌지계획의 수정 업무를 가장 나이어린 부서원에게 맡겨 버렸다. 그리고 당시 휴스 참모총장은 이제까지 해오던 관례와 달리 전쟁계획부를 배제하고 일반위원회에 정책지침을 요청하였다.

휴스 제독에 이어 참모총장이 된 프랫 제독은 전에 전쟁계획부에서 근무한 경험이 있었으며, 해군대학총장까지 역임한 사람이었다. 그러나 프랫 참모총장 역시 후버 대통령의 반전주의 및 국방예산삭감에 적극적으로 동조하였다. 1931년, 프랫 참모총장은 해군의 가용 함정수의 부족으로 인하여 오렌지계획을 실제로 실행하는 것은 불가능하다고 공식적으로 언급하였으며, 전쟁계획부는 기본업무 및 작전과 관련된 사소한 문제들을 다루는 조직으로 감축시켜 버렸다.[20]

그의 재임기간 동안 보직되었던 4명의 전쟁계획부장은 단지 조직의 관리자에 불과하였다. 테일러 소장의 후임으로 부임한 에드워드 칼퍼스(Edward C. Kalbfus) 소장 -그는 앉아있던 의자가 부서졌다는 일화가 있을 정도로 몸집이 매우 비대하였다- 은 당시 해군에서 탁월한 전략교관으로 이름을 날리고 있었으며 이후 해군대학총장 및 해군역사국장을 역임하기도 한다. 그러나 전쟁계획부장으로 재직한 6개월간은 의자에 엉덩이를 진득이 붙인 채 아무 일도 하지 않았다.[21]

그다음 전쟁계획부장인 조지 메이어스(George Julian Meyers) 대령은 육군대학 및 해군대학을 모두 졸업한 자원이었으며 전략에 관한 글을 가끔 쓰기도 했지만, 전쟁계획부장으로서는 "아무런 업적이 없었다."는 평가를 받았다.[22] 더욱이 그는 1932년 침착한 대응이 요구되는 상황에서 급진론을 주장하여 프랫 참모총장의 눈 밖에 나게 되었다.

프랫 참모총장은 곧바로 그를 해임하고 장고 끝에 점진론자였던 사무엘 브라이언트(Samuel W. Bryant) 대령을 후임자로 임명하였다. 그러나 브라이언트 부장은 1933년 프랫 참모총장이 물러나고 나서야 비로소 지난 몇 년 동안 발전이 정체된 오렌지계획의 개정에 착수할 수 있었다 (제16장 참조).

1924년부터 1933년까지 10년간 재임한 해군참모총장들은 전쟁계획의 준비라는 책임을 말 그대로 방치하였다. 이 기간 동안 오렌지계획의 수준은 평범한 정도 이거나 수준미달이었으며, 가장 활발히 활동했던 1920년대 후반의 계획담당자들 조차도 전쟁계획에서 급진론의 잔재를 완전히 털어내지 못했다. 그러나 한 가지 확실한 사실은 앞에서도 언급하였듯이 이 기간 중에 오렌지계획 내에 미일전쟁 승리의 관건이 되는 주요개념, 특히 군수지원분야 및 3단계 전략개념이 확립되었다는 것이다.

한편 1925년 쿤츠 제독이 퇴임한 이후로 미 함대사령부는 더 이상 오렌지계획의 작성에 관여하지 못하게 되었다. 쿤츠 제독 이후 모든 미 함대사령관은 대일 공세작전계획인 함대 오렌지 작전계획 O-1을 작성하여 제출하라는 참모총장실의 정기적인 요구를 모두 거부하였고, 함대사령부에 유능한 계획수립요원을 충원시켜 주겠다는 참모총장실의 제안도 거절하였다.[23]

1930년, 쇼필드 제독은 미 함대사령관이 되는데, 그 자신이 유능한 전략기획자였을 뿐 아니라 로열 잉거솔(Royal E. Ingersoll) 대령이나 로버트 곰리(Robert Ghormley) 대령과 같은 유능한 계획수립분야 유경험자들을 함대참모로 데리고 있었음에도 불구하고 함대작전계획을 작성하지 않았다.[24] 역사학자들은 이러한 미 함대사령부와 참모총장실 간의 불협화음의 원인을 당시 해군관료조직 간의 대립 및 경쟁관계 때문으로 파악하고 있다.

한편 1920년대 후반에 들어서면서 필리핀 구원에 대한 육군의 열정이 약해졌음에도 불구하고 여전히 해군성은 육군과의 마찰을 피하려했기 때문에 직행티켓전략의 폐기 여부에 관한 논의를 진행하지 않았다. 만약 당시 미 함대사령관이 직행티켓전략은 잘못된 전략이라고 주장했더라면 해군참모총장은 별다른 이견 없이 이를 인정하였을 것이며, 육군 역시 미일전쟁을 실제로 주도하게 될 미 함대사령관의 의견에 이의를 제기하기는 어려웠을 것이다(평시 육군에는 해군의 미 함대사령관만큼 대일전략에 큰 영향력을 발휘할 수 있는 고위장교가 없었다. 그리고 미일전쟁 발발 시 미 육·해군을 총지휘하게 될 미합동아시아군(USJAF) 사령관은 M일이 되어야 임명하는 것으로 되어 있었다)[25].

전쟁계획수립기능을 직접 관할하려는 쿤츠 미 함대사령관의 시도가 실패로 돌아간 이후 해상지휘관들은 이 "뜨거운 감자"를 더 이상 쥐고 있으려 하지 않았으며, 이후 1933년까지 함대 오렌지작전계획은 작성되지 않았다. 워싱턴의 전쟁계획부에 필적할 만한 우수한 계획수립장교들이 함대에 배치되기 시작한 1930년대 후반 이후에야 미 함대사령관은 비로소 전쟁계획수립에 다시금 영향력을 발휘할 수 있게 된다.

13. 그나마 나은 방안

1923년에서 1925년간 미국 군부를 휩쓸었던 일본과의 전쟁 시 마닐라를 구원해야 한다는 일대 광풍이 잦아지고 나자 계획담당자들은 태평양전쟁 시 실제로 미국의 지도자들이 직면하게 되는 현실적인 제약사항들을 인식하기 시작하였다. 동원령 선포 후 전력을 조직하고 이 전력을 태평양을 횡단하여 이동시키는 일은 예측보다 훨씬 오랜 시간이 필요할 것이며, 서태평양에 전진기지를 확보하고 완전한 승리에 필요한 전력을 구축하는 일도 장시간이 소요된다는 것을 깨닫기 시작한 것이다.

이러한 제약사항에 근거해 볼 때 미일전쟁은 최소한 2년 이상 지속될 것이라는 예상치가 도출되었다. 그러나 당시까지도 계획수립부서를 장악하고 있던 급진론자들은 점진론자에게 반격의 틈을 주지 않으려 하였다. 급진론자들은 마닐라나 바탄반도를 구원한다는 비현실인 내용은 계획에서 제외하되, 일본 해군을 전방위에서 압박한다는 대전략 아래 아시아로 신속히 진격한다는 직행티켓전략의 개념을 그대로 살려 대일전쟁계획을 개정하였다.

이 개정계획의 핵심내용은 최초 전략목표를 마닐라에서 그때까지 군사기지가 설치되지 않았던 필리핀 남부로 변경한 것이었다. 언뜻 생각하면 전체 이동거리가 5,000마일인 태평양횡단 진격경로 중 마지막 500마일의 최종경로만 남쪽으로 변경한 것은 그리 크지 않은 변화라고 생각될 수도 있다. 그러나 변경된 전략목표가 중요한 거점의 점령 또는 부대의 구원이 아니었기 때문에, 이때의 오렌지계획의 개정은 정치적인 결정으로 인해 미일전쟁의 2단계 전략계획에 비현실적인 군사작전이 반영되는 것을 배제시켰다는 데에 중요한 의의가 있었다. 또한 개정된 대일작전계획에는 적 방어정면에 대한 적전(敵前) 상륙작전, 제공권 장악을 위한 항공전투 등 실제로 일어날 가능성이 높은 상황들이 포함됨으로써 좀 더 현실적인 계획이 되었다. 한마디로 마닐라로 곧바로 진격한다는 비현실적인 급진전략에 비하면 그나마 나은 방안이라고 할 수 있었다.

하지만 신중함이 지나쳐 진격이 너무 지체되는 것 역시 점진전략의 본질과는 거리가 먼 것이었다. 쇼필드 제독은 지나치게 시간을 지체하는 것은 미국의 힘과 주도권을 감소시키는 반면, 일본에 충분한 전쟁 물자를 축적하고 동맹국의 지원을 끌어들일 수 있는 시간을 줄 수 있다고 주장하며 이에 반대하였다. 다시 말해서 그는 진격시간이 너무 지체될 경우 종전(終戰)의 기약 없이 국력만 소모하는 전쟁이 될 것이기 때문에 미국의 승리를 보장할 수 없다고 주장하였던 것이다.[1]

원정함대가 마닐라에 도착하기 이전에 먼저 필리핀의 외곽기지를 거친다는 구상은 1906년 첫 번째 오렌지계획을 작성할 때부터 계속 제기되었던 의견이었다.[2] 그리고 1914년, 일반위원회는 원정함대의 마닐라 공략 이전 루존 섬 남부의 항구 중 한 곳을 함대정비기지 및 군수지원부대의 안전한 대기구역으로 활용한다고 결정하였으나, 실제로 그곳에 해군기지를 건설하지는 않았다.[3] 1923년, 마닐라행 직행티켓전략이 해군의 공식 전쟁전략으로 승인되자 쇼필드 및 일부 일반위원회 위원들은 먼저 루존 섬의 필리핀 방어부대를 구원하고 이후에 필리핀 남부의 기지를 점령하면 된다는 의견을 제안하였다.[4]

1925년 이후부터 육·해군 계획담당자들은 전쟁발발 시 일본 항공전력의 위협은 점점 커지는 반면, 필리핀에 미국의 항공전력을 전개시키는 것은 매우 어렵다는 현실을 심각하게 받아들이기 시작하였다. 이때부터 육·해군 계획담당자들은 미 원정함대가 신속하게 태평양을 횡단하여 마닐라로 진격한다하더라도 일본의 공격을 격퇴할 수 없을 것이라는 생각을 가지기 시작하였다.

이러한 전망에 따라 적의 위협이 미치지 못하며, 대규모 전투를 거치지 않고도 획득이 가능한 해군기지가 필요하다는 의견이 대두되었다. 드디어 미 해군이 최단시간 내 루존 섬을 해방시킨다는 비현실적인 공상을 버려야 할 때가 온 것이다.[5] 그러나 그 당시까지도 점진론자들의 위임통치령 관통전략을 인정하지 않으려 했던 급진론자들은 태평양을 최대한 신속하게 횡단한다는 개념은 유지한 채, 첫 번째 전략목표를 마닐라에서 필리핀 남부로 변경하려고 시도하기 시작한다.

급진론자들은 필리핀 남부로 바로 진격하게 되면 별다른 전력의 손실 없이 해군기지를 확보할 수 있고 미국의 위신과 사기도 높일 수 있을 것이라 보았던 것이다. 그러나 이 방안 역시 원정함대의 신속한 진격이 가장 중요한 관건이었는데, 전쟁발발 후 1년 이상 경과된 시점에서 본격적인 공격을 개시할 경우에는 일본이 이미 필리핀 전체를 점령하고 주요 요충지의 방어를 공고할 것이 분명하기 때문에 이 방안 역시 별다른 소용이 없을 것이었다.[6]

점진론자들은 트루크 제도와 같이 바다로 둘러싸인 기지와는 달리 필리핀 남부기지는 적이 육상을 통해 사방에서 공격해 올 수 있기 때문에, 일본이 항공기지로 활용할 수 있는 주변의 섬들을 육군이 모두 점령하지 않는다면 적의 공중공격에 매우 취약할 것이며, 해상교통로의 유지 또한 어려울 것이라 보았다.[7] 슈메이커는 위임통치령을 통한 점진전략을 어떻게든 전쟁계획에 반영시키기 위한 노력의 일환으로 육군의 지원을 받지 못할 경우에는 하와이 방어를 위해 배치된 해병부대를 차출하여 함대보급기지로 활용할 중부태평양의 환초를 점령하자고 제안하였다.

그러나 이러한 주장이 지지를 받지 못하자 그는 대일전쟁의 원활한 수행을 위해서는 함대가 통과한 직후 최소한 마셜 제도와 캐롤라인 제도는 확보해야 한다고 주장하였다.[8] 또한 일부 급진론자들도 함대가 태평양을 통과한 후에도 해상교통로를 지속적으로 유지를 위해서는 필리핀 도착 이후에 중부태평양에 기지를 확보해야 한다고 보고 있었다[9](그러나 쇼필드는 해상교통로를 유지하기 위해서 중부태평양에 기지를 확보해야 한다는 의견에는 공감하지는 않았다).

이에 따라 합동기획위원회에서는 전쟁 '초기' 위임통치령을 점령한 후 적절한 방어병력을 배치한다는 계획을 제출하였으나 원정함대의 진격을 지체시킬 수 있는 어떠한 활동에도 반대하던 합동위원회는 이 계획을 대폭 축소시켜버렸다.[10] 결국 1928년에서 1929년 사이에 작성된 최종계획에는 원정함대가 필리핀 도착 이후인 전쟁발발 4개월에서 6개월 이후에 위임통치령을 점령한다는 내용이 가까스로 포함되었다(제14장 표 참조).

원정함대의 목표가 될 필리핀 남부기지의 위치를 어디로 선정할 것인가는 최소 전쟁발발 1년간 동태평양에서 미군의 작전방향에 큰 영향을 미칠 수 있는 중요한 문제였다. 1928년, 아시아

함대에서는 전략기지로 개발이 가능한 필리핀 남부의 해군기지 후보지 3곳에 대한 사전조사를 진행하였다(지도 17.2 참조).

먼저 마닐라에서 260마일 가량 떨어져 있으며 3개의 진입수로를 보유한 팔라완의 말람파야 사운드(Malampaya Sound)가 공격작전에 가장 적합한 후보지였으나, 이곳은 일본이 반경 200마일 이내에 비행장을 건설하여 폭격기를 운용할 가능성이 높다는 이유를 들어 육군에서 반대하였다. 가장 안전한 후보지는 바로 마닐라에서 540마일 가량 떨어져 있으며 보르네오 유전지대 (Borneo oil fields)와 가까운 타위타위(Tawi Tawi)였다.

그러나 타위타위는 섬의 면적이 협소하고 대공방어 –특히 섬 후방의 대공방어– 가 어려운 지형적 특성을 가지고 있어, 조사요원의 표현대로 함대기지로 활용하기에는 무리가 있었다. 가장 적절한 후보지는 바로 민다나오 섬 남부해안의 두만퀼라스만(Dumanquilas Bay)이었다. 이곳에는 400척 이상의 함정이 묘박할 수 있는 수심이 양호한 묘박지가 있었고 수상기 이착수항로 (fairway)로 활용할 공간도 충분하였다. 그리고 부선거의 설치에 용이한 수심이 적절한 작은 만도 여러 곳에 산재해 있었다.

두만퀼라스만은 수심이 상당히 깊었기 때문에 미 함대는 적의 기뢰부설이나 적 잠수함의 공격에 대한 걱정 없이 만에 접근할 수 있을 것이었다. 그리고 지반이 단단한 해안과 배후지를 보유하고 있어 육상기지시설 및 비행장 활주로와 같은 대규모 육상시설의 설치도 용이하였다. 또한 만 입구에 이중으로 기뢰를 부설하고 주변고지에 해안포를 설치할 경우 만 내부에 정박한 함대를 손쉽게 보호할 수 있었으며, 배후는 정글로 뒤덮인 오지여서 육상을 통한 적의 공격도 어려웠다. 무엇보다도 루존 섬에서 이륙한 항공기가 이곳까지 도달하려면 400여 마일의 산악지대를 통과해야했기 때문에 적의 항공공격이 어려웠고, 이곳의 형세 또한 대공방어에 유리하였다. 결론적으로 미합동아시아군(USJAF)이 두만퀼라스만을 기지로 작전을 하게 되면 적에게 공격받을 걱정 없이 일본 항공모함의 작전을 교란할 수 있을 것이었다.[11]

합동기획위원회는 일본이 루존 섬 공략 및 외곽방어선의 강화에 집중하는 동안 미군이 두마퀼라스만을 공격하게 되면 별다른 저항 없이 손쉽게 점령이 가능하다는 의견을 피력하였다. 일본 함대는 사라토가(Saratoga)와 렉싱턴(Lexington) 등 최신 항공모함을 필두로 한 강력한 미 원정함대를 감히 공격하지 못할 것이었다. 또한 미국의 최종목적지가 어디인지 알지 못하는 일본은 본토로 접근하는 미 함대에 대응하기 위하여 일본에서 대만에 이르는 광대한 구역에 방어선을 구축하야 할 것이다[12](쇼필드는 "일본이 총연장이 수천마일에 이르는 해상을 모두 커버할 수 있는 항공기를 배치하는 것은 불가능할 것이다."라고 주장하였다)[13].

합동계획담당자들은 일본이 보유하고 있다고 판단된 총 593대의 항공기 중 상당수는 루존섬 공략에 참가해야 하고, 일부는 만일의 사태에 대비하여 항공모함에 대기시켜야 하기 때문에 일본이 민다나오 공략에 투입할 수 있는 항공기는 그 수가 얼마 되지 않을 것이라 보았다. 이에 따라 미합동아시아군(USJAF)이 필리핀 남부기지로 접근하여 이곳을 점령할 때 항공전력에서 일본에 비해 3배 정도의 우세를 점할 수 있을 것이라 판단하였다.[14]

그러나 합동위원회는 합동기획위원회의 이러한 낙관적 의견에 동의하지 않았다. 당시 좀 더 현실적인 보고에 따르면 일본은 매달 2만 명의 병력을 필리핀으로 투입할 수 있는 능력을 보유하고 있으며, 점령한 모든 항구에 방어시설을 설치할 수 있는 능력도 충분히 갖추고 있었다.[15] 그리고 육군항공단에서는 원정함대가 두만퀼라스만에 접근할수록 점차 일본의 강력한 항공공격에 직면하게 될 것이라고 우려하였다.[16]

일본 항공기의 공격 시 육군의 대공포는 모두 수면하 갑판에 적재되어있어 사용이 불가하고 수상기는 대부분 낡아서 일본 항공기에 대항하기 어렵기 때문에 미 원정함대는 항모 함재기만을 활용하여 일본의 항공공격에 대응해야 하였다. 당시 윌리엄 모펫(William A. Moffett) 해군항공국장은 미국은 아직 충분한 항공모함을 보유하고 있지 못하기 때문에 '임시' 항공모함이라도 갖추지 않으면 적의 항공공격에 대적하지 못할 것으로 우려하였다.[17] 심지어 일부 육군계획담당자들은 미합동아시아군이 필리핀 남부로 진격 시 적의 항공공격에 대항할 수 있는 충분한 항공기를 보유하고 있는지 조차 회의적인 시각으로 보고 있었다.[18]

쇼필드 전쟁계획부장은 두만퀼라스만 주변에 배치될 일본의 방어선을 돌파할 수 있는 구체적 방안의 수립하기 위해 부서원들을 모아 연구를 시작하였다(지도 13.1 참조).

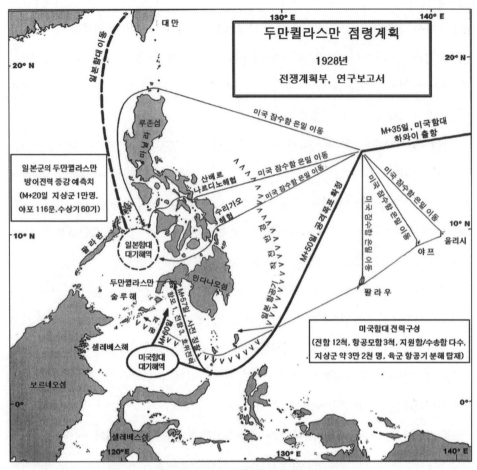

지도의 텍스트:

130° E 140° E
20° N 20° N

두만퀼라스만 점령계획

1928년

전쟁계획부, 연구보고서

대만

일본함대 이동

루존섬

미국 잠수함 은밀 이동

M+35일, 미국함대 하와이 출항

일본군의 두만퀼라스만
방어전력 증강 예측치
(M+20일 지상군 1만명.
야포 116문.수상기 60기)

미국 잠수함 은밀 이동

산배르
나르디노해협

미국 잠수함 은밀 이동

공격목표 확정

수리가오
해협

미국 잠수함 은밀 이동

미국 잠수함 은밀 이동

미국 잠수함 은밀 이동

10° N
울리시

팔라완

10° N

야프

일본함대
대기해역

민다나오섬

두만퀼라스만
술루해

미국함대
대기해역

팔라우

0°

셀레베스해

M+57일, 사전 집결
M+60일

미국함대 전력구성
(전함 12척, 항공모함 3척, 지원함/수송함 다수,
지상군 약 3만 2천 명, 육군 항공기 분해 탑재)

보르네오섬

0°

셀레베스섬

120° E 130° E 140° E

〈지도 13.1〉 두만퀼라스만 점령계획, 1928년 연구보고서

이들이 연구한 두만퀼라스만 점령계획의 대략적인 내용은 아래와 같았다. 먼저 일본 함대는 필리핀 제도를 관통하는 술루해를 통과한 다음 항모함재기와 소형함정들을 파견하여 미 원정 함대의 공격을 시도할 것이나 미 원정함대에 결정적 타격을 줄 수 있는 기회를 잡기 전까지는 주력함대는 후방에서 대기할 것이다. 미합동아시아군(USJAF) 사령관은 잠수함을 이용하여 이러 한 일본의 기습공격을 무력화한 다음, 속력이 빠른 신형함은 여러 분대로 분할하여 각기 진격 후 집결토록 하고 속력이 느린 구식함은 미·일 양 함대 중간에 있는 해협들을 차단하도록 한 다. 이후 미 원정함대는 일본항공기의 작전반경에 들지 않는 민다나오 섬 남부의 한 해점에서 연료재보급을 실시한다.

일본은 두만퀼라스만에 1개 사단병력과 100여 문의 화포를 배치하고 기뢰원을 설치할 것이며, 소형함정 및 60대의 항공기를 동원하여 미국의 공격에 대항할 것이다. 이 시점에서 미합동아시아군(USJAF) 사령관의 가장 중요한 임무는 군수지원부대의 안전한 정박지를 확보하는 것이다. [제공권을 확보하는 가장 확실한 방법은 적항공기가 비행 중이 아닌 비행장에 지상대기 중일 때 파괴하는 것이라는 포레스트 셔먼(Forrest P. Sherman) 대위(그 무렵 해군대학 학생장교였음)의 주장에 근거하여] 합동아시아군 사령관은 제공권 확보를 위하여 항공모함 및 고속전투함을 활용, 두만퀼라스만에 선제공격을 가하여 적 항공력을 파괴한다.

그러나 적 해안방어부대를 사전에 완전히 무력화하기에는 시간이 충분치 않기 때문에 미군은 적의 아직 강력한 해안방어력을 갖추고 있는 상태에서 상륙돌격을 감행해야 할 것이며, 치열한 지상전투를 치르며 내륙으로 서서히 진격해야 할 것이다. 미국은 야포 및 항공기도 거의 없고 병력도 열세인 일본군을 단기간 내에 격멸할 수 있을 것이지만, 이를 위해서는 격렬한 전투가 예상된다.[19] 계획담당자들은 결과적으로 미국은 두만퀼라스만의 점령에 많은 전력을 소모하게 될 것이지만 "큰 피해가 예상된다고 해서 물러설 수는 없다"라고 결론을 맺었다.[20]

1928년 작성된 두만퀼라스만 점령 전투계획은 제2차 세계대전 시 실제로 일어난 많은 상황들을 비교적 정확하게 예측하였다. 이 전투계획은 적은 사단 규모 이상의 대규모 지상방어부대를 배치할 것이며, 항공전력을 활용하여 강력한 반격을 실시할 것이라 가정하였다. 또한 상륙작전구역이 대부분 바위와 산으로 이루어져 작전에 상당한 부담을 줄 것이며, 적의 함대가 측면에서 지상군의 방어를 지원할 것이라 예측하였는데 이러한 상황은 과달카날, 싸이판 및 레이테 등 태평양전쟁의 실제 전장에서 그대로 재연되었다.

그리고 잠수함을 활용한 정찰 및 매복공격, 항모강습을 활용한 적 지상항공전력 및 육상방어전력의 무력화, 상륙작전 시 방어전력보다 3배 이상 우세한 상륙부대 투입 및 어떠한 위험을 감수하더라도 목표의 달성을 위해 모든 노력을 집중한다는 등과 같은 이 전투계획에서 제시한 다양한 해결방안들은 실제 태평양전쟁 중에 매우 빈번하게 나타나는 미군의 상륙작전원칙이 되었다.

1920년대 후반에 진행된 오렌지계획의 개정작업은 2단계 작전계획의 군수준비태세분야 발전에도 영향을 주었다. 당시 계획담당자들은 동원(動員), 보급, 수송 및 기지건설 등의 각종 군수분야를 아주 자세하게 분석하였다. 특히 슈메이커는 군수분야 전문가답게 군수지원준비태세를 완벽히 갖추지 않고 필리핀으로 신속하게 진격한다는 구상은 매우 비현실적이라고 지적하였다. 그는 전쟁발발 40일 이전부터 하와이로 해군전력을 집결시키는 것은 일본에게 미국이 먼저 전쟁을 도발한다는 빌미를 줄 수 있기 때문에 미국 정부에서 승인하지 않을 것이라 보았다.[21] 이러한 이유로 그는 최소한 전쟁발발 4개월이 지난 이후에야 원정함대가 서태평양으로 진격할 수 있을 것으로 판단하였다.

한편 진주만의 해군기지는 아직까지도 그 규모가 협소하여 원정함대의 모든 함정이 정박할 수 없었기 때문에 상당수의 함정이 라하니아 묘박지를 활용하야 했지만, 하와이는 여전히 서태평양으로 진입하는 중요한 기점으로 인식되었다. 해군병기국(the Bureau of Ordnance)은 지원계획 수립 시 적 잠수함이 은밀하게 묘박지로 진입하여 함정을 공격하거나 묘박지 외곽에서 어뢰를 발사하는 것을 차단하기 위하여 라하니아 묘박지 주변 길이 31마일의 선상에 1,500개의 보호기뢰를 부설한다는 계획을 수립하였다.[22] 그리고 원정함대는 라하니아 묘박지에 며칠간만 잠시 머무를 것이기 때문에 적 잠수함의 공격은 그리 우려할 만한 것이 못된다고 판단되었다.[23]

한편 슈메이커는 일본 해군과의 함대결전에서 승리하기 위한 최소한의 전력인 일본대비 1.25배 이상의 해군전력을 전쟁발발 즉시 집결시키는 수 있다는 당시의 미 군부 내의 일반적 인식은 현실적으로 실현이 불가능하다는 사실을 구체적으로 증명해 냈다. 그리고 이 분석결과를 근거로 사전에 전투준비태세를 갖추는 것이 "미일전쟁에서 승리하기 위한 가장 중요한 요소"라고 주장하였다.[24]

워싱턴 해군군축조약에 따라 당시 미 해군 대 일본 해군의 주력함 보유비율은 이론적으로 5:3 이었다(그러나 당시 미 해군의 실제전력은 군축조약의 최대 제한치까지 이르지 못하고 있었다). 이에 따라 슈메이커는 미 해군 전체 전력의 75% 이상이 전투준비태세를 유지할 경우 일본 해군 대비 1.25배의 우세를 충족시킬 수 있다고 보았다(1.67배 × 0.75 = 1.25배). 하지만 이는 단순한 계산상의 이야기였고 실제상황은 훨씬 더 복잡하였다. 현실적으로 군수지원부대의 호위에 필요한 전력까지 고려할 경우 일본 해군 대비 1.5배의 전력우세를 유지해야 하며, 이를 충족시키기 위해서는 전체전력의 90% 이상이 전쟁발발 이전부터 전투준비태세를 갖추고 있어야 한다는 계산이 나왔다(1.67배 × 0.9 = 1.5배). 문제는 평시 전투준비태세인 75%를 기준으로 할 경우 전쟁발발 후 14일(Z+14)까지 대일 1.5배의 전력을 하와이로 집결시키는 것은 현실적으로 불가능하다는 것이었다.

이러한 분석에 따라 슈메이커는 Z+14일 전투준비가 완료된 제대가 1차로 출항하고 준비를 아직 마치지 못한 전력은 Z+60일까지 출항을 완료한다는 제대별 진격방안을 제안하였다. 일본 해군 대비 1.5배에 달하는 미 원정함대의 전체 전력이 서태평양에 집결하는 Z+90일까지 일본 함대와 함대결전을 회피할 수 있다면 이러한 축차적인 진격방책의 성공이 불가능한 것은 아니라고 판단되었기 때문에[25] 1924년 합동기획위원회는 이러한 슈메이커의 방안을 승인하게 된다.[26]

이후 1926년에 접어들면서 해군계획담당자들은 슈메이커가 작성한 단계별 진격계획에 '상당한 수정'이 필요하다는 것을 모두들 인식하게 되었다. 먼저 서태평양으로 진격 시, 함대목록표(fleet list)에서 제외된 예비함정 따위는 포함시키지 않고 현존전력만으로 원정함대를 구성한다는 당시 쿤츠 미 함대사령관의 생각에 따라[27] 슈메이커의 단계별 진격계획에는 재취역함정의 출항일자가 명시되어 있지 않았다.

그리고 Z+90일까지 전체 함대전력을 서태평양에 집결시키는 것도 그리 쉬운 일이 아니었다. 쿤츠 사령관이 물러나고도 한참이 지나서야 계획담당자들은 단계별 진격계획의 수정에 착수할 수 있었고 1929년이 되어서 완성을 보았다. 계획담당자들은 최초 진격개시일을 M+14일에서 M+30일로 늦추어 대일 1.25배의 전력이 해상에 배치될 수 있도록 원정함대의 출항일정을 조정하였다.

먼저 M+30일에 전투준비가 완료된 모든 전함, 순양함 및 잠수함과 전체 구축함전력 중 40%가 출항하는 것으로 정하였다. 그리고 수리를 마친 전함과 잔여 잠수함 및 구축함은 M+60일에, 재취역한 구형 구축함은 M+90일에, 마지막으로 재취역이 완료된 모든 함정은 M+120일에 출항하는 것으로 하였다. 이 단계별 진격계획이 그대로 실행된다면 M+150일까지 미 해군의 모든 함정들이 필리핀에 도착하는 것이 가능하였다(표 13.1 참조)(1930년대 초반 단계별 진격계획 개정 시, 현대화 개조·개장작업(modernazation)이 진행 중이던 전함들과 함대목록표에서 삭제된 구형 구축함은 공격전력에서 제외되었으나, 1930년대 초반 건조가 승인되어 당시 건조 중이던 순양함들의 경우에는 공격전력에 포함되었다).

전쟁발발 1년 후부터는 새로 건조한 전투함과 잠수함을 속속 전장에 투입할 수 있을 것이며, 50여 척의 상선 또한 보조순양함(auxiliary cruiser)으로 개조하여 전투전력으로 활용할 수 있을 것이라 예측되었다. 그리고 상륙작전 시 방어력이 취약한 단정과 상륙주정을 대신할 수백 척의 특수바지 및 주정 또한 서태평양으로 투입할 수 있을 것이었다.

계획담당자들은 최종적으로 전쟁에 투입되는 순양함 및 구축함의 총 척수는 전쟁개시일 기준 척수의 2배 이상이 될 것으로 판단하였다. 한편 이렇게 대규모로 확장된 함대에 배치할 인원을 어떻게 충원할 것인가도 매우 중요한 문제였는데, 해군계획담당자들은 우선 해군 예비역을 현역으로 전환시킴과 동시에 민간상선 승선요원(merchant crews)을 최대한 활용하고, 선택 징병법(Selective Service Act)이 시행될 경우에는 징병인원을 해군에 최우선으로 할당한다는 복안을 세웠다.[28]

태평양에서 벌어지는 미일전쟁에는 해상전력뿐만 아니라 대규모 항공전력도 작전에 참가할 것이었다. 1926년, 연방의회는 5년에 걸쳐 해군항공전력을 2배로 확장한다는 계획을 승인하였고, 육군항공단도 비슷한 수준으로 확장한다는 계획을 승인하였다. 그리고 1928년을 기준으로 미국의 총 항공기대수는 1,612대로 일본의 1,100대를 크게 능가하고 있었다(일부 인사들은 이러한 미국의 자만심을 우려하기도 하였으나 당시 대부분의 계획담당자들은 미국 항공기의 성능이 일본의 그것을 능가한다고 보고 있었다)[29].

육군항공단 관계자들은 미일전쟁 시 일본의 해상전력 및 방어기지 공격임무를 자신들이 맡기를 원하고 있었고 당시 미 해군 또한 이미 해상에서 작전 시 육상기지 항공기의 활용에서 오는 이점을 충분히 이해하고 있었기 때문에 육군항공기를 필리핀으로 이송할 수 있도록 필요한 수송수단을 배정해 주었다.[30] 전시 손실을 고려한다 하더라도 지속적인 증원을 통해 M+90일까지 필리핀의 총 항공기 대수는 500대를 넘어설 것이고, M+180일 이후에는 전시창설 된 수 개의 육군항공전대가 필리핀에 전개하여 작전을 하게 될 것이었다.

그리고 위임통치령 환초를 기지로 하는 해군수상기 또한 해상항공작전에 투입할 수 있을 것이라 보았다[31](1930년대 초반 단계별 진격계획을 개정할 때 해군항공 및 육군항공 계획담당자들은 M+90일까지 전개 가능한 항공기대수를 기존의 2배인 1,000대로 늘려 잡았으며, M+120일 이후에는 매달 1,000여 대의 항공기의 추가전개가 가능하다고 호언장담하였다)[32].

해군은 전쟁발발 후 1년까지 최대 9,015대의 항공기를 필리핀에 전개시킬 수 있다고 추산하였다.[33] 그러나 당시 미국의 공업생산력만을 놓고 볼 때 항공기의 생산 자체는 문제가 없는 듯 보였으나, 문제는 항공기를 전쟁전구까지 수송할 항공모함이 부족하다는 것이었다. 해군계획담당자들은 미국의 민간여객선을 매달 한 척씩 보조 함대항공공함(supplemental fleet carrier; XCV)으로 개조하여 활용하면 된다고 낙관적으로 계획하였다. 실제로 여객선은 군용항공모함보다 속력이 낮고 작전반경이 짧았으며, 무엇보다도 항공기 이송용 엘리베이터 및 항공기 이착륙용 설비를 설치하는 것이 여간 어려운 일이 아니었다. 게다가 민간여객선은 대부분은 이미 지상군병력 수송에 활용하는 것으로 정해져 있었다. 그리하여 보조 함대항공모함 활용계획은 곧 오렌지계획에서 삭제되었다.

실제로 제2차 세계대전 시 많은 수가 활약한 호위항공모함(escort carrier; CVE)은 1920년대 구상한 보조 함대항공모함(XCV)의 용도와는 다르게 항공기수송이 아닌 함대작전을 지원하는 용도로 주로 활용되었다.[34]

해군계획담당자들은 1927년 무렵까지도 지상군은 대일전 공세에 별다른 역할을 하지 못할 것이라고 생각하고 있었다. 당시 계획상 원정함대의 제1진에는 지상전력이 하나도 포함되어 있지 않았고 제2진에는 적이 점령하고 있지 않은 지역의 확보에 필요한 소수의 병력만 탑재하는 것으로 되어있었다. 그리고 그 당시까지도 육군의 사단은 자체 방공(防空) 능력을 갖추고 있지 못했기 때문에 적의 기지를 직접 공격하는 것은 해병대가 담당하고 육군부대는 점령을 완료한 기지의 수비에만 투입하는 것으로 계획하고 있었다.[35]

그러나 1928년 "적전(敵前) 상륙작전(landing operations against opposition)" 전술교리가 정립되

면서 사정이 완전히 바뀌게 되었다. 해군계획담당자들은 상륙작전의 '첨병'인 상륙돌격부대는 최소 2만 명에서 최대 2만 8천 명의 해병대로 구성한다고 제안하였다. 하지만 육군은 해병대는 대규모 지상작전이나 상륙작전의 경험이 없다는 근거를 들어 해병대의 단독투입을 반대하면서 육군도 상륙작전에 참여해야 한다고 주장하기 시작했다.

태평양을 주 무대로 하는 미일전쟁에서 모든 상륙작전 및 지상작전을 해병대가 수행한다고 가정하면 해병대 병력을 20만 명까지 늘려야 한다고 예측되었는데, 이는 육군의 평시 총원보다 많은 숫자였기 때문에 육군에서 결코 좋아할 리가 없었던 것이다. 결국 해군은 육군의 반대를 받아들여 해병대는 상륙작전의 최초 상륙돌격단계를 담당하되, 미일전쟁에 투입할 해병대 총 병력은 4만 명을 넘지 않은 것으로 하고 후속 지상작전은 대규모 육군병력을 투입하여 실시하는 것으로 육군과 합의하게 되었다(이러한 상륙작전 시 해병대와 육군의 역할배분 방안 역시 제2차 세계대전 중 실제로 이루어진 전쟁 이전의 예측 중 하나이다).

일단 태평양전쟁에서 자신들의 역할이 명확히 정립되자 육군은 미일전쟁 발발 시 매달 5만 명씩을 태평양전구에 증원해 주겠다고 해군에 약속하였다.[36] 그러나 이러한 대규모 병력을 수송하는 것 자체가 만만한 일이 아니었는데, 이를테면 병력수송선뿐 아니라 병사들에게 마실 물을 공급할 청수증류선(distilled ship)의 확보 또한 고려해야 하였다.[37] 더욱이 대일전쟁을 2년 안에 끝내기 위해서는 서태평양에 50만 명의 육군을 투입해야 한다는 육군대학의 예측이 나옴에 따라 이러한 병력을 어떻게 수송할 것인가는 더욱 해결하기 어려운 문제가 되었다.[38]

한편 전투 중 필연적으로 발생하게 되는 해군전력의 손실률을 예측하고 이에 따른 함정정비 및 교체소요를 산정하는 것 또한 매우 해결하기 어려운 문제였다. 슈메이커는 1개월마다 대형 함의 경우 총톤수의 1%씩, 수송선의 경우 총톤수의 2%씩, 구축함의 경우 총톤수의 3%씩 손실 될 것이라 예측하였다.[39] 병원선의 규모는 1개월마다 해군 총인원의 3%가 부상을 입는다고 가정하고 필요한 병상수를 계산하여 산출하였다.

지상군 손실률의 경우 사상자가 많이 발생하는 상륙돌격을 수행하는 해병대의 경우 1개월마다 전체병력의 10%가 손실된다는 프레더릭 혼의 주장이 현실성이 있었으나 결국 지상군 손실률 역시 해군병력의 손실률과 동일한 1개월 당 3%로 정해지게 되었다. 그리고 전시 각 항공전대 전력의 절반은 예비역 항공기와 예비역 조종사로 구성된다고 가정 할 때 육·해군 항공전력의 손실률은 매달 25%로 예측되었다.[40]

〈표 13.1〉 오렌지계획 상 최초 1년간 원정군 시차별 전력 전개제원, 1928~1929년

	하와이 출항 일자				
	M+30일	M+60	M+90	M+120	M+150일 ~ M+360일
함대 전투전력					
전 함	12	4	-	-	2
항공모함	3	-	-	1[b]	12[a, b]
순양함	10	-	-	-	-
구식 순양함	-	-	4	6	2
구축함	84	41	73	32	27
잠수함	31	16	-	-	51
기뢰부설함	6	5	5	-	-
소해함	19	18	24[b]	24[b]	-
군수지원 및 보조전력					
함대 군수지원함	25	24	30	6	5
유류지원함	101	54	78	33	na
병력수송함	24	26	27	35	39/월
기타 군수지원함	40	39	39	48	60/월
기지 순찰정	34	59	12	-	-
함정 총계	389	286	292	161	
상륙주정 및 바지	117	193	100	100	320
해군 병력	53,568	21,831	24,311	na	na
해병대 병력	20,000	-	10,000	na	na
육군 병력	16,000	55,000	40,000	50,000	50,000/월
항공기					
해군 항공모함 함재기	168	23	9	36	1,449
해군 전함/순양함 탑재기	58	13	-	-	-
해군 수송선적재 항공기	-	87	106	90	-
해군 장거리 수상기	-	-	-	-	60
육군 항공기(수송선적재)	200	135	93	8	na
해병대 항공기(수송선적재)	36	-	-	-	na
항공기 총계	462	258	208	134	

출처 : CNO Plan, Mar 1929, 1:4, 6, 11, 76-77. JB Plan, Jun 1928. JPC Plan, April 1928.
주 : 각 출항제대는 90일간 작전을 수행할 수 있는 탄약과 군수물자 및 기지건설자재를 적재하며, M+60일 출항제대부터는 먼저 출항한 제대 보급용 군수물자 30일 분을 추가로 적재한다.
a: 개조 수상기모함 4척 포함 / b: 개조형 / na: 자료 미상(미언급)

작전 중인 함대에 필요한 연료와 물자를 전쟁전구로 수송할 수 있는 방안을 강구하는 것 역시 매우 어려운 문제였다(해군은 대서양항로를 이용하여 수송하는 방안, 아시아나 오스트레일리아에서 연료를 구매한다는 방안을 모두 거부하고 태평양을 잇는 해상교통로를 보급로로 활용해야 한다고 주장하였다)[41].

당시 미 해군이 보유하고 있던 증기추진함정은 취역 및 예비역 함정을 모두 합쳐 총 2,517척, 총톤수는 1,150만 톤이나 되었다. 해군은 전쟁이 발발하면 이들 증기추진함정의 활용가능성을 조사한 후[42] M+120일까지 1,128척의 증기추진함정을 현역에 편입시킨다고 계획하였다. 미 합동아시아군 사령관은 이들 증기추진함정으로 수송선단을 조직, 매달 정기 보급물자 수송용으로 활용하고, 구축함 및 구식 순양함, 필요할 경우에는 전함 1, 2척을 파견하여 선단을 호송한다는 계획이었다.[43]

한편 1920년대 계획수립과정에서 이룩한 또 다른 혁신은 바로 "이동식 기지(the Mobile Base)" 개념의 도입이었다. 슈메이커는 원정함대의 군수지원을 위해 단순히 수송선과 근무지원함정(service auxiliary)을 활용한다는 기존의 계획을 한 단계 뛰어넘어, 두만킬라스와 같은 기반시설이 갖추어지지 않은 항구에서도 단시간 내 설치가 가능하고 함대 전체를 지원할 수 있는 이동형 조립식 해군기지(prefabricated naval base)의 도입이 필요하다고 주장하였다(이동식 기지 구상은 오렌지계획의 다른 혁신적 구상들과 마찬가지로 오랜 뿌리를 가지고 있다. 1911년 해군대학에서는 해군기지시설 및 방어시설 설치에 필요한 각종 물자를 적재한 수송선단이 원정함대를 뒤따라 태평양을 횡단하여 필리핀까지 이동한다는 구상을 내놓은 바 있었다)[44].

수송선에 적재하여 10,000마일을 이동할 조립식 설비에는 병영, 수리창, 연료분배소, 보급품, 탄약 및 각종방어시설 등이 포함되었다. 이러한 각종 설비를 이용하여 "서태평양 전략기지"를 건설한다는 구상이었는데, 계획에서 제시한 세부적인 기지건설 절차는 아래와 같았다. 먼저 수리지원함이 도착하여 해안가에 위치를 잡고, 육상에는 비행장 건설을 시작한다. 동시에 3개월 분량의 보급품을 육상에 집적(集積)한다. 다음으로 15~20개의 해군건설대대를 투입하여 창고, 유류저장고, 탄약고 및 병원을 건설하고 주물공장 및 항공기정비공장 등과 같은 복잡한 정비시설도 짓기 시작한다. 이렇게 해서 열대의 해안은 부두, 크레인, 준설선 및 예인선 등의 함정정박시설뿐 아니라 잠수함 및 항공기 수용시설까지 갖춘 거대한 군항으로 거듭나게 되는 것이다.

이러한 이동식 기지에는 5,000명의 수리정비요원이 상주하면서 함포 포신 주조(鑄造)를 제외한 모든 종류의 함정 수리 및 정비기능을 수행하게 된다. 전시 준비기간을 최소화하기 위해서는 평시부터 이동식 기지의 건설에 필요한 각종 설비를 미리 제작해 두는 것이 필요하였다. 대부분의 해군계획담당자들은 M+180에 하와이를 출항한 전력이 필리핀에 도착한 이후부터는 이동식 기지가 그 기능을 완전히 발휘하기 시작할 것이라 보았지만, 이동식 기지계획의 성공가능성을 부정적으로 보는 사람들은 M+360일 이후가 되어야 활용이 가능할 것으로 예측하였다.[45]

서태평양기지 운용계획을 수립할 때 가장 어려웠던 점은 기지에서 활용할 부선거가 턱없이 부족하다는 것이었다. 1922년 당시에는 전쟁발발 즉시 사용가능한 부선거가 한척도 없었기 때문에 오렌지계획 작성 시 윌리엄스는 트루크 제도를 점령한 이후 하와이에서 부선거가 도착할 때까지 함대는 8개월간 그곳에 머물면서 차후진격을 준비한다고 계획할 수밖에 없었다.[46] 이후 전쟁기획부장이 된 슈메이커는 부선거의 배치 지연에 따른 진격시간의 지연문제를 해결하기 위해 고심하였다. 함정은 선체의 상부구조물 손상에는 상가정비가 필요 없었으나, 기뢰를 접촉하거나 어뢰공격을 받았을 경우에는 반드시 선체를 물위로 들어 올려 상가정비를 해야 했다.

슈메이커는 원정함대 최초진격 시 다양한 크기의 이동식 부선거 19척이 뒤따라야 하며, M+180일 이후에는 정기적인 수면하 선체 정비작업용으로 8척의 이동식 부선거가 추가로 필요하다고 분석하였다. 이렇게 배치된 부선거를 최대로 운용할 경우 연간 1,700여 척의 함정에 대해 상가정비지원이 가능할 것으로 판단되었다.[47] 그러나 길이가 800피트나 되는 전함용 부선거를 어떻게 건조하고 이동시킬 것인가에 대해서는 구체적 방안이 없었다. 슈메이커는 당시 미국의 조선능력을 고려할 때 대형함용 'A급 부선거'를 2척 건조하는데도 2년이나 걸리므로 이러한 추산대로라면 전쟁이 너무 길어질 것이라 우려하였다.[48]

1926년 후반부터 전쟁계획부를 맡게 된 쇼필드는 이동식 기지건설계획을 아예 폐기해야 한다는 의견에는 반대하였지만,[49] 결국 그도 27척에 달하는 이동식 부선거가 필요하다는 이전 슈메이커의 계획은 당시 미국의 현실을 고려할 때 무리라는 사실을 인정할 수밖에 없었다. 1928년 전쟁계획부는 미일전쟁이 2년 정도 계속된다는 가정 하에[50] 구축함용 부선거는 최소한 6개월 이내, 대형함용 'A급 부선거'는 12개월에서 16개월 내에 전구에 배치가 필요하다고 판단하고 총 9척의 전시 이동식 부선거 배치계획을 작성하게 된다.

위에서 살펴본 미 해군의 패키지화된 이동식 해군기지개념은 제2차 세계대전 중 태평양전구에 해군기지를 건설할 때 그대로 적용되었고, 이동식 부선거를 실제로 배치하는데 상당한 시간이 소요된다는 전쟁 이전의 예측도 그대로 들어맞았다. 태평양전쟁 초기 미 해군의 대형함들은 수리를 위하여 하와이나 미 서해안 또는 오스트레일리아까지 이동해야 했다. 순양함을 수용할 수 있는 이동식 부선거는 전쟁발발 후 18개월 이후에야 전진기지에 배치되었고, 전함용 이동식 부선거의 배치는 30개월이나 지나야 했다.[51]

이후 지속적인 부선거의 배치 및 기지시설 확장으로 태평양전쟁 마지막 해에 서태평양에 위치한 미 해군기지들의 전체 함정수리능력은 1920년대 군수전문가들이 예측한 정도와 거의 유사한 수준까지 이르렀다. 그러나 전쟁 이전 일부인사들의 예측과는 달리 태평양전쟁 시 일본의 잠수함과 기뢰는 미 함대의 진격을 저지하지 못하였으며, 함정의 손상통제능력이 향상되고 선체부식방지 페인트를 적용함에 따라 실제 함정수리 소요는 전쟁 이전 예측보다 낮아졌다. 그리고 태평양전쟁이 장기화되어 이동식 부선거의 건조 및 이동에 필요한 시간이 충분해짐에 따라 전쟁기간 동안 미 해군은 총 152척의 이동식 부선거를 서태평양기지에 배치하여 활용하게 된다.[52]

해군계획담당자들이 1926년에서 1929년까지 심혈을 기울여 작성한 제2단계 전략계획은 1934년이 되면 결국 폐기될 운명인 직행티켓전략개념을 그대로 포함하고 있다는 취약점이 있긴 했지만, 제2차 세계대전 시 실제로 적용된 핵심적인 작전개념 및 군수지원개념을 최초로 언급하였다는데 상당한 의의가 있다. 그러나 무엇보다도 1929년 해군오렌지계획의 가장 큰 특징은 완전한 대일전 승리를 위한 3단계 전략계획을 구체적으로 제시한 유일한 계획이었다는 것이다.

14. 일본 본토 봉쇄

미 해군은 오렌지계획의 연구를 시작할 때부터 미일전쟁은 일본 본토의 봉쇄를 통해 그 대미를 장식하게 될 것이라 예상하고 있었다. 그리고 이러한 일본 본토 봉쇄구상은 해양세력이 결국은 대륙세력을 무찌르게 된다는 오렌지계획의 핵심개념과 일치하였다.

미국은 대부분 해양력을 활용하여 해상으로부터 일본을 압박할 것이기 때문에 미국 혼자서 싸우든지, 아니면 다른 국가와 연합전선을 형성하여 함께 싸우든지에 관계없이 아시아대륙 및 일본 본토에 배치된 일본육군과 전투를 벌일 필요는 없을 것이라 여겼다.

1923년에 작성된 대일전쟁 기본전략개념에서는 "일본 근해의 해양통제권을 장악한 후 일본 본토를 해상에서 완전히 봉쇄하고, 주변의 섬들을 점령한 다음 그곳을 기지로 일본 본토에 대한 항공폭격을 가속화한다."라고 언급하여 일본 본토 봉쇄 및 공격수단으로 항공전력을 추가하였다.[1] 미 해군은 일본은 본토방어를 위해 강력한 저항을 펼칠 것이기 때문에 일본 본토로 접근할 수록 미군의 피해가 증가할 것이며, 일본 본토 점령을 위해서는 "엄청난 노력을 투입하여 장기전을 펼쳐야 할 것"이라 예상하였다.[2] 그러나 이러한 예상에도 불구하고 미일전쟁에서 완전한 승리를 거두기 위해서는 일본 본토를 봉쇄하는 것이 필수적이라는 미 해군의 확신에는 변함이 없었다.

미 해군이 1906년에서 1929년까지 발전시킨 대일전쟁의 3단계 작전계획은 사전 선정한 지리적 목표를 탈취하고 및 경제적 봉쇄 목표를 달성하기 위한 일련의 공세로 구성되어 있었는데 그 대략적인 내용은 아래와 같았다. 대일전쟁의 3단계 공세작전은 미합동아시아군(USJAF)이 서태평양 전략기지를 확보함과 동시에 개시되며, 서태평양 전략기지가 확장되고 본토의 증원병력이 속속 도착함에 따라 작전의 시행에 탄력을 받게 된다.

3단계 공세작전이 시작되면 미 함대는 신속하게 일본 본토와 대만남부해역 간의 통상활동을 봉쇄하고 동중국해에 위치한 일본 함대를 필리핀 근해로 유인하여 일본 본토와 일본 함대간의 해상교통로를 차단한다. 동시에, 그때까지 코레히도르요새가 일본에 점령당하지 않았을 경우에는 증원병력을 투입하여 적의 포위를 풀고 요새를 구원한다.

본토에서 지속적으로 증원전력이 도착하여 전력이 증강된 미합동아시아군은 필리핀 남부에서 일본 열도까지 아시아대륙의 해안선과 평행하게 남북으로 늘어서있는 섬들을 따라서 북쪽으로 진격하게 된다. 이때 합동아시아군은 대규모 지상작전을 전개하여 루존 섬의 일본군을 격파할 수도 있고 루존 섬의 일본군을 그대로 둔 채 우회할 수도 있을 것인데, 루존 섬 탈환 여부는 그때 상황을 고려하여 결정될 것이다. 루존 섬을 통과한 이후에는 해군전력 및 항공전력을 활용하여 대만에 배치된 일본군 기지 및 항공기를 무력화한다. 그 다음 목표인 류큐 제도에는 강력한 일본군 방어전력이 배치되어있기 때문에 류큐 제도 상륙작전은 미일전쟁 중 가장 치열한 전투가 될 것이다.

류큐 제도를 점령하게 되면 미 해군은 일본 본토와 수백 마일밖에 떨어지지 않은 곳에 해군기지를 확보할 수 있게 된다. 미 해군이 북상할 때 마다 일본은 전술적인 소모전을 감행할 것이지만, 일본의 주력함대는 미 함대를 단번에 격파할 수 있는 함대결전의 기회를 잡을 때까지는 전투를 회피할 것이다. 대규모 함대결전의 무대는 루존 섬과 일본 본토 사이의 해역이 될 것이며, 3단계 공세작전 시행 중 언제라도 발생할 수 있으나 결국은 우세한 전력을 보유한 미 함대가 함대결전에서 승리하게 될 것이다.

일본 주력함대를 격파하여 주변의 해상통제권을 완전히 장악한 미국은 일본 본토에 대한 강력한 봉쇄작전을 실시한다. 그리고 필요할 경우 일본 본토 근해의 섬들을 추가로 점령하여 동북아시아(특히 한반도 및 만주)로부터 일본으로 유입되는 전쟁 물자를 차단하는 기지로 활용한다. 이후 항공전력의 활용이 가능해 짐에 따라 1920년대에 작성된 계획에는 일본 본토를 항공 폭격하여 산업시설과 수송기반시설 등을 파괴한다는 내용이 추가되었다. 이러한 일본 본토 봉쇄 및

공격은 일본의 전쟁지속능력이 고갈되어 항복을 구걸할 때까지 가차 없이 계속될 것이었다.[3]

3단계 공세작전의 초기단계에서 미합동아시아군은 필리핀에 도착하는 즉시 북중국(North China), 한국(Korea) 및 시베리아(Siberia)로 이어지는 항로를 제외한 나머지 일본의 모든 해외통상활동을 차단한다(미 해군은 서반구 해역과 대서양을 무대로 한 일본의 해외통상활동 역시 모두 차단하는 것으로 계획하였다).

여러 해상교통로 중에서도 특히 인도양 및 말레이시아 등과 같은 남방자원지대와 일본 본토를 잇는 해상교통로가 가장 중요하였는데, 급진론자들은 이전부터 남방자원지대를 연결하는 해상교통로를 차단하기 위해서는 신속하게 필리핀으로 진격해야 한다고 주장한 바 있었다. 그리고 1919년 당시 괌 기지건설 지지자들은 미 해군이 괌을 기반으로 작전할 경우 일본의 남방해상교통로를 차단하는 것이 가능하다고 주장하며 기지건설의 정당성을 확보하려 하였다.

반면 윌리엄스는 괌의 경우 일본의 남방해상교통로와 너무 멀리 떨어져 있기 때문에 이곳을 기반으로는 효과적인 대일 해상봉쇄가 불가하다고 주장하였는데[4] 결국 윌리엄스의 주장이 정확한 것으로 밝혀졌다. 당시 미 해군의 전력 중 일본의 해상교통로 차단임무 수행이 가능한 전력은 장거리 순항능력을 갖춘 순양함뿐이었는데, 미 해군은 전간기 내내 고질적인 장거리 순양함전력의 부족에 시달리고 있었다. 제1차 세계대전 이후 해군계획담당자들은 전시용으로 급하게 건조한 수백 척의 구축함을 일본 본토 봉쇄용으로 활용한다는 방안을 수립하기도 하였다. 그러나 이 구축함은 항속거리가 짧고 작전가능일수가 적어 기지에서 멀리 떨어진 해상교통로의 봉쇄에 활용하는 것은 어려운 일이었다.[5]

급진론자들은 대일공세작전 시 직행티켓전략을 적용할 경우 루존 섬과 중국사이의 해역에 함대를 신속하게 배치할 수 있어 대일해상봉쇄를 손쉽게 달성할 수 있다고 주장하였다. 그러나 1925년 이후 오렌지계획에 마닐라가 아닌 필피핀 남부의 민다나오에 서태평양기지를 건설한다는 내용이 포함되면서 필리핀을 기지로 하여 동중국해를 봉쇄하는 것이 어렵게 되었고, 자연히 일본의 남방해상교통로를 봉쇄하기 위해서는 네덜란드령 동인도제도에 산재한 많은 해협들을 통제하는 것이 필요하게 되었다.

이후 1930년대 초 오렌지계획을 대폭 개정할 당시 미 해군은 싱가포르에서 뉴기니아를 잇는 동인도 제도 북부까지만 일본의 남방해상교통로 차단작전구역으로 설정하고 순양함이 본토에서 도착하기 전까지는 소형함정 및 비행정(VP; flying boats)만을 활용하여 작전을 수행한다고 결정하였다(싱가포르와 오스트레일리아를 잇는 동인도 제도 남부는 일본 해군이 활동할 가능성은 적었으나 미군의 전시 예정기지인 민다나오의 두만퀼라스만에서 너무 멀리 떨어져 있고 15개에 달하는 해협을 모두 통제해야 하였기 때문에 이곳까지 봉쇄작전을 확장하는 것은 미 해군에게 너무 부담되는 일이었다).

계획담당자들은 서반구 및 대서양에서 일본상선을 나포함과 동시에 일본의 남방해상교통로를 효과적으로 차단한다면 일본의 해외교역량의 2/3 이상을 차단할 수 있다고 예측하였다.[6] 한편 잠수함을 통상파괴전력으로 활용할지 여부는 당시 매우 논란이 되던 문제였다. 당시 미국의 정치가들은 1917년 독일의 무제한 잠수함작전(the unrestricted U-boat attacks)으로 인해 미국이 제1차 세계대전에 참전하게 되었던 과거의 사례를 여전히 잊지 못하고 있었다. 그들은 잠수함을 활용하여 무제한적으로 선박을 공격하게 되면 외국 민간인의 희생이 발생하여 제 3국의 개입을 유발할 수 있으며, 일본 국민의 복수심에 불을 지피게 될 것이기 때문에 미국에게 유리하지 않다고 판단하였다.

또한 당시 잠수함은 헤이그조약(Hague Convention)에 의해 비인도적인 무기로 취급되고 있는 상태였다. 잠수함은 수상함과 달리 선박 격침 전 승객 및 선원들을 하선(下船)시키는 것이 불가하였고, 격침한 선박의 선원이나 포로들을 잠수함 내부에 수용하는 것도 어려웠다. 그리고 잠수함 자체의 성능도 그리 뛰어나지 못해 잠항 중에는 속력이 매우 느렸으며, 부상 중에는 무장상선의 공격에 격침당할 정도로 방어력이 취약하였다.

결국 당시 오렌지계획에서 잠수함의 임무는 통상파괴전이 아닌 함대전방 정찰 및 수상함 지원 등으로 확정되었다(잠수함과 마찬가지로 항공기도 초창기에는 통상파괴전 임무에서 제외되었다). 미 해군의 이러한 결정은 미국은 일본과 남방자원지대를 잇는 해상교통로를 봉쇄하는데 주력하되 -일본의 배후기지였던- 동북아시아와 일본 북부를 잇는 해상교통로까지는 완전히 봉쇄하지는 않는다는 의미였다. 또한 해군계획담당자들은 궁지에 몰려 자포자기의 상태가 되지 않는 이상, 일본 역시 무제한 잠수함작전을 실행하지는 않을 것이라 예측하였다.[7]

미합동아시아군이 두만퀼라스만에 도착하게 되면 몇 주 이내에 일본 본토를 향해 북방으로 진격하는 첫 번째 공세가 개시될 것인데, 1차 목표는 루존 섬이 될 수도 있고 다른 곳이 될 수도 있었다. 1930년대 이전에 작성된 오렌지계획과 관련된 연구보고서 중 과반수 이상은 -대부분 육군의 의견이 반영된 결과로- 루존 섬의 탈환을 목표로 하였으나 나머지는 이곳을 우회해야 한다고 제안하였다.

그리고 오렌지계획 발전 초창기의 일부 연구에서는 미 원정함대의 압도적인 전력에 위축된 일본군이 루존 섬에서 자진 철수하거나 고지대로 후퇴하여 저항을 펼칠 가능성도 있다고 낙관적으로 예측하기도 하였다[8](이를테면 1914년 오렌지계획에서는 반드시 루존 섬을 확보하여 마닐라에 해군기지를 설치해야 한다고 명시하였다).

또한 1924년 합동위원회는 원정함대는 육군 5만 명만 탑재한 상태로 Z+14일에 하와이를 출항, 필리핀으로 바로 진격하여 루존 섬을 확보한다고 계획하였는데, 이는 당시 미 군부를 지배하고 있던 급진진략의 낙관적인 분위기를 잘 보여준다.[9](제11장 참조)

그러나 좀 더 현실적인 전략기획자들은 오렌지계획의 연구가 시작된 1907년부터 루존 섬 점령을 위해서는 몇 달에 걸쳐 대규모 지상군전력을 준비해야 하며, 일본 주력함대를 격파하기 전까지는 지상군을 필리핀에 상륙시키기 어려울 것이라 예측하고 있었다.

전쟁발발 시 일본은 미군이 도착하기 이전 최소 10만에서 최대 20만 명의 병력을 필리핀에 전개시킬 수 있었기 때문에 소수의 병력으로는 필리핀의 탈환이 불가능하다는 것은 누가 봐도 명백한 사실이었다. 결국 1920년대 초반 이후 급진론자들 역시 루존 섬 탈환을 포함한 서태평양에서의 지상작전을 위해서는 25만 명 이상의 병력이 필요하다고 인정하지 않을 수 없었다.[10]

해군전략기획자들은 당연히 루존 섬은 공격할 필요 없이 우회하고 괌, 팔라완 또는 트루크 제도와 같은 전진기지를 기반으로 해양력을 활용하여 루존 섬을 고립시키면 된다고 주장하였다. 그러나 앞에서 살펴보았듯이 그들은 정치적 압력으로 인하여 코레히도르 요새를 구원할 수밖에 없을 것이라는 현실을 곧 인식하게 된다.[11]

1928년, 합동위원회는 해군에 대일전쟁 시 코레히도르요새의 탈환에 관한 계획이 존재하는지에 대해 문의하였다. 당시 전쟁계획부장이던 프레더릭 혼은 미원정함대가 필리핀에 도착할 때까지 코레히도르요새 방어군이 버텨줄지도 확실치 않지만, 만약 버틴다 할지라도 그곳의 방어지원은 전적으로 육군의 임무라고 생각하고 있었다.

마닐라만에서 일본군을 몰아낸다면 두만퀼라스만의 안전이 확보된다는 이점이 있긴 하였지만 해군계획담당자들은 코레히도르요새를 직접 공격하는 것보다는 M+90일에 말람파야 사운드(Malampaya Sound)를 점령한 다음, 이곳에 전진기지를 구축하여 코레히도르요새를 지원한다는 방안을 제안하였다. 그들은 말람파야 사운드를 확보하면 코레히도르요새를 지원하는 기지뿐 아니라 루존 섬과 일본을 잇는 해상교통로를 차단하는 작전기지로도 활용할 수 있다고 판단하고 있었다.[12]

1920년대 후반, 육군 계획담당자들은 일본의 예상 방어병력인 10만 명의 3배에 달하는 30만 명의 병력을 동원하여 M+270에서 M+360일 사이에 루존 섬을 탈환한다는 방안의 타당성을 검토하기 시작했다. 그러나 이러한 대규모 육군병력을 수송하기 위해서는 해군의 모든 수송선을 동원해야 하였고, 육군의 루존 섬 탈환작전을 근접지원하기 위해서는 함대가 수빅만의 올롱가포(Olongapo)와 같이 적 공격에 대한 방어책이 갖추어지지 않은 묘박지를 기반으로 작전을 펼쳐야 하였다.[13]

이 방안은 해군의 감당해야 할 위험이 너무 막대했기 때문에 결국 육군본부는 해군의 의견을 존중하여 이 방안을 채택하지는 않았다(육군에서 이러한 결정을 내린 시점은 바로 레오나드 우드 장군의 사망한지 이틀이 지나서였다). 이후 합동계획담당자들은 루존 섬 북부에 소규모 기지만 확보하고 루존 섬을 우회하는 것이 매우 현실적인 방안이라며 각군 참모총장을 설득하기 시작하였다. 그들은 루존 섬 주변 미군기지에서 발진한 항공기를 이용하여 루존 섬에 배치된 적의 항공전력만 격파한다면 미합동아시아군은 섬에 고립된 적의 지상군을 신경 쓸 필요가 없다고 주장하기 시작했다.[14]

루존 섬을 우회한다는 해군 지도부의 결정은 쇼필드 전쟁계획부장이 워싱턴을 떠나는 1929년 초반까지 계속 유지되었으나, 그가 떠난 직후 전쟁계획부에서는 전간기 오렌지계획수립과정에서 지속적으로 발견되는 연속성의 단절 현상이 또다시 반복되었다. 육군이 또다시 "전쟁발발 후 가능한 한 신속하게 마닐라를 탈환해야 한다"고 주장하기 시작한 것이다. 이러한 주장을 접한 해군전쟁계획부는 매우 난처한 입장이 되었다. 마닐라를 탈환하는 과정에서 미 해군 역시 많은 피해를 입을 것이 분명하며, 탈환에 성공한다 해도 치열한 전투로 파괴된 마닐라항은 그 활용가치가 별로 없을 것이었다.[15]

합동계획담당자들은 선택의 여지를 남겨두기 위해 마닐라 또는 두만퀼라스의 점령을 태평양 전쟁의 첫 번째 목표로 하되, 정확한 목표는 그때의 상황에 따라 결정하자고 제안하였다. 그러나 합동위원회는 '마닐라 또는 그 외 지역'을 태평양전쟁의 첫 번째 목표로 한다고 문구를 변경하여 마닐라를 첫 번째 전략목표로 못 박아 버렸다.[16]

이에 대해 해군은 민다나오의 두만퀼라스만을 제1서태평양기지로 활용한다는 자체의 전략 방침을 유지하기 위하여 마닐라를 제2서태평양기지로 활용하자는 의견을 내놓았다. 두만퀼라스를 첫 번째로 점령하긴 하되, 우선 임시기지시설만 설치하고, 영구적인 해군기지 건설작업은 서태평양기지를 어디로 할 것인지가 결정되고 그곳의 안전이 확보된 이후까지 연기한다는 방안이었다. 해군이 제시한 구체적 방안은 아래와 같았다.

먼저 두만퀼라스만을 점령한 미합동아시아군은 M+180일까지 마닐라와 수빅만의 점령을 완료하고 그곳의 기존 기지시설을 접수한다. 그리고 해군 기지건설요원들은 마닐라에 향후 몇 년간 활용하게 될 2번째 서태평양기지의 건설을 시작한다. 한편 두만퀼라스만은 M+120일부터 수상기 지원시설을 갖춘 함정 묘박지로 활용이 가능할 것이다.

이후 M+360일부터 대규모 시설을 갖춘 제2서태평양기지인 마닐라 기지(이동식 부선거는 아직 미설치)를 정상적으로 운영할 수 있을 것이다. 그러나 마닐라 탈환을 지원하겠다는 이러한 해군의 '약속(commitment)'은 공식적인 미합동아시아군 사령관의 지침 수록되지는 않았고 해군의 군수분야 지원계획에 일부 수록된 것이 전부였다.[17]

미 해군은 실제로는 민다나오에 대규모 해군기지를 건설한다는 계획을 계속 발전시키고 있었으며, 당시 해군 제독들은 급진론을 주창하는 육군 장군들의 반발을 피하기 위해 육군의 주장에 동의한 척 했을 뿐이었다. 해군은 1935년 합동기본오렌지전략계획을 개정하는 과정에서 필리핀탈환작전이 대일전쟁계획에서 완전히 삭제될 때까지 일부러 서태평양기지의 구체적 위치 및 건설 일자를 명시하지 않고 있었다.

〈표 14.1〉 미일전쟁 중 단계별 작전수행계획, 1928년 1월

주요 작전 내용	시 작	종 료
최초 공세전력 집결	M일	M+30
공세전력 제1진 서태평양기지로 진격	M+30	M+60
서태평양기지 공격 및 점령	M+60	M+90
코레히도르요새 병력 증강	M+60	M+90
서태평양기지 건설 및 확장	M+60	M+600
일본 함대 공격	M+60	전쟁종료 시까지
대일 통상파괴전 수행	M+60	전쟁종료 시까지
일본 본토 항공공격	M+60	전쟁종료 시까지
공세전력 제2진 서태평양기지로 진격	M+60	M+90
말람파야 사운드 공격 및 점령	M+90	M+120
공세전력 제3진 서태평양기지로 진격	M+90	M+120
마셜 제도 공격 및 점령	M+105	M+135
사키시마 군도 공격 및 점령	M+120	M+150
페스카도레스 제도 공격 및 점령	M+150	M+180
캐롤라인 제도 및 마리아나 제도 공격	M+180	M+240
기륭(대만 북부) 공격 및 점령	M+240	M+300
오키나와 제도 공격 및 점령	M+300	M+360
아마미 오시마 항공공격	M+390	M+450
아마미 오시마 공격 및 점령	M+450	M+540
오스미 제도 공격 및 점령	M+540	M+570
일본 본토 항공공격 강화	M+540	전쟁종료 시까지
고토 제도 공격 및 점령	M+570	M+600
쓰시마 섬 공격	M+600	M+690
일본 본토 근해 완전한 해상통제권 확보	M+690	전쟁종료 시까지

출처 : JPC Est, Jan 1928, 80-81.

　서태평양기지의 위치를 어디로 할 것인가에 대한 육·해군 간의 논쟁과는 상관없이, 해군내부의 계획수립 연구보고서에서는 미 해군이 필리핀 남부기지를 기반으로 공세를 진행할 경우 루존 섬은 탈환할 필요가 없다고 명시하고 있었다. 당시 오렌지계획담당자들은 제2차 세계대전 시 해군전략기획자들이 실제로 직면하게 될 문제들을 정확히 예측하고 있었던 것이다. 이미 1920년대에 작성된 구체적인 연구보고서에서 루존 섬을 우회하는 것이 군사적으로 타당하다고 정확히 예측하고 있었음에도 불구하고 1944년 맥아더 장군은 필리핀 남부에 육군을 상륙시킨 후 루존 섬으로 진격해야 한다고 강력하게 주장하였다. 이때에도 역시 해군은 루존 섬은 탈환하지 않고 우회하기를 원하였다.

태평양전쟁 시 육·해군지휘부가 가장 첨예하게 대립한 문제 중 하나였던 루존 섬 탈환 여부는 결국 프랭클린 루즈벨트 대통령이 개입하여 필리핀 탈출 시 "나는 반드시 돌아온다."고 선언했던 맥아더 장군의 정치적 약속을 실현시켜주는 것으로 일단락되었다.

루존 섬을 우회한다고 했을 때 이를 대신할만한 기지 후보지는 일본이 1895년부터 통치하고 있던 대만이었다. 그러나 일찍부터 육·해군 양측 모두 대만을 점령한다 해도 대일전쟁에서 전략적으로 큰 이익은 없을 것이라는데 동의하고 있었다. 이에 따라 합동계획담당자들은 대만을 직접 점령하는 대신 대만 북방의 사키시마 군도(Sakishima Gruops)를 포함한 주변의 섬들을 점령하여 대만을 고립시키는 방안을 제시하였다(표 14.1 및 14.2, 그림 14.1 참조).

사키시마 군도는 해군기지로는 적합지 않았으나 항공기지로는 활용도가 높다고 판단되었다. 그리고 사키시마 군도를 점령한 후에는 중국대륙과 대만사이에 위치한 페스카도레스 제도를 점령하여 해군기지로 활용한다고 계획하였다. 해군계획담당자들은 대만 북부의 섬들은 일본 본토 공격을 위한 항공기 출격기지로 활용할 수 있기 때문에 전략적으로 매우 중요하다고 판단하였고, 이곳에 미국의 다른 어떤 전진기지보다도 강력한 방어전력(두만퀼라스 방어전력의 약 4배)을 배치하는 것으로 계획하였다[18](중국본토나 중국 해안의 섬을 점령하여 일본 본토공격을 위한 기지로 활용하는 방안은 거의 고려되지 않았다. 제국주의적 성향이 강했던 20세기 초반의 계획담당자들은 중국본토에 기지를 확보해야 한다고 주장한 적이 있긴 했다. 그러나 대부분의 계획담당자들은 중국본토에 기지의 확보하는 것은 중국의 정치적 중립을 훼손할 수 있으며, 지상으로 접근하는 일본육군의 공격에 취약하기 때문에 불필요하다고 판단하였다)[19].

한편 미국의 전략기획자들은 대만과 일본 남부 사이 남북방향으로 6백 마일에 걸쳐 늘어서 있는 류큐 제도가 미일전쟁에서 크나큰 전략적 중요성을 차지하고 있다는데 동의하고 있었다. 일찍이 1911년, 마한은 미일전쟁 시 류큐 제도가 "미 함대의 가장 효과적인 기지가 될 수 있다."라고 주장하기도 하였다.[20] 류큐 제도를 확보한다면 미 해군은 이를 기반으로 일본 본토 남부의 모든 일본군전력을 고립시킬 수 있고, 일본의 모든 해상교역을 차단할 수 있으며, 궁극적으로 일본 함대에 함대결전을 강요할 수 있었다.[21] 또한 류큐 제도의 비행장에서 발진한 폭격기는 일본 본토의 산업시설을 초토화시킬 수도 있었다. 이러한 판단결과에 따라 류큐 제도의 점령은 오렌지계획 연구가 시작된 1906년부터 태평양전쟁이 끝난 1945년까지 미국의 후반부 태평양전략의 핵심개념이 되었다.[22]

〈표 14.2〉 미일전쟁 중 단계별 소요병력 예측표, 1928년 1월

작전 개시일	작전내용	전구 내 가용전력	공격작전 시 소요전력	본토증원 필요 전력	점령 후 방어 배치 전력
M+60	서태평양기지 점령	20,000(해) 16,000(육)	20,000(해) 16,000(육)	16,000(육)	16,000(육)
M+90	서태평양기지 점령	20,000(해) 71,000(육)		55,000(육)	
M+90	말람파야 점령	20,000(해) 71,000(육)	8,000(해) 16,000(육)		16,000(육)
M+105	마셜제도 점령	30,000(해) 71,000(육)	10,000(해)	10,000(해)	10,000(해)
M+120	사키시마 군도 공격	30,000(해) 71,000(육)	8,000(해) 16,000(육)		15,000(육)
M+150	페스카도레스 공격	30,000(해) 81,000(육)	16,000(해) 24,000(육)	10,000(육) (마셜제도에서 이동)	10,000(육)
M+180	캐롤라인 제도 점령	30,000(해) 101,000(육)	10,000(해) 20,000(육)	20,000(육)	10,000(해) 20,000(육)
M+240	기륭 공격	30,000(해) 147,000(육)	30,000(해) 60,000(육)	46,000(육)	60,000(육)
M+300	오키나와 공격	30,000(해) 187,000(육)	20,000(해) 40,000(육)	40,000(육)	15,000(육)
M+450	아마미 오시마 공격	40,000(해) 242,000(육)	40,000(해) 80,000(육)	10,000(해) 55,000(육)	40,000(육)
M+540	오스미 제도 공격	40,000(해) 242,000(육)	10,000(해) 20,000(육)		20,000(육)
M+570	고토 제도 공격	40,000(해) 242,000(육)	20,000(해) 40,000(육)	20,000(육)	20,000(육)
M+600	쓰시마 공격	40,000(해) 382,000(육)	40,000(해) 120,000(육)	120,000(육)	

출처 : JPC Est, Jan 1928, 80-81.(해: 해병대, 육: 육군)

류큐 제도 중에서 가장 중요한 목표는 양호한 항구가 있는 "아마미 오시마 섬(the island of Amami Oshima)"이었다. 그러나 이곳은 일본이 이미 강력한 방어시설을 구축해 놓은 상태였으며, 일본 본토 최남단인 큐슈에서 불과 200마일 밖에 떨어져있지 않아 일본이 신속하게 본토병력을 증원시킬 수 있으므로 미군이 점령하려면 많은 노력이 필요할 것으로 판단되었다. 한편 "아마미 오시마"뿐 아니라 류큐 제도의 본섬인 오키나와(Okinawa) 섬 근해에도 대규모 함대를 수용할 수 있는 양호한 묘박지가 존재하였다.

이에 따라 아마미 섬 점령 시 발생할 미군의 대규모 손실을 고려했을 때, -1921년 심스 제독이 이미 지적했듯이- 그곳보다는 남쪽으로 150마일 떨어진 오키나와를 점령하여 중간기지로 활용하는 것이 좀 더 타당한 방안이 될 수 있었다.[23]

그러나 류큐 제도를 점령하기 위해서는 수많은 작전 및 군수지원문제들을 해결해야만 했다. 미 해군이 마닐라와 대만에 해군기지를 확보하지 않는다고 결정함에 따라 함대는 류큐 제도에서 1,700마일이나 떨어진 필리핀 남부기지를 기반으로 작전을 수행해야 했다. 일찍이 올리버 중령은 필리핀 남부에서 곧바로 류큐 제도를 공격하는 것은 적에게 큰 타격을 가할 수는 있겠지만 종합적으로 보았을 때 그다지 적절할 방안은 아니라고 평가한 바 있었다. 더욱이 1922년 정립된 점진전략을 적용할 경우에는 필리핀 남부보다 더욱 멀리 떨어진 트루크 제도에서 공격함대가 출발해야 했다. 그 중에서도 가장 비현실적인 류큐 제도 점령구상은 1911년 마한이 주장한 알류샨 열도를 기점으로 은밀하게 이동하여 아마미 섬을 기습한다는 방안이었다.

마한의 주장대로 미 해군이 알류샨 열도를 통과하여 아마미 섬에 기습을 감행한다고 할 경우 함대가 한 번에 이동하는 것이 불가능했기 때문에 일본 본토의 연안에서 은밀하게 석탄을 재보급해야 했다. 올리버 중령은 이럴 경우 미 함대의 재보급을 알아챈 일본이 철도를 이용, 신속하게 포병대를 이동시켜 연안에서 재보급 중인 미 함대를 공격함과 동시에 아마미 섬의 방어전력을 증강할 것이라고 주장하며 마한의 주장은 비현실적이라고 지적하였다. 또한 만에 하나 마한의 주장을 받아들여 알류샨 열도를 기반으로 함대가 공세를 개시한다 하더라도 방어력이 취약한 군수지원부대는 일본 함대의 손쉬운 먹잇감이 될 것이라 주장하였다.[24]

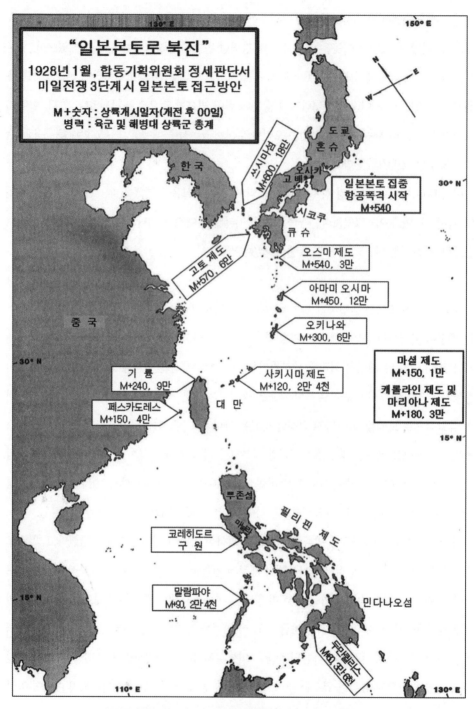

"일본 본토로 북진"

1928년 1월, 합동기획위원회 정세판단서
미일전쟁 3단계 시 일본본토 접근방안

M+숫자 : 상륙개시일자(개전 후 00일)
병력 : 육군 및 해병대 상륙군 총계

130° E

150° E

한 국

도 쿄
혼 슈
오사카
고 베

시코쿠

30° N

일본본토 집중
항공폭격 시작
M+540

쓰시마 점령
M+600, 18만

류 슈

고토 제도
M+570, 6만

오스미 제도
M+540, 3만

중 국

아마미 오시마
M+450, 12만

오키나와
M+300, 6만

30° N

기 룽
M+240, 9만

사키시마 제도
M+120, 2만 4천

마셜 제도
M+150, 1만

캐롤라인 제도 및
마리아나 제도
M+180, 3만

페스카도레스
M+150, 4만

대 만

15° N

루존섬

필리핀 제도

코레히도르
구 원

마닐라

말람파야
M+90, 2만 4천

민다나오섬

15° N

두만퀼라스
M+60, 3만 6천

110° E

130° E

〈지도 14.1〉"일본 본토로 북진", 1928년 1월 미일전쟁 3단계 시 일본 본토 접근 방안

제1차 세계대전 이전에 작성된 미국의 오렌지전쟁계획에서 판단한 류큐 제도의 점령에 필요한 지상군 병력규모는 2만 명 이하에서 3개 사단으로 편성된 1개 군단규모까지 천차만별이었다. 그러나 1918년 이전 미 해군의 자체 병력수송능력은 1개 사단병력 밖에 되지 않았으며, 공격에 필요한 충분한 병력의 수송을 위해서는 외국 선박을 용선하는 것이 필수적이었다.[25] 그리고 류큐 제도를 공격할 경우 미군은 적의 강력한 저항에 직면할 것이 불을 보듯 뻔하였다.

1922년 워싱턴 해군군축조약의 체결에 따라 류큐 제도 역시 요새화가 금지되긴 하였지만, 급진론자들은 전쟁준비로 인해 개전 이후 1년 이상 태평양진격이 지체된다면 일본이 이 기간을 이용하여 류큐 제도의 방어력을 충분히 강화시킬 수 있다고 우려하였다[26](그리고 이러한 우려는 마닐라행 직행티켓구상을 채택해야 한다는 급진론자들의 주장을 뒷받침하는 핵심 논거가 되었다).

그러나 미군의 류큐 제도 공격시점이 언제가 되든지 간에 일본은 해안포와 어뢰정뿐만 아니라 육상기지 항공기까지 동원하여 강력한 방어전을 펼칠 것이 분명하였기 때문에[27] 결국 미국이 류큐 제도를 점령하기 위해서는 주변해역의 완전한 제공권을 확보하는 것이 필수적이었다. 당시 미원정함대의 항공전력은 아마미 섬의 제공권을 확보하기에는 역부족이긴 했지만, 아마미 섬보다 항공전력이 적게 배치된 오키나와 섬의 공격 시에는 항모 함재기와 수상기, 그리고 사키시마와 대만에서 출격한 육군항공기를 활용한다면 어느 정도 항공력의 우위를 확보할 수 있다고 판단되었다.

해군계획담당자들은 서태평양기지가 완공되어 완전한 함대지원능력을 갖춘 이후에는 4개 사단병력을 오키나와 상륙작전에 투입할 수 있을 것이라 상정하였다(1945년 실제 오키나와 상륙작전 시 미 해군은 항공모함에서 출격한 함대항공전력 만으로 제공권을 완전히 장악하였으며, 최초 4개 사단이 상륙돌격을 감행하였고 이후 지상작전 시 지상군병력은 7개 사단까지 증강되었다).

당시 미 해군은 아마미 섬의 해안포를 모두 파괴하기 전까지는 전함을 상륙작전 함포지원임무에 투입할 수 없다고 판단하고 있었기 때문에 오키나와에서 출격한 미군항공기는 이후 아마미 섬 상륙돌격 초기에 매우 중요한 역할을 담당하게 될 것이다[28](한편 당시에는 미 해군전력 역시 태풍의 영향을 받을 수 있다는 사실을 무시한 채 태풍이 통과한 직후 적의 항공력 운용이 불가한 틈을 타서 아마미섬에 상륙돌격을 감행하자는 황당한 의견도 제시되었다)[29].

그리고 1928년 계획에서는 아마미 섬 상륙돌격에는 8개의 사단이 필요하기 때문에 상륙작전개시일을 M+450까지 연기해야 한다고 되어있었다. 또한 아마미 섬은 강력한 방어태세를 갖추고 있기 때문에 상륙작전 시, 미 해군은 화력지원정을 포함한 모든 무기체계 및 전체 함대를 동원하여 해상에서 화력지원을 제공해야 할 것이었다.[30]

계획담당자들은 만일 미군이 류큐 제도 점령에 실패할 경우 "전쟁의 조기승리는 요원해 질 것이며", "전쟁 소요비용 또한 엄청나게 증가"할 것이라 예상되긴 하지만, 류큐 제도의 점령은 일본 본토 진격전략을 달성하기 위한 필수조건이므로 미국은 결국 이를 강행할 것이라 예측하였다.[31]

계획담당자들은 류큐 제도 점령 후 그곳에 Y기지(Base Y)를 건설하는 것으로 계획하였다. Y기지에는 연중 전투함대 및 군수지원부대 전체를 지원할 수 있도록 충분한 육상지원시설 및 건선거가 설치되며, 기지 방어를 위해 강력한 수상함전력 및 항공전력을 배치하는 것으로 되어 있었다. 이후 미군은 Y기지를 기반으로 일본 본토 봉쇄를 더욱 강화할 수 있게 되며, Y기지 및 주변 전진기지는 일본 본토로 진격하는 미 해군의 발판이 될 것이다.[32] 실제로 전시 계획담당자들은 류큐 제도의 점령을 결정하게 되는데, 이는 전쟁 이전에 작성된 오렌지계획의 원칙이 전시에 실제로 적용된 좋은 사례라고 할 수 있다.

1945년 미국의 전략기획자들은 류큐 제도를 유럽전쟁 종전 후 재배치될 예정인 폭격기의 발진기지, 해군기지, 그리고 나중에 있을지 모를 일본 본토 점령작전의 준비를 위한 전력 및 물자집적기지로 활용하는 것이 가능하다고 결정하였다. 전시 전략기획자들은 1928년의 계획과 유사하게 대만에서부터 아마미 섬 근해까지 총 340마일에 달하는 해역에서 5개의 섬을 점령하는 것으로 전역계획을 작성하였으나[33] 오키나와와 주변의 일부 섬들만 점령한 상태에서 전쟁이 끝나게 되었다. 그리고 전쟁 이전 전략기획자들이 우려했던 대로 미국이 오키나와 공격 시 일본은 항공기를 이용한 자살특공공격(일명 가미카제)으로 미 함대의 주력함 -특히 항공모함- 에 많은 피해를 주었다.

전쟁 이전 작성된 모든 오렌지전쟁계획에서는 일본제국해군을 완전히 격파 또는 무력화하는 무대가 될 대규모 함대결전은 미일전쟁의 3단계작전 중 일어나게 될 것이라 예측하고 있었다. 제2차 세계대전이 발발하기 전까지 마한의 함대결전사상은 여전히 미 해군을 지배하고 있었는데, 일찍이 1910년 윌리엄스는 "적 함대를 함대결전으로 끌어들이기 위해 지속적으로 노력해야 하며, 일단 결전이 시작되면 적의 세력을 철저히 격파하여 바다에서 완전히 몰아내야 한다."라고 함대결전의 중요성을 강조한 바 있었다.[34]

당시의 오렌지계획에서는 해군의 "전시 가장 중요한 임무는 일본전투함대를 '격멸'하고, 전쟁의 최종적 승리를 보장하는 것"이라 규정하였다.[35] 일부 해군계획담당자들은 일본 함대가 전쟁을 장기화하여 미국을 협상테이블로 끌어들일 목적으로 미 함대와 전투를 회피하는 이른 바 "현존함대(fleet in being)"전략을 사용할 수도 있다고 생각하기도 하였다.[36] 그러나 미 해군 내에서는 이미 일본인의 호전성 및 일본이라는 나라의 군국주의적 성향을 고려할 때 함대결전을 회피할 가능성은 거의 없다는 공감대가 형성되어 있었다.

한편 해군계획담당자들은 미·일 해군 간 함대결전의 시간과 장소를 결정하는 것은 미국이 아니라 바로 일본이 될 것이라 판단하였다. 그들은 일본은 "미 함대가 일본 함대와 전투를 벌이기 위해 일본 근해로 접근할 것이다"라는 확신 아래 소모전을 감행하면서 미 함대의 접근을 기다릴 것이라 예측하였다. 일본은 손실을 입더라도 전체 함대전력에는 별 지장이 없는 육상기지 항공기, 소형함정 및 잠수함, 항공전력 등을 활용, 지속적인 소모전을 수행하여 일본 근해로 접근해오는 미 함대의 전력을 점차 약화시킨 다음, 일본 함대에게 가장 유리한 시간과 장소에서 비로소 미 함대와 함대결전에 나설 것이었다.[37]

1910년, 일반위원회는 미 함대가 서태평양에서의 작전 시 일본은 전투에서 패하더라도 손상함정을 본토에서 신속히 수리하여 다시 작전에 투입할 수 있는 반면, 서태평양기지에 건선거를 보유하지 못한 미국은 손실전력을 보충할 수 없으므로, 일본은 한 번의 함대결전보다는 동시다방면에서 전투를 벌이는 것을 선호할 것이라 판단한 적도 있었다.[38]

그러나 당시 미 해군은 트라팔가 해전, 쓰시마 해전 및 유틀란트 해전과 같은 극적인 함대결전이 전쟁의 승패를 결정한다는 고정관념에 사로잡혀 있는 상태였고, 이러한 인식은 이후에도 변하지 않고 지속되었다. 그리고 함대의 전체 전투력은 함대의 전체 함포문수의 제곱에 비례한다는 소위 "제곱의 법칙"에 따라 함대결전 시 반드시 적보다 우세한 전력을 집중시켜야 한다는 이론이 일반화되어 있었다.

워싱턴 해군군축조약으로 5:3으로 정해진 미·일 간 주력함 비율에 제곱의 법칙을 적용할 경우 미국의 전투력이 2.8:1로 우세하였기 때문에 계획담당자들은 미·일 해군 간 함대결전에서 미국이 승리할 수 있다고 확신하였다(한편 교육훈련(training), 해상기동훈련(maneuver) 및 전쟁연습(war game) 등을 통하여 세부적인 함대전투전술(fleet tactics)을 발전시키는 것은 전략기획자들이 아닌 해상훈련이나 전술교리 부서원들의 업무분야였다. 전간기 이러한 함대전투전술의 발전은 주로 해군대학과 미 함대사령부가 담당하였다. 그들은 세부적인 함대전투전술을 개발하기 위하여 "필리핀으로 진격 중인 미합동아시아군에 대한 일본 해군의 요격(邀擊)" 등과 같은 오렌지계획 시나리오 상의 다양한 국면을 상정하여 전쟁연습과 기동훈련을 실시하기도 했다)[39].

함대결전이 벌어질 시간과 장소에 대한 예측은 그때마다, 그리고 사람마다 모두 달랐다. 어떤 이들은 3단계 작전 초기 필리핀의 서태평양기지 주변 해역에서 벌어질 것이라 주장하였고, 또 다른 이들은 일본 본토로 북진하는 도중 발생할 것이라고 생각하였으며, 전쟁의 막바지에 일본 본토 근해에서 벌어질 것이라 확신하는 이들도 있었다. 그러나 미일전쟁의 2단계 작전 중, 즉 미 함대가 태평양을 횡단하는 중에는 일본의 주력함대가 미 함대를 공격하지 않을 것이라는 데에는 -원정함대가 괌 해군기지로 진격할 경우 일본 주력함대를 그곳으로 유인할 수 있다고 주장한 괌 기지건설 지지자들을 제외하면[40]- 대체로 의견이 일치하였다.

급진론자들은 일본의 주력함대가 -미크로네시아의 섬 부근이나 대양의 어느 한 해점이 될- 원정함대와 군수지원부대의 비밀 상봉점을 공격하는 일은 없을 것이라 가정하였는데, 만에 하나 이때 공격을 받아 군수지원부대가 격파된다면 미 함대는 서태평양에서 철수해야 했고 결국 전쟁에서 승리하지 못할 것이 확실했기 때문에 이는 매우 아전인수(我田引水) 격인 가정이었다.[41]

점진론자들의 경우 일본 함대가 단지 미국의 위임통치령 점령을 저지하기 위해 중부태평양까지 진출하는 모험을 감행하지는 않을 것이라 보고 있었다.[42] 1941년 이후가 되어서야 미국의 계획담당자들은 일본주력함대가 중부태평양까지 진출할 수도 있다고 판단하고 이에 대비한 함대작전계획을 발전시키기 시작하였다.

제1차 세계대전 이전부터 유력한 함대결전 해점으로 지목된 곳은 바로 필리핀 근해였다. 최단시간에 필리핀에 도착하여 공격을 개시한다는 급진론을 주장한 계획담당자들은 일본 함대를 루존 섬 근해로 유인하여 격파한다고 구상하였는데, 이 함대결전에서 승리하지 못할 경우에는 오히려 미국이 서태평양에서 철수해야 하는 상황이 벌어질 수도 있었다.[43]

한편 제2위원회에서는 일본 함대가 필리핀 남부에서 순양함 및 어뢰정을 활용, 미 함대의 진형을 분산시킨 다음 그 틈을 이용해 주력함을 격파함으로써 미 함대의 진격을 차단할 것이라는 좀 더 비관적인 가정을 내놓기도 했다.[44] 그러나 1911년 해군대학에서 작성한 두 번째 오렌지계획에서는 일본 함대는 소모전을 통해 사전에 미 함대에 상당한 피해를 가한 경우에만 필리핀 근해에서 미 함대와 함대결전을 벌일 것이라 가정하였고, 이 가정은 이후 오렌지계획에도 그대로 반영되었다. 예를 들어 1928년 참모총장실 전쟁계획부에서 작성한 두만퀼라스 전투계획(Battle of Dumanquilas scenario)에서도 이 가정이 적용되었다.[45]

1920년대 후반부터 대부분의 해군계획담당자들은 일본 해군은 장기간 소모전을 벌일 것이라는데 의견을 같이하기 시작했다. 일본은 태평양이라는 광대한 공간을 활용하여 최대한 시간을 지연시킴으로써 미국의 전력 및 사기를 저하시키려 할 것이 분명하였다.[46] 계획담당자들은 일본 해군의 주력함대는 개전 후 1년 이내에는 미 함대와 전투를 벌이지 않을 것이 확실하며, 대만은 양호한 항구가 없고 페스카도레스의 경우 외곽에서 포위당하기 쉽기 때문에 미군이 이곳을 공격한다하더라도 이를 저지하기 위해 일본 함대가 나서진 않을 것이라 보았다.[47]

일본 해군의 주력함대는 미 해군이 서태평양으로 진격하여 국가의 생존을 위협하기 전까지는 모습을 드러내지 않을 것이었다. 결론적으로 전쟁 이전의 모든 오렌지계획에서는 일본은 류큐 제도를 국가생존에 필수적인 방어권으로 여기고 있기 때문에 류큐 제도 근해에서 함대결전이 벌어질 것이라 판단하였다. 미 함대가 점차 북상함에 따라 일본 해군은 일본의 본토기지에서 가까운 류큐 제도를 기지로 다수의 어뢰정을 운용하여 일본의 특기인 무차별 야간 어뢰공격을 감행하는 등 함대결전 직전 최후의 소모전을 감행할 것이었다.[48]

오렌지계획 연구 초창기의 계획담당자들은 일본 본토 근해에서는 함대결전이 발생하지 않을 것이라고 판단하고 있었다(마한은 전쟁발발 초기 미국의 기습이 성공하여 일본 전투함대가 와해된 경우라면 일본 본토 근해에서 함대결전이 이루어질 수도 있다고 보았다)[49]. 그러나 1920년대 말에 들면서 쇼필드 전쟁계획부장과 부서원들은 일본은 소모전의 효과를 극대화하기 위하여 미 함대가 일본 본토를 봉쇄할 때까지 함대결전을 최대한 회피하려 할 것이며, 결국 일본 본토 근해에서 함대결전이 발생할 것이라 판단하였다.

일본 본토 근해에서 함대결전을 벌인다는 것은 미국민들이 일본과의 전쟁에 염증을 느끼기 전에 미 해군이 서태평양과 류큐에 기지를 확보하고 이를 기반으로 작전을 펼친다는 전제를 바탕으로 한 것이었기 때문에 다분히 자신들의 구상을 합리화하는 가정이었다. 여하튼 그 실현여부를 떠나서 일본 본토 근해에서 벌어질 함대결전은 미일전쟁의 대미를 장식할 것이었다.[50]

미 해군 전략기획자들은 항상 함대결전 시, 미 함대가 일본 함대를 격파할 것이라 확신하였으며 패배할 것이라고는 거의 생각하지 않았다(예외적으로 1907년 최초 오렌지계획에는 미 함대가 함대결전에서 패배할 경우 잔여전력은 인도양을 거쳐 본토로 귀환하거나 중립국항구에 입항하여 전쟁이 끝날 때까지 대기한다는 내용이 포함되어 있었다)[51].

미국은 전간기 내내 전함 숫자 면에서는 항상 일본에 앞섰다(1906년 33척 대 14척이던 미·일 양국 해군의 전함격차는[52] 1922년에 18척 대 10척까지 줄어들기도 하였다). 그러나 단순히 전함숫자만 놓고 보면 미 해군이 상당한 우위를 점하고 있는 것 같아 보일 수 있으나 대구경함포수를 기준으로 비교했을 경우 전투력 격차는 그리 크지 않았다.

또한 전간기 미 해군에서 보유하고 있던 드레드노트급 전함은 속력이 느렸으며, 현측 어뢰방어 보강재(antitorpedo blisters)나 대공포와 같은 당시의 최신방어기술이 적용되지 않아서 일본의 전함에 비해 방어력이 떨어지는 실정이었다.[53] 한편 양국의 순양함전력 비율은 전간기 내내 거의 대등하게 유지되었으며, 경순양함 이하 소형함정의 전력비율은 수시로 바뀌었다.

그리고 일본은 러일전쟁 시 상당한 효과를 거둔 어뢰정을 1906년 당시 116척 보유하고 있었는데, 이 전력은 일본의 주력함 열세를 만회시켜 줄 수 있는 효율적인 수단이라고 판단되었다.[54] 제1차 세계대전 중 시작된 미국의 해군확장계획에 따라 미국은 구축함 및 잠수함전력 비율에서 일본에 비해 4~5배의 우위를 달성할 수 있었으나[55] 1920년대를 지나면서 해군군축조약에 따른 해군예산 삭감 및 함정의 노후화로 인해 이러한 전력우위는 서서히 감소되었다. 그러나 이러한 현실적인 악조건에도 불구하고 쇼필드 전쟁계획부장과 그의 부서원들은 소모전으로 인해 상실되는 주력함전력의 공백은 전쟁기간 중 항공기, 소형 전투함정 등을 대량생산 및 전력화하여 충분히 상쇄가능하다고 주장하며 전쟁의 최종승자는 미국이 될 것이라고 확신하였다.

결론적으로 볼 때 한 차례의 함대결전으로 미일전쟁의 승패가 결정된다는 오렌지전쟁계획의 예측은 실제현실과는 일치하지 않았다. 태평양전쟁 중 1단계 및 2단계 작전에서는 다수의 주요 해전이 벌어졌지만 3단계 작전에서는 이렇다 할 해전이 한 번도 발생하지 않았다(1944년의 마리아나 해전은 제외). 양국 해군은 일본 본토에서 몇천 마일이나 떨어진 중부 및 남태평양에서 주로 해전을 벌였고 주요 전투수단은 전함이 아니라 항공모함 및 순양함이었으며, 전함은 가끔 소규모 분대를 이루어 해전에 참가하는 정도였다.

그리고 모든 해전에서 양국 해군이 대등한 전력으로 해전을 벌인 것도 아니었으며, 한쪽이 수적 우세를 점하고 있는 경우가 많았다. 또한 미 해군은 대부분의 해전에서 우세한 전투를 치르긴 했지만 모든 해전에서 승리한 것은 아니었다. 이러한 태평양전쟁의 결과를 보면 오렌지계획의 함대결전에 관한 가정이 틀렸다고 생각할 수도 있다. 그러나 (오렌지전쟁계획의 예측과 실제 전쟁의 진행과정에 대한 비교는 이 책의 마지막장에서 자세히 다룰 예정이지만) 세부적인 작전수행 측면뿐 아니라 대전략 측면에서도 오렌지계획에 수록된 함대결전에 관한 가정을 평가해 볼 필요가 있다.

오렌지계획에서는 대일전쟁 승리의 전제조건으로 일본제국해군 '주력함대의 격파'를 명시하였다. 그리고 일본 해군이 '현존함대' 전략을 취하거나 전진기지공격, 해상교통로 교란에 주력함을 투입할 가능성은 거의 없으며, 결국 함대결전에 돌입할 것이라 판단하였다. 미 해군은 태평양전쟁 시 전쟁이전의 가정대로 단한번의 함대결전으로 일본 함대를 완전히 격파하지는 못했지만 여러 차례 대규모 해전을 거치며 일본 함대의 전력을 꺾어 놓았으며, 레이테만 해전에서 일본 해군의 잔여전력을 완전히 격파하여 이후 일본제국해군은 말 그대로 그 이름만 남게 되었다. 결론적으로 오렌지계획상의 적 '주력함대를 격파'하여 적의 마지막 저항을 분쇄한다는 가정은 그 세부적인 실행과정에서 계획과 현실에 간에 차이가 있긴 하였지만 전체적으로 볼 때 적절한 예측이었다고 할 수 있을 것이다.

미국의 대일전쟁전략의 핵심은 바로 '일본을 외부세계와 경제적으로 완전히 고립시키는 것' 이었다.[56] 해군력을 활용하여 일본선박의 해운활동을 완전히 차단하고 전시금제품(contraband) 을 적재한 중립국 선박은 일일이 검색하여 일본 본토 전체를 완전히 해상봉쇄한다는 개념은 1906년 최초로 제시되었으며, 1911년 오렌지계획에서 공식적으로 채택되었다. 해군계획담당 자들은 일단 미 함대가 필리핀에 전개를 완료하게 되면 일본과 아시아대륙간의 교역을 차단하 는 것은 별다른 어려움이 없을 것이라 판단하였다.

그러나 전략수립의 근거로 사용된 경제력 분석결과 따르면 일본을 경제적으로 완전히 고사 시키기 위해서는 동남아시아뿐 아니라 한국, 만주, 북중국 및 시베리아에서 일본으로 유입되는 물자까지도 모두 차단해야 하였다. 하지만 남북전쟁 시, 북부연방해군(the Federal Navy)이 내륙 수로까지 진입하여 남부 연합을 완전히 봉쇄한 것과 같은 방식으로 전쟁 물자 유입차단을 위해 일본 본토의 항구들을 모두 봉쇄하는 것은 현실적으로 불가능한 일이었다.

일본 주력함대를 격파했다 하더라도 좁은 만이나 세토 내해(the Inland Sea)*에 위치한 일본의 항구들은 상당한 방어능력을 갖추고 있을 것이기 봉쇄가 현실적으로 어려웠다.[57] 미 해군은 제 1차 세계대전이 끝으로 치닫던 1918년 독일항만 기뢰부설작전에 참가하여 기뢰부설능력을 상 당히 향상시킬 수 있었으나 일본의 항구들은 기뢰부설이 어려운 지형조건을 갖추고 있어 미국 의 기뢰부설기술 역시 별다른 도움이 되지 않았다. 실제로 제2차 세계대전 중에는 1945년에 들 어 대형항공기를 활용한 항공기뢰부설이 실용화되고 나서야 기뢰를 이용하여 일본 본토 항구 를 봉쇄할 수 있게 되었다.

동북아시아로부터 일본을 고립시키기 위해서는 일본과 아시아대륙을 이어주는 최단해역인 쓰시마해협의 봉쇄가 필요하였는데, 이를 위해서는 해협 500마일 이내에 해군기지를 확보해야 하였다. 그리고 쓰시마해협을 봉쇄한다 해도 일본은 한국의 동해(East Sea)†를 거쳐 일본서부에 위치한 항구로 전쟁 물자를 수송할 가능성도 있었다.[58]

해군계획담당자들은 일본 본토를 완전히 봉쇄하기 위하여 한국에 전진기지를 건설한다는 구

---

* 세토나이카이(瀨戸內海) : 일본 혼슈(本州) 서부와 규슈(九州)·시코쿠(四國)에 에워싸인 내해
† 원문에는 일본해(Sea of Japan)로 수록되어 있으나, 정확한 명칭인 동해(East Sea)로 변역, 표기하였다.

상을 내놓았으나 곧 상부에서 기각하였으며[59] 제2차 세계대전 중에도 한국에 전진기지를 건설하자는 의견이 또다시 제시되었으나 역시 채택되지 못했다. 1928년, 해군계획담당자들은 한국 대신 쓰시마 섬(Tsushima Island)에 최대 규모의 상륙작전을 실시하여 섬을 점령 후 쓰시마해협을 봉쇄한다는 내용을 3단계 작전구상에 포함시켰다. 이렇게 되면 미 해군은 쓰시마 섬을 기반으로 하여 동해까지 진출이 가능하여 일본 본토의 완전한 봉쇄를 달성할 수 있을 것이었다.[60]

쓰시마 상륙작전은 16개월 동안 이어지는 8개의 주요 상륙작전의 대미를 장식하게 될 것이었다. 당시 합동계획담당자들은 3단계 작전까지 포함하는 세부적인 단계별 진격일정계획표를 작성하였는데[61] 합동위원회는 이들이 작성한 전체적인 단계별 전략수행방안에는 동의하였으나 구체적인 진격일정계획의 승인은 거부하였다.[62] 그럼에도 불구하고 1928년에 작성된 진격일정계획표는 제2차 세계대전이 발발하기 이전까지 미일전쟁의 전체 작전단계를 구체적으로 제시한 유일한 작전수행계획이라는데 의의가 있다.

미국은 일본 본토에 비축되어 있는 전쟁 물자를 완전히 고갈시키고 일본의 전쟁수행의지를 말살하기 위해서는 "상당한 기간 동안, 즉 최소한 1년 이상 빈틈없는 봉쇄작전을 실시해야 한다"고 예측하였다.[63] 1920년대 계획담당자들은 전쟁 발발 2년 후부터는 일본이 미국에 평화를 구걸할 것이라 예측하긴 하였지만 봉쇄작전 만으로 미일전쟁에서 승리할 수 있다는 보장은 없었다(그리고 그들은 미국민은 일본이 항복할 때까지 조건 없이 대일전쟁을 지지할 것이라 가정하였는데, 당시의 상황으로 볼 때 이것은 단지 계획수립을 목적으로 한 다분히 낙관적인 판단이었다).

역사적 사례를 살펴볼 때 견고한 성을 함락하기 위해서는 강력한 공격과 빈틈없는 봉쇄가 동시에 진행되어야 하였다. 그러나 일본 본토의 산업시설에 대한 공격은 항공력이 실용화되고 나서야 가능하게 되었다. 오렌지계획의 구상 초창기에는 미 함대가 세토내해로 진입, 고베 및 오사카 등과 같은 일본의 주요도시들을 포격한 다음 쓰시마해협을 통과하여 일본서부 및 한반도 동부의 항구들을 포격한다는 방안이 제시되기도 했다.[64]

서서히 효과가 발휘되는 봉쇄작전을 그리 선호하지 않았던 마한은 순양함을 이용하여 일본의 주요항구를 포격하게 되면 일본의 연안 해운활동을 위축시킬 수 있을 뿐 아니라 철도수송의 부담을 가중시킬 수 있다고 주장하기도 했다.[65] 그러나 해군계획담당자들은 제1차 세계대전을 계기로 보호기뢰, 해안포 및 어뢰정 등의 방어력이 갖춰진 항구를 공격하는 것은 매우 어렵다는 것이 증명되기 훨씬 이전부터 해상전력을 활용한 일본 본토공격은 성공할 가망도 없으며, 그 효과도 미미할 것이라 결론지은 상태였다.[66]

실제 태평양전쟁 시 미 해군의 해상전력은 전쟁말기에 태평양에 연한 소규모 항구도시들에 함포공격을 가한 것을 제외하고는 일본 본토 공격에 이렇다 할 역할을 하지 못했다. 한편 1920년대에 들어서는 항공모함 함재기를 이용하여 일본 본토를 폭격한다는 구상이 나타나기 시작하였다. 이러한 구상에 대해 해군계획담당자들은 함재기는 폭탄적재량이 상대적으로 부족하여 일본산업시설을 파괴하기에는 역부족이기 때문에 차라리 전쟁 초기 요코스카나 구레 등과 같은 일본 해군기지를 기습하는데 활용하는 것이 더 적절하다고 판단하였다.[67]

1920년대를 거치면서 항공기술이 발전함에 따라 일본의 전시경제활동을 마비시켜 승리를 쟁취한다는 가정의 실현 가능성이 점차 증가하게 되었다. 1920년대 초반부터 오렌지계획 연구보고서에는 일본 본토에 대한 전략폭격이 언급되었으며, 1928년에는 이 내용이 합동기본오렌지전략계획에 정식으로 포함되었다. 그러나 역설적이게도 항공력을 활용하면 일본의 패망을 가속화할 수 있다는 낙관적인 전망이 나왔음에도 불구하고 항공력의 등장 초창기에는 항공기 작전반경의 제한으로 인해 오히려 진격속도가 더 둔화될 것이라는 예측이 우세하였다.

항공전력 간 상호지원을 위해서는 이전과 달리 조밀한 간격으로 여러 개의 섬의 점령하여 비행장을 확보하는 것이 필요했기 때문이었다. 실제로 당시 육상기지 항공기 및 수상기는 류큐 제도에서 이륙할 경우 한 번에 도쿄까지 도달할 수 없었기 때문에 일본 본토의 항공폭격을 위해서는 일본 본토와 근접한 기지를 여러 개 확보해야 하였다. 이에 따라 합동기획위원회는 큐슈 최남단에서 40마일 밖에 떨어지지 않은 오스미 제도(Osumi Islands) 및 고토 제도(Goto Islands)를 점령하여 폭격기비행장을 건설하고 적의 반격에 대비한 견고한 방어시설을 구축해야 한다고 건의하였다.[68]

1928년판 오렌지전쟁계획에 포함된 일본 본토 전략폭격계획은 그 내용과 범위가 매우 방대하였다. 계획담당자들은 M+390일까지 미국의 항공기생산능력은 개전 이전보다 10배 이상 증가한 연간 18,000대에 이를 것이라 예측하였는데[69] 이는 제2차 세계대전 동안 태평양전쟁에 배치된 전체 항공기수와 대략 비슷한 수치였다. 한편 그때까지도 육군 지도부는 민간시설에 대한 폭격을 내켜하지 않고 있었으며, 일부는 여전히 미일전쟁 시 항공전력의 가장 중요한 표적은 바로 군함이라고 생각하고 있었다.[70]

그러나 당시 육군항공대를 대표하는 가장 정력적인 활동가이자 선전전문가였던 빌리 미첼 (Billy Mitchell) 장군은 인구가 밀집되어있고 목조건물이 대부분인 일본의 도시들은 "가장 이상적인 조건을 갖춘 항공폭격 표적"이라고 주장하였다. 미첼 장군은 폭격기전대가 알래스카에서 이륙한 다음 소련의 묵인 하에 시베리아를 경유, 소이탄과 화학가스탄을 일본에 투하한다는 구상을 하기도 하였다.[71] 당시 합동계획담당자들은 군수물자생산시설 및 수송시설만 공격표적에 포함시키고 민간인에 대한 폭격은 제외하였다.[72]

육군정보국(Army Intelligence)에서는 도쿄(東京), 오사카(大阪), 야와타(八幡) 및 나고야(名古屋) 등 대도시의 항공기 제작공장, 제철소 및 탄약창 등을 폭격표적으로 권고하였다.[73] 이 표적목록은 태평양전쟁 중 미국이 일본 본토에 대한 전략폭격을 가속화하기 시작한 1944년 중반부터 전략폭격목표를 군수산업시설에서 대도시 인구밀집지역으로 전환한 1945년 3월까지 실제로 폭격을 가한 목표와 유사하였다. 육군항공단은 1939년부터 적국본토에 대한 전략폭격을 활발히 연구하기 시작하였는데[74] 해군계획담당자들은 그보다 10여 년 전부터 오렌지계획 3단계 전략계획에 일본 본토폭격용 항공기지 건설 및 항속거리가 긴 폭격기의 조달 등의 내용을 수록하고 있었던 것이다.

역사상 모든 전쟁사례뿐만 아니라 당시로서 가장 최근의 전쟁 사례였던 러일전쟁 및 제1차 세계대전에서도 그러했듯이 최후의 승자는 항상 적국의 육군을 완전히 격파하는 쪽이었다. 이러한 인식에 따라 미국의 계획담당자들도 일본육군을 격파할 경우 미일전쟁의 승리를 앞당기는 것이 가능할 것인가를 검토하기도 하였다. 당시 이러한 지상전의 필요성에 관한 연구는 "일본의 항복을 강요하기 위한 방안"이라는 완곡한 명칭으로 불렸다.[75]

그러나 아시아 대륙에서 일본과 지상전을 벌인다는 구상은 해군의 해양중심사상과는 완전히 상반되는 것이어서 1923년 이전까지는 해군 내에서 언급조차 되지 않다가 중부태평양을 통한 진격을 주장한 점진론자들이 처음으로 이러한 지상전의 가능성을 점치기 시작하였다. 이에 대해 급진론자들은 이러한 지상작전은 류큐 제도의 방어력 강화를 초래할 것이 분명하기 때문에 해상에서 승리를 불가능하게 만들 것이라고 반박하였다.

육군은 대규모 병력을 남중국에 상륙시킨 후 양쯔강 유역까지 진격하여 일본 본토로 유입되는 자원지대를 점령한다는 지상작전을 구상하라는 지시를 받았으나 이러한 작전은 미국민이 감당하지 못할 엄청난 전비(戰費)와 노력이 필요하다는 것이 불을 보듯 뻔하였다.[76] 결국 1923년 직행티켓전략을 지지하는 급진론자들이 해군 내에서 다시금 주도권을 잡게 되면서 지상작전전개 구상은 백지화되었고, 이후 육군계획담당자들은 상부에 중국에 원정군을 파견하는데 필요한 수송전력을 확보하는 것은 불가능할 것이라고 보고하였다.[77]

그럼에도 불구하고 합동위원회에서 육군에 아시아대륙을 무대로 한 지상작전의 예상방책을 제출하라고 요구하자 육군본부 정보참모부(G-2)는 광동지방(Canton)에 상륙한 후 점차 북진하는 방안, 적의 강력한 방어력이 구축된 상하이(Shanghai)지역에 상륙돌격하는 방안, 아니면 이도저도 가릴 것 없이 만주나 한국에 직접 상륙하는 방안 등 3가지 지상작전 방책을 제시하였다.[78]

지상작전과 관련된 자료도 없었고, 관심도 없었던 해군에서는 육군이 내놓은 지상작전 방책에 대해 아무런 반응도 보이지 않았다. 당시 육·해군 계획담당자들 모두 일본육군과 싸우는 것은 "재앙적인 결과를 초래할 것이다"라는데 동의하고 있었는데, 그들은 최악의 경우 미국이 아시아의 해상통제권을 상실하여 대륙에 고립된 미 지상군이 철수를 하지 못하는 상황이 벌어질 수도 있다고 생각하였다.[79]

일본 본토의 직접공격에 관해서는 모든 계획담당자들이 그 필요성이 없다는데 공감하고 있는 상태였다. 그러나 1920년대의 전략기획자들은 전쟁계획에서 미일전쟁의 전체 과정을 그려내기 위한 목적으로 전쟁의 최종단계인 일본 본토 공격까지도 고려하였다. 1922년 윌리엄스는 미국이 일본 본토를 공격할 경우 "작전이 성공할 가능성은 거의 없다"고 결론지었다. 그는 미국의 전시능력을 고려할 때 수년에 걸쳐 일본 본토 공격에 필요한 병력을 동원 및 무장시킬 수는 있겠지만 미국상선단의 능력은 백만 명에 달하는 병력을 수송하기에는 턱없이 부족할 것이라

판단하였다.[80]

1927년, 육군계획담당자들은 "미국의 병력동원능력과 산업생산력이 아무리 높다고 하더라도 미국의 원정군부대가 실제 일본 본토 상륙 시에는 일본이 상륙군보다 우세한 병력을 특정지역에 집결시킬 것이 확실하므로… 일본 본토 공격의 성공가능성은 매우 희박하다"고 결론지었다.[81] 심지어 육군대학에서는 일본 본토는 "난공불락"이라고 보고하기도 하였다.

일본육군은 그 호전성으로 유명하였으며, 일본에는 산악지대가 많고 계곡에는 벼농사를 짓는 논이 다수 분포하고 있어 지상군의 기동에 불리하였다. 또한 양호한 도로가 거의 없고 교량은 대부분 농업용 수레 정도만 지나다닐 수 있게 설계되어 있어 군용으로 활용하는 것이 제한되었다. 이에 따라 미 육군의 강점인 중량이 많이 나가는 무기체계(전차, 자주포 등)를 전장에 투입하는 것이 불가능할 것이었다.[82]

육군전쟁계획부는 일본 본토 공격은 "솔직히 말해서 현실적으로 불가능하다고 판단하고 있다."라고 공식입장을 표명하였다.[83] 그럼에도 불구하고 합동위원회에서 일본 본토의 상륙가능 지역을 선정하여 제출하라고 요구하자[84] 육군본부 정보참모부(G-2)는 일본의 항구도시 모두가 상륙에 적합지 않다고 응답하였다. 그러나 그중에서 꼭 한군데를 선정해야 한다면 큐슈의 가고시마만이 전시 미국이 건설할 전진기지와 상대적으로 가깝고 양호한 묘박지를 보유하고 있으며 도로사정이 괜찮기 때문에 그나마 나은 상륙지역이 될 것이며, 그 다음으로 가능성 있는 상륙지역은 수도에서 가까운 도쿄만이라고 첨언하였다.[85] 태평양전쟁 말기인 1945년, 실제로 미국은 이 두 지역을 일본 본토 최종공격을 위한 상륙지점으로 선정하게 된다.

한편 계획담당자들은 일본 본토를 실제로 공격하는 것은 부정적으로 판단하였지만, 일본 본토 근해 섬들에 대규모 지상군 병력을 집결시킨 후 일본 본토를 압박한다면 그들을 평화협상 테이블로 끌어낼 수 있다고 생각하였다.[86] 이를 근거로 제2차 세계대전 중 일본 본토 공격을 심각하게 고려한 군 지휘부와 전후 이들을 옹호한 사람들은 당시 미국이 일본 본토 공격을 위한 태세를 갖추고 곧 공격할 것이라는 의도를 명백히 보여주었기 때문에 1945년 8월 일본의 항복을 조기에 이끌어 낼 수 있었다는 주장을 하기도 하였다.[87]

대일전쟁 3단계 작전계획의 전체적인 틀은 일본이 얼마나 오래 저항하는가에 따라 결정될 것이었다. 미국은 일본의 저항 강도에 따라 완전한 승리를 추구해야 하는가, 아니면 제한된 승리에 만족할 것인가를 결심하게 될 것이었는데, 전쟁을 2년 안에 마무리한다는 당시 오렌지계획의 가정은 단기전과 장기전이라는 2가지 방안의 타협안이었다.

그러나 미국이 상당한 규모의 병력동원 및 산업동원을 달성하기 위해서는 어느 정도 시간이 필요할 뿐만 아니라 일본 해군은 소모전을 강요하기 위해 함대결전을 최대한 회피할 것이라는 예측을 고려했을 때 미일전쟁이 단기간에 종결될 가능성은 그리 크지 않았다. 한편 전쟁이 장기화될 경우에는 장기전에 필요한 추가적인 해군 전투함대를 건설하는 것이 필요할 것인데, 이에 대한 정치적 반대도 만만치 않을 것이었다.

결국 1923년, 일반위원회는 태평양전쟁은 장기전이 될 것이라 결론내리고, 그 기간은 3년 정도가 될 것이라 예측한 권고안을 제출하였으나, 참모총장실에서는 이를 수용하길 꺼려하였다.[88] 태평양전쟁이 장기전이 될 것이라고 가정할 경우 미국민이 무한정 대일전쟁을 지지할 것이라 확신하기는 어려웠고, 이럴 경우 오렌지계획의 기본 가정 자체를 바꿔야 하는 상황이 올 수 있었기 때문이다.

태평양전쟁 막바지인 1944년에서 1945년 사이에도 실제로 이와 유사한 문제가 발생하였다. 당시 미 해군은 이미 다수의 함정을 건조, 일본 본토 공격에 필요한 함대를 구성하고 작전준비까지 완료한 상태였지만, 미국의 전략기획자들은 그때까지도 미국이 일본이 미국민의 전쟁의지가 꺾일 때까지 저항할 지도 모른다는 불안감을 버리지 못하고 있었던 것이다.

15. 점진전략으로 가는 길

허버트 후버(Herbert Hoover) 대통령의 재임기간(1929년 3월~1933년 3월)은 해군계획담당자들의 입장에서는 매우 암울한 시기였다. 쇼필드와 혼이 전쟁계획부를 떠난 이후부터는 일본과 전쟁을 2년 안에 끝낼 수 있다는 직행티켓전략을 제외한 다른 전략구상은 해군 내에서 설자리를 잃게 되었다. 국제정세 면에서는 일본이 동아시아에서 세력팽창을 노골화하면서 워싱턴회의 이후 10여 년간 지속되어온 군비축소 및 국가 간 상호협력이라는 국제적 기조에 먹구름이 드리우기 시작하였다.

1931년 9월, 만주사변을 일으킨 일본은 국제연맹(the League of Nations)과 미국의 "불인정 선언(nonrecognition doctrine)"에도 불구하고 만주를 사실상 지배하기 시작하였으며, 그 다음 해에는 상해사변(上海事變)을 일으켰다. 그리고 1933년 봄, 일본은 마침내 국제연맹 탈퇴를 선언하였으나 위임통치령에 대한 지배권은 계속 유지하였다.

일본이 국제연맹을 탈퇴하게 되자 미국의 현실주의자들은 일본이 자국령 섬들에 대한 요새화를 시작할 것이라 보았으며, 지난 10여 년 동안 해군 군함의 척수와 태평양기지의 개발을 제한해 왔던 해군군축조약 또한 탈퇴할 것이라 예측하였다. 반면에 당시 미국의 대중여론은 필리핀 독립을 지지하는 쪽으로 기울고 있었다. 아시아의 식민지인 필리핀이 독립할 경우 미국이 일본과 전쟁을 벌일 필요성 자체가 없어지므로 오렌지계획의 존재가치에 대한 의문이 제기되는 것은 당연한 수순이었다.

또한 이 시기는 대공황의 시기였기 때문에 미국의 국방예산도 자연히 대규모로 감축되었다. 일본이 해군군축조약을 준수하고 있다는 명백한 증거가 없음에도 불구하고 다수의 군함이 함대목록에서 제적되었으며, 미국 민간상선단의 규모 및 역량 역시 침체의 늪에 빠지게 되었다. 그리하여 1930년 이후부터 해군대학의 분석가들은 서태평양의 전쟁에 투입될 미 해군의 능력은 일본 해군에 비해 '완전히 열세한' 수준이라고 분석하기 시작하였다.

당시 미 해군의 구축함전력은 제1차 세계대전 기간 중 건조된 구축함이 대부분이었는데, 함정의 노후화로 인해 제대로 된 성능을 발휘하기가 어려워 함대의 야간전투능력이 크게 저하된 상태였다. 반면에 이 기간 동안 일본의 항공력은 눈부시게 발전하여 미 해군의 서태평양 진격에 상당한 위협으로 인식되기 시작하였다. 그리고 오렌지계획의 필요성을 회의적으로 본 군 내부의 인사들은 대통령의 승인 없이는 함대가 서태평양으로 진격하는 것을 금지한다고 계획을 수정함으로써 대일 강경론자들을 억제하려 하였다(당시 몇몇 자료들을 종합하여 볼 때 클래런스 윌리엄스는 점진전략이 폐기된 이후 오렌지계획에 이러한 제한조건을 부과하는 것을 지지한 것으로 보인다)[1].

당시 합동위원회는 원정함대의 진격명령을 하달하는 것, 즉 일본과 전쟁을 선포하는 것은 대통령의 권한이라는 것을 명확히 인식하고 있었다. 그러나 군사적 상황뿐 아니라 국가 간 외교관계, 국민들의 지지도 등을 비롯한 여러 가지 상황을 종합적으로 판단해야 하는 입장인 대통령은 일본에 복수해야 한다는 여론이 비등한 이후에야 칼집에서 날카로운 검(즉, 함대의 출동)을 뽑을 것이란 사실 역시 잘 인식하고 있었다.[2]

이 기간 중 급진론자들에 대한 점진론자들의 반격은 주로 뉴포트에 위치한 해군대학에서 이루어졌다. 당시 해군대학에서 실시한 전쟁연습에서 청군의 군수지원부대와 호송함들은 태평양 횡단 중 일본 해군 역할을 맡은 황군에 의해 항상 격침되었으며, 주력함의 경우에도 그다지 나을 바가 없었다.

1923년 전쟁연습의 경우 서부해안에서 출발한 전체함대전력 중 15척의 전함이 필리핀에 도착하였으나 1928년에는 10척으로 줄어들었으며, 1933년 전쟁연습 시에는 황군의 격렬한 어뢰공격으로 인해 단 7척의 전함만이 아무런 손상 없이 태평양을 횡단할 수 있었다. 전쟁연습 직후 연습결과의 분석 및 교훈의 도출을 위해 이루어진 한 사후강평에서는 직행티켓전략을 "완전히 공상에 불과하고 실제로 적용이 불가능하다."고 혹평하기도 하였다.[3] 해군대학의 선임교관들은 전쟁발발 시 함대를 즉각적으로 진격시키는 것은 전력의 "돌이킬 수 없는 손실을 초래할 수 있다"라고 경고하였으며 -급진전략에 입각한- 오렌지계획은 "모래 위에 지은 집"과 같다고 결론 내리기도 하였다.[4]

육군의 반대론자 역시 해군의 급진전략 반대자들의 대열에 합세하였다. 그들은 직행티켓전략은 러일전쟁 시 러시아의 발틱함대가 벌였던 "죽음의 항진과 다를 바 없으며, 그대로 시행할 경우 그 결과는 불 보듯 뻔하다"고 주장하면서 이에 반대표를 던졌다.[5] 육군의 반대론자들은 필리핀 코레히도르요새의 사령관이자 당시 육군의 촉망받는 전략가였던 스탠리 앰빅(Stanley D. Embick)* 준장이 중심이 되었다. 1933년, 앰빅 장군은 오렌지전쟁계획은 "말그대로 미친 짓"이라며 이를 공개적으로 비난하면서 계획을 그대로 적용하게 되면 열세한 미 해군은 일본 해군에 완전히 패하고 말 것이라 예측하였다.

앰빅 장군은 지금의 미국은 해군군축조약 및 대공황으로 인해 자국의 세력권을 확장할 처지가 아니기 때문에 아시아에서 철수하여 알래스카-오아후-파나마를 잇는 동태평양까지 세력범위를 축소해야 한다고 주장하기까지 하였다. 미일전쟁 발발 시 미국이 필리핀을 탈환하려면 수년간 막대한 예산을 투자하여 강력함 함대를 건설해야 할 것이었는데, 그의 시각에서 볼 때 이러한 활동은 별다른 이익이 없는 지역(즉 필리핀)을 되찾기 위해 쓸데없이 군사력을 낭비하는 것일 뿐이었다.[6]

이러한 당시의 분위기에 따라 1933년 초 해군대학의 전략전문가들은 앰빅 장군이 주장한 방어전략을 근간으로 하여 미일전쟁양상 연구보고서를 새로이 작성하였다. 해군대학에서 새로이 선출된 프랭클린 루즈벨트 대통령에게 제출한 보고서에서 코크(R. A Koch)대령은 태평양전쟁의 1단계 작전의 경우 미국이 주력함 건조에 필요한 시간을 확보해야 하기 때문에 3년여 간 지속될 것이라 예상하였다.

이 기간 동안 미국은 미드웨이-알래스카의 우날래스카(Unalaska)를 잇는 방어선을 구축한 다음 잠수함을 이용하여 일본의 군함들을 은밀하게 공격하는 제한적 공세를 진행함과 동시에 위

---

* 앰빅은 일찍이 1919년 육군전쟁계획부에서 근무한 경험이 있었고, 1930년에는 육군 해안포학교장으로 재직하였다. 그리고 1932년에는 필리핀 항만방어 사령관으로서 코레히도르 요새의 건설을 주관하였다. 이후 1936년 육군전쟁계획부장, 1937년 육군참모차장으로 재직하면서 미일전쟁 시 미군은 방어에 집중해야 하다고 강력하게 주장하여 1930년대 후반 해군의 오렌지계획의 개정에 상당한 영향을 미치게 된다.

임통치령 근해에서 일본상선에 대한 통상파괴전을 실시한다는 계획이었다. 이후 미국이 충분한 숫자의 전함을 건조하고 일본과 함대결전을 벌이는데 충분한 대일 5:3의 주력함우세(선단호송, 통상파괴 등의 임무에 투입될 함정 및 성능미달 구식함정 등을 제외한 함대결전에 투입가능한 순수전력만 포함)를 회복하게 되면 위임통치령을 거쳐 서태평양기지로 진격을 개시한다.

미 해군의 주력함대는 일본 열도 주변을 완전히 해상 봉쇄할 수 있는 해역으로 진격함과 동시에 통상파괴전을 위하여 40노트의 속력을 낼 수 있게 설계, 건조된 전용순양함은 대일 통상파괴전에 투입할 것이었다. 기본적으로 이 보고서는 4~5년간 전쟁을 지속해야 미국의 '실질적인 승리'가 가능할 것이라 내다보았다.

해군대학 전략연구부장은 이 보고서의 내용에 전적으로 동의하면서 해군성에 태평양전쟁의 지속기간을 4~5년으로 상정하고 이를 근간으로 하여 전쟁계획을 준비해야 하며 최종적인 승리를 위해서는 일본 해군 대비 4배 이상의 함대전력을 구축해야 한다고 건의하였다.[7] 해군대학의 이러한 심층적 연구보고서는 미국이 일본을 압도하는 대규모의 함대의 건설을 완료하고 서태평양으로 진격을 시작한 것은 전쟁발발 2년이 지난 후였으며, 일본은 전쟁발발 후 3년 8개월 동안이나 미 해군에 대항하여 격렬한 저항을 펼친 후에 비로소 무너지기 시작했다는 2차 세계대전의 실제 상황을 정확히 예측한 것이었다.

한편 이 보고서의 내용을 접한 급진론자들 역시 충분한 준비를 갖춘 후 공세를 개시하는 방안도 일리기 있긴 하나 "신속한 진격에 비해 효과가 떨어진다"고 결론짓고 이를 받아들이지 않았다. 그들은 미국이 공세를 준비하는데 시간을 허비하게 된다면 일본은 중국에서 전쟁에 필요한 자원 및 물자를 약탈한 후 이를 본토에 비축할 수 있는 시간을 벌게 될 것이며, 이 기간을 이용하여 해외기지의 방어력을 강화하고 함대의 전투능력을 향상시킬 것이라 보았다.

또한 그들은 전쟁 초기 태평양을 횡단하여 서태평양으로 진격하는 장기간의 항해 중에 발생하는 사소한 전투들 역시 미 함대의 진격에는 별다른 영향을 주지 못할 것이라 판단하였다. 급진론자들은 미국민은 막대한 예산이 소모되는 두 번째 함대의 건설을 지지하지 않을 것이 분명한 반면, 미 함대가 물불을 가리지 않고 전광석화와 같이 일본 함대의 소굴로 돌진하게 되면 미국민들은 그 용감함에 고무되어 사기가 솟구칠 것이라 여겼다. 이러한 이유로 1920년대 말 합동위원회는 "대일전쟁에서 승리하고 우리의 의지를 일본에 강요하는 유일한 방법은 신속한 진격 밖에는 없다"고 결론지었던 것이다.[8]

그러나 이후 계속되는 점진론자들의 압박에 따라 급진론자들은 결국 전쟁계획의 세부적인 작전목표 및 원정전력구성에서는 한발 양보하게 되었다. 급진론자들은 서태평양 전략기지의 예정위치를 최초에는 마닐라에서 민다나오로, 그리고 1933년에는 트루크 제도로 변경하는 것을 수용할 수밖에 없었다. 또한 원정전력을 일자별로 나누어 순차적으로 서태평양으로 진격시키고 대서양에 전력을 강화할 필요가 생길 경우에는 태평양 전개전력을 축소한다는 내용도 받아들었다. 더불어 1941년에는 대일전쟁발발 시 미 해군의 최초대응을 일본령 도서를 점령하는 상륙작전이 아니라 해군력 현시활동(naval demonstration) 수준으로 축소한다는 내용까지 수용하였다. 그러나 이러한 양보에도 불구하고 진주만기습 직전까지도 미국의 함대작전계획 상에는 급진론자들의 기본관점인 신속한 진격개념이 그대로 남아 있었다(제25장 참조).

당시 급진론에 대항하여 전쟁이 발발한지 2~3년 후부터 서태평양으로 진격을 개시한다는 전략은 점진론자들이 이전부터 계속해서 주장해왔던 내용이었기 때문에 그다지 새로울 것이 없었다. 그러나 1930년대 초에 들어서면서 전쟁발발 즉시 원정함대가 출동한다는 직행티켓전략은 그 자체의 취약점이 명확하게 드러나기 시작하였는바, 과연 이를 계획대로 실행할 수 있을 것인가에 대한 회의론이 점차 확대되기 시작했던 것이다.

이에 따라 해군계획담당자들은 직행티켓전략의 취약점을 극복하기 위한 방안을 찾기 시작하였다. 1932년, 메이어스 대령의 지도 아래 전쟁계획부는 전쟁발발 이전 양국 간 긴장이 고조되는 시점에 원정함대를 필리핀으로 미리 진격시켜야 한다는 내용인 담긴 일명 "전격진격 전투계획(Battle Program-Quick Movement)"을 작성하였다(지도 15.1 참조).

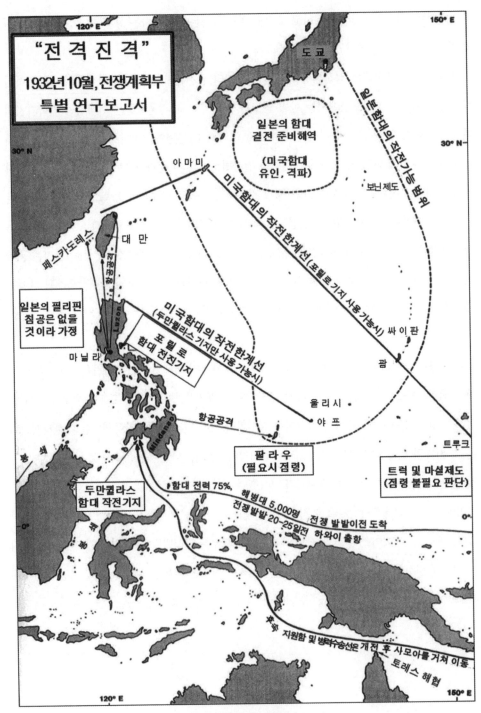

이 계획에서는 전쟁발발 직전 미 서해안에서 일본 해군의 주력함 수와 대등한 정도의 전함 12척, 항공모함 3척, 주력함 호위에 필요한 약간의 순양함 및 구축함, 그리고 12척의 고속군수지원함으로 원정함대를 신속하게 편성 후 서태평양으로 진격시킨다고 구상하였다. 전격진격 전투계획에서 제시한 원정함대의 신속한 진격방안의 구체적 내용은 아래와 같았다. 먼저 서부해안을 출항한 원정함대의 대형함들은 그 의도를 노출시키기 않기 위해 하와이에 정박하지 않고 우회하여 이동하고, 소형함들은 하와이의 라하니아 묘박지에서 유류재보급을 실시한 이후에 별도로 이동한다.

원정함대는 이동 중 괌이나 알류샨 근해로 일부 전력을 파견, 기동훈련을 실시하는 것으로 가장하여 일본을 기만한 후 작전보안을 유지한 상태에서 남태평양의 지정된 상봉점에서 전체 전력이 다시 집결한다. 이후 원정함대는 신속하게 필리핀으로 진격, 두만퀼라스만을 확보한다. 원정함대가 두만퀼라스를 확보할 무렵이면 미국은 이미 정식 동원령을 선포했을 것이기 때문에 뉴기니아 남부를 통과하는 해상교통로를 활용하여 신속하게 필리핀에 지상군병력을 증원할 수 있을 것이다.

메이어스 부장은 전쟁발발 이전에 이러한 '해군력 현시활동'을 시행한다면 일본이 루존 섬을 공격하는 것을 억제할 수 있을 것이라 예측하였다. 그는 또한 전쟁발발 이전 원정함대가 전격적으로 진격할 경우 일본과의 막판 평화교섭 기회를 잃을 수도 있다는 일부의 반론에 공감하긴 하였으나, 이 방안을 실행할 경우 루존 섬의 확보라는 크나큰 전략적 이점을 누릴 수 있기 때문에 그 정도 위험은 감수해야 한다고 주장하였다.[9]

그러나 현실적으로 볼 때 미일전쟁이 시작되기도 전에 미 함대를 서태평양으로 출동시킨다는 방안은 당시 민간 정치가들이 절대 승인하지 않을 것이 확실하였다. 결국 이 구상은 오렌지계획에 정식방책으로 반영되지 못하였지만 속력이 느린 수백 척 규모의 군수지원부대를 대동하지 않고 주력함대만을 이끌고 신속하게 태평양을 횡단할 수도 있다는 한 가지 방안을 제시해주었다는데 나름의 의의가 있었다.

한편 대일전쟁계획수립을 부정적으로 생각하던 프랫(William V. Pratt) 제독이 참모총장으로 재직한 1930년부터 1933년까지 워싱턴의 해군지휘부는 태평양전략을 재검토하는데 별다른 관심을 보이지 않았다. 그들은 단지 미 함대사령부에 전쟁발발 시 최단시간 내 서태평양에 일본보다 우세한 함대전력을 전개시킬 수 있는 방안을 지속적으로 요구했을 뿐이었다.[10] 그러나 1929년에서 1932년까지 미 함대사령관들은 계속해서 함대작전계획의 제출을 거부하였다. 1933년 초, 참모총장실로부터 함대작전계획을 제출하라는 지시를 받은 미 함대사령부의 참모단은 리차드 리(Richard H. Leigh) 함대사령관에게 얼마 전에 전쟁계획부에서 작성했던 전격진격계획에 수록된 전투준비태세와 시간계획표를 '실제' 함대작전계획에 그대로 차용한다면 함대작전계획의 작성문제를 손쉽게 해결할 수 있다고 건의하였다.

또한 이 소식을 접한 전쟁계획부에서도 아무런 계획도 준비하지 않는 것보다는 어쨌든 낫다고 생각하고 미 함대사령부에서 전격진격계획을 그대로 적용하여 함대작전계획을 수립한다는 내용에 동의하였다.[11] 하지만 전격진격계획을 실제 함대작전계획에 적용하는 작업은 계속 미루어지다가 1933년 8월, 후임 사령관인 데이비드 셀러스(David F. Sellers) 제독이 전격진격구상을 적용한 함대작전계획 초안 O-1을 작성하여 참모총장실에 제출하게 된다. 그러나 급진론자였던 셀러스 사령관에게는 매우 유감스럽게도 이 계획은 당시 미 해군의 대일전략을 지배하고 있던 급진전략의 위상이 흔들리게 된 최초의 계기가 되었다.

셀러스 미 함대사령관은 전함근무 경력이 풍부한 수상함장교로 참모총장 물망에도 올랐던 사람이었다. 그는 해군대학까지 졸업하였고 참모 및 지휘관 시절 전략분야를 접하기도 하였지만 전쟁계획수립에 관한 체계적인 방법과 절차에 대한 지식은 부족한 편이었다. 그는 함대의 기동훈련 및 전투준비태세 유지와 같이 겉으로 확연히 드러나는 부분에만 많은 관심을 가지고 있었다.[12]

급진론의 열렬한 신봉자였던 셀러스 사령관은 항공모함에 육군항공기를 적재하여 마닐라로 신속히 진격한다는 구상을 내놓은 적도 있었는데, 이를 접한 육군항공단은 터무니없는 생각이라며 반대의사를 표명하기도 하였다. 이후 그는 미 함대사령관이 되자 전격진격구상의 방책을 차용하여 전쟁발발 직후 주력함만으로 구성된 원정함대를 신속히 필리핀 남부로 이동시켜 일본을 제압한다는 -이전에 그가 내놓은 아이디어에 비하면- 그나마 현실적인 구상을 내놓게 되었다.

그는 일본에 비해 전력이 열세하더라도 어떠한 어려움에도 굴하지 않는 미국민의 진취적 기상과 결연한 의지, 과감한 정신으로 무장하여 일본에 선수를 날린다면 "일본의 저항의지를 분쇄할 수 있을 것"이라 확신하였다. 이후 전쟁의 최종승리는 미아시아군(U.S. Asiatic Force) -당시 문헌에는 1920년대 등장하던 미합동아시아군(USJAF)에서 "합동(Joint)"이란 단어가 삭제된 미아시아군(USAF)로 표시되어 있는데, 이것은 아마도 당시의 육·해군 간 대립이 그 원인인 듯하다- 이 얼마나 신속하게 동원을 완료하고 전쟁전구에 투입되는가에 달려있었다.

미 함대사령부가 전격진격계획을 기초로 함대작전계획을 작성할 때 예비항공기의 조달, 하와이 및 파나마 운하의 비축탄약 활용 등과 같은 미아시아군의 인력 및 장비, 편성에 필요한 계획분야는 전함전대 사령관이었던 리브스(Joseph M. Reeves) 소장이 작성을 맡게 되었다. 그가 작성한 세부적인 진격계획은 다음과 같았다.

먼저 상선을 탄약수송함으로 개조하여 군수지원부대에 합류시키는데 걸리는 시간을 최소화하기 위해 모든 함정은 비축탄을 추가적재하고 출항한다. 또한 동원령선포 즉시 성능이 뛰어난 민간상선 30척을 동원, 항공기를 적재한 후 호송함정들과 함께 곧바로 이동하며, 이 항공기수송선단은 라하니아 묘박지에서 연료 재보급을 실시한다.

이후 M+10일, 해병대 5,000명을 포함한 미 해군 전체전력의 1/4에 달하는 전투함 및 군수지원함이 출항하여 서태평양으로 진격을 개시한다. 이렇게 즉각적인 진격을 개시한다면 이전 오렌지계획 상 원정함대 제 1진의 도착시점보다 3주 이상 빠르게 두만퀄라스만에 도착할 수 있었다. 그리고 M+20일 구식전투함, 대서양에서 이동해온 잠수함 및 약 1만 명의 병력을 실은 병력수송함 26척을 포함한 51척의 저속 군수지원함으로 구성된 지원부대가 후속하여 출항한다.

원정함대 1진 및 2진은 총 63척의 유류지원함의 지원을 받는데, 고속 유류지원함은 제 1진과 동행하고 이동속력이 낮은 잔여 유류지원함은 진격로 상 일정지점에서 2진이 도착할 때까지 대기한다. 당시 셸러스 미 함대사령관은 318척의 함정과 504대의 항공기로 구성된 원정전력은 "최고수준의 전투준비태세를 유지할 수 있을 것이며, 진격 중 조우하는 어떠한 적도 물리칠 수 있을 것"이라 확신하고 있었다.[13]

한편 셀러스 사령관은 이 함대작전계획에 미아시아군의 진격 중 재보급을 목적으로 마셜 제도에 잠시 정박한다는 내용을 삽입하였는데, 바로 이 내용이 점진론자들이 다시 재기(再起)할 수 있는 기회를 제공하게 되었다. 그는 구체적으로 미아시아군 1진과 2진이 각각 M+27일, M+40일에 마셜 제도에서 재보급을 실시한다고 계획하였는데, 일본 해군이 이때까지는 중부태평양 환초까지 진출하지 못할 것이 분명하므로[14] 이 재보급계획은 '매우 현실적인' 방안이라고 확신하고 있었다.

전쟁계획부장 메이어스 대령 역시 일본의 공격위협이 없을 것이므로 마셜 제도의 임시 재보급기지는 점령 후에 방어전력을 배치할 필요가 없다는 의견을 피력하였다. 그러나 함대해병대(Fleet Marine Force; FMF)* 장교들은 방어력이 구축되지 않은 환초는 일본의 공격을 받을 수도 있다고 우려하였다.[15] 이러한 의견에 따라 셀러스 사령관은 재보급기지의 방어를 위해 단기간 해병 선견부대를 상륙시키는 데에는 동의하였으나, 제1진이 재보급을 마치고 두만퀼라스로 출항할 때는 다시 승선하여 함대에 합류해야 한다고 생각하고 있었다. 그러나 전력이 상대적으로 취약한 제 2진의 재보급을 위해서는 어느 정도 방어력이 구축된 전진기지를 유지하는 것이 필요하다고 인식하고 있었는데[16] 이 내용은 바로 점진론자들 역시 주장하고 있는 내용이었다. 셀러스 사령관이 주도하여 작성한 전격진격 함대작전계획은 그 기초가 된 전격진격구상과 마찬가지로 현실성이 결여된 계획이었으나, 이 계획의 등장은 직행티켓전략이라는 당시의 고정관념을 탈피하여 점진전략을 발전시킬 수 있는 계기를 만들어 주었다.

1933년 가을에 들어서자 해군의 전략기획자들 대다수는 진격일정계획표, 진격경로 및 시차별 부대편성 등을 아무리 변경한다 하더라도 이 계획을 실제로 적용하는 것은 어려울 것이라 확신하기 시작하였다. 이렇게 급진전략의 비현실성이 드러나면서부터 자연히 대일전쟁전략의 다른 대안을 발전시킬 필요성이 대두되기 시작하였던 것이다. 그러나 앰빅 장군이 주장한 방어중심전략이나 해군대학의 장기전 전망은 당시 오렌지계획의 기본개념과 완전히 상반되는 극단적인 방어개념이었기 때문에 이를 그대로 채택하기도 어려웠다. 한편 대일전쟁전략의 또 다른 방

---

* 제1차 세계대전 이후부터 미국해병대가 상륙작전교리를 집중적으로 연구하게 되면서 상륙작전이 해군작전의 일부분으로 인식되기 시작하였으며 상륙작전을 위한 수단을 제공하는 함대와의 협력이 중요시 되었다. 이에 따라 1933년 12월 미 함대 예하에 상륙작전을 위한 훈련을 활성화하고 상륙작전에 필요한 장비 및 자산을 원활히 획득하기 위한 목적으로 함대해병대가 창설되었다.

책중 하나인 위임통치령 섬들을 점령하며 진격한다는 단계별 진격전략은 이미 1923년 전쟁계획의 무대에서 밀려난 상태였다. 1933년, 이 단계별 진격전략은 다시 부활하여 이후 미국의 대일전쟁전략의 핵심개념으로 자리 잡게 된다.

약 20여 년 동안 일본은 위임통치령 도서에 대한 외국선박의 방문을 불허하였으며, 단 5개의 항구만 개방하고 방문자들을 제한적으로 받아들였다.[17] 심지어 이 지역에서 일식을 관찰하고자 했던 과학자들까지도 일본의 군함을 이용하여 도서에 진입해야 했다.[18] 당시 일본은 국제연맹에서 부과한 위임통치령에 대한 여러 가지 준수사항을 매우 충실히 이행하고 있었음에도 불구하고 무엇 때문에 이렇게 과도한 보호조치를 취했는지는 알 수 없는 일이다.

제1차 세계대전 이후 일본은 위임통치령에서 모든 병력을 철수시켰으며, 가끔 군함을 파견하여 일상적인 순찰활동을 실시할 뿐이었다. 일본은 1934년 이전까지 이곳에 군사목적으로 활용될 수 있는 어떠한 시설도 설치하지 않았으며, 1939년 이후에야 위임통치령 도서들의 요새화에 착수하였다. 전후 일본의 한 역사학자는 당시 일본은 세계 각국이 위임통치령 도서에 군사시설을 설치하는지 여부에 대해 촉각을 곤두세우고 있지는 않은가를 매우 염려하고 있었다고 주장하였다.[19] 또한 전후 미국의 역사연구자 중에는 당시 일본의 위임통치령의 보유 및 보호조치는 단순히 경제적 독점권한 유지를 위한 것이었음이 분명해 보인다는 의견을 제시한 사람도 있었다.[20]

당시 미국의 정보장교들은 위임통치령 내 일본의 활동에 관한 근거 없는 루머들을 맹신하고 있었으며, 그것이 국제규약 위반의 확실한 증거라고 간주하는 경향이 있었다.[21] 위임통치령을 방문하긴 했으나 군사기지 건설 활동을 실제로 목격한 적은 없는 조류학자, 교회선교사 및 주일 해군무관 보좌관 등의 근거 없는 목격담이 일본이 이곳에 '강력한 군사기지'를 건설하고 있다는 루머로 변질되었고, 이러한 소문이 미 해군 내에 만연하게 되었다.

해군 및 해병대 계획담당자들은 트루크 제도에 포병대가 배치되어 있으며 팔라우섬의 고지에는 10인치 해안포가 설치되어 있다는 위임통치령 출신 선원의 증언과 사이판에 무수한 해안포가 설치되어 있다는 일본 탈영병의 근거 없는 말들을 그대로 믿었다.[22] 1927년, 육군 정보참모부는 일본은 위임통치령에 13개의 잠수함기지 및 수상기기지를 보유하고 있을 것이라 추측하였으며, 합동기획위원회에서도 일본이 위임통치령에 이미 해안포 설치 및 기뢰부설을 완료했을 것이라고 의심하고 있었다.[23]

1922년 윌리엄스 전쟁계획부장이 전시 위임통치령을 통과하는 오렌지계획을 상부에 제출함에 따라 1923년, 미국은 순양함 밀워키(Milwaukee)가 위임통치령을 방문할 때 은밀하게 첩보활동을 수행하도록 계획을 꾸미기 시작했다. 해군정보국(ONI)에서는 새로 건조한 순양함의 시험항해를 핑계로 밀워키함이 위임통치령 해역으로 진입, 첩보활동을 실시하는 방안을 제안하였다. 당시 밀워키의 동형함들 역시 시험항해 차 다른 외국항구를 방문하고 있었기 때문에 국부무는 해군의 이러한 계획에 마지못해 동의하게 되었다(미국이 자국군함의 위임통치령 해역진입 요청을 일본에 제출했을 당시 일본정부는 동경대지진의 복구에 정신이 없는 상태였고, 일본정부가 이 문제를 인식했을 당시에는 이미 시험항해가 종료된 이후였다)[24].

첩보활동 중 밀워키함은 마셜 제도 최북단의 타옹기(Taongi)를 방문하여 이곳에는 환초에 진입할 수 있는 수로가 없다는 것을 발견하였다. 그리고 롱겔라프(Rongelap)와 에니웨톡에서는 환초 내 항구로 진입하였고, 항공촬영용 탑재수상기까지 발진시켜 섬 반대편에 있는 양호한 묘박지까지 발견하는 성과를 거두었다. 한편 당시 섬에 살고 있던 일본이주민들은 미국의 이러한 활동에 대해 별다른 반응을 보이지 않았다.[25]

이후 밀워키함은 트루크 제도까지 이동하였는데, 이곳에서는 소규모 저탄기지만 목격하였고 별다른 군사시설은 발견할 수 없었다. 당시 트루크 제도의 일본 행정장관(行政長官)은 미 항공기의 섬 상공비행은 허가하지 않았으나, 밀워키함에 편승했던 미 해군 정보장교는 트루크 제도의 항구와 비행장 등을 관찰한 후 이곳이 위임통치령 해역에서 대규모 함대기지의 건설에 최적의 위치라고 기록하였다.[26] 밀워키함의 첩보활동에 고무된 해군정보국과 전쟁계획부는 원정함대의 태평양횡단 시 구축함의 재보급에 적합한 장소를 물색하기 위해 위임통치령 내 18개의 섬들에 대한 추가적인 첩보활동을 계획한 다음 다음해 실행을 목표로 이를 준비하기 시작하였다. 그러나 당시 에벌 참모총장은 "지금은 불가하다"며 이에 반대하였다.[27]

한편 해병대의 얼 엘리스(Earl H. "Pete" Ellis) 중령은 밀워키함의 활동과 거의 비슷한 시기에 위임통치령에 대한 개인적인 첩보활동을 진행하였는데, 그의 첩보활동의 범위는 매우 광범위했지만 그 자신의 행동은 그리 신중하지 못했던 듯하다. 앞서도 언급하였듯이 엘리스 중령은 미 해병대의 상륙작전교리를 정립한 명석한 두뇌의 소유자이자 학자, 일본어 전문가였으며 제1차 세계대전에 참전한 전쟁영웅이기도 했다. 그러나 그는 건강상태가 그리 좋지 못했으며 알코올 중독 또한 겪고 있었다.

위임통치령에 관한 첩보를 수집하기 위한 그의 여행이 당시 해병대 사령관이던 르준 장군의 승인 하에 이루어진 것인지, 개인적인 모험심에 의한 것이지는 명확치 않다. 하여튼 엘리스 중령은 신분을 위장한 후 일본증기선에 승선하여 마셜 제도와 캐롤라인 제도를 돌아보았다. 이후 위임통치령 여행을 계속하던 그는 팔라우 섬에서 의문의 죽음을 맞게 된다. 당시 미 군부 내에서는 일본인 관료들이 그에게 위해(危害)를 가했다는 루머가 나돌았으나 진위는 결국 밝혀지지 않았으며, 엘리스 중령이 위임통치령을 방문하며 작성했던 기록들 역시 사라져버렸다.[28]

1929년 미국은 위임통치령에 미국군함의 방문을 승인해 줄 것을 일본에 다시 요청하였으나 일본정부는 이를 거부하였다.[29] 이후 1933년, 일본이 국제연맹의 탈퇴를 선언하자 위임통치령에 대한 정보수집활동이 불가능하게 된 미국의 전략기획자들은 크게 당황하게 되었다. 함대해병대에서는 미크로네시아 제도와 관련된 단편적인 자료들을 끌어 모아 자료집의 작성을 시작하였고[30] 성질 급한 일부 장교들은 위임통치령 내 무인도에 대한 은밀한 항공정찰을 제안하기도 하였다.[31] 또한 리브스 제독은 해군 수상기를 활용, 태평양횡단비행 또는 세계일주비행로 가장하여 위임통치령에 대한 항공첩보수집활동을 해야 한다고 주장하였는데, 해군참모총장은 이번에도 이에 반대하였다.[32] 이후 1942년까지 미국항공기와 함정들은 위임통치령에 진입할 수 없었다.

미국의 전쟁계획담당자들의 입장에서 볼 때 직행티켓전략을 고수하는 한 일본이 위임통치령에 어떠한 방어시설이 설치하든지 간에 그것은 그다지 큰 문제가 되지 않았다. 그러나 계획담당자들이 중부태평양을 통과하는 점진전략으로 기울게 되면서 중부태평양은 대일전쟁의 큰 장애물로 떠오르게 되었다. 점진전략을 적용한다고 할 경우 원정함대는 위임통치령의 일본의 방어기지를 무시하고 그대로 통과하기도 어려웠고, 그렇다고 한가롭게 시간을 지체해가며 모든 섬을 점령할 수도 없었다. 결국 전체 미아시아군이 진격을 개시함과 거의 동시에 미크로네시아의 주요 일본 비행장 및 해군기지를 파괴하고 적절한 위치에 전진기지를 확보하는 것이 필요하였다.

1933년에 들어서면서 점진전략의 실현가능성이 점차 증대되기 시작한 것은 해군무기체계기술의 발전에 힘입은 바가 컸다. 석유추진함정의 일반화로 함대의 작전반경이 증가됨에 따라 계획담당자들은 점차 연료재보급문제에 대한 고민 없이 손쉽게 필리핀으로 진격할 수 있다고 여기게 되었다.[33] 그리고 함정탑재 항공기는 수평선 너머 원거리까지 진출하여 정찰 및 적함정 공격이 가능한 정도까지 성능이 향상되었다(그러나 광대한 태평양해역을 효과적으로 정찰할 수 있는 능력이 부족하다는 미 해군의 고질적인 취약점은 여전히 해결되지 않고 있었다).

원정함대가 필리핀 근해에 도착한 이후에는 필리핀 전진기지에 전개한 우군 육상기지 항공기의 공중지원 하에 주변에 산재한 도서 근해나 좁은 해협에 은폐하여 적의 공격을 회피할 수 있었다. 그러나 완전히 개방된 중부태평양의 묘박지는 함대의 은폐가 불가능하였기 때문에 함대의 안전을 확보하기 위해서는 묘박지를 중심으로 전방위 1,000마일까지 해역에 대한 지속적인 항공정찰이 필수적이었다.

또한 대양에서 함대결전 시, 특히 양측 함대간의 거리가 500마일 이하일 경우 장거리정찰능력은 전투의 승패를 좌우하는 핵심적 요소가 되었다. 항공모함 및 항모함재기가 실용화됨에 따라 적보다 전력이 열세한 함대라 하더라도 적보다 뛰어난 정찰능력을 보유하고 있다면 -먼저 적을 발견한 쪽이 선제공격을 할 수 있기 때문에- 우세한 함대를 격퇴할 수 있다는 가능성이 생겨나게 되었던 것이다.

이전까지는 양측 함대가 조우하여 전투가 시작되면 제곱의 법칙에 따라 적보다 많은 함포수를 보유한 측이 전장을 지배할 것이라는 관념이 일반적이었다. 이에 따라 열세한 함대는 적함대보다 먼저 함포사격을 시작 하거나 좀 더 빠른 속도로 사격하던지, 아니면 적함대의 종렬진에 집중포화를 가할 수 있는 전술, 일명 "T자 씌우기전술(crossing the T)" 등을 활용해야만 전투에서 승리할 수 있다고 판단되었다. 그러나 항공모함의 항모함재기를 활용한다면 한 번의 집중공격을 통해 적의 항공모함이나 전함을 격침하는 것이 가능하였다. 적 함대보다 먼저 함재기를 출격시켜 적 함대가 함재기를 이륙시키기 전에 항공모함을 격파하게 된다면 '단 한번의 집중공격'을 통해 적의 항공위협을 완전히 제거할 수 있었다.

1930년대 진행된 미 해군의 해전 관련 연구에서는 함대전력비율이 3:2로 열세한 함대라 할지라도 해상항공전투(sea-air battle)에서 충분히 승리할 수 있다고 분석하였다. 결론적으로 향후 해전의 승패는 누가 먼저 상대방을 공격하는가에 의해 결정될 것인 바, 자연히 선제공격을 가능하게 해줄 장거리 정찰항공기를 활용한 적함대의 정보파악이 함대결전 승리의 관건이 되었던 것이다.[34]

당시 미 함대가 태평양에서 효과적으로 작전을 벌이기 위해서는 하와이에서 위임통치령까지 비행이 가능하고 태평양의 어느 해점이라도 신속하게 집결할 수 있는 항속거리를 보유한 항공기가 필요하였다. 최대속력, 최대상승고도, 방어력 및 무장 등과 같은 성능도 물론 중요하였지만 해양에서 정찰용으로 활용하기 위한 항공기의 가장 중요한 성능은 바로 항속거리였다. 그러나 당시 전함 및 순양함에 탑재된 소형정찰기는 항속거리가 짧았기 때문에 반경 1,000마일의 원형구역을 모두 정찰하려면 10~20회를 비행해야 했다. 제2차 세계대전 이전 미 해군에서 이러한 장거리정찰에 적합한 항공기는 해군에서 VP라 부른 비행정(flying boat)뿐이었다.[35]

제1차 세계대전 발발이전, 미국의 천재 항공기 제작자인 글렌 커티스(Glenn H. Curtiss)는 첫 번째 수상기를 개발하였는데, 이 수상기는 쌍발엔진 복엽기로서 동체는 목재로 되어있고 동체외부에 부력체를 장착한 형태였다. 제1차 세계대전 중 미국과 영국은 항속거리가 700 마일인 커티스 수상기를 대잠초계용으로 활용하였다(커티스 수상기보다 대형인 NC급 수상기의 경우 1919년 대서양을 횡단에 성공하였으나 군용으로 운용하기에는 방어력이 너무 낮은 것으로 판명되었다).

그리고 제1차 세계대전 이후 미 해군에서 무기체계 분야의 혁신이 정체되었던 관계로, 커티스 수상기는 1920년대 말까지 해군에서 매우 유용하게 활용되었다. 1923년, 합동위원회는 해군에 평시 84대의 수상기를 배치해야 한다고 권고하였는데(전시의 경우 414대), 이는 미국의 전체 군용항공기의 4% 밖에 안 되는 숫자였다.[36] 1925년을 기준으로 미 함대 정찰함대(the Scouting

Fleet)는 14대의 수상기를 보유하고 있었다.[37]

1922년 체결된 해군군축조약으로 인해 1920년대 내내 순양함의 건조가 제한되면서 미 해군 내에서는 순양함을 활용한 정찰능력보다는 항공정찰능력을 강화하려는 움직임이 가속화되었다. 해군은 지구는 바다로 둘러싸여 있기 때문에 수상기는 함대가 가는 곳 어디라도 동행할 수 있다고 주장하며 좀 더 많은 수상기를 확보해야 한다고 요구하였다.[38] 특히 미국이 사용할 수 있는 항공기지가 거의 없는 태평양의 경우에는 수상기가 더욱 절실히 필요하다는 주장이었다.

1920년대 후반부터 해군항공기창(Naval Aircraft Factory)에서는 기존의 수상기를 개량, 공랭식 엔진을 장착하고 기체를 두랄루민 합금으로 교체한 수상기를 생산하기 시작하였다. 그러나 해군항공기창에서 생산한 모델들은 해군이 요구한 기준에 부합하지 못한 경우가 많아서 일부만이 실제로 운용되었다. 반면에 이 시기 육상항공기는 성능 및 항속거리의 개량이 급속하게 이루어지고 있었는데, 1927년 찰스 린드버그(Charles Lindbergh)의 유명한 대서양 횡단비행의 성공으로 그 발전이 정점에 달하였다.

그러나 육상항공기는 모두 육군용이어서 해군에는 지급되지 않았으며, 육군의 해안방어부대의 작전지휘범위 또한 크게 확대되어 해군기지 방어책임뿐 아니라 육군항공기를 해상에서 운용할 수 있는 권한까지 보유하게 되었다. 그리고 1931년, 당시 해군참모총장이던 프랫 제독과 육군참모총장 맥아더 장군은 해군은 대형 항공기를 보유하지 않는다는 협정에 서명하였다. 이 협정에 따라 해군의 항공전력은 지상기지에서 운용하는 것이 아니라 "함대와 같이 해상에서 작전하는 전력"으로 규정되었는데[39] 이것은 해군은 앞으로 항모탑재용 및 해병항공대용 단발전술기와 수상기만 보유할 수 있다는 의미였다. 프랫과 맥아더간의 협정은 1942년 해군이 장거리 육상항공기의 운용을 재개할 때까지 계속 유지되었다.

1920년대 말, 당시의 수상기는 설계치상 100노트의 속력으로 반경 600~800마일의 구역을 감시할 수 있는 능력을 갖추고 있었다. 그러나 실제 감시비행 시에는 반경 400마일 구역 정도만 가까스로 커버가 가능한 수준이어서, 1918년 당시의 수상기와 별반 다를 바가 없었다. 미 해군이 중부태평양에서 전투를 벌이기 위해서는 24시간 작전이 가능하고, 심야에 이륙하여 함대 중심부로부터 1,000마일 떨어진 정찰해역에서 새벽부터 정찰임무를 수행할 수 있는 수상기가

절실히 필요하였다.[40]

해군항공국(BuAer)의 항공기술전문가들은 1932년부터 1933년까지 기존 수상기에 비해 1.5배정도 크고 튼튼하며 저익(underside)을 장착한 P2Y 비행정을 개발, 실험하였다. P2Y 비행정은 하와이에서 이륙하여 700마일 이상 떨어진 미국령 환초까지 작전이 가능하였으나 여전히 대규모 함대와 같이 작전하기에는 성능 및 항속거리 면에서 취약하다는 것이 밝혀졌다.[41]

한편 미 해군은 수상기가 함대전력과 같이 작전이 가능한지를 시험하기 위해 협동해상기동훈련을 실시하기도 했으나, 수상기는 파도가 높은 대양에서는 이착수가 불가하여 함대와 같이 작전하기는 어렵다는 것이 밝혀졌다.[42] 또한 수상기에 격납 공간 및 후부도어를 설치, 접이식 소형항공기를 적재한 후 해상에서 발진시킨다는 구상도 있었으나 이것 역시 현실적으로 어렵다는 것이 판명되었다.

수상기전대(VProns)를 운용하기 위해서는 이착수항로를 보유한 안전한 항구와 항공유보급, 수리 및 근무자 숙식 등과 같은 근무지원을 제공할 수 있는 수상기모함(seaplane tender, seaplane mother ship)이 필수적이었다. 제1차 세계대전 이후 미국은 상선 1척 및 소해함 몇 척을 수상기모함으로 개조하여 스완(Swan), 트러쉬(Thrush) 및 펠리컨(Pelican) 등과 같은 함명을 부여하였다.[43] 이러한 '버드(bird)'급 수상기모함은 흘수가 낮아 수심을 알 수없는 환초에서 운용하는 데는 적합하였지만 속력이 느렸기 때문에 킹 대령은 함대와 같이 작전하며 수상기를 지원하는 것은 제한된다고 지적하였다. 당시 수상기모함의 실제 이동속력은 수상함대의 1/3 밖에 되지 않았다.[44]

대공황 기간 동안 다수의 수상기모함이 퇴역하였는데, 이러한 수상기모함의 감축은 실제로 미국 원정함대의 서태평양 진격구상에 큰 타격이 될 수 있었다. 당시 해군의 항공우월론자들은 "수상기모함의 부족으로 인해 미 함대의 취약성이 더욱 심화될 것"이라 여겼다.[45] 그러나 수상함병과 장교가 대부분인 해군지휘부는 아직도 수상기의 중요성을 깨닫지 못하고 있었다. 1933년 4월 1일, 프랫 참모총장은 수상기전대를 미 함대의 핵심전력인 전투전력 및 정찰전력에서 분리해 신설된 함대기지부대 항공대 사령부에 배속시킨 후 단순히 기지 주변의 항공초계 임무만 담당하게 하였다.[46]

당시 수상기에 대한 미 해군지휘부의 경시는 1934년 승인된 "빈슨-트라멜법(Vinson-Trammel Act)"에도 그대로 반영되었는데, 당시 법안은 해군 내 모든 항공기의 추가생산을 승인하였으나 수상기의 경우 1941년까지 단 30대만 추가 도입한다고 되어 있었다.[47] 한편 일부 해군 항공장교들은 광대한 태평양을 정찰하는 임무에는 비행선을 활용하는 것이 효율적이라고 생각하기도 하였다.

1920년대 내내 미 해군은 항속거리는 수상기의 10배, 속력은 순양함의 3배인 비행선의 실용화 시험을 진행하였다. 그러나 실제 함대연습을 통해 비행선의 기낭(氣囊)은 그 충전재를 폭발성이 강한 수소가스에서 불연성 헬륨가스로 교체한다하더라도 적 항공기의 공격에 매우 취약하다는 것이 밝혀졌다. 그러나 당시 해군항공국장이던 윌리엄 모펫(William A. Moffett) 소장을 포함한 비행선 지지자들은 비행선은 일본항공기 작전반경 외곽에서도 광대한 구역을 정찰할 수 있을 뿐 아니라 방어시설이 없는 위임통치령 도서 상공에 위치하여 적 함대를 정찰하는 것 또한 가능하다고 주장하였다. 또한 적절한 시점에 적 함대를 정찰하여 정보를 제공해 준다면 최악의 경우 비행선이 파괴된다 하더라도 구축함 한척의 가격에도 못 미치기 때문에 충분히 그 목적을 달성한 것이라고 주장하였다.

1930년대 초, 미 해군은 7,000 마일을 왕복할 수 있고 소형항공기까지 탑재한 대형 비행선 2척을 취역시켰는데, 비행선 1척과 탑재항공기를 접목하여 활용하면 순양함 4척이 담당하는 정찰구역을 커버하는 것이 가능하였다. 참모총장실 전쟁계획부에서는 이 비행선을 하와이에 배치하려 하였으나 비행선은 기상이 나쁠 경우 운용이 어려웠고, 고장으로 기동 중 멈추기기 일쑤여서 미 함대 사령부에서는 비행선의 인수를 거부하였다.

1933년, 비행선 '아크론(Akron)' 추락사고가 발생하였는데, 이때 같이 탑승하고 있던 모펫 항공국장이 순직하였고 1935년에는 비행선 '메이컨(Macon)'이 또 다시 추락하였다. 당시 해군에서 비행선 한 대 건조가격은 26대의 수상기를 구입할 수 있는 금액이었다. 메이컨 추락사고 이후 "하늘을 나는 항공모함 구상(flying aircraft carriers)"은 해군에서 자취를 감추게 되었다.[48]

1933년 전반기 오렌지계획의 재검토는 해군 내에서 수상기의 중요성에 대한 목소리가 커지는 계기가 되었다. 당시 수상기의 유용성을 적극적으로 주장했던 리브스 제독은 최소한 5~7개 수상기전대의 항공지원 없이 원정함대는 필리핀 해역의 진입은커녕 마셜제도까지 진격하는 것도 불가능하다고 주장하였다. 리브스 제독의 주장을 접한 참모총장실 전쟁계획부는 이를 받아들여 수상기전대를 원정함대 제1진 전력에 포함시켰다.

리브스 제독은 수상기가 존스턴 환초를 거친 후 마셜 제도까지는 자체적으로 이동이 가능하다고 판단하였지만[49] 민다나오까지는 수상기모함에 적재하여 이동하는 방법 밖에 없었다. 그가 작성한 동원계획표에는 가용한 모든 함정에 수상기 적재용 예비공간을 확보하도록 명시하였으나 수상기 적재공간은 턱없이 부족하였고, 다수의 대형 수상기는 소해함의 함미에 매달아 예인해가야 하는 처지가 되었다.[50]

적이 언제 기습 해올지 예측할 수 없는 진격기간 중 '함대의 눈(eyes of the fleet)'을 감은 채(즉 수상기의 정찰능력을 활용하지 못하고) 이동 한다는 사실은 직행티켓전략의 유용성을 더욱 의심스럽게 만드는 것이었다. 이후 1933년 10월, 뛰어난 성능을 갖춘 시제(試製) 비행정이 성공적으로 상용화됨에 따라 중부태평양작전의 성공가능성에 서광이 비치게 되었다. 해군은 컨솔리데이티드(the Consolidated) 사에서 개발한 PBY 카탈리나(PBY Catalina) 비행정을 주문하였는데, 이후 이 카탈리나 비행정은 세계에서 가장 많이 생산된 비행정으로 기록된다.[51] 카탈리나 비행정은 항공공학적인 디자인에 고익(high winged)을 장착한 단엽기로 해군이 오랫동안 바라던 항속거리 1,000마일을 거뜬히 돌파하였다(제2차 세계대전 중 개량모델은 항속거리가 1,500마일까지 늘어났다).[52]

전쟁계획담당자들은 PBY 카탈리나 비행정이 계획대로 충분히 도입된다면 3년 이내에 태평양공세에 필요한 장거리항공초계 능력을 완전히 확보할 수 있을 것이라 기대하였다.[53] 또한 항속거리를 5,000~6,000마일까지 증대시킨 대형 수상기의 설계도 진행되었으나 당시 해군참모총장이던 스탠들리 제독은 상대적으로 저렴하고 다양한 임무에 활용 가능한 카탈리나 비행정을 대량으로 도입하는 것이 바람직하다고 보았다. 태평양전역에서는 소수의 성능이 뛰어난 대형항공기보다는 수송선에 적재하여 이동이 가능한 카탈리나 비행정을 다수 확보하는 것이 더욱 효율적이라고 판단한 것이다.[54] 카탈리나 비행정은 제2차 세계대전 후반 코로나도(Coronado)나 마리너(Mariner)와 같은 대형 비행정이 대량 생산되기 전까지 미 해군 초계비행정부대의 핵

심전력으로 활약하였다.[55]

1933년 이후 점진전략에 기초한 중부태평양 작전계획의 발전은 카탈리나 비행정의 등장에 힘입은 바가 크다. 카탈리나 비행정은 특히 정찰분야에서 뛰어난 능력을 발휘하였고 미국령 환초에 다수 배치되었다.[56] 한편 대부분의 해군 고위장교들의 반대에도 불구하고 어네스트 킹을 포함한 영향력 있는 몇몇 항공장교들은 카탈리나 비행정에 함대공격무장을 장착하여 활용해야 한다고 주장하기도 하였다(비행정을 정찰임무뿐 아니라 공격임무에도 투입하자는 이들의 주장이 1930년대 후반 오렌지계획의 수정에 영향을 미쳤을 가능성도 있다).

그러나 스탠들리 참모총장은 비행정은 정찰 및 정보수집에 전적으로 활용해야 한다는 칼퍼스(Kalbfus) 해군대학총장의 의견에 동의하였다. 그리고 메이어스 전쟁계획부장도 비행정의 안전을 확보하기 위해서는 미군이 점령중인 기지, 함대 주변 및 해상교통로 상공 등으로만 운용구역을 제한해야 한다고 주장하였다.[57] 비행정을 공격기로 활용할 수 있는 방법을 고민했던 리브스 제독조차도 비행정의 주 임무는 감시 및 정찰이라고 인정할 정도였다.[58] 그러나 킹 제독은 비행정의 임무를 "정찰임무로만 한정한 것"에 격렬히 반대하였다.

킹 제독은 최초 수상함장교로 임관하였으나 잠수함장교로 전과했다가 중년이 다되어서야 항공항교를 졸업하고 항공분야에 입문한 특이한 경력의 소유자로서, 당시에는 적극적인 항공력 우월주의자로 활동하고 있었다. 그는 항공모함 렉싱턴(Lexington)의 함장을 역임했으며, 1933년 모펫 항공국장이 순직하자 그의 뒤를 이어 항공국장이 되었다.[59]

여하튼 킹 제독은 항공초계전력도 순양함과 같이 전투능력을 갖추어야 한다고 생각하였으며, 비행정 역시 "해상표적 공격에 활용이 가능한 무기체계"라고 주장하였다. 당시 최신 비행정으로 구성된 1개 수상기전대는 총 24톤의 폭탄을 탑재할 수 있었는데, 이것은 2개의 항모비행대가 적재할 수 있는 양에 상당하였으며, 비행정의 항속거리는 항모비행대 전투기보다 5배나 길었다. 킹 제독은 해군에서 비행정전력을 계속 확대해야 하며 이것의 전략적 역할 또한 계속 발전시켜 나가야 한다고 요구하였다. 뿐만 아니라 해군성이 해군항공의 미래인 비행정분야의 발전에 적극 나서지 않는다면 결국 육군항공단이 장거리폭격 임무를 모두 독점하게 될 것이며, 이렇게 되면 크게 후회할 날이 올 것이라 경고하기까지 하였다.[60]

1935년 윌리엄 파이(William Pye) 소장이 전쟁계획부장으로 부임하면서 비행정을 함대공격용으로 활용하자고 주장하던 킹 제독의 든든한 지지자가 되었다. 파이 부장은 비행정을 대규모 편대로 구성하여 운용하면 효과적인 함대공격전력으로 활용이 가능하다는 구상을 내놓았다.[61] 이러한 파이 부장의 구상은 공격용 비행정 지지자들을 크게 고무시켰다. 그리고 킹 제독은 항공국장을 마친 뒤, 미 함대 수상기전대 지휘관으로 부임하게 되었는데, 그는 취임 후 곧바로 함대공격 임무에 비행정을 운용하기 시작하였으며, 해군성에 비행정에 장착할 어뢰를 보급해 줄 것을 요구하기도 하였다[62](카탈리나 비행정은 고익(high wing)형이어서 임시기지에서도 착수상태에서 무장장착이 가능하였다).

미 함대의 고위장교들도 점차 공격용 비행정의 능력을 강조한 킹과 파이의 주장을 지지하기 시작하였다. 1937년 당시 미 함대사령관이던 헵번 제독은 수상기전대는 함정과 같이 작전이 가능하다고 판단하고 수상기전대를 기지주변 방어를 주 임무로 하는 함대기지부대(Base Force)에서 분리하여 새로 창설한 정찰전력 항공대사령부(Aircraft, Scouting Force)에 배속시켰으며,[63] 후임 블로크 사령관도 비행정의 수상표적 공격훈련을 계속 실시하였다.[64] 결국 해군은 카탈리나 비행정의 부호를 공격기를 의미하는 "B"와 초계기를 의미하는 "P"를 동시에 부여하여 "PBY"로 재지정 하였는데(Y는 생산자 표시 부호), 이는 당시 킹 제독의 주장이 옳다는 것을 증명해주는 것처럼 보였다.[65]

돌이켜 보면, 제2차 세계대전이 시작될 당시 비행정은 이미 구식 무기체계가 되어버렸기 때문에 1930년대 중반에 이루어진 비행정을 함대공격용으로 활용하자는 킹 제독의 노력은 먼 장래를 내다보지 못한 근시안적 주장이었다고 생각될 수도 있다. 그러나 실제로 1930년대 후반 해상의 항공무적함대를 건설한다는 미 해군의 비전은 당시 많은 사람들의 주목을 받았다. 당시는 1935년 최초비행에 성공한 육군의 B-17 플라잉 포트리스(Flying Fortress)와 같은 대형폭격기를 대규모 편대로 구성하여 운용한다는 구상이 전 세계를 풍미하던 시기였다.

해군은 1940년이 되어서야 속력이 느린 비행정을 함대공격전력으로 활용한다는 구상을 폐기하였는데, 이때는 이미 대일전쟁계획에서 중부태평양을 통한 공세개념이 확고히 자리 잡고

난 이후였다. 실제로 제2차 세계대전 중 비행정은 해군의 주력 정찰수단으로 활약하였지만 공격무기체계로는 중요한 역할을 하지 못하였다. 그럼에도 불구하고 1930년대 미 해군에서 유행했던 비행정을 함대공격전력으로 활용할 수 있다는 확신은 오렌지계획을 해양중심전략으로 전환시키는 결정적인 동력이 되었다.

16. 미국의 계획수립 방식 : 상호협력 및 작전계획

프랭클린 루즈벨트 대통령의 첫 번째 임기와 대략 일치하는 1933년 말에서 1937년 중반까지 대일전쟁의 함대작전계획은 상당한 발전이 있었다. 이 기간 동안 발생한 국내외 정치적 사건들이 실제적인 전쟁계획을 준비하도록 미 해군 전략기획자들을 자극하긴 하였으나, 일본과의 전쟁을 촉발할 수 있는 급박한 상황은 아직까지 발생하지 않은 상태였다. 독일에서는 히틀러가 등장하고 스페인에는 파시스트 정부가 수립되었으며, 파시스트 이탈리아가 에디오피아(Ethiopia)를 침략하긴 했지만 미국은 이러한 사건은 자국의 이익에는 별다른 영향을 미치지 않는다고 간주하고 있었다.

그러나 일본은 사정이 달랐다. 일본은 1933년 3월 국제연맹에서 완전히 탈퇴하였으며, 1934년 9월에는 조약만료시점을 2년 앞둔 상태에서 해군군축조약에서 탈퇴하겠다고 선언하였다. 당시 미국은 이러한 일본의 행동을 심각하게 받아들였고, 향후 발생할 가능성이 가장 높은 군사적 충돌은 유럽전쟁이 아니라 미일전쟁이라고 여기기 시작하였다.

1934년, 미국은 대공황을 극복하기 위한 노력의 일환으로 해군력을 군축조약의 최대허용치까지 확장한다는 빈슨-트라멜 법을 통과시켰다. 한편 연방의회에서는 필리핀을 독립시킨다는 사실을 재확인하였으나, 즉시가 아니라 향후 10년 내에 독립시킨다는 조건이 붙어 있었다. 이러한 역사적 사실로 미루어 볼 때 직행티켓전략은 미국의 필리핀 지배가 종식됨에 따라 사라진 것이 아니라 대일전에서 승리할 좀 더 나은 전략적 대안을 모색하는 과정에서 점진전략의 유효성이 증명됨에 따라 역사의 뒤편으로 사라지게 된 것이라 볼 수 있다.

1930년대 중반은 미군부의 여러 전쟁계획수립부서가 별다른 마찰 없이 상호협력하며 지내던 시기였다. 전체적인 개념의 협의에서부터 세부내용의 확정까지 상호협력을 통해 또는 최소한 건전한 논쟁을 통해 모두가 공감할 수 있는 결과를 도출하는, 서로의 가치를 이해하고 공유하는 분위기가 확산되었다. 육·해군의 고위 지휘관들은 서로 긴밀한 관계를 유지하였고 각 군의 계획수립 참모부서 또한 마찬가지였다.

새로운 전략원칙은 해군전쟁계획의 방향을 결정하는 세 거두인 해군참모총장, 미 함대사령관 및 전쟁계획부장의 공동협의 하에 도출하였고, 이 과정에서 발생하는 이견 및 세부운용에 관한 문제들은 세련된 관료제적 업무처리 관행 및 적절한 타협을 통해 해결하였다. 또한 해군성 및 참모총장실 예하의 여러 부서들이 전쟁계획수립에 참여하였는데, 특히 도서 상륙작전 및 기지건설 분야에는 해병대, 함대기지부대(Fleet Base Force) 및 해군 건설국(Bureau of Yards and Docks) 등이 주도적으로 참여하였다. 그리고 이때부터 -1938년 이전까지는 별다른 역할을 하지는 못했지만- 미 함대사령부에 함대전쟁계획관(fleet war plans officers)이 임명되기 시작하였다.

1933년 오렌지계획의 개정을 주도한 인물은 바로 당시 해군전쟁계획부장이던 사무엘 우즈 브라이언트(Samuel Woods Bryant) 대령이었다. 그는 뛰어난 지적능력의 소유자로서 해군대학 및 정보관련 부서에서 근무한 경험이 있었으며, 미 함대의 정찰함대 참모장을 역임하였다.[1] 브라이언트는 점진전략을 적극적으로 지지하였으며, 급진론을 지지했던 전임 메이어스 부장을 현재의 세계정세를 도외시한 채 비현실적인 공상만 하고 있었다고 비판하였다.

그는 대영전쟁계획(Red Plan)의 발전은 부서 하급장교에게 일임하였으며, 일본과 영국이 동맹을 맺고 미국과 전쟁을 벌일 경우를 대비한 오렌지-레드전쟁계획(War Plan Orange-Red)은 완전히 폐기해 버렸다. 대신 그는 대일전쟁계획의 발전에 모든 노력을 집중하였는데, 최적의 해양진격로 및 태평양기지를 선정하는데 중점을 두어야 한다는 지침과 함께 베테랑 계획담당자인 딜런(R. F. Dillen) 대령에게 오렌지계획 발전의 책임을 맡겼다. 그리고 자신은 토마스 홀컴(Thomas Holcomb) 해병대령과 함께 상륙작전계획을 수립하는데 집중하였다. 브라이언트 부장은 전쟁계획부를 매우 짜임새 있게 운영하였으며, 부서원들의 업무성과를 일일이 평가하기도 하였다.[2]

당시 브라이언트 부장은 미일전쟁 초기 일본의 필리핀 점령은 필연적이라는 가정 하에 점진전략에 기초한 전쟁계획을 수립하려 하고 있었는데, 이를 위해서 부서원들이 합동기획위원회의 육군인원들과 접촉하는 것을 금지함으로써 의도적으로 이러한 내용이 육군으로 새어 나가는 것을 차단하려 하였다. 그의 이러한 지시는 나름 이유가 있는 것이었는데, 1923년 이후부터 미일전쟁 발발 시 군사전략의 최우선순위는 바로 마닐라의 구원이었기 때문에 육군본부에서 그의 의도를 알아차릴 경우 이에 반발할 것이 분명하였기 때문이었다. 그는 대일전쟁 시 최적의 전략방침을 결정하는 권한은 미원정군의 총사령관이 되는 미 함대사령관에게 있다는 것을 구실로 삼아 육·해군이 공동협의를 통해 전쟁계획을 구상하는 육·해군 합동계획수립의 관행을 교묘히 빠져나가려 하였다.

1923년 에벌 참모총장이 공포한 미일전쟁계획수립의 주요 책임은 미 함대 사령부에 있다는 결정은 당시까지도 명목상으로는 유지되고 있는 상태였는데, 예컨대 1929년 오렌지계획의 정기개정 시 미 함대사령부에서 제출한 군수분야 가정 사항이 해군 오렌지전략계획에 그대로 반영되기도 하였다.[3] 그러나 미 함대사령부는 해군의 대일전략계획을 지원하는 함대작전계획을 발전시키는 데는 실패하였다. 전쟁계획부장을 역임하였으며 계획수립분야 권위자였던 쇼필드 제독은 미 함대사령관이 된 이후에는 함대작전계획의 제출을 아예 거부하였으며[4] 그의 후임자인 리 사령관과 셀러스 사령관은 비현실적인 전격진격방안을 적용하여 함대작전계획을 작성하기도 하였다.

브라이언트 부장은 미 함대사령부에서 좀 더 현실적이고 실제적인 지원계획을 작성하도록 유도하려 하였으나[5] 오렌지계획을 부정적으로 바라보던 프랫 제독이 참모총장에 재직하고 있는 동안에는 이를 추진하기가 어려웠다. 브라이언트는 그와 마음이 맞는 사람이 참모총장이 될 때까지 기다려야 하였는데, 1933년 7월 1일, 루즈벨트 대통령이 윌리엄 스탠들리 제독을 해군 참모총장에 임명하면서 마침내 그의 숙원이 이루어지게 되었다.

스탠들리 참모총장은 제2차 세계대전 이전 해군참모총장 중 유일하게 전쟁계획부장을 역임한 사람이었다. 그는 1924~1925년 사이 전쟁계획부장을 맡고 있던 당시에는 그다지 눈에 띄는 성과를 보여주진 못하였다. 이후 해군참모차장 및 여러 해상지휘관을 거친 후 1933년 참모총장이 되었는데, 이때에는 전쟁계획부장 시절과는 다르게 태평양전략에 많은 관심을 가지기 시작하였다. 스탠들리 참모총장은 브라이언트를 전쟁계획부장에 유임시켰으며, 두 사람은 미일전쟁발발 시 실제로 오렌지계획을 집행할 작전부대인 미 함대사령부에서 점진전략을 최적의 대일전쟁전략으로 건의했다는 사실을 근거로 하여 점진전략에 기초한 합동오렌지전쟁계획을 육군이 받아들이도록 추진하게 된다.

스탠들리 참모총장의 취임 직후 셸러스 미 함대사령관은 참모총장실에서 새로운 함대작전계획 O-1의 내용에 큰 관심을 가지고 있다는 것을 알아차리게 되었고[6] 함대 내에서 가장 적극적인 항공우월론자인 "황소" 리브스 제독에게 함대작전계획의 작성을 위임하였다. 리브스 제독은 함대기동훈련 시 53세의 적지 않은 나이임에도 직접 비행기를 몰고 파나마운하와 진주만에 모의 항공기습을 실시하여 수상함병과 제독들을 놀라게 한 사람이었다. 또한 이 상상력이 풍부한 항공병과 제독은 앞으로 항공력이 해양작전을 주도할 것이라 확신하는 해양전략의 전문가이기도 했다(1934년 6월, 리브스 제독이 미 함대사령관으로 영전하기 전에 미 함대사령부에서 급진전략을 대체할 새로운 전략개념 -즉 점진전략- 을 정립한 것은 매우 다행스러운 일이라 할 수 있다. 이후 리브스 제독은 타협을 모르는 완고한 성격과 전쟁계획부를 비판한 일로 인해 스탠들리 참모총장과 사이가 나빠졌기 때문이다)[7].

1933년 후반 내내, 스탠들리 참모총장과 브라이언트 전쟁계획부장, 리브스 제독은 대일전쟁계획의 개정을 위해 활발하게 협조하였다. 스탠들리 참모총장은 미 함대사령부에 직행티켓전략은 폐기하고 브라이언트 부장이 작성한 대조표에 근거하여 위임통치령을 통과하여 진격하는 함대작전계획 O-1 초안(Tentative Plan O-1)을 작성하라고 지시하였고[8] 참모총장의 이때 명령으로 인해 직행티켓전략은 미 해군에서 완전히 폐기되었다.

그러나 급진론자였던 셸러스 미 함대사령관은 점진전략을 중심으로 함대작전계획을 개정하는 것을 탐탁지 않게 생각하고 있었기 때문에 이 일에서 손을 떼고 싶어 하였다. 그는 전역수행방책을 세부적으로 검토하려면 그의 참모들이 서류작업에만 매달려야 한다고 불만을 토로하였다. 책상물림만 하고 있는 참모총장실의 계획담당자들이 전시 작전부대의 자율권을 침해하지만 않는다면 계획수립기능을 워싱턴의 전쟁계획부에서 가져가도 상관없다고 생각하고 있었던 것이다. 이러한 의견을 접한 스탠들리 참모총장은 곧바로 "함대작전계획 O-1"의 작성을 전쟁계획부에서 담당하는 것으로 변경해버렸다.[9] 결국 10여 년간이나 방치되었던 미일전쟁의 함대작전계획 수립임무는 하와이의 미 함대에서 워싱턴의 참모총장실로 넘어가게 되었다.

곧 셀러스 사령관은 함대작전계획 수립권한을 타당한 근거 없이 '단지 추측만을 가지고' 점진론을 주장하는 사람들에게 성급하게 넘긴 것을 후회하기 시작하였으나[10] 이미 돌이킬 수 없는 일이었다. 1934년 전반기 동안 참모총장실 전쟁계획부(Op-12)의 매그루더(Cary W. Magruder) 중령은 미 함대를 대신하여 점진론에 기초한 함대작전계획 O-1을 작성하였다. 주로 구축함 및 참모직위에서 경력을 쌓은 매그루더 중령은 지적능력이 뛰어다는 평을 듣지는 못하였으나, 해군대학 학생장교 시절에는 브라이언트 밑에서 수학한 경력이 있었다[11].

특이하게도 그는 자신이 작성한 100여 페이지 남짓한 함대작전계획에 "왕도(the Royal Road)"라는 부제를 달았다. 이런 부제는 아마도 리차드 할리버튼(Richard Halliburton)이 쓴 당시 유행하던 소설인 "연애의 왕도(The Royal Road to Romance)"에서 따온 것일 수도 있고, 이전에 에벌 제독이 대일 함대작전계획의 양이 너무 방대하다는 일각의 의견에 대해 "승리에 왕도란 없다(There is no royal road to victory)."고 답변한 데에서 인용한 것일 수도 있다.[12]

"왕도" 작전계획이 완성된 직후인 1934년 7월, 브라이언트는 전쟁계획부를 떠나게 되었다. 이후 10개월 동안 급진론을 지지하는 강경파인 메이어스 대령이 다시 한 번 전쟁계획부장이 되었으나, 그가 이전에 전쟁계획부를 맡았던 시절과는 상황이 완전히 달라져 있었다. 전쟁계획부서원인 매그루더, 홀콤뿐 아니라 리브스 미 함대사령관, 심지어 스탠들리 참모총장까지 점진론을 지지하고 있었기 때문에[13] 그의 급진론에 대한 주장은 더 이상 먹혀들 여지가 없었던 것이다.

한편 해군은 "함대작전계획 O-1"의 작성을 완료한 지 6개월이 지날 때까지 그 내용을 육군에 공개하지 않았다. 해군은 직행티켓전략을 "완전히 미친 짓"이라 주장했던 앰빅 장군이라면 해군의 점진전략에 적극 찬성할 것이라 예상하고 그가 육군전쟁계획부장으로 임명될 때까지 기다리고 있었다. 1935년 초 메이어스 전쟁계획부장은 육군전쟁계획부에 미 함대사령부에서는 미일전쟁의 진격방책으로 위임통치령의 트루크 제도를 통과하는 단계별 진격방안을 제안하였으며, 해병대에서는 이에 필요한 상륙작전계획을 연구하고 있다고 통보하였다. 그리고 해군에서 미일전쟁 시 진격방책의 선정권한은 미 함대사령부에 부여되어 있다는 내용을 언급하며, 육군의 양해를 얻어내려 노력하였다. 그러나 원정함대의 필리핀 도착예정시간이 이전 계획보다 늦춰졌다는 내용은 의도적으로 언급하지 않았다.[14]

예상대로 앰빅 장군은 개정된 해군의 함대작전계획을 환영하였다. 또한 그는 육군전쟁계획 담당자들에게 해군과 협조하여 위임통치령 동부의 점령에 필요한 구체적인 시차별 부대전개제 원표 및 차후 진격에 소요되는 전력할당표를 작성하라고 지시하였다. 함대작전계획의 내용을 확인한 합동계획수립요원들은 별다른 이견 없이 트루크 제도 점령 이후 "마닐라만 또는 별도로 지정된 구역으로 즉각 진격한다"는 내용을 추가시켜야 한다는 의견만 표시하였고, 이후에는 이 의견도 철회하였다.

당시 육군은 1928년판 육군 오렌지계획을 개정하는데 모든 관심을 집중하고 있었기 때문에 해군의 작전계획에는 관심을 보일 겨를이 없었던 것이다(개정된 육군 오렌지계획은 1935년 5월 합동위 원회 및 육군장관이 승인하였다). 사실상 육군은 해군이 오렌지계획에서 직행티켓구상을 완전히 제 거할 수 있도록 도와준 셈이 되었다.[15] 앰빅 장군은 더글러스 맥아더 육군참모총장에게 이번에 해군에서 함대작전계획을 개정한 목적은 단지 서태평양으로 진격하기 이전 해상교통로의 보호 를 더욱 공고히 하기 위한 것이기 때문에 육군은 이를 지원해야 한다고 설명하였으며, 이번에 개정된 해군의 함대작전계획은 최초 작전목표만 변경되었을 뿐이지 전체 전략목표는 변함이 없다고 보고하였다. 심지어 "오렌지계획의 근본적인 틀이 바뀐 것은 아니다"라고 언급하기까지 하였다.[16]

맥아더 육군참모총장 또한 해군이 오렌지계획을 점진전략으로 변경한 것에 반대하지 않았 다. 이전과는 다르게 마닐라를 구원은 미국의 신성한 의무라는 강경한 목소리는 정치권뿐 아니 라 육군 내에서도 나오지 않았던 것이다. 합동위원회의 선임육군위원은 육군장관에게 오렌지 계획의 초기 전개전력이 변경되긴 하였으나 그다지 중요한 변경은 아니며 대일전쟁 수행을 위 한 기본개념은 그대로라고 보고하였다.[17]

1935년, 맥아더 장군이 바탄반도와 코레히도르요새를 포기한다는 계획에 서명한 것은 참으 로 역사의 아이러니라 할만하다[18](맥아더 장군의 전기에는 이러한 사실이 언급되어 있지 않다). 이후 맥아 더는 육군참모총장을 끝으로 육군에서 전역 후 보좌관인 제임스 오드(James B. Ord) 소령, 드와이트 아이젠하워(Dwight D. Eisenhower) 소령 등과 함께 필리핀으로 건너가 필리핀 자치정부의 군사고문(military adviser)으로 활동하며 대일전쟁을 준비하게 된다.

스탠들리 참모총장이 대외적으로 "서태평양"의 해상교통로를 보호하기 위한 초기작전단계를 변경한 것을 제외하고는 태평양전략의 핵심내용은 바뀐 게 없다는 속이 뻔히 들여다보이는 거짓말을 계속 하는 동안, 참모총장실의 전쟁계획부에서는 1929년판 해군 오렌지계획 중 WPL-13에서 WPL-16까지 4종을 개정하고 관련부서에 지원계획의 개정을 지시하는 등 점진전략을 공고히 하는데 전력을 다하고 있었다.[19]

한편 참모총장실에서는 트루크 제도 점령 이후 단계의 계획수립은 금지함으로써 최단시간 내 필리핀을 구원한다는 급진전략을 부활시키려는 의도를 사전에 차단하려 하였다. 이러한 이유로 인해 오렌지계획에서 중부태평양 점령 후 전쟁의 차후작전단계는 매우 불확실한 상태로 남게 되었다. 그리고 이후 오렌지계획 개정 시 간간히 언급된 차후작전단계 역시 이전에 작성된 시나리오의 내용과 거의 다를 바가 없었다. 한편 육군은 월터 크루거(Walter Krueger)* 대령이 마리아나 제도를 점령할 경우 태평양에서 전략적 우위를 확보할 수 있으며 일본의 항복까지 앞당길 수 있다고 분석한 연구보고서를 내놓은 것을 제외하고는 1930년대 중반 내내 해군의 차후작전단계를 별다른 이견 없이 인정하는 분위기였다(제18장 참조).

일단 점진전략에 기초하여 미일전쟁 1단계 전략의 변경이 완료되자, 급진론자와 점진론자 간의 주 논쟁분야는 세부적인 작전계획 분야로 옮겨가게 되었다. 1935년 중반, 스탠들리 참모총장은 그와 의견을 같이하는 윌리엄 파이 소장을 전쟁계획부장으로 다시 임명하였는데, 이로써 파이 제독은 세 번째로 전쟁계획부에 근무하게 되었다.

중부태평양을 통과하는 점진전략의 지지자였으며, 꼼꼼한 성격을 가진 파이 제독은 미일전쟁의 작전계획을 세부적으로 분석, 연구하는데 몰두하였다. 육군과 해병대는 점령이 계획된 위임통치령 도서들에 대한 세부적인 상륙작전계획을 작성하게 되었으며, 해군전쟁계획부에서 주관한 회의를 거쳐 주요 전략도서들에 대해서는 육군과 해병대 합동으로 상륙작전을 실시한다

---

* 태평양전쟁 시에는 맥아더 장군 휘하에서 제8군 사령관으로 근무하며 남서태평양공세에 참가한 육군병력을 실질적으로 지휘하였다.

는 것에 합의하였다.[20]

당시 계획담당자들이 직면한 가장 어려운 문제는 항공전력이 상륙작전 양상에 어떠한 영향을 미칠 것이며, 항공전력은 어떠한 역할을 수행하는 것이 바람직한가를 결정하는 것이었다. 먼저 해군항공병과 및 육군항공단의 계획담당자들은 주요전투 시 항공전력의 주임무는 일본의 항공전력을 격파하는 것이 되어야 하며, 항공력은 융통성 있게 집중적으로 운용해야 한다고 주장하였다.

한편 전쟁계획부에서는 항공모함전력은 적 해역 내로 깊숙이 진입시켜 전투구역으로 진입하는 적 항공전력을 사전에 차단하는 임무를 수행하게 하는 것이 적절하다고 판단하고 있었다. 그러나 육군 및 해병대는 항공전력은 적의 막강한 저항이 예상되는 상륙작전구역에 주로 투입, 근접항공지원임무를 맡겨야 한다고 생각하였다. 이러한 항공전력 운용의 딜레마로 인해 계획담당자들은 위임통치령 도서 대부분을 점령한다는 이전의 개념에서 꼭 필요한 도서만 점령하고 나머지는 우회하는 개념으로 생각을 전환하게 되었다.

우회전략을 적용할 경우 진격시간 또한 단축이 가능하다고 판단되었다. 그러나 미국이 점령한 위임통치령 도서에 해군기지를 건설하는 작업이 계획담당자들이 원하는 만큼 신속하게 이루어지기 어렵다는 것이 밝혀짐에 따라, 계획담당자들 사이에서 태평양횡단은 상당한 시간이 소요되는 작전이 될 것이라는 인식이 점차 확산되기 시작하였다.

1930년대 중반, 해군계획담당자들은 대일전쟁계획에서 필리핀으로 즉시 진격한다는 개념을 완전히 폐기하고 좀 더 현실적인 중부태평양을 통한 공세개념을 도입하였다. 해군이 전쟁계획에 점진전략개념을 공식적으로 채택함으로써, 오렌지계획의 전략방책을 두고 30여 년간 계속되었던 급진론자와 점진론자의 대립은 이제 완전히 종식되었었다. 또한 제2차 세계대전 중 실제로 수행된 상륙작전의 모델이라 할 수 있는 위임통치령 상륙작전계획의 청사진을 만들어 낼 수 있는 기반이 조성되었다. 점진전략에 기초한 이러한 새로운 전략개념의 도입은 일본의 무조건항복이라는 궁극적 목표를 달성할 수 있다면 미국민은 기꺼이 장기전을 받아들일 것이라는 가정에 따른 것이었다.

그러나 1937년 중반, 일본이 중일전쟁을 일으켜 대륙침략의 야욕을 노골적으로 드러내기 시작하였고 동시에 유럽의 독재자들(히틀러 및 무솔리니) 또한 대서양에서 미국의 이익을 위협할 수 있는 세력으로 대두하기 시작하였다. 이에 따라 미국 군부 내에서는 미일전쟁발발 시 모든 군사적 역량을 태평양에 투입한다는 가정이 과연 적절한가에 대한 의문이 생겨나기 시작하였다. 해군은 여전히 미국의 안보에 대한 주 위협대상을 태평양의 일본으로 판단하고 있었던 반면 육군은 대서양의 파시스트 국가를 주목하기 시작하였다. 이 때문에 육·해군이 태평양전략을 바라보는 관점이 서로 판이하게 달라졌다.

17. 왕도계획 : 해양중심 작전

1934년부터 1937년 중반까지 해군의 계획담당자들은 중부 캐롤라인 제도의 통과를 골자로 하는 대일전쟁의 2단계 작전계획을 구상하는 데에 모든 역량을 집중하였다. 그리고 이 기간 동안 작성된 연구 성과물들은 실제 제2차 세계대전 수행전략의 귀중한 자산이 되었다. 이러한 성과물에는 상륙작전교리(doctrines for amphibious operations), 해군력을 활용한 차단 및 강습(naval interdiction strikes), 해상항공전투전술, 필수점령도서 선정 기준(criteria for selecting island targets) 및 전진기지 건설계획(designs for advanced bases) 등과 같은 전술교리 및 작전계획뿐만 아니라, 강력한 적 거점은 우회하되, 공격 기세는 계속 유지하여 적의 지리적 이점을 돌파한다는 전략개념 등도 포함되었다.

미일전쟁 시 미크로네시아를 '해군의 고속도로(naval highway)'로 활용한다는 구상은 일찍이 1907년부터 생겨나기 시작하였다. 이후 1922년, 미크로네시아에 함대기지를 건설해야 한다는 윌리엄스 전쟁계획부장과 엘리스 소령의 제안을 해군 지도부가 수용하게 되면서 미 해군의 실제적인 대일전략개념으로 등장하게 되었다. 그러나 1923년, 직행티켓전략을 오렌지계획의 핵심전략개념으로 재설정한 급진론자들에 의해 위임통치령 점령계획은 곧바로 뒷전으로 밀려나게 되었다.

예컨대 1928년판 오렌지계획상에는 위임통치령 도서는 미합동아시아군(USJAF)이 필리핀에 도착하고 한참이 지난 후인 M+105일에서 M+180일 사이에 해상교통로 보호를 목적으로 소수의 해군전력 및 이선급 육군연대를 동원하여 점령하는 것으로 되어 있었다.[1] 그리고 1932년의 전격진격(Quick Movement)계획에서는 남태평양의 산재한 섬들과 복잡한 수로를 활용하면 군수지원부대가 일본의 기습 전력에 발각되지 않고 서태평양까지 이동할 수 있다고 가정함으로써, 중부태평양의 미크로네시아 점령을 작전계획에서 아예 삭제해 버렸다.[2]

이후 1933년 함대 오렌지작전계획 O-1 초안(Tentative Fleet Plan O-1)에서부터 비로소 위임통치령 해역이 미일전쟁의 주요전구로 인식되기 시작하였다. 당시 O-1 계획의 작성 책임자였던 셀러스 미 함대사령관은 개인적으로는 민다나오로 곧바로 진격하는 것이 최선의 방책이라고 생각하고 있었지만 개전 초기 일본이 필리핀의 모든 항구를 통제할 것이 확실시 되는 이상 신속한 진격이 성공할 가능성은 희박하다는 사실을 인정할 수밖에 없었다.

이에 따라 원정함대가 서태평양으로 진격한다고 할 경우 캐롤라인 제도나 마셜 제도에 "함대 기지로 활용할 수 있는" 섬을 점령한 다음, 진격을 재개하기 위해 전력을 재정비하는 것이 필요하다는 내용을 함대 오렌지작전계획 O-1에 수록하게 되었다.[3]

이 내용을 확인한 브라이언트 전쟁계획부장은 함대 오렌지작전계획 초안에서 제시한 작전개념을 근거로 세부적인 위임통치령 작전계획을 작성하라는 참모총장 지시(OpNav directive)을 해군 각 부서에 시달하게 된다. 이 계획수립지시에서는 미크로네시아 해역에 수상전력 및 항공전력의 전개방안, 도서점령에 필요한 상륙군 편제 및 상륙전술, 기지건설 및 방어 등과 같은 세부내용을 포함한 미크로네시아 공격계획을 작성하라고 지시하고 있었다.[4]

한편 셀러스 사령관이 이러한 참모총장 지침을 따르기를 거부하자, 1934년 전쟁계획부(Op-12)에서 미 함대사령부를 대신하여 일명 "왕도계획(Royal Road)"이라는 함대작전계획을 자체적으로 작성하게 된다. 그리고 육군 측에는 이 계획을 서태평양으로 신속하게 진격한다는 합동기본 대일전략을 좀 더 효율적으로 지원하기 위한 해군의 작전계획이라고 둘러댔다. 당시 왕도계획의 작성을 주관한 매그루더(Magruder) 중령은 이전 오렌지계획상의 상반되는 두 가지 목표의 모순관계, 즉 속도(speed)와 전력우세(power)를 동시에 달성할 수는 없다는 점을 밝히면서 중부태평양에 배치된 일본군의 위협을 차단한 이후에야 원정함대의 필리핀 진격이 성공할 수 있을 것이라고 날카롭게 지적하였다.

또한 그는 원정함대가 필리핀에 도착 직후 바로 다음 공세를 개시할 수 있어야 한다는 오렌지계획의 또 다른 요건을 충족시키기 위해서라도 역시 중부태평양을 사전에 점령하는 것이 필요하다고 판단하였다. 당시 직행티켓전략으로는 전시 핵심해역의 해상교통로의 안전을 보장할 수 없다는 것이 이미 증명된 상태였다. 직행티켓전략은 "현실을 고려치 않은 채 상황을 무작정 낙관적으로 판단한" 계획이었고, 결국 폐기될 수밖에 없는 운명이었다.[5]

먼저 매그루더 중령은 일본은 미군의 진격을 저지하기 위해 서태평양에 겹겹이 방어선을 구축할 것이라 보았다. 이에 따라 그는 일본은 서태평양의 이러한 지정학적 이점을 활용하여 함대결전 이전까지 소모전을 감행하고, 함대결전을 통해 미 해군을 격파한 이후에는 미군을 서태평양에서 완전히 축출하려 할 것이라 판단하였다(지도 17.1 참조).

그가 작성을 주도한 왕도계획은 바로 위임통치령 동부 및 중부에 걸쳐있는 일본의 최외곽 방어선을 돌파하고, 잔여 내부 방어선 돌파를 준비하기 위한 청사진이라 할 수 있었다. 이 계획에서 매그루더는 이전의 직행티켓전략에 기초한 작전계획과는 달리 미 해군의 임무를 "위임통치령을 통과하는 단계별 진격을 통해 서태평양으로 진격, 필리핀까지 도달하는 것"[6] 그리고 합동위원회에서 결정한 대로 마셜 제도 및 캐롤라인 제도를 점령 후 그곳에 해군기지를 건설하여 "서태평양을 잇는 해상교통로의 안전을 확보하는 것이다." 라고 규정하였다.[7]

매그루더는 전쟁전구까지의 거리, 중부태평양에 전력 전개의 용이성 및 작전의 연계성 등을 고려할 때 상대적으로 일본보다는 미국이 지정학적 이점을 누릴 수 있을 것으로 판단하였다. 왕도계획에서는 위임통치령에서 일본이 방어하고 있는 도서를 점령하는 데는 길면 몇 주, 짧으면 며칠 밖에 걸리지 않을 것이라 예측하였다.

계획 상 미군은 일본의 방어가 취약한 섬들은 점령하되, 트루크 제도는 우회할 것이며, 점령 이후에는 각 섬들의 상호지원이 가능하도록 비행장 및 함대기지를 건설하면서 진격을 계속하는 것으로 되어 있었다. 그리고 이러한 도서군(島嶼群)을 통과하는 진격은 상대적으로 소규모 지상전력 및 항공전력 만을 활용해도 가능할 것이며 이에 소요되는 군수지원부대의 규모도 직행티켓전략의 수행에 필요한 부대보다는 규모가 작을 것이라 판단되었다. 미군은 전광석화와 같이 신속하게 중부태평양작전을 진행하여 3개월 이내 종료할 수 있을 것이므로, 전쟁 초기 미군이 '무언가를 보여주길' 바라는 국민의 기대에 충분히 부응할 수 있을 것이었다. 매그루더는 이 왕도계획은 융통성을 갖추고 있고 "논리적일 뿐 아니라 내용이 매우 명료하기 때문에 적절히

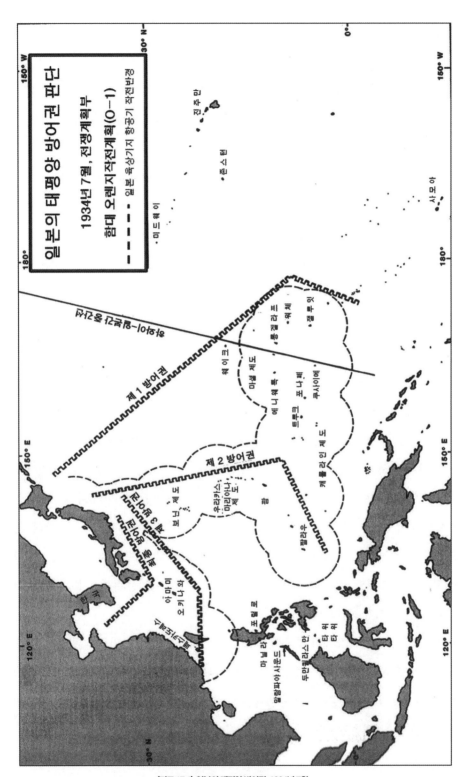

<지도 17.1> 일본의 태평양 방어권, 1934년 7월

시행될 경우 실패는 없을 것"이라 확신하였다.[8]

왕도계획 상 미원정함대의 진격로는 일본이 점유하고 있는 마셜제도 동부에서부터 시작되는데, 이곳은 일본보다는 미국 쪽에서 거리가 더 가까웠다. 따라서 이 지역을 공격 시 미군은 적보다 우세한 전력을 집중시킬 수 있다는 이점과 기습의 이점을 누릴 수 있을 것이었다. 왕도계획의 개략적인 작전수행개념은 다음과 같았다.

먼저 미군은 마셜 제도 동부를 공격, 섬에 주둔하고 있는 소수의 일본방어병력을 와해시키고 육상기지 항공기를 파괴하여 각 섬이 서로 지원을 할 수 없도록 한다. 마셜 제도에는 제1함대기지로 활용하기에 적합한 환초들이 다수 존재하는데, 그 중에 가장 양호한 조건을 갖춘 환초를 선정하여 우선적으로 점령할 수 있도록 한다(매그루더 중령은 위임통치령 도서를 그냥 통과하여 트루크 제도까지 곧바로 진격하는 것은 불가능하다고 보았다. 함대가 하와이에서 트루크 제도까지 항해하려면 중간에 한번은 해상재보급을 실시해야 했는데, 육상기지 항공기의 지원 없이 해상재보급을 하는 것은 거의 불가능하므로 결국 마셜 제도를 점령하는 것이 필요하다는 논리였다).

제1함대기지로 활용할 환초를 점령하면 지원기지의 건설을 시작함과 동시에 후속작전을 위한 전력을 축적한다. 이후 원정함대는 육상기지 항공기 작전반경을 서쪽으로 트루크 제도까지 확장하면서 위임통치령 주변 해역을 통제하는데 필수적인 도서를 점령하면서 서쪽으로 전진한다. 이렇게 계속 서진한 원정함대는 트루크 제도 점령을 추진하는데, 1개 사단 규모의 방어병력이 배치된 이곳을 점령하기 위해서는 대규모 상륙군을 투입해야 할 것이다. 트루크 제도를 점령하면 미국은 이곳에 원정함대를 지원할 수 있는 규모를 갖춘 제2함대기지(Fleet Base Two)를 건설하고 이후 원정함대는 트루크 제도의 제2 함대기지를 기반으로 하여 일본 본토로 진격을 개시하게 된다. 트루크 제도 확보 이후 일본 본토로 진격하기 위한 방안은 유동적이기 때문에, 그때 상황을 고려하여 가장 적합한 방책을 결정하게 될 것이다.

그러나 매그루더는 "왕도계획"의 취약점 또한 잘 인식하고 있었다. 미군이 위임통치령 도서를 공격할 때 일본이 위임통치령에 산재된 항공기지를 연계시켜 항공기를 단계별로 이동시킨다면 -일본의 본거지에서 멀리 떨어져 있다는 것과 미 함대의 차단활동 등으로 인해 필리핀만큼 자유롭게 항공전력을 운용할 수는 없을 것이지만- 주전장에 대규모 항공전력을 투입할 수도 있었다. 이렇게 될 경우 미 해군은 전략적가치가 높지 않은 도서의 점령을 위해 핵심전력인 전함이 적의 항공공격에 노출되는 위험을 감수해야 할 수도 있었다. 그러나 매그루더는 일본의 항공위협은 중부태평양 진격의 발판으로 활용할 함대기지의 확보를 저지할 정도는 아닐 것이라 낙관적으로 판단하였다.[9]

한편 왕도계획에서는 위임통치령 점령작전에 일본보다 압도적으로 우세한 전력을 투입하는 것으로 계획하였다. 계획에서는 당시 추진 중이던 전함의 현대화 개조·개장작업*이 정상적으로 완료된다고 가정하고 미 해군의 원정함대 제1진을 14척의 현대화된 전함 및 15척의 중순양함, 다수의 수상기 모함 및 기타 특수함정 등을 포함하여 총 331척의 함정으로 구성하였다.[10]

당시 미 해군의 항공모함 척수는 총 4척(렉싱턴, 사라토가, 레인저 및 시제함 랭글리 포함)으로 공세작전을 펼치기에는 여전히 부족한 실정이었으나, 1934년에서 1935년 사이에 항공모함 3척의 추가건조가 시작될 예정이었다. 또한 몇 년 후 새로운 전함 및 순양함의 건조가 완료되면 원정함대의 전함 및 순양함의 숫자를 36척까지 끌어올릴 수 있을 것이라 예상되었다.[11]

당시 진주만은 전함의 경우 5척까지만 정박할 수 있었고 대형항공모함은 입항이 불가하였기 때문에 왕도계획에서는 주력함들은 하와이에 입항하지 않고 라하니아 묘박지에 집결하는 것으로 계획하였다. 그리고 전시 라하니아 묘박지의 보호기뢰원 부설진도율을 다시 판단한 결과, M+20일에는 20%, M+60일이 되어도 50% 정도 밖에 되지 않는다는 결과가 나옴에 따라 왕도계획에서는 전쟁발발 시 라하니아 묘박지에 보호기뢰원을 설치한다는 계획은 삭제되었다.[12] 이에 따라 진주만은 소형함 정박기지의 역할을 하게 되었다. 또한 하와이에 배치된 잠수함전력에는 라하니아 묘박지의 초계임무가 삭제되고 새로이 위임통치령 도서를 은밀히 정찰하는 임무가 부여되었다. 그러나 당시 하와이에 배치되어 있던 소형잠수함은 '이렇게 중요한 임무'를 수행할 수 있을 만한 성능을 갖추고 있지 못한 상태였다.[13] 하지만 몇 년이 지나지 않아 하와이 잠수함전단의 전력이 19척에서 39척으로 증강되었고 최신 잠수함이 배치됨에 따라 위임통치령의 정찰뿐만 아니라 위임통치령 근해에서 활동하는 적함의 공격임무도 수행할 수 있는 능력을

---

* 1922년 워싱턴 해군군축조약으로 신규 함정건조가 제한됨에 따라 보유중인 전함의 성능을 극대화할 필요성이 대두되었다. 1930년대 미 해군에서 추진한 전함의 현대화는 추진기관 교체를 통한 작전반경의 증대, 함포 고각 구동범위 증대를 통한 함포 교전거리 연장, 현측 장갑 보강을 통한 생존성 향상 등에 집중되었다.

갖추게 되었다.[14]

당시 일본은 위임통치령에 다수의 전방보급기지를 운영하고 있었기 때문에 일본 해군의 주력함대가 위임통치령 동쪽 1,000마일 선까지 진출하여 작전할 수 있는 것이 확실해 보였다. 그럼에도 불구하고 왕도계획에서는 미원정함대가 위임통치령을 공격한다 해도 일본 해군의 주력함대는 마셜 제도나 캐롤라인 제도까지 진출하지 않을 것이라 판단하였다. 대신 매그루더는 미국이 공격을 감행할 경우 일본은 트루크 제도 근해까지 항공모함분대를 파견하여 미국의 마셜 제도 동부 점령을 저지하거나 미국이 제1함대기지를 확보할 때까지 기다렸다가 트루크 제도 근해에서 미 함대를 공격할 수도 있다고 판단하였다[15](일부 호전적인 제독들은 위임통치령 해역에서 "강력한 일격을 가하여 일본의 주력함대를 격파한다"는 방안을 선호하기도 했다)[16].

1930년대 대부분의 계획담당자들은 일본 해군지휘부의 신중한 성향 및 군수지원문제 등으로 인해 일본주력함대는 일본 본토를 중심으로 한 600마일 외곽구역으로는 진출하지 않을 것이라는데 의견을 같이하고 있었다. 그러나 계획담당자들은 일본이 함대결전을 회피하는 대신 최소 600척에서 최대 800여 척의 함정 -전체 전력 중 반절은 잠수함, 나머지는 구축함, 순양함 및 수상기모함 등으로 구성- 을 동원, 위임통치령 곳곳에서 소모전을 펼치는데 주력할 것이라 예측하였다.[17]

위임통치령 동부 공격 시 일본 주력함대의 위협은 없을 것이라는 인식이 일반화되자, 미 해군 주력함대의 역할을 무엇으로 할 것인가가 논쟁의 대상이 되었다. 주력함대를 상륙작전 시 화력지원 임무에 투입할 수도 있었고, 도서방어전력의 증강을 위해 전진기지나 상륙작전구역으로 접근하는 일본 수상전력 및 항공전력을 차단하는데 활용하는 것도 가능한 방안이었다. 그러나 주력함대를 분할하여 상륙군 화력지원 및 증원전력차단 양쪽 모두에 투입하는 방안은 현실적으로 적절치 않은 방안이었다.

무엇보다도 일명 "왕도계획", 즉 1934년 함대 오렌지작전계획 O-1의 가장 근본적인 문제는 바로 미군이 점령해야 할 도서가 과연 몇 개인가 하는 것이었다(지도 17.2 참조). 이것이 확정되어야 비로소 원정함대의 이동속력, 필요한 전력규모 및 세부 전력구성, 임무 등을 명확히 설정할 수 있었기 때문이다. 우선 마셜 제도 하나만 해도 50만 평방마일의 구역에 31개의 섬이 흩어져 있었다. 이중 10개에서 18개의 섬이 군사적 가치가 있다고 판단되었지만[18] 이후 해로전문가 및 항공작전전문가들은 전시 활용가치가 있는 섬을 8개로 축소하였다.[19]

최초에 해군의 점진론자들은 적의 방어병력이 배치된 모든 도서를 점령해야 한다고 주장하였다(표 17.1 참조). 이러한 주장은 군수지원부대를 호송하려면 다수의 항공기지를 확보해야 한다는 1920년대의 진격방안을 근거로 한 것이었다(1920년대 당시의 항공기는 대부분 항속거리가 짧았기 때문에 조밀한 간격으로 비행장을 확보하는 것이 필요하였다). 이 방안을 그대로 적용할 경우 4개에서 5개의 도서를 점령하는 것이 필요하였다.

그러나 실제로 도서탈취작전을 수행해야 하는 지상군의 입장에서는 최대한 적은 수의 도서를 점령하는 것을 선호하였기 때문에, 당연히 육군전쟁계획부에서는 해상의 교통로를 유지하는 데에는 육군과 같이 모든 지점을 통제할 필요는 없다는 논리적 이유를 들어 해군의 의견에 반대하였다.

한편 1928년에서 1929년 사이 합동기획위원회 및 해병대의 계획담당자들은 제1함대기지 외에 위임통치령 도서의 추가 점령은 2개 정도면 충분하며, 나머지 구역은 항공감시활동만으로 충분히 통제가 가능하다고 결정한 바 있었다.[20] 그러나 해군은 1934년 "왕도계획"의 정식채택 이후부터 제1함대기지의 방어 및 트루크 제도 점령을 지원하기 위해서는 추가적인 도서의 점령이 필요하다는 주장을 지속하였다.

당시 해군에서는 필요하다면 적으로부터 "어떤 섬이라도 탈취하는 것이 가능하다"고 간주하고 있었다.[21] 해군전쟁계획부는 여러 섬을 동시에 공격할 경우 함대가 적의 소모전에 노출될 수 있다는 위험성을 인식하고는 있었으나 적의 근거지를 동시에, 그리고 최대한 신속하게 점령해 버린다면 소모전에 의한 손실을 최소화할 수 있다고 판단하고 있었다.[22]

당시 제1함대기지용 환초를 어디로 할 것인가도 상당한 논쟁거리였다. 일반적으로 환초에서 해군전력을 운용하기 위해서는 적 잠수함이 환호 내부로 침투하기 어렵도록 외해와 연결되는 진입수로폭이 너무 넓지 않아야 했고 대형함의 묘박이 가능하도록 환호 내 수심은 10패덤(fathom) 이상이 되어야 했으며 수상기 이착수 또한 용이하도록 환호가 잔잔한 해야 했다. 이러한 조건을 갖춘 환초는 마셜 제도 내에 다수 존재하고 있었다(표 17.2 참조). 그러나 대규모 함대기지의 건설을 위해서는 다수의 항공기 격납고 및 활주로 건설에 필요한 수백 에이커 이상의 육지부지까지 갖춘 환초가 필요하였다. 이에 따라 제1함대기지의 위치 선정 시 가장 중요한 고려요소는 바로 충분한 면적을 갖춘 환초 내부섬이 존재하느냐 여부가 되었다. 아쉽게도 마셜 제도에는 이러한 조건을 갖춘 환초 5개 밖에 되지 않았다.[23]

먼저 일본의 위임통치령 행정청이 위치하고 있던 워체(Wotje) 환초에는 1급 비행장 수준의 격납고, 정비소 및 유류저장시설의 설치에 충분한 735에이커에 달하는 내부섬이 있었기 때문에[24] 미국계획담당자들은 일찍부터 이곳을 제1함대기지의 최적 후보지로 생각하고 있었다[25](이후 워체의 내부섬의 면적은 크게 과장된 것이라 밝혀졌지만 마셜 제도에서 이보다 면적이 넓은 내부섬은 모두 폭이 너무 좁거나 해발고도가 너무 낮아 활용하기가 어려웠기 때문에 워체가 계속해서 최적의 후보지로 남게 되었다)[26].

또한 마셜 제도의 동쪽에 위치하여 하와이에서 비교적 가깝다는 것도 해군에서 워체를 선호하는 이유 중 하나였다. 스탠들리 참모총장은 워체는 진주만에서 가장 가깝기 때문에[27] 미 함대의 이동을 방해할 만한 장애물이 없을 뿐 아니라 적의 강력한 기지인 트루크 제도에서 1,000마일 이상 떨어져 있어 공격받을 위험이 없다는 이유를 들어 이곳에 함대기지를 건설해야 한다고 주장하였다. 결국 1935년, 브라이언트의 건의에 따라 합동위원회는 워체를 전시 제1함대기지(B-1)로 지정하였다.[28]

제1함대기지의 또 다른 후보지는 마셜 제도의 최남단에 위치한 잴루잇(Jaluit) 환초였다. 그러나 잴루잇은 워체와 달리 트루크 제도까지 진격하는 중간에 장애물이 많이 존재하였다.[29] 또한 해군건설국(BuDocks)에서 이곳을 조사한 결과, 비행장을 건설한다 해도 20대 정도의 육상항공기만 수용이 가능하며 수상기기지로 활용하는 것도 적합지 않다고 판단되었다(제2차 세계대전 시 잴루잇은 마셜 제도 내 일본군 기지 중 일본이 유일하게 비행장을 건설하지 않은 기지였다).

기타 마주로(Majuro)나 콰절린(Kwajalein)도 고려 대상에 포함되었으나, 마주로는 환호로 통하는 수로가 하나 밖에 없고 내부섬의 지질(地質)이 비행장 건설에 적합지 않아 후보에서 탈락하였다. 콰절린은 마셜 제도의 중심에 위치하고 있어 지정학적 위치는 양호하였으나 보초가 하나로 연결되어 있지 않고 25개의 크고 작은 수로가 뚫려 있어 이 또한 탈락하였다[30](제2차 세계대전

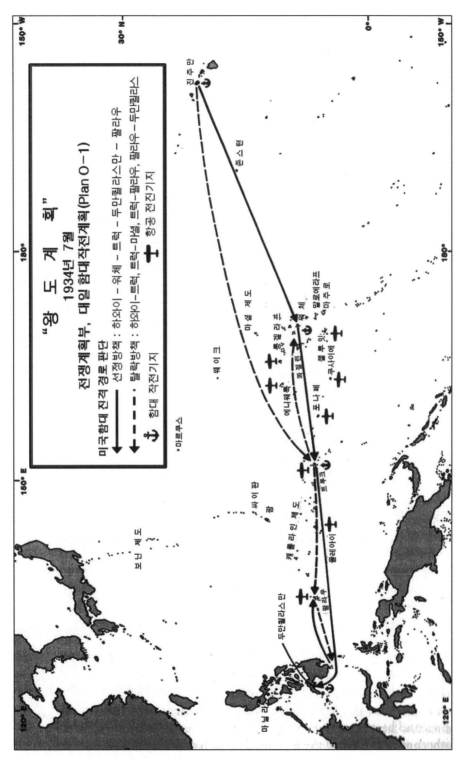

〈지도 17.2〉 "왕도계획", 1934년 7월

시 미국은 이 두 개의 환초를 하나로 묶어 하나의 섬에는 수상함기지를, 다른 하나에는 비행장을 건설한 후 상호취약점을 보완할 수 있도록 상호 연계하여 활용하였다).

일부 계획담당자들은 마셜 제도 서부의 섬을 함대기지 후보지로 고려하기도 하였으나 전쟁계획부는 함대기지는 하와이로부터 너무 멀리 떨어져 있어서는 안 된다는 참모총장의 지침에 어긋난다는 이유로 이에 반대하였으며, 이후 1939년 상부지침이 변경되고 나서야 마셜 제도 서부에 함대기지를 설치한다는 의견에 동의하기 시작하였다(제21장 참조).

〈표 17.1〉 마셜 제도 점령작전구상 : 급진론과 점진론간 비교, 1930년대 중반

	급진론자	점진론자	의견일치 사항
일본의 방어수준	지상 및 항공전력 일부	강력한 지상 및 항공전력	일본은 소모전에 주력, 마셜제도 내 일본 함대 활동 없음
미국의 공격전력	적절한 규모의 상륙전력	대규모 상륙전력	전체 함대전력 투입
전역수행 속도	신속한 공격으로 적방어전력 격파	점진적인 공격으로 적 방어전력의 소모 강요	가능한 한 신속하게 작전수행
핵심목표	마셜제도 서부까지 최대한 진격 (일부 급진론자 주장)	마셜제도 동부 (하와이 근접)	함대기지 건설에 적합한 도서 점령
작전순서 및 종결	함대진격에 반드시 필요한 섬들만 점령하고 나머지는 우회하거나 고립화	작전의 수행에 차질을 주지않는 이상 가능한 많은 섬들을 점령	-
점령후 미국의 방어수준	최소한의 방어전력 배치	강력한 방어전력 배치	-
함대기지 건설 수준	최소한의 시설만 배치, 트루크제도 진격지연 최소화	대규모 시설 배치, 충분한 기지건설시간 확보	-

캐롤라인 제도의 섬들 중 최적의 함대기지 후보지는 양호한 묘박지를 갖추고 있을 뿐 아니라 육상면적 또한 넓은 트루크 제도였다(트루크 제도를 둘러싼 보초는 총 16군데가 분절되어 있었으나 2개를 제외하고는 잠수함이나 수상함의 통과가 불가하다고 판단되었다)[31]. 그리고 캐롤라인 제도 동부의 큰 섬인 쿠사이에(Kusaie)와 포나페(Ponape) 또한 함대기지 후보지였다.

이 섬들은 수상함 기지로는 조건이 좋지 않았으나 육군항공단에서는 트루크 제도 공략을 위해서는 이들 섬에 폭격기 비행장을 건설해야 한다고 주장하였다.[32] 그러나 쿠사이에와 포나페 점령에는 많은 노력과 시간이 소모된다는 1937년의 재평가 결과에 따라 이 섬들은 원정함대의 점령목표에서 삭제되었다(실제로 제2차 세계대전 중 재차 기지건설 여부를 검토하였으나 역시나 비용대 효과가 낮다고 판단되어 기지건설은 성사되지 않았다).

한편 당시 미국과 일본 모두 캐롤라인 제도의 저지대 환초들은 트루크 제도의 공격 및 방어를 지원할 수 있는 유용한 항공기지로 판단하고 있었는데, 특히 미군 항공장교들은 이곳의 섬들은 수상기 및 육상기지 항공기를 필리핀으로 전개시킬 때 중간기착지로 활용할 수 있다고 생각하기도 하였다.[33]

마셜 제도 환초를 둘러싼 전투가 얼마나 지속될 지는 일본이 얼마만큼 신속하게 증원전력을 파견하느냐에 따라 결정될 것이었다.[34] 해병대계획담당자들은 중요도가 높은 섬의 경우에는 해안에 이미 상륙거부 장애물 및 지뢰 등이 설치되어 있을 것이며 소구경포를 장비한 1개 연대병력(약 3,500 여 명)이 참호 속에서 방어태세를 구축하고 있을 것이라 예상하였다.[35]

당시 일본의 도서방어부대의 가장 큰 취약점은 방공능력이 취약하다는 것이었는데, 일본이 대규모 항공전력을 신속하게 증원하여 요격능력을 갖추게 된다면 취약한 방공력을 보완할 수 있어 미군의 상륙작전이 매우 어려워 질 수 있었다. 함대해병대는 M+14일로 계획된 워체상륙작전 시 일본은 주변의 항공기지를 활용, 200대 이상의 항공기를 방어에 투입할 것이라 판단하였다.[36] 반면 해병대사령부의 전쟁계획처에서는 일본의 증원병력은 M+22일이 되어야 워체에 도착할 것인데, 증원 이전 일본방어부대의 가용항공기는 60대에 불과하므로 미국의 상륙부대가 충분히 극복할 수 있을 것이라고 낙관적으로 판단하였다.[37]

육군계획담당자들의 경우에는 마셜 제도의 점령은 식은 죽 먹기라는 1920년대 합동기획위원회의 가정을 그대로 신뢰하는 등 해병대보다도 더욱 낙관적이었다.[38] 육군전쟁계획부의 월터 크루거 대령은 일본은 트루크 제도 동부의 섬들에는 미국의 진격을 저지하기 위한 소규모전력만 배치할 것이라 보고, 그 방어병력은 얼마 되지 않을 것이라 판단하였다. 그는 적에게 크나큰 피해를 가할 수 있다는 것이 확실하지 않은 이상 핵심전력을 투입하지 않는 것이 '일본의 전통'이기 때문에 마셜 제도의 일본비행장에는 대대규모의 방어전력만 배치되어 있을 것이라 보았다.[39]

심지어 미 해병대의 낙관론자들의 경우에는 워체를 방어하고 있는 1,200여 명의 방어병력과 십여 대의 항공기 정도는 미군이 간단히 쓸어버릴 수 있다고 보았다. 그들은 미군이 공격 시 일본군은 항공기를 띄우지도 못할 것이며, 미군을 맞는 것은 이들의 상륙을 반기는 원주민들과 소수의 일본경찰들일 것이라고 대단히 이상적으로 판단하고 있었다.[40] 참모총장실에서는 이러한 낙관적인 해병대 사령부의 연구결과에 대해 별다른 언급을 하지 않은 채, 그 내용을 미 함대사령부에 그대로 시달하였다.[41]

그러나 트루크 제도에 대한 상륙은 워체상륙작전과는 완전히 다른 문제였다. 육·해군 모두 트루크 제도의 점령은 매우 어려운 임무가 될 것이라 간주하고 있었다. 해군은 일본이 미군의 트루크 제도 공격의도를 사전에 탐지할 것이며, 트루크 제도를 상실할 경우 일본제국의 안전이 크게 위협받을 수 있다고 생각하기 때문에 트루크 제도의 방어에 모든 노력을 기울일 것이라 판단하였다.[42]

미국과 일본 양쪽 모두에게 트루크 제도 상륙작전의 관건은 바로 시간이었다. 미 해군에서는 일본은 1개월 안에 트루크 제도에 총 27,663명의 방어병력을 증원할 것이라 예측하였다. 반면에 제1함대기지에서 출발한 미 함대는 트루크 제도 상륙 시에 필요한 충분한 양의 중화기를 수송하는 것은 어려울 것이라 예측하였다. 그러나 다른 무엇보다도 트루크 제도 상륙작전 시 일본의 최대 강점은 여러 지점에서 항공전력을 동시에 동원할 수 있다는 것이었다.

일본은 트루크 제도 방어전 시 동원가능한 모든 항공전력을 투입할 것이 분명하였다. 예컨대 당시 미군에서 작성한 몇몇 정보판단서에서는 일본은 트루크 제도뿐 아니라 20여 개 이상의 주변 섬들의 비행장에 배치된 항공기, 심지어 본토의 예비기까지 동원하여 트루크 제도 방어작전에 최대 400대 이상의 항공기를 투입할 것이라 판단하고 있었다.

그러나 해군의 분석과는 달리 해병대에서는 이렇게 많은 수의 비행장을 유지하고 군수지원을 제공하는 것은 일본군의 군수지원능력을 초과할 것으로 판단하였다. 뿐만 아니라 광대한 지역에 분산된 항공전력을 한곳에 집중시키는 것 자체가 매우 어려운 일이기 때문에[43] 트루크 제도 방어전 시 일본이 인근 항공전력을 효과적으로 운용하긴 어려울 것이라 확신하고 있었다.

	묘박지 관련 자료				수상기	육상기지 항공기	
	함정 수용능력	진입수로 개수	진입수로 수심(패덤)	대잠방어도	수용능력 (전대)	활주로 길이(피트)	활주로 건설가능여부
마셜제도 동부							
워체	2,000	4	15	최상	40+	7,000	상
잴루잇	1,500	4	9	상	25	?	상
마주로[a]							
말로에라프[a]							
마셜제도 중부							
콰절린	제한없음	25	20	하	제한없음	5,000	?
마셜제도 서북부							
에니웨톡	2,000	2	12	최상	15+	?	상
롱겔라프	1,000	7	13	중	15+	?	중
타옹기	불가	불가	0	-	부적합	?	불가
우젤랑	다수[b]	1	3	상	12	?	불가
비키니[a]							

출처 : WPD, Study of Certain Pac Is, 6 Aug 1927.
a: 관련 자료 없음 / b: 소형함정만 가능

한편 미 해군은 일본의 위임통치령 방어수준을 고려하였을 때 위임통치령 도서점령을 위해 대규모 지상군을 동원할 필요는 없을 것으로 판단하였다. 트루크 제도까지 도달하는데 필요한 병력은 해병대와 육군으로 절반씩 구성하여 총 23,000명에서[44] 33,000명 정도면 충분할 것이라는 판단이었다. 당시 해군의 정보판단서에서는 방어정도가 상대적으로 높은 환초의 점령에는 7,500명에서 15,000명, 소규모 환초 점령에는 3,000명, 캐롤라인 제도 동부 환초의 점령에는 10,000명에서 13,000명의 병력이 필요할 것이라 예상하였다(지도 17.3 참조).[45] 또한 이렇게 상대적으로 규모가 작은 병력을 지원하는 데에는 소규모 군수지원부대만으로도 충분하다고 판단하고 있었다.

이러한 전술적 판단에 근거하여 계획담당자들은 군수지원부대의 규모는 해군이 보유한 군수지원함 및 보조함 41척과 최신 민간상선 99척(여객선 18척, 나머지는 유조선)만으로 충분할 것이라 예측하였다. 이것은 1920년대 직행티켓전략계획에서 500척이 넘는 대규모 군수지원부대를 요구했던 것에 비하면 그 규모가 크게 줄어든 것이었다. 그리고 상륙병력 수송선은 적 잠수함의 추적을 따돌릴 수 있도록 15노트 이상의 속력이 요구되며, 상륙주정은 약 260척이 필요하다고 판단하였다.

그리고 미 해군 원정함대가 제1함대기지용 도서를 점령한 이후에는 함대기지 건설 및 방어시설 구축에 필요한 물자를 실은 139척의 상선으로 구성된 군수지원부대 2진이 도착하는 것으로 계획되었다. 이 군수지원부대 2진에는 각종 수송함정뿐 아니라 해양조사선, 등대선 및 해상준설바지 등 각종 특수선박까지 모두 포함되어 있었다.[46] 그러나 트루크 제도 상륙작전은 매우 어려운 작전이 될 것이 틀림없었다. 이미 마셜 제도 상륙작전으로 해병대가 많은 손실을 입을 것이 분명하기 때문에, 75mm야포 및 경탱크를 갖춘 50,000명의 육군을 주력으로 하여 트루크 제도 상륙작전을 실시해야 할 것이었다.[47]

계획담당자들은 최초에 마셜 제도에서 상륙작전을 실시한 제1진은 전투 종료 즉시 상륙함정에 재탑재하여 트루크 제도 상륙작전에 투입한다고 계획하였다. 이들은 상륙군이 마셜 제도 전투로 10~20%의 병력이 손실될 것이며, 이동 중 수송선 침몰 및 환자발생 등으로 10%정도의 추가적인 병력 '소모'가 있을 것이지만 작전을 수행하는데 무리는 없을 것이라 생각하였다(그러나 제2차 세계대전 시 실제로 상륙작전을 실시한 부대가 전투력을 회복한 이후 전장에 다시 투입될 때까지는 상당한 시간이 필요하였다).

1930년대 작성된 정보판단서 상 위임통치령 상륙작전 소요병력은 태평양전쟁 시 투입된 병력의 2/3 정도였다. 실제 태평양전쟁 시 일본 방어군이 배치된 타라와 환초 및 콰절린에는 약 20,000명이, 적의 강력한 방어시설을 구축한 싸이판에는 약 67,000명이 상륙하였다.

위임통치령 상륙돌격계획 및 지상전투계획을 세부적으로 작성하는 데는 많은 시간과 노력이 소요되었는데, 이것들은 대부분 전술적인 수준의 계획이었다. 당시 상륙돌격계획의 작성 시에도 1921년 엘리스 해병소령이 정립한 환초 상륙작전전술(제10장 참조)이 대부분 변경 없이 그대로 적용되었다. 그러나 트루크 제도의 경우 적은 상호지원이 가능하도록 환호 내부의 대형 섬들에 해안포를 설치할 것이 분명하였으므로 기존의 상륙돌격계획을 변경해야 하였다.

계획담당자들은 일본은 트루크 제도의 방어전력의 대부분을 군사적 가치가 높은 덜론(Dublon) 섬 및 에텐(Eten) 섬에 배치할 것이므로, 미국은 주요도서에서 이격된 톨(Tol) 섬 및 주변 환초섬을 먼저 점령한 다음 이곳을 기반으로 순차적으로 나머지 섬들을 점령한다는 계획을 세웠다(1943년, 태평양함대에서 작성한 트루크 제도 점령계획 초안은 이때의 상륙돌격계획을 그대로 적용한 것이었는데, 이것은 전간기 오렌지계획의 일부 내용이 실제 전시 계획에도 많은 영향을 미쳤다는 사실을 뒷받침하는 좋은 근거이다[48]).

한편 계획담당자들은 트루크 제도 상륙작전 시에는 상륙군의 25% 이상이 전사하거나 부상을 당하는 등 병력손실률이 매우 높을 것이라 예측하였다.[49] 제2차 세계대전 당시 미군은 트루크 제도와 지리적 조건이 유사한 도서에서 상륙작전을 실행한 적이 없었기 때문에 트루크 제도 상륙작전의 예상 병력손실율을 다른 상륙작전들과 단순 비교하는 것은 무리가 있다. 그러나 1944년 미 해군에서 실제로 트루크 제도의 점령을 고려할 당시, 전쟁 이전에 트루크 제도 상륙작전을 연구했던 경험이 있어서 이 작전이 얼마나 어려운지 이미 인식 있었던 찰스 무어(Charles J. Moore) 대령은 태평양함대 지휘부에 트루크 제도는 우회하는 것이 바람직하다고 권고하였다.[50] 당시 미 해군은 이미 애드미럴티 제도의 마누스 섬에 트루크 제도에 비견될만한 대규모 해군기지를 건설하고 있었기 때문에 무어의 제안을 받아들여 트루크 제도를 점령하지 않고 우회하게 된다.

도서 점령 이후 함대기지에 어느 정도의 방어력을 구축해야 하는지 또한 당시 전쟁계획부의 주요 연구과제였다. 계획담당자들은 일본이 항공공격을 실시할 가능성은 있지만 점령도서를 재탈환하기 위한 대규모 반격은 시도하지 않을 것이라 보았다. 제1함대기지(B-1)에 배치할 방어병력은 기지 주변에 전진기지로 활용할 환초를 몇 개나 점령하느냐에 따라 수천 명에서 3만 명 -당시 해병대 전체병력 수준- 까지 그 예측 규모가 다양하였다.[51]

그리고 함대항공전력 및 함대기지에 전개할 육상항공전력을 활용한다면 일본군 항공전력을 충분히 막아낼 수 있으므로 함대기지를 요새화하는 것은 불필요하다고 이야기한 계획담당자들도 있었다. 심지어 제1함대기지는 트루크 제도 점령의 발판으로 몇 주간만 활용하면 되기 때문에 방어시설을 설치할 필요가 전혀 없다고 주장하는 사람도 있었다.[52]

1935년 합동기본오렌지전략계획에서는 제1함대기지 방어를 위해 9,000명의 육군병력을 배치한다고 계획하였으며, 해군시설국(BuDocks)에서는 진입수로 주위에 상당한 방어시설을 갖추고 장기간 방어에 필요한 군수물자 저장시설을 설치한다는 계획을 수립하였다.[53] 계획담당자들은 트루크 제도를 점령하게 되면 다른 어떤 환초보다 많은 방어병력 및 방어시설을 배치한다고 계획하긴 했으나, 점령 후 방어계획은 상륙작전계획과 같이 세부적으로 작성되지는 않았다. 아마도 당시 계획담당자들은 원정함대가 필리핀진격을 준비하기 위해 장기간 트루크 제도에 정박한다고 예상하였기 때문에 추가적인 방어시설을 설치하는 것은 불필요하다고 여겼을 것이다.[54]

미 함대가 위임통치령을 공격할 때 가장 위협이 되는 것은 바로 일본의 항공공격이었다. 계획담당자들은 일본의 육상방어부대는 끈질긴 저항을 펼쳐 미 함대를 계속 상륙군근접지원에 묶어두려 할 것이라 판단하고 있었다. 그러나 미 해군은 이러한 일본군의 의도에 말려들지 않을 것이었다.[55] 왕도계획에는 워체 및 기타 환초에 상륙작전 개시 이전 항모함재기를 이용하여 강습을 실시한다는 내용이 간단히 언급되었지만 세부적인 내용(이러한 공격으로 마셜 제도 내 일본항공전력의 25% 정도를 파괴할 수 있다고만 예측)이 포함되진 않았다.[56]

상륙작전이 진행되는 동안 항공모함은 상륙해안에서 멀리 떨어진 구역에서 전함의 호위아래 전방정찰과 작전구역 내의 해상화력지원 및 항공지원을 통제하는 임무를 맡을 것이었다(지도 17.3 참조).[57] 특히 항공모함은 일본의 주변 전진기지에 항공공격을 가하여 일본군이 상륙작전구역 내에 항공전력을 증원하는 것을 차단한다는 임무가 부여되었다.[58] 계획담당자들은 마셜 제도작전을 거치면서 원정함대는 항공작전구역을 마셜 제도 서쪽 500마일에서 1,000마일 선까지 점차 확대하며, 제1함대기지를 확보한 이후에는 트루크 제도까지 항공작전구역을 확장할 수 있을 것이라 판단하였다.

그리고 M+45일부터는 미 원정함대는 제1함대기지를 기반으로 트루크 제도를 고립시키기 위한 항공작전을 실시한다고 계획하였다.[59] 이후 트루크 제도 상륙작전이 시작되면 미 원정함대는 항공작전구역을 캐롤라인 제도 서부의 올레아이(Woleai)까지 확장하는 것이 가능할 것이었다.[60]

해병대 계획담당자들은 해병대가 요청만 하면 언제든지 해군이 항공모함을 동원하여 강력한 근접항공지원을 제공해 줄 것이라 생각하고 있었다.[61] 그러나 해병대가 요구한 항공지원규모는 당시 미 해군의 능력을 넘어서는 것이었기 때문에 해군은 매우 난처한 입장에 처하게 되었다. 해군은 동시다발적으로 진행되는 상륙돌격기간 중 어느 상륙해안을 우선적으로 지원해야 하는가, 그리고 어느 시점에 근접항공지원을 종료하고 항공모함을 안전구역으로 이동시킬 것인가 등의 문제를 먼저 해결해야 하였다.[62]

당시 함대해병대 사령관이었던 라이먼(C. H. Lyman) 대장은 해군이 항공모함의 손실을 우려하여 상륙작전 시 근접항공지원을 제공하는 것을 주저한다면 그만큼 상륙작전 기간은 늘어날 것이고, 우군 전력이 적의 공격에 노출되는 시간만 길어질 것이라 주장하면서 해군에 협조를 호소하였다.[63] 그리고 함대해병대 참모단은 워체의 경우 최대 200여 대의 적기가 활동할 것이라 예측하고, 상륙작전 시 해군에서 적 전력 대비 2배 이상의 항공전력을 지원해 주어야 한다고 요구하였다.[64] 또한 환초 점령 이후에도 육군의 육상기지 항공기가 백대 이상 배치되기 전까지는 일본 항공강습을 방어하기 위해 항공모함이 주변해역에 머무르면서 지원을 해주어야 한다고 요구하였다.[65]

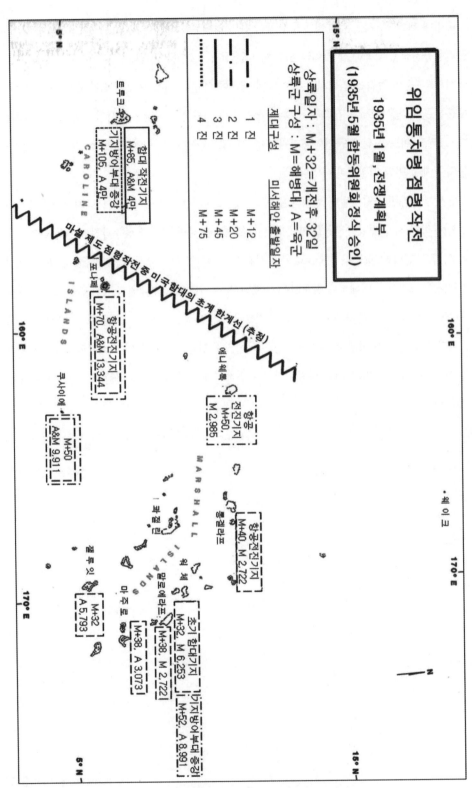

〈지도 17.3〉 위임통치령 점령작전, 1935년 1월 해군전쟁계획부

한편 해병대사령부(USMC Headquarters)에서 1934년에 작성한 상륙작전교범 초안(Tentative Landing Operations Manual)에서는 일본의 작전가능 항공기수를 함대해병대보다는 낮게 판단하였지만 위체 상륙작전 시 일본군 대비 3배 이상의 항공전력을 투입해야 한다고 주장하였는데, 이는 미 함대의 대형항공모함 2척을 모두 투입해야 달성이 가능한 수치였다.[66] 함대해병대에서는 마주로(Majuro)와 같이 적의 방어가 취약한 환초에 상륙작전을 벌일 경우라면 주력함까지 근접지원에 투입할 필요는 없으며 함대전력이 주변해역에 위치하여 일본잠수함의 접근을 차단해주면 충분할 것이라 판단하였다.[67]

그러나 참모총장실 전쟁계획부는 냉정하리만치 해병대의 상륙작전 시 근접항공지원 요청을 모두 거부하였다. 전쟁계획부는 좁은 상륙해안에 항공모함을 배치할 경우 해군 고유의 장점인 기동성을 발휘할 수 없을 뿐 아니라, 캐롤라인 제도 공격임무에서 마셜 제도 상륙지원임무로 항공모함을 전용(轉用)할 경우 일본이 트루크 제도에 방어전력을 증강하는 것을 저지할 수 없을 것이며, 이는 결국 미국의 신속한 승리를 보장할 수 없을 것이라는 논리를 펼쳤다. 결국 지상군은 상륙작전 시 항공지원문제를 자체적으로 해결하는 수밖에 없는 상황이 되었다.[68] 더욱이 당시 해병대 항공단은 상륙작전 시 근접항공지원 임무를 자체적으로 소화할 수 없는 소규모였음에도 불구하고 -1935년 기준으로 조종사가 138명뿐이었다.[69]- 해군은 해병대 항공기가 항공모함을 발진 플랫폼으로 활용하는 것조차 허가하지 않았다. 대신에 수상기모함을 해병대 항공단이 사용할 수 있도록 하자는 의견이 제시되었으나 그마저도 확정된 것은 아니었다.[70]

다행히도 육군항공단에서 마셜 제도작전 초기에 375대의 항공기를 신속하게 지원해주기로 약속함에 따라 이러한 난관을 타개할 계기가 마련되었다. 그러나 이 항공기들을 마셜제도까지 어떻게 이동시키느냐가 문제였다. 육군항공단의 칼 스파츠(Carl Spaatz) 소령은 하와이에서 마셜제도까지는 거리가 2,000마일인데, 1935년형 쌍발 마틴폭격기(Martin bomber)는 항속거리가 1,400 마일에 불과하였다. 그리고 중간에 위치한 존스턴 제도는 섬이 작아 비행장 건설도 불가능하기 때문에 자력으로 이동하는 것이 불가능하다고 설명하고 해군에 협조를 요구하였다. 그러나 해군은 항공모함에 육군항공기를 적재하는 것은 불가하다고 답변하였다. 결국 육군항공기를 마셜 마셜제도까지 수송하려면 반조립상태로 분해한 다음 수송선에 적재하여 이동시키는

방법 밖에는 없었다.[71]

해병대의 라이먼 장군은 고심 끝에 상륙작전 시 항공지원문제를 해결할 방안을 생각해 냈다. 워체 공격의 경우 사전에 말로에라프(Maloelap)를, 잴루잇(Jaluit) 공격의 경우 사전에 마주로(Majuro)를 점령하여 주목표에 대한 상륙돌격 이전에 항공전진기지를 구축한다는 방안이었다. 1936년에 들어서면서 미 군부 내에서 마셜 제도의 일본군은 그다지 강력하지 않다는 인식이 확산됨에 따라 라이먼 장군의 방안은 나름 일리가 있는 것으로 인식되었다.

당시 육·해군 및 해병대가 보유한 단발항공기의 경우 임시비행장을 활용하면 환초 점령 후 하루 이내에 곧바로 운용이 가능하였다.[72] 그리고 사전에 점령한 항공전진기지가 완전한 작전능력을 갖추기 전까지는 원정함대의 항공모함 함재기를 활용, 워체에 배치된 항공기 및 워체로 증강되는 일본 항공기를 제압한다는 계획이었다[73](하지만 해군 비행정의 경우에는 별도의 지원시설이 필요하고, 육군의 중형 항공기의 경우에도 기체의 재조립 및 비행장 확장에 시간이 소요되기 때문에 완전한 상륙작전 항공지원능력을 갖추는 데에는 일주일 정도가 소요될 것이라 판단되었다)[74].

해상화력지원 분야는 항공지원 분야보다는 해군과 해병대의 이견이 그다지 크지 않았다. 함대해병대는 워체 상륙작전 시 해군에서 전함 7척, 다수의 순양함 및 구축함을 투입하여 지속적으로 해상화력을 지원해 주길 요청하였다. 그러나 전쟁계획부에서는 전함을 해상화력지원에 운용하는 것은 불가능하다고 주장하며 전함보다 '가치가 떨어지는' 함정들을 해상화력지원 임무에 할당해 버렸다.[75]

캐롤라인 제도의 공격 시 항공지원문제는 마셜 제도 공격 시 보다 더욱 복잡하고 어려운 문제였다. 이번에도 해군계획담당자들은 육군과 해병대에게 상륙작전 시 항공지원문제는 자체적으로 해결하라고 통보하였다. 트루크 제도 공격시점에는 제1함대기지(B-1)에서 다수의 항공기를 운용하는 것이 가능할 것이나, 제1함대기지에서 트루크 제도까지 거리가 1,000마일이 넘기 때문에 트루크 제도 주변 환초에 배치된 수상기모함에서 작전하는 비행정을 제외하고는 항공기를 상륙작전구역에 투입하는 것이 어려울 것이었다.

워체에는 육상기지 항공기를 226대까지 배치할 수 있을 것으로 예측되었으며 1936년에는 그 예측치가 336대까지로 증가되었다(1938년에는 육군항공단의 4발엔진 폭격기까지 배치도 가능할 것으로 판단되었다). 당시 미 해군은 중부태평양 환초들의 자세한 지형정보를 확보하지 못한 상황이었기 때문에 해군 시설장교들은 워체에 과연 육군항공기를 수용할 수 있는 비행장을 건설하는 것이 가능한 가를 판단하는데 많은 어려움을 겪었다. 결국 해군시설국은 워체의 작은 내부섬에 3개의 비행장을 건설하는 것으로 제 1함대기지 건설계획을 수정하게 된다.[76]

트루크 제도는 위임통치령의 기타 환초들과는 달리 상륙군에 대한 항공지원이 매우 어려운 환경조건을 가지고 있었다. 제1함대기지의 점령 후 4주에서 6주가 지나 충분한 항공전력이 전개되기 이전까지는 트루크 제도 상륙 이전 주변정찰 및 사전폭격을 위해 소수의 비행정전력을 광대한 구역에 산개하여 배치해야 하였다. 그리고 트루크 제도는 워체 등과 같이 방어력이 약한 일본의 전진기지와는 달리 견고한 방어력을 갖추고 있을 것이 확실하였기 때문에 육군항공단의 폭격만으로는 큰 타격을 가할 수 없을 것이었다.

이에 따라 1937년, 해병대 계획담당자들은 도서 상륙작전 시 항공지원문제를 다시 한 번 공론화하게 된다. 해병대 계획담당자들은 트루크 제도 상륙작전 중 적 대비 3배 이상의 항공전력을 투입하기 위해서는 원정함대의 항공모함 함재기 392대를 모두 근접항공지원에 투입해야 한다고 주장하였다. 그들은 상륙돌격 전 항공공격 시 우군 전체 항공전력의 25% 정도가 손실될 것이라 판단하였지만, -손실이 발생해도 전력보충이 가능하다고 간주하고 있었기 때문에- 원정함대 전력을 심각하게 약화시키진 않을 것이라 판단하였다. 또한 트루크 제도 주변의 환초를 점령할 때에도 항공모함의 항공지원이 필요하긴 하지만 적이 이들 환초에 상당한 시간 및 노력을 투자하여 강력한 방어기지를 건설하지는 않을 것이기 때문에 이곳을 공격 시 항공모함이 공격받을 일은 없을 것이라 판단하였다.[77]

위에서 살펴본 바와 같이 1930년대 중반까지도 계획담당자들은 단거리 육상기지 항공기의 작전반경 외곽에 위치한 강력한 방어력이 구축된 도서를 어떻게 점령할 것인가의 문제를 완전히 해결하지 못하고 있었다. 그리고 해군은 여전히 항공모함의 행동의 자유를 보장해야 한다는 고압적 자세를 유지하고 있었다. 상륙작전 시 항공지원 문제는 1939년 미군이 제1함대기지 위치를 마셜제도 서부의 에니웨톡(Eniwetok)으로 변경하고 나서야 해결되었다.

에니웨톡은 미국이 폭격기기지를 건설하기로 결정한 웨이크(Wake Island)에서 발진한 장거리

폭격기의 작전반경에 포함되어 있었기 때문이다. 또한 에니웨톡을 점령하게 되면 이를 기반으로 트루크 제도에 항공공격을 가하는 것도 가능하였다(제21장 참조). 상륙작전 시 항공모함의 주 임무를 무엇으로 해야 하는지의 문제는 2차 세계대전 중 다시금 부상하게 되는데, 이때에도 해군과 지상군(육군과 해병대)은 기존의 주장을 되풀이 하였다.

그러나 이 딜레마는 전시 작전반경이 크게 늘어난 장거리 폭격기가 생산되기 시작되고, 1930년대의 예측을 뛰어넘는 다량의 항공모함이 건조됨에 따라 자연스럽게 해결되었다. 1945년 오키나와 상륙작전 시 미 해군은 대규모 항공모함 및 함재기를 상륙돌격 및 지상전투의 근접항공지원에 투입하였는데, 이때에는 일본의 가미카제 공격으로 상당한 손실을 입게 된다.

1937년, 미 해군이 위임통치령 우회전략을 채택하게 되면서 미일전쟁 시 중부태평양 작전계획은 다시금 대폭적인 변경을 맞게 되었다. 2년 전인 1935년 해군전쟁계획부에서 작성하고 합동위원회에서 승인한 위임통치령 점령작전 일정표에서는 트루크 제도 공격 이전 마셜 제도 및 캐롤라인 제도 동부에서 총 8개의 환초를 점령하는 것으로 되어 있었다(지도 17.3 참조). 위임통치령의 점령은 아시아로 진격하기 위해 거쳐 가는 과정에 불과하다는 당시 메이어스 전쟁계획부장의 주장에 따라 전쟁발발 직후 거의 동시에 작전을 개시하여, 최대한 신속하게 해당 환초들을 점령하는 것으로 일정이 반영되었다.[78]

구체적으로 당시 메이어스 부장은 M+12일 미 서부해안을 출발한 미국의 원정함대 제 1진은 M+31일에 -일본의 방어전력이 집중되어있다고 판단된- 워체와 잴루잇을, 그리고 M+38일에는 항공전진기지로 활용할 말로에라프, 마주로 및 롱겔라프(Rongelap) 등의 주변 환초를 동시에 공격하는 것으로 계획하였다. 그리고 M+20일에 출항한 제2진은 M+50일 에니웨톡에 상륙한 다음, 이어서 캐롤라인 제도의 쿠사이에(Kusaie)와 포나페(Ponape)를 공격한다고 계획되었다(쿠사이에와 포나페는 트루크 제도에 배치된 일본 항공기의 작전반경에 포함되어 있기 때문에 항공공격을 가할 때 일본항공기와 힘든 싸움을 펼쳐야 할 것으로 예상되었다).

이 작전계획은 M+75일 트루크 제도 공격개시를 위해 준비 중인 원정함대에 M+45일에 출항한 제3진 전력이 합류하면 종료되는 것으로 되어 있었다.[79] 그러나 1936년에서 1937년간 작전계획을 재검토한 결과 1935년에 작성된 메이어스 부장의 위임통치령 점령작전계획은 전쟁초기 미국의 동원능력의 제한과 상대적으로 취약한 대공방어능력으로 인해 현실성이 떨어진다고 판명되었다. 또한 상륙작전을 수행한 직후 해병대의 전열을 신속하게 재정비하여 곧바로 다른 전장에 투입한다는 내용도 비현실적이었다.

미국은 워체 및 기타 한두 개의 환초는 계획대로 점령할 수 있을 것이지만 캐롤라인 제도 동부 환초를 점령하는 데에는 많은 시간과 전력이 소모될 것이 확실하였다. 그리고 리브스 미 함대사령관의 지침을 받은 함대기지부대(Fleet Base Force) 소속 데이먼 커밍스(Damon E. Cummings) 대령은 1935년 위임통치령 점령작전계획 후반부의 적절성에 대해 의문을 제기하였다. 그는 쿠사이에 같은 경우에는 "전진기지로 활용가치가 거의 없을 뿐만 아니라 원정함대의 진격을 방해할 수 있는 정도도 아니기 때문에[80] 우회하는 것이 마땅하다"고 주장하였다.

그리고 포나페의 경우에는 재검토를 통해 우회하는 것으로 결정되었다. 포나페는 섬 면적이 넓고 트루크 제도에서 375마일 밖에 떨어져 있지 않아 육군항공단에서 항공기지 예정지로 관심을 보이고 있었다.[81] 그러나 해병대사령부 전쟁계획처에서 포나페의 지리적 특성을 다방면으로 분석한 결과 대부분 암석으로 덮여있어 실제로 항공기지로 활용하기는 어렵다는 사실이 밝혀졌다. 포나페는 원정함대에 제3진이 합류하여 전력이 증강된 이후 상황이 허락한다면 공격을 고려해 볼 수도 있는 정도의 가치 밖에 없었던 것이다. 반면에 미군이 포나페 점령을 시도한다면 트루크 제도 공격이 최소한 1개월 가량 지체될 것이고 이것은 전체 전쟁국면에 큰 악영향을 미칠 것이었다.[82]

이렇게 해군에서 위임통치령 도서 중 정말 필요한 도서만 점령하고 나머지는 우회하는 전략을 채택함에 따라 해병대와 함대기지부대는 이러한 우회전략의 효과를 극대화할 수 있는 트루크 제도 점령계획을 작성하게 되었는데, 그 내용은 아래와 같았다.

먼저 일본은 포나페에 358대의 항공기를 집중적으로 배치하여 트루크 제도의 전진방어에 투입할 것이라 예상된다(실제 태평양전쟁 시 일본은 본기지와 전진기지에 항공전력을 분산 배치하여 전력을 집중적으로 활용하지 않는 경우가 많았는데, 이를 정확히 꿰뚫어 본 예측이었다). 미 원정함대는 제3진이 합류한 이후에는 항공기가 총 450대로 증가되어 국지적 제공권을 장악할 수 있을 것인데, 먼저 항공전진기지로 활용할 포나페 주위의 환초를 공격한다.[83] 주변 환초의 임시비행장을 확보한 이후 포나페에 대규모 항공공격을 가하게 되면 포나페에 불필요한 상륙작전을 하지 않아도 될 뿐 아니라 트루크 제도를 방어하는 항공전력까지 격파할 수 있어 "일석이조"의 효과를 거두게 될 것이다.[84]

그리고 캐롤라인 제도 동부의 환초들은 이미 점령한 마셜 제도에서 발진한 폭격기를 활용하여 무력화할 수 있을 것이다. 한편 M+59일, 마셜 제도 상륙작전 이후 충분한 휴식을 통해 전투력을 회복한 지상군과 본토에서 곧바로 증강되는 병력이 원정함대에 합류하게 되면 상륙군의 총병력이 5만 명을 능가할 것이므로 계획대로 트루크 제도에 '압도적인 전력으로' 상륙작전을 개시할 수 있을 것이다. 그리고 트루크 제도에 대한 사전항공공격이 진행되는 동안 함대기지부대(Base Force)는 워체에 트루크 제도 상륙작전을 지원하는 제1함대기지를 완공할 수 있을 것이다.[85] 해병대 계획담당자들은 이 도서공격계획의 개념을 아래와 같이 요약하여 제시하였다.

제1함대기지 점령 후 미국의 위임통치령 확보 여부는 일본의 저항수준이 어떠하냐에 따라 결정될 것이다. 일본이 트루크 제도에 충분한 방어력을 구축하기 전에 원정함대가 신속하게 공격을 가한다면 그 점령가능성도 높을 뿐 아니라 그 이후의 작전도 수월하게 진행할 수 있을 것으로 판단된다. 그러나 '전력의 안전을 중시한 나머지' 서서히 진격하는 것은 신속한 진격으로 기습을 달성하고 적의 사기를 꺾어 놓는 방안보다 더욱 많은 피해를 초래하게 될 것이다. 신속한 진격은 다른 어떤 방안보다 성공의 가능성이 높을 뿐 아니라 그 효과 또한 훨씬 클 것이 확실하다.[86]

1930년대 중반 미 해군에서는 중부태평양에서 벌어질 작전계획을 집중적으로 연구하여 원정함대의 기지로 활용할 최소한의 섬들만 점령하고 나머지는 무력화하거나 고립시킨다는 도서점령방안을 수립하였다. 이 방안을 적용할 경우 원정함대의 진격속도를 가속화할 수 있을 뿐 아니라 우군전력이 적의 소모전에 노출되는 시간도 줄일 수 있었다.[87]

이 진격방안은 제2차 세계대전 시 중부태평양공세 및 남서태평양공세에 그대로 적용되었는데, 실제로 미군이 상륙하여 격파한 일본군보다 미 해군에 의해 고립된 일본군의 숫자가 더 많았다. 이 중부태평양 도서점령방안은 전쟁 이전 오렌지계획담당자들로부터 태평양전쟁의 전략계획담당자에게 그대로 계승된 탁월한 대일작전개념 중 하나였다.

18. 왕도계획 : 진격로 분리

　점진론자들은 함대결전과 일본 본토의 봉쇄로 승리를 거둔다는 오렌지계획의 대전략을 달성할 수 있는 가장 적절한 작전계획은 "왕도계획(Royal Road)"뿐이라고 적극적으로 주장하고 있었다. 그러나 육군에 왕도계획을 공개하기 직전인 1934년 12월, 스탠들리 참모총장은 트루크 제도 점령 이후 함대작전계획은 작성하지 않을 것이라는 중대한 결정을 내리게 된다.[1]

　-사실 문헌자료 만으로는 그가 이러한 결정을 내린 속내가 무엇이었는지를 파악하기는 어렵지만- 스탠들리 참모총장은 전쟁계획을 수립할 때에는 "전쟁발발 시 상위 전략개념을 곧바로 구현할 수 있고, 예상되는 적의 초전방책에 즉각 대응할 수 있는 초기 작전방안을 연구하는데 노력을 집중해야 하며, 후반부 작전계획은 전쟁 수행 중 발생하는 '전장의 안개(fog of war)'라는 예측 불가능한 변수들 때문에 별다른 효용성이 없다."는 10여 년 전에 에벌 제독이 했던 말을 기억하고 이러한 결정을 내렸을 수도 있다.[2]

　브라이언트와 메이어스 전쟁계획부장 역시 "전쟁 중 생겨나는 각종 변수로 인해 전쟁 후반부의 상황을 정확히 예측하는 것은 불가능하기 때문에 함대작전계획은 '제1함대기지의 공격, 점령 및 방어단계'까지만 세부적으로 제시하고 그 이후의 작전단계는 간단한 개념수준으로 수록하는 것이 타당하다"는 데에 의견을 같이하였다.[3]

　스탠들리 참모총장은 또한 점진전략을 적용할 경우 전쟁이 발발하고 나서부터 차후작전계획의 연구를 시작해도 장기적인 작전목표를 구상하고 결심할 수 있는 시간이 충분할 것이라고 판단하였다.[4] 그리고 당시의 미 함대사령관들 역시 이전부터 전쟁발발 30일 이후의 작전을 구상하는 것을 그리 좋게 생각하지 않고 있었다.[5]

함대작전계획수립 시 구체적인 전쟁후반부 작전계획을 생략한 것은 곧 해군의 전체 오렌지계획 및 합동기본오렌지전략계획에까지 영향을 미치게 되었다. 1935년 말부터 제2차 세계대전 중반까지 중부태평양 점령 이후 단계의 전체적인 작전계획의 수립이 중단되었던 것이다. 그러나 이러한 후반부 작전계획수립이 사라졌다고 해서 당시 미국의 전략기획자들이 차후작전연구를 완전히 중단한 것은 아니었으며, 트루크 제도점령 이후의 불확실한 작전에 관한 연구는 정식 오렌지계획 상에서는 사라졌지만 참고연구나 보조연구 등의 방법을 통해 계속 이루어졌다.

트루크 제도 점령 직전 단계까지 약 6개월간의 작전계획을 수록한 "왕도계획"은 대일전쟁전략 2단계까지의 작전계획을 명시한 마지막 함대 오렌지작전계획이었다. 매그루더 중령은 트루크 제도를 점령한다 해도 원정함대는 여전히 일본의 해상교통로, 특히 남방원유수송로를 봉쇄하기엔 너무 멀리 떨어져 있기 때문에 이것만으로는 전쟁에서 승리할 수 없다는 것을 정확히 파악하고 있었다. 미국이 중부태평양 점령에 시간을 지체하게 되다면 필리핀의 코레히도르요새가 적의 수중에 떨어질 것이며, 일본에 내부방어권의 방어를 공고히 할 수 있는 시간을 내주게 될 것이었다. 따라서 일본의 외부방어권에 포함되는 중부태평양의 점령은 일본의 핵심구역으로 진격해 들어가기 위한 사전 준비과정일 뿐이었다.[6]

최초에 브라이언트 부장의 지도 아래 작성된 왕도계획에는 트루크 제도를 점령 한 다음 팔라우-마리아나 제도-보닌 제도를 잇는 일본의 내부방어선을 돌파한 후 필리핀 남부까지 진격한다는 차후작전의 개략개념이 수록되어 있었다.[7] 당시 브라이언트 부장은 트루크 제도 점령 이후 작전목표를 팔라우로 판단하였으나 매그루더 중령은 이에 반대하여 팔라우는 우선 우회한 다음 필리핀에서 출격한 항공전력으로 공격하는 것이 바람직하며, 필요한 경우 나중에 점령하면 된다고 주장하였다.[8]

기타 연구보고서에서는 항공기지 및 물자수송기지로 활용 가능한 올레아이(Woleai) 등과 같은 캐롤라인 제도 동부 환초들을 작전목표로 제안하기도 하였다(그러나 그 당시에는 제2차 세계대전 시 미군의 대규모 전진기지가 된 울리시를 언급한 사람은 아무도 없었는데, 그 이유는 아마도 당시 계획담당자들은 울리시의 전략적 위치가 양호하긴 하지만 묘박지가 너무 좁고 환초가 단절된 부분이 너무 많다고 생각했기 때문일 것이다)[9].

개략개념이긴 하였지만 1934년 매그루더의 "왕도계획"은 원정함대가 서태평양 전략기지 (W-B)를 건설할 두만퀼라스만을 점령하는 것까지 포함하고 있었다. 이후 서태평양 전략기지의 구체적 위치는 명시되지 않았으나 이를 확보한다는 내용은 1930년대 말까지 오렌지계획에 포함되어 있었다. 예를 들어 1935년 왕도계획의 개정 시에는 서태평양 전략기지의 위치를 "즉각적인 공세작전이 가능하도록 일본 본토와 충분히 근접한 곳으로 선정한다"라고 애매하게 표현하였다.[10]

몇몇 계획 및 연구보고서에서는 이 서태평양 전략기지를 '차후 위치가 결정될 예정인' 제3함대기지(Base 3)로 표현하기도 하였다.[11] 이후 함대작전계획 내에서 필리핀을 서태평양 전략기지로 직접 언급하는 것은 점차 사라지게 되었다. 1936년, 스탠들리 참모총장은 보안의 유지 및 쓸데없는 억측을 방지하기 위해 작전계획 작성 시 팔라우, 두만퀼라스 및 마닐라 등과 같은 실제 지명은 삭제하라고 지시하였다.[12] 이에 따라 필리핀 어딘가에 대규모 함대기지를 건설한다는 사실만 알 뿐, 그 구체적 위치는 인지하지 못한 함대기지 설계를 담당한 시설장교들은 큰 혼란에 빠지게 되었다.[13]

최초에 육군은 오렌지계획의 구상범위를 중부태평양까지만 축소하는 것을 그다지 반기지 않았다. 당시 육군에서는 통상 6개월에서 1년 단위로 전시동원계획을 작성하고 있었는데, 장차 목표가 불분명한 상태에서는 전쟁후반기 동원계획을 구체화할 근거가 미약했기 때문이었다. 그럼에도 불구하고 1935년 육군의 앰빅 장군은 합동위원회를 설득하여 미일전쟁이 시작되면 캐롤라인 제도 점령 후 차후작전을 위하여 매달 5만 명씩 징병함과 동시에 150대의 항공기를 조달한다는 계획을 수립하였다.[14]

트루크 제도 점령 이후 미아시아원정군의 목표가 어디인지 정해지지도 않은 상황에서 육군에서 건의한 이러한 대규모 전력확충계획은 필리핀 점령과 같은 대규모 작상작전에나 적합한 것이었다. 그러나 합동위원회는 이같은 육군의 계획을 일본 본토로 진격하는데 필요한 기지의 점령에 필요한 사전준비계획이라고 승인해 주었다.[15] 공식적으로 1935년 합동오렌지계획의 재검토는 1928년판 합동오렌지계획으로 회귀한 결과가 되었고, 이에 따라 미국은 필리핀의 민다나오를 확보한 후 일본 본토로 북진하면서 이 경로 상에 위치한 섬들을 점령한다는 전략방침을 그대로 유지하게 되었다.

1930년대에 미 해군에서 본격적으로 서태평양 작전계획을 구상하기 시작함에 따라 계획담당자들은 장거리 해상공격 및 항공강습이 해양작전에서 주도적 역할을 하게 될 것이라 생각하기 시작하였다. 1932년 해군전쟁계획부는 비좁은 중국해보다는 필리핀해(the Philippine Sea)가 미일 양국 해군의 주요 작전구역이 될 것이라 확정하였다.

예컨대 일본 해군의 주력부대가 민다나오 섬의 태평양 쪽으로 우회하여 두만퀼라스를 공격할 경우에는 미국에 더 큰 위협을 가할 수 있었다. 그러나 전쟁계획부에서는 최신 무기체계 및 기술을 활용한다면 대양 쪽에서 접근하는 위협 역시 충분히 막아낼 수 있을 것이라 자신하고 있었다. 그들은 전진기지에 배치된 수상기를 활용하면 적 항공모함의 접근을 사전에 탐지할 수 있으며, 이러한 적 함대에 관한 정보를 제공받은 미 함대는 적을 신속하게 추격할 수 있다고 보았다.

그리고 팔라우에 배치된 일본의 잠수함 및 수상기가 미국의 함대기지를 계속 공격할 경우에는 항공모함 함재기 및 수상기를 이용하여 일본의 잠수함 및 수상기기지를 쓸어버릴 수 있으며, 필요한 경우 점령도 가능하다고 판단하였다. 또한 계획담당자들은 일본 본토로 북상하는 경로를 필리핀 서부의 팔라완에서 마닐라만을 잇는 경로에서 민다나오에서 루존 섬 동부의 포릴로(Polillo) 섬을 잇는 경로로 수정하였다.

미 함대가 필리핀 서부의 동중국해를 통과한 후 마닐라를 지나 태평양으로 진출하기 위해서는 적의 삼엄한 초계활동 하에서 450마일이나 이동해야 했다. 하지만 포릴로를 지나 필피핀 동부의 태평양 쪽으로 북상한다면 보닌 제도 및 류큐 제도를 언제든지 공격할 수 있기 때문에 일본 함대의 행동을 견제하는 것이 가능하였기 때문이다. 이러한 가정을 근거로 계획담당자들은 미일간의 함대결전은 필리핀해를 중심으로 쌍방 간 원거리 공격으로 진행될 것이라 예측하였다(지도 15.1 참조).

그들은 일본 해군은 보닌 제도-마리아나 제도-팔라우를 잇는 선에서 활동하면서 미군기지에 대한 강습을 지원하고 해상교통로 보호임무를 수행함과 동시에, 일본 해군에게 '매우 유리한' 함대결전 위치인 혼슈 남부해역으로 미 함대를 유인하려 할 것이라 보았다. 그러나 미 함대는 주력함을 지원할 구축함의 작전반경이 제한되는 관계로 류큐 제도까지만 진출이 가능할 것이기 때문에 일본의 유인에 말려들지 않을 것이었다.

이렇게 함대결전 예상구역이 남중국해에서 필리핀해 근해로 변경됨에 따라 고속항공모함의 작전소요 및 잠수함의 장거리초계활동 소요가 증가하여 자연히 연료조달량이 증대되었다. 또한 함대결전이 예상보다 일찍 벌어질 경우에 대비하여 철갑탄, 어뢰 및 항공탄약 등의 초기조달 요구량 또한 역시 이전에 비해 늘어나게 되었다.[16]

이러한 군수요구사항을 반영하여 1932년 함대작전계획의 개정 시 오렌지계획의 군수분야 부록이 수정되었다. 그리고 항만초계정(base patrol boats)에 폭뢰(depth charge)를 장비한다고 결정하여 일부 구축함을 항만방어임무에 투입할 필요없이 모두 전투함대에 편성하여 함대결전전력으로 활용하는 것이 가능하게 되었다. 그러나 지상화력지원용 함포탄의 초기 조달량은 이전보다 감소하였는데, 일본 주요도시에 대한 공격은 전쟁 후반부에나 실시될 것이라 판단하였기 때문이다.[17]

계획담당자들은 1932년 작성된 필리핀 동부의 민다나오-포릴로 북진방안을 적용할 경우, 전쟁발발 전 원정함대가 출항하여 루존 섬을 신속하게 탈환한다는 전격적인 진격(Quick Movement)은 성공이 어렵다고 보았으나, 트루크 제도를 기반으로 필리핀해에서 치고 빠지는(hit and run) 전략을 구사한다면 매우 효과적일 것이라 판단하였다. 그러나 기만과 견제공격만으로는 전쟁에서 승리할 수 없으며, 결국 트루크 제도를 기점으로 하여 대규모 상륙작전을 벌여야만 적에게 결정적 타격을 가할 수 있을 것이었다.

상상력이 풍부한 일부 계획담당자들은 미 해군이 일단 중부태평양을 장악하고 나면 작전구역을 필리핀으로만 국한시킬 필요 없이 곧바로 "일본의 핵심방어구역인 서북방향으로 진격하는 것도 가능하다"고 보았다.[18] 원정함대가 필리핀으로 향하지 않고 마리아나 제도나 류큐 제도로 곧바로 진격한다는 내용은 1922년 윌리엄스의 연구 및 오렌지계획 발전 초창기의 미드웨이-괌 진격구상에서도 언급된 바가 있었다. 그 당시만 해도 필리핀을 포기하고 트루크 제도에서 일본으로 곧바로 진격한다는 구상은 정치권 및 육군의 격렬한 반대에 부딪혔지만, 1935년

에 들어서면서부터는 육군의 엠빅 장군까지도 이러한 직접진격의 가능성을 진지하게 고려하기 시작하였다.[19]

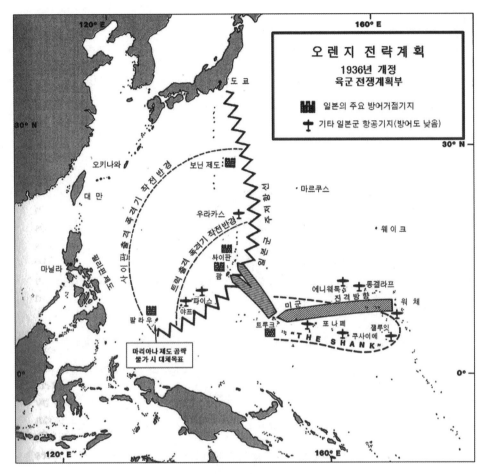

〈지도 18.1〉 오렌지전략계획, 1936년 육군전쟁계획부

실제로 가장 혁신적인 서북방향으로 직접진격방책을 도출해 낸 것은 해군이 아니라 바로 육군이었다(지도 18.1 참조). 1936년 합동기본오렌지전략계획을 개정하는 과정에서 육군의 월터 크루거 대령은 트루크 제도 점령이후 작전구상은 불필요하다는 해군의 주장에 구속받지 않고 자체적으로 이후 작전을 계속해서 구상해 나갔다. 그는 일본 본토에서 보닌 제도-마리아나 제도-

팔라우로 이어지는 일본의 2단계 방어선(내부방어선)을 돌파하기 위해서는 트루크 제도의 점령이 우선되어야 한다는 "왕도계획"의 가정을 그대로 수용하였다. 그리고 크루거 대령은 일본의 생존과 직결되는 일본의 2단계 방어선을 육군용어인 주저항선(MLR: Main Line of Resistance)으로 지칭하였다.

그는 중간정도 크기에 산악지형으로 이루어져 있고 일정수준 이상의 병력이 배치된 방어선 상의 섬들을 주저항선의 핵심지점으로 판단하였다. 이 섬들은 거리가 평균 500마일 이상 떨어져 있었지만 일본은 마리아나제도 북부와 캐롤라인제도 서부의 섬들에 항공기를 분산 배치할 것으로 예상되었기 때문에 상호지원이 가능하여 "천연적인 육상의 항공모함"과 같은 역할을 할 수 있었다.[20]

크루거 대령은 미 원정함대가 일본 근해로 진출하려면 반드시 주저항선의 한곳을 돌파해야 한다고 결론을 내렸는데, 문제는 돌파지점을 어디로 할 것인가였다. 먼저 보닌 제도의 경우 워싱턴군축조약 이전부터 방어시설이 구축되어 있었고 도쿄에서 불과 200마일 밖에 떨어지지 않았기 때문에 방어력이 가장 강력한 지점일 뿐 아니라 대규모 일본 함대의 지원을 받을 경우 난공불락이라 판단되어 후보에서 제외되었다.

주저항선 좌측 끝단에 위치한 팔라우(Palaus)의 경우에는 군수지원이 어려워 일본이 다수의 방어전력을 배치하기 어렵기 때문에 가장 공략하기 쉬운 지점이라 판단되었다. 팔라우를 점령할 경우에는 미국원정군은 주저항선의 끝단으로 우회할 수 있고 필리핀 남부로 진출할 수 있는 발판을 마련할 수 있으며, 남방자원지대에서 일본 본토로 이어지는 해상교통로를 부분적으로 차단하는 것이 가능하였기 때문에 오렌지계획 핵심 목표들을 모두 달성할 수 있었다. 그러나 크루거 대령은 주방어선 돌파의 최적 지점은 "일본 본토에서 보다 가까운 싸이판 또는 괌이 되어야 한다"고 최종적으로 결론을 내렸다.[21]

워싱턴 해군군축조약으로 인하여 괌 해군기지 건설계획이 좌초된 이후로 마리아나 제도는 전쟁계획담당자들의 머릿속에서 거의 잊힌 상태였다. 1928년 합동기본오렌지전략계획에서는 그 이유를 구체적으로 설명하지 않은 채 전쟁 초기 일본이 점령한 괌을 탈환한다고만 언급하였다.[22] 그해 아시아함대 사령관 브리스톨(Mark L. Bristol) 대장은 아시아함대를 이끌고 괌으로 항해하여 괌방어작전을 가정한 연습을 진행하였다.

당시 괌을 시찰한 브리스톨 사령관은 괌의 아프라항은 면적이 너무 좁으며 해상함포공격을 막아낼 수 없기 때문에 전시 군항으로는 별다른 가치가 없다고 파악하였다. 그리고 괌에 배치되어 있던 구식 해안포는 이동하는 함정을 조준 사격할 수가 없었고 몇몇 신식 야포의 경우에는 사거리가 짧아서 해상에 있는 함정을 공격할 수 없었기 때문에 괌의 방어는 매우 취약한 수준이었다.

이러한 취약한 방어수준으로 인하여 당시 아시아함대의 도서방어계획에서는 409명의 해병대로 구성된 괌 방어부대는 적이 침공한지 이틀 만에 항복할 것이라 판단하고 있었다. 극히 소수의 장교들만이 미국원정군의 공세 시 괌을 적극 활용해야 한다고 주장하였다. 한 괌 방어부대장은 섬에 '운동장'을 만드는 것으로 가장하여 은밀하게 활주로를 건설하려고 하였으나 부대원들이 너무 고된 일이라며 반대하는 바람에 무산된 적도 있었다.

1920년대 초 전쟁계획부장을 맡았던 몽고메리 테일러 소장은 일본과 긴장이 고조될 경우 은밀하게 괌에 병력을 증강시킨다는 방안을 내놓기도 하였다. 그러나 해병대의 전략기획자들은 일본의 공격에 몇 달간 버티려 해도 16,000명의 증강병력과 전투함으로 구성된 해군전대의 지원이 필요한데, 이 병력을 단시간 내에 수송하는 것도 불가능할 뿐더러 괌에 도착한다 하더라도 싸이판에서 달려드는 적의 항공공격을 버텨낼 수 없을 것이라 보았다. 당시 해군참모총장은 괌은 위임통치령과 달리 미국이 점령하여도 일본에 심각한 위협이 되지 않기 때문에 괌 탈환에 전력을 쏟는 것은 일본 본토로의 진격을 지체시킬 뿐이라는 의견에 동의하였다. 1931년, 괌 방어부대 규모는 반으로 줄어들었으며 예포발사대를 제외한 모든 중화기는 본토로 이송되었다.[23] 그리고 1935년, 해병대에서 사용하던 괌의 수상기전대 지원시설은 민간항공사에 임대되었다.[24]

마리아나 제도의 항구와 비행장들은 전시 아시아원정군의 주 진격방향에서 멀리 떨어져 있어 군사적으로 별다른 가치가 없었기 때문에 왕도계획에서 역시 별다른 주목을 받지 못했다. 계획담당자들은 일본 또한 이곳을 항공기를 주요전장으로 이동시키는데 필요한 중간기착지 정도로만 여길 것이라 판단하였다. 예컨대 미 해군의 일부 작전계획 연구보고서에서는 항공모함 함재기를 이용하여(트루크 제도 점령 이후에는 이곳에 배치된 수상기를 활용) 마리아나 제도를 통과하는 일본 항공기를 요격한다는 구상을 언급하기도 하였다.[25] 그러나 이러한 해군의 의견과는 달리 크루거 대령은 마리아나 제도의 사이판이 일본의 주저항선을 돌파하기 위한 가장 중요하고 핵심적인 위치라고 여기고 있었다. 당시 육·해군 간 전쟁계획수립 업무분담에 따라 마리아나 제도 작전계획의 연구는 육군에서 전담하고 있었기 때문에[26] 크루거 대령은 싸이판 및 괌 공격계획을 입안하게 된다.

당시 육군전쟁계획부 내에서는 일본이 마리아나 제도에 비행장, 해안포기지 및 방공호 등을 구축하고 있다는 소문이 나돌고 있었다. 육군전쟁계획부는 일본은 마리아나 제도에 155mm 야포를 장비한 2개 육군사단 및 다수의 항공기를 이미 배치하였으며, 기뢰원까지 설치하여 강력한 방어력을 구축한 상태라고 판단하였다. 다행히도 1936년을 기준으로 육군항공단의 장거리폭격기는 트루크 제도의 제2함대기지를 중심으로 반경 550마일까지 작전이 가능하였기 때문에, 트루크제도에서 이륙하여 마리아나 제도에 배치된 적의 야전포대 및 비행장 등을 공격하는 것이 가능하다고 판단되었다. 또한 미 해군이 마리아나 제도 주변 해상통제권을 장악하여 상륙작전의 성공을 보장할 것이었다.[27]

크루거 대령은 미 상륙군의 부대편성을 구체적으로 제시하진 않았으며, 한 개의 섬을 점령하기 위해서는 적 대비 2배의 전력인 2개 사단이 필요할 것이라고만 언급하였다(실제 1944년 싸이판 상륙작전의 경우 3개 사단이 상륙하였다). 해병대 전략기획자들은 육군보다 더 낙관적으로 판단하였는데, 싸이판에는 일본군 및 군속을 합쳐 2,600명 정도만 배치되어 있을 것이라 가정하고 강력한 해상화력지원 및 항공지원 아래 10,000명 정도만 상륙시키면 충분히 적을 제압할 수 있을 것이라 판단하였다[28](해병대에서는 자체적으로 마리아나 제도 북부를 통과하여 이오지마로 진격하는 계획을 구상하기도 했다. 티니안(Tinian), 로타(Rota), 마우그(Maug), 파간(Pagan) 등과 같은 마리아나 제도 상 소규모 섬들을 공격하는 동안 병력을 추가로 투입하여 사이판에서 북쪽으로 300마일 떨어진 우라카스(Uracas)를 점령한다는 방안이었다)[29].

해군에서는 전시 마리아나 제도를 점령하게 될 경우 이를 통상파괴전용 전진기지로 활용하여 일본과 필리핀간의 해교통로를 차단할 수 있으며 팔라우의 점령도 용이해져 해군의 작전에 어느 정도 도움은 될 수 있을 것으로 생각하긴 하였다. 그러나 이러한 이점은 미일전쟁의 전체 국면을 놓고 볼 때 부차적인 이점에 불과하였다. 반면에 크루거 대령은 마리아나 제도를 점령하게 되면 일본의 주력함대를 유인해낼 수 있으므로 이곳의 점령은 전쟁의 승리에 비견할 만한 가치가 있다고 생각하였다.

그는 마리아나 제도를 점령하기 전까지는 일본 해군은 소수의 전력만 파견하여 미국의 기동부대와 수송선단을 공격하고 주력함대는 내해에서 나오지 않을 것이라 보았다. 그러나 일단 미국이 주방어선(MLR)을 돌파하여 이곳의 섬들이 미국의 손에 떨어지게 되면 일본 주력함대는 미함대와 싸우지 않을 수 없을 것이었다. 제2차 세계대전 시 상황을 미리 예견이라도 한 듯 크루거 대령은 싸이판을 잃게 되면 "일본 본토가 위협받기 때문에 일본주력함대는 외해로 나와 미함대와 싸울 수밖에 없을 것"이라고 주장하였다.[30] 필리핀으로 진격하는 대신 곧바로 일본 주방어선의 핵심지점을 돌파한다면 일본에 심대한 군사적, 그리고 정치적 위협을 가할 수 있다는 주장이었다.

또한 1936년 작성된 육군의 오렌지전략계획에서는 마리아나 제도를 기지로 장거리 항공전을 펼친다고 계획하고 있었다. 크루거 대령은 –1935년 시험비행에 성공한– B-17 폭격기의 최대작전반경이 1,000마일임을 고려하여 주방어선 돌파계획의 주요 작전목표를 마리아나 제도(특히 괌과 싸이판)에서부터 반경 1,000마일 내에 있는 구역의 점령까지로 제한할 수밖에 없었다. 그는 마리아나 제도에서 발진한 장거리 폭격기만으로는 전쟁의 승패를 결정지을 수는 없지만 장거리 폭격기의 지원을 받을 수 있다면 작전이 훨씬 수월해 질 것이라 예상하였다. 이를테면 팔라우를 공격할 경우 장거리폭격기의 지원을 통해 상륙군의 손실을 크게 줄일 수 있을 것이며, 싸이판에서 출격한 장거리폭격기를 활용하면 보닌 제도의 방어력 또한 어느 정도 감소시킬 수 있을 것이었다.

육군항공단은 1934년부터 작전반경이 5,000마일에 달하는 장거리폭격기의 설계에 착수하였는데, 당시 육군 전략기획자들은 이미 마리아나 제도를 기반으로 한다면 일본 본토의 폭격이 가능할 수도 있다고 생각한 것으로 보인다.[31] 잘 알려진 바와 같이 미국이 초장거리 폭격기를 본격적으로 연구하기 시작한 것은 1939년부터였고 1942년에 들어서야 B-29 장거리폭격기 시제기가 시험비행에 성공한 한 사실로 미루어 볼 때[32] 1936년 당시 육군이 일본 본토에 대한 장거리폭격을 구상한 것은 시대를 앞서간 혜안을 발휘한 것이라 할 수 있을 것이다.

한편 1938년, 미국 계획수립방식의 큰 특징이라 할 수 있는 "판 뒤집기" 현상이 또 다시 발생하면서 전시 마리아나 제도의 전략적 중요성에 대한 강조는 또다시 침체기를 맞게 되었다. 1937년 7월 일본이 중국대륙을 본격적으로 침략하기 시작한 직후 육군은 중부태평양공세에 투입할 전력의 규모를 축소하였으며, 트루크 제도 서쪽의 작전목표를 점령하는데 병력을 제공하겠다는 이전의 약속 또한 파기하였다.

해군계획담당자들은 육군의 이러한 비협조에 발끈하여 괌에 함대기지를 건설한다는 구태의연한 카드를 다시 꺼내들었는데, 이번에도 역시나 정치적 반대에 부딪히고 말았다(제19장 및 제20장 참조). 이후 1944년에 들어 마리아나 제도 점령에 필요한 해군전력 및 항공전력이 충분히 갖춰짐에 따라 다시금 이곳이 전쟁의 핵심목표로 부상하게 되었다. 크루거 대령의 예상대로 1944년 미국이 마리아나 제도를 점령하자 일본 해군은 함대결전을 결심할 수밖에 없었으며, 일본정계 내부에서는 정치적 소요사태가 발생하게 되었다(마리아나 제도를 상실한 이후 대미강경파였던 도조 히데키(東條英機) 내각이 붕괴되었고 일본정계 내에서는 미국과 평화협상을 모색하는 인사들이 나타나기 시작했다). 그리고 마리아나 제도를 점령한 직후 미군은 이곳을 일본 본토에 결정적 타격을 가하기 위한 장거리폭격기지로 활용하기 시작하였다.

트루크 제도 점령 이후 미일전쟁의 방향을 결정하게 될 가장 중요한 요소는 이후 미국의 전략목표 및 단계별 작전계획이었으며, 육군의 동원계획(mobilization data)은 미일전쟁의 향방에 별다른 영향을 미치지 못할 것이었다. 1935년 합동위원회에서 승인한 육군의 시차별 부대전개계획에 따르면 지상군 증원부대는 M+120일까지 극동 -아마도 필리핀- 에 도착할 수 있을 것이라 예측되었다.[33] 그러나 해병대에서 작성한 '보수적인' 관점의 연구보고서에서는 육군에서 서태평양에서 전면전을 벌이는데 필요한 50만 명의 병력을 조직하는 데에는 일 년 이상이 소요될 것이라 단언하였다.[34]

육군의 병력동원상황이 어떻든지 간에 해군의 입장에서 볼 때 서태평양으로 진격을 가속화하는데 가장 필요한 요건은 바로 함대기지의 확보 여부였다. 트루크 제도에 1급 함대기지가 건설되기 전까지는 원정함대가 진격을 계속할 수 없다는 것이 명백하였다. 이러한 이유로 1934년 이후부터 단계별 작전계획은 함대기지 건설계획에 크게 영향을 받게 되었다. 그러나 당시 해군건설국에서 주도하여 작성하였던 기지건설계획은 통상 함대작전계획보다 작성주기가 2년 정도 뒤쳐져 있어 작전계획의 요구사항을 적시에 반영하지 못하고 있었다. 이에 따라 해양의 전격전(ocean bilizkrieg)을 펼치길 원했던 해군의 전략기획자들은 군수지원문제로 인하여 전쟁이 장기화될 수 도 있다는 사실을 점차 깨닫기 시작하였다.

당시 미 해군은 이동식 기지와 관련된 기술분야(mobile base techniques)에서 전 세계의 선두 주자였다.[35] 미 해군은 이미 "계속되는 적의 공습 중에도 작전이 가능한 건설대대(construction battalion)의 전문기술요원을 활용, 표준화된 패키지를 조립하여 신속하게 전진기지를 건설한다"는 개념을 정립해 놓고 있었다.[36] 해군계획담당자들은 제1함대기지의 경우 육상기지시설은 최소화하고 부양식 지원시설 위주로 구성하여 신속하게 기지건설을 완료한다고 구상하였다.

그러나 1937년, 해군건설국(BuDocks)에서 작성한 마셜 제도 환초에 설치될 기지의 표준기지 설계안은 이전의 기지규모예측을 뛰어넘는 상당한 규모였다. 이 표준기지설계안에는 탄약고, 수리창, 연료저장고, 병원, 기타 기반시설뿐 만이나라 13,757명의 근무자들이 생활할 거주시설까지 포함되어 있었다. 또한 기지건설 자재들은 M+70일까지 섬에 도착하는 것으로 되어 있었지만, 설계안에서 제시한 기지건설을 완료하기 위해서는 "적의 어떠한 공격도 없다고 가정하고" 8,292명의 인부가 밤낮을 가리지 않고 6개월간 작업해야 한다는 계산이 나왔다.[37]

해군건설국의 이러한 기지건설계획은 M+75일에 트루크 제도에 상륙한다는 계획담당자들의 구상에 찬물을 끼얹는 소식이었다. 당시 이 계획을 보고받은 윌리엄 리히(William D. Leahy) 참모총장은 너무 이상적으로 기지건설계획을 작성한 시설장교들을 질타하고 M+60일 이내에 기지건설을 완료할 수 있도록 계획을 다시 작성하라고 엄명을 내렸다.[38] 질타를 받은 기지건설계획 작성자들은 사무실로 돌아와 건설물자의 수송 및 기지건설완료시점을 앞당기기 위한 연구를 다시 시작하였고, 1939년이 되어서야 함대작전계획에 명시된 트루크 제도 진격을 적시에 지원할 수 있는 기지건설계획을 작성할 수 있었다.[39]

당시 함대작전계획의 수립의 걸림돌은 이뿐만이 아니었다. 예컨대 원정함대의 병력을 단시간 내 충원하는 것 또한 매우 어려운 일이었는데 참모총장실에서는 M+165일이 되어야 전시 함대편제인원을 100% 충원할 수 있을 것이라 계산하고 있었다.[40] 더욱이 작전계획담당자들은 현실적인 고려 없이 제2함대기지의 운용가능시점을 너무 이르게 판단하였는데, 이를테면 1935년에는 트루크 제도를 점령하면 몇 달 이내에 함대기지로 운용할 수 있을 것이라 어림짐작하고 있었다.

1937년까지만 해도 해군의 전시기지건설계획에는 트루크 제도에는 건선거 없이 손상함정의 임시수리 정도만 가능한 소규모 지원시설을 설치하는 것으로 되어 있었기 때문에 이러한 가정이 어느 정도 들어맞을 수 있었다.[41] 그러나 1939년 3월, 참모총장실에서 -트루크 제도를 염두해 두고- 캐롤라인 제도에 설치할 "대형 전진기지"의 상세 요구조건을 해군건설국에 시달한 이후 필리핀의 두만퀼라스에 버금가는 대규모 함대기지를 트루크 제도에 건설한다고 기지건설계획이 수정되면서 기지건설 완료시점이 크게 연장되었다.[42]

이 계획에 따르면 트루크 제도에 부양식 계류시설을 설치하여 잠수함 및 구축함을 지원하고, 전체 함대를 지원할 수 있는 대규모 유류저장시설뿐 아니라 다수의 수리창, 숙소 건물 및 6개의 병원까지 지을 예정이었다. 트루크 제도에 함대기지가 완공된 후에는 666대의 항공기를 배치하고 함대의 함정들은 6개의 육상 및 해상기지에 분산배치 될 것이었다. 또한 1928년에서 1929년 사이에 작성된 필리핀 전략기지건설계획의 내용을 차용하여 트루크 제도에 함포 포신 주조(鑄造) 및 선조(旋條)를 제외한 모든 수준의 함정수리이 가능한 5,000명 이상의 인원이 근무하는 대규모 정비창을 설치한다는 내용도 포함되었다.

이 기지건설계획에는 트루크 제도에 상당수의 부선거 또한 설치하는 것으로 되어 있었다.[43] 부선거를 활용하면 수면하 선체에 손상을 입은 함정을 본토까지 보낼 필요 없이 전투구역 근해에서 바로 수리한 후 전장에 재투입할 수 있기 때문에 그 전략적 가치는 말할 필요조차 없었다. 미 해군은 이전부터 부선거의 확보를 위해 장기간 노력하였지만 그때마다 번번이 실패하곤 했었다

당시 미 해군의 전쟁계획담당자들과 함정설계 기술요원들은 '선박 형태의' 일체형 부선거와

U자 형태의 모듈 여러 개를 개별이송한 후 현장에서 설치하는 조립식 부선거 중 어떤 것이 더 나은지에 대해 오랫동안 논쟁을 벌였지만 결론을 내리지 못하고 있는 상태였다. 일체형 부선거는 대형함정의 상가가 가능하나 부선거 자체를 해외기지까지 예인하는 것이 쉽지 않았으며, 공격을 받을 경우 자체 수리가 불가능하였다.

그러나 이러한 부선거의 형식에 관한 논쟁보다 더욱 중요한 문제는 바로 부선거의 도입 자체가 불투명하다는 현실이었다. 당시 해군력 증강을 곱지 않게 보던 정치가들의 압력으로 인해 이동식 부선거의 도입은 곤경에 빠져 있었다. 육상기지 건선거의 경우 상대적으로 설치비용이 저렴하였고 그 목적이 본토방어용이었기 때문에 일찍부터 설치에 이견이 없었으나 이동식 부선거의 경우 정치가들이 그 도입목적을 의심하고 있었기 때문이다. 정치권에 태평양 공세에 활용할 목적으로 이동식 부선거를 도입하려는 것이 아니냐는 비판의 빌미를 제공하지 않기 위해 해군은 항상 이동식 부선거를 하와이나 미 본토기지에 배치하는 것으로 계획하였다.

1930년대 해군계획담당자들은 태평양에서 일본과 전쟁을 수행하기 위해서는 전함급 수리에 필요한 B급 부선거 4척, 순양함급 수리에 필요한 C급 부선거 3척, 구축함 및 잠수함급 수리에 필요한 D급 부선거 8척이 필요할 것이라 판단하였다(B급보다 더 큰 A급 부선거는 도입요구목록에서 아예 삭제되었다). 그러나 이러한 원대한 계획과 현실은 큰 격차가 있었는데, 1906년 최초의 부선거인 듀이함(USS Dewey, YFD-1)을 필리핀의 루존 섬에 배치한 이후 1930년대 중반까지 미 해군이 도입한 부선거는 D급 단 1척뿐이었다.

마침내 1935년 미 해군은 B급 일체형 부선거를 건조하기 위한 예산을 승인받았다. 그러나 리브스 제독이 일체형 부선거보다 조립식 부선거가 더욱 생존성이 뛰어나고 예인도 용이하며, 건조가격도 저렴하다고 재차 주장함에 따라 어떠한 부선거를 확보할 것인지 결론을 내리지 못하였으며, 결국 부선거의 확보는 또다시 몇 년간 연기되었다.[44]

미 해군에 대형 이동식 부선거가 배치된 것은 제2차 세계대전이 발발하고 한참이 지난 후였으며, 그 형태는 바로 조립식 부선거였다. 계획담당자들이 공세작전계획을 개정하기 위해서는 먼저 트루크 제도에 설치할 함대기지의 건설완료시점을 확정하는 것이 선행되어야 했다. 계획담당자들은 기지건설자재 및 물자를 순차적으로 수송하여 6개월 이내에 함대기지를 완공한다고 계획하였으나 군수분야전문가들은 건설대대뿐 아니라 방어부대병력까지 모두 기지건설에 투입한다하더라도 M+360일 이내에 기지건설을 완료하여 완벽하게 함대를 지원하는 것은 불가능하다는 것을 잘 알고 있었다.

그리고 대형 부선거를 본토에서 건조 후 트루크 제도까지 이동시키는 시간까지 고려하면 기지의 전력화 예상시점은 M+720일까지 늘어났다. 1936년이 저물 때까지도 참모총장실에서는 B-2 기지(트루크 제도에 설치할 함대기지)의 전력화를 앞당기기 위해 기지건설에 필요한 물자를 사전에 준비하라고 관련부서에 지속적으로 요구하고 있었다. 그러나 1939년 3월, 대일전쟁은 장기전이 될 것이라 간주한 당시 해군지휘부는 관련 부서에 트루크제도 기지건설물자는 동원령 선포일(M일) 이후부터 준비해도 된다고 지침을 내리게 된다.[45]

왕도계획 상의 대일전쟁 작전기간은 이전에 작성된 다른 계획들의 그것보다 크게 확장되었는데, 이번에도 역시 급진론자들은 작전기간이 길어질 경우 미일전쟁은 지루한 장기전이 될 것이라고 우려하였다. 그러나 왕도계획이 작성될 즈음에는 당시 급진론자들의 직행티켓개념은 이미 해군 내에서 완전히 설자리를 잃은 상태였다. 그리고 1941년 미국이 극동의 연합군기지를 사용할 수 있게 되어 전진기지를 확보할 필요가 없이 서태평양으로 곧바로 진격할 수 있는 상황이 조성되었을 때에도 주목을 받지 못하였다. 1941년 미국은 점진전략을 적용할 경우 미일전쟁이 장기화된다는 것을 이미 인지하고 있는 상태였지만 태평양전쟁이 발발하자 점진전략을 그대로 추진하게 된다.

19. 미국의 계획수립 방식 : 방어론자의 저항

1937년 중반부터 머지않아 세계대전이 발발할 것이라는 불길한 예측이 미국 군부의 계획담당자들 사이에서 퍼지기 시작하였다. 이미 군축조약 탈퇴를 선언한 일본은 1936년 11월 추축국(樞軸國) 독일 및 이탈리아와 합세하여 3국 방공협정(Anti-Comintern Treaty)을 체결하였다. 또한 일본은 1937년 7월 7일, 중일전쟁을 일으켜 중국대륙을 본격적으로 침략하기 시작하여 곧 중국의 동북지방과 주요 해안도시를 석권하였다.

루즈벨트 대통령은 "일본을 응징하기 위해 '국제적인 재제조치'를 취해야 한다"고 주장하였으나 미국 여론의 반응은 부정적이었다. 한편, 일본군 항공기가 중국 양자강에서 활동 중이던 미 해군 포함인 파나이함(*USS Panay*)을 격침시키는 사건이 발생하자, 루즈벨트 대통령은 해군 전쟁계획부장을 비밀리에 영국으로 파견, 영국해군의 계획수립부서와 일본의 해운통상을 차단할 수 있는 방안을 논의하게 하였다. 그러나 이러한 노력에도 불구하고 일본의 침략행위를 현실적으로 저지할 수 있는 아무런 방안도 도출되지 못했다.[1] 그나마 연방의회가 대규모 해군력 확장계획을 승인한 것이 일본을 견제할 수 있는 좀 더 실제적인 방안이었다.

한편 독일이 오스트리아를 합병하고, 1938년 뮌헨협정(Munich Pact)으로 체코슬로바키아까지 합병함에 따라 유럽대륙에서도 전운이 점차 고조되고 있었다. 이후 독일의 히틀러(Adolf Hitler)가 소련(Soviet Union)과 상호불가침조약을 체결한 이후 1939년 9월 1일, 폴란드를 전격 침공함에 따라 제2차 세계대전이 시작되었다.

유럽대륙에서 전쟁이 발발하기 직전, 미군 계획수립부서의 수장들은 보수적인 인사들로 채워져 있었는데, 그들은 미일전쟁이 발발할 경우 미국이 태평양에서 조기공세를 실행할 수 있을

지에 대해 의문을 제기하는 점진론자이거나 추축국이 미국의 핵심이익을 침해하지 않은 이상 전쟁에 말려들어갈 필요가 없다는 극단적인 방어주의자들이었다. 이들은 모두 미국이 준비를 완료하지 못한 상태에서 전쟁에 말려들기를 원치 않았을 뿐 아니라 오렌지계획의 물불을 가리지 않는 공세성 또한 바람직하지 않다고 생각하고 있었다.

그러나 이러한 방어론자들의 주장에 반대한 해군의 중견장교(대부분 참모부서직위 근무자)들은 적절한 타협과 변화된 상황에 적용할 수 있는 혁신적 구상을 통해 오렌지계획의 기본원칙을 지켜내려고 노력하였다. 한편 1940년 7월, 독일이 프랑스를 함락시키고 영국까지 위협하면서 대서양의 위기가 고조됨에 따라 태평양에 모든 노력을 집중한다는 미국의 대전략은 점차 설득력을 잃게 되었고, 미 해군지휘부는 미국의 전략적 우선순위를 대서양에 두는 것으로 방향을 전환하게 되었다. 그리고 이러한 분위기를 반영하여 1940년 말, 미 해군지휘부는 오렌지계획을 미국의 공식 전쟁계획에서 삭제한다는 결정을 내리게 되었다. 그러나 이러한 공식적인 조치에도 불구하고 1941년 내내 해군 내 중견장교들이 주축이 된 급진론자들은 일본과 전쟁이 발발할 경우 신속하게 태평양 공세를 개시해야 한다고 주장하면서 꺼져가는 급진론의 불씨를 다시 살리려는 마지막 노력을 펼치게 된다.

미국이 세계대전에 참가할 가능성이 점차 커짐에 따라 미국의 계획수립부서들은 점차 미 본토의 방어에 초점을 맞추기 시작하였다. 이에 따라 -미국과 일본 양국만의 전쟁으로 해양을 주전장으로 하여 신속한 반격을 통해 무조건적인 승리를 달성한다는- 오렌지계획의 핵심가정들도 그 입지가 흔들리게 되었다. 대일전쟁 시 공세주의에서의 방어주의로의 후퇴는 당시 육군 계획수립부서 수장이었던 앰빅 장군이 주도하고 있었다.

일찍이 맥아더 장군이 "왕도계획"을 승인한지 6개월 후인 1935년 12월, 앰빅 장군은 이미 백악관까지 보고가 올라간 이 계획을 수정할 수 없는지를 해군에 타진한 적이 있었다.[2] 이러한 앰빅 장군의 항의에 대해 해군전쟁계획부는 대일전쟁 시 공세적 원칙을 포기할 수 없다고 맞섰다. 그리고 리히 참모총장이 루즈벨트 대통령에게 해군의 왕도계획은 현재 상황으로 미루어 볼 때 가장 가능성 높은 가상적국인 일본에 대응하기 위한 것이며 미일전쟁 발발 시 미군의 노력을 극대화할 수 있는 계획이라고 보고함에 따라 앰빅 장군의 항의는 무산되고 말았다.[3] 결국 그는 다음 기회를 노릴 수밖에 없었다.

1937년, 앰빅 장군은 베를린에서 공부하고 있는 사위 알버트 위드마이어(Albert C. Wedemeyer) 대위를 만나러 갔는데, 이때 베를린에서 몇몇 야심에 찬 독일군 장군들을 만날 기회가 있었다. 독일 장군들과 만남을 통해 그는 머지않아 세계의 민주진영에 위험이 닥칠 것이라 느끼게 되었고, 이때부터 오렌지계획에 완전히 등을 돌리게 된다.[4]

이후 그는 말린 크레이그(Malin Craig) 육군참모총장 재직 시기 육군참모차장을 맡게 되었는데, 그 영향력을 활용하여 육군본부와 육군전쟁계획부에 오렌지계획을 그대로 시행할 경우 국가적 재난을 초래할 것이라는 주장을 확산시키기 시작하였다.[5] 또한 루즈벨트 대통령에게 오렌지계획은 공세만 강조한 나머지 본토의 안전을 최우선 시해야 한다는 미국의 기본 안보정책과 배치되며, 이것은 결국 고립주의라는 '미국의 전통'에 위배되는 것이라고 말하기도 하였다.[6]

오렌지계획에 대한 앰빅 장군의 이러한 비판을 계기로 하여 1937년 11월부터 기존의 합동오렌지계획을 개정하기 위한 육·해군 간의 협의가 시작되었고, 1938년 2월 합동기본오렌지계획의 개정이 완료될 때까지 육·해군은 격렬한 논쟁을 계속하였다. 당시 육·해군 고위 지도부는 각군의 계획수립참모단 간의 협의를 통하여 새로운 합동오렌지계획을 만들어 낼 수 있을 것이라 기대하고 있었다.

이전 15년간 육·해군은 별다른 마찰 없이 원활한 상호협조 아래 전략 및 작전계획을 수립하여 왔기 때문에 당시 합동기획위원회의 위상은 매우 높은 편이었다. 이 기간 중에 합동기획위원회에는 산업동원분야 연구장교가 추가로 배치되었으며, 육·해군에 공통으로 적용되는 전쟁계획을 발전시키기 위한 목적으로 "육·해군 합동연구반"이 승인되어 운영되기도 하였다.[7] 그러나 1937년 즈음이 되면서 육·해군 간 의견대립은 계획수립부서 간의 협의 정도로는 해결할 수 없는 상태까지 심화된 상태였다. 육군은 미일전쟁이 발발하면 육·해군은 모두 방어태세를 유지해야 한다고 주장하였다.

반면 해군은 대서양 서부나 남아메리카에 웅크리고 있는 파시스트세력을 먼저 제거해야 하는 상황을 제외하고는 개전과 동시에 태평양에서 즉각적인 공세를 실시해야 한다고 강력하게 주장하였다. 또한 만성적인 지상군전력의 열세를 고려하지 않을 수 없었던 육군은 개정될 합동오렌지계획에는 미국 여론이 지지할 것이 확실한 서반구의 방어 -특히 아메리카 대륙의 방어-분야만 포함되면 된다고 주장하였다.[8] 해군은 이번에도 역시 태평양공세를 포함시켜야 한다고 맞섰다. 결국 육·해군은 합의점을 찾지 못하였으며, 1938년 2월 개정된 합동기본오렌지전략계획은 매우 모호한 내용으로 채워지게 되었다. 해군은 1938년 합동기본오렌지전략계획에서 태평양 공세원칙이 사라지는 것을 막아낼 수 있었으나 육군이 태평양공세를 지원할 지상군전력 및 육군항공전력을 대폭 감축함에 따라 해양공세의 성공에 대한 전망은 불투명지고 말았다.

이후 육·해군이 추축국과 미국의 단독 전쟁, 추축국과 연합국과의 전쟁 등 세계대전 시 발생할 수 있는 5가지의 상황을 가정한 합동기본군사전략계획(이 계획은 색깔별로 익명이 지정된 여러 국가가 연관되어 있었기 때문에 레인보우계획(Rainbow War Plan)으로 명명되었다)을 수립하기로 합의함에 따라 합동기획위원회는 1939년 5월부터 이의 연구에 착수하였다. 이후 진주만기습이 발발할 때까지 18개월 동안 서반구 및 미 대륙 주변 해안방어를 위한 전략의 수립이 시급하다고 주장하는 육군을 달래기 위해 미국이 대서양과 태평양의 양쪽의 위기에 동맹국 없이 단독으로 대응한다는 레인보우계획-1(Rainbow Plan One)과 레인보우계획-4(Rainbow Plan Four)를 연구하였다. 그리고 대일공세작전계획에 대한 해군의 열망은 아시아에 식민지를 보유한 유럽 국가와 연합하여 일본과 전쟁을 벌인다는 레인보우계획-2(Rainbow Plan Two) 및 레인보우계획-3(Rainbow Plan Three) 초안의 작성과 해군 오렌지전략계획의 최신화를 통해 어느 정도 충족되었다(독일 격파를 미국의 최우선 전략목표로 한다는 레인보우계획-5는 1941년에 들어설 때까지 미군부에서 언급되지 않고 있었다).

이러한 레인보우계획들에는 육·해군 모두를 만족시킬 수 있는 내용이 어느 정도씩 포함되어 있었기 때문에 합동기획위원회에서는 다시 한 번 육·해군 간 원활한 협조의 분위기가 생겨나게 되었다. 그리고 1939년 7월 5일, 루즈벨트 대통령이 합동위원회는 각군성 장관을 거치지 말고 대통령에게 직접 보고하라고 지시함으로써 합동기획위원회의 모체인 합동위원회의 위상도 크게 강화되었다. 이에 따라 합동위원회는 육·해군 고위급 상호협조를 위한 협의체에서 대통령의 직접 보좌하는 군사자문기관으로 승격되었으며, 이후 전시 합동참모회의(Joint Chiefs of Staff)의 모체가 되었다.[9]

그러나 이러한 조직의 위상 강화에도 불구하고 합동위원회에 참여하는 육군 장군들과 해군 제독들 사이에서는 계획수립의 세부적 업무에는 관여치 않고 실무 중견장교들에게 일임하려는 이전의 경향이 지속되었다. 그들은 육 · 해군 간 논쟁의 여지가 적은 서반구 방어계획은 별다른 검토도 없이 덮어놓고 승인하였으며, 1941년 초 영국이 일본의 팽창에 대응하기 위해 미-영간 공동전선을 형성하자고 요청하기 전까지는 태평양의 대일전쟁계획의 수립에 관해서는 대략적 인 지침만 시달했을 뿐이었다.

그러나 서반구 및 북미대륙의 방어나 대서양 방어 관한 레인보우계획을 우선적으로 연구한 다는 상부의 결정도, 유럽에서의 전쟁발발도 태평양 공세를 핵심으로 하는 오렌지계획에 대한 해군의 열정을 꺾을 수는 없었다. 당시 해군전쟁계획부의 비밀기록을 살펴보면 1939년 10월, 참모총장실에서 어떤 전쟁계획보다도 오렌지계획이 우선시 된다는 명령을 전체 해군부대에 시 달한 것을 확인할 수 있다.[10]

세계대전의 위협에 대응하기 위하여 취약한 부분에 대한 수정이 이루어지긴 했지만 오렌지 계획은 다음해인 1940년에도 유일한 미국의 공식 대일전쟁계획으로서의 지위를 유지하였다. 그러나 계획의 수정이 군 지휘부의 지시에 따라 이루어진 1930년대 중반과는 달리, 1937년 중 반부터 1940년 말까지 진행된 오렌지계획의 수정작업은 오렌지계획은 그 유용성을 상실했다 고 판단한 군 지휘부와는 의견을 달리하는 중견장교들의 주도로 이루어졌다.

이 기간 동안 재직한 2명의 해군참모총장은 유사한 배경과 경력을 보유하고 있었다. 스탠들 리 제독의 후임으로 윌리엄 리히(William D. Leahy) 참모총장이 1937년 1월 취임하였고, 1939년 8월에는 해럴드 스타크(Harold R. Stark) 제독이 참모총장이 되었다.

리히 참모총장과 스타크 참모총장 모두 전형적인 수상함병과 장교였으며 건클럽(Gun Club) 의 대변자 격인 해군병기국장(Bureau of Ordnance)을 역임하였다. 또한 둘 다 친영파이기도 했다. 먼저 리히 제독의 정치적 감각은 가히 뛰어나다 할 수 있다. 그는 윌슨 행정부 시절부터 프랭 클린 루즈벨트 대통령과 개인적 친분을 쌓아 왔는데, 이 덕분에 제2차 세계대전 초반에는 루즈 벨트 대통령의 군사보좌관(personal chief of staff), 이후에는 합동참모회의 의장(chairman of Joint

Chiefs of Staff)으로 임명된다.

당시 리히 제독은 대전략을 이해하는 큰 안목을 가지고 있다는 평을 들었다. 스타크 제독 역시 루즈벨트 대통령의 친구이자 그의 열렬한 지지자였다. 스타크는 1918년 심스 제독이 지휘하던 유럽주둔해군 사령부의 계획수립부서에서 근무하기도 했다. 그리고 1923년에는 해군대학에 입학, 클래런스 윌리엄스의 지도하에 나중에 제독으로 진급하게 되는 니미츠(Nimitz), 하트(Hart) 및 혼(Horne) 등과 함께 공부하기도 했는데, 당시 학업성적이 매우 뛰어났다. 이 두 명의 참모총장은 취임 초기에는 오렌지계획에 호의적이었으나, 세계정세가 점점 악화됨에 따라 신중한 입장을 보이기 시작하였다.

1937년에서 1938년까지 리히 참모총장은 육군에 대항하여 태평양공세개념을 지키려는 해군의 중견장교들을 지지하였으나, 임기 말에는 정치적 고려에 따라 태평양공세에 필수적인 도서에 기지를 건설하는 것을 적극적으로 후원하지 않고 방치하기도 하였다. 직관력이 뛰어났으며 정직하고 겸손한 성격이었던 스타크 참모총장은 1940년 나치독일의 전격전 성공에 큰 충격을 받은 나머지, 오렌지계획을 포기하고 태평양에서 미국의 즉각적인 반격을 제한하고 독일의 격파를 최우선으로 한다는 레인보우계획-5(Rainbow Five)를 지지하는 방향으로 태도를 전환하였다. 그는 해군은 대서양 우선정책을 취해야 한다고 확신하고 이를 관철시키기 위해 정치가들과 계획담당자들을 설득하였으나 태평양전략에 관해서는 명확한 지침을 내리지 못하였으며, 결국 강경한 중견장교들의 의견에 휘둘리는 결과를 초래하고 말았다.[11]

한편 1930년대 후반 세계대전의 위기가 점점 고조되는 시기에 재직했던 해군전쟁계획부의 수장들은 그 막중한 책임을 다하지 못했다고 할 수 있다. 〈표 19.1〉과 같이 리히 참모총장은 이전의 윌리엄스, 쇼필드, 브라이언트 등과 같이 사관학교 졸업서열이 높은 소위 유능한 장교들을 전쟁계획부장으로 임명하였다.

〈표 19.1〉 계획수립 관계자 해군사관학교 졸업서열, 1919년~1941년

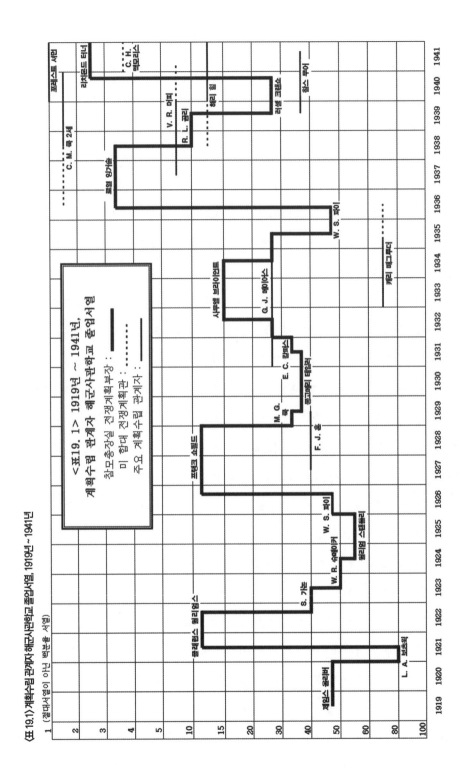

1 (졸업서열이 아닌 백분율 서열)

<표19. 1> 1919년 ~ 1941년,
계획수립 관계자 해군사관학교 졸업서열

참모총장실 전쟁계획부장 :
미 함대 전쟁계획참모 : ‥‥‥‥‥
주요 계획수립 관계자 :

그의 임기 중 첫 번째로 전쟁기획부장이 된 로열 잉거솔(Royal E. Ingersoll) 대령은 매우 점잖은 성격으로 다양한 해상근무경험을 가지고 있었으며, 정보 및 외교 분야에서도 근무한 경력이 있었다. 또한 그는 1910년 해군대학 전략학술세미나에 참석하기도 하였으며, 이후 해군대학의 전쟁연습 및 전술교관으로 근무하는 등 군 경력 초기부터 오렌지계획에 대해 잘 알고 있었다.[12]

리히 참모총장의 임기 마지막 해에는 로버트 곰리(Robert L. Gormley) 소장이 전쟁계획부를 이끌었다. 그는 개성이 아주 뚜렷한 사람은 아니었지만 참모업무 수행 시에는 총명하고 성실하다는 평을 들었으며, 특히 해양작전 계획수립분야에서는 해군에서 가장 적임자라는 평가를 받았다.[13] 그러나 이렇게 능력이 뛰어난 전쟁계획부장들도 태평양 공세라는 해군의 오랜 전통을 지켜내려는 해군 내 중견장교들의 끈질긴 노력을 당해낼 수 없었다.

잉거솔 대령은 초급장교 시절부터 오렌지계획에 관여한 사람이었으나 전쟁계획부장 재임 시절에는 오렌지계획의 발전을 위한 아무런 노력을 취하지 않았다. 그리고 곰리 제독의 경우 오렌지계획을 폐기해야 한다는 육군의 주장에 대항하기 위해 열심히 노력하였으나 리히 참모총장이 태평양 공세개념은 너무 위험부담이 크다는 이유로 지지를 거부하고 주요부서원들이 레인보우계획을 작성하는데 투입됨에 따라 그의 노력은 무위로 돌아가고 말았다(1938년 개정된 합동기본오렌지전략계획이 승인됨에 따라 곰리 부장은 해군의 지원계획인 해군 오렌지전략계획, WPL-13의 개정에 착수하였다. 이 과정에서 곰리 부장은 기존계획의 내용을 중부태평양 기지건설을 촉진하기 위해 효율적인 군수지원을 제공하고 군수지원부대의 생존성 보장에 우선순위를 둔다는 내용으로 개정하였지만 서태평양 공세보다는 본토방어를 최우선으로 한다는 합동기본군사전략을 바꿀 수는 없었다)[14].

사실 잉거솔 대령과 곰리 소장이 전쟁계획부를 이끌던 시기에 전쟁계획부가 오렌지계획의 발전에 별다른 역할을 하지 못한 것은 이 두 사람의 능력이 부족한 탓은 아니었다. 이후 제2차 세계대전 시 잉거솔은 대서양함대 사령관을 거쳐 해군참모차장까지, 곰리는 남태평양해역(South Pacific Area) 사령관까지 오르게 된다. 이들이 재직하던 시절의 국내외 정황을 찬찬히 살펴볼 때, 이 시기 대일전쟁계획의 발전이 정체되었던 이유는 부서장의 능력이 부족했기 때문이라기보다는 세계대전의 위협이 증가되는 급박한 국제정세 하에서 해군지휘부의 적극적인 후원 결여와 대일전쟁계획에 대한 육군의 미온적 태도 때문이었다는 것이 좀 더 타당한 분석일 것이다.

1939년, 스타크 참모총장은 고참이라는 것을 빼고는 별다른 납득할만한 이유 없이 러셀 크랜쇼우(Ressell S. Crenshaw) 대령을 전쟁계획부장 및 해군레인보우계획반(Rainbows Section) 책임자로 임명하였다. 이렇게 중요한 시기에 크랜쇼우를 전쟁계획부장으로 임명한 것은 적절치 않은 선택이었다. 그는 해군대학에서 공부하기 전까지는 통신, 기뢰분야와 같은 당시 미 해군에서 중요성을 인정받지 못하던 분야에서 주로 근무한 사람이었다. 그가 전쟁계획부를 이끌게 되면서 해군의 계획수립업무 추진은 활력을 잃게 되었다.

그의 재임시절, 전쟁계획부는 전투준비태세 검토보고서(comprehensive review of readiness)를 일반위원회에 제출하는 것을 중단하였으며, 전임 곰리 때부터 시작된 일본방어군을 격파하기 위한 도서별 상륙작전계획(WPL-35에서 WPL-41까지 일련번호 부여)의 연구 또한 흐지부지 되고 말았다. 예컨대 위임통치령 도서들에 대한 상륙작전계획은 1940년 10월이 되어서야 작성이 완료되었는데, 초안에서 거의 변경된 내용이 없었다.

크랜쇼우 부장은 원래부터 오렌지계획에 별다른 관심이 없었는데, 스타크 참모총장이 오렌지계획의 유용성에 대해 애매한 태도를 취하자 더욱 관심을 두지 않게 되었다. 크랜쇼우가 전쟁계획부장으로 재직한 15개월 동안 작성된 연구보고서 중 쓸 만한 내용이 담긴 것은 거의 없었다. 그는 자신을 전쟁계획부장으로 임명한 참모총장에게 업무성과로 인정받으려 하기보다는 참모총장과 개인적인 친분을 맺기 위해 더욱 노력한 것이 분명한 것 같다. 당시 스타크 참모총장은 전략문제를 논의하는데 전쟁계획부장을 활용하기보다는 함대사령관들과 개인적 서신을 교환하는 것을 더욱 선호하였던 것이다. 결국 크랜쇼우는 제독으로 진급하지 못했으며, 제2차 세계대전 기간 내내 육상부대의 행정직위를 전전하게 된다.[15]

이 시기, 함대사령관들도 함대작전계획의 발전에 그리 열의를 보이지 않았다. 기관병과 장교이긴 했으나 4성 제독까지 진급했으며 전략적 식견 또한 뛰어나다는 평을 들은 아서 헵번(Arthur J. Hepburn) 사령관은 예하에 유능한 계획수립참모를 두고 있었으나 그들을 본연의 임무인 계획수립보다는 다른 임무에 주로 활용하였다.[16] 이어서 1938년 초 미 함대사령관으로 취임한 클로드 블로크(Claud C. Bloch) 제독은 대구경 함포사격술의 권위자였으며, 해군대학에서 분석방법론을 공부한 경험도 있는 매우 날카롭고 명석한 두뇌의 소유자였다. 그의 재임 시절 참모총장실에서는 미 함대사령관에게 개정된 합동오렌지계획에 따라 함대 오렌지작전계획 O-1을 개정하라는 지침을 내리면서 방어위주의 계획인 레인보우계획-1 및 레인보우계획-4의 지원계획을 연구하는 임무는 면제시켜 주었다.[17]

블로크 사령관은 이 '어렵고 내키지 않는' 실제 함대작전문제의 연구를 위해 전담반을 소집하여 작업을 시작하였다.[18] 블로크 사령관은 전담반에서 작성한 함대 오렌지작전계획 O-1 개정판 초안은 매우 애매모호하고 모순되는 부분이 많다는 것을 알고 있었으나 이를 그대로 제출하였고, 이를 알아차린 리히 참모총장도 일부러 18개월 동안이나 함대에서 제출한 계획을 승인하지 않았다.[19] 그러나 블로크 사령관의 재임 기간 중 집중적으로 실시한 중부태평양의 도서기지 점령계획 및 기지건설계획은 실제 전쟁기간 중 태평양전략의 구상에 상당한 도움이 되기도 하였다.

1940년 1월 6일, 제임스 "조" 리처드슨(James O. "Joe" Richardson) 제독이 미 함대사령관으로 취임하면서 오렌지전쟁계획의 발전에 어두운 그림자가 드리우기 시작하였다. 강철 같은 의지의 소유자인 리처드슨 제독은 그 당시 해군 내에서 매우 존경받는 장교였으며, 증기기관의 권위자이자 예산획득 및 인사분야 행정전문가이기도 했다. 그리고 그는 리브스 제독 및 리히 제독이 미 함대사령관으로 재직할 당시 전투전력 사령관으로 이들을 보좌하기도 했다.

그는 근무경험이 풍부하였고 해군대학에서 수학한 경험도 있었기 때문에 전략가적 자질을 갖추고 있다고 자처하였고, 매일매일 계획수립업무를 관심 있게 지켜보겠다고 선언하였다. 리처드슨 사령관의 이러한 '립 서비스'는 오렌지계획에 최신무기체계의 발전내용을 반영하고 계획의 핵심과업을 재검토하는데 긍정적 영향을 미치기도 했지만, 실제로 그는 오렌지계획의 발전 역사상 누구보다도 오렌지계획을 혐오한 사람 중 한명이었다.

그는 오렌지계획에서 작전 목표 및 단계별시간계획을 세부적으로 규정하는 것을 매우 싫어하였으며, 세부사항을 비밀로 취급하는 것에도 반대하였다. 특히 그는 전쟁발발 즉시 미 함대가 즉각적인 반격작전을 개시한다는 내용에 격렬히 반대하였으며, 실제 전쟁을 수행할 수 있는 전력이 구성되고 전투준비태세를 완전히 갖출 수 있을 때까지 진격개시시점을 늦춰야 한다고 주장하였다. 그는 오렌지계획을 기초부터 재검토하는데 "적극적으로 협조하라"고 그의 참모단에게 훈시하였다.

리처드슨 제독이 미 함대사령관으로 취임한 직후, 그는 함대 오렌지작전계획을 개정하여 보고하라는 지시를 받았다. 그는 기존의 함대작전계획을 변경 없이 그대로 제출하게 되면 자신이 오렌지계획의 오류라고 지적한 문제들이 수정되지 않고 그대로 반영될 수도 있다고 우려하였다. 그래서 우선 기존 함대작전계획의 내용을 개략적으로 정리한 내용만 보고하게 된다. 리처드슨 사령관은 오렌지계획을 완전히 없애려 한다는 비난의 화살을 기꺼이 맞을 준비가 되어 있었던 것이다.[20]

이러한 오렌지계획에 대한 부정적인 태도 때문에 리처드슨 사령관은 곧 오렌지계획의 지지자들과 격렬한 논쟁에 빠져들게 되었다. 또한 그는 오렌지계획보다 더욱 급진적인 레인보우계획-2에도 반대하였다(제22장 참조). 이후 1940년 5월, 네덜란드와 프랑스가 독일에 함락되고 영국은 독일의 침략에 대비하는데 여념이 없는 틈을 타 일본이 동남아시아를 잠식하려 하자 이를 견제하기 위한 목적으로 루즈벨트 대통령이 미 함대의 모항을 진주만으로 변경하고 함대를 상시 주둔시키라고 지시함에 따라 리처드슨 사령관의 관심도 이 문제를 해결하는데 집중되었다. 리처드슨 사령관이 비좁은 진주만기지에 함대를 어떻게 수용할 것인가를 해결하기 위해 여념이 없는 사이, 참모총장실에서는 독일이 대서양을 횡단하여 아메리카 대륙을 공격할 경우에 대비한 대서양 긴급작전계획을 작성하는데 눈코 뜰 새 없이 바쁜 상태였다. 이렇게 1940년 여름 내내 오렌지계획의 위상은 매우 불안정한 상태였다.

리처드슨 사령관은 해군의 고위정책 결정에 그의 의견이 반영되지 않자 심기가 매우 불편해지기 시작했다. 그는 스타크 참모총장이 매우 경솔하게 행동하였을 뿐 아니라 다른 해군 고위인사들을 배신했다고 평가하였다. 또한 리처드슨 제독은 전후 "진주만으로 향하는 쳇바퀴 위에서(On the Treadmill to Pearl Harbor)"라는 제목의 자서전을 집필하였는데, 여기서 그는 미국을 태평양전쟁으로 끌어들인 사람은 바로 루즈벨트 대통령 자신이며 태평양전쟁 초기 해군의 대규모 손실을 초래한 직접적, 개인적인 책임은 모두 루즈벨트 대통령에게 있다고 주장하였다.

미 함대를 하와이에 영구 배치한다는 결정이 내려질 당시 리처드슨 사령관은 이러한 조치는 단지 일본에 외교적 압력을 가하기 위함이라고 인식하고 있었으며, 미 행정부가 정말로 일본과의 전쟁을 고하고 있지는 않다고 생각하고 있었다. 그러나 1940년 10월 루즈벨트 대통령과 회담 시 그는 대통령이 일본의 야욕을 꺾을 수 있다면 전쟁도 불사하겠다는 의도를 가지고 있는 것을 알게 되었다.

그의 생각에 미일전쟁 발발 시 미국이 현재의 태평양공세계획을 그대로 적용하는 것은 자살행위나 마찬가지였다. 태평양공세계획을 폐기하는 것이 자신의 '신성한 임무'라고 확신하게 된 리처드슨 사령관은 해군의 오렌지계획 및 전쟁계획수립업무 자체에 이제까지의 다른 어떤 비난과 비교가 되지 않는 통렬한 비판을 날리기 시작하였다. 그는 매우 부끄럽게도 오렌지계획은 연방의회에서 해군의 예산획득 및 해군력확장의 정당성을 확보하기 위한 잘못된 수단으로 전락하고 말았다고 주장하였다. 그는 해군의 제독들 중 오렌지계획을 진심으로 지지하는 사람은 하나도 없다고 생각하고 있었다. 또한 과중한 부가업무에 시달리는 참모 몇 명이 이전내용을 대충 짜깁기해서 작성한 소위 "함대의 지원계획"이라는 것도 '지원자체가 불가능한 가정'을 기초로 하여 작성한 터무니없는 개략계획에 불과다고 보았다.

리처드슨은 미 함대사령관이 된 이후로 줄곧 태평양공세는 비용대효과면에서 가치가 없다는 것을 루즈벨트 대통령이 깨닫게 해야 한다고 스타크 참모총장을 설득하였다. 그는 루즈벨트 대통령이 '너무 성급한 나머지' 미 해군의 실제 전력수준과 여론을 무시한 채 태평양공세를 감행할지도 모른다고 우려했던 것이다. 그가 생각하기에 태평양에서 미 · 일 간 대립을 해소하기 위한 가장 합리적인 방안은 일본과 외교적 협상을 통한 타협이었다.[21]

리처드슨의 이러한 주장을 들은 루즈벨트 대통령은 매우 불쾌하게 생각하였으며, 이 고집불통인 제독을 해임하기로 마음을 굳히게 되었다. 그러나 리처드슨의 이러한 주장은 의외로 참모총장실의 주목을 받게 되었다. 리처드슨 사령관이 오렌지계획을 비판한지 한 달이 채 지나지 않았을 때, 스타크 참모총장은 향후 미국이 세계대전에 참전할 시 가장 급선무는 대서양전구이며, 태평양전구는 이보다 우선순위가 낮다는 내용을 골자로 하는 내용이 담긴 국가전략 평가보고서 -일명 "플랜도그각서(Plan Dog Memoradum)"- 를 발표하게 된다.

일본이 중일전쟁을 개시한 1937년 여름부터 독일과 영국 간에 영국본토 항공전(Battle of Britain)이 치열하게 전개된 1940년 여름까지 미군 고위 지휘부 및 계획담당자들은 오렌지계획에 대해 암묵적인 지지부터 극단적인 혐오에 이르기까지 매우 다양한 반응을 보여주었다. 이들 중 오렌지계획을 그대로 유지해야 한다고 적극적으로 주장한 사람들을 누구였을까? 그들의 대부분은 바로 미 함대의 전략 및 계획관련부서에 소속된 소장파 장교들이었다.

1935년, 이전의 경험을 반영하여 미 함대사령부에 함대전쟁계획관(fleet war plans officer) 직위가 신설되었다. 참모총장실에서는 곧 리브스 미 함대사령관 밑에 전쟁계획 및 군수분야 전문가이자 왕도계획(Royal Road)을 실제로 작성하기도 했던 캐리 매그루더(Cary W. Magruder) 중령을 보직시켜 주었다. 그러나 매그루더 중령을 함대전쟁계획관으로 임명한 것은 적절치 못한 선택이었다. 그는 이전에 전쟁계획부에서 근무할 때와는 달리 함대 재직기간 중 아무런 성과도 내놓지 못했으며, 이후 제2차 세계대전 시에는 교육관련 부대에서 대부분의 시간을 보냈다.[22]

1930년대 중반 미 함대에서 작성한 탁월한 작전계획은 대부분 함대기지부대(Base), 전투함대(Battle) 및 함대해병대(Marine Forces) 등에서 근무하는 참모장교들이 작성한 것이었는데, 여기에는 1935년 미 함대 참모장이었던 브라이언트 제독의 지도가 큰 영향을 미쳤을 것이다[23](브라이언트는 결핵으로 1938년 사망하였는데, 미 해군에게는 탁월한 전략가를 잃은 크나큰 손실이었다). 그러나 1935년 후반 제임스 리처드슨(James O. Richardson) 제독이 브라이언트의 후임으로 미 함대 참모장으로 부임하게 되면서 미 함대의 계획수립업무는 다시 정체기를 맞게 된다.[24]

1936년, 헵번 미 함대사령관은 급진론을 지지하는 찰스 쿡 2세(Charles M. Cooke Jr.) 중령을 함대전쟁계획관으로 임명하였다(당시 해군의 인사업무를 총괄하는 항해국장이던 리처드슨 제독은 쿡의 임명을 막으려고 시도하기도 하였다). 쿡은 잠수함병과장교로, 해군대학에서 수학하였으며 "꾀돌이(Savvy)"란 별명을 가진 매우 명석한 두뇌의 소유자였다. 그러나 헵번 사령관은 공식적인 함대작전계획의 수립은 탐탁치 않게 생각하였기 때문에 쿡에게는 비교적 협소한 전술관련 분야만 연구하게 하였다.

1938년 블로크 제독이 미 함대사령관으로 취임한 이후에야 쿡은 자신의 능력을 발휘할 수 있게 되었고, 이때부터 해군공세작전계획의 최고 전문가라는 명성을 얻게 된다. 이후 10여 년 동안 쿡은 여러 상급부대에서 근무하며 상당한 발언력을 가진 전략분야 보좌관으로 활약하게 되는데, 그는 항상 공세적인 작전을 펼쳐야 한다고 지휘관을 설득하였다.

쿡은 함대전쟁계획관 재직 초기에는 괌 해군기지건설을 다시 주장하는 등(제22장 참조) 구상이 아직 정제되지 않은 모습을 보였다. 그러나 이후에는 레인보우계획-2 및 레인보우계획-3을 구체화하는데 큰 역할을 하였으며, 제2차 세계대전 기간 중에는 킹 미 함대사령관의 계획분야 선임보좌관으로서 전시 전쟁계획수립에 핵심적 역할을 담당하였다. 킹 제독은 쿡을 "명쾌한 비전과 날카로운 분석력을 갖춘 장교이며, 전쟁의 승패를 결정하는 핵심원칙을 명확히 집어낼 줄 아는 통찰력을 가진 전략가이다"라고 평가하였다.[25]

1938년 쿡은 함대 항공담당장교인 포레스트 셔먼(Forrest P. Sherman) 소령과 긴밀하게 협조하여 함대작전계획을 수립하였다. 역시 뛰어난 두뇌의 소유자인 "곱슬머리(Fuzz)" 셔먼은 항모함재기 조종사 출신으로 고위급 제독의 전속부관으로 근무하기도 하였다. 그는 당시 42세의 소령이었지만 그의 탁월한 지적능력과 항공분야에 대한 해박한 지식 덕분에 자신의 계급을 뛰어넘는 영향력을 발휘하게 되었다.[26]

1938년 5월, 쿡의 후임으로 해리 힐(Harry W. Hill) 대령이 전쟁계획관으로 부임하였고, 함대사령관이 특별히 선발된 소장파 전략기획자들과 긴밀한 유대관계를 유지하는 현상은 더욱 강화되었다. 리처드슨 제독역시 미 함대사령관이 되자 이전과 마찬가지로 전쟁계획부에서 현실감각이 뛰어난 유능한 잠수함장교인 빈센트 머피(Vincent R. Murphy) 중령을 전쟁계획관으로 영입하였으나 머피 중령은 성질 급한 상관의 기에 눌려 능력을 제대로 발휘할 수가 없었다.[27] 이후 1941년, 당시 미 해군에서 가장 유능한 장교 중 한명이란 평가를 받던 찰스 맥모리스(Charles H. McMorris) 대령이 함대전쟁계획관으로 부임하였고, 태평양전쟁 발발 직전까지 그의 지도 아래 함대의 계획수립활동이 다시 활발하게 진행되었다.

1937년부터 1940년까지 함대전쟁계획관으로 근무한 이후 전쟁계획부로 영전한 사람들도 있었는데, 이들은 해군의 오렌지전쟁계획에도 큰 영향력을 발휘하게 되었다. 1938년 중반, 리히 참모총장은 대령으로 진급한 쿡을 전쟁계획부로 불러들였으며[28] 1940년, 스타크 참모총장도 마찬가지로 셔먼과 힐을 전쟁계획부에 배치하였다. 이들은 대서양과 태평양에서 동시에 위기발생 상황에 대비한 함대전력의 재배치 방안을 연구하기 위해 소환된 것이었지만[29] 이들이 마음속에 품고 있던 태평양에서 적극적인 공세를 펼쳐야 한다는 원칙은 해군의 계획수립과정에 녹아들게 되었다.

스타크 참모총장은 레인보우계획-2와 레인보우계획-3의 초안 작성 시 소극적인 크랜쇼우 부장 대신 쿡을 합동기획위원회에 참가하게 하였는데[30] 쿡은 물불을 가리지 않는 자세로 육군의 의견을 압도하여 리처드슨까지도 놀라게 만들었다. 그리고 비록 쿡보다는 강경하지 못했지만 힐과 셔먼도 태평양공세 원칙을 지키기 위해 노력하던 중견장교들 중 한명이었다. 참모총장실로 옮겨간 함대출신 전략기획자들로 인해 해군성은 분권화된 작전계획수립방식을 긍정적으로 인식하게 되었다.

태평양함대의 전쟁계획반은 제2차 세계대전 중 그 조직과 영향력이 크게 확대되었는데, 1943년부터는 워싱턴의 전쟁계획부를 능가하는 상황이 되었다. 태평양전쟁 시 태평양함대 작전계획의 작성을 책임진 수장들은 모두 전쟁 이전 함대전쟁계획분야 직위를 거친 인사들이었다. 예를 들어 쿡은 킹 미 함대사령관이 가장 신임하는 전략전문가가 되었고, 셔먼(Sherman)은 니미츠 태평양함대 사령관이 가장 아끼는 싱크탱크였다. 또한 맥모리스(Mcmorris)는 함대작전계획분야에서, 힐(Harry W. Hill)은 상륙작전계획분야에서 최고전문가가 되었고, 머피(Murphy)는 전시 고위급 군수정책을 총괄하는 업무를 담당하게 되었다.

1930년대 말에서 1940년대 초까지 미 해군 내에서 태평양공세에 반대하는 조류가 기승을 부릴 때, 태평양공세의 원칙의 유지하려 노력한 사람들 중에는 미 함대 소속이 아닌 장교들도 몇몇 있었다. "시비(SeaBee) -해군건설부대의 별칭- 의 왕벌"로 불리던 해군건설국장 벤 모렐(Ben Moreell) 소장은 전시 태평양 전진기지의 건설완료시점을 앞당기기 위하여 노력하였다. 또한 태평양 공세의 지지자였던 그린슬래드(J. W. Greenslade) 소장은 「우리는 준비 되었는가?(Are We Ready?)」라는 제목의 보고서에서 사전 전투준비태세의 확립의 중요성을 강조하였다. 그리고 해군항공병과의 대변인 격이었던 킹 제독은 일반위원회의 위원이라는 직위를 활용하여 태평양공세는 해군항공력이 주축이 되어야 한다는 자신의 주장을 관철시키려 노력하였고, 태평양전쟁 중에는 해군 최고위직이라는 점을 이용하여* 정치가 및 육군에게 동일한 주장을 계속하였다.

1937년 중반부터 1940년까지 미 해군의 오렌지계획수립과정은 매우 불안정한 상태였다. 육·해군의 고위 지휘부 및 계획수립 부서장들은 대서양의 위협에 먼저 대응한다는 명분 아래 태평양에서 강력한 반격을 가한다는 개념을 철회하였다. 그럼에도 불구하고 적지 않은 수의 해군의 중견참모장교들은 오렌지계획의 근본개념인 태평양에서 강력한 공세를 실시하여 일본에 완전한 승리를 거둔다는 원칙을 끝까지 버리지 않았다. 그리고 미 함대사령부의 계획담당자들은 정치적 압력과 육군의 반발에도 아랑곳하지 않고 탁월한 능력을 발휘하여 상급자들을 설득하였으며, 함대 오렌지작전계획에 공세의 원칙이 반영될 수 있게 하였다. 이들은 태평양전쟁 시 오렌지계획에 반영되어 있던 대전략을 실제로 구현하게 되는 세부적인 전시 함대작전계획을 작성하는 주역으로 활약하게 된다.

---

* 제2차 세계대전 당시 킹 제독은 해군참모총장 및 미 함대사령관을 겸직하여 해군 전체의 작전지휘 및 행정지휘를 통제하는 권한을 모두 쥐고 있었다.

20. 방어주의 대 오렌지계획

1937년 11월, 육군전쟁계획부에서 평가한 대로 당시 세계정세는 '예측할 수 없을 정도로 빠르게 변화'하고 있어서 미국의 국가이익을 위협하는 세계대전이 일어나지 않으리라고 누구도 장담할 수 없는 상황이었다.[1] 그러나 당시 미국이 보유하고 있던 유일한 대응방안은 세계대전이 발발할 경우 태평양을 횡단하는 대규모 공세를 개시하여 중간의 섬들을 점령한 다음 적의 방어선을 뚫고 일본 본토로 진격한다는 대일공세계획인 오렌지계획 밖에는 없었다.

그러나 당시 일본의 군사적 상승세를 고려했을 때 오렌지계획에 근거한 태평양공세는 장기화될 가능성이 있을 뿐만 아니라 '실패할 가능성도 높은' 방안이었다. 구체적으로 일부 육군 인사들은 미 해군 함대가 일본 해군에게 격파당할 수도 있다고 우려하고 있었다. 그리고 그들은 일본 함대를 격파할 수 있는 강력한 함대를 건설하려면 미국의 전시 산업생산능력의 75% 이상을 해군력 건설에만 투입해야 할 것인데, 이렇게 미국의 산업능력 대부분을 함대건설에만 동원하게 된다면 아시아로 파견할 육군의 장비보급이 차질을 빚을 수 있다고 주장하였다. 또한 해군이 주력이 되어 세계적 수준의 육군대국(즉 일본)을 무릎을 꿇게 한다는 구상은 전략의 기본원칙에 위배될 뿐만 아니라 역사적으로도 이제까지 그러한 전례가 없었다고 주장하였다. 육군의 관점에서 볼 때 오렌지계획은 '전략적 논거가 부족한 비현실적인' 계획이었다.[2]

육군은 급변하는 세계정세를 고려할 때 "그 성공 가능성은 고려치 않은 채 공세작전만 강조하는 융통성 없는 계획 따위는 폐기하는 것이 현명한 처사"라고 해군에 권고하였다.[3] 육군은 미국이 유연한 자세를 취하면서 만일의 사태에 대비한 전력을 축적할 필요는 있지만, 본토방어 및 급변사태대비계획의 수준을 넘어서는 전면전쟁을 위한 준비할 필요는 없다는 입장이었다.[4]

이러한 육군의 기조에 따라 앰빅 장군은 미국의 태평양정책의 변화를 꾀하기 위해 기존의 오렌지계획은 폐기하고 본토방어위주의 전략을 채택한다는 합동위원회 전략지침 초안을 작성하였다.[5] 그리고 그는 오렌지계획을 폐기하지 않는다면 해군이 공세전쟁계획을 수립하고 있다는 사실을 연방의회의 고립주의 정치가들에게 폭로할 것이라고 노골적으로 해군을 압박하기 시작하였다.[6]

오렌지계획을 폐기하려는 육군의 이러한 도전에 해군은 매우 난처한 입장에 처하게 되었다. 해군은 최초에는 육군의 의견에 따라 오렌지계획의 내용을 완전히 변경하는데 공감하였으나, 나중에는 이 계획을 그대로 유지하는 방향으로 선회하였다. 결국 합동기획위원회는 육군과 해군 양쪽 모두의 압력에 시달린 나머지, 쌍방 모두 받아들일 수 없는 모순적인 전쟁계획을 구상하게 되었다. 이러한 육 · 해군의 의견불일치에 분노한 합동위원회는 육 · 해군 간 대립을 해소하기 위해 육군의 앰빅 참모차장과 해군의 리처드슨 참모차장이 상호 협의하여 전쟁계획에서 풀어내야 할 육 · 해군 공통의 필수 과제를 선정할 것을 지시하였다.

그러나 이러한 상호협의과정은 거의 성과를 거두지 못했으며 육 · 해군 간 인식의 차이만 재차 극명하게 보여주는 계기가 되었을 뿐이었다.[7] 한편 당시 육군참모총장 크레이그(Craig) 장군은 육 · 해군 간 이러한 극단적 대립의 원인은 해군은 "본국에서 멀리 떨어진 해외를 주전장으로 간주하고 언제라도 전장에 투입할 수 있는 전투준비태세를 갖추는 것을 중시"하는 반면, 육군은 본토방어가 중요하기 때문에 "신속대응이 가능한 전투준비태세의 유지 여부는 그리 중요시하지 않는다."는 육군과 해군의 문화적 차이 때문이라는 것을 간파하기도 하였다.

먼저 육군에서는 태평양 방어를 위해 알래스카-오아후-파나마를 연결하는 전략적 방어권 내의 적절한 위치에 미군 전력을 배치하여 "방어태세"를 공고히 하는 계획을 작성하자고 주장하였다.[8] 육군은 전시 미군의 최우선 임무는 미 본토의 방어이고 그 다음 임무는 해외원정작전의 준비인데, 이러한 1, 2차 임무의 수행에 영향을 주지 않는 범위 내에서만 급변사태 대비작전이나 해군이 주도하는 해양공세작전에 전력을 제공하는 것이 가능하다고 인식하고 있었다. 결국 육군의 주장은 대일전쟁 시 태평양에서 일본의 공격을 "견제"할 수 있는 정도의 전력만 제공할 수 있다는 뜻이었다.

반면 해군은 지난 30여 년간 해군의 전시 최우선 과제를 태평양 공세작전으로 설정하고 이를 실행해 옮길 수 있는 전력건설을 위해 노력해 온 터였다. 해군은 이렇게 오랜 시간에 걸쳐 건설한 전력을 활용한다면 대일전 승리를 기본개념으로 하는 오렌지계획을 충실히 구현할 수 있을 것이라 기대하고 있었다. 그렇기 때문에 해군 계획담당자들은 해군의 행동의 자유를 보장해줄 수 있는 계획, 최소한 해군이 대일전쟁을 주도할 할 수 있는 방안이 포함된 "충실한" 계획이 필요하다고 주장하였다. 해군 전략기획자들은 태평양전쟁 시 육군의 주된 임무는 적 세력을 격파하기 위한 병력과 항공기를 해군에 지원해주는 것이라고 간주하고 있었다.[9]

이렇게 태평양전략에 관한 육군과 해군의 인식차가 상당했음에도 불구하고 크레이그 육군참모총장은 양측 간 타협점을 찾기 위해 계속 노력하였다. 그는 해군 측에서 오렌지계획 내의 태평양공세의 규모를 약간 축소하고 그 진격속도를 어느 정도 낮춰준다면 육군 측에서도 태평양공세개념을 적극적인 방어태세 유지의 연장선으로 간주하고 이를 수용할 수 있을 것이라 판단하였다.

그는 전시 미국의 핵심이익을 보호하는데 필요한 몇 가지 급변사태대비계획을 육·해군 공동으로 작성하자고 제안하였는데, 이 계획들은 현재 보유 중인 전력만을 활용하여 작전의 초기단계만 대략적으로 제시하는 개략계획의 성격이 컸다. 크레이그 장군은 이러한 개략계획의 경우, 육·해군 모두 조직의 핵심목표를 해치지 않으면서 공동연구를 진행할 수 있을 것이며, 일단 개략계획의 작성이 완료되면 전쟁이 임박할 시 한 가지 선택지로 활용할 수도 있을 것이라 생각하였다.

세부적으로 육군은 본토방어태세 확립을 위한 전략적 전력집결계획(Strategic Concentration Plan)을 작성하고, 동시에 해군은 미국의 태평양 삼각방어선(알래스카-하와이-파나마운하를 잇는 전략적 방어선) 외곽으로 진격하는 전략적 작전계획(Strategic Operation Plan)을 준비한다는 것이었다.[10]

크레이그 육군참모총장이 제시한 이러한 타협안에 대해 해군 역시 동의하였다. 이후 육·해군 간 합의를 반영하여 합동기획위원회는 합동기본오렌지전략계획을 수정하였고, 1938년 2월 말, 해리 우드링(Harry H. Woodring) 육군장관과 찰스 에디슨(Charles Edison) 해군장관이 이를 승인하였다. 새로운 합동기본오렌지전략계획이 유효화됨에 따라 1928년 승인된 합동기본오렌지전략계획(1935년 내용이 상당부분 개정되긴 했지만)은 자동적으로 그 효력을 상실하였다.[11]

합동기본오렌지전략계획의 개정 시 해군은 중부태평양으로 진격을 개시하는 시점을 늦출 수밖에 없었지만 전쟁계획에서 대일전에서 완전한 승리를 거두기 위한 태평양공세전략을 계속 유지할 수 있었다. 한편 육군은 해군의 중부태평양 진격개시 시점을 늦출 수 있었으며, 해군의 진격을 지원하기 위해 투입할 병력과 항공기의 규모도 감축시킬 수 있었다. 또한 육군은 발생가능성이 희박한 막연한 위협(즉, 추축국의 미 본토에 대한 직접 공격)만으로는 해군이 오렌지계획을 포기하게 만들 수 없다는 사실도 깨닫게 되었다. 육군이 다시 한 번 해군이 태평양공세를 포기하도록 강요하기 위해서는 대서양과 태평양에서 동시에 전쟁을 벌여야 한다는 위기의식이 현실화될 때까지 기다려야 하였다.

육군에 이러한 기회는 예상외로 빨리 찾아오게 되었다. 1938년 9월 말, 나치독일(Nazi Germany)과 체코슬로바키아(Czechoslovakia)의 주데텐란트(Sudetenland)를 합병하는 것을 묵인하는 뮌헨협정(Munich Agreement)이 체결되었다. 이러한 나치독일의 팽창에 위협을 느낀 합동위원회는 1938년 11월 합동기획위원회에 독일과 이탈리아가 먼로독트린을 무시하고 남미대륙을 침공하는 동시에 일본은 동남아시아에서 유럽 국가들의 영향력이 저하된 틈을 타서 필리핀에 독점적 영향력을 행사한다는 상황에 대비한 대응전략을 연구하라고 지시하였다.[12] 이러한 상황이 실제로 벌어질 경우 적대세력에 둘러싸인 미국은 서대서양, 동태평양 및 이를 연결해 주는 파나마 운하 등과 같이 자국안보유지에 필수적인 구역들을 단독으로 방어해야 하였다.[13]

이 대응전략계획에 어떠한 개념이 담겨야 하는가를 놓고 합동기획위원회에서는 또다시 육·해군 간 지루한 논쟁이 재개되었다. 합동기획위원회 해군반(Navy Section)에서는 전구를 대서양과 태평양을 구분하고 육·해군 합동전력을 최대한 신속하게 전개시키기 위한 전구별 대응계획을 수립하기를 원하고 있었다. 해군전쟁계획부의 쿡(Savvy Cooke) 대령은 전쟁발발 후 적의 세력은 점차 미국이 감당할 수 없는 수준으로 증대될 것이기 때문에 미국은 가능한 한 빠른 시간 내에 적을 격파할 수 있는 전략을 수립해야 한다고 설명하였다. 또한 전쟁기간을 최대 4년까지로 판단하고, 각 작전계획은 이 전체기간을 포괄하도록 작성해야 한다고 주장하였다.

반면에 육군반의 클라크(F. S. Clark) 대령은 최소한 전쟁초기 6개월까지는 육군전력의 신속한 동원 및 추가배치가 불가능하기 때문에 전쟁발발 시점의 현존전력 —대부분 해군전력— 만으로 초기 대응할 수 있는 방안을 전쟁계획에 포함해야 한다고 주장하였다.[14] 해군전쟁계획부에서는 해군주도의 공세작전을 강력하게 주장하긴 하였지만 결국은 육군과 타협이 필요하다는 것 또한 잘 인식하고 있었다.[15]

1939년 4월 21일, 합동기획위원회는 이러한 육·해군의 근본적인 시각차를 해결하지 못한 채 육군과 해군의 주장을 짜깁기한 연구결과를 보고하였는데, 이를 받아본 합동위원회에서는 이것을 "기념비적인 작품"이라고 극찬하였다. 그러나 사실 이 연구결과 보고서는 그 방대한 분량을 제외하면 그 이름값을 하지 못하는 계획이었다.

합동계획담당자들은 점차 일본보다는 나치독일의 팽창이 미국의 안보에 더욱 심각한 위협이 될 것이라 판단하기 시작했다. 그들은 예상되는 추축국의 위협양상을 연구하면서 추축국 해군이 북대서양을 건너 미 본토를 직접 공격한다, 독일공군(Luftwaffe)이 남미대륙 국가의 비행장을 활용하여 파나마 운하를 폭격한다는 등의 비현실적인 가정은 배제하였다. 하지만 이들이 집중적으로 연구한 분야는 이보다 더 비현실적인 한편의 드라마 같은 내용이었다. 당시 합동계획담당자들이 판단한 예상되는 추축국 위협의 구체적 양상은 다음과 같다.

먼저 독일과 이탈리아는 스페인과 포르투갈 및 그 식민지를 합병한 다음 서아프리카에 대규모 해군기지를 건설하여 이곳에 다수의 해군전력을 배치한다. 이후 추축국 함대는 대서양을 횡단, 브라질 해안에 50만 명의 육군을 상륙시키려 할 것이나 다행히도 미국은 이에 대비할 수 있는 시간이 충분할 것이다. 해군은 추축국의 원정함대를 해상에서 차단하여 격파한 다음 적의 해군기지를 공격할 것이다. 당시 곰리 전쟁계획부장은 미 해군 전투전력의 1/4만 투입해도 대서양에서 벌어질 이러한 임무를 달성하기에는 충분할 것이라 언급하였다.[16] 해군이 추축국 함대를 격멸하고 나면 육군항공단의 강력한 항공지원 아래 합동원정군은 단시간 내 남아메리카에 상륙한 추축국의 육군을 소탕할 수 있을 것이다.[17]

한편 태평양에서는 행동의 자유를 획득한 일본 해군이 미국이 대서양문제에 집중하는 틈을 타서 전쟁을 개시할 것이다. 일본은 먼저 필리핀을 점령한 다음 미국령 환초와 알류샨 열도를 공격하여 일본제국의 방어선을 공고히 하려 할 것이다. 이때 미국의 전함전력은 일본대비 3/4 수준으로 열세일 것이므로 이것만으로는 동태평양의 미국령 도서나 오하후 방어선을 방어할 수는 없으나 항공기 및 소형함정까지 총동원하여 방어한다면 알래스카나 하와이에 대한 일본의 공격은 막아낼 수 있을 것이다. 이후 대서양의 상황이 안정되는 즉시 미 해군은 육군의 지원 없이 단독으로 태평양에서 2단계 공세를 개시한다. 대서양에서 이동해온 함대는 태평양함대와 합류, 해병대 병력을 탑재한 후 중부태평양으로 진격한다. 이후 원정함대는 일본에 점령되지 않은 미국령 도서들을 구원하고, 육군이 아시아전구에 투입할 전력을 증강시키는 동안 단독으로 마셜 제도, 캐롤라인 제도 및 마리아나 제도까지 점령한다는 내용이었다.

이 계획을 수립하는 동안 육군계획담당자들은 나치독일의 남미대륙 공격이 지체될 경우에는 일본의 공격을 우려한 해군이 대서양의 방어를 포기하고 태평양에 전 해군전력을 집중시키려 하지는 않을까 노심초사하고 있었다. 반면 해군에서는 만에 하나 미 함대가 일본 함대에 패할 경우 미국은 태평양에서 완전히 철수해야 하기 때문에 태평양에 일본 해군보다 우세한 전력을 배치하는 것이 전략적으로 매우 중요하다고 인식하고 있었다.[18] 이 함대분할 문제는 이후에도 계속 논쟁거리가 되어서 1941년이 될 때까지도 해군 내부에서는 함대를 대서양 및 태평양으로 분할할 것이냐, 태평양에 전체전력을 집결시킨 후 곧바로 서태평양으로 진격하느냐의 문제를 놓고 논쟁이 계속되었다.

이번 계획수립과정에서도 쿡 대령은 육군의 대령들을 뛰어넘는 수완을 발휘하여 전쟁계획에 태평양 공세원칙을 관철시킴으로써 해군은 본질적으로 공세중심의 계획을 선호한다는 것을 증명해 주었다. 계획수립을 위해 선정한 모든 가정 사항을 검토한 결과, 육·해군이 합동으로 일본을 공격하는 것으로 최종결론이 내려진 것이다. 육군에서는 "태평양의 전략목표는 비용 대 효과 면에서 가치가 없다." "육군항공단의 중폭격기전력 대부분을 태평양구에 투입하는 것은 전력의 낭비이다." "동아시아에 있는 유럽식민지의 방어를 지원하기 위해서는 상당한 지상군전력이 소모될 것이다." 등의 다양한 이유를 들어 태평양공세에 반대하였으나 해군은 꿈쩍도 하지 않았다.[19] 히틀러가 이끄는 독일군의 공격은 미 해군의 태평양공세 시점을 늦출 수는 있겠지만 이의 실행을 완전히 가로막을 수는 없을 것이었다.

결국 육군이 주장하는 미 대륙 방어와 해군이 지지하는 태평양 공세 중 어떤 것이 더욱 중요한가에 대한 논쟁에 끝을 맺기 위해 육군은 백악관의 지침에 따라 결정하자고 주장하기 시작했다.[20] 그러자 쿡은 이번에는 본토 방어중심의 제한전쟁부터 동맹국과 연합하여 벌이는 전 세계 전쟁까지 다양한 위기에 대비한 각각의 전략계획들을 육·해군 공동으로 연구하자는 제안을 들고 나왔다. 그러나 그는 추축국이 미 대륙을 공격하기 위해서는 서반구의 보루인 영국을 먼저 제압해야 하기 때문에 육군의 주장대로 추축국이 미 본토에 급박한 위협을 가할 가능성은 매우 낮다는 주장 역시 빼놓지 않았다.

그는 발생확률이 거의 없는 영국과의 전쟁에 대비하기 위해 육군의 주도로 1930년대 초반 연구되었던 레드전쟁계획(War Plan Red)이 결국은 폐기된 것과 마찬가지로 가능성이 희박한 추축국의 남미대륙 공격을 가정한 육군의 연구 역시 '쓸모없는' 노력이 될 것이라 판단한 것이다. 쿡은 자신이 제안한 새로운 전략계획들은 실제상황 발생 시 곧바로 시행할 수 있는 '실질적인' 계획이 될 것이라 확신하였으며, 새로이 작성될 전략계획들에는 레인보우(Rainbow)라는 익명을 부여하자고 제안하였다.[21]

합동위원회는 이러한 쿡의 제안을 받아들였다. 1939년 5월 11일과 6월 30일에 개최된 주요 회의에서 합동위원회는 기존에 합동계획위원회에서 연구한 계획들을 참고하여 전쟁 참가국을 각각 달리 상정한 다섯 가지의 위기대비계획을 작성토록 지시하였다. 이 다섯 가지 계획 모두 추축국이 대서양을 공격함과 동시에 일본은 아시아의 유럽식민지를 침략하여 대서양과 태평양에서 동시에 위협이 발생한다는 가정은 동일하였다. 그러나 각각의 계획은 미국이 어느 한쪽에 전력을 집중할 것인지, 또는 양대양 위협에 동시 대응할 것인지, 그리고 미국 단독대응인지, 2~3개 동맹국과 연합하여 싸울 것인지, 또는 전면적인 연합전선을 형성하여 싸울 것이지 등의 서로 다른 조건을 상정한 후 이에 대한 각각의 대응 방안을 제시하였다. 쿡은 '실제적인' 계획이 되려면 공세작전개념을 반드시 포함해야 한다고 주장하였으나 육·해군지휘부는 이를 수용하지 않았다. 결국 합동위원회는 서반구 방어에 집중하는 순수한 방어위주의 계획인 레인보우계획-1에 가장 높은 우선순위를 부여하였다.

합동기획위원회는 불과 몇 주 만에 레인보우계획-1의 작성을 완료하였는데, 이는 대부분 쿡의 작품이었다.[22] 합동기획위원회는 레인보우계획-1에서 영국과 프랑스는 추축국에 굴복하거나 점령될 것이라 가정하였다. 이 계획이 시행되면 미국은 먼저 북미대륙을 연하는 해역 전체 및 남쪽으로는 브라질 중부해역까지 해양통제활동을 강화하여 독일의 침공에 대비해야 하였다. 대서양에서 미국은 해군전력만으로 독일의 공격을 억제한다는 목표를 손쉽게 달성할 수 있을 것이나 태평양의 경우 오아후와 알래스카를 잇는 방어선을 지키기 위해서는 육군의 추가적인 지원이 필요할 것이라 예측되었다.

그러나 육·해군 전력을 사전에 태평양에 추가로 배치한다 하더라도 일본의 야욕을 억제하는 것은 불가능 할 것이며, 일본은 필연적으로 서태평양으로 세력 확장을 추구할 것이라 판단되었다. 쿡은 레인보우계획-1에 미 본토의 안전을 확보한 이후 적절한 시점에 최대한 신속하게 서태평양으로 미국의 통제권을 확장한다는 함축적인 문장을 삽입하여 전쟁계획에서 태평양공세 개념을 유지하려 하였다.[23]

합동위원회와 육군장관 및 해군장관은 유럽에서 제2차 세계대전이 발발하기 2주 전인 1939년 8월 중순 레인보우계획-1을 승인하였다. 2달 후 루즈벨트 대통령은 이 계획을 구두로 승인하게 되는데[24] 이로서 레인보우계획-1은 미국 역사상 최초로 대통령의 승인을 받은 전쟁계획이 되었다. 육군과 해군의 작전부대 및 지원부대는 이에 대한 세부지원계획 및 부록을 작성하여 제출하게 되어있었으나[25] 이해 겨울 미국 군부의 모든 관심이 독일과 프랑스의 "교착전(sitzkrieg)*"에 집중됨에 따라 지원계획의 작성은 거의 추진되지 못하였다. 해군의 경우 참모총장실에서 동해안의 각 해군구사령부에 기지방어계획을 준비하라고 지시한 것이 전부였다.[26]

1938년부터 1939년까지 계속되는 급변하는 세계정세에도 불구하고 해군은 오렌지계획의 유지에 계속해서 집착하고 있었다.[27] 1938년 2월 승인된 합동기본오렌지전략계획에서 육군은 태평양공세 지원병력을 제1함대기지(B-1)를 겨우 점령할 수 있을 수준으로 대폭 삭감하였는데, 이는 트루크 제도를 점령할 때까지 필요하다고 판단된 병력의 절반 밖에 안 되는 수치였다. 육

---

* 일명 앉은뱅이 전쟁. 독일의 벨기에 점령 이후 프랑스 공격을 위해 전열을 정비하던 시기. 이 기간 독일군과 프랑스군은 이렇다 할 전투를 치르지 않고 몇 달 동안 대치하였다.

군전쟁계획부의 대령들은 전쟁 초기 서태평양에 육군병력을 투입하는 것은 '아무 가치가 없는' 일이라 여기고 있었으며, 중부태평양 점령작전 초기 육군항공단의 지원항공기 대수도 600대에서 150대로 크게 축소하였다.[28] 매달 5만 명의 병력과 1,000여 대의 항공기를 증원해 주겠다는 육군의 이전 약속은 이미 사라진지 오래였다.

육군이 태평양공세 지원규모를 대폭 축소함에 따라 위임통치령으로 신속한 진격을 주장하는 해군의 인사들은 자연히 그 추진동력을 상실하게 되었다. 트루크 제도를 점령하게 되면 미국과 연합국 간의 해상교통로를 교란하는 '가장 큰 위협'을 없앨 수 있을 뿐 아니라 일본 본토로 곧바로 진격할 수 있는 발판을 마련할 수 있다는 해군의 주장에도 불구하고, 육군은 계획상 지원전력규모의 감축을 강행하였다.[29]

이러한 육군의 조치에 대해 곰리 전쟁계획부장은 성급하게도 함대해병대의 규모를 확장하여 해군단독으로라도 태평양공세를 실시하겠다고 발표해버렸다. 당시 해군전쟁계획부는 일본의 위임통치령 총 방어전력은 2개 사단 규모에 불과하며, 여러 섬에 흩어져 있으므로 해병대만으로도 충분히 쓸어버릴 수 있다고 자의적으로 판단하고 있었다.[30] 그러나 평정심을 되찾고 난 이후에는 해병대병력을 상한선까지 최대한으로 증원하고 중부태평양의 중간목표들을 점령하지 않고 건너뛴다고 해도 M+180일 이후에야 트루크 제도 상륙작전을 개시할 수 있다는 사실을 인정할 수밖에 없었다.[31]

한편 지상군전력보다 더 문제가 되는 것은 무엇보다도 항공전력의 부족이었다. 당시 미 해군이 보유한 육상항공전력은 100대에도 못 미치는 함대 비행정과 해병대 항공기가 전부였다. 더욱이 해병대 항공기는 항속거리가 트루크 제도까지 미치지 못했기 때문에 트루크 제도 상륙작전 시에는 항공모함의 함재기를 활용하거나 하와이에 전개된 육군항공단의 중폭격기를 지원받아야 했다(제1함대기지와 트루크 제도 모두 하와이에 전개된 육군 중폭격기의 작전반경 내에 있긴 하였지만 어느 곳을 지원하더라도 전체 전력을 모두 투입해야 하였다)[32].

개전 직후 태평양공세를 개시할 경우 어느 곳으로 먼저 진격해야 하는지도 논쟁거리였다. 미국이 곧바로 중부태평양공세를 시작할 경우 가장 먼저 탈환해야 할 목표는 바로 마셜 제도였다. 그래서 해군계획담당자들은 위임통치령 동부를 미국의 방위권내에 포함시키는 편법을 이용하여 마셜 제도 점령을 레인보우계획-1에 슬그머니 반영하려 하였다.

이전에 합동위원회는 "서반구"는 대서양과 태평양을 포함한다고 대략적으로 정의를 내린 바 있었다. 쿡은 이 서반구 영역의 정의가 명확치 않다는 점을 이용하여 대서양 방어권은 아조레스 제도와 그린란드를 잇는 서경 30도 선으로 정하였고, 합동위원회는 이를 승인하였다. 그는 이어서 태평양 방어권을 동경 150도 선까지 정하였는데, 여기에는 하와이, 알류샨 열도, 태평양의 미국령 군소 환초뿐 아니라 위임통치령 및 트루크 제도까지 포함되었다(쿡은 위임통치령 및 트루크 제도가 태평양방어권에 포함된다는 사실은 일부러 보고하지 않았다)[33].

이 내용을 보고받은 일반위원회는 태평양방어권에서 트루크 제도는 제외하였으나 웨이크를 포함시키는 것은 문제 삼지 않았다.[34] 웨이크는 마셜 제도와 동일한 경도 상에 위치하고 있기 때문에 미국의 방위권에 웨이크가 포함된 것은 마셜 제도를 미국의 방위권에 포함시켜야 한다는 해군 급진론자들의 의견을 받아들인 것이나 마찬가지였다.

마셜 제도를 먼저 점령해야 한다고 주장하는 인사들은 마셜 제도가 상대적으로 손쉽게 점령이 가능할 뿐만 아니라 미국이 이곳을 탈취하게 되면 일본은 위임통치령에서 철수할 수밖에 없을 것이라는 이유를 들었다. 그러나 2만 명밖에 안 되는 육군의 인색한 지원만으로는 캐롤라인 제도는 고사하고 마셜 제도 하나의 점령도 장담할 수 없었다.

당시 블로크 미 함대사령관은 환초 2개를 점령하려면 증강 편성된 육군 2개 여단이 필요하다고 판단하고 육군에서 이를 원정함대에 제공해줄 수 있는지 문의하였다. 그러나 육군계획담당자들은 해군의 요청대로 병력을 증강할 경우 자연히 병력의 탑재시간이 늘어나기 때문에, M+35일에 제 1함대기지 및 기타 환초에 대한 상륙작전을 개시하기는 어렵다고 답변하였다.

이후 홀콤(Holcomb) 해병대 사령관이 마셜 제도 상륙작전에 해병대 2만 명을 지원하겠다고 약속했지만 이것만으로는 마셜 제도 상륙시점을 앞당기긴 어려웠다. 현실적으로 볼 때 원정함대는 M+55일 이후에야 제1함대기지를 확보하기 위한 작전을 개시할 수 있을 것이었다. 이러한 이유로 인하여 블로크 사령관은 해군항공부서 및 육군항공단에 워체 점령에 소요되는 시간을 고려하여 M+65일 이후부터 워체 비행장에 항공기를 전개시켜 달라고 요구하였고, 이 때 근접항공지원 항공기보다는 요격기 및 초계용 비행정 등을 먼저 배치해 달라고 요청하였다. 그러나 상륙작전 시 상륙군에 어떻게 근접항공지원을 제공할 것인가 문제는 여전히 해결되지 못한 채로 남아있었다.[35]

전쟁계획부와 미 함대에서 이러한 세부적인 문제들을 고민하는데 시간을 보내버린 바람에 마셜 제도 공격계획은 완성을 보지 못했고, 1940년 1월 리처드슨 제독이 미 함대사령관으로 부임하게 되었다. 리처드슨 사령관은 현재 미 함대의 형편없는 전투준비태세를 폭로함으로써 전쟁발발 즉시 태평양공세를 펼쳐야 한다는 해군 일각의 급진론은 비현실적이라는 사실을 부각시키기로 결심하였다. 1940년 3월, 미 함대사령부에서 참모총장실에 함대 오렌지작전계획 O-1의 요약문을 제출하였는데, 이 문서는 지금은 사라지고 없다. 아마도 이 요약문은 제1함대 기지의 건설, 트루크 제도로 진격, 트루크 제도 상륙전 예비공격, 확보한 함대기지에 병력 증강 순으로 구성된 기존 함대작전계획의 내용을 그대로 따랐을 것이다. 단편적인 자료들을 종합해 볼 때, 이 문서는 신속성과 공세적 기질을 강조하는 오렌지계획의 전통을 그대로 따른 것으로 생각된다. 그러나 -이 문서를 워싱턴에 직접 들고 가 보고한- 힐 대령의 푸념대로 당시 미 함대 에는 대일작전계획을 시행하는데 필수적인 수송선과 상륙주정이 절대적으로 부족한 상태였으 며, 전진기지 건설을 위한 노하우도 축적되어 있지 않은 상태였기 때문에 이 계획은 말 그대로 문서상의 계획에 불과한 것이었다.[36]

1940년 4월, 독일해군이 노르웨이에서 영국해군을 물리침에 따라 미 해군의 태평양전략의 구상은 더욱 난감한 상황에 처하게 되었다. 1940년 5월 1일, 스타크 참모총장은 일반위원회 및 전쟁계획부의 주요 인사들과 향후 태평양전략을 토의하는 회의를 가졌는데, 그는 회의 전 이미 태평양전략에서 조기공세원칙을 포기하기로 마음을 굳힌 상태였다.

이 회의 석상에서 미 함대사령부에서 워싱턴의 참모총장실로 막 보직을 옮긴 포레스트 셔먼 은 스타크 참모총장의 의중을 파악하고 함대전력을 태평양 전략방어선 주변의 방어임무에만 운용하자고 제안하였다. 동시에 미 함대를 진주만에 상주시킨다면 이러한 방어임무의 수행에 매우 도움이 될 것이라 주장하였다(불과 며칠 후 루즈벨트 대통령은 태평양함대의 모항을 진주만으로 변경 한다는 명령을 내림으로써, 이 젊은 장교의 주장에 힘을 실어주었다).

미 함대가 진주만을 모항으로 할 경우 하와이와 미드웨이-존스턴 환초-팔미라 환초(Palmyra)* -캔턴(Canton)을 잇는 방어선 상의 외곽기지들을 곧바로 지원하는 것이 가능하였다. 한편 웨이크와 알류샨 열도의 방어 및 해상교통로 유지한다는 명목으로 함대작전구역을 좀 더 서쪽으로 확장하는 것은 함대가 적의 위협에 노출될 우려가 있기 때문에 바람직하지 못한 것으로 판단되었다.[37]

회의참석자들은 미일전쟁 발발 시 미 해군은 태평양 방어선 내부구역의 방어에 전념한다는 계획에 대부분 찬성하였다. 이 자리에서 크랜쇼우 전쟁계획부장은 미 함대의 앞잡이들이 만들어낸 위임통치령 공격구상은 과대망상에 불과하다고 폄하하였다. 그리고 해군정보국의 월터 앤더슨(Walter Anderson) 제독 또한 태평양 방어구역의 범위를 좀 더 축소할 필요가 있다는 의견을 내놓았다. 당시 회의에 참석했던 힐은 다음과 같이 회상한 바 있다. "당시 회의 참석자들은 최고의 전문성을 갖춘 소위 해군의 우수한 장교들이었는데, 모두들 오렌지계획은 비현실적이라는 입장을 취하고 있었다." 킹 제독, 쿡, -당시 리처드슨 제독의 통제에서 벗어나 워싱턴의 전쟁계획부로 이동한- 힐과 그린슬래이드(Greenslade) 제독 등을 포함한 일부 인사들만이 이에 반대하였다.

그리고 참석자들의 소극적 태도에 대단히 불쾌감을 느낀 킹 제독은 "무기력한 동료"들을 다음과 같이 질타하기도 하였다. "미 함대사령부에서 제출한 함대작전계획은 대단히 치밀하고 공세적인 방어계획이라 생각됩니다. 미 함대사령관이 자신의 참모들에게 솔직히 말한 것처럼, 일단 일본과 전쟁이 시작되면 적을 응징하라는 국민의 여론에 밀려 전투준비를 완료하지 못했다 하더라도 함대는 최단시간 내 하와이에서 출동할 수밖에 없을 것입니다." 진주만기습 후 킹 제독은 미 함대사령관이 되었는데, 그는 이때 태평양공세계획에 반대한 인사들은 한명도 예하부대 지휘관으로 임명하지 않았다.[38]

이 회의석상에서 최소한 임시로라도 미 해군의 대일전략에서 공세개념의 명맥이 유지되도록 한 사람은 어네스트 킹 제독이었으며, 스타크 참모총장은 아무런 언급도 하지 않았다. 결국 스타크 참모총장은 미 함대사령부에서 제출한 함대 오렌지작전계획 O-1 요약본은 아시아에서 유

---

* 하와이 남쪽에 위치한 라인 제도 의 섬 중 하나. 미국령 군소 제도 중 한 섬이다.

럽 국가와 연합전선을 형성하여 일본의 침략에 대항할 경우에는 유용할 것이라는 형식적인 의견을 제시하면서 이를 승인하였다. 당시 그는 해군의 본능적 욕구(즉, 태평양공세)의 추구와 미국의 유럽전쟁 참전 사이의 딜레마에서 결심을 내리지 못하고 있는 상태였다. 스타크 참모총장은 히틀러의 위협에 우선 대비해야 한다고 주장하다가도 태평양공세를 지지하였으며, 이후에 또다시 입장을 완전히 바꾸는 등 매우 우유부단한 해군의 "햄릿"과 같은 태도를 보여 주었다.

이후 1940년 6월, 독일이 순식간에 프랑스를 점령하게 되면서 미 군부 내에서는 서반구방어를 위한 계획이 다시금 우선순위를 차지하게 되었다. 이에 따라 해군전쟁계획부는 재빠르게 이전에 작성해 두었던 레인보우계획-1의 해군지원계획인 해군 레인보우전략계획 WPL-42을 그대로 꺼내들었다. 이 계획은 미 해군 전력의 대부분을 캐리비안해 및 브라질해역에 배치하고 태평양 방어에는 일부 전력만 남긴다는 내용이었다. 급진론자들에게는 이 계획에 태평양에서 미드웨이와 알류샨 열도, 그리고 방어력이 취약한 미국령 환초까지 초계활동을 강화한다는 셔먼의 구상이 반영되었다는 사실이 그나마 위안이 되었다. 그러나 이러한 정찰임무 조차도 대서양으로 전력의 전환배치로 인해 기존보다 전력이 급감될 태평양함대로서는 감당하기 어려운 임무였다.

한편 해군 레인보우전략계획 WPL-42의 수명은 4개월 밖에 지속되지 못하였다. 그러나 이계획은 이전까지 전시 임무가 구체적으로 명시된 적이 없던 각 육상 해군구 사령부의 군수지원임무를 최초로 명시하였는데, 이 내용들은 다른 전쟁계획에도 공통적으로 적용할 수 있는 내용이었다.[39] 육군은 레인보우계획-1의 지원계획을 작성하지 않았고 곧바로 레인보우계획-4의 지원계획을 작성하는데 노력을 집중하였다.[40]

1940년 여름은 해군에서 극단적인 방어주의가 최고조에 달하던 시기였다. 합동기획위원회는 루즈벨트 대통령에게 영국은 겨울까지 독일의 공격을 버텨내지 못할 것이라 보고하였다. 그리고 해군정보국에서는 영국이 독일에 점령될 경우에 대비하여 해군이 민간인 철수 지원을 준비해야 한다고 권고하였다.[41] 이에 따라 합동위원회는 독일의 직접공격에 대비한 서반구 방어계획을 수록한 레인보우계획-4를 작성하라고 지시하였고, 합동기획위원회에서는 독일이 영국 및 프랑스함대를 접수한 다음, 이를 활용하여 남아메리카 공격을 준비한다는 비관적인 시나리오에 대한 대비책을 급하게 작성하였다.

독일해군의 압력이 커진다는 가정 하에 합동기획위원회는 미국의 대서양 방어선을 남미대륙의 최남단 및 포르투갈령 아조레스 제도까지 확장해야 한다고 판단하였다. 이러한 판단에 따라 일반위원회에서는 모든 전함 및 비행정전력을 즉각 캐리비안해로 이동시켜야 한다고 주문하였다.[42] 또한 미 함대의 수상기부대 사령관은 2천여 대의 비행정을 동원, 서반구 및 미국의 외곽기지들을 지속적으로 정찰한다는 계획을 급하게 작성하였다. 그러나 리처드슨 사령관은 현재 미 함대가 보유한 비행정은 200여 대 밖에 안 되기 때문에 이는 터무니없는 계획이라는 입장이었다.[43]

한편 레인보우계획-4에 명시된 대로 대서양에 해군전력을 집중적으로 배치할 경우 태평양의 일본 해군에 엄청난 행동의 자유를 허용할 수 있었다. 이 때문에 해군전쟁계획부에서는 미드웨이와 알류샨 열도의 우날래스카(Unalaska)를 잇는 방어권 내에 배치된 함대전력과 상징적 의미로 영국령 및 프랑스령 폴리네시아 도서에 배치된 전력은 대서양으로 전환하는 것을 제한하였다.

이렇듯 대서양의 위협에 어떻게 대응할 것인가에 모든 관심이 집중된 상황에서 태평양 공세계획의 수립은 엄두도 내지 못할 일이었다. 합동기획위원회는 영국군이 덩케르크(Dunkirk)에서 철수하고 있던 1940년 5월 31일 레인보우계획-4를 보고하였으며, 합동위원회는 이를 재빨리 승인하였다. 그리고 1940년 8월에는 루즈벨트 대통령도 이를 승인하였다.[44] 그러나 한바탕 쏟아진 후에는 언제 그랬냐는 듯 쨍쨍한 햇살이 비치는 한여름의 소나기와 같이 미국 군부 내의 이러한 떠들썩한 소동은 이어서 발생한 일들로 인해 잠잠해지기 시작하였다. 독일이 프랑스를 점령하긴 하였지만 비시프랑스(Vichy France)의 수립으로 프랑스 해군이 중립화됨에 따라 독일은 프랑스 함대를 흡수할 수 없게 되었다. 그리고 미국은 대서양의 영국해군기지를 미 해군이 사용하는 대가로 영국에 구축함을 대여해 주어 영국해군이 북대서양에서 계속 독일을 틀어막을 수 있게 해주었다. 무엇보다도 영국이 처칠수상을 중심으로 본토항공전에서 독일에 끈질긴 저항을 계속함에 따라 루즈벨트 대통령은 영국이 독일에 항복하지 않을 것임을 점차 확신하게 되었다.

1940년 9월, 마침내 해군계획담당자들은 이전의 비현실적인 대서양방어계획을 폐기하게 된다. 쿡은 레인보우계획-4의 해군지원계획은 말 그대로 "전쟁발발 이전"의 계획일 뿐이라 자신 있게 선언하고, 세부적인 부록내용의 작성을 중단하였다. 그러나 육군은 레인보우계획-4의 육군지원계획을 작성하는 작업을 켈리 터너(Kelly Turner) 대령이 해군전쟁계획부장으로 부임하는 10월까지 계속하고 있었다. 신임 터너부장은 이제까지 작성된 모든 서반구 방어계획은 대단히 비현실적이라고 주장하며 남미대륙에 파견할 원정군 탑재계획과 같은 세부계획수립활동을 모두 중단시켰다.

이에 따라 육군도 비로소 레인보우계획-4의 연구를 중단하게 되었다.[45] 미 본토 방어를 중심으로 한 레인보우계획-1과 레인보우계획-4는 결국 1941년 중반 모두 폐기되었다. 이 계획들은 공세적 기질의 강조라는 미국의 군사적 전통, 특히 미국 본토가 공격받기 전에 바다 건너 적국의 해안에서 적을 사전에 격파해야 한다는 해군의 전통적인 신조와 부합되지 않았던 것이다.

1940년 가을부터 미 군부가 극단적 방어주의에서 벗어남에 따라 육·해군 계획담당자들은 태평양공세를 실시할 것인가 말 것인가, 실시한다면 구체적으로 어떻게 수행할 것인가에 대한 연구를 재개하였다. 그러나 이 무렵이면 미군 지휘부 내에서는 유럽전구에서 독일의 격퇴를 전시 미국의 최우선 목표로 하고 태평양공세는 그 다음 우선순위로 한다는 대전략이 형성되고 있는 단계였다. 그럼에도 불구하고 끈질긴 급진론자들은 태평양의 공세작전계획을 만들어내기 위한 노력을 멈추지 않고 있었다.

21. 북방으로 공세의 전환

1930년대 작성된 오렌지계획의 가장 큰 취약점은 대형 항공기를 중부태평양에 전개시킬 수 있는 구체적 방안을 포함하고 있지 못하다는 것이었다. 미국이 마셜 제도를 공격할 경우, 일본은 그물망같이 짜인 주변 전진기지를 통하여 항공지원을 받을 수 있는 반면, 미국은 하와이에서 대형항공기를 분해 후 수송선에 적재한 다음 마셜 제도까지 2,000마일을 수송해야 했다. 당시 계획담당자들은 항공기시대 전쟁에서 승리하기 위해서는 함대 방공지원, 상륙작전 시 근접항공지원 및 적 항공기 요격지원 등의 임무를 수행할 육상항공기를 운용할 수 있는 기지가 절실하다는 것을 인식하게 되었다. 그들은 미드웨이, 존스턴 및 웨이크 등과 같은 미국령 환초를 육상항공기기지로 이용할 수 있을 것으로 예상하였다. 실제로 웨이크는 상당히 서쪽에 위치하고 있어 트루크 제도로 곧바로 진격하기 위한 발판인 마셜 제도 북서부 공격 시 이를 곧바로 지원하는 것이 가능하였다.

이러한 판단을 근거로 급진론자들은 중부태평양 진격로를 워체섬을 통과하는 선에서 그보다 북방인 미드웨이-웨이크-에니웨톡을 통과하는 선으로 변경한다면 오렌지계획의 근본개념인 속도와 과감성에 부합하는 공격방안이 될 것이라 여기게 되었다. 중부태평양 진격경로를 기존 경로보다 북방으로 변경하자는 급진론자들의 이러한 구상은 태평양전쟁 발발 직전 2년 동안 해군이 대일공세전략을 유지하는데 많은 기여를 하였다.

제1함대기지를 워체에서 에니웨톡으로 500마일 가량 이동시키는 것은 사소한 변경같이 보일 수 있지만, 이 결정은 오렌지계획에 10여 년 전 원정함대의 목표를 마닐라에서 민다나오로 변경한 것과 같은 대규모 변화를 초래하게 되었다. 우선 에니웨톡은 워체보다 일본 쪽에 가까웠기 때문에 이를 기반으로 한다면 트루크 제도, 나아가 마리아나 제도까지 위협할 수 있었다.

또한 해군 내 급진론자들은 1941년 초부터는 일본 함대가 북태평양을 통과하여 미국을 위협할 가능성도 있다고 보기 시작하였다. 그러나 점진론자들은 마셜 제도 서북부를 공략하는 전쟁 초기작전 문제를 해결하는데 집중하고 있었기 때문에 급진론자의 주장을 반박할 의견을 내놓지 못하고 있었다. 이후 연합국이 소유하고 있는 남태평양 섬들을 함대기지로 활용할 수 있다는 사실이 밝혀지고 나서야 1941년 5월 남태평양으로 진격한다는 방안을 내놓게 되었다. 점진론자들이 내놓은 남태평양 진격전략은 제2차 세계대전 중 맥아더 장군이 주장한 남서태평양 진격로와 비슷하였는데, 전쟁이 시작되기 전까지는 미군 지휘부의 관심을 끌지 못하였다.

태평양전쟁 중인 1944년 실시된 미 해군의 실제 위임통치령 점령과정은 전쟁 전에 작성된 계획과 동일하게 이루어진 것은 아니었지만, 1939년에서 1941년까지 중부태평양 작전계획을 구체적으로 연구하지 않았다면 전시 이곳을 성공적으로 점령하는 것은 불가능하였을 것이다. 급진론자들로 인해 전쟁발발 직전 2년 동안 미 해군은 중부태평양 작전계획 연구에 더욱 박차를 가하게 되었다. 실제 태평양전쟁 시 맥아더장군이 남서태평양을 통한 진격을 주장하였을 때 해군은 이러한 이전의 연구결과를 근거로 하여 중부태평양 진격로를 계속 고수할 수 있었던 것이다.

미국이 에니웨톡을 점령하게 된다면 마셜 제도의 모든 일본의 기지를 고립시킬 수 있을 뿐 아니라 에니웨톡과 트루크 제도와는 불과 700마일 밖에 떨어져있지 않기 때문에 트루크 제도 공격 시 1,000마일이나 떨어진 워체보다 훨씬 손쉽게 항공전력을 투입할 수 있었다. 그리고 에니웨톡을 통제하게 된다면 적의 방어력이 강한 캐롤라인 제도 동부를 무력화시킬 수 있었으며, 1,000마일 가량 떨어진 마리아나 제도로 진격하는 발판으로 활용하는 것 또한 가능하였다.

미군이 마리아나 제도까지 점령한다면 원정함대는 서북쪽을 방향을 전환하여 일본의 내부방위권 내에 있는 대만, 오키나와 그리고 일본 본토로 신속하게 진격하는 것이 가능할 것이었다. 실제로 1943년 위임통치령을 완전히 돌파하기 위한 작전을 준비하던 니미츠 태평양해역군 사령관(CinC, Pacific Ocean Areas)은 "이러한 (북방) 진격경로를 택한다면, 전쟁에서 승리할 수 있다"

고 언급하기도 하였다.[1]

에니웨톡은 1907년 작성된 최초 오렌지계획에서는 함대의 비밀 상봉점으로 지정된 바 있었고, 1922년 오렌지계획에서는 "함대기지 예정지"라고 명시될 만큼 해군계획담당자들 사이에서 매우 유용한 기지로 평가받고 있었다.[2] 그러나 1920년대 말 직행티켓전략의 지지자들은 에니웨톡을 소규모 연락기지 정도로 평가절하하고 말았다.

1934년, 점진론자들 역시 에니웨톡은 하와이보다 일본 본토에서 가깝기 때문에 함대의 안전을 보장하기 어렵고, 제1함대기지로 활용하기에는 위험성이 너무 크다고 평가하였다. 또한 일본이 위임통치령 비요새화 조항을 어기고 이곳에 대구경포를 배치했을 가능성도 있다고 판단하였다.[3] 이에 따라 1935년 오렌지계획에서는 에니웨톡에는 위체에서 트루크 제도로 진격을 지원하기 위한 임시 수상기기지만 설치하고[4] 유사시 항공기로 철수가 가능한 항공기정비인원 일부만 배치하는 것으로 계획하였다.

전진기지 건설 및 기지방어계획의 작성을 책임지는 함대기지부대(Fleet Base Force)에서는 관련된 계획수립과정에서 에니웨톡에 함대기지의 건설 여부를 -비록 일시적이긴 했지만- 다시 한번 고려하게 된다. 1935년 여름, 함대기지부대의 대몬 커밍스(Damon E. Cummings) 대령은 육군대학(Army War College) 교수로 가게 되었는데, 전출 이후에도 그는 리브스 미 함대사령관뿐 아니라 전쟁계획부와도 계속 의견을 주고받고 있었다. 당시 현행 정세판단서에서는 위체의 점령을 위해서는 상당한 시간이 소요될 것이라 보고 있었기 때문에, 원정함대는 위체 상륙작전이 진행되는 동안 트루크 제도 근해까지 정찰구역을 확장하는 것이 필요할 것이었다. 이에 따라 커밍스 대령은 에니웨톡을 사전에 점령하여 원거리정찰을 위한 전초기지로 활용하자고 주장하였다(지도 21.1 참조).

그는 에니웨톡의 방어병력은 얼마 되지 않기 때문에 미군이 신속하게 점령할 수 있을 것이라 판단하였다. 그리고 에니웨톡은 환호가 넓기 때문에 하와이와 곧 새로운 민간비행장이 건설될 미드웨이, 웨이크에서 발진한 수상기의 항공엄호를 받는다면 함대전체가 이곳에서 안전하게 재보급을 할 수 있을 것으로 보았다. 또한 에니웨톡을 확보한 후에는 육군항공단 항공기를 배치하여 위체 방어에 투입되는 일본 항공기들을 차단할 수 있으며, 동시에 점령한 비키니 및 롱겔라프(Rongelap)의 항공기지까지 활용한다면 워체 및 기타 환초 주변에 제공권까지 확보할 수 있다고 판단하였다. 커밍스 대령은 마셜 제도 북서부를 먼저 공격할 경우 워체 공격시점이 약간 늦어질 수도 있으나 일단 에니웨톡을 점령하고 나면 이를 기반으로 워체 공격을 지원할 수 있다고 판단하였다. 결국 에니웨톡을 먼저 점령하게 되면 궁극적으로 트루크 제도 공격시점까지 앞당길 수 있다는 주장이었다.[5]

전쟁계획부는 이러한 커밍스 대령의 분석이 점진적인 중부태평양 진격개념과 잘 부합한다는 이유를 들어 크게 환영하였다.[6] 그리고 당시 군수계획담당자들은 워체를 제외하면 위임통치령의 다른 환초들에 대한 자세한 지형자료들을 거의 보유하고 있지 못했기 때문에 에니웨톡의 지형조건이 기지건설에 적합지 않다는 타당한 근거를 제시하기가 어려웠다.[7] 그러나 당시 관련자료를 종합하여 판단해 볼 때 1936년부터 함대기지부대 항공대의 지휘를 맡고 있던 킹 제독은 에니웨톡이 함대기지 건설에 적합한 조건을 갖추고 있다는 것을 이미 인식하고 있었던 것으로 보인다. 그리고 당시 해군대학 교관 중 한명은 에니웨톡이 함대기지로 "매우 양호한 조건을 갖추고 있다"고 기록하기도 하였다.[8] 하지만 대부분의 해군 고위장교들은 1939년 육군이 중부태평양 점령작전 지원규모를 감축하고 나서야 에니웨톡에 관심을 보이기 시작하였다. 당시 이러한 변화를 촉발시킨 장본인은 바로 "퇴역을 앞둔 제독들의 집합소"라 일컬어지던 일반위원회로 보직을 옮긴 킹 제독이었다. 계획담당자들은 항상 킹 제독의 의견을 적극 수용하는 태도를 보였는데 이번에도 마찬가지였다.[9]

1939년 9월 21일, 킹 제독은 일본의 외곽방어선을 돌파한 후 마셜 제도 북서부에 함대기지를 확보하는 것이 '필수적'이라고 주장하였다.[10] 이러한 킹의 주장을 접한 전쟁계획부에서는 에니웨톡의 초호는 면적이 넓고 수심이 깊을 뿐 아니라 매우 잔잔하여 함대의 정박이 용이하고, 방어가 용이한 2개의 진입수로가 있으며, 내부 섬에는 중간규모의 비행장을 두개까지 건설할 수 있다 등과 같이 이곳이 함대기지로 적합하다는 관련 자료들을 수집하기 시작하였다[11](비키니(Bikini)와 롱젤라프(Rongelap)는 에니웨톡에 비해 활용도가 떨어진다는 판단에 따라 고려대상에서 제외되었으며, 마셜 제도의 북쪽 끝단에 위치한 타옹기(Taongi)와 바이커(Bikar)는 함대기지로서 전혀 가치가 없다고 판단되었다)[12].

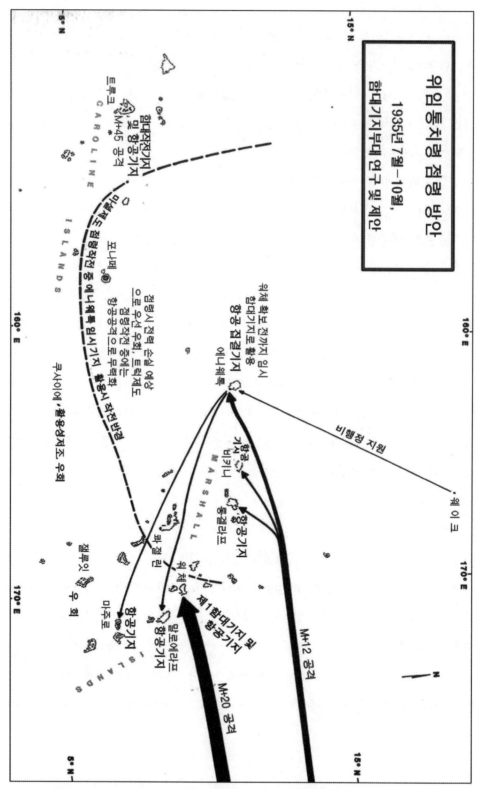

〈지도 21.1〉 위임통치령 점령작전, 1935년 7월-10월 함대기지부대

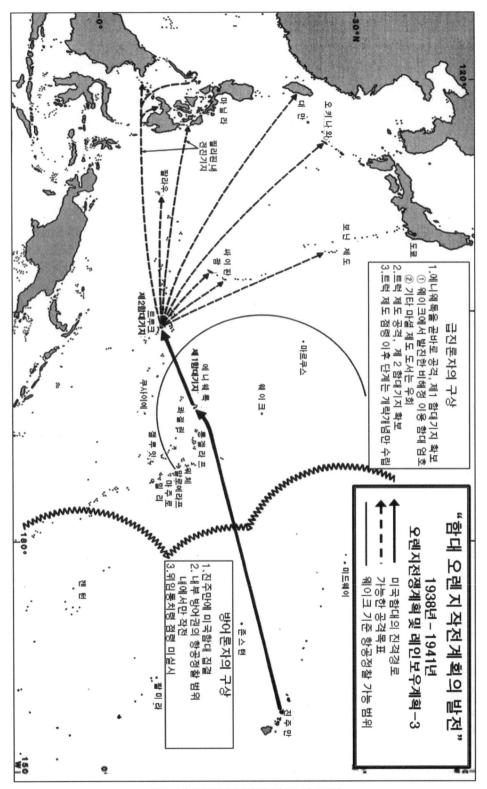

<지도 21.2> 함대 오렌지작전계획의 발전, 1938년–1941년

이때부터 미 해군의 전쟁계획에서는 워체 대신 에니웨톡이 제1함대기지의 위치로 거론되기 시작하였다(지도 21.2 참조). 그러나 정확한 이유는 알 수 없지만 미 함대에서 트루크 제도 공격의 지원이 용이하다는 이유를 들어 에니웨톡을 정식목표로 인정한 1941년 3월 이후에야 이러한 변경사항이 전쟁계획문서에 공식적으로 반영되었다. 그리고 1941년 후반 맥모리스 함대전쟁계획관은 "에니웨톡 점령계획"을 작성하려 하였으나 결국 작성이 이루어지지 못했다.[13] 태평양전쟁이 시작될 때까지 에니웨톡 상륙작전에 관한 계획은 1921년 해병대에서 연구한 상륙작전계획이 유일하였고, 이후 1942년 12월 태평양함대에서 전시전쟁계획 작성 시 이 분야를 다시 연구하게 된다.[14]

킹 제독은 계획담당자들에게 에니웨톡 상륙작전 성공의 관건은 공격의 속도, 구체적으로 상륙돌격을 즉각적으로 지원할 수 있는 항공기지의 보유 여부에 달려있다고 조언하였다.[15] 그는 에니웨톡 상륙작전을 지원할 최적의 항공기지로 미국이 얼마 전 4년에 걸쳐 방어시설 및 비행장시설을 설치하기로 결정한 웨이크를 마음에 두고 있었다. 태평양전쟁 이전 작성된 마지막 함대 오렌지작전계획에는 에니웨톡 점령에 관한 상세내용이 포함되어있지 않기 때문에, 대신 웨이크 점령계획을 살펴봄으로써 당시 미국의 전략계획 상 서태평양 진격경로가 어떻게 북쪽으로 변경되었는지 가늠해 볼 수 있을 것이다.

당시 웨이크는 무인도로써 미드웨이에서는 서쪽으로 1,100마일, 에니웨톡에서는 북쪽으로 530마일 가량 떨어져 있었다. 웨이크는 태평양의 미국령 도서 중 유일하게 일본 영토를 공격할 수 있는 항공전력을 배치할 수 있는 섬이었다(괌과 필리핀은 전쟁발발 시 일본에게 점령된다는 것이 기정사실화되어 있었고, 기타 미국령 환초들은 일본의 영토를 공격하기에는 너무 멀리 떨어져 있었다. 단, 미드웨이와 존스턴은 웨이크로 전개하는 항공기들의 중간기착지로 활용하는 것이 가능하였다).

그러나 웨이크의 양호한 지리적 위치에도 불구하고 섬의 방어가 어렵다는 문제가 항상 걸림돌이 되었다. 웨이크는 완전한 모래섬으로서, 미크로네시안 원주민조차 정착하지 않은 곳이었다. 웨이크 내부섬의 총면적은 4평방마일로 중부태평양의 다른 섬들에 비해서는 넓은 편에 속했지만, 완전히 모래로 이루어져 있어 지반유실의 가능성이 있었으며, 무엇보다도 해발고도가 해수면과 거의 차이가 없다는 것이 가장 큰 문제였다.

1920년 이전까지 웨이크에 군사시설의 설치가능성을 조사하기 위해 미군조사단이 일곱 번이나 다녀갔으나 번번이 적절한 장소를 발견하지 못하고 돌아가곤 했었다. 그리고 태풍으로 인해 환초 전체가 완전히 바닷물에 잠기는 일이 빈번하다는 증거도 있었다. 한 지리학자는 웨이크를 "내가 서있는 지점이 오늘은 이 위치지만 내일은 저 위치가 되고 어떨 때는 물속에 잠기기도 한다. 이곳은 아직 살아 움직이는 산호초라 할 수 있다. 미국이 이 섬을 왜 원하는지 도대체 그 이유를 알 수가 없다."라고 비아냥거리기도 했다.[16]

당연히 미 해군은 이러한 "자연적 이점이 하나도 없는 섬"을 기지로 활용할 생각이 없었다.[17] 웨이크의 초호면적은 약 2.5평방마일로 괌의 아프라항과 비슷하였으나 수심이 얕았으며, 소형 주정이 통과할 수 있을 정도의 수로를 제외하고는 단단한 환초로 둘러싸여 있었기 때문에 함대 정박지로 활용하는 것이 불가능하였다. 설사 엄청난 노력과 비용을 들여 수로를 확장하고 기지 시설을 건설한다 하더라도 잠수함 또는 구축함 기지로만 활용이 가능할 것이라 판단되었다.

이러한 이유로 인해 웨이크를 전시기지로 활용한다는 구상은 1920년대에 거의 사라진 듯했다. 1921년 말 워싱턴 해군군축회의 중 일본은 비요새화 조항의 적용 기준선을 동경 150도로 정하자고 하자고 제안한 바 있었다. 일본의 제안을 그대로 따를 경우 웨이크는 비요새화의 적용 대상에서 제외되어 군사적 활용이 가능하였으나, 당시 미국은 웨이크에 관심이 전혀 없었기 때문에 이곳도 비요새화 조항 적용대상에 포함되었다.[18]

이후 미 해군은 수상기를 이용하여 태평양 미국령 환초들의 항공조사를 실시하였으나 웨이크는 제외되었으며, 일각에서는 선박을 웨이크 부근으로 보낸 후 기구를 띄워 항공조사를 실시하자는 제안을 내놓기도 했으나 이것 역시 퇴짜를 맞았다.[19] 한편 2명의 혈기왕성한 젊은 함장들이 웨이크에 상륙한 적이 있었으며(이중 한 명은 명령 없이 웨이크에 상륙했다는 이유로 징계를 받기도 했다)[20], 1923년에는 과학조사대원의 이송을 위해 해군 소해함 한 척이 며칠 동안 이곳에 정박하기도 하였다. 당시 웨이크를 대충 살펴본 해군조사반은 어림짐작으로 이곳의 초호가 수상기기지로 매우 적합하다고 보고하였다.

과학자들과 동행한 순진한 정보장교들은 견고한 환초가 있기 때문에 수상기의 안전을 확보할 수 있다고 생각하였으나, 실제로는 수상기모함이 환호 내부로 진입할 수 없어 수상기운용이 불가능한 실정이었다.[21] 여하튼, 초기 수상기의 기대에 미치지 못하는 성능과 당시 해군을 지배하던 직행티켓전략의 영향으로 인해 웨이크를 수상기기지로 활용한다는 구상은 완전히 폐기되었다. 1920년대 말 미 해군은 웨이크에 대한 관할권을 포기하였고, 미국 정부는 "특별하게 언급할 만한 가치가 없다"는 이유로 해도에서 웨이크가 미국령이라는 범례를 삭제하기까지 하였다.[22]

1930년대 초반에 들면서 "왕도계획"을 작성한 계획담당자들이 웨이크의 전략적 가치를 다시 발견하게 되었다. 참모총장실에서는 수상기모함이 웨이크 환호 내로 진입가능하다면 이곳에 3개 수상기전대(비행정 총 36대)를 배치, 운용할 수 있다는 1933년 조사결과에 주목하기 시작하였다.[23] 그리고 1935년에는 팬아메리카 항공사(Pan America Airways)에서 중부태평양을 가로지르는 항로를 이용, 미국과 아시아 간 클리퍼급 대형비행정(Flying Clipper) 운항서비스를 개시한다고 결정함으로써 민간분야에서 군보다 먼저 웨이크를 수상기기지로 하려는 시도를 하게 되었다.

당시 클리퍼급 대형비행정은 미국의 해저전신선 부설경로를 따라서 캘리포니아를 출발하여 오아후, 미드웨이, 웨이크 및 괌을 거쳐 마닐라까지 하루 만에 비행하는 것이 가능하였다(클리퍼급 비행정은 항속거리가 2,400마일이나 되어 승객수를 줄일 경우 미드웨이 또는 웨이크에 기착하지 않아도 되었으나, 이럴 경우 회사이익이 감소할 우려가 있었다).

팬아메리카 항공사(PanAir) 회장 후안 트리페(Juan Trippe)와 이 회사에 취업한 몇몇 예비역 해군항공장교들은 항공우편 취급계약을 맺은 후 웨이크를 민간공항으로 이용하기 위해 정부의 관련부서에 협조를 요청하였다.[24] 이 소식을 들은 킹 항공국장은 뛸 듯이 기뻐하면서 이 상황을 중부태평양에 해군항공기지의 기반을 확충하는 기회로 활용하려 하였다. 그는 이미 해군대학 재학 시 미일전쟁 전쟁연습을 통해 미드웨이와 웨이크에 항공기지를 확보한다면 미국의 태평양공세를 지원하는 것이 가능하다는 사실을 알고 있었다.[25]

킹 제독은 루즈벨트 대통령에게 웨이크를 해군이 관할하게 해달라고 요청하여 승낙을 받아내었다. 그리고 미 해군에서는 웨이크의 관측을 위해 비행정을 파견하였고 가장 좋은 부지를 팬아메리카 항공사에 임대해준 다음, 연방의회에는 환초 내 산호초 잔해준설작업을 위한 예산을 요청하였다.[26] 당시 팬아메리카 항공사에서는 "민간항공역사 상 새로운 개척지"인 웨이크에 수상공항을 설치하기 위해 젊은 인부들을 파견하였는데, 이들은 당시 언론의 큰 관심을 끌기도 하였다.

1935년 11월, 팬아메리카 항공사는 드디어 아시아-미대륙간 항공우편 취급서비스를 시작하였고, 다음 해에는 호화로운 4발 마틴 클리퍼(Martin Clipppers) 비행정을 투입하여 승객운송 서비스를 시작하다. 태평양전쟁이 발발하기 전까지 팬아메리카사의 항공기는 작은 호텔같이 호화로운 항공기에서 하룻밤을 보내는데 1,845달러라는 요금을 기꺼이 감당할 수 있는 갑부 및 명사들을 태우고 매월 1, 2회 정도 태평양을 왕복하였다.[27]

해군은 팬아메리카 항공사의 민간시설을 비행정훈련용으로 사용하길 내심 바랬으나, 공간이 협소하여 비행정을 대규모로 배치하는 것이 불가한 관계로 단념할 수밖에 없었다(1939년 수상기전대가 마닐라로 이동하는 도중 웨이크에 기착한 것이 최초의 군용기 방문이었다). 웨이크 수상공항의 경우 자동급유시설이 없어 가솔린이 든 드럼통을 일일이 인력으로 이송해야 하였으며, 정비소나 수상기모함이 없어 항공기가 한번 고장이 나면 운용이 불가하였다. 전쟁계획부에서는 웨이크에 적절한 수상기 기지시설을 설치하지 않는 이상 이곳을 기반으로 비행정을 운용, 적 함대 공격에 활용하는 것은 불가능하다는 것을 인식하게 되었다.[28]

1935년 말, 파이 전쟁계획부장은 미국령 환초에 건설이 예정된 항공기지들을 전시 해군에서 활용할 수 있는 예비기지로 오렌지계획에 공식적으로 반영하자고 참모총장실에 건의하였다. 당시 연방의회는 고립주의자들이 대부분이었기 때문에 해군지도부와 연방의회 내 친해군론자들은 미국령 환초에 수상공항을 건설하는 "민간분야 사업"에 대한 예산을 획득하기 위하여 일종의 편법을 쓰기로 했다. 1936년부터 육군공병단에서 민간용 항구개발 가능성을 탐색한다는 명목으로 미국령 환초에 대한 사전조사를 시작하였다. 팬아메리카 항공사에서는 연료 및 물자 수송용으로 활용할 수 있을 정도의 수로개발만 요구하였지만, 전쟁계획부에서는 환초의 수로 개설작업은 "해군의 요구조건에 부합하도록 확실히 지도감독해야 한다"고 여기고 있었다.[29]

미드웨이에서는 이러한 편법이 매우 성공적으로 진행되어 1938년부터 군용항공기지의 개발

이 시작되었다. 그러나 웨이크의 경우에는 그곳에 어떠한 목적을 위해, 어떠한 형태의 기지가 필요한지 명확히 설명한 사람이 아무도 없었던 관계로 항공기지의 요구조건, 건설소요비용 및 정치적 목적 등에 대해 각양각색의 의견이 난무하였다. 일부 해군장교들은 튼튼한 동체 및 비상 착륙 기어를 장착한 비행정의 경우에는 임시기지시설만 있어도 전쟁발발초기 며칠간은 정찰임 무를 수행할 수 있을 것으로 생각하였다.[30] 그러나 전쟁계획부에서는 많은 비용이 필요하고 장 시간이 소요되더라도 수로를 준설하여 견고한 수상기기지를 확보하자는 입장이었다.[31]

해군의 항공우월론자들은 3개 이상의 수상기 전대를 배치하여 지속적으로 정찰 및 적 함대 공격임무를 수행할 수 있는 대규모 수상기기지를 건설하기를 원하였다. 하지만 이정도 규모의 작전을 지원하기 위해서는 1,000톤급 유류지원함 및 보급함을 배치해야 할 뿐 아니라 육상에 정비소, 격납고, 지하유류저장시설 등을 설치하는 것이 필요하였다. 또한 환호 내부로 각종 지 원함정이 쉽게 들어오게 하기 위하여 진입수로를 깊게 준설하게 되면 외부에서 흘러들어오는 파도의 영향으로 내부섬의 모래가 유실될 우려가 있었다.

한편 일부 인사들은 웨이크에 특별예산이 배정될 때까지 기다릴 필요 없이 우선 신속하게 간 이시시설이라도 설치하는 것이 필요하다고 요구하였고, 당시 리히 참모총장도 이에 찬성하였다. 1938년 헵번위원회(Hepburn Board)는 웨이크에 다양한 육상기지시설을 설치해야 한다고 건의 하였지만, 결국 반대론자들의 항의로 인해 연료저장시설만 설치하는 것으로 축소되었다. 해군 시설국(BuDocks)에서는 소수의 인력을 투입, 환호 내의 돌출된 산호초를 다이너마이트로 폭파 시킨 후 유류덤프바지를 설치한다면 2개의 수상기전대 정도는 동체결함이 발생할 때까지(수리 및 정비시설이 없어도 4주 이상 운용가능할 것으로 판단함) 정찰임무를 수행하는 것이 가능하다고 판단하 였다. 그러나 운용이 불가한 비행정을 대체하기 위해 새로이 전개한 수상기전대를 지원하기 위 해서는 9,000드럼에 달하는 항공유를 육상저장시설로 운반해야 하는데, 이때 수송정들이 일본 잠수함의 공격을 받을 가능성이 있었다.[32]

웨이크에 어떤 형태의 수상기기지를 건설하는 것이 가장 효율적인가에 대한 논쟁은 자연스 레 수상기모함의 확보 문제를 부각시키게 되었다. 1939년까지도 일반위원회에서는 수상기모 함의 부족이 해군의 전쟁준비태세를 저하시키는 가장 큰 문제라고 인식하고 있을 정도로 당시 수상기모함의 확보 여부는 중부태평양 작전에서 매우 중요한 비중을 차지하고 있었다.[33] 킹 제독은 속력이 빠르고 수심이 얕은 환호에서도 작전이 가능한 수상기모함을 조속히 도입해야 한다고 지속적으로 상부에 요구하였지만 정치권의 반대로 이루어지지 못하였다. 이에 따라 그는 구축함 또는 예인선, 또는 요트를 개조해서라도 수상기모함을 확보해야 한다고 주장하기 시작했다.[34] 심지어 비행정 아래 잠수함을 위치시킨 다음, 잠수함을 부상시켜 비행정을 수면 상으로 들어 올린 후 수리한다는 비현실적인 구상을 내놓기도 하였다.

미 해군에서는 수상기모함의 대안으로 예인용 캐터펄트를 갖춘 바지선이나 해상 또는 환호에서 적에게 발각되지 않고 은밀하게 수상기에 연료보급을 할 수 있는 유류지원 잠수함의 건조 가능성을 조사하였다.[35] 그리고 일반위원회에서는 소형 비행정을 내부에 격납하여 수리할 수 있는 특수함정을 건조하는 방안을 연구하기도 하였으나[36] 이러한 방안으로는 수상기모함의 부족에서 초래되는 본질적 문제를 해결하는 것은 불가능하였다.

이러한 현실적인 문제를 반영하여 1939년 웨이크의 항공기지건설계획이 확정되었는데, 여기에는 소형 지원함정을 개조하여 만든 1,000톤급 수상기모함이 통과할 수 있도록 진입수로를 준설한다는 내용이 포함되어 있었다. 계획대로 진행된다면 전쟁 발발 시 수상기모함은 원정함대의 군수지원부대와 함께 하와이를 출항, 필요한 시점에 웨이크에 전개하여 수상기전대를 지원하는 것이 가능할 것이었다.[37]

해군에서는 몇몇 구축함을 수상기모함으로 개조하기 시작하였는데, 이 함정들은 1918년에 노후 소해함을 개조하여 만들었던 버드급(bird class) 수상기모함보다는 그나마 지원능력이 뛰어난 편이었다.[38] 전쟁계획부에서 작성한 "전시군수지원계획"에서는 동원령 선포와 동시에 기지 건설인력과 물자가 웨이크로 출발, M+60일을 넘기기 전에 자체 운용이 가능한 수상기기지를 건설한다고 되어 있었다.[39] 그러나 계획상의 이러한 가정은 현실성을 결여한 것이었는데, 우선 적의 항공공격 중에는 진입수로 준설작업을 진행할 수가 없었고 적의 공격이 없는 경우에도 진입수로가 완성되기 전까지는 환초 내부로 각종 건설자재 및 장비를 이동시키는 것이 불가능하였기 때문이다.[40]

1938년 12월, 헵번위원회(Hepburn Board)에서는 웨이크를 태평양에서 오아후와 미드웨이 다음으로 중요한 도서라고 지정하였으나[41] 이러한 중요성에 걸맞은 기지의 개발은 다음해 해군계획담당자들이 웨이크-에니웨톡 공격방안을 확정하고 나서야 시작되었다(웨이크는 해군에서만 관심을 보일 뿐이었고 육군은 여기에 대해 어떠한 관심도 보이지 않았다)[42].

해군은 대외적으로는 전쟁발발하게 되면 핵심방어구역의 정찰을 위한 도서기지가 필요하기 때문에 웨이크를 개발해야 한다는 논리를 펼쳤다.[43] 그러나 도대체 미국의 핵심방어구역은 어디까지인가가 매우 모호한 문제였다. 15년 전에 이미 하와이 해군구 사령관은 웨이크는 하와이 방어를 위한 외곽기지로의 가치가 없다고 판단하고 기지목록에서 삭제해 버린 터였다.[44] 그리고 설사 일본 함대가 진주만공격을 위해 접근한다고 할 경우에도 웨이크의 항공정찰구역은 쉽게 우회하여 통과할 수 있었다.

그러나 해군 공세론자들의 입장에서 볼 때는 웨이크는 상당한 가치가 있는 곳이었다. 1935년부터 해군계획담당자들은 중부태평양 공세를 성공적으로 실시하기 위해서는 항공정찰기지의 확보가 필수적이라고 주장하고 있었다. 원정함대가 서태평양으로 진격하기 위해서는 함대에 항공전력을 지원해주고 및 소형함정이 정박할 수 있는 "불침의 항모(unsinkable carriers)"가 반드시 필요하였던 것이다.[45] 다시 말해 제1함대기지로 활용할 도서(곧, 에니웨톡)를 공격할 때, 그리고 점령한 후에도 "서쪽으로 진격하는 작전부대를 지원하는데 필요한" 항공기지 및 폭격기용 활주로가 반드시 필요하였던 것이다.[46]

하지만 웨이크는 방어조건이 상당히 취약하여 전시에 어느 정도까지 활용할 수 있을 것인가는 장담하기 어려웠다. 일본은 웨이크를 점령하여 마셜 제도, 마리아나 제도 및 일본 본토로 진격하는 미 함대를 포착하기 위한 정찰기지로 활용하려 할 것이 틀림없었다. 이러한 예측에 따라 전쟁계획부에서는 전쟁발발 직후 일본이 웨이크를 공습한 다음 점령을 시도할 것이라 예상은 하고 있었지만 이를 어떻게 방어할 것인지, 빼앗겼을 경우 어떻게 재탈환할 것인지에 대해서는 아무런 대책이 없는 상태였다.[47]

계획담당자들은 웨이크 방어에 관한 사전 연구에서 매일 새벽 비행정과 수상기모함이 섬을 비웠다가 밤에 다시복귀하고 적이 공격할 경우에는 완전히 철수하는 방안을 제시하였다.[48] 그리고 미 함대의 항공참모들은 M+2일, PBY 비행정을 이용하여 해병대 및 중화기를 웨이크로

수송한 후 원정함대가 도착하기 전까지 적의 공격을 방어한다는 비현실적인 계획을 내놓기도 하였다.[49]

1939년, 해병대 참모단의 한 계획담당자는 "적의 주요도서 공격 시 방어계획"을 연구하였는데, 여기에서 그는 대형함정이 접근 시 이를 격퇴할 수 있도록 대구경해안포를 전쟁 이전에 설치해야 하며, M+12일에는 미 본토에서 상당한 규모의 지원병력을 파견해야 웨이크를 효과적으로 방어할 수 있다고 건의하였다.[50] 그러나 사실 적 함정의 포격이나 상륙돌격보다 더 위협적인 것은 마셜 제도나 마르쿠스 제도에서 발진하게 될 적의 항공기에 의한 공습이었다.

당시 비행정으로 수송이 가능한 해병대의 대공화기는 모두 적의 대규모 항공공격을 방어하기에는 역부족이었고 그때까지만 해도 미 해군 내부에서는 웨이크에 전투기를 배치해야 한다는 여론이 형성되기 전이었기 때문에 적의 항공공격이 있을 경우 수상기전대는 섬을 탈출하여 산개하는 것으로 계획할 수밖에 없었다. 이 계획에서는 함대가 웨이크 근해에 전개하여 지원해주지 않는 이상 섬은 적의 손에 떨어질 것이 확실하다고 결론지었다.[51] 이러한 예측을 그대로 따른다면 웨이크에 항공기지를 건설하는 것은 결국 적을 유리하게 만들어주는 꼴이 될 수 있었다.[52]

1939년 여름까지도 해군에서는 웨이크 항공기지건설 필요성에 대한 명확한 논리를 정립하지 못함에 따라 이에 반대하는 사람들의 논리에 밀려 웨이크 기지건설계획이 변경되고 말았다. 당시 국무부는 웨이크에 대한 해군의 관할권을 명목상으로만 인정하는 분위기였고, 루즈벨트 대통령은 일본을 자극할 수 있다는 이유로 웨이크 근해에서 함대기동훈련을 실시하는 것조차 승인하지 않았다.[53]

그리고 "아메리칸 퍼스터스(American Firsters)" 등과 같은 고립주의자들과 반전 운동가들은 웨이크는 미국의 합법적인 방어권을 넘어선다며 기지건설에 반대하였는데[54] 심지어 당시 리히 참모총장까지 이러한 반대론자들의 여론에 동조하는 태도를 보일 정도였다. 그는 웨이크 진입수로 준설을 위해 육군에서 준설선을 대여하는 것을 승인하지 않았으며, 웨이크는 괌에 항공전력 증강 시 중간기착지 정도의 가치밖에 없다는 잉거솔(Ingersoll) 전쟁계획부장의 의견에 공감하였다.

연방의회 청문회에서 괌 기지건설을 위한 예산승인이 부결될 당시(제22장 참조), 해군항공국과 미 함대사령부의 여러 제독들은 그래도 웨이크는 전략적 가치가 있다고 생각하였으나 잉거솔 제독은 전혀 가치가 없다고 주장하였던 것이다. 연방의원들은 웨이크를 단지 훈련기지 또는 미드웨이기지 방어를 위한 전초기지로 활용할 예정이라는 해군의 주장을 신뢰하지 않았고 결국 기지건설을 위한 예산승인을 거부하였다.[55]

다행히도 당시 하원 해군위원회 의장(chairman of the House Naval Affairs Committee)이자, 의회 내 친해군인사 중 한 명이었던 칼 빌슨(Carl Vinson) 하원의원의 노력으로 웨이크 기지건설안이 완전히 폐기되는 것은 막을 수 있었고, 1939년 4월 예산규모가 대폭 축소된 기지건설안이 겨우 통과되었다. 그러나 1940년까지도 기지건설을 위한 예산이 배정되지 않고 있었다.[56]

잉거솔 제독에 이어 1938년 중순부터 전쟁계획부를 맡게 된 곰리(Ghormley)는 웨이크-에니웨톡 진격방안을 관철시키기로 결심하였다. 연방의회에서 웨이크 기지건설안을 거부한 것에 충격을 받은 곰리는 웨이크 기지건설에 미온적인 태도를 보이던 리히 참모총장과 대립각을 세우기 시작하였다. 그는 WPL-35에 아래와 같은 내용을 삽입하여 웨이크의 중요성을 강조하였다.

> "웨이크가 일본과 미국 모두에게 중요한 전략적 거점이라는 사실은 의심의 여지가 없다. 웨이크는 태평양의 중앙에 위치하고 있기 때문에 **공격**뿐 아니라 방어 측면에서도 미국에게 헤아릴 수 없는 이점을 제공해준다. 특히 웨이크에 수상기기지를 설치할 경우에는 이곳을 기반으로 마셜 제도 및 캐롤라인 제도 동부 전체에 대한 감시 및 **공격**이 가능하다."(강조는 저자)[57]

한편 1939년 8월 1일, 리히 제독이 물러나고 스타크 제독이 신임 참모총장으로 취임하게 되는데 그는 취임하자마자 웨이크에 기지를 건설해야 한다는 각처의 요청에 시달려야 만 했다. 육상기지발전위원회(Shore Station Development Board), 해군항공국의 마크 미쳐(Marc A. Mitscher) 대령, 블로크 미 함대사령관 등은 웨이크기지가 함대기지에 반드시 필요하다고 강력하게 주장하였고, 벤 모렐(Ben Morell) 해군건설국장은 전임 참모총장의 그릇된 판단으로 인해 연방의회에서 해군이 조롱거리가 되었다며 분노를 터뜨리기도 하였다(이러한 모렐 국장의 행동은 아마도 웨이크 기지건설 지지자들의 요청때문이었을 것이다). 결국 스타크 참모총장은 이들의 주장을 수용할 수밖에 없었다.

해군의 기본기지건설계획(master project list) 상 우선순위가 (당시 오아후 해군장교클럽 건립보다 낮은) 730번째였던 웨이크 기지는 단숨에 8번째로 뛰어올랐다.[58] 이전엔 별다른 주목을 받지 못하던 웨이크가 태평양공세계획 실행을 위한 중요한 발판으로 각광을 받기 시작한 것이다. 한편 기본기지 건설계획 상 웨이크의 기지건설공사는 미드웨이 기지가 완성되고 난 2년 후부터 시작한다고 계획되어 있었기 때문에[59] 연방의회의 예산승인 이전에 웨이크 기지건설공사를 시작하기 위하여 다양한 편법이 동원되었다.

1940년 6월 26일, 일본과의 전쟁의 가능성을 우려한 연방의원들은 1,000대의 항공기를 순차적으로 도입한다는 재군비계획을 통과시켰다.[60] 그리고 이해 여름에는 웨이크에 해군조사팀이 파견되어 급하게 세부적인 기지전설계획을 작성하였다.[61] 참모총장실은 실무부서에 1942년까지 완공을 목표로 수상함정이 통과할 수 있는 넓이로 수로준설계획을 작성하라고 지시하였고, 시설병과장교들은 웨이크에 설치할 대형 항공기지 및 잠수함기지를 설계하기 시작하였다.[62] 그러나 이러한 해군의 노력에도 불구하고 1940년이 끝나갈 때까지도 기지건설공사가 착공되지 못하였으며, 결국 웨이크에 기지건설은 미드웨이보다 3년이나 늦어지게 되었다.

중부태평양에서 좀더 적극적인 공세를 취한다는 해군의 결정은 역설적으로 초계공격비행정을 함대공격전력으로 활용한다는 기존의 구상을 위협하게 되었다. 1939년 무렵이면 이미 대형비행정은 육상항공기에 비해 그 성능이 크게 뒤처지고 있었다. 1939년 당시 미 함대 전함전력 사령관(commander of Battle Force)이었던 칼퍼스(Kalfus) 제독은 비행정의 운용은 정찰임무에 국한시키자고 주장하였다. 그는 성능이 떨어지는 비행정을 항공모함 함재기의 호위 없이 주간에 적함대 공격에 투입하는 것은 자살행위나 마찬가지라고 여겼고[63] 당시 수상기전대 사령관 또한 비행정 단독으로 함정을 공격하는 것은 '최후의 수단'으로 생각하고 있었다.

그는 대규모 공격편대를 구성, 적 함대에 어뢰공격을 가하는 것은 그나마 전과를 거둘 수도 있으나, 비행정의 엄청난 손실을 각오해야 할 것이라고 주장하였다.[64] 심지어 몇 년 전까지만 해도 해상의 적 함정을 공격하는데 비행정을 활용하자고 적극적으로 주장했던 킹 제독조차도 이제는 한발 물러나 비행정은 미드웨이-알류샨열도 간을 커버하는 방어용 강습전력으로 운용하자고 제안하였다[65](1941년 겨울, 실제로 일본항공함대가 이 경로를 통과하여 진주만을 기습하게 된다).

1940년 2월, 크랜쇼우(Crenshaw) 전쟁계획부장이 비행정의 임무에 관한 논쟁에 종지부를 찍게 되었다. 비행정을 이용하여 함정공격훈련을 실시해본 결과 그 효과가 별로 신통치 않다는 정보를 영국공군으로부터 입수한 전쟁계획부는 대규모 편대로 운용하든 단독운용하든 간에 초계공격비행정(PBY)을 함정공격용으로 활용하는 것은 더 이상 적절치 않다고 판단하게 되었다.[66]

결국 미 해군은 비행정의 임무를 정찰, 함대지원 및 소규모 야간공격 등으로 모두 전환시켰다. 실제로 태평양전쟁 중 비행정은 적을 교란할 목적으로만 주간 함대공격에만 투입되었으며, 그나마 그 횟수도 몇 번 되지 않았다. 비행정은 함정공격에 적합하지 않다는 것으로 판정되었다. 그러나 미 해군 내에서 20여 년 동안 진행된 해상용 폭격기부대를 건설하기 위한 노력은 전진기지만을 활용하여 광대한 대양을 통해 진격한다는 태평양공세전략을 구체화할 수 있게 해준 중요한 수단이었다.

비행정의 주역할은 적 함대를 정찰하는 "함대의 눈(eyes of the fleet)"이라는 인식이 굳어짐에 따라, 웨이크에서 에니웨톡, 그리고 트루크 제도로 이어지는 중부태평양 점령작전을 효과적으로 수행하기 위해서는 육군항공단이 보유한 장거리폭격기의 지원을 기대할 수밖에 없게 되었다. 1938년부터 실전 배치 된 육군항공단의 B-17 "플라잉 포트리스(Flying Fortress)" 폭격기는 속력, 최대상승고도, 방어력뿐 아니라 항속거리에서도 비행정을 능가하는 성능을 보유하고 있었는데, 미 군부 내의 폭격기 옹호론자들은 B-17 폭격기를 활용한다면 육상표적뿐 아니라 함정 또한 정확하게 공격할 수 있다고 믿고 있었다. 그러나 육군의 장군들과 해군의 제독들은 1941년 후반기까지 B-17 폭격기전력을 태평양공세계획에 포함시키는 것을 거부하고 있었다.

1940년 육군 하와이관구(Army Hawaiian Department)에서 하와이 주변 환초 5개에 "적함대가 하와이를 공격 시 육·해군 합동으로 격퇴하기 위하여 폭격기비행장을 건설하자"고 제안하였다(웨이크는 이 비행장 건설 예정목록에서 빠져있었다). 당시 육군항공단장이었던 헨리 아놀드(Henry H. Arnold) 소장은 폭격기를 전진기지에 배치하여 공세적으로 운용하는 방안을 긍정적으로 생각하였으나, 육군전쟁계획부에서는 폭격기는 하와이 방어임무에 집중적으로 운용해야 한다고 주장하며 주변 환초 방어를 위해 폭격기 전력을 분산 배치하는 것에 반대하였다. 이들은 일본 함대가 하와이까지 접근하지 않는 이상 육군은 이의 공격에 관여하지 않는다는 점을 분명히 하였다.[67]

해군은 이러한 육군의 주장에 이의를 달지 않았다. 당시 해군전쟁계획부장은 육군을 지독히도 싫어하던 터너 소장이었는데, 그는 이미 1941년 초부터 육군폭격기가 없어도 충분히 하와이를 방어할 수 있다고 생각하고 있었다(그는 아마도 해군의 비행정전력이 육군폭격기의 공격전 사전정찰 임무로 전환되는 것을 피하기 위해서 이렇게 주장한 것으로 보인다)[68].

1941년 5월, 육군 하와이관구 사령관 월터 쇼트(Walter C. Short) 중장은 해군에서 지하연료저장고 및 탄약고, 충분한 방어시설을 갖춘 비행장을 제공해준다면 웨이크를 포함한 미국령환초에서 B-17 폭격기를 주야간에 관계없이 운용하는 것이 가능하다고 제안하였다.[69] 이 제안에 대해 해군은 이번에도 별다른 관심을 보이지 않았다.

1941년 가을, 필리핀의 방어력 증강을 위해 35대의 B-17 폭격기가 미드웨이를 경유하여 필리핀으로 이동하기로 결정되었는데, 폭격기 중간기착지로 활용하기 위해 웨이크의 기존 비행장도 폭격기 이착륙 기준에 맞도록 확장되었다. 이때부터 웨이크를 기반으로 라바울, 오스트레일리아 및 마닐라까지 폭격기를 운용하는 것이 가능해 짐에 따라 중부태평양 점령작전에 육군폭격기전력을 활용한다는 구상이 다시금 부상하게 되었다.[70]

태평양전쟁 발발 1년 전, 미 함대 정보참모처는 일본이 위임통치령의 군사시설을 급속하게 증강하고 있다는 사실을 감지하였다. 당시 미국은 위임통치령에서 직접적인 첩보활동을 하는 것은 불가능하였지만(당시 미국의 유명한 여성조종사였던 아멜리아 에어하트(Amelia Earhart)가 세계일주비행을 위해 남태평양을 비행한 것은 제외)[71], 단편적인 첩보를 종합해 볼 때 일본은 이미 위임통치령에 8개의 함정정박지와 10개의 비행장을 건설하고, 262대의 항공기를 배치한 것으로 판단되었다.

그리고 1941년까지 약 70척의 증기선이 군사시설에 필요한 자재 및 물자를 싣고 위임통치령 도서로 향한 것으로 추정되었다.[72)]

태평양함대의 비행정 전체를 통합 지휘하는 제2정찰비행단(Patrol Wing Two) 사령관인 패트릭 벨린저(Patrick Bellinger) 소장은 일본이 이미 위임통치령 곳곳에 비행장을 건설한 것이 확실한 바, 중부태평양공세 시 미국의 항모 함재기가 일본의 육상항공기를 당해내지 못할 수 있다고 우려하였다.

1940년 10월, 그는 이에 대한 대안으로 다량의 무장을 적재한 장거리 폭격기를 활용, 일본의 위임통치령 비행장을 지속적으로 폭격하여 적의 항공전력을 소진시켜야 한다고 주장하였다. 그는 구체적 방안으로 육군항공단으로부터 폭격기 60대를 지원받아 하와이 및 미드웨이에 분산배치하고, 태평양공세작전이 시작될 경우 즉시 웨이크로 이동할 있도록 준비해야 한다고 건의하였다. 벨린저 소장이 건의한 계획이 그대로 이루어질 경우 웨이크는 육군의 요격기, 방공레이더 및 대공포 등이 배치된 육군의 주요 항공기지로 변모하게 될 것이었다.[73)]

미 함대의 제독들 대부분은 벨린저 제독의 의견에 대해 매우 탁월한 방안이라며 적극 찬성하였다. 항공병과장교인 존 맥케인(John S. McCain) 제독 역시 육군의 폭격기는 해군작전에 매우 유용한 전력이 될 수 있다고 생각하였으며, 그 당시 가장 잘나가던 항공장교였던 윌리엄 헬시(William F. Halsey) 중장도 그의 의견에 '완전히 동의'하였다.

그러나 함대전쟁계획반 장교들은 관련부서와 실무차원의 협조도 안 된 상태에서 육군항공단 전력을 해상임무에 투입해야 한다는 의견을 접하자 매우 당황하게 되었다. 그들은 B-17 폭격기를 웨이크에 배치한다 해도 대형표적만 공격가능하며, 함정이나 기타 소형표적을 정확하게 공격하는 것은 어렵다고 주장하였다. 그리고 폭격기 공격 시에는 반드시 호위기가 동행해야 하기 때문에 호위기 발진을 위해 항공모함을 위임통치령 깊숙이 진입시켜야 하는 부담이 있다고 주장하였다. 또한 폭격기를 활용하지 않더라도 항공모함에 탑재한 급강하폭격기를 활용한다면 적 함대를 충분히 공격할 수 있다는 의견을 내놓았다. 더욱이 비좁은 웨이크에 "포드 아일랜드(진주만에 있는 육군의 대형 항공기지)의 축소판"을 건설한다는 것은 엄청나게 복잡하고 어려운 일이었다. 함대전쟁계획반에서는 웨이크에 포드 아일랜드 축소판을 건설하려면 전쟁초반 함대기지

건설용 물자 및 자재를 모두 웨이크로 전용해야 하는데, 이것은 오히려 전쟁기간을 더욱 늘릴 수 있다고 우려하였다.[74]

1941년 후반, 일본과의 관계가 급격히 악화됨에 따라 해군이 중부태평양공세를 수행하는데 매우 유리한 상황이 조성되었다. 11월 19일, 합동위원회는 5월 공포된 이후 미국의 유일한 현행전쟁계획이었던 "레인보우계획-5"를 개정하였는데, 이번 개정에서 웨이크와 관련된 개정 항목이 5가지나 되었다. 이중 해군의 공세전략에 힘을 실어준 가장 중요한 항목은 육군 측에서 "육군항공군(Army Air Forces)은 지원시설을 갖춘 육군 및 해군항공기지를 중심으로 전술운용반경 내에서 항공작전을 실시하여 해군의 캐롤라인 제도와 마셜 제도 점령 및 통제권 확립을 지원한다."라고 명시한 것이다. 여기에서 육군이 언급한 폭격기지원시설을 갖춘 해군항공기지는 당시 웨이크 밖에 없었다.

결국 아시아전구에서 육군항공군은 적 함대의 공격을 방어하기 위해 해군함대전력을 대신해 적 수상표적을 공격하는 임무를 맡게 되었다. 4년 후 육군이 실제로 중부태평양공세에 참가하게 되었을 때, 육군은 오렌지전쟁전략을 구현하기 위해 전략폭격기전력이 해군전력과 함께 작전하도록 조치하였다. 스타크 참모총장이 이러한 개정내용을 루즈벨트 대통령에게 보고함으로써, 대일전쟁 발발 시 웨이크를 육·해군 합동태평양공세작전의 중심축으로 한다는 내용이 국가정책으로 확정되었다.[75]

이후 미 함대사령부에서는 해군의 주도적 역할을 침해하지 않는 한 육군항공전력이 해양작전을 지원하는 것을 환영하게 되었다.[76] 육군은 해군의 "초기 공세작전"을 지원하기 위하여 미드웨이와 웨이크에 즉시 B-17폭격기를 배치한다는데 동의하였다.[77] 당시 하와이 방어를 책임지는 제14해군구(the Fourteenth Naval District) 사령관 블로크 제독은 -이전에 미 함대사령관 시절에는 웨이크에 기지건설을 반대하기도 했지만- 이 소식을 듣고 나자 태도를 바꿔 웨이크에 "1급 항공기지"를 건설하자고 건의하기 시작했다.[78]

마침내 1941년 12월 1일부터 하와이에서 웨이크로 이송할 육상자재의 적재가 시작되었다. 쇼트 중장은 당일로 10여 대의 B-17폭격기를 웨이크로 보내고[79] 이후 나머지 폭격기를 순차적으로 이동시킬 계획이었으나, 필리핀에 전개하고 있는 폭격기전대에 전력손실 발생하여 웨이크로 보낼 전력을 필리핀으로 먼저 이동시키게 되었다. 12월 4일, 쇼트 중장은 "필요할 경우, 그리고 준비가 완료될 경우 언제든지 폭격기를 웨이크에 보내주겠다"고 약속하였으나[80] 태평양전쟁이 발발할 때까지 웨이크에 배치된 폭격기는 한 대도 없었다.

이제까지 상당수의 역사연구자들은 필리핀에 300여 대의 중폭격기가 증강될 예정이었던 1942년 봄 이후에(제6장 참조) 일본이 진주만을 기습했다면 태평양전쟁은 다른 방향으로 전개되었을 것이라 추측하기도 했다. 그러나 필리핀이 아니라 웨이크에 폭격기기지 건설이 완료된 후 일본이 전쟁을 시작했다면 미국은 웨이크에 전개된 항공전력을 활용하여 신속하게 태평양공세를 시작할 수 있었을 것이고, 결과적으로 좀 더 일찍 전쟁을 종결할 수 있었을 것이다.

웨이크에 대규모기지를 건설할 수 있게 됨에 따라 해군내 급진론자(그리고 1941년 말 무렵에는 육군 내의 급진론 지지자까지)들은 중부태평양공세계획을 계속 유지시킬 수 있다는 희망을 가지게 되었다(제24장 참조). 그러나 태평양전쟁 발발 2년 전부터 일본과 전쟁을 벌일 경우 영국 및 이전 영국식민지 국가들이 미국과 연합할 것이 확실해 지면서 적도 이남에 위치한 영연방 국가들을 기반으로 공세계획을 수립하는 것 또한 가능하게 되었다. 그리하여 이 기간 동안 일부 점진론자들은 위임통치령 북부를 통과하는 공세계획의 대안으로 남태평양을 통과하는 공세계획을 구체화하려 노력하기도 하였다.

남태평양은 초기 일부 오렌지계획에서 진격경로로 제안한 적이 있었으나 그때마다 거부되었던 경로였다(1932년 전격진격계획(Quick Movement)에서 함대를 은밀하게 이동시킬 목적으로 남태평양경로를 채택한 것은 제외). 1920년대 직행티켓전략 지지자들은 미국이 위임통치령을 완전히 확보하기 전까지는 남태평양을 본토와 함대를 이어주는 해상교통로로 활용한다고 결정하기도 했으나 1934년 왕도계획이 채택된 이후로는 남태평양의 이러한 보조적인 역할도 미일전쟁계획에서 사라지게 되었다.

이후 1939년 말에서 1940년대 초까지 미 함대를 싱가포르(Singapore) 또는 자바(Java)에 전개시킨다는 내용의 레인보우계획-2(제22장 참조)를 연구할 당시 남태평양을 통과하여 위임통치령으로 진격한다면 본토로부터 이어지는 해상교통로의 길이를 단축시킬 수 있다는 전망에 따라

남태평양이 다시금 관심을 받게 되었다.[81]

1940년 봄, 레인보우계획-3 작성자들은 라바울 근해에서 브루네오와 인접한 팔라우(Palaus)나 타위타위(TawiTawi)로 진출하여 함대기지를 건설한다는 방안을 검토하였지만, 미 해군 지도부는 역시 기존 오렌지계획에 따라 위임통치령을 공격하여 적의 전력을 약화시키는 것이 타당하다고 결론을 내렸다.[82] 1940년 중반, 쿡은 남태평양 진격방안은 현실성이 없다며 모두 폐기해 버렸다.[83]

그러나 동맹국 무기대여(Lend-lease) 법안의 통과로 미국이 영국령 남태평양 도서를 사용할 수 있게 됨에 따라 루즈벨트 대통령은 대(大)길버트 제도, 피지 및 솔로몬 제도 등을 미국의 해군기지로 활용하는 것에 관심을 가지기 시작하였다. 그러나 스타크 참모총장은 해군이 남태평양의 영국령 도서를 기반으로 작전을 수행하려면 그 임무가 정찰이든, 통상파괴전이든 또는 위임통치령 공격이든 간에 일본이 이를 사전에 감지하고 남태평양 도서를 선점하지 못하도록 해야 하는데, 아무리 보안을 잘 유지한다 해도 일본이 사전에 눈치를 채고 말 것이기 때문에 이 방안은 성공하기 어렵다고 루즈벨트 대통령을 설득하였다.[84]

터너 전쟁계획부장 또한 남태평양은 구역이 너무 광대하여 함대가 효과적인 작전을 펼치기 어려울 것이라 주장하였다. 결국 터너 부장은 1941년 레인보우계획-5에 동경 180도 서쪽의 남태평양 해역에서 미 해군의 대규모 작전은 모두 금지하되 전력이 열세한 오스트레일리아 및 뉴질랜드 해군을 지원하기 위하여 오스트레일리아 근해에서 초계작전 및 대통상파괴전만 실시하는 것은 가능하다고 명시하였다.[85]

한편 1941년 5월 이후부터 전쟁계획부 내부에서 남태평양을 주무대로 작전을 수행하자는 새로운 움직임이 시작되었다. 전쟁계획부에서 이러한 주장을 다시 꺼내든 이유는 바로 새로이 태평양함대 사령관으로 부임한 허즈번드 킴멜 제독이 주장하기 시작한 대일전쟁 발발 시 웨이크-에니웨톡을 중심으로 한 해역에서 함대를 공세적으로 운용하겠다는 방침을 무마시키기 위함이었다. 당시 전쟁계획부 계획반장이던 찰스 무어(Charles J. "Carl" Moore) 대령은 전시 태평양함대의 작전구역의 범위를 태평양함대 사령부에서 주장하는 해역보다 더 안전한 해역으로 축소시키기 위해 먼저 길버트 제도(Gilbert Islands)를 미 해군 항공기지로 활용하자고 조심스럽게 제안하였다.

길버트 제도는 마셜 제도 남부에 위치한 환초군으로 이루어져 있는데, 해군기지로 활용할 정도로 양호한 조건을 갖춘 초호는 없었다. 그러나 육군은 일찍이 길버트 제도를 오스트레일리아와 미국을 잇는 연결고리로 보고 이에 관심을 가지고 있었다.[86] 웨이크의 취약성을 알고 있던 벨린저 제독은 비행정이 길버트 제도의 타라와와 웨이크를 왕복하면서 초계를 실시하면 정찰효과가 배가될 것이며, 만약 웨이크를 빼앗기더라도 타라와와 존스턴에 배치된 수상기를 활용하면 마셜 제도전체의 감시정찰이 가능할 것이라 보았다.

하지만 무어 대령은 길버트 제도를 기지로 한 항공정찰만으로는 일본 함대의 주요 진격방향을 탐지하는 것이 어렵다는 것을 이미 인식하고 있었다.[87] 게다가 킴멜 사령관은 영국령 도서들을 활용하는 것을 거부함으로써, 함대의 주작전 해역을 남쪽으로 변경할 의사가 없다는 것을 분명히 하였다.[88] 해군성에서는 동맹국 무기대여(Lend-Lease)법안에 따라 길버트 제도를 사용할 수 있는가를 검토하였으나 태평양전쟁 발발 전까지 미 해군의 길버트 제도 주둔은 성사되지 않았다.[89]

대일전쟁 시 길버트 제도를 활용한다는 방안이 무산되자 무어 대령은 이번에는 함대기지를 오스트레일리아와 가까운 라바울에 설치하자는 좀 더 공세적인 남태평양전략을 제안하였다(솔로몬 제도의 경우에는 함대기지로 활용할 적절한 장소가 없다는 이유로 제외)[90]. 트루크 제도로부터 700마일 가량 떨어져 있는 라바울은 당시 오스트레일리아의 위임통치령이었으며, 뉴브리튼 해역에서 함대기지로 활용하기에 가장 적합한 조건을 갖춘 곳이었다.

합동위원회는 레인보우계획-2의 연구 시 라바울을 캐롤라인 제도의 무력화 및 서부태평양과 오스트레일리아를 잇는 해상교통로를 보호하기 위한 전력의 전개지로 구상한 바 있었으며, 레인보우계획-3에서는 브루네오로 진격하기 위한 전초기지로 상정하였다.[91] 그리고 일본이 전쟁을 일으킬 경우 미국이 자국을 지원하지 않을지도 모른다고 우려한 오스트레일리아는 라바울에 미군전력이 전개해 줄 것을 요청하였다.[92]

이에 따라 무어 대령은 군수 관련 부서와 협조하여 라바울항의 군수지원가능성 여부를 연구하였다.[93] 그는 또한 스타크 참모총장을 부추겨 라바울을 확보한다면 양방향으로 위임통치령으로 진격할 수 있다고 육군을 설득하게 하였다. 무어 대령은 남태평양에 해군기지를 확보하게 된다면 미 함대는 이 해점을 통과하여 필리핀과 브루네오 사이의 전략적 거점으로 순조롭게 진격할 수 있을 것으로 예상하였고, 무엇보다도 킴멜 제독이 중부태평양에 함대전력을 집중시키는 것을 방지할 수 있을 것이라 보았다.[94]

그러나 진주만의 킴멜 사령관은 이번에도 참모총장실에서 제시한 남태평양을 통과하는 방안에 별다른 관심을 보이지 않았다. 킴멜 사령관 역시 라바울은 전시 매우 유용한 기지가 될 것이라 생각하고 있었지만, 1941년 중반 당시 함대전력을 그곳으로 파견하는 것은 거부하였다.[95] 함대사령관의 권한을 침해하는 것을 꺼려한 스타크 참모총장은 직접 결단을 내리지 못한 채 함대전력을 라바울로 파견하는 것은 오스트레일리아의 요청에 의한 것이라고 킴멜 사령관을 재차 설득하였으나 아무런 소용이 없었다.[96]

당시 라바울에 배치된 오스트레일리아군의 방어전력은 일개 대대병력에 야포 2문, 항공기 몇 대 밖에 되지 않는 매우 보잘것없는 수준이어서 이를 점검한 오스트레일리아군 검열단이 차라리 철수할 것을 권고할 정도였다. 1941년 10월이 되어서야 미 해군은 항만경비정을 시작으로 대공포, 레이다 및 기뢰 등의 방어전력 및 물자를 순차적으로 라바울에 제공하기로 결정하였다. 그러나 방어전력 및 물자 이송계획은 1942년 2월로 연기되었고,[97] 그 사이에 태평양전쟁이 발발하여 라바울은 일본군의 손에 떨어지고 말았다. 일본은 라바울을 점령한 후 이곳에 트루크 제도 다음가는 남태평양 최대 규모의 군사기지를 건설하게 된다.

한편 태평양전쟁 발발 몇 달 전부터 육군항공군(the Army Air Forces)에서도 남태평양전략에 관해 연구를 진행하고 있었다. 당시 육군항공군 참모장 칼 스파츠(Carl Spaatz) 준장은 웨이크는 육군 폭격기 운용에 적합지 않다고 판단하고 폭격기를 필리핀으로 이동 시킬 때 활용할 좀 더 안전하고 효율적인 경로를 확보해야 한다고 상부에 요구하였다.

1941년 10월, 육군은 1942년 2월 완공을 목표로 미국령과 연합국령 남태평양 도서를 연결하는 항공기지망 건설에 착수하였다.[98] 그러나 태평양 방어의 전체적인 책임을 지고있는 킴멜 태평양함대 사령관의 입장에서 볼 때 이러한 육군의 기지확장 시도는 묵과할 수 없는 행동이었다. 1941년 12월 2일, 킴멜 사령관은 스타크 참모총장에게 토끼가 여기저기 굴을 파는 것처럼 미국의 기지들이 태평양 전역(全域)에서 무분별하게 늘어나고 있다고 불만을 토로하였다.

당시 태평양 전체를 살펴볼 때 알류샨 열도, 사모아 섬 및 4개의 미국령 환초에는 해군기지가, 크리스마스 제도, 캔턴, 피지 및 뉴칼레도니아에는 육군항공기지가 이미 건설되어 있었으며 길버트 제도, 뉴헤브라이즈 제도, 솔로몬 제도 및 비스마르크 제도 등과 같은 '원거리' 도서에도 기지건설이 논의되고 있는 상황이었다. 각 도서기지의 방어를 위해서는 함대전력을 분산하여 투입해야 했기 때문에, 이것은 필연적으로 태평양함대 공세전력의 약화를 초래할 것이 분명하였다. 킴멜 사령관은 "서태평양 진격에 반드시 필요한 도서기지를 제외하고는 기지건설을 즉각 중단할 것"을 요구하였으며, "중부태평양 및 남태평양의 일련의 도서기지에 전력을 분산 배치하는 전략을 구사하는 것은 대일전쟁 승리에 결코 도움이 되지 않는다."고 불만을 토로하였다.[99]

킴멜 사령관은 중부태평양작전에 함대전력을 집중적으로 투입하며, 웨이크를 중부태평양작전에서 중요한 역할을 할 수 있도록 집중적으로 개발한다는 결심을 굽히지 않았던 것이다(제25장 참조)[100]. 그리고 오렌지계획의 오랜 전통인 공세적 작전수행 대한 그의 신념은 일본항공모함이 진주만을 기습할 때까지도 흔들리지 않았다.

22. 서태평양 전략기지 구상, 마침내 사라지다

1938년부터 1941년까지 중부태평양공세를 중심으로 하는 태평양전략의 발전을 저해한 요소는 육군의 무관심과 본토방어 중요성의 증대, 그리고 나치독일에 의한 유럽발 위기뿐만은 아니었다. 급진론자들은 끈질기게 직행티켓구상과 서태평양의 지브롤터 건설이라는 케케묵은 주장을 다시 들고 나와 점진전략에 도전장을 내밀었던 것이다.

괌 해군기지건설구상은 1910년부터 1922년 워싱턴군축회의 시까지 미 해군의 태평양전략을 지배한 바 있었다. 이 구상은 워싱턴 해군군축조약 체결로 인해 해군에서 잊혔다가 군축조약의 종료를 1년 앞둔 1935년부터 다시금 주목을 받게 되었다. 당시 킹 제독은 루즈벨트 대통령에게 괌은 항공기지로 활용가치가 높다고 말하였고[1] 일반위원회에서도 잠수함작전 및 순양함작전을 지원하는데 괌을 활용할 수 있다고 언급하기도 했다.

그러나 일반위원회에서는 괌에 해군기지를 건설하려면 상당한 방어능력을 구축하는 것이 필요한데 이것은 필연적으로 미·일 간 군비경쟁을 촉발시킬 것이라 결론짓고, 루즈벨트 대통령에게 괌에 군사시설의 설치는 지양해야 한다고 보고하였다.[2] 당시 함대전쟁계획관 새비 쿡은 이에 굴하지 않고 일찍이 마한(Mahan)과 듀이(Dewey) 그리고 1920년대 쿤츠(Coontz)가 주장한 바 있었던 "서태평양의 지브롤터"라는 구상을 다시 부활시키기 위한 투쟁에 돌입하였다. 육군이 해군의 위임통치령 점령작전을 지원하는 것을 부정적으로 생각하고 있던 1937년 말, 쿡은 워싱턴의 전쟁계획부를 방문한 다음, 사복으로 갈아입고 셔먼과 함께 괌으로 향하는 비행기에 올랐다.[3]

괌을 방문하고 돌아온 쿡은 괌에 함대기지 건설 필요성을 적극적으로 주장하는 방대한 분량의 보고서를 작성하여 제출하였다. 이 보고서에서 그는 괌에 함대기지를 보유하게 된다면 미군이 유럽전쟁에 참전할 경우에도 충분히 일본을 견제할 수 있다고 주장하였다. 그리고 일본이 전쟁을 일으킬 경우에는 괌에 배치된 함대를 활용하여 서태평양의 해상통제권을 장악할 수 있으며, 일본의 필리핀 침공도 저지 수 있다고 언급하였다.

또한 괌에 함대기지를 건설한 후 전쟁 물자를 사전에 비축해 놓는다면 오렌지계획의 가장 큰 난제인 태평양횡단 중 발생하는 함대의 군수지원문제를 단번에 해결할 수 있기 때문에 전시 원정함대의 신속한 진격을 보장할 수 있다고 주장하였다(그는 중간기착지 없이 바로 괌으로 진격거나, 캐롤라인 제도 근해 -트루크 제도 또는 홀스(Halls), 울리시(Ulithi) 등의 환초- 에서 1차 재보급을 하고 괌으로 향하는 것 모두 가능하다고 보았다).

또한 그는 괌에 함대기지가 있을 경우 함대가 대규모 손실을 입을 가능성이 거의 없기 때문에 육군은 서태평양작전에 적극적으로 참가하게 될 것이며, 일본 함대의 공격을 방어한다는 명목으로 육군이 항공전력의 강화를 요구하는 것도 저지할 수 있을 것이라 보았다(육군의 항공전력 예산의 증가는 필연적으로 국방예산에서 해군전력증강예산의 감축을 초래할 것이 분명하였기 때문이다).

무엇보다도 괌에 함대기지를 확보할 경우 위임통치령의 점령속도를 가속화할 수 있다는 것이 크나큰 장점이었다.[4] 쿡의 보고서에 공감한 블로크 함대사령관은 오렌지계획의 주 진격방향을 "괌과 트루크 제도를 연결한 해역으로 변경해야 한다"고 주장하기 시작했다.[5] 그러나 블로크 사령관과 쿡 전쟁계획관의 이러한 열정이 결실을 맺기에는 아직은 시기상조였다. 당시 리히 참모총장은 괌에 기지 확보 시 얻을 수 있는 이점에는 어느 정도 동의하였지만, 현재 미국의 여론은 대외문제에 적극적으로 개입하는 것에 대해 부정적이기 때문에 괌 기지건설문제를 공론화하는 것은 부적절하다고 판단하였다.[6]

한편 1938년 5월, 연방의회는 대규모 신형함 건조 및 3,000대 이상의 해군항공기 확보를 골자로 한 해군확장법안(Naval Expansion Act)*을 통과시켰다. 이 법안에 따라 해군력이 급속하게 확장될 경우 현재의 기지시설만으로는 그 전력을 모두 수용할 수가 없었기 때문에 미 해군은 새로

---

* 일명 "제2차 빈슨법"

운 기지건설계획 및 기존의 노후기지시설의 개·보수계획을 연구할 목적으로 다섯 명의 장교로 연구위원회를 구성하고, 미 함대사령관을 역임한 아서 헵번(Arthur Hepburn) 소장을 위원장으로 임명하였다.

1938년 12월, 헵번위원회는 (육군과는 별도 협의 없이 단독으로)[7] 항공기 및 소형함정 운용을 위해 미 본토 및 태평양 도서에 총 27개의 기지를 확보하는 것이 필요하다는 야심찬 계획을 작성하였다. 그러나 무엇보다도 이 계획의 핵심은 바로 괌에 20억 달러의 예산을 투입하여 건선거 및 기타 함정수리시설뿐 아니라 적의 공격에도 상당기간 버틸 수 있는 충분한 방어시설을 설치하여 "대규모 함대기지"를 건설해야 한다는 부분이었다.[8]

1939년에 추진된 미국의 모든 기지건설계획은 공식적으로는 "방어용 기지 건설"이라는 명목 하에 진행되었으며 공세작전을 위한 기지를 건설한다고 사실대로 밝히는 것은 당시의 분위기로서는 상상조차 할 수 없는 일이었다. 쿡은 의회청문회 답변 시 괌 기지건설계획은 "공세작전"을 위한 것이 절대 아니라는 '선의의' 거짓말을 하였는데, 그는 괌 해군기지는 미·일 간 전쟁을 억제하고 캘리포니아를 포함한 미국영토의 안전을 보장하기 위한 것이라고 주장하였다. 그러나 헵번위원회에서 작성한 보고서에서는 괌 해군기지 건설의 목적을 "서태평양에서 해군작전의 수행을 지원하는 것"이라고 명시하는 실수를 범하고 말았다.[9]

그러나 리히 참모총장과 루즈벨트 대통령은 당시 여론을 거스르면서까지 연방의회에 공세작전을 위한 괌 기지건설 예산을 배정해 달라고 계속해서 요구할 수는 없는 실정이었다. 이에 따라 1930년대 후반에 진행된 2차 괌 기지건설 추진활동은 1910년부터 1922년까지 이뤄진 1차 괌 기지건설 추진활동과 마찬가지로 대규모 함대기지 건설에서 소규모 전진기지 건설로 그 규모가 축소될 수밖에 없었다(표 22.1 참조).

이러한 결정에 따라 헵번위원회는 기존의 대규모 기지건설계획을 축소하여 8천만 달러를 투자하여 괌에 잠수함 및 항공기지를 건설하자는 계획을 다시 내놓았다. 그들은 괌 기지규모를 축소하게 되면 일본이 필리핀을 점령하는 것을 저지할 수는 없겠지만 일본의 공세속도를 둔화시킬 수는 있을 것이기 때문에 괌 기지를 활용한다면 전시 극동에서 함대작전을 지원하는 것은 가능할 것이라 예상하였다.[10]

곰리(Ghormley) 전쟁계획부장은 괌에 소규모기지라도 미리 확보해 놓는다면 일본의 공격방향을 이곳으로 유도할 수 있으므로 미 해군의 위임통치령 점령이 수월해 질 수 있다고 예상하였다. 구체적으로 그는 괌이 M+180일까지 일본의 공격에 버텨준다면 트루크 제도 점령일자를 계획보다 앞당길 수 있다고 보았다. 헵번위원회에서는 괌에 일본의 필리핀 공격과 비슷한 규모의 공격을 단기간 방어할 수 있는 "적절한 규모의 방어병력을 배치해야 한다"고 결정하였으며(계획담당자들은 적정 방어병력을 6,500명에서 15,000명 사이로 판단하였다) 전시 일본이 괌 근해의 해상통제권을 장악한다 해도 잠수함 및 항공기의 증원은 가능할 것이라 판단하였다(그러나 방어작전 시 소요되는 보급물자를 어떻게 괌까지 수송할 것인지는 아무도 명확하게 설명하지 않았다)[11].

〈표 22.1〉 괌 기지건설계획 비교, 1937~1939년

구 분	전시 활용방안	방어능력	지지자	소요예산
대규모 함대기지	공세작전 지원	어떠한 적의 공격에도 견딜 수 있는 방어능력 구축, 방어병력 15,000명	미 함대참모 (쿡, 일부전쟁계획담당자)	20억 달러 이상
항공기지 및 잠수함기지	방어작전 지원, 공세작전 일부지원	적의 공격에 6개월간 견딜 수 있는 방어능력 구축, 방어병력 6,500명	리히 참모총장(초기), 잉거솔 전쟁계획부장, 헵번위원회, 모렐 건설국장(초기)	8천만 달러
소규모 수상기기지 (1~2개 수상기전대 및 수상기모함 전개)	정찰기지, 항공기 중간기착지	방어시설 미설치	루즈벨트 대통령, 하원 해군위원회, 에디슨 해군차관, 리히 참모총장(말기), 모렐 건설국장(말기)	5백만 달러
기지 미개발	전시 적이 사용치 못하도록 파괴	소수 치안유지병력만 배치	고립주의 정치가 (하원의원 대다수)	-

그러나 앞서도 설명했듯이 1939년 당시 미국 여론의 분위기는 소규모 항공기 및 잠수함기지의 건설조차도 승인을 받기 어려운 상태여기 때문에, 루즈벨트 대통령은 괌에 전진기지를 건설해야 한다는 해군의 건의 역시 거부하였다. 결국 헵번위원회에서 최종적으로 작성한 괌의 기지 규모는 최초계획 대비 20% 가량으로 축소되었다.[12]

미 함대에서는 괌에 잠수함기지를 확보하는 것마저도 불가능할 경우 최소한 수상기기지라도 건설해야 한다고 주장하였다.[13] 모렐 해군건설국장은 팬아메리카 항공사에서 작성한 괌 수상공

항 개발계획을 기초로 하여 항내 산호초를 준설한 후 수상기 48대를 수용할 시설을 설치한다고 계획하였다.[14] 그리고 잉거솔 전쟁계획부장은 민간항만시설을 설치한다는 명목으로 괌 수상기 기지 건설에 필요한 충분한 예산을 획득할 수 있을 것이라 기대하였지만 루즈벨트 대통령과 리히 참모총장은 괌에 건설할 수상기기지의 규모까지 대폭 축소시켜 버렸다. 이러한 결정에 따라 괌에 수상기기지가 완성된다 하더라도 1~2개 수상기전대만 전개가 가능하였기 때문에 에니웨톡 공격작전 시 괌에 배치된 수상기는 단 몇 주 동안만 정찰임무를 수행할 수 있을 것이었다.[15]

미국 정치권의 고립주의 정치가들과 평화주의자들은 괌에 어떠한 군사시설의 건설에도 여전히 단호하게 반대하고 있었다. 전국평화회의(National Peace Conference) 및 미국 참전방지협회 (Keep America Out of War) 등과 같은 민간반전단체들은 괌에 군사시설을 설치하는 것은 일본과의 전쟁을 도발하는 것이라고 주장하였다.[16] 해밀턴 피쉬(Hamilton Fish) 하원의원은 괌은 "일본의 급소를 노리는 미국의 비수"라고 평하기도 했다.[17]

미 국무부 역시 괌 기지건설이 일본을 자극하지 않을까 우려하였다.[18] 그러나 다른 무엇보다도 괌 기지건설 활동을 좌초시킬 수 있는 가장 효과적인 방법은 바로 괌 자체의 취약성을 부각시키는 것이었다. 지넷 랜킨(Jeannette Rankin) 전 하원의원은 대다수 해군장교들이 괌의 해군기지는 일본의 침략을 억제하는 수단이기보다는 오히려 인질에 가깝다는 것을 잘 알고 있으면서도 이를 입 밖에 내는 장교가 없다고 비난하였다.

또한 육군의 휴 존슨(Hugh Johnson) 장군은 괌에 해군기지를 건설하는 것은 "일본의 아가리에 머리를 들이미는 꼴이다."라고 비판하였다.[19] 결국 1920년대에 전개되었던 괌 기지건설 추진활동과 마찬가지로 이번의 추진활동도 정치권의 반대를 피해가지 못하였다(그나마 친해군파인 칼 빈슨 하원의원이 해군의 괌 기지건설요구는 딴 속셈이 있는 것은 아니라고 하면서 해군의 입장을 두둔해 주었다)[20].

리히 참모총장은 괌은 태평양에서 하와이 다음으로 전략적 가치가 높은 곳이기 때문에 괌에 해군기지를 건설하지 않는다면 해군이 미국의 국익을 수호하는데 크나큰 어려움을 겪게 될 것이라는 주장을 펼쳤다.[21] 그리고 해군항공국 장교들은 괌 기지에 전개할 비행정은 공격기능이 없는 초계용이며, 이곳에 비행정을 배치해야만 오스트레일리아와 싱가포르 방향에서 오는 위협을 사전에 탐지할 수 있다는 논리로 해군의 진짜 의도를 의심하는 하원의원들을 설득하려고

노력하였다.[22]

이러한 노력에도 불구하고 괌 기지건설계획은 이번에도 역시 좌초되고 말았다. 하원에서 해군 세출예산안(naval appropriations bill) 중 괌 기지건설항목을 완전히 삭제해 버린 것이다. 리히 참모총장은 하는 수 없이 예산안을 상원으로 넘기면서 해군기지와 수상기기지는 엄연히 성격이 다르다는 것을 인식시키기 위해 노력하였다. 그는 연방의회에 괌의 수상기기지를 순수히 방어목적으로만 활용하겠다고 약속하기도 했다(그러나 이 약속에는 동경 180도 동쪽의 적극적인 "방어활동" 지원도 포함되어 있었다)[23].

한편 루즈벨트 대통령은 연방의회가 괌 기지건설에 결사적으로 반대하는 상황을 지켜보면서도 이에 대해 별다른 조치를 취하지 않았다. 이러한 대통령의 해동에 대해 일부 인사들은 루즈벨트 대통령이 해군의 괌 해군기지건설계획에 대한 미국 여론의 반응, 나아가 일본에 대한 미국 여론의 반응이 어떤지 시험해 보고 있는 것이라 추측하기도 했다.[24] 여하튼 간에 괌 해군기지건설 추진활동의 성공가능성은 완전히 사라지게 되었으며, 1939년 5월, 상원 해군위원회 위원장과 루즈벨트 대통령과 면담 과정에서 괌 기지건설계획은 완전히 폐기되었다.[25]

이러한 정치권의 결정에 따라 해군계획담당자들은 전쟁계획 작성 시 고려요소에서 괌을 제외시키려 하였지만 일부 장교들은 끝까지 괌 기지건설에 대한 희망을 버리지 않고 있었다. 일반위원회는 자신들이 강력하게 요구한 서태평양 전진기지 건설안이 받아들여지지 않은 것에 대해 매우 불쾌하게 생각하였다.[26] 그리고 모렐 건설국장은 1940년 11월까지도 괌에 1급 함대기지를 건설하는 것은 아직도 늦지 않았으니 다시 추진해야 한다고 수차례 건의하기도 했다.[27] 그러나 괌에 기지를 건설한다는 것은 이미 그 시기를 놓친 것이었고, 만약 함대기지가 완공된다 하더라도 영국이 보유하고 있는 싱가포르와 같이 미국의 방어부담만 가중시킬 것이 분명했다.

한편 1939년 말 진행된 괌 기지건설의 추진은 실현가능성이 희박하긴 하였지만 그 과정에서 해군의 전쟁계획수립분야에 귀중한 교훈을 제공해 주기도 하였다. 정치문제라고는 이제까지 접한 적이 없던 순진한 함대의 계획담당자들은 워싱턴 정계의 복잡한 역학관계를 깨닫게 되었고, 이후에는 좀 더 정교하고 세련된 방식으로 계획을 수립하게 되었다.

이후 괌을 대신하여 웨이크에 항공기지를 설치, 이곳을 기반으로 서태평양 공세 및 부근 해역의 함대작전을 지원하는 것으로 계획이 변경되었다. 무엇보다도 2차 괌 기지건설 추진활동 기간 동안 괌의 전략적 유용성을 검토했던 장교들은 자연히 마리아나 제도의 전략적 가치를 깨닫게 되었고, 이들은 제2차 세계대전 시 전투부대를 이끄는 주요 지휘관이 되어 이때 얻은 정보와 지식을 활용하게 된다.

결국 2차 괌 기지건설 추진활동도 이전과 마찬가지로 흐지부지하게 끝나게 되었다. 모렐 건설국장은 괌에 수상기기지라도 확보할 수 있기를 열망한 나머지 육상기지발전위원회를 재촉하여 하와이에서 필리핀까지 해역을 포괄하는 항공정찰기지 확보계획에 괌이 포함되도록 압력을 가하였는데, 엄밀히 말하면 이것은 건설국의 권한을 초과하여 작전분야에 관여한 월권행위나 마찬가지였다.

1941년 2월, 연방의회는 드디어 괌에 수상기기지 건설을 위한 예산을 승인해 주었다. 그러나 이때쯤 이면 괌에 기지를 건설한다는 구상은 해군 내에서 거의 사라진 상태였다. 스타크 참모총장은 마지못해 하원의 결정을 받아들이긴 했지만 괌은 개전직후 일본에 빼앗길 것이 확실하다는 계획담당자들의 건의에 따라 대대급 방어병력을 괌에 파견하는 것은 승인하지 않았다.[28] 그러나 괌에 수상기기지 건설을 위해 파견된 기술자들이 가을까지는 비행장을 건설하는 것이 가능하다고 보고하자 우유부단한 스타크 참모총장은 마음을 바꾸어 괌을 항공기지로 활용하는 것이 가능하지 않을까하고 내심 기대하게 되었다.

그러자 이번에는 그의 참모진이 반대하였다. 이전부터 괌은 미국의 전쟁계획에서 일본과 전쟁이 발발할 경우 적이 활용하지 못하도록 모든 기지시설을 파괴한다는 F등급 기지로 지정되어 있었다. 그리고 킴멜 태평양함대 사령관은 전시 괌은 함대의 방어범위 내에 포함되지 않는다고 언급하였다. 1941년 11월, 스타크 참모총장은 다시금 마음을 바꾸어 괌에 비행장 건설을 백지화하였다. 그리고 그가 이 결정을 내린지 3주 후 일본이 괌을 점령하게 된다. 그때까지도 별다른 지원시설을 건설하지 못한 괌의 민간기술자들은 소수의 해병대수비병력과 함께 일본군의 포로가 되고 말았다.[29]

괌을 태평양의 지브롤터로 만들어야 한다는 마한주의자들의 주장보다 더 오랜 역사를 가진 주장이 바로 필리핀에 해군전략기지를 확보해야 한다는 주장이었다. 일찍이 1908년 시어도어 루즈벨트 대통령이 이 논의를 백지화하였지만 1930년대까지도 일부 급진론자들은 아직도 이 구상을 마음에 품고 있었다.

1935년, 필리핀의 독립이 예정된 1945년 이후에도 필리핀에 미군 기지를 유지해야 하는가 의 문제가 대두되면서 이 꺼져가는 불씨가 잠깐 되살아나게 되었다. 당시 앰빅 장군은 필리핀이 독립한 이후에도 이곳에 상당수의 육·해군전력을 지속적으로 유지하는 것은 유럽식민지국가 들의 이익을 위해 미국의 자원을 소모하는 것으로, 미국의 국익에는 별다른 도움이 되지 않는다 고 생각하고 있었다.

그러나 합동기획위원회 해군반에서는 아시아에서 미국의 국익과 통상을 보호하고 백인종의 우위를 유지하기 위해서라도 필리핀에 함대기지를 유지할 필요가 있다는 고리타분한 이유를 들어가며 육군의 의견에 반대하였다. 이후 루즈벨트 대통령의 의견이 육군 쪽으로 기울게 되자 파이 전쟁계획부장은 해군이 필리핀에 건설하자고 주장한 기지의 규모는 함대기지급이 아니라 소규모 전진기지 정도였다고 말하면서 이 문제를 얼버무려 버렸다.[30] 결국 1938년, 리히 참모 총장은 필리핀이 독립할 경우 필리핀에는 소규모 해군기지시설만 남기고 나머지 시설은 모두 철수하는 것으로 결정하였다.[31]

이러한 결정에도 불구하고 1940년 말, 마누엘 퀴존(Manuel Queson) 필리핀 자치정부 대통령 이 루존 섬을 제외한 필리핀 도서의 항구 중 미국이 원하는 곳에 영구적인 미군의 주둔 및 미국 의 주권을 인정하겠다고 제안하면서 미 해군 장교단 내에서 필리핀 함대기지의 위치를 어디로 할 것인가에 대한 논쟁이 또다시 벌어지게 되었다. 미 해군은 이전부터 필리핀 제도 서부의 말 람파야 사운드(Malampaya Sound)와 필리핀 제도 동부의 포릴로(Polillo)를 필리핀 기지로 선호한 바 있었으며, 일반위원회에서는 필리핀 최남단에 위치한 졸로(Jolo)를 후보지로 점찍었다.

한편 스타크 참모총장은 필리핀에 함대기지를 확보한다 하더라도 일본이 필리핀을 점령한 후 육상에서 포위해버리면 소용이 없다는 논리로 필리핀에 기지 확보를 주장하는 인사들을 제 압하려 하였다.[32] 그러나 이러한 스타크 참모총장의 입장과는 달리 모렐 건설국장은 마닐라만 에 있는 카비테(Cavite)를 필리핀 함대기지 후보지로 선정해준다면 자신이 이곳에 기지건설을 적극 지원하겠다고 육상기지발전위원회를 다시금 설득하였다. 이 소식을 들은 전쟁계획부에서는 카비테의 경우에는 방어도 어렵고 군수지원도 곤란하다는 이유를 들어 난색을 표하였다.

터너 전쟁계획부장은 카비테에 수상기기지를 설치하는 것에는 동의하였으나, 함재기를 수용할 육상비행장의 건설에는 반대하였다. 한편 이러한 해군 내의 논쟁과는 관계없이 하원은 카비테에 아시아함대가 사용할 함정정비시설을 건설하는 예산을 승인하였다. 정비시설 건설이 절반 정도 완공되었을 무렵인 1941년 12월 10일, 일본군 폭격기가 카비테를 폭격하였는데,[33] 아시함대의 수상함정들은 이미 마닐라만을 탈출한 이후였다.

1930년대 후반 미 해군의 직행티켓구상은 서태평양 전략기지의 확보 여부에 관계없이 몇몇 소장파 급진론자들의 지지를 받으며 끈질긴 생명력을 이어가고 있었다. 특히 이전에 전쟁계획부서에서 근무한 경험이 있는 필리핀의 지휘관들이 급진론을 적극적으로 지지하였다. 1938년, 제16해군구* 사령관(Commandant of the Sixteenth Naval District) 조지 메이어스(George Julian Meyers) 소장은 일본과 전쟁 시 함대의 군수지원을 원활히 하고, 함대가 필리핀 도착 이후에도 공격 기세를 지속적으로 발휘하기 위해서는 필리핀에 함대 전략기지를 설치해야 한다고 요구하였다.[34] 그리고 완고한 성격의 아시아함대 사령관(CinC, Asiatic Fleet) 해리 야넬(Harry Yarnell) 제독도 미 해군이 위임통치령 점령에 6개월 이상을 소모하게 된다면 그사이 일본은 필리핀을 모두 점령할 것이기 때문에 미 해군이 필리핀에서 활용할 수 있는 기지가 없을 것이라 경고하였다.

그는 이러한 위험을 최소화하기 위해서는 필리핀에 사전에 30만 명의 방어병력을 배치해야 한다고 단언하였다.[35] 그리고 1939년 9월, 이 두 명의 급진론자들은 전쟁계획부에 미일전쟁 발발 시 필리핀을 구원할 수 있는 방안이 담긴 작전계획을 작성해달라고 공식적으로 요구하였다. 그러나 크렌쇼(Crenshaw) 전쟁계획부장은 "이러한 지엽적인 문제는 해군의 관심 밖"이라고 잘라 말하였다. 그는 육군이라면 필리핀 방어문제에 관심이 있을지도 모르지만 전쟁계획부는 유럽 전선문제를 다루는 것만 해도 바쁘다는 이유를 들어 이들의 요청을 일언지하에 거절하였다.[36]

---

* 필리핀의 마닐라 해군기지의 방어 및 관리를 책임지는 부대

제2차 세계대전이 발발하고 추축국에 대항하기 위한 연합국간 협력이 가시화되면서 미국의 극동전략구상도 급변하게 되었다. 영국령 말라야(Malaya), 홍콩, 북보르네오(North Borneo), 사라왁(Sarawak), 브루나이(Brunei), 프랑스령 인도차이나(French Indochina) 및 네덜란드령 동인도제도(NEI) 등과 같은 아시아의 유럽식민지는 필리핀보다 자원이 풍부하였고, 유전(油田)까지 있었기 때문에 상당한 전력을 투입하여 방어할 만한 가치가 있었다.

아시아의 유럽식민지 지역은 뛰어난 항만기반시설을 갖추고 있어 필리핀에 비하여 해군전력을 전개시키고 일본의 공격을 방어하는 것이 용이하였는데, 특히 영국령 싱가포르는 충분한 방어시설뿐 아니라 대형 건선거까지 갖추고 있어 함대기지로서는 최적의 위치였다. 이러한 기지를 기반으로 미군 및 연합군이 전쟁을 벌이게 된다면 일본의 동남아시아 정복야욕을 저지할 수 있을 것이었다.

구체적으로 수마트라 섬에서 오스트레일리아 해안까지 태평양 및 인도양의 연합국령 도서를 연결한 일명 "말레이 방어선(Malay Barrier)"은 일본의 팽창을 억제하고 최종적으로는 일본 본토로 반격을 개시하는 보루가 될 것이었다(제2차 세계대전 시 일본이 연합국의 동남아시아 식민지를 대부분 점령하게 되자, 말레이 방어선은 기존의 반격의 개시선라는 구상과는 반대로 태평양 남서부에서 일본군 남하공격을 저지하기 위한 연합군의 작전통제선이 되었다).

1939년 봄, 합동위원회의 다국간 전쟁계획 준비지침에 따라 작성된 레인보우계획-2 및 레인보우계획-3은 바로 이 말레이방어선의 방어에 미군전력을 집중적으로 투입한다는 태평양의 전략계획이었다. 합동위원회는 레인보우계획-2에서 미군은 아시아에서 미국의 '핵심이익'을 보호하기 위해 미국 단독 혹은 연합국과 함께 최대한 신속하게 서태평양의 해양통제권을 장악한다는 임무를 설정하였다.[37]

그리고 합동계획담당자들은 아직 유럽에서 전쟁이 발발하기 전이었던 1939년 8월부터 이를 달성하기 위한 구체적인 방안을 연구하기 시작하였다(당시 미 군부는 극비로 분류된 전쟁계획을 다른 국가에 공개하는 것은 정치적으로 불가능하다고 판단하였기 때문에 향후 미국과 연합하게 될 국가들에게도 레인보우계획-2의 존재를 공표하지 않았다).

그러나 얼마 지나지 않아 합동기획위원회는 합동위원회의 전략지침이 매우 모호한 내용이라는 것을 깨닫게 되었다. 그중에서도 어떠한 경우 미국이 일본과의 전쟁에 참전해야 하는가, 일본이 미국령은 제외한 채 유럽의 동남아시아 식민지만 점령할 경우 미국이 개입하는 할 수 있을 것인가 등이 큰 가장 큰 논쟁거리가 되었다.

합동기획위원회 육군반장 클라크(F. S. Clark) 대령 및 맥나니(Joseph T. McNarney) 대령은 정치·경제적 이익을 고려할 때 일본이 동남아시아 침공 시 미국이 참전하는 것은 당연하겠지만, 이 경우에 미국은 일본의 남방자원지대 및 군사적 요충지 점령을 저지하는데 노력을 집중해야 한다고 보았다. 반면 합동기획위원회 해군반장 쿡 대령 및 부서원들은 일단 동인도 제도가 일본의 손에 넘어가면 필리핀도 자연히 위험에 처하게 되므로, 일본이 동인도 제도를 공격하게 되면 미국이 자동으로 참전해야 한다는 입장이었다. 합동기획위원회에서는 이러한 육·해군의 입장을 모두 검토한 뒤, 일본이 동남아시아를 침공하는 즉시 '백인종의 이익'을 대변하는 국가인 영국, 프랑스 및 네덜란드(중국은 제외)와 연합하여 일본과 싸운다는 방침을 확정하였다.[38]

이러한 전략방침에 따라 해군계획담당자들은 별다른 고민 없이 사전에 말레이시아에 있는 연합군 항구에 함대를 파견함과 동시에 필리핀에 병력을 증강하여 일본의 동남아시아 침략행위를 견제한다고 계획하였다(이 방안은 1932년 '전격진격계획'의 기만방책과 유사하였다). 그리고 이러한 견제활동이 실패할 경우에는 괌 및 웨이크에서 발진한 항공전력의 지원 하에 신속하게 태평양을 횡단, 마닐라만에서 결사항전을 벌이고 있는 우군을 지원한다는 내용을 골자로 한 대응계획을 재빨리 작성하였다.

이후 미군은 말레이 방어선을 공격 중인 일본군을 차단·격파한 다음 일본의 잔여세력을 쫓아 동중국해까지 신속히 진출하여 전쟁을 조기에 종결짓는다는 구상이었다. 미군의 태평양횡단이 지연될 경우에는 어떻게 할 것인가라는 반대의견에 대해 계획담당자들은 광대한 태평양과는 반대로 말레이시아 해역에서는 연합국이 일본에 비해 '지리적, 시간적 이점'을 점하고 있기 때문에 남태평양 방향에서 북진을 개시하여도 필리핀을 구원할 수 있다고 확신하였다.[39]

그러나 1939년 9월 3일, 영국과 프랑스가 폴란드를 침공한 독일에 선전포고를 하면서 이러한 즉흥적 공상도 종말을 맞게 되었다. 계획담당자들은 마닐라에 전력을 전개시키면 된다는 방안을 버리고 말레이시아 전구 내 전쟁수행방안을 진지하게 고려하기 시작하였다. 이때까지도 상황을 낙관적으로 판단하고 있던 육군의 대령들은 말레이시아 전구에 배치되어 있는 연합군 전력 -병력 215,000명(대부분 현지인부대로 구성), 항공기 총 381대, 대부분 소형함정으로 구성된 해군전단 등- 을 활용한다면 필리핀 남방의 전방방어선에서 일본의 공세를 저지할 수 있다고 판단하였다. 그러나 신중한 성격의 쿡 대령은 일본은 미군이 개입하기도 전에 필리핀을 고립시 킴과 동시에 인도차이나 및 보르네오 유전지대를 신속하게 확보하고 네덜란드령 동인도제도를 점령하여 싱가포르를 포위, 무력화한다는 최종목표를 단숨에 달성할 수도 있다고 예측하였다.

그는 말레이시아 전구에 배치된 영국해군의 전함 3척만으로는 일본의 대규모 함대를 저지하 는 것은 역부족이지만 말레이 방어선의 몇몇 핵심기지는 지켜낼 수 있다고 예측하였으며, 말레 이 방어선에서 연합군이 어느 정도 버텨준다면 미 함대의 신속한 전개를 유도할 수도 있다고 생 각하였다(만약 미 함대의 전개가 늦어져 일본이 말레이시아 지역을 점령할 경우, 이 지역을 다시 탈환하는 데에는 수개월 이상이 소요될 것이라 판단되었다). 구체적으로 말레이 방어선을 지원할 미 함대는 위임통치령 남방 및 뉴기니아(New Guinea) 남부를 통과, 라바울 혹은 오스트레일리아의 다윈에서 재보급을 완료한 후 아직 일본에 점령당하지 않은 항구로 신속하게 진격한다는 방안이었다(지도 22.1 참조).

쿡 대령은 네덜란드령 동인도 제도의 항구보다는 싱가포르가 훨씬 조건이 양호한 기지이기 때문에 싱가포르가 일본에 점령되지 않기를 진심으로 바라고 있었다. 네덜란드령 동인도제도 의 항구 중 수라바야(Surabaya)는 건선거 및 양호한 방어시설을 갖추고 있었지만 수심이 낮아 주 력함들은 항구 외곽의 묘박지에 머물러야 하였다. 또한 바타비아(Batavia)는 항구가 좁고 방어시 설이 취약하였으며, 기타 항구들은 기지시설 조차 갖추어지지 않은 상태였다.[40]

해군 계획담당자들은 말레이 방어선에 함대기지를 확보한 이후 미군은 일본의 전진기지들을 간헐적으로 공격하고, 동시에 해군전력은 전방해역에서 작전을 펼쳐 적해군의 남진을 차단한 다고 구상하였다. 쿡은 이후 연합군이 합세하여 전력이 어느 정도 증강되면 따로 떨어져 있거나 방어가 취약한 적의 전진기지를 우선적으로 공격하여 점령해 나간다는 계획을 세웠다. 반면에 육군 계획담당자들은 대규모 지상작전을 펼쳐 적의 주력을 격파해야 한다고 보고 있었다.

육군은 우선 말레이 기지의 방어를 담당할 선견부대는 함대와 함께 이동하고, 20 M(M+20일과 동일)에는 반격작전용으로 3개 사단(약 45,000명)을, 그리고 90일 내에 10만 명의 병력을 말레이

전구에 전개시키고 이후 매달 10만 명을 말레이전구에 증원한다는 계획을 제안하였다(이 육군의 병력증원계획은 1929년 오렌지계획과 증원주기는 동일하였지만 증원규모는 두 배로 늘어난 것이었다).

한편 적으로부터 탈환한 기지들은 복구시켜 항공기지 및 해군기지로 활용하는데, 특히 말레이전구 내 해상통제권 확보를 보장하기 위한 함대전진기지의 위치로는 제셀톤(Jesselton) 또는 보르네오(Borneo) 북부의 브루나이만(Brunei Bay) 적절하다고 판단되었다(인도차이나의 캄란만은 기지조건은 양호하였으나 일본군이 중국대륙을 거쳐 육상에서 공격할 우려가 있었기 때문에 함대전진기지 후보에서 제외되었다)[41].

쿡 대령은 말레이 방어선 이북으로 반격작전이 개시될 즈음이면 미국의 해군력이 일본을 압도할 것이라 확신하였기 때문에 일본 해군은 대만북부까지 물러나서 연합군의 북진을 저지하려 할 것이라 가정하였다. 이후 일본 해군은 항공모함, 순양함 및 육전대(陸戰隊) 등을 동원하여 미국의 전진기지를 기습함과 동시에 소모전을 기도할 것이나 성공을 거둘 수는 없을 것이라 판단하였다. 쿡 대령은 연합국 육·해군은 '단시간 내에' 동중국해를 장악하고 말람파야 사운드(Malampaya Sound)를 확보한 다음, 이곳을 기반으로 하여 마닐라 탈환을 준비하는 것으로 계획하였다.[42]

쿡 대령은 연합군이 일본의 공격을 당해내지 못하여 미군이 말레이 전구에 도착하기 이전 일본이 네덜란드령 동인도제도를 점령하고 싱가포르를 포위하거나 공격하는 비관적인 상황 역시 가정하였다.[43] 그는 이러한 상황이 벌어졌음에도 불국하고 미국 정부가 레인보우계획-2의 시행을 결심하게 된다면, "전쟁의 진행과정은 매우 더딜 것이고, 전쟁비용이 막대하게 증가할 것이며, 갖가지 난제들이 속출하게 될 것이다. 무엇보다도 태평양전구에서 연합국의 힘을 빌릴 수 없다는 것이 가장 큰 문제인데, 이것은 대일전쟁에서 가장 극복하기 어려운 문제가 될 것이다." 라고 예측하였다.[44]

1939년 11월, 일단 레인보우계획-2의 초안은 완성되었으나 아직 군 지휘부의 승인은 나지 않은 상황이었다. 그리고 이해 겨울을 지내는 동안 미 군부 내에서는 일본과 전쟁 시 승리할 수 있다는 자신감이 점차 약화되고 있었다. 당시 미 군부에서는 이탈리아나 소련(USSR)이 나치독일에 합세할 것이라든지, 일본이 남중국해의 하이난다오(Hainan Island) 섬을 공격할 것이라는 소

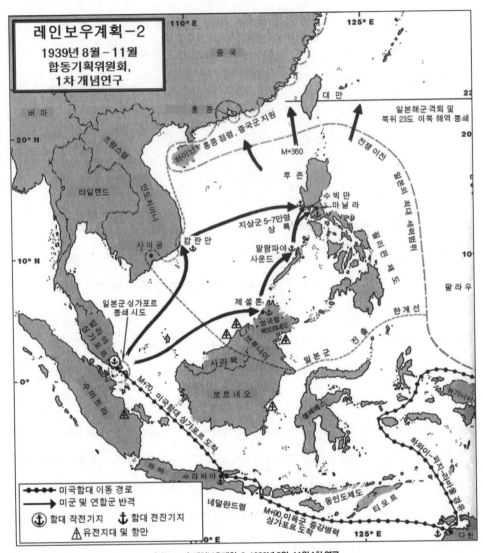

문이 무성하였다. 그리고 미국이 조치를 취하기도 전에 일본이 필리핀 및 인도차이나를 점령하고 남중국해(the South China Seas) 및 셀레베스해(the Celebes Seas)를 장악할 것이 확실해 보였다. 이에 따라 싱가포르에 미 함대를 전개시키는 것은 점차 가능성이 낮아지게 되었다.

1940년 3월 새로이 함대전쟁계획관이 된 머피(Murphy)는 전쟁계획부에 리처드슨 함대사령관이 레인보우계획-2을 "그리 맘에 들어 하진 않는 듯하다"[45]라고 에둘러 말한 바 있지만 사실 리처드슨 사령관은 이 계획의 내용에 대해 경악을 금치 못했음에 틀림없다. 1940년 3월, 머피의 전임자인 함대전쟁계획관 힐(Hill)이 레인보우계획-2에 대한 리처드슨 사령관의 검토의견서를 워싱턴에 가지고 갔을 때[46] 참모총장실은 다시금 미 해군의 작전반경을 동태평양으로 제한한다는 보수적인 입장으로 돌아서려 하던 참이었다.

레인보우계획-2 검토의견서에서 리처드슨 사령관은 미 함대가 중국해에서 활동할 경우 일본은 곧바로 미국령 환초를 포함한 동태평양을 직접 공격하여 하와이와 말레이 해역 간 해상교통로를 위협할 것이며, 심지어 미국의 서해안까지 위협할 것이라고 우려하였다. 그리고 이럴 경우 미국은 동태평양의 방어를 위해 함대를 양분해야 하기 때문에, 말레이 전구에서 일본 해군을 압도할 수 있는 전력을 갖추는 것이 불가능 하다고 주장하였다.[47]

결국 1940년 4월, 합동기획위원회는 미 함대사령부의 거센 반발을 무마하기 위하여 레인보우계획-2를 수정하게 된다[48](지도 22.2). 이 수정된 계획에서 미 함대의 임무는 일본의 남방진격을 저지하고 보르네오 석유반출항만 주변의 해상통제권을 장악하여 일본의 남방자원지대 접근을 거부하는 것으로 그 규모가 축소되었다. 그리고 연합군 지상군의 작전도 유전지대의 탈환이 완료될 때까지 점진적으로 반격을 가하는 것으로 변경되었으며, 미 육군의 주 임무는 지상작전에서 항공지원작전으로 전환되었다.

이에 따라 말레이방어선 방어에 미국이 투입할 지상군의 규모는 기지방어전력 정도로 축소된 반면, 육군항공전력의 경우에는 102대의 장거리폭격기를 개전 즉시 말레이 전구에 투입하고, 소형항공기 420대는 80M까지 해상수송하는 것으로 그 규모가 확대되었다. 육·해군 항공장교들은 남태평양, 오스트레일리아 및 중국에 장거리폭격기용 중간기착기지를 확보하기 위한 방안을 연구하기 시작하였고, 참모총장실에서는 수정된 레인보우계획-2를 근거로 "가능한 신속하게" 함대지원계획을 작성하라고 함대사령부에 지시하게 된다.[49]

그러나 수정된 레인보우계획-2에서 미 함대의 임무범위가 아무리 축소되었다 하더라도 함대를 일본의 공격에서 살아남을 가능성이 거의 없는 아시아의 항구로 신속하게 진격시킨다는 방안은 현실성이 결여된 것이었다. 그리고 1940년 5월, 독일군이 유럽전선에서 재차 진격을 개시하여 네덜란드 및 프랑스를 단숨에 함락시키고 영국까지 위협하게 되면서 유럽 국가들이 연합

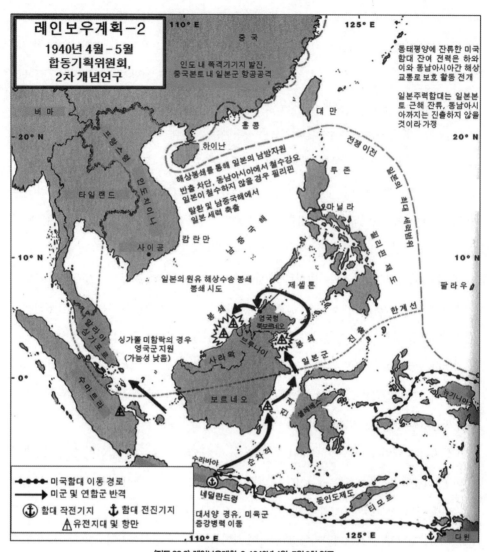

〈지도 22.2〉 레인보우계획-2, 1940년 4월-5월 2차 연구

하여 일본의 동남아시아침략을 방어한다는 계획은 수포로 돌아가게 되었다. 유럽 국가들의 고전으로 인해 동남아시아의 유럽식민지가 미 함대가 도착할 때까지 자체적으로 일본의 공격을 방어한다는 레인보우계획-2의 핵심가정이 더 이상 성립할 수 없게 되어버린 것이다.

1940년 여름이 되자 계획담당자들은 부랴부랴 이전엔 한구석에 밀어 놓았던 독일의 아메리카 대륙 공격에 대비한 대서양 및 남아메리카 방어계획을 다시 연구하기 시작하였다.[50] 이해 10

월, 리처드슨 사령관은 해군성에 레인보우계획-2의 폐기를 요청하였고[51] 터너 전쟁계획부장과 스타크 참모총장도 이에 동의하였다. 결국 레인보우계획-2은 초안단계에서 더 이상 구체화되지 못하고 폐기되고 말았다. 합동위원회 역시 레인보우계획-2을 승인하지 않았으며, 육·해군 모두 세부지원계획을 작성하지 않았다.[52]

미국이 태평양전쟁 발발 이전 일본과의 전쟁에 대비하여 집중적으로 연구한 마지막 전쟁계획은 바로 레인보우계획-3이었다. 태평양방어에 연합국이 참여하지 못할 것이라는 사실이 점차 확실시 되자, 1940년 4월 합동위원회에서는 레인보우계획-3을 구체화하도록 지시하였다. 레인보우계획-3에서는 연합국이 자체적으로 대서양을 방어할 수 있을 것이기 때문에 미국은 서태평양에서 미국이익의 보호에 집중할 수 있을 것이라 가정하였다. 그러나 동남아시아의 방어 시 연합국의 지원은 거의 받을 수 없을 것이라 예상하였다. 합동기획위원회는 일본이 말레이시아를 침공할 경우 미국은 먼저 동태평양의 안전을 확보한 다음, "당시 상황을 고려하여 가능한 한 신속하게 서쪽으로 미국의 해상통제권을 확장한다"는 내용으로 개략개념을 수립하였다. 그러나 미군의 모든 전력을 바로 아시아로 전개하는 것은 군사적으로도, 그리고 국내 여론 면에서도 "부적절할 뿐 아니라 불필요하다"고 판단하고 있었다.

레인보우계획-3의 전략개념은 레인보우계획-2의 신속진격방안이나 기존 오렌지계획의 점진진격방안 중 어느 쪽과도 연관성이 없었다. 한마디로 레인보우계획-3은 두 가지 방안의 단점만을 모아 놓은 세련되지 못한 계획이라 할 수 있었다. 해군은 이러한 맹점을 사전에 파악하고 있었던 듯이 육군전쟁계획부에서 레인보우계획-3의 작성을 주관하게 하고 해군은 해양작전분야에 관한 의견만 제시하였다.

육군전쟁계획부의 맥나니(McNarney) 대령 또한 참신한 아이디어가 없었던 나머지 레인보우계획-3의 초기 가정을 레인보우계획-2와 동일하게 작성하였다; 일본은 필리핀과 동인도 제도 북부를 점령한 다음 싱가포르를 포위할 것이다. 이 과정에서 일본군과 연합군 양쪽 모두 막대한 피해를 입을 것이 확실하지만, 연합군은 '기적적으로' 말레이방어선을 지켜낼 수 있을 것이다. 미국은 전체전력을 바로 말레이전구에 파견하는 것은 지양하고 일본이 보르네오의 유전지대로 접근하는 것을 차단하는 데에만 노력을 집중하는 동시에 주력함대와 육군의 주력은 하와이에 집결시킨다.

최종적으로 맥나니 대령은 이후 '적절한 시점에' 서태평양 -싱가포르 또는 자바를 최종목표로 지정- 으로 진격한다고 결정하였다. 그러나 이 방안은 진격개시 시점, 진경경로 및 최종목표를 놓고 볼 때 이전의 오렌지계획 작성 시 논의되었던 급진론자와 점진론자와 간의 타협의 산물과 다를 바가 없는 것이었다. 그리고 진격 중 중간목표는 라바울, 셀레베스 또는 팔라우가 될 수 있다고 간단히만 언급하였다[53](제21장 참조). 이후 독일군이 서유럽 국가들의 점령을 완료하자 맥나니 대령은 더 이상 레인보우계획-3을 연구시키는 것을 중단하였고, 이 계획은 중간에 붕 뜬 상태가 되어버렸다.

1940년 가을, 합동기획위원회는 레인보우계획-3을 재검토한 후, 이 계획의 수준을 말레이 방어선의 영국과 네덜란드를 상징적인 수준으로만 지원한다는 레인보우계획-4와 유사하게 대일 통상파괴전에 집중하는 예비 전구방어계획 수준으로 축소하자고 제안하였다.[54] 하지만 이 제안마저도 몇 주가 채 안되어 쓸모없게 되고 만다.

1940년 10월 중순, 리처드슨 함대사령관이 루즈벨트 대통령을 예방하기 위해 워싱턴으로 가게 되었는데, 리처드슨 사령관과 머피 전쟁계획관은 이 기회를 이용하여 참모총장실 전쟁계획부를 방문, 레인보우계획-3의 대략적인 개념이라도 확정짓기 위해 협의를 진행하였다. 이 회의에서 그들은 오렌지계획과 레인보우계획-2의 개념을 조합하여 중부태평양에서 해군이 양동(兩動)작전을 실시하는 동안 일명 "아시아 증강부대"라는 강력한 임무부대를 말레이 방어선에 전개시킨다는 전략개념을 급히 작성하였다.[55]

그러나 이 개념 역시 전략적 중요도가 낮은 남태평양의 방어를 위하여 강력한 전력을 집중시킨다는 전쟁의 원칙을 무시한 부적절한 타협안이었다. 스타크 참모총장은 이러한 레인보우계획-3의 수정안을 탐탁지 않게 생각하였지만 마셜 육군참모총장에게 이야기한 바와 같이, 동남아시아의 연합국을 지원하라는 '상부의 지시(higher authority)'가 있을 경우 즉각 전력을 전개시킬 수 있는 전투준비태세를 유지해야 했기 때문에 마지못해 이에 동의하였다.[56]

1940년 12월, 터너 전쟁계획부장은 레인보우계획-3 수정안의 개념과 스타크 참모총장이 작성한 유명한 "플랜도그각서"(제23장 참조)의 주요개념을 종합하여 레인보우계획-3의 해군지원계획인 해군 레인보우전략계획 WPL-44를 작성하였다.[57] 그러나 레인보우계획-3은 결국 완성을 보지 못하였기 때문에 터너 전쟁계획부장이 작성한 해군의 지원계획은 레인보우계획-4의 작성이 완료되는 즉시 대체될 과도기적 성격의 계획이었다.[58]

해군 레인보우전략계획 WPL-44는 일본이 말레이 방어선 외곽으로 석유 및 천연자원을 반출하지 못하도록 차단한다면 일본의 전쟁지속능력을 말살하는데 상당한 효과를 거둘 수 있을 것이라 가정하였다. 그러나 실제로는 당시 일본은 이미 상당량의 유류를 비축하고 있었기 때문에 그다지 현실성이 없는 가정이었다. 한편 스타크 참모총장은 아시아 증강부대(Asiatic Reenforcement)를 전개시킨다면 "효과적이고 지속적으로 말레이 방어선을 방어할 수 있다"고 믿고 있었다.[59] 또한 해군 레인보우전략계획, WPL-44는 대규모 증강부대가 도착하지 않아도 기존에 말레이방어선에 배치된 연합군과 미군부대만으로 개전 후 90일까지는 싱가포르를 방어할 수 있다고 가정하였는데, 이 가정은 이후 실제로 벌어질 상황을 상당히 정확하게 예측한 것이었다.[60] 그리고 공식적으로 계획에 수록되지는 않았지만 미군 증강부대가 위임통치령을 통과하는 중 진격이 지연될 경우를 고려하여, 영국이 먼저 말레이전구에 강력한 해군전력을 투입하여 적의 공격을 최대한 지연시킨다는 방안 또한 수립되어 있었다(제25장 참조).

해군 레인보우전략계획 WPL-44의 핵심내용은 바로 아시아 증강부대의 규모였다. 아시아 증강부대는 동인도 제도에서 활동할 항일게릴라부대를 지원하는 해병대 항공기를 탑재한 항공모함 요크타운(Yorktown), 중순양함 4척, 수상기모함을 포함한 비행정 1개 전대, 기뢰부설함 및 소형 보급함들로 구성되었다. 이렇게 편성된 아시아 증강부대는 5M 하와이를 출항, 토마스 하트(Thomas C. Hart) 제독이 지휘하는 아시아함대(Asiatic Fleet)와 합류하게 되어 있었다. 그러나 우유부단한 스타크 참모총장은 해군 레인보우전략계획 WPL-44에 대해 이번에도 매우 애매한 태도를 보였다. 그는 하트 아시아함대 사령관에게 동남아시아의 연합군 지휘관들과 은밀히 접촉하여 일본의 침략에 대비한 연합작전의 방향을 협의하게 하였지만 미국의 구체적인 지원규모를 약속해주지는 말라고 지시하였다.

한편 하트 아시아함대 사령관이 생각하기에 미국이 실제로 아시아 증강부대를 파견할지는 100% 확신할 수 없지만 이 부대가 '적시에' 전구에 도착한다면 일본의 침략에 대항하는데 한번 기대해 볼만한 수단이었다.[61] 그는 당연히 아시아 증강부대가 파견될 경우 마닐라로 향하기를 기대하고 있었다. 그러나 터너 전쟁계획부장은 오스트레일리아 남부를 우회하여 통과하는 것이 가장 안전한 진격방안이 될 것이라 생각하였다(미 해군이 오렌지계획을 연구한 35년의 기간 중 이렇게 먼 거리를 우회하는 태평양 진격경로를 제안한 것은 이번이 최초이자 마지막이었다).

이렇게 하트 사령관이 아시아 증강부대의 전개시점 및 군수지원문제를 고민하고 있을 무렵, 그는 새로이 태평양함대 사령관으로 지명된 킴멜 제독과 이 문제에 관해 이야기를 나눌 기회를 가지게 되었다(1941년 2월, 미 해군의 조직개편으로 미 함대가 대서양함대와 태평양함대로 분리되었는데, 태평양함대에 배속된 전력의 규모가 대서양함대보다 월등히 많았다. 이후 이 책에서 언급하는 "함대"는 태평양함대를 의미한다).

두 사령관은 아시아 증강부대는 오스트레일리아 북부항로를 통해 이동하는 것으로 하고, 다윈(Darwin)에서부터 아시아함대 사령관에게 아시아 증강부대의 지휘권을 이양한다는 내용에 합의하였다. 그리고 비행정의 경우 남태평양의 미군 환초기지를 경유하여 증강부대보다 앞서서 이동하여 아시아 증강부대가 통과할 오스트레일리아와 뉴기니아 사이의 토레스해협(Torres Strait)을 사전 정찰하는 것으로 결정되었다.

한편 속력이 느린 구식 수상기모함이 아시아 증강부대와 동행하게 되면 이동속력이 저하되어 24M 전까지 부대가 다윈에 도착할 수 없었으므로, 하트 사령관은 구식 수상기모함의 지원은 필요치 않다고 판단하였다(이 회의에서 킴멜 사령관은 아시아 증강부대에서 구식 수상기모함을 제외시키는 것에는 개의치 않지만, 중부태평양작전에 투입할 신형 고속수상기모함을 아시아 증강부대로 전용하는 것에는 반대하였다).

하트 사령관은 아시아 증강부대가 마닐라에 전개하지 않을 경우에는 다윈에서 곧바로 싱가포르로 이동하기를 바라고 있었다. 그러나 일본이 동쪽에서부터 서쪽방향으로 네덜란드령 동인도제도를 공격할 것이라는 스타크 참모총장의 의견에 따라 참모총장실에서는 아시아 증강부대는 네덜란드령 동인도제도의 특정 항구를 기지로 하여 말레이 방어선의 동쪽 끝단의 방어에 집중적으로 투입해야 한다고 주장하였다. 먼저 그들은 요크타운함은 말레이 방어선 남방 공해상에 배치하여 운용하기로 하였다. 그리고 해병대 항공기는 전진기지에 배치된 비행정이 획득한 정보를 제공받고, 안잭(Anzac) 해군의 지원 하에 자바섬 북부 해협을 봉쇄하는데 투입하는 것으로 계획하였다. 그러나 일본 해군이 아시아 증강부대의 작전을 저지하기 위하여 말레이방어선 근해에 출동할 것이라 고려한 사람은 아무도 없었다.[62]

이러한 먼 거리까지 '지원전력'을 제공해야 하는 킴멜 제독의 입장에서 볼 때는 아시아증강부대에 항공모함을 포함시킬 것인지가 매우 난처한 문제였다.[63] 당시 태평양함대가 보유한 항공모함은 모두 3척이었는데, 3척 모두 태평양함대의 '가장 중요한 임무'인 위임통치령 점령에 없어서는 안 될 귀중한 전력이었다. 이에 따라 태평양함대 사령부에서는 전쟁발발 이전 해병항공단을 말레이전구에 사전 배치하는 방안, 항공기를 수송선에 적재하여 이동시키는 방안, 항공모함을 이동경로 중간 중간에 배치하여 항공기의 중간기착지로 활용하고 이동이 완료되면 항공모함은 진주만으로 복귀한다는 방안 등 여러 가지 대안을 건의하였으나 참모총장실에서는 모두 승인하지 않았다.

결국 킴멜 사령관은 하는 수 없이 항공모함 렉싱턴(Lexington)을 아시아 증강부대와 동행하게 하여 증강부대가 토레스 해협을 통과할 때 항공엄호전력을 제공하는 것으로 결정하였다. 그러나 이렇게 되면 태평양함대가 중부태평양작전 초기에 투입할 수 있는 항공모함은 단 한 척 밖에 되지 않았다.[64] 이번에도 명확하게 입장을 정리하지 못한 스타크 참모총장은 아시아 증강부대를 우선 지원하는 것이 급선무라고 강조하면서도 태평양함대의 중부태평양작전 수행에 필요할 경우에는 즉각 복귀시킬 수 있도록 항공모함을 아시아 증강부대에 '임시배속' 시킨다는 내용을 승인하였다.[65]

그러나 이러한 아시아 증강부대개념은 불과 2개월이 채 못 되어서 폐기되고 말았다. 1941년 1월 16일, 백악관 회의에서 루즈벨트 대통령은 아시아 함대의 전력을 증강시키는 어떠한 방안도 승인하지 않은 것이다. 스타크 참모총장은 이러한 대통령의 결정에 매우 충격을 받긴 했지만, 프랭크 녹스 해군장관을 잘 설득한다면 대통령을 마음을 바꿀 수도 있지 않을까 생각하고 있었다.[66] 이러한 그의 바람은 결국 무위로 돌아가고 말았다. 하트 아시아함대 사령관은 아시아 증강부대의 작전계획을 작성할 필요가 없게 되었으며 오스트레일리아를 중간기지로 활용한다는 내용도 백지화되었다. 한편 아시아 증강부대 파견방안이 완전히 폐기되었음에도 불구하고 이를 태평양함대 사령관에게 통보해준 사람이 아무도 없어 태평양함대의 전쟁계획담당자들은 이후 2개월 동안이나 성과 없는 아시아 증강부대 작전계획의 연구에 매달려 있었다.[67]

그럼에도 불구하고 1941년 내내 아시아에 신속하게 해군전력을 전개시킨다는 그럴듯한 환상이 미 해군 내부에 계속해서 남아있었다. 루즈벨트 대통령의 결정을 충실히 따른 스타크 참모총장이 아시아함대의 전력증강 논의는 일본의 적대행위를 촉발시킬 수 있다고 경고할 때까지 하트 제독은 일본에 경각심을 심어주고 필리핀의 전력을 강화시키기 위해 마닐라에 순양함을 전개시켜야 한다는 주장을 계속하였다.[68]

한편 당시 코델 헐 국무장관은 외국항구에 미국함정이 방문한다면 일본을 견제하는 효과가 있지 않을까라는 의견을 제시하였고, 루즈벨트 대통령 또한 마닐라나 동남아시아의 연합국 항구에 순항훈련부대를 파견하는 계획을 수립하는데 반대하지 않았다. 그러나 스타크 참모총장은 단순한 항구방문 정도로는 일본의 침략의도를 억제할 수 없다는 사실을 이들에게 납득시켜야 했다. 그는 태평양함대를 양분하게 되면 일본 해군에게 각개격파 당할 우려가 있으므로 "엄청난 전략적 과오를 범하는 것이 될 수 있다"고 설명하였다.[69]

루즈벨트 대통령은 소련을 지원할 목적으로 항공모함을 이용하여 시베리아로 항공기를 수송하자는 방안을 내놓기도 했다. 이에 대해 킴멜 태평양함대 사령관은 항공기수송용 항공모함을 호위하려면 함대전력 전체가 일본의 해협을 통과해야 하는데, 이럴 경우 일본에게 전쟁의 빌미를 줄 것이 확실하다고 루즈벨트 대통령을 설득했다. 그는 일본과 전쟁을 하려한다면 태평양함대가 주도권을 쥐고 전쟁을 수행할 수 있게 해달라고 간곡하게 요청하였고[70] 이후 루즈벨트 대통령은 항공모함을 이용하여 시베리아에 항공기를 수송한다는 구상을 결국 철회하게 되었다.

1941년 초, 아시아에 함대 전략기지를 확보한다는 해군의 오랜 숙원사업을 실현할 수 있는 기회가 드디어 오게 되었다. 1940년 9월, 영국해군위원회(Royal Navy commission)는 영국정부를 통하여 미국에게 일본의 침략야욕을 억제해 줄 것과, 싱가포르에 미국의 함대전력을 배치하여 아시아에서 양국의 공통이익을 보호해줄 것을 요청하였다. 영국해군위원회는 미국이 이 제안을 기꺼이 받아들일 것으로 예상하고 있었다.[71]

당시 미 해군의 관점에서 볼 때 싱가포르는 그들이 바라고 있던 모든 조건을 갖춘 이상적인 함대기지였다. 싱가포르기지는 함대 전체가 정박하기에 충분한 묘박지를 보유하고 있었고, 4평방마일에 걸친 구역에 다양한 육상지원시설이 있었으며, 특히 대형함을 수리할 수 있는 대형건선거와 크레인도 설치되어 있었다. 또한 전쟁 물자와 탄약 비축량이 풍부하였고, 해군기지 바로 옆에 양호한 조건을 갖춘 민간항만이 있었으며, 수마트라의 유전 및 정유시설과도 거리가 가까워 연료확보에도 어려움이 없었다. 그리고 비행장 및 강력한 대공방어시설을 갖추고 있었으며, 적의 항만진입을 차단할 기뢰원까지 설치되어 있었다. 또한 항구의 북쪽은 정글로 뒤덮여 있기 때문에 적이 이곳을 돌파하여 항구를 배후에서 공격하는 것 역시 불가능할 것으로 판단되었다.[72] 영국은 이렇게 훌륭한 조건을 갖춘 함대기지를 미국에 기꺼이 제공하려 하고 있었다.

1940년 말, 루즈벨트 대통령은 영국 및 영국의 자치령 국가들과 협력하여 일본에 대항한다는 레인보우계획-5의 전략지침을 시달하였다. 이때 그는 영국 및 캐나다의 계획수립부서와는 세계전략에 관하여, 그리고 극동의 연합군 지휘관들과는 아시아전구의 작전계획에 관하여 실무진급 협의를 진행하는 것을 승인하였고[73] 당시 특별해군참관단으로 런던에 있던 곰리는 영국 측에 이 내용을 전달하였다.[74]

이렇게 해서 "ABC-1"으로 알려진 미국군과 영국군 간 전략계획수립회의가 1941년 1월 29일부터 워싱턴에서 개최되었다. 이 자리에서 영국은 유럽전쟁에 우선순위를 둔다는 레인보우계획-5의 전략개념에는 기꺼이 동의하였다. 그러나 태평양전략에 관해서는 세계대전을 수행하기 위해서는 오스트레일리아, 뉴질랜드 및 인도의 천연자원과 인적자원에 의존해야 한다고 주장한 후, 일본의 침략으로부터 이들 지역의 안전보장을 위해서는 싱가포르의 방어가 필수적이라 주장하였다.

영국의 입장에서 볼 때 일본이 싱가포르를 점령한다면 인도양으로 직접 진출이 가능하기 때문에 영국 본토와 아시아 식민지 핵심지역 간의 해상교통로가 완전히 차단될 수 있었다. 이럴 경우 인도는 영국에 반기를 들고 독립하려 할 것이고, 중국은 대일전쟁에서 손을 떼려 할 것이며, 소련은 추축국에 가담할 수 있다고 보았던 것이다. 회의석상에서 영국은 '아시아 진출의 관문'인 싱가포르를 고수하지 않고서는 대일전쟁에서 승리할 수 없을 것이라 단언하고, 싱가포르를 잃게 된다면 대영제국의 위신에 재앙적 결과를 초래할 것이며, 결과적으로 영국의 자치령국가 연합의 붕괴를 초래할 것이라 주장하였다.

그러나 영국은 싱가포르에 배치된 자국의 지상군 및 공군만으로는 싱가포르를 지켜낼 능력이 없었다. 영국 해군본부(Admiralty)는 싱가포르에 충분한 해군력을 사전에 배치하길 바라고 있었으나 대서양전구 및 기타 전구의 작전상황도 고려해야 했기 때문에 싱가포르 배치할 수 있는 전력은 전함 1척과 순양함 1척 밖에는 없었다. 하지만 아직도 넬슨의 후예라 자부하고 있던 영국해군은 주력함 2척만 있어도 남중국해에서 일본 해군의 자유로운 활동을 차단하고 동인도제도를 방어하며, 싱가포르로 이어지는 해상교통로를 보호할 수 있다고 여기고 있었다. 또한 영국해군은 인도 및 말레이전구에 근접한 여러 비행장에서 항공전력을 지원받을 수 있다고 확신하였기 때문에 일본의 항공전력은 그다지 겁낼 필요가 없다고 판단하였다. 이렇게 영국해군은 단기간은 싱가포르를 자체적으로 방어할 수 있겠지만 싱가포르를 항구적으로 방어하기 위한 '유일한 방법'은 대규모 주력함으로 구성된 함대를 배치하는 방안 밖에는 없다고 보았다. 당시 그 정도 규모의 함대전력을 제공해 줄 수 있는 국가는 미국뿐이었다.

그러나 당시 미국 정부는 일본의 동남아시아 진출을 저지하기 위해 아시아에 해군력을 신속하게 전개시킨다는 "아시아 증강부대" 구상을 폐기한 직후였다. 이 구상의 폐기는 바로 미국은 대일전쟁 시 중부태평양작전에 전력을 집중시킨다는 의미였다. 당시 미국의 계획담당자들은 싱가포르가 없어도 영국이 본국과 아시아 식민지간 해상교통로를 유지할 수 있을 것이라 보았기 때문에, 싱가포르를 반드시 고수할 필요는 없다는 입장이었다.[75]

또한 싱가포르는 적에게 포위당하기 쉬운 지형이기 때문에 생각보다 방어가 어려울 것이라 판단하고 있었다. ABC-1 회의 시 영국 측은 싱가포르 방어에 필요한 병력증강의 규모를 명시적으로 밝히지는 않았다. 터너 전쟁계획부장과 앰빅 장군은 영국이 미국의 태평양함대의 전력 대부분과 대규모 육군을 배치해주길 바라고 있을 것이라 추측하고 있었다.[76] 미국 입장에서 볼 때 영국의 이러한 바람은 실현가능성이 없었다. 당시 미국은 함대전력을 분할할 의사도 없었으며, 분할한 함대를 강력한 일본 해군의 면전에 배치할 생각도 가지고 있지 않았던 것이다. 일단 말레이전구에 함대전력을 배치하게 되면 필요 시 대서양으로 전용하는 것도 불가할 것이며, 결국 우세한 적 함대에 격파될 것이 분명하였다. 그리고 진주만에 남아있는 전력도 일본 해군에 비해 열세해지기 때문에 "적 함대를 압도하는 전력을 다시 구축하려면 최소한 1년 이상이 걸릴 것"이었다.[77]

영국은 미국이 수용할 가능성이 별로 없다는 것을 알고 있긴 했지만, 싱가포르 주변의 일본해상수송로를 차단하고 적 주력함대와 함대결전을 벌이기 위해서는 항모기동부대라도 싱가포르 부근 해역에 파견해달라고 지속적으로 요구하였다. 그러나 미국은 이번에도 냉정하게 거절하였다. 그리고 대일본 석유금수조치를 발동하고 본토를 폭격하여 일본에 압박을 가해달라는 영국의 마지막 간청도 미국은 받아들이지 않았다.[78]

결국 미국은 말레이전구 내 연합군전력을 통합지휘하는 연합전구사령부에 미국의 아시아함대를 배속시켜 말레이 방어선의 방어를 지원하겠다는 상징적인 지원방안을 내놓았다(당시 미국은 표면적으로는 광대한 태평양전구를 미군 지휘관의 단일지휘 하에 두는 것은 바람직하지 않다는 논리로 말레이전구를 분리해야 한다는 주장을 펼쳤다. 그러나 실제적 이유는 미군 지휘관이 태평양 전체를 책임질 경우 말레이전구 방어책임에 미국이 말려들어갈 수도 있다고 보았기 때문이었다).

미국은 영국을 지원하기 위해 주력함대를 극동에 배치할 일은 결코 없을 것이지만 영국의 말레이전구 방어를 간접적으로 지원하는 것은 가능하다고 판단하였다. 일본과 전쟁발발 시 미국의 대서양함대는 영국해군이 담당하고 있는 지브롤터 해협을 봉쇄하는데 전력을 지원하여 이곳의 영국해군이 말레이전구로 이동할 수 있도록 도울 것이며, 태평양함대는 위임통치령을 공격함으로써 일본이 말레이 방어선에 공격을 집중할 수 없도록 지원하는 것이 가능하였다.[79]

영국은 이러한 미국의 강경한 자세에 불쾌감을 표시하였다. 영국은 대일전쟁 승리를 위해서는 극동의 방어가 핵심적이나 미국은 이에 반하는 입장을 취하고 있으며, 정치적 요인이 극동에서 일본의 침략을 방어할 수 있는 적절한 군사전략을 수립하는데 걸림돌이 되고 있다는 우려를 보고서에 포함해야 한다고 요구하였다.[80]

결국 1941년 3월 27일 작성이 완료된 ABC-1 보고서에서는 미국이 전력 파견 거부 입장을 고수하였기 때문에 싱가포르 방어 관한 내용이 거의 반영되지 못하였고 말레이 방어선의 방어 작전은 영국군 지휘관이 총지휘하는 것으로 결정되었다. 양국 계획담당자들은 말레이전구의 지상전력 및 항공전력을 활용한다면 일정기간 말레이반도와 자바 섬을 방어할 수 있을 것이며, 필리핀과 네덜란드령 동인도제도 역시 방어할 수 있다고 판단하였다. 그리고 일본의 공세에 강력한 반격을 가하는 것은 불가능하나 전구 내 해군전력 및 항공전력을 활용하여 전술적 기습을 펼치는 것은 가능할 것이라 예측하였다. 영국은 미국이 다수의 지상군과 항공기, 그리고 강력한 해군전력을 증강해 주길 계속해서 요청하였으나, 미국은 아무것도 약속해주지 않았다.[81]

ABC-1 회의 시 영국의 대표단은 스스로 화를 자초한 것이나 마찬가지였다. 그들은 회의 시 전쟁경험이 부족한 미국은 영국의 의견을 따르면 된다는 식으로 상대방 위에 군림하는 듯한 태도를 보였다.[82] 영국 측은 미국으로부터 당시 처칠수상의 가장 큰 바람이었던 독일패망을 위해 최우선적으로 노력한다는 합의를 이끌어 냈음에도 불구하고, 이에 그치지 않고 미국이 싱가포르 방어라는 도박에 강력한 전력을 투입해 주기까지 바랐던 것이다. 약 1년 후 일본은 싱가포르를 점령하게 되는데, 이전의 우려와는 달리 싱가포르의 함락으로 인해 영국 자치령국가들의 대일전선이 와해되지는 않았다. 만약 미국이 영국의 요청에 응하여 싱가포르에 함대를 배치하였는데 이 전력이 일본에 의해 격파되었다면, 미국은 대서양전구에 배치한 전력을 모두 철수시킨 다음 일본을 응징하기 위해 모든 전력을 태평양에 투입했을지도 모른다.

미국은 ABC-1 회의에서 대일전쟁 시 중부태평양 점령작전을 우선적으로 진행한다는 대일군사전략방침을 재차 확인하였다. 1941년 후반, 영국이 싱가포르에 상당한 규모의 함대를 배치한다고 결정하게 되면서, 대일전쟁발발 시 미 해군은 중부태평양을 무대로 하는 해양작전에 집중한다는 사실이 더욱 명확해졌다. 이후 전쟁발발 직전 몇 달간 미 해군의 소장파 계획담당자들은 오렌지계획의 오랜 전통인 중부태평양 진격전략을 실제로 구현할 수 있는 구체적 방책을 구상하는데 모든 노력을 기울이게 된다.

23. 미국의 계획수립 방식 : 전쟁전야

태평양전쟁 발발 직전 1년간의 미국의 계획수립체계는 실제 태평양전쟁 중 전시전략방향을 설정하는 과정에 큰 영향을 미쳤다. 본토안보와 태평양에서 반격 중 어떤 것에 우선순위를 두어야 하는가를 두고 펼쳐진 육·해군 간 논쟁을 통하여 유럽전구, 즉 독일의 패망을 최우선순위로 해야 한다는 전세계전쟁의 기본전략방침이 확립되었다. 육군과 해군의 서로 다른 관점, 최소한 워싱턴에서 대전략구상을 담당한 육군과 해군장교들의 서로 다른 관점은 제2차 세계대전 시 미국의 대전략을 결정하는 중요한 구성틀이 되었던 것이다.

1941년 9월, 합동위원회의 보고체계가 대통령에게 직접 보고하는 것에서 각군 총장을 거쳐 보고하는 것으로 변경됨으로써, 합동위원회의 성격은 대통령 직속의 군사보좌기구에서 세부적인 군사전문분야를 자문하는 기구로 변화되었다. 그리고 육·해군의 항공병과 선임장교인 아놀드 장군과 타워즈(John H. Towers) 제독이 합동위원회 위원으로 추가되었고, 이전에 비하여 자주 회의가 개최되었다.

합동기획위원회는 각군 계획수립 선임장교(당시 해군 전쟁계획부장은 터너 제독, 육군 전쟁계획부장인 레오나드 거로우(Leonard Gerow) 장군이었음)가 합동계획을 조율하는 위원회로 위상이 격상되었으며, 합동계획의 구체적인 작성을 위하여 합동기획위원회 아래 각군 전쟁계획부 및 기타 전문기관 부서원으로 구성된 합동전략위원회(JSC: Joint Strategic Committee)가 신설되었다. 합동전략위원회는 소수의 인원으로 구성된 합동위원회의 하위부서에 불과였지만 위원들은 각군 전쟁계획부의 과도한 행정업무에서 해방되어 합동계획수립업무에 집중할 수 있었기 때문에 당시로 볼 때 미군 계획수립체계의 크나큰 발전이라 할 수 있었다.[1]

당시 미 해군 내부의 사정을 살펴보면 이 기간 동안 참모총장과 전쟁계획부장은 전력 면에서 일본 해군에게 뒤처질 지도 모른다는 수십 년 동안 해군에서 지속되고 있던 강박관념을 해소하기 위해 노력하고 있었다. 당시 미 해군은 다가올 전쟁에 대비하여 전력 확장에 박차를 가하고 있었지만 신형 주력함의 경우에는 몇 척 밖에 완성되지 않은 상태였다. 그리고 영국이 독일의 공격에 굴복할 할 수도 있다는 것을 우려한 나머지 1941년 봄, 스타크 참모총장은 상당수의 태평양함대 전력을 하와이에서 대서양으로 이동시켜 영국해군을 지원하게 하였다. 그리고 동남아시아전구의 방어에 관한 레인보우계획-2과 레인보우계획-3은 이제 아무도 관심을 갖지 않게 되었다.

한편 이전 미 함대에 비해 전력이 절반 수준으로 줄어든 태평양함대는 일본 해군에 비해 전력 면에서 열세하다는 것이 기정사실이 되어버렸다. 개정된 해군의 대일전략계획에서는 태평양함대의 공세적 역할을 축소하였으며, 필요시에는 신속하게 대서양함대에 합류할 수 있도록 함대의 작전구역을 동태평양만으로 제한하였다.

1941년 6월, 히틀러가 소련을 침공하여 제2차 세계대전의 양상이 크게 변화되긴 하였지만 이 사건도 미 해군 전력의 배치상황에는 별다른 영향을 미치지 못하였다(히틀러의 소련침공이 태평양전구에 미친 가장 큰 영향은 소련이 독일과의 전쟁에 총력을 투입함에 따라 일본이 소련 방어를 위해 만주에 배치시켜 두었던 관동군을 자유롭게 활용할 수 있게 되었다는 것인데, 이것은 해양이 중심이 된 작전을 중시하는 해군의 관점에서 볼 때는 아무런 차이가 없는 것이었다).

이렇게 1941년 내내 해군지휘부 내에서는 대서양에 우선순위를 두어야 한다는 공감대가 형성된 반면, 태평양함대 내에서는 급진론자들이 여전히 큰 목소리를 내고 있었다. 일본에 대한 신속한 반격을 주장하는 킴멜 사령관의 지도하에 함대 전쟁계획참모단은 참모총장실의 지침과 상반되는 방향으로 나아가게 되었는데, 이들은 이제는 레인보우계획으로 명칭이 변경된 이전 오렌지계획의 개념에 근거하여 공세적 반격계획을 지속 연구하게 되었다.

이와는 반대로 워싱턴에 위치한 참모총장실의 장교들은 공세개념이 중심이 된 태평양전략을 변화시키려고 부단히 노력하고 있었다. 1940년, 태평양공세계획에 대한 리처드슨 함대사령관의 극심한 반대를 경험한 이후로 스타크 참모총장은 더욱 신중한 방향으로 나아가게 되었다.

1940년 11월 스타크 참모총장은 당시 미국이 직면한 세계정세를 평가하고 이에 대비하기 위한 국가전략지침을 제시하는 "플랜도그각서"를 발표하면서 태평양에서 미국과 연합국이 공세를 취하려면 유럽의 히틀러가 패망할 때까지 기다려야 한다는 관점을 피력하였다.

스타크 참모총장은 이전부터 해군에 부여되어 있던 태평양에서 일본의 공격 방어라는 임무를 해제하고 해군의 전쟁 우선순위를 유럽으로 다시 설정하려 하고 있었다. 그리고 이전부터 지속되어오던 해군의 전략방침을 정반대로 바꾸려는 스타크 참모총장의 구상이 성공을 거두려면 그와 생각을 같이할 뿐 아니라 강력한 추진력 또한 갖춘 전쟁계획부장이 필요하였다.

1940년 10월 19일, 스타크 참모총장은 소극적인 크랜쇼우를 해임하고 리치몬드 터너 대령(곧 소장으로 진급)을 제19대 해군 전쟁계획부장으로 임명하였다. 터너 대령은 본래 포술분야가 전문인 수상함장교였으나 항공병과로 전과하여 잠깐 경력 -그는 중년에 항공학교에 입교하여 비행교육을 이수한 다음, 항공모함 및 항공국에서 근무하였다- 을 쌓다가, 이후 1930년대 항공병과에서는 별다른 비전이 없다고 판단되자 다시 수상함병과로 전과한 특이한 경력의 소유자였다. 이후 터너 대령은 1936년에서 1938년까지 해군대학 전략연구부장으로 근무하게 되면서 전략전문가라는 명성을 얻게 되었다.[2] 스타크 참모총장과 잉거솔 제독은 터너 대령이 전쟁계획부를 이끌 '적임자'라고 믿었고[3] 터너는 1942년 중반 태평양함대로 전출가기 전까지 해군전쟁계획부장으로 근무하였다.

터너 전쟁계획부장은 그의 불같은 성격으로 인해 존경과 질시를 한 몸에 받았다. 그와 마음이 맞지 않는 장교들은 그를 "지독한 터너(terrible Turner)"라고 불렀으며, 성격이 고약할 뿐 아니라 부서원들을 틀어쥐고 풀어주지 않는다고 생각하였다. 전후 발간된 미 해군 장교들의 회고록에서는 터너 부장을 "까칠한", "간사한", "꽉막힌" 사람이라고 표현하였으며, 심지어 "후레자식(s.o.b.)"이라고 악평한 사람도 있었다.

어떤 사람은 그가 술주정뱅이였다고 말하기도 하고 어떤 이들은 아니라고 말하기도 하였다. 그러나 스타크 참모총장을 포함하여 터너 부장을 신임했던 사람들은 그를 "매우 명석하고 뛰어난 자질을 갖추고 있으며 해군의 패튼(Patton)과 같은 존재"라고 말하였다. 후일 스타크 제독은 "나는 터너를 생각할 때 마다 마음속 한구석이 훈훈해져 온다."라고 회고하기도 하였다. 당시 고위급 회의 시에는 터너 전쟁계획부장이 참모총장을 대신하여 해군의 입장을 대변하는 역할을 많이 하였기 때문에 "참모총장이 전쟁계획부장의 손에 놀아나고 있다"고까지 생각하는 사람도 있었다. 이런 면에서 볼 때 당시 해군의 진정한 참모총장은 스타크 제독이 아니라 바로 터너 부장이었다.[4]

터너 부장은 성격이 불같긴 했지만, 태평양전략에 관해서는 점진전략을 지지하고 있었다. 그는 스타크 참모총장이 주장한 독일패망우선정책을 지지하였으며 대서양함대에 태평양함대보다 강력한 전력을 배치하는 것에도 찬성하였다. 그는 전쟁계획부를 이끌 때는 태평양전구의 도서상륙작전계획을 수립하는 것을 억제하였다. 그러나 역설적이게도 전쟁계획부장을 마치고 태평양전구로 부임한 이후에는 다수의 도서 상륙작전을 성공적으로 지휘하여 명성을 얻게 되었으며, 그 공적을 인정받아 4성 제독으로까지 진급하였다.[5]

스타크 참모총장과 터너 부장은 의기투합하여 양대양 전쟁이라는 해군이 직면한 당시의 어려운 전략적 상황을 타개해 나가게 된다. 이러한 참모총장과 전쟁계획부장의 효율적인 협력관계는 1930년대 초반 스탠들리 참모총장과 브라이언트 전쟁계획부장이 태평양전쟁계획을 수립하기 위해 긴밀하게 협력했던 이후로는 처음 있는 일이었다.

당시 태평양전략의 재정립을 위해 먼저 적극적으로 나선 쪽은 전쟁계획부였다. 부임이후 터너 부장은 현재의 전쟁계획은 모두 쓸모없다고 판단하고 6개월 내에 완전히 새로 전쟁계획을 작성하겠다고 참모총장에게 약속하였다. 체질적으로 육군을 신뢰하지 않았던 터너 부장은 합동위원회와 그 부속위원회에서 작성한 전쟁방안들은 전부 형편없다고 간주하고 자신의 견해를 위주로 계획을 수립해 나갔다.

그는 미일전쟁계획에서 급진론에 입각한 개념들을 모두 폐기해 버렸고 대표적인 급진론자였던 쿡은 다른 부서로 전출시켜 버렸으며, 힐은 기지분야를, 그리고 셔먼은 군수분야를 담당하게 하여 주요 전쟁기획임무에서 제외시켰다. 터너 부장은 적극적인 점진론 지지자인 칼 무어(Carl Moore) -그 역시 개인적으로는 터너 부장과 그다지 좋은 관계가 아니었다- 를 태평양함대에 잔류시켜 함대의 급진론자들에 대항하게 하였다(그러나 나중에 터너 부장의 이러한 의도가 들통나게 된다).[6] 또한 터너 부장은 해군정보국(Office of Naval Intelligence)을 자신의 밑에 두고 활용하였는데, 이러한 행위는 정보업무와 의사결정은 분리시킨다는 당시 해군의 규정에 어긋나는 것이었다.[7] 또한 그는 부서의 흑인 전령들은 비밀문서를 취급하지 못하도록 지시하기도 하였다.[8]

1940년이 지나는 동안 미국이 세계대전에 점차 말려들어가는 상황을 지켜보면서 스타크 참모총장은 태평양과 대서양에서 동시에 전쟁을 벌일 경우 과연 미국이 승리를 쟁취할 수 있을 것인가에 대해 고민하기 시작하였다. 1940년 가을, 그는 미국이 세계대전에 승리하기 위해서는 어느 쪽이 되었든지 간에 먼저 한 전구에 전력을 집중해야 한다고 결론짓고 이러한 내용을 루즈벨트 대통령에게 설명하기로 결심하였다.

그는 낮에는 참모단과 토의하고 밤에는 홀로 고민한 끝에 그의 '개인적 생각을 정리한' 문서를 작성하였다.[9] 그리고 루즈벨트 대통령이 3선에 성공한지 3주째 되는 1940년 11월 12일, 그의 연구결과를 정리한 문서를 해군장관에게 보고하였다. "플랜도그각서(Plan Dog Memorandum)"라 불린 이 문서는 태평양전쟁 직전 미국의 국가정책의 방향을 제시하는 핵심적인 문건이 되었다. 플랜도그각서에서 스타크 참모총장은 해군의 관점에 입각하여 우선 미국이 취할 수 있는 전략방안을 어느 전쟁에도 참여하지 않고 본토방어에만 집중하는 "전략 A", 대일전쟁에 모든 노력 투입하는 "전략 B", 대서양과 태평양에서 동시전쟁을 수행하는 "전략 C"로 나눈 다음, 각 전략의 유효성을 평가하고 이 방안들이 적합지 않은 이유를 설명하였다. 그리고 마지막으로 먼저 유럽에 대규모 전력을 투입, 영국과 연합하여 독일을 격파한 다음 일본을 공격한다는 "전략 D"를 제시하였다.

그는 가장 강력한 적인 독일의 격파에 전력을 기울이지 않고서는 세계대전에서 승리할 수 없다고 가정하였다. 만약 영국이 무너질 경우 미국은 대서양과 태평양 어디에서도 승리할 수 없을 것이며, 미국의 막대한 군수물자 지원을 통해 영국이 살아남는다고 해도 미군이 직접 개입하지 않는다면 독일에게 결정적 타격을 주진 못할 것이었다.

그러나 미국의 주도 하에 유럽대륙에서 공세를 펼친다는 "전략 D"를 채택한다면 독일을 충분히 격파할 수 있을 것이라 판단하였다. 결국 이 문서의 요지는 유럽대륙에서 독일을 패망시키기 전까지는 미국과 연합국은 서태평양의 손실을 감수한 채 일본에 대한 제한적 공세에 만족하고,

독일 패망 이후 전력(全力)을 투입하여 일본을 공격하자는 것이었다.[10]

스타크 참모총장이 작성한 이 문서는 이후 "플랜도그각서"라 알려지게 되며, 레인보우계획-5의 모체가 되었다. 마셜 육군참모총장은 "전략 D"를 적용하지 않고서는 나치독일의 위협을 제거하는 것이 불가능하기 때문에 스타크 참모총장의 견해가 논리적으로 타당하다고 인정하였으며[11] 합동위원회에서도 해군에서 제시한 "전략 D"를 승인하였다.

플랜도그각서를 보고받은 루즈벨트 대통령은 이에 만족했던 것으로 보인다(루즈벨트 대통령의 신중한 성격을 잘 알고 있던 육·해군 참모총장은 공개적으로 대통령의 승인을 받기보다는 대통령이 암묵적으로 이에 동의해 주길 바라고 있었다). 그는 "전략 D"에 암묵적으로 동의하였고, 미국이 연합국의 일원으로 대독일전쟁에 참여할 경우에 대비한 연합전쟁계획의 작성을 위해서 영국 측과 비밀회담을 진행하는 것을 승인하였다.[12]

참모총장의 플랜도그각서를 접한 터너 부장과 전쟁계획부 부서원들은 이에 기초한 새로운 전쟁계획의 작성에 착수하였다. 당시 오렌지계획은 조만간 폐기될 예정이었기 때문에 전쟁계획부는 이를 임시로 대체할 해군 레인보우전략계획 WPL-44의 작성을 1940년 12월에 완료하였다. 그러나 이 지원계획은 일본에 강력한 반격을 가한다는 1939년의 합동위원회 전략지침과는 완전히 다른 내용이었다.

해군 레인보우전략계획 WPL-44는 아시아 증강부대를 파견할 수도 있다는 내용이 포함된 것을 제외하고는 독일 격파에 최우선순위를 두고 태평양에서는 방어태세를 유지하는 내용을 골자로 하는 레인보우계획-5의 초안에 가까웠다. 해군 레인보우전략계획 WPL-44는 녹스 해군장관까지 승인하였으나[13] 합동위원회의 전략지침과는 완전히 다른 내용이었기 때문에 육군과 마찰을 빚게 되었다.

육군 전쟁계획부장인 거로우(Gerow) 장군은 현재 미국은 대일전쟁 발발 시 초전에 기세를 장악할 수 있는 충분한 전력을 보유하고 있는데도 이 계획은 미국의 전력을 태평양과 대서양에 분산배치 함으로써 어디에서도 승리할 수 없는 상태로 만드는 '실로 암담한' 계획이라고 비난하였다. 그러나 이러한 비난을 접한 터너 부장은 이 계획에 포함된 해군작전계획을 조금도 변경할 생각이 없다고 거만하게 응수하였다.[14]

이러한 분위기를 감지한 스타크 해군참모총장과 마셜 육군참모총장은 각 군의 전쟁계획부장들이 같이 모여 레인보우계획-5를 작성하게 함으로써 이러한 육·해군 간 대립분위기를 완화시키려 하였다. 이에 따라 각 군 전쟁계획부장들은 상대방에 대한 잠시 불만은 덮어둔 채 연합국간 결속력의 강화, 대일경제재제 시행 및 중국대륙에 미군전력 파견 등의 방안을 통해 다가올 미일전쟁에 대비하여 군사대비태세의 확립을 가속화하되, 일본을 직접적으로 자극하는 것은 자제한다는 전세계전략계획을 작성하는데 노력을 집중하게 된다.[15]

한편 미 해군이 공식적으로 오렌지전쟁계획의 연구를 시작한지 34년째인 1940년 12월 17일, 스타크 참모총장은 오렌지전쟁계획을 폐기한다고 공식적으로 선언하였다. 동시에 스타크 참모총장은 "오렌지계획은 현재 미국이 처한 국제정세와는 맞지 않는 가정에 기초하여 대일전쟁 수행방안을 제시한 계획"이라고 평가하였다.[16] 이후 1941년 7월, 새로운 군사전략계획인 레인보우계획-5가 오렌지전쟁계획을 공식적으로 대체하게 되지만, 그 이후에도 해군의 각 부국, 해군구 및 함대는 기존의 오렌지계획과 관련된 자료를 파기하지 말고 계속 유지하라는 지시를 받았다. 결국 색깔별로 익명을 지정한 미국의 전쟁계획은 공식적으로 폐기되었지만, 미 해군 내에서 수십 년간 지속적으로 연구해온 대일전쟁수행개념은 그 명맥이 끊어지지 않았으며 태평양전쟁 시 미 해군 전략기획자들에게 그대로 계승되었다.

1941년 초부터 미국의 육·해군장교들은 영국의 육·해군참모단의 주장에 효과적으로 대응하기 위하여 긴밀하게 협조하기 시작하였다. 특히 ABC-1 회의 시 해군의 곰리 제독과 육군의 앰빅 장군은 미국 측 공동대표가 되고 터너 부장과 맥나니 대령도 회의에 같이 참여함에 따라 이전부터 계속되던 육·해군 간의 해묵은 대립은 자연스럽게 사라지게 되었다[17](해군의 대표적 급진론자였던 쿡은 터너 부장의 점진적인 태평양공세계획에 반대하였기 때문에 회의실무진에서 제외되었다)[18].

이 회의 시 미국과 영국은 독일격파 우선이라는 대전제에는 이견이 없었으나 태평양전략, 특히 싱가포르에 대해서는 의견을 달리하였다(제22장 참조). 그러나 패를 쥔 쪽은 미국이었기에 대일전쟁 수행전략의 수립은 자연히 미국이 주도하게 되었다. ABC-1 회의 중, 그리고 회의종료 후에도 1941년 내내 진행된 워싱턴의 영국연락위원회와 미국 군부간 간의 후속실무논의에서 역시 미국이 연합대일전쟁계획의 작성을 이끌었다. 연합전쟁계획은 표면적으로는 양국 간 동등한 협력을 통해 이루어지게 되어 있었으나, 실제로 작성을 주도한 것은 미국이었다.

1941년 3월 27일 채택된 ABC-1 회의보고서를 기초로 하여 미군은 전 세계를 아우르는 연합전쟁계획을 작성하였으나 그 결과는 기대에 미치지 못하였다. 합동기획위원회는 M일을 1941년 9월 1일로 가정하고 회의 시 결정된 내용을 레인보우계획-5에 대충 삽입하는데 그쳤다. 이와 동시에 해군전쟁계획부도 레인보우계획-5를 지원하는 해군 레인보우전략계획 WPL-46을 작성하였다.

이 계획은 말레이전구에 아시아 증강부대(Asiatic Reinforcement)를 파견한다는 내용을 삭제하고 해양작전 수행 시 육군항공전력의 지원을 강조한 것 외에는 이전의 레인보우계획-3의 태평양전략과 거의 다를 바가 없었다. 녹스 해군장관과 스팀슨 육군장관은 레인보우계획-5를 승인한 다음 1941년 6월 2일, 이것을 루즈벨트 대통령에게 보고하였다.[19] 이를 보고받은 루즈벨트 대통령은 전쟁이 발발하게 되면 승인하겠다고 말하고 레인보우계획-5를 다시 돌려보냈는데, 당시 그가 승인을 미룬 이유는 그때까지 영국의 처칠 수상이 ABC-1 회의보고서를 승인하지 않았기 때문일 것이다.[20]

최종적으로 결재를 받진 못했지만 루즈벨트 대통령이 레인보우계획-5에 동의한다는 것을 알게 된 스타크 참모총장은 해군 내의 나머지 레인보우계획은 모두 폐기할 것을 지시하였다. 그는 당시 세계정세에 부합하는 미군의 군사전략계획은 레인보우계획-5뿐이라고 인식하고 있었다.[21]

1941년의 육군본부는 중부태평양작전 수행 시 중폭격기를 동원하여 해군작전을 지원한다는 등과 같은 내용의 전략계획을 구상하였는데 이는 미군의 합동계획수립활동에서 그리 중요한 부분을 차지하지 못했다. 당시 합동계획수립활동은 본토보다는 해외에 배치된 사령부에서 더욱 활발히 진행되었는데, 특히 1941년 여름 맥아더 장군이 지휘를 맡게 된 필리핀 주둔 미 극동육군(USAFFE)에서 합동방어계획의 연구가 활발히 진행되었다.

육군본부에서는 1941년 지속적으로 필리핀에 병력을 증강시키긴 하였지만 필리핀 및 동태평양 상의 거점들은 전세계전략의 관점에서 보았을 때 유럽에 비해 전략적 중요성이 떨어진다고 인식되었기 때문에, 자연히 이들 지역의 작전계획은 방어위주의 계획이 되었다. 그럼에도 불구하고 미 극동육군이 합동방어계획의 연구과정에서 축적한 경험은 이후 태평양전쟁 시 합동계획수립의 밑거름이 되었다. 1942년, 맥아더와 함께 오스트레일리아로 탈출한 미 극동육군사령부 참모단은 이후 남서태평양지역군 사령부(South West Pacific Area Command) 계획수립부서의 기간요원이 되었다. 이들은 태평양전쟁 중 태평양함대 사령부(태평양해역군 사령부)의 계획수립요원들과 마찬가지로 자체적으로 전구작전계획을 구상하게 된다.

1941년 봄, 해군레인보우계획-5가 유효화되자 참모총장실에서는 태평양전략에 관해 더 이상 관심을 보이지 않게 되었고, 스타크 참모총장은 구체적인 작전계획은 함대사령부에서 주관하여 작성하길 바라기 시작하였다. 그는 최초에 태평양함대 사령관에게 레인보우계획-3을 지원하는 함대의 작전계획, 즉 미 함대 레인보우작전계획 WPUSF-44를 준비하라고 지시하였다.[22] 그러나 몇 주 후에는 레인보우계획-5를 지원하는 태평양함대 레인보우작전계획 WPPac-46를 작성하라고 지시를 변경하였다. 그리고 아시아함대에는 영국군 전구사령관의 지휘를 받는다는 가정 하에 네덜란드령 동인도 제도에서 일본 해군과 싸우는 작전계획인 아시아함대작전계획 O-2를 작성하라고 지시하였다.[23]

당시 터너 전쟁계획부장은 '선전포고 없는 해전'인 대U보트 작전계획 및 독일이 아조레스 군도, 아이슬란드 및 케리비안해의 연합국령 도서를 점령할 경우에 대비한 위기조치계획을 작성하느라 매우 분주한 상태였기 때문에 대일 함대작전계획까지 손댈 여유가 없었던 것이다.[24] 당시 그는 미 해군이 일본과의 전쟁에 휘말려들지 않도록 태평양함대를 울타리 안에 잘 묶어두고 있다고 믿고 있었다.

이렇게 스타크 참모총장의 지시에 따라 태평양전쟁 발발 직전 6개월 동안 태평양함대 사령부에서 함대작전계획수립의 주도권을 쥐게 되었다. 하와이에 있는 태평양함대 사령부의 전략기획자들은 참모총장과 킴멜 사령관과의 개인적인 서신교환이라는 별도의 의사소통채널을 활용하였기 때문에 해군전쟁계획부의 간섭 없이 작전계획을 수립할 수 있었다.

당시 스타크 참모총장이 킴멜 사령관에게 보낸 서한의 내용을 살펴보면 그의 천성적인 신중함에도 불구하고 함대의 공세적 행동을 크게 강조했다는 점을 확인할 수 있는데(제25장 참조) 아마도 이것은 함대의 감투정신을 고취시키기 위한 관례적인 표현이었을 것이다. 그러나 그는 방어론을 적극적으로 지지했던 리처드슨 제독 앞으로 서한을 보낼 필요는 없었는데 1941년 2월, 리처드슨 사령관이 킴멜 제독으로 교체되었던 것이다.

훗날 리처드슨 제독은 그가 미 함대사령관에서 갑자기 해임된 이유를 일본과 전쟁준비를 완료하기도 전에 행정부가 외교적, 경제적으로 일본을 압박하여 전쟁을 조장하고 있기 때문에 해군의 제독들은 행정부를 신뢰하고 있지 않다는 언급을 하여 "대통령의 심기를 건드린 것" 때문이라고 주장하였다.[25]

1941년 2월 1일, 허즈번드 킴멜(Husband E. Kimmel) 제독이 새로이 태평양함대 사령관으로 취임하였다. 당시 56세였던 킴멜 사령관은 켄터키(Kentucky) 출신으로, 자존심이 강하고 농담을 할 줄 모르는 진지한 성격이었지만, 주변사람들을 끌어들이는 매력 또한 가지고 있는 사람이었다. 그는 대부분 전함에서 근무하며 경험을 쌓았으며 육상근무 시에는 예산 및 행정분야에서 근무하기도 하였다. 그러나 46명의 선배들을 제치고 순양함전대 사령관에서 태평양함대 사령관으로 초고속 승진한 것에 대해서는 그 자신도 놀라지 않을 수 없었다.

킴멜 사령관은 루즈벨트 대통령이 해군차관으로 재직 시 그의 부관으로 잠깐 일한 적이 있긴 했지만 이후 다른 사람들의 주장과는 달리 그가 초고속으로 승진하게 된 것은 고위인사와의 개인적 친분 때문은 아니었다. 그 당시 스타크 참모총장과 리처드슨 제독은 단지 킴멜 제독이 그 자리에 가장 적합한 인물이라 생각했기 때문에 그를 추천하였다. 당시 해군의 많은 사람들이 킴멜을 존경하고 있었는데, 그 중에는 태평양전쟁의 영웅이 되는 핼시 제독과 스프루언스 제독도 있었다. 그리고 프랫 제독은 킴멜 제독을 "끝내주는 사람"이라 부르기도 했다.[26]

해군 내에서 떠도는 뒷이야기에 따르면 당시 루즈벨트 대통령은 대서양함대와 태평양함대의 지휘를 안심하고 맡길 만한 "강성의 제독"을 원했다고 한다. 스타크 참모총장이 킴멜 제독과 어네스트 킹 제독을 추천하자 루즈벨트 대통령은 이들에게 각각 태평양함대와 대서양함대의 지휘를 맡기라고 지시하였다. 당시 킹은 대서양함대에서, 그리고 킴멜은 태평양함대에서 근무하고 있었기 때문에 자연히 킴멜이 태평양함대 사령관으로 가게 되었다. 어떠한 의사결정을 내릴 때 행정적 편의성이 큰 영향력을 발휘한다는 원칙이 여기에도 적용된 것이다.[27] 만약 킴멜과 킹의 사령관직이 서로 바뀌었다면 1941년 12월 7일 발생한 사건(진주만 기습)과 제2차 세계대전 전체의 양상이 어떻게 바뀌었을지 궁금해 하는 사람도 많을 것이다.

대부분의 사람들이 진주만 기습에 대비하지 못한 책임이 킴멜 사령관에게 있다고 여겼기 때문에, 당시 해군의 동료들에서부터 진주만조사위원회의 증인들, 그리고 전기작가 및 역사학자들에 이르기까지 많은 인사들이 킴멜의 개인적 특성 및 자질을 평가하였다. 여러 사람들이 평가한 그의 개인적 특성은 대략 다음의 두 가지로 대별된다.

첫 번째, 킴멜은 겉모양을 중시하고 세부적인 것에 너무 집착하는 성격이었으며, 열심히 일하기는 하였으나 업무의 추진의 효율성과 절차가 결여되어 "대부분 부정적 결과를 초래하였다"는 주장이다. 이와 반대로, 킴멜은 전 함대를 동원하여 기꺼이 일본 함대와 일전을 벌일 각오를 항상 하고 있던 진짜 군인이었으며, 일본 함대와 전투에서 승리하기 위해서는 '속도'가 중요하다는 것을 이미 인식하고 있었다는 주장도 있다. 일부 역사학자들은 킴멜은 당시 자신이 지휘하는 부대가 처한 총체적 상황을 직관적으로 파악하지 못하였기 때문에 최고사령관으로서의 자질이 부족하였다고 평가하기도 했다.

그는 해군대학에서 수학하였을 뿐 아니라 해군대학 교관으로도 근무하였고, 함대사령관 시절에는 기함의 사령관실에서 한밤중까지 전쟁계획을 탐독하기도 했지만, 그의 전략구상은 평범한 것으로써 번뜩이는 창의성은 부족한 사람이었다.[28] 킴멜의 머릿속에 있던 함대를 공세적으로 운용한다는 전체적인 구상을 체계적인 함대작전계획으로 구현해내기 위해서는 창의적이며, 또한 급진론을 지지하는 전쟁계획담당자가 필요하였다.

킴멜 사령관은 부임 후 찰스 맥모리스(Charles H. McMorris) 대령을 함대전쟁계획관으로 선발하였는데, 맥모리스 대령은 소크라테스(Socrates)와 같이 박학다식하다하여 해군에서 "소크(Soc)"란 별명으로 불리던 사람이었다. 맥모리스 대령은 날카롭고 직설적인 성격으로 스스로 "뼛속까지 후레자식(born sonofabith)"이라 말하고 다닐 정도였고, 해군에서 가장 못생긴 사람이란 말을 들을 정도로 인물이 없었으나 타고난 사교 감각으로 다른 사람들이 그의 생각을 수용하게 만드는 재주가 있었다.

그는 함정근무 경력은 풍부하였으나 계획수립분야 근무경력은 해군대학 학생장교시절과 정찰함대의 작전관으로 1년 근무한 것이 전부였다(그는 육상근무 시 대부분 인사관련 부서에서 근무하였고, 영어 및 역사를 가르치기도 했으며, 해군연구소의 정기간행물인 "프로시딩스(Naval Institute Proceedigs)" 편집담당을 맡기도 하였다).

당시 맥모리스의 계획수립능력은 아직 검증되지 않은 상태였지만 그럼에도 불구하고 킴멜 사령관은 이 "능력있고 자신의 의견을 거침없이 말하는 장교"에게 큰 기대를 걸고 있었다. 함대 전쟁계획관의 교체 시기가 다가오자 킴멜 사령관은 당시 해군성 항해국장이던 체스터 니미츠 소장에게 "나는 해군 내에서 태평양함대의 전쟁계획수립업무를 담당할 최적임자는 맥모리스라고 확신하고 있소."라는 의견을 전달하기도 했다.[29]

1941년 당시 태평양함대 내에서 몇 안 되는 급진론자였던 맥모리스는 홀로 사령관의 공세적 구상을 실제적인 작전계획으로 구체화하기 위해 노력하였다. 그러나 맥모리스 대령은 공상과 의욕이 넘친 나머지 그가 작성한 함대작전계획이 현실성을 결여한 정도를 넘어 배가 산으로 갈 지경이 되자 함대의 몇몇 예하 지휘관들이 나서서 그를 말릴 정도였다. 그리고 그는 전쟁발발 이전 아무런 근거 없이 진주만은 안전하다고 주장하였음에도 불구하고 진주만기습 이후에도 별다른 비난이나 징계를 받지 않고 직위를 그대로 유지하였다.[30] 맥모리스는 태평양전쟁 중 북태평양에서 활약하면서 '최전선의 전사'라는 명성을 얻게 되었고, 1943년 니미츠 태평양함대 사령관은 소장으로 진급한 맥모리스를 태평양함대 참모장 겸 함대의 계획수립분야 선임보좌관으로 임명하였다. 이후 태평양전쟁의 남은 전쟁기간 동안 맥모리스는 급진론에 입각한 대일전략을 계속해서 주장하였다.[31]

이전까지 태평양함대의 전쟁계획과 관련된 직위는 함대전쟁계획관 1명뿐이었으나 1941년부터 조직이 함대전쟁계획반(Fleet War Plans Section)으로 확대되고 인원도 추가로 편성되었다. 맥모리스는 그의 보좌관 겸 계획작성장교로 린드 맥코믹 중령(Lynde D. McCormick)을 영입하였다. 맥코믹 중령은 해군대학을 우수한 성적으로 졸업하였고(나중에 해군대학총장이 된다) 수상함뿐 아니라 잠수함에도 승조하였으며, 함대참모근무 경력도 보유한 유능한 장교였다.

1941년 당시 함대전쟁계획반에서 맥코믹 중령은 작전이 아닌 함대군수지원 및 전력할당분야 업무를 맡게 되었는데, 이러한 경력을 바탕으로 그는 나중에 합동참모본부의 선임군수계획장교로 임명된다.[32] 맥모리스는 또한 리처드슨 사령관 때부터 근무했던 머피, -외국어 교관으로서 계획수립분야 경험이 거의 없는- 프랜시스 더보그(Francis R. Duborg) 대위 및 오마르 파이퍼(Omar T. Pfeiffer) 해병중령 등과도 함께 일하게 되었다.[33]

이때에 들어 함대전쟁계획반은 업무의 효율성을 위해 좁은 기함에서 육상건물로 사무실을 이전하였고, 함대사령부와 기타 함대참모단도 뒤따라 사무실을 육상 건물로 이전하였다.[34] 때마침 당시 태평양함대 기함인 펜실베니아(Pennsylvania)의 함장은 "지독한 터너(Terrible Turner)" 밑에서 일하다가 빠져나온 쿡 대령이었는데, 쿡은 맥모리스를 독려하여 그가 급진론에 입각한 함대작전계획을 입안하는데 큰 역할을 하였다.[35]

킴멜 사령관과 맥모리스 전쟁계획반장은 매일 간담회를 가지면서 함대작전계획에 관해 의견을 지속적으로 교환하였다.[36] 1941년 3월, 맥모리스는 해군의 레인보우계획-3을 지원하는 미 함대 레인보우작전계획 WPUSF-44의 초안을 완성하였는데[37] 이 계획은 워싱턴과 마닐라(맥아더의 사령부)의 의견을 상당부분 반영한 것이었으나 레인보우계획-3의 폐기와 함께 사장되었다. 이어서 1941년 5월, 맥모리스는 레인보우계획-5를 지원하는 작전계획인 태평양함대 레인보우 작전계획 WPPac-46을 작성하게 되는데, 이것은 미 해군에서 태평양전쟁 발발 이전 작성한 마지막 대일전쟁계획이었다.

태평양함대 레인보우작전계획 WPPac-46를 검토한 킴멜 사령관은 이 계획은 희망적 가정을 배제시킨 현실적인 계획이라고 판단하였고 1941년 7월 25일, 그는 -아마도 계획이 너무 급진적이라는 비판을 회피할 목적으로- 전쟁발발 시 상황에 따라 개정될 수 있는 지침 성격의 계획이라고 설명하며 이 계획을 워싱턴에 제출하였다.[38] 그러나 킴멜 사령관은 속으로는 이 계획이 완벽하다고 여기고 있었다. 어쨌든 터너 전쟁계획부장과 스타크 참모총장은 태평양함대에서 작성한 함대작전계획을 살펴보고 이에 만족하였으며 1941년 9월 9일, 스타크 참모총장은 별다른 이견 없이 이 계획을 승인하였다.[39] 이후 태평양함대 레인보우작전계획 WPPac-46은 태평양전쟁 발발 시까지 변경된 내용이 없이 그대로 유지되었다.

태평양함대 작전계획이 완성됨에 따라 함대사령부 예하부대의 사령관들도 세부지원계획을 작성하게 되어있었으나 각 전력사령부에는 별도의 계획수립참모가 없었고 훈련 및 기타 업무 등으로 참모들이 모두 바쁜 상태였기 때문에 세부지원계획의 작성은 지지부진하였다. 각 전력 사령부의 세부지원계획 작성을 유도하기 위해 1941년 8월, 맥모리스는 태평양함대 레인보우 작전계획 WPPac-46의 도상연습을 개최한다.

함대사령부 참모단이 황군(즉 일본) 임무를 수행하였으며, 전투전력 사령관 파이 제독, 항모전투전력 사령관 핼시 제독, 제2청찰비행단 사령관 페트릭 벨링거 제독 및 정찰전력 사령관 윌슨 브라운 제독 등 각 전력사령관들은 이에 대항하여 전력별 전시임무를 연습하였고, 킴멜 사령관이 직접 각 전력의 임무수행능력에 대한 평가점수를 매겼다. 실제로 해상에서 기동하면서 연습하는 것이 아니었기 때문에 이 도상연습은 4달간이나 계속되었고, 태평양전쟁이 발발한 시점까지도 끝을 내지 못하고 일부분만 진행된 상태였다. 결론적으로 보면 각 전력사령부 중 어디에서도 세부지원계획을 내놓지 못했기 때문에 전쟁계획의 도상연습은 그리 좋은 유도방식은 아니었던 셈이다.[40]

전간기 동안 재임했던 18명의 미 함대사령관들 중 태평양의 해양작전에 관한 함대작전계획을 작성, 보고하여 해군성의 승인을 받은 사람은 1925년 쿤츠 제독과 1941년 킴멜 제독이 유일하다고 알려져 있다. 그 당시 참모총장이었던 에벌 제독과 스타크 제독은 함대작전계획을 수립하는 데에는 분권화된 계획수립방식이 적절하다고 믿고 이를 함대사령부에 위임하였다. 그리고 쿤츠 사령관과 킴멜 사령관은 당시 워싱턴의 전쟁계획부 내에서 점진론이 우세를 점하고 급진론을 배척하고 있었던 것과는 반대로 급진론에 기초한 함대작전계획을 만들어냈다.

1925년 쿤츠 사령관의 경우 당시 함대사령관에게 부여된 재량권을 최대한 활용하여 급진론에 기초한 극단적인 직행티켓계획을 작성하였다. 그리고 1941년 킴멜 사령관의 경우에는 쿤츠 사령관에 비하여 재량권이 더욱 제한되었음에도 불구하고 일본에 대담하게 선수를 친다는 급진적인 작전계획을 작성하였던 것이다.

태평양전쟁 전야의 미국의 계획수립방식은 장기적으로 이어진 미국의 계획수립특성을 그대로 담고 있었다. 언제나 그랬듯이 연방의회, 국무부 및 기타 정부기관, 심지어 각군성 장관들까지도 국가전략에 관한 명확한 지침을 제시해주지 않아 현역장교들이 스스로 군사전략지침을 구상해야 했다. 전쟁의 위기가 점차 고조되고 있던 이 기간 중 루즈벨트 대통령 역시 병력 및 산업동원(mobilization), 연합국과의 협력(alliances), 전구 우선순위 결정(theater priorites) 등의 국가전략 수준의 문제에 관해 군부의 조언을 구하기는 했으나, 세부적인 군사전략 및 작전계획구상에는 거의 관여하지 않았다.

한편 1940년 해군이 전쟁발발 시 연속적인 상륙작전을 통하여 일본으로 즉각 진격한다는 주장에서 한발 물러서 유럽전구의 승리를 위해서 우선적으로 노력한다고 육군에 양보한 이후에는 육·해군 간에 별다른 마찰은 없었다. 육군은 대일전략수립은 해군이 주도하고 육군은 지원한다는 전통적인 입장에 만족하였다. 그리고 참모총장실과 전쟁계획부는 전세계전략문제와 대서양에서 독일의 유보트작전에 어떻게 대항할 것인가를 해결하기 위해 여념이 없었다.

참모총장과 전쟁계획부장은 세부적인 함대작전계획의 작성임무를 태평양함대로 넘긴 다음, 전시 태평양함대 운용전력의 축소, 전쟁발발 직후 위임통치령에 대한 상륙작전 금지, 일본의 핵심방어권 내로 진출 금지 등의 제한사항을 부과하여 함대의 작전계획이 급진적인 계획으로 변질되지 않도록 통제하려 하였다. 그러나 태평양함대의 급진론자들은 이에 굴하지 않았다. 그들은 상부의 이러한 의도에 아랑곳하지 않고 급진론에 입각한 새로운 작전계획 -태평양전쟁 발발 이전 작성된 마지막 대일전쟁계획- 의 작성에 몰두하고 있었던 것이다.

24. 숨고르기

1940년대 말부터 미 군부 내에서 레인보우계획-5를 지지하는 목소리가 높아짐에 따라 대일전쟁 발발 시 중부태평양에서 일련의 상륙작전을 통해 신속하게 일본으로 진격한다는 방안은 점차 미국의 전쟁계획에서 사라지게 되었다. 유럽전구 우선정책을 주장하는 미국의 전략기획자들은 전쟁초반 태평양함대의 주 임무는 일본의 침략으로부터 태평양을 방어하는 것이기 때문에 그 작전은 치고 빠지는 식의 공격을 통해 일본이 외곽방위선을 확장하는 것을 견제하는 수준이면 충분하다고 판단하였다. 이에 따라 태평양에서 일본에 반격을 가하는 대일전쟁 2단계 공세전략의 시행은 유럽전쟁의 최종승리 시점에 따라서 최소 수개월에서 최대 몇 년까지 연장될 가능성이 커지게 되었고, 최악의 경우 미국은 일본에 대한 반격을 시작조차 하지 못할 수도 있었다.

태평양에서 2단계 공세전략의 개시시점을 결정하는 데에는 태평양함대의 전력이 감축된 상황에서 공세에 필요한 전력을 확보하는 문제, 상륙작전전력을 준비하는데 소요되는 시간 등과 같은 작전적 수준의 제약사항에서부터 대서양전투에 대비하여 해군전력을 보존해야 한다는 전략적 수준의 문제까지 여러 가지 고려사항들이 복잡하게 얽혀있었다.

1941년 당시 대서양함대는 레인보우계획-5에 명시된 함대의 임무를 수행하기에 충분한 전력을 보유하고 있는 상태였다. 이전 레인보우계획-3에 의거하여 킹 제독이 지휘하는 대서양함대에는 항공모함 2척(당시 미국의 전체 항공모함 보유수는 5척) 및 전함 3척이 배치되어 있었고 그 외에도 다수의 중소함정들이 있었다.[1] 그리고 태평양에 미국의 함대전력의 절반 이상을 배치하여 일본이 섣불리 도박을 감행하지 못하도록 억제한다는 미국과 영국의 합의에 의거하여[2] 킴멜이 지휘하는 태평양함대에는 다수의 전함 및 중순양함, 당시 미 해군이 보유한 신형 경순양함 및 구축함 대부분이 배치되어 있었다. 더불어 전진기지건설 및 유지를 지원할 각종 군수지원함정들도 다수 보유하고 있었다.[3]

그러나 유럽전구에 우선순위를 부여한 레인보우계획-5은 태평양함대의 전력을 차출하여 대서양함대에 전력을 추가로 할당한다고 규정하였다. 터너 전쟁계획부장의 주장에 따라 1941년 봄, 양 함대 간 전력을 조정하여 대서양함대에 전력이 추가로 배치되었다.[4] 그리고 동태평양 방어를 위해 배치된 육군의 지상방어전력 및 항공전력 또한 대서양의 방어에 투입하기 위해 그 규모가 축소되었다.[5]

이러한 함대 간 전력조정에 따라 태평양함대는 전체전력의 1/4가량(이는 진주만 기습으로 손실된 전력보다 많았다)이 축소되었고,[6] 킴멜 사령관은 남은 전력의 편제 변경에 착수하였다. 그는 전함전대, 잠수함부대 및 정찰비행단 등과 같이 동일한 유형의 전력끼리 묶어 편성한 기존의 "유형사령부(type commands)"를 해체하고 주어진 임무에 따라 여러 가지 전력을 혼합편성한 10개의 기동부대(Task Forces; TFs)로 재편성하였다.

하지만 이렇게 편제를 변경하여도 전함을 제외한 모든 전력이 일본 함대에 비해 열세하다는 사실이 킴멜 사령관의 가장 큰 근심거리였다. 1941년 11월, 킴멜 사령관은 참모총장실에 "태평양함대의 전력증강요구를 진지하게 검토해 주길 강력히 요청"하는 서한을 발송하였다. 이러한 태평양함대 사령관의 요구에 대해 스타크 참모총장은 "전 세계에 버터를 펴바르다보니 그 양이 매우 부족할 수밖에 없다"는 비유를 들어가며 킴멜 사령관에게 양해를 구하였다.[7] 이후 진주만 기습을 당한 후에야 비로소 태평양함대에 전력이 증강되기 시작하였다.

대서양과 태평양에 해군전력을 분산 배치한 것은 마한이 강조한 전력의 집중원칙에 위배되는 것이었지만, 참모총장실의 전략기획자들은 태평양함대의 전력이 온전한 상태이고 파나마 운하를 통과하면 21일 이내에 대서양함대에 합류하는 것이 가능하기 때문에 이 경우에는 예외적으로 전력을 분할해도 상관이 없다고 주장하였다.[8]

태평양함대 전력을 대서양함대로 전용하는 것은 아시아에서 세력 확장을 추구하는 일본에 잘못된 메시지를 주는 것이 아니냐는 비판에 대해서 스타크 참모총장은 태평양함대의 전력수준에 관계없이 일본이 아시아의 영국령 도서를 침공할 경우 미 해군전력은 서태평양에서 철수해야 할 것이며, 만에 하나 태평양함대가 일본의 공격을 받는다 해도 일본을 먼저 쳐부수어야 한다는 국민여론을 조성할 수 있으므로 그리 나쁘지만은 않은 것이라고 응답하였다. 결국 스타크 참모총장이 1940년 11월 발표한 "플랜도그각서"에서 제시한 새로운 국가정책에 따라 오렌지계획 내의 즉각적인 위임통치령 진격개념을 포함한 모든 태평양 공세전략개념이 폐기되었다 (표 24.2 참조)[9].

이렇게 미국이 국가전략 차원에서 태평양공세전략을 거부함에 따라 1940년대 말에는 해군 내에서도 태평양공세를 지지하는 인사들이 거의 사라졌으며, 중부태평양 점령작전계획들도 대부분 폐기되었다. 심지어 해군 내의 방어론자들은 트루크 제도 상륙작전의 개략개념을 연구하는 것조차 불필요하다고 주장하기도 하였다. 스타크 참모총장은 루즈벨트 대통령에게 트루크 제도는 적이 견고한 방어력을 갖추고 있기 때문에 미군이 이곳을 공격할 경우 엄청난 피해를 입게 될 것이라 보고하였다.[10]

리처드슨 제독도 미 해군의 전력은 일본보다 약간 앞서는 정도일 뿐인데 전쟁이 발발할 경우 일본의 소모전에 의해 전력이 계속 약화될 것이므로, 미 해군이 트루크 제도에 도달할 때쯤이면 전력이 상당히 감소할 것이라 예측하였다.[11] 또한 해군대학에서 수학할 당시 트루크 제도 공격 방안을 연구했던 무어 대령은 트루크 제도의 중심 섬은 거대한 환초에 둘러싸여 있으며, 경사가 급한 산악지형이기 때문에 이곳에 상륙할 경우 "막대한 피해"를 각오해야 한다고 예측하였다.[12]

당시 미 해병대의 전력수준을 고려할 때 트루크 제도의 공격을 결심한다 하더라도 계획대로 신속하게 상륙작전을 개시하는 것도 불투명한 상태였다. 홀콤(Holcomb) 해병대 사령관은 75M 내에 트루크 제도 상륙작전에 필요한 해병대병력을 동원하는 것이 불가능할 뿐 아니라, 현재 해병대 장비수준을 고려할 때 1942년이나 되어야 상륙작전에 필요한 야포 및 항공기를 갖출 수 있다고 보고하였다.[13] 스타크 참모총장은 '강력한 일격'을 가하는데 필요한 75,000명의 해병을 훈련시키기 위해서는 오렌지계획에서 가정한 기간보다 훨씬 많은 시간이 소요하다고 말하며 홀콤의 주장에 동의하였다.[14]

〈표 24.1〉계획별 미 해군 주요전력 전개제원, 1940년~1941년

	태평양함대(1941년 2월 1일 이전 미 함대)			아시아함대	대서양함대(북서유럽파견전력 포함)	
	1940년 12월 오렌지계획[a]	1940년 12월 레인보우계획-3[b]	1941년 7월 레인보우계획-5[c]	1941년 7월 레인보우계획-5	1940년 12월 레인보우계획-3	1941년 7월 레인보우계획-5
항공모함	3	2	3		2	3
전 함	12	12	9		3	6
중순양함	8	4	8	1	5	5
경순양함	9	9	8	1	4	8
신형 구축함	67	67	41		15	51
구형 구축함	4	4	4	13	30	30
신형 잠수함	32	32	27	11		7
구형 잠수함	6	6	6	6	56	56
기뢰전함정	9	5	13		11	9
순찰정				8		19
군수지원함정	64	59	59	12	21	59
초계비행정	84	72	107	24	18	120
수상기모함	8	6	12	4	3	11
함대해병대						
사 단			1			1
여 단	3	3				
방어대대	4	4	3			1
소규모부대				1		
항공단	1		1			1

출처 : WPL-44, Dec 1940, App II. WPL-46, May 1941, App II.
참고 : 남동태평양, 각 해군구에 배치된 전력 및 군소 전력은 제외.
a : 아시아 증강부대 파견 이전 / b : 이시아 증강부대 파견 이후 / c : 대서양함대 전력 증강 및 아시아 증강부대 파견방안 폐기 이후

한편 위에서 열거한 여러 가지 난관을 해결하고 트루크 제도를 점령했다고 가정한다해도 그 이후로 이어지는 대일전에서 궁극적으로 승리할 수 있는지에 대해 해군의 많은 사람들이 의문을 가지고 있었다.[15] 리처드슨 제독은 트루크 제도는 단지 일본 본토에서 수백 마일이나 떨어진 함대의 중간 묘박지에 불과하다고 생각하고 있었다.

스타크 참모총장 또한 트루크 제도는 대일전쟁의 최종목표가 아니라 미 함대가 중국해로 진출하기 위해 거쳐야 하는 단순한 통과지점이라는데 동의하였다. 트루크 제도의 전략적 중요성

을 아무리 높게 평가한다 하더라도 일본 함대를 유인하고 이를 공격하기 위한 전진기지 이상의 역할은 기대하기 어렵다는 것이 이들의 주장이었다.[16] 더욱이 함대가 중부태평양에서 장기간 작전하게 되면 함정 수면하선체가 점차 부식되어 주력함대의 평균이동속력이 15노트 이하로 떨어질 것이기 때문에 이를 수리할 수 있는 건선거를 트루크 제도에 설치해야 하였다.[17] 그러나 리처드슨 제독은 트루크 제도에 건선거를 갖춘 해군기지를 건설하려면 '몇 달이 아닌 몇 년'이 소요될 것이라 판단하였다.[18]

전쟁계획부의 점진론자들 또한 오렌지계획에서 상정한 규모의 제2함대기지를 트루크 제도에 건설하기 위해서는 최소 2년에서 5년가량이 소요될 것이라고 예측하였다.[19] 제2함대기지가 완공되기 이전에는 원정함대는 자체전력 방호 및 해상교통로의 보호에 집중해야 하므로 공세는 엄두도 내지 못할 것이었다. 셔먼 또한 트루크 제도를 점령하는 것은 그리 '좋지 않은 방안'이라고 결론지었다.[20]

〈표 24.2〉 제1함대기지 및 제2함대기지 건설일정표, 1935년~1941년

전략개념 및 목표	기간별 오렌지전쟁계획(관련 연구보고서 및 분석자료 포함)		
	부분개정 오렌지계획 1934년~1937년	전면개정 오렌지계획 1938년~1939년	레인보우계획-3 / 5 1940년~1941년
전략개념	중부태평양작전의 전면적 개시; 대규모 육·해군 합동부대 투입; 신속한 작전수행 및 기지건설	제1함대기지 점령 후 육군지원전력 감축; 작전수행속도 약간 연기; 기기건설 기간 크게 연기	중부태평양작전을 준비하되, 전쟁발발 후 상부 지시에 따라 개시; 작전수행속도 및 기지건설기간 대폭 연기
제1함대기지 점령 시점	M+32일	M+40일 ~ M+55일	수 개월(대략 M+180일?)
제1함대기지 완공 시점	M+60일 ~ M+75일	M+60일 ~ M+90일 (건설국은 M+180일로 판단)	M+180일 이후부터 (대략 M+360일까지?)
제2함대기지 점령 시점	M+75일 ~ M+85일	점령작전에 육군까지 투입할 경우 M+75일, 해병대만 투입할 경우 M+180일	미명시 (대략 M+360일?)
제2함대기지 완공 시점	대략 M+180일	M+360일; M+720일까지 연장될 가능성도 있음	"수 년"

제1함대기지 위치 : 1934년에서 1939년까지는 워체, 1939년 9월 이후부터는 에니웨톡
제2함대기지 위치 : 트루크 제도

설사 미국이 트루크 제도를 점령한 후 적절한 시간 내에 함대기지의 건설을 완료했다 하더라

도 태평양함대는 대서양으로 신속하게 이동할 수 있는 태세를 항상 갖추고 있어야 하기 때문에 함대전력이 더 이상 서쪽으로 이동하는 것은 불가능하였다.[21]

전쟁계획부에서는 태평양함대 전력이 대서양으로 이동할 경우에 대비하여 트루크 제도를 점령한 이후에는 엄폐화된 해안포대를 설치하고 12,000명의 방어병력을 배치함과 동시에, 환초 주변 군소도서에 5~6개의 비행장을 설치하여 그물망 같은 해상·공중방어체계를 구축, 자체방어능력을 갖추어야 한다고 구상하였다. 쉽게 말해서 미국은 캐롤라인 제도 서부를 포함한 위임통치령 전체를 점령한 다음 공고한 방어체계를 구축하는 것이 필요하다는 말이었다. 그러나 육군항공단에서 해군의 위임통치령 점령작전을 지원하는 것을 거부하였기 때문에, 점령 해역의 방어를 위해서는 함대항공전력 및 해병대항공단의 핵심자산인 600여 대의 항공기 대부분을 함대해양작전이 아닌 도서방어작전에 투입해야 할 상황이었다.[22]

이러한 논리에 따라 스타크 참모총장은 트루크 제도를 일본에 다시 빼앗기지 않기 위해서는 주력함대가 지속적으로 이곳에 머물러야 한다고 생각하고 있었다. 일단 태평양에서 주력함대가 물러나게 되면 미국이 점령한 중부태평양을 다시 일본에게 빼앗기는 것은 시간문제라 간주한 것이다. 그는 일본이 트루크 제도의 재탈환을 시도할 경우 미국은 "그동안 트루크 제도에 구축한 병력과 물자를 힘들게 철수시킬 것인가", 아니면 "병력과 물자의 손실을 감수하고 방어전을 치를 것인가"를 선택해야 할 것이라 우려하였다.[23]

태평양공세를 극단적으로 반대하는 인사들은 단순히 트루크 제도 점령계획의 시행시점을 연기하는 것이 아닌, 이 계획을 완전히 폐기해야 한다고 주장하였는데[24] 1940년 12월에 들어서자 트루크 제도 점령계획을 폐기해야 한다는 주장이 점차 힘을 얻게 되었다.

터너 전쟁계획부장은 해군 레인보우전략계획 WPL-44 작성 시 함대의 위임통치령 점령작전의 범위는 트루크 제도의 점령까지 포함된다고 규정하였으나 트루크 제도의 점령일자까지 명시하지는 않았다. 이것은 트루크 제도 공격을 무기한 연기하는 것이나 마찬가지였다. 아마도 터너 전쟁계획부장은 스타크 참모총장에게 트루크 제도의 공격은 대서양의 안전이 완전히 확보된 이후에나 가능할 것인데, 미국이 대서양의 해양통제권을 완전히 장악하는 것은 매우 어려운 일이므로 트루크 제도 공격은 시행될 가능성이 희박할 것이라고 설명했을 것이다.

전쟁계획부에서는 해군 레인보우전략계획 WPL-44의 단계별 진격계획표와 세부 군수지원 제원을 수록한 부록을 별도로 작성하여 배포한다고 하였으나, 이 부록을 태평양함대 사령부에 배포했다는 기록은 없는 것으로 보아 결국 작성하지 않은 것으로 보인다.[25] 해군 레인보우전략계획 WPL-44가 유효화됨에 따라 태평양함대에서 1941년 3월 작성한 미 함대 레인보우작전계획 WPUSF-44 초안에는 "트루크 제도에 함대기지를 확보한다는 내용이 확정될 경우에만 이의 점령에 필요한 전력을 동원하고 훈련시킨다"는 내용이 포함되었다.[26]

트루크 제도의 점령을 무기한 연기한다고 할 경우 자연히 마셜 제도의 점령 또한 필요가 없는 일이었다. 오렌지계획 상 마셜 제도는 캐롤라인 제도로 진출하기 위한 발판이었기 때문이다. 당시 해군 내에서 오고간 탄약 수송 및 항공기장비, 대잠전장비에 관한 전보들을 살펴볼 때, 참모총장실에서는 최소한 1940년 여름까지는 제1함대기지의 건설을 위하여 마셜 제도를 신속하게 점령해야 한다고 판단하고 있었던 것으로 보인다.[27] 그러나 마셜 제도는 함대기지로 적합지 않다는 부정적인 정보들이 계속 흘러나왔다.

실제로 일본은 1940년 이전에 이미 마셜 제도의 환초는 군사기지로 활용하기에는 너무 취약하다고 판단하였으며, 캐롤라인 제도와 마리아나 제도의 일부환초에만 민간비행장 및 수상기용 부교를 설치한다는 구상을 이미 확정한 상태였다. 그리하여 일본 해군은 마셜 제도에 비행장을 설치하기보다는 장거리폭격기를 확충하여 위임통치령을 방어한다는 내용으로 방어개념을 전환하였다.

일본은 콰절린에 대규모 항공기지를 건설하고 주변의 말로에라프(Maloelap)와 워체에는 지원 비행장을 설치하였으며, 잴루잇(Jaluit)에는 수상기기지를 건설하였다. 그러나 당시 미 해군 정보당국은 일본군이 항공기지를 건설할 가능성이 가장 높은 곳은 에니웨톡이라고 완전히 잘못 판단하고 있었다(일본이 에니웨톡에 비행장을 건설하기 시작한 것은 태평양전쟁 중반 이후였다)[28].

위임통치령 환초들에 대한 정확한 정보들을 확보하지 못한 해군의 계획담당자들은 여전히 막연한 구상만 하고 있었다. 리처드슨 제독은 제1함대기지를 확보하기 위한 작전은 "대규모 작전"이 될 것이기 때문에 함대해병대의 능력만으로는 감당하기 어렵다고 보고 있었다.[29] 그리고 해군전쟁계획부의 점진론자들은 주력함들이 마셜 제도 근해에서 작전하게 되면 부근 항공기지

에서 발진한 일본항공기의 손쉬운 공격목표가 될 것이라 우려하였다.[30]

한편 스타크 참모총장은 평소의 신중한 성격과는 다르게 대규모 방어병력이 배치되지 않은 도서를 점령하는 것은 "그리 어렵지 않은 일"이라 말하였으나, 마셜 제도의 환초들은 수상기나 잠수함을 위한 임시기지 정도의 가치 밖에 없다고 평가하였다. 무엇보다도 미 해군이 제1함대기지를 확보한다고 하더라도 이곳에 함대가 상주하지 않으면 방어가 어렵다는 것이 가장 큰 문제였다.[31] 그리고 당시 미 해군은 마셜 제도의 지리환경에 관한 상세한 정보를 확보하지 못했기 때문에 실제로 점령하기 이전에는 이곳이 제1함대기지 건설에 적합한지 아닌지를 정확하게 판단할 수가 없었다. 이러한 이유로 제1함대기지 건설에 필요한 물자의 규모 및 수송문제 또한 사전에 정확히 예측하는 것이 불가능하였다. 60M에서 90M 사이에 함대기지 건설을 완료한다는 오렌지계획 상의 가정은 '현실성이 전혀 없는 예측'이었으며, 대일전쟁 발발 후 6개월에서 12개월 사이 건설을 완료한다는 가정이 그나마 현실적인 예측이었다.[32]

1940년 말, 미 해군지휘부에서 결정한 대서양 우선전략이 그대로 지속되었다면, 미 해군의 서태평양 진격은 유럽에서 독일이 패망할 때까지 계속 미뤄졌을 것이다. 그러나 1941년 초반 미국이 연합국과의 협력을 강화하게 되면서 대일전쟁의 2단계 전략을 재평가하는 것이 필요하게 되었다.

ABC-1 회의에서 미국은 싱가포르에 함대전력을 파견하는 것은 거부하였으나 중부태평양을 무대로 작전을 펼쳐 영국의 말레이 방어선 방어를 간접적으로 지원한다는 데는 동의하였다. 터너 전쟁계획부장은 미 해군이 중부태평양에서 작전을 실시하여 일본에 위협을 가한다면 일본 해군은 말레이 방어선 공격에 전체 전력을 투입하지 못할 것이라고 호언장담하였다.

이러한 전략방침의 변화로 인해 킴멜 태평양함대 사령관은 상황이 허락할 경우 함대전력을 일본의 외곽 해상교통로를 차단할 수 있는 해점(아마도 트루크 제도를 가리키는 것으로 보인다)까지 진출시켜 일본 해군과 전투를 벌이는 것이 가능하게 되었다. 그러나 터너 부장의 이러한 호언장담도 영국의 입장에서는 별다른 위안이 되지 못하였다. 영국에게 미국이 동남아시아 방어를 지원해 줄 것이라는 확신을 심어주기 위해서는 말레이방어선 방어계획에 트루크 제도 상륙작전 개시 일자를 명시하는 것이 필요하였다.

터너 전쟁계획부장이 영국을 지원하기 위해 대일전쟁 발발 시 신속하게 캐롤라인 제도로 진격하겠다는 구상을 육군에 넌지시 비추자 육군의 앰빅 장군은 너무 위험한 구상이라며 크게 반발하였다. 앰빅 장군은 육군이 그렇게 짧은 기간 내에 전투준비를 완료하는 것은 불가능하며, 미국이 유럽의 지상작전에 참여하게 될 경우 그곳에 전 육군전력을 투입해야 하기 때문에 해군의 태평양작전을 지원할 수 없다고 말하였다.

이러한 육군의 주장을 접한 터너 전쟁계획부장은 일본의 방어가 허술한 틈을 이용하여 "최적의 시점에 트루크 제도 상륙작전을 실시하겠다"고 한 발짝 물러섰다. 비공개회의를 거친 이후 육군은 해군 측에서 초초한 영국을 안심시키기 위해 몇 가지 보장을 해주는데 동의하였다. ABC-1 회의 최종보고서에는 트루크 제도 공격개시일자가 명시되지는 않았지만, 터너 전쟁계획부장은 미 해군은 조속한 시기에 마셜 제도를 공격할 것이라고 말하여 영국에게 희망의 빛을 심어주었다. 그는 마셜 제도는 전략적 중요성이 아주 높지는 않지만 미국이 이곳을 점령하게 되면 일본의 핵심구역 내에 있는 캐롤라인 제도를 위협하거나 공격하는데 유리할 것이라고 언급하였다.

결국 마셜 제도에 제1함대기지를 확보한다는 내용이 대일전쟁계획에서 살아남게 되었다. 이에 따라 레인보우계획-5에는 태평양함대는 트루크 제도 "고립 및 점령" 작전을 준비하는 것에 그치지 않고 이를 시행한다는 내용까지 포함되었다.[33] 레인보우계획-5의 해군지원계획인 해군 레인보우전략계획 WPL-46에서는 "임무 b"로 함대해병대와 육군병력 30,000명을 동원, M+180에 마셜 제도 및 캐롤라인 제도 점령작전을 개시한다고 명시하였다.[34]

그리고 전쟁계획부에서는 군수분야 계획담당자들에게 에니웨톡과 트루크에 함대기지를 모두 건설할 수 있는 방안을 연구하도록 지시하였다.[35] 그러나 "임무 b(task b)"에 할당된 지상군전력만으로는 트루크 제도까지 점령하는 것은 불가능했기 때문에 실제로 M+180에 시작될 공세에는 마셜 제도점령만 포함되어 있었다고 볼 수 있었다.

1941년 내내 참모총장실에서는 고집 센, 킴멜 사령관이 그동안 애써서 늦춰놓은 중부태평양 진격시점을 앞당기려 하지는 않을까 계속 우려하고 있었다. 실제로 급진론을 신봉하던 맥모리스 함대전쟁계획반장은 트루크 제도로 진격하기 위한 발판으로 활용할 수 있도록 최단시간 내에 마셜 제도를 점령하길 바라고 있었다.[36] 이러한 소식을 접한 스타크 참모총장은 함대의 급진론적 움직임에 대해 경고를 보냈다.

그는 캐롤라인 제도는 적이 강력하게 방어하고 있을 뿐 아니라 배후에 있는 팔라우에서 항공지원까지 받을 수 있으므로 쉽게 탈취하는 것이 어렵다고 조언하였다.[37] 그리고 전쟁계획부에서는 태평양함대에서 해군수송지원국(Naval Transportation Service) 소속 민간선박들을 캐롤라인 제도 상륙작전에 투입하는 것을 방지하기 위해 이 선박들은 하와이 부근에서만 운용하는 것으로 제한하였다(표 24.3 참조, 당시 태평양함대에 소속된 해군 선적의 모든 보조함정들에는 전쟁이 발발할 경우 미국령 환초에 물자를 수송하는 임무가 할당되어 있었기 때문에 이를 공세임무에 활용하기는 어려웠다)[38].

〈표 24.3〉 전시 해군수송지원국 편성 계획표, 1938년-1940년

전쟁발발 시 해군수송지원국 소속 활용가능선박 판단	WPL-14 오렌지계획 1938년	WPL-42 레인보우계획-1 1939년 중반	WPL-44 레인보우계획-3 1940년 말
병력수송함	63	71	26
탄약수송함	14	12	4
수리지원함	17	9	9
화물수송함	88	20	17
병원선	10	1	0
유류지원함	121	15	0[a]
기 타	66	9	0
총 계	379	137	56

출처 : Dir to CNO, Planning for Use of Merchant Marine, 25 Feb 41, A16/QS1, Signed Ltrs, Box 81, WPD Files, OA, NHD.
a : 해군 유류지원함으로 자체지원이 가능하여 삭제

한편 태평양공세의 개시시점을 연기한다는 소식을 접한 킴멜 사령관은 이를 태평양함대의 부족한 상륙작전전력을 확보하는 기회로 활용하려 했다. 그는 미국여론이 현재 태평양함대의 전력이 아무런 임무를 수행할 수 없을 정도로 형편없다는 것이 알게 된다면 곧바로 대서양함대의 전력을 빼낼 수밖에 없을 것이라 주장하면서 상부에 최단시간 내에 전력을 증강해달라고 요구하기 시작하였다. 그러나 스타크 참모총장은 킴멜 사령관의 이러한 의도에도 역시 제동을 걸었다.

참모총장실에서 작성한 해군 레인보우전략계획 WPL-46 상에는 대서양에 배치된 전투함정들을 트루크 제도 공격을 위해 태평양으로 재배치한다는 내용은 없었으며, 단지 태평양함대는 지정된 기한 이내에 병력수송함 및 군수지원함의 준비를 완료해야 한다는 내용만 포함되고 말았다.[39] 이후 1941년 4월에서 5월 사이 킴멜 사령관은 위임통치령은 일본의 핵심 세력범위에 포함되기 때문에 쉽사리 점령하긴 어렵다는 것을 인정하게 되었고 이후 점진적으로 위임통치령을 공격한다는 방침을 수용할 수밖에 없었다.

그는 일본의 방어선을 돌파하기에는 그가 현재 보유하고 있는 상륙전력이 "턱없이 부족하다"는 것을 잘 알고 있었다. 태평양함대 소속의 병력수송선과 상륙주정은 대부분 대서양함대에 재배치된 상태였으며, 민간선박을 상륙작전용 수송선으로 개조한다하더라도 이를 완료하는 데는 12개월 정도가 소요될 것이었다. 실제로 당시 태평양함대는 상륙작전에 필수적인 상륙주정, 상륙돌격장갑차뿐만 아니라 해상화력지원용 함포탄도 없어 환초상륙돌격훈련조차 하지 못하는 상태였다.[40] 이를 보다 못한 참모총장실에서 1941년 가을 해병 1개 연대병력 및 장비를 태평양함대에 배속시켜 주었으나 기동성이 뛰어나 초호 내부로 진입이 가능한 고속수송함을 대서양함대에서 태평양함대로 재배치하는 것은 허가하지 않았다.[41]

한편 부족한 상륙작전능력을 보강하기 위해 태평양함대는 자체적으로 여러 가지 방안들을 구상하였으나 대부분 효과가 없다는 것들이었다. 당시 태평양함대 정찰전력 사령관으로 도서 상륙작전의 지휘를 책임지고 있던 윌슨 브라운(Wilson Brown) 중장은 함대에서 자체적으로 모터보트를 건조하여 웨이크 및 길버트 제도에 은밀히 숨겨놓았다가 전쟁이 시작되면 마셜 제도로 예인하여 활용하자는 제안을 내놓았다. 또한 그는 적이 상륙작전을 저지하기 위해 해안에 설치할 장애물의 제거 및 폭파를 위해 서핑보드를 이용하여 침투하는 특공대를 양성하자고 제안하기도 하였다. 그러나 이러한 제안에 대해 머피는 "고려해 볼 가치도 없는 의견"이라고 평가하였다.[42]

결국 1941년 말 무렵, 킴멜 사령관까지도 현재의 태평양함대 전력만으로는 위임통치령 상륙작전의 실행은 어렵다고 결정하게 되었다. 스타크 참모총장이 트루크 제도 상륙작전을 위한 준비태세를 갖추라고 재촉하자[43] 킴멜 사령관은 상륙작전을 위해서는 30척에서 40척 가량의 병력수송함이 필요한데 현재 태평양함대가 보유하고 있는 것은 단 1척뿐이며, 다른 보조함정들도 턱없이 부족하다고 항변하였다. 그리고 상륙돌격의 주 임무를 담당할 함대해병대의 상황을 살펴보면 대부분 도서방어임무에 묶여 있어서 상륙작전을 연습할 기회가 거의 없었을 뿐 아니라 전투준비태세 또한 완전히 갖추어져있지 않았기 때문에 마셜 제도의 점령조차 어려운 지경이었다.

설상가상으로 1941년 11월, 킴멜 사령관은 미국령 환초의 방어책임을 해병대에서 육군으로 넘기는 것을 거절하였는데, 이것은 결국 함대해병대가 도서방어 임무에서 벗어나 환초상륙작전을 연습할 시간을 가질 기회를 포기한 셈이었다.[44] 그리고 공식적으로 킴멜 사령관은 태평양함대의 수상함전력과 항공전력이 1.5배 이상 증강되지 않는다면 위임통치령 점령작전을 개시하는 것은 불가능하다는 입장을 표명하였지만[45] 이러한 정도의 전력증강은 그 당시 미 해군의 상황으로서는 요원한 일이었다.

당시 태평양함대 참모장은 훗날 "그 당시 태평양함대의 전력수준은 트루크 제도의 점령은 고사하고 마셜 제도의 점령조차 불가능한 상황이었다."라고 회고하였다.[46] 그리고 트루크 제도를 점령할 수 있도록 만반의 준비를 갖추되, M+180일 이전에는 공격을 시작하면 안 된다는 당시 해군지휘부의 모순된 지침 또한 태평양함대 지휘부에 큰 혼란을 주고 있었다. 반대로 태평양함대 소속 중견장교 대부분은 전쟁이 발발하면 당연히 태평양함대는 즉각적으로 공격작전을 펼친다고 인식하고 있는 상태였다.

당시 미 해군에서는 전쟁발발 초기 6개월 동안 태평양함대의 임무를 무엇으로 규정하고 있었을까? 공식적으로 레인보우계획-5에 따르면 태평양함대는 대서양으로 즉시 이동할 수 있는 태세를 유지함과 동시에, 중부태평양으로 진출하여 일본령 도서를 점령·공격하고 일본 함대를 유인해 냄으로써 말레이방어선의 방어부담을 줄여주는 임무를 수행하는 것으로 되어 있었다.[47] 태평양함대 사령관이 이러한 임무를 철저히 준수하도록 하기 위해 참모총장실에서는 중부태평양에서 태평양함대가 최대로 진출할 수 있는 작전제한선을 지정해 놓았다.

1940년 11월 육군의 전쟁계획담당자들은 동경 180도 서쪽 구역에서는 해군의 공세작전을 제한해야 한다고 주장하였는데, 당시 날짜변경선(즉 동경 180도선) 부근에는 적절한 공격목표가 하나도 없다는 사실을 고려하지 않은 전혀 현실성이 없는 주장이었다. 해군계획담당자들은 해상견제전략개념을 고려한 끝에 마셜 제도가 포함되는 동경 160도선을 함대 작전제한선으로 제안하였다. 이후 함대 작전제한선은 육군의 동의하에[48] 동부 캐롤라인 제도까지 포함하는 동경 155도선까지 확장되었으나, 트루크 제도는 여전히 작전제한선 외곽에 있었다. 해군계획담당자들은 함대를 이 작전제한선 내에서만 운용하더라도 항공공격 및 잠수함전력을 활용한다면 마셜 제도를 무력화할 수 있으며, 일본 함대가 웨이크와 길버트 제도로 접근하는 것 또한 막아낼 수 있을 것으로 판단하고 있었다.[49]

그러나 1941년의 미국의 전쟁계획에는 참모총장실의 전략기획자들이 애써 외면하려했던 논리적 취약점이 존재하고 있었다. 레인보우계획-2, 3에서부터 지속되어온 대일전쟁의 기본전략목표는 일본이 남방유전지대로 접근하는 것을 차단한다는 것이었다. 미 해군에서 해상견제전략이 최초로 제기되었을 당시 해군계획담당자들은 중부태평양에서 해상무력시위를 벌인다면 동남아시아의 연합군이 최소 3개월 이상은 말레이방어선을 고수할 수 있을 것이므로, 강력한 영국함대가 유럽에서 말레이해역으로 이동하는 데에는 문제가 없을 것이라 판단하였다(영국 해군성은 대서양에서 말레이해역까지 영국함대의 이동소요기간을 70~90일 사이로 판단하였다)[50].

1941년 기간 중 지중해 및 대서양에서 독일해군 및 U보트의 활발한 활동으로 상당수의 영국해군전력이 손실됨에 따라 자연히 말레이해역으로 보낼 전력이 줄어들 수밖에 없었다(그러나 영국은 여전히 소규모 전력만 파견해도 말레이방어선을 고수할 수 있을 것이라는 생각을 버리지 않고 있었다)[51]. 그리고 말레이방어선을 최대한 고수하여 일본의 남방유전지대 접근을 차단한다는 전략목표를 궁극적으로 달성하기 위해서는 미 함대가 신속하게 일본과 말레이시아간의 해상교통로를 차단할 수 있는 해점까지 진출할 수 있어야 하였다.

그러나 미군의 전쟁계획에서 에니웨톡 점령일은 M+180일까지, 트루크 제도 점령일은 M+360일까지 늦춰짐으로써 말레이 방어선의 방어뿐 아니라 일본의 남방진출을 저지한다는 연합군의 전략 자체가 성공이 어렵게 되었다. 당시 미국과 영국의 계획담당자들이 각각의 임무가 서로 상충한다는 것을 인식하지 못하고 있었는지, 아니면 인식하고 있었으면서도 애써 외면한 것이었는지는 불분명하다. 어쨌든 간에, 25년 전 영국은 태평양에서 미국이 세력을 확대하는 것을 견제하기 위해 일본이 미크로네시아를 위임통치하는 것을 지지하였는데, 당시 영국의 정치가들은 이러한 결정이 대영제국 아시아식민지(특히 싱가포르)의 운명을 결정짓게 될 것이라고는 꿈에도 상상치 못하였을 것이다.

독일이 파죽지세로 러시아로 진격하고 있던 1941년 11월, 영국 해군성은 호위함정 없이 전함 2척을 단독으로 싱가포르로 파견하였는데, 이들의 호위임무는 미국 아시아함대의 구축함들이 맡아줄 것으로 기대하고 있었다. 영국해군의 톰 필립스(Tom Phillips) 대장이 이끄는 전함 리펄스(Repulse)와 프린스 오브 웨일즈(Prince of Wales)는 1941년 12월 2일 싱가포르에 도착할 예정이었는데, 이들이 도착하면 하트 아시아함대 사령관과 맥아더 장군은 필립스 대장과 함께 동남아시아 방어를 위한 연합군 전략을 논의하려고 생각하고 있었다.[52]

당시 미 육군은 필리핀에 병력을 증강하는 중이었고(제6장 참조), 해군이 위임통치령 점령작전을 수행할 때 중폭격기를 지원해주겠다고 약속한 상태였다(제21장 참조). 이에 따라 스타크 참모총장은 12월 중순경이 되면 극동의 연합군전력은 일본군의 활동에 실제적 위협을 가할 수 있는 수준까지 증강될 것으로 기대하고 있었다. 그리고 영국은 1942년 2월 또는 3월까지 싱가포르에 전함 6척, 항공모함 1척, 다수의 순양함 및 항공기를 배치 할 것이라고 호언장담하고 있었기 때문에 스타크 참모총장은 이정도 전력이면 '상당한' 수준이며, 일본과 전쟁 시 결정적 역할을 담당할 수 있을 것이라 여겼다. 그러나 연합군의 전략목표 달성을 지원하기 위해 중부태평양 도서를 점령한다는 전략은 실제로 시행하기에는 어려운 상황이었다. 아시아에서 연합국의 방어를 지원한다는 미국의 약속을 지키기 위해서는 개전초기 연속적인 상륙작전을 통해 신속하게 중부태평양으로 진격하는 것이 필수적이었는데, 막상 이 임무를 수행해야 하는 태평양함대는 그에 필요한 수단을 보유하고 있지 못했던 것이다.

25. 1941년 중부태평양 함대작전계획

레인보우계획-5에서는 태평양함대의 임무를 "일본의 전쟁수행능력을 약화시키고 말레이방어선의 방어를 지원하는데 가장 적합한 방책을 구상하여 공세적 작전을 수행하라"고 상세히 기술하고 있었다.[1] 레인보우계획-5를 작성할 당시 참모총장실에서는 이미 1940년 중반 함대전력을 미 서부해안에서 하와이로 전진 배치해 두었기 때문에 일본 함대가 마음대로 활동하는 것을 억제할 수 있을 것이라 믿고 있었다.[2]

그들은 태평양함대가 일본이 점령하고 있는 중부태평양에서 활발한 작전을 펼치게 된다면 일본의 연합함대가 말레이 방어선 공격에 전력을 투입하기는 어려울 것이며, 연합함대의 상당 부분을 캐롤라인 제도 근해로 유인해 낼 수도 있을 것이라 기대하였다.[3] 1940년대 말, 태평양함대의 일본 해군 견제임무가 해군 레인보우전략계획 WPL-44에 포함되었으며[4] 태평양함대는 마셜 제도에 "강력한 공세"를 펼칠 수 있도록 세부적인 계획을 작성하라는 지시를 받았다.[5]

킴멜 사령관은 1941년 2월 1일 태평양함대의 지휘권을 인수했을 때부터 줄곧 이곳저곳에서 날아드는 공세적 작전을 펼쳐야 한다는 요구에 시달리고 있었다. 하트 아시아함대사령관은 대일전쟁 발발하게 되면 태평양함대가 공세적 작전을 펼쳐 일본이 아시아전선에 전 전력을 투입하지 못하도록 해야 한다고 주장하였다. 그리고 쿡은 태평양함대가 강력한 공격을 가한다면 일본군의 사기를 꺾어 놓을 수 있다고 킴멜을 설득하였다.

킴멜 사령관은 천성적으로 투사의 기질을 가지고 있었을 뿐 아니라, 그의 전임자인 리처드슨 제독이 태평양함대의 공세적 운용을 반대하다가 경질된 것을 알고 있었기 때문에 "적절한 기회를 잡는 즉시 일본 해군에 강력한 일격을 가할 것이며, 그러한 기회가 오지 않을 경우에는 적극적으로 기회를 만들기 위해 노력할 것이다"라고 약속하였다.

킴멜 사령관이 스타크 참모총장에게 태평양함대가 "강력한 공세"를 펼칠 필요가 있을 경우는 어떻게 해야 할지를 문의하자 스타크는 "이를 승인한다"고 응답하였으며[6] "함대가 공세적 작전을 수행할 경우에는 기 설정된 태평양함대의 작전구역에 제한을 받지 않는다."고 하였다. 이에 대해 킴멜 사령관은 "심각한 손실이 예상되는 경우에는 임무 수행을 포기해도 된다는 의미인가?"라고 문의하자[7] 스타크 참모총장은 "확실한 전과를 거둘 수 있다면 손실의 위험을 감수하고서라도 임무를 수행하는 것이 바람직하다는 의미이다"라고 답변하였다.[8] 그러면서도 킴멜 사령관에게 "결정적 성과를 거둘 수 없는 소규모 공격은 우군의 자신감을 감소시키는 반면 적의 사기만 올려주게 될 것이다."라고 덧붙이는 것 또한 잊지 않았다.[9]

이후 영국이 "태평양함대는 적극적인 작전을 펼쳐 일본 해군의 활동을 억제하지 않고 진주만에 정박하여 시간만 허비하고 있다."고 불만을 표시하자 터너 전쟁계획부장은 "태평양함대는 작전계획에 의거하여 적절하게 행동하고 있는 것"이라고 대꾸하였다.[10]

함대의 공세적 운용을 암묵적으로 허가하는 듯한 뉘앙스가 담긴 스타크 참모총장의 답변을 접한 킴멜 사령관은 상관의 속뜻을 알아차렸고, 맥모리스 함대전쟁기획반장에게 일본 해군을 견제하기 위한 함대작전계획을 작성하라고 지시하였다.[11] 공세적 행동을 강조했던 이전의 오렌지계획과 유사하게 이번 태평양함대의 견제작전계획 역시 매우 공세적이고 작전템포가 빠른 대규모 작전이 될 것이었다.

1941년 봄에 들어서면서 킴멜 사령관은 레인보우계획-5의 내용에 상당한 모순이 있다는 것을 인식하게 되었다. 레인보우계획-5 상 태평양함대의 주된 임무는 말레이방어선의 방어를 지원하는 것이었으나, 이미 많은 전력이 대서양으로 빠져나간 상태였고, 중부태평양의 상륙작전 시점은 뒤로 연기되었으며 함대의 작전구역까지 제한을 받는 상태였다.

이러한 여러 제한사항 아래서는 일본 해군을 공격하는 것은 상상조차 할 수 없었으며, 하와이를 기지로 하여 일본의 해상교통로를 교란하는 작전을 펼친다 해도 별다른 효과가 없을 것이 분명하였기 때문에 일본의 핵심이익에 타격을 가하는 것은 불가능한 일이었다. 당시 태평양함대의 항공모함전력은 일본에 비해 완전히 열세였고, 그나마 우세한 전함전력은 중부태평양에 전진기지를 확보하기 전까지는 그 능력을 발휘하기가 어려웠다.

미 함대가 일본의 핵심 세력권까지 진출, 일본 본토를 위협하거나 위임통치령 상륙작전을 통하여 일본의 배후를 위협하지 않는 이상 일본 해군 연합함대는 자신들에게 유리한 시간과의 싸움을 계속할 것이었다. 킴멜 사령관은 공세적 행동이 결여된 미 해군의 이러한 견제전략은 결국 실패할 것이라 여기게 되었으며 "일본의 전략적 실수를 범하도록 유도하고, 이 기회를 포착하여 강력한 공세적 행동을 감행해야만 단시간 내 결정적 성과를 획득할 수 있다."[12]고 주장하였다. 그는 좀 더 현실적인 태평양함대의 전시임무를 설정하기 위해 여러 가지 방안을 궁리하기 시작했다. 그러나 그 방안들 대부분은 루존 섬에 대규모 육군을 수송한다, 괌에 해군기지를 건설한다 등으로 이미 비현실적이라고 밝혀진 내용들이었다.[13]

레인보우계획-5에 명시된 미 해군의 견제전략이 별다른 효과가 없을 것이라 판단한 사람은 비단 킴멜 사령관뿐만이 아니었다. 하트 아시아함대 사령관은 아시아에서 일본 함대를 막아내기 위해서는 태평양함대에서 강력한 공세작전을 펼치는 것이 필요하다고 주장하였다.[14] 맥모리스 함대전쟁계획반장 역시 전쟁계획에 지시된 대로 태평양함대가 견제활동을 벌인다면 일본이 주력함대는 본토방위를 위해 일본 근해에 잔류시키고 소형함정들과 항공기들만 말레이방어선 공격에 투입할 것이라고 예측하는 사람들이 있는데, 이것은 잘못된 판단이며, 이러한 견제활동만으로 일본 함대의 전력을 "실제적으로" 약화시킬 수 있다고 보는 것은 큰 오산이라고 지적하였다.[15] 스타크 참모총장 역시 하트 사령관에게 자신도 개인적으로는 맥모리스와 같은 생각을 가지고 있다고 말하기도 했다.[16]

맥모리스는 초기 마셜 제도의 공략이 전략적으로 중요하다는 당시의 추세에 의문을 가지고 있었다. 최초에 맥모리스는 일본은 이미 마셜 제도 내 최소한 4개의 환초에 강력한 방어시설이 건설하였을 것으로 판단하였다. 그리고 각각의 환초에는 모두 대대급 해안방어부대가 배치되어 있고, 다수의 잠수함과 200여 대의 항공기가 여러 환초에 분산되어 있으며, 순양함 및 잠수함으로 구성된 기습부대 또한 위임통치령 모처에서 활동하고 있을 것이라 예측하였다.[17]

반면 워싱턴의 전쟁계획부에서는 동부 캐롤라인 제도의 일본군 방어전력은 얼마 되지 않는다는 정보판단서를 근거로 마셜 제도의 방어전력 또한 약할 것이라 판단하였다.[18] 그들은 마셜 제도의 일본군 방어규모는 매우 취약하며, 태평양함대의 상대가 될 수 없을 것이라 주장하였다.[19] 이러한 전쟁계획부의 주장에 따라 맥모리스 역시 마셜제도 내의 적 항공전력 추정치를 75대로 축소하였고[20] 일본이 마셜 제도를 중시하지 않는 이상 미국 역시 이 지역을 공격할 필요는 없다고 결론을 짓게 되었다.

한편 킴멜 사령관 역시 마셜 제도, 길버트 제도 및 웨이크를 고립시키는 것만으로는 일본 함대를 유인해 내기가 "현실적으로 매우 어렵다"는데 공감하고 있었다.[21] 그의 생각에도 좀 더 대담한 계획으로 일본주력함대를 유인해내지 못하는 이상 함대에 부여된 전략목표를 달성하는 것은 매우 어려운 일이었다. 태평양함대가 일본의 핵심 세력권을 위협하는 것이 불가능하다고 본다면, 일본 함대를 미국이 통제하고 있는 해역으로 꾀어내어 함대결전을 벌이는 방안도 생각해 볼 수 있었다.

킴멜 사령관은 태펴양전구의 최전선에 있는 웨이크를 주시하기 시작했다. 그는 스타크 참모총장에게 "웨이크는 태평양 서쪽으로 공세작전을 수행하는데 필수적인 해점으로서, 그 중요성이 날로 증가하고 있다"고 언급하였다. 만약 일본이 웨이크를 점령한다면 태평양함대는 중부태평양에서 "상당한 행동의 제약을 받게 될 것"이었다. 그러나 웨이크를 적의 어떠한 공격에도 끄떡없는 강력한 기지로 탈바꿈시킨다면 마셜 제도 공격을 지원하는 것이 가능하기 때문에 이를 손쉽게 확보할 수 있을 뿐 아니라, 향후 태평양함대가 서쪽으로 진격하는데 중요한 발판으로 활용하는 것이 가능하였다. 무엇보다 중요한 것은 웨이크에 강력한 방어능력을 갖춘 기지를 건설할 경우 일본을 함대결전으로 끌어들이는 것이 가능하다는 것이었다.

킴멜 사령관은 "웨이크는 일본 해군이 중부태평양으로 진출하기 위해서 반드시 거쳐야 하는 관문이다. 그러므로 웨이크에 강력한 방어기지를 건설한다면 일본은 이곳을 공격하려 할 것이고, 이때 태평양함대는 일본 함대를 격파할 수 있는 함대결전의 기회를 잡을 수 있을 것이다. 우리는 일본 함대를 우리에게 유리한 해점으로 끌어내기 위해 가능한 모든 노력을 해야 하며, 이러한 목적을 달성하기 위해서는 일본 함대를 유인할 수 있는 미끼를 던질 필요가 있다."고 설명하였다.[22]

킴멜 사령관은 웨이크를 활용하여 유인해 낼 수 있는 "일본 해군전력"이 어느 정도 수준이 될 것인지에 대해서는 구체적으로 언급하지는 않았다. 1941년 12월 16일 태평양함대 사령관에서 해임되고 난 이후, 킴멜 제독은 진주만 조사위원회에서 다음과 같이 증언하였다. "당시 우리는 일본이 웨이크 공격을 위해 파견할 전력의 규모는 태평양함대가 충분히 대적할 수 있는 수준이라고 판단하고 있었다. 우리는 일본 함대를 유인할 미끼인 웨이크에 상당한 방어전력을 배치한다면 일본 함대가 그곳을 공격하기 위해 접근할 것이라 생각하였다."[23]

한편 맥모리스는 도상연습결과를 토대로 일본 함대가 웨이크에 파견할 전력규모는 항공모함 1척, 순양함 수척 및 구축함 여러 척으로 구성될 것이라 평가하였다.[24] 1941년 12월 초, 핼시 제독은 웨이크에 보낼 항공기를 적재한 항공모함을 이끌고 진주만을 출항하게 되었다. 이때 맥모리스는 핼시에게 만약 전쟁이 발발할 경우 웨이크를 공격할 일본 해군 '기습부대' 정도는 항공모함 한척 및 다수의 함정들로 구성된 미 해군 기동부대라면 충분히 격파할 수 있을 것이라 언급하였다[25](진주만 기습 이후 일본은 소규모 상륙전력 및 함포지원전력을 파견하여 웨이크 점령을 시도하였으나 실패하였고, 이후 웨이크를 재공격하기 위해 경항공모함 2척을 파견하였다).

그러나 현실적으로 판단할 때 웨이크를 일본 함대를 유인하기 위한 미끼로 활용한다는 구상은 소설에나 나올 법한 비현실적인 방안이었다. 이전의 오렌지계획에는 에니웨톡 상륙작전을 지원하는데 필요한 기지시설을 웨이크에 설치한다고 명시되어 있었으나, 레인보우계획에서 에니웨톡 상륙작전 개시일자를 M+180일까지 연장함에 따라 중부태평양 점령작전 중 웨이크의 역할이 불분명해지게 되었다.

그나마 1940년 12월 작성된 레인보우계획-3에서는 웨이크를 전쟁초기에 마셜 제도 공격을 위한 사전정찰기지로 활용한다고 명시하여 그 중요성을 어느 정도 강조하긴 하였다. 오렌지계획과 레인보우계획-3 모두 M일 당일 수상기전대를 웨이크로 이동시킨 후 최초 2~3주간은 사전에 비축된 항공유 및 기존에 설치된 팬에어항공사(PanAir) 지원시설을 활용하여 작전을 수행한다고 명시하고 있었다. 하지만 당시까지도 웨이크 환호 진입수로가 준설되지 않아 수상기모함이 도착하더라도 환초 밖에 위치할 수밖에 없었기 때문에 웨이크에 배치된 수상기전력이 언제까지 작전을 지속할 수 있을지는 아무도 장담할 수 없었다. 한편 참모총장실에서는 킴멜 사령

관이 웨이크의 중요성을 강조하기 전까지 이곳에 거의 관심을 두지 않고 있는 상태였다.[26]

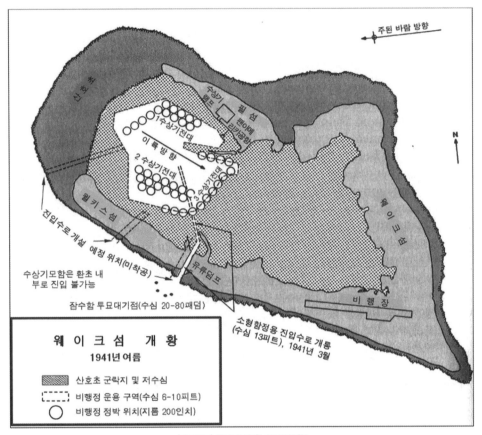

주된 바람 방향

웨 이 크 섬 개 황
1941년 여름

▨ 산호초 군락지 및 저수심
┄┄ 비행정 운용 구역(수심 6-10피트)
○ 비행정 정박 위치(지름 200인치)

〈지도 25.1〉웨이크섬 개황, 1941년 여름

1941년 초 킴멜 사령관과 맥모리스가 태평양함대의 대일작전계획의 작성 임무를 맡게 되자, 그들은 전쟁 발발즉시 2개의 비행정전대를 웨이크에 전개시켜 마셜 제도로 진격하는 함대의 전방정찰 임무를 수행하게 하고 나아가 트루크 제도나 일본 본토로부터 은밀히 접근하는 일본 함대의 기습전력을 탐지하는 임무를 수행하게 해야 한다고 주장하였다.[27] 태평양함대의 이러한 주장에 따라 1941년 1월부터 웨이크기지의 증축이 시작되었다. 기지건설대 선견대는 우선 물자보급용 바지선(supply barges)이 통과할 수 있도록 수심 13피트의 소형 진입수로를 준설하였다

(지도 25.1 참조).

그해 무려 4번의 태풍이 웨이크를 지나갔으나 1,200여 명에 달하는 건설인부들이 공사를 지속하여 1941년 여름까지 육상기지시설의 건설이 계획대로 진행되었다.[28] 그리고 플로팅호스(floating hose)를 이용하여 환초 외부 기파대 부근에 묘박한 유조선으로부터 유류를 공급받아 저장하는 유류저장고의 설치가 완료된다면 수상기가 지속적으로 작전하는 것이 가능할 것이라 판단되었다.[29]

한편 1941년 초반 이후에는 매달 태평양함대의 비행정들이 훈련 차 웨이크를 방문하였고, 한번은 웨이크 근해에서 잠수함이 출현했다는 보고를 받고 이를 추적하기 위해 웨이크에 들른 적도 있었다[30]. 그리고 대형주정을 활용하여 환초 외곽에 대기한 수상기모함에서 환호 내부로 수상기적재용 폭탄을 이송하는 훈련도 실시되었다. 그러나 태평양함대의 일부 장교들은 실제 전쟁이 발발하면 웨이크에 비축된 항공유는 1주일 정도면 바닥이 날것이 분명한데, 이러한 비행정운용 훈련은 "보여주기식"에 불과하다고 불만을 토로하기도 하였다(12월 초, 훈련을 위해 웨이크로 이동한 비행정들은 비축된 항공유가 부족하여 하루나 이틀정도만 머물다가 모두 복귀하였다)[31]. 실제로 최초에 기지설계기사들이 웨이크 수상기기지의 규모를 수상기전대 1개 정도만 작전할 수 있을 정도로만 설계하였기 때문에[32] 나머지 수상기전대는 미드웨이에 전개하는 수밖에 없었다.[33]

웨이크의 항구준설작업은 육상기지시설의 건설보다 더디게 진행되었다. 해군에서는 풍상을 향하는 방향으로 진입수로를 준설해야 한다고 주장하였는데, 이렇게 하려면 보초(堡礁)의 가장 단단한 부분을, 장시간에 걸쳐 준설해야 하였기 때문에 쉽게 마무리할 수 있는 공사가 아니었다.[34] 1941년 후반의 경우, 수송선 한척 분량의 물자를 하역하여 대형주정으로 옮겨 실은 후 환호 내 육상시설로 이송하는 데에는 1주일 -기상이 불량할 경우 최대 4주까지 걸렸다- 이 소요되었는데, 이는 전시에는 감당할 수 없는 조건이었다.[35] 그리고 환호 내부의 면적 또한 좁아 한번에 함정 한척만 진입이 가능하였다.[36] 결국 진주만기습 당일인 12월 7일까지 웨이크의 지원시설 중 완공된 것이 하나도 없었기 때문에, 개전 즉시 웨이크를 원해정찰을 위한 장거리비행정 발진기지로 활용하는 것은 극히 제한되는 상태였다.

킴멜 사령관이 평시부터 웨이크를 개발해야 한다고 주장하기 이전까지 해군의 전쟁계획담당자들은 전쟁발발 후 단시간 내 웨이크에 방어능력을 구축하는 것이 가능하다고 여기고 있었다. 전쟁계획부에서는 일본이 항공기, 잠수함 또는 수상함을 활용하여, 또는 이 전력을 모두 동원하여 전쟁초기 웨이크를 공격할 수도 있다고 예측하긴 하였다. 한편 맥모리스는 전쟁발발 즉시 우선 함대기지부대를 동원하여 임시로라도 비행장 및 잠수함기지를 신속하게 설치하여야 하고, 캘리포니아에서 출발한 해병대가 5M일 내에 웨이크에 도착할 수 있어야만 웨이크를 지켜낼 수 있을 것이라 판단하였다.[37] 그러나 해군정보국의 분석결과 위임통치령에 배치된 일본 해군 제4함대는 개전즉시 작전이 가능한 상륙전력을 보유하고 있다고 판명되었다. 결론적으로 웨이크를 지켜내기 위해서는 전쟁발발 이전에 병력 및 시설의 증강을 완료하는 것이 필요하였던 것이다.[38]

당시 웨이크 방어의 직접적인 책임은 하와이해역 해군해안방위사령부(Hawaiian Naval Coastal Frontier Command) -이전의 제14해군구 사령부- 에 있었다. 당시 하와이해역 해안방위 사령관이었던 블로크 제독은 원해 도서방어에 필요한 전력을 거의 보유하고 있지 못했을 뿐 아니라[39] 이러한 실속 없는 책임을 맡는 것 또한 거부하였다. 블로크 사령관은 일본은 주력함의 대구경함포로 웨이크를 포격할 것인데, 이를 저지하기 위해 태평양함대를 계속 웨이크 근해에 주둔시키는 것도 말이 안 되는 일이고, 현재 해병대가 보유한 5인치 야포 또한 사거리가 짧아 해상의 함정을 공격할 수 없다고 지적하였다.

대구경 해안포는 충분한 수심을 갖춘 수로의 준설이 완료되는 1943년 이후에야 웨이크에 설치가 가능할 것이었는데, 대구경 해안포가 배치되기 전까지는 섬 주변에 묘박한 군수지원함정들은 '적 잠수함의 밥'이 될 수밖에 없었다. 블로크 사령관은 웨이크를 방어하고 및 하와이와 웨이크간의 해상교통로의 유지하려는 노력은 해군에게 막대한 부담을 줄 것이라 결론지었다.[40] 그리고 전쟁계획부의 칼 무어도 블로크 사령관과 의견을 같이 하였다(역설적이게도 칼 무어의 아버지는 1899년 웨이크에 상륙하여 이곳이 미국령임을 선포한 인물이었다)[41].

1941년 5월, 무어는 태평양함대 사령부가 진격경로를 북방으로 변경하는 것을 저지할 목적으로(제21장 참조) 현재의 약화된 함대전력으로는 일본 함대와 전투를 벌이는 것조차 위험을 무릅써야 하는 일인데, 여기에 웨이크 방어 임무까지 추가된다면 함대에 "엄청난 부담이 가중될 것"이라 주장하며, 웨이크를 미끼로 활용한다는 태평양함대의 구상에 반대하였다. 그는 전시 "웨이크는 해군의 작전을 지원하는데 별다른 가치가 없을 것"이기 때문에 그냥 포기하는 것이 현명하다고 권고하였다.[42]

그러나 킴멜 사령관은 그와 생각을 같이하는 인사들을 이미 전쟁계획부에 심어놓은 상태였다. 이전에 함대계획수립관으로 근무한 적이 있었던 전쟁계획부의 힐(Hill)과 머피(Murphy)는 태평양함대의 상황을 가장 잘 이해하고 있는 사람은 바로 함대사령관이라 믿고 있었다. 그들은 웨이크의 군수지원함정들이 적 잠수함의 밥이 될 것이라는 블로크 제독의 주장은 과장 및 억측이 심한 주장이라 평가하였다.

그들은 객관적 사실보다는 낙관적 희망에 근거하여 대형단정이 환초 외곽의 보급지원선단과 환호 내 기지시설 간을 9번만 왕복하면 한 달간 버틸 수 있는 보급품의 이송이 가능하다고 계산하였다(그들은 계산의 편의를 위하여 보급품에서 탄약과 항공유는 제외하였다). 하지만 이미 해군시설국에서 전쟁계획부에 1942년 2월이 되어야 진입수로 개설을 완료할 수 있다고 통보한 상태였기 때문에, 1941년 당시는 대형단정이 웨이크 환호 내로 진입할 수 없는 상태였다. 그러나 그들은 수로개설이 완료되지 않았다 하라도 웨이크는 일본 함대를 유인하는 미끼의 역할을 충분히 해낼 수 있을 것이라 판단하였던 것이다.[43]

한편 킴멜 사령관은 태평양함대의 주 작전방향을 남태평양으로 전환해야 하며, 일본 해군을 유인하는 데에는 웨이크보다는 길버트 제도가 더욱 효과적일 것이라는 무어의 제안은 일축해 버렸다.[44] 그는 일본의 연합함대가 미 해군에게 발각되지 않고 길버트 제도까지 은밀하게 접근하는 것은 불가능하기 때문에 이곳을 공격하지는 않으리라 확신한 반면, 웨이크는 일본 해군이 공격을 시도할 가능성이 높다고 판단하였다.

킴멜 사령관은 일본 해군이 웨이크에 "매우 격렬하고 강력한 초전공격을 가할 것"이라 주장하였다. 그는 이러한 주장을 대서양에 재배치된 태평양함대의 전력을 다시 복귀시켜야 한다는 근거로 활용하기도 하였다[45](진주만 기습을 겪은 이후 킴멜 사령관은 실제로 웨이크 방어부대는 일본 침공부대에 상당한 피해를 입혔다는 근거를 들어 전쟁 전 웨이크의 중요성을 강조한 그의 결정은 결과적으로 타당한 것이었다는 논리를 펼치기도 했다)[46].

이러한 킴멜 사령관의 주장에 대해 스타크 참모총장과 터너 전쟁계획부장이 어떻게 반응했는지는 기록에 남아있지 않지만, 태평양전쟁이 끝난 후 그들은 당시 웨이크의 요새화에 반대했었다고 주장하였다. 전후 스타크 참모총장은 웨이크는 하와이에서 멀리 떨어져있기 때문에 함대가 이곳을 방어하려했다면 많은 부담이 되었을 것이라고 증언하였다.[47] 그리고 터너 부장은 당시 웨이크는 태평양함대의 지원범위 밖에 있기 때문에 전쟁계획부에서는 전쟁이 시작되면 일본의 수중에 떨어질 것이라 확신하고 있었다고 주장하였다. 그는 킴멜 사령관이 웨이크를 구원하기 위해 일본 함대와 결전을 벌일 것이라고는 전혀 생각지 않았다고 말하였다.[48]

그러나 이들의 사후 진술은 그 당시 취했던 행동과는 전혀 다르다. 실제로는 1941년 5월, 스타크 참모총장은 웨이크의 요새화작업을 지속적으로 진행하라고 지시하였으며, 웨이크 기지건설에 다른 어떤 기지건설보다도 높은 우선순위를 부여해 주었다. 그리고 웨이크는 "중부태평양작전에서 매우 핵심적인 역할을 하게 될 것"이라고 주장하기도 했다.[49] 그 당시 스타크 참모총장은 이미 태평양함대 사령관에게 미일전쟁이 발발하게 되면 공세적 작전을 펼치라고 주문한 상태였기 때문에, 킴멜 사령관이 접적해역에 사전에 전진기지를 확보하는 것을 막을 이유가 전혀 없었을 것이다.

킴멜 사령관은 발 빠르게 움직이기 시작했다. 그는 다른 환초에 배치할 예정이었던 함대해병대 병력을 우선 전용하여 1941년 8월, 제1해병방어대대를 웨이크에 배치하기 시작하고[50] 야포 또한 보내주었다. 10월에는 제임스 데브로(James P. S. Devereux) 소령이 지휘하는 잔여 대대병력이 웨이크에 추가로 배치되어 총 방어병력은 388명으로 늘어났다. 킴멜 사령관은 이정도 해병대병력이면 적의 함포사격이나 상륙시도에도 끄떡없을 것이라 생각하였다.[51] 더불어 해군에서는 웨이크 근해 방어를 위해 6척의 잠수함을 수용할 수 있는 기지를 건설하기로 계획하기도 했는데, 이 경우 준설작업에 상당한 기간이 필요하였다.

한편 터너 전쟁계획부장은 웨이크에는 간단한 기지시설만 설치하면 된다고 주장하였는데, 결과적으로는 잠수함기지가 건설되기도 전에 태평양전쟁이 발발하였다. 1941년 10월에 접어들면서 점차 대일전쟁의 위기가 고조되자 킴멜 사령관은 잠수함기지가 완공되지 않은 상태였지만 웨이크 근해 초계를 위해 잠수함 2척을 파견하였다. 11월 웨이크에 도착한 잠수함은 적에게 탐지되는 것을 피하기 위해 야간에는 등화관제(darken ship)를 실시하고 주간에는 웨이크 근해에 잠항하여 대기하면서 위치가 노출되지 않도록 했다.[52]

마지막으로 요격기들이 웨이크의 방어력 증강을 위해 도착하였다. 이미 1940년, 웨이크에 함재기가 이착륙 할 수 있는 규모의 비행장 및 2개 항공전대를 지원할 수 있는 정비시설을 건설하는 것이 승인된 바 있었으나 1941년 여름이 되어서야 산호초 활주로의 운용이 가능하게 되었다.[53] 11월, 킴멜 사령관은 최초 해안방어 및 해전지원을 위해 해병대 소속 경(輕)폭격기를 웨이크에 배치한다고 결정하였으나, 전쟁이 발발할 경우 "적의 지속적인 항공공격이 예상된다"는 터너 전쟁계획부장의 조언에 따라 해병 전투기를 배치하는 것으로 변경하였다. 그리하여 진주만기습이 일어나기 3일 전인 12월 4일, 제211 해병전투비행대(VMF-211) 소속 와일드캣 전투기 (Wildcat Fighter) 12대가 항공모함에서 이륙하여 웨이크에 착륙하였다. 그리고 대공레이더 및 대공포의 배치도 계획되어 있었으나 진주만 기습 이전에 도착하지 못하였다.[54]

한편, 육·해군 참모총장은 웨이크의 방어에는 와일드캣 전투기보다는 하와이에 있는 육군의 P-40 요격기를 배치하는 것이 더욱 효과적이라고 결정하였다(킴멜 사령관과 육군 하와이관구 사령관 (commander of Hawaiian Department)인 쇼트 장군은 양 참모총장의 이러한 결정을 육·해군지휘부에서 하와이는 안전이 보장되어 있기 때문에 방어전력을 어느 정도는 감축해도 좋다고 여기고 있다는 신호로 받아들였다. 사실 당시 마셜 육군참모총장은 하와이 방어보다는 태평양 환초를 통과하여 필리핀으로 이동할 폭격기를 어떻게 엄호할 것인가에 관심을 기울이고 있었다).

추가적으로 쇼트 장군은 웨이크와 미드웨이에 육군병력을 파견하려 하였으나 킴멜 사령관은 이곳의 기지가 완공될 때까지 기다려 달하고 그를 설득하였다.[55] 그리고 이들 섬들에 대한 관할권을 육군으로 넘기라는 쇼트 장군의 주장에 대해 킴멜 사령관은 "내 눈에 흙이 들어가기 전까지는 안 돼!" 라고 응수하였다.[56] 웨이크는 일본 함대를 유인할 수 있는 매우 중요한 미끼였기 때문에 킴멜 사령관은 이를 자신이 직접 통제해야 한다고 확신하고 있었던 것이다. 그는 웨이크를 "난공불락"으로 만들기는 어렵겠지만 최대한 방어력을 증강시켜 놓는다면 일본이 이를 점령하기 위해서는 "상당한 규모의 연합함대 전력을 투입해야 할 것"이라고 예측하고 있었다.[57]

킴멜 사령관과 맥모리스 모두 웨이크의 방어력 증강이나 일본의 외곽기지 공격 등의 소극적 방책만으로는 태평양함대가 결정적인 성과를 거둘 수 없다고 생각한 것이 확실해 보인다. 결정적인 성과를 거둘 수 있는 유일한 방법은 바로 미국에게 유리한 시간과 장소에서 함대결전을 벌여 연합함대를 격파하는 것이었다. 그러나 문제는 일본 해군 역시 자신들이 가장 유리한 시점에서 함대결전을 벌이려 할 것이라는 점이었다.

일본에게 가장 유리한 시점은 바로 자신들이 마음대로 공격지점을 결정할 수 있는 전쟁발발 직후였다. 이러한 이유로 미국에 유리하도록 일본 함대를 태평양함대의 작전구역 깊숙이 끌어들이는 것은 그리 쉬운 일이 아니었으며 웨이크를 미끼로 던져 일본 함대를 유인한다는 방안도 반드시 성공한다는 보장은 없었다. 이러한 사실 역시 잘 인식하고 있던 킴멜과 맥모리스는 야마모토 제독이 지휘하는 연합함대를 꾀어내어 미국에 유리한 시점과 장소에 함대결전을 벌이기 위해 일본 해군이 거부할 수 없는 미끼를 기꺼이 내놓을 생각을 가지고 있었다. 그 미끼는 바로 미국의 항공모함이었다.

미 해군에서 오렌지계획을 최초로 연구하기 시작한 1906년부터 극적인 함대결전으로 일본 함대를 일거에 격파한다는 구상은 미국의 태평양전략에서 사라지지 않고 계속 이어져 내려왔다. 미국의 계획담당자들은 언제나 함대결전의 시간과 장소는 일본이 결정할 것으로 판단하였는데, 대체적으로 그 시점은 미·일 간 주력함 비율이 대등해지는 전쟁의 후반기, 그리고 그 장소는 일본 근해가 될 것으로 예측하였다.

1930년대에 들어 함대결전 예상구역이 마리아나 제도와 캐롤라인 제도 사이로 변경되어 미국 쪽으로 좀 더 가까워지긴 하였으나, 마셜 제도 근해를 함대결전 예상구역으로 보는 사람은 그때까지도 아무도 없었다. 스타크 참모총장은 루즈벨트 대통령에게 오렌지계획에 포함된 위임통치령점령계획의 궁극적 목적은 "일본 함대를 유인해 내서 함대결전으로 이를 격파하기 위함"이라고 믿고 있었다.[58] 또한 1941년 2월 스타크 참모총장은 태평양함대에 전쟁이 발발할 경우 적절한 공세 작전을 펼쳐 일본 함대를 격파할 수 있는 여건을 조성하라고 주문하였다.[59] 같은 시기, 터너 전쟁계획부장은 영국 측에 "우리가 마셜 제도를 공격하게 되면 일본은 이를 탈환하기 위해 미 함대와 결전에 나설 것이다"라고 말하여 이전의 함대결전구상보다 한발 더 나아

간 견해를 보여주었다.[60]

그러나 1941년 전쟁계획부에서 작성한 해군의 대일전략계획이나 기존의 태평양함대의 대일작전계획 어디에도 일본 함대와의 대규모 함대결전을 명시적으로 언급하지는 않았다. 1941년 7월 맥모리스가 작성한 태평양함대 작전계획 O-1에서는 마셜 제도 공격 후 태평양함대는 "후속작전을 지속"하던지 아니면 침로를 바꾸어 "진주만으로 복귀한다"라고 명시하여 기존의 계획과는 다른 면을 보여주었다.

또한 태평양함대 작전계획 O-1에 수록된 미국의 외곽기지를 공격하는 일본 함대전력을 "탐지하여 격파"한다는 내용은 웨이크 근해에서 일본 해군과 교전을 벌일 수도 있다는 내용으로 해석이 가능하였다(상황이 불리할 경우에는 전투를 회피해야 한다는 등의 제한사항은 당시 작전계획에 상투적으로 포함되는 문구일 뿐이었다). 다시 강조하자면 당시 태평양함대의 작전계획에는 대규모 함대결전에 관한 내용이 명시되어 있지는 않았다.[61]

따라서 이 장 후반부에서 제시하는 1941년 태평양함대의 함대결전구상에 관한 세부분석내용은 당시 함대계획담당자들이 작성한 시차별 전력전개제원 및 전력전개일정표 등과 같은 정황자료들을 분석하여 저자가 재구성한 것이다. 태평양함대에서 1941년 7월 제출하여 그해 9월 참모총장실에서 승인한 태평양함대 레인보우작전계획 WPPac-46은 제2차 세계대전 종전 후 연방의회에서 개최한 진주만 청문회(Pearl Harbor Hearings)에서 공개되었기 때문에 역사연구자들에게는 매우 잘 알려진 문서이다.

그러나 태평양함대 레인보우작전계획 WPPac-46 작성의 기초가 되었던 미 함대 레인보우작전계획 WPUSF-44 초안은 최근에야 그 존재가 알려졌기 때문에 이제까지 그 내용이 연구된 바가 없었다.[62] 이 작전계획들과 기타 관련문서들을 종합적으로 분석해 본다면 1941년 당시 태평양함대에서 함대결전계획이 어느 정도까지 구체화되었는지 살펴볼 수 있을 것이다.

이제까지 발표된 진주만기습에 관한 연구보고서와 책자들[63]은 대부분 태평양함대의 함대결전계획을 그다지 비중 있게 다루지 않았다. 일반적으로 기존의 연구 성과들은 킴멜 사령관이 스타크 참모총장에게 보내는 서한에 기록된 "태평양함대에 부여된 임무는 일본의 외곽기지를 기습하고 필요할 경우 웨이크 근해에서 소규모 해전을 수행하는 것"이라는 내용만 기술할 뿐 당시 태평양함대의 전체적인 작전구상에 대해서는 언급하고 있지 않다. 따라서 아래에 서술할 당시 태평양함대의 작전의도에 관한 저자의 분석내용은 진주만기습 이전 미 해군, 그리고 태평양함대의 정황을 이해하는 새로운 관점을 제공해 줄 수 있을 것이라 생각한다.

이 새로운 분석내용은 먼저 전략적 상황 개관에서 시작하여 태평양함대 전력의 전개, 마셜 제도작전, 함대결전을 준비하기 위한 사전기동, 함대결전 시 미일 양측이 취할 수 있는 방책 분석 등의 순으로 구성되어 있다. 그리고 이 분석에서는 당시 미국의 계획담당자들은 일본 해군이 어떻게 대응할 것인지 예측할 수 있었을 것이라 가정하였다.

함대결전을 준비하기 위한 함대의 사전기동 및 함대결전 중 양측 함대의 배진은 미 함대의 경우 당시 작성된 작전계획의 분석내용을 근거로, 일본 함대의 경우에는 저자의 추측에 근거하여 5장의 요도에 나누어 수록하였다. 분석의 마지막 부분에서는 관련 자료들을 토대로 1941년 당시 미 해군 지도부들의 성향은 어떠했는지 알아보고, 저자가 추정한 함대결전계획과 진주만기습과는 어떠한 관계가 있는지를 논의할 것이다. 분석은 다음의 질문으로 끝을 맺는다.

"이토록 중요한 전략적 구상이 –이 계획이 실제로 존재했었다고 가정할 때– 어찌하여 50여 년 동안이나 세상에 알려지지 않은 것일까?"

태평양함대 레인보우작전계획 WPPac-46을 근거로 할 때 태평양함대의 공세활동은 적 함대의 정찰을 위해 잠수함, 비행정 및 순양함을 배치하는 것에서부터 시작된다(표 25.2 참조). 레인보우계획-3의 함대지원계획으로서 1941년 3월 작성된 미 함대 레인보우작전계획 WPUSF-44 초안에는 함대 잠수함전력 사령부 소속의 잠수함 28척을 위임통치령에 전개시킨다고 계획하였다. 먼저 4척은 트루크 제도 및 사이판에 전개하여 적 함정을 은밀히 공격하는 임무를 수행하고 나머지는 마셜 제도를 정찰한 후 그 결과를 보고하는 것으로 되어 있었다. 그리고 정찰을 완료한 잠수함은 마셜 제도 공격을 위해 이동하는 함대 수상전력과의 상호 간섭을 방지하기 위해 콰절린 근해에 집결한다.[64]

이후 아시아 증강부대(Asiatic Reinforcement) 구상이 폐기되어 강력한 항모항공전력을 활용하는 것이 가능해지고, 웨이크에 비행장 설치가 확정되어 이곳을 기반으로 마셜 제도를 항공정찰하는 것이 가능하리라 예상됨에 따라 맥모리스는 잠수함을 활용한 마셜 제도 정찰계획은 폐기하였다. 1941년 7월, 신형 잠수함의 추가배치로 태평양함대 제7기동부대(Task Force Seven)의 잠수함전력은 32척으로 증가되었다.

이에 따라 맥모리스는 태평양함대의 전체 잠수함전력 중 일부만 미국령 환초의 경계를 위해 미리 배치하고, 대부분의 전력은 J일(J Day, 함대전쟁계획반에서 사용했던 M일의 익명) 또는 별도 지시가 있을 경우 사전에 오아후를 출항하여 지정된 임무를 수행하는 것으로 하였다. 이들 잠수함은 미드웨이에서 연료를 만재한 후 계속 서진(西進), 원해정찰 임무를 수행한다. 그리고 일본 본토 근해에 도착하면 요코하마 근해와 -일본 세토나이카이(瀨戸內海)의 양쪽 출구인- 분고수도(豊後水道) 및 키이수도(紀伊水道), 동해(East Sea)에서 외해로 이어지는 해협(쓰시마해협, 쓰가루해협, 소야해협 등) 등에 매복하여 연합함대의 이동을 사전에 감시한다. 이 원해정찰전력은 적의 중요한 움직임을 즉시 사령부에 보고하고, 적의 고가치표적을 공격하는 임무가 부여되었다.[65]

이렇게 잠수함전력을 일본 근해에 신속하게 전개시키는 것은 함대결전을 사전에 준비하기 위한 매우 적절한 방안이 될 것이었다. 잠수함들이 사전에 출항하여 부상한 상태로 14노트에서 15노트로 계속 이동한다면 -당시 미국 신형잠수함의 부상 시 최대속력은 20노트였다- 빠르게는 8J일에 지정된 위치에 도착, 미국의 항공모함들이 마셜 제도로 접근한다는 소식을 접한 후 이에 대응하기 위해 외해로 집결 중인 연합함대의 움직임을 포착하고 주력함들을 공격할 수 있을 것이었다.

그러나 태평양전쟁 발발 직후 미국잠수함이 진주만에서 일본 근해까지 이동하는데 평균 17일에서 21일이 소요된 것을 감안할 때 당시 전쟁계획 상의 이러한 잠수함 이동계획은 다분히 낙관적인 예측이었다(진주만 기습 직후 얼마간 태평양함대 사령부에서는 잠수함이 적 기지반경 500마일 이내에서 이동할 경우에는 야간에만 부상항해를 하도록 규정하였는데, 당시 잠수함의 잠항속력은 2.5노트 이하였기 때문에 전쟁 초반 미 잠수함의 일일 평균이동속력은 8노트를 넘지 못하였다. 상부로부터 이동속력이 너무 느리다는 질책을 받은 이후에야 미 잠수함 함장들은 하와이에서 일본 근해까지 이동시간을 상당히 단축시키게 된다)[66].

태평양전쟁 이전 맥모리스는 잠수함을 이용한 정찰 및 기습의 가능성을 상당히 긍정적으로 바라보고 있었다. 그는 일본은 장거리항공기를 얼마 보유하고 있지 못하기 때문에 미국의 잠수함이 일본 항공기에 의해 발각될 가능성은 거의 없으며, 대잠초계함정은 일본 본토 근해에만 배치되어 있을 것이라 예측하였다.[67] 또한 그는 미국의 잠수함들이 예정된 시간 내에 일본 근해에 도착하지 못한다 하더라도 일본 함대의 예상 전진로 상에 정찰선을 형성하여 정찰임무를 수행하면 된다고 생각하였다.

전쟁초반 잠수함을 일본 근해에 배치한다는 계획에는 정찰임무 이외에도 다른 목적이 있었을 수도 있다. 당시 맥모리스는 전시가 되면 군 지휘부는 잠수함에 시각으로 국적이 확인된 일본상선을 격침할 수 있는 권한을 부여할 것이라 기대하고 있었기 때문에 잠수함을 이용한 통상파괴전을 구상하였을 가능성도 있다(제26장 참조).[68] 그러나 맥모리스가 일본 근해에 잠수함을 배치한다고 계획한 주목적이 통상파괴전 때문이었다면 동쪽으로 전진하는 일본 함대를 지속 감시하면서 잠수함을 다시 복귀시킨다는 계획 대신 일본 근해에 머물면서 장기적으로 통상파괴전을 수행한다는 계획을 수립했을 것이다.[69]

더욱이 적 주력함대의 위치를 보고하고 이를 공격하라는 명령을 내린 것으로 유추해 볼 때 일본 근해에 배치된 잠수함의 1차 목표는 적상선이 아닌 적 함정이었다고 판단할 수 있다. 만약 맥모리스가 잠수함을 적 함정공격에 투입하는 것으로 계획하지 않고 위임통치령 근해 정찰 및 웨이크로 접근하는 일본 함대의 감시 등의 임무에 투입하는 것으로 계획하였다면 좀 더 전략적으로 활용이 가능하였을 것이다. 1941년 7월, 무어는 이전의 계획대로 전쟁발발 시 잠수함을 위임통치령에 배치해야 한다고 주장하였으나[70] 맥모리스는 그의 의견을 받아들이지 않았다.

1941년 10월, 참모총장실에서 태평양함대 소속 잠수함 12척을 아시아함대의 마닐라기지에 배치함에 따라 태평양함대의 가용 잠수함 전력이 상당히 축소되었고, 자연히 개전 초 일본 근해에 다수의 잠수함전력을 전개시킨다는 계획은 그 유용성이 감소되었다. 이러한 상부의 결정에 기분이 언짢아진 토마스 위더스(Thomas Withers) 제7기동부대 사령관은 수리, 훈련 및 기본적인 경비임무 수행 등을 고려할 때, 전쟁발발 즉시 일본으로 출항 가능한 잠수함은 많아야 4~7척밖에 안 될 것이라고 불만을 표시하기도 하였다.

그가 11월 12일 사령부에 제출한 제 7기동부대의 세부지원계획은 현재 찾아 볼 수 없지만[71] 당시 그의 예측은 지나치게 소극적인 것이 사실이었으며, 개전 직후 잠수함전력을 신속한 일본 근해로 전개시킨다는 방안은 미 함대의 작전계획에 계속 남아있게 되었다. 당시 미 해군은 일본에 비해 장거리 항공초계능력에서 월등히 앞서는 상태였다. 맥모리스는 접근하는 적함대의 정보를 최대한 신속하게 파악하기 위하여 전쟁발발 시 태평양함대 소속 9개의 비행정전대 중 5개 비행정전대를 미국령 환초에 전진 배치한다는 계획을 세웠다(지도 25.2 참조).[72]

1940년에서 1941년 사이 웨이크에 수상기지원시설 및 방어시설이 강화됨에 따라 함대결전 시 웨이크가 중요한 역할을 할 수 있다는 기대감이 점점 커지게 되었으며, 1941년 말이 되자 표면적으로는 웨이크기지에서 수상기전대 2개 -최대 3개 전대까지- 가 작전이 가능하다고 판단되었다. 이곳에 배치된 수상기전대는 웨이크에 전개하는 5J일 이후부터 필수정비시기가 도래할 때까지 -당시 웨이크에는 비행정정비시설 및 정비인원이 없었기 때문에 비행정이 정비를 받으려면 모항인 하와이로 복귀해야 하였다- 서쪽으로 진출하여 마셜 제도를 공격 중인 미 함대를 기습하기 위해 접근하는 일본 함대를 정찰하는 임무를 수행하게 되었다[73](쿡은 웨이크를 출발한 비행정이 일정한 해점에서 잠수함과 상봉, 유류재보급을 받는다면 항공정찰반경을 서쪽으로 더욱 확장시킬 수 있다고 제안하였으나 공식적으로 채택되지는 않았다)[74].

미 함대 레인보우작전계획 WPUSF-44 초안에 수록된 비행정 배치방안은 꼭 함대결전을 위한 것만은 아니었다. 당시 미 해군에서는 비행정은 서경 175도(미드웨이의 경도와 대략 일치) 서쪽에서도 함대작전을 지원하는 것이 가능하다고 인식하고 있었다. 실제로 미국령 환초를 기지로 한 비행정들은 방대한 구역의 정찰이 가능하였고, 마셜 제도 공격이 취소된다하더라도 정찰임무는 계속 수행이 가능할 것이었다.[75] 그러나 맥모리스가 작성한 개전초 비행정 배치 및 운용방안은 함대결전을 위한 시나리오와 잘 들어맞았다.

맥모리스는 하와이에 비축된 항공유를 모두 끌어 모은다면 제2정찰비행단(Patrol Wing Two)이 웨이크에서 3~4주간 작전이 가능할 것이라 예측하였는데[76] 비행정의 작전가능기간을 이 정도로 길게 상정하였다는 것은 비행정의 주 임무를 단순히 전쟁초반 마셜 제도 공격 지원만이 아니라 이후 벌어질 함대결전의 지원으로 보고 있었다고 해석이 가능한 부분이다. 또한 당시 태평양함대 전술교리 상 전쟁 발발 시 도서에 배치된 비행정은 초반 피해를 최소화하기 위해 모두 모항(즉 하와이)으로 철수시키는 것으로 되어 있었으나 맥모리스는 웨이크에 배치된 수상기전대는

철수시키면 안 된다고 판단하고 있었다.[77]

1941년 가을, 맥모리스가 주관한 함대도상연습에서 적 항공모함 및 순양함으로 구성된 강력한 공격전대가 웨이크를 공격한다면 일부 비행정은 적의 공격을 받기 전에 탈출하여 이후 다시 복귀가 가능하나 기지시설의 절반이 파괴되고 상당한 인명손실이 발생할 것이라는 결과가 도출되었다.[78] 또한 그는 적의 방어력이 강한 마셜 제도에는 비행정을 투입하려 하지 않았는데, 계획에는 방어전력이 배치되지 않아 미국 항공모함이 근접 통과할 수 있다고 판단된 타옹기(Taongi)와 바이커(Bikar)에만 비행정을 이용한 항공정찰을 실시한다고 기술하였다.[79] 그리고 웨이크에 배치된 비행정의 정찰반경에 마셜 제도에서 출발하여 웨이크를 공격할 것이라 판단되는 적의 기습부대의 예상이동구역 또한 포함시키지 않았다. 결론적으로 맥모리스가 작성한 비행정운용방안은 정찰을 주 임무로 한다는 당시의 비행정 운용교리와 반대되는 내용이었다. 그는 웨이크의 비행정전력을 마셜 제도의 정찰보다는 손실을 감수하고서라도 태평양 서쪽에서 접근하는 적 주력함대를 정찰하는데 활용하려 했던 것으로 판단된다.

태평양함대가 보유한 세 번째 정찰수단은 바로 제3기동부대(TF 3) 소속 중순양함이었는데, 이 전력에는 대부분 동태평양에서 활동하는 적의 기습부대를 탐지, 격멸하는 임무가 부여되었다. 그러나 중순양함 2척은 전쟁 임박 시 -사전 징후 탐지로 개전 2일 전에- 출항, 류큐제도 근해로 향하는 것으로 되어 있었는데(지도 25.2 참조) 이들의 임무는 적 수송선단을 공격하는 것이었다. 또한 이 2척의 중순양함은 정찰기를 총 8대나 탑재하고 있어 이를 활용한다면 정찰 반경을 수백 마일 이상 확장하는 것이 가능하여 필리핀해를 통과하여 서진하는 일본 해군 연합함대를 탐지할 가능성을 높일 수 있다고 예상되었다.[80]

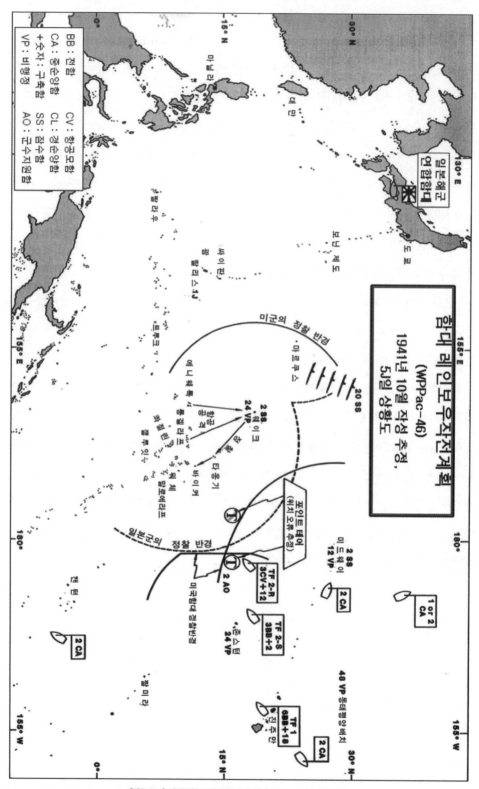

<지도 25.2> 태평양함대 레인보우작전계획(WPPac-46), 5일 상황도

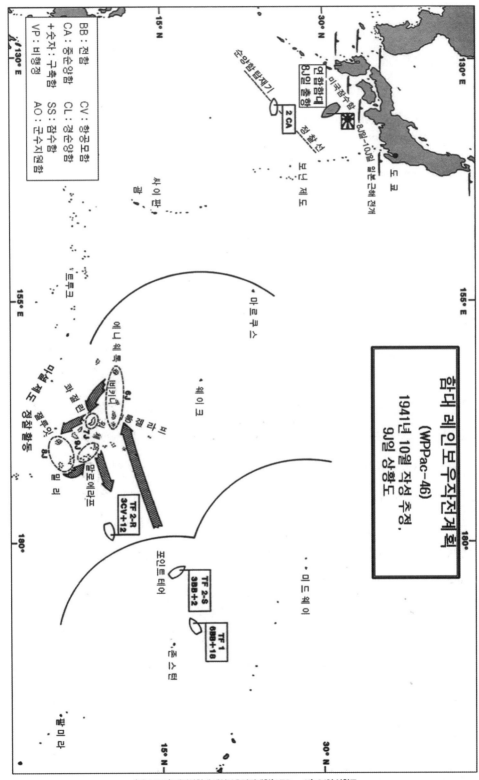

함대 레인보우작전계획
(WPPac-46)
1941년 10월 작성 추정,
9J일 상황도

2 CA

연합함대
8J일 출항

순양함 정찰기

정찰선

미국 잠수함

8J일~10월 일본근해 경계

도 쿄

보닌 제도

싸 이 판

괌

마르쿠스

웨 이 크

에니웨톡

6J

비키니

콰절린

롱겔라프

8J

루오트

안델리랑프

릴리

미들웨이

TF 2-R
3CV+12

마셜 제도
경찰활동

질베르 제도
경찰활동

포인트 테어

TF 2-S
3BB+2

TF 1
6BB+18

존소튼

펄미라

BB : 전함   CV : 항공모함
CA : 중순양함   CL : 경순양함
+숫자 : 구축함   SS : 잠수함
VP : 비행정   AO : 군수지원함

15° N

30° N

130° E

155° E

180°

155° E

130° E

15° N

30° N

〈지도 25.3〉 태평양함대 레인보우작전계획(WPPac-46), 9J일 상황도

위에서 언급한 바와 같이 잠수함, 비행정 및 중순양함 등의 정찰전력이 지정된 위치에 전개하여 그물망 같은 정찰작전을 펼치는 사이, 윌리엄 헬시(William F. Halsey) 제독이 지휘하는 제2기동부대(Task Force 2)는 마셜 제도를 공격하게 된다(지도 25.3 참조). 당시 레인보우계획-3에서는 아시아 증강부대 구상에 입각하여 말레이 방어선 증강을 위해 항공모함 2척을 아시아로 파견한다고 되어 있었기 때문에 마셜제도 공격에 투입할 수 있는 항공모함은 1척 밖에 없었다.[81] 쿡은 이렇게 취약한 전력만으로 강력한 방어망이 구축된 마셜 제도를 공격하는 것은 매우 위험한 일이라 우려하였다.[82] 그러나 1941년 초, 아시아 증강부대 구상이 폐기됨에 따라 태평양함대가 보유한 항공모함 3척(렉싱턴(Lexington), 사라토가(Saratoga) 및 엔터프라이즈(Enterprise)) 모두를 마셜 제도 공격에 투입할 수 있게 되었다(본래 태평양함대 소속이던 요크타운(Yorktown)은 이미 대서양함대에 재배치된 상태였다)[83].

맥모리스는 제2기동부대를 두 개의 부대로 분할, 1주의 시차를 두고 각각 마셜 제도 공격에 투입한다는 계획을 세웠다. 우선 전투준비가 완료된 함정들은 J1일 즉시 진주만을 출항하여 20노트의 속력으로 이동하며, 미국령 환초의 정찰반경 내에 있는 대기해점인 포인트 테어(Point Tare)에 도착하게 되면 미리 -사전 징후 탐지로 개전 2일전- 출항하여 대기하고 있던 유류보급함과 상봉, 유류재보급을 실시한다(항공모함은 구축함을 이용하여 유류재보급을 실시한다).

유류재보급을 완료한 제2기동부대는 웨이크에 전개된 비행정이 사전에 정찰을 완료한 수로를 통과하여 마셜 제도로 접근한다. 6J일에서 9J일간 제2기동부대 1진은 마셜 제도의 북서부에서부터 남동부까지 이동하면서 주변 해역 및 도서에 배치된 일본 해군의 함정, 항공기 현황 및 육상방어시설 등을 정찰한다. 그러나 태평양함대의 작전계획에서는 마셜 제도의 공격에 대해 명확하고 세부적인 공격지침을 제시하지 않았다.

제2기동부대 1진에는 적의 방어정도가 비교적 약한 곳은 항공공격과 함포사격으로 이를 공격하고, 적이 강력한 방어를 펼치고 있을 경우에는 공격하지 말라는 지침이 부여되었을 뿐이었다.[84] 평시에는 현행작전 및 훈련 등으로 인해 제2기동부대 소속 함정들의 전개위치가 계속 변경되었기 때문에 맥모리스는 이 마셜 제도 공격계획을 정기적으로 수정하였다. 예컨대 1941년 12월 6일 당시 태평양함대의 항공모함 2척(사라토가는 미국 서해안에 위치하고 있었음)은 해병대 항공

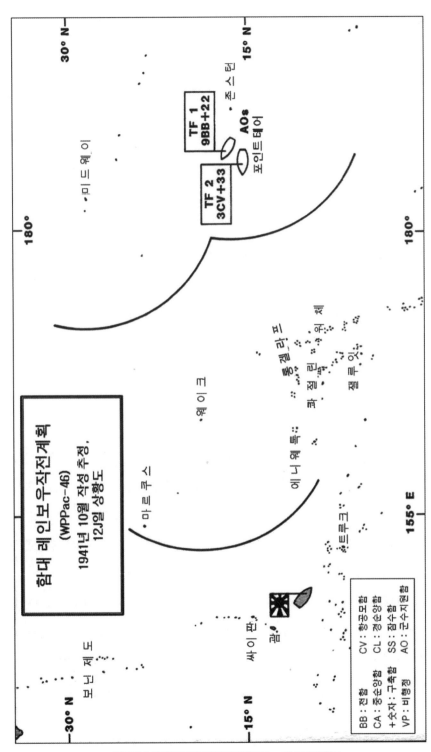

〈지도 25.4〉 태평양함대 레인보우작전계획(WPPac-46), 12J일 상황도

기를 웨이크로 이송하는 중이었기 때문에, 향후 24시간 이내 전쟁이 발발할 경우 렉싱턴은 미드웨이 근해에서 재보급을 실시하고, 엔터프라이즈는 진주만에서 재보급 후 각 항공모함이 개별적으로 마셜 제도로 이동하는 것으로 계획되어 있었다.[85]

제2기동부대의 선발대가 마셜 제도의 정찰을 완료할 무렵이면 하와이에서 출항한 전함전력 및 동태평양의 정찰을 마치고 복귀한 중순양함과 포인트 테어에서 합류가 가능할 것이다(지도 25.4 참조). 함대는 상봉후 이틀간은 유류재보급을 실시하고, 전체 전력을 제1기동부대 및 제2기동부대로 재조정한다. 이 사이 지휘관들은 항공정찰사진 등을 분석하여 공격표적을 선정한다. 공격준비가 완료되면 항공모함을 위시한 수십 척의 함정으로 구성된 미군함대는 마셜제도 북방으로 신속하게 이동하면서 포착되는 적 항공기 및 함정을 가장 우선적으로 격파하고 적의 육상방어시설은 2차 표적으로 지정, 공격을 실시한다. 이때 적 육상시설을 파괴하고 방어부대를 소탕하기 위해 해병부대를 일시적으로 적이 점령하고 있는 환초에 상륙시키는 것은 가능하지만 육상표적 공격에 함정의 함포탄 및 항공기용 폭탄을 보유량 대비 25% 이상 사용하는 것은 금지되었다(지도 25.5 참조).[86]

그러나 이렇게 전력을 분할하여 순차적으로 마셜제도로 진격한다는 방안은 매우 비현실적인 전략이었으며, 적의 배치현황을 정찰하고 나서 1주일 후에 공격을 개시한다는 구상 역시 전쟁의 기본원칙에 완전히 어긋나는 것이었다. 적을 발견했음에도 바로 공격하지 않는 것은 기습의 원칙에 위배되는 것이었고, 후속부대와 합류 후에 공격을 개시하는 것은 적에게 충분한 준비시간을 주는 것이기 때문에 적의 강력한 항공공격을 받을 우려가 있었다.

실제로 제2차 세계대전 중 미일해군 모두 적에게 탐지되지 않도록 은밀히 접근하여 항모강습을 실시하였다. 미 해군에서 전쟁 전 축차공격방식으로 도상연습을 실시한 결과 일본군 육상기지 항공기의 항공공격으로 인해 마셜 제도 공격 첫날에만 함재기 및 항공모함전력의 20%가 손실되며, 제 2기동부대는 일본군 항공공격을 회피하기 위해 외해로 퇴각해야 한다는 결과가 도

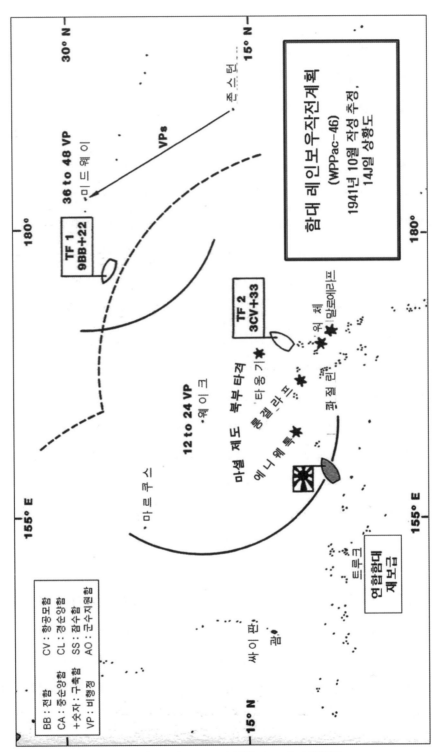

<지도 25.5> 태평양함대 레인보우작전계획(WPPac-46), 14J일 상황도

출되기도 하였다(그러나 천성적으로 소극적인 자세를 경멸했던 햴시 제독은 도상연습 시 적 전력을 발견하는 족족 공격하였다)[87]. 당연히 스타크 참모총장은 이러한 축차적 진격방안에 대해 비판적 입장이었다.

무어의 권고에 따라 그는 킴멜 사령관에게 함대전력을 하나로 통합한 후 마셜 제도로 진격해야 하며, 그것이 불가능하다면 1진과 2진의 출항간격을 최대한 줄이라고 요구하였다.[88] 이에 대해 킴멜 사령관은 "마셜 제도에 본격적인 공격을 가하기 위해서는 사전정찰이 우선되어야 한다."고 답변하였다. 그는 가치가 높은 정보를 수집할 수 있다면 항공모함을 상실할 수 있다는 위험도 기꺼이 감수할 각오를 하고 있었던 것이다.[89] 맥모리스는 함대작전계획에 정찰활동 중 제2기동부대는 적에 대한 공격을 최대한 지양하고 상황이 우군에 유리하고 적에게 공격받을 우려가 없는 상황에서만 '소규모' 항공공격을 실시할 수 있다고 명시하였다.[90]

당시 태평양함대의 전략기획자들은 위임통치령에 배치된 적의 자세한 정보를 보유하고 있지 못한 것을 매우 심각하게 받아들이고 있었다. 1941년 후반에 발생한 한 사건은 당시 미국이 위임통치령 관련 정보를 회득하기 위해 얼마나 노력하고 있었는가를 잘 보여준다. 당시 마셜 육군 참모총장은 웨이크로 통과하여 필리핀으로 이동하는 폭격기의 안전을 우려하여 위임통치령에 대한 항공정찰을 실시하지고 해군에 제안하였다.[91]

해군 비행정은 속력이 느려 일본군에게 격추당할 우려가 있었고, 이렇게 되면 양국 간 위기가 더욱 고조될 수 있었기 때문에 고속 및 고고도로 비행이 가능한 육군폭격기를 투입, 표면상으로는 마닐라로 이동한다는 구실로 위임통치령에 대한 항공정찰을 수행하기로 하였다.[92] 이에 따라 태평양함대 정보장교(Fleet Intelligence Officer) 에드윈 레이톤(Edwin T. Layton)은 항공정찰이 필요한 도서 17개를 선정하여 보고하였지만, 합동위원회에서는 B-24 중폭격기를 투입, 트루크 제도와 잴루잇을 대상으로 1회만 항공정찰을 실시하는 것으로 계획을 대폭 축소하였다.[93] 그러나 장비조달문제로 인해 1941년 12월 5일이 되어서야 정찰용 중폭격기가 하와이에 도착하였고, 곧 이은 진주만기습으로 인해 이 은밀정찰계획은 자연히 취소되었다.[94] 태평양함대는 전쟁 발발이전 위임통치령에 관한 직접적인 정보를 하나도 보유하고 있지 못했던 것이다. 아무리 정보우위가 중요하다 하더라도 적에 관한 정보를 획득하기 위해 전력손실도 불사하겠다는 킴멜 사령관의 주장은 여전히 해군 내에서 받아들여지기 어려운 것이었다.

항공모함을 활용한 일본 외곽기지의 정찰활동을 통해 웨이크 공격을 위해 이동하는 일본 해군의 분견대를 발견할 수 있다 치더라도 정보획득을 위해 항공모함 3척 전부를 위험에 노출시키는 것은 매우 위험한 도박이었다. 그러나 이러한 비판에도 불구하고 맥모리스는 축차적 진격 방안을 수정하는 것을 거부하였다. 그는 함대 제1진이 마셜 제도로 먼저 이동하게 되면 일본은 이것을 미 함대의 대규모 공격을 위한 사전준비활동이라 인식할 것인데, 이렇게 되면 야마모토 제독이 지휘하는 연합함대를 중부태평양으로 끌어들일 수도 있다고 주장하였다. 또한 제1진이 수집한 정보를 토대로 제 2진이 북부 마셜 제도를 초토화하고 증강된 적의 항공전력을 파괴하게 되면 우군의 승리확률을 높일 수 있으며, 함대결전 시 웨이크의 작전지원능력을 강화시키는 것도 가능하다는 논리를 내세웠다.

1941년 함대작전계획은 어떻게 하면 주력함대를 가장 효율적으로 배진할 수 있는가에 큰 비중을 두었다. 당시 태평양에서 미국 및 연합국이 보유하고 있던 전력은 전함을 제외한 모든 함형에서 일본에 비해 열세였다. 당시 태평양함대는 9척의 전함을 보유하고 있었던 반면 일본 함대는 총 6척의 전함과 4척의 전투순양함을 보유하고 있었다.

그러나 태평양함대 레인보우작전계획 WPPac-46에서는 일본은 주력함의 일부를 곧 싱가포르에 도착할 예정인 2척의 영국전함을 상대하는데 투입해야 할 것이라 판단하였다.[95] 함정의 성능 면에서 볼 때 일본의 주력함은 미국의 그것보다 속력이 빨랐고, 특히 일본 해군의 야간전투능력은 발군(拔群)이었다. 반면 미국의 주력함은 일본의 주력함보다 항속거리가 길었으며 더 두터운 장갑을 갖추고 있었다. 양국함대가 보유한 16인치 함포(태평양전쟁 중 일본이 18인치 함포가 장착된 야마토함을 건조하기 전까지는 가장 강력한 함포였다)의 수를 비교하였을 때는 태평양함대가 3:2의 비율로 우위를 점하고 있었다. 위의 여러 가지 요소를 종합적으로 판단해 볼 때 미국이 전력을 적절히 배진시킨다면 함대결전 시 태평양함대가 일시적인 전력의 우위를 달성하는 것도 가능할 것이었다.

킴멜 사령관은 '수상함에서 잔뼈가 굵은' 포술전문장교였다. 그는 전함과 순양함에서 7번이 넘게 근무하고, 전함전력사령부 참모장도 역임한 인물이었다. 또한 포술학 및 탄도학을 가르친 경력도 있었으며, 해군함포공장(Naval Gun Factory)에서 함포제작 감독관을 맡기도 하였다.[96] 1941년 당시 미 해군에는 여전히 전함이 함대의 주력이라고 여기는 사람들이 많았지만 킴멜은 그 중에서도 특별히 전함을 중시하였다.

킴멜의 입장에서 볼 때, 태평양함대의 전함 3척이 대서양함대로 재배치된 것은 전력의 엄청난 손실이었다.[97] 그는 속력이 빠르고 강력한 함포를 장착한 신형전함 노스 캐롤라이나(North Carolina)함과 워싱턴(Washington)함을 태평양함대에 배치해 달라고 지속적으로 요청하였으나 성과를 거두지 못하였다.[98] 1941년 6월 대통령과 면담 시 루즈벨트 대통령은 별다른 생각 없이 태평양함대의 전함 9척 중 3척을 대서양에 추가로 재배치하려 하니 3척은 하와이방어에 투입하고 나머지 3척은 적 함대 기습용으로 전력을 운용하는 것이 어떻겠느냐고 제안하였다. 이에 대해 킴멜 사령관은 "말도 안되는 소리입니다!"라고 격분하였고, 결국 루즈벨트 대통령은 그의 제안을 철회할 수밖에 없었다.[99]

킴멜 사령관의 경력이나 성향을 고려하였을 때, 일본 해군과의 전투에서 전함이 핵심적인 역할을 담당하도록 계획을 작성하는 것이 당연한 것이었다. 태평양함대 레인보우작전계획 WPPac-46에서는 전함이 1, 2진으로 나누어 진주만을 출항하는 것으로 되어 있었다. 전함 펜실베니아(Pennsylvania), 네바다(Nevada) 및 아리조나(Arizona)는 제2기동부대의 "지원부대(Supporting Force)"로 편성되어 전쟁발발 즉시 진주만을 출항, 항공모함부대가 마셜제도를 정찰하는 동안 포인트 테어로 이동한다.

이후 지원부대는 적 항공기작전반경 외곽에 위치, 핼시 제독이 지휘하는 항모기동부대를 지원한다. 그러나 지원부대에 부여된 위기조치임무는 항공모함부대에 대한 적의 구축함 및 순양함의 야간어뢰공격을 격퇴하는 것, 손상함정을 진주만으로 예인하는 것 등으로 강력한 공격력을 갖춘 전함부대의 수준에는 어울리지 않는 것이었다. 그리고 2척의 구축함만 대동한 채 6일간이나 고정된 위치에 머무르는 것은 적 잠수함의 손쉬운 먹잇감이 될 가능성이 있었다.[100] 그러나 맥모리스가 지원부대의 배진을 작전계획에 명시한 것은 다른 이유가 있었던 것으로 생각된다. 킴멜 사령관은 함대사격훈련 시에도 기함에 좌승하여 직접 참관하는 등 육상 사령부에 머무르는 것을 대단히 싫어하는 성격이었다.[101] 아마도 그는 함대결전을 위해 자신이 지휘하는 함대 전체가 해상에 집결하는 광경을 기함의 함교에서 두 눈으로 직접 목격하고 싶었을 지도 모른다. 당시 함대작전계획에는 "함대사령관이 어디에 위치하고 있는지는 함대전체에 지속적으로 통보될 것이다."라고만 간결하게 언급되어 있었다.[102]

잔여 전함 6척 및 다수의 호위함정으로 구성된 제1기동부대는 윌리엄 파이(William S. Pye) 중장의 지휘 하에 5J일 진주만을 출항하기로 되어 있었다. 최초에는 기동부대를 은밀히 추적할 수도 있는 일본 잠수함을 따돌리기 위해 남쪽방향으로 위장기동을 한 후, 11J일에는 포인트 테어에 도착, 대기하고 있던 제2기동부대와 합류한다(지도 25.4 참조). 합류 후 사령관의 전술지휘 하에 67척의 함정으로 구성된 대함대는 본격적인 중부태평양작전을 개시하기 위해 유류를 재보급받는다. 이때 제1기동부대에는 먼저 출항했던 지원부대가 합류하여 9척의 전함으로 구성된 강력한 전열을 갖추게 된다[103](나중에 맥모리스는 전함의 집중운용을 용이하게 할 목적으로 진주만에서부터 모든 전함을 단일 지휘관이 지휘하도록 계획을 수정하였다)[104].

지휘관 작전회의 및 유류재보급이 종료되면, 핼시 제독이 지휘하는 제2기동부대는 마셜 제도를 공격하기 위해 신속하게 이동을 시작한다. 전함이 주축이 된 제 1기동부대 역시 더 이상 포인트 테어(계획에는 포인트 테어의 위치가 잘못 기록되어 있다)[105]에 머무를 필요가 없기 때문에 마셜 제도 북방으로 이동, 제2기동부대의 지원이 필요할 경우에 대비한다[106](지도 25.5 참조).

종전 후 청문회 증언에서 킴멜 제독과 맥코믹(당시 맥모리스의 보좌관)은 당시 제1기동부대의 주임무는 핼시 제독이 지휘하는 제 2기동부대의 공격을 엄호하고 이를 후방에서 지원하는 것이었다고 강조하였다[107](하지만 마셜 제도 공격을 완료 한 후 제2기동부대의 철수방향은 마셜 제도 북방이 아니라 하와이를 향하는 동쪽으로 지정되어 있었다).

그러나 전함은 공격력이 뛰어나긴 했지만 속력이 떨어졌기 때문에 당시 전함전력으로 일본의 전진기지를 공격할 수 있다고 생각한 사람은 거의 없었다. 당시 태평양함대 관계자들은 제1기동부대의 구체적 임무를 웨이크 공격을 시도(실제 점령보다는 기습공격 후 철수할 가능성이 높은)하는 일본 해군의 분견대를 공격하거나 미국의 항공모함에 기습을 시도하는 고속소형함정을 격퇴하는 것 등으로 예측하고 있었다.

실제적으로 두 가지 임무 경우 모두 전함의 강력한 공격력에 어울리지 않는, 즉 닭 잡는데 소잡는 칼을 쓰는 격이었다. 그리고 제1기동부대가 마셜 제도 북방에 위치하였다면 도리어 제 2 기동부대의 마셜 제도 공격작전에 악영향을 미쳤을 수도 있다. 핼시 제독은 가능한 한 제1기동 부대의 위치가 발각되지 않도록 하라는 명령을 받았는데[108] 속력이 느려터진 전함보다는 항공 모함을 중요시하던 항공우월론자인 그에게는 매우 탐탁지 않은 지시였다.[109]

당시 킴멜 사령관이 함대의 모든 전력을 '공세작전'에 투입하려는 의도를 가지고 있었다는 것은 의심의 여지가 없어 보인다. 맥모리스는 출항준비 명령 후 4일 이내에 함대의 모든 함정들이 전투준비를 완료하고 출항할 수 있을 것으로 판단하였다.[110] 파이 제독은 전쟁 전 함대전쟁계획 도상연습 시 전함간의 함대결전을 포함하여 함대작전계획 전체를 연습했다고 회고한 바 있다.[111] 그리고 핼시 제독은 킴멜 사령관이 함대를 분할하지 않았을 것이라고 확신하고 있었다.[112] 그렇다면 과연 킴멜 사령관은 단지 적에게 과시할 목적으로 강력한 전함부대를 해상에 배치하려 하였던 것일까? 그러나 저자는 이러한 주장에 동의하지 않는다. 당시 관련 자료를 종합해 볼때 킴멜 사령관은 야마모토 제독이 지휘하는 일본연합함대와 함대결전을 벌일 수 있기를 학수고대하고 있었던 것이 확실하며, 일본 함대와 함대결전에서 우위를 점하기 위해 일부러 전함부대를 은밀히 마셜 제도 북방에 배진하려 하였던 것으로 보인다.

핼시 제독이 지휘하는 제2기동부대가 마셜 제도를 공격하는 동안 9척의 전함 및 18척의 경순양함 및 구축함으로 구성된 제1기동부대는 2~3일 이내에 지정된 위치에 도착한다.[113] 마셜 제도 공격을 언제까지 지속할 것인가는 계획에 명시되지 않았으나 웨이크 및 제1기동부대 대기 구역에 근접한 마셜 제도 북부의 4개 환초를 무력화하는 데에는 하루정도면 충분할 것으로 판단되었다(진주만 기습으로 전력이 약화된 1942년 2월 1일을 기준으로 하더라도 태평양함대에서는 마셜 제도와 길버트 제도 내 환초 6개를 공격할 수 있는 전력을 보유하고 있었다).

방어력이 상대적으로 취약한 기타 표적을 후속공격하는 데에는 2일 정도가 소요될 것이었다.[114] 그러나 핼시 제독이 지휘하는 제2기동부대는 탄약 보유량을 75% 이상 유지한 상태로 제1기동부대와 합류하도록 되어 있었기 때문에 마셜제도 공격은 그리 오래 지속되지 않을 것이었다. 제2기동부대가 제1기동부대와 합류한 이후에는 수상함병과 해상선임지휘관(senior black-shoe admiral present) -킴멜 사령관 또는 파이 제독 -이 함대 전체를 지휘하게 될 것이었다.[115]

태평양함대에서는 막연히 일본 함대와의 함대결전이 "마셜 제도 북방"에서 벌어질 것이라 예측하고 있었는데, 이 예상전투해역은 그 면적이 무려 50만 평방마일이나 되었다. 당연히 미 해군은 우군의 항공지원이 가능한 반면 적의 항공정찰은 미치지 못하는 해역을 함대결전의 장소로 선택해야 할 것이었다(킴멜 사령관이 일본 쪽으로 깊숙이 접근하여 함대결전을 벌일 수도 있다고 우려한 무어는 1941년 6월 터너 전쟁계획부장에게 "함대결전이 불가피하다면 우군 비행정의 지원이 가능한 해역에서 이루어져야 한다."고 조언하였다.[116] 이것은 태평양전쟁 발발 이전 해군전쟁계획부에서 태평양함대의 함대결전시나리오에 관해 마지막으로 언급한 내용이었다).

맥모리스는 웨이크에 전개한 비행정은 개전 초기에는 함대작전을 지원할 수 있겠지만[117] 전쟁 발발 2주 후부터는 전투 시 손실 및 정비 불가 등으로 인해 지원을 크게 기대하기 어려울 것이라 언급하였다. 그러나 미드웨이에 배치된 비행정들은 별다른 손실이 없을 것이라 가정하였는데, 벨린저 제독은 전시 함대소속 비행정을 원활하게 지휘하기 위해 전쟁이 발발하면 제2정찰비행단사령부를 미드웨이로 옮기려고 생각하고 있었다.[118] 하와이에 있는 잔여 비행정과 존스턴 환초에 있는 비행정까지 모두 미드웨이로 이동시킬 경우에는 총 48대의 비행정을 집결시킬 수 있을 것이었다[119](이러한 당시의 계획과 유사하게 1942년 6월에 벌어진 미드웨이해전 중 장거리초계 비행이 가능한 카탈리나 비행정 32대와 13대의 B-17 폭격기 13대가 미드웨이에 집결하였다)[120].

이렇게 함대작전을 지원하는 주항공기지의 위치로 미드웨이가 우세해짐에 따라 미드웨이와 웨이크를 잇는 길이 1,028마일의 선상에서 함대결전을 벌여한다는 의견이 제시되었다. 킴멜 사령관이 환초 주변 200마일 이내는 적 잠수함의 공격가능성이 있다는 의견을 제시함에 따라 양 섬에 너무 가까운 해점은 후보군에서 제외되었다.[121]

그리고 웨이크 쪽으로 너무 가까이 위치하면 북부 마셜 제도나 마르쿠스 제도에서 발진하는 일본의 정찰전력에게 발각될 우려가 있었다. 이에 따라 웨이크보다는 미드웨이 근해에 배진하는 것이 좀 더 안전하다고 판단되었다(지도 25.5 참조). 당시 미 해군은 일본 항공모함은 기상이 불량한 겨울철 야간에는 미드웨이 반경 432마일까지는 발각되지 않고 은밀하게 접근이 가능하고 새벽에 정찰기를 발진시킬 경우에는 항공모함을 반경으로 300마일까지 정찰이 가능하다고 판단하고 있었다.

그러나 미군이 미드웨이를 중심으로 집중적으로 정찰전력을 운용한다면 일본 함대가 근접하기 전에 원거리에서 적을 탐지할 수 있을 것이라 확신하였다.[122] 또한 미드웨이에 배치된 비행정들은 함대결전을 직접 지원할 수도 있을 것이라 판단되었다. 이에 따라 함대작전계획에는 함대의 작전반경 외곽에 비행정의 손실을 상쇄시킬만한 고가치 표적이 있다면 비행정을 활용하여 이를 공격하는 것도 가능하다는 1930년대의 작전개념이 그대로 포함되어 있었다.[123]

태평양함대의 지휘관들은 일본 함대의 이동속력이 그리 빠르지는 않을 것이라 예상하긴 하였지만 당시까지 레이더가 장착된 함정이 극소수였고, 미국은 일본에 비해 야간전투능력이 떨어진다는 것을 잘 인식하고 있었기 때문에 야간에 일본 함대와 전투를 벌이는 모험을 감행하려 했던 사람은 거의 없었던 것으로 판단된다.[124]

태평양함대에서 상정한 함대결전 대기해점은 웨이크 서북방의 포인트 럭(Point Luck)으로써, 태평양전쟁 중 1942년 6월에 발생한 미드웨이해전 시 미 함대가 실제로 매복했던 해점과 대략 일치하였다. 이 해점은 미국의 전진기지에서 주력함대에 항공지원을 제공하는데 최적의 위치인 반면, 적의 육상기지에서 발진한 정찰기가 탐지하기는 어려운 곳이었다. 만반의 준비를 갖춘 태평양함대 전체전력은 15J일 또는 16J일 대기해점에 집결한다.[125] 킴멜 사령관은 중부태평양에 배치된 비행정의 최대작전가능기간을 4주에서 6주로 판단하고, 이 기간 내에는 태평양함대가 계속 해양작전을 펼치는데 문제가 없을 것이라 생각하였다.[126] 그는 비행정의 장거리 초계능력을 활용하여 동쪽으로 접근해오는 야마모토 제독의 연합함대를 먼저 탐지할 수 있다면 적 함대와의 함대결전에서 우세를 점할 수 있다고 자신하고 있었다.

함대계획담당자들이 예측한 일본 함대의 예상방책은 대부분 한가지로 압축되었다(독자들은 당시 함대계획담당자들은 일본이 진주만을 기습할 가능성은 거의 없다고 간주했다는 것을 염두에 두기 바란다). 전쟁 발발 시 야마모토 제독이 지휘하는 연합함대는 일본 내해에 정박 중일 것인데, 하와이에서 암약하는 스파이의 첩보 및 일본잠수함의 은밀정찰정보 등을 토대로 미국의 기동부대가 오아후를 출항한 것을 인지하게 될 것이다.[127]

야마모토 연합함대 사령장관은 6J일, 핼시 제독이 지휘하는 기동부대가 마셜 제도를 정찰하고 있다는 소식을 접한 직후 미 함대를 공격할 준비를 시작할 것이다. 그리고 그는 8J일에 연합함대를 이끌고 출항하여 미 함대를 격파할 기회를 잡으려 시도할 것이 틀림없었다(지도 25.3 참조)(1942년 2월, 실제로 미국의 항공모함이 마셜 제도를 공격하자 항공모함 4척, 전함 2척 및 다수의 호위전력을 거느린 연합함대의 제1항공함대가 트루크 제도까지 진출하여 미국의 항공모함을 공격하려 시도하였다)[128].

미 함대의 움직임에 대항하여 야마모토 제독이 얼마나 신속하게 움직일 것인가도 계획담당자들의 주된 관심사였다. 당시 함대계획담당자들은 우군함대가 전쟁발발 후 2일에서 6일 이내에 모든 준비를 갖추고 출항이 가능하다는 가정에 근거하여 일본 함대 또한 이와 비슷하게 미 함대의 마셜 제도 정찰 소식을 접한 6J일 출항준비를 시작, 8J일에는 출항할 것이라 예측하였다. 킴멜 사령관은 사전 일본 근해에 은밀히 전개시킨 잠수함 및 필리핀해에 배치된 순양함을 활용하거나 암호해독 등과 같은 첩보수집수단을 통하여 연합함대의 출항을 인지할 수 있을 것이라 판단하였다. 맥모리스는 "적에 관한 세부 정보를 수록한 정보판단서를 함대작전계획 시행 이전, 그리고 시행 시 별도로 배포할 것이다."라고 함대작전계획에 명시하였다.[129]

일본 근해의 묘박지에서 출항한 야마모토 제독의 연합함대는 어느 방향으로 침로를 잡을 것인가? 우선 연합함대가 일본 본토에서 마셜 제도 북방으로 곧장 진격하는 방안은 미드웨이를 중심으로 한 미국의 조밀한 정찰망을 통과해야 하고 속력이 느린 군수지원함들이 뒤처져 미 함대의 표적이 될 가능성이 있었기 때문에 야마모토 제독은 이 방안을 선택하지 않을 것이라 예상되었다. 또한 웨이크의 정찰망 또한 가능한 한 우회하려 할 것이었다.

결국 야먀모토 제독은 트루크 제도에서 재보급을 마친 다음 마셜 제도의 서쪽 또는 남서쪽으로부터 마셜 제도로 접근하는 경로를 취할 것이라 예상되었다(지도 25.4 및 25.5 참조). 연합함대가 평균 15노트로 이동한다고 가정할 때, 14J일쯤 연합함대는 마셜 제도 북부를 공격하기 위해 재차 출현한 미국의 제2기동부대를 공격하기 위해 북상할 것이고, 15J일에서 17J일 사이 웨이크에 출격한 미군 정찰기가 에니웨톡 근해에서 일본의 연합함대를 포착할 수 있을 것이다. 웨이크를 폭격하거나 핼시가 지휘하는 항공모함을 추격하기 위해 일본의 항공모함이 주력함대에서 이탈하여 전속력으로 먼저 이동할 가능성도 배제할 수는 없지만, 킴멜 사령관은 야마모토 제독도 자신와 동일하게 항공모함의 안전을 보장하기 위해 항공모함을 분리하여 운용하지 않고 주

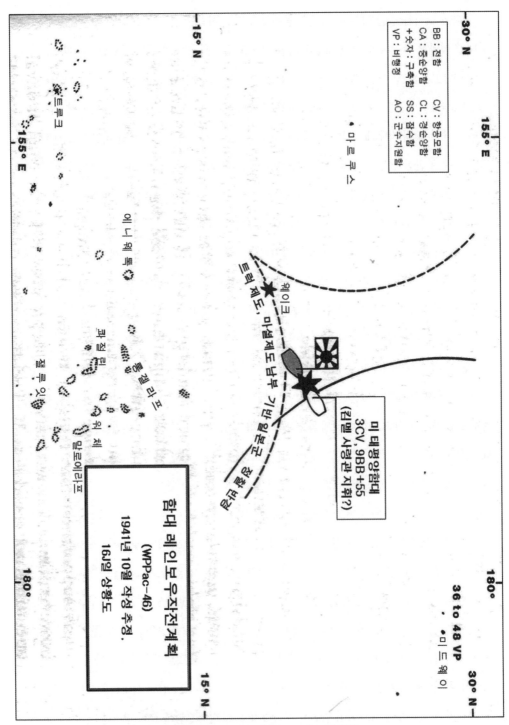

<지도 25.6> 태평양함대 레인보우작전계획(WPPac-46), 16J일 상황도

력함대와 일정거리를 유지하게 할 것이라 보았다. 최종적으로 양측의 함대는 웨이크 근해에서 조우하여 함대결전을 벌이게 될 것이었다(지도 25.6 참조).

1941년 태평양함대 작전계획에서는 미일해군 간 함대결전의 결과를 과연 어떻게 예측하고 있었을까? 당시 일본 함대와 태평양함대의 항공모함 수는 10척 대 3척으로 일본이 압도적인 우위에 있었으며, 일본 함대가 보유한 항공기는 500여 대로 미국의 2배였다[130](미국의 마셜 제도 북부 공격 시 항공기 손실률을 고려하면 그 격차는 더욱 벌어졌다).

우리는 제2차 세계대전 중 벌어진 해전에서 항공모함이 해전의 주력으로 활약했다는 사실을 이미 알고 있기 때문에 당시 태평양함대의 상황이 매우 절망적이었다고 생각할 수도 있겠지만, 1941년 당시의 미 해군은 해전에서 항공모함 및 항공기의 중요성을 아직도 완전히 인식하고 있지 못한 상태였다.

1941년 여름 당시 미 해군이 보유한 항공기의 성능은 일반위원회에서 "현대적인 항공작전을 수행하기에는 그 성능이 미치지 못한다."라고 평가할 정도였던 반면[131] 일본 해군 항공기의 구체적 성능에 대해서는 미 해군 내에 알려진 바가 없었다. 더욱이 킴멜 사령관의 항공력에 대한 이해도는 매우 초보적인 수준이었다. 그는 항공기를 활용한 장거리정찰의 가치는 높게 평가하였으나 항공모함을 전함을 지원하는 보조함 정도로 취급하는 경향이 있었다.

그리고 기습을 목적으로 항공모함을 주력함대에서 분리하여 운용하는 것은 가능하나 함대결전 중에는 주력함대와 같이 배진하여 주력함대의 공격을 지원하는 임무를 수행해야 한다고 여기고 있었다. 전함의 공격력을 중시한 킴멜 사령관은 함대편제를 변경하여 항공모함은 3개의 기동부대에 분산 배치한 반면, 전함은 한 개의 기동부대 내에 편성하여 지휘통제가 용이하도록 조치하였다.[132] 또한 그는 예하의 항공병과장교들을 잘 이해하지 못했으며, 그들을 '비행청소년(flyboy)'이라고 불러 화를 돋우기도 하였다. 당시 46명의 사령부 참모장교 중 항공병과 선임장교의 계급은 중령에 불과하였다.[133] 사령관과 마찬가지로 맥모리스 함대전쟁계획반장 또한 전시에 니미츠 태평양함대 사령관의 참모로 일할 때 항공병과 동료들을 무시하는 태도를 종종 보이기도 하였다.[134]

항공모함을 제외하면 주력함대의 상황은 일본에 비해 괜찮은 편이었다. 연합함대는 말레이 공략을 지원하기 위해 일부 주력함을 동남아시아에 파견해야 했지만 태평양함대는 전체전력을 집결시킬 수 있었다. 또한 연합함대가 동쪽으로 이동하는 동안 미 해군은 잠수함을 이용하여 적 주력함들을 공격할 수도 있을 것이라 판단되었고, 다수의 비행정을 활용한다면 장거리 항공정 찰의 이점도 누릴 수 있을 것이었다. 1941년 11월, 함대작전계획의 개정 시 태평양함대는 미국 령 환초에 배치된 육군항공단의 중폭격기를 함대작전 지원용으로 활용할 수 있다는 내용이 추 가되었다. 그리고 일본과 전쟁이 발발할 경우에는 하와이와 미드웨이에 본토의 중폭격기를 증 강 배치하는 것으로 계획되어 있었다.

만약 그 당시 태평양함대에서 상정한 함대작전계획과 유사하게 미일함대 간 해전이 진행되 었다면 킴멜 사령관은 기습의 이점을 충분히 활용할 수 있었을 것이다. 전후 킴멜 사령관은 만 약 당시 태평양함대의 계획대로 함대결전을 벌였다면 태평양함대는 일본 함대와 "호적수를 이 루었을 것이며, 절대로 일본 함대가 일방적인 우세를 점하진 못하였을 것"이라 회고하였다.[135] 기민하고 일사불란한 기동을 통해 적 함대와 우군 전진기지(웨이크 또는 미드웨이) 사이에 태평양 함대가 위치할 수 있다면 적 함대를 격파하기 위한 최적의 여건을 조성할 수 있을 것이었다. 이 러한 당시 태평양함대의 함대결전구상은 미 해군이 미드웨이 항공기지의 이점을 독점적으로 활용했던 것, 매복전략의 성공, 적함대의 부적절한 배진, 그리고 암호해독을 통한 정보의 우위 등의 요인으로 인해 승리를 일구어낸 미드웨이해전을 떠올리게 한다.

일부 독자들은 당시 태평양함대는 전력의 부족에 시달리고 있었기 때문에 태평양함대 레인 보우작전계획 WPPac-46을 그대로 실행하지 못하였을 것이라 생각할 수도 있다. 진주만기습 이후 킴멜 제독은 당시 태평양함대에 소속된 전함의 최고 속력은 실제로 21노트가 아니라 17 노트라고 증언하였으며[136] 터너는 당시 태평양함대의 전함은 저속으로 이동하는 일본의 상륙선 단을 공격하는 데에나 적합한 정도였다고 냉소적으로 이야기하기도 하였다.[137] 그리고 일반적 으로 군함들은 일정한 주기에 따라 교대로 수리 및 정비를 하기 때문에 아무리 함정가동률을 높 인다 하더라도 전쟁발발 시 최소한 함대전력의 1/5은 작전이 불가한 상태였을 것이다.[138] 또한 해상에서 작전하는 함대 전체에 군수지원을 제공하는 일도 매우 어려운 일이었다. 당시 전체 함대의 해상군수지원을 위해서는 25척의 유류지원함이 필요하였으나 실제로 태평양함대가 보유하고 있던 유류지원함은 4척뿐이었다.[139]

하지만 위에서 열거한 여러 가지 문제점들을 이유로 들어 태평양함대가 작전계획의 시행을 포기했을 것이라고 간주하는 것 또한 어려운 일이다. 1941년 9월 9일, 스타크 참모총장은 별다른 이견 없이 태평양함대에서 제출한 태평양함대 레인보우작전계획 WPPac-46을 그대로 승인하였다.[140] 그리고 진주만 기습 하루 전인 12월 6일 오전에도 맥모리스 전쟁계획반장이 각 함정의 현재 위치를 반영하여 태평양함대의 작전계획을 수정했다는 사실은 다음 날 미일전쟁이 발발할 경우에도(단, 전쟁의 발발지점은 진주만이 아닌 아시아로 판단함) 작전계획을 바로 시행하겠다는 의미나 다름이 없는 것이었다.[141] 이후 진주만청문회에서 많은 증인들이 태평양전쟁 발발 직전 태평양함대는 곧바로 작전을 수행할 수 있는 전투준비태세를 갖추고 있었다고 증언하였다. 당시 태평양함대 참모장은 사령관의 '주된 관심사'는 함대가 언제라도 출항할 수 있는 전투준비태세를 유지하는 것이었다고 증언하였다. 맥모리스는 킴멜 사령관이 일본 함대를 당해내지 못할까 초조해 한 적도 있었지만 전쟁이 시작되면 강력한 함대를 일사불란하게 통제하여 강력한 일격을 날릴 수 있다고 자신하고 있었다고 답변하였다. 태평양함대의 강경파 전략기획자들 또한 "태평양함대는 전투에서 승리하기에 충분한 역량을 갖추고 있으며, 이 역량이 전투에서 충분히 효과를 발휘할 수 있다"고 기대하고 있었다.

맥코믹은 대일전쟁이 발발할 경우 킴멜 사령관이 앞장서서 모든 함대를 진두지휘할 것이라 생각하였으며, 킴멜 본인도 함대를 공세적으로 운용하는 것이 자신의 사명이라 확신하고 있었다. 또한 핼시 제독은 언제나 함대를 이끌고 전투에 나서기를 갈망하고 있었으며, 천성적으로 신중한 파이 제독조차도 당시 함대작전계획의 내용이 흠잡을 데가 없다고 인정할 정도였다.[142]

태평양전쟁 발발 직전 태평양함대에 소속된 대부분의 장교들은 모든 전력을 동원한 공세작전을 지지하긴 했지만, 당시 미국행정부 및 미군부의 분위기 상 함대가 일본 함대와 함대결전을 준비하고 있다는 사실을 공개적으로 밝힐 수는 없었을 것이다. 당시 합동기본전략계획이나 해군전략계획에서는 태평양함대의 임무를 일본 함대의 견제하는 것으로 상정하고 있었다. 반면에 태평양함대의 작전계획은 이와 완전히 상반되는 내용이었기 때문에 공세적 작전을 벌인다는 내용을 상위 계획에 반영하는 것은 실제로 불가능한 상황이었다. 이러한 이유로 인하여 맥모리스는 전시 함대배진계획에서 당시 태평양함대가 함대결전을 준비하고 있었다는 사실을 넌지시 비추기는 했지만 함대작전계획에 함대결전을 추구한다는 조항을 명시적으로 수록하지는 않았다고 판단된다. 그렇다면 당시 태평양함대의 함대결전계획이 실제로 존재하고 있었다고 한다면 이 계획은 왜 지금까지 세상에 알려지지 않은 것일까? 저자는 태평양함대의 함대결전계획의 존재가 이제까지 공개되지 않은 이유를 다음의 2가지 정도로 추론해보고자 한다.

먼저, 함대결전계획이 함대의 다른 인사들이나 참모총장실의 점진론자들에게 알려지는 것을 방지하기 위해 킴멜 사령관과 맥모리스가 이를 비밀에 부쳤을 가능성이 있다. 두 사람 모두 자신의 생각을 남에게 쉽게 내비치지 않았던 것으로 알려져 있다. 예를 들어 킴멜 사령관은 웨이크 공격을 위해 접근하는 일본 해군의 파견부대를 기습 공격한다는 함대결전구상을 이미 문서로 작성하였음에도 불구하고 이를 함대 항공전력 사령관인 벨린저 제독에게 통보하지 않았다. 맥모리스 전쟁계획반장 또한 사령관과의 의견 교환 내용이나 정보보고서의 내용 등을 부서원에게 거의 알려주지 않는 사람이었다.[143]

당시 태평양함대 전함전력 사령관이었던 파이 제독은 자신의 임무는 "결정적 행동을 위해 전함의 전투준비태세를 최고도로 유지하는 것임"을 인지하고 있었지만, 킴멜 사령관이 언제쯤 결정적 행동을 개시할 것인가를 알려주지 않았기 때문에 태평양함대의 서열 2위인 그도 함대결전계획에 관한 정확한 정보를 갖고 있지 못했다.[144] 그리고 당시 태평양함대 고위 지휘관 중 미일전쟁이 발발할 경우 일본 함대가 마셜 제도 근해까지 진출할 것이라 확신한 사람은 거의 없었던 것으로 보인다. 함대의 장교 대부분은 일본 함대는 "서태평양을 벗어나서 작전하지는 않을 것이다"[145] 다시 말해서 미드웨이를 넘어서까지 진출하지 않을 것이라 생각하고 있었다.

두 번째 가능성은 진주만 기습이 이후 태평양함대의 인사들 대부분이 일본의 기습을 사전에 예측하여 대비하지 못했다는 책임을 회피하기 위하여 함대결전계획과 같은 비현실적 계획의 작성에 참여한 사실을 밝히길 꺼려했다고 추측해 볼 수 있다. 이미 진주만 기습과 일본이 항공공격만으로 영국의 전함 2척을 격침시킨 말레이 해전을 통해 해전에서 항공력의 우수성 및 전함의 취약성이 만천하에 드러난 상황에서 전함의 전투능력을 최고로 평가한 이 계획이 공개되었다면 계획에 관련된 사람들뿐 아니라 그 당시 해군 지도부 전체가 비난의 화살을 면할 수 없었을 것이다.

진주만 기습 당시 참모총장실과 전쟁계획부에 재직했던 고위장교들은 전쟁말기까지, 그리고 전쟁이 끝난 이후에도 진주만 기습과 관련된 청문회에 출석해야 했다. 그러나 태평양전쟁을 거치면서 이들 대부분은 대일전쟁을 승리로 이끈 주역이라는 명성을 얻게 되었다. 그들은 공세적인 함대작전계획의 존재를 고의로 은폐하려 하지는 않았겠지만 자신들의 명예와 위신을 유지하기 위하여 이 계획을 내용이 모호할 뿐만 아니라, 해군의 공식적 의견이 아닌 킴멜 사령관의 개인적 견해를 반영한 것이며, 정식으로 문서화되지도 않은 단순한 개념 수준으로 치부하려 하였을 가능성이 크다.

진주만기습 조사위원회 청문회를 거치면서 킴멜 제독은 매우 곤란한 입장에 처하게 되었다. 킴멜 제독은 진주만기습이 있은 지 9일째 되는 날 태평양함대 사령관에서 해임되었다. 1942년 2월, 그는 스타크 참모총장에게 "평생 동안 아무 말도 하지 않고 함구(緘口)하고 살겠다"라고 말하였으나[146] 진주만 기습의 책임을 뒤집어씌우기 위해 해군이 자신을 희생양으로 만들었다고 여기기 시작한 이후부터는 태도를 완전히 바꾸어 적극적으로 자신을 변호하기 시작했다. 이후 청문회 증언 및 회고록에서 그는 당시 상부에서 그에게 진주만 기습에 대비할 수 있는 적절한 정보를 제공해주지 않았다고 해군 고위층을 비난하였다. 이러한 상황에서 진주만기습 이전 킴멜 제독 자신이 공세작전을 구상하였고 그에 관한 세부적인 계획까지 세웠다는 것을 밝히는 것은 자신을 변호하는데 그리 유리한 방법은 아니었을 것이다. 그는 전쟁발발 즉시 함대를 해상에 집결시킨다는 계획은 적절치 못한 구상이었다고 폄하하기 시작하였다. 그는 상하원합동조사위원회(congressional joint committee investigating)에서 "(진주만 기습 당시) 항공모함의 엄호 없이 해상에 집중공격을 받은 것이 아니라 어느 정도 대공 방어력이 구축되어 있던 군항에서 적의 공격을 받았기 때문에 그나마 함대의 피해가 적었다고 생각한다."고 증언하기도 하였다.[147]

한편 진주만 기습에서 살아남아 나중에는 태평양전쟁의 영웅이 되는 맥모리스는 자신이 작성한 함대전력의 해상배진계획이 합리적인 계획이었다는 확신을 버리지 않았다. 그는 "당시 일본 연합함대의 주력부대와 조우할 것이라 생각하지는 않았지만"이라는 애매한 표현을 덧붙이긴 했지만, 태평양함대 배진계획은 "주력부대와 정찰전력 간의 긴밀한 상호지원을 통해 함대의 전투력을 극대화할 수 있도록 작성한 계획이었다."고 증언하였다.[148]

이후 청문회에서 맥모리스는 유도질문에 넘어가 결국 함대결전을 준비하고 있었다는 그의 속마음을 드러내게 되었다. "만약 나구모 주이치 제독이 이끄는 일본의 항공함대가 진주만으로 접근하고 있다는 정보를 사전에 접했다면 사령관에게 어떠한 대응책을 권고하였을 것인가?"라는 이 질문에 대해 맥모리스는 "절대로 전함들을 그대로 항내에 대기시키지는 않았을 것이며, 함대를 출항시켜 접근하는 적 함대를 추격하도록 했을 것"이라고 답변하였다. 그는 진주만 기습 당일 나구모 함대의 항공모함은 6척이었던 반면 태평양함대의 항공모함은 2척뿐이었기 때문에 해상에서 양측 함대가 격돌 시 항공지원능력이 상대적으로 부족한 태평양함대의 전함들이 심각한 피해를 입을 가능성이 있다고 생각하긴 했지만 적함대가 전함의 함포사거리 이내에 들어오기만 한다면 충분히 승산이 있을 것이라 판단하고 있었다고 인정하였다.[149]

1941년에서 1946년까지 8회에 걸쳐 미 연방의회의 주관으로 진주만 조사위원회가 열렸으며, 40여 권에 달하는 조사보고서가 생산되었다. 1941년 당시 태평양함대의 고위지휘관 및 참모장교들은 진실만을 말하겠다는 선서를 하고 청문회에서 증언하였고, 이 청문회를 통해 셀 수 없을 만큼 많은 양의 인터뷰 및 증언이 이루어졌다. 그리고 이를 근거로 하여 진주만기습에 관한 수많은 저작들이 양산되었다. 그 주제는 진주만기습 당일 미국은 어찌하여 아무런 방비를 하지 못하였는가에 대한 의문, 일본군 암호해독 프로그램 '매직(Magic)'의 적절한 활용 여부, 일본 기습을 허용한 미국의 과오 등등으로 매우 다양하였다. 또한 수정주의 논객들은 일본이 먼저 도발하도록 미국이 이를 유도한 것이라는 음모론, 일본의 공격이 예상된다는 사전정보를 묵살한 미군부의 자만심, 당시 고위 지휘관들의 부패, 그리고 백악관을 포함한 당시 미 국가지도부의 대국민 사기극 등 진주만 기습의 원인에 관한 다양한 이론들을 앞 다투어 내놓기도 했다.

한편 아직까지도 역사학계에서는 미·일 간 적대행위가 임박하였음을 경고하는 내용이 담겨 있긴 하나 적의 예상 공격목표를 진주만으로 명시하지는 않은 워싱턴발 1941년 11월 27일자

전쟁경보전문을 킴멜 태평양함대 사령관과 육군 하와이관구 사령관 쇼트 장군이 과연 심각하게 인식하였는지에 관해 의견이 분분하다. 이 전보에는 "해군 레인보우전략계획 WPL-46에 명시된 과업을 달성하는데 필요한 사전 방어조치를 시행하라"는 매우 핵심적인 내용이 포함되어 있었다.[150)]

앞에서도 살펴보았듯이 해군 레인보우전략계획 WPL-46에 명시된 태평양함대의 과업은 다분히 공세적 성격의 것이었다. 스타크 참모총장을 두둔하는 인사들은 스타크 참모총장이 방어준비를 주문하는 11월 27일발 전쟁경보전문을 킴멜 사령관에게 보낸 의도는 함대의 방어와 마셜 제도 공격 2가지 과업을 동시에 준비하라는 의미였다고 증언하였다.

반면 당시 전쟁계획부장이었던 터너 제독은 이 전쟁경보전문은 공세작전의 준비를 취소하고, 하와이 및 기타 핵심기지의 방어를 위해 꼭 필요한 경우에만 함대를 출항시키라는 뜻이었다고 주장하였다.[151)] 그리고 참모총장실에서 근무 중이던 장교들은 당시 태평양함대가 과연 공세작전을 수행할 수 있는 능력을 갖추고 있는지에 대해 회의적인 의견을 피력하였다. 잉거솔 제독은 당시 태평양함대는 레인보우계획-5에 수록된 '견제작전'의 수행은 고사하고 '방어작전' 정도만 수행가능하다는 것이 당시의 일반적인 인식이었다고 증언하였다.[152)] 그리고 전쟁계획부의 글로버(R. O. Glover) 대령은 당시 전쟁계획부에서는 킴멜 사령관의 주 임무는 진주만의 방어라고 여기고 있었으며, 그 당시 태평양함대의 전력수준으로는 '전면적인 공세작전'을 수행하는 것은 불가능할 것이라 인식하고 있었다고 답변하였다.[153)]

청문회 증언 당시 이미 태평양전쟁의 영웅으로 대접받고 있던 켈리 터너 제독은 진주만기습의 모든 책임을 당시 태평양함대의 지휘관에게 돌렸으며, 자신은 아무런 책임이 없다고 주장하였다. 그러나 터너 제독은 자신과 가까운 사람들에는 당시 "킴멜 사령관이 관심을 쏟고 있던 태평양함대의 임무는 방어적인 임무가 절대 아니었다."는 것을 인정하였다. 터너 제독은 일본의 개전초기 공격양상에 따라 함대의 해상 및 항공작전방향이 결정되었을 것이긴 하지만, "당시 태평양함대가 중부태평양에서 방어작전 하나만을 준비하고 있었다고 생각하는 것은 크나큰 오해이며, 오히려 정반대"라고 설명한 바 있었다.[154)]

1941년 당시 태평양함대에서 가장 적극적으로 급진론을 주창했던 킴멜과 맥모리스는 이후 청문회 증언에서는 서로 상반되는 모습을 보였다. 진주만기습에 제대로 대응하지 못했다는 오명과 당시 상부에서 사전에 정확한 정보를 제공하지 않았다는 배신감에 시달리던 킴멜 제독은 나중에는 스타크 참모총장이 발송했던 전쟁경보전문에서 암시하고 있는 두 가지 임무 모두를 달성하기 위해 최대한 노력했다는 자기 나름의 방어논리를 내놓았다. 그는 진주만 기습 직전 항공모함을 이용, 미국령 환초 주변을 정찰하고 전함들은 항구 내에 대기시키는 등 나름대로 방어를 위한 준비를 진행하였다고 주장하였다.

가장 논쟁이 된 문제는 진주만기습 당일인 12월 7일, 49대의 비행정이 별다른 임무 없이 오하우 섬에 대기 중이었다는 것이었다. 이에 대해 킴멜은 당시는 자신이 이미 몇 차례 마셜 제도 공격을 준비하라는 명령을 내린 상태였기 때문에, 비행정을 오하우 주변 정찰에 계속 투입하여 운용성능을 저하시키기보다는 마셜 제도 공격작전 시 최상의 운용성능을 유지하기 위해 대기시킨 것이었다고 항변하였다. 이미 후회해도 늦은 일이었지만 킴멜 제독은 만약 자신이 일본 함대의 접근을 미리 인지했더라면 공세작전계획을 즉시 취소하고 비행정 전체를 항공정찰에 투입하였을 것이며, 방어태세 또한 강화하였을 것이라고 청문회에서 진술하였다.[155]

킴멜 제독과는 달리 별다른 비난의 화살의 맞지 않았으며 태평양전쟁에 계속 참전하여 승승장구하게 된 맥모리스는 기존의 신념을 바꾸지 않았다. 그는 진주만기습 당시 함대가 이미 방어태세를 유지하고 있었기 때문에 더 이상 방어태세를 강화하는 것은 필요하지 않았다는 기존의 주장을 되풀이 하였다. 그는 참모총장실에서 11월 27일 발송한 전쟁경보전문을 수신하였을 당시 상부에서 전쟁경보를 시달한다는 것은 국가지도부에서 이미 태평양함대를 가능한 한 신속하게 미국을 위협하는 적의 전진기지 -길버트 제도 또는 마셜 제도- 로 진출시켜 이를 공격하는 작전을 심각하게 고려하고 있다는 증거이며, 상황이 이쯤 되면 "일본과의 전쟁을 피할 수 있는 가능성은 희박하다"고 판단하였다고 증언하였다. 그리고 맥모리스는 당시 함대의 임무는 진주만 근해에 위치하여 전쟁발발 즉시 공세작전을 개시하는 것이었다고 증언하였다. 강력한 공세를 통해 승리를 쟁취한다는 급진론을 신봉했던 맥모리스는 기지방어문제에는 거의 주의를 기울이지 않았던 것이다.[156]

진주만 기습 당시 킴멜 사령관의 참모장이었던 스미스(W. W. Smith) 대령은 당시 해군에서는 공세작전에만 신경을 쓰고 있었기 때문에, 진주만의 방어태세 유지문제는 심각하게 다뤄지지 않았다고 증언하였다.[157] 미 해군 내에서 35년간이나 이어져 내려온 함대결전의 중시라는 오렌지계획의 전통은 이미 해군장교단 전체에 깊게 뿌리내리고 있는 상태였고, 이러한 전통은 전쟁발발 즉시 적극적인 공세작전 수행한다는 내용으로 구체화되었던 것이다. 일본이 진주만을 기습할 당시에는 미 해군에 널리 퍼져있던 이러한 인식을 전환시키기에는 너무 늦어버린 상태였다.

1940년 후반 1941년까지 육군과 해군본부에서 근무하던 점진론자들은 오렌지전쟁계획의 신속한 반격개념을 무력시위 정도의 수준으로 격하시켜 버렸다. 이에 따라 태평양함대 급진론자들의 구상은 큰 제약을 받게 되었으며, 그들이 택할 수 있는 방안은 한가지 밖에 없었다. 그러나 상부에서는 함대결전을 추구하라고 공식적으로 지시하지도, 이를 회피하라는 명령도 내리지 않았다. 진주만기습이 발생한지 40여 년이 지난 지금, 진주만 기습을 연구하는데 평생을 바친 학자인 고든 프랜지(Gordon W. Prange)가 정리한 관련자 인터뷰 자료집을 분석해보면 킴멜 사령관은 전쟁발발 시 가능한 신속하게 전 함대전력을 동원, 야마모토 제독의 일본연합함대와 함대결전을 벌이려 했던 것이 확실해 보인다.[158] 연방의회 진주만 조사위원회의 청문회결과보고서 편집자는 킴멜 사령관에 대해 비판적 태도를 보이긴 했지만 "당시 킴멜 제독은 '미국의 넬슨(American Nelson)'이 되겠다는 생각에 사로잡혀 있었던 것으로 보인다."라는 말로 그의 감투정신만은 높게 평가하였다.[159]

26. 총력전인가, 제한전인가?

우리는 이제까지 태평양전쟁이 발발하기 이전 35년 동안 미 해군의 전략기획자들이 어떻게 대일전쟁계획을 발전시켜왔는지를 살펴보았다. 이러한 전쟁 이전 오렌지계획의 유산(遺産)이 실제 태평양전쟁 중 어떠한 효용성을 발휘하였는지 그 가치를 평가해 보기에 앞서 살펴보아야 할 중요한 문제가 하나 있다. 그 문제는 바로 "태평양전쟁 직전 미 해군에서는 미 함대가 트루크 제도를 점령한 이후의 미일전쟁의 양상을 어떻게 예상하고 있었는가?"이다.

오렌지계획이 최초로 등장한 1906년부터 1930년대 초반까지 오렌지전쟁계획의 명시적 목표는 바로 일본의 완전한 항복이었다. 이 목표를 달성하기 위한 세부적 방안은 각 전쟁계획의 판본마다 약간씩 차이는 있었지만, 해군이 중심이 된 해양작전을 펼쳐 일본 함대를 격파하고 일본 근해의 도서기지들을 점령한 다음 해상봉쇄를 통해 일본을 경제적으로 고립시켜 항복을 받아낸다는 전체적인 전략개념은 변함이 없었다.

그러나 1934년 이후로 일본 본토를 중심으로 2,000 마일 이내의 구역 -오렌지계획 및 레인보우계획-5에서는 트루크 제도 서쪽 해역, 결국 폐기된 레인보우계획-2 및 레인보우계획-3에서는 동남아시아 서쪽 해역으로 설정- 의 세부적인 공세작전계획은 삭제되었고 이곳까지 진격하는 시점도 뒤로 늦춰졌다. 예컨대 1935년 계획에서는 전쟁발발 2개월 후였던 트루크 제도의 점령 시점이 1941년 계획에서는 전쟁발발 1년 후로 연기되었다. 그리고 서태평양으로 진격개시시점이 연기됨에 따라 자연이 함대기지의 건설완료 시점 또한 늦어질 것으로 예측되었다. 이에 따라 전체 대일전쟁 수행기간은 1914년 이전 계획에는 6개월에서 1년 사이였던 것이 1920년대는 2년으로 늘어났으며 1930년대의 소극적인 계획담당자들은 3년에서 4년, 심지어 그 이상이 소요될 것이라 예측하였다. 특히 1937년 이후로 일부 전략기획자들은 일본의 완전한 항복이 아닌 일본의 침략으로부터 본토방어라는 제한적 전략목표만을 상정한 대일전쟁계획을 연구하기까지 하였다. 이전의 계획에서부터 계속 이어져 내려온 일본의 완전한 항복이라는 전략목표가 시간이 흐르면서 오렌지계획에서 점차 사라지게 되었던 것이다.

해군 내의 급진론자 및 점진론자 모두 미국민들이 과연 막대한 전비와 시간이 소요되는 전쟁, 목표가 불분명한 전쟁에 지지를 보낼 것인가에 대해 의구심을 가지고 있었던 것이 사실이다. 미국이 오렌지계획에 뿌리를 두고 있는 (일본을 포함하는) 추축국의 무조건 항복을 공식적인 전쟁목표로 확정한 것은 태평양전쟁이 발발하고 1년여가 지난 1943년 1월이 되어서였다. 이 장에서는 태평양전쟁 후반기 전쟁목표가 완전히 확립되기 이전까지 미국의 정책수립자들은 과연 오렌지계획에 포함되었던 내용과 동일한 일본의 무조건항복을 추구하고 있었는가, 아니면 제한전을 추구하고 있었는가에 관해 살펴볼 것이다.

미국은 1941년 5월 정식으로 공포된 전세계전략계획인 레인보우계획-5를 기반으로 하여 제2차 세계대전을 수행하였으며, 이 계획은 제2차 세계대전이 끝난 이후에도 1946년 3월까지 정식으로 효력을 발휘하고 있었다.[1] 미국 정부에서 레인보우계획-5를 미국의 공식적인 전쟁계획으로 채택함에 따라 오렌지계획뿐 아니라 레인보우계획-1부터 레인부보우계획-4를 포함한 이전의 모든 전쟁계획은 자동으로 폐기되었다.

레인보우계획-5는 미국은 우선적으로 전세계전쟁의 승패를 좌우하는 결정적 전구인 유럽에서 가장 강력한 적인 독일을 물리치는데 모든 노력을 집중한다고 규정하고 있었다. 이 계획은 미국은 먼저 지중해를 확보하고 이탈리아를 공격한 다음, 독일에 지속적인 항공폭격을 실시하면서 최종적으로 유럽대륙에 상륙하여 독일로 진격한다고 전쟁의 전개방향을 설정하였다. 구체적으로 미국이 세계대전에 참전하게 되면 우선 180M일 10개 사단으로 구성된 지상군을 유럽대륙에 파견함과 동시에, 육군전쟁계획부에서 1941년 여름 작성한 "승리계획(Victory Program)"에 따라 2년에 걸쳐 400개의 사단을 창설한다는 내용이 수록되어 있었다. 한편 레인보우계획-5에 명시된 해군의 최우선 임무는 미국에서 유럽으로 병력을 안전하게 수송할 수 있도록 보장하는 것이었다.

유럽전구에서 미 지상군의 적극적 역할과는 달리 태평양전구에서 미군의 임무는 전략적 방어태세를 유지하는 것이었다. 이에 따라 극동에 배치된 미군전력은 별다른 병력증강 없이 자체적으로 일본의 공격에 대항해야 하였다. 태평양함대는 동태평양 및 미국령 환초들의 안전을 확보하고 중부태평양에서 일본 해군을 견제함과 동시에 대일 통상파괴전을 실시하며, 트루크 제도 점령까지 이어지는 마셜 제도작전을 수행할 준비를 갖추는 임무가 부여되었다.

그러나 계획 상 180M일까지도 태평양함대의 전략방어선의 방어 -마셜 제도 포함- 를 지원하는 지상군 전력은 육군 1개 사단뿐이었다. 그리고 육군항공단의 지원 또한 제한적이었으며, 유럽공세가 시작될 경우 그나마 있는 지원도 모두 취소될 예정이었다.[2] 결론적으로 레인보우계획-5에서는 독일보다는 일본의 전쟁수행능력이 취약할 것이라 가정하고 유럽대륙에서 독일을 공격하는 동안 태평양에서는 최소한 2년간 제한전(limited war)을 수행한다는 전세계전략의 방향을 설정하였다(앞장에서 살펴보았던 대일전쟁 초기 일본과의 함대결전을 벌일 수 있도록 준비한다는 태평양함대의 함대작전계획 내용은 상위 계획에는 반영되지 않았다). 그리고 레인보우계획-5에는 독일의 패망 이후의 구체적인 전략은 수록되어 있지 않았다.

대일전쟁 발발 시 제한전을 수행한다는 전략개념은 오렌지계획 구상의 초창기부터 간간히 제기되었던 의견이었다. 이를테면 해리 야넬(Harry Yarnell) 대령은 1919년 합동위원회에 대일전쟁 시 막대한 전력이 소모되더라도 총력전을 수행할 것인가, 아니면 제한전을 수행하는 것이 적절한가에 대한 답변을 요청하였으나 이에 대한 검토결과를 통보받지 못했다.[3]

1920년대 미 해군 내에서는 총력전을 수행하여 2년 안에 대일전쟁에서 승리한다는 2개년 시나리오가 주류를 이루었으나, 1930년대에 들어서자 해군의 방어론자들은 일본의 완전한 항복을 받아내려면 좀 더 많은 시간과 노력이 소요될 것이라 판단하기 시작하였다. 결국 대일전쟁전략을 놓고 미 군부의 의견은 크게 2개로 갈리게 되었다. 소수의 해군전략기획자들은 강력한 함대전력을 신속하게 구축한 다음 공세작전을 수행하자고 제안한 반면 앰빅 장군을 중심으로 한 육군 측은 대일 총력전은 비용 대 효과 면에서 불합리하다고 주장하면서 태평양에서 항구적인 방어태세를 유지해야 한다고 주장하였다(제15장 참조). 결국 해군계획담당자들은 1934년 이후로 트루크 제도점령 이후 전역계획의 수립을 중단하고, 1938년 이후에는 트루크 제도점령 이후의 군수지원계획의 수립까지 중단하여 이 문제를 표면화시키지 않고 조용히 묻어두려 하였던 것이다.

중일전쟁 발발 직후인 1937년 11월부터 1938년 2월까지 전세계전쟁 시 미국은 우선순위를 어디에 두어야 하는가를 놓고 또다시 육·해군 간 격렬한 논쟁이 벌어지게 되었다. 이를 계기로 미군 지휘부는 대일전쟁 시 제한전을 심각하게 고민하기 시작하였다(제 19, 20장 참조). 구체적으로 앰빅 장군과 육군계획담당자들은 '군사 및 경제적 압박'을 통하여 (일본의 완전한 패망이 아닌) 일본을 고립시킨다는 제한적 목표가 담긴 전략을 채택해야 한다고 주장하였다.

육군의 월터 크루거 대령은 제한적인 해양작전을 통해 일본을 고립시킬 수만 있다면 강력한 공세작전을 통해 일본의 무조건적 항복을 추구할 필요는 없으며, 미국여론 역시 일본의 무조건 항복을 지지하지 않을 것이라 주장하였다. 반면에 해군은 일본에 대해 공세적인 해양작전을 수행함과 동시에 일본의 핵심 해상교통로를 교란한다면 일본에 결정적인 압박을 가할 수 있다고 언급하였다. 위와 같은 해군의 목표는 일본의 경제력을 고갈시켜 전쟁에서 승리한다는 총력전의 목표와 사실 크게 다르지 않은 것이었다.[4]

이러한 육·해군의 이견을 접한 합동위원회에서는 대일전의 목표가 완전한 승리인지, 단순한 제한적 봉쇄인지 명시하지 않은 채 더한층 강력한 군사 및 경제적 압력을 가하기 위해 태평양에서 점진적인 해양공세를 실시한다고만 결정하였다.[5] 이후 1939년 초에 접어들면서 유럽에서 추축국의 침략위협이 점점 증가하자 합동계획담당자들은 미국과 전쟁을 벌일 경우 일본이 얻을 수 있는 이익은 별로 없다는 사실을 인식할 수 있는 수준으로만 일본을 압박한다면 미국에 대한 일본의 무모한 도발은 막을 수 있을 것이라 생각하기 시작했다. 그러나 일단 미일전쟁이 발발하게 된다면 중국대륙에 대규모 지상군을 파견하여 강력한 지상방어선을 구축하지 않고서는 일본의 무조건 항복을 기대하긴 어렵다고 판단하였다.[6]

이러한 당시의 분위기를 반영하여 1939년 여름 작성된 레인보우계획-2 연구 초안에는 대일전쟁 발발 시 미국의 제한전 수행방안이 제시되어 있었다. 급진론을 적극적으로 지지했던 쿡은 연합국의 동남아시아 식민지 방어를 위해 미 군인들이 피를 흘리는 것을 국민들이 과연 지지할 것인가에 대해 회의를 품고 있었다. 그가 생각하기에 미국의 국익이 아닌 단지 연합국의 이익보호를 위해서 일본에 강력한 경제 및 군사적 타격을 가하는 것은 미국민의 지지를 받기 어려울 것이었다. 그는 연합국이 일본의 제국주의적 팽창을 어느 정도 선에서 봉쇄할 수 있다면 일본은 생존을 위해 해상교역에 의존할 수 없을 것이라 판단하였다. 따라서 아시아에서 미국과 연합국이 일본에 빼앗긴 동남아시아 식민지를 회복하고 대만 이남의 일본의 해상교통로를 봉쇄하는 정도까지만 군사력을 운용한다면 일본의 전쟁수행능력이 심각한 타격을 받을 것이고 결국 일본은 미국과 협상에 나설 수밖에 없을 것이라 예측하였던 것이다.[7]

그러나 1940년 3월 이후로 유럽의 전황이 악화됨에 따라 미군과 연합군이 견제작전을 펼쳐 남중국해에서 일본의 활동을 억제한다는 구상은 점차 실현가능성이 사라지게 된다. 이에 따라 대일해양작전의 규모는 일본과 부르네오 간 석유수송로를 차단하고 일본이 점령한 유전지대를 점진적으로 점령하는 것으로 축소되었다. 계획담당자들은 일본의 석유수급에 위협을 가하고 견고한 군사대응태세를 구축한다면 일본은 미국과 전쟁을 벌일 마음을 먹지 않을 것이며, 아시아에서 침략활동을 포기하고 이제까지 확보한 중국에서의 이권도 포기할 것이라 낙관적으로 판단하였다. 그러나 일단 일본이 미국을 공격하게 된다면 미국이 단기간 내에 승리할 수 있는 전망은 불투명하였다. 일본이 이미 점령한 연합국 식민지를 회복하는데 만도 '대규모 전력'을 투입해야 할 것이었으며, 홍콩에서 루존 섬을 잇는 선 이북으로 진격하려면 엄청난 희생을 각오해야 하였다.[8] 이 시기 작성된 레인보우계획-3 초안에는 위의 전망과 유사하게 일본의 천연자원수입을 차단하여 경제적 압박을 가함과 동시에 점진적으로 작전을 펼친다면 일본의 전쟁수행능력을 붕괴시킬 수 있다는 다분히 낙관적인 내용이 포함되었다.[9]

레인보우계획-2와 레인보우계획-3는 미국의 정식 전쟁계획으로 채택되지는 않았지만, 이 계획에 포함된 대일 총력전에 대한 부정적 인식은 미국 군부 내로 급속도로 파급되었고, 이후 미군부 내에서는 막대한 전력을 투입하더라도 대일전에서 완전한 승리를 거두기는 어려울 것이라는 인식이 만연하게 되었다. 당시 해군의 대표적인 방어론자였던 리처드슨 제독은 그의 상관인 스타크 참모총장에게 총력전은 미국의 부담만 과중되는 반면 별 실익은 없는 방안이라고 주장하며 비합리성을 역설하였다.[10] 그리고 1940년 내내 독일우선전략에 부합하는 미 해군의 태평양전략을 연구하는데 매달려 있었던 스타크 참모총장 역시 리처드슨 제독의 주장을 긍정적으로 받아들였다.

스타크 참모총장이 1940년 11월 상부에 보고한 "플랜도그각서"에서는 일본을 해상봉쇄하여 전쟁지속능력을 파괴함과 동시에 일본 해군에 결정적 타격을 가하여 대일전에서 승리한다는 오렌지계획의 총력전 방안을 실현하기 위해서는 최소한 수년간 엄청난 육·해군의 전력 및 경제적 노력을 투입하는 것이 필요하다고 예측하였다. 당시 미 해군은 일본의 침략야욕은 반드시 꺾어 놓아야 한다고 여기고 있었지만, 일본을 완전히 초토화하여 삼류 국가로 만들 생각은 없었던 것이다. 그리고 스타크 참모총장은 루즈벨트 대통령에게 대일전쟁에서 좀 더 제한적인 목표를 추구해야 한다고 주장하였다.[11]

육군 또한 이미 3년 전에 한번 대일전쟁의 지원규모를 축소한 상태였지만 이번 기회에 해군을 지원해야 한다는 부담에서 완전히 벗어나기 위해 대일전쟁 시 미국은 '제한전'을 추구하는 것이 마땅하다고 맞장구를 쳤다.[12] 그리하여 1940년 12월 작성이 완료된 레인보우계획-3에서는 대일전쟁 시 공세작전 규모 및 범위를 일본에 경제적 압력을 가하는데 필수적인 지역만을 점령하는 것으로 제한하였다.[13] 그리고 몇 달 후에 작성된 레인보우계획-5에서는 이러한 모호한 대일전쟁의 목표조차도 생략되었다.

광대한 태평양해역에서 수년 동안 최소한의 전력만으로 효과적으로 대일전쟁을 수행할 수 있는 방안을 만들어 내는 것은 현실적으로 매우 어려운 일이었다. 1935년 합동기본오렌지전략계획 수정판 및 1938년 합동기본오렌지전략계획에는 트루크 제도 점령 이후의 작전계획은 포함되지 않았다. 이후 중부태평양 함대기지의 점령 및 건설완료시점이 계속 연기됨에 따라 1940년 말, 스타크 참모총장은 트루크 제도에서 필리핀까지 진격하려면 대규모 전력을 동원해야 하기 때문에 이 작전은 독일 항복 이후에나 실시할 수 있을 것이라 우려를 표명하기도 하였다.[14] 그리고 1941년 초, 미국은 머지않아 있을지도 모르는 일본의 동남아시아 침략에 대응하기 위해 영국과 활발한 논의를 진행하였지만, 당시 여러 가지 정황을 살펴볼 때 미국의 국가지도부는 말레이 방어선이 얼마 버티지 못할 것이라 여기고 있었던 것이 분명하다.

한편 일본 열도, 필리핀 제도 및 트루크 제도에 둘러싸여 있는 필리핀해에서 함대결전을 벌여 결정적 승리를 쟁취한다는 내용은 얼핏 듣기에는 매우 그럴듯해 보이는 구상이었기 때문에 1932년 이후부터 대일 총력전에 반대하는 장교들이 이 구상에 관심을 보이기 시작했다. 1941년 초, 터너 제독은 영국 군사대표단에게 미 해군은 일본 본토와 위임통치령간의 해상교통로를 차단하기 위한 사전준비활동의 일환으로 태평양함대의 작전제한선인 동경 155도 이서 구역에 대한 정찰작전을 고려하고 있다고 말하였다.[15] 또한 전쟁계획부의 쿡은 태평양함대에 레인보우 계획-5은 함대에 상당한 융통성을 부여하고 있기 때문에 이러한 종심 깊은 공격을 실시하는 것이 충분히 가능하다고 이야기하였다.[16]

참모총장실의 이러한 구상을 접한 킴멜 사령관과 맥모리스는 '기습전력'을 파견하여 마리아나 제도와 보닌 제도에 적이 예상치 못한 공격을 가한다는 구상을 내놓았는데, 이 구상을 접한 스타크 참모총장은 일본을 교란하는데 매우 좋은 방안이 될 것 같다며 동의하였다. 이 보닌 제도 및 마리아나 제도 기습 구상은 1941년 5월 킴멜 사령관이 대일전쟁 발발 시 태평양에서 전면적인 공세작전을 시행한다는 계획을 내놓을 때까지 지속되었다. 킴멜 사령관은 이 기습방안을 참모총장에게 보고할 때, "전쟁발발 후 마셜 제도 공격 대신 미드웨이 서쪽의 일본군 기지에 대한 대규모 공세작전을 고려하고 있다"고 언급하였는데, 킴멜 사령관이 마음에 두고 있던 기습목표는 보닌 제도였던 것이 확실해 보인다.[17]

당시 킴멜 사령관은 태평양함대의 항공모함을 대서양함대로 재배치하는 것을 막으려고 전쟁 초기 일본의 방위권 내부에 깊숙이 위치하고 있는 도서기지를 공격해야 한다는 주장을 펼친 것으로 보인다. 그러나 상황은 그가 의도한 것과는 다른 방향으로 전개 되었다. 이후 참모총장실에서는 마셜 제도 서쪽의 모든 대규모 공세작전을 제한하고 일본군을 유인하기 위한 소규모 견제부대의 운용만을 승인했던 것이다. 그러나 1941년 7월 작성된 태평양함대 레인보우작전계획 WPPac-46에는 마셜 제도 작전이 완료된 이후 적절한 시점에 필리핀해의 일본군 기지에 강력한 기습을 가한다는 내용이 그대로 남아있었다.[18]

1941년 당시 미 해군은 일본 근해 및 남중국해에서 '정규 해군작전'을 펼칠 의도를 전혀 가지고 있지 않았다. 그러나 영국은 이미 터너 전쟁계획부장이 거부했음에도 불구하고[19] 재차 미국에 강력한 함대를 아시아에 파견하여 일본 함대를 공격해 줄 것을 요구하였다. 비록 늦은 감이 있었지만 1941년 11월, 킴멜 사령관도 태평양함대의 전력증강요구를 관철시키기 위한 목적으로 필요 시 일본 근해까지 전력을 파견할 수 있도록 허가해달라고 상부에 요구하였다. 하지만 스타크 참모총장은 이러한 일본 근해 기습구상은 레인보우계획-5에 명시되어 있지 않다고 지적하며 그의 건의를 일언지하에 거절하였다.

　일본 근해에 대한 기습은 태평양함대의 전력이 대규모로 증강되거나 함대기지로 활용할 싱가포르가 적의 공격에도 끄떡없도록 완벽한 방어력을 구축하는 경우에만 가능성이 있었는데,[20] 이러한 조건을 모두 갖추는 것은 현실적으로 불가능한 일이었기 때문이다. 이러한 상황에서는 킴멜 사령관도 어찌할 도리가 없었다. 이후 진주만청문회 중 킴멜은 당시 태평양함대는 일본 근해에 기습을 가하고 싶어도 이에 필요한 전력이 없는 상태였다고 진술하였다.[21]

　아시아 대륙의 연합국을 활용하여 대일대리전을 수행한다는 방안도 이미 오래전에 가능성이 없다고 결론이 내려진 상태였다. 오렌지계획 초창기 미국의 계획담당자들은 일본에 대한 복수심을 공통분모로 하여 중국 혹은 러시아를 대일전쟁에 끌어들이는 것도 한 가지 전쟁수행방안이 될 수 있다고 생각하였다.[22] 그러나 공산혁명으로 제정러시아가 몰락하고 소련(Soviet Union)이 성립된 이후에는 대일전쟁 시 소련과의 협력은 거의 고려되지 않았다.[23]

　한편 레인보우계획-2에서는 연합군이 말레이시아로 진격한다면 중국군대에 무기를 공급할 수 있는 항구를 확보하는 것이 가능하다고 언급하기도 하였다.[24] 1940년 작성된 레인보우계획-3 초안에서는 일본이 동남아시아의 점령에 실패한 이후에도 침략행위를 계속할 경우 중국을 지원하는 것이 반드시 필요할 것이라 예측하였다.[25] 그러나 합동위원회에서는 일본공격에 중국을 끌어들이는 것을 반기지 않았기 때문에 이 구상은 레인보우계획-5에는 포함되지 않았다.

　실제로 제2차 세계대전 중 루즈벨트 대통령은 중국의 항일전쟁을 지원한다는 결정을 내리게 되지만, 그 당시까지만 해도 미국의 군부는 이 구상에 거의 관심을 보이지 않고 있었다. 예컨대 1941년 11월 5일, 스타크 해군참모총장과 마셜 육군참모총장은 중국과 외부세계를 이어주는 유일한 보급로인 버마로드(Burma Road)를 계속 유지한다면 일본의 전쟁의지를 꺾을 수 있다고 생각하는 루즈벨트 대통령의 마음을 돌리기 위해 노력하기도 하였다. 당시 그들은 중국에 병력을 파견하려면 대서양에 배치된 병력을 축소해야 하는데, 이럴 경우 영국이 위험에 처할 수 있으며 레인보우계획-5의 기본전략방침에도 위배된다고 주장하였다.[26] 그러나 영국해군과 연합하여 태평양공세를 진행한다는 구상도 별반 나을게 없었다.

1932년, 전쟁계획부에서는 영국해군이 미국에 합세할 경우 영국의 아시아기지를 활용하여 함대의 군수지원문제를 해결할 수 있으며, 일본 해군을 능가할 수 있는 전력을 구축할 수 있기 때문에 해군의 작전만으로 일본을 패망시키는 것이 가능하다는 제안서를 내놓기도 하였다[27](이 제안서는 영국과의 전쟁을 가정한 레드전쟁계획(War Plan Red) 작성을 막 끝낸 한 참모요원이 작성한 것이었다). 그러나 1939년, 레인보우계획-3의 작성자들은 영국해군은 미 해군의 필리핀 이북 공격은 고사하고 보르네오 이북 공격을 지원하는 것조차 어려울 것이라 판단하고 있었다.

1940년, 영국은 프랑스를 점령한 독일과 '생사를 건 결전'을 벌여야 할 것이 확실해짐에 따라 육군계획담당자들은 태평양에서 연합국과 협력하여 일본에 강력한 공격을 가한다는 구상을 완전히 포기하였다.[28] 1941년에 들어서면서 미국의 계획담당자들은 영국은 태평양 공세를 지원할 능력이 없다고 다시 한 번 확신하게 되었으며 영국이 아시아 식민지를 자력으로 방어할 수 있는 지 또한 신뢰할 수 없다고 여기기 시작했다.

해군에서 대일 제한전을 지지하는 인사들은 오렌지계획의 대책 없는 공세주의를 혐오하긴 하였지만 제한전 지지자와 총력전 지지자를 막론하고 극단적 방어주의에는 모두 반대하였다. 태평양에서 장기간 수세(守勢)를 유지한다는 개념은 앰빅 장군과 같은 극단적인 대일방어주의자나 일본을 해상봉쇄하고 필요할 경우에만 원거리에서 기습을 가하면 된다고 주장한 리처드슨 제독을 제외하고는 받아들이기 어려운 내용이었다.[29]

리히 제독은 1939년 상원 해군위원회(Senate Naval Affairs Committee) 증언 시 당시 대부분의 해군장교들이 품고 있던 생각을 다음과 같이 대변하였다. "대일전쟁이 발발할 경우 가장 효과적인 방안은 바로 적이 전쟁을 지속할 수 없게 만드는 것입니다. 미국의 세력권에서 곧바로 즉각적이고 효과적인 타격을 가하는 것이 가장 적절한 대일전쟁전략인 것입니다."[30] 그 당시까지도 "전쟁의 목표는 적을 격멸하는 것이고, 적의 전력을 완전히 격파하였을 때 이 목표를 가장 효과적으로 달성할 수 있다"라는 듀이 제독의 주장, 그리고 "일단 전쟁이 시작되면 공세적, 공격적으로 전쟁을 수행해야 한다. 단순히 적을 막아내는데 그치는 것이 아니라 적을 완전히 격멸해야 한다"라는 마한의 사상이 미 해군 장교단 대대수의 관념을 지배하고 있었다.[31]

당시 관련문서를 살펴보면 1930년대 후반 대일 제한전 전략에 관해 상당한 연구가 진행되고 있었고 태평양전쟁 발발 직전까지도 대일 총력전을 강력히 지지하는 여론이 형성되어 있지 않았다. 그럼에도 불구하고 해군의 전략기획자들은 기회가 있을 때마다 –총력전을 수행하여 일본의 완전한 패망 추구한다는– 오렌지계획의 전통적인 목표를 관철시키기 위해 노력했다는 것을 확인할 수 있다. 1937년에서 1941년간 대일 총력전 구상의 침체기 동안에도 이들은 해상교통로의 봉쇄와 일본 본토폭격을 통하여 일본을 최종적으로 패망시킬 수 있으며, 대일전은 장기전이 될 것이라는 오렌지계획의 2대 기본원칙을 포기하지 않았다.

당시 일본의 해상교통로를 교란하기 위한 최적의 무기체계는 바로 잠수함이었다. 그러나 미국은 1930년, 무제한 잠수함전을 전쟁법 위반으로 규정한 런던해군군축조약에 이미 서명한 상태였다. 그리고 당시까지도 미국민들의 머릿속에는 1917년에서 1918년까지 독일이 자행한 무제한 잠수함전에 대한 부정적 인식이 남아있었기 때문에, 이를 '문명화된 사회'에 반하는 야만적 행위로 간주하는 경향이 강하였다.

오렌지계획에서는 미국이 전시 적상선 공격에 관한 규제법규(정선지시(interception), 사전 격침경고(fair warning) 및 선원의 대피(removal of crews) 조치의 의무)를 준수하면서 통상파괴전을 수행하게 된다면 우군 잠수함은 '적의 밥'이 되는 꼴이나 마찬가지라고 가정하였다. 그리고 통상파괴전의 효과를 회의적으로 보았던 일부 장교들은 미국의 잠수함은 태평양을 횡단하여 정찰 임무를 수행할 만한 성능을 갖추고 있지 못하다고 지적하였다. 1930년 후반이 되어서야 비로소 속력이 빠르고 항속거리가 증대된 함대급 잠수함(fleet submarine class)이 취역하기 시작하였는데, 이 함대급 잠수함은 원래 전투함대와 같이 행동하면서 함대작전을 지원하는 용도로 운용하도록 설계되었지만 봉쇄 및 통상파괴임무에도 적합한 성능을 갖추고 있었다.

1941년, 영국은 독일의 유보트작전에 대항하기 위해 잠수함 운용에 관한 기존의 국제법규의 준수를 포기한다고 선언하였고, 이에 자극을 받은 미국도 잠수함 운용 규정을 전면적으로 재검토하기 시작했다. 레인보우계획-5에는 우선 임시로 전시 태평양 함대사령관에게 극동 및 일본 근해를 포함하는 '전략해역(strategic areas)'을 설정하고 이 해역 내에서 모든 상선의 활동을 금지하도록 하는 권한을 부여한다는 내용이 포함되었다.

그러나 참모총장실에서는 전략해역의 설정 및 적용에 관한 세부지침은 차후 시달한다고 명시하였다. 일반위원회에서는 "'상선의 국적을 시각으로 확인 후 격침'한다는 정책을 폐기해야 한다"고 강력히 주장하였지만 함대사령관은 국제법규를 준수하여 잠수함작전을 수행해야 한다는 지침은 폐지되지 않고 여전히 남아있었다.[32] 이후 미 해군은 최소한 1941년 10월까지는 전쟁이 발발 후 별도의 지시가 없는 이상 무제한 잠수함작전은 금지한다는 결정을 그대로 고수하였다.[33] 단 한 가지 예외는 1941년 11월 27일 스타크 참모총장이 아시아함대 사령관에게 "일본과 전쟁이 발발할 경우 상하이(Shanghai)에서 괌(Guam)을 잇는 선 남방에서 무제한 잠수함작전 및 항공작전을 수행해도 좋다는 명령이 시달될 것이다"라는 내용의 전보를 보낸 것뿐이었다.[34]

이 무제한 잠수함작전 해역에는 일본 근해까지 포함되는 것은 아니었지만, 이 전보는 연합국 점령해역 및 미 해군에 직접적 위협이 되는 일본의 전진기지 근해에서는 아무런 제한 없이 적 상선의 공격이 가능하다고 보장해 준 것이나 마찬가지였다. 한편 국가 간의 외교문제까지 고려할 필요 없이 군사전략문제에만 집중할 수 있었던 태평양함대의 맥모리스는 일본의 상선은 모두 무장을 갖추고 있을 것이고 일본 해군의 통제를 받고 있을 것이기 때문에 발견 위치에 관계없이 공격해도 문제가 없을 것이라 가정하였다.

제25장에서 저자가 추정한 태평양함대의 작전계획과 연계된 태평양함대의 일본 근해 잠수함 전개계획에서는 함대의 모든 잠수함은 명령이 떨어질 경우 즉시 적의 해운능력에 '최대한의 타격'을 입힐 수 있도록 준비태세를 갖추라고 명시되어 있었다.[35] 결국 맥모리스의 이러한 예상은 적중하였다. 일본이 진주만을 기습한 지 6시간 만에 해군성은 "일본에 대하여 무제한항공전 및 무제한잠수함전을 개시하라"는 전문을 해군 전 부대에 타전하였다.[36] 일본에 대한 강력한 해상봉쇄는 태평양전쟁 첫날부터 시작되었던 것이다.

일본의 전쟁수행능력을 고갈시키기 위한 또 다른 방안인 일본 본토 항공폭격은 1928년 이전의 오렌지계획에서는 거의 언급되지 않았다. 그리고 대일 제한전을 수행한다고 가정할 경우에는 일본 본토와 근접한 위치에 항공전진기지를 확보하는 것이 불가능하였기 때문에 미국의 육상기지에서 출격한 폭격기가 일본 본토를 폭격할 수 없었다.

한편 1938년, 블로크 미 함대사령관은 세부적인 폭격방식 및 발진기지를 언급하지 않은 채 '동태평양' 기지 -아마도 미드웨이나 알류산 제도- 에서 비행정을 발진시켜 일본 본토를 폭격, 심리적 타격을 가한다는 당시로서는 실현가능성이 희박한 구상을 내놓기도 하였다.[37] 이후 1941년 봄, 아시아전구의 미군 지휘관들이 대일전쟁 발발 시 루존 섬을 기지로 B-17 폭격기를 발진시켜 일본 남부를 폭격해야 한다고 상부에 건의하였으나 미군 지휘부에서 거부한 바 있었다. 그리고 해군전쟁계획부에서는 중국이나 인도에 중폭격기를 전개시킨다면 일본 본토폭격이 가능할 것이라 제안한 적도 있었다.[38]

당시 상황에서 제한전을 벌일 경우 일본 본토에 타격을 가할 수 있는 유일한 방법은 항공모함의 함재기를 이용한 항공강습뿐이었다. 1920년대 초 해군항공국장 토마스 크레이번(Thomas Craven) 대령은 "일본에 군사적 압력을 가할 수 있는 가장 직접적인 수단은 바로 해상에서 발진한 항공기이며 이를 활용한다면 일본의 전쟁수행능력에 결정적 타격을 가할 수 있다"라는 생각을 가지고 있었다.[39] 그러나 1920년대 해군계획담당자들은 일본 본토가 아닌 적 전진기지에 대한 항공공격만을 구상하였다. 이후 1941년 2월이 되어서야 미 해군에 본격적인 항모강습개념이 등장하기 시작하였다.

1941년 2월, 참모총장실에서는 태평양함대에 목조건물이 많아 폭격효과를 극대할 수 있는 일본의 도시들에 대해 항모강습을 실시할 수 있는 방안을 연구하라고 지시하였다. 도시를 폭격할 경우 적의 전력을 분산시킬 수 있고 일본국민의 사기를 꺾을 수 있기 때문에 이 폭격대상 도시들은 '원칙적으로 군사적 목표'로 간주되었다. 이 지시의 말미에 스타크 참모총장은 민간인이 밀집한 도시를 폭격하는 것이 도의(道義)적으로 적절한지 여부를 결정하는 것은 정치적 수준의 문제이기 때문에 군사적 수준에서는 고려할 필요가 없는 사항이며, 미일전쟁이 발발하게 되면 상부에서는 일본도시에 대한 항공강습명령을 내릴 것이라고 첨언하였다.[40]

사실 이때 미 해군이 일본 본토에 대한 항모강습구상을 연구하게 된 것은 싱가포르의 안전을 확보하기 위하여 일본의 산업시설 및 주요도시에 실제적이고 적극적인 위협을 가해달라는 영국대표단의 요청이 백악관을 통해 해군성으로 내려온 결과로 보인다. 이들은 일본의 여론을 자극하여 연합함대를 함대결전으로 유인하는 데는 위임통치령 공격보다는 간헐적인 일본 본토 항공강습이 더욱 효과적이라고 주장하였다. 그리고 대표적인 급진론자였던 맥모리스는 태평양함대 표적목록에 '일본 본토'를 포함시켰다.

그러나 항공모함을 활용하여 일본 본토에 항공공습을 가한다는 구상을 접한 전쟁계획부 내의 점진론자들은 크게 당황하게 되었다. 그들은 항공모함을 이용한 항공강습으로는 지속적인 폭격이 불가하기 때문에 가시적인 효과를 얻을 수 없으며, 단지 적에게 심리적 위축을 가할 수 있을 뿐이라고 지적하였다. 그리고 터너 전쟁계획부장은 소규모 항공공격은 오히려 일본 국민의 결속력을 강화시키고 연합함대가 모항을 출항하여 자유롭게 행동하게 하는 빌미를 제공할 수 있다고 주장하였다.[41]

그는 동시에 일본 본토 공습을 목표로 한 해군항공강습부대가 편성될 경우에 대비하여 비밀리에 해군항공전력에 지상폭격용 소이탄을 적시에 보급할 수 있는 방안을 연구하고 있었다. 1941년 8월, 해군 병기국은 일본 본토 항모강습에 필요한 탄약소요량의 산출을 완료하였으며, 1942년 7월까지 이를 확보한다는 계획을 세웠다.[42] 대일전쟁 발발 직전까지 미 해군에서는 레인보우계획-5에 명시된 제한전의 범위 내에서 일본의 전쟁수행능력을 말살한다는 오렌지계획의 전략개념을 구현하기 위한 가장 적절한 수단은 바로 '무제한 잠수함 공격'과 '일본 본토 항공폭격'이라고 판단하고 이를 준비하고 있었다.

1940년 말, 미국은 유럽전구에 대부분의 전력을 우선적으로 투입하고 독일이 패망하기 전까지 태평양전구에는 일본의 침략을 억제하는 수준의 전력만 유지한다고 결정하였기 때문에 대일전쟁은 장기전이 될 것이라는 오렌지계획의 기본가정은 레인보우계획-5에도 그대로 계승되었다. 그리고 대일전쟁 시 원거리작전에서 오는 전력손실 및 일본의 소모전략에 대응하기 위해서는 일본을 능가하는 강력한 함대전력을 구축해야 한다는 1920~1930년대 해군의 일부 분석가들의 의견이 다시금 주목을 받게 되었다.

1939년 합동기획위원회는 기지방어, 정찰, 상륙작전 및 기습, 봉쇄 등에 파견할 전력까지 포함하여 함대결전에서 승리하기 위해서는 미 해군이 어느 정도의 주력함규모를 갖추어야 하는지를 연구하였다. 세부적으로 함대결전의 가능성은 거의 없으며, 주력함의 주 임무는 상륙작전 시 근접화력지원이라고 가정한 마셜 제도작전 만을 놓고 볼 때, 대일 4:3 비율의 주력함을 보유해야 한다는 결론이 산출되었다.

그리고 위임통치령 중부 점령작전 시에는 전함 및 항공모함 전력은(워싱턴해군군축조약의 미일 주력함 비율과 동일한) 대일 5:3의 우위를 유지해야 하였다. 이후 필리핀으로 진격 시에는 해상교통로가 신장되고 적의 육상기지 항공기에 의한 공격이 더욱 격렬해 질 것이기 때문에 일본 해군보다 주력함을 2배 이상 보유하는 것이 필수적이라 판단되었다.[43] 그러나 이러한 대규모 해군전력을 건설하는 데에는 최소한 수년이 걸릴 것이 분명할 뿐만 아니라 적의 도서를 점령하고 전진기지가 완공되어 함대가 전진기지를 활용할 수 있을 때까지도 상당한 시간이 소요될 것이라 보았다.

이러한 연구결과에 근거하여 해군 지도부는 루즈벨트 대통령에게 "전쟁발발 후 2년에서 3년 내에 마셜 제도나 캐롤라인 제도를 완전히 확보할 수 있을지 여부를 장담할 수 없다"라고 보고하였다.[44] 스타크 참모총장은 제2함대기지를 완공하는 데에는 민간건설인력과 해군건설대대인력을 모두 투입한다 해도 최소한 2년에서 최대 5년 이상 시간이 소요될 것이라 보고 있었다.[45] 그리고 대일전쟁 발발 시 "즉시 함대를 출동시켜 일본 해군을 격파하고 1년 안에 전쟁을 종결시킬 수 있다"고 주장하는 급진론자들을 경멸했던 리처드슨 제독은 대일전쟁은 최소 5년에서 최대 10년까지 이어질 것이라 예측하기도 하였다.[46] 이렇게 일본과의 전쟁이 임박한 시점까지도 미국 국가지도부는 일본과 제한전을 벌일지, 총력전을 벌일지 공식적으로 결심을 내리지 않은 상태였다.

레인보우계획-5에서는 개전 초기 미 함대의 작전범위를 동태평양으로 제한함으로써 대일전쟁의 공세개념이 많이 희석되긴 하였다. 그러나 미 해군 내에서 수십 년 전부터 전승되어온 대일전쟁 공세개념은 그 침체기에도 후대의 장교단에게 그대로 이어졌으며, 대일전쟁이 발발하자 그들은 본능적으로 공세개념에 입각하여 전쟁을 수행하였다.

그리고 방어론자들이나 제한전을 주장한 인사들 또한 일단 전쟁이 발발하자 오렌지전쟁의 공세 및 총력전개념을 받아들이지 않을 수 없었다. 결론적으로 태평양전쟁 중의 전략기획자들은 전쟁이전 오렌지전쟁의 핵심개념에 입각하여 실제 전략을 계획하고 실행하였던 것이다.

27. 미국의 계획수립 방식 : 계획수립요원의 전시 활약

태평양전쟁이 발발하자 미국은 그동안 축적된 계획수립과 관련된 경험 및 노하우, 그리고 기존에 구축된 계획수립조직을 활용하여 전시 계획수립체계를 구축하였다. 평시에 비해 그 규모가 확대되긴 하였지만 태평양전쟁 중의 전략 및 작전계획수립체계는 전쟁이전의 방식 및 조직을 대부분 그대로 계승한 것이었다. 제2차 세계대전 발발 이전 미국의 계획수립조직 및 전쟁 발발 후에도 연계된 계획수립조직을 〈표 27.1〉에 간략하게 제시하였다.[1]

미국의 루즈벨트 대통령과 영국의 처칠 수상은 상호협의를 통해 전 세계를 3개의 전략구역으로 나눈 다음 태평양전구의 주 방어책임은 미국이, 중동 및 인도양전구의 주 방어 책임은 영국이 지기로 하였다. 그리고 대서양-유럽전구에는 양국 군대를 통합·지휘하는 연합사령부를 설치하기로 합의하였다. 이에 따라 양국의 고위급 군사합의체인 연합참모본부(Combined Chiefs of Staff, CCS)에 각 전구의 전략계획수립에 관한 지침을 시달할 수 있는 권한이 부여되었다.

그러나 연합참모본부는 태평양전구의 전략계획수립에는 실제적인 영향력을 거의 발휘하지 못하였다. 당시 태평양전구의 계획수립은 미군이 주도하였으며, 미군전력을 대서양전구에서 태평양전구로 재배치하는 방안에 관한 영국의 의견이 간혹 반영될 뿐이었다. 이후 전쟁이 중반에 접어들면서 영국 측은 태평양전구의 계획수립에 관한 의견조차 거의 제시하지 않았고, 미국은 아무런 장애요소 없이 자신들이 오래전부터 구상한대로 태평양전쟁을 이끌어 나가게 되었다.

군의 최고 통수권자이자 국가의 수장인 대통령은 미국의 전체적인 전쟁수행지침을 하달할 책임이 있었다. 1939년 이후로 루즈벨트 대통령은 군사력 동원(mobilization), 연합국과의 협력

문제, 전쟁목표의 설정(articulation of war aims), 전구 우선순위 결정(theater priorities) 등과 같은 국가적으로 중요한 전략문제에만 관여하였다. 그는 태평양전구의 군사전략 수립에는 거의 관

〈표 27.1〉 태평양전략과 관련된 전쟁 이전 및 전시 계획수립조직 비교

제2차 세계대전 이전	제2차 세계대전 중
연합계획수립조직 없음	**연합참모본부(CCS)**. 미국 및 영국의 각군 참모총장으로 구성. 미국 대통령 및 영국 수상에게 보고. 연합군 대전략 수립 **연합계획참모단(CSP)**. 연합참모본부 예하의 상설 계획수립조직
합동위원회(JB). 1903-41. 육·해군 자문위원회 성격. 위원개별 임명 : 1903-18, 각군 참모총장 및 전쟁계획부장이 위원구성 : 1919-41. 각군성 장관에게 보고 : 1903-1939, 대통령에게 보고 : 1939-41. 8월, 각군 참모총장에게 보고 : 41.9월 이후. 군사전략계획 수립. 제2차세계대전 시 영향력 미미 **합동기획위원회(JPC)**, 1919-41, **합동전략위원회**, 1941. 각군 전쟁계획부장 및 부서원 약간 명. 합동전쟁계획을 작성하여 합동위원회에 보고. 육군반 및 해군반으로 구성.	**합동참모본부(JCS)**. 각군 참모총장 및 육군항공군사령관, 대통령 군사보좌관으로 구성. 대통령에게 보고. 국가대전략 수립, 연합국 간 및 각군 간 관련 문제 조율. **합동계획참모단(JPS)**. 각군 선임계획장교 및 각군 선임항공계획장교가 겸직. 합동참모본부의 전쟁계획수립관련 최고위 조직 **합동미군전략위원회(JUSSC)**. 1942. 합동전쟁계획위원회(JWPC), 1943-45. 각군의 계획수립요원 참가. JPS의 전쟁계획수립 실무서. **군수, 수송, 정보 및 기타 JCS 부속 위원회**. 전쟁계획 내의 관련내용 및 세부지원계획 작성 **합동전략조사위원회(JSSC)**. 육·해군 "예비역 장성" 임명. 합동참모본부의 전략문제 자문기관
육군참모총장, 1903-41. **육군전쟁계획부(AWPD)**, 1903-41. 대부분 병력동원 및 군수분야로 이루어진 육군전쟁계획 작성.	**육군참모총장** **작전부(OPD)**. AWPD 후신. **작전부 전략/계획단(S&P)**. 육군의 전략계획수립, 이후 전구사령부와 연락 및 검토 업무 **작전부 전구작전단**. 전구간 연락업무, 세부작전계획수립
육군 전구사령부 없음	**남서태평양지역군 사령부.** **전구계획참모단.**
해군 일반위원회(GB). 1903-41. 위원별도 임명. 해군 원로장교로 구성, 해군관련 제반문제 조언제공. 해군 장관에게 보고. 해군전쟁계획수립 : 1900-23(1910-11제외). **일반위원회 제 2위원회**. 해군전쟁계획수립 실무서, 1901-19.	역할 미미
해군참모총장(CNO), 1915-41. **해군전쟁계획부(WPD, Op-12)**, 1919-41. 해군전쟁계획수립. **전쟁계획부 A반(Op-12A)**, 전력증강정책 및 기지발전계획담당, **전쟁계획부 B반(Op-12B)**, 전쟁계획 담당, 1928-41	**해군참모총장(CNO) 및 미 함대사령관(Cominch)** **계획참모부(F-1)** **미 함대 계획부(F-12)**, 광범위한 해군전쟁계획 수립. Op-12B 후신 **군수계획부**. Op-12A 후신 **장차작전반(F-126)**, 1942-43
미 함대사령관(CinCUS), 1919-40. **태평양함대사령관(CinCPac)**, 1941 **전쟁계획관**, 1935-40, **전쟁계획반**, 1941. 함대작전계획수립	**태평양함대 사령관(CinCPac) 및 태평양해역군 사령관(CinCPOA)** **함대참모단 및 계획수립부서**. 태평양함대 작전계획 수립 **태평양함대 예하 사령부 계획수립참모**. 제 3함대사령부, 제 5함대사령부, 상륙부대 사령부 등
해군대학(NWC). 해군 대일전쟁계획 연구, 1906-09. 해군전쟁계획, 1910-11 **육군대학(AWC)**. 육군 대일전쟁계획 연구	별다른 역할 없음

여하지 않았는데, 대통령이 직접 승인한 군사작전인 둘리틀부대의 도쿄공습(Doolittle raid)이나 맥아더 장군의 마닐라 탈출(McArthur's liberation of Manila) 등은 모두 정치적 고려에 의한 것이었다. 군사전략의 수립에 깊숙이 개입한 처칠, 스탈린 및 히틀러 등과는 달리 그는 군사전략에 관해 개인적인 의견을 거의 제시하지 않았다. 전쟁 전과 마찬가지로 전시 군사전략의 수립은 해군 제독들과 육군 장군들이 주도하였던 것이다.

연방의회와 육·해군장관을 포함한 민간관료 역시 전쟁 전과 마찬가지로 태평양전쟁의 전략 및 작전계획수립에 거의 관여하지 않았는데, 이것은 군사(軍事) 이외의 문제는 거의 고려하지 않았던 군 지휘관들의 입장에서 볼 때도 매우 구미에 맞는 방식이었다. 특히 해군은 국가전략이라는 상위지침을 완전히 이해한 다음, 독립적으로 군사전략을 구상했던 30여 년 전부터 시작된 오렌지계획의 계획수립방식을 전시에도 그대로 따랐다.

전시 미국의 모든 계획수립조직은 전쟁 이전부터 운영되던 기존조직과 연계되어 있었다. 제2차 세계대전이 발발하고 난 이후 몇몇 새로운 조직이 생겨나고 기존 조직이 개편되긴 했지만 병행적 계획수립이라는 미국의 계획수립의 전통은 그대로 유지되었다. 그리고 이전과 동일하게 정식 계획수립조직의 연구결과와는 무관하게 영향력 있는 장교의 개인적 주장이 계획수립에 종종 큰 영향력을 발휘하기도 하였다.

태평양전쟁 시 각군 본부가 모여 있던 워싱턴에서 이루어진 육·해군 간의 협조는 육·해군 간 대립이 끊이지 않았던 일본의 상황에 비하면 대체적으로 만족할 만한 수준이었다. 육·해군 지휘부는 지정학적 고려요소 및 대전략 문제에 관해서는 거의 이견이 없었으며, 이견이 있는 경우에도 대부분 작전구상 수준의 문제였다. 육·해군 합동위원회가 개편된 합동참모본부(JCS)는 대통령 직속기관으로서 미군의 전쟁수행을 실제로 지도하는 최고 조직이었다. 합동참모회의의 위원은 총 4명이었는데, 그중에서도 킹 해군참모총장과 마셜 육군참모총장의 발언력이 가장 컸다.

육군항공군(Army Air Forces) 사령관 아놀드 장군은 대부분 마셜 장군을 지지하였으며, 루즈벨트 대통령의 개인 군사보좌관(personal chief of staff)이자 합동참모회의 의장(Chairman of JCS)이었던 리히 제독은 중립적이고 공평한 입장을 유지하였다. 킹 참모총장은 육군은 유럽전쟁에 집중하고 "태평양전쟁은 해군이 주도해야 한다"고 강력하게 주장하였는데, 이는 그가 제2차 세계대전의 어떤 전구보다도 태평양전구에서 승리를 가장 중시하고 있었음을 보여준다. 킹 참모총장은 일본에 대한 신속한 반격을 주장하였으며 해양중심의 전략 수립 및 이의 시행을 총지휘하였다.

합동참모본부 예하의 계획수립조직은 전쟁 전 합동기획위원회를 계승한 합동전략위원회(JSC; Joint Strategic Committee)가 있었는데, 나중에 합동전쟁계획위원회(JWPC; Joint War Plan Committee)로 명칭이 변경되었다. 이전 조직과 마찬가지로 합동전쟁계획위원회에도 능력이 출중한 계획계획수립 전문가들이 배치되어 합동작전계획수립에 관한 문제들을 효과적으로 풀어나갔다. 한편 제2차 세계대전 중에는 오렌지계획 상의 대전략의 주요개념들이 최초로 정립된 시기인 1906년에서 1914년까지 존재하였던 독립적인 계획수립참모조직과 같은 조직은 설립되지 않았다.

태평양전쟁 시 이와 가장 유사한 성격을 가진 조직은 3명의 예비역 장성으로 구성된 합동전략조사위원회(JSSC; Joint Strategic Survey Committee)가 있었다. JSSC 위원들은 풍부한 경험을 바탕으로 전략문제와 관련된 '탁월하고 객관적인' 조언을 제공하는 임무를 수행하였다.[2] 클래런스 윌리엄스 제독이 최초로 중부태평양 작전계획을 작성할 당시 그의 보좌관이었던 러셀 윌슨(Rusell Willson) 예비역 제독, 육군의 탁월한 전략가였으며 마셜 장군도 능력을 높이 샀던[3] 앰빅(Embick) 예비역 장군이 JSSC의 멤버들이었다. 특히 앰빅은 JSSC에서 활동할 때에는 자신이 이전에 주장했던 방어론을 철회하고 오렌지계획의 전략원칙들을 지지하였으며, 태평양공세를 회의적으로 바라보는 인사들을 설득하는데 적극적으로 협조하게 된다.

육군의 경우에는 육군전쟁계획부(AWPD)를 계승한 육군본부의 작전부(OPD; Operations Division)에서 전시 계획수립업무를 총괄하였다. 그러나 이전 육군전쟁계획부와 마찬가지로 작전부는 병력동원계획의 수립에 중점을 두고 있었으며, 광대한 전구의 작전계획수립에는 거의 관여하지 못했다. 이에 따라 육군의 전구작전계획의 수립 책임은 워싱턴에서 멀리 떨어져 있는 남서태평양지역군 사령부로 넘어가게 되었다.

예상대로 전시 태평양전구에서는 육·해군을 총지휘하는 통합사령부(unified command)가 설치되지 않았다. 그러나 태평양에서 육·해군의 작전을 절충하기 위한 방안은 전쟁 전 아무도 예측하지 못했던 방향으로 전개되었다. 1920년대 육군은 해군 제독이 지휘관을 맡는 태평양전구의 통합사령부를 설치하는 방안을 거부한 바 있었다(만약 1945년 일본 본토 상륙작전이 시행되었다면 육군 장군이 지휘관을 맡는 통합사령부가 설치되었을 것이다).

그러나 막상 전쟁이 발발하고 나자 육·해군이 전구 내에서 동등한 권한을 보유한 채 각군 전력을 독립적으로 지휘한다는 전쟁전의 구상은 전쟁수행에 그리 적합하지 않다는 것이 밝혀졌다. 이러한 육·해군 간 지휘권 문제는 전쟁 초기 발생한 한 가지 사건에 의해 실마리가 풀리게 되었다. 태평양전쟁 초기 루존 섬에 고립된 육군을 지원할 방안을 고민하던 마셜 육군참모총장은 드와이트 아이젠하워(Dwight D. Eisenhower) 준장을 육군전쟁계획부로 불러들였다. 1930년대 초 맥아더가 육군참모총장으로 재직 시 보좌관이었던 아이젠하워는 필리핀에는 상직적인 수준의 전력만 지원하고, 대부분 전력은 향후 일본으로 진격 시 전진기지로 사용할 오스트레일리아로 보내자는 방안을 제시하였다.

1942년 3월, 루즈벨트 대통령의 지시에 따라 맥아더 장군은 잔여병력을 필리핀에 남겨둔 채 코레히도르 섬을 탈출하여 오스트레일리아로 이동하였으며, 오스트레일리아 및 북방 도서의 방위책임을 맡게 되었다. 이때부터 맥아더는 일본에 대한 반격은 자신이 지휘하고 있는 구역에서 시작되어야 한다고 강력하게 주장하기 시작하였다. 그러나 해군에서는 당연히 육군 사령관의 지휘를 받는 것을 거부하였고, 육군 역시 해군 제독의 밑으로 들어가려 하지 않았다. 결국 합동참모본부는 각 군의 체면을 세워주기 위한 타협안으로 태평양전구를 2개로 나눈 다음, 각각 맥아더 장군과 니미츠 제독이 관할하는 것으로 결정하였고, 이러한 태평양전구의 분리는 전쟁이 끝날 때까지 지속되었다. 관할전구 내에서 육·해군의 관계는 대체로 원만하였으나 사소한 마찰이 아주 없었던 것은 아니었다.

육군이 관할하는 남서태평양지역(South West Pacific Area) 사령부에서는 맥아더 장군과 그에게 열렬히 충성하는 육군참모장교들이 계획수립을 주도하였다. 맥아더 장군은 천성적으로 공세적 기질을 가지고 있는 사람이었지만 실제 작전계획을 짤 때는 매우 신중하게 한 발 한 발 전진하는 것으로 계획하였다. 그리고 마셜 육군참모총장과 육군 작전부(OPD)는 대서양전구가 병력증강의 우선순위가 높았음에도 불구하고 맥아더 장군이 수립한 남서태평양지역군의 작전계획을 거의 대부분 승인해 주었다.

해군의 전시 계획수립과정은 전쟁 이전과 마찬가지로 매우 복잡하였고 중복되는 과정이 많았으며, 또한 자주 변경되었다. 진주만 기습 이후 킹 제독이 -비록 명목상의 직위였지만- 미 함대사령관에 임명됨에 따라, 그는 태평양함대의 전략을 감독할 수 있는 권한을 거머쥐게 되었다. 그리고 1942년 3월, 진주만기습의 책임을 지고 경질된 스타크 참모총장은 유럽주둔해군 사령관으로 가게 되었고, 킹 제독이 해군참모총장까지 겸하게 되었다. 그러나 킹 제독은 참모총장이 책임져야 할 작전 이외 분야의 복잡한 행정업무를 싫어했기 때문에 참모총장실의 실제적 운영은 참모차장들에게 맡겨 버렸다.

이에 따라 1920년대에 여러 오렌지계획의 작성에 참여한 바 있는 프레더릭 혼(Frederick Horne) 참모차장이 제2차 세계대전 중 미 해군의 전력획득 및 군수분야업무를 총괄하게 되었다. 혼 참모차장은 전쟁계획부에서 해군전력증강정책 및 기지발전계획수립을 담당했던 전쟁계획부 A반(Op-12A)을 군수계획단(Logistics Plans Group)으로 확대개편, 참모차장의 전시군수계획 분야를 보좌하게 하였다.

킹 제독은 미 해군 함대의 최고사령관이라는 직위에 매우 애착을 가지고 그의 업무시간 중 90% 이상을 미 함대사령관의 임무를 수행하는데 보냈다.[4] 그리고 그는 켈리 터너 제독을 계획 참모부장(assistant chief of staff for plans, F-1)으로 임명하였다. 터너는 전쟁계획부에서 작전계획 분야를 담당했던 전쟁계획부 B반(Op-12B)을 미 함대 계획부(Cominch Plans Division, F-12)로 편제를 변경하였다. 그러나 불과 몇 달이 되지 않아 킹 사령관은 "새비" 쿡을 계획참모부장으로 임명하였고 2단계 태평양전략을 수행하기 위한 계획을 수립하게 하였다. 이후 버나드 비어리(Bernhard H. Bieri) 소장 및 도날드 던컨(Donald B. Duncan) 소장이 차례로 계획참모부장에 임명되었지만 킹은 전쟁계획수립은 계속해서 쿡에게 의지하였다. 쿡은 건강이 좋지 않음에도 미 함대 참모장 및 부사령관으로 계속 킹의 곁에서 근무하면서 "전략분야 선임보좌관"의 역할을 담당하였다.[5]

급진론자이자 해군이 주도하여 일본을 굴복시킨다는 오렌지계획의 기본개념을 신봉하고 있었던 킹 제독(그는 예상되는 위험이 있더라도 이를 기꺼이 감수하면서 강력하게 일을 추진하는 성격이기도 하였다[6])과 쿡은 의기투합, 그들의 신념에 따라 태평양전쟁의 방향을 결정하였던 것이다.

1942년 5월, 백악관 및 군 지휘부에서 내린 태평양전구 지휘계통의 분리 결정에 따라 체스터 니미츠 태평양함대 사령관(CinC, Pacific Fleet)이 태평양해역군 사령관(CinC, Pacific Ocean Areas) - 맥아더 장군이 관할하는 남서태평양지역과 말레이방어선의 연합군사령부의 관할구역을 제외한 태평양의 모든 작전을 관할하는 직위- 을 겸직하게 되었다. 니미츠 사령관은 맥모리스와 맥코믹을 포함한 킴멜 제독의 계획참모단을 교체하지 않고 한동안 그대로 활용하였다. 이후 합동참모본부(JCS) 및 남서태평양지역군 사령부의 계획수립부서에서 근무하는 인원들을 제외하고, 태평양전쟁 이전 참모총장실과 태평양함대에의 계획수립부서에서 근무하던 장교들은 1942년까지 모두 함정 및 작전부대 사령부로 전보되었다.

그러나 1943년 중반 이후 이들 중 상당수가 중부태평양 작전계획을 수립하기 위해 태평양함대 사령부로 다시 복귀하게 되었다. 셔먼의 '해박한 지식과 천재적인 재능', 그리고 항공분야 전문성을 높이 평가한 니미츠 사령관은 그를 태평양함대 부참모장 및 선임계획장교로 임명하였고, 이후 "포레스트에게 물어보라(Ask Forrest)"라는 말은 태평양함대 내에서 유행하는 농담이 되었다.

북태평양에서 해상근무를 마치고 태평양함대 참모장이 된 "소크" 맥모리스는 주로 합동작전계획 및 세부적인 함대작전계획수립분야에 종사하였다. 찰스 칼 무어(Charles "Carl" Moore)는 합동전쟁계획위원회(JWPC)에서 일하다가 5함대 사령관이 되는 스프루언스 제독의 참모장으로 이동하였다. 그리고 터너와 힐은 치밀한 계획수립 능력이 필요한 상륙작전분야의 지휘를 맡게 되었다. 태평양함대에서 본격적으로 중부태평양 공세작전을 시작하게 되면서, 니미츠 사령관과 그의 계획수립참모단은 진주만기습으로 인해 어쩔 수 없이 채택하게 된 점진론을 재빨리 극복하고 태평양전쟁 이전 함대 계획담당자들을 통해 이어진 급진론에 입각하여 주도적으로 함대작전계획을 수립해 나가게 되었다.

전쟁이전 계획수립업무에 종사했던 다른 인사들도 그들의 경력을 살릴 수 있는 적절한 참모직위에 보직되었다. 린드 맥코믹은 합동참모본부의 합동군수위원회장이 되어 합동군수계획수립을 총괄하게 되었다. 몇몇은 교육 분야에 종사하게 되었는데, 칼퍼스 제독과 파이 제독은 해군대학총장이 되었고, 머피는 해군대학원(Naval Postgraduate School)에서, 그리고 매그루더는 훈련부대에서 일하게 되었다.

(1951년 참모총장이 되는 포레스트 셔먼 제독을 제외하고) 계획수립부서 수장으로는 유일하게 참모총장에 올랐던 스탠들리 제독은 제2차 세계대전 중 주소련대사(ambassador to the Soviet Union)로 근무하였다. 한편 전쟁계획수립분야에 종사했던 인사들 중 태평양전쟁 시 상륙작전부대보다 더 근사한 해상전투부대를 지휘한 장교들은 극히 소수였다.

그러나 태평양전쟁 발발 이전 이미 전쟁계획부장보다 높은 고위직으로 진출한 사람들은 예외였는데, 대표적으로 잉거솔 제독은 대서양함대 사령관이 되었고, 곰리 제독은 단기간이긴 했지만 남태평양해역 사령관으로 근무하였다. 태평양전쟁 시 명성을 떨친 해상지휘관인 핼시와 스프루언스(그는 해군대학에서 전략분야를 강의한 적은 있었다)는 전쟁계획부에서 근무한 경력이 없었으며, 해상에서 대규모 기동부대를 지휘한 사람들 역시 대부분 계획수립분야 근무경험이 거의 없는 항공병과장교들이었다.

제2차 세계대전 시 활약한 해상지휘관들 중 한번이라도 전쟁계획부에 근무한 경험이 있는 사람들은 토마스 하트 아시아함대 사령관, 윌슨 브라운(Wilson Brown), 로버트 테오발드(Robert A.Theobald), A 카펜더(A. S. Carpender), 잠수함부대의 로버트 잉글리쉬(Robert H. English) 정도였으며, 해병대에는 토마스 홀콤(Thomas Holcomb) 해병대 사령관과 홀랜드 스미스(Holland Smith) 장군이 있었다.

태평양전쟁 시에도 해군의 가장 능력 있는 전략기획자로 인정받는 기준은 1900년 일반위원회에서 작성한 선발대조표의 그것과 동일하였다. 수상함병과 장교로서 상당한 해상근무경력을 갖추고 있고 지적 능력이 뛰어나며, 업무에 대한 이해력이 뛰어나야 한다는 것이 그 기준이었다. 그러나 올바른 판단을 내리는데 필요한 가장 중요한 특질('끊임없는 연구'인가? 아니면 '공상까지 포함하는, 뛰어난 구상 능력'인가?)이 이떤 것인가에 관해서는 여전히 확실한 답이 없었다. 그러나 실제 전시 전쟁계획수립 시 이 두 가지 특질 모두 중요한 공헌을 하였으며, 각각의 특질을 보유한 사람들이 서로의 능력을 상호 보완해주는 역할을 하였다. 제2차 세계대전 기간 동안 계획담당자들이 전쟁의 전체국면에 악영향을 끼치는 중대한 실수를 범한 적은 없었던 것이다.

　일단 일본과 전쟁이 시작되고 나자 비교적 나이 많은 호전적 전사들은 급진론자로, 현대적인 사고를 가진 소장파 관리자들을 점진론자로 정형화하는 것은 더 이상 의미가 없게 되었다. 태평양전쟁 중 호전성과 신중성은 지속적으로 상호보완하면서 좀 더 나은 결과를 도출하는 발전적인 모습을 연출하게 되었던 것이다. 킹 제독, 맥아더 장군, 핼시 제독, "새비" 쿡 및 "소크" 맥모리스 등과 같은 강력한 공세의 지지자들은 자신들의 신념을 솔직하게 표현하였고, 캘리 터너, 포레스트 셔먼 및 무어 등과 같은 점진론자들도 마찬가지였다.

　대략 1942년 중반에서 1943년 중반까지 이어진 제 2단계 작전의 초기단계에서는 전력을 보호하기 위하여 성과를 낮추더라도 위험을 최소화해야 한다는 점진론자들의 주장이 작전계획을 주도하였다. 그러나 일단 미 해군이 대일전 수행에 충분한 전력을 갖추고 나자 미국의 여론은 장기전을 지지하지 않을 것이란 오래된 걱정을 가지고 있었던 점진론자들도 급진론에 동참하게 되었다. 태평양전쟁의 중간에 점진주의에서 대담한 공세주의로 전략방침의 180도 전환은 40여 년간 이어진 해군의 계획수립과정에서 자주 볼 수 있었던 현상이었다.

　전시 계획수립문서 역시 1910년에 확정된 계획작성 서식에 의거하여 작성되었다. 우선 임무(mission), 적 상황(enemy circumstances), 우군 상황(own circumstances) 및 우군방책(courses of action) 등의 4가지 항목으로 구성된 정세판단(Estimate of the Situation)이 먼저 제시되었고 이러한 정세판단을 근거로 마지막 항목인 결심(decision)사항이 도출되었다. 그리고 작전분야를 지원하는 세부적인 군수지원계획이 추가되었다.

　한편 독자들 중에서는 전시 전쟁계획담당자들이 과연 전쟁 이전 작성된 계획들을 참고했는지를 궁금해 할 수도 있을 것이다. 표면적으로는 전시 계획담당자들은 태평양전쟁 발발 이전에 작성된 계획을 거의 참고하지 않은 것으로 보인다. 예컨대 1941년 7월 태평양함대에서 작성해서 보고한 태평양함대 레인보우작전계획 WPPac-46은 참모총장실의 비밀보관함에 보관되어 있었는데, 1942년 비밀의 이상 유무를 3회 확인한 것을 제외하고는 전후 진주만 조사위원회가 구성될 때까지 그대로 방치되어 있었다.[7]

그러나 1944년 위임통치령 작전계획과 같은 전시에 작성된 작전계획 초안을 살펴보면 전쟁 이전 전략계획을 직접적으로 인용하지는 않았지만 오렌지계획의 핵심개념들이 반영되어 있는 확인할 수 있다.[8] 종합해서 볼 때 태평양전쟁 중 계획수립에 관여한 대다수의 해군장교들은 이미 전쟁이전부터 대일전쟁계획의 내용을 숙지하고 있었기 때문에 위임통치령 작전계획을 처음부터 다시 연구할 필요가 없었던 것이라 볼 수 있다. 결론적으로 전시 미 해군이 작성한 전략 및 작전계획은 전쟁 이전 계획수립과정이 중단되지 않고 지속된 결과물이었다.[9] 제2차 세계대전 중 미 해군의 의사결정자들은 그들의 '유전자 속에 이미 각인된' 오렌지 전략(Orange Strategy)을 그대로 실행하였던 것이다.

태평양전쟁 기간 중에도 미 해군의 계획수립과정은 전쟁 이전과 동일하게 진행되었다. 이러한 병행적 계획수립 방식은 여러 부서에서 각기 해당되는 부분의 계획을 동시에 작성하여 종합하였기 때문에 책임소재가 불분명하였으며, 그 과정이 산만하긴 했지만 실제 전쟁에서 큰 효과를 발휘하였다고 할 수 있다.

28. 전시 오렌지계획 : 성공적인 해양전략 구현의 도구

　이 책의 나머지 장에서는 제2차 세계대전 시 실제로 적용된 미국의 태평양전략과 오렌지계획을 비교하고 분석함을 통해, 오렌지계획의 주요 내용들이 태평양전쟁에 실제로 어느 정도까지 적용되었는가를 살펴볼 것이다. 저자는 독자들이 태평양전쟁의 진행 경과 및 주요 해전에 관한 내용은 이미 숙지하고 있다고 간주하고 널리 알려진 주요 해전의 경과 및 전략적 결심에 관한 출처를 명시하는 것은 생략하였다.

　이 부분에서는 오렌지전쟁계획(War Plan Orange)이라는 용어를 오렌지나 레인보우라는 명칭이 부여된 공식계획뿐만 아니라 관련 인사들의 비공식 기록이나 의견 등에도 반영되어 있는 태평양전쟁 이전 미 해군 지도부에서 광범위하게 받아들여졌던 대일전쟁전략을 지칭하는 말로 사용할 것이다. 이러한 용어정의는 그 범위가 광범위하긴 하지만 형식에 구애받지 않았던 미국의 전쟁계획수립방식을 설명하기에 적절할 것이라 생각한다. 그리고 '실패한 전략(failed strategies)'으로 판명되어 태평양전쟁 이전 완전히 폐기된 대일전쟁계획은 이 범위에서 제외하였다. 그러나 1920년대 연구된 일본 본토 진격계획과 같이 작성 후 오랫동안 개정되지 않은 경우라도(1943년부터 다시 연구를 시작하게 된다) 명시적으로 대체되지 않은 계획들은 오렌지전쟁계획의 범위에 포함하였다.

　오렌지계획에서는 일본이 중국에서 동남아시아까지 이어진 자국의 세력권을 유지하기 위한 목적으로 서태평양에서 미국의 세력을 몰아내기 위해 기습 공격함으로써 적대행위가 시작될 것이라 가정하였다. 이후 일본은 서태평양의 해상통제권을 유지하기 위해 소모전략에 기초한 장기전태세에 돌입할 것이다. 그리고 그들이 점령한 지역을 이익을 보전하기 위해 최종적으로는 미국과 평화협상을 하려할 것이다.

오렌지계획의 작성자들은 미국은 일본의 무조건 항복을 위하여 장기전도 마다하지 않을 것이기 때문에 일본의 이러한 전략은 결국 오산으로 판명될 것이라 가정하였다. 미국은 압도적인 공세전력을 구성하여 태평양을 횡단, 전진기지를 확보하기 위해 일본에 반격을 가하고 함대결전을 통해 태평양의 해상통제권을 장악한다. 최종적으로 일본 근해 해상봉쇄 및 일본 본토 폭격을 통해 일본을 굴복시킬 것이다.

오렌지계획의 핵심 전략개념은 해상전력(및 항공전력)의 우위를 활용하여 적의 강력한 지상군을 무용지물로 만든다는 것과 적의 경제력(즉 전쟁수행능력)을 말살하여 최종적인 승리를 획득한다는 것이었다. 제1장에서 살펴보았듯이 이러한 지정학 및 대전략 원칙은 미 해군 내에서 30여 년간 계속해서 이어져 왔으며, 유럽전쟁의 발발로 인해 각 전구별 군사력의 할당 규모, 연합국과 협력 여부 및 태평양전구의 범위가 어디까지 인가 등에 관한 가정에 어느 정도 변화가 있긴 했지만 그 핵심내용은 변하지 않았다.

지금까지 대부분의 역사학자들은 오렌지계획의 가치를 그리 높게 평가하지 않았다. 오렌지계획과 비교연구가 가능한 전쟁의 전체적인 구상을 담은 다른 전쟁계획이 없음에도 불구하고 일부 역사학자들은 타당한 근거 없이 오렌지계획을 혹평하였으며, 다른 대부분의 역사학자들도 이들의 견해를 그대로 수용하였다.[1] 그들은 오렌지계획을 "함대기동훈련계획의 축소판에 불과"하며, 전세계전쟁의 현실과는 동떨어진 "단순한 문학작품 수준"이라고 비판하였다.[2] 그리고 오렌지계획은 비현실적인 계획이라는 편견에 사로잡힌 나머지 그 취약점만을 강조하기도 하였다. 그들은 제2차 세계대전 발발 이전 미국은 오렌지전쟁계획을 시행할 수 있을만한 전력을 보유하지 못했음에도 불구하고 해군에서 이 계획을 포기하지 않고 계속 발전시킨 이유를 문제 삼았다.[3]

당시 육·해군은 상대방보다 더 많은 예산을 획득하기 위해 서로 경쟁하고 있었기 때문에 오렌지전쟁계획은 예산경쟁에서 우위를 점하기 위해 해군에서 만들어낸 부처 이기주의의 산물 – 해양작전계획이 아닌 예산획득계획– 이라는 근시안적인 비판을 가했던 것이다. 또한 당시 미국의 방만한 계획수립체계의 비효율성을 부각시키고 해군이 공세주의에만 집착하고 있었다는 점을 강조하면서 오렌지계획을 실패한 계획으로 단정 짓기도 하였다.[4]

미 해군이 오렌지계획을 작성한 궁극적 목적은 전시 필리핀을 구원하기 위한 것이었다는 잘못된 인식 또한 오렌지계획을 비판하는 핵심 논거 중 하나였다. 비판의 주요 내용을 살펴보면 다음과 같다. 당시 미국은 만성적 전력부족에 시달리고 있었기 때문에 "필리핀의 구원은 결국 실패"하였을 것이다, 중부태평양 통과하는 점진적 공세는 "필리핀의 구원을 더욱 어렵게 만들었을 것"이다, 전쟁 전 미국은 마닐라의 구원을 목적으로 태평양의 환초에 군사기지를 설치하였으나 결국 필리핀은 일본에 점령되었다.[5] 당시 맥아더가 지휘하는 필리핀주둔군은 일본군의 상륙을 해안에서 저지할 능력을 갖추고 있지 못했기 때문에 "오렌지전쟁계획이 그대로 시행되었다 하더라도 필리핀 구원은 실패하였을 것"이다 등이다. 그러나 저자는 이러한 비판들은 모두 사실을 왜곡한 것이라고 생각한다.

당시 미 해군이 오렌지계획을 구현할 만한 충분한 전력을 보유하고 있지 못했다는 것을 근거로 오렌지계획 상의 대일전쟁전략은 실행이 불가능한 실패한 전략이었다고 단정 짓기는 어렵다. 그리고 태평양전쟁 발발했을 당시 미국에 오렌지계획이 아닌 다른 전략적 대안이 있었다고 하더라도 전쟁 초기 일본의 필리핀점령을 막을 수는 없었을 것이다.[6] 또한 오렌지계획에 반영된 공세원칙 역시 영국을 동맹으로 끌어들이기 위한 속셈이 아니었다.[7] 그리고 오렌지계획에는 세부적인 작전계획이 포함되지 않았으며, 일본의 항복을 달성하기 위한 장기계획도 수립되지 않았기 때문에 불완전한 계획이었다는 주장 또한 이치에 맞지 않는다. 또한 오렌지계획에 제시된 "총력전전략은 한 번의 함대결전을 통해 해전의 승패를 결정짓는다는 해군의 전통적인 해전 개념과는 모순된다."[8]는 주장 또한 완전히 틀린 것이다.

위에서 살펴본 바와 같이 이제까지 역사학자들은 오렌지계획에 긍정적 평가를 내리는데 인색하였다. 그나마 육군역사국(Office of the Chief of Military History)이 작성한 미간행 보고서에서는 오렌지계획을 다음과 같이 긍정적으로 평가하였다. "오렌지계획은 완벽하진 않았지만 성공적인 계획이었다. 당시 국가지도부는 오렌지계획과 실제 전쟁 상황을 비교·검토하는 과정을 통해 단순한 희망사항과 현실의 실현가능성의 격차를 명확히 인식하는데 어느 정도 도움을 얻

을 수 있었다. 결론적으로 오렌지전쟁계획은 전시 국가정책을 구현하는 하나의 수단이었다고 할 수 있다."⁹⁾

오렌지전쟁계획에 대한 이러한 저평가의 근본적 원인은 지금까지 오렌지계획의 내용이 면밀하게 분석된 적이 없었기 때문일 것이다. 태평양전쟁 이전에 작성된 다수의 해군전략 및 작전계획관련 문서들은 1970년대까지 여전히 '비밀'로 분류되어 공개되지 않고 있었다. 1960~1970년대 육군의 역사학자들은 그때까지 비밀등급이 해제된 합동계획관련 문서 및 육군의 계획관련 문서만을 살펴보고 방대한 분량의 해군의 계획관련 문서는 직접 검토하지 않았기 때문에 자연히 오렌지계획에 대해 비판적 입장을 취하게 되었다.

그리고 제2차 세계대전 시 해군작전 공간사(official history)를 집필한 사무엘 엘리엇 모리슨과 다른 개인 연구자들도 전쟁이전 해군의 계획수립과정에 대해서는 별다른 관심을 두지 않았다. 심지어 일부 역사학자들은 오렌지계획의 취약점만을 검토한 후 오렌지계획에 대해 부정적 평가를 내리기도 하였다. 학계 내에서는 오랜 기간 지속되어온 오렌지계획의 핵심개념보다는 계획의 오류나 특정한 취약점들에만 관심을 보이는 부정적 경향이 계속되었던 것이다.

프로이센의 저명한 전략가인 몰트케(Count Helmuth von Moltke)는 "일단 적과 전투가 시작되면 모든 계획은 무용지물이 된다."¹⁰⁾라는 유명한 말을 남긴바 있다. 그러나 군함의 불타는 연기가 진주만을 뒤덮고 있던 1941년 12월 7일, 미국은 태평양에서 공세작전을 제외한 레인보우계획-5와 해군 레인보우전략계획 WPL-46의 시행을 지시하였다. 그리고 태평양함대의 대일공세작전계획인 태평양함대 레인보우작전계획 WPPac-46은 폐기하였다. 만신창이가 된 태평양함대는 당장은 일본에 대한 공세를 시작할 수가 없었던 것이다.

대서양함대도 태평양함대의 증강을 위해 일부전력을 전환하여 진주만으로 보낸 상태였기 때문에 영국해군을 지원하는 것이 어려웠고, 자연히 영국해군은 대서양의 전력을 차출하여 싱가포르로 파견할 수가 없었다. 그리고 오스트레일리아 북방의 방위를 지원하기 위한 라바울 증강계획도 폐기되었다. 또한 미 해군은 동태평양의 방어, 하와이와 미국의 외곽기지 및 오스트레일리아로 이어지는 해상교통로의 유지에 집중하기 위해 전략방어권을 알래스카-하와이-파나마 운하를 잇는 기존의 삼각방어선에서 더욱 동쪽으로 축소하였다. 진주만기습에서 살아남은 전력을 활용하여 실행할 수 있었던 유일한 공세적 대응은 대일 무제한 항공작전 및 무제한 잠수함작전을 개시한 것뿐이었다.

한편 진주만 기습 이후에도 레인보우계획-5에 명시된 대서양함대의 임무는 변경되지 않았고, 미국은 일본의 적대행위가 시작되었음에도 불구하고 독일의 패망을 최우선으로 한다는 전략방침을 그대로 유지하였다. 그러나 일본의 기습공격으로 태평양전쟁이 시작됨에 따라 태평양에서 수년간은 최소한의 전력으로 일본의 견제한다는 전략방침은 폐기되었다. 실제로 미국은 태평양전구 역시 상당히 중시하여 태평양전쟁 내내 대서양함대보다 많은 해군전력을 태평양함대에 배치하였고, 1944년에는 지상군의 배치규모도 동등한 수준이 되었다. 미국의 세계대전전략은 "유럽우선전략을 견지하면서도 태평양에 거의 동등한 수준의 전력을 투입하는 일종의 역설"이 되었던 것이다.[11]

레인보우계획-5에는 대일전쟁의 최종 전략목표가 명시되지 않았으며 진격일정계획표도 없었다. 그리하여 1942년부터 미국은 레인보우계획-5에는 생략된 전쟁 후반부의 내용들을 새로작성하게 되는데, 이때 전쟁이전 오렌지계획에 수록되어 있던 기존의 내용을 그대로 반영하게된다.

전쟁 이전 전략기획자들은 미일전쟁 3단계의 향방은 지정학적 고려요소에 의해 결정될 것으로 예측하였다. 일본의 공세가 6개월간 이어진 태평양전쟁 1단계의 실제 전개양상과 오렌지계획 상의 가정은 제5장과 제6장에서 자세히 비교분석한 바 있다. 간단히 그 내용을 요약하면 아래와 같다. 일본은 개전당일 동태평양의 미 해군에 기습적인 타격을 가할 수 있었지만 미국의 근거지 및 향후 공세를 위한 발판을 완전히 무력화시키진 못하였다. 이후 일본은 동태평양의 미국의 세력권을 공격하려 재차 시도하였지만, 미드웨이 근해에서 패배하였다. 필리핀의 경우 미군은 일본군의 상륙을 저지하지 못했으며, 오렌지계획에서 예상한대로 바탄반도와 코레히도르 요새로 철수하였지만 구원의 가망성은 없었고 결국 일본에 항복하였다. 또한 일본은 필리핀 공격과 마찬가지로 말레이시아 및 주변 자원지대에 전격적으로 상륙작전을 개시, 단숨에 이 지역을 확보하였다. 이에 대해 미국은 오렌지계획에서 제시한 대로 일본 본토와 남방자원지대를 잇는 해상교통로를 차단하기기 위한 전력을 배치하는 것으로 대응하였다. 태평양전쟁의 제1단계는 1942년 6월, 미국이 미드웨이해전에서 승리하면서 종료되었는데, 미드웨이해전은 -제25장에서 세부적으로 살펴본- 1941년 함대의 계획담당자들이 예측한 중부태평양의 함대결전계획과 다소 유사하게 전개되었다.

오렌지계획에서 가장 집중적으로 연구한 부분은 바로 미국이 본격적인 반격을 펼치는 미일전쟁 2단계였다. 전쟁이전 계획 상 미일전쟁의 2단계 작전은 M+180일, 미군전력이 일본의 외곽방어선 내로 진출하면서 시작되며 필리핀기지 및 기타 적절한 도서기지에 증강된 함대전력 및 육군의 원정전력이 전개를 완료함으로서 종료하는 것으로 되어 있었다. 반격을 위한 제반여건이 조성되었을 경우 미국 국가지도부가 일본으로 진격을 명령할 것임은 의심의 여지가 없었다.

그러나 전쟁이전 계획에서 예측했듯이 미국 국가지도부가 결심해야 할 가장 중요한 전략문제는 바로 '진격경로를 어디로 할 것인가'였다. 인도양을 거쳐 필리핀으로 진출한다는 진격경로는 오렌지계획 연구 초기부터 일찌감치 제외되었으며, 중국을 지원하기 위해 버마를 회복해야 한다는 주장이 제기되었을 때에도 고려 대상에 들지 못했다. 실제로 1944년 당시 버마에서 시작하여 티베트 및 윈난을 거쳐 일본을 압박해 들어간다는 구상은 1907년 최초 구상 시 보다 더욱 실현가능성이 희박했다. 당시 중국군은 이미 약체로 판명되어 버마전선을 담당하던 영국은 중국군의 능력을 신뢰하지 못하고 있었기 때문에 이 지역에서 강력한 대일공세를 시작하는 것에 강력히 반대하였다. 미국 또한 버마전선에 많은 전력을 투입할 마음이 없었다.

전시 전략기획자들은 태평양을 통과하는 가능한 모든 해양진격경로를 다시 검토하였다. 먼저 1911년 마한이 즉흥적으로 제안한 후 고려대상에서 제외되었던 알류샨 열도를 통과하는 북방경로를 재검토하였으나, 어떠한 수단을 동원한다 해도 진격에 장시간이 소요된다고 판명되어 이번에도 탈락하였다. 오렌지계획에서 이미 검증된 바 있던 부정적 요소들(연중 기상불량 일수 다수, 항공정찰정보의 부재, 군수지원 곤란, 핵심전략목표로부터 이격)이 여전히 발목을 잡고 있었기 때문에 쿠릴 열도를 점령하여 폭격기기지로 활용하거나 이를 기반으로 홋카이도(北海道)에 상륙작전을 실시한다는 구상은 설득력을 얻을 수가 없었던 것이다. 소련이 시베리아의 비행장을 미국에 제공하거나 만주의 일본군을 공격해 준다면 북방경로가 유리할 수도 있다는 기발한 의견이 잠깐 등장하기도 하였으나, 당시 스탈린은 히틀러를 물리치기 전까지는 일본과 전쟁을 시작할 마음이 전혀 없는 상태였다. 이리하여 태평양 북부는 계속 전략적 침체구역으로 남게 되었다.

1942년 봄, 일본의 공세가 소강상태에 들어감에 따라 남서태평양에서 일본에 최초로 반격을 가할 수 있는 여건이 조성되었다. 태평양전쟁 발발 이후 미 해군의 두 번째 임무는 하와이와 오스트레일리아 간을 잇는 해상 및 항공교통로를 유지하는 것이었다(최우선 임무는 미 본토-하와이-미드웨이를 잇는 방어선의 방어). 1942년 5월 산호해 해전(Battle of Coral Sea)에서 미 해군은 오스트레일리아 방면으로 진출하려는 일본군을 저지하고 미국과 오스트레일리아간의 해상교통로를 지속 유지함으로써 두 번째 임무를 달성하게 되었다.

당시 남서태평양에 산재하고 있는 수많은 도서에는 대부분 군사시설이 설치되지 않은 상태였다. 남서태평양지역군 사령부의 맥아더 장군과 그의 참모단은 뉴기니와 솔로몬 제도 양방향으로 동시에 진격하여 일본이 대규모 군사기지를 구축하고 있는 라바울을 점령한다는 계획을 세웠다. 뉴기니는 육군 항공기와 오스트레일리아군을 동원하여 공격이 가능하였고, 중부태평양 도서에 임시로 설치한 전진기지를 활용하거나 오스트레일리아 및 뉴질랜드의 후방기지를 활용한다면 해군과 해병대가 솔로몬 제도로 진격하여 일본의 예봉을 꺾는 것이 가능하다고 판단되었다.

반면에 오렌지계획에서 2단계 작전의 예상목표로 지정한 마셜 제도는 당시 가장 가까운 미국의 기지에서도 2,000마일 이상 떨어져 있었고, 당시까지도 미 해군은 진주 만기습의 손실에서 완전히 회복하지 못한 상태였기 때문에 적이 강력한 방어력을 구축하고 있는 마셜 제도를 탈취하기 어려운 실정이었다. 결국 태평양전쟁 시 미국의 2단계 반격작전은 마셜 제도가 아닌 솔로몬 제도에서 시작되었다. 미국이 실제 2단계 반격작전을 개시한 과달카날(Guadalcanal)은 오렌지계획에서 2단계 공격목표로 제시한 에니웨톡과는 멀리 떨어져있었지만, 오렌지계획은 최소한 한 가지는 비교적 정확하게 예측하였다. 1942년 8월 7일, 미 해병대가 과달카날에 상륙을 개시함으로써 태평양전쟁의 2단계 반격작전이 시작되었는데, 이것은 오렌지계획에서 예측한 시점과 2달 밖에 차이가 나지 않았던 것이다.

킹 제독은 1942년에서 1943년까지 남서태평양의 과달카날 주변해역에서 치열하게 전개된 소모전은 미국의 태평양전쟁 전략이 방어작전에서 공세작전으로 바뀌는 일대의 전환점이었다고 생각하였다. 미국은 과달카날 전역에서 완전히 승리함으로써 태평양상 기지들에 대한 일본의 위협을 완전히 제거할 수 있었으며 일본에 대한 공세개시 시점과 공격지점을 스스로 선택할 수 있게 되었다. 그리하여 그는 태평양전쟁에서 일본을 향한 진정한 공세는 1943년 말부터 시작되었다고 평가하였던 것이다.[12]

전쟁이전 오렌지계획에서 일본이 자국의 방어권 내로 진입하는 미국에 대규모 반격을 가하는 위치는 초창기에는 류큐 제도에서 필리핀 사이라고 예측되었으나 나중에는 위임통치령까지 점차 외곽으로 확대되었다. 실제 일본은 전쟁기간 내내 소모전을 통해 미국의 전력을 약화시킨다는 방책을 취하였으나, 일본의 소모전이 가장 효과를 발휘한 시기는 미국이 과달카날에서 라바울을 점령하기 위해 한 걸음 한 걸음 진격할 때였다.

이 진격기간 동안 미군은 험난한 정글을 헤쳐나가야 했으며, 주간에는 적항공기와 치열한 공중전을, 야간에는 좁은 해협에서 적 함대와 야간전투를 벌여야 했다. 이 기간 동안 미 해군은 일본 해군과 총 열 차례의 해전을 치렀다. 이러한 태평양전쟁의 현실은 상대적으로 중요성이 떨어지는 일본의 외곽방어선 부근 도서의 경우 적의 저항이 미미할 것이며, 일본은 내부방어선의 방어에 전력을 집중할 것이라는 전쟁이전 오렌지계획의 예측과는 완전히 거리가 멀었다.

전쟁이전 계획담당자들의 적의 반격 시간과 장소에 대한 예측은 현실과 일치하진 않았지만, 적의 반격규모에 대한 예측은 어느 정도 정확하였다. 1939년 오렌지 정세판단서에서는 일본이 방어권 외곽해역에서 소모전을 위해 60척의 함정과 해군항공기 전체를 동원할 것이라 예측하였다. 그러나 실제로 일본은 주력함까지 소모전에 투입하는 것을 주저하지 않았는데, 몇몇 해전에서는 항공모함과 전함이 모습을 드러내기도 하였던 것이다.

그러나 일본의 소모전에도 불구하고 미국은 전진을 계속하여 결국에는 목표를 탈취함으로써, 일본의 소모전략을 극복하고 우세를 점할 것이라는 전쟁이전의 예측이 정확했다는 것을 증명해 주었다. 과달카날을 중심으로 펼쳐진 남태평양작전 중 미일해군의 함정손실규모는 대략 비슷하였으나, 미국은 그 손실을 보충할 능력이 있었던 반면, 일본은 그렇지 못했다. 또한 일본은 항공력에 상당한 손실을 입었는데, 항공기는 다시 생산할 수 있었으나 숙련된 조종사는 단시간에 양성이 불가능하였기 때문에 일본으로써는 뼈아픈 손실이었다. 그리고 일본의 많은 수송선들이 거기에 실린 병력과 함께 바다 속으로 수장되었다. 결국 일본의 소모전전략은 오렌지계획에서 구상한 대전략의 구현을 저지할 수 없었던 것이다. 1943년 말, 미국은 태평양전쟁의 핵심목표인 일본의 방어권 내부로 진격할 준비를 완료하게 되었다.

1942년 8월부터 1943년 초까지 쌍방 간 치열하게 전개된 남태평양작전은 미국이 전세를 역전시키는데 반드시 필요한 과정이었고, 이것은 줄곧 신속한 해양공세를 주장했던 킹 제독도 그 전략적 가치를 인정할 정도였다. 그러나 1년 이상 이어진 작전에서 미국은 솔로몬 제도와 뉴기니아로부터 200마일 정도 밖에 진격하지 못하였다. 이러한 속도로 계속 진격한다면 도쿄까지 가는 데에는 15년이 걸릴 것이었다. 이리하여 태평양전쟁의 진격속도를 높여야 한다는 주장이 워싱턴에서 제기되기 시작했다. 함대의 진격속도를 가속화하는 방안에는 두 가지가 있었다. 먼저 일본이 강력한 방어력을 구축한 라바울(Rabaul)은 우회한 다음 '비스마르크 제도 방어선(Bismarcks Barrier)'을 돌파하여 필리핀으로 진격하는 것이 첫 번째 방안이었다. 그리고 오렌지전쟁계획에 제시된 중부태평양을 통한 해양전격전(ocean blitzkrieg)을 시행하는 것 역시 한 가지 방안이었다.

일본이 미크로네시아를 위임통치하기 이전인 1907년부터 중부태평양은 미 해군이 최적의 진격로로 판단한 해역이었는데, 많은 계획담당자들이 다양한 근거를 들어가며 중부태평양 진격로를 지지하였다. 괌 기지건설 지지자들은 그들이 주장하는 괌 해군기지건설을 실현시키기 위한 근거로, 직행티켓구상의 지지자들은 신속한 진격속도를 보장하기 위해 중부태평양 진격로를 선호하였다. 점진론자들 역시 중부태평양을 전력의 안전을 보장할 수 있고 상황에 따라 세부적인 경로를 변경할 수 있는 융통성을 보유한 '천혜의 진격로'라 판단하였다.

1933년, 트루크 제도까지 진격한다는 방안을 수록한 일명 '왕도계획(Royal Road)'이 승인되면서 중부태평양 진격로는 오렌지계획에 정식으로 포함되기 시작하였다. 1939년에서 1941년 사이에는 점진론자들 조차도 외곽기지들의 지원 하에 점진적으로 위임통치령으로 진격한다는 방안을 지지하게 되었다. 한편 킹 제독은 1933년 해군대학의 전쟁연습을 참관한 이후부터 중부태평양 진격로를 채택해야 한다고 적극적으로 주장하기 시작했다. 그는 1930년대 후반 함대기지부대 항공대 사령관으로 재직 시에는 비행정기지로 활용할 외곽 환초기지를 확보해야 한고 계속해서 주장하였으며, 위임통치령 북방을 통과하는 신속한 진격방안을 적극 지지하였다.

그러나 1942년, 미 함대사령관이 된 킹 제독은 중부태평양보다는 과달카날 쪽에서 가까운 엘리스 제도(the Ellice), 산타크루즈 제도(the Santa Cruz) 또는 길버트 제도(Gilbert Groups)를 통과하는 2단계 작전을 개시하자고 제안하게 된다. 이러한 킹 사령관의 주장에 대해 니미츠 태평양함대 사령관과 핼시 제독은 이 경로는 목표가 불분명하다는 이유를 들어 반대하였다.

1943년 중반, 항공모함 및 수상함이 태평양함대에 다수 배치되기 시작함에 따라 킹 제독과 쿡은 드디어 대일 해양전선(海洋戰線)을 형성할 때가 왔다고 판단하였다. 그들은 이번에는 전력이 증강된 대규모 기동부대를 효과적으로 운용하기 위해서는 넓은 해역이 적합할 뿐 아니라 일본 함대와 함대결전의 가능성 또한 높다는 이유를 들어 중부태평양을 진격경로로 선정하였고, 태평양함대의 전략기획자들도 이에 동의하였다. 전시 계획담당자들은 미 서해안의 기지와 하와이를 기반으로 중부태평양공세를 개시하고 공세전력은 활용가치가 있는 도서들을 일정한 간격으로 점령하면서 신속하게 서쪽으로 진격한다는 방침을 확정하였다. 그리고 일본 본토를 폭격할 수 있는 도서기지에는 다수의 미군전력을 배치하고 이를 기지로 하여 아시아의 여러 전략목표를 공격한다는 계획을 세웠다. 그들은 타군의 간섭 없이 독자적으로 행동하는 경향이 강한 해군의 전통에 따라 중부태평양공세에는 연합국의 지원 없이 미군 단독으로 시행이 가능하며, 육군은 단지 지원임무만 수행하면 될 것이라고 판단하였다.

1944년, 실제로 미국은 중투태평양에 모든 전력을 투입한 것이 아니라, 중부태평양과 남서태평양 양방향에서 동시에 일본 본토로 진격을 개시하였다. 남서태평양공세에 관한 내용은 오렌지계획의 예측과는 다르게 전개된 전시전략을 다룬 제30장에서 자세히 설명할 것이며, 이 장의 나머지 부분에서는 중부태평양공세를 집중적으로 설명하기로 한다.

오렌지계획과 실제 태평양전쟁전략의 유사성을 비교분석하다보면 흥미로운 현상을 하나 발견할 수 있다. 미국은 태평양전쟁 발발 초기에는 전쟁직전 작성된 오렌지계획과 유사한 전략을 구사하였고, 점차 서쪽으로 진격함에 따라 1930년대의 구상과 유사한 전략, 이후 전쟁의 후반부에는 1920년대의 구상과 유사한 전략을 실행하였다. 마지막으로 일본 근해에서 미 해군이 실제로 실시한 작전은 듀이-마한시대에 작성된 최초 오렌지계획의 구상과 유사하다는 것을 발견할 할 수 있다. 이러한 현상은 완벽하게 일치하지는 않지만 〈표 28.1〉 및 〈지도 28.1〉을 참조하면 태평양전쟁 시 미국의 전략은 마치 영화필름을 거꾸로 돌리는 것처럼 점차 이전 계획의 개념으로 회귀해 갔다는 것을 확인할 수 있다.

태평양전쟁 시 미국의 해양공세를 3단계로 나누어 살펴보게 되면 오렌지계획과 실제 전시계획 간의 이러한 유사성을 더욱 손쉽게 확인할 수 있다. 먼저 미크로네시아 동부에서 펼쳐진 2단계 공세작전의 초기는 전체적으로 볼 때 전쟁 직전의 대일작전구상과 유사하였다. 우선 미국은 본격적인 마셜 제도 공격을 준비하기 위한 기지로 웨이크 대신 길버트 제도의 타라와를 공격하였다. 1943년 11월 타라와 환초 상륙작전에서부터 시작되어 1944년 2월 에니웨톡 점령까지 이어진 미국의 공세는 2단계 공세작전 초기에는 전력손실을 최소화하면서 일본의 외곽방어선을 돌파함과 동시에 제1함대기지를 건설하기 위한 도서를 점령한다는 전쟁이전 오렌지계획의 목표를 충실히 구현하였다. 이후의 2단계 공세작전 역시 -마셜 제도로 접근, 마셜 제도 공격 및 점령, 동부 캐롤라인 제도 우회 순으로 구성된- 오렌지계획의 작전구상과 대부분 일치하였다.

그러나 2단계 공세작전의 후반부는 오렌지계획과는 다른 방향으로 전개되었다. 미 해군은 전쟁이전 계획에서 제2함대기지의 최적지로 지목한 트루크 제도를 무력화시키기는 했으나 실제로 점령하지는 않았다. 실제로 제 2함대기지는 맥아더가 지휘하는 남서태평양지역군이 점령한 애드미럴티 제도의 마누스(Manus)에 설치되었던 것이다. 또한 미 해군은 전쟁이전 계획담당자들이 가끔 공격대상으로 고려하긴 하였으나 필수적인 전략목표로는 간주하진 않은 마리아나 제도로 주공격방향을 변경하는 중대한 전략적 결정을 내리게 된다. 그러나 트루크 제도 대신 마리아나 제도를 점령한 것은 결과적으로 볼 때 매우 탁월한 결정이었다. 마리아나 제도를 점령함

〈표 28.1〉 오렌지계획에서 상정한 대일전쟁 2단계 주요작전 순서, 1906년~1941년

태평양전쟁 중 실제로 진행된 작전 순서	초기 오렌지계획의 개념 ←			후기 오렌지계획의 개념 →
위임통치령 공세작전 수행개념	위임통치령 무시, 통과 (직행티켓구상)	함대의 재보급을 위한 임시묘박지로 활용	함대가 필리핀 도착 이후 해상교통로 유지를 위해 점령	순차적 점령, 함대기지 건설
마셜 제도 공격 이전 전진기지 확보	미확보 (항공기시대 이전)	존스턴 제도 (항공기 중간기착지)	웨이크	길버트 제도
마셜 제도 점령작전	전체 환초 점령	동부환초만 점령, 나머지 무력화	서부 환초만 점령, 나머지 무력화	-
동부 캐롤라인 제도 점령작전	점령 불필요	트루크 제도 공격에 필수적인 도서 점령	방어력이 강한 도서는 우회	-
중부 캐롤라인 제도 점령작전	트루크 제도 주변 환초 점령	마셜 제도 점령 후 트루크 제도 점령, 제2함대기지로 활용[a]	전쟁발발 이전 라바울에 함대기지 건설	-
마리아나 제도 점령작전	전쟁발발이전 괌에 함대기지 건설, 우선 우회하고 필리핀확보 후 점령	점령 후 장거리 항공기지 건설, 함대 결전 지원	전쟁발발 이전 괌에 소규모 기지 건설	-
서부 캐롤라인 제도 점령작전	우회	점령 (팔라우 또는 기타 환초)	우선 우회, 필리핀 확보 후 필요 시 팔라우 점령	-
필리핀 남부 점령작전	우회 또는 함대재보급을 위해 잠시 정박	함대전략기지 건설	마닐라탈환 지원용 임시기지 건설	인도양을 거쳐 필리핀남부로 진격 (레인보우계획-2)
함대결전	필리핀 근해, 전쟁 중반	일본 근해, 전쟁 후반	필리핀해, 전쟁 중반	중부태평양, 전쟁 초반

a : 제 2 함대기지 위치는 전쟁 중 트루크 제도에서 마누스로 변경됨

☐ : 태평양전쟁 중 실제로 발생한 상황과 가장 유사한 개념을 표시함

으로써 일본 본토에 대한 장거리폭격이 가능해 짐에 따라 미국은 일본 본토 봉쇄라는 태평양전쟁의 전략목표를 달성하는데 매우 유리한 고지를 점령할 수 있었기 때문이었다. 이후 2단계 공세작전의 말기에는 다시금 초기 오렌지계획의 전략구상과 유사한 위임통치령 서부에서 필리핀 남부로 진격하는 경로를 취하게 된다.

웨이크는 1939년부터 그 중요성이 특히 강조되었던 관계로 대일공세의 첫 번째 발판이 되는 것이 당연시 되고 있었다. 그러나 실제로 웨이크는 제반 여건이 미 해군의 기대에 미치지 못하

였다. 한편 웨이크 근해에서 일본 함대의 파견부대를 격파하겠다는 킴멜 제독의 구상은 태평양전쟁 시 거의 성사될 뻔하였다. 진주만 기습 일주일 후 킴멜 사령관은 웨이크에 병력을 증강하고 방어작전을 지원하기 위해 항공모함 및 수송함으로 이루어진 기동부대를 파견하였다. 그러나 당시 기상이 불량하였고 무엇보다도 귀중한 항공모함을 잃을까 초조해진 워싱턴에서는 -킴멜 사령관이 해임 된 후 신임 사령관 니미츠 제독이 진주만에 도착하기 전까지 임시로 태평양함대를 지휘하고 있던- 파이 제독에게 항공모함의 복귀를 지시하게 하였다.

당시 미 해군에서는 알아차리지 못하고 있었지만 실제로 미국의 항공모함이 복귀하고 있을 때 일본의 항공모함 2척이 웨이크 공격을 지원하기 위해 접근하고 있었다(그러나 6개월 후 웨이크 대신 미드웨이가 함대결전을 위해 일본 해군을 유인하는 미끼의 역할을 하게 되었고, 이때의 전략은 큰 성공을 거두게 된다). 이후에도 웨이크 근해에서 2번 정도 함대결전의 기회가 있었는데, 첫 번째는 1942년 3월에 있었고, 두 번째는 1943년 10월, 고가 미네이치(古賀峯一) 제독이 지휘 하는 전함 6척 및 항공모함이 에니웨톡을 공격하기 위해 웨이크 근해를 통과할 때였다.

전쟁이전 오렌지계획은 우선 웨이크를 점령한 다음 항공전력을 배치하여 에니웨톡 상륙작전을 지원한다고 계획하였다. 그러나 마셜 제도 공격을 지원하기 위한 전초기지를 물색하던 전시계획담당자들은 웨이크(마셜 제도 공격 시 항공지원을 제공할 수 있고 함대결전 시에도 활용 가능)와 길버트 제도(웨이크보다 안전함)를 다시 한 번 비교·검토하게 된다.

1943년 1월에 열린 육·해군 전략회의에서 킹 미 함대사령관은 신속한 진격이 가능하고 남태평양의 일본군에 타격을 가할 수 있다는 이유를 들어 이전부터 자신이 지지하고 있던 미드웨이-웨이크-에니웨톡을 잇는 축선으로 진격하자고 주장하였다. 반면 그의 참모들은 좀 더 안전한 경로를 선호하고 있었다. 쿡 참모장은 합동계획담당자들을 설득하여 육상기지 항공기의 지원 없이는 탈환이 어려운 웨이크는 그대로 두고 마셜 제도의 섬들을 건너뛰는 방식으로 에니웨톡으로 진격하자는 타협안을 도출하였다(당시 항모항공전력 만으로 웨이크 탈환이 가능하다고 생각한 사람은 타워즈 태평양함대 항공전력 사령관뿐이었다). 게다가 웨이크는 진입수로가 완공하지 않고 그대로 방치되어 있었기 때문에 수상함정이 정박할 수 없었으며, 마셜 제도 작전이 종료된 이후에는 별

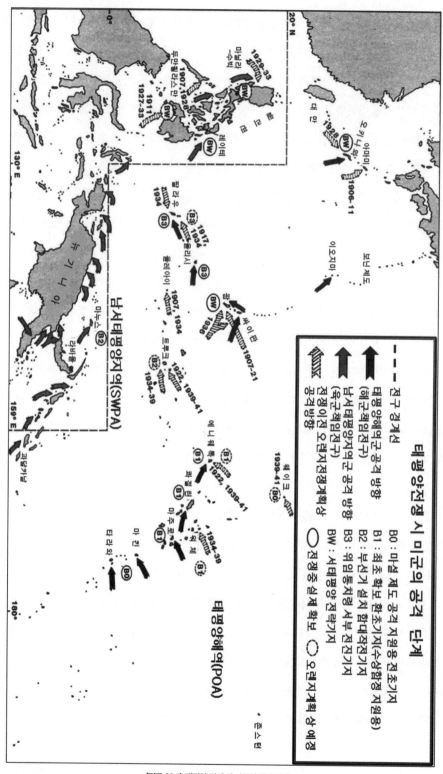

〈지도 28.1〉 태평양 전쟁 시 미군의 공격 단계

다른 활용가치가 없다고 판단되었다. 그리하여 웨이크는 전쟁이 끝날 때까지 일본군이 점령한 채로 그대로 둔다고 결정되었다.

결국 1941년 당시 해군의 점진론자들이 선호했던 길버트 제도가 마셜 제도 점령작전의 전초기지로 결정되었으며, 1943년 11월, 미군은 길버트 제도의 타라와(Tarawa)와 마킨(Makin)을 접수하였다. 길버트 제도 상륙작전 시에는 엘리스 제도에서 발진한 100대의 B-24 중폭격기가 강력한 사전폭격을 퍼부었다. 이후 마셜 제도 공격작전 시 길버트 제도는 항공지원기지의 임무를 충실히 수행하였으나, 그 외에는 별다른 전략적 이점이 없었다(타라와 상륙작전 시 막대한 희생을 경험한 미국은 좀 더 정교한 상륙작전전술 개발의 필요성을 인식하게 되었다). 당시 일본의 항공모함전대는 라바울 방어작전을 지원하는 중에 손상을 입어 기동이 불가하였기 때문에 길버트 제도 상륙작전 시 일본 함대는 나타나지 않았다.[13]

전시 마셜 제도 점령을 위한 계획수립과정 또한 전쟁이전 오렌지계획과 유사한 점이 많았다. 1930년대 전략기획자들은 마셜 제도 동부에서 공격을 개시하여 일본군이 점령한 섬들을 순차적으로 점령해 나갈 것이냐, 아니면 바로 마셜 제도 서부를 공격, 점령하고 나머지 섬들은 우회할 것이냐를 놓고 논쟁을 벌인 바 있었다. 1943년, 니미츠 태평양함대 사령관과 그의 참모단은 10여 년 전 점진론자들이 주장한 방안을 채택, 미국 쪽에서 가장 가까운 잴루잇(Jaluit)과 밀리(Mili)에 먼저 상륙한 다음, 나머지 5개의 섬을 축차적으로 점령한다는 계획을 세웠다. 그러나 미함대사령부의 쿡 참모장은 태평양함대의 계획대로 순차적으로 진격한다면 일본군의 마셜 제도 방어망에 가로막혀 함대의 진격이 둔화되지 않을까 초조해하였다. 그는 합동전쟁계획위원회의 동료위원들을 설득하여 워체, 말로에라프 및 콰절린에 동시에 상륙작전을 실시, 한 번의 공격으로 동부 및 중부 마셜 제도를 일시에 확보하는 대담한 작전을 실시해야 한다고 주장하였다. 그러나 3개의 섬에 동시에 상륙작전을 실시하려면 태평양에 있는 미 해군의 모든 전력을 동원해야 하는 문제점이 있었다. 스프루언스 중부태평양 해군전력 사령관*을 비롯한 태평양함대의 점

---

* 스프루언스 제독은 미드웨이 해전 이후 태평양함대 참모장과 부사령관으로 근무하다 1943년 8월 중부태평양 해군전력 사령관으로 취임한다. 중부태평양 해군전력 사령부는 1944년 4월 22일 5함대 사령부로 개편 된다.

28. 전시 오렌지계획 : 성공적인 해양전략 구현의 도구 **533**

진론자들은 그들답지 않게 그러면 에니웨톡으로 바로 진격하는게 어떻겠느냐고 역으로 제안하였고, 결국 이 문제의 최종 결정은 니미츠 태평양함대 사령관에게 돌아가게 되었다. 시간이 지체될수록 마셜 제도 내 일본군 방어전력이 증강될 것이라 우려한 니미츠 사령관은 셔먼이 제안한 마셜 제도 깊숙이 위치한 콰절린을 바로 공격한다는 타협안을 최종적으로 결정하였다.[14]

1944년 1월 31일, 콰절린 상륙작전*이 시작되었으며, 상륙군은 며칠 만에 섬을 완전히 확보하였다. 콰절린 상륙작전의 진행과정을 살펴보면 1930년대 오렌지계획에서 많은 부분을 차용한 것을 발견할 수 있다. 당시 상륙작전 참가전력 중 반절은 하와이에서, 나머지 반절은 미 서해안에서 이동하였고, 방어력이 취약한 마주로를 동시에 공격하여 함대의 안전한 묘박지를 확보할 수 있었다. 그리고 콰절린 상륙작전 시 상륙전술은 전쟁 이전 계획의 내용을 그대로 따랐다. 그리고 오렌지계획 작성자들이 예측한 대로 마셜 제도 환초방어를 지원하기 위해 연합합대가 출현하는 일은 발생하지 않았다.

한편 중부태평양 공세의 다음 단계는 전쟁 이전 예측과 완전히 일치하였다. 콰절린 점령 직후 미 해군은 에니웨톡 공격을 즉흥적으로 결정하였다. 1907년부터 1941년까지 최소한 8개의 오렌지계획 관련 연구에서 에니웨톡을 중부태평양작전에서 매우 유용한 기지라고 지정할 만큼 이 섬의 가치는 오래전부터 중시되어 왔다. 전쟁 이전 오렌지계획에서 언급하였듯이 미국이 이곳에 함대기지를 확보한다면 함대의 행동반경을 크게 확장시킬 수 있고 트루크 제도를 무력화시키는 것도 가능하였다.

또한 에니웨톡을 점령한다면 일본 본토와 마셜 제도 내 일본군 기지를 잇는 항공수송로를 차단할 수 있었고, 트루크 제도와 마리아나 제도를 미군 중폭격기의 작전반경에 넣을 수도 있었다. 결국 콰절린은 수백만 톤의 미군전쟁 물자가 통과하는 대규모 군수기지가 되었다. 또한 마주로와 함께 콰절린에는 훌륭한 초호가 있어 제1함대기지로 기능을 충실히 발휘하였다. 1944년 가을, 필리핀 공격 임무를 띤 핼시 제독의 함대는 이곳에서 출항하여 작전해역으로 이동하였다. 의심의 여지없이 콰절린 점령은 중부태평양 진격경로의 유용성을 증명해 주었다. 콰절린 상륙작전은 바로 미군이 일본의 내부방어권으로 접근하는 '태평양전쟁의 새로운 국면의 시작점'

---

* 암호명 "부싯돌 작전(Operation Flintlock)"

이었다.[15]

미 해군이 동부 캐롤라인 제도에서 작전을 펼치는 과정에서도 오렌지계획의 유용성이 증명되었다. 해병대의 1937년 연구결과에 따라 해군 계획담당자들은 동부 캐롤라인 제도는 우회하는 것이 타당하다고 여기고 있었다. 그러나 1943년 여전히 점진론을 지지하는 인사들은 마셜 제도 공격이전 쿠사이에(Kusaie)와 오스트레일리아령 나우루(Nauru)를 먼저 점령해야 한다고 주장하였다. 그리고 본격적인 트루크 제도 공략준비를 위해 포나페(Ponape)역시 점령해야 한다고 요구하였다. 그러나 이들이 공격을 주장한 도서들은 전쟁 전 오렌지계획에서 분석한 대로 지형조건이 불량하여 활용가치가 떨어지며, 노력의 분산 및 전력의 손실을 초래할 수 있다는 이유 때문에 우회하는 것으로 최종결정 되었다.

한편 위임통치령 점령작전의 중간단계 이후부터는 전쟁이전 오렌지계획과는 다른 방향으로 전개되었다. 그중에서도 가장 중요한 내용은 미국이 오렌지계획을 달성하는데 필수불가결하다고 간주했던 트루크 제도를 점령하지 않고 우회한 것이었다. 1922년판 오렌지계획에서 최초로 제 2함대기지 위치를 트루크 제도로 낙점한 이래로 1930년대 이후의 모든 오렌지계획에는 트루크 제도를 점령한다는 내용이 포함되어 있었다. 또한 레인보우계획-5에서도 마셜 제도 점령을 완료한 이후부터 6개월 이내에 트루크 제도를 점령한다고 되어 있는 등 트루크 제도는 전간기 내내 대일전쟁전략의 핵심목표 중 하나였다.

1943년 봄, 육·해군 참모총장은 트루크 제도 점령을 위한 작전단계를 다시금 합의하였고, 일본의 핵심전략기지에 자신의 깃발이 나부끼기를 바랐던 니미츠 사령관은 트루크 제도 상륙작전을 1944년 8월에 개시하는 것으로 계획하였다. 그는 트루크 제도 상륙작전계획수립 시 트루크 부근의 모트락스(Mortlocks)를 사전에 점령하여 본격적인 상륙작전 시 항공지원기지로 활용한다는 계획을 수립하였다(물론 상륙작전계획의 세부내용은 전쟁 이전 계획을 대부분 참고하여 작성하였다).[16]

그러나 이미 1930년대 해병대 정보분석장교들은 트루크 제도의 중심 섬은 환초 내부 깊숙이 위치하고 있을 뿐만 아니라 대부분 산지로 이루어져 있어 상륙작전 시 많은 사상자라 발생할 것이라 판단한 바 있었다. 1944년 태평양함대에서는 트루크 제도 상륙작전의 성공가능성을 재차 검토하였으나 결과는 상당히 부정적이었고, 1930년대에 트루크 제도에 대한 상륙작전계획을 수립하는데 반대한 바 있었던 무어는 이번에도 반대표를 던졌다. 그러나 실제 태평양전쟁 중 트루크 제도의 일본군 방어력은 미군이 생각하는 만큼 강력하진 않았다.

1944년 당시 트루크 제도에 배치되어 있던 일본의 항공전력은 전쟁 이전 예측보다 훨씬 적었고, 대구경 해안포는 라바울의 방어를 위해 모두 이동시킨 상태였다. 그리고 일본 함대전력의 대부분 역시 다른 안전한 기지로 철수해 있었다. 또한 제도 내 여러 섬에 분산배치 되어있던 실제 방어병력은 총 7,500명(최초 공격 후 12,356명으로 증강)으로 8,000명 정도였던 콰젤레인의 경우와 비슷하여 전쟁이전 오렌지계획에서 예측한 27,663명을 훨씬 밑도는 수준이었다.[17]

그럼에도 불구하고 각급 제대의 전략기획자들 모두 트루크 제도를 우회하는 것이 미국의 전략목표 달성에 좀 더 유리하다는 것을 인식하게 되었다. 특히 무어는 트루크 제도 점령보다는 그가 1940년 구상했던 셀레베스해(Celebes Sea)로의 진출을 더욱 염두에 두고 있었다. 그리고 맥아더 장군은 태평양함대가 트루크 제도를 우회한 다음 곧바로 팔라우(Palaus)로 진격하여 그가 주도할 필리핀 탈환작전에 합세해주길 바라고 있었고, 니미츠 사령관도 이 방안을 선호하고 있었다. 한편 킹 사령관과 셔먼은 마리아나 제도로 곧바로 진격하자고 안달이 나 있는 상황이었다.

전쟁 이전 계획담당자들은 미일전쟁의 해양전구에서 미국의 함대기지로 가장 적합한 곳은 트루크 제도라고 판단하였기 때문에, 이곳의 점령이 필수적이라 간주하였다. 그러나 1944년 초반, 육군이 오스트레일리아령 애드미럴티 제도의 마누스(Manus)를 점령하자 상황이 바뀌게 되었다. 미국의 계획담당자들은 일찍이 20세기 초반부터 마누스 섬 바로 옆에는 수심이 충분하고 면적이 20평방마일 이상인 태평양에서 가장 넓고 양호한 묘박지가 있어서 대규모 함대의 수용이 가능할 것으로 판단하고 있었다.

미국은 마누스를 점령 후 이곳에 미국뿐 아니라 태평양전구 내 배치된 연합국의 수상함정 및 항공기에 근무지원, 보급 및 수리기능을 제공할 수 있는 대규모 함대·항공기지를 건설하였고, 이곳 기지건설에 투입한 비용은 태평양의 모든 전진기지 건설비용을 훌쩍 넘어섰다. 또한 마누스에는 대형 부선거가 3개나 설치되어 트루크 제도 기지건설계획에 필적하는 함정수리능력을 갖추게 되었다.[18] 결국 필리핀에서 1,700마일 떨어진 마누스가 태평양의 제2함대기지가 되었으며, 육·해군 참모총장은 트루크 제도를 우회하기로 결정하였다.

위임통치령 공세작전 중 미군 지휘부의 가장 중요한 지휘결심은 바로 마리아나 제도의 점령이었다. 1944년 7월 미국의 마리아나 제도 공격 및 점령은 네 가지 중요한 결과를 낳게 된다. 첫째, 일본 해군은 미 함대에 대항하기 위해 잔여 항공함대전력 대부분을 동원하였으나 "마리아나의 대규모 칠면조 사냥"이라 불린 미 해군의 일방적인 공격으로 인해 대부분의 항공기를 상실하였다. 이후 일본 함대는 다시는 미 함대를 위협하지 못하게 되었다. 둘째, 괌에는 미 해군의 보급기지가 설치되었고 이후 태평양함대 사령부가 이곳으로 이동하였다. 또한 괌은 태평양전쟁의 3단계 작전을 지원하는 3개의 서태평양 전략기지 중 하나가 되었다. 셋째, 싸이판, 타니안 및 괌의 점령으로 예상보다 6개월에서 9개월 앞서 일본 본토를 직접 폭격할 수 있는 중폭격기기지를 확보하게 되었다. 그리고 자연히 중국을 폭격기지로 활용한다는 전략을 완전히 폐기할 수 있게 되었다. 마지막으로 사이판 함락의 책임을 지고 일본의 도조 히데키 내각이 총사퇴하였다. "일본의 근대 정치가 중 그보다 많은 권력을 누린 사람은 일찍이 없었다."라고 평가받는[19] 도조는 1941년부터 총리대신으로 재직하며 일본의 태평양전쟁을 총지휘한 대표적인 대미 강경파였다. 이후 일본에는 온건파 내각이 성립되어 전쟁의 종결을 모색하게 되었다. 마리아나 제도의 점령으로 불가능하다고 생각했던 일들이 점차 가능해 지기 시작한 것이다.

마리아나 제도 점령작전의 경우에는 전쟁이전 오렌지계획과의 유사성을 발견하기 어렵다. 전쟁 이전부터 계획담당자들은 마리아나 제도 점령작전을 수차례 연구하였지만 그 결론은 저마다 달랐다. 그리고 마리아나 제도가 해군작전에 어떠한 이익을 주는지 역시 구체적인 예측치가 도출된 적이 없었다. 괌에 해군기지를 건설해야 한다는 급진론자들의 주장은 1922년 워싱턴해군군축조약의 체결로 한번 무산된 바 있었으며, 이 주장은 1939년 다시 한 번 부상하였으나 이때도 이전과 마찬가지로 성사되지 못한 바 있었다.

정치적 감각이 뛰어나지 못했던 인사들이 주도한 '미국의 지브롤터' 확보운동의 결말이 어떠했는지는 앞에서 이미 살펴보았다. 그러나 괌에 함대전략기지를 건설해야 한다는 그들의 주장은 그리 탁월한 구상은 아니었지만, 그들이 괌의 '전략적 중요성'을 충분히 이해하고 있었던 사실만은 분명하다. 일찍이 다수의 계획담당자들은 마리아나 제도는 혼슈 및 민다나오까지 일본 제국의 주요도서로부터 등거리에 위치하고 있었기 때문에 서태평양을 통제할 수 있는 위치를 점하고 있다는 것을 간파하고 있었다.

대표적으로 1907년부터 1909년 사이에 올리버와 윌리엄스는 마리아나 제도를 확보한다면 대일전쟁의 결과에 '결정적인 영향'을 미칠 수 있다고 예측하였다. 그들은 미국이 마리아나 제도를 통제하게 되면 일본의 전진기지들을 고립시켜 일본을 압박할 수 있고, 일본의 해상교통로 차단에 유리한 위치를 점할 수 있으며, 일본 함대를 함대결전으로 유인할 수도 있다고 보았다.

킹 제독은 1930년대 왕도계획의 작성자들이 마리아나 제도의 중요성을 그다지 높게 평가하지 않았을 때도 마리아나 제도가 중요하다는 생각을 버리지 않고 있었다. 그리고 1942년 6월, 킹 미 함대사령관은 마리아나 제도를 점령한다 해도 주력함대의 측방을 보호한다는 역할 말고는 별다른 가치가 없다는 것을 알고 있었음에도 불구하고 미국의 장차목표로 마리아나 제도를 지목하였다. 그러나 킹 사령관의 이러한 주장에 대해 맥아더 장군은 태평양함대가 남서태평양 지역군의 작전을 지원하지 못하게 하려는 수작이라고 반발하였으며, 함대의 점진론자들 역시 마리아나 제도에는 함대기지로 활용할 만한 조건을 갖춘 항구도 없으며 점령해도 전쟁목표 달성에 도움이 되지 않는다고 판단하였다(니미츠 사령관은 해군대학에서 수학하던 1923년, '마리아나 제도 해전'을 주제로 한 전쟁연습에 참가한 적이 있었는데, 당시 그는 마리아나 제도 해전에 관한 작전계획을 수립하라는 과제에 별다른 흥미를 느끼지 못하였다). 당시 킹 사령관은 마리아나 제도를 점령하게 되면 "전략적으로 중요한 위치"를 점할 수 있다고 열렬히 주장하였지만[20] 미 군부는 1944년까지도 마리아나 제도 공격을 진지하게 고려하고 있지 않고 있었던 것으로 보인다.

마리아나 제도를 장거리폭격기 기지로 활용할 수 있다는 사실을 간파한 사람은 바로 육군의 월터 크루거(Walter Krueger) 대령이었다. 그는 1936년에 육군에서 작성한 오렌지전략계획에서 싸이판 및 괌에 항공기를 배치, 운용한다면 필리핀해의 제공권을 장악할 수 있을 뿐 아니라 미군이 극동으로 진출하기 위해 통과해야 하는 일본의 도서기지들 또한 제압할 수 있을 것이라 예측하였다. 무엇보다도 이 계획의 핵심개념은 바로 일본 본토에 대한 전략폭격이었다. 크루거 대령이 계획을 작성할 당시에는 마리아나 제도에서 출격하여 일본 본토까지 진출할 수 있는 항속거리를 보유한 폭격기가 없었고, 류큐 제도에서만 일본 본토의 직접폭격이 가능한 상태였다. 그러나 크루거 대령은 일본의 '주저항선'을 돌파할 경우 발생할 수 있는 정치적, 전략적 여파를 정확히 예측하고 있었다. 미국이 마리아나 제도를 장악하면 본토의 붕괴를 막기 위해 일본 함대가 나서게 될 것이고, 미 함대는 일본 함대와 함대결전에서 승리하여 전쟁의 승패를 결정지을 수 있게 된다는 것이었다.

태평양전쟁의 중반부터 킹 사령관이 마리아나 제도의 점령을 열렬히 주장하게 된 것은 육군항공군(Army Air Forces)의 도움에 힘입은 바가 컸다. 당시까지 태평양에 육군항공군의 최신예 중폭격기인 B-29를 수용할 수 있는 비행장을 건설한다는 구상을 한 사람은 아무도 없었다. 1944년 봄, 한 기당 5~10톤의 폭탄을 적재할 수 있고 항속거리가 1,500마일에 달하는 B-29 중폭격기로 구성된 첫 번째 폭격전대가 최초로 창설되었다.

태평양에 이를 수용할 수 있는 기지를 건설하려면 최소한 1년이 필요했기 때문에 이들은 우선 중국의 미군항공기지에 배치되었다. 그러나 중국의 항공기지에 B-29용 보급물자를 공급하기 위해서는 항공기를 이용하여 험준한 히말라야산맥을 넘어 수송하는 방법 밖에는 없어 물자 공급이 원활하지 않았고, 중국대륙에 배치된 일본육군이 육로로 공격할 가능성도 있었기 때문에 기지의 방어 또한 어려운 문제였다. 그럼에도 불구하고 일본 본토와 가깝고 군수지원 및 기지방어가 용이한 마리아나 제도에 중폭격기기지가 설치되면서 일본 본토 폭격은 극적으로 가속화되었다.

결론적으로 볼 때, 미 해군이 마리아나 제도 공격을 결심한 것은 일정 부분 오렌지계획의 전략개념과 부합하였다고 볼 수 있다. 마리아나 제도를 점령할 때 얻을 수 있는 지정학적 중요성을 강조한 것과 마리아나 제도를 공격하여 일본 함대를 함대결전에 나서게 만든다는 구상은 전쟁 이전 예측과 일치하였다. 마리아나 제도 점령 후 장거리폭격기를 활용한 일본 본토 전략폭격의 개시 및 이에 따른 정치적 효과는 전쟁 이전에는 거의 예측하지 못한 전략적 횡재였다. 종합하여 평가하자면 마리아나 제도의 점령은 전쟁 이전에는 그리 중요시되진 않았지만, 일단 점령하고 나서부터는 일본의 무조건 항복이라는 오렌지계획의 대전략을 달성하는데 기여하였다고 볼 수 있다. 마리아나 제도 점령작전을 통해 미 함대는 다시는 제기할 수 없을 정도까지 일본 함대를 격파하였고 극동으로 진출하기 위한 전진기지를 확보하였다. 무엇보다도 그리도 염원하던 일본 본토의 직접폭격이 가능한 항공기지를 확보하여 일본의 전쟁의지를 꺾어 놓을 수 있었던 것이다.

1944년의 후반부에 진행된 태평양 해양공세의 마지막 단계는 전쟁이전 오렌지계획의 2단계 전략의 마지막을 장식했던 필리핀 남부 공격이었다. 전쟁이전 미 해군에서 일반적으로 생각하던 필리핀 진격경로는 서부 캐롤라인 제도를 통과하는 것이었다. 이 진격로 상에 위치한 팔라우는 함대기지에 적합한 조건을 갖추고 있었다. 그러나 필리핀 근해에 양호한 정박지가 다수 있는 관계로 전쟁 이전 계획담당자들은 팔라우에 함대기지를 건설하는 것은 불필요하다고 보았으며, "왕도계획"에서는 -함대가 필리핀 도착 이후 적의 기습을 막기 위하여 공격하는 경우를 제외하고는- 팔라우 점령은 생략하는 것으로 되어 있었다. 반면에 전시 태평양함대의 계획담당자들은 서부 캐롤라인 제도의 주요 섬을 4개 이상은 점령해야 한다고 건의하였다.

니미츠 사령관은 야프(Yap)를 포함한 기타도서의 점령은 취소하였으나 팔라우 제도의 펠렐리우(Peleliu)는 공격하기로 했는데, 펠렐리우 상륙작전 시에는 적의 강력한 저항에 직면하여 힘겨운 전투를 벌이고서야 점령에 성공할 수 있었다. 그리고 전쟁 이전 오렌지계획담당자들은 함대 묘박지 및 항공기지의 확보를 위해 올레아이(Woleai)와 울리시(Ulithi) 등과 같은 서부 캐롤라인 제도의 환초 역시 점령해야 한다고 보고 있었다. 실제로 1944년 미 해군은 울리시를 손쉽게 점령한 후 전쟁기간 내내 대규모 함대보급기지로 활용하였다. 종합적으로 볼 때 서부 캐롤라인 제도 점령작전은 후반기 오렌지계획의 예측보다는 초창기 오렌지계획의 예측과 더욱 유사하게 진행되었다. 전쟁 이전에 작성된 대부분의 오렌지계획에서는 미일전쟁의 2단계작전은 미 함대가 필리핀에 도착, 전력을 축적하고 대일공세를 지속할 준비를 완료하면 종료되는 것으로 되어 있었다. 그러나 필리핀의 어디를 함대기지로 정할 것인가는 명확치가 않았다.

최초 1907년 해군대학의 대일전쟁 연구보고서에서도 전쟁 2단계작전의 최종목적지를 마닐라만으로 명시한 것이 아니라 필리핀 남부의 적절한 만(灣)으로 한다고만 설명하고 있었다. 또한 1911년, 1914년 오렌지계획의 개정 시에도 함대기지의 위치가 명시되지 않기는 마찬가지였고, 쿤츠 제독이 작성을 주도했던 1923년부터 1925년까지의 급진적인 계획을 제외하고는 1920년대의 직행티켓계획들 역시 최종목적지가 어디인지를 적시하지 않았다. 이후 해군항공시대가 도래하면서 필리핀기지의 위치는 기존의 마닐라와 점점 멀어지게 되었다. 그리고 1926년에서 1928년간 해군계획담당자들은 원정함대는 무조건 루존 섬으로 곧바로 진격한다는 방안을 폐기하고 민다나오 섬의 두만퀼라스만으로 향한다는 방안을 채택하였다. 필리핀 해군기지는 오렌지계획 초기에는 단순히 함대군수지원부대의 대기점을 확보하는 것이었으나 시간이 흐르면서 함대 전략기지를 건설한다는 계획으로 확대되었다. 그리고 함대 전략기지를 확보하기 위해서는 육상전투를 벌여야 한다는 것을 점차 깨닫게 되면서 자연히 항모강습 및 상륙전술에 관한 연구도 활발히 진행되었다.

제2차 세계대전 시 필리핀은 남서태평양과 중부태평양으로부터 동시에 진격하는 대일공세 전력이 필연적으로 합류하는 구역이었기 때문에, 대부분의 지휘관들과 계획담당자들의 공통적인 전략목표가 되었다. 해군의 전략기획자들은 필리핀을 확보하면 일본의 석유수송로를 차단할 수 있고, 일본 함대를 함대결전으로 끌어낼 수 있으며 이후 일본 본토 진격을 위한 함대전략기지를 건설할 수 있다는 이유로 필리핀 점령을 중시하였다. 육군의 경우에는 전략적 가치 외에도 필리핀을 점령해야 하는 또 다른 동기가 있었다. 맥아더 장군이 태평양전쟁 초기 필리핀을 탈출하면서 반드시 돌아오겠다고 선언한 바 있었기 때문에 필리핀 점령은 자연히 육군의 최대 목표가 되었다.

당시 미국의 전략기획자들은 전쟁 이전 계획담당자들이 구상한 대로 민다나오로 진입한다고 계획하고 있었는데, 1944년 가을, 미 해군의 민다나오 항공강습을 통해 이곳의 대공방어가 어렵다는 것이 밝혀짐에 따라 마음을 바꾸게 되었다. 그들은 전쟁 이전에는 별다른 주목을 받지 못했으며, 1938년 이후에는 기지건설 가능성을 확인하는 사전조사 조차 중단된 레이테만에 관심을 가지기 시작했다. 레이테만은 오렌지계획에서 규정한 서태평양 전략기지의 조건을 모두 만족하는 곳이었다. 레이테만에는 적이 해상 및 공중에서 공격하기 어려운 넓은 묘박지가 펼쳐져 있었다. 또한 넓은 배후지가 있어 육상기지시설 건설 및 병력 및 물자의 집적이 용이하였다 (흥미로운 것은 실제 레이테만 상륙작전 시 참가한 수송 및 군수지원함정의 수는 약 700여 척으로, 1920년대 서태평양 전략기지 건설을 지지했던 계획담당자들이 예측한 규모와 유사하였다). 미군이 레이테만에 상륙한 이후에는 레이테 섬과 사마르 섬을 포함하는 구역전체가 함대기지로 개발되기 시작하였다. 레이테 기지는 괌 기지 및 오키나와 기지와 함께 태평양의 3대 함대 전략기지의 하나로서 오렌지계획에서 예측한대로 서태평양 전략기지의 역할을 수행하였다.

1944년 말, 미국은 오렌지계획 상에 제시된 미일전쟁 2단계작전의 목표를 모두 달성하였다. 막강한 전력을 갖춘 해군 함대와 대규모 육군이 필리핀 남부에 전개를 완료하였고, 전쟁 이전 오렌지계획에서 요구한 제1, 2함대기지에 필적하는 항만 및 태평양의 주요 도서들을 확보하였다. 그리고 적극적인 해상봉쇄를 통해 동북아시아 항로를 제외한 일본의 모든 해상교통로 역시 차단시킨 상태였다. 또한 일본제국의 연합함대는 레이테만 해전에서 미 함대에 완전히 격파되었고, 그 후부터는 미 해군에게 아무런 위협이 되지 못하였다.

바야흐로 미국은 일본의 무조건 항복을 위한 태평양전쟁의 3단계작전을 시행할 준비가 완료되어 있었다. 그러나 태평양전쟁의 3단계는 전쟁이전 오렌지계획이 실제전쟁에서도 유용한지 여부가 시험대에 오른 시기이기도 하였다. 태평양전쟁의 마지막 단계와 오렌지계획을 비교해 보기 이전에 다음 장에서는 태평양전쟁 중 발생한 급격한 군사기술의 혁신 및 예상치 못한 돌발 사건에 아래서 전쟁이전의 오렌지계획이 과연 어떻게 적용되었는지를 살펴볼 것이다.

29. 전시 오렌지계획 : 군사기술혁신과 돌발사건

뛰어난 전략가라고 해서 앞으로의 모든 일을 다 예측할 수 있는 것은 아니다. 오렌지계획은 35년간 끊임없이 바뀌고 개정되긴 하였지만 변화무쌍한 국가 간의 행위와 제2차 세계대전의 큰 특징 중 하나인 군사기술혁신(revolution in military technology)을 모두 담아낼 수는 없었다. 이에 따라 전쟁기간 중 나타난 급속한 군사기술혁신과 예상외의 돌발사건은 전쟁기간 내내 오렌지계획의 적용가능 여부에 도전장을 내밀었다. 그러나 전쟁 이전 계획담당자들이 예측할 수 있었던 확실한 군사기술의 변화들은 간략하게라도 계획에 언급되었기 때문에 오렌지계획의 유용성에 실제적인 영향을 주진 못하였다. 또한 오렌지계획의 특징인 계획의 융통성 및 포괄적인 목표설정 덕분에 예상치 못한 돌발사건 대부분도 계획의 큰 틀에 쉽게 흡수될 수 있었다. 예상치 못한 몇몇 중대한 사건으로 인해 전시 미국의 지도자들이 오렌지계획과 다른 방책을 취하게 된 경우도 있었지만 이러한 사소한 변경으로 인하여 오렌지계획의 근본원칙까지 바뀌지는 않았다고 할 수 있다.

20세기 초부터 제2차 세계대전 발발 시까지 군사기술은 급속하게 변화하였다. 내연기관의 발명으로 인해 항공기와 잠수함이 출현하게 되었으며, 이후 상륙함정, 어뢰정, 탱크, 트럭 및 불도저 등도 등장하였다. 그리고 해군함정의 연료가 석탄에서 석유로 전환됨에 따라 함정의 작전 반경 및 작전지속일수가 비약적으로 증가하였다. 한편 각종 병기탄약은 그 파괴력이 더욱 강력해졌을 뿐 아니라 명중률 또한 크게 증가되었다.

또한 무선통신 및 전자기술이 발전(무선통신기의 등장, 레이더 및 전자전(電子戰) 장비의 출현 등)함에 따라 해군의 지휘통제방식을 완전히 바꾸어 놓았다. 현대의 역사학자들은 이러한 각종 군사기술혁신이 서로 통합되어 시너지효과를 발휘함으로써 2차 세계대전 시 항모기동부대의 운용, 유보트 집단운용 전술(일명 이리떼 전술(U-boat wolf packs)) 및 대규모 상륙작전 등과 같은 새로운 전쟁수행체계가 탄생할 수 있었다고 보고 있다. 이전까지의 전쟁에서는 출현한 적이 없던 몇몇 새로운 무기체계 및 군사기술은 전쟁 이전 미 해군의 오렌지계획에도 반영되었는데, 여기에서는 항공력 운용, 상륙작전 및 해상군수지원 등 3가지 군사기술혁신을 집중적으로 살펴보기로 한다.

오렌지전쟁계획에서는 항공력의 중요성을 크게 강조하였는데 일찍부터 오렌지계획의 작성자들은 미국의 산업생산능력이 제공해 주는 항공력의 엄청난 가치를 인식하고 있었다. 전시 매년 18,000대의 항공기 생산이 가능할 것이라는 1928년의 예측은 제2차 세계대전 중 태평양에 배치된 항공기의 수와 대략 비슷하였다. 일본은 소모전략을 통해 미국의 항공전력을 파괴한다는 계획을 세웠으나 미국의 월등한 항공기생산능력을 당해내지 못하고 결국 실패하고 말았다.

항공모함은 태평양전쟁의 대표하는 상징적 무기체계이다. 태평양전쟁의 개전 시 미국과 일본 중 어느 쪽이 더욱 뛰어난 항공모함 운용능력을 갖추고 있었는가는 전문가 마다 의견이 다를 수 있다. 당시 일본의 항공기와 항공모함은 성능은 뛰어났으나 내구성은 떨어졌다. 한편 미국의 항공모함은 일본의 항공모함에 비해 다양한 임무를 수행하는 것이 가능하였으나 항공기 성능은 일본에 미치지 못했다. 그리고 미일 양측 모두 해전에서 항공전력의 집중적 운용과 기습의 중요성을 인식하고 있었다.

1920년대 후반 미국의 계획담당자들은 함대에 배속되어 있는 항공모함에 다양한 임무를 부여하였는데, 그 임무에는 필리핀 상륙작전 지원, 장거리 정찰, 위임통치령 일본군기지의 무력화 등 여러 가지가 있었다. 당시 계획담당자들은 육상기지에서 발진한 정찰기로부터 충분한 정보를 제공받고, 고속 수상함정들의 호위를 받는다면 항공모함을 활용하여 적 해역 깊숙이까지 타격을 가할 수 있다고 예측하였다. 그리고 제2차 세계대전 중 미국의 항공모함은 가미카제 공격(kamikaze attack)을 포함한 일본 육상기지 항공기의 공격을 잘 견뎌 냄으로써 뛰어난 내구성을 입증해 보였다.

전쟁 이전 계획담당자들은 항공모함이 함대결전에서 어떠한 역할을 해야 하는가를 지속적으로 연구하고 이를 검증하기 위한 해상훈련까지 실시하였지만, 그 임무를 완전히 정립하지는 못한 상태였다. 전쟁 이전 모든 전략기획자들은 항공모함을 주력함을 지원하는 보조전력으로 간주, 함대결전 시 항공모함의 임무는 전함 부근에 위치하여 항공정찰, 함포사격 탄착관측, 결정적 함교교전 이전 적항공기 공격 등의 임무를 수행하는 것이라 생각하고 있었다[1](그리고 전쟁 이전 계획에서는 기타 수상함정은 거의 참가하지 않는 순수한 항공모함끼리의 해전은 언급되지 않았지만 실제 태평양전쟁 중 1942년에서 1944년까지 항공모함이 주역이 된 해전은 무려 다섯 차례나 발생하였다).

태평양전쟁 중 항공모함의 유용성은 해군의 전함우월론자(거함거포주의자를 지칭)들에게 엄청난 충격을 주긴 하였지만 이러한 새로운 전쟁수행방식의 등장이 미국의 대일전쟁전략에 부정적 영향을 미치진 못하였다. 태평양전쟁 시 항공모함이 전함을 제치고 함대의 주력으로 활약함에 따라 실제 전쟁에서 오렌지계획의 핵심개념을 구현하는 것을 더욱 가속화시켜 주었던 것이다. 일본은 전쟁 1단계작전 시 항공모함을 활용하여 그들의 전과를 극대화하였으며, 미 해군의 항모항공력은 미국이 전쟁의 2단계작전의 작전목표를 달성하고 전쟁 제 3단계작전에서 일본을 숨통을 옥죄는데 지대한 역할을 하였다. 또한 항공모함의 강력한 항공지원 덕분에 미군이 수행한 중부태평양 상륙작전이 모두 성공을 거둘 수 있었다. 그러나 항공모함은 육군이 중심이 된 남서태평양지역에서는 보조적 역할에 머물렀으며, 일본 본토 공격계획을 수립 할 때는 주공격 전력에서 제외되기도 하였다.

일찍부터 해군의 계획담당자들은 해상에서 장거리항공력의 중요성을 인식하고 이에 대한 교리를 개발하는 등 선견지명을 보였으나, 실제 항공관련 무기체계기술을 발전시키는 데에는 그다지 뛰어난 능력을 발휘하지 못하였다. 전쟁 이전 해군항공분야의 발전은 수상함을 최고로 치는 해군 지도부의 고정관념으로 인해 오랫동안 정체되었다. 2개 이상의 엔진을 장착한 항공기는 모두 육군항공단 소속으로 한다는 1931년 프랫-맥아더 협정은 당시 해군 지도부가 해상항공전력의 발전에 거의 관심이 없었다는 사실을 단적으로 보여주는 사례이다. 이러한 제약으로 인해 태평양전쟁이 시작될 때까지도 미 해군은 제대로 된 장거리항공기를 보유하지 못하였고 전쟁 초반에는 이미 구식이 된 취약한 비행정에 의지할 수 밖에 없었다. 지금의 입장에서 보면 당시 초계공격비행정을 해상의 항공강습부대(VPB striking force)로 활용하려했던 미 해군 일각의 구상은 시대에 뒤떨어진 생각이라 비판할 수도 있다. 그러나 태평양전쟁의 발발 직전까지는 육상기지 항공기의 전술적 유용성이 완전히 증명되지 않았다는 사실을 고려해야 할 것이다.

전쟁이전 계획담당자들은 해양작전의 지원을 위해서는 빈틈없는 정찰체계를 구축하는 것 역시 매우 중요하다는 것을 전부터 인식하고 있었다. 제2차 세계대전이 시작되자 미국은 육군, 해군 및 해병대의 장거리 육상기지 항공기를 활용한 정찰, 항공모함 및 잠수함을 활용한 정찰, 감청 및 암호해독과 같은 정보기술을 활용한 첩보 획득 등 여러 가지 수단을 활용하여 전쟁수행에 필요한 다양한 정보를 입수하려 노력하였다. 실제로 여러 해전을 통해 사전 정찰의 성공여부가 해전의 승패를 좌우하는 핵심요소라는 사실이 증명되었고 미국은 진주만기습을 당한 이후로는 일본의 기습을 거의 허용하지 않았다. 그리고 무선통신기와 같은 최신 정보수단의 활용이 가능해 짐에 따라 함대의 작전반경이 더욱 확대되었고, 광대한 해역에 기지를 건설하고 이를 상호 연계하여 운용할 수 있게 되었다. 결론적으로 정보기술(Information Technology)의 발전으로 인해 실제 전쟁에서 오렌지전쟁계획의 구현이 더욱 가속화되었다고 할 수 있다.

한편 미국의 계획담당자들은 1920년대부터 항공력을 활용한다면 일본의 경제 및 산업분야를 포함한 일본의 전쟁수행능력을 효과적으로 파괴할 수 있다고 인식하고 있었다. 1928년, 일본의 무조건 항복을 위해 해상봉쇄와 더불어 일본 본토에 대규모 항공폭격을 가한다는 개념이 최초로 오렌지계획에 반영되었고, 육군항공단이 이 임무를 맡게 되었다. 당시 해군계획담당자들은 육군항공단의 빌리 미첼(Billy Mitchell) 장군이 주장한 적국 도시에 대한 무자비한 폭격보다는 군수산업시설 및 군수물자수송시설에 대한 정밀폭격을 선호하긴 했다. 하지만 폭격 시 소이탄을 활용한다면 대부분의 건물이 목조건물인 일본 도시의 특성 상 막대한 효과를 거둘 수 있다는 사실 역시 인식하고 있는 상태였다.

초창기 미국의 폭격기는 작전반경이 수백 마일밖에 되지 않았던 관계로(1941년까지도 1,000 마일을 조금 넘는 수준이었다) 당시 계획담당자들은 일본 본토와 가까운 류큐 제도 또는 일본 근해의 섬을 확보하여 폭격기지로 활용한다고 구상하였다. 그러나 1944년 B-29 중폭격기의 등장으로 인해 미국은 마리아나 제도를 점령하여 이를 일본 본토 폭격기지로 활용하는 것으로 전략을 변경하게 되었다(그러나 유럽전쟁이 종료될 경우 태평양전구로 전환배치 될 기존 폭격기는 여전히 항속거리가 짧았기 때문에 이 폭격기들을 이용하여 일본 본토를 폭격하려면 오키나와 섬에서 발진해야 할 것으로 판단되었다).

이렇게 진격방향이 변경되긴 했지만 본토항공폭격으로 일본의 전쟁수행능력을 말살한다는 오렌지계획 상의 기본전략개념은 태평양전쟁 시에도 그대로 유지되었다. 전쟁 중 폭격기의 항속거리 증가로 인해 여러 도서기지를 기반으로 하여 대규모 항공전력을 운용하는 것이 실제로 가능해졌던 것이다. 제2차 세계대전 중 등장한 항공무기체계 중 전쟁 이전 계획담당자들이 미처 예상치 못한 것 중 하나가 바로 호위항공모함(escort carrier)이었다.

1920년대 후반 상선을 개조하여 함대 보조항공모함(auxiliary fleet carrier)을 건조하자는 "XCV"구상이 등장하긴 하였으나 실현되지 못한 바 있었다. 기존 항공모함에 비해 크기가 작고 건조비용이 저렴한 호위항공모함(CVE)은 제2차 세계대전 중 대규모로 건조되어 상륙작전 시 항공지원, 대잠수함작전, 항공기 수송 등 다양한 보조임무에 활용되었다. 크기가 상대적으로 작고 기동성이 뛰어난 호위항공모함은 정규항공모함을 대신하여 상륙작전 시 항공지원 등과 같은 기동에 제약을 받는 어려운 임무에 투입되어 큰 능력을 발휘하였고, 결과적으로 중부태평양 공세전략을 성공적으로 달성하는데 기여하게 되었다.

태평양전쟁의 항공전에서 미 해군의 승리는 각종 무기체계기술의 발전에 힘입은 바가 컸다(항공공격무기체계의 가장 극적인 발전결과인 원자탄은 마지막장에서 자세히 살펴볼 것이다). 항공기의 경우 최대상승고도, 최고속력, 항속거리 및 무장적재 능력은 전쟁 초부터 점진적으로 향상되었다. 그러나 기타 일부 무기체계 분야에서는 혁신적인 발전현상이 나타나기도 하였다. 예를 들어 가시거리 외곽에서도 적을 탐지할 수 있는 레이더(Radar)는 해양작전 시 없어서는 안 되는 존재가 되었다. 당시 니미츠 사령관은 레이더의 등장은 증기기관의 발명만큼 혁명적인 사건이었다고 여기기도 하였다.[2] 그리고 항공촬영정찰기술(Aerial photography) 및 기뢰부설전술(minelaying) 또한 비약적으로 발전하였고, 함포탄에 근접신관(proximity fuse)을 채택함으로써 대공전 분야에서도 큰 진보가 있었다. 또한 다수의 항공기가 밀집되어 전투를 치르는 해상항공전에서 항공기를 효율적으로 지휘통제하기 위한 항공요격통제절차(control and vectoring techique)의 발전은 미국의 해상항공전투 승리를 견인하기도 하였다. 오렌지계획에서는 전쟁 중 출현한 이러한 무기체계기술 및 전투전술의 비약적 발전을 예측하지는 못하였다. 그러나 전쟁 중 이러한 새로운 무기체계기술의 도입 및 전투전술의 발전은 결과적으로 볼 때 오렌지계획의 해양전략을 실제로 구현하는데 견인차 역할을 하였다고 할 수 있다.

다음으로 계획담당자들은 전쟁 이전부터 제2차 세계대전 중 실시된 상륙작전의 실제 상황을 비교적 정확하게 예측하고 있었다는 사실에 주목할 필요가 있다. 초창기 오렌지계획에 수록된 적의 저항이 없는 항구를 무혈점령한다는 개념은 이후 적이 강력히 방어하고 있는 도서에 상륙돌격을 감행, 강제로 탈취한다는 개념으로 변화되었다. 그리고 전시 상륙작전부대가 활용한 보병화기 및 중화기의 종류는 전쟁 이전의 예측과 거의 동일하였다.

한편 전쟁 이전 계획담당자들은 상륙돌격 장갑차(amphibious tractor)나 수륙양용전차 등과 같은 새로운 상륙돌격수단의 등장은 예측하지 못하였지만 상륙작전 시 중장비 수송을 위한 전용 바지선(specialized barges)이 필요하다는 것은 인식하고 있었다. 그리고 전시 의무 및 위생기술이 발전함에 따라 정글이 대부분인 태평양전장에서 병사들의 생존율이 전쟁 이전의 예측보다 향상되었다. 이외에도 전쟁 중 탄생한 다양한 무기체계의 혁신으로 인해 미국은 태평양전쟁의 상륙작전에서 한 번도 패배한 적이 없었고, 궁극적으로 미 해군은 오렌지계획을 성공적으로 구현할 수 있게 되었던 것이다.

전쟁 이전의 계획담당자들은 태평양전쟁 시 실제로 적용된 상륙작전과 관련된 교리를 정립하는데 큰 기여를 하기도 하였다. 1921년 엘리스 해병소령이 작성한 사전 함포사격, 기뢰소해, 전투탑재, 새벽녘 순차적 병력 양륙, 적 방어취약구역의 사전점령, 적 해안 상륙돌격 및 지상전투 순으로 구성된 환초 상륙돌격전술은 태평양전쟁 중 벌어진 상륙작전의 보편적인 패턴이 되었다. 1930년대 중반부터 해병대에서는 산악지형으로 이루어진 섬에 대한 상륙작전전술도 연구하였다. 또한 전쟁 이전부터 계획담당자들은 상륙작전 시 근접항공지원을 위해서는 상륙목표 주변에 항공기지를 사전에 확보해야 한다는 것도 인식하고 있었다. 실제로 제2차 세계대전 중 벌어진 중부태평양 및 남서태평양 도서상륙작전 시 미군은 대부분 사전에 주변에 항공기지를 확보 후에 본격적인 상륙작전을 개시하였다(홀란디아(Holandia)나 오키나와(Okinawa) 상륙작전 시에는 주변 항공기지 대신 항공모함을 작전초기 근접항공지원용으로 활용하였다).

1943년, 길버트 제도 상륙작전 직전 미 해군 내에서는 이미 1930년대 한차례 논란이 되기도 했던 상륙작전 시 항공모함의 근접지원 여부를 놓고 논쟁이 일어나게 되었다. 논쟁의 중점은 바로 항공모함을 "해안에 근접 배치하여 상륙군을 지원해야 하는가, 아니면 외해에 배치하여 혹시 모르는 적함대의 공격에 대비해야 하는가"였다. 당시 상륙기동부대의 지휘관이었던 켈리 터너 제독은 해병대의 입장에 동조하여 항공모함을 상륙군의 근접지원에 운용해야 한다고 주장하였다. 그러나 항공병과장교인 셔먼과 타워즈 제독은 항공모함을 근접항공지원에 운용하는 것은 적절치 않다고 주장하였으며 이후 상륙작전 시에도 대부분의 경우 이들의 의견이 우세하였다.

이러한 상륙작전 시 항공모함 운용방안에 관한 논쟁은 함대에 다수의 '호위항공모함(jeep carrier)'이 배치되면서 자연히 해소되었다. 그럼에도 불구하고 레이테만 상륙작전 중 불협화음이 노출된 항공모함의 임무(상륙전력을 엄호하던 핼시 제독이 지휘하는 38 기동부대가 오자와 지사부로(小澤 治三郎) 제독이 이끄는 일본 항공모함을 추격하기 위해 북쪽으로 이동하는 바람에 상륙군 수송임무를 맡은 7함대가 구리다 다케오(栗田健男) 제독이 이끄는 제 1유격부대의 공격위협에 노출된 사건)를 놓고 사후에 많은 논쟁이 벌어졌다. 또한 오키나와 상륙작전 시 상륙작전 항공지원 임무를 수행하던 항공모함의 다수가 일본의 가미카제 공격을 받게 됨에 따라 이 문제는 여전히 해결되지 않은 논쟁거리로 남게 되었다.

미국의 계획담당자들은 1937년경부터 전략적 중요성이 떨어지거나 점령에 장시간이 소요될 것으로 판단되는 도서는 우회하고 중요한 도서만 점령한다는 일명 "해양의 고속도로(ocean highway)" 개념을 수용하기 시작하였다. 이 개념은 태평양전쟁의 후반에 그대로 적용되었다. 태평양전쟁 초기의 남태평양 점령작전에서는 일본이 점거하고 있는 도서들을 순차적으로 점령하는 방식을 취하여 진격속도가 느리고 많은 전력손실이 발생하였다. 그리고 중부태평양 점령작전의 초기 진격방식도 마찬가지였다. 그러나 1944년 초반부터 미국은 오렌지계획의 신속진격 개념을 적용하여 위임통치령 내 일본점령도서 중 절반 이상을 우회하여 신속하게 관통하는 전략을 취하였다. 미국은 일본의 가장 강력한 외곽기지였던 라바울과 트루크를 우회하고 서태평양으로 계속 진격하였는데, 일찍이 인류의 전쟁사에서 이렇게 적의 핵심거점을 점령치 않고 우회한 사례는 찾아볼 수 없었다.

　태평양전쟁 시 미 해군은 작전중인 함대전력에 각종 물자를 제공하는 해상에서의 군수지원 문제 또한 원만하게 풀어나갔다. 일본과의 전쟁 시 수백 척의 군수지원선박이 필요하다는 오렌지계획의 예측대로 전시 병력 및 물자의 해상수송을 위해 리버티급 수송선*이 다량으로 건조되었다. 또한 지속적인 선단호송전술의 개발 및 적용, 적극적인 대잠수함 초계활동 수행, 선박 집결점 및 대피항구 지정 등을 활용하여 미 본토에서 태평양전구까지 병력 및 물자들을 안전하게 수송할 수 있었다(반면에 일본 해군은 안전한 해상수송을 보장하는데 실패하였다).

　그리고 전쟁발발 당시 미국은 전 세계의 해양강대국 중 유일하게 이동식 함대기지를 운용할 수 있는 능력을 갖추고 있었다. 미일전쟁 발발 시 즉각적으로 활용할 수 있는 적절한 해외기지를 사전에 확보하기 어렵다는 것을 전쟁 전부터 인식하고 있던 미 해군의 군수분야 전문가들은 광대한 태평양에서 작전을 벌일 경우 발생하는 군수지원문제를 해결하기 위하여 여러 가지 방안을 구상하였다.

　구체적으로 1908년에서 1914년에는 초대형 석탄운반선을 활용하는 방안, 그리고 1920년대에는 서태평양에 함대기지를 건설한다는 방안을 내놓았다. 이후 그들은 해군건설대대(일명 SeaBee)를 활용하여 단시간 내 건설 가능한 모듈식 전진기지 건설계획을 창조했다. 그리고 이 계획을 실제 전쟁에 적용하여 막대한 성과를 이루어냈다. 태평양전쟁이 끝난 이후 핼시 제독은 해군건설대대의 '불도저(bulldozer)'야말로 태평양전쟁 중 가장 중요한 3대 무기체계 중 하나였다고 언급할 정도였다. 그리고 전쟁이전 오렌지계획에서 구상한 부선거 활용개념 또한 전시에 적용되어 큰 효과를 거두었다(태평양전쟁 중 함정 손상 시 자체 손상통제기술(damage-control techniques)의 발전 및 선체 부식방지 페인트(antifouling paints)의 등장으로 인해 전쟁발발 이전보다 그 중요성이 약간 퇴색하긴 했지만).

---

* 전시 해상수송량의 급증에 대비해 값싸고 신속하게 건조할 수 있도록 설계 및 제조공정을 단순화한 미국의 수송선. 11 노트의 속력에 1만 톤의 화물을 적재할 수 있었다. 제2차 세계대전 기간 종안 총 2,700여 척이 건조되었으며, 연합국에도 공여되어 태평양뿐만 아니라 대서양에서도 활약하였다.

전쟁 기간 중 태평양의 전진기지에 배치되었던 부선거는 손상함정을 본토로 이동시킬 필요 없이 전구 내에서 신속하게 수리할 수 있게 해줌으로써 함대작전에 큰 기여를 하였다. 결론적으로 전시 이동식 부선거의 도입 및 활용은 전쟁 이전 20여 년간 해군계획담당자들이 고민했던 대양에서 군수지원문제를 시원하게 해결해 주었던 것이다. 만약 이동식 기지가 도입되지 않았다면 미 해군은 서태평양에서 지속적인 군수지원을 제공할 수 없었을 것이고, 궁극적으로는 일본에 무조건 항복을 강요하지 못하였을 것이다. 미 해군의 상황과는 반대로 싱가포르를 상실하여 태평양전구에서 함대에 군수지원을 제공할 수 있는 능력이 전무했던 영국해군은 1945년에 들어서 미 해군으로부터 군수지원을 제공받기 전까지는 태평양 작전에 아무런 기여를 할 수 없었다.

한편 전쟁 이전 수립되었던 잠수함 및 전함의 운용방안은 전시가 되자 별다른 효과를 발휘하지 못하였다. 전쟁 이전 미 해군은 적 기지주변에 매복하거나 주력함대 전방에 위치하여 적 수상함정을 공격한다는 전통적인 잠수함 운용방안을 정립하였으나, 무제한 잠수함전이나 적 상선에 대한 항공공격은 "국제법규"를 준수해야 한다는 이유로 금지하였다.

그러나 진주만기습 당일인 1941년 12월 7일, 미국은 발견 즉시 격침한다는 대일무제한 잠수함작전의 시행을 선포함으로써 전쟁이전 오렌지계획에 명시된 일본 본토의 봉쇄를 달성할 수단을 보유하게 되었다. 태평양전쟁 중 격침된 일본상선의 총톤수는 800만 톤이었는데, 이중 60%는 잠수함, 30%는 항공기, 나머지 5%는 -대부분 항공기에서 부설한- 기뢰접촉에 의해 격침되었으며, 수상함이 포격으로 격침한 상선은 총톤수의 1%에 불과하였다(한편 수상함정을 활용하여 일본 본토 근해의 해상교통로를 봉쇄한다는 방안은 전쟁 말기가 되어서야 효과를 발휘하기 시작하였다).

전후 미군에서 발간한 전략폭격조사보고서(U.S. Strategic Bombing Survey)에 의하면 "일본의 전시산업능력 및 육·해군에 대한 군수지원능력을 파괴하는데 가장 결정적인 역할을 한 것은 바로 성공적인 대일통상파괴전"이었다고 보고되었다.[3] 전쟁발발 직후 내려진 잠수함을 활용하여 일본의 해상수송능력을 파괴한다는 결정은 전쟁 이전 오렌지계획에서 제시한 전략목표, 즉 일본의 전쟁수행능력을 말살하여 무조건 항복을 받아낸다는 전략목표의 달성을 촉진시켜 주었던 것이다.

잠수함을 통상파괴임무보다는 전투함대의 지원에 주로 활용한다는 전쟁이전의 잠수함 운용 개념은 서태평양 진격계획에도 영향을 주었다. 전쟁이전 계획담당자들은 잠수함 대신 보조순양함 및 구축함을 통상파괴 및 봉쇄작전에 투입한다고 계획하였다. 그러나 원거리작전에 투입할 수 있는 보조순양함 및 구축함의 숫자가 부족했던 관계로 전쟁이 발발하면 괌, 트루크 또는 필리핀 등과 같이 일본 본토와 근접한 섬을 가능한 신속하게 점령하여 봉쇄작전 지원기지를 확보해야 한다고 생각하였다. 그러나 실제 전쟁 중에는 이들 섬 부근으로는 일본상선이 거의 나타나지 않았고 지원기지의 건설에 필요한 각종 시설 및 장비를 신속하게 이동시키는 것도 불가능하다는 것이 밝혀졌다.

태평양전쟁 초기 미국잠수함은 일본 본토에서 멀리 떨어진 하와이나 오스트레일리아에서 출항하여 통상파괴전을 수행해야 했기 때문에 작전에 제한이 있었으나, 중부태평양공세를 통해 점령한 섬들을 기지로 활용할 수 있게 되면서 점차 작전효과가 증대되었다. 전쟁 이전 계획담당자들은 또한 동북아시아와 일본의 해상교통로를 차단하기 위하여 류큐 제도를 점령하여 해군기지를 건설해야 한다고 판단하였다. 그러나 전략폭격기라는 새로운 무기체계의 등장과 잠수함을 활용한 효과적인 해상봉쇄로 인해 원거리에서 일본 본토를 직접 압박하는 것이 가능해 지면서 일본 본토 근해에 해군기지를 건설할 필요성이 사라지게 되었다(미국은 오키나와를 점령하기는 했지만 주목적은 해상봉쇄지원이 아니라 일본 본토 상륙작전에 대비하여 상륙병력의 집결 및 전술항공지원기지로 사용하기 위함이었다).

결론적으로 오렌지계획은 일본 본토 봉쇄작전에 필요한 무기체계, 무기체계의 전술적 운용방안, 그리고 봉쇄작전 지원기지의 위치 등을 정확하게 판단하지 못한 오류를 범하였다. 그러나 오렌지계획에서는 -마한은 그다지 중요하게 생각하지 않은- 통상파괴전이 대일전쟁 승리에 결정적 역할을 할 것이라는 점만은 정확히 예측하였다. 다시 말하면 해상봉쇄를 통해 일본의 전쟁의지를 말살한다는 오렌지계획의 대전략개념에 전쟁 중에 출현한 무기체계의 혁신이 접목되어 전략적 성과를 달성하게 된 것이라 할 수 있다.

한편 전함중심사상은 전쟁 이전 오렌지계획에 지속적으로 반영되었는데, 태평양전쟁 중 이것은 완전한 오산이었다는 것이 증명되었다. 미일해군 모두 전쟁 이전은 말할 것도 없고 전쟁 중까지도 전함이 해전에서 핵심적인 역할을 할 것이라고 큰 기대를 걸고 있었다. 그러나 실제로 전함이 중심이 된 함대결전은 거의 발생하지 않았다. 태평양전쟁 중 전함은 항공공격에 매우 취약하다는 것이 밝혀짐에 따라 미 해군은 전함을 해전에 투입하기보다는 ―오렌지계획에서 전함의 부가임무로 지정한― 육상 화력지원이나 ―속력이 빠르고 최신 전자장비를 장착한 신형 전함의 경우― 항공모함 대공방어지원 임무 등과 같은 새로운 임무에 주로 활용하였다. 종합적으로 볼 때 전함은 전쟁 이전 기대와는 달리 함대결전 시 중요한 역할을 하지는 못하였다. 그러나 전쟁 중 부여된 새로운 임무를 적절히 수행함으로써 오렌지계획의 대전략 달성에 어느 정도는 기여하였다고 할 수 있을 것이다.

미·일 양국 해군 간 해전을 중심으로 진행된 태평양전쟁은 강력한 특수무기보다는 재래식 해군전력을 대규모로 투입하여 승리를 쟁취한 전쟁이었다. 전쟁 이전 계획담당자들은 전쟁발발 1년 이후부터는 충분한 잠수함 및 소형함정들을 생산, 전장에 투입할 수 있을 것으로 보았다. 그러나 전함과 항공모함과 같은 주력함의 경우에는 추가 생산에 3년 이상이 소요되는 반면, 국내여론의 지지부족으로 장기전(1920년대 미 해군에서는 미국민의 대일전쟁 지지한계 시점을 대략 2년까지로 판단하였다)을 벌이는 어려울 것이기 때문에 주력함의 경우에는 전쟁발발 시 전력만을 활용하여 전쟁을 수행해야 할 것으로 예측하였다.

극소수의 인사들만이 대일전쟁이 발발하면 함대전력이 2배, 4배 증가할 것이라고 정확히 예측하고 있었다. 실제로 제2차 세계대전 기간 중 미국은 전쟁 이전 함대전력대비 전함의 경우 0.5배, 전투순양함의 경우 0.75배의 건조에 그쳤으나, 고속순양함의 경우에는 전쟁 이전 전력대비 무려 4배 이상을 건조하였다. 이러한 전시 해군전력의 급속한 팽창은 함정건조 기간의 단축과 같은 기술발전 요소뿐 아니라 1940년부터 시작된 함대확장계획* 및 장기전에 대한 미국여론의 지지 등과 같은 정치·사회적 요소가 한데 어우러져 시너지 효과를 발휘한 덕분이었다.[4] 태평양에서 작전 중인 전체 함대전력에 필적할 만한 '두 번째 함대(second fleet)'를 건설한다는 미국지도부의 야심찬 결정은 대일전쟁 승리의 관건으로 전력의 우세를 강조한 오렌지계획이

---

* 1940년 7월, 기존 해군전력의 70%에 해당하는 전력을 추가로 건조한다는 대양해군법(빈슨-월시법)이 제정되어 미 해군은 전력증강에 박차를 가하게 된다.

유용성을 발휘할 수 있는 기반을 마련해 주었다.

태평양전쟁 중 발생한 군사기술혁신 및 각종 돌발사건과 오렌지계획과의 상관성을 정확히 파악하기 위해서는 정보기술분야 또한 살펴보는 것이 필요하다. 미국은 일찍이 1921년 워싱턴 해군군축회의 시 일본대표단의 외교암호전문을 해독한 바 있으며, 1941년에는 일본군의 군사 암호전문도 해독할 정도였다. 그러나 전쟁 이전 계획담당자들은 대일전략을 구상할 때 이러한 방식으로 획득한 첩보는 전략구상에 반영하지 않았다.

그들은 계획수립활동 시 출처가 명확히 밝혀지지 않은 첩보는 거의 활용하지 않았으며, 수집한 첩보의 가치 또한 그다지 높게 평가하지 않았다. 당시 한 계획수립부서원은 "우리가 활용하는 정보는 모두 신문이나 잡지 등과 같은 공개정보에서 얻은 것들이다"라고 탄식할 정도였다.[5] 또한 전투병과장교들의 정보 분야에 대한 홀대와 잦은 부서장의 교체로 인해 해군정보국(The Office of Naval Intelligence)은 전쟁 이전 오렌지계획의 수립과정에서 주도적인 역할을 하지 못하였다.[6]

태평양전쟁 중에는 미일해군 모두 신호정보분석 능력은 뛰어났으나, 양측 모두 인간정보수집활동은 해안은밀정찰과 같은 전술적 수준 정도밖에 미치지 못하였다. 그러나 미국은 일본군 암호해독을 통해 엄청난 전략적 이점을 얻을 수 있었다. 미드웨이 해전 시 미국은 일본 함대보다 전력이 열세하였으나 암호해독을 통한 정보우위에 힘입어 일본 함대와 맞섰고, 결국 큰 성공을 거두었다. 반면에 진주만 기습과 사보 섬 해전의 경우에는 사전정보를 획득하지 못하여 큰 손실을 입기도 하였다. 미 해군의 정보우세는 특히 일본 본토 해상봉쇄작전에서 가장 극적이고 지속적인 효과를 발휘하였다. 미국 잠수함이 격침한 전체 일본상선 중 절반 이상은 일본상선의 무선통신을 감청하여 그 위치를 파악한 덕분이었다.[7] 다시 말해서 이러한 정보기술의 혁신은 오렌지계획의 전략개념을 실제전쟁에 성공적으로 적용하는데 큰 기여를 하였다고 할 수 있다.

"일본은 동맹국의 지원 없이 단독으로 미국과 전쟁을 벌인다", "전쟁초반 미국에 기습공격을 가한다", "소모전략을 통해 미국의 사기저하를 유도하고 궁극적으로 평화협상의 체결을 강요한다" 등과 같은 오렌지계획 상의 적 전략방침에 대한 예측은 전시 일본이 실제로 취한 전략방침과 대략 일치하였으나, 미국이 전혀 예상치 못한 행동을 취한 경우도 있었다. 태평양전쟁은 일본이 진주만을 기습하면서 시작되었다. 전쟁 이전 계획담당자들은 진주만이 일본의 기습목표가 될 수 있다는 가능성은 열어두고 있었다.

그러나 1940년 이전까지는 함대가 상시주둔하지 않았고, 서부 해안에서 출발한 원정함대가 서태평양으로 진격 시 보급을 위해 잠시 정박하는 곳으로 간주하였기 때문에 일본이 실제로 진주만에 기습을 가할 것이라고는 생각하지 않았다. 그러나 기습 이후에는 진주만은 대대적인 기지시설정비를 통해 중부태평양진격의 발판으로 탈바꿈하게 되었으며, 태평양전쟁 중 가장 중요한 함대기지가 되었다. 한편 진주만기습으로 인한 일부 구식 전함의 손실은 미국의 대전략에는 별다른 영향을 주지 못했다.

무엇보다 중요한 것은 진주만 기습으로 인해 미국의 여론이 대일전쟁을 지지하는 방향으로 급선회, 일본의 무조건적 항복을 추구하게 되었다는 것이다. 전쟁 이전 계획담당자들은 필리핀과는 달리 하와이의 경우에는 미국의 본토로 간주되기 때문에 일본이 이곳을 직접 공격하는 어리석은 짓은 하지 않을 것이라 판단하였다. 예를 들어 1914년, 일반위원회에서는 일본이 하와이를 공격할 경우 "미국민의 일본에 대한 적개심이 비등할 것이 분명하기 때문에 일본에 철저한 응징을 가하는 전쟁이 될 것이다"[8]라고 예측하기도 하였다. 결론적으로 일본은 미국이 공격목표로 전혀 예상치 못한 진주만 공격하여 전술적 기습을 달성할 수 있었다. 그러나 이로 인해 미국은 일본의 무조건 항복이라는 오렌지계획의 전략목표의 달성에 필요한 강력한 추진력을 얻게 되었던 것이다.

오렌지계획의 또 다른 착오 중 하나는 일본 함대가 미 함대와의 함대결전을 위해 일본 본토로부터 멀리 떨어진 해점까지 진출할 것이라는 예측이었다. 오렌지계획은 마한이 지상전투의 연구를 통해 도출한 함대결전개념을 그대로 적용하여 주력함간의 결정적 해전을 통해 전쟁의 승패가 판가름 날 것이라 가정하였다. 전쟁 이전 계획담당자들은 전력 면에서 우세한 미 함대가 함대결전에서 승리할 것이라는 데에는 대부분 의견이 일치하였으나, 함대결정의 시점과 장소는 일본에 의해 결정될 것이라 판단하였기 때문에 함대결전의 세부양상에 관해서는 의견이 분분하였다. 오렌지계획의 연구가 처음 시작되었을 때부터 20여 년이 경과할 때까지 함대결전 시점과 장소에 대한 판단은 전쟁발발 몇 주 후 필리핀 근해에서부터 전쟁발발 2년 후 일본 근해까지 매우 다양하였다. 그리고 항공력시대에 접어든 이후로 계획담당자들은 필리핀해나 중부태평양 등과 같이 함대항공작전에 적합한 대양에서 함대결전이 벌어질 것이라 예측하였다.

실제로 제2차 세계대전 중에는 다수의 대규모 해전이 발생하였다. 그 중에서도 미드웨이(Midway) 해전, 필리핀해(Philippine Sea) 해전, 레이테만(Leyte Gulf) 해전, 과달콰날(Guadalcanal) 전역 및 진주만(Pearl Harbor) 기습 등은 미국의 사기에 큰 영향을 미쳤다는 점에서 결정적 해전으로 평가된다. 전쟁 시 일본 해군은 소모전략이 효과를 발휘할 때까지 마냥 기다리지만은 않았으며, 전쟁 초기에는 해상의 최전선에서 그리고 전쟁 후반에는 절대방어권(絕對防禦圈)을 사수하기 위해 미 해군과 적극적으로 전투를 벌였다. 그러나 여러 차례의 대규모 해전 중 전함이 결정적인 역할을 한 함대결전은 발생하지 않았으며, 항공모함간의 항공전투가 대부분이었다.

1942년 8월부터 1943년 2월가지 진행된 과달카날 전역에서 일본 해군의 전함부대는 간간히 미 함대에 반격을 가하기도 하였으나 전쟁의 승패에는 별다른 영향을 미치지 못하였다. 태평양 전쟁 중 가장 큰 규모의 해전이었던 1944년 10월 레이테만 해전에서도 전함간의 함포교전으로 승패가 결정되는 일이 발생하지는 않았다. 당시 미 해군은 일본 함대의 몇 배에 달하는 강력한 전력을 보유하고 있었기 때문에 1930년대 계획담당자들이 예측한 것과 같은 대등한 함대결전은 일어날리 만무하였으며, 해전의 승패는 이미 결정되어 있는 것이나 마찬가지였다.

1942년 6월에 벌어진 미드웨이 해전 중 일본의 항공모함이 모두 침몰되자 제1 기동부대 사령관 파이 제독은 전함을 동원하여 후방에 대기하고 있던 일본의 전함전대와 함대결전을 벌이자고 상부에 건의하였으나 니미츠 사령관은 이를 받아들이지 않았다. 당시는 태평양 전쟁이 발발한지 1년도 채 지나지 않은 시점이었으나 전함 우월론자들의 주장은 이미 그 설자리를 잃어버린 상태였고, 이후 전함은 태평양전쟁 내내 보조적 임무에 만족해야 하였다. 이러한 이유 때문에 1944년 6월 벌어진 마리아나 해전 시 고속전함부대 사령관 윌리스 리(Willis A. Lee) 중장은 적 항공모함을 공격하기 위해 야간교전에 전함을 투입하는 것을 반대하였다. 또한 1945년 4월 오키나와 상륙작전 시 일본 해군이 전함 야마토를 오키나와 근해로 급파하자 스프루언스 제독은 예하에 전함을 6척이나 보유하고 있었음에도 불구하고 전함을 투입하여 야마토와 함포교전을 벌이기보다는 함재기의 항공공격으로 격침하는 방안을 택했던 것이다.

오렌지계획의 함대결전에 관한 예측은 태평양전쟁 시 실제로 발생한 주요해전과 세부사항들이 모두 일치하지는 않았지만 거시적인 관점에서 볼 때 함대결전의 전략적 원칙들은 비교적 정확히 예측하였다. 오렌지계획에서 가정한 대일전쟁 승리의 전제조건은 일본 함대의 격파였다. 오렌지계획에서는 일본 함대는 제1차 세계대전 시 독일해군이 취한 방식과 같이 결전을 회피하는 "현존함대(fleet-in-being)" 전략을 취하지는 않을 것이며, 적극적으로 전투에 나설 것이라 판단하였다. 또한 미국이 전쟁초기 일본의 적극적인 공세를 막아낸다 하더라도 일본 해군은 주목표를 육상기지 공격이나 통상파괴전으로 전환하지 않을 것이며 여전히 함대결전을 추구할 것이라 보았다. 오렌지계획에서는 일본 함대는 일정한 시점에, 일정한 장소에서 미 함대와 전투를 벌이게 될 것이며, 결국은 미 함대가 승리할 것이라 예측하였다. 실제로 일본 함대를 격파한 주역은 전쟁이전 계획담당자들이 점찍은 전함이 아니라 항공모함과 항공기였지만 미 함대의 승리라는 전략목표를 달성하는 데에는 아무런 문제가 없었다.

태평양전쟁 발발 이전 일본 해군은 뛰어난 무기체계기술 및 이를 적용한 새로운 전술이라는 비장의 무기를 지니고 이었다. 일본 해군의 대표적인 선진 무기체계 및 전술은 뛰어난 성능의 영식 함상전투기(Zero fighter plane), "장창(long lance)"이란 별명이 붙은 93식 산소어뢰 및 과감한 항모강습 교리(carrier doctrine) 등을 들 수 있다. 이러한 기술적 우위를 통해 일본 해군은 태평양전쟁 초기단계에서 빛나는 성과를 올릴 수 있었다. 그러나 전쟁이 계속 진행되면서 무기체계의 기술적 격차가 좁혀지고, 무엇보다도 미국의 막대한 무기체계 생산능력을 따라갈 수 없게 됨에 따라 이러한 우위를 오래 지속할 수 없게 되었다. 전쟁 이전 계획담당자들은 일본의 해상, 항공 및 지상전력이 상당한 전투능력을 발휘할 것이라 예측하고 있었다. 미국은 태평양전쟁 초기 이러한 일본 해군이 보유한 기술적, 전술적 우위를 극복하기 위해 오렌지계획 상의 세부적인 방책을 수정하기는 하였으나 계획의 대전략개념은 변화 없이 그대로 적용되었다.

마지막으로 살펴볼 전쟁 이전 예상치 못한 돌발사건은 바로 광신적인, 때로는 자살도 마다하지 않았던 일본의 전투수행방식이었다. 소위 옥쇄(玉碎)정신으로 무장한 일본의 군인들은 마지막 한사람까지 저항했으며, 우회한 일본군 기지들은 미국의 봉쇄에도 불구하고 끝까지 항복하지 않았다. 그리고 전쟁이 끝나기 직전 십여 개월 간 일본은 주로 항공기를 이용하여 가미카제 자살공격을 감행하였다. 전쟁 이전 전략기획자들은 해전 시 일본 해군은 야간 어뢰정 돌격 등의 전술을 활용하여 필사적으로 공격을 감행할 것이라는 것은 예측하지만, 가미카제 자살공격은 니미츠 사령관도 언급한대로 전혀 예상치 못한 전술이었다.[9]

일본의 자살적인 공격 및 끈질긴 저항이 미국의 태평양전략에 미친 영향은 복합적이다. 작전적 수준에서 볼 때, 미국은 불필요한 손실을 피하기 위해 오렌지계획의 우회전략을 적극적으로 시행하였다. 전략적 수준에서 보면 일본의 자살적 공격은 미국이 태평양전쟁의 전략방향을 변경하는데 많은 영향을 미쳤다. 전쟁 이전 계획담당자들은 일본 본토를 봉쇄하게 되면 일본 국민은 끈질기게 저항을 계속할 것이나, 승리의 가망이 없다는 것을 인식한 일본정부는 항복하고 말 것이라 예측하였다. 그러나 전쟁 후반 일본의 자살공격으로 인해 미국민의 일본에 대한 적개심은 더욱 커지게 되었고, 일본을 완전히 점령하여 응징해야 한다는 여론이 비등하게 되었다.[10]

한편 전쟁이 끝날 무렵이 되자 미국 국가지도부는 일본 본토를 완전히 봉쇄한다할지라도 일본의 항복을 받아내는 데에는 수년이 걸릴 수도 있다고 인식하기 시작하였다. 따라서 궁극적 승리를 위해서는 초창기 오렌지계획에서 예측한대로 일본 본토에 상륙하여 일본을 완전히 점령하는 방법밖에는 없다고 확신하게 된다. 그러나 미국 및 연합국 군인들에게는 다행스럽게도 일본 본토에 대한 최후의 일격(원자폭탄 투하)으로 인해 일본은 무조건 항복을 선포하였다. 미국은 원자폭탄이라는 신무기체계를 활용함으로써 일본 본토를 직접 공격하지 않고도 오렌지전쟁계획에서 상정한 일본의 무조건 항복이라는 최종목표를 달성할 수 있게 되었다.

30. 전시 오렌지계획 : 더 나은 전략을 위한 초석

마지막 장에서는 제2차 세계대전 중 미국이 새로이 구상했던 태평양전략과 오렌지계획을 비교함을 통해 오렌지계획의 유용성을 평가해보려 한다. 태평양전쟁 전체 기간 중 오렌지계획과 상반되는 주요한 전략방침의 변경 시도는 총 4차례가 있었으며, 이중 두 차례에 걸쳐 실제 전략방침의 대대적인 변경이 있었다.

실제로 변경된 전략방침 중 첫 번째는 맥아더장군의 끈질긴 요구에 따라 태평양전쟁 2단계에서 중부태평양 공세와는 별도로 남서태평양 공세를 진행한 것이다. 그리고 두 번째는 태평양전쟁 3단계에서 루존 섬을 탈환한 것이었다. 이러한 전략의 변경은 전쟁이전 오렌지계획에 수록된 것은 아니었지만, 그렇다고 오렌지계획의 핵심전략개념을 해칠 만큼 심각한 전략적 일탈은 아니었다.

오렌지전략의 변경 시도는 태평양전쟁 3단계에서 심각하게 고려되긴 했지만 실제로 시행되지는 않았다. 첫 번째 변경 시도는 미군이 중국에 상륙, 중국대륙의 일본군과 지상전을 벌인다는 구상이었다. 그러나 이 구상은 결국 실행하기도 어렵고 불필요한 것으로 밝혀졌다. 두 번째 변경 시도는 일본 본토를 점령한다는 구상이었다. 일본이 항복하는 1945년 8월 15일까지도 미군은 일본 본토 상륙작전계획을 연구하고 있었다. 그러나 이 구상들이 실제로 시행되었다 하더라도 전쟁 이전 확립된 오렌지계획의 대일전쟁전략을 크게 변화시키지는 못했을 것이라는 게 저자의 생각이다. 결론적으로 이러한 전략적 대안(代案) 모두 전쟁 이전에 수립된 대일전쟁전략에 버금가는 명쾌한 해결방안을 제시하지 못했던 것이다.

태평양전쟁 중 첫 번째 전략방침의 변경은 맥아더 장군이 주도하는 남서태평양 공세(South West Pacific offensive)의 개시였다(여기서 남서태평양 공세는 오렌지계획에서 예측한 소모전과 유사하게 진행된 1942년에서 1943년간의 과달카날 전역이 아닌 1944년 초부터 시작된 파푸아뉴기니에서 레이테만까지 진격을 지칭함). 일찍이 일부 전쟁이전 계획담당자들은 일본 본토로 접근하기 위해 적도 이남의 남태평양에서 북상하는 방안을 구상하기도 했었다. 그러나 진격로 상에 적절한 함대기지를 확보하는 것이 어렵고 미 본토와 연결되는 해상교통로가 너무 길어진다는 이유로 번번이 퇴짜를 맞고 말았다(예외적인 사례로는 남태평양을 통과하여 민다나오로 신속하게 진격한다는 1932년의 전격진격계획[Quick Movement]이 있었다).

한편 1939년에서 1940년까지 연구된 레인보우계획-2와 레인보우계획-3에서는 미 함대가 남태평양에 있는 연합국기지를 통과하여 말레이시아로 진격한다는 내용이 포함되었고, 1941년에는 라바울 점령 후 이곳에 함대기지를 건설한다는 방안이 연구되기도 하였다. 그럼에도 불구하고 태평양전쟁이 시작되기 직전까지도 남태평양에서 진격을 개시하여 일본을 공격할 수 있는 현실적인 방안이 수립되지 못한 상태였다.

남서태평양 공세의 시작은 맥아더 장군의 끈질긴 요구의 산물이었다. 필리핀을 탈출하여 오스트레일리아로 이동한 맥아더 장군은 니미츠 사령관 예하의 태평양함대 전력을 포함한 해군의 지원 하에 자신이 지휘하는 남서태평양지역군이 주공이 되어 일본 본토로 진격해야 한다고 주장하였다. 1944년 당시는 이미 미군이 충분한 병력, 항공기 및 소형함정 등을 보유한 상태였기 때문에 미군 지휘부의 입장에서 볼 때 오스트레일리아에서 출발, 이미 확보된 전진기지들을 거쳐 남서태평양을 통해 필리핀으로 북진한다는 맥아더 장군은 주장은 매우 솔깃한 구상이었다.

일단 일본의 비스마르크 제도 방어선을 돌파한다면 양호한 함대기지(최초에는 라바울로 예측하였으나, 이후 마누스로 변경)를 확보할 수 있을 것이고, 이후 이 함대기지를 발판으로 도서 건너뛰기전략을 적용하여 필리핀까지 진격이 가능하다고 판단되었다. 그리고 일본군 방어력이 약한 도서를 골라 공격하면 되기 때문에 전력손실도 그리 심하지 않을 것이라 예측되었다. 또한 남서태평양공세가 성공적으로 완료된다면 장거리폭격기를 활용하여 일본제국의 남부 세력권을 폭격할 수 있다고 예측되었다. 그리고 중국 또는 일본 근해에 있는 대형 도서(필리핀을 지칭)를 점령하여 일본 본토를 공격하는 것 역시 가능할 것이었다.

예상대로 해군과 육군은 태평양 진격경로의 선정을 두고 서로 신경전을 벌이게 되었다. 해군은 남서태평양을 거쳐 진격하게 되면 일본군 방어전력이 가장 강력한 구역을 통과해야 한다고 우려를 표명하였으며, 진출 가능한 전략목표가 필리핀 남부 밖에 없기 때문에 전략적 융통성이 부족하다고 주장하였다. 맥아더 장군 조차도 중부태평양 공세의 중간목표는 단지 -필리핀탈환을 위한- 진격의 발판을 마련하는 것이라고 인정할 정도였다.

그러나 맥아더 장군의 지지자들은 남서태평양 공세 구상에 적극 찬성하였다. 그들은 남서태평양의 경우 중부태평양과 달리 도서 간 배치 간격이 넓기 때문에 한 번의 공격으로 상당한 거리를 진격할 수 있고, 여러 도서를 공격하는데서 오는 번잡함을 피할 수 있다고 주장하였다. 그들은 해군의 주장대로 중부태평양으로 진격한다면 트루크 제도를 점령해야 할 것인데, 일본군이 강력한 방어를 펼치고 있는 이곳을 점령하기 위해서는 상당한 전력의 손실을 각오해야 할 것이라 주장했다. 또한 마리아나 제도를 점령한 후 이곳을 기지로 일본 본토에 전략폭격을 가한다는 구상도 별다른 실익이 없는 '허세'에 불과하다고 반박하였다. 맥아더 장군은 심지어 중부태평양으로 진격한다면 미드웨이 해전에서 일본 함대가 당한 것과 마찬가지로 적 육상기지 항공기의 공격으로 우군 항공모함을 잃을 수도 있다는 터무니없는 주장까지 내놓았다. 결국 육·해군은 타협안을 도출하지 못하고 중부태평양 공세는 해군의 주도 하에, 남서태평양 공세는 육군의 주도 하에 동시에 진행하고, 타군이 주도의 공세에는 일부 전력을 지원한다는 것에 합의하였다.

이에 따라 미국은 2개의 작전을 동시에 수행하면서 중부태평양과 남서태평양의 양방향에서 일본 본토로 진격하게 된다. 여기서 문제는 과연 전쟁 이전 오렌지계획에서 가장 확실한 방안으로 제시한 중부태평양 공세가 실제 전쟁의 승리에서 주도적 역할을 하였는가, 혹은 남서태평양 공세가 전략적으로 더욱 중요한 결과를 가져왔는가, 아니면 두 개의 공세 모두가 동등한 역할을 하였는가 여부이다. 이 문제에 대한 당시 지휘관들 및 역사학자들의 입장은 해당 군에 대한 소속감, 정치적 목표와 군사적 목표의 대립문제, 선호하는 전투방식, 지휘관에 대한 충성심 등 여러 가지 요소에 따라 천차만별이다.

당시 루즈벨트 대통령은 육 · 해군 어느 편도 들지 않았기 때문에 논쟁은 주로 육 · 해군 지도부 및 합동전략계획수립부서 사이에서 발생하였다. 합동전쟁계획위원회(JWPC)는 최초에는 두 작전 모두 동일하게 중요한 가치를 지니고 있다고 판단하였다. 그러나 합동전략조사위원회(JSSC)의 예비역 장성들은 연합군이 핵심목표 설정에 실패하여 전쟁지도에 혼선을 초래했던 유럽전장의 예를 들며 '반드시' 중부태평양공세에 주요 역량을 투입하여야 한다고 육 · 해군 참모총장을 설득하였다.

이에 따라 워싱턴의 계획담당자들은 위임통치령을 통한 진격에 미국의 노력을 집중하고, 알류산열도나 남서태평양을 통한 진격은 주요 공세를 지원하는 보조 공세로만 활용한다고 확실히 결정하게 되었다. 1943년 8월 열린 "퀘벡 회담(Quadrant conference)"*에서 합동참모본부는 영국에 태평양전쟁의 주요 공세 방향은 위임통치령을 통과하는 진격이며, 나머지 방안은 모두 보조적인 것이라고 재차 확인해 주었다.[1]

결국 1943년 말 중부태평양공세 및 남서태평양공세가 동시에 시작되었다. 1943년 11월, 미국의 루즈벨트 대통령, 영국의 처칠 수상, 중국의 장제스 총통(Generalissimo Chiang Kai-shek)이 회동한 카이로회담(Cairo Conference)에서는 양 전구사령부 간 긴밀한 상호지원 하에 중부태평양과 남서태평양에서 동시에 공세를 진행한다는 대일전승리 기본계획(Overall Plan for the Defeat of Japan)이 채택되었다.

그러나 이 계획은 중부태평양진격이 좀 더 신속하게 일본 본토 및 일본의 핵심 해상교통로에 접근이 가능하고, 일본 본토에 인접한 전략폭격기지를 조기에 확보할 수 있으며, 일본 함대를 함대결전으로 나오게 할 가능성이 더욱 높다는 이유를 들어 전력할당 및 작전의 우선순위는 중부태평양공세에 있다는 것을 명확히 밝히고 있었다.[2] 그리고 맥아더 장군이 지휘하는 남서태평양공세는 그 진출선이 뉴기니아 서부 끝단까지로 제한되어 있었다.

마셜 육군참모총장은 필리핀을 반드시 점령해야 한다는 맥아더 장군의 끈질긴 요구가 전체적인 태평양전략에 악영향을 미치지 않을까 노심초사하였지만, 양측의 공세는 별다른 문제없

---

* 1943년 8월과 1944년 9월 두 차례에 걸쳐 미국 루즈벨트 대통령과 영국 처칠 수상이 캐나다 퀘벡에서 개최한 수뇌회담. 1943년 8월 11일부터 24일까지 열린 1차 회담에서 두 수뇌는 소련이 요구해온 유럽 제2전선 문제와 이듬해 6월 실행될 노르망디상륙작전 계획을 논의했다.

이 계획대로 진행되었다. 실제로 중부태평양공세와 남서태평양공세는 특이한 마찰 없이 순조롭게 이루어졌으며, 공세의 우선순위 설정문제는 불필요 한 것으로 판명되었다. 1944년이 되자 태평양전략에 대한 육·해군 간 논쟁은 두 전력이 필리핀에서 합류한 이후의 다음 방책은 어떻게 할 것인가에 대한 문제로 옮겨졌다.

실제로 태평양전쟁의 경과를 살펴보면 중부태평양공세가 전쟁의 승리에 더욱 결정적 역할을 하였음을 알 수 있다. 중부태평양을 통한 진격은 미국의 막강한 해군력과 그 기동성을 가장 효과적으로 활용한 방안이었다. 미 해군은 중부태평양공세를 통해 일본의 주력함대를 끌어내는 데 성공하였고 이를 완전히 격파하였다. 그리고 중부태평양공세의 중간 목표였던 마리아나 제도를 점령함으로써 미국은 일본 본토를 폭격할 수 있는 전략폭격기지를 확보하였고, 이것은 전쟁의 승리에 결정적 역할을 하였다(반면 남서태평양공세를 통해 점령한 함대 및 항공기지는 위임통치령에서 점령한 기지와 중복되는 것이었다).

미국이 중부태평양공세를 통해 달성한 전략목표들은 남서태평양공세의 그 것에 비할 수 없었으며, 결과적으로 일본의 패망을 앞당기는 직접적인 동기가 되었던 것이다. 대전략의 관점에서 볼 때 중부태평양공세는 가장 중요하고 결정적인 역할을 하였으며, 유럽전쟁에서 연합군의 프랑스 상륙(노르망디 상륙작전)과 비교할 만한 일이었다. 그러나 남서태평양공세는 유럽전쟁의 지중해작전과 같이 주노력을 지원하는 부차적인 성격이었다. 그렇다고 해서 맥아더 장군이 주창하여 실시하게 된 남서태평양공세의 가치가 퇴색되는 것은 아니다. 동시에 진행된 양방향 공세는 상호보완적인 역할을 하였는데, 이를 통해 한쪽 방향에 집중될 수 있는 적의 압력을 분산시킬 수 있었고, 적에게 어느 방향이 주공격방향인지 판단하기 어렵도록 혼란을 일으킬 수 있었다.

그러나 결론적으로 볼 때 당시 미군이 전력을 분산하지 않고 중부태평양공세에만 전력을 집중하였다면 더욱 효율적인 성과를 거둘 수 있었을 것이다. 미합동참모본부의 역사학자는 태평양전쟁에서 양방향 동시진격을 결정하고 사령부를 분리시킴으로써 태평양의 전략문제가 더욱 복잡하게 되었으며, 이러한 지휘통일의 부재가 "전쟁수행의 효율성을 감소시켰다는 것은 의심의 여지가 없다"라고 신중하게 의견을 밝혔다.[3] 그럼에도 불구하고 당시 미국은 막대한 전시산업능력을 바탕으로 압도적인 전력을 구축할 수 있었기 때문에 양방향 동시진격으로 인해 생겨난 난점을 충분이 극복할 수 있었던 것이다.

저자는 당시 미군이 중부태평양공세가 아닌 남서태평양공세에 노력을 집중하였다고 해도 전체적인 전쟁의 방향은 오렌지계획의 예상과 크게 다르지 않았을 것으로 생각한다. 미국이 남서태평양을 통해 진격했다 하더라도 핵심도서에 대한 상륙작전, 강력한 적 방어도서는 우회, 이동식 기지의 건설 및 활용으로 이어지는 오렌지계획의 전체적인 태평양 진격방안을 그대로 적용하였을 것이다. 그리고 필리핀을 탈환 이후에는 전쟁 3단계 작전을 위한 대규모 전력을 그곳에 집결시켰을 것이다. 결론적으로 미군이 남서태평양공세만 시행했다고 가정할 때도 그 진격경로는 바뀌었을 것이지만 태평양전쟁의 대전략은 그대로 유지되었을 것이 분명하다.

미국의 국가 지도부 및 군 지휘부는 제2차 세계대전 중에도 중국 전선에 지상군을 투입하는 방안을 계속해서 고려하고 있었다. 만약 미군이 중국에 상륙하여 일본육군과 지상전을 벌였다면 오렌지계획의 근본원칙들이 완전히 뒤흔들렸을 것이 분명하다. 전쟁 이전 계획담당자들은 모두 대륙의 지상전에 개입하는 것은 반대하였다. 육·해군 모두 중국에 지상군 투입을 투입할 경우 군수지원이 매우 어려울 뿐 아니라 미국의 여론도 이 작전을 지지하지 않을 것이기 때문에 결국 실패할 수밖에 없을 것이라는데 의견을 같이하고 있었다. 이미 중일전쟁이 발발하여 일본과 중국이 치열하게 전투를 벌이고 있던 1939년, 합동위원회는 중국에 지상군을 투입하여 중국군과 협력, 해군의 진격과 발맞추어 중국의 해안지방을 점령해 나간다는 구상을 제시하였지만 합동기획위원회는 이를 레인보우계획-2에 반영하지 않았다.

그러나 태평양전쟁이 시작된 이후 계획담당자들은 중국대륙 상륙방안에 상당한 관심을 보이기 시작했다. 루즈벨트 대통령은 개인적으로 중국이란 나라의 잠재력을 높이 평가하였으며, 수백만에 달하는 중국군은 대일전에서 효과적인 작전을 펼칠 수 있을 것이라 기대하고 있었다. 1943년 봄, 합동계획담당자들은 중국대륙 지상작전의 개시가 포함된 대일전승리 전략계획 초안(tentative Strategic Plan for the Defeat of Japan)을 작성하여 보고하였다. 당시까지만 해도 남태평양공세의 진격속도가 매우 더뎠기 때문에 미국 군부에서는 다른 전략적 대안의 연구가 필요한 상황이었다.

그들은 인도를 경유하여 중국에 장거리 항공전력을 배치하여 활용한다면 다른 어떤 봉쇄수단을 활용하는 것보다도 일본의 해상수송을 조기에 차단할 수 있다고 주장하였다. 무엇보다도 그들은 중국내 항공기지를 활용한다면 일본 본토의 폭격이 가능할 것이라 보고 있었다. 미국 군부 내에서는 영국을 압박하여 영국군이 신속하게 버마전선에서 작전을 전개, 중국으로 통하는 통로를 개척하게 하자는 방안이 계속해서 논의되었으나 영국의 미온적 반응으로 별다른 성과를 거두지는 못하였다.

결국 중국대륙에 병력을 투입하기 위해서는 필리핀을 점령한 후에 미군이 중국 남부의 항구 -아마도 홍콩- 를 직접 점령해야 할 것이었다. 마침내 1943년 8월, 미국 국가 지도부는 일본 본토공격을 위해서는 중국내 전략폭격기지의 확보가 필수적이라는 것을 인정하고 중국대륙에 지상군 투입을 미국의 주요 전략으로 채택하였다. 다시 말하면, 차후에 일본 본토를 봉쇄하여 고사시키던지, 아니면 본토를 직접 공격하든지 간에 중국대륙을 일본 본토 공격을 개시할 발판으로 인정한 것이었다.

그러나 1944년 전반기에 접어들면서 중국을 일본 본토 공격의 전초기지로 활용한다는 구상은 그 유용성이 점차 줄어들기 시작하였다. 미국은 "독한 조(vinegar Joe)"란 별명을 가진 조셉 스틸웰(Joseph Stilwell) 장군의 주도 하에 장제스 총통이 지휘하는 중국 군대의 전열을 정비하게하고, 중국 군대를 버마전선에 참전시키기 위해 노력하였으나 이 계획은 완전히 실패로 돌아갔다. 한편, 당시 B-29 중폭격기의 양산이 시작됨에 따라 전략폭격기지의 확보문제가 대두되었다. 그러나 태평양전쟁의 단계별 진격계획표 상 일본 본토를 직접 폭격할 수 있는 비행장 건설이 가능한 마리아나 제도는 1944년 말이 되어야 확보하는 것으로 되어 있었다. 그리고 남태평양 방면의 진격은 여전히 속도가 더뎌서 1946년이 되어야 중국의 항구를 확보할 수 있을 것이라 예상되었기 때문에 당장 활용할 수 있는 전략폭격기지가 없었다.

결국 육군항공군은 B-29 중폭격기를 중국대륙에 위치한 항공기지에 배치하고 군수지원문제는 인도의 히말라야산맥을 통과하는 공중수송으로 해결하기로 결정하였다. 그러나 양산예정인 B-29 중폭격기 전체를 중국에 배치, 일본폭격에 투입하려면 엄청난 군수지원소요가 발생할게 분명하였다. 중폭격기기 운용에 필요한 항공유의 보급에만도 기존 폭격기를 개조한 유류수송기 7,000여 대가 필요하다는 계산이 나왔다. 이 숫자는 유럽전장에서 독일전략폭격에 투입한 전체 폭격기 대수를 넘어서는 것이었다. 이에 따라 육군항공군에서는 기존에 확보한 항공기지를 기반으로 일본 본토 대신 만주의 제철소시설, 방콕의 기관차공장, 싱가포르의 해군기지시설 등과 같은 가까운 지역의 전략목표를 공격하자는 방안을 내놓았다.

그러나 이 방안 역시 주 전략목표인 일본 본토의 공격이 포함된 것이 아니어서 별로 설득력이 없었다. 또한 육군항공군은 "황혼계획(Twilight Plan)"이라 이름붙인 중폭격기 운용계획에서 B-29 중폭격기를 유류수송기로 활용, 인도에서 히말라야 산맥을 넘어 중국의 중폭격기 기지까지 항공유를 수송한다는 방안을 제시하였다. 이 방안을 그대로 적용한다면 실제 폭격임무에 투입할 수 있는 B-29 중폭격기 소티는 전체 소티의 14% 밖에 되지 않는 비현실적인 계획이었다.

1944년 6월, 니미츠 사령관이 지휘하는 중부태평양을 통한 진격이 점차 가속화되었고, 일본은 중국대륙에 있는 미국의 중폭격기 기지를 점령하기 위한 대규모 지상작전*을 개시했다. 결국 미국의 계획담당자들은 일본공략에 중국을 활용한다는 구상을 포기하게 되었으며, 9월에는 중국 내 항구 점령계획의 연구가 완전히 중단되었다. 육·해군은 미국의 진격목표에서 중국을 제외하기로 합의하였으며, B-29 중폭격기는 모두 마리아나 제도로 이동하였다. 합동참모본부 역사학자는 "당시 중국에 투입한 미국의 군사적 노력이 태평양전쟁에 실제적 이점을 가져다주었는지를 확답하긴 어렵다. 당시 미군이 중국에 투입한 군사적 노력은 그다지 균형 잡히지 않은 것이었다."라고 서술하였다.[4] 결론적으로 대일전쟁 시 중국대륙에는 별다른 군사적 노력을 투입하지 않는다는 오렌지계획의 원칙은 선견지명이 있었다고 할 수 있다.

이후 태평양전쟁이 끝나기 몇 달 전부터 함대의 지휘관들과 계획담당자들은 일본을 완전히 고립시키기 위해서는 북중국 및 한국의 항구들을 확보해야 한다고 주장하기 시작하였다. 그러나 앞에서도 살펴보았듯이 전쟁 이전 오렌지계획에서는 이러한 노력은 불필요한 것으로 판단

---

* 1944년 4월부터 12월까지 중국대륙에서 펼쳐진 일본군 최후의 대규모 공격작전인 이치고작전(一号作戰)을 말한다. 이 작전은 미 해군에 의해 교란상태에 있던 해상교통로 대신 철도망으로 동남아시아의 자원을 일본 본토로 반출하기 위해 베이징에서 광저우까지 이어지는 중국 내륙의 간선철도를 완전히 장악하고, 동시에 본토공습을 차단하기 위해 B-29 중폭격기의 발진기지가 있는 중국 서남부 광시성(廣西省)의 미 공군기지를 점령하는 것을 목표로 삼았다.

하고 있었으며, 1945년 합동참모본부에서도 북중국 및 한국 항구의 추가점령은 불필요한 노력의 분산이라고 결론지었다. 만약 당시 미군에 추가적인 기지가 필요했다면 북중국보다는 오렌지계획에서 이미 식별한대로 오키나와에서 쓰시마해협 사이에 있는 여러 도서 중에서 하나를 선택하는 것이 더욱 바람직한 방안이었을 것이다.

1944년 후반, 중국에서 지상작전을 벌인다는 구상이 완전히 폐기됨에 따라 태평양전략을 둘러싼 논쟁은 필리핀의 레이테 점령 이후 다음 진격목표를 어디로 정해야 하는 가로 옮겨가게 되었다. 육·해군 계획담당자들은 일본 본토 폭격기지로 활용할 수 있을 뿐 아니라 본토상륙작전을 위한 전력의 수용 또한 가능한 일본 본토 근해의 적절한 섬을 확보하는 것이 필요하다는 데에 공감하였다.

당시 이러한 조건을 충족시킬 수 있는 섬은 루존 섬과 대만이었다. 이에 따라 미 군부 내에서 오래전부터 이어져 왔던 케케묵은 논쟁이 재현되었다. 신속한 진격을 최우선으로 강조한 1914년, 그리고 쿤츠 참모총장의 주도로 직행티켓전략을 강조했던 1923년에서 1925년간을 제외하고는 오렌지계획 발전 초창기의 미 해군 전략가들은 루존 섬을 우회하는 것이 가장 현실적인 방안이라고 간주하였다. 반면에 육군의 계획담당자들은 코레히도르요새를 구원해야 한다고 계속해서 주장하였다. 그러나 육군에서도 레오나드 우드 총독과 맥아더 장군이 필리핀 구원의 주장 끈질기게 주장했던 시기를 제외하고는 이 임무가 현실적으로 불가능하다는 것을 솔직히 인정하지 않을 수 없었다.

1920년대 후반, 육군에서는 루존 섬 탈환을 위해서는 최신장비를 갖춘 보병 30만 명이 필요하다고 예측하였다. 그리고 당시 합동위원회에서 마닐라탈환을 위한 계획수립을 지시하였으나, 육군에서는 이것은 현실적으로 불가능하다고 주장하며 계획수립 자체를 거부할 정도였다. 한편 대만의 경우 양호한 조건을 갖춘 항구가 없을 뿐 아니라, 점령을 위해서는 필리핀 점령에 필적할 정도의 대규모 육군을 투입해야 한다고 보았기 때문에 육·해군 모두 대만 점령의 필요성을 느끼지 못하고 있었다(대만은 산악지형이 많아 갱도격납고형 항공기지 건설에는 적합한 것으로 예측되긴 하였다).

해군 계획담당자들은 루존섬과 대만 중 어디가 되었든지 간에 공격 후 점령에 실패한다면 대일전쟁에서 승리하지 못할 것이라 우려하였다. 대부분의 오렌지계획의 진격방안에는 우선 필리핀 남부에 함대기지를 구축한 후 루존 섬이나 대만보다는 소수의 전력만으로도 점령이 가능한 소규모 섬(계획담당자들은 필리핀 동부해안의 포릴로를 언급한 적도 있었으나 대부분 류큐 제도가 가장 적합하다고 판단하였다)을 확보하여 일본 본토 공격의 발판으로 활용한다고 되어있었다.

1943년 가을, 합동계획담당자들은 대만을 점령하는 것이 "태평양전쟁을 조기에 종결하는데 가장 적절한 방안"이라고 결정하였다. 킹 미 함대사령관과 합동전략조사위원회(JSSC) 위원들은 일본 본토와 남방자원지대간의 해상교통로를 차단하는 가장 좋은 방법은 대만을 점령하는 것이라고 보았다. 그들은 육군항공군의 지원 없이 태평양함대의 항공전력 만으로도 대만의 상륙작전을 지원하는데 충분할 것이라 판단하였다. 두말할 필요 없이 당시 대만은 해군의 작전전구 내에 포함되어 있었다. 그러나 마셜 육군참모총장의 지원을 받는 맥아더 장군은 루존 섬 공격을 강력하게 주장하였다. 맥아더 장군은 루존 섬은 방어에 불리한 지형이기 때문에 육상기지 항공기의 지원을 받는다면 대만보다 손쉽게 점령이 가능하다고 확신하고 있었다. 또한 일본의 압제로부터 필리핀 주민들을 해방시키겠다는 그의 맹세를 지키기 위해서라도 루존 섬의 탈환이 반드시 필요하였다. 당연히 루존섬은 육군이 주도하는 남서태평양지역군의 작전구역에 포함되어 있었다.

합동참모본부는 불필요한 구역은 점령하지 않고 우회하는 방법으로 태평양전쟁의 종결을 가속화할 수 있는 최선의 방안을 제시하라는 지시와 함께 니미츠 제독과 맥아더 장군에게 대만 점령방안과 루존 섬 점령방안을 각각 다시 연구하게 하였다. 이후의 공격목표를 어디로 할 것인가를 두고 벌어진 육·해군 간 논쟁은 1944년 7월, 루즈벨트 대통령이 각군 참모총장 및 전구사령관을 하와이에 불러 모아 회의를 주재할 때까지 계속되었다. 결국 루즈벨트 대통령은 미국의 명예와 위신을 회복해야 한다는 정치적 고려를 우선시하여 루존섬을 탈환해야 한다는 맥아더 장군의 손을 들어주었다.

그러나 킹 사령관은 이 결정에 격분하였다. 이후 대만 점령에는 지상군 50만 명(킹이 대만점령에 필요하다고 예측한 병력보다 3배나 많은 수치였으며 일본 본토상륙작전 병력과 비슷한 수치)이 필요할 것이라는 리히 합동참모의장의 설득과 육군과 대립할 경우 해군 단독으로 대규모 지상전투를 수행해야 할 수도 있다고 우려한 니미츠 사령관이 다른 대안을 제시하고 나서야 킹은 자신의 주장을 철회하였다. 태평양함대에서 제시한 대안은 루존 섬 점령 이후에는 일본 근해의 도서 -이오지마와 오키나와- 를 반드시 점령한다는 것이었다.

전쟁 이전 오렌지계획에서 대만을 점령하지 않고 우회해야 한다고 판단한 것은 결국 적절한 것으로 밝혀졌다. 미국은 해군력 및 항공력만을 동원해 대만을 무력화하고, 대만에 주둔한 일본군의 손발을 완전히 묶어놓을 수 있었다. 그리고 노르망디 상륙작전 시 영국을 상륙작전 준비기지로 활용했던 것처럼 루존 섬을 점령하여 이곳을 "일본 본토 상륙작전을 위한 준비기지"로 활용해야 한다는 인식이 미 군부 내에서 점차 설득력을 얻게 되었다.[5] 결국 맥아더 장군이 주장한 대로 루존 섬 공격이 시작되었다. 맥아더 장군은 마침내 그의 정치적 목표를 달성할 수 있었지만, 루존 섬 점령은 예상만큼 쉽지는 않았다. 루존 섬 탈환 과정에서 마닐라는 완전히 파괴되었으며, 10만여 명의 필리핀인들이 희생되었다. 미국은 루존 섬을 탈환함으로써 일본의 남방유전지대 접근을 완전히 차단할 수 있었으며, 필리핀에 배치되어 있던 일본군 항공전력 대부분을 파괴할 수 있었다.

그러나 루존 섬은 대규모 함대기지 및 항공기지로 활용하는 것이 불가능하였으며 루존 섬 공격을 주장한 맥아더 장군 측의 주장과는 달리 일본 본토공격에도 별다른 역할을 하지 못하였다.[6] 필리핀 남부에서 류큐 제도로 곧바로 진격한다는 오렌지계획의 구상은 전쟁 중에는 별다른 주목을 끌지 못했지만, 실제로 실행되었더라면 루존 섬 점령으로 초래된 미군의 희생을 어느 정도는 줄일 수 있었을 것이다.

태평양전쟁 후반부에 일본 본토 근해에서 진행된 일련의 상륙작전의 전개과정은 일본군이 격렬하게 저항할 것이라는 예측까지 포함하여 오렌지계획의 예측과 대부분 일치하였다. 태평양전쟁 시 최초 류큐 제도 점령 -점령범위가 제도 전체가 아니라 오키나와 섬과 주변 몇 개 섬들로 축소되긴 했지만- 을 계획한 목적은 전쟁 이전 오렌지계획의 목적과 동일하게 일본 근해의 여러 섬을 점령하여 일본 본토에 전방위적 압박을 가하기 위함이었다(제14장 참조).

그러나 항공기 및 함정 작전반경의 급속한 증가로 인하여 전쟁 이전 오렌지계획에서 계획한 대로 일본 본토와 근접한 섬까지 모두 점령해 나가는 것은 더 이상 필요치 않게 되었다. 그리고 이오지마 섬을 점령한 것은 마리아나 제도에 기지를 둔 중폭격기의 보조기지로 활용하기 위함이었다(이오지마 섬에는 항구가 없었기 때문에 해군계획담당자들은 이곳에 별다른 관심을 보이지 않았다). 또한 전시 계획담당자들은 보닌 제도는 전략적 중요성이 그다지 높지 않으며, 일본군이 강력한 방어 태세를 구축하고 있어 점령 시 발생할 전력손실을 고려했을 때 점령할 가치가 별로 없다는 전쟁 이전 계획담당자들의 판단을 그대로 수용하여 이곳의 공격은 고려하지 않았다.

태평양전쟁의 막바지에 미국 지도부에서 일본 본토 공격방안을 내놓게 되면서 오렌지계획의 전략원칙에 가장 큰 위기가 대두되기 시작하였다. 이러한 예상치 못한 전시전략의 급격한 변경을 이해하기 위해서는 먼저 당시 미국의 궁극적인 전쟁목표는 무엇이었으며, 그 목표의 달성을 위해서는 어느 정도의 시간과 노력이 필요할 것이라 예상하고 있었는지를 검토해 보아야 한다.

1907년 이후 미 해군의 계획담당자들이 설정한 대일전쟁의 최종목표는 일본을 "항복하게 만든다." 또는 "미국의 의지를 강요한다." 등과 같이 우회적으로 표현되긴 하였으나 줄곧 일본의 '완전한' 패망이었다. 이후 20여 년이 경과하면서 일본의 완전한 패망이라는 대일전쟁의 최고 목표는 오렌지계획 내에서 공식적으로 언급되지는 않았으나, 해군계획담당자들의 마음속 깊은 곳에서는 사라지지 않고 그대로 남아있었다(제26장 참조).

한편 레인보우계획-5에서는 독일의 패망에 우선순위를 부여하고, 독일을 패망시키기 전까지 태평양에서는 일본의 전시산업능력을 약화시키기 위한 사전 계획된 작전들만 수행하는 것으로 확정되었다.[7] 이러한 레인보우계획-5의 전략방침에 따라 태평양전쟁 초기 1년간은 미국은 명확한 대일전쟁의 전략목표 없이 전쟁을 수행하였다.

1943년 1월 24일, 카사블랑카 회담의 기자회견 중에 루즈벨트 대통령은 즉석에서 추축국의 무조건 항복을 요구하였는데, 이것은 이후 제2차 세계대전의 방향에 가장 큰 영향이 미치게 되는 미국의 전쟁지휘결심이었다. '무조건 항복'이라는 용어(이 말은 남북전쟁 시 그랜트 장군이 최초로 사용한 이후 널리 알려지긴 하였지만)는 전쟁 이전 오렌지계획 수립자들에게는 익숙하지 않은 개념이었으나 그들이 이전부터 지지했던 일본의 '완전한 패망'과 의미는 일맥상통하는 말이었다.

높은 사기는 말할 것도 없고 세계대전의 승리에 대한 확신에 가득 차 있던 당시 미국의 여론은 이러한 가혹한 전쟁목표를 열렬히 환영하였다. 그러나 연합계획담당자들은 루즈벨트 대통령이 언급한 이 모호한 표현의 의미를 정확히 파악하지 못해 당황하였으며, 항복을 수치로 여기는 일본 같은 나라에 대해서는 별다른 의미가 없는 표현이라 여기게 되었다. 그들은 무조건 항복 대신 "일본 저항능력의 분쇄(the destruction of Japanese capacity to resist)"라는 전쟁목표를 건의하였으나 루즈벨트 대통령은 자신이 발표한 전쟁목표를 그대로 유지하게 하였다.

이후 미국은 실제로 일본 본토를 점령하였고 일본군대를 완전히 무장해제 시켰다. 그리고 일본이 강점한 모든 해외영토를 원래의 상태로 되돌렸을 뿐 아니라, 전쟁을 주도한 일본 정치 및 군부지도자들을 체포하여 전범재판에 세움으로써 무조건 항복이라는 전쟁목표를 완전히 달성하게 되었다(천황은 모든 세속적 권한을 포기하고 상징적 존재로 남는다는 조건 하에 일본이 천황제를 그대로 유지할 수 있도록 한 것이 무조건 항복의 유일한 예외라고 할 수 있었다).

35년간 이어진 오렌지계획의 근저를 이루는 핵심원칙은 해양력을 활용, 적의 전시산업능력 및 전쟁수행능력을 파괴하여 강력한 대륙 국가를 물리친다는 것이었다. 이러한 해양력 중심의 전쟁철학은 1906년 최초로 작성된 오렌지계획 초안부터 포함되어 있었으며, 이후 오렌지계획에도 중단 없이 계승되었다. 이러한 오렌지계획의 핵심원칙에 근거할 때 일본 본토 공격은 그 자체로 불필요하며, 작전을 실시한다고 해도 군수지원이 불가능하고 엄청난 희생으로 인해 국내여론을 악화시킬 것이 틀림없었다.

전쟁 이전 계획담당자들은 일본 본토 공격에 필요한 병력과 군수물자를 동원하는 데는 최소 몇 년 이상이 소요될 것으로 추정하였다. 그리고 설사 이러한 병력과 물자를 동원할 수 있다 하더라도 제2차 세계대전 이전 미국의 상선단 규모를 고려했을 때 극동까지 최대로 수송할 수 있는 병력은 100만 명 정도 밖에 되지 않았다. 또한 이 병력을 한 번에 수송하는 것도, 병력유지에 필요한 군수물자를 지속적으로 수송하는 것도 불가능한 상태였다. 그리고 미국의 기계화장비들은 일본에 산재한 논과 산악지대에서는 그 성능을 제대로 발휘하지 못할 것이라는 예측도 나왔다. 결국 전쟁이전 계획담당자들은 일본 본토 공격은 "성공의 가능성도 거의 없으며", "물리적으로도 실행 불가능한" 작전이라고 결론짓게 되었다(이러한 결론에도 불구하고 외부로부터 천연자원 유입을 차단하고 항복을 가속화시키기 위한 방안으로 일본 본토 근해 도서에 대규모 지상군을 배치, 본토상륙의 위협을 가하면 효과가 있을 것이라는 의견이 제시되기도 했다).

오렌지계획의 작성자들은 일본을 해상에서 완전히 봉쇄하고 지속적으로 항공폭격을 가한다면 일본은 결국 항복할 수밖에 없을 것이라 보았다. 그러나 이러한 해상봉쇄 및 폭격에 일본이 얼마나 오랫동안 저항할 것인가는 아무도 확실한 답을 내놓지 못하였다. 전쟁 이전 계획담당자들은 과거의 역사적 사례를 살펴볼 때 해상봉쇄는 그 효과가 매우 서서히 나타난다는 것을 이미 인식하고 있었다. 하지만 미국이 일본 함대를 완전히 격파하고 일본을 외부세계로부터 완전히 고립시킨다면 일본은 어쩔 수 없이 항복을 구걸할 것이라 낙관적으로 판단하였다. 또한 항공폭격이 과연 예상만큼 효과가 있을지도 장담하기 어려운 상황이었다.

1930년대 스페인내전 시 반군이 정부군에 대해 실시한 폭격, 중일전쟁 시 일본군의 중국본토폭격은 전쟁국면에 결정적 영향을 미치지 못했다. 그리고 1941년 영국과 독일이 상대방에게 가한 항공폭격의 실제 사례는 잘 훈련된 시민과 현대적 경제규모를 갖춘 국가의 경우 적당한 수준의 항공폭격으로는 결정적 타격을 가하기 어렵다는 사실을 증명해 주었다.

초창기 오렌지계획에서 계획담당자들은 대일전쟁의 전체기간을 2년 정도로 예상하였다. 그리고 후반기 1년은 미국의 대일공세 기간으로 가정하고, 미국은 길고 소모적인 전쟁을 진행해야 한다고 판단하였다. 그러나 점차 시간이 흐르면서 중부태평양에 함대기지를 건설하는 데에만 2년 가량이 소요될 것이라 보기 시작했다. 한편 극단적인 비관론자들은 미국이 대일전쟁에서 승리하기 위해서는 3년에서 4년의 시간을 투자하여 '두 번째 함대(second fleet)'를 확보한 이후에나 가능할 것이라 예상하기도 했다.

예컨대 1940년 스타크 참모총장은 대일전쟁의 승리를 위해서는 수년이 걸릴 것이라 비관적으로 예측한 바 있었고, 심지어 리처드슨 제독은 5년에서 10년이 걸릴 것으로 내다보기도 하였다. 급진론자 및 점진론자를 막론하고 전쟁이전 계획담당자들 모두는 대일전쟁이 장기화된다면 미국민의 여론이 악화될 것이라 우려하였다. 이를 해결할 수 있는 방안으로 급진론자들은 미 함대의 서태평양으로 신속한 진격을, 점진론자들은 전쟁초기 손실의 최소화를 내놓았다. 진주만 기습 이전까지는 일본에 대한 복수심으로 인해 미국민이 3년 하고도 8개월 동안 계속된 전쟁을 적극 지지할 것이라는 사실을 아무도 예측하지 못하고 있었다.

제2차 세계대전 말, 미국 국가지도부는 일본 본토공격을 위한 작전계획의 수립 및 작전시행의 준비를 승인한다는 중요한 전쟁지휘결심을 내리게 되었다. 1945년 후반 당시 미국이 일본 본토공격에 투입할 수 있는 전력 및 이에 필요한 해상수송능력은 전쟁 이전의 예측과 비교할 수 없을 정도로 증대된 상태였다. 따라서 유럽전구의 전력이 태평양으로 재배치를 완료하고 선견부대작전이 성공적으로 마무리된다면 대규모 일본 본토상륙작전도 충분히 실행이 가능한 상황이었다. 당시로서는 군국주의적인 일본사회의 특성 상 일본이 무조건 항복을 수용할 가능성은 없어보였고, 일본 본토 상륙 및 점령만이 태평양전쟁을 종결할 수 있는 유일한 방책이라고 여겨지는 분위기였다.

유럽전구의 경우, 1943년 중반부터 전황이 점점 연합국에 유리하게 전개되기 시작함에 따라 1944년까지는 연합국과 소련이 히틀러를 항복시킬 수 있다는 낙관론이 점점 생겨나기 시작했다. 그러나 당시 태평양전구의 미군은 일본군과 힘든 싸움을 거치면서 조금 라바울을 향해 진격하고 있는 상태였기 때문에 전쟁의 승리는 요원해 보였고 일본의 항복까지는 최소한 몇 년이 더 소요될 것이라는 예측이 우세하였다.

1943년 5월, 트라이던트 회담(Trident Conference)*에 참가한 연합국 전략기획자들은 가능한 한 빠른 시간 내에 대일전쟁에서 승리한다는 뜬구름 잡는 말들만 늘어놓을 수밖에 없었다. 그리고 1943년 8월, 연합계획참모단은 1946년까지는 일본제국의 남방지역을 완전히 점령하고 1947년에 일본 본토를 공격한다는 계획을 수립하였으나 일본의 항복시점을 언제라고 명시하지는 않았다. 한편 이때부터 미국에서는 태평양전쟁의 장기화에 대한 우려의 징후가 가나타기 시작하였다.

그러나 쿡이 -계획수립의 목적으로- 일본 점령 시점을 독일의 패망 1년 후로 정해야 한다고 주장하면서 대일장기전을 극복하기 위한 돌파구가 마련되었다.[8] 미국 국가지도부는 쿡이 판단한 일본점령시점에 적극적으로 찬동하였으며, 이 방안은 유럽전쟁 종결 이전에 미군전력의 일부를 태평양에 재배치해야 하다는 것을 의미하였음에도 불구하고 영국의 처칠 수상까지도 이

---

* 1943년 5월 미국의 루즈벨트 대통령과 영국의 처칠 수상이 워싱턴에서 개최한 수뇌회담. 이 회담에서 두 수뇌는 이탈리아 상륙계획, 독일 전략폭격 및 중국본토에 지상군 상륙 등의 문제를 논의했다.

에 동의하였다. 이리하여 1945년까지 태평양전쟁에서 승리를 거둔다는 목표가 재빨리 미국의 공식 전쟁목표가 되었지만 이러한 신속한 승리를 위한 구체적 방법은 아직 없는 상태였다.

1943년 10월, 연합계획참모단에서는 1945년까지 일본 본토점령을 목표로 한 단계별 개략계획을 작성하여 보고하였으나, 상부에서 이 계획을 완전히 승인한 것은 아니었으며 필요할 경우 선택할 수 있는 한 가지 대안으로 유지되었다. 이후 1944년 6월, 합동계획참모단은 일본 본토를 직접 공격해야만 태평양전쟁의 종결을 계획대로 추진할 수 있을 것이라 결론을 내리게 되었다. 그 중에서도 일본의 핵심 산업지대인 혼슈에 상륙한 후 이를 점령해야만 지정된 기간 내에 일본에 무조건 항복을 강요할 수 있을 것이었다. 합동계획참모단은 일본 본토를 지속적으로 해상봉쇄하고 강력한 전략폭격을 가함과 동시에 일본 열도 남부의 큐슈를 먼저 점령한 후 1945년 혼슈에 상륙작전을 개시한다는 계획을 건의하였다. 합동참모본부는 -장차계획을 수립한다는 목적으로- 이 전략계획을 그대로 승인하였다.

1945년 4월, 독일의 항복이 임박해지면서 태평양전쟁에도 중요한 결심의 순간이 다가오게 되었다. 합동계획참모단은 먼저 일본 본토의 해상봉쇄만 시행할 경우 일본의 무조건 항복을 받아내기는 어려우며 일본이 평화협상에 나서야만 종전이 가능할 것이라고 보고하였다. 이것은 미국의 지도부에서는 전쟁에 패한 것과 다름없다고 생각하는 방식이었다. 이어서 1년 내에 일본에게 무조건 항복을 받아내려면 일본 본토공격 밖에는 다른 대안이 없다고 보고하였다.

구체적으로 소련이 3개월 후에 만주의 관동군에 대한 공세를 개시하겠다고 약속하긴 했지만 이것만으로는 부족하며 일본이 본토방어에 전전력을 투입하지 못하게 하기 위해서는 중국에 상당한 지상군을 파견해야 하며, 본토 상륙작전의 준비기간이 필요하므로 1946년까지는 대일 전쟁을 지속해야 할 것이라 판단하였다. 합동참모본부에서는 이번에도 장차계획을 수립해 놓는다는 목적으로 합동계획참모단의 건의안을 승인하였다. 이후 일본 본토 상륙작전의 지휘를 누가 맡을 것인가를 놓고 육·해군 간의 지루한 논쟁이 한 달 동안이나 이어진 끝에 1945년 5월 25일, 합동참모본부는 1945년 11월 1일 큐슈의 가고시마(鹿兒島)만에 상륙작전을 개시한다는 전략지침을 확정하였다(1946년 3월로 예정되어 있던 혼슈상륙작전에 대한 전략지침은 발표되지 않았다).

당연히 육·해군은 각자 자군에게 유리한 전쟁종결전략을 선호하였다. 맥아더 장군을 상륙작전을 지휘할 최고사령관으로 내정한 육군에서는 일본 본토 상륙작전은 반드시 필요하다고 주장하였다. 마셜 육군참모총장과 맥아더 장군은 4월 12일 사망한 루즈벨트 대통령을 승계한 해리 트루먼(Harry Truman) 대통령에게 일본 본토 상륙작전은 일본인들이 더 이상 희망이 없다는 현실을 깨닫게 할 수 있는 유일한 방안이라고 설득하였다.[9]

그들은 큐슈 점령은 그리 어려운 일이 아니며, 점령소요일자를 30일로 보았을 때 병력손실은 31,000명 정도(루존섬 탈환작전 시 손실율과 비슷하였으며, 오니키나와 상륙작전의 손실율의 절반에 불과)에 불과할 것이라고 말하였다[10](그러나 일본이 항복한 이후 육군본부 작전부에서는 일본 본토상륙작전을 실제로 개시하였더라면 상륙개시일 당일에만 3만 명의 병력손실이 발생하였을 것이라는 예측치를 보고하기도 하였다)[11]. 이러한 의견을 접한 트루먼 대통령은 일본 본토 상륙작전계획의 수립을 승인하였다.

한편, 일본 본토 봉쇄작전은 해군의 주도 하에 차질없이 진행되고 있었다. 1945년 봄 이후 일본의 해군전력과 항공전력은 대부분 파괴되었으며, 일본의 해외물자수입량은 기존물량 대비 90% 이상 감소되었다. 아직 격침되지 않은 일부 상선이 일본 본토와 한국을 잇는 좁은 쓰시마 해협에서만 간간히 운행되고 잇는 정도였다.[12]

미국의 잠수함들은 일본상선의 격침을 위해 이미 한국의 동해까지 진출한 상태였으며, 니미츠 사령관은 동해에 항공모함을 배치를 고려하고 있었다. 그리고 미 해군 전함들은 일본의 주요 항구에 지속적으로 포격을 가하고 있었다. 이러한 완벽한 봉쇄가 계속된다면 머지않아 일본국민 전체가 굶주리게 될 것이었다. 또한 다수의 폭격기를 동원하여 일본 본토에 강력한 항공폭격을 가한다는 오렌지계획의 구상도 계획대로 잘 진행되고 있었다. 일찍이 1943년 연구보고서에서는 B-29 중폭격기 784대를 일본 본토폭격에 투입한다면 6개월 안에 일본의 전쟁수행능력을 마비시킬 수 있을 것이라 예측하였다.[13]

1944년부터 미국은 적 산업시설에 대한 고고도 정밀폭격을 실시하였으나 명중률은 그다지 높지 않은 반면, 미국 항공기의 손실은 꾸준히 증가하게 되었다. 이전부터 미국의 계획담당자들은 일본은 군수산업시설은 한곳에 집중되어 있는 것이 아니라 곳곳에 산재해 있기 때문에 폭격 효과가 상대적으로 적은 반면, 인구가 밀집된 대도시는 대부분 목조건물로 구성되어 있기 때문에 일정구역에 무차별 소이탄폭격을 가한다면 폭격의 효과를 극대화할 수 있을 것이라 여기고 있었다. 그러나 미국은 전쟁 후반 고고도 정밀폭격의 명중률이 미미하다는 것이 완전히 밝혀진 이후에야 비로소 소이탄 구역폭격을 시작하게 된다.

미국이 전략폭격교리를 변경하면서 일본 본토 전략폭격의 효과가 바로 나타나기 시작하였다. 1945년 3월, 커티스 르메이(Curtis LeMay) 장군의 지시에 따라 제21폭격기사령부 소속 폭격기 대부분이 네이팜 소이탄을 적재하고 도쿄에 야간폭격을 감행하였다. 이 대규모 폭격으로 도쿄 중심부는 완전히 불에 탔으며, 8만 3천명의 일본인이 사망하였다. 이후 이와 유사한 소이탄 폭격이 일본의 다른 도시에도 계속되었다. 1945년 여름까지 미국은 600여 대의 중폭격기를 동원하여 대부분의 일본 주요도시의 중심부를 파괴하였으며, 작은 도시 정도는 말 그대로 완전히 불바다로 만들 수 있는 능력을 갖추게 되었다.

당시 미국이 일본에 원자폭탄을 투하하지 않고 일본 본토 봉쇄를 통해 항복을 받아낸다는 전략을 계속 유지했을 경우 미군의 전체전력손실이 어느 정도가 되었을 것인가를 비교적 정확하게 예측한 분석자료는 아직 없다. 전후 비공적인 예측자료를 살펴보면 일본 본토 봉쇄작전 간 미군의 전력손실 예측치는 작전 전 기간을 통틀어 몇천명 이하 –봉쇄작전에 참가한 해군 및 항공군 전력만 약간의 피해를 입을 것이라 가정[14]– 에서 매주 7,000명 이상 –버마전선 및 중국전선에서 싸우는 연합군의 손실 및 일본군 자살공격에 의한 손실이 매우 클 것으로 가정[15]– 까지 그 범위가 매우 다양하다.

태평양전쟁 말기 미국이 공식적으로 해상봉쇄를 통해 일본을 항복을 받아낸다는 오렌지계획상의 태평양전략을 포기하였는가 여부는 여전히 의문의 대상이다. 당시 미국은 일본 본토 상륙작전이 성공할 것임을 믿어 의심치 않고 있었지만, 1945년 8월 일본이 무조건 항복하지 않았을 경우 실제로 작전을 개시하였을 지에 대해서는 확신하기 어렵다. 원자폭탄 투하, 소련의 대일전 참전, 일본의 갑작스런 항복의사 타진 등 1945년 8월에 연이어 발생한 사건들은 태평양전쟁의 전략적 상황을 급격하게 바꾸어 놓았기 때문이다. 이러한 급격한 상황전개로 인해 일본 본토 봉쇄를 유지한 채 일본을 고사(枯死)시킬 것이냐, 아니면 본토에 상륙작전을 개시하여 결정적 승리를 추구할 것이냐를 선택하는 문제는 더 이상 의미가 없는 일이 되었다.

이러한 문제제기에 대한 전후 공식적인 평가는 1945년 당시의 잘못된 편견을 그대로 반영하고 있다. 1947년 발간된 미국 전략폭격조사보고서(The U.S. Strategic Bombing Survey)에서는 일본 본토 상륙작전을 실제로 실행하였다면 일본에 결정적 타격을 가할 수 있었을 것이며 최소한 1945년이 가기 전까지는, 상황이 낙관적으로 진행되었다면 그해 11월 1일 즈음에는 일본이 항복하였을 것이라는 의견을 제시하였다.[16]

당시 육군항공군 지휘부는 대일전에서 승리를 거둘 수 있는 유일한 방법은 본토상륙 밖에 없다고 주장하며 마셜 육군참모총장과 맥아더 장군을 적극적으로 지지하였다.[17] 또한 전후 육군의 한 역사학자는 일본 본토를 공격하기 위한 수단, 계획 그리고 의도가 없었다면 일본의 무조건 항복은 가능하지 않았을 것이라 평가하기도 하였다.[18] 그러나 이와는 반대로 당시 해군 지도부 대부분은 당시 상황을 고려했을 때 일본 본토 공격은 실제로 시행되지는 않을 것이라 판단하고 있었다.

니미츠 태평양해역군 사령관은 일본 본토 공격이 정말로 필요한 지에 대해 회의적이었다. 그리고 스프루언스 제독은 일본 본토 공격은 "피해가 극심할 것이며, 반드시 실행할 필요성이 없다"라고 언급하였다. 리히 합참의장은 본토공격을 하지 않더라도 일본 본토의 봉쇄가 "문제없이" 시행될 것이라 생각하였으며, 육군항공군의 지원을 어느 정도 받은 것을 제외하면 해군이 이미 단독으로 일본을 물리친 것이나 다름없다는 사실을 육군은 받아들이려 하지 않는다고 자신감을 보이기도 하였다.

킹 미 함대사령관의 경우 트루먼 대통령에게 합동참모회의는 전원합의체이기 때문에 어쩔 수 없이 일본 본토 공격에 찬성하긴 하였지만 개인적으로는 회의적 입장이라고 보고한 바 있으며, 기회를 봐서 대통령을 설득하여 마음을 돌려놓으려고 생각하고 있었다고 회고하기도 하였다.[19] 당시 미 해군은 해양중심의 전쟁을 지상중심의 전쟁으로 전환시키려는 육군의 시도를 묵인하기는 했지만 오렌지계획의 전략원칙이 실제 태평양전쟁에서 효과를 발휘하였다는 확신에는 변함이 없는 상태였다.

태평양전쟁 말기 미국의 실제 전략결심과 오렌지계획의 전략원칙을 비교·검토하는 목적은 전시 미국 정책결정자들의 행위를 비판하려 하는 것이 아니다. 단지 1945년 8월 당시 미국 국가 지도부 및 군 지휘부 내에서 오렌지계획은 어떠한 평가를 받고 있었는가를 살펴보기 위함이다. 당시 활약한 국가 지도자 및 군 지휘관의 회고록에서 오렌지계획이 거의 언급되지 않는 것으로 미루어 볼 때, 군사전략의 결정 시 이전부터 지속적으로 연구되어온 오렌지계획을 공식적으로 참조하지는 않은 것으로 보인다. 그리고 종전 직후 태평양전쟁 시 미군의 전략을 다룬 여러 연구에서도 오렌지계획은 거의 언급되지 않았다. 그러나 당시 정책결정자들이 오렌지계획은 실제적 유용성이 없다고 인식하고 있었다 하더라도 수십 년간 누적된 분석자료를 참고하여 대일전쟁전략의 수립에 필요한 정보를 획득하는 것은 가능하였을 것이다. 예를 들어 루즈벨트 대통령은 일본 본토 공격을 위한 사전계획수립에 반대하지는 않았지만, 1913년에서 1920년까지 해군차관으로 재직하였기 때문에 오렌지계획의 대일봉쇄전략에 대해 잘 알고 있었음에 틀림없다.

반면에 오렌지계획의 전략원칙이 대부분 태평양전쟁에 그대로 적용되었고 큰 성과를 거두긴 하였지만 전쟁말기 루즈벨트의 사망으로 인해 급작스레 대통령직을 승계한 트루먼 대통령은 오렌지계획의 존재 자체를 몰랐을 가능성이 크다. 그리고 전쟁 이전 대일전쟁계획 수립활동과 대일전에 대비한 전쟁연습 등을 이미 경험한 바 있는 미군 지휘부는 성급하게 결정을 내리기보다는 좀 더 거시적 관점에서 태평양전쟁 종결전략을 구상하려 했을 것이다. 그렇다고 한다면, 일본 본토를 공격하여 무조건 항복을 받아낸다는 태평양전쟁 말기 군 고위 지휘관들의 판단은 전쟁 이전의 이성적 분석결과에서 비롯된 것이라기보다는 전쟁이 진행되면서 점점 격화된 일본에 대한 복수심에서 근거한 것이었을 가능성이 크다. 그러나 일본에 원자폭탄을 투하한다는 태평양전쟁의 마지막 전쟁지휘결심 덕분에 일본 본토의 직접공격이 아닌 일본 본토의 봉쇄를 통해 승리를 쟁취한다고 가정한 오렌지계획은 그 유용성을 잃지 않을 수 있었다.

전쟁 이전 오렌지계획과 전시계획 모두 원자폭탄과 같은 가공할 무기체계의 등장을 전혀 예측하지 못하였다. 전시 육·해군 전략기획자들 모두 원자폭탄의 존재자체를 알지 못했으며, 히로시마와 나가사키에 투하 3주 전에 비로소 군부에 원자폭탄의 존재가 알려졌다. 트루먼 대통령은 군사보좌관 및 민간보좌관의 권고에 따라 일본에 원자폭탄의 투하를 결심하였다. 미국과 연합국의 국민들은 원자폭탄 투하 소식에 환호하였다. 그리고 태평양전구에서 사투를 벌이고 있던 군인들뿐 아니라 태평양전구에 투입될 예정이었던 군인들 역시 이 소식을 듣고 안도의 한숨을 내쉬었다. 원자폭탄 투하 일주일 후 일본은 무조건 항복을 선언하였다.

태평양전쟁 종전 이후 미국의 원자폭탄 투하를 정당화하는 여러 가지 해석들이 나오기 시작했다. 스팀슨 국무장관과 처칠 영국수상은 원자폭탄을 투하함으로써 일본 본토 공격 시 발생하였을 백만 명 이상의 병력손실을 예방할 수 있었다고 강조했다. 트루먼 대통령은 자신의 회고록에서 원자폭탄의 투하로 최소 50만 명 이상의 미군 인명피해를 막을 수 있었다고 주장하였다. 이들 모두 미국이 일본 본토를 직접 공격할 경우에는 원자폭탄의 투하로 인해 일본이 입을 인명피해를 훨씬 뛰어넘는 규모로 미군에 피해가 발생할 것이라 우려하고 있었다.[20]

제2차 세계대전 전체를 통틀어서 실제 미군 사망자는 292,000명 정도였음에도 불구하고 일본 본토 공격 중 발생할 수 있는 과장된 병력손실 예상치가 원자폭탄 투하를 정당화하는 명분이 되었던 것이다. 하지만 당시 미국 대통령이 누구였든지 간에 태평양전쟁을 끝낼 수 있는 방안이 일본 본토 공격 밖에 없었다면, 어떠한 손실이라도 감수하고서라도 일본 본토의 공격을 명령하였을 것이다. 이러한 병력손실 예상치를 활용한 논리는 미국의 정책결정자들이 원자폭탄의 투하를 정당화하고 미국의 도덕적 위신을 유지하는데 가장 적합한 수단이었다.

이외에도 이후 미국이 원자폭탄 투하를 결정한 원인에 대해 다양한 분석이 이루어졌는데, 대부분은 다분히 주관적인 시각에 입각한 분석이었다. 대표적인 내용들을 살펴보면 일본에 원자폭탄의 투하는 소련에 두려움을 심어주기 위한 목적이었다; 소련이 대일전에 본격적으로 참전하여 자신의 지분을 요구하기 이전에 전쟁을 끝내기 위함이었다; 전쟁이 지속될 경우 일본에서 공산혁명이 일어날 것을 우려했기 때문이었다; 원자폭탄개발 프로그램에 막대한 예산을 투입한 것을 정당화하기 위함이었다; 미국이라는 나라는 본성이 사악하였을 뿐 아니라 인종차별주의에 빠져있었기 때문이었다; 단순히 원자폭탄을 보유했기 때문에 사용할 수밖에 없었다라는 주장까지 매우 광범위하다.

1945년 여름, 당시 미국이 보유하고 있던 원자폭탄은 2발이었다. 원자폭탄을 일본 본토 상륙 교두보에 투하하는 방안 등 전술적으로 운용하자는 주장도 있었지만 트루먼 대통령을 비롯한 국가 지도부 대다수는 기본적으로 원자폭탄을 엄청난 파괴력을 지닌 무기이자 일본 본토 봉쇄를 달성할 수 있는 유용한 전략수단으로 보고 있었다.

전쟁 이전 오렌지계획에서는 일본 본토를 봉쇄해야만 완벽한 승리를 거둘 수 있다고 예측하였지만, 봉쇄작전이 미국의 전쟁의지가 약화될 만큼 장기간 동안 지속되지는 않을 것이라 낙관적으로 판단하고 있었다. 결론적으로 원자폭탄은 일본의 마지막 저항의지를 단숨에 분쇄하여 항복을 앞당길 수 있는 완벽한 무기체계였다. 태평양전쟁의 막바지에 미국의 국가 지도부 및 군 지휘부가 일본 본토 공격문제를 놓고 갈팡질팡하지 않았더라면, 우리들은 원자폭탄을 미국 역사상 가장 오랫동안 존재했었던 전쟁전략인 오렌지계획을 실현시켜 준 무기체계로 기억할지도 모른다.

원자폭탄 투하 35년 전 이미 오렌지계획에서는 "미일전쟁의 양상을 고려했을 때, 일본에 우리의 의지를 강요하기 위해서는 일본의 완전한 초토화 및 단호한 징벌이 반드시 필요하다"라고 언급한 바 있었다.[21] 일본 본토의 봉쇄만으로 승리를 달성한다는 오렌지계획의 핵심개념이 과연 적절한가가 시험대에 오른 결정적인 순간, 가공할 파괴력을 가진 원자폭탄은 미국이 감당할 수 없을 만큼 봉쇄기간이 장기화될 수도 있다는 오렌지계획의 마지막 취약점을 일거에 해결해 주었다. 원자폭탄의 투하로 인해 태평양전쟁은 대단원의 막을 내렸고 오렌지계획은 그 역할을 다하게 되었으며 바야흐로 세계는 핵시대로 접어들게 되었다.

부록

오렌지전쟁계획에 관여한 국가 지도부/군 지휘부 및 계획담당자

오렌지전쟁계획에 관여한 국가 지도부/군 지휘부 및 계획담당자 :
1906년~1919년 중반

	1906	1907	1908	1909	1910
미국 대통령	●●●●	●●●●	●●●●	●	
시어도어 루즈벨트(Theodore Roosevelt)				●●●	●●●●
윌리엄 하워드 태프트(William Howard Taft)					
우드로 윌슨(Woodrow Wilson)					
해군장관					
찰스 보나파르트(Charles J. Bonaparte)	●●●●				
빅터 맷칼프(Victor H. Metcalf)		●●●●	●●●●		
트루먼 뉴베리(Truman H. Newberry)			●	●	
조지 메이어(George von L. Meyer)				●●●●	●●●●
조시퍼스 대니얼스(Josephus Daniels)					
해군차관(일부만 수록)					
프랭클린 D. 루즈벨트(Franklin D. Roosevelt)					
육 · 해군 합동위원회 선임장교					
조지듀이 원수(Adm George Dewey)	●●●●	●●●●	●●●●	●●●●	●●●●
육군참모총장					
프랭클린 벨 중장(MajGen Franklin Bell)	●●●●	●●●●	●●●●	●●●●	●●
레오나드 우드 중장(MajGen Leonard Wood)					●●●
윌리엄 워더스푼 중장(MajGen William Wotherspoon)					
휴스 스코트 중장(MajGen Hugh L. Scott)					
페이톤 마치 대장(Gen Peyton C. March)					
해군 일반위원회(의장ª 및 주요인물)					
조지 듀이 원수(Adm George Dewey)	●●●●	●●●●	●●●●	●●●●	●●●●
웨인라이트 대령/소장(Cp/RAdm Wainwright)	●●●●	●●		? ?	●●●●
레이몬드 로저스 대령(Cp Raymond P. Rogers)	●●●●	●●●●	●●●●	●●●●	●●●●
나단 사전트 대령(Cp Nathan Sargent)	●●●●	●●			

1911	1912	1913	1914	1915	1916	1917	1918	1919
●●●●	●●●●	●						
		●●●	●●●●	●●●●	●●●●	●●●●	●●●●	●●
●●●●	●●●●	●						
		●●●●	●●●●	●●●●	●●●●	●●●●	●●●●	●●
		●●●●	●●●●	●●●●	●●●●	●●●●	●●●●	●●
●●●●	●●●●	●●●●	●●●●	●●●●	●●●●	●		
●●●●	●●●●	●●●●	●●					
			●●●					
			●	●●●●	●●●●	●●●●	●●	
							●●●	●●
●●●●	●●●●	●●●●	●●●●	●●●●	●●●●	●		
●●●●	● ?							
●●●●								

	1906	1907	1908	1909
시드니 스타우튼 대령/소장(Cp/RAdm Sidney Stauton)	●●		? ? ●●	●●●●
브래들리 피스케 대령(Cp Bradley A. Fiske)				
윌리엄 로저스 대령(Cp William Rogers)				
윌리엄 슈메이커 대령(Cp William Shoemaker)				
해리 크냅 대령(Cp Harry R. Knapp)				
제임스 올리버 대령(Cp James O. Oliver)				
찰스 배저 소장(RAdm Charles J. Bager)				
윌리엄 벤슨 소장(RAdm William S. Benson)				
일반위원회 실무장교(일부만 수록)				
프랭크 힐 소령(LCd Frank K. Hill)	●●	●●	? ? ●●	? ?
클래런스 윌리엄스 대위/소령(Lt/LCd Clarence S. Williams)			? ? ●●	●●●●
빅터 블루 중령(Cd Victor Blue)				
루지어스 보츠윅 중령(Cd Luisius Bostwick)				
해군대학(총장[a] 및 주요 참모부서원)				
존 머렐 대령/소장(Cp/RAdm John P. Merrell)	●●●	●●●●	●●●●	●●●
제임스 올리버 중령/대령(Cd/Cp James O. Oliver)		●●	? ? ● ?	
레이몬드 로저스 소장(RAdm Raymond P. Rogers)				●
알프레드 마한 소장(RAdm Alfred T. Mahan)/자문				
프랭크 힐 중령/대령(Cd/Cp Frank K. Hill)				
윌리엄 프랫 중령(Cd William V. Pratt)				
윌리엄 로저스 대령(Cp William L. Rogers)				
오스틴 나이트 소장(RAdm Austin Knight)				
윌리엄 심스 대령/소장(Cp/RAdm William S. Sims)				
해군참모총장				
윌리엄 벤슨 대장(Adm William S. Benson)				

? : 보직일자 불분명 / a: 의장·총장은 밑줄로 표시 / b: 1917년에서 1919년까지는 3명의 총장직무대리가 있었음

1910	1911	1912	1913	1914	1915	1916	1917	1918	1919

오렌지전쟁계획에 관여한 국가 지도부/군 지휘부 및 계획담당자 :
1917년~1928년

	1917	1918	1919	1920
미국 대통령				
우드로 윌슨(Woodrow Wilson)	●●●●	●●●●	●●●●	●●●●
워런 하딩(Warren G. Harding)				
캘빈 쿨리지(Calvin Coolidge)				
해군장관				
조시퍼스 대니얼스(Josephus Daniels)	●●●●	●●●●	●●●●	●●●●
에드윈 던비(Edwin Denby)				
커티스 윌버(Curtis D. Wilbur)				
해군차관(일부만 수록)				
프랭클린 D. 루즈벨트(Franklin D. Roosevelt)	●●●●	●●●●	●●●●	●●●
시어도어 루즈벨트 2세(Theodore Roosevelt, Jr)				
육·해군 합동위원회 선임장교[a]				
육군참모총장[a]				
휴스 스코트 중장(MajGen Hugh L. Scott)	●●●●	●●		
페이튼 마치 대장(Gen Peyton C. March)		●●●	●●●●	●●●●
존 퍼싱 대장(Gen John J. Pershing)				
존 하인스 중장(MajGen John L. Hines)				
찰스 서머럴 대장(Gen Charles P. Summerall)				
해군 일반위원회(1923년 이후 계획기능 이관/의장[b] 및 주요인사)				
조지 듀이 원수(Adm George Dewey)	●			
찰스 배저 소장(RAdm Charles J. Bager)	●●●●	●●●●	●●●●	●●●●
윌리엄 슈메이커 대령(Cp William Shoemaker)	●●●●	●●●●	●	
제임스 올리버 대령(Cp James O. Oliver)	●●			
윌리엄 로저스 소장(RAdm William L. Rogers)				
프랭크 쇼필드 대령(Cp Frank H. Schofield)				
해군참모총장[a]				
윌리엄 벤슨 대장(Adm William S. Benson)	●●●●	●●●●	●●●	
로버트 쿤츠 대장(Adm Robers E, Coontz)			●	●●●●
에드워드 에벌 대장(Adm Edward W. Eberle)				
찰스 휴스 대장(Adm Charles F. Hughes)				

1921	1922	1923	1924	1925	1926	1927	1928

	1917	1918	1919	1920
해군대학총장(1927년까지)	●[c]		●●●	●●●●
윌리엄 심스 대령/소장(Cp/RAdm William S. Sims)		●●●●	●●●●	
클래런스 윌리엄스 소장(RAdm Clarence Williams)				
윌리엄 프랫 소장(RAdm William V. Pratt)				
전쟁계획부[d](부장[b] 및 주요 인물)				
해리 야넬 대령(Cp Harry E. Yarnell)		●●	●●●●	●●●
제임스 올리버 소장(RAdm James O. Oliver)			●●	●●●●
토마스 하트 대령(Cp Thomas C. Hart)			●●	●●●
윌리엄 파이 중령/대령(Cd/Cp William S. Pye)			●	●●●●
루지어스 보츠윅 대령(Cp Luisius Bostwick)				
클래런스 윌리엄스 소장(RAdm Clarence Williams)				
싱클레어 가논 대령(Cp Sinclair Gannon)				
윌리엄 슈메이커 소장(RAdm William Shoemaker)				
윌리엄 스탠들리 대령(Cp William H. Standley)				
R. 그리스올드 대령(Cp R. M. Griswold)				
프랭크 쇼필드 소장(RAdm Frank H. Schofield)				
프레더릭 혼 대령(Cp Frederick J. Horne)				
메를린 쿡 중령/대령(Cd/Cp Merlyn G. Cook)				
미 함대사령관				
헨리 마요 대장(Adm Henry T. Mayo)			●●	
휴 로드맨 대장[e](Adm Hugh Rodman)			●●	●●●●
에드워드 에벌 대장[e](Adm Edward W. Eberle)				
힐러리 존스 대장(Adm Hilary P. Jones)				
로버트 쿤츠 대장(Adm Robert E. Coontz)				
사무엘 로비슨 대장(Adm Samuel S. Robison)				
찰스 휴스 대장(Adm Charles F. Hughes)				
헨리 월리 대장(Adm Henry A. Wiley)				
함대전쟁계획관				
S. 가논 대령(Cp S. Gannon) / 부참모장[f]				

? : 보직일자 불분명 / a: 1919년 7월부터 합동위원회 의장은 육군참모총장과 해군참모총장이 번갈아 맡았음. 의장 밑줄표시 / b: 의장, 총장, 부장은 밑줄 표시 / c: 1917년에서 1919년까지는 3명의 총장직무대리가 있었음 / d: 1919년 7월부터 1922년 1월까지는 명칭이 "계획부" 였음 / e: 1919년 7월부터 1922년 12월까지는 미 함대가 일시 폐지되어 태평양함대가 됨. / f: 전쟁계획관 편성 이전 함대 전쟁계획 책임장교

1921	1922	1923	1924	1925	1926	1927	1928
●●●●	●●●						
	●	●●●●	●●●●	●●●			
				●●	●●●●	●●●	
●							
●●●			? ?●●	●●●●	●●●●	●	
●●							
	●●	●●●					
	?	●●●●	●●●				
			●●	●●			
			●●	●●●●	●●●●	●	
					? ?	? ●●●	●●●●	●●●
						●●	●●●●	●●●●
							? ●●	●●●●
				●●	●●●●	● ?		●●●
●●							
	●●	●●●●					
			●●●				
			●●	●●●●	●●●●		
					●	●●●	
						●	●●●●
							●	●●●●
			●●	●●●●	? ?●?		

오렌지전쟁계획에 관여한 국가 지도부/군 지휘부 및 계획담당자 : 1926년~1935년

	1926	1927	1928
미국 대통령			
캘빈 쿨리지(Calvin Coolidge)	●●●●	●●●●	●●●●
허버트 후버(Herbert Hoover)			
프랭클린 D. 루즈벨트(Franklin D. Roosevelt)			
해군장관			
커티스 윌버(Curtis D. Wilbur)	●●●●	●●●●	●●●●
찰스 아담스(Charles F. Adams)			
클로드 스완슨(Claude A. Swanson)			
육 · 해군 합동위원회 선임장교[a]			
육군참모총장[a]			
존 하인스 중장(MajGen John L. Hines)	●●●●		
찰스 서머럴 대장(Gen Charles P. Summerall)	●	●●●●	●●●●
더글러스 맥아더 대장(Gen Douglas MacArthur)			
해군참모총장[a]			
에드워드 에벌 대장(Adm Edward W. Eberle)	●●●●	●●●●	
찰스 휴스 대장(Adm Charles F. Hughes)		●	●●●●
윌리엄 프랫 대장(Adm William V. Pratt)			
윌리엄 스탠들리 대장(Adm William H. Standley)			

1929	1930	1931	1932	1933	1934	1935
●						
●●●	●●●●	●●●●	●●●●	●		
				●●●	●●●●	●●●●
●						
●●●●	●●●●	●●●●	●●●●	●		
				●●●	●●●●	●●●●
●●●●	●●●●					
	●	●●●●	●●●●	●●●●	●●●●	●●●●
●●●●	●●●					
	●●	●●●●	●●●●	●●		
				●●	●●●●	●●●●

	1926	1927	1928
전쟁계획부(부장[b] 및 주요 인물)			
윌리엄 스탠들리 대령(Cp William H. Standley)	●		
윌리엄 파이 대령/소장(Cp/RAdm William S. Pye)	●●●●	●	
R. 그리스올드 대령(Cp R. M. Griswold)	?●●●	●●●●	●●●
프랭크 쇼필드 소장(RAdm Frank H. Schofield)	●●	●●●●	●●●●
프레더릭 혼 대령(Cp Frederick J. Horne)		?●●	●●●●
메를린 쿡 중령/대령(Cd/Cp Merlyn G. Cook)	● ?		●●●
몽고메리 테일러 소장(RAdm Montgomery M. Taylor)			
에드워드 칼퍼스 소장(RAdm Edward C. Kalbfus)			
R. 딜런 대령(Cp R. F. Dillen)			
조지 메이어스 대령(Cp George J. Meyers)			
사무엘 브라이언트 대령/소장(Cp.RAdm Samuel W. Bryant)			
토마스 홀컴 해병대령(Col Thomas Holcomb, USMC)			
로열 잉거솔 대령(Cp Royal E. Ingersoll)			
미 함대사령관			
사무엘 로비슨 대장(Adm Samuel S. Robison)	●●●		
찰스 휴스 대장(Adm Charles F. Hughes)	●	●●●●	
헨리 윌리 대장(Adm Henry A. Wiley)		●	●●●●
윌리엄 프랫 대장(Adm William V. Pratt)			
존 체이스 대장(Adm John V. Chase)			
프랭크 쇼필드 대장(Adm Frank H. Schofield)			
리차드 레이 대장(Adm Richard H. Leigh)			
데이비드 셀러스 대장(Adm David F. Sellers)			
조셉 리브스 대장(Adm Joseph M. Reeves)			
함대전쟁계획관			
캐리 매그루더 중령(Cd Cary W. Magruder)			

? : 보직일자 불분명 / a: 합동위원회 의장은 육군참모총장과 해군참모총장이 번갈아 맡았음, 의장 밑줄 표시 / b: 부장 밑줄 표시

1929	1930	1931	1932	1933	1934	1935
						●●
●						
●						
●●●●	●●●●	●●				
●●	●●●●	●●				
		●●				
		? ●	●●●●	●●●●	●●●●	
		●●●	●●●●	●●●●	●●●●	●●
			●●●	●●●●	●●	
			●	●●●●	●●●●	
						●●
●●						
●●●	●●●					
	●●	●●●				
		●●	●●●			
			●●	●●●		
				●●	●●	
					●●	●●●●
						●●●

오렌지전쟁계획에 관여한 국가 지도부/군 지휘부 및 계획담당자 : 1933년~1941년

	1933	1934
미국 대통령		
프랭클린 D. 루즈벨트(Franklin D. Roosevelt)	●●●	●●●●
해군장관		
클로드 스완슨(Claude A. Swanson)	●●●	●●●●
찰스 에디슨(Charles Edison)		
프랭크 녹스(Frank Knox)		
해군차관 / 보좌관		
헨리 루즈벨트(Henry L. Roosevelt)	●●●●	●●●●
찰스 에디슨(Charles Edison)		
제임스 포레스털(James V. Forrestal)		
육 · 해군 합동위원회 선임장교[a]		
육군참모총장[a]		
더글러스 맥아더 대장(Gen Douglas MacArthur)	●●●●	●●●●
멀린 크레이그 대장(Gen Malin Graig)		
조지 마셜 대장(Gen George C. Marshall)		
해군참모총장[a]		
윌리엄 프랫 대장(Adm William V. Pratt)	●●	
윌리엄 스탠들리 대장(Adm William H. Standley)	●●	●●●●
윌리엄 리히 대장(Adm William D. Leahy)		
해럴드 스타크 대장(Adm Harold R. Stark)		
전쟁계획부(부장[b] 및 주요 인물)		
사무엘 브라이언트 대령/소장(Cp.RAdm Samuel W. Bryant)	●●●●	●●
R. 딜런 대령(Cp R. F. Dillen)	●●●●	●●●●
조지 메이어스 대령(Cp George J. Meyers)	●●●●	●●●●
토마스 홀컴 해병대령(Col Thomas Holcomb, USMC)	●●●●	●●●●

1935	1936	1937	1938	1939	1940	1941
●●●●	●●●●	●●●●	●●●●	●●●●	●●●●	●●●●
●●●●	●●●●	●●●●	●●●●	●●		
					●●	
					●●	●●●●
●●●●	●					
		●●●●	●●●●	●●●●	●	
					●●	●●●●
●●●						
	●	●●●●	●●●●	●●●		
				●●	●●●●	●●●●
●●●●	●●●●					
		●●●●	●●●●	●●●		
				●●	●●●●	●●●●
●●						

	1933	1934
전쟁계획부(부장 및 주요 인물)		
윌리엄 파이 소장(RAdm William S. Pye)		
로열 잉거솔 대령(Cp Royal E. Ingersoll)		
빈센트 머피 소령(LtC Vincent R. Murphy)		
로버트 곰리 대령(Cp Robert L. Ghormley)		
러셀 크랜쇼 대령(Cp Russell S. Crenshaw)		
찰스 쿡 2세 대령(Cp Charles M. Cooke Jr)		
찰스 무어 대령(Cp Charles J. Moore)		
해리 힐 대령(Cp Harry W. Hill)		
포레스트 셔먼 중령(Cd Forrest P. Sherman)		
오스카 스미스 대령(Cp Oscar Smith)		
리치몬드 터너 대령/소장(Cp/RAdm Richmond K. Turner)		
미 함대사령관		
리차드 레이 대장(Adm Richard H. Leigh)	●●	
데이비드 셀러스 대장(Adm David F. Sellers)	●●	●●
조셉 리브스 대장(Adm Joseph M. Reeves)		●●
아서 헵번 대장(Adm Arthur J. Hepburn)		
클로드 블로크 대장(Adm Claud C. Bloch)		
제임스 리처드슨 대장(Adm James O. Richardson)		
허즈번드 킴멜 대장ᶜ(Adm Husband E. Kimmel)		
함대전쟁계획관ᵇ 및 부서원		
캐리 매그루더 중령(Cd Cary W. Magruder)		
찰스 쿡 2세 중령(Cd Charles M. Cooke Jr)		
해리 힐 대령(Cp Harry W. Hill)		
포레스트 셔먼 중령(Cd Forrest P. Sherman) / 항공분야		
빈센트 머피 중령(Cd Vincent R. Murphy)		
찰스 맥모리스 대령(Cp Charles H. McMorris)		
린드 맥코믹 중령(Cd Lynde W. McCormick)		
프랜시스 더보그 대위(Lt Francis R. Duborg)		

? : 보직일자 불분명 / a: 합동위원회 의장은 육군참모총장과 해군참모총장이 번갈아 맡았음, 의장 밑줄 표시 / b: 부서장 밑줄 표시 / c: 1941년 2월 태평양함대로 편제 변경

1935	1936	1937	1938	1939	1940	1941
●●	●●					
●●	●●●●	●●●●	●●			
		? ?●●	●●●●	●●●?	?	
			●●	●●		
			●●●	●●●●	●●●	
			●●	●●●●	●●●●	●
				●●	●●●●	●●●●
					●●●●	●●●●
					●●●●	●●●●
					?●●●	●●●●
					●	●●●●
●●●●	●●					
	●●	●●●●	●			
			●●●●	●●●●	●	
					●●●●	●
						●●●●
●●●	●●					
	●●	●●●●	●●●			
			●●	●●●●	●	
			●●●●	●●●●	●	
					●●●●	●●●●
						●●●●
						●●●●
						●●●●

약어 설명

AA	Antiaircraft	대공
AAC	Army Air Corps	육군항공단
AAF	Army Air Forces	육군 항공군
ABC-1	U.S.-British Conference of military staffs	ABC-1회의(1941년 초)
A/C	Aircraft	항공기
ACOS	Assistant Chief of Staff	부참모장
Actg	Acting	직무대리, 임시
Adm	Admiral	제독, 대장(해군)
Admin	Adminirative	행정
Adv	Advance, Advanced	전진
AG	Adjutant General	법무참모
A&N	Army and Navy	육 · 해군
App	Appendix	부록
Asst	Assistant	보좌관
Astc	Asiatic	아시아
Atl	Atlantic	대서양
Avn	Aviation	항공
AWC	Army War College	육군대학
B-1, B-2, B-3	Base One, Base Two, Base Three	제 1/2/3 함대기지
BasFor	Base Force	기지부대
BatFor	Battle Force	전투전력
Bd	Board	위원회
Biog	Biographical	이력, 전기
Blue	United States, designating U.S. forces, strategy	미국, 미군, 미국의 전략
Br Gen	Brigadier General	준장(육군)
Brit	British	영국
Bu	Bureau	실/국
BuAer	Bureau of Aeronautics, Navy Department	해군성 항공국
BuC&R	Bureau of Construction and Repair, Navy Department	해군성 건조수리국
BuDocks	Bureau of Yards and Docks, Navy Department	해군성 건설국
BuEquipt	Bureau of Equipment, Navy Department	해군성 장비국
BuNav	Bureau of Navigation, Navy Department	해군성 항해국
BuOrd	Bureau of Ordnance, Navy Department	해군성 병기국
B-W	Base Western	서태평양 전략기지
Cdg	Commanding	지휘
Cdr	Commander	지휘관, 중령(해군)
Cdt	Commandant	사령관

Centr Div	Central Division of Naval Operations	해군참모총장실 참모부
CG	Commanding General	사령관(육군)
Chrmn	Chairman	의장
CinC	Commander in Chief	사령관(해군)
CinCAF	Commander in Chief, Asiatic Fleet	아시아함대 사령관
CinCPAC	Commander in Chief, Pacific Fleet	태평양함대 사령관
CinCPOA	Commander in Chief, Pacific Ocean Areas(WW2)	태평양해역군 사령관(제2차 세계대전)
CinCUS	Commander in Chief, United States Fleet(pre WW2)	미 함대사령관(제2차 세계대전 이전)
CinCUSJAF	Commander in Chief, United States Joint Asiatic Force	미합동아시아부대 사령관
CNO	Chief of Naval Operations	해군참모총장
CO	Commanding Officer	함장, 지휘관
Color Plans	U.S. Plans for war various contries code-named by color / e.g., Red, Orange	미국의 국가별 익명부여 전쟁계획
ComAirBasFor	Commander Aircraft, Base Force	기지부대 항공대 사령관
ComAirBatFor	Commander Aircraft, Battle Force	전투전력 항공대 사령관
ComAirSocFor	Commander Aircraft, Scouting Force	정찰전력 항공대 사령관
ComBasFor	Commander Base Force	함대기지부대 사령관
ComBatFor	Commander Battle Force	전투전력 사령관
Cominch	Commander in Chief, United States Fleet(WW2)	미 함대사령관 (제2차 세계대전 중)
Comm	Committee	위원회
ComMinBatFor	Commander Mine Craft, Battle Force	전투전력 기뢰전대 사령관
ComScoFor	Commander Scouting Force	정찰전력 사령관
ComSubFor	Commander Submarine Force	잠수함전력 사령관
Conf	Confidential	3급 비밀
Corresp	Correspondence	서신
COS	Chief of Staff	참모장
Cpt	Captain	대령(해군), 대위(육군)
Def	Defense, Defenses	방어
Dept	Department	부
Dev	Development	발전
Dir	Director	부장/국장
Div	Division	국
Encl	Enclosre	동봉, 첨부
Est	Estimate	판단, 예측
FAW	Fleet Air Wing	함대 항공단
FE	Far East	극동

Flt	본문에서 "함대"는 아래의 내용을 모두 지칭하는 용어로 사용된다. 1. 1919년 이전 : 대형 전투함정들의 집합체, 일반적으로 "전투함대"라 불림 2. 1919년 중순~ 922년 : 대서양함대 및 태평양함대 전체 3. 1919년 전반기, 1922년 12월 8일~1941년 1월 31일 : 미 함대 4. 1941년 2월 1일~제2차 세계대전 종전시 : 태평양함대 5. 수시 : 편제에 상관없이 미 해군 전력의 집합체 6. "함대"는 주력함뿐 아니라 항공기, 지원함 및 함대해병대 등과 같은 배속전력도 포함 7. 아시아함대, 대서양함대 및 정찰함대 등과 같은 조직은 "함대" 앞에 고유명칭을 붙여 표시	함대
FMF	Fleet Marine Force	함대 해병대
F-1	Assistant Chief of Staff for Plans, Office of Cominch(in WW2)	미 함대계획참모부장 (제2차 세계대전 시)
F-12	Cominch Plans Division(in WW2)	미 함대계획부(제2차 세계대전 시)
GB	General Board of Navy	해군 일반위원회
Haw, Hawn	Hawaii, Hawaiian	하와이
Hbr	Harbor	항만
HQ	Headquarters	사령부, 본부
I, Is	Island, Islands	섬, 도서
JB	Joint Army and Navy Board, known as Joint Board	육 · 해군 합동위원회
JCS	Joint Chiefs of Staff(of WW2)	합동참모본부(제2차 세계대전 시)
JPC	Joint Planning Committee of Joint Board	합동기획위원회
JPS	Joint Staff Planers(of WW2)	합동계획참모단(제2차 세계대전 시)
JSSC	Joint Strategic Survey Committee(of WW2)	합동전략조사위원회 (제2차 세계대전 시)
LC	Library of Congress	의회 도서관
Lectr	Lecture	강의
Lt	Lieutenant	대위(해군)
Lt Cdr	Lieutenant-Commander	소령(해군)
Ltr, Ltrs	Letter, Letters	서한
Maj Gen Cdt	Major-General Commandant, U.S. Marine Corps	해병대 사령관(소장)
Mil	Military	군사
Nmbr	Member	위원
NA	National Archives	미국 국립기록청
Nav	Naval	해군
NAS	Naval Air Station	해군 항공기지
ND	Naval District	해군구
n.d.	No date	날짜 미상
NHC	Naval History Collection, Naval War College, Newport, Rhode Island	해군 역사 컬렉션, 해군대학(로드아일랜드주 뉴포트)

NHD	Naval History Division(now Naval Historical Center, Washington Navy Yard, Washington D.C.	해군역사부(현재 해군역사센터,워싱턴 D.C. 네이비야드)
NWC	Naval War College, Newport, Rhode Island	해군대학(로드아일랜드주 뉴포트)
OA, NHD	Operational Archives, Naval History Division(now Naval Historical Center)	작전기록관, 해군역사부 (현재 해군역사센터)
O-1	Plan of United States Fleet or Pacific Fleet	미 함대/태평양함대 작전계획
O-3	Plan of Asiatic Fleet(until 1926, United States Fleet)	아시아함대 작전계획(1926년 이전까지는 미 함대작전계획)
ONI	Office of Naval Intelligence	해군정보국
Op,Opg	Operating	운영
OPD	Operations Division(Army, WW2)	육군작전부(제2차 세계대전 시)
Opns	Operations	작전
OpNav	Office of the Chief of Naval Operations	해군참모총장실
Op-12	Same as War Plans Division; also its head	해군전쟁계획부, 전쟁계획부장
Op-12A	Policy and Projects Section of WPD; also its head	전쟁계획부 A반/반장(전력획득정책 및 기지 발전계획분야 담당)
Op-12B	Plans Sections WPD; also its head	전쟁계획부 B반/반장 (전략계획분야 담당)
Orange		일본, 일본군을 가리키는 익명. 문맥상 오렌지전쟁계획 또는 대일전쟁 전략을 지칭하는 경우도 있음
Pac	Pacific	태평양
PatWing	Patrol Wing	정찰 비행단
PHH	Pearl Harbor Hearings of U.S. Congress, Joint Committee on the Investigation of the Pearl Harbor Attacks, 79th Congress, 1946, including exhibits and reprinted records of prior hearings by other agencies	1946년 상하원 합동 진주만조사 위원회 청문회 의사록 (위원회 개최 이전 다른 부서/기관에서 작성한 기록물 포함)
Phils	Philippine Islands	필리핀 제도
PIs	Philippine Islands	필리핀 제도
Portf	Portfolio	포트폴리오
Prob	Probably	예상
Prepn	Preparation	준비
Pres	President	대통령, 총장
Rainbow Plans	U.S. war plans Rainbow One through Five, 1939-46	미국 레인보우계획-1~5 (1939년~1946년)
RAdm	Rear Admiral	소장(해군)
Reconn	Reconnaissance	정찰
Red	Geat Britain, British	영국을 가리키는 익명
Rept	Report	보고서
RG	Record Group	기록물 그룹
Rte	Route	경로
ScoFor	Scouting Force	정찰전력
2d Committee	Second Committee of the General Board of the Navy	해군 일반위원회 제2위원회

SecNav	Secretary of the Navy	해군장관
SecWar	Secretary of the War	육군장관
SecState	Secretary of State	국무장관
Secy	Secretary	장관, 비서
Ser	Serial	계열
Sitn	Situation	상황, 정세
Spenavo	Special Naval Oberver, London	특별 해군 참관단(런던)
Sqn	Squadron	전대(해군)
Sr	Senior	고위급
Sta	Station	기지
Subj	Subject	주제, 제목
Supt	Superintendent	감독관
TF	Task Force	기동부대
USAF	United States Asiatic Force	미국 아시아부대
USJAF	United States Joint Asiatic Force	미국 합동아시아부대
USMC	United States Marine Corps	미국 해병대
USN	Untied States Navy	미국 해군
VAdm	Vice Admiral	중장(해군)
VP	Patrol Seaplane, Flying Boat	초계 비행정
VPB	Patrol Bomber, Flying Boat	초계 폭격 비행정
w	With	~와 함께
Wash Conf	Washington Conference of 1921-22	워싱턴 회의(1921년~1922년)
WP	War Plan	전쟁계획
WPD	War Plan Division, Office of OpNav	참모총장실 전쟁계획부
WPL+숫자	War Plan of OpNav	해군 전략계획(+일련번호)
WPO	War Plan Orange	오렌지전쟁계획
WPPac+숫자	War Plan of Pacific Fleet	태평양함대 작전계획(+일련번호)
WPUSF+숫자	War Plan of united States Fleet	미 함대작전계획(+일련번호)
WW1	World War 1	제1차 세계대전
WW2	Wordl War 2	제2차 세계대전

옮긴이 후기

제2차 세계대전 중 유럽전장에서 명성을 떨쳤던 조지 패튼 장군은 다음 주까지 기다려야 하는 완벽한 계획보다는 완벽하진 못하지만 지금 당장 시행할 수 있는 계획이 낫다고 말한 바 있다. 미래에 일어날 일을 예측하고 그에 대한 대응방안을 제시해야하는 계획의 본질 상 완벽한 계획을 만들어 내는 것 자체가 무리일 수도 있다. 하지만 만에 하나 있을지도 모르는 비상사태에 대비하기 위하여 존재하는 군인들은 합리적인 계획을 만들기 위해 지금 이 시간에도 부단히 노력하고 있으며, 20세기 전반기 미해군의 경우에도 마찬가지였다.

이 책 『오렌지전쟁계획: 태평양전쟁을 승리로 이끈 미국의 전략』은 에드워드 밀러(Edward Miller)의 저서인 『War Plan Orange: The U.S. Strategy to Defeat Japan, 1897-1945』를 완역한 것이다. 여기서 저자는 20세기 초부터 태평양전쟁 직전까지 근 40여 년간 미해군을 중심으로 미군부 내에서 지속적으로 이루어진 대일전략 및 작전계획을 주제로 서술하고 있다. 한미연합방위체제 아래서 미군과 함께 공동방위를 위한 작전을 구상해야 하는 우리의 입장에서 카운터파트너인 미군의 과거 계획수립 과정이 어떠했는지를 살펴보고 그 체계를 이해하는 것은 매우 중요한 일이다. 그러한 의미에서 이 책은 20세기 미국의 전략 및 작전계획의 기원과 수립 과정, 그리고 그 과정에서 발생한 각종 변화 등까지 자세히 서술하고 있어 현재의 우리들이 곱씹어 보아야 할 다양한 시사점을 던져주고 있다.

먼저 경직되지 않고 융통성을 보유한 계획이 더욱 효과적이라는 사실이다. 윌리엄 맥닐(William H. McNeil)이 지적하듯이 1893~1914년에 수립된 독일의 슐리펜 공격계획은 너무나 상세하고 치밀한 탓에 오히려 큰 문제를 안고 있었다. 일단 전쟁이 시작되면 되돌릴 방법이 없었고, 만약 어느 한 곳에서라도 차질이 빚어지면 계획은 마비상태에 빠질 수밖에 없었던 것이다. 그러나 오렌지계획은 진격방책, 작전목표 등을 고정시키지 않고 상황에 따라 변경할 수 있는 여지를 남겨두었기 때문에 실제 태평양전쟁에서도 적절히 적용되어 성공을 거둘 수 있었다.

다음으로 계획을 수립하는 과정에서 군수지원(軍需支援)분야의 중요성을 인식해야 한다. 군수지원 가능여부를 고려하지 않은 채 신속한 진격만을 강조한 직행티켓전략이 어떠한 결말을 맞게 되었는지는 본문에 자세히 설명되어 있다. 실제로 군인들은 승리라는 최종목표에만 집착한 나머지 목표를 달성하기 위한 필요조건인 각종 지원활동은 경시하는 경향이 있다. 그러나 이 책은 현실에 적용할 수 있는 합리적인 계획이 되려면 싸울 수 있는 여건을 마련하는 것이 선행되어야 한다는 교훈을 우리에게 던져주고 있다.

마지막으로 정치적, 지정학적 요건을 적절히 반영한 현실적인 전략 및 작전계획을 구상하기 위해 노력해야 한다는 것이다. 오렌지계획은 먼저 미국을 선제공격하는 일본의 침략을 격퇴한 다음 중부태평양을 통해 일본 본토로 진격, 최종적으로 일본을 해상봉쇄하여 항복시킨다는 전략목표를 설정하였다. 이러한 미국의 전략목표는 대외팽창을 멈추지 않는 일본이 언젠가는 미국을 먼저 공격할 것이며, 일본은 섬나라이기 때문에 유입되는 전쟁물자를 차단하면 전쟁을 지속할 수 없다는 정치적, 지정학적 요건을 적절히 반영한 것이었다. 이와는 반대로 최단시간 내 필리핀의 구원이라는 비현실적인 정치목표를 전략 및 작전계획에 적용시킨 경우에는 시행가능성이 결여된 직행티켓전략이 탄생하는 부작용을 낳고 말았던 것이다.

이 책은 국가의 안보를 책임지고 언제 일어날지 모르는 전쟁에 대비해야 할 책임이 있는 군인들에게는 과거 작전계획의 연구 및 구상 사례를 살펴보고 앞으로 더 나은 작전구상의 방향을 설정하는데 좋은 길잡이가 될 것이다. 또한 20세기 초부터 제2차 세계대전 발발 이전까지의 미·일관계, 태평양을 둘러싼 미국의 군사전략 그리고 해군사에 관심이 있는 연구자들이나 일반 독자들에게도 유익한 자료가 될 것이라 생각한다.

이 책의 번역을 처음 결심하게 것은 10여 년 전 鄭鎬燮 제독님께서 집필하신 『海洋力과 미·일 안보관계』라는 책을 접하고 나서였다. 여기에 수록된 태평양전쟁 이전 미국의 대일전쟁구상에 관한 부분을 읽으면서 자연히 오렌지 전쟁계획에 대하여 흥미를 가지게 되었고, 결국은 이 책을 번역하겠다는 무모한 도전에까지 이르게 된 것이다. 시작이 없으면 역시나 끝도 없는 법, 어려운 첫걸음을 내딛게 해주신 鄭鎬涉 제독님께 진심으로 감사드린다. 그리고 역자에게 항상 비전을 제시해주시고 용기를 북돋워 주신 선배님들, 어려운 상황에서도 항상 신뢰를 보내준 李君을 비롯한 후배들께도 감사드린다. 또한 둘도 없는 전우이자 끊임없이 나의 지적 호기심을 자극시켜주고 영감을 불어넣어주는 학문적 동료인 이상석군, 황병선군에게도 감사드린다. 이 책의 한국어판 출간 요청을 흔쾌히 받아준 미해군 연구소(U.S. Naval Institute) 출판부에 감사한다. 또한 상업성이 낮은 학술서적임에도 불구하고 이 책이 세상에 나올 수 있도록 허락해 주신 연경문화사의 관계자들께도 감사드린다. 이들의 호의가 없었다면 이 책은 빛을 보지 못했을 것이다. 마지막으로 언제나 곁에서 사랑과 격려를 아끼지 않은 가족들에게 너무나 고맙다는 말을 전하고 싶다.

천학비재(淺學菲才)함에도 불구하고 번역이라는 어려운 일에 도전하여 잘못되거나 미흡한 곳이 많을 것이라 본다. 번역과정에서 발생한 모든 오류는 옮긴이의 책임이며, 강호제현(江湖諸賢)의 기탄(忌憚)없는 질정(叱正)을 바랄 뿐이다.

2015. 4.

밤바다를 밝히고 있는 군함들을 바라보며, 진해만에서

해군소령 김 현 승

참고문헌

1차 기록

Authors File, NWC: Card file, Authors of papers, 1910-38, RG 8, NHC, NWC.

AWPD Color plans: Army, Adjutant General's Office, Administrative Services Division, Operations Branch, Special Projects-War Plans, "Color," 1920-48,RG 407, NA.

AWPD Records: Army War Plans Division Records, 1903-41, RG 165, NA.

Brit Jt Staff Mission 1941: Joint Secretaries of British Joint Staff Mission to United states, 1941, roll 6, Scholarly Microfilms. Sections. include Pacific-Far East and Aid to China.

BuDocks Conf Corresp: Bueau of Yards and Docks, Confidential Correspondence, RG 71, NA.

CinCPac annual rept: Commander in Chief Pacific Fleet Annual Report, fiscal year 1941, microfilm series M971, RG 313, NA.

CinCPac WPs file late 1941: Commander in Chief United States Fleet, Secret, reWar Plans, box 4846, Entry 109, RG 313,NA(Suitland, Md.).

CinCUS annual repts: Commander in Chief Unied States Fleet, Annual Reports of United States Fleet, fiscal years 1920-41, microfilm series M971, RG 313, NA. Most include reports of subsidiary commands including Commanders, Battle Force, Scouting Force, Submarine Force, Base Force, and Aircraft Base Force.

CinCUS Conf Gen Corresp: Commander in Chief United States Fleet, Confidential General Correspondence, RG 313, NA.

CinCUS Op Plans 1932-39: Commander in Chief United States Fleet, Operating Plans File, 1932-39, OA, NHD.

CinCUS Secret Commander in Chief United States Fleet, Secret Corresondence, 1940-41, RG 313, NA(Suitland, MD.).

CNO Plans File: Chief of Naval Operations, Plans Files, OA, NHD.

Columbia Oral History: Naval History Project, Oral History Research Office, Columbia University, New York, mostly 1960s.

ComAirScoFor Records: Commander Aircraft, Scouting Force, Records, RG 313, NA.

Cooke Papers: Admiral Charles M. Cooke, Jr., Collected Papers, Hoover Institution Archives, Stanford, Calif.

FAW2 OP Plans 1941: File Fleet Air Wing Two-Operations Plan Material, Box Fleet Air Wings2 and 4 including predecessor Patwing2, Flet Op Plan Files, OA, NHD.

Flag Officer Biog Files: Flag Officer Biographical Files, OA, NHD.

Fleet Op Plan Files 1941: United States (later Pacific) Fleet Operating Plans Files, 1941, OA, NHD.

Fleet Problems, 1923-41: Fleet Problems, U.S. Navy, 1923-41, Problems I to XXII, Microfilm Series M-964, RG38,80,and 313. NA.

GB Hearings: General Board of the Navy, Hearings, RG 80, NA.

GB Ltrs: General Board of the Navy, Letters, RG 80, NA.

GB Proceedings: General Board of the Navy, Proceedings, 1900-1947, RG 80, NA.

GB Subj File: General Board of the Navy, Subject File, 1900-1947, RG 80, NA.

GB War Portfs: General board of the Navy, War Portfolios, 1900-ca. 1912, RG 80, NA.

Hepburn Hearings, House: Hearings on HR 2880, Naval Affairs Committee, U.S. Congress, House, 75th Cong., 1st sess., 1939.

Hepburn Rept Notebooks: Hepburn Report Notebooks, early 1939, QB(119)/A9-10(390101), SecNav General

Correspondence, RG 80, NA.

Horne Papers: Vice-Admiral Frederick J. Horne, Collected Papers, Manuscript Division, Library of Congress.

JB, Minutes: Joint Board, Minutes of Meetings, 1903-41, RG 225, NA.

JB, Plans & Opns Div: Joint Board, Plans and Operations Division, many reports in War Department, General and Special Staffs, RG 165, NA.

JB Proceedings: Joint Board Proceedings, 1903-47, Microfilm Series M1421, RG 225, NA.

JB Rainbow 2 Dev File, 1939-40: Development File Joint Basic War Plan

Rainbow Two, Ser 642-2, Box 1942, Plans and Operations Division, Joint Board Numerical File, RG 165, NA.

JB Rainbow 3 Dev File 1940: Development File, Joint Army and Navy Basic War Plan Rainbow No. 3,#325, Ser 642, Box 1942, Plans and Operations Division, Joint Board Numerical File, RG 165, NA.

JB Rainbow 5 File 1941: File, Joint Army and Navy Basic War plan Rainbow No.5, #325, Ser 642-5 (Revision), Box 1942, Plans and Operations Division, Joint Board Numerical File, RG 165, NA.

JB Records: Joint Army and Navy Board, Records (filed by Serial Number), 1903-41, RG 225, NA.

Naval War Board, 1898, Records, RG 80, NA.

Navy Directory: U. S. Navy, Bureau of Navigation, Navy Directory: Officers of the United States Navy and Marine Corps(Washington: U. S. Government Printing Office, 1908-42). Copies in Navy Department Library, Naval Historical Center, Washington, and Nimitz Library, U. S. Naval Academy, Annapolis.

NHC, NWC: Naval Historical Collection, Naval War College, Newport, R.I.

NWC Problems & Solutions: Naval War College Problems and Solutions, RG 12, NHC, NWC.

PHH: Pearl Harbor Hearings, U. S. Congress, Joint Committee on the Investigation of the Pearl Harbor Attack, Hearings. 79th Cong. (Washington: U.S. Government Printing Office, 1946):

Hearings (Joint Congressional Committee), 15 Nov 45 to 15 Jul46

Exhibits (of joint Committee, except other hearings listed below)

Proceedings of Hart Inquiry (navy), 22 Feb to 15 Jun 44.

Proceedings of Roberts Commission (civilian and military), 22 Dec 41 to 23 Jan 42.

Proceedings of Army Pearl Harbor, 20 Jul to 20 Oct 44.

Proceedings of Navy Court of Inquiry, 24 Jul to 19 Oct 44.

Proceedings of Hewitt Investigation (navy),15 May to11 Jul 45.

Proceedings of Clausen Investigation (army), 23 Nov 44 to 12 Sep 45.

Proceedings of Clarke Investigation (army), 14-16 Sep and 13 Jul to 14 Aug 45

Roosevelt, Franklin Delano, Papers, Franklin D. Roosevelt Library, Hyde Park, N.Y.

Scholarly Microfilms: "Strategic Planning in the U.S. Navy, Its Evolution and Execution, 1891-1945." Wilmington, Del.: Scholarly Resources, 1977, rolls 1 to 9.

SecNav Annual Rept: Secretary of the Navy, Annual Report. Washington: U.S. Government Printing Office, various years 1898 to 1941.

SecNav Gen Records: Secretary of the Navy, General Records, RG 80, NA.

SecNav & Cno Secret & Conf Corresp: Secretary of the Navy and Chief of Naval Operations, Secret and Confidential Correspondence,1919-41, RG 80,NA (also in Microfilm Series M1140, RG 80, NA). In some years secret papers filed separately from confidential.

Section Aid to China: U.S. Secretary for Collboration and British Joint Staff Mission, Section Aid to China, Correspondence, 1941 Scholarly Micro films, roll 6.

Section Pac-Far East Jt Staff Corresp: U.S. Secretary for Collaboration and British Joint Staff Mission, Section Pacific-Far East, Correspondence, 1941, Scholarly Microfilms, roll 6.

Shore Station Dev Bd: Records of Base Maintenance Division, Shore Station Development Board, RG 38, NA.

US Flt Records,1940-41: Records of Commander in Chief United States Fleet and subsidiary commanders, 1940 and January 1941, RG 313, NA (Suitland, MD.).

WPD Files: Navy War Plans Division Files, in Records of the Strategic Plans Division, Office of the CNO, OA, NHD.

전쟁계획, 정세판단서 및 기타 전쟁계획관련 보고서 등(생산 연도순)

Bd of Officers to SecNav, Plans of Campaign against Spain & Japan, 30 Jun 97, War Portfolios, GB Records.

GB War Portfs: General Board, War Portfolios, 1897-1914, GB Records, RG 80, NA.

NWC Conference of 1906: Naval War College, Conference of 1906, Solution of Problem, Problems and Solutions, NWC Problems & Solutions.

GB 1906 Plan: General Board, In Case of Strained Relations with Japan, Sep 06, #78, File UNOpT(T) Orange-Blue Situation, RG 8, NHC, NWC.

NWC, Problem of 1907: Tentative Plan of Campaign and Strategic Game. . . , NWC Problem of 1907, 12 Jul 07, NWC Problems & Solutions.

Oliver,1907 Problem: Cdr James H. Oliver, NWC, Concerning Problem of the Year(1907), Jun 1907, NWC Problems & Solutions.

NWC: Rept of Conference of 1907 : Navel War College, Report of Conference of 1907, Orange Strategic Exercise, summer 1907, NWC Problems & Solutions.

GB 1910 Plan: Second Committee of General Board to Executive Committee, General Plan of Campaign for War against Japan, n.d., ca. Nov 1910,

UNOpP 1910, Box 48, RG 8, NHC, NWC.

NWC 1911 Plan: Naval War Collge, Stategic Plan of Campaign against Orange, 15 Mar 11, Scholarly Microfilms, roll 1.

Mahan-Oliver Corresp 1911: Correspondence between RAdm A. T. Mahan and Cdr James Oliver re NWC 1911 Plan, Feb and Mar 1911, UNOpP, Box 48, RG 8, NHC, NWC.

GB 1913 Admin Plan: Second Committee, General Board, Orange Plan Administrative Section, 29 May 13, revised May 1915, Scholarly Microfilms, roll 1.

GB 1914 Plan : General Board, Second Committee, Strategic Section, Orange War Plan. 25 Feb 14, Scholarly Microfilms, roll 1.

GB 1917 Strategic Problem: General Board to Secretary of the Navy, Strategic Problem, Pacific, 15 Jan 17, 196-1, Box 192, SecNav & CNO Secret & Conf Corresp.

JB, Strategy of the Pacific, 1919: Joint Board to Secretary of War, Strategy of the Pacific, 18 Dec 19, Ser 28-d,#325, JB Records.

Ellis, Maj Earl H., USMC, Advance Base Operations in Micronesia,n.d., ca. Jul 1921, Marine Corps Historical Center, Washington Navy Yard.

NWC, 10 Aug 21: President Naval War College to Chief of Naval Operations, 10 Aug 21 with enclosure Class of 1921, Strategic Problem VII(Strat 35, Mod7), Solution by NWC Staff, Blue and Orange Estimates of the Situation, 7 Jul 21, 112-33, roll 26, SecNav & CNO Secret & Conf Corresp.

GB Pre-Conference Papers, 1921: General Board to Secretary of the Navy, Limitation of Armaments, Part IV: Fortifications of Oahu, Guam, and the Philippines, 20 Oct 21, Ser 1088-g; Ex-German Islands in the Pacific, 22 Oct 21, Ser 1088-L; Limitation of Armaments, part IV: Ex-German Islands, 27 Oct 21, Ser 1088-p, #438, GB Subj Files.

WPD Est 1922: War Plans Division, Estimate of the Situation BLUE-ORANGE, 1 Sep 22, Orange Studies, Box 64, WPD Files.

Bd for Dev 31 Oct 22: Board for Development of Navy Yard plans to Chief, Bureau of Yard and Docks, Advanced Bases in a Pacific Campaign, Material and Factilities . . . , 31 Oct 22, 198-13,roll 79, SecNav & CNO Secret & Conf Corresp.

Astc Flt War Plan, 1922: Commander in Chief Asiatic Fleet to Chief of Naval Operations, War Plans,29 Nov 22, 198-37,roll 90, SecNav & CNO Secret& Conf Corresp.

GB Strategic Survey, Apr 1923: Form Senior Member Present(W, L. Rodgers), General Board, to Secretary of the Navy, Strategic Survey of the Pacific, 26 Apr 23, #425, Serial No. 1136,198-26,roll 80, SecNav & CNO Secret & Conf Corresp.

JB-JPC Plans, May-Jul 1923: Joint Planning Committee to Joint Board, Synopsis of Joint Army & Navy Estimate of Orange Situation, 25 May 23; Joint Board to Chief of Naval Operations, same title, 7 Jul 23, Ser 207; Joint Board to Secretary of War, Defense of the Philippines,7 Jul 23, Ser 208; Joint Board to Secretary of the Navy, Recommendations by Governor-General of the Philippines Concerning Measures of Defense, 7 Jul 23, Ser 209,#305, JB Records.

JPC Plan 1924: Joint Planning Committee to Joint Board, Joint Army and Navy Basic War Plan-Orange,12 Mar 24; Joint Board to Joint Planning Committee, Proposed Joint Army & Navy Basic War Plan-Orange, 7 Jun 24, #325. Ser 228, JB Records.

Jt Bd Plan 1924: Joint Board to Secretary of War, Joint Army and Navy Basic War Plan-Orange, 15 Aug 24, #325, Ser 228, JB Records.

AWPD Plan 1925: Brig Gen Le Roy Eltinger, Army War Plan Orange, Strategical Plan, 29 Jan 25, File 230, Box 69, AWPD Color Plans.

Plan O-3, ca. Jan 25: United States Fleet Contributory Wat Operating Plans O-3, ca. Jan 25, 198-13, roll 79, SecNav & CNO Secret Corresp.

AWC Repts, 13-14 Apr 25: Army War College, Committee Reports on War Plan Orange, 13-14 Apr 25, File Army War College War Plans Studies, Box 37, WPD Files.

JPC Plan Oct 1926: Joint Planning Committee, Joint Arny and Navy Basic War Plan-Orange, 6 Oct 26, File 2720-119, AWPD Files.

JPC Revision, Oct 1926: Joint Planning Committee to Joint Board, Revision of Joint Army and Navy Basic War Plan-Orange, 11 Oct 26, JB #325, Ser 280, Entry 184, Box 1931, AWPD Records.

JB Comment, Oct 1926: Joint Board to Joint Planning Committee, Army, Revision of Joint Army and Navy Basic War Plan-Orange,23 Oct 26, Ser 280, Box 1931, AWPD Records.

JPC Plan Nov 1926: (prob.) Joint Planning Committee, Joint Army and Navy Basic War Plan-Orange, 23 Nov 26, File 2720-119, AWPD Files.

JPC Army Section Revision, May 1927: Army Section Joint Planning Committee to Capt Rowan, Revision of Joint Army and Navy War Plan Orange, 27 May 27, Entry 184, File 280, JB Plans & Opns Div.

WPD, Study of Certain Pac Is, 6 Aug 27: War Plans Division, Study of Certain Pacific Islands from the Standpoint of Facilities for Sea and Air Craft Fueling Bases, 6 Aug 27, Box 64, WPD Files.

WPD Est, May 1927: (prob) War Plans Division, Estimate of the Situation Blue-Orange, 4 May 27, File 232, Box 69, AWPD Color Plans.

Army Est, Aug 1927: Maj J.L.Jenkins, General Staff, Comments on Blue-Orange Estimate dated Aug 9, 1927, n.d., File 232, Box69, AWPD Color Plans.

WPD, Marshall is Plan, ca. 1927: D. C. McDougal, Estimate of the Situation. . . to Seize Two Bases in the Marshall Islands . . . , n.d., ca. late 1927/early 1928, File Orange Stuies, Folder 2, Box 64, WPD Files.

WPD, Landing Opns, Oct 1927: Captain R. M. Grisworld to Directos War Plans Division, WPD, Studies of Landing Operations, Orange, 3 Oct 1927, File Orange Studies, Folder 2, Box 64, WPD Files.

JPC Est, Jan 1928: Joint Planning Committee to Joint Board, Joint Estimate of the Situation-Blue Orange, and Joint Army and Navy War Plan Orange, 9 Jan 28, Entry 194, File 280, AWPD Records.

JB Points, Feb 1928: Joint Board, Points . . . for discussion at Joint Board Meeting . . . [re JPC] . . . development of War Plan Orange, 9 Feb 28, Entry 184, Ser280, AWPD Files.

JPC Navy Section Revision, Mar 1928: (prob) Horne, Entry 184, Ser 280, AWPD Files.

JPC Navy Section Revision, Apr 1928: Capt F.J. Horne, Joint Army and Navy Basic War Plan-Orange, 17 Apr 28, AWPD # 2720-119, Ser 280, RG 165, AWPD Files.

JPC Revision, Apr 1928: Joint Planning Committee to Joint Board, Revision of Joint Army and Navy Basic War Plan Orange, 24 Apr 28, #325, Ser 280, JB Records.

JPC Plan Apr 1928: Joint Planning Committee, Joint Army and Navy Basic War Plan-Orange, 24 Apr 28, #325, Ser 280, JB Records.

JB Plan, Jun 1928: Joint Borad, Joint Army and Navy Basic War Plan Orange. 14 Jin 28, #325, Ser 280, JB Records.

JPC Army Section, Jul 1928: Army Section Joint Planning Committee to Joint Boards, 5 Jul 28, Ser 292-B, #349, 1928-33 JB Records.

JPC Est, Jan 1929 : Joint Planning Committee, Blue-Orange Joint Estimate of the Siuation, 11 Jan 29, #325, Ser 280, JB Records, RG 225, NA. This estimate accompanied the revised Orange Plan sent to the service secretaries for approval in January 1929 but is virtually a verbatim copy of the JPC Est, Jan 1928.

CNO Plan, Mar 1929: Chief of Naval Operations, Navy Basic War Plan Orange, 1 Mar 29, Scholarly Microfilms, rolls 2 & 3

AAC Plans, 1929-31: Army Air Corps, Special Mobilization Plan-Orange, 30 Nov 29, File 143; War Department, same title, Arms and services Plan, Army Air Corps Annex, Registered #35, WD Series, AC-SPOE-A,4 Mar 31, file 142, box 60, AWPD color plans.

WPD, Quick Movement, 1932: War Plans Division, Battle Problem-Quick Movement, Special Study Blue vs. Orange, ca. Apr 1932, Box 39, WPD Files.

WPL-13, Change #1, 15 Jul 32: (prob) War Plans Division, Change #1,

WPL-13, Navy Basic Plan-Orange, 15 Jul 32, Scholariy Microfilms, roll 2.

Tentative Plan O-1, 26 Aug 33: Commander in Chief U. S. Fleet to Chief of Naval Operations, War Plans-Orange, 26 Aug 33, A7-3 2282, File CinCUS prior 3 Sep 1939, vol. 1, CinCUS Op Plans 1932-39.

WPL-16, change #3, Jul 1933: Chief of Naval Operations to Distribution List for WPL-16,change #3, 17 Jul 33, Scholarly Microfilms, roll 3.

Change #4 to WPL-16, 31 Jan 34: Chief of Naval Operations to Distribution List for WPL-16, Change #4, 31 Jan 34, Scholarly Microfilms, roll 3.

Meyers, WPS-Orange change, 27 Feb 34: Capt G. J. Meyers to Director War Plans Division, War Plans Orange-Basic change, 27 Feb 34, File CinCUS prior 3 Sep 39, CinCUS Op Plans 1932-39,vol. 1.

FMF, Wotje Defense Plan, 27 Mar 34: Headquarters Fleet Marine Force, Operations Plan #2-34, 1st Advanced Base Defense Force, Reenforced, Wotje Atoll, 27 Mar 34, File Wotje Defense Plan, Box 77, WPD Files.

WPD, Royal Road, Jul 1934: Cdr C. W. Magruder, War Plans Division, Plan O-1 Orange, "The Royal Road" (US Jt Astc Force Operating Plan Orange, CinCUS-1 Jul 1934), 21 Jul 34, File Royal Road, Box 64, WPD Files.

Phil Dept Plan Orange 1934: Philippine Department First Phase Plan Orange, 1934, Document HPD WPO-1-G2,1 Aug 34, g-2 App, File 365, Box 65; G-3 Estimate of the Situation, File 171, Box 64, AWPD Color Plans.

FAF, Wotje Attack,9 Aug 34: Headquarters Fleet Marine Force, Operations Plan #1-34, 2d Marine Brigade, Reenforced, Wotje Atoll, 9 Aug 34, File Wotje Attack Plan, Box 77, WPD Files.

FAF, Maloelap Attack, 22 Oct 34: Headquarters Fleet Marine Force, Operations plan # 3-34, 2d Marines, Reenforced, Maloelap Atoll, 22 Oct 34, File Maloelap Attack Plan, Box 56, WPD Files.

FAF, Majuro Attack, 18 Jan 35: Headquarters Fleet Marine Force, Operations Plan #4-34, 1st Marines, Reenforced, Majuro, 18 Jan 35, File Majuro Attack plan, Box 56, WPD Files.

Change #3 to WPL-13, 26 Feb 35: Chief of Naval Operations to Distribution List for Navy Basic Plan-Orange, Change # 3 to WPL-13, 26 Feb 35, w enclosure dated Nov 1934, Scholarly Microfilms, roll 2.

FMF, Rongelap Attack,26 Jul 35: Headquarters Fleet Marine Force, Rongelap Attack Plan, Operations Plan #5-35, 26 Jul 35, Box 69,WPD Files.

FMF, Attack of Ponape, 5 Oct 35: War Plans Section, Headquarters Fleet Marine Force, Attack of Ponape, Estimate of the Situation, 5 Oct 35, File Ponape Attack, Box 69, WPD Records.

Base Force Plans, Jul-Oct 1935: Captain D. E. Cummings, U. S. Fleet Base Force, 8 memoranda re Pacific island bases, July to October 1935, File Basfor & Basfor Projects, Box 39, Op Plan Files, OA, NHD.

AWPD Plan 1936: Colonel W. Krueger, Acting Assistant Chief of Staff, Army War Plans Division, to the Adjutant General, Revision of Joint Army and Navy Basic War Plan-Orange, 28 May 36, File 2720-71, AWPD Records.

USMC, Wotje Attack, 25 May 36: War Plans Section U.S. Marine Corps, Study of Wotje Attack 1-36, 25 May 36, File same title, Box 77, WPD Files.

AWPD, Wotje Attack, 31 Jul 36: Army War Plans Division, Estimate of Situation for Attack of Wotje (from Viewpoint of Landing Force Commander), 31 Jul 36, File Wotje, Attack of-Army Est, Box 77, WPD Files.

Change#2 to WPL-15, 3 Sep 36: Chief of Naval Operations to Distribution List of WPL-15, Change #2 to WPL-15,3 Sep 36, w enclosure dated July 1936, Scholarly Microfilms, roll 2.

Change #5 to WPL-13, 15 Sep 36: Chief of Naval Operations to Distribution List of WPL-13, Change #5 to WPL-13, 15 Sep 36, w enclosure, Scholarly Microfilms, roll 2.

Change#6 to WPL-13, 26 Mar 37: 26 Mar 37: Chief of Naval Operations to Distribution List of WPL-13, Change#6 to WPL-13, 26 Mar 37, Scholarly Microfilms. roll 2.

USMC, Truk Attack, 28 Apr 37: War Plans Section, U.S. Marine Corps, Truk Attack #1-37, 28 Apr 37, File Truk Attack, Box 75 WPD Files.

Change #5 to WPL-16, 10 Jul 37: Chief of Naval Operations to Distribution List of WPL-16, Change #5 to WPL-16, 10 Jul 37, Scholarly Microflms, roll 3.

USMC, Saipan and Uracas Attack, 1937: Author unknown, prob.U.S. Marine Corps, Estimate of Marine Corps Forces Required for Attack of Saipan and Uracas, n. d. (prob 1937), File Saipan & Uracas, Attack of, Box 69, WPD Files.

JB Plan, 21 Feb 38: Joint Board to Secretary of War, Joint Army and Navy Basic War Plan-Orange (1938), 21 Feb 38, #325, Ser 618, File 223, Box 68, AWPD Color Plans.

CinCUS atoll Plan, 28 Feb 38: Commander in Chief U.S. Fleet to Chief of Naval Operations, 28 Feb 38, File NB/ND14, Box 259, SecNav & CNO Secret Corresp.

Change #4 to WPL-15, Apr 1938: Chief of Naval Operations to Distribution List for Navy Basic Plan-Orange, Change #4 to WPL-15, Apr 1938, Scholarly Microfilms, roll 2.

Change #6 to WPL-16, 23 Apr 38: Chief of Naval Operations to Distribution List for Navy Basic Plan-Orange #6 to WPL-16, 23 Apr 38, Scholarly Microfilms, roll 3.

Hepburn Rept: Board, Rear Admiral Arthur J. Hepburn, Senior Member, Report on Need of Additional Naval Bases, 23 Dec 38, U.S. Congress, House Doc #65, 76th Cong, 1st sess.

WPL-13 revision Mar 1939: Chief of Naval Opeartions, Navy Basic War Plan Orange, WPL-13, vol. 1, 8 Mar 39, Box 147C, WPD Files.

JPC, Exploratory Studies, 21 Apr 39: Joint Planning Committee to Joint Board, Exploratory Studies in Accordance with JB 325 (Ser 634), 21 Apr 39, JB Records.

WPL-35, CNO, June 1939: Chief of Naval Operations, Landing Operations Blue-Orange, vol. 1, Jun 1939, Box

147E, WPD Files.

Rainbow 1, 9 Aug 39: Joint Borad, Joint Army and Navy Basic War Plan-Rainbow No. I, 9 Aug 39, in Chief of Naval Opearations, WPL-42, Navy Basic War Plan-Rainbow 1, 12 Jul 40, App I, Scholarly Microfilms, roll 5.

USMC, Defs of Wake, 11 Aug 39: Col Harry K. Pickett USMC, The Defenses of Wake, 11 Aug 39, WPD Files.

Rainbow 2, 1939-40: Army War Plans Division, War Plans Division and Joint Planning Committee, drafts of Plan Rainbow Two, August 1939 to March 1940, JB Rainbow 2 Dev File, 1939-40.

Rainbow 3, early 1940: Army War Plans Division and War Plans Division, drafts of Plan Rainbow Three, Mar-Apr 1940, #325, Ser642,JB Rainbow 2 Dev File, 1939-40.

WPD, Plan O-1,30 Apr 40: Commander Forrest P. Sherman to Director War Plans Division, CinCUS's Operating Plan O-1, 30 Apr 40, A16-3/FF, Box 91, WPD Files.

CNO Conference, 1 May 40: Digest of Conference Held 1 May 40 in Office of CNO, 2 May 40, A16-3/FF, Box 91,WPD Files.

WPL-42, 12 Jul 40: Chief of Naval Operations, WPL-42, Navy Basic War Plan-Rainbow One, 12 Jul 40, App I. Scholarly Microfilms, roll 5.

Navy Rainbow 4, ca. Aug 40:Navy Basic Plan Rainbow Four, Annex I, Navy Plan for Execution of Missions in Joint Task No. I of Joint . . . Rainbow Four, n.d.,ca. Aug 40, Scholarly Microfilms, roll 5.

WPL-36, 8 Oct 40: Chief of Naval Operations, WPL-36, Basic Studies for Landing Operations in a Blue-Orange War, vol. 2, pt.1,8 Oct 40, CNO Plans File.

Rainbow 3, late 1940: Army War Plans Division and War Plans Division drafts and correspondence of Plan Rainbow Three, Nov-Dec 1940, #325, Ser 642, JB Rainbow 3 Dev File, 1940.

CNO, Plan Dog, 12 Nov 40: Chief of Naval Operations, Memo for the Secretary, 12 Nov 40, File 4175-15, AWPD Files, RG 165, NA.

WPL-44, dec 1940: chief of naval operations,rainbow plan no.III(WPL-44), Dec 1940, Scholarly Microfilms, roll 5. Originals in File WPL-46 ltrs,

Box 147J, WPD Files. Interleaved with CNO-CinCUS-CinCAF WPL-44 corresp, Jan-Feb 1941 (see below).

CNO-CinCUS-CinCAF WPL-44 corresp, Jan-Feb 1941: Chief of Naval Operations, Commander in Chief U.S. Fleet and Commander in Chief Asiatic Fleet, correspondence re WPL-44, Jan-Feb 1941, interleaved with WPL-44 Scholarly Microfilms, roll 5. Originals in File WPL-46 letters, Box 147J, WPD Files, OA, NHD. Most of the correspondence also appears in PHH, Exhibits.

ABC-1 Conference, Jan-Mar 1941: United States-British Staff Conferences, Washington, 24 Jan to 27 Mar 41, Scholarly Microfilms, roll 6.

Draft WPUSF-44, 24 Mar 41: Commander in Chief U.S. Fleet to Commanders of Subsidiary Fleet Commands, Operations Plans O-1, Rainbow 3, 24 Mar 41, File A16(R-3) (1941), Box 241, CNO Secret Corresp, RG 80, NA(Suitland, Md.).

ABC-1, Rept, 27 Mar 41: United States-British Staff Conversations, ABC-1, Report, 27 Mar 41, Scholarly Microfilms, roll 6.

Rainbows 5, May 1941: Joint Army and Navy Basic War Plan-RAINBOW No. 5, May 1941, in WPL-46, 26 May 41, Appendix I.

WPL-46, 26 May 41: Chief of Naval Operations, Navy Basic War Plan Rainbow Five (WPL-46), 26 May 1941, Scholarly Microfilms, roll 5.

WPPac-46, 25 Jul 41: Commander in Chief Pacific Fleet to Chief of Naval Operations, U.S. Pacific Fleet Operating Plan-Rainbow 5 (Navy Plan O-1, Rainbow 5, WPPac-46), 25 Jul 1941, Box 147F, WPD Files. Also in PHH, Exhibits, pt. 17, 2570-2600.

Pac Flt Chart Maneuver, Autumn 41: Commander in Chief Pacific Fleet(per McMorris) to Commanders of Task

Forces, Fleet Chart Maneuver #1-41, moves of 26 Aug, 27 Sep, 21 and 29 Oct, 26 Nov 41, A16-3/(16), CinCPac WPs file late 1941.

단행본

Albion, Robert Greenhalgh. *Makers of Naval policy*, 1798-1947. Annapolis: Naval Institute Press, 1980.

Alden, Commander John D., USN(Ret.). *The American Steel Navy . . . 1883 to 1909*. Annapolis: Naval Institute Press, 1972.

Allen, Thomas B. *War Games*. Annapolis: Naval Institute Press, 1987.

Bartlett, Colonel Merritt L., USMC (Ret.), ed. *Assault from the Sea: Essays on the History of Amphibious Warfare*. Annapolis: Naval Institute Press, 1983.

Belote, James H., and William M. Belote. *Corregidor: The Saga of a Fortress*. New York: Harper & Row, 1967.

Blair, Clay, Jr. *Silent Victory: The U.S. Submarine War against Japan*. 2 vols. Philadelphia: J. B. Lippincott, 1975.

Borg, Dorothy, and Shumpei Okamoto, eds. *Pearl Harbor as History: Japanese-American Relations*, 1931-1941. New York: Columbia University Press, 1973.

Bradford, James C. *The Reincarnation of John Paul Jones: The Navy Discovers Its Professional Roots*. Washington: Naval Historical Foundation, 1986.

Braisted, William Reynolds. *The United States Navy in the Pacific, 1897-1909*. 1958. Reprint, New York: Greenwood Press, 1969.

_____. *The United States Navy in the Pacific, 1909-1922*. Austin: University of Texas Press, 1971.

Brune, Lester H. *The Origins of American National Security Policy: Sea Power, Air Power and Foreign Policy, 1900-1941*. Manhattan, Kan.: MA/AH Publishing, 1981.

Bryan, E. H., Jr. *American Polynesia and the Hawaiian Chain*. Honolulu: Tongg, 1942.

_____, comp. *Guide to Place Names in the Trust Territory of the Pacific Islands*. Honolulu: Pacific Scientific Information Center, 1971.

Buckley, Thomas H. *The United States and the Washington Conference,1921-1922*. Knoxville: University of Tennessee Press, 1970.

Buell, Thomas B. *Master of Sea Power: A Biography of Fleet Admiral Ernest J. king*. Boston: Little, Brown, 1980.

Bureau of Aeronautics. *United States Naval Aviation*, 1898-1956. Washington: Department of the Navy, n.d.

Bureau of Yards and Docks. *Building the Navy's Bases in World War II*. 2 vols. Washington: U.S. Government Printing Office, 1947.

Bywater, Hector C. *The Great Pacific War*. 1925. Reprint. Boston: Houghton Mifflin, 1942.

_____. *Sea-Power in the Pacific: A Study of the American-Japanese Naval Problem*. Boston: Houghton Mifflin, 1921.

Carter, Samuel, III. *The Incredible Great White Fleet*. New York: Crowell Collier Press, 1971.

Challener, Richard D. *Admirals, Generals, and American Foreign Policy, 1898-1914*. Princeton: Princeton University Press, 1973.

Cline, Ray S. *The War Department, Washington Command Post: The Operations Division*. Washington: Office of the Chief of Military History, Department of the Army, 1951.

Coletta, Paolo E. Admiral Bradley A, Fiske and the American Navy. Lawrence, Kan.: Regents Press of Kansas, 1979.

_____. ed. *American Secretaries of the Navy*. 2 vols. Annapolis: Naval Institute Press, 1980.

Craven, Wesley Frank, and James Lea Cate, eds. *The Army Air Forces in World* War II.7 vols. vol.1: *Plans and Early Operations*. Chicago: University of Chicago Press, 1948.

Daniels, Jonathan. *The End of Innocence*. Philadelphia: J. B. Lippincott, 1954.

Davis, Vernon E. *The History of the Joint Chiefs of Staff in World War II. Organizational Development. vol. 1: Origin of the Joint and Combined Chiefs of Staff*. Washington: Historical Division, Joint Secretariat, Joint Chiefs of Staff, 1972.

Dewey, George. *Autobiography of George Dewey, Admiral of the Navy*. New York, 1913.

Dingman, Roger. *Power in the Pacific : The Origins of Naval Arms Limitation, 1914-1922*. Chicago: University of Chicago press, 1976.

Dorwart, Jeffery M. *The Office of Naval Intelligence: The Birth of America's First Intelligence Agency, 1865-1918*. Annapolis: Naval Institute Press, 1979.

Dyer, George C., Vice-Admiral, USN (Ret.). *The Amphibians Came to Conquer: The Story of Admiral Richmond Kelly Turner*. 2 vols. Washington: U.S. Government Printing Office, 1969.

Esthus, Raymond A. *Theodore Roosevelt and Japan*. Seattle: University of Washington Press, 1966.

Friedman, Norman. U.S. *Aircraft Carriers: An Illustrated Design History*. Annapolis: Naval Institute Press, 1983.
_____. *The U.S. Maritime Strategy*. Annapolis: Naval Institute Press, 1988.

Hart, Robert A. *The Great White Fleer. Boston: Little, Brown, 1965*, Hattendorf, John B., B. Mitchell Simpson III, and John R. Wadleigh. *Sailors and Scholars: The Centennial History of the U.S. Naval War College*. Newport, R.I.: Naval War College Press,1984.

Hayes, Grace Person. *The History of the Joint Chiefs of Staff in World War II: The War against Japan*. 1953. Reprint. Annapolis: Naval Institute Press, 1982.

Heinl, Lt. Col. R. D., Jr USMC, *The Defense of Wake*. Washington: U.S. Government Printing office, 1947.

Horvat, William J. *Above the Pacific*. Fallbrook, Calif.: Aero Publishers,1966.

Hoye, Edwin P. *How They Won the War in the Pacific : Nimitz and His Admirals*. New York: Weybright and Talley, 1970.

Hughes, Captain Wayne p., Jr., USN (Ret.). *Fleet Tactics: Theory and Practice*. Annapolis: Naval Institute Press,1986.

Isely, Jeter A., and Philip A. Crowl. *The U.S. Marines and Amphibious War: Its Theory, and Its Practice in the Pacific*. Princeton: Princeton University Press, 1951.

Jablonski, Edward. Sea Wings: *The Romance of the Flying Boats*. Garden City, N.Y.: Doubleday, 1972.

Jose, Arthur W. *The Royal Australian Navy, 1914-1918*. 11th ed. Vol. 9: *Official History of Australia in the War of 1914-18*. Sydney: Angus and Robertson, 1943.

Josephson, Matthew. *Empire of the Air: Juan Trippe and the Struggle for World Airways*. New York: Harcourt, Brace, 1944.

Kennedy, Paul M. *The Samoan Tangle: A Study in Anglo-German-American Relations, 1878-1900*. New York: Barnes and Noble, 1974.

Kimmel, Husband E. *Admiral Kimmel's Story*. Chicago: Henry Regnery, 1955.

King, Fleet Admiral Ernest J., and Walter Muir Whitehill. *Fleet Admiral King: A Naval Record*. New York: Norton, 1952.

Knott, Captain Richard C., USN, *The American Flying Boat: An Illustrated History*. Annapolis: Naval Institute Press, 1979.

Lane, Jack C. *Armed Progressive: General Leonard Wood*. San Rafael, Calif.: Presidio Press, 1978.

Layton, Rear Admiral Edwin T., USN (Ret.), with Captain Roger Pineau, USNR (Ret.), and John Costello. : *And I Was There: Pearl Harbor and Midway-Breaking the Secrets*. New York: Morrow, 1985.

Leech, Margaret. *In the Days of Mckinley*. New York: Harper Brothers, 1959.

Lehman, John F., Jr. *Command of the Seas*. New York: Charles Scribner's Sons, 1988.

Leighton, Richard M., and Robert W. Coakley. *The War Department: Global Logistics and Strategy*, 1940-1943. Washington: Office of the Chief of Military History, Department of the Army, 1955.

Livezey, William E. *Mahan on Sea Power*. Norman, Okla.; University of Oklahoma Press, 1947.

Love, Robert William, Jr., ed. *The Chiefs of Naval Operations. Annapolis*: Naval Institute Press, 1980.

Lowenthal, Mark M. *Leadership and Indecision: American War Planning and Policy Process*, 1937-1942. 2 vols. New York: Garland, 1988.

Matloff, Maurice. *The War Department: strategic Planning for Coalition Warfare, 1943-1944*. Washington: Office of the Chief of Military History, Department of the Army, 1970.

Matloff, Maurice, and Edwin M. Snell. *The War Department: Strategic Planning for Coalition Warfare*, 1941-42. Washington: Office of the Chief of Military History, Department of the Army, 1953.

Melhorn, Charles M. *Two-Block Fox: The Rise of the Aircraft Carrier*, 1911-1929. Annapolis: Naval Institute Press, 1974.

Morgan, H. Wayne, ed. *Making Peace with Spain: The Diary of Whitelaw Reid, September-December 1898*. Austin: University of Texas Press, 1965.

Morison, Elting E., ed. *The Letters of Theodore Roosevelt*. 8 vols. Cambridge, Mass.; Harvard University Press, 1951-54.

Morison, Samuel Eliot. *History of United States Naval Operations in World War II*. 15 vols. (of which 9 deal with Pacific war). Boston: Little, Brown, 1950-60.

Morton, Louis. *The Fall of the Philippines*. Washington: Office of the Chief of Military History, Department of the Army, 1953.

_____. *Strategy and Command: The Firs Two Years*. Washington: Office of the Chief of Military History, Department of the Army, 1962.

NAVAIR (Naval Air Systems Command). *United States Naval Aviation, 1910-1970*. NAVAIR 00-80p-1. Washington: U.S. Government Printing Office, 1970.

Naval Historical Foundation. *Manuscript Collection: A Catalog*. Washington: Library of Cingress, 1974.

O'Gara, Gordon Carpenter. *Theodore Roosevelt and the Rise of the Modern Navy*. Princeton: Princeton University Press, 1943.

Paret, Peter, ed. *Makers of Modern Strategy*. Princeton: Princeton University Press, 1986.

Peattie, Mark r. *Nan'yo: The Rise and Fall of the Japanese in Micronesia, 1885-1945*. Pacific Island Monograph Series, no.4. Honolulu: University Of Hawaii Press, 1988.

Pomeroy, Earl S. *Pacific Outpost: American Strategy in Guam and Micronesia*. 1951. Reprint. New York: Russell and Russell, 1970.

Prange, Gordon W., *At Dawn We Slept: The Untold Story of Pearl Harbor*. New York: McGraw-Hill, 1981.

Prange, Gordon W., with Donald M. Goldstein and Katherine V. Dillon. Pearl Harbor: *The Verdict of History*. New York: Mcgraw-Hill, 1986.

Pratt, Julius W. *Expansionists of 1898: The Acquisition of Hawaii and the Spanish Islands*. 1936. Reprint. Chicago: Quadrangle Books, 1964.

Puleston, Captain W. D., USN. *The Armed Forces of the Pacific: A Comparison Of the Military and Naval Power of the United States and Japan*. New Haven; Yale University Press, 1941.

Reckner, James R. *Teddy Roosevelt's Great White Fleet*. Annapolis: Naval Institute Press, 1988.

Reynolds, Clark G. *Famous American Admirals*. New York: Van Nostrand Reinhold, 1978.

_____. *The Fast Carriers: The Forging of an Air Navy*. New York: McGraw Hill, 1968.

Richardson, James O. *On the Treadmill to Pearl Harbor: The Memoirs of Admiral James O. Richardson, USN* (Retired), as told to Vice-Admiral George C. Dyer. Washington: Naval History Division, Department of the

Navy, 1973.

Roskill, Stephen. *Naval Policy between the Wars. Vol. 1: The Period of Anglo- American Antagonism, 1919-1929.* New York: Walker and Company, 1968. Vol. 2: The Period of Reluctant Rearmament, 1930-1939. Annapolis: Naval Institute Press, 1976.

Seager, Robert, II. *Alfred Thayer Mahan: The Man and His Letters.* Annapolis: Naval Institute Press, 1977.

Sherrod, Robert. *History of Marine Corps Aviation in World War II.* Washington: Combat Forces Press, 1952.

Sherry, Michael S. The Rise of American Air Power: *The Creation of Armageddon.* New Haven: Yale University Press, 1987.

Smith, Richard K. *The Airships Akron and Macon: Flying Aircraft Carriers of the United States Navy.* Annapolis: Naval Institute Press, 1965.

Spector, Ronald H. *Admiral of the New Empire: The Life and Career of George Dewey.* Baton Rouge: Louisiana State University Press, 1974.

_____. *Eagle against the Sun: The American War with Japan.* New York: Free Press of Macmillan, 1985.

_____. *Professors of War: The Naval War College and the Development of the Naval Profession.* Newport, R.I.: Naval War College Press. 1977.

Sprout, Harold, and Margaret Sprout. *The Rise of American Naval Power.* Princeton: Princeton University Press, 1939.

_____. *Toward a New Order of Sea Power: American Naval Policy and the World Scene, 1918-1922.* 2d ed. Princeton: Princeton University Press, 1943.

Stephan, John J., *Hawaii under the Rising Sun: Japan's plans for Conquest After Pearl Harbor.* Honolulu: University of Hawaii Press, 1984.

Swanborough, Gordon, and Peter M. bowers. *United States Navy Aircraft Since 1911.* Annapolis: Naval Institute Press, 1976.

Tuleja, Thaddeus V. *Statesmen and Admirals: Quest for a Far Eastern Naval Policy.* New York: Norton, 1963.

Vlahos, Michael. *The Blue Sword: The Naval War College and the American Mission, 1919-1941.* Newport, R.I.: Naval War College Press, 1980.

Watson, Mark Skinner. *Chief of Staff: Prewar Plans and Preparations.* Washington: Office of the Chief of Military History, Department of the Army, 1950.

Weigley, Russell F. *The American Way of War: A History of United States Military Strategy and Policy.* New York: Macmillan, 1973.

Wheeler, Gerald E. *Admiral William Veazie Pratt, U. S. Navy: A Sailor's Life.* Washington: Naval History Division, Department of the Navy, 1974.

_____. *Prelude to Pearl Harbor: The United States Navy and the Far East, 1921-1931.* Columbia: University of Missouri Press, 1963.

Woodbuary, David O. *Builders for Battle: How the Pacific Naval Air Bases Were Constructed.* New York: Dutton, 1946.

논문 및 연구보고서

Beigel, Harvey M. : "The Battle Fleet's Home Port, 1919-1940." *U.S. Naval Institute Proceedings, History Supplement 1985,* pp. 54-63.

Blakeslee, George H. " Japan's New Island Possessions in the Pacific: History And Present Status." *Journal of International Relations* 12, no. 2 (1921): 179-91.

Bradford, Royal Bird. " Coaling Stations for the Navy." *Forum,* February 1899, pp. 732-47.

Braisted, William R. "Charles Frederick Hufhes, 14 November 1927-17 September 1930." In Robert William Love, Jr., ed., *The Chiefs of Naval Operations*, PP. 49-68. Annapolis: Naval Institute Press, 1980.

_____. "On the American Red and Red-Orange Plans, 1919-39." In Gerald Jordan, ed., *Naval Warfare in the Twentieth Century, 1900-1945*, pp. 167-85. London: croom helm, 1977.

Cate, James Lea, and Wesley Frank Craven. "The Army Air arm between Two World Wars, 1919-39." In Wesley Frank Craven and James Lea Cate, eds., *The Army Air Forces in World War II*, vol. 1: *Plans and Early Operations*, pp. 17-71. Chicago: University of Chicago Press, 1948.

Clinard, Outten Jones. "Japan's Influence on American Naval Power, 1897-1917." *University of California Publications in History*, vol. 36. Berkeley: University of California Press, 1947.

Coletta, Paolo E. "Josephus Daniels, 5 March 1913-5 March 1921." In Coletta, ed., *American secretaries of the Navy*, 2:525-81. Annapolis: Naval Institute Press, 1980.

Crowl, Philip A. "Alfred Thayer Mahan: The Naval Historian." In Peter Paret, ed., *Markers of Modern Strategy*, pp. 444-77. Princeton: Princeton University Press, 1986.

Davis, Oscar King. "The Taking of Guam." *Harpers Weekly* 42, no. 2174(1898): 829-30.

Dierdorff, Captain Ross A., USN. "Pioneer Party-Wake Island." U.S. *Naval Institute Proceedings*, no. 482(April 1943).

Douglas, Lawrence H. "Robert Edward Coontz, 1 November 1919-21 July 1923." In Robert William Love, Jr., ed., *The Chiefs of Naval Operations*, pp. 23-35. Annapolis: Naval Institute Press, 1980.

Doyle, Michael K. "The U.S. Navy and War Plan Orange, 1933-1940: Making Necessity a Virtue." *Naval War College Review*, May-June 1980,pp. 49-63.

_____. "The United States Navy-Strategy and Far Eastern Foreign Policy, 1931-1941." *Naval War College Review* (winter 1977): 52-60.

Fifield, Russell h. "Disposal of the Carolines, Marshalls and Marianas at the Paris Peace Conference." *American Historical Review* 51 (April 1946): 472-79.

Foley, Rear Admiral Francis D. (Ret.). "Looking for Earhart." *Air and Space*, February-March 1988,pp.28-30.

Height, John McVickar, Jr. "FDR's 'Big Stick.'" *U.S. Naval Institute Proceedings*, no. 809 (July 1980).

Heinrichs, Waldo H., Jr. "The Role of the United States Navy." In Dorothy Borg and Shumpei Okamoto, eds., *Pearl Harbor as History: Japanese-American Relations*, 1931-1941. New York: Columbia University Press, 1973.

Holt, Thaddeus. "Joint Plan Red." MHQ: *The Quarterly Journal of Military History* (August 1988): 48-55.

Horton,2d Lieutenant Jeter R. "The Midway Islands." *World Today*, November 1907, pp. 1151-57.

Hughes, Wayne P., Jr. "The Strategy-Tactics Relationship." In Colin S. Gray and Roger W. Barnett, eds., *Seapower and Strategy*. Annapolis: Naval Institute Press, 1989.

Janowitz, Morris. "The Professional Soldier." In James C. Bradford, *Reincarnation of John Paul Jones: The Navy Discovers Its Professional Roots*. Washington, D.C.: Naval Historical Foundation, 1986.

Lautenschlager, Karl. "Technology and the Evolution of Naval Warfare." *International Security* 8 (Fall 1983).

Lowenthal, Mark M. "The Stark Memorandum and the American National Security Process, 1940." In Robert William Love, ed., *Changing Interpretations and New Sources of Naval History; Papers from the Third United States Naval Aeademy History Symposium*, pp. 352-61. New York: Garland, 1980.

Major, John. "William Daniel Leahy, 2 Jan 1937-1 Aug 1939." In Robert William Love, Jr., ed., *The Chiefs of Naval Operations*, pp. 101-17. Annapolis: Naval Institute Press, 1980.

Martin, Major John R., USA. "War Plan Orange and the Maritime Strategy." *Military Review* 69(May 1989): 24-35.

Maurer, John H. "Fuel and the Battle Fleet: Coal, Oil and American Naval Strategy, 1898-1925." *Naval War College Review* 34 (November-December 1981):60-77.

Mcdonald, J. Kenneth. "The Rainbow plans and the War against Japan." In National Maritime Museum, *The*

Second World War in the Pacific: Plans and Reality, pp. 20-30. Maritime Monographs and Reports no. 9. Greenwich, Eng., 1974.

Miller, Edward s. "War Plan Orange, 1897-1941: The Blue Thrust through the Pacific." In William B. Cogar, general ed., *Naval History: The Seventh Symposium of the U.S. Naval Academy*, pp. 239-48. Wilmington, Del.: Scholarly Resources, 1988.

Miller, Spencer. Coaling articles, 1899-1914. Fout articles in *Society of Naval Architects and Marine Engineers Transactions* (annual), New York: "Coaliing Vessels at Sea" (1899), pp. 1-17: "Coaling Warships at Sea-Recent Developments" (1904), pp. 177-200; "Coaling Warships from Colliers in Harbor" (1910), pp. 125-41 and plates 33-41; "Refueling Warships at Sea" (1914), pp. 157-84.

Montross, Lynn. "The Mystery of Pete Ellis." *Marine Corps Gazette*, July 1954, pp. 30-33.

Moore, John Hammond. "The Eagle and the Roo: American Fleets in Australian Waters." *U.S. Naval Institute Proceedings*, no. 825 (November 1971): 43-51.

Morton, Louis. "The Development of Political-Military Consultation in the United states." *Political Science Quarterly* 70 (June 1955): 191-80.

_____. "Interservice Co-operations and Political-Military Collaboration." In Harry L. Coles, ed., *Total War and Cold War: Problems in Civilian Control of the Military*, pp. 131-90. Columbus: Ohio State University Press.

_____. "Military and Naval Preparations for the Defense of the Philippines During the War Scare of 1907." *Military Affairs*, Summer 1949, pp. 95-104.

_____. "Origins of Pacific Strategy." *Marine Corps Gazette*, August 1957, pp. 36-43.

_____. "War Plan ORANGE: Evolution of a Strategy." *World Politics* 11 (January 1959): 221-50.

Picking, Commander Sherwood. "Wake Island." *U.S. Naval Institute Proceedings*, no. 238 (December 1922): 2075-79.

Schaffer, Ronald. "General Stanley D. Embick: Military Dissenter." *Military Affairs*, October 1973, pp. 89-95.

Simpson, B. Mitchell III. "Harold Raynsford Stark, 1 August 1939-26 March 1942." In Robert William Love, Jr., ed., *The Chiefs of Naval Operations*, pp. 119-35. Annapolis: Naval Institute Press, 1980.

Symonds, Craig L. "William Veazie Pratt." In Robert William Love, Jr., ed., *The Chiefs of Naval Operations*, 69-88. Annapolis: Naval Institute Press, 1980.

Talbott, J. E. "Weapons Development, War Planning and Policy: The U.S. Navy and the Submarine, 1917-1941." *Naval War College Review* 37(May-June 1984): 53-71.

Trask, David F. "William Shepherd Benson, 11 May 1915-25 September 1919." In Robert William Love, Jr., *The Chiefs of Naval Operations*, pp. 3-20. Annapolis. Naval Institute Press, 1980.

Turk, Richard W. "Edward Walter Eberle, 21 July 1923-14 November 1927." In Robert William Love, Jr., ed., *The Chiefs of Naval Operations*, pp. 37-46. Annapolis: Naval Institute Press, 1980.

Vlahos, Michael. "The Naval war College and the Origins of War-Planning against Japan." *Naval War College Review*, July-August 1980, pp. 23-41.

_____. "War Gaming, an Enforcer of Strategic Realism." *Naval War College Review* 39(March-April 1986).

Vlahos, Michael, and Dale K. Pace. " War Experience and Force Requirements." *Naval War College Review* 41 (Autuman 1988).

Votaw, Homer C. "Midway-The North Pacific's Tiny Pet." *U.S. Naval Institute Proceedings*, no. 453 (November 1940): 52-55.

Walter, John C. "William Harrison Standley, 1 July 1933-1 January 1937." In Robert William Love, Jr., ed., *The Chiefs of Naval Operations*, pp. 89-99. Annapolis: Naval Institute Press, 1980.

Weigley, Russell F. "The Role of the War Department and the Army." In Dorothy Borg and Shumpei Okamoto, eds., *Pearl Harbor as History: Japanese-American Relations*, 1931-1941. New York: Columbia University

Press, 1973.

Wheeler, Gerald E. "Edwin Denby, 6 March 1921-10 March 1924." In Paolo E. Coletta, ed., *American Secretaries of the Navy*, 2:583-603. Annapolis: Naval Institute Press, 1980.

Wilds, Thomas. "How Japan Fortified the Mandated Islands." *U. S. Naval Institute Proceedings*, no. 626(April 1955): 401-7.

Williams, E. Cathleen. "Deployment of the AAF on the Eve of Hostilities." In Wesley Frank Craven and James Lea Cate, eds., *The Army Air Forces in World War II, vol. 1: Plans and Early Operations*, pp. 151-93. Chicago: University of Chicago Press, 1948.

학위논문 및 기타 미간행 자료

Army Air Force Historical Office. "Development of the South Pacific Air Route." AAF Hostorical Studies No. 45. Reference Collection 1074. Washington: AAF Historical Office, 1946.

Costello, Commander Daniel Joseph. "Planning for War: A History of the General Board of the Navy, 1900-1914." Ph.D. dissertation, Fletcher School of Law and Diplomacy, 1968.

Crawley, Martha. "Introduction to Checklist, Records of Strategic Plans Division, Office of the CNO, and Predecessor Organizations, 1912-1947." Washington: Operational Archives, Naval History Division, January 1978.

Holbrook, Francis Xavier. "United States National Defense and Trans-Pacific Commercial Air Routes, 1933-1941." Ph.D. dissertation, Fordham University, 1970.

Infusion, Frank J., Jr. "The United States Marine Corps and War Planning(1900-1941)." M.A. thesis, California State University, San Diego, 1973.

Mead, Dana George. "United States Peacetime Strategic Planning, 1920-1941: The Color Plans to the Victory Program." Ph. D. dissertation, Massachusetts Institute of Technology, 1967.

Morgan, Lieutenant Colonel Henry G., Jr. "Planning the Defeat of Japan: A Study of Total War Strategy." Washington: Office of the Chief of Military History, 1961. Manuscript. Copy in Navy Department Library, Washington.

Morgan, William Michael. "Strategic Factors in Hawaiian Annexation." Ph.D. Dissertation, Clatemont Graduate School, 1980.

Naval History Division. "Checklist, Basic, Joint, Combined & Navy War Plans & Related Documents, 1896-1941." 20 Jun 1966. Operating Archivers, Naval History Division.

Patekewich, V. "Book of Naval War College Admirals." Newport, R. I.: Development Programs Office, Naval War College Library, n.d.

Simpson, B, Mitchell,III. "Admiral Harold R. Stark, A Biography." Manuscript. Newport, R.I., 1986. Stark Papers, Navy Department Library, Naval Historical Center, Washington.

"United States Naval Administrative Histories of World War II." ca. 300 Unpublished volumes. Washington and elsewhere, 1945-57. Written by Various U. S. Navy bureaus, fleets, and agencies. Typescripts and microfiches in Naval History Division, Washington, D.C.

Vlahos, Michael. "War Gaming at Newport, 1919-1941: Prototype for Today's Global Games?" Manuscript. Naval War College, ca. Oct 1985.

강의 자료

Baker, Cdr C. S. (SC), "Logistics- Its Natural Aspect." At NWC, 22 Sep 22. Box 1, WPD Files.

_____. "Logistics-Its National Aspect." At NWC, 12 Oct 23. Box 1, WPD Files.

Ballendorf, Dird Anthony. " Earl Hancock Ellis: A Marine's Multiple Muff-Ups in Mufti in Micronesia." Ninth Naval History Symposium, U.S. Naval Academy, 20 Oct 1989.

Belknap, Cpt R. R. "The Blue-Orange Situation." At Fleet War College Sessions, NWC, 5 Nov 21. Box 1, WPD Files.

Byron, Cpt John, USN, National Defense University. "Framework for Naval Strategy." Informal staff lecture at NWC, 15 Jun 1989.

Cook, Cpt M. G. "Office of Naval Operations." At USMC School, 27 Feb 31. Box 2, WPD Files.

Crenshaw, Cpt R. S. "War Plans." At NWC, 10 May 40. Box 3, WPD Files.

Crowl, Philip. "The Pacific War." At NWC, 3 Oct 1988. NWC audiotape Collection.

Day, Cpt George c. "Submarines." At NWC, 16 Feb 23. Box 3, WPD Files.

Dillen, Cpt R. F. "The Office OF Naval Operations and the WPD." At USMC School, 26 Apr 29. Box 4, WPD Files.

Hines, Cpt A. "The Blue-Orange Situation, Orange." At Fleet War Sessions, NWC, 1 Nov 21. Box 6, WPD Files.

Horne, Frederick J. (probably). "Cooperation between the Army and Navy." n. d. (ca. mid-1922). Speeches, Box 2, Horne Papers.

Horne, Cpt F.J. "The Office of Naval Operations and the War Plans Division." At USMC School, Quantico, 27 Apr 28. Box 7, WPD Files.

Pence, Cpt H. L. "Strategic Areas-Hawaiian Islands." Department of Intelligence, NWC, 10 Jul 36. NHC, NWC.

Pye, Cpt William S. "War Plans from the Navy Point of View." At AWC, 21 Oct 24. Box 10, WPD Files.

_____. Untitled. At NWC, 7 Jan 26. Box 10, WPD Files.

_____. "War Plans." At Naval Postgraduate School, 6 Nov 26. Box 10, WPD Files.

Pye, Adm William S. "The Office of Naval Operations." At AWC, 4 Feb 36. Box 10, WPD Files.

Schofield, Cpt Frank H. "Some Effects of the Washington Conference on American Naval Strategy." At AWC, 22 Sep 23. Box 11, WPD Files.

Schofield, RAdm Frank H. "Naval Strategy of the Pacific." At USMC Field Officers School, Quantico, 23 Mar 28. Box 11, WPD Files.

Shoemaker, Cpt William R. "Strategy of the Pacific: Exposition of Orange War Plan." At NWC Conference, 23 & 25 Aug 14. Scholarly Microfilms, roll 1.

Vlahos, Michael. "U. S. Naval Strategy in the Interwar Era: The Search for a Mission." Seventh Naval History Symposium, Annapolis, 27 Sep 1985.

저자 인터뷰 자료

Barber, Lt Cdr Charles F. Greenwich, Conn., 14 Nov 1985. Navy War Plans Division, 1941; flag secretary to Admiral Raymond Spruance, 1943-45.

Kimmel, Cpt Thomas, USN (Ret) Annapolis, 18 Aug 1988. Son of Admiral Husband E. Kimmel.

McCrea, Adm John L., USN (Ret.). Needham, Mass., 17 Nov 1988. Navy War Plans Division, late 1940; aide to Admiral H. R. Stack, 1941.

Morgan, Lt Col Henry G., USA (Ret.). Arlington, Va., 4 Sep. 1990. Formerly Office of Chief of Military History.

Morton, Louis, Chairman, Department of History, Dartmouth College, Hanover, N. H. Apr and May 1974(by correspondence).

Mott, Adm William. Charlottesville, Va., 10 Oct 1988. Liaison with White House, WWII.

Nomura, Minoru. Tokyo, Jun 1982. Professor, Military History Department, National Defense Institute, Tokyo.

구술 기록

Hill, Harry W. Reminiscences, 1966-67. Columbia Oral History.
Ingersoll, Adm Royal E. Reminiscences, 1964. Columbia Oral History.
Moore, RAdm Charles J., Ret. Reminiscences, 1964. Columbia Oral History.
Tarrant, William Theodore. Reminiscences, 1964. Columbia Oral History.

미주

제1장

1) 당시 미군은 최소한 23개 이상의 국가별 익명을 지정하여 활용하였는데, 예를 들면 독일은 블랙(Black), 프랑스는 골드(Gold), 러시아는 퍼플(Purple), 멕시코는 그린(Green), 영국은 레드(Red)였고, 국내 내전대응은 화이트(White)였다. JB Minutes, 29 Oct 04 Box2; Vlahos, *Blue Sword*, App Ⅰ. 이 색깔별 익명이 어디서 기원되었는지는 지금까지 불분명한데, 영국은 대영제국 국기색깔을 따라 빨간색으로, 일본은 일본 해군기(욱일승천기)의 색깔을 따라 오렌지색으로 익명을 붙였다는 주장도 제기되었다.

2) Secy of JB to COS, Jt A&N Basic WP-Rainbow 5 and Report of U.S. Brit Staff Conversations ABC-1, 9 Jun 41, JB Rainbow 5 File.

3) 현재 기록관에 보존되어 있는 일부 오렌지계획에서 배부표를 확인할 수 있다.

4) Lehman, Command of the Seas, 217, 조달정책을 언급하며 사용되었다.

5) 전쟁이전 오렌지계획이 태평양전쟁 중 어떻게 활용되었는지는 제 27장을 볼 것.

6) 윌리엄스는 미 해군의 제 3대 전쟁계획부장이었다. Patekewich, "Book of NWC Admirals", Hoyt, *How They Won*, 43.

7) 지정학(geopoltics)은 넓은 의미로 지리적 요건이 국가의 행동과 의지를 결정한다는 것을 말한다. 국가목표와 최종요망상태를 제시하는 국가기본정책(Fundamental policy)은 민간 국가통수권자가 결심하는 사항으로, 전쟁분야를 다루는 오렌지계획과는 큰 연관이 없었다. *Leadership and Indecision*, 1:4-5.

8) Matloff, *Strategic Planning*, 1943-1944, App. E.

제2장

1) Admiral James D. Watkins, "The Maritime Stragegy", *U.S. Naval Institute Proceedings*, supplement, January 1986, 15-17.

2) GB to Pres NWC, Plan of a war Protf, 6 Jun 12, #425, Box 123, GB Subj File.

3) Special Comm, NWC Staff to Pres NWC, Educational Work of War College as Related to War Plans, 19 Oct 11; Pres NWC to GB, Plan of a war Portf, 23 Mar 12:GB to Pre NWC, same title, 6 Jun 12, #425, Box 123, GB Subj File.

4) Horne, lecture ca. mid-1922.

5) SecState to SecWar & SecNav, 17 Jan 22, in Davis, *History of Joint Chiefs*, 1:18-19.

6) Cpt Yarnell to Col J. W. Gulick, Natl Policy & War Plans, 28 Oct 19, JB SerMisc 18, in Morton, "War Plan Orange", 225. Cpt William D. Puleston to SecNav via Cdt AWC, 9 Sep 30, in Davis, *History of Joint Chiefs*, 1:20-21.

7) Lowenthal, *Leadership and Indecision*, 1:62-66, 159, 262-64. Davis, *History of Joint Chiefs*, 1:34.

8) 2nd Comm to GB, Memo on Prepn of Genl War Plans, read by Cpt Howard to GB 23 Nov 09; Acting SecNav(Winthrop) to GB, 1 Oct 10, #425, Box 122, GB Subj File.

9) SecNav, Annual Repts, various years, passim.

10) Coletta, "Josephus Daniels", 564-72.

11) Rep. Carl Vinson, Nav Avn Facilities, 21 Feb 39, Hepburn Rept Notebooks.

12) Brune, *Origin of Security Policy*, 59.

13) Braisted, *Navy in Pacific*, 1897-1909, 123. Morton, "War Plan Orange", 222. Davis, History of Joint Chiefs, 1:7,11. Lowenthal, *Leadership and Indecision*, 1:60, 106-8.

14) JB to SecWar & SecNav, 18 Jun 07, #325, JB Records. Ainsworth to Wood, 6 Jul 07, RG 94, AGO File No. 1260092, in Braisted, *Navy in Pacific*, 1897-1909, 204-5.

15) JB Proceedings, 8 May 13, #301, roll 1. Braisted, *Navy in Pacific*, 1897-1909, 124-29, 132-40; Lowenthal, *Leadership and Indecision*, 60.

16) Costello, "Planning for War", 11-12. Vlahos, "NWC Origins", 23-41.

17) SecNav to Dewey, 30 Mar 00, #401, GB Subj File.

18) Leech, *Days of McKinley*, chap. 18.

19) Spector, *Professors of War*, Chap. 8. Costello, "Planning for War", 29-34, Spector, *Admiral of New Empire*, 123, 127.
20) Crowl, "Mahan."
21) Albion, *Makers of Policy*, 82. Costello, "Planning for War", 29-34. Spector, *Admiral of New Empire*, 123, 127.
22) Wheeler, *Pratt*, 70-71.
23) Hattenfdorf, et al., *Sailors and Scholars*, 70-72, Reynolds, *Admirals*, 280.
24) Albion, *Makers of Policy*, 82. SecNav to CinCs US Naval Forces, 15 Dec 00; Cinc US Nav Forceson Astc Statn to SecNav, 28 Feb 01; CinC US Naval Force Pac Station to SecNav, 25 Mar 01, #401.2 Box 3, GB Subj File.
25) Crenshaw, lecture, MWC, 10 May 40.
26) Horne, lecture, USMC School, 27 Apr 28. Pye, lecture, NWC, 7 Jan 26.
27) James Harrison Oliver, Flag Officer Biog Files. Dorwart, *Office of Naval Intelligence*, 95-105.
28) NWC, Problem of 1907, Tentative Plan of Campaign & Strategy Game, 12 Jun 07, 17-18, 118-9, 156-58; Cdr Jame H. Oliver, Concerning Problems of the Year(1907), pt.III, NWC Problems & Solutions.
29) Clarence Stewart Williams, Flag Officer Boig Files.
30) 2d Comm to GB, Memo on Prepn of Genl War Plans, read 23 Nov 09, #425, Box 122, GB Subj Files.

제 3 장

1) Roosevelt to Theodore Roosevelt Jr., 10 Feb 04, in Morison, *Letters of Theodore Roosevelt*, 4:724.
2) Stephan, *Hawaii under Rising Sun*, chap. 1.
3) Spector, *Professors of War*, 197.
4) NWC 1911 Plan, 4. GB 1914 Plan, Strategic Section, 8.
5) James K. Eyre, Jr., "Japanese Imperialism and the Aguinaldo Insurrection", *U.S. Naval Institute Proceedings*, no.558(Aug 1949):901-7.
6) NWC Report of Conference of 1907, pt. 1,26,101. NWC 1911 Plan, 4. GB 1914 Plan, 8.
7) Esthus, *Roosevelt and Japan*, chaps. 8-10, passim.
8) GB 1906 Plan
9) William Loeb, Jr., to SecNav, 27 Oct 06; GB to Asst SecNav, 29 Oct 06, #425.2, Box 141, GB Subj Files.
10) Ainsworth to Wood, 6 Jul 07, RG 94, AGO File #1260092, in Braisted, *Navy in Pacific*, 1897-1909, 204-5.
11) Esthus, *Roosevelt and Japan*, passim.
12) NWC Report of Conference of 1907, pt.1,26,101.
13) NWC 1911 Plan, Sec. II,5.
14) Braisted, Navy in Pacific, 1909-1922, 124-9, GB Proceedings, 5:84-85;Corresp between GB and SecNav, 29 Apr-13 May 13, #425, Box 123, GB Subj File. JB Proceedings,8 May 13, #301, roll 1.
15) Mahan to SecNav George von L. Meyer, 24 Sep 10, #404, GB Records, in Challener, *Admirals, Generals*, 17.
16) Leech, Days of Mckinley, 481, 514-7. Esthus, Roosevelt and Japan, 5-8. Challener, *Admirals, Generals*, 18, 180-81, 203-4, 218.
17) GB to RAdm Frederick Rodgers, 16 Feb 01; Rodgers to SecNav, 13 May 01, #92, #425.2, Box 140, GB Subj Files.
18) GB Proceedings, 29 May 02, NWC, "Solution of the Problem of 1902", RG 12, NHC, NWC, 14-19, in Vlahos, "NWC and Origins", 26. 2d Comm of GB, n.d.(GB 29 Jul 03으로 밝혀짐), #425, Box 122; Pres NWC to GB, 1 Sep 03, #425.2, Box 141, and 18 Jan 04, #425, Box 122, GB Subj Files.
19) Taylor to JB, 10 Jun 04, #325, JB Records.
20) Br Gen Tasker Bliss to JB, 10 Jun 04, #303, GB Subj Files.
21) JB to SecNav, 24 Jun 04, #425, Box 122, GB Subj Files.
22) GB to CinC Astc Flt, 26 Apr 06, GB to Pres NWC, 2 Oct 06, #425.2 Box 141, GB Subj Files.
23) GB to RAdm Frederick Rodgers, 16 Feb 01; Rodgers to SecNav, 13 May 01; GB to CinC US Nav Force on Astc Station, #165, 18 Oct 01; GB to CinC Astc Flt 17 Sep 03, #425.2, all in Boxes 140-42, GB Subj Files.
24) Dewey, *Autobiography*, 175-78.
25) Taylor to JB, 10 Jun 04, #325, JB Records.

26) NWC 1911 Plan, 1-10.
27) Special Comm, NWC Staff, to Pres NWC, Method of Preparing Strategic Plans, 18 Oct 11, #425 Box 123, GB Subj Files.
28) GB 1914 Plan, 3, 8-10.
29) CinCAF (F. B. Upham) to CNO, Shall US retain Phil Is; or … a Naval Base… ? 2 Jan 25, File EG26, Box 255, SecNav & CNO Secret Corresp.
30) SecWar to JB, WPD 532-9, 7 Mar 24, cited in JB to SecNav, Relations w Phil Is & Mil & Nav Bases in Case Independence Granted, 14 Mar 24, #305, Ser 227; JB to SecWar, Mil Value of the Phil Is to US, 23 Oct 31; Asst COS G-2 to COS, International aspects of Phil independence, 6 May 30, #305, Ser 499, JPC to JB, 2 Feb 34, #305, Ser 227, JB Records.
31) CNO to CinCAF, 7 Feb 41, CNO-CinCUS-CinCAF WPL-44 corresp, Jan-Feb 1941.
32) GB 1914 Plan, 3-4. RAdm A. T. Mahan to Cdr J. Oliver, 22 Feb and 4 Mar 11, Mahan-Oliver Corresp 1911.
33) NWC Rept of Conference of 1907, pt. 1, 14-16. GB 1914 Plan, 11.
34) 전쟁발발 40일 이전 전쟁징후를 탐지하는 것이 가능할 것이라는 가정은 Plan O-3, ca. Jan 1925,7에서 확인할 수 있다.
35) Lt Cdr W. D. MacDougall, Study of Special Situation, 5 Apr 07, JNOpP, RG 8, NHC, NWC, in Vlahos, "NWC and Origins", 32.
36) NWC Conference of 1906, pt. 2, 26.
37) GB 1914 Plan, foreword, 10, 14-15, 50, App A.
38) 이러한 가정은 1920년대 작성된 오렌지계획에서 자주 확인할 수 있는데, JPC Est, Jan 28에서 가장 확연히 드러난다.
39) WPD Est 1922, 12-13.
40) GB 1906 Plan, 1-3.
41) NWC 1911 Plan, 2(a):1.
42) Cdr James H. Oliver, NWC, Concerning Problem of the Year(1907), Jun 1907, pt.3, NWC Problems & Solutions.
43) WPD Est 1922, 3.
44) JPC Est, Jan 1928, 41.
45) Dewey to Pres NWC, 19 Jun 12, GB Records, in Spector, *Professors of War*, 110. GB 1914 Plan, 13.
46) GB 1906 Plan, 1-3.
47) Mahan, 22 Feb & 4 Mar 11, Mahan-Oliver Corresp. 1911.
48) Oliver, 1907 Problem, 8.
49) Dir WPD to GB, Questions concerning Limitation of Armament, 19 Oct 21, #425, GB Subj Files.
50) Mahan, 22 Feb & 4 Mar 11, Mahan-Oliver Corresp 1911.
51) GB 1914 Plan, 36-38, 125-26.
52) 구체적 예는 Army Est, Aug 1927을 보라.
53) Actg Dir WPD to CNO, Strategy Survey of Pacific, 3 May 23; CNO to SecNav, same title, 10 May 23, 198-26, roll 80, SecNav & CNO Secret & Conf Corresp.
54) JPC Est, Jan 1928, 38.
55) JPC to JB, Jt A&N Basic War Plan-Orange, 12 Mar 24, JPC Plan 24.
56) Cpt R. A. Koch, NWC, Blue-Orange Study, 31 May 33, w Apps 1 to 3; Head of Research Dept NWC to COS NWC, Position of US in Far East, 3 Apr 33, UNOpP, Box 49, RG 8, HNC, NWC.

제 4 장

1) Schofield, lecture, 23 Mar 28.
2) 10% 원칙의 현대적 적용에 관해서는 Friedman, U.S. Maritme Strategy, 72, n.10 을 보라.
3) Hughes, *Fleet Tactics*, 35-37.
4) WPD Est 1922, 8.
5) SecNav to Pres NWC, 16 Nov 10, Box 122, GB Subj Files.
6) Richardson, *On the Treadmill*, 266.
7) Cdr James H. Oliver, NWC, Concerning Problem of the Year(1907), Jun 1907, pt.III, NWC Problems & Solutions.
8) Robert Debs Heinl, Jr., *Dictionary of Military and Naval Quotations*(Annapolis: Naval Institute Press, 1966), 122.

9) Crowl, "Mahan", 444-77.
10) Mahan, 22 Feb & 4 Mar 11, Mahan-Oliver Corresp 1911.

제5장

1) Cpt Charles M. Cooke to Dir WPD, Atlantic War Plans, 7 Oct 38; Cooke to Dir WPD, 7 Mar 39, A16-3 Warfare Misc, Box 90, WPD Files. JB Jt A&N Basic WPs, Rainbow Nos. 1, 2, 3, and 4, 12 Mar 39, #325, Ser 642, Box 1942, JB, Plans & Opns Div.
2) Vlahos, "NWC and Origins", 24.
3) Bd of Officers, Plans of Campaign against Spain & Japan, 1897, 4-5.
4) John M. Ellicott, Sea Power of Japan, Apr 00, File JN; Stratigist Features of Phil Is, Hawaii & Guam, 14 Jun 00, File XSTP, RG 8, NHC, NWC, Vlahos, "NWC and Origins", 26.
5) JB to SecNav & SecWar, 18 Jun 07, #325, JB Records.
6) NWC Conference of 1906, 15-16.
7) NWC 1911 Plan, 2(b), 6-7.
8) GB 1910 Plan, 5-6.
9) AWPD to COS, draft meno, Revision of Jt A&N Basic WP-Orange, Jan 1935; COS to JB, 동제목, 18 Jan 35, File 234, Box 70, AWPD Color Plans.
10) GB 1914 Plan, 39-44.
11) AWC Repts, 13-14 Apr 1925, JPC Est, Jan 1928, 26, 42-44.
12) Bywater, Great Pacific War.
13) AWPD Plan 1936, 28.
14) GB 1917 Strategic Problem.
15) AWC Repts, 13-14 Apr 1925.
16) JPC Plan 1924.
17) AWPD Plan 1936 22-23, 28. WPL-35, CNO, June 1939, vol. 1, pt. 1. JPC, Exploratory Studies, 21 Apr 39, Sec III, 23.
18) Cdg Gen 4th Army to ACOS AWPD, Def of Alaska under Army Strategical Plan-Orange, 17 Nov 38, #2720-107, AWPD Files. JPC Exploratory Studies, 21 Apr 1939, Sec III, 11-13.
19) Watson, COS: Prewar Plans, 454-57, Personal Ltr, Marshall to the Pres, 22 Nov 39, ibid. Matloff and Snell, War Dept.: Strategic Planning, 1941-42, endpaper table.
20) GB 1914 Plan, 13, 29-31, 62.
21) Dir WPD to CNO, Nav Air Sta, Seattle, 18 Jun 38, NA13, Signed Ltrs, Box 78, WPD Files. Maj A. Frank Kibler, Memo of file w secret Ltr HQ 4th Army, May 1939, #2720-135, RG 165, NA.
22) Chief BuAer to SecNav, Best Location for Air Bases in Pls, Guam & Alaska, 24 Jan 35; GB to SecNav, Policy regarding nav bases in Pac, 22 Apr 35, #404, Ser 1683-1, GB Files.
23) Lt Cdr Frederick H. Hewes to Chief BuDocks, Rept of Special Investigation & Surveys in Alaska Waters, 17 Jun 37, H1-3, SecNav & CNO Secret & Conf Corresp.
24) Hepburn Rept.
25) Swanborough and Bowers, US Navy Aircraft, 80.
26) WPL-13, revision Mar 1939.
27) WPL-35, CNO, June 1939, vol. 1, pt. 1, Sec IV.
28) Lt Col R. W. Crawford to Gen Gerow, 3 Feb 41, WPD 4297-2 in Watson, COS: Prewar Plans, 456,
29) Charles Wilkes, USN, Narrative of the United States Exploring Expedition during the years 1838, 1839, 1840, 1841, 1842(Philadelphia: 1845), vol. 5, chap. 7.
30) Morgan, "Strategic Factors in Hawaiian Annexation", 13-15.
31) U.S. Congress, House, Comm on Nav Affairs, Establishment of a Naval Base at Pearl Harbor in the Hawaiian Islands, 1908, cited in PHH, Hearings, pt. 6, 2768-70.
32) GB to SecNav, 18 Jun 07, #405; GB to SecNav, 6th Endorsement, 23 Jun 07, #404. vol. 5, GB Ltrs.

33) Roosevelt to SecWar, 11 Feb 08, #305, JB Records.

34) JB to Pres, 5 Mar 08, #303, ibid.

35) Braisted, *Navy in Pacific*, 1909-1922, 40.

36) Bd of Officers, Plan against Spain & Japan, 1897, 4-5.

37) NWC Conference of 1906.

38) NWC 1911 Plan, 2(b):10.

39) JB to SecNav and SecWar, 18 Jun 07, #325, JB Records.

40) Cdr C. S. Williams, Extract from paper, Nov 09, UNOpP 1910, Box 48, RG 8, NHC, NWC. NWC, Problem of 1907, 17-18, 118-9, 156-58.

41) NWC 1911 Plan, 2(b):10.

42) Mahan-Oliver Corresp 1911.

43) GB, Honolulu & Pearl Harbor, 24 Nov 08, Ref #5-E, War Portf No. 3, Box 6, GB War Portf.

44) Mahan-Oliver Corresp, 1911.

45) JB to SecNav, 27 Nov 11; JB, Pac Coast Defs, Insular Possessions, 14 May 13, #303, JB Records.

46) GB 1914 Plan, 11-13, 25-26, 33-44, 62, 117-25.

47) JB, Strategy of the Pacific, 1919; JB to CNO, Mission US Forces, Oahu, 22 Dec 19, Ser 87, #325, JB Records.

48) JPC to JB, Jt A&N War Plan-Orange, 12 Mar 24; JB to JPC, Proposed Jt A&N Basic War Plan-Orange, 7 Jun 24, #325, Ser 228, JB Records.

49) JPC Plan Oct 1926. JPC Plan Nov 1926. JPC Army Section Revision, May 1927. JPC Est, Jan 1928, 29, 42-44, 46-47. JB Points Feb 1928. JPC Navy Section Revision, Mar 1928. JPC Revision, Apr 1928. JPC Army Section, Jul 1928. CNO Plan, Mar 1929, 1:16, 27-29, 34, 4:App II.

50) AWPD, Study of Time Factors Affecting Major Attacks on Hawn Is, 27 Dec 35, File A16/ND14, SecNav & CNO Secret Corresp.

51) JPC to JB, 3 Dec 36; JB to SecNav, Changes in Jt Basic WP, Orange, 9 Dec 36, #325, Ser 594, JB Records.

52) Draft WPUSF-44, 24 Mar 41, 6-7, Annexes A, B. WPPac-46, 25 Jul 41, Annex I, 4-5, C. M. Cooke, Memo for the CinC, 7 Apr 41, Cooke Papers.

53) Memo Re Initial Stages of Japanese War, 4 Feb 07, JNOpP, RG 8, NHC, NWC, 4-5, in Vlahos, "NWC and Origins", 32.

54) NWC Rept of Conference of 1907, 26-27; GB 1914 Plan, 125-6.

55) AWPD, Study of Time Factors Affecting Major Attacks on Hawn Is, 27 Dec 35, File A16/ND14, SecNav & CNO Secret Corresp.

56) JPC Amry Section, Jul 1928.

57) Hepburn Rept, Passim.

58) Bryan, *American Polynesia*, 157-160.

59) CinCPac War Diary, 10 Dec 41, in Hyot, *How They Won*, 9.

60) Message, ComiCh to CinCPac, 301740 Dec 41, cited in Hayes, *Joint Chiefs*, 56.

61) NWC Conference of 1906, 5-6, 16.

62) GB 1914 Plan, 26-28.

63) ONI, Quick, accurate, economical survey of possible bases ofr a/c & surface craft in Pac, 7 Feb 20, PD 196-3, SecNav & CNO Conf Corresp. CO Nav Air Sta Pearl Hbr to CNO, Rept of Results of Avn Reconn of Is to Westward including Midway, 12 Nov 20, Box 10, ONI, NHC, NWC.

64) District Intelligence Officer to Dir Nav Intelligence, Mil Aspects of Leeward Is of Hawaii, Johnston & Wake Is, 8 Oct 23, Box 10, ONI, NHC, NWC.

65) Cdt 14th ND to CNO, Midway I-Radio traffic sta, Recommendations for establishment, 2 Aug 23, 196-3, SecNav & CNO Conf Corresp.

66) CO Nav Sta Pearl Hbr to Cdt 14th ND, Rept of Annual Ispection of Naval Reservation of Midway & Reconn of Coral Is between Midway & Pearl Hbr, 16 May 24, 111-61, SecNav & CNO Conf Corresp.

67) Cook to Standley, Ispection of Nav Reservation Midway & Reconn of Coral Is between Midway & Pearl Hbr, 19 Aug 24, 111-61, SecNav & CNO Conf Corresp.

68) Local Jt A&N Planning Comm to Cdt 14th ND and CG Hawn Dept, Jt A&N Action, Def of Oahu, 13 Nov 24, Ser 350, JB

Records. JPC, Army Section, Jul 1928.

69) CinCUS to CNO, Midway I, 31 Mar 34, N1-9, SecNav & CNO Secret & Conf Corresp. New York Times, 10 May 35, 1:8. "US Naval Administrative Histories of WWII," no.28(d), Deputy CNO(Air), 6:1404.

70) Dir WPD to CNO, Dev of Midway & Wake Is for naval use, 12 Dec 35, File NB/ND14, SecNav & CNO Secret Corresp.

71) Actg Chief of Engineers to SecWar, Prelim examination of . . . Midway I, 30 Jun 36, Actg SecWar to SecNav, 26 Mar 38, H1-18/EG60(360109), SecNav Gnel Records. CNO to CinCUS, Dev of Midway, Wake & Guam, 18 Mar 38, Box 21, Records of Base Maintenance Div, Shore Sta Dev Bd, RG 38, NA.

72) CNO, Statement to House Comm, 날짜 미상(Jan 1939 경), Hepburn Rept Notebooks.

73) Hepburn Rept.

74) CinCUS to CNO, 28 Feb 38, File NB/ND 14 1936-39, Box 259, SecNav & CNO Secret Corresp. WPL-35, CNO, Jun 1939, vol. 1.

75) CNO to CinCUS, Def of is in Pac West of Honolulu belonging to US, 10 Jun 37; CNO to Maj Gen Cdt USMC, 같은 제목, 15 Sep 37, File A16/QH(Pacific), SecNav & CNO Secret Corresp.

76) 1939년 생산된 미드웨이 방어에 관한 문서는 그 양이 방대하다. CNO, BuAer, WPD, CinCUS, 해병대사령부 및 기타 예하사령부 간에 오갔던 문서들은 Files A16/JJ to A16/KK, Box 22, File A16-3, Box 57, Files NB/ND14 및 A16-3/FF, Box 236, SevNav & CNO Conf Corresp 및 File A16/FF, Box 91, File Defs of Midway Folder 1, Box 147G, WPD Files를 보라. 해병대의 해리 피켓 대령(Col Harry K. Pickett)이 작성한 1939년 8월(날짜 미상)장문의 보고서인 The Defense of Midway는 Box 147G, WPD Files에서 찾아볼 수 있다. WPL-35, CNO, Jun 1939, vol. 1에도 관련 내용이 수록되어 있다.

77) 1940년에서 1941년까지 진행된 미드웨이 방어능력강화에 관한 기록은 지금도 많이 남아있다. Correspodence involving tht WPD appears on 29 May, 13 Jul, and 22 Jul 40 in Signed Ltrs, Boxes 79-80, WPD Files. 미드웨이해전을 다룬 몇몇 역사책 에도 관련 내용이 수록되어 있는데, Woodbury, *Builder for Battle*, chaps. 7, 10, 및 11이 대표적이다.

78) Pac Sta War Protf #3, Is & Anchorages in N Pac Belonging to US, 20 Nov 12, Folder #141, GB Records. GB to SecNav, Examination of Is of Caroline & Marshall Groups, 10 May 13, #409, GB Subj Files.

79) GB, 2d Endorsement, #414-3, 24 Jan 18, GB Subj File.

80) CO Nav Air Sta Pearl Hbr to Cdt 14th ND, Nav Reconn of Johnston[sic] I, 11 Sep 23, Box 10, ONI, NHC, NWC. Cdt 14th ND to CNO, 같은 제목, 14 Sep 23, 196-3, SecNav & CNO Secret & Conf Corresp. WPD, Study of Certain Pac Is, 6 Aug 27.

81) VP Sqns, 1-B & 1-F to Cdr A/C Sqns, Report of Reconn of Johnston I . . ., 6 May 33, Box 10, ONI, NHC, NWC. Tentative Plan O-1, 26 Aug 33.

82) Col Harry K. Pickett USMC, Def of Johnston I, 30 Oct 39, WPD Files.

83) ComAirBatFor to CinCUS, Flt Organization-proposed change in . . ., 3 May 38, File A16-3/A21 Warfare Air Survices, Box 91, WPD Files.

84) Draft WPUSF-44, 24 Mar 41, Opns Plan O-1, 1-7, 10, Annex. E.

85) WPPac-46, 25 Jul 41, 25, 43. The earlier draft of WPUSF-44 with the stronger speculation was not among the exhibits turned over to postwar investigators of the disaster.

86) Bd of Officers, Plans against Spain & Japan, 1897, 4-5.

87) NWC 1911 Plan, 2(b):5-6, 2(c):16-19, 21-22.

88) JPC Navy Section Revision, Mar 1928.

제6장

1) NWC Conference of 1906, 15, 31-33, NWC Rept of Conference of 1907, 14-19, 24-25.

2) HQ Phil Dept, Proceedings of Jt A&N Bd, 23 Jun 16; JB to SecNav, Rept of a Jt Bd on cooperation of A&N in Phils, 2d endorsement, 10 Nov 17; JB to Pres, SecWar & SecNav, Phil Is, mission of forces, 14 Nov 16, #303, Ser 49, JB Records.

3) GB 1910 Plan, 2-3, 8-9. NWC 1911 Plan, 8-11, 52-54.

4) JB to Pres, SecWar & SecNav, 14 Nov 16.

5) GB 1917 Strategic Problem.

6) Cdt 16th ND to CinCAF, Strategic sitn in Pac, 9 Mar 34, A16-3(1)(100), Box Cominch-CNO, CinCUS Op Plans, 1932-39.

7) JB, Strategy of the Pacific, 1919.

8) Belote and Belote, *Corregidor*, 10-14, JB to Pres, SecWar & SecNav, 14 Nov 16.

9) AWPD to Deputy COS, Mission, Strength & Composition of Phil Garrisons, 20 Oct 22; SecWar to Gov-Genl, 4 Nov 22, File # 532, Box 22, AWPD Records.

10) SecNav to Dewey, 30 Mar 00, #401, GB Records.

11) Oliver, 1907 Problem.

12) GB 1906 Plan, 9, 12.

13) 2d comm to GB, Memo on Prepn of Genl War Plans, read 23 Nov 09, #425, Box 122, GB Subj File. Cdr C. S. Williams, 본문내용 인용, Nov 09, UNOpP 1910, Box 48, RG 8, NHC, NWC.

14) SecNav to SecWar, Objectives. . . by mil forces. . . in Phils. . . in case of war, 1 Jul 15, #303, JB Records.

15) CinC Astc Flt to Office of Nav Opns, 날짜 미상, Apr 1916 추정, Cable 18129, #303, Ser 49, JB Records.

16) JB, Stratgy of the Pacific, 1919.

17) Dir WPD to CNO, Bearing of "Treaty for Limitation of Naval Armaments" upon def of our overseas possessions, 29 Apr & 1 Jun 22, 226-103:24/1; CNO to Pratt, same title, 12 May 22; Pratt to CNO, 13 May 22, 226-103:24/1, roll 112; Dir WPD to CNO, Jt A&N Bd-Its origin and work, 10 May 22, 233-16, roll 116, SecNav & CNO Secret & Conf Corresp.

18) GS to ACOS, AWPD, Action Taken by War Dept [re] defs in Phil Is to conform with. . . Four-Power Treaty, 25 Feb 22; Actg SecWar to SecState, 27 Feb 22; ACOS AWPD to AG, Policies & plans are def of Phil Is, 18 May 22, #565, Box 24, AWPD Records.

19) JB-JPC Plans, May-Jul 1923. Actg Dir WPD to CNO, Strategic Survey of Pacific, 3 May 23; CNO to SecNav, 같은 제목, 10 May 23, 198-26, roll 80, SecNav & CNO Secret & Conf Corresp.

20) Gov-Genl to SecWar, 5 Feb 23, #305, Ser 209, JB Records.

21) CincAF & Cdg Gen Phil Dept, Combined A&N War Plan(Orange), 2 Jan 25, 같은 제목 File, Box 64, WPD Files.

22) Edwin Alexander Anderson, Flag Officer Biog Files. 앤더슨 제독과 우드 장군 모두 멕시코전장에서 활약으로 의회명예훈장을 받았다는 공통점이 있었다. 우드 장군은 1886년 제로니모가 이끄는 아파치부족을 멕시코까지 추격하는데 공헌하여 훈장을 받았으며, 앤더슨 제독은 1914년 4월 베라크루즈 점령 시 활약으로 훈장을 받았다.

23) Astc Flt War Plan, 1922. Cdt 16th ND, War Portf Register #2, forwarded 26 Mar 23, 198-37, roll 90, SecNav & CNO Secret & Conf Corresp.

24) AWC Repts, 13-14 Apr 25. Maj W. G. Kilner, Air Corps, Executive, Meno for SecWar, 1 Jan 27, Flie 232, Box 69, AWPD Color Plans. JB Points, Feb 1928. JPC Navy Sect Revision, Mar 1928. JPC Navy Section Revision, Apr 1928. JB Plan, Jun 1928. CNO Plan, Mar 1929, vol. 1, 15, I :61, 64, 68-73, 78-80, II:130, vol. 3, Apps I :22; II:129-30.

25) JPC Army Members to JB, Revision of Defensive Sea Area Plans, Manlia Bay & Subic Bay, 30 Jul 28, File 353, JB Records.

26) CinCAF & Cdg Gen Phil Dept, Jt Ltr to CNO & COS, Inadequacy present mil & naval forces Phil Area to carry out Assigned Mission . . ., Disposition of Available Forces, and . . . Future Policy, 1 Mar 34, A16-3(9)/ND16, Box 243, SecNav Secret Corresp.

27) Phil Dept Plan Orange 1934.

28) Maj Gen Cdg Phil Dept to CinCAF, Army Phil Def Plans, 28 Jan 33, File CinCUS prior 3 Sep 39, CinCUS Op Plans 1932-39, vol. 1.

29) ACOS Phil Dept, 1st Phase Orange Plan, G-4 app, 6 Apr 36, File 173, Box 64, AWPD Color Plans.

30) Phil Dept Plan Orange 1934.

31) CNO to CinCAF, Plan O-2 Orange, US Astc Flt Operating Plan-Orange, 3 Nov 32, A16-3/FF6; CinCAF to CNO, WPs Orange-basic change in, 31 Jan 33, A16-3(CF 192); CNO to CinCAF, 같은 제목, 18 Mar 33, A16/ND16; CinCAF to CNO, 같은 제목, 16 Jun 33, A16-3(CF586), CinCUS Op Plans 1932-39.

32) CNO to JB, 21 Nov 35, JB Records. Dir WPD to CNO, Marivales Ammunition Depot-Status, 15 & 30 Apr 36; Actg SecNav to SecWar, 2 May 36, A16-3(11)ND16, Box 245, SecNav & CNO Secret Corresp. JPC to JB, 15 May 36, JB Records. CNO, Change #2 to WPL-15, 3 Sep 36. CNO, Navy Plan Orange, vol. 1, Mar 1939.

33) CNO to JB, Inadequacy present mil & nav forces Phil Area to carry out Assigned Missions, 28 Apr 34, A16/ND16, CinCUS Op Plans 1932-39, JB #324, Ser 533, cited in Change #3 to WPL-13, 26 Feb 35.

34) JPC to JB, 15 May 36, JB, 19 May 36, #325, Ser 570, JB Records. Actg ACOS AWPD to AG, Revision of Jt A&N Basic WP-Orange, 28 May 36, File 2720-71, AWPD Files.

35) NWC Rept of Conference of 1907, 17-19, 27.

36) GB 1910 Plan, 8-9, 11. NWC 1911 Plan, 8-9.

37) CinCAF & Cdg Gen Phil Dept, Combined A&N War Plans(Orange), 2 Jan 25.

38) Phil Dept Plan Orange 1934, G-2 App.

39) Asst COS AWPD, Memo for Gen Moseley, Extracts from G-2 Est of Possible Orange Air Opns in Phil Is, 12 Oct 32, File 2720-7, AWPD Records.

40) Pres NWC to CNO, Material and Equipment for Nav Adv Base Force, 18 Dec 33, File A16-3(3) to (5)/SS, Box 237, SecNav Secret Corresp.

41) Meyers, WPs-Orange change, 27 Feb 34.

42) Lt Col A. L. Sneed, 1st Phase Orange Plan, Phil Dept Air Officer, 1 Nov 35, File 183, Box 65, AWPD Color Plans.

43) Lt jg Fitzhugh Lee, 2d to CinCAF, AAC Exercises in . . . Mindanao[sic], 21 Feb 35, File A16-3/(5)1935, Box 60, SecNav & CNO Conf Corresp.

44) CinCAF to Cdt 16th ND, Mil Reconn Surveys of Phils:plans for completion, 14 Jan 38, File A16-3/A6-8 to /FF3-5, Box 237, SecNav & CNO Secet Corresp.

45) CNO to Adm Greenslade, 11 Sep 39, Scholarly Micro Films, roll 5. WPD to Stark, 9 Dec 39, File A16-3/EF37, Box 237, SecNav & CNO Secret Corresp.

46) Crenshaw to CNO, Sending of Patrol Plane Sqn of 12 Planes to Phils for neutrality duty, 28 Aug 39, A4-3/VP, Signed Ltrs, Box 78; Cooke to CNO, Guidance for the CinCAF in event of growing tension in W Pac, 30 Jan 40, Box 79, WPD Files.

47) CNO to CinCAF, Instuctions concerning prepn of Astc Flt for War under WP Rainbow 3, 12 Dec 40, File A16(R-3)(1940), Box 241, CNO Secret Corresp.

48) Cpt W. R. Purnell, Certain Strategical Considerations . . . [re]Orange War-Rainbow No. 3, 13 May 41; CinCAF to CNO, 13 May 41, File A16(R-3)(1941), Box 241, CNO Secret Corresp.

49) CNO to CinCAF, Opn Plan No. 1-US Astc Flt(incl Change #1), 9 Jul 41, A16/FF6, Signed Ltrs, Box 82, WPD Files.

50) CNO to CinCAF, Proposed assignment of shore-based VSB sqns to Astc flt, 17 Oct 41, A4-3/VZ; CNO to CinCAF, Reenforcement of Brit Naval Forces in Far East Area, 7 Nov 41, A16-1/EF3-13, Signed Ltrs, Box 82, WPD Files.

51) Purnell, Certain Strategical Considerations, 13 May 41.

52) Morton, *Fall of the Philippines*, 8-13, 19-22, 61-63. Watson, *COS: Prewar Plans*, chap. 13.

53) American-Dutch-Brit Conversaions, Apr 1941, PHH, Exhibits, pt. 15, 1562, 1565, 1576. Layton with Pineau and Costello, *"And I was There"*, 531(map).

54) Watson, *COS: Prewar Plans*, 397.

55) Lt Cdr Robert W. Morse to Turner, Staging Landplane Bombers to Far East, 25 Aug 41, VB, Signed Ltrs, Box 82, WPD Files. Williams, "Deployment of the AAF," 178-79, 182. AAF Historical Office, *South Pacific Route*, 26, 29, 32-33, 54. Morton, *Fall of Philippines*, 14-19, 31-45, 64-71.

56) Blair, *Silent Victory*, 1:60.

57) CNO to CinCAF, 7 Nov 41. CNO to Spenavo, 6 Nov 41, Section Pac-Far E Jt Staff Corresp.

58) Morton, *Fall of Philippines*, 61-64.

59) US Secy for Collaboration to Jt Secys Brit Jt Staff Mission, US-Brit Commonwealth cooperation in Far East Area, 11 Nov 41, Section Aid to China; Spenavo to CNO, 26 Oct 41; CNO to Spenavo, 6 Nov 41; First Sea Lord to Stark, 5 Nov 41, Section Pac-Far East Jt Staff Corresp.

60) CNO to CinCAF, 17 Oct & 7 Nov 41.

61) Morton, *Strategy and Command*, 151.

제7장

1) Bradford, "Coaling Stations." Castello, "Planning for War," 45, 176-78.

2) GB to RAdm Frederick Rodgers, 16 Feb 01, #425.2, Box 140; 2d Comm of GB, 날짜미상(29 Jul 03 GB 승인), #425, Box 122, GB Subj File.

3) Dewey to SecNav, 29 Aug 98, 15 Jun 03, in Castello, "Planning for War," 202, 206.

4) Dewey to Roosevelt, 4 Aug 04, GB Letterpress, in Spector, *Admiral of New Empire*, 167.

5) Dewey to SecNav, 26 Sep 01; Long to Roosevelt, 9 Nov 01, #405, GB Records, in Castello, "Planning for War," 206.

6) Dewey to Pres NWC, 8 Dec 02; Pres NWC to GB, 13 Jan 03, #425.2, Box 140, GB Subj File.

7) Pres NWC to GB, 10 Oct 03, #425.2, Box 141, GB Subj File.

8) Pres, Message to Congress, 7 Dec 03, in Castello, "Planning for War," 206. Roosevelt to Dewey, 5 Aug 04, in Spector, *Admiral of New Empire*, 167.

9) Moody to Root, 22 Nov 02, SecNav Conf Ltrs Sent, RG 45, NA, in Braisted, *Navy in Pacific*, 1897-1909, 122.

10) Wood to Roosevelt, 1 Jun 04; Folger to SecNav, 1 Jun 04, #404-1, GB Records, in Castello, "Planning for War," 208-9.

11) Dewey to Roosevelt, 4 Aug 04; Roosevelt to Dewey, 5 Aug 04, Dewey Papers, in Spector, "Planning for War." 207.

12) U.S. Congress, Senate, Coast Defense of the United States and the Insular Possessions, 59th Cong., 1st sess., Senate Doc. No. 248(Washington, 1906), 26, in Castello, "Planning for War," 207.

13) Costello, "Planning for War," 211.

14) GB 1906 Plan, 1-3, 15, 46. NWC Report of Conference of 1907, 14-18, 20, 24, 27, 31-32.

15) GB to SecNav, 18 Jun 07, #405, Ltrs, GB Records, 5:85.

16) Jt Comm to Pres AWC, Consideration of Special Stin, 18 Feb 07; Cdr H. S. Knapp, War between US & Japan, Possibility of Gr Brit Becoming Japan's Ally, 19 Jan 07, in Vlahos, "NWC and Origins." 31-32.

17) JB to SecNav & SecWar, 18 Jun 07, #325, JB Rocords.

18) Lt Col W. W. Wotherspoon to C/S, Rept of Meeting at Oyster Bay, 29 Jun 07, AG 1260092, in Morton, "Military Preparations."

19) GB to SecNav, 26 Sep 07, #408, 26 Sep 07, #405, Ltrs, GB Records, vol. 5.

20) Lt Cols F. V. Abbott & S. D. Embick to Gen Wood, 27 Nov 07, AG 1260092; Maj Gen Leonard Wood to AG, 23 Dec 07, AG 1260092, in Morton, "Military Preparations."

21) JB Minutes, 31 May 10.

22) Mortion, "Military Preparations." JB, Proceedings, 6 Nov 07, Box 301-3, JB Records.

23) Roosevelt to SecWar, 11 Feb 08, #305, JB Records.

24) GB to SecNav, 31 Jan 08, in Braisted, *Navy in Pacific*, 1897-1909, 209.

25) Cdr L. S. Van Duzer, Extracts from endorsement of ltr by Lt Cdr Ralph Earle, 날짜미상(대략 1910년 초), UNOpP 1910, Box 48, RG 8, NHC, NWC.

26) Braisted, *Navy in Pacific*, 1909-1922, 70.

27) Wood to Roosevelt, 1 Jun 04; RAdm Wm Folger to SecNav, 1 Jun 04, #404-1, GB Rocords, in Castello, "Planning for War," 208-9. Abbott & Embick to Wood, 27 Nov 07, Wood to AG, 23 Dec 07.

28) GB to SecNav, 31 Jan 08. Actg Gov-Genl, 8 Sep 09, with JB Proceedings, 19 Oct 09, #301-3; GB, Rept of base in Phils, 21 Jun 09, cited JB, Rept of JB in Matter of Establishment of Naval Sta in PIs, 8 Nov 09; Capt S. A. Staunton, Memo, 9 Oct 09, #305, JB Records. COS to SecWar, 2 Dec 09, with JB Proceedings, 10 Dec 09. GB to SecNav, 8 Jan 10, #425, Box 122, GB Subj File. JB Proceedings, 31 May 10.

29) GB 1917 Strategic Problem.

30) Pres NWC to GB, 24 Feb 10, #425, Box 122, GB Subj File.

31) GB, Rept of base in Phils, 21 Jun 09. Staunton, Memo, 9 Oct 09.

32) GB to SecNav, proposed Ltr, 10 Aug 20, #404, Ser 1000, XSTP, NHC, NWC. CNO to SecNav, 12 Aug 20, SecNav Genl Records, in Braisted, Navy in Pacific, 1909-1922, 483-84. Belknap, lecture, NWC, 5 Nov 21.

33) Lt Cdr C. S. Williams, Proposed Routes between US & Phils, Nov 07, approved by GB Nov 07, Ref 7-C, War Portf No.3, Box 7, GB War Portf.

34) SecNav to CO USS Charleston, 10 May 98, Naval War Bd, 1898, Records. Davis, "Taking of Guam."

35) Pomeroy, *Pacific Outpost*, 24-25, 32. GB to SecNav, 3 Oct 07, #405, 5:131; GB Endorsement, Naval Sta Guam. . . new coal shed, 18 Jun 09, #414-1, 6:97, GB Ltrs.

36) Braisted, Navy in Pacific, 1909-1922, 72-73. Pomeroy, Pacific Outpost, 24-25, 32; Committee, Cdr T. M. Potts, Plan for def of Guam, 29 Sept 05, #425.2, Box 141, GB Boards. GB to SecNav, 3 Oct 07, #405, 5:131, GB Ltrs. Pres NWC to GB, 12 Oct 09; SecNav to CinC Astc Fleet, Addition to forrifications at Guam, 25 May 11, #425.2, Box 141, GB Subj File.

37) Mahan to Pres NWC, 28 Jul 10, 196-7, Roll 70, SecNav & CNO Secret & Conf Corresp.

38) Mahan-Oliver Corresp 1911. Mahan to Pres NWC, 17 Mar 11, Binder 1911 #17, UNOpP, Box 48, RG 8, MHC, NWC. Mahan to SecNav, 21 Apr 11, in Seager, *Mahan*, 485.

39) Pres NWC to GB, Forwarding. . . strategic plan of campaign of Blue against Orange, 14 Mar 11, roll 1, Scholarly Micro Films. Pres NWC to GB, Recommending appointment of Bd. . . on def and equipment of Guam as naval base, 14 Mar 11, #425.2, Box 141, GB Subj File.

40) 피스케는 루존섬 동쪽에 위치하여 전략목표(필리핀)로의 접근이 용이하고 양호한 묘박지를 보유한 포릴로(Polillo)에 함대기지를 건설해야 한다고 보았다. 그는 마한의 표현을 흉내내어 "우리의 지브롤터"는 포릴로라고 말하였다(Fiske to GB, Permanent Base in the East, 25 Mar 11, #408, Box 32, GB Subj File).

41) Braisted, *Navy in Pacific*, 1909-1922, 74.

42) Dewey to SecNav, 4 Dec 12, #403, GB Subj File, in Costello, "Planning for War," 223.

43) GB Plan 1914, 19-24, 52-56, 61.

44) GB 1917 Strategic Problem.

45) 로저스 해군대학총장은 자세한 상황의 조사를 주문하기도 했다(Pres NWC to GB, Recommending appointment of Bd. . . on def and equipment of Guam as naval base, 14 Mar 11, #425.2, Box 141, GB Subj File). Braisted, Navy in Pacific, 1909-1922, 74.

46) JB, Proceedings, 8 May 13; SecWar to SecNav, 27 May 13; SecNav to SecWar, 7 Jan 14, JB Proceedings.

47) GB 1917 Strategic Problem.

48) BuOrd to Maj Gen Cdt USMC, 2d Endorsement, Temporay def of Guam, 16 Sep 15; Office of Chief Engineers to COS, 4th endorsement, 3 Feb 16, #322, JB Records, JB, Proceedings, 17 Aug 16.

49) Douglas, "Coontz," 23-25, including(p.25) an indated clipping and printed address about Coontz' successor.

50) James H. Oliver, Flag Officer Biog Files. Dorwart, *Office of Naval Intelligence*, 95-105.

51) Braisted, Navy in Pacific, 1909-1922, 470. Morton, "War Plan Orange," 25.

52) Adm McKean, Statement for conference, 12 Oct 19, SecNav & CNO Secret & Conf Corresp. Oliver to CNO, 22 Oct 19, in Braisted, Navy in Pacific, 1909-1922, 473. JB, Strategy of Pacific, 1919. JB to SecWar & SecNav, Dev & Def of Guam, 18 Dec 19, Ser 28, #322, JB Records.

53) JB, Strategy of Pacific, 1919. Pye, lecture, AWC, 21 Oct 24.

54) CNO to War Portf Distribution List, Extent & Dev of Pac bases. . . for Campaign in Pac, 9 Aug 20, 190-6:1, roll 67; Bd for Dev Navy Yard Plans on Limited Dev of. . . Guam, 28 Sep 21, EG 54, Box 255, SecNav & CNO Secret Corresp. 위원회에는 아서 헵번(Arthur J. Hepburn) 대령과 에드워드 칼퍼스(Edward C. Kalbfus) 대령도 포함되어 있었다.

55) Pye, lecture, 10 Oct 1924.

56) CNO to Maj Gen Cdt USMC, Function of Marine Corps in War Plans, 28 Jan 20; Maj Gen Cdt to CNO, same title, 16 Feb & 26 Mar 20; GB to SecNav, Def of Guam, 2d endorsement, 2 Jul 20, 198-7, roll 78, SevNav & CNO Secret & Conf Corresp.

57) CNO to SecNav, 15 Jul 20, 190-6:1, Ser 90, JB #304, SecNav & CNO Secret & Conf Corresp, in Braisted, Navy in Pacific, 1909-1922, 482. CNO to War Protf Distribution List, 9 Aug 20, Bd for Dev of Navy Yard Plans, 28 Sep 21.

58) GB Pre-conference Papers, 1921.

59) Dir WPD to GB, Questions concerning Limitation or Armanent, 19 Oct 21, #425, GB Subj File.

60) Office of COS to GB, 29 Dec 19; CNO to JB, 7 Jan 21, 196-7, Ser 28-e, #325; JB to SecWar, Action upon recommendations of Bd, 7 Mar 22, #322, JB Records. Pye, lecture, 21 Oct 24.

61) Wheeler, "Denby," 584. Dingman, *Power in the Pacfic*, 226. Buckley, *US and Conference*, 47, 92.

62) Buckley, *US and Conference*, passim, Roosevelt diary, 29 Jan 22, in Braisted, *Navy in Pacific*, 1909-1922, 646.

제8장

1) NWC Conference of 1906, GB 1906 Plan. 제 2위원회에서 일반위원회에 보고한 미승인된 Prepn of Genl War Plans은 Bd 23 Nov 09 참조, #425, Box 122, GB Subj File. Oliver, 1907 Problem.

2) Janowitz, "Professional Soldier," 17.

3) Pye, lecture, NWC, 7 Jan 26. Schofield, lecture, USMC, 23 Mar 28. JPC Est, Jan 1928, 36–38.
4) Hattendorf, Simpson, and Wadleigh, *Sailors and Scholars*, 64. Reynolds, *Admirals*, 368–370.
5) 2d Comm to GB, 23 Nov 09.
6) GB 1910 Plan, Pres NWC to GB, Solution and Discussion of Problem 12, 14 Nov 10, Box 122, #425, GB Subj File.
7) Actg SecNav to GB, 1 Oct 10; SecNav to Pres NWC, 16 Nov 10, Box 122, #425, GB Subj File.
8) Secy GB to Pres NWC, Forwarding binders for War Plans, 23 Dec 10, ibid.
9) Special Comm, NWC Staff to Pres NWC, Educational Work of War College as Related to War Plans, 19 Oct 11, #425, Box 123, ibid.
10) Fiske to GB, Permanent Base in the East, 25 Mar 11, #408, Box 32, ibid; Pres NWC to GB, Prepn of Strategic Plans or War Portfs by NWC, 19 Oct 11; GB to Rodgers, 22 Mar 11; SecNav to GB, Prepn of War Portfs, 26 Oct 11, #425, Box 123, ibid.
11) Patekewich, "Book of NWC Admirals," 나머지 6명은 올리버(Oilver), 윌리엄스(Williams), 쇼필드(Schofield), 파이(Pye), 테일러(Taylor) 및 브라이언트(Bryant) 이다.
12) GB 1914 Plan, Strategic Section.
13) Coletta, *Fiske*, passim, Hattendorf, Simpson, and Wadleigh, *Sailors and Schoolars*, 83.
14) Reynolds, *Admirals*, 9–10.
15) GB, 1917, Strategic Problem.
16) Pye, lecture, AWC, 4 Feb 36.
17) Love, ed., Chiefs of Naval Operations, xiv–xvii.
18) Crawley, "Checklist of Strategic Plans," 2. Wheeler, Pratt, chap. 4.
19) RAdm A. M. Knight, Evolution of War Plans, 30 Mar 15; GB to SecNav, Prepn of War Plans by GB, 28 Jam 15, #425, Box 123, GB Subj File.
20) Coletta, "Josephus Daniels," 564–72.
21) Trask, "Benson," 3–6, 10–15. Wheeler, Pratt, 114, 119. Albion, *Makers of Policy*, 90. Crawley, "Checklist of Strategic Section," 2.
22) Crawley, "Checklist of Strategic Plans," 2–3. Albion, Makers of Policy, 90–92. Pye, lecture at Naval Post Graduate School, 6 Nov 26. *Navy Directory*, various years.
23) Douglas, "Coontz," 23–25.
24) Crawley, "Checklist of Strategic Plans," 3.
25) Davis, History of Joint Chiefs, 14–29. Horne, lecture, 대략 1922년 중반, Pye, lecture, AWC, 21 Oct 24.
26) JB, Strategy of the Pacific, 1919.
27) Pye, lecture, AWC, 21 Oct 24.
28) Davis, History of Joint Chiefs, 38.

제 9 장

1) GB Plan 1906, 1–3, 46.
2) William Loeb, Jr., to SecNav, 27 Oct 06; GB to Asst SecNav, 29 Oct 06, #425.2, Box 141, GB Subj File.
3) JB to SecNav & SecWar, 18 Jun 07, #325, JB Records.
4) Sargent to GB, 15 Jun 07, in Vlahos, "NWC and Origins," 35. Capt S. A. Staunton to GB, Memo, 9 Oct 09, #305, JB Records.
5) GB to Pres NWC, 6 Jun 07, #425.2, Box 141, GB Subj File. GB 1914 Plan, 50.
6) NWC 1911 Plan, 2(c):16.
7) GB 1914 Plan, 11.
8) GB to SecNav, Strategic Sitn, Orange War Plan, & readiness for war, 14 Mar 14, #425, Box 123, GB Records, 1913년철에 잘못 편철되어 있다.
9) GB 1914 Plan, 2–3, 65, 73–74. BuC&R to SecNav, Prepn for war, 20 Jun 11; BuOrd to GB, 같은 제목, 16 Jul 12, #425, File Prepn for War, Bureaus, Box 123, GB Subj File.

10) GB 1906 Plan, 40, 43. GB 1910 Plan, 19-24. GB Plan 1913 Admin Plan, 12-13. GB 1914 Plan, 65.

11) Staunton, Memo, 9 Oct 09, GB 1910 Plan, 35-36. GB 1914 Plan, App B.

12) GB 1910 Plan, 15-17, 33-36. GB 1910 Plan, 16-18. GB 1917 Strategic Problem.

13) GB 1914 Plan, Transfer of Blue Nav Forces, 66-67, App C, Blue Trans-Pac Rtes, 133-39.

14) Sargent to GB, 15 Jun 07. NWC 1911 Plan, 2(c):16-17. GB 1914 Plan, 17.

15) GB 1910 Plan, 3, 14.

16) Hart, *Great White Fleet, passim, Carter, Incredible Great White Fleet*, passim. Braisted, Navy in Pacific, 1897-1909, 223-39. Reckner, *Roosevelt's Great White Fleet*, passim.

17) GB 1910 Plan, 15-16, 38-39. NWC 1911 Plan, 2(c):16-19, 3:1-5.

18) NWC Rept, of Conference of 1907, pt. 1, 65. NWC 1911 Plan, Proposed Rte around S. America, 2. GB 1910 Plan, 38-39. Braisted, *Navy in Pacific*, 1909-1922, 37-38. Hart, *Great White Fleet*, 198-99, Alden, *American Steel Navy*, 224. GB 1914 Plan, 45. GB 1906 Plan, 16-18, 33-38, 48.

19) Alden, *American Steel Navy*, 224, 229.

20) NWC Rept of Conference 1907, pt. 1, 65, 74-75, 87. Miller, Coaling articles, 1899-1914, passim. GB to Navy Dept, 3d Endorsement, Conversion of Colliers, 20 Dec 1911, #420-2, GB Ltrs, 7:345.

21) GB to Navy Dept, 3d Endorsement, Conversion of Colliers Vestal & Prometheus into Supply & Repair Ships, 20 Dec 11, #420-2, vol. 8, GB Ltrs. BuOrd to GB, 16 Jul 12. NWC Conference of 1906, pt. 2:42-48. NWC Rept of Conference of 1907, pt. 1, 14-16. GB 1910 Plan, 19-21. GB 1913 Admin Plan, 12-13. Maj Gen Cdt USMC to GB, Prepns for War, 9 Aug 12, #425, Box 123, GB Subj File.

22) William Rawle Shoemaker, Flag Officer Biog Files.

23) GB 1914 Plan, introduction, para. 2.

24) GB 1913 Admin Plan, Steps Which Shoud Be Taken, 12-13. GB to SecNav, 14 Mar 14, GB 1917 Strategic Problem.

25) NWC Rept of Conference of 1907, 1-4.

26) NWC 1911 Plan, 2(c):24-26. Maha-Oliver Corresp 1911.

27) WPD Est 1922, 22-24.

28) GB 1910 Plan, charts(프랫이 작성한 것이 확실), NWC 1911 Plan, 2(c):25-26. GB 1914 Plan, 28-30.

29) NWC 1911 Plan, 2(c):25.

30) NWC Rept of Conference of 1907, 34.

31) Oliver, 1907 Problem. Knapp, Memo, 31 Jan 07, in Vlahos, "NWC and Origins." 31.

32) NWC Conference of 1906, pt. 2, 4-6, 9, 15-19. Oliver, 1907 Problem. GB 1910 Plan, 2-4, 8-9, 11. NWC 1911 Plan, 2(b):2-4, 8-11.

33) Mahan-Oliver Corresp, 1911.

34) GB 1914 Plan, 13, 29-31, 62.

35) GB 1906 Plan, 16-18. GB 1910 Plan, 25-30.

36) NWC Conference of 1906, pt. 3, 34. NWC Rept of Conference of 1907, pt.1, 65, 74-75, 87. GB to Navy Dept, 20 Dec 11.

37) Miller, Coaling articles, 1899-1914. GB 1913 Admin Plan, 12-13.

38) NWC 1911 Plan, 2(d), passim. Shoemaker, lecture, 23 & 25 Aug 14, 67-69.

39) Miller, Coaling articles, 1899-1914.

40) Aid for Opns to ONI, 22 Nov 12; GB to SecNav, Examination of Is, Caroline & Marshall Gruops, 20 Nov 12; T. S. Rodgers to Aid for Opns, 25 Nov 12; CinC Pac Flt to SecNav, 4 Dec 12, 같은 제목; GB to SecNav, 같은 제목, 10 May 13, #409, GB Subj File.

41) C. S. Williams, Proposed Rtes between US and Phils, approved by GB Nov 1907, Ref 7-C, War Protf #3, box 7, GB War Portfs. ONI, charts, Rtes & Distances U.S.-Japan, Dec 1910, for Register #672, part of Memo, re Plans of Campaign-Orange, Box 48, RG 8, NHC, NWC. GB 1914 Plan, 77, Transfer of Blue Naval Forces, 132.

42) Shoemaker, lecture, 23 & 25 Aug 14, 67-69.

43) Williams, Proposed rtes, 1907. GB 1914 Plan, App C. WPD, Study of Certain Pac Is, 6 Aug 27. Jose, *Australian Navy*, 21. Shoemaker, lecture 23 & 25 Aug 14, 67-69.

44) Staunton, Memo, 9 Oct 09. Rept of JB in Matter if Establishment of Naval Sta in PIs, 8 Nov 09, #305, JB Rocords.

45) GB 1906 Plan, 1-3. NWC Rept of Conference of 1907, pt. 1, 18, 27.

46) NWC 1911 Plan, 2(c):40-41.

47) GB 1910 Plan, 8.

48) GB 1914 Plan, 68-69, NWC 1911 Plan, 2(c):31-36, 40-41. NWC Rept of Conference of 1907, 17-18, 118-9, 156-58. GB to NWC, Request of War accurate reconn, 22 Dec 10, #425, Box 122, GB Subj File.

49) GB 1914 Plan, 1.

50) GB 1917 Plan Strategic Plan.

51) CNO to SecNav, 15 Jul 20, 190-6:1, Ser 90, JB #304, SecNav & CNO Secret & Conf Corresp, in Braisted, *Navy in Pacific*, 1909-1922, 482.

52) Beigel, "Battle Fleet's Home Port," 54-63.

53) Sub-Bd for Dev of Navy Yd Plans to Planning Div, Present available berthing space at Pearl Hbr-Pac War Plan, 26 Jan 20, roll 78, SecNav & CNO Secret & Conf Corresp.

54) JB, Strategy of the Pacific, 1919.

제 10 장

1) Oliver, 1907 Problem.

2) 2d Comm to GB, Prepn of Genl War Plans, read to Bd 23 Nov 09, #425, Box 122, GB Subj File. Cdr C. S. Williams, Extract form paper, Nov 09,. UNOpP 1910, Box 48, RG 8, NHC, NWC.

3) GB 1914 Plan, 13, 71.

4) Bywater, Great Pacific War, chap. 12.

5) Re Midway: US Legation Tokio to SecState, 20 Mar 01, #537; Actg SecState to SecNav, 27 Aug 02, SecNav Genl Records. Lyle, Shelmidine, "The Early History of Midway Islands," *American Neptune*, July 1948, 179-95. Re Wake: Corresp among Master USAT *Buford*, Hydrographer, BuEquipt, SecState, SecNav, Legation of Japan, 여러 일자 Aug 1902, File 9642, SecNav Genl Records. *New York Tribune*, 11 Aug 02, 1:3, 28 Aug 02, 2:4. *New York Herald*, 2 Nov 02, 5th Sec. RAdm Robley D. Evans, USN, *An Admiral's Log*(New York: D. Appleton and Co., 1911). Re other Leeward atolls: Bryan, American Polynesia, 187.

6) Gerard Ward, ed., *American Activites in the Central Pacific*, 1790-1870(Ridgewood, N.J.: Gregg Press, 1967), 1870 entries. U.S. Congress, Senate, Nav Affairs Comm, Rept No. 194, 40th Cong., 3d sess., 1869. George H. Read, Pay Inspector, USN(Ret.), *The Last Cruise of the Sainaw*(Boston: Houghton Mifflin, 1912)

7) Pres of US, Executive Order, 20 Jan 03, in Shelmidine, "Early History of Midway," 192.

8) NWC 1911 Plan, 4, 9. Pac Sta War Portf #3, Isls & Anchorages in Pac Belonging to US, 20 Nov 12, Folder # 141, GB Records, CinC Pac Flt, Examination of. . . Caroline & Marshall groups, 4 Dec 12, War Portf #3, 20 Nov 12, GB War Portfs. GB to SecNav, 같은 제목, 10 May 13, #409, GB Subj File. GB 1914 Plan, 13-14, 27-28, 45, 71, 147.

9) WPD, Study of Certain Pac Is, 6 Aug 27.

10) GB, 2d Endorsement, #414-3, 24 Jan 18, GB Subj File.

11) Charles Wilkes, USN, Narrative of the United States Exploring Expedition during the Years 1838, 1839, 1840, 1841, 1842(Philadelphia, 1845), vol. 5, chap. 7, entry Dec 20, 1841.

12) Dierdorff, "Pioneer Party-Wake Island," 501.

13) SecNav to ChiefBuEquipt, 2 Feb 99, 153877, File DT Misc Telegraph & Cable, RG 45, NA. "Old Glory on Wake Island," U.S. Naval Institute Proceedings, no.388(Jun 1935), 807. Harry W. Flint, "Wake Island," Pacific Commercial Advertiser(Honolulu), 22 Feb 99.

14) F. V. Greene, to Adj Genl, US Expeditionary Forces, 5 Jul 98, 114945 AGO, Bureau of Insular Affairs, 22 Feb 99.

15) Evans, Admiral's Log, 293-96. Evans, Rept #3-D, 7 Jan 04, in Pac Sta War Portf #3, 20 Nov 12, RG 350, NA.

16) NWC 1911 Plan, 2(b):9.

17) GB 1914 Plan, 27.

18) Ibid., 22.

19) NWC 1911 Plan, 2(b):8, 2(c):26-30. GB 1914 Plan, 13, 21-23, 50.

20) NWC 1911 Plan, 2(b):8, 2(d):43, 2(c):13-15.

21) GB 1910 Plan, 3, 9.

22) GB 1910 Plan, 56.

23) Williams, Extract from paper, Nov 09. GB to Pres NWC, 18 Oct 10, #425, Box 122, GB Subj File. GB 1910 Plan, passim.

24) NWC 1911 Plan, 2(c):26-30, 2(d):51-52. Mahan-Oliver Corresp 1911.

25) GB 1914 Plan, 23-24, 55-56, 70-74, 77.

26) GB 1917 Plan Strategic Problem.

27) JB, Strategy of the Pacific, 1919.

28) Dir WPD to GB, Questions concerning Limitation of Armament, 19 Oct 21, #425, GB Subj File.

29) WPD Est 1922, 8, 16, 24-27.

30) 독일의 미크로네시아 통치와 관련된 내용은 Pomeroy, *Pacific Outpost*, 3-5. Peatie, Nanyo, passim, Richard G. Brown, "The German Acquision of the Caroline Islands, 1898-99,"; Stewart G. Firth, "German Firms in the Pacific Islands, 1857-1914," both in John A. Moses and Paul M. Kennedy, eds., *Germany in the Pacific and Far East*, 1870-1914(St. Luica, Queensland: University of Queensland Press, 1977), passim. 등을 참고하라.

31) Bryan, *American Polynesia*, 12-13; Bryan, comp., *Guide to Place Names*. Judy Tudor, ed., *Pacific Islands Year Book and Who's Who*, 10th ed.(Sydney: Pacific Bublications, 1968).

32) Long to Dewey, 16 May 98; Dewey to Long, 19 May 98, Annual Rept of SecNav, 1898(Washington, 1899).

33) SecNav to T. M. Irvin, #130, 17 June 98, #608, 21 Sept 98, roll 364, microflim ser M-625, Navy Area Files, 1775-1910, RG 45, NA. SecWar to Maj Gen Wesley Merritt, 26 Jun 98, Box 593, AGO 79350, Orders to Merritt, etc., RG 107, NA.

34) Leech, Days of McKinley, 328-30; Morgan, *Making Peace with Spain*, 143-44.

35) Bradford, "Coaling Stations."

36) Corresp among officials of Pacific Cable Co. and State Dept, 11 Jul-18 Oct 98, File DT, Misc Telegraph & Cable 1898, RG 45, NA.

37) Hay to Day, 1 Nov 98, Diplomatic Archives Branch, Civil Archives Div, SecState, RG 59, NA. Brown, "Caroline Islands," 144-48.

38) Actg Ambassador Berlin to SecState, 29 Dec 98, #681; Ambassador A. D. White to Hay, 11 & 12 Jan 99; Bradford to SecState, 27 Jan 99, Diplomatic, RG 84, NA.

39) Kennedy, *Samoa Tangle*, 234, 250.

40) Bradford to Long, 14 Feb 99, File DT, Misc Telegraph & Cable 1898, RG 45, NA.

41) Pratt, Expansionists of 1898; peatie, Nan'yo, chap. 1.

42) 폰 쉬페전대 추격작전 및 각국의 미크로네시아 점령에 관한 내용은 Jose, *Australian Navy*, 22-29, 31-33, 47-52, 54, 58, 63, 104-6, 121-22, 129-31, 136, chaps. 3 및 5, passim; Edwin P. Hoyt, *Kreuzerkrieg*(Cleveland: World Publishing Company, 1968), 59-60, 84, chaps. 12-20, passim. Clinard, "Japan's Influence on American Naval Power," 118-21; "Operations, Japanese Navy in the Indian and Pacific Oceans during War, 1914-18," typescript translated from French source, 날짜 미상, JNOpM, 1915-23, NHC, NWC; Peattie, Nan'yo, chap. 2.

43) Jose, *Australian Navy*, 135-36, Blakeslee, "Japan's New Possessions," 186-87. *Dept of State, Papers Relating to the Foreign Relations of the United States*, 1914, supplement, 184, in Fifield, "Disposal of Carolines, Marshalls and Marianas," 475. Sprout and Sprout, *Toward a New Order of Sea Power*, 89. Braisted, *Navy in Pacific*, 1909-1922, 333, 444.

44) GB 1917 Strategic Problem Pacific.

45) Shoemaker, lecture, 23 & 25 Aug 14.

46) Mahan to Roosevelt, 18 Aug 14; Ellen Lyle Mahan to Roosevelt, 9 Jan 15, Asst SecNav, Collection, Box 137, Roosevelt Library, Hyde Park, N.Y. Seager, Mahan, 601-2.

47) Daniels, End of Innocence, 242.

48) GB 1917 Strategic Problem. GB, 2d endorsement, 24 Jan 18. GB 1914 Plan, 42-43, Tansfer of Blue Naval Forces, Dec 1916, 77. Draft ltr by 1st Secy w note, 10 Apr 17, Niblack to SecNav, 18 Oct 17, #414-3, GB Subj File, in Braisted, Navy in Pacific, 1909-1922, 442. GB to CNO, 2 Dec 18, #438, Ser 879, GB Subj File.

49) Planning Comm to CNO, 날짜 미상, prob fall 1918, #438, GB Subj File.

50) Fifield, "Disposal of Carolines, Marshalls and Marianas," 473.

51) Sprout and Sprout, Toward a New Order of Sea Power, 92. Blakslee, "Japan's New Possessions," 189.

52) George Louis Beer, African Questions at the Paris Peace Conference(New York, 1923), 454-55, in Fifield, "Disposal of Carolines, Marshalls and Marianas," 474.

53) Planning Comm, prob fall 1918. GB, 2 Dec 18. Memo by Hornbeck, 20 Jan 19, Paris Peace Conference Records, 7, RG 356, NA, in Braisted, *Navy in Pacific*, 1909-1922, 448.

54) Trask, "Benson", 3-6.

55) Baisted, *Navy in Pacific*, 1909-1922, 427-28n.

56) Frank H. Schofield, Flag Officer Biog Files.

57) Braisted, *Navy in Pacific*, 1909-1922, 446-53. Fifield, "Disposal of Carolines, Marshalls and Marianas," 474-78.

58) Roskill, *Naval Policy between the Wars*, 1:89, New York Times, 31 Jan 20, p.3, in Spout and Spout, *Toward a New Order of Sea Power*, 94.

59) Braisted, Navy in Pacific, 1909-1922, 446.

60) Ibid., 530.

61) Rodman to SecNav, Mandate awarded Japan over No Pac Is, 14 Apr 21, 102-41, SecNav & CNO Secret & Conf Corresp.

62) Bostwick, handwritten note prob to CNO, 날짜 미상, 1921년 초, ibid.

63) SecNav to SecState, 20 Oct 21, GB Pre-Conference Papers, 1921.

64) GB 1914 Plan, Transfer of Blue Naval Forces, Dec 1916, 77. GB 2d Endorsement, 24 Jan 18.

65) Rodman to SecNav, 14 Apr 21.

66) Pye to CNO, 23 Apr 21, 102-41, SecNav & CNO Secret & Conf Corresp.

67) Dir WPD to ONI, 21 Dec 21, 178:6-1, roll 64, SecNav & CNO Secret & Conf Corresp.

68) GB Pre-Conference Papers, 1921.

69) SecNav to SecState, 날짜 미상, 대략 23 Apr 21, 102-41, SecNav & CNO Secret & Conf Corresp.

70) Buckley, *US and Conference*, 142-43.

71) Navy Directory, 1921 issues, Clarance Stewart Williamns, Flag Officer Biog Files, Artcle, Portland Oregonian, 15 Mar 27, ibid Sr Mmbr of Comm to Pres NWC, Co-operation between Army and Navy, 29 May 16, 112-1, roll 26, SecNav & CNO Secret & Conf Corresp.

72) NWC, 10 Aug 21. Dir WPD to Pres NWC, Est of Blue-Orange Sitn submitted by NWC, 4 Oct 21, 112-33, roll 26, SecNav & CNO Secret & Conf Corresp. 해군대학 1921년반 학생장교였던 싱클레어 가논과 윌리엄 스탠들리는 나중에 해군전쟁계획부장을 맡게 된다.

73) Sims to SecNav, Gen recommendations concerning War College, 15 Jan 19, 112-19, SecNav & CNO Secret & Conf Corresp.

74) Pres NWC to GB, Matters Connected with Pac, 13 Aug 20, File XSTP, Box 105, RG 8, NHC, NWC.

75) Dir WPD to GB, 19 Oct 21.

76) T. Roosevelt, Jr., to GB, 13 Jun 22, #425, GB Subj File.

77) WPD Est 1922.

78) Actg Dir WPD to CNO, Jt Blue-Orange Est, 21 Dec 22, 112-33:1, roll 26, SecNav & CNO Secret & Conf Corresp.

79) WPD Est 1922, cover page.

80) Rowcliff to Williams, Shipping Requirements for Orange Plan, 11 Aug 22, File 178-6:2, Roll 8, SecNav & CNO Secret & Conf Corresp. Baker, lecture, NWC, 22 Sep 22. Bd for Dev, 31 Oct 22.

81) Ellis, Adv, Base Opns, Jul 21. Logan Feland, Div Opns & Training HQ USMC to Maj Gen Cdt, 23 Jul 21, AO-41, Marine Corps Historical Center, Washington, D.C.

82) NWC, 10 Aug 21. WPD Est 1922, 14-16, 21a, 24-27b.

83) Pye to CNO, 23 Apr 21.

84) WPD Est 1922, 24.

85) Williams, Proposed Rtes between U.S. and Phils, approved by GB Nov 1907, Ref 7-C, War Portf #3, Box 7, GB War Protfs. ONI, Map, Rtes & Distances US-Japan, Dec 1910, UNOpP 1910, Box 48, RG 8, NHC, NWC. NWC 1911 Plan, Tables of is by W. V. Pratt. GB 1914 Plan, Transfer of Blue Nav Forces, 66-67, App C, Blue Trans-Pac Rtes, 129-39, map following 147.

86) Shoemaker, lecture, 23 & 25 Aug 14, introduction. GB 1914 Plan, 22, 131.

87) Dir WPD to GB, 19 Oct 21. WPD Est 1922, 3-5a, 10-11. Bd for Dev, 31 Oct 22. Peter N. Davies, "Japanese Merchant

Shipping and the Bridge over the River Kwai," in Clark G. Reynolds, ed., *Global Crossroads and the American Seas*(Missoula Mont.: Pictorial Histories Publishing Co., 1988), 214.

88) Williams, Proposed Rtes, 1907.
89) Ellis, Adv Base Opns, Jul 1921, 32, 37; MWC, 10 Aug 21. Dir WPD to GB, 19 Oct 21. WPD Est 1922, 16, 24-27. Bd for Dev, 31 Oct 22.
90) GB 1914 Plan, 27.
91) Horton, "Midway Islands," 1156-57.
92) Ellis, Adv Base Opns, July 1921, 1, 14, 14-15, 18-33, 37-38, 45-80. Dir WPD to GB, 19 Oct 21. Bd for Dev, 31 Oct 21.
93) Operations, Japanese Navy. . . 1914-18."
94) Williams, Proposed Rtes, 1907.
95) Rodman to SecNav, 14 Apr 21.
96) WPD Est 1922, 24-27, Baker, lecture, MWC, 22 Sep 22. NWC, 10 Aug 21. Ellis, Adv Base Opns, Jul 1921, 14-17. Dir WPD to GB, 19 Oct 21. Bd for Dev, 31 Oct 21.
97) NWC, 10 Aug 21.
98) Baker, lecture, NWC, 22 Sep 22.
99) WPD Est 1922, 14, 25. Dir WPD to GB, 19 Oct 21.
100) Bd for Dev, 31 Oct 21.
101) WPD Est 1922, 25.
102) Dir WPD to GB, 19 Oct 21.
103) Williams Biog file.

제11장

1) Lane, *Armed Progressive*, 250-63 and passim. Francis Russell, *The Shadow of Blooming Grove: Warren G. Harding and His Times*(New York: McGraw Hill, 1968), 267, 325-30, 351-57, 385, 442.
2) AWPD to Deputy COS, Mission, Strength & Composition of Phil Garrisions, 20 Oct 22, SecWar to Gov-Genl, 4 Nov 22, #532, AWPD Records.
3) Morton, Strategy and Command, 24. Gov-Genl to SecWar, 16 Jan 23, SecWar to SecNav, 16 Jan 23; Office CNO to CinC Astc Flt, Receipt of Secret Ltr, 10 Jan 23, 198-37, roll 90, SecNav & CNO Secret & Conf Corresp에서 인용.
4) Gov-Genl to SecWar, 5 Feb 23, #305, Ser 209, JB Records.
5) Andrew Sinclair, *The Available Man: The Life behind the Masks of Warren Gamaliel Harding*(New York Press: Macmillan, 1965), 67-68. Lane, Armed Progressive, 252-253.
6) Gov-Genl to SecWar, 5 Feb 23. Warren Hariding의 관련 기록을 소장하고 있는 The Staff of the Ohio Historical Society를 조사하였으나 관련 내용이 수록된 증거를 찾을 수 없었다.
7) Douglas, "Coontz," 23.
8) Actg Dir WPD to CNO, Jt Blue-Orange Est, 21 Dec 22, 112-33:1, roll 26, SecNav & CNO Secret & Conf Corresp.
9) *Navy Directory*, 1921-23, Sinclair Gannon, Flag Officer Biog Fliles.
10) Judge Advocate Genl of Navy, Memo fo Adm Latimer, 13 Feb 23; 198-1:2; CNO, Circular Letter, Basic War Plans, War Portfl, vol. 1, 22 Mar 23, 198-1, roll 71, SecNav & CNO Secret & Conf Corresp. WPD Est 1922, 계획의 수정 일자는 1923년 7월로 기록되어 있으나 그 이전에 수정되었을 것이다.
11) GB Strategy Survey, Apr 1923. Coontz to SecNav, Strategic Survey of Pac, 10 May 23, 198-26, roll 80, SecNav & CNO Secret & Conf Corresp.
12) Actg Dir WPD to CNO, Jt Blue-Orange Est, 21 Dec 22, 112-33:1, roll 26, SecNav & CNO Secret & Conf Corresp.
13) AWPD to ACOS G-2, War Plan Orange, 6 Mar 23, Flie Orange 1039-1, AWPD Records. JB-JPC Plans, May-Jul 1923.
14) Actg Dir WPD to CNO, Modifications of Navy Orange Estimate, 9 Jun 23, File Orange Studies, Box 64, WPD Files.
15) SecWar to Gov-Genl, 24 Jul 23, #532, Box 22, AWPD Records.
16) JPC Plan 1924, JB Plan 1924, Morton, *Strategy and Command*, 30.
17) AWPD Plan 1925.

18) WPD to circulation list, Tentative Basic Strategic Plan Orange, 1 Nov 23, cited in Rept of Comm, #5, AWC, G-4, 27 Feb 24, UNOpP, Box 49, RG 8, NHC, NWC. CNO to Basic War Plans Distribution List, War Plans, 29 Dec 23, wencl, Discussion of War Plans. . . & Cooperation & Coordination necessary, 198-1:2/1, roll 71, SecNav & CNO Secret & Conf Corresp.

19) GB Strategic Survey, Apr 1923, JB-JPC Plans, May-Jul 1923.

20) JB to SecNav, Recommendations by Gov-Genl of Phils Concerning Measures of Def, 7 Jul 23, #305, Ser 209, JB Records. Gov-Genl to SecWar, 5 Feb 23.

21) JB-JPC Plans, May-Jul 1923.

22) Actg Dir WPD to CNO, Strategic Survey of Pac, 3 May 23, 198-26, roll 80, SecNav & CNO Secret & Conf Corresp.

23) GB Strategic Survey, Apr 1923.

24) Gov-Genl to SecWar, 5 Feb 23.

25) JB to SecWar, Def of Phils, 7 Jul 23, JB-JPC Plans, May-Jul 1923.

26) Actg Dir WPD to CNO, 9 Jun 23.

27) CinCUS to CNO, Flt Operationg Plan-Information Relating to, 23 Oct 24, 198-13, roll 79, SecNav & CNO Secret & Conf Corresp.

28) *Navy Directory*, 1924-25.

29) Plan O-3, ca. Jan 1925.

30) Gov-Genl to SecWar, 5 Feb 23.

31) Actg Dir WPD to CNO, 9 Jun 23.

32) AWPD Plan 1925.

33) GB Stategic Survey, Apr 1923.

34) Plan O-3, ca. Jan 1925, 14-23.

35) Actg Dir WPD to CNO 9 Jun 23.

36) WPD to circulation list, 1 Nov 23. Plan O-3, ca. Jan 1925, 6-7.

37) Plan O-3, Jan 1925, 48-54. CinCUS to CNO, 23 Oct 24.(아마도)Capt. Schofield to GB, Standley, Notes on Orange Plan, 14 Dec 23, 198-1:2, roll 71, SecNav & CNO Secret & Conf Corresp.

38) JB to SecWar, Def of Phils, 7 Jul 23.

39) Ibid.

40) Plan O-3, ca. Jan 1925, 35-36, 52, 59. CinCUS to CNO, 23 Oct 24.

41) Plan O-3, ca. Jan 1925, 59. CNO to Distribution List for Basic Readiness Plan, App F-Mobile Base Project, 20 Dec 23, 198-1, roll 71, SecNav & CNO Secret & Conf Corresp.

42) Moore, "Eagle and the Roo."

43) Plan O-3, ca. Jan 1925, 55-59.

44) Actg Dir WPD to CNO, 9 Jun 23.

45) Plan O-3, ca. Jan 1925, 55-60. WPD to CNO, 9 Feb 27; CNO, Fueling at Sea, 28 Mar 27, BuC&R Gen Corresp, File S55-(9), vol. 1, Box 4157, RG 19, NA. Communication from Thomas Wildenburg, New City, N.Y., 4 Mar 1990.

46) Plan O-3, ca. Jan 1925, 42-52, 55-60.

47) JB-JPC Plans, May-Jul 1923.

제 12 장

1) JPC Est, Jan 1928, 63-64.

2) JB Plan 1924. JPC Plans Oct & Nov 1926. JPC Plan, Apr 1928.

3) JPC Army Section Revision, May 1927.

4) JPC and JB Plans, 1924. JPC Plan Nov 1926.

5) JPC Plan Nov 1926. Army Est, Aug 1927. Deputy COS to Schofield, Coordination of Opns, Orange Plan, 5 Jun 28, JB #325, Ser 280, AWPD Records. JB Plan, Jun 1928. CNO Plan, Mar 1929, 1:19-20, 26.

6) 본토 예비병력수는 1926년 10월부터 1929년 3월까지 문서에서 인용.

7) Braisted, "On the American Red and Red-Orange Plans," Holt, "Joint Plan Red." CNO, Plan Red(WPL 22), Feb 1931, approved by SecNav 15 Feb 31, roll 4, Scholarly Microfilms.

8) Pye, lecture, Naval Post Graduate School, 6 Nov 26.

9) William Rawle Shoemaker, Flag Officer Biog Files. Turk, "Eberle," *Navy Directory*, 1923, 1924.

10) CNO to Basic War Plans Distribution List, War Plans, 29 Dec 23, w encl, Discussion of War Plans. . . & Cooperation & Coordination necessary, 198-1:2/1, roll 71, SecNav & CNO Secret & Conf Corresp.

11) William Harrison Standley, Flag Officer Biog Files. Walter, "Standley," RAdm Kemp Tolley, USN(Ret.), "Admiral-Ambassodor Standley," *Shipmate 40*(Sep 1977):27-28

12) Frank H. Schofield, Flag Officer Biog File. Wheeler, Pratt, 70-71, 106, 351 illus., 424-25. SecNav, Genl Index to Genl Corresp, Schofield entries, Microfilm Ser M 1052, RG 80, NA. Patekewich, "Book of NWC Admirals." Authors File, NWC, Schofield entries. Braisted, "Hughes."

13) Navy Directory, 1926-29. Lectures at USMC School: Horne 27 Apr 28, Dillen 26 Apr 29, Cook 27 Feb 31.

14) William Satterlee Pye, Flag Officer Biog File. Pye, address to University Club, Lachmont, N.Y., 20 Mar 37, ibid. Patekewich, "Book of NWC Admirals." Authors File, NWC, Pye entries.

15) Frederick Joseph Horne, Flag Officer Biog Files, Naval Historical Foundation, Manuscript Collection, iv. Horne Papers, Box 3, passim. Authors File, NWC, Horne entries, Albion, *Makers of Policy*, 392, 485, 533-36.

16) 1927년에서 1929년 사이에 발간 및 개정된 계획의 참모문헌목록에서 확인가능하다.

17) Schofield, lectures, AWC 22 Sep 23, USMC School 23 Mar 28. JPC Est, Jan 1928, 36-38, 54-55.

18) Merlyn Grail Cook, Flag Officer Biog Files. *Navy Directory*, 1928-31.

19) Montgomery Meigs Taylor, Flag Officer Biog Files. Cdr J. H. Slypher, Supt Naval Records & Library, biog ltr re Taylor, 1924, ibid, Frank H. Rentfrow, article re Olympia, 출처 및 날짜 미상, ibid. Patekewich, "Book of NWC Admirals." Authors, File, NWC, Taylor entries.

20) Slypher, biog ltr re Taylor, 1924. Braisted, "Hughes," 53, 65. Symonth, Representatives for WPs in Navy Dept Bu & Offices, 8 Jan 30, EG 55 to EY, Box 255, SecNav Secret Files. *Navy Directory*.

21) Edward Clifford Kalbfus, Flag Officer Biog Files. Hope R. Miller, article on Kalbfus, *Washington Post*, 11 Nov 42, ibid.

22) George Julian Meyers, Flag Officer Biog Files. Authors File, NWC, Meyers entries.

23) CNO Plan, Mar 1929, 1:30, 3:212, 219-20.

24) *Navy Directory*, 1929-32.

25) JPC and JB Plans, 1924.

제 13 장

1) (아마도) Schofield, GB, to Standley, Notes on Orange Plan, 14 Dec 23, 198-1:2, roll 71, SecNav & CNO Secret & Conf Corresp. Schfield, lectures, AWC 22 Sep 23, USMC 23 May 28. JPC Est, Jan 1928, 36-38.

2) GB 1906 Plan, 1-3.

3) GB 1914 Plan, 24, 68-69.

4) GB Strategic Survey, Apr 1923.

5) JPC Plan, Nov 1926. JPC Army Section Revision, May 1927. JPC Est, Jan 1928, 57-58.

6) JPC Est, Jan 1928, 36-38, 54-60. Schofield, lecture, USMC, 23 Mar 28.

7) NWC, 10 Aug 21.

8) WPD to circulation list, Tentative Basic Plan Orange, 1 Nov 23, cited in Rept of Comm #5, AWC, G-4, 27 Feb 24, UNOpP, Box 49, RG 8, NHC, NWC. CNO to Distribution List for Basic Readiness Plan, App F-Mobile Basic Project, 20 Dec 23, 198-1, roll 71; Dir WPD to CNO, Def of Phils, 17 Jan 24, 200-17, roll 91, SecNav & CNO Secret & Conf Corresp.

9) Schofield, Notes on Orange Plan, 14 Dec 23. Schofield, lecture, AWC, 22 Sep 23. Actg Dir WPD to CNO, Modifications of Navy Orange Estimate, 9 Jun 23, File Orange Studies, Box 64, WPD Files. GB Strategic Survey, Apr 1923.

10) JPC Plan 1924. AWPD Plan 1925. JB Plan 1924.

11) Army Est, Aug 1927. JPC Est, Jan 1928, 22-27, 78-80. Cdr Lt Cruiser Div 3 to CinCAF, Advanced Nav Base in S Phil Is, 29 Feb 28, w repts by COs of USS *Cincinnati & Richmond* & Capt H. K. Cage, 27 Feb and 3 Mar 28; Col R. M. Cutts USMC

to Dir WPD, Malampaya Sound-Tactical Study, 7 Mar 27, File same name- Problem 2, Box 56, WPD Files. JPC Est, Jan 1929.

12) JPC Est, Jan 1928, 57-58. JPC Navy Section Revision, Mar 1928. JPC Revision, Apr 1928.

13) Schofield, lecture, USMC, 23 Mar 28.

14) JPC Est, Jan 1928, 65-67. JB Plan, Jun 1928. CNO Plan, Mar 1929, 1:21-25.

15) JPC Navy Section Revision, Mar 1928. JPC Revision, Apr 1928.

16) Maj P. H. Worcester to Horne, Blue Orange Est, Air Plans, 30 Jul 27, File 232, Box 69, AWPD Color Plans.

17) Chief BuAer to CNO, New Basic War Plan Orange, 28 Aug 28, File Orange Basic Plan-Comment, Box 64, WPD Files. WPD, Est of Sitn, Blue-Orange, 8 Jun 27, File 232, Box 69, AWPD Color Plans.

18) JB Points, Feb 1928.

19) 최초 작성자 미언급, Problem No. 1, Tactical Study-Orange War, 날짜 미상, ca. late 1927; Horne to Capt Bingham, 4 Nov 27; Office of Nav Opns, Study of Adv Base, 1 Feb 28, File Dumanquilas Bay-Tactical Studies File 1, Box 42; Sherman comment from NWC, Sr Course 1927, Operations Problem II, File Malampaya Sound-Tactical Study-Problem 2, Box 56, WPD Files. Schofield, lecture, USMC, Feb 1928.

20) JPC Navy Section Revision, Mar 1928, JPC Revision, Apr 1928.

21) Shoemaker, handwritten note on Navy Est, 날짜 미상, Jul-Aug 23 추정, File Orange studies, Box 64, WPD Files.

22) Chief BuOrd to CNO, Lahaina Roads Def Project: Mine Barrages, Submarine Nets, Torpedo Nets, 18 Apr 27, UNM, Box 42, RG 8, NHC, NWC.

23) JPC Est, Jan 1928, 49. CNO Plan, Mar 1929, 1:16.

24) Shoemaker, note on Navy Est, Jul-Aug 23 추정.

25) CNO, Basic Readiness Plan, 20 Dec 23. WPD, Def of Phils, 17 Jan 24.

26) JPC to JB, Jt A&N Basic War Plan-Orange, 12 Mar 24; JB to JPC, Proposed Jt A&N Basic War Plan-Orange, 7 Jun 24, #325, Ser 228, JB Records.

27) Pye, lecture, NWC, 7 Jan 26. JPC Revision, Oct 1926.

28) JPC Plan, Nov 1926, WPD Est, May 1927. JPC Est, Jan 1928, 36-38, 44-45, 54-55. JB Points, Feb 1928. JPC Navy Section Revisions, Mar & Apr 1928. JPC Plan, Apr 1928. JB Plan, Jun 1928. CNO Plan, Mar 1929, vol. 1, pt. 2, 132, pt. 3, app II, pt. 4, app III, WPL-16, change #3, Jul 1933.

29) Army Est, Aug 1927, JPC Est, Jan 1928, 15-18.

30) Worcester to Horne, 30 Jul 27. Horne, Memo for Maj Jenkins, 28 Jul 27, File 232, Box 69, AWPD Color Plans. JPC Est, Jan 1928, 15-17, 44-45.

31) JPC Est, Jan 1928, 65-67. JB Plan, Jun 1928, CNO Plan, Mar 1929, 1:21-25. WPD, Study of Certain Pac Is, 6 Aug 27.

32) AAC Plans, 1929-31, esp Table I, 1931.

33) WPL-16, change #3, Jul 1933.

34) Firedman, *US Aircraft Carriers*, chap. 6.

35) JB Comment, Oct 1926, JPC Plan, Nov 1926.

36) JPC Plan and Revision, Oct 1926, JB Comment, Oct 1926. JPC Plan, Nov 1926. JPC Army Section Revision, May 1927. Army Est, Aug 1927. JPC Est, Jan 1928, 46-48, 80. JB Points, Feb 1928. JPC Navy Section Revision, Mar 1928. JPC Revision, Apr 1928. JPC Plan, Apr 1928. CNO Plan, Mar 1929, 1:25, 45, 99-100, 2:126.

37) WPD, Def of Phils, 17 Jan 24. Baker, lecture, NWC, 12 Oct 23.

38) AWC Repts, 13-14, Apr 25.

39) CNO, Basic Readiness Plan, 20 Dec 23.

40) JPC Navy Section Revision, Mar 1928. JPC Revison, Apr 1928. JPC Plan, Apr 1928. JB Plan, Jun 1928. CNO Plan, Mar 1929, vol. 1, pt. 1, 24-25. pt. 2, 121-22, 126, 139, 189, vol. 3, app II, vol. 4, app III.

41) JB Points, Feb 1928, 33-34, CNO Plan, Mar 1929, Vol. 1, pt. 2, 132.

42) Baker, lecture, NWC, 12 Oct 23.

43) JPC Est, Jan 1928, 33-34, CNO Plan, Mar 1929, vol. 1, pt. 2, 132.

44) NWC 1911 Plan, 2(c):28-29, 2(d):52-58.

45) CNO, Basic Readiness Plan, 20 Dec 23, JPC Est, Jan 1928, 64. JPC Plan, Apr 1928. CNO Plan, Mar 1929, vol. 1, pt. 2, 131, 136-38.

46) Dir WPD to GB, Questions concerning Limitation of Armament, 19 Oct 21, #425, GB Subj File.

47) CNO, Basic Readiness Plan, 20 Dec 23.

48) Shoemaker, note on Navy Est, Jul-Aug 23. WPD, Def of Phils, 17 Jan 24.

49) Schofield, Notes on Orange Plan, 14 Dec 23.

50) JPC Est, Jan 1928, 64.

51) BuDocks, *Building Navy's Bases*, 2:232, 299.

52) Flt Adm Ernest J. King, "U.S. Navy at War, Final Official Report"(1 Mar to 1 Oct 45)(Washington: reprint by The United States News, 1946), 24.

제14장

1) GB Strategic Survey, Apr 1923.

2) Dir WPD to GB, Questions concerning Limitation of Armament, 19 Oct 21, #425, GB Subj File. WPD Est 1922, 14, 16, 25-27b.

3) 다수의 오렌지계획에 이와 비슷한 내용의 요약문이 포함되어 있다. 예를 들면, JB, Strategy of Pacific, 1919; WPD Est 1922, 2-5; JPC Est, Jan 1928; JB Plan, Jan 1928.

4) JB, Strategy of Pacific, 1919. WPD Est 1922, 16, 25.

5) JPC Est, Jan 1928, 62. CNO Plan, Mar 1929, 1:17.

6) WPD, Quick Movement, 1932.

7) Day, lecture, NWC, 16 Feb 23. JPC Est, Jan 1928, 31-32, 44, 62-63, 68-73. JPC Navy Section Revision, Apr 1928. CNO Plan, Mar 1929, 1:19.

8) GB 1906 Plan, 46. NWC Rept of Conference of 1907, pt. 1, 20.

9) GB 1914 Plan, 69. JPC Plan 1924. JB Plan 1924. Memorandum re NWC Conference of 1906, 14 Feb 07, in Vlahos, "NWC and Origins," 32. NWC, Problem of 1907, 119.

10) GB Strategic Survey, Apr 1923.

11) NWC 1911 Plan, 2(c):40-41.

12) JB Points, Feb 1928. JPC Navy Section Revision, Mar 1928. CNO Plan, Mar 1929, vol. 1, pt. 2, 131, 136-38, 4:app Ⅶ, 1, 3.

13) AWC Repts, 13-14 Apr 25. JB Est, 1928, 78-80.

14) Army Est, Aug 1927. JPC Navy Section Revision, Mar 1928. JPC Est, Jan 1928, 56-57, 68-73, 78-80.

15) CNO Plan, Mar 1929, 4:app Ⅶ.

16) JPC Navy Section Revision, Apr 1928, JB Plan, Jun 1928.

17) CNO Plan, Mar 1929, vol. 1, pt. 2, 136-37, 4:app Ⅶ, 2-4, Change #3 to WPL-13, 26 Feb 35, 132. Change #4, to WPL-16, 21 Jan 34, app Ⅶ, secs 1, 2, 6.

18) Army Est, Aug 1927, JPC Est, 1928, 26-27, 56-57, 67-76, 81.

19) Corresp among GB and CinC Astc Flt, various dates 1901-3, #425.2, Boxes 140 and 141, GB Subj File. GB 1906 Plan. JPC Est, Jan 1928, 26.

20) Mahan-Oliver Corresp 1911.

21) NWC 1911 Plan, 2(c):36-40, 52-58.

22) NWC Conference of 1906, pt. 2, 3-4. GB 1906 Plan, 1-3.

23) Army Est, Aug 1927. JPC Est, Jan 1928, 26-27, 67-73. NWC, 10 Aug 21.

24) Mahan-Oliver Corresp 1911. WPD Est, 1922, 14-16.

25) NWC 1911 Plan, 2(c):53-55. NWC Conference of 1906, pt. 2, 42-48.

26) AWPD to ACOS G-2, War Plan Orange, 6 Mar 23, File Orange 1039-1, AWPD Files.

27) NWC, 10 Aug 21, WPD Est 1922, 14-16.

28) Army Est, Aug 1927. WPC Est, Jan 1928, 26-27, 56-57, 67-73.

29) NWC, 10 Aug 21.

30) JPC Plan, Apr 1928. CNO Plan, Mar 1929, 4:app Ⅲ.

31) JPC Est, Jan 1928, 56-57.

32) Bd for Dev of Navy Yd Plans to Chief BuDocks, Adv Bases in a Pac Campaign, Material and Facilites, 31 Oct 22, 198-13, roll 79; CNO to Distribution List for Basic Readiness Plan, App F-Mobile Base Project, 20 Dec 23, 198-1, roll 71, SecNav & CNO Secret & Conf Corresp.

33) Hayes, *Joint Chiefs*, 658. Cate and Craven, "Army Air Arm between Two World Wars," 61, 62.

34) GB 1910 Plan, 6-7, 40-45.

35) NWC 1911 Plan, 2(a):1. GB 1914 Plan, 68-69, JPC Est, Jan 1928, 64-65.

36) NWC 1911 Plan, 2(a):1, 2(c):55.

37) GB 1914 Plan, foreword, 15, 50. CNO Plan, Mar 1929, 1:16.

38) Cdr L. S. Van Duzer, Extracts from endorsement of ltr by Lt Cdr Ralph Earle, 날짜 미상, ca. 1910년 초, UNOpP 1910, Box 48, RG 8, NHC, NWC. GB 1910 Plan, 6-7, 40-45.

39) Vlahos, "War Gaming," Fleet Problems, 1923-41, passim.

40) WPD to GB, 19 Oct 21.

41) NWC 1911 Plan, 2(c):26-27. Plan O-3, ca. Jan 25, 42-52, 59-60. NWC 1911 Plan, 2(c):27.

42) Ellis, Adv Base Opns, Jul 1921, 37. WPD, Marshall Is Plan, ca. 1927.

43) GB 1906 Plan, 1-3. NWC Rept Conference of 1907, pt. 1, 14-16, 20-21, GB 1914 Plan, 72.

44) GB 1910 Plan, 40-45.

45) NWC 1911 Plan, 2(c):26-27. JPC Est, Jan 1928, 57-58.

46) WPD, Landing Opns, Oct 1927. JPC Est, Jan 1928, 42-44, 64-65.

47) NWC 1911 Plan, 2(a):1, 2(c):36-40, 52-58.

48) NWC Conference of 1906, 3-6, 11-14, GB 1910 Plan, 44-45.

49) Mahan-Oliver Corresp 1911.

50) WPD Est, May 1927. WPD Landing Opns, Oct 1927. JPC Est, Jan 1928, 33-34, 38, 64-65.

51) NWC Rept of Conference of 1907, pt. 1, 21.

52) NWC Conference of 1906, pt. 1, 6.

53) WPD Est 1922, 3-4, Schofield, lecture, USMC, 23 Mar 28.

54) NWC Conference of 1906, pt. 1, 6, pt. 2, 2-4, 8.

55) WPD Est 1922, 3-4.

56) GB 1906 Plan, 1-3.

57) NWC Conference of 1906, pt. 2, 5-6, 11-14, 17-20.

58) WPD Est 1922, 2-5, 14-16.

59) GB Strategic Survey, Apr 1923.

60) JPC Navy Section Revision, Apr 1928. JPC Est, Jan 1928, Tables pp. 80-82.

61) JPC Est, Jan 1928, 63-64.

62) JB Plan, Jun 1928.

63) JPC Est, Jan 1928, 38.

64) NWC Conference of 1906, pt. 2, 5-6.

65) Mahan-Oliver Corresp 1911.

66) NWC 1911 Plan, 2(c):39-40, GB 1914 Plan, 24.

67) JPC Est, Jan 1928, 32-33.

68) Ibid.

69) JPC Est, Jan 1928, 15-17, JB Plan, Jun 1928.

70) Army Est, Aug 1927.

71) Sherry, *Rise of American Air Power*, 31, 58-59.

72) CNO Plan, Mar 1929, 1:17-18.

73) Col James H. Reeves, AC/S G-2, Sitn Monograph Orange, 1 Jan 27, File 166, Box 63, AWPD Color Plans.

74) Sherry, *Rise of American Air Power*, 90.

75) JB-JPC Plans, May-Jul 1923. JPC Plan, 1924.

76) AWPDto ACOS, G-2, 6 Mar 23.

77) Maj P. H. Worcester, GS, Memo for Capt Rowan w Comments on Est of Sitn Blue-Orange, 30 Jun 27, File 232, Box 69,

AWPD Color Plans.

78) Asst COS G-2 to Asst COS AWPD, Info assising in dev of Orange Plan, 28 Feb 28, JB #325, Ser 280, AWPD Records.

79) WPD Est, May 1927. Army Est, Aug 1927. JPC Est, Jan 1928, 55-56. JPC Navy Section Revision, Mar 1928. JPC Revision, Apr 1928.

80) WPD Est, 1922, 2-5.

81) Worcester, Memo, 30 Jun 27.

82) AWC Repts, 13-14, Apr 25.

83) Army Est, Aug 1927.

84) JB Points, Feb 1928.

85) ACOS, G-2, GS, to AOS WPD, 28 Feb 1928.

86) AWC Repts, 13-14, Apr 25.

87) Morgan, "Planning the Defeat of Japan," 183-91.

88) GB Strategic Survey, Apr 1923, Actg Dir WPD to CNO, Strategic Survey of Pac, 3 Mar 23, 198-26, roll 80, SecNav & CNO Secret & Conf Corresp.

제 15 장

1) Pres NWC to CNO, Basic WPs(vol. 2)-Basic Orange Plan, 10 Dec 23, 198-1:2, roll 71, SecNav & Conf Corresp.

2) JB Comment, Oct 1926. Army Est, Aug 1927. JB Plan, Jun 1928. CNO Plan, Mar 1929, 1:19.

3) Vlahos, Blue Sword, 144.

4) Cpt. R. A. Koch, NWC, Blue-Orange Study, 31 Mar 33, w apps 1 to 3; Head of Research Dept NWC to COS NWC, Position of US in Far East, 3 Apr 33, UNOpP, Box 49, RG 8, NHC, NWC.

5) Army Est, Aug 1927.

6) Embick, Memo for Cdg Gen Phil Dept, 19 Apr 33, WPD 3251-15, in Schaffer, "Embick."

7) Koch, 31 Mar 33, Head of Research Dept NWC, 3 Apr 33.

8) Maj P. H. Worcester, GS, Memo for Capt Rowan w Comments on Est of Sitn Blue-Orange, 30 Jun 27, File 232, Box 69, AWPD Color Plans. JPC Est, Jan 1928, 48-52, 54-55. JB to JPC, Jt A&N Basic WP-Orange, 26 Jan 28, JB #325, Entry 184, Ser 280, AWPD Records. JPC Est, Jan 1929, para 57. D. Staton(?) to Koch, 31 May 33, UNOpP, Box 49, RG 8, NHC, NWC.

9) WPD, Quick Movement, 1932. 문서에는 연필로 약 1932년 10월에 작성된 것으로 기록되어 있으나 CNO to CinCUS, 13 Jul 33, File A16-3/FF1, Box 237, SecNav Secret Files에는 전쟁계획부에서 작성하여 1932년 4월 함대사령부에 전달한 것으로 되어 있다. 따라서 메이어스 전쟁계획부장이 이 계획의 작성을 주관한 것으로 판단된다.

10) JPC Navy Section Revision, Apr 1928. CNO Plan, Mar 1929, 1:12-14.

11) RAdm Taussing COS US Flt to Bryant, 23 Jan 33; Bryant to Taussing, 1 Feb 33, in CNO to CinCUS, 13 Jul 33, A16-3/FF1, Box 237, SecNav Secret Files. CinCUS to Cdrs of Subsidary forces, Prepn Plan No. 1, Orange, 21 Jan 33, A4-3, CinCUS Op Plans 1932-39.

12) David Foote Sellers, Flag Officer Biog Files. Wheeler, Pratt, 362-67. Roskill, Naval Policy between the Wars, 2:284.

13) Tentative Plan O-1, 26 Aug 33. Memoranda(total eleven) from CinCUS to CNO or among CinCUS and subsidary fleet commanders, re War Plans, Battle Force Mobilization Plan, or Organization of Train for Orange War, 22 Sep 33 to 28 Apr 34; CNO to CinCUS, Composition of Train for Western Adv of US Flt, 21 Jun 34, vol. 2; ComBatFor to Flt Cdrs, Mobilization Plan-Orange-Aircraft, 21 Mar 34, File BatFor prior 3 Sep 1939, Box BasFor & BatFor Commands, all in CinCUS Op Plans 1932-39.

14) Tentative Plan O-1, 26 Aug 33.

15) WPD(아마도 메이어스 부장) to Cdg Gen FMF, 20 Nov 33, cited in Dir WPD to Cdg Gen FMF, Wotje Attack Plan, 12 Oct 34, File Wotje Attack Plan, Box 77, WPD Files.

16) CinCUS to CNO, Operating Plan O-1 Orange, 31 Mar 34, A16-3; CNO to CinCUS, 16 Mar 34, CinCUS Op Plans 1932-39.

17) 일본의 위임통치령 보호조치를 다룬 최근의 연구는 Peattie, Nan'yo, chap. 8을 보라.

18) Pomeroy, *Pacific Outpost*, 106.
19) Nomura interview, Jun 1982.
20) Wilds, "How Japan Fortified Mandated Islands." Peattie, Nan'yo, 236.
21) Hines, lecture, NWC, 1 Nov 21.
22) 1927 Asst Naval Attache, Tokyo, rept, File Marshall Is, PL, Pacific-Logistics-Mandated Is, RG 8, NHC, NWC. SecNav to SecState, 2 Feb 33, EF 37, Box 173, SecNav & CNO Secret & Conf Corresp. FMF, Attack of Ponape, 5 Oct 35.
23) Asst COS G-2, Sitn Monograph Orange, 1 Jan 27, File 166, Box 63, AWPD Color Plans. JPC Est, Jan 1928, 66-67.
24) Corresp between Dir ONI, CNO, and WPD re cruises of scout cruisers, 9 Oct 22, 162-78:3, roll 46; 31 May, 12 & 13 Jun 23, 162-30, roll 55; Corresp between SecNav and State Dept, 26 Jun, 8 & 18 Oct 23, 162-78:3, roll 46, SecNav & CNO Secret & Conf Corresp.
25) Dir ONI to CNO, Information lacking regarding certain. . . Caroline & Marshall Is, 6 & 15 Oct 24, 232-43, roll 115, SecNav & CNO Secret & Conf Corresp. Rept by USS *Milwaukee*, 1923, File Marshall Is, PL Pac Logistics, Mandated Is RG 8, NHC, NWC.
26) ONI, Intelligence Rept, Truk, Caroline Is, 30 Sep 23, File PL Caroline Is, RG 8, NHC, NWC.
27) ONI to CNO, 6 & 15 Oct 24. Dir WPD to CNO, Proposed itinerary 38th & 39th Destroyer Divs, 22 Oct 24, 232-43, roll 115, SecNav & CNO Secret & Conf Corresp.
28) Montross, "Mystery of Pete Ellis," Ballendorf, lecture, Naval History Symposium, 20 Oct 1989.
29) Peattie, *Nan'yo*, 239-40.
30) Intellgence Section FMF, Monographs of Japanese Mandate Is, Aug 34 and later, File Mandate Islands, same subtitle, Box 57, WPD Files.
31) Hydrographer to ComAirBasFor, Conf Aviation on Pac Is, 2 Dec 33, A7-3/FF5-4; Chief BuAer to Hydrographer, Conf Aviation Chart Program of Principal Japanese Is, 19 Jan 34, EF37, Box 173, SecNav Conf Corresp.
32) Corresp between ComAirBasFor, CinCUS and CNO, Proposed Operating Plan 1935-Flight to Phils, 25 Jul, 8 & 14 Aug 34, A16-3(5)/A21, 1934-37, Box 62, SecNav Conf Corresp.
33) WPD, Quick Movement, 1932.
34) Hughes, "Strategy-Tactics Relationship."
35) 수상기의 발명 및 발전에 관한 역사는 Knott, *American Flying Boat*, Jablonski, *Sea Wings*.을 참고하라. 당시 수상기의 상세제원은 Swanborough and Bowers, *US Navy Aircraft*; Chief BuAer to Asst SecNav, Charts of Characteristics. . . of US Navy Airplanes, 29 Sep 33, Aer-D-19-CRP H1-3, SecNav & CNO Secret and Conf Corresp를 보라. 그리고 태평양전쟁 시 수상기의 활약에 관한 내용은 Horvat, Above the Pacific을, 연대별 세부 작전내용은 NAVAIR, *US Naval Aviation*을 보라.
36) JB, Rept, 11 Sep 23, RG 255, NA.
37) Cdr Air Sqns rept, CinCUS annual repts, 1925.
38) NAVAIR, *US Naval Aviation*, 37.
39) Cate and Craven, "Army Air between Two World War," 61-62.
40) ComAirSocFor to CNO, Patrol Seaplanes-Requirements of, 13 Apr 31, VP/A4-3; Chief BuAer to CNO, 같은 제목, 7 May 31, VP/FF11-1, CNO Secret & Conf Files.
41) CinC annual repts, 1932, 1933 w rept of Cdr Scouting Force, 1934.
42) CO USS Wright to ComAirBasFor, Experiments Suggested by CinC, 25 Jan 34, AVI/A16-3, ONI Files, Box 15, NHC, NWC. CNO to CO USS Astoria, 30 Aor 34, H1-3, Box 246, SecNav & CNO Secret & Conf Corresp.
43) CinCUS annual repts, passim.
44) Cdr Scouting Flt, rept, CinCUS annual repts, 1928.
45) CinCUS & Subsidiary Cdrs, CinCUS annual repts, 1932. Dir Ship Movements Div to WPD, Assignment of VP Sqns, 14 Aug 35, VP to VT, Box 264, SecNav & CNO Secret & Conf Corresp.
46) CinCUS, ComBaFor & ComBasFor repts, CinCUS annual repts, 1933.
47) GB to CNO, 6 Sep 34, File VP, Box 212, SecNav & CNO Secret & Conf Corresp.
48) Smith, Airships Akron and Macon, vii, xxi, xxii, and passim.
49) Tentative Plan O-1, 26 Aug 33. WPL-16, change #3, 17 Jul 33.
50) Memos among CinCUS, CNO, and subsidiary fleet commanders re War Plans, Mobilization Plan or Organization of Train, various dates 17 Feb to 21 Jun 34.

51) '카탈리나'라는 항공기 명칭은 생산사인 컨솔리데이트 항공기회사에서 최초로 제안하였고, 1941년 영국에서 먼저 항공기 명칭으로 채택하였다. 이후 미국도 이 명칭을 그대로 따르게 되었다.

52) Swanborough and Bowers, *US Navy Aircraft*, 84.

53) ComAirBasFor, conference, 15 Nov 34, A to A2-1, Box 1, ComAirBasFor Genl Corresp, RG 313, NA. ComAirBasFor rept, CinCUS annual rept, 1935.

54) CNO to CinCUS, Design of Patrol planes, 날짜 미상, 대략 Jan 1935; ComAirBasFor to CinCUS, Characteristics of VP Planes, 9 Jul 35, File VP, SecNav & CNO Secret & Conf Corresp.

55) "US Naval Administrative Histories of WWII," 47a, BuAer, 6:1752.

56) CinCUS annual repts 1937, 1938.

57) CNO to CinCUS, Design of Patrol Planes, 대략 Jan 1935. CNO to CinCUS and Pres NWC, Characteristics of VP planes, 1 Apr 35; Pres NWC to CNO, 같은 제목, 15 Jul 35, UANP, ONI Box 15, NHC, NWC. Dir WPD to CNO, Reconciling Statements on VP Planes & Employment, 4 Apr 35, VP to VT, Box 264, SecNav & CNO Secret & Conf Corresp.

58) CinCUS to CNO, Characteristics of VP Planes, 28 Jun 35, File VP, SecNav & CNO Secret & Conf Corresp.

59) King and Whitehill, *Fleet Admiral King*.

60) Chief BuAer to CNO, Comment on proposed. . . Secret Ltr. . . "Design of Patrol Plane," 25 Feb 35; Chief BuAer to CNO, Comment on Dir WPD Secret Memo. . . Patrol Plane Program, 22 Mar 35, File VP, SecNav & CNO Secret & Conf Corresp. (아마도) BuAer, 날짜 미상, 대략 6 Mar 34, Aer-P1-EMN-A1-3(1)A21-1 QB/EN15, GB Records.

61) Dir WPD to CNO, Characteristics of VP Planes, 23 Jul 35, File VP, SecNav & CNO Secret & Conf Corresp.

62) ComAirBasFor rept, in CinCUS annual rept 1937.

63) CinCUS annual repts, 1937, 1938.

64) CinCUS annual rept 1939.

65) Swanborough and Bowers, *US Navy Aircraft*, 80.

제 16 장

1) Samuel Wood Bryant, Flag Officer Biog Files, *Navy Directory*. Patekewich, "Book of NWC Admirals."

2) Dir WPD, Operation Plan No. 1, 28 Jul 32, UNO, Box 44, RG 8, NHC, NWC.

3) 예를 들어 WPL-13, Change #1, Jul 32, pt. 1, chap. 1, p.43, chap. 4, p.86; pt. 2, chap. 1, p.112; pt. 3, chap. 6, p.233.

4) Ibid., pt. 3, chap. 2, p.219.

5) RAdm Tassing COS US Flt to Bryant, 23 Jan 33; Bryant to Taussing, 1 Feb 33, cited in CNO to CinCUS, 13 Jul 33, A16-3/FF1, Box 237, SecNav Secret Files.

6) CNO to CinCUS, 13 Jul 33, A16-3/FF1, Box 237, SecNav Secret Files.

7) Wheeler, *Pratt*, 274-75, 422-25. Reynolds, Fast Carriers, xi, 17. Melhorn, Two-Block Fox, 112-14. Braisted, "Hughes," 52, 60. Walter, "Standley," 94.

8) CNO to CinCUS, 3 Nov 33, Box 147-D, WPD Files. WPD, Some Plans & Studies Required. . . Plan O-1, Orange, 2 Dec 33, CinCUS Op Plans 1932-39.

9) CinCUS to CNO, US Flt's O-1(Color) Plans-Prepn of, 8 Dec 33; CNO to CinCUS, 같은 제목, 17 Jan 34, A16/FF1, CinCUS Op Plans 1932-39.

10) CinCUS to CNO, Operating Plan O-1 Orange, 31 Mar 34, A16-3, ibid.

11) Cary Walthall Magruder, Flag Officer Biog Files. *Navy Directory*.

12) CNO to Basic War Plans Distribution List, War Plans, 29 Dec 23, w encl, Disscusion of War Plans. . . & Cooperation & Coordination necessary, 198-1:2/1, roll 71, SecNav & CNO Secret & Conf Corresp.

13) George Julian Meyers, Flag Officer Biog Files. *Navy Directory*.

14) WPD to Asst COS AWPD, Plan O-1 Orange of CinCUS Jt Astc Force-Expeditionary Forces required in 1st movement, 29 Jan 35, File 365, Box 70, AWPD Color Plans.

15) Memos among JB, JPC, COS, WPD, and AWPD, Jan to Apr 1935, Files 234 & 365, Box 70, AWPD Color Plans. 자세한 내용은 제 17장을 보라.

16) Asst COS AWPD to COS, Revision of Jt A&N Basic WP-Orange, 8 Apr 35, File 365, Box 70, AWPD Color Plans

17) JB to SecWar & SecNav, Revision of Jt A&N Basic WP-Orange, 8 May 35, #235, Ser 546, JB Records.

18) Morton, Strategy and Command, 37은 당시 맥아더 장군은 해군의 오렌지계획이 개정된 육군의 전시단계별 동원계획과 전투부 대편제와 일치하는지 여부에만 관심이 있었으며, 계획 기본개념의 변경은 알지 못했다는 것을 보여준다.

19) CNO to Distribution List for Navy Basic Plan-Orange, Change #4 to WPL-13, 1 Jul 35, w encl, roll 2, Schalory Microfilms.

20) Lt Col J. P. Smith, GS to Maj Spalding, Capture of certain Orange possessions, 날짜 미상, 1935년 초; Embick to Dir WPD, Orange Plan, Army opns, M+12 Groups, 15 Jul 35, File 234, Box 70, AWPD Color Plans. Cpt D. E. Cummings to Maj Spalding, GS & Lt Col Cauldwell, USMC, Planning for attacks under O-1 Plan, 20 Jul 35, File BasFor & BasFor Projects, Box 39, Op Plan Files. Cdr P. L. Caroll to Dir WPD, Meeting of O-1 Group, 15 Jul 36, A16-3/FF, Box 91; CNO to CinCUS, 23 Sep 36, File Wotje, Attack of-Army Est, Box 77, WPD Files.

제 17 장

1) JPC Est, Jan 1928, 24-27, 33-34, 56, 77.

2) WPD, Quick Movement, 1932.

3) Tentative Plan O-1, 26 Aug 33. CinCUS to CNO, Operating Plan O-1 Orange, 21 Mar 34, A16-3; CNO to CinCUS, 16 Mar 34, CinCUS Op Plan 1932-39.

4) WPD Memo, Some Plans & Studies Requied. . . Plan O-1, Orange, 2 Dec 33, CinCUS Op Plans 1932-39.

5) WPD, Royal Road, Jul 1934, v, 4, 8-9, 12, 64, 69.

6) Ibid., v, 4, 51-52, 55-59.

7) JB to SecWar & SecNav, Revision of Jt A&N Basic WP-Orange, w encl, 8 May 35, #325, Ser 546, JB Records.

8) WPD, Royal Road, Jul 1934, 67, 70, 73-74. CNO to CinCUS, Operating Plan O-1 - Orange, 10 Dec 34, Op-12-CTB A15(0), Box 147-D, WPD Files.

9) WPD, Royal Road, Jul 1934, v, 18-20, 67-74, 78-80, 84-89.

10) Change #2 to WPL-15, 3, 3 Sep 36.

11) Change #4 to WPL-15, Apr 1938.

12) WPD, Royal Road, Jul 1934, 35. CNO to JB, 26 Nov 35; CinCUS to CNO, 20 Jul 35, A16/ND14, Box 229, SecNav & CNO Conf Corresp. JB, 15 Jul 36, #353, Box 16, JB Records.

13) CinCUS to CNO, Employment of Blue Submarines-Orange War, 20 Jan 36, A16-3, File Misc Studies, Box 73, WPD Files. 같은 제목, Dec 1935, cited in Cdr Submarine Sqn 5 to CinCAF, Study of Initial Submarine Opns, 5 Jan 38, A16-3/(22) to A17-26, Box 245, SecNav & CNO Conf Corresp.

14) Change #4 to WPL-15, Apr 1938.

15) WPD, Royal Road, Jul 1934, 25A, 28, 43-44, 48, 58, 60, 75, 85.

16) Tentative Plan O-1, 26, Aug 33.

17) Cdg Gen FMF, Submission of "F-2 Study of Mandates," w attachment, 28 Mar 35, File Mandates-an F-2 Study of, Box 58, WPD Files. WPL-35, CNO, Jun 1939, vol. 1.

18) Asst COS G-2, Sitn Monograph Orange, 1 Jan 27, File 166, Box 63, AWPD Color Plans. WPD, Landing Opns, Oct 1927.

19) Chief BuDocks to CNO, Possibilites of developing facilites for. . . landplanes. . . in Marshall Is, 1 Aug 35, N1-9, SecNav & CNO Secret Corresp.

20) WPD, Marshall Is Plan, ca. 1927. JPC Est, Jan 1928, 77. Army Est, Aug 1927.

21) WPD, Royal Road, Jul 1934, 77.

22) Dir WPD to Asst COS AWPD, Plan O-1 Orange of CinCUS Jt Astc Force-Expeditionary forces required in 1st movement, 29 Jan 35, File 234, Box 70, AWPD Color Plans.

23) WPD, Study of Certain Pac Is, 6 Aug 27. WPD, Royal Road, Jul 1934, 78-79. CNO to BuDocks, Possibilites of developing facilites for. . . landplanes. . . in Marshall Is, 11 Feb 35; Chief BuDocks to CNO, 같은 제목, 1 Aug 35, File N1-9, SecNav & CNO Secret Corresp.

24) AWPD, Wotje Attack, 31 Jul 36. Change #5 to WPL-16, 10 Jul 37, app 7, chap. 7.

25) Ellis, Adv Base Opns, Jul 1921, 31. Col James H. Reeves, AC/S G-2, Sitn Monograph Orange, 1 Jan 27, File 166, Box 63,

AWPD Color Plans. WPD, Study of Certain Pac Is, 6 Aug 27. WPD, Marshall Is Plan, ca. 1927. JPC Est, Jan 1928, 77.

26) BuDocks to CNO, 1 Aug 35. Bryan, comp., *Guide to Place Names*.

27) CNO to CinCUS, 10 Dec 34.

28) WPD, Some Plans & Studies Required. . . Plan O-1, 2 Dec 33. WPD, Royal Road, Jul 1934, v, 79, 82-83. JB, Revision of Jt A&N Basic WP-Orange, 8 May 35.

29) Ellis, Adv Base Opns, Jul 1921, 18, 29-32. WPD, Study of Certain Pac Is, 6 Aug 27. WPD, Landing Opns, Oct 1927.

30) BuDocks to CNO, 1 Aug 35. WPD, Royal Road, Jul 1934, 78, 81-83. WPD, Study of Certain Pac Is, 6 Aug 27. WPD, Landing Opns, Oct 1927.

31) WPD, Royal Road, Jul 1934, 19-20, WPD, Study of Certain Pac Is, 6 Aug 27.

32) AWPD, Plan 1936, 8, 25-27.

33) WPD, Study of Certain Pac Is, 6 Aug 27.

34) WPD, Plan O-1 of CinC-Expeditionary forces 1st movement, 29 Jan 35.

35) WPD, Marshall Is Plan, ca. 1927. D. C. McDougal, Est of Sitn. . . for Seizing & Def of Eniwetock[sic], 26 Oct 27, File Orange Studies, Folder #2, Box 64, WPD Files, FMF, "F-2 Study of Mandates," 28 Mar 35.

36) FMF, Wotje Attack, 9 Aug 34, FMF, Maloelop Attack, 22 Oct 34.

37) USMC, Wotje Attack, 25 Mar 36.

38) JPC Est, Jan 1928, 77.

39) AWPD Plan, 1936, 8-9, 22-26, 29.

40) AWPD, Wotje Attack, 31 Jul 36.

41) Col Sherman Miles AWPD to Dir WPD, Est of Sitn, Attack of Wotje, 27 Aug 36, File 2720-73, AWPD Files. CNO to CinCUS, 23 Sep 36, File Wotje, Attack of-Army Est, Box 77, WPD Files.

42) FMF, "F-2 Study of Mandates," 28 Mar 35.

43) USMC, Truk Attack, 28 Apr 37. FMF, "F-2 Study of Mandates," 28 Mar 35. WPL-35, CNO, Jun 1939, vol. 1.

44) Change #2 to WPL-15, 2 Sep 36.

45) WPD, Plan O-1 of CinC-Expeditionary forces 1st movement, 29 Jan 35.

46) USMC, Wotje Attack, 25 Mar 36, Change #2 to WPL-15, 2 Sep 36. Change #4 to WPL-15, Apr 1938.

47) Asst COS AWPD to COS, Revision of Jt A&N Basic WP-Ornage, 8 Apr 35, File 365, Box 70, AWPD Color Plans. USMC, Truk Attack, 28 Apr 37.

48) Operation Roadmaker, in CinCPac(by McMorris, COS), Granite, 13 Jan 44, Ser 0004, File Granite, Box 138, WPD Files, 17.

49) USMC, Truk Attack, 28 Apr 37.

50) RAdm Charles J. Moore, oral history, 897-902.

51) WPD, Landing Opns, Oct 1927. Col T. C. Holcomb USMC to Dir WPD, Denial of base to enemy in Marshall-Carolines, 31 Mar 33, WPD Files.

52) Cpt D. E. Cummings, Problems of Cdr Blue Astc Force, 6 Aug 35; Establishment of B-1, 30 Jul 35; Def of B-1 Area, gen requirements, 3 Aug 35, Base Force Plans, Jul-Oct 1935.

53) WPD, Plan O-1 of CinC-Expeditionary forces 1st movement, 29 Jan 36.

54) Holcomb, Denial of base to enemy, 31 Mar 33. WPD, Royal Road, Jul 1934, 80.

55) WPD to Cdg Gen FMF, 20 Nov 33.

56) FMF, Rongelap Attack, 26 Jul 35. USMC, Wotje Attack, 25 Mar 36.

57) WPD, Plan O-1 of CinC-Expeditionary forces 1st movement, 29 Jan 35.

58) Cpt D. E. Cummings, Rapidity of Adv of Flt under O-1 Plan, Attack Force point of view, 30 Jul 1935, Base Force Plans, Jul-Oct 1935.

59) USMC, Truk Attack, 28 Apr 37.

60) Chart, Possible Opns, 날짜 미상, 1935년 초, File 234, Box 70, AWPD Color Plans.

61) FMF, Maloelap Attack, 22 Oct 34. Cdg Gen FMF to Dir WPD, Wotje Attack Plan, 7 Jan 35, File Wotje Attack Plan, Box 77, WPD Files.

62) Dir WPD to Cdg Gen FMF, Wotje Attack Plan, 12 Oct 34, File Wotje Attack Plan, Box 77, WPD Files, including citation of WPD(prob Meyers) to FMF, 20 Nov 33.

63) Cdg Gen FMF, Wotje Attack Plan, 7 Jan 35.

64) FMF, Wotje Attack, 9 Aug 34, Maloelap Attack, 22 Oct 34.

65) FMF, Wotje Def Plan, 27 Mar 34.

66) USMC, Wotje Attack, 25 May 36. USMC, Truk Attack, 28 Apr 37.

67) FMF, Majuro Attack, 18 Jan 35.

68) WPD, Some Plans and Studies Required, Plan O-1, 2 Dec 33. FMF, Rongelap Attack, 26 Jul 35.

69) Sherrod, *History of Marine Aviation*, 30.

70) GB, Small Patrol Plane Tenders, 9 Apr 36, GB Hearings, GB Records.

71) Maj I. Spalding GS to Col Smith AWPD, Avn in new Orange Plan, 2 Mar 35; Spalding to Col Krueger, Army avn cooperaion w Navy in Orange Plan, 6 Mar 35, File 365, Box 70, AWPD Color Plans. FMF, Rongelop Attack 26 Jul 35.

72) Cdg Gen FMF, Wotje Attack Plan, 7 Jan 35. USMC, Wotje Attack, 25 Mar 36. AWPD Plan, 1936, 8, 26, 29.

73) USMC, Wotje Attack, 25 May 36. FMF, Rongelap Attack, 26 Jul 35.

74) Spalding, 2 & 6 Mar 35. Cdg Gen FMF to WPD, 7 Jan 35. Cpt D. E. Cummings, Plans for ejecting Orange from Marshall & E Carolines, 3 Oct 35, Base Force Plans Jul-Oct 1935.

75) FMF, Wotje Attack, 12 Oct 34.

76) BuDocks to CNO, 1 Aug 35. Change #2 to WPL-15, 2 Sep 36. Change #6 to WPL-13, 26 Mar 37. Change #5 to WPL-16, 10 Jul 37. Change #6 to WPL-16, 23 Apr 38. WPL-13 Revision Mar 1939, vol. 1.

77) FMF, "F-2 Study of Mandates," 28 Mar 35. BuDocks to CNO, 1 Aug 35. USMC, Truk Attack, 28 Apr 37.

78) WPD to Cdg Gen FMF, 20 Nov 33.

79) WPD, Plan O-1 of CinC-Expeditionary forces 1st movement, 29 Jan 35. Chart, Possible Opns, 1935년 초. JB, Revision of Jt A&N Basic WP-Orange, 8 May 35.

80) BuDocks to CNO, 1 Aug 35.

81) Cummings, Plans for ejecting Orange, 3 Oct 35. AWPD Plan 1936, 8, 25-27.

82) FMF, Attack of Ponape, 5 Oct 35.

83) Ibid.

84) Cummings, Plans for ejecting Orange, 3 Oct 35.

85) Cpt D. E. Cummings, Problems of Cdr Blue Astc Force, 6 Aug 35; Establishment of B-1, 30 Jul 35; Def of B-1 Area, gen requirements, 3 Aug 35, Base Force Plans, Jul-Oct 1935. USMC, Truk Attack, 28 Apr 37.

86) USMC, Truk Attack, 28 Apr 37.

87) Ibid.

제 18 장

1) CNO to CinCUS, Operating Plan O-1-Orange, 10 Dec 34, Op-12-CTB A15(0), Box 147-D, WPD Files.

2) CNO to Basic War Plan Distribution List, War Plans, 29 Dec 23, w encl, Disscussion of War Plans. . . & Cooperation & Coordination necessary, 198-1:2/1, roll 71, SecNav & CNO Secret & Conf Corresp.

3) WPL-13, Change #1, Jul 1932, pt. 2, p.219. WPD, Quick Movement, 1932.

4) CNO, Operating Plan O-1 Orange, 10 Dec 34.

5) Plan O-3, ca. Jan 1925. Tentative Plan O-1, 26 Aug 33.

6) WPD, Royal Road, Jul 1934, v, 11, 71-73, 86-89.

7) WPD, Some Plans & Studies Required. . . Plan O-1, Orange, 2 Dec 33, CinCUS Op Plans 1932-39.

8) WPD, Royal Road, Jul 1934, 86-89.

9) WPD, Study of Certain Pac Is, 6 Aug 27.

10) Change #3 to WPL-13, 26 Feb 35, 56, 132, App 2.

11) Change #6 to WPL-13, 26 Mar 37. Richardson, *On the Treadmill*, 267.

12) Change #5 to WPL-13, 15 Sep 36.

13) Change #5 to WPL-16, 10 Jul 37.

14) Asst COS AWPD to COS, Revision of Jt A&N Basic WP-Orange, 8 Apr 35, File 365, Box 70, AWPD Color Plans.

15) JB to SecWar & SecNav, Revision of Jt A&N Basic WP-Orange, 8 May 35, #325, Ser 546, JB Records.

16) WPD, Quick Movement, 1932.

17) Change #1, WPL-13, Jul 1932, 3:app 2, and pt. 2, chap. 6, pp. 169-74. CNO to Distribution List for Navy Basic Plan-Orange, re ibid., 21 Jul 32, roll 2, Scholarly Microfilms.

18) USMC, Truk Attack, 28 Apr 37.

19) Asst COS AWPD to Dir WPD, 22 Apr 35, File 234, Box 70, AWPD Color Plans.

20) AWPD Plan 1936, 8-9, 22-26, 29.

21) Ibid., 8-9, 24-27.

22) JPC Est, Jan 1928, 81.

23) Corresp of 1928-32 among SecNav, CNO, CinCAF, Governor of Guam, Commandant of Guam, and USMC staff officers concerning defense of Guam, A16-3/FF3 to /VV, Box 58; EG 54, Boxes 178 & 255, SecNav Secret Files, RG 80, NA. 사모아도 괌과 상황이 비슷하였다. 사모아에 남방호송기지를 설치하자고 주장한 사람도 있었지만, 전시에는 활용가능성이 거의 없다고 판단되었다. 사모아에 그나마 남아있던 변변찮은 방어설비도 1931년 모두 철거되었다. 자세한 내용은 CNO to SecNav, Naval Sta Samoa, policy, 9 Jul 31; CNO to Dir Naval Communications, Return of Basic War Plans by Gov of Samoa, 26 Jul 31, EG 53, Box 255, SecNav Secret Files.

24) Pomeroy, *Pacific Outpost*, 120.

25) WPD, Royal Road, Jul 1934, 20. Cpt D. E. Cummings, Rapidity of Adv lof Flt under O-1 Plan, Attack Force point of view, 30 Jul 1935, Base Force Plans, Jul-Oct 1935.

26) Cpt D. E. Cummings to Maj Spalding and Lt Col Cauldwell, Planning for attacks under the O-1 Plan, 30 Jul 35, Base Force Plans, Jul-Oct 1935.

27) AWPD Plan 1936, 8-9, 24-27.

28) USMC, Saipan and Uracas Attack, 1937.

29) Cdg Gen FMF, Submission of "F-2 Study of Mandates," w attachment, 28 Mar 35, File Mandates-an F-2 Study of, Box 58, WPD Records. WPL-35, CNO, Jun 1939, vol. 1. USMC, Saipan and Uracas Attack, 1937.

30) AWPD Plan 1936, 8-9, 24-27.

31) Cate and Craven, "Army Air Arm between Two World Wars," 65-66.

32) Carl Berger, B-29: *The Superfortress* (New York: Ballantine Books, 1970), chap. 2.

33) JB, Revision of Jt A&N Basic WP-Orange, 8 May 35.

34) FMF, "F-2 Study of Mandates," 28 Mar 35.

35) Dir Flt Maintenance Div to CNO, Class A and B Floating Dry Docks, Brief History of evolution & present status of ARD-3, 23 Sep 36; CNO, Floating Drydocks, File Drydocks, Floating, Box 42, WPD Files.

36) Change #5 to WPL-13, 15 Sep 36. Dir WPD to CNO, Naval Base Battalions, 12 Aug 36; CNO to Chief BuNav, 같은 제목, 29 Sep 36, A16/EN4, File Naval Base Battalion, Box 39, WPD Files.

37) Change #5 to WPL-16, 10 Jul 37.

38) Change #6 to WPL-16, 23 Apr 38.

39) WPL-13 Revision Mar 1939, vol. 1.

40) Ibid.

41) Cpt D. E. Cummings, Establishment of B-1, 30 Jul 35; Problems fo Cdr Blue Astc Force, 6 Aug 35, Base Force Plans, Jul-Oct 1935. Change #5 to WPL-16, 10 Jul 37.

42) Change #6 to WPL-16, 23 Apr 38.

43) WPL-13, revision Mar 1939, vol. 1.

44) Flt Maintenance Div, Floating Dry Docks, 23 Sep 36.

45) WPL-13 revision Mar 1939, vol. 1. Change #5 to WPL-13, 15 Sep 36.

제 19 장

1) Haight, "FDR's 'Big Stick.'" Roskill, Naval Policy bwtween the Wars, 2:367. Ingersoll, oral history, 68.

2) ACOS AWPD, Statement w App A, 2 Dec 35, JPC Dev File, #305, Ser 573, JB Records, in Schaffer, "Embick."

3) Pye to CNO, Phil Sitn, 22 Apr 36, EG 62, Box 255, SecNav & CNO Secret Corresp. CNO to Cpt Bastedo, 12 Jan 37, A16-3, Warfare Misc, Box 90, WPD Files.

4) Schaffer, "Embick."

5) ACOS AWPD, Statement, 2 Dec 35.

6) Asst SecWar to Pres, Jt A&N Basic WP-Orange, ca. 1937년 말, 뉴욕주 하이드파크의 프랭클린 루즈벨트 대통령 기념도서관에서 소장하고 있는 대통령기록 중 오렌지계획문서는 이것이 유일하다. 16 Aug 1983, William R. Braisted와 저자간 의견교환을 통해 확인함.

7) Davis, History of Joint Chiefs, 30-31.

8) AWPD, Memo, Some Thoughts on Jt Basic WP Orange, 22 Nov 37, File 225, Box 68, AWPD Plans. COS to CNO, Two drafts of proposed Jt Basic WP-Orange submitted by JPC, 7 Dec 37, 2720-1045, AWPD Files.

9) Dir WPD to CNO, 11 Jul 39, Signed Ltrs, Box 78, WPD Files. Morton, *Strategy and Command*, 72n. Davis, *History of Joint Chiefs*, 40-41. Lowenthal, *Leadership and Indicision*, 1:159.

10) WPD, Diary of Activites, 2 Oct 39, File WPD Diary, WPD Files.

11) Major, "Leahy," 101-7, 111-14. Albion, *Makers of Naval History*, 171, 383-84, Moore, oral history, 772. Simpson, "Stark," 119-36. Ingersoll, oral history, 82. Patekewich, "Book of NWC Admirals."

12) Royal Eason Engersoll, Flag Officer Biog Files. Ingersoll, oral history, 33, 48, 53, 59.

13) Robert Lee Ghormley, Flag Officer Biog Files. Moore, oral history, 1351. Major, "Leahy," 113-14, Buell, *Master of Sea Power*, 198.

14) WPL-13 revision, Mar 1939.

15) Russell Snydor Crenshaw, Flag Officer Biog Files. *Navy Directory*, Hill, oral history, 186. Moore, oral history, 590, 634. Dir WPD to CNO, "Are We Ready?" 7 Aug 39, File A16-3 Warfare Misc, Box 90, WPD Files. WPL-35, CNO, June 1939. CNO to Distribution list of WPL-38, 8 Oct 40, A16-3(17) to (22)EF13, Box 253, SecNav & CNO Secret Files. Cpt John L. McCrea, Testimony, PHH, *Hart Inquiry*, pt. 26, 291-97.

16) Arthur J. Hepburn, Flag Officer Biog Files. Waldo Drake, "Admiral Hepburn Takes Over Fleet," United States Navy Magazine, 20 Jul 36, and articles from *Washington Times-Herald*, 25 Feb 42, and *Washington Evening Star*, 25 Feb 42, in ibid, Walter, "Standley," 96-97.

17) Cpt C. M. Moore, Jr., to Dir WPD, Atlantic War Plans, 7 Oct 38, File A16-3 Warfare Misc, Box 90, WPD Files. Cpt Harry W. Hill to Cooke, 4 Feb 39; Cooke to Hill, 22 Jun 39, Cooke Papers.

18) Hill, oral history, 170.

19) Cooke to Bloch, 11 Nov 37; Cooke to Hill, 2 May 38; Hill to Cooke, 14 Oct 38, Cooke Papers. CNO to CinCUS, CinC's Operating Plan O-1, Orange-WPUSF-44 & 45, 22 May 39, Signed Ltrs, Box 78, WPD Files.

20) Richardson, *On the Treadmill*, 109-10, 255, 272-76, 294, and passim. Hill, oral history, 5, 176, 183-85, 256, 461. Cdr Forrest P. Sherman to Dir WPD, CinCUS Operating Plan O-1, 30 Apr 40, A16-3/FF, Box 91, WPD Files. CNO Conference, 1 May 40.

21) Richardson, *On the Treadmill*, 461, 279, chap. 14. CinCUS to CNO, War Plans-Status & readiness in view current international sitn, 22 Oct 40, File A16/FF1, Box 233, SecNav & CNO Secret Corresp. CinCUS to CNO, 26 Jan 40, PHH, *Hearings*, pt. 14, 924-35.

22) Cary Walthall Magruder, Flag Officer Biog Files.

23) Samuel Wood Bryant, Flag Officer Biog Files.

24) Richardson, *On the Treadmill*, 116-17, 132-33.

25) Major, "Leahy," 112. Cooke to Hepburn, 28 Jan 36; Hepburn to Cooke, 31 Jan 36, Cooke Papers. Commendation from Charles Maynard Cooke, Jr., Flag Officer Biog Files.

26) Reynolds, Admirals, 306-7. Hill, oral history, 164.

27) Vincent Raphael Murphy, Flag Officer Biog Files. Richardson, *On the Treadmill*, 174, 399. Cooke to Richardson, 13 Dec 39, Cooke Papers.

28) Cooke to Richardson, 10 Aug 37 & 15 May 38, Cooke Papers.

29) CNO to CinCUS, 31 Oct 39, A16/FF1, Box 224, SecNav & CNO Secret Corresp.

30) CNO, Change in Navy Membership JPC, 2 Aug 39; WPD to CNO, Opns Slate for 1940, 15 Aug 39, Signed Ltrs, Box 78, WPD Files.

제 20 장

1) AWPD, Memo, Some Thoughts on Jt WP Orange, 22 Nov 37, File 225, Box 68, APWD Color Plans.

2) Office of COS to Asst SecWar, Mil Priority to Guide Industrial Planning, 25 Oct 37; COs to CNO, Jt A&N WP-Orange, 3 Nov 37, File 225, Box 68, AWPD Color Plans. Asst SecWar to Pres, Jt A&N WP-Orange, 날짜 미상, 대략 1937년 말, PSF 105, Franklin D. Roosevelt Papers, FDR Library, Hyde Park, N.Y.

3) COS to CNO, Two drafts of proposed Jt Basic WP-Orange submitted by JPC, 7 Dec 37, 2720-1045, AWPD Files.

4) AWPD, Some Thoughts on Jt Basic WP-Orange, 22 Nov 37.

5) Deputy COS to Asst COS AWPD, Draft of directive to Planning Comm re new Orange Plan, 5 Nov 37, File 225, Box 68, AWPD Color Files.

6) Office of COS, Mil Priority, 25 Oct 37.

7) Brig Gen W. Krueger AWPD to COS, Jt A&N Basic WP-Orange, 29 Oct 37; AWPD to COS, Draft of Directive to JPC re New Jt A&N Basic WP-Orange, 9 Nov 37; JB to JPC, Jt A&N Basic WP-Orange, 10 Nov 37, Ser 617; JPC to JB, 같은 제목, 27 Dec 37, Ser 618, #325, File 365, Box 68, AWPD Color Files.

8) Deputy COS, Draft of directive to Planning Comm, 5 Nov 37.

9) 작자 미상, Memo for Gen Krueger, New Orange Plan, 24 Nov 37, File 225, Box 68, AWPD Color Plans. JPC, Jt A&N Basic WP-Orange, 27 Dec 37.

10) Memo for Krueger, New Orange Plan, 24 Nov 37. COS, Two drafts, 7 Dec 37. AWPD, Some Thoughts, 22 Nov 37. COS, Jt A&N Basic WP-Orange, 3 Nov 37.

11) JB Plan, 21 Feb 38.

12) JB to JPC, Study of Jt Action in Event of Violation of Monroe Doctrine by Facsist Powers, 12 Nov 38, #325, Ser 634, JB Records. Morton, *Strategy and Command*, 68-69.

13) JPC, Exploratory Studies, 21 Apr 39, pt.5, 1-7.

14) Dir WPD to CNO, Opns & forces. . . for campaign against Germany, Italy & Japan, acting in concert against U.S., 12 Jan 39; Cooke to Dir WPD, Study of Jt Action in event of violation of Monroe Doctrine & simultaneous attempt to adv Japanese influence in PIs, 13 Feb 39, A16-3, Signed Ltrs, Box 78, WPD Files.

15) Dir WPD to WP Officer of Staff of CinCUS, Studies prepared by Navy Members of JPC, 15 Feb 39, A16/EN, ibid.

16) Dir WPD to CNO, Division of available vessels, Atl-Pac, 12 Apr 39, ibid.

17) JPC, Exploratory Studies 21 Apr 39, pt. 2, 2, pt. 4.

18) Ibid., pt. 2, 2-4, pt. 3, 1-5, 24, pt. 4, passim, pt. 5, 1-7.

19) Asst COS to COS, Subj JB 325(634), 2 May 39, #4175, AWPD Records.

20) Ibid.

21) Cooke to Dir WPD, Atlantic War Plans, 7 Oct 38; Cooke to Dir WPD, 7 May 39, File A16-3 Warfare Misc, Box 90, WPD Files.

22) Cooke to Cpt Harry W. Hill, 22 Jun 39, Cooke Papers.

23) JPC to JB, draft directive, Jt A&N Basic WPs, Rainbow Nos. 1, 2, 3 and 4, 6 May 39; JB to JPC, 같은 제목, 12 May 39, #325, Ser 642, Box 1942, Plans & Opns Div, JB Records. Actg Secs War & Navy to Pres, 14 Aug 39, A16(A&N), File A16-3 Warfare Misc, Box 90, WPD Files. Rainbow 1, 9 Aug 39. Morton, *Strategy and Command*, 70-71.

24) Dir WPD to CNO, 11 Jul 39, Signed Ltrs, Box 78, WPD Files. Morton, *Strategy and Command*, 72n.

25) Rainbow 1, 9 Aug 39. Morton, *Strategy and Command*, 72.

26) CNO to Cdts Atlantic Nav Distircts, Navy Basic WP-Rainbow 1, 16 Feb 40, A16(R-1), File A16-3, Warfare Misc, Box 90, WPD Files.

27) WPD, Diary of Activites, 2 Oct 39, File WPD Diary, WPD Files.

28) JB Plan, 21 Feb 38. WPD, Opns & forces. . . for campaign, 12 Jan 39. Cooke, Study of Jt Action.

29) CNO Conference, 1 May 40, Moore, oral history, 632-35.

30) WPD, Diray of Activites, 2 Oct 39, File WPD Diary, WPD Files.

31) JB Plan, 21 Feb 38.

32) CNO to CinCUS, Army Forces for Employment w US Flt, 25 Jul 39; CinCUS to CNO, same title, 20 Aug 39, A16-3(9)/A6, Box 239, SecNav & CNO Secret Files. Capt J. B. Earle WPD to Col F. S. Clark AWPD, 같은 제목, 9 Sep 39, File A16-3/FF

Warfare US Flt, Box 91, WPD Files.

33) Cooke to Dir WPD, 7 May 39.

34) JB, Jt A&N Basic WPs, Rainbows 1 to 4, 12 May 39.

35) JB Plan, 21 Feb 38. CNO, Army Forces, 25 Jul 39. CinCUS, Army Forces, 29 Aug 39. Earle to AWPD, 9 Sep 39. Maj Gen Cdt to CNO, Ability of Marine Corps to carry out its part of Navy Basic WPO, 30 Apr 40, A16/KK, Box 235, SecNav & CNO Secret Corresp.

36) Cpt Harry W. Hill to Dir WPD, 27 Apr 40, A16-3/FF, Warfare US Flt, Box 91, SecNav & CNO Secret Corresp.

37) WPD, Plan O-1, 30 Apr 40.

38) CNO Conference, 1 May 40, Hill, oral history, 190-92.

39) WPL-42, 12 Jul 40, 12, 14, 23-24, Apps 2, 7. Richardson, *On the Treadmill*, 283-86.

40) Acting CNO to Cdts of NDs, Jt A&N WPs, 4 Nov 40, Signed Ltrs, Box 80, WPD Files.

41) Sr A&N Members JPC to COS & CNO, Views on questions propounded by pres on war sitn, 26 Jun 40; Cpt Jules James, Asst Dir ONI, Memo, World Sitn, 15 Jun 40, File A16-3 Warfare Misc, Box 90, WPD Files.

42) Dir WPD to CNO, Conference-Jul 17, 1940, Signed Ltrs, Box 79, WPD Files.

43) ComAirScoFor to CNO, Checklist of Patrol Plane Requirements to Patrol sea approaches of continental US & principal outlying possessions, 20 Jul 40, w endorsements, ComScoFor, A16-3, Entry 89, Box 78, CinCUS Conf Gen Corresp, RG 313, NA.

44) Naval History Div, Checklist of Plans. Navy Rainbow 4, ca. Aug 40. CNO to CinCUS, Jt A&N Basic WP-Rainbow 4, 11 Jun 40; CNO to Chief BuNav, Maj Gen Cdt USMC & Judge Atty Gen, 같은 제목, 9 Sep 40, File A16-3, Warfare Misc, Box 90; Dir WPD to Div Dirs, Navy Plan for Exeution of Ltrs, WPD Files. Morton, Strategy and Command, 70-75. Richardson, *On the Treadmill*, 300.

45) Moore, oral history, 641-43. Dyer, Amphibious, 1:163, Acting CNO to Cdts all NDs, Jt A&N WPs, 4 Nov 40, 16(A&N), File A16-3 Warfare Misc, Box 90; Dir WPD to Dir Flt Maintenance Div, WPL Project under WPL-42, 21 Jan 41, Signed Ltrs, Box 80, WPD Files.

제 21 장

1) CinCPac Ser 00151 to CominCh, 30 Aug 43, cited in Lt Col Robert D. Heinl and Lt Col John A. Crown, Historical Branch G-3 Div HQ USMC, *The Marshalls: Accelerating the Tempo*(Washington: U.S. Government Printing Office, 1954), 7.

2) Ellis, Adv Base Opns, Jul 1921, 32.

3) CNO to CinCUS, Operating Plan O-1-Orange, 10 Dec 34, Op-12-CTBA15(0), Box 147-D; Cdg Gen FMF, Submission of "F-2 Study of Mandates," w attachment, 28 Mar 35, File Mandates-an F-2 Study of, Box 58, WPD files.

4) WPD to Asst COS AWPD, Plan O-1 Orange of CinC US Jt Astc Force-Expeditionary Forces required in 1st movement, 29 Jan 35, File 365, Box 70, AWPD Color Plans.

5) Cummings to Maj Spalding GS, & Lt Col Cauldwell USMC, Planning for attacks under O-1 Plan, 30 Jul 35; Cummings, Plans for ejecting Orange, 3 Oct 35, Base Force Plans, Jul-Oct 1935.

6) WPD, Plan O-1 of CinC, 29 Jan 35. Chart, Possible Opns, 날짜 미상, 1935년 초, File 234, Box 70, AWPD Color Plans.

7) ComMinBatFor to CinCUS, 22 Jul 39, Encl H, Base One, A16-1/EG12-1, Box 236, SecNav & CNO Secret Corresp.

8) Pence, lecture, 10 Jul 36.

9) 예를 들면 1930년대 킹이 적극적으로 주창한 비행정 강습부대구상을 받아들인 것(제 15장 참조); 미드웨이 기지시설을 확장해야 한다는 킹의 건의를 전쟁계획부가 승인한 것 등이 대표적이다; Dir WPD to CNO, Dredging Midway I, 3 Oct 39, N22, Signed Ltrs, Box 79, WPD Files.

10) RAdm Ernest J. King, Advanced Base West of Hawaii-Measures to Expedite Use, 21 Sep 39, File NB-Nav Base, Box 96, WPD Files.

11) Lt D. E. Smith, WPD to Adm King, Rongelap, Bikini, and Eniwetok Atolls-Available information & Studies, 12 Dec 39, File QG Pacific, Box 97, WPD Files.

12) WPD, Study of Certain Pac Is, 6 Aug 27. WPD, Plan O-1 of CinC, 29 Jan 35. FMF, Rongelap Attack, 29 Jul 35. Chief BuDocks to CNO, Possiblites of developing facilities for . . . landplanes . . . in Marshall Is, 1 Aug 35, File N1-9, SecNav

& CNO Secret Corresp. Dir WPD to CNO, vol. 2, Landing Opns Blue Orange, 5 Oct 40, A16-3/FF, Signed Ltrs, Box 80, WPD Files. WPL-36, 8 Oct 40, 111-12.

13) Draft WPUSF-44, 24 Mar 41, passim.

14) WPPac-46, 25 Jul 41, 52f. Ellis, Adv Base Opns, July 1921. Future Plans Section, OpNav, Capture of Wake, Eniwetok, and Chichi Lima, Dec 1942, Box 153, WPD Files.

15) King, Adv Base West of Hawaii, 12 Sep 39.

16) Hubert Howe Bancroft, *The New Pacific*(New York: Bancroft Co., 1900), 709.

17) Dir WPD to CNO, Dev of Midway & Wake Is for naval use, 12 Dec 35, File NB/ND14, SecNav & CNO Secret Corresp.

18) Dingman, Power in the Pacific, 204-12, Buckley, *US and Conference*, 100.

19) CO Nav Air Sta Pearl Hbr to CNO, Rept of Results of Avn Reconn of Is to Westward including Midway, 12 Nov 20, Box 10, ONI, NHC, NWC.

20) Cdt Twelfth ND to CNO USS Newport News, Rept of Landing on Wake I, 6 Nov 20, w CO's Rept, 8 Oct 20, N-5-a 13732 ONI, CNO Records, RG 38, NA. Picking, "Wake Island," 2075-77.

21) District Intelligence Officer to Dir Nav Intelligence, Mil Aspects of Leeward Is of Hawaii, Johnston & Wake Is, 8 Oct 23, Box 10, ONI, NHC, NWC.

22) Holbrook, "U.S. Defense and Trans-Pacific Air Routes," 35.

23) WPD, Study of Certain Pac Is, 6 Aug 27. Dir WPD to Dir Nav Intelligence, Wake I-Information concerning, 2 Nov 33; CNO to CO USS Nitro, Wake I-Accurate Information of, 13 Nov 34; Lt jg Johnson, A/C BasFor to CNO, Wake I-Preliminary Information, 10 Jan 35, H1-3, SecNav & CNO Secret & Conf Corresp.

24) Holbrook, "U.S. Defense and Trans-Pacific Air Routes." 52-56, 60-62.

25) King and Whitehill, Fleet Admiral King, 239, and passim.

26) Chief BuAer to Asst SecNav, 6 May 35, A21-5, H1-3, SecNav & CNO Secret & Conf Corresp. CNO, Wake I, 30 Oct 34. Logbook, USS Nitro, RG 80, NA. Holbrook, "U.S. Defense and Trans-Pacific Air Routes," 76-84, 95. SecNav to Chrmn, House Comm on Merchant Marine & Fisheries, 20 Apr 35; Dir Ship Movements Div to Dir Central Div, H.R. 6767-Comments on 1 Apr 35, A18(350326), File QG Wake I, Box 3891, SecNav Gen Records.

27) Jesephson, Empire of the Air, 111-12, Holbrook, "U.S. Defense and Trans-Pacific Air Routes," 114. Dorothy Kaucher, *Wings over Wake*(San Francisco: Joseph Howell, 1947), 64, 102.

28) WPD, Dev of Midway & Wake, 12 Dec 35.

29) Ibid. Chief of Engineers to CNO, 17 Jul 36, File MI-18/EG(360109), Box 835, SecNav General Corresp. U.S. Congress, House, Doc. 84, Ltr from SecWar, Wake I, w Rept of Bd of Engineers for Rivers & Hbrs, 29 Jun 36, 75th Cong., 1st sess.

30) CNO to CinCUS, Design of Patrol Planes, 날짜 미상, 1935년 1월 추정; ComAirBasFor to CinCUS, Characteristics of VP Planes, 9 Jul 35, File VP, SecNav & CNO Secret & Conf Corresp.

31) WPD, Dev of Midway & Wake, 12 Dec 35.

32) Congress, Rept of Bd of Engineers, 29 Jul 36. Hepburn Rept. Chief BuAer to Chief BuDocks, Analysis of Hepburn Bd Rept Rept Developments, 10 Jan 39, Hepburn Notebooks. CNO to CinCUS, Dev of Midway, Wake & Guam, 18 Mar 38, Box 21, Shore Sta Dev Bd. Dir Nav Districts Div to Dir WPD, 같은 제목, 14 Mar 38; Dir WPD to CNO, Supply of nav aviation gasoline to Wake, 18 Mar 39; Dir Ship Movements Div to CNO, 같은 제목, 1 Apr 39, File NB/ND 14, Box 259, SecNav & CNO Secret Corresp.

33) Acting Chrmn GB to CNO, 11 Sep 39, File A16-1, Box 236, SecNav & CNO Secret Corresp.

34) Corresp among BuAer, CNO, and WPD re WPL-10, 18 May to Jun 33, A16/EN11, SecNav & CNO Secret & Conf Corresp. ComScoFor annual rept, 1932. CinCUS to CNO, 27 Jul 35, File VP to VT, Box 264, SecNav & CNO Secret & Conf Corresp.

35) Corresp among CNO, CinCUS, ComSubFor, ComAirBasFor, BuConstruction, BuEngineering, Use of Submarine for Servicing Patrol Planes, Apr to Jul 1937, A16-3, Box 105, ComAirScoFor Records. Cdr R. P. Molten to Dir WPD, Patrol Planes, "assisted take-off," 4 Aug 38; Dir WPD to CNO, Catapult Barge, for "assisted take-off," for Patrol Planes, 5 Aug 38, S83-2, Signed Ltrs, Box 78, WPD Files. 위임통치령에 관한 구상은 Cdr PatWing 2 to CinCUS, Tarawa, Gilbert Is-Suggestions, 27 Dec 40, File A8-2/EF13-50, Box 228, CNO Secret Corresp를 보라.

36) GB Hearings re Seaplane Tenders & Seaplane Carriers, 29 Dec 39 & 26 Jan 40, GB Records.

37) Dir WPD to Dir Nav Districts Div, Dev of . . . Midway-Opns of similar project at Wake, 20 Jan 39, A21-5/N22, Signed

Ltrs, Box 78, WPD Files. Chief BuDocks to CNO, same title, 30 Jan 39; Chief BuDocks to Cdt 14th ND, Avn facilities for Wake I, 9 Feb 39; Actg SecNav to SecWar, 20 Feb 39; Chief BuDocks to CNO, Wake I-Dev of, 25 Aug 39, NA39/A1-1, BuDocks Conf Corresp.

38) CinCUS annual repts, 1938, 1939.
39) WPL-13, revision, Mar 1939. WPL-35, CNO, June 1939, vol. 1.
40) Actg Chrmn GB to SecNav, "Are We Ready?" 31 Aug 39; to CNO, 11 Sep 39, File A16-1, Box 236, SecNav & CNO Secret Corresp.
41) Hepburn Rept.
42) Congress, Rept of Bd of Engineers, 29 Jun 36.
43) Hepburn Rept.
44) Cdt 14th ND to CNO, Nav Reconn of Johnston[sic] I, 14 Sep 23, 196-3, SecNav & CNO Secret & Conf Corresp.
45) WPD, Dev of Midway & Wake, 12 Dec 35. CinCUS atoll Plan, 28 Feb 38.
46) WPL-13 revision Mar 1939, vol. 1. WPL-35, CNO, June 1939, Vol. 1. USMC, Defs of Wake, 11 Aug 39.
47) WPL-35, CNO, June 1939, vol. 1.
48) ComAirScoFor to CinCUS, AA Def for Adv Bases for Patrol Plane Opns, 27 Jul 39, File A16-3, Box 57, SecNav & CNO Conf Corresp.
49) ComMinBatFor to CinCUS, 22 Jul 39, Encl G, Wake.
50) CNO to Chief BuOrd, Early Requirements of Ordnance Material for National Emergency, 23 Feb 38, A16(0)/EN, File A16-3 Warfare Misc, Box 90, WPD Files.
51) USMC, Defs of Wake, 11 Aug 39.
52) WPL-35, CNO, June 1939, vol. 1.
53) Holbrook, "U.S. Defense and Trans-Pacfic Air Routes," 76-84, 95. CNO to CinCUS, Flt Problem XVI, 9 Oct 34, A16-3(5-XVI), Folder 1, SecNav & CNO Conf Corresp. Pomeroy, *Pacific Outpost*, 122-23.
54) Hepburn Hearings, House, early 1939, passim.
55) Actg SecNav to SecWar, 8 Feb 38; SecWar to SecNav, 17 Feb 38, File H1-18/EG60(36109-1), Box 246, SecNav & CNO Conf Corresp. Cpt James S. Woods to Dir WPD, Our position in Pac, 1 Feb 38, File A16-3/EG54 Guam, Box 91, WPD Files. CNO, Statement to House Comm, prob Jan 1939, Hepburn Rept Notebooks. CNO, Dev of Midway, Wake & Guam, 18 Mar 38. Dir Nav Districts Div, 같은 제목, 14 Mar 38. CinCUS, Dev of Midway, Wake & Guam, 28 Feb 38. CNO, Statement to House Comm, 대략 Jan 1939. Chief BuAer Statement(draft), 날짜 미상, 대략 Jan 1939, Hepburn Rept Notebooks.
56) Chief BuDocks to Shore Establishment Div, Air Base Dev at Wake I, 1 Aug 39, Box 21, Records of Base Maintenance Div, Shore Sta Dev Bd.
57) WPL-35, CNO, Jun 1939, vol. 1.
58) Chief BuDocks, Air Base Dev at Wake I, 1 Aug 39. Actg Chief BuAer to Chief BuDocks, 같은 제목, 7 Aug 39; Sr Mmbr Shore Sta Dev Bd to SecNav, Master Priority List, 1939-change in-Wake I dev, 10 Aug 39, File EN11/A1-1, BuDocks Conf Corresp. CinCUS to CNO, Wake I-Dev of, 16 Aug 39, File NA39/A1-1 Box 185, SecNav & CNO Conf Corresp. Master Priority List, 25 May 39, Hepburn Notebooks.
59) Chief BuDocks, Wake I-Dev of, 25 Aug 39. Dir WPD to Dir Nav Districts Div, Rivers & Harbors improvements-War Dept, 15 Sep 39, N22, Signed Ltrs, Box 79, WPD Files.
60) "Naval Administrative Histories of WWII," no. 58, BuAer, vol. 11.
61) Woodbury, *Builders for Battle*, 243-44.
62) ComMinBatFor to CinCUS, w endorsements, Wake I Channel, 10 Oct 40, File H1-18/EG60/A1(400214), SecNav & CNO Secret & Conf Corresp. BuDocks, Charts of Wake I Seadrome & Submarine Base, Dec 1940, Envelopes 40 & 49, File EG 61, Entry 109, Box 4875, US Flt Records, 1940-41.
63) ComBatFor, Jt Carrier & Patrol Plane Opns, 11 Mar 39, A16-3, Box 89, CinCUS Conf Genl Corresp.
64) ComAirScoFor to Cdr Patwings, Effective Use of Patrol Planes, 5 Sep 39, A16-3(3), Box 118; ComAirFor to Exercise Flt Cdr, Minor Jt Army-Navy Exercise, 23 Jan 40, A16-3, Box 107, ComAirScoFor Records.
65) ComAirScoFor to CinCUS, Flt Organization-Proposed change in composition of BatFor & ScoFor, 3 May 38, A3-1/00, File A16-3/A21, Warfare Air Services, Box 91, WPD Files.

66) GB, Proceedings, 19 Feb 40, GB Records.

67) Cdg Gen Hawn Dept to AG, Hemisphere Def, 5 Oct 39; AWPD to COS, 2 Jan 40, File Christmas & Midway Is, AG 580; Cdr 18th Wing to Cdg Gen Hawn Dept, 18 Sep 40, w 1st Endorsement, Cdg Gen Hawn Dept to AG, 19 Oct 40, AAC Bulk 381, Plans, Hawn Dept, cited in AAF Historical Office, "South Pacific Route," 7-12, 15-16.

68) Dir WPD to CNO, Opinion of War Plans concerning employment of modern Army . . . bombers, 21 Feb 41, Signed Ltrs, Box 81, WPD Files.

69) Cdg Gen Hawn Dept to AG, 10 May 41, 5th endorsement to Cdr Air Corps 12 Dec 40, AAC 600, Misc, East Indies, in AAF Historical Office, "South Pacific Route," 21-22.

70) Lt Cdr Robert W. Morse to Turner, Staging Landplane Bombers to Far East, 25 Aug 41, VB, Signed Ltrs, Box 82, WPD Files. Williams, "Deployment of the AAF," 178-79, 182. AAF Historical Office, "South Pacific Route," 26, 29, 32-33, 54.

71) 세계일주비행이 막바지에 이른 1937년 7월 2일, 에어하트의 비행기는 뉴기니를 출발해 하울랜드로 비행 중 아무런 흔적도 없이 실종되었다. 이 사고소식을 접한 국민들은 그녀의 실종에 엄청난 충격을 받았고 미국 정부는 항공모함 렉싱턴을 동원하여 이를 수색하게 하였으나 아무런 성과가 없었다. 이후 그녀를 다룬 소설이나 영화 등을 통해 본래 에어하트는 위임통치령을 정찰하는 비밀 임무를 띠고 있었는데, 일본군에 의해 비행기가 격추되어 포로가 되었고 결국 처형되었을 것이라는 루머가 끊임없이 나돌았다. 예를 들면 폴리(Foley)가 쓴 소설인 "에어하트를 기다리며" 를 보라. 그러나 당시 미국 정부가 그녀로부터 정찰정보를 제공받았다는 증거는 어디에도 존재하지 않는다. 렉싱턴함의 항박일지를 살펴보면 당시 마셜 제도 반경 300마일 이내로 진입하여 비행한 항공기는 한 대도 없었다는 사실을 확인할 수 있다: Report on Earhart Search, 1937, File UANOp, Box 15, RG 8, NHC, NWC.

72) Pac Flt, Intelligence Bulletin, #45-41, 27 Nov 41, PHH, *Exhibits*, pt. 17, pp. 13-14.

73) Cdr PatWing 2 to CinCPac, Types of Combatant A/C for a Pac Campaign, 22 Oct 41, PW2/A16-3/0026, File A16, CinCPac WPs file late 1941.

74) Ibid. 작자 미상, summarized comments on Bellinger paper; V. R. Murphy, handwritten note to McMorris, L. McCormick to McMorris, 날짜 미상, 대략 1941년 10월 말; McMorris to Davis, 날짜 미상, 대략 1941년 12월, CinCPac WPs file late 1941.

75) JPC to JB, Proposed changes in Jt A&N Basic WP-Rainbow 5, 7 Nov 41; JB, Extract of Minutes of Meeting of 19 Nov 41, #325, Ser 642-5(Revision), Box 1942, Plans & Opns Div, Numerical File, JB Records.

76) CinCPac to CNO, Defs, Outlying Bases, 2 Dec 41, Ser 0114W, EG61/(16), File A16, Box 4846, Entry 109, CinCUS Secret Corresp.

77) CinCPac messages to CNO, 28 Nov 41, 280627, PHH, *Exhibits*, pt. 17, 2480.

78) Cdt 14th ND to Greenslade Bd, Annual Rept on Program for Wake I, 28 Nov 41, NNO, 730051, Entry 275, Box 40, RG 38, NA.

79) CinCPac to CNO, 28 Nov 41.

80) CinCPac to CNO, Defs, Outlying Bases, 4 Dec 41, Ser 0113W, NB/EG61(16), File A16, Box 4846, Entry 109, CinCUS Secret Corresp. Cdg Gen Hawn Dept to AG 3, 3 Dec 41, Radiogram no. 1018, in AAF Historical Office, "South Pacific Route," 58-59.

81) AWPD, Jt Basic WP Rainbow 2, Outline, Additional Est & Assumptions on which to base provisions of Jt . . . Rainbow 2, sept 1939, Tab 2; WPD, Jt A&N Basic Plan-Rainbow 2, Navy Draft, 22 sep 39, Tab 3; WPD, Supplement 1, 같은 제목, 22 Mar 40, Tab 8; JB Rainbow 2 Dev File.

82) AWPD, 1st Army draft, Annex "A" to Jt A&N Basic WP Rainbow 3, A Study of Sitn Presented by Directive of JB for Prepn of . . . Jt Rainbow 3, 20 Apr 40, #325, Ser 642, Box 1942, JB Rainbow 2 Dev File.

83) Moore, oral history, 639-40.

84) CNO to Pres, Memorandum, 11 Feb 41, PHH, *Exhibits*, pt. 16, 2149-51. CNO to CinCUS, Tarawa, Makin, Gilberts Is, 10 Mar 41, File QG Pacific, Box 97, WPD Files. Naval Aide to Pres, Menorandum for Pres, 3 Mar 41, PHH, *Exbits*, pt. 20, 4304.

85) Meeting 3, 3 Feb, Meeting 11, 26 Feb, US & Brit Navy Sections Meeting, 6 Mar 41, ABC-1 Conference, Jan-Mar 1941. WPL-46, 26 Mar 41, app 1.

86) CinCUS to CNO, Christmas & Makin Is-Preliminary Reconn of, 31 Oct 40; Dir WPD to Dir Ship Movements Div, 1st sendorsement to CinCUS Ltr 31 Oct, 6 Nov 40, File H1-18/EF13-13, Box 255, CNO Secret Corresp.

87) Cdr PatWing 2 to CinCUS, Tarawa, Gilbert Is-Suggestions, 27 Dec 40, File A8-2/EF13-50, Box 228, CNO Secret Corresp. Moore to Dir WPD, Wake I-Policy . . . construction on & protection of, 24 May 41, File QG Pacific, Box 97, WPD Files.

Moore, oral history, 647-48.

88) CinCPac to CNO, Proposed Visit of Task Group 19 to certain Brit Ports, 25 Jul 41, File A16/EF12-50/(16), Box 223, WPD Files.

89) CNO to SecNav, Possible Methods of Repayment by Lend-Lease Debtors, 19 Aug 41, L11-7, Signed Ltrs, Box 82, WPD Files.

90) Moore, Wake I, 24 May 41, CNO to COS, 22 May 41, File A16-3(9) to A16-3(11)/ND5, Box 249, SecNav & CNO Secret & Conf Corresp.

91) AWPD, Jt Rainbow 2 Sep 1939. AWPD, 1st Army draft, Annex "A" to Jt A&N Basic WP Rainbow 3, A Study of Sitn Presented by Directive of JB for Prepn of . . . Jt Rainbow 3, 29 Apr 40, #325, Ser 642, JB Rainbow 2 Dev File 1939-40.

92) Jt Secys Brit Jt Staff Mission to US Secy for Collaboration, Rabaul . . . defs of, increase in, 12 Aug 41, A16-1/EF13, Sects Pac-Far East Jt Staff Corresp & Aid to China, Brit Jt Staff Mission 1941.

93) Dir WPD to Dir Nav Districts Div, Adv Bases, prob requirements of, 1 Jul 41, NB, Signed Ltrs, Box 82, WPD Files.

94) Moore, Wake I, 23 May 41. CNO to COS, 22 May 41.

95) CinCUS to CNO, Rabaul, 31 May 41, File A8-2/EF13-47, Box 228, CNO Secret Corresp.

96) CNO to Distribution List of WPL-46, Interpretation of Cooperation between US & Brit Commonwealth in Pac, 5 Sep 41, A-16(R-5), roll 5, Scholarly Microfilms.

97) Jt Secys Jt Staff Mission to US Secy for Collaboration, Rabaul . . . def of, increase in, 25 Sep 41; US Secy for Collaboration to Brit Jt Staff Mission, 같은 제목, 29 Aug 41, A16-1/EF13, Sect Pac-Far East Jt Staff Corresp & Aid to China; RAdm V. H. Danckwerts, to Turner, 25 Sep 41, Brit Jt Staff Mission 1941. CNO to various bureaus, Rabaul . . . defs of-increase in, BaseF(Pac), CinCUS, Rabaul . . . Defs of, 27 Nov 41, A1-1/EF13-50, File A16, Box 4846, Entry 109, CinCUS Secret Corresp.

98) Morse, Staging Landplane Bombers to Far East, 25 Aug 41. Williams, "Deployment of the AAF," 178-79, 182. AAF Historical Office, "South Pacific Route," 26, 29, 32-33, 54.

99) CinCPac, Defs, Outlying Bases, 2 Dec 41.

100) Kimmel, testimony, PHH, *Roberts Commission*, pt. 22, 397-98, 453-55.\

제 22 장

1) Chief BuAer to SecNav, Best Location Air Bases Phil Is, Guam & Alaska, 24 Jan 35, GB Files.

2) GB to SecNav, Policy re naval bases in Pac, 22 Apr 35, #404, Ser 1683-1, GB Sbuj File.

3) Cdr C. M. Cooke to Adm C. C. Bloch, 11 Nov 1937, Cooke Papers. 이 보고서에서 함대기지 부지로 건의한 장소에 1945년 태평양함대사령부 작전지휘소가 위치하게 된다(George E. Jones, "Brain Center of the Pacific War," *New York Times Magazine*, 8 Apr 45, 39).

4) Cpt James S. Woods to Dir WPD, Our position in Pac, 1 Feb 38, File A16-3/EG54 Guam, Box 91; Dir WPD to CNO, Detailed Statement for Nav Aiffairs Comm, 13 Jan 39, Signed Ltrs, Box 78, WPD Files.

5) CinCUS atoll Plan, 28 Feb 38.

6) CNO to CinCUS, Dev of Midway, Wake and Guam, 18 Mar 38, Box 21, Records of Base Maintenance Div, Shore Sta Dev Bd.

7) Adm A. J. Hepburn, Testimony, Hepburn Hearings, House.

8) Dir WPD to Dir Centr Div, Naval Air Bases, 31 May 38, Box 50, WPD Files. Hepburn Rept, 27-28 and passim. Woods, Our position in Pac, 1 Feb 38.

9) Cooke, Statement to House Comm, 날짜 미상, 대략 Feb 1939; 작자 미상(WPD 추정), 날짜 미상, ca. Mar 1939, Base at Guam, handwritten end note, Hepburn Rept Notebooks. Hepburn Rept 26-28.

10) Dir WPD, Detailed Statement for Nav Affairs Comm, 13 Jan 39. Hepburn Rept, 26-28.

11) Dir WPD to Chief BuDocks, Hepburn Bd Rept, 30 Dec 38, Signed Ltrs, Box 78, WPD Files. Dir WPD, Detailed Statement for Nav Affairs Comm, 13 Jan 39.

12) Major, "Leahy," 111-12. 출처 불명(아마도 BuAer), Recapitulation [of Costs], 17 Jan 39, Hepburn Rept Notebooks.

13) CinCUS atoll Plan, 28 Feb 38.

14) Memos all titled Apra Hbr, Guam, Improvements: Chief BuAer to CNO, 15 Mar 37; Chief BuDocks to CNO, 12 Jan 38, File to NB/NC, Box 185; Cdt Nav Sta Guam to Chief BuDocks, 19 Oct 37 and to Chief BuAer, 11 Feb 38, File EG 54 to 56, Box 179, SecNav & CNO Conf Corresp. Woods, Our position in Pac, 1 Feb 38.

15) Dir WPD to Dir Nav Districts Div, Apra Hbr . . . Temporary flt avn facilities, 24 Feb 38, File EG 54 to 56, SecNav CNO Conf Corresp. Chief BuAer to Chief BuDocks, Proposed Expansion Nav Aeronautical Shore Facilities, 23 Jan 39; (prob) BuAer, Recapitulation, 17 Jan 39, Hepburn Rept Notebooks.

16) Hepburn Hearings, House, passim.

17) Pomery, *Pacific Outpost*, 128.

18) Major, "Leahy," 112.

19) Hepburn Hearings, House.

20) Rep. Carl Vinson, Nav Avn Facilites, 21 Feb 39, Hepburn Rept Notebooks.

21) CNO, Statement to House Comm, 날짜 미상, 대략 Jan 1939, Hepburn Rept Notebooks.

22) RAdm A. B. Cook, Testimony, Hepburn Hearings, House.

23) CNO, Statement to Senate Comm, 날짜 미상, 대략 Mar 1939, Hepburn Rept Notebooks

24) Pomeroy, *Pacific Outpost*, 132.

25) Hearings on S 830, Comm on Nav Affairs, U.S. Congress, Senate, 76th Cong., 1st sess. Major, "Leahy," 112. Pomeroy, Pacific Outpost, 133.

26) GB to SecNav, "Are We Ready?" 31 Aug 39, roll 5, Scholarly MicroFilms.

27) Chief BuDocks to CNO, 28 Oct 40, File A16-3/FF, Warfare US Flt, Box 91, WPD Files. CNO to Greenslade Bd, Suggestions[re] . . . Policy & Strategic Factors of . . . Location & Dev of Naval Bases, 29 Nov 40, Greenslade Board files, RG 45, NA.

28) Chief BuDocks to CNO, 28 Oct 40, File A16-3/FF, Warfare US Flt, Box 91, WPD Files. CNO to RAdm John W. Greenslade, Sr Mmbr Bd to Survey & Rept on Adequancy & Future Dev of Nav Shore Establishment, Suggestions as to Certain Policy & Strategic Factors of Problem of Location & Dev of Nav Bases, 29 Nov 40, Greenslade files, RG 45, NA. CNO to Cdt Nav Sta Guam, Def of Guam, 3 Feb 41, A16-1/EG54; Dir WPD to Dir Centr Div, Questions . . . from Senator Walsh to Sec Knox, 25 Feb 41, Signed Ltrs, Box 81, WPD Files. BuDocks, *Building Navy's Bases in WWII*, 1:34, 2:344.

29) Dir WPD to CNO, Landplane Runway-Guam, 2 Aug 41, EG54; Dir WPD to Dir Nav Districts Div, Guam-present status, 15 Oct 41, A16-1/EG54; CNO to Cdt Nav Sta Guam, 같은 제목, 4 Nov 41, A16-1/EG54; CNO to Dir Nav Districts Div, Air field for landplanes, 14 Nov 41, N1-9/NS8, Signed Ltrs, Box 82, WPD Files. CNO to CinCPac, 14 Nov 41, PHH, Exhibits, pt. 16, 2221.

30) ACOS WPD, Statement w App A, 2 Dec 35; Roosevelt to SecNav, 9 Dec 35; Navy Members JPC, Memo, 14 Jan 36, same to JB, 6 Feb 36, JPC Dev File, #305, Ser 573, JB Records, all cited in Schaffer, "Embick," 89-95. Pye to CNO, Phil Sitn, 22 Apr 36, File EG 62, Box 255, SecNav & CNO Secret Correp.

31) CNO to Cdt 16th ND, Manila Bay Area Nav Base, 4 May 38, NB/ND16, Signed Ltrs, Box 78, WPD Files.

32) Op-12 to Cpt C. M. Cooke, 25 Sep 40, EA-EZ Conf; CNO to CinCAF, Nav Base in Pls, 2 Oct 40, NB; Dir WPD to CNO, 3 Dec 40, A16-3/ND16, Signed Ltrs, Box 80, WPD Files.

33) BuDocks to CNO, 28 Oct 40. CNO to Greenslade Bd, Suggestions. . . Nav Bases, 29 Nov 40. WPD, Comment on Greenslade Bd Rept, 25 Mar 41. BuDocks, *Building Navy's Bases in WWII*, 2:392. Woodbury, *Builders for Battle*, 327.

34) George Julian Meyers, Flag Officer Biog Files. *Navy Directory*. Cdt 16th ND to High Commissioner to Phils, 3 Oct 38, A16-3/ND16, Signed Ltrs, Box 78, WPD Files.

35) Cdt 14th ND to Dir WPD, 7 Aug 35, w unsigned attachment Memo on Pac Campaign, 날짜 미상, File A16-3/A6-8 to/ FF3-5, Box 237, SecNav & CNO Secret Corresp.

36) Cpt R. S. Crenshaw to ComBasFor, 22 Sep 39, ND16, Signed Ltrs, Box 78, WPD Files.

37) JPC to JB, draft directive, Jt A&N Basic WPs, Rainbow Nos. 1, 2, 3 and 4, 6 May 39, #325, Ser 642, Box 1942, Plans & Opns Div, JB Records.

38) WPD, Est to Provide for Special Sitn Set Up in . . . Rainbow 2, 5 Aug 39, Tab 1; AWPD, Jt Basic WP Rainbow 2, Outline, Additional Est & Assumptions on which to base provisions of Jt . . . Rainbow 2, Sep 1939, Tab 2; WPD, Supplement 1, 같은 제목, 22 Mar 40, Tab 8, JB Rainbow 2 Dev File 1939-40.

39) AWPD, Jt Rainbow 2, Sep 1939; WPD Est . . . Special Stin, 5 Aug 39.

40) AWPD, Jt Rainbow 2, Sep 1939; WPD Est . . . Special Stin, 5 Aug 39. (prob) WPD, basic rte for movement for Flt to NEI, Jul 1940, File Netherland East Indies, Box 63, WPD Files.

41) AWPD, Jt Basic WP Rainbow 2, Outline, Additional Est & Assumptions on which to base provisions of Jt A&N Basic Plan-Rainbow 2, 1st draft, Aug 1939, Tab 3, Rainbow 2, Sep 1939.(prob) AWPD, Est of Land Force Requirements in S China Sea Area, 날짜 미상, 대략 late 1939, File S China Sea Area Bases, pt. 1, Box 71, WPD Files.

42) AWPD, Rainbow 2 Outline, 1st draft, Aug 1939. AWPD, Est of Land Force Requirements, late 1939.

43) WPD Est . . . Special Stin, 5 Aug 39.

44) AWPD, Jt Rainbow 2, Sep 1939.

45) Cdr Vincent R. Murphy to Cooke, 29 Mar 40, Cooke Papers.

46) Richardson, *On the Treadmill*, 286-88.

47) WPD, Supplement 1, Jt Rainbow 2, 22 Mar 40.

48) JPC to JB, Jt A&N Basic WPs-Rainbow, 9 Apr 40, Tab 9; JB to JPC, 15 Apr 40, Rainbow 2, 1939-1940.

49) WPD, Supplement 1, Jt Rainbow 2, 22 Mar 40. WPD, drafts of Jt A&N Basic WP-Rainbow 2, 11, 18 & 25 Apr, 1 Mar 40, Tab 10; AWPD, 5th Army drafts of Jt A&N Basic WP-Rainbow 2, 11 Mar 40, Tab 11; AWPD, 6th Army draft, 같은 제목, 20 May 40, Tab 12, Rainbow 2, 1939-40. CNO to CinCUS, Jt A&N Basic WP-Rainbow 2, 24 May 40, A16(A&N), Signed Ltrs, Box 79, WPD Files. Richardson, *On the Treadmill*, 286-88.

50) Moore, oral history, 615-26, 632.

51) Richardson, *On the Treadmill*, 286-88.

52) Morton, Strategy and Command, 71. JPC to JB, Jt A&N Basic WPs-Rainbow, 9 Apr 40.

53) AWPD, 1st Army draft, Annex "A" to Jt A&N Basic WP Rainbow 3, A Study of Sitn Presented by Directive of JB for Prepn of . . . Jt Rainbow 3, 15 Apr 40 w updates through late May, Tab 13, Rainbow 3, early 1940.

54) JPC, Problem of Production of Munitions[re] Ability of US to Cope with Def Problems, 27 Sept 40, File A16-1(Aug-Dec 1940), Box 241, CNO Secret Corresp.

55) Richardson, testimony, PHH, *Hearings*, pt. 1, 319. CinCUS to CinCAF, International Sitn-Reenforcement of Astc Flt, 16 Oct 40, PHH, *Exhibits*, pt. 14, 1007-11.

56) CNO, Memo for Marshall, Jt Basic WPs, Rainbow 3 & 5, 29 Nov 40; Actg COS to COS, 같은 제목, 2 Dec 40, Rainbow 3.

57) Dyer, *Amphibious*, 1:163-65.

58) Turner, testimony, PHH, *Hearings*, pt. 26, 268.

59) CNO, Plan Dog, 12 Nov 40.

60) CNO to CinCAF, 12 Nov 40, PHH, *Exhibits*, pt. 16, 2449.

61) Ibid. WPL-44, Dec 1940. CNO to CinCAF, Instructions Concerning Prepn of Astc Flt for War under WP Rainbow 3, 12 Dec 40. CinCUS to CinCAF, 26 Dec 40, File A16(R-3)(1940), Box 241, CNO Secret Corresp. CNO-CinCUS-CinCAF WPL-44 Corresp, Jan-Feb 1941.

62) CNO to CinCAF, 12 Nov 40. WPL-44, Dec 1940. CNO to CinCAF, Instructions . . . Rainbow 3, 12 Dec 40. CinCUS to CinCAF, 26 Dec 40, File WPL-46, Box 147J, WPD Files. CinCAF to CNO & CinCUS, 18 Jan 41, CNO-CinCUS-CinCAF WPL-44 corresp, Jan-Feb 1941. CinCUS to Cdrs Subsidiary Flt Commands, Opns Plans O-1, Rianbow 3, 24 Mar 41, Annex C; CinCPac to CNO, WPL-44-Passage of Astc Reenforcement-Reconn of Ellice & Santa Cruz Is, 2 May 41; CinCUS to CNO, WPL-44-Passage of Astc Flt Reenforcement, Prepn for, 7 Mar 41, File A16(R-3)(1941); CNO to CinCPac, 같은 제목, 17 Mar 41, File A16-1, Box 241, SecNav & CNO Secret Corresp.

63) CinCPac to ComBasFor, Prepn for Detachement for Distant Servive, 28 Feb 41, A16/0335, File A16; CinCPac to CNO, Logistics requirements, US Astc Flt, Rainbow 3 War, 7 Mar 41, A16-3(S-16), CinCUS Secret Corresp.

64) CinCUS to CinCAF, 26 Dec 40. CinCUS to CNO, WPL-44, 28 Jan 41, CNO-CinCUS-CinCAF WPL-44 Corresp, Jan-Feb 1941. CinCUS, WPL-44-Passage, 7 Mar 41. CinCUS, Plans O-1, 24 Mar 41, Annex C.

65) WPL-44. Dec 1940. CNO to CinCUS, 10 Feb 41, CNO-CinCUS-CinCAF WPL-44 corresp, Jan-Feb 1941.

66) CNO to SecNav, Far Eastern Sitn, 21 Jan 41, A16-3/EF37, Signed Ltrs, Box 80, WPD Files. Morgan, "Planning the Defeat of Japan," 51.

67) CNO to CinCPac, WPL-44, Passage of Astc Flt Reenforcement-Prepn for, 10 Apr 41, File A16(R-3)(1941), Box 241, CNO Secret Corresp.

68) CNO, Far Eastern Sitn, 21 Jan 41.

69) CNO to CinCUS, 10 Feb 41. CNO to Pres, Memorandum, 11 Feb 41; CNO to CinCPac, 25 Feb 41, PHH, *Exhibits*, pt. 16, 2149-51.

70) Kimmel, testimony, PHH, *Exhibits*, pt. 16, 2149-51.

71) To First Sea Lord, Rept of Comm on Nav Cooperation w USN in event USA entering the war, 11 Sep 40, Corrigendum 20 Sep 40, Section Adm Bailey's Comm, roll 5, Scholarly Microfilms. 1939년 6월, 주미영국대사는 미 함대를 싱가포르에 파견하는 방안을 논의하기 위하여 리히와 곰리를 만났으나, 그들은 구체적 내용의 협의는 거부하였다. *Leadership and Indecision*, 1:132.

72) Puleston, *Armed Forces of the Pacific*, 124-26.

73) Simpson, "Admiral Stark," 142, 152.

74) CNO, Memo for Marshall, Jt Basic WPs, Rainbow 3 & 5, 29 Nov 40; Actg COS to COS, 같은 제목, 2 Dec 40, JB Rainbow 3 Dev File 1940.

75) Note by UK Delegation, 31 Jan; Plenary Meeting, 31 Jan; Meeting 3, 3 Feb; UK Delegation, Results of Brit Staff Conversations w the Dutch, 4 Feb; Meeting 6, 10 Feb; UK Delegation, The Far East, Appreciation, 11 Feb; Meeting 7, 14 Feb; Meeting 11, 26 Feb; UK Delegation, Reply to Note by Navy Section of US Staff Comm, 15 Mar, all in ABC-1 Conference, Jan-Mar 41.

76) UK Far East Appreciation, 11 Feb; US Navy & Army Sections . . . Jt Meeting Minutes, 13 Feb, ABC-1 Conference, Jan-Mar 1941.

77) Meetings 3, 6, 11, of 3, 10, 26 Feb; UK Reply to Navy Section, 15 Mar, ABC-1 Conference, Jan-Mar 1941.

78) UK Far East Appreciation, 11 Feb, US Navy & Army Sections Meeting, 13 Feb; CNO to CinC'Pac, Atl & Astc Flts, Observations on present international sitn, 3 Apr 41, Ser 038612, File Planning, Misc, Box 67, WPD Files.

79) Plenary Meetings, 31 Jan; Meetings 3, 4, 11, of 3, 5, 26 Feb; UK Reply to Navy Section, 15 Mar 41, ABC-1 Conference, Jan-Mar 1941.

80) Meeting 11, 26 Feb 41, ABC-1 Conference, Jan-Mar 1941.

81) ABC-1, Rept, 27 Mar 41, 3-4, Annex III, 7-9.

82) Lowenthal, *Leadership and Indecision*, 1:465.

제23장

1) Davis, History of Joint Chiefs, 43, 46-49, 55, 58-59. Lowenthal, *Leadership and Indecision*, 1:512-14. *Navy Directory*.

2) Richmond Kelly Turner, Flag Officer Biog Files. Reynolds, *Admirals*, 362-63. Hill, oral history, 177.

3) Dyer, *Amphibians*, 1:154.

4) Ibid., 150-51, 188, and passim. Layton with Pineau and Costello, *"And I Was There,"* 21, 96, 99-100. Prange with Goldstein and Dillon, *Pearl Harbor : The Verdict*, 331-32. Moore, oral history, 644, 655-56. Hoyt, *How They Won*, 137.

5) Dyer, Amphibians, 1:159-60. Reynolds, *Admirals*, 362-63.

6) Hill, oral history, 185-86. Moore, oral history, 641-44. Dyer, Amphibians, 1:163.

7) Layton with Pineau and Costello, *"And I Was There,"* passim.

8) Turner, Memo for WPD, 29 Oct 40, Signed Ltrs, Box 80, WPD Files.

9) L. P. McDowell, Memo for WPD, 30 Oct 40, Signed Ltrs, Box 80, WPD Files. Simpson, "Admiral Stark," 142.

10) CNO, Plan Dog, 12 Nov 1940.

11) AWPD Tentative Draft COS to Stark, Navy Basic WP-Rainbow 3, 29 Nov 40, JB Rainbow 3 Dev File 1940.

12) Simpson, "Admiral Stark," 142, 152.

13) WPD to Dir, Nav Communications Div, WPL-44, 9 Jan 41, A-16(R-3), Signed Ltrs, Box 80, WPD Files.

14) AWPD, COS to Stark Tentative Draft, Navy Basic WP-Rainbow 3, 날짜 미상, late Nov 1940; WPD, 같은 제목, 27 Nov 40, File 3, JB Rainbow 3 Dev File 1940. Asst COS to COS, 같은 제목, 29 Nov 40, File 4175-15, AWPD Files, Dyer, *Amphibians*, 1:164.

15) Turner & Col Joseph T. McNarney, Study of Immediate Problems concerning involvement in War, 21 Dec 40, JB 325, Ser 670, in Dyer, *Amphibians*, 1:157-60.

16) CNO to CinCUS, War Plans-Status & Readiness in view current Intermational Sitn, 17 Dec 40, File A16-3/FF Warfare

US Flt, Box 91, WPD Files. Chrmn GB to SecNav, "Are We Ready Ⅲ," 14 Jul 41, GB #325, Ser 144, roll 5, Scholarly Microfilms.

17) CNO to RAdm R. L. Ghormley, Appointment of Nav Comm to Conduct Staff Conversations w Britsh, 24 Jan 41, A16-1/EF13, Ser 09212; US Navy & Army Sections of US-Britsh Conference, Jt Meeting, Minutes, 31 Jan 41, Section US UK Staff Conversation Minutes(all Ser BUS(J)41+2 digits), ABC-1 Conference, Jan-Mar 1941.

18) Cooke to Cpt V. R. Murphy, 12 Feb 42, Cooke Papers.

19) CNO to WPD & Distribution, Prepn of Nav Establishment for war under Navy Basic WP Rainbow 5, 1 Apr 41, File A16(R-5)(Jan-Jul 1941), Box 241, CNO Secret Corresp. WPL-46, 26 Mar 41, including App. Ⅰ. SecWar & SecNav to the Pres, 2 Jul 41, JB Rainbow 5 File 1941.

20) Secy of JB to COS, Jt A&N Basic WP-Rainbow 5 & Rept of US-Brit Staff Conversations ABC-1, 9 Jun 41, JB Rainbow 5 File 1941.

21) CNO, Priority in Prepn of Plans, 11 Jun 41, Scholarly Microfilms. Chrmn GB to SecNav, "Are We Ready Ⅲ," 14 Jun 41.

22) CNO to CinCUS, War Plans-Status & Readiness, 17 Dec 40. CNO to Distribution, Order of priority in prepn of wps, 18 Jan 41, A16/EN, Signed Ltrs, Box 80, WPD Files. CinCPac to Subordinate Commands, CinC's Operating Plan O-1, Orange-Quarterly Repts assignment of forces, 7 Feb 41, File A16/EN28 to /FF12, Box 233, CNO Secret Corresp.

23) CNO to CinC's Pac, Atl & Astc Flts, Observations on present international sitn, 3 Apr 41, Ser 038612, File Planning, Misc, Box 67, WPD Files. WPL-46, 26 Mar 41, including App Ⅰ.

24) Dyer, *Amphibians*, 1:chap. 5.

25) Richardson, *On the Treadmill*, 424, 435.

26) Prange, *At Dawn We Slept*, 44, 49-52. Prange with Goldstein and Dillon, *Pearl Harbor : the Verdict*, 103-4, Reynolds, *Admirals*, 175-76, Richardson, *On the Treadmill*, 8-9.

27) RAdm Robert E. Milling, USN(Ret.), ltr to Simpson, 5 Sep 1978, in Simpson, "Admiral Stark," 134. 킴멜 태평양함대 사령관은 미 합대사령관 또한 겸직하였다. 태평양함대와 대서양함대가 한 곳에 집결하게 되면 미 합대사령관인 킴멜 제독이 전체 합대전력을 지휘하게 되어 있었다.

28) Prange, *At Dawn We Slept*, 49-52, 139. Prange with Goldstein and Dillon, *Pearl Harbor: The Verdict*, 466-71. 477. Kimmel, Story, 59-62. Reynolds, *Admirals*, 175-76.

29) Charles Horatio McMorris, Flag Officer Biog Files. Prange, *At Dawn We Slept*, 68-69, 703. Hoyt, *How They Won*, 322-23, 55. Reynolds, *Admirals*, 213-14. Ltr, Kimmel to Nimitz, 8 May 41, cited in Hoyt, *How They Won*, 55.

30) Prange, *At Dawn We Slept*, 68-69, 401.

31) Layton with Pineau and Costello, "*And I Was There*," 330-34, 345-46, Dyer, *Amphibians*, 2:742, Hoyt, *How They Won*, 233, 237.

32) Lynde D. McCormick, Flag Officer Biog Files. McCormick, testimony, PHH, *Hart Inquiry*, pt. 26, 74-75.

33) Francis R. Duborg, Flag Officer Biog Files. CinCUS, US Flt Memo 4USSM-41, 25 Jun 41, File A2-11/FF1(1) 1941, RG 313, NA(Suitland, Md.).

34) Prnage, *At Dawn We Slept*, 135.

35) Charles Maynard Cooke Jr., Flag Officer Biog Files.

36) Prange, *At Dawn We Slept*, 135.

37) Draft WPUSF-44, 24 Mar 41.

38) WPPac-46, 25 Jul 41, 5-7, 13.

39) CNO to CinCPac, US Pac Flt Operating Plan, Rainbow 5(Navy Plan O-1, Rainbow 5), WPPac46, review & acceptance of, 9 Sep 41, File QG Pac, Box 97, WPD Files.

40) CinCPac(per McMorris) to Cdrs of TFs, Flt Chart Maneuver, #1-14, moves of 26 Aug, 27 Sep, 21 & 29 Oct, 26 Nov 41, A16-3/(16), CinCPac WPs file late 1941. 관련 기록을 검토한 결과 TF7(잠수함전력 사령부)에서는 세부지원계획을 제출한 것으로 되어 있으나 현재 그 문서는 존재하지 않는다.

제 24 장

1) WPL-44, Dec 1990, CinCUS to CNO, WPL-44, 28 Jan 41, CNO-CinCUS-CinCAF WPL-44 corresp, Jan-Feb 1941.
2) AWPD Tentative Draft COS to Stark, Navy Basic WP-Rainbow 3, 29 Nov 40, JB Rainbow 3 Dec File 1940.
3) WPL-44, Dec 1940, App II.
4) Dir WPD to CNO, Transfer of certain units of Pac Flt to Atl Flt-recommendation for, 2 Apr 41, Signed Ltrs, Box 81, WPD Files.
5) WPL-44, Dec 1940. CinCUS to CNO, WPL-44, 28 Jan 41.
6) Prange, *At Dawn We Slept*, 133.
7) CinCPac to CNO, 15 Nov 41; CNO to CinCPac, 25 Nov 41, PHH, Hearings, pt. 5, 2103-5.
8) AWPD Tentative Draft COS to Stark-Rainbow 3, 29 Nov 40, WPPac-46, 25 Jul 41, 5-7, 13.
9) CNO, Plan Dog, 12 Nov 40.
10) Ibid.
11) CinCUS to CNO, War Plans-Status & readiness in view currrent international sitn, 22 Oct 40, File A16/FF1, Box 233, SecNav & CNO Secret Corresp.
12) Moore, oral history, 632-35.
13) Maj Gen Cdt to CNO, Ability of Marine Corps to carry out its part of Navy Basic WPO, 30 Apr 40, File A16/KK, Box 235, SecNav & CNO Secret Corresp.
14) CNO, Plan Dog, 12 Nov 40.
15) WPD, Plan O-1, 30 Apr 40.
16) CinCUS to CNO, 26 Jan 40, PHH, Hearings, pt. 14, 924-35. CNO, Plan Dog, 12 Nov 40. CNO to CinCPac, Adv Flt Base in Caroline Is, 9 Apr 41, A16(R-3)(1941), Box 241, CNO Secret Corresp.
17) CNO to Cpt Crenshaw, 2 May 40, A16-3/FF, Warfare US Flt, Box 91, WPD Files.
18) CinCUS, WPs-Status & readiness, 22 Oct 40.
19) CNO, Plan Dog, 12 Nov 40, CNO, Adv Flt Base in Carolines, 9 Apr 41.
20) WPD, Plan O-1, 30 Apr 40.
21) Ibid.
22) CNO, Adv Flt Base in Carolines, 9 Apr 41.
23) CNO, Plan Dog, 12 Nov 40.
24) CNO, Adv Flt Base in Carolines, 9 Apr 41.
25) WPL-44, Dec 1940. CinCUS to CNO, WPL-44, 28 Jan 41. CNO to CinCUS, 10 Feb 41, CNO-CinCUS-CinCAF WPL-44 corresp, Jan-Feb 1941.
26) Draft WPUSF-44, 24 Mar 41.
27) Actg CNO to Chief BuOrd, Mobilization Requirements 15M Concentration, 22 Jun 40, A16(0)/EN, Signed Ltrs, Box 79, WPD Files. CNO to 5 Bureaus, Assembly of Equipment for Adv Bases, 15 Aug 40, A16/JH; CNO to Bureaus & Districts, 같은 제목, 12 Oct 40, File A16/JN, Box 118, ComAirScoFor Records.
28) WPL-36, 8 Oct 40, 110-12, 125, 170-75. Wilds, "How Japan Fortified Madated Islands." 4 Apr 40, A7-3(1); Dir WPD to Dir Nav Intelligence Div, Studies in connection w Landing Opns in Blue-Orange War, 30 Aug 40, A16-3/FF; CNO to Distribution List of WPL-36, Basic Studies for Landing Opns in Blue-Orange War, 8 Oct 40, A16-3/FF, Signed Ltrs, Boxes 79-80, WPD Files.
29) CinCUS, WPs-Status & readiness, 22 Oct 40.
30) WPD, Plan O-1, 30 Apr 40.
31) CNO, Plan Dog, 12 Nov 40.
32) CinCUS, WPs-Status & readiness, 22 Oct 40.
33) Meeting 11, 26 Feb, US Navy & Army Sections, Jt Meeting Minutes, 19 Feb, Section United States-Brit Staff Conference, ABC-1 Conference, Jan-Mar 41. Actg COS to COS, Jt Basic WPs, Rainbow 3 & 5, 2 Dec 40, JB Rainbow 3 Dev File 1940. ABC-1, Rept, 27 Mar 41, Annex III, p. 5.
34) WPL-46, 26 May 41.
35) Dir WPD to Dir Naval Districts Div, Adv Bases, prob requirements of, 1 Jul 41, NB, Signed Ltrs, Box 82, WPD Files.

36) McMorris, testimony, PHH, Hart Inquiry, pt. 26, 245-48. WPPac-46, 25 Jul 41, 26-27.

37) CNO to CinCPac, Opn Plans O-1, Rainbow 3, 13 May 41, A16-3/FF Warfare US Flt, Box 91, WPD Files.

38) WPL-46, 26 May 41.

39) CinCUS to CNO, WPL-44, 28 Jan 41. CNO to CinCUS, 10 Feb 41.

40) CinCUS to CNO, Survey of Conditions in Pac Flt, 26 May 41, A16/FF12, Box 233, CNO Secret Corresp. ComScoFor to CNO, Urgent & Immediate Requirements in Pac to Provide Nucleus for a Landing Force, 17 Jul 41, A16-3/(0046); CinCPac to CNO, 같은 제목, 1st endorsement, 27 Jun 41, A16/; CinCPac to CNO, Balanced Marine Landing Force Unit, 11 Jul 41, A16/KA(16), File A16, CinCUS Secret Corresp.

41) CNO to CinCPac, Transfer of a Reinforced Regiment of Marines to Hawaii, 25 Jul 41, A16-1/KK, Signed Ltrs, Box 82, WPD Files.

42) Cdr TF 3 to CinCPac, US Open Landing Lighter, Self-Propelled-Immediate Construction of at Pearl Hbr, 25 Sep 41, File 16, Cdr TF 3 to Cdt 14th ND, Assistance of Personnel of 14th ND in Preparing for Landing Opns in Pac Area, 11 Dec 41, A16-3/A16-3(00), File A16, CinCUS Secret Corresp.

43) CNO, Adv Flt Base in Carolines, 9 Apr 41.

44) CNO to CinCPac 26 Nov 41, 270038, PHH, Exhibits, pt. 17, 2479. CinCPac to CNO, Defs, Outlying Bases, 2 Dec 41, Ser 0114W, EG61/(16), File A16, CinCUS Secret Corresp.

45) CinCPac to CNO, 6 Nov & 2 Dec 41, Ser #8, PHH, Exhibits, pt. 16, 2251-53.

46) Adm W. W. Smith, testimony, PHH, *Hart Inquiry*, pt. 26, 66-68.

47) WPL-44, Dec 1940. CinCUS to CNO, WPL-44, 28 Jan 41.

48) AWPD, COS to Stark Tentative Draft, Navy Basic WP-Rainbow 3, 날짜 미상, late Nov 1940; Memo for Marshall, Jt Basic WPs, Rainbow 3 & 5, 29 Nov 40; Actg COS to COS, 같은 제목, 2 Dec 40, File 3, JB Dev File Rainbow 3.

49) WPL-44, Dec 1940. CinCUS, WPL-44, 28 Jan 41. Draft WPUSF-44, 24 Mar 41.

50) Roskill, Naval Policy between the Wars, 2:437, 476. 일부 영국해군 관계자는 180일 이상이 소요될 것이라 판단하기도 했다; Christopher Thorne, *The Limits of Foreign Policu*(New York: G. P. Putnam's Sons, 1973), 71을 보라.

51) Secy Brit Mil Misson, Possible Re-Distribution of US Nav Forces, 8 May 41, Section Pacific-Far East Jt Staff Corresp.

52) Brit Mil Mission in Washington, Note by Jt Secys, Movements of Units of US Pac Flt, 11 Jul 41; Brit Jt Staff Mission to Secy for Collaboration, US-Brit Commonwealth Co-operation in Far East Area, 26 Nov 41, Section Pac-Far East Jt Staff Corresp. Spenavo to CNO, 26 Oct 41; Admiralty to B.A.D. for CNO, 날짜 미상, early Nov 1941; CNO to Spenavo, 6 Nov 41; US Secy for Collaboration to Jt Secys Brit Jt Staff Mission, US-Brit Commonwealth Cooperation in Far East Area, 11 Nov 41, Section Aid to China.

제 25 장

1) ABC-1, Rept, 27 Mar 41.

2) WPL-44, Dec 1940. CNO to CinCUS, 10 Feb 41, CNO-CinCUS-CinCAF WPL-44, corresp, Jan-Feb 1941.

3) WPPac-46, 25 Jul 41, 23-24.

4) Plan Dog, 12 Nov 40. WPL-44, Dec 1940.

5) Draft WPUSF-44, 24 Mar 41, 7, Opns Plan O-1, 4, Annex F.

6) CinCAF to CinCUS, 18 Jan 41; CinCUS to CNO, WPL-44, 28 Jan 41, CNO-CinCUS-CinCAF WPL-44 corresp, Jan-Feb 1941. CNO to CinCUS, 10 Feb 41. Cooke, Memo for CinC, 7 Apr 41, Cooke Papers. CinCUS to CNO, CNO's Plan Dog, 25 Jan 41, PHH, *Roberts Commission*, pt. 22, 329-31.

7) CinCUS to CNO, WPL-44, 28 Jan 41.

8) CNO to CinCUS, 10 Feb 41.

9) CNO to CinCPac, Opn Plans O-1, Rainbow 3, 13 May 41, A16-3/FF Warfare US Flt, Box 91, WPD Files.

10) Plenary Meeting, 31 Jan, Meeting 3, 3 Feb; Meeting 4, 5 Feb; Meeting 11, 26 Feb 41, ABC-1 Conf Jan-Mar 41.

11) Draft WPUSF-44, 24 Mar 41, passim

12) CinCPac to CNO, Survey of Conditions in Pac Flt, 26 May 41, A16/FF12, Box 233, CNO Secret Corresp.

13) CinCPac to CNO, Initial Deployment Pac Flt under Plan Dog, 14 May 41, File CinCPAC Plan Dog Comments; Moore to

Dir WPD, CinCPAC Plan Dog Comments, 3 Jul 41, File A16-3/FF Warfare US Flt, Box 91, WPD Files.

14) CinCAF to CNO, 18 Jan 41.

15) Draft WPUSF-44, 24 Mar 41, 7, Opns Plan O-1, 4, Annex F. CNO to CinCAF, 7 Feb 41, CNO-CinCUS-CinCAF WPL-44 corresp, Jan-Feb 1941.

16) CNO to CinCUS, 10 Feb 41.

17) Draft WPUSF-44, 24 Mar 41, 7, Opns O-1, 4, Annex F.

18) WPL-44, Dec 1940. CNO to CinCUS, 10 Feb 41.

19) CNO to CinCPac, Opn Plans O-1, Rainbow 3, 13 May 41.

20) Pac Flt Chart Maneuver, Autunm 41.

21) CinCUS, WPL-44, 28 Jan 41.

22) CinCPac to CNO, Wake I-Policy . . . construction on & protection of, 18 Apr 41, File CinCPAC Plan Dog Comments, Box 91, WPD Files.

23) Kimmel, testimony, PHH, *Roberts Commission*, pt. 22, 397-98, 453-55, and *Hearings*, pt. 6, 2572.

24) Pac Flt Chart Maneuver, Autumn 1941, move of 26 Aug 41.

25) McMorris, testimony, PHH, *Navy Court of Inquiry*, 567-72.

26) WPL-44, Dec 1940, App. 2. Draft WPUSF-44, 24 Mar 41, Annexes E, F. CNO to CinCAF, Instructions Concerning Prepn of Astc Flt for War under WP Rainbow 3, 12 Dec 40, File A16(R-3)(1940), Box 241, CNO Secret Corresp.

27) Draft WPUSF-44, 24 Mar 41, Opn Plan O-1, 4-7, Annexes E, F.

28) Dierdorff, "Pioneer Party," 503. ComMinBatFor to CinCUS w endorsements, Wake I Channel, 10 Oct 40, File H1-18/EG60/A1(400214), SecNav & CNO Secret & Conf Corresp. Cdt 14th ND to CNO, Policies . . . Midway & Wake Is, 2 Apr 41, EG61/ND14, File EG61, Box 4849, Entry 109, RG 313, NA(Suitland, MD.). Woodbury, Builders for Battle, 257-64.

29) Dir WPD to Dir Ship Movements Div, Gasoline storage-Guam, Midway, Wake-Pan Am Airways proposal, 12 Jan 40; Dir WPD to Dir Central Div, 같은 제목, 13 Mar 40, JJ7-6, Signed Ltrs, Box 79, WPD Files.

30) Marine Detachment Wake to Cdr 14th ND, 25 Nov 41, Ser 11-766, PHH, *Hewitt Inquiry*, pt. 37, 793.

31) Cdr Patrol Sqn 25 to Cdr Patwing 2, Rept on Adv Base exercises May 19-28, 1914. 날짜 미상, C.O. USS Thornton to Cdr Patwing 2, Hbr Facilities at Outlying Bases, 3 Sep 41, File A16-3(3) Adv Bases, Box 118, ComAirScoFor Records. Patwing 2 Opn Orders #S1-41 26 Aug, #21-41 10 Oct 41, FAW2 Op Plans 1941. CinCPac to ComAirBatFor & Cdr Patwing 2, Nav Air Sta Wake & . . . Midway-Basing fo A/C at, 10 Nov 41, Ser 01825, Box CinCPac Jul-Dec 1941, CNO Plans Files. CinCPac to CNO, Defs, Outlying Bases, 4 Dec 41, Ser 0113W, NB/EG61(16), File A16, Box 4846, Entry 109, CinCUS Secret Corresp.

32) Bellinger, testimony, PHH, *Hearings*, pt. 8, 3459.

33) Cdt 14ND to Chief BuNav, Nav Air Sta, Wake I . . . personnel, 22 Aug 41, File EG12-1/ND14/(0823), Box 4849, Entry 109, RG 313, NA(Suitland, MD.). Cdr TF 9 to TF 9, Tentative Organization & Standard Plans, 15 Nov 41, File FAW2, Op Plans. CinCPac, NAS Wake & Midway, 10 Nov 41.

34) Woodbury, *Builders for Battle*, 257-64.

35) ComBasFor, Movement Order 3-41, 23 Jul 41, Ser 0789, CNO Plans Files. CinCPac to CNO, Defs, Outlying Bases, 2 Dec 41, Ser 0114W, EG61/(16), File A16, Box 4846, Entry 109, CinCUS Secret Corresp.

36) Bellinger, testimony, PHH, *Hearings*, pt. 8, 3459.

37) Draft WPUSF-44, 24 Mar 41, Opns Plan O-1, 7-8, Annexes E, F.

38) CNO to Cdt 14th ND, Policies . . . Midway & Wake Is, 2 May 41, EG60, File EG, Box 4849, Entry 109, RG 313, NA(Suitland, MD.). CinCPac, Wake I-Policy, 18 Apr 41.

39) WPPac-46, 25 Jul 41, 10, 32.

40) Cdt 14th ND, Policies . . . Midway & Wake Is, 2 Apr 41. Cdt 14th ND to CNO, Local Def Measures of Urgency, 7 May 41, A16-1(WP)(4)/ND14; Cdt 14th ND to CinCPac, Study of Defs & Installations of Outlying Pac Bases, 17 Oct 41, S-A16-1/A1-1/EG/ND14, File A16, Box 4846, Entry 109, CinCUS Secret Corresp.

41) Moore, oral history, 23.

42) Moore to Dir WPD, Wake I-Policy . . . construction on & protection of, 24 May 41, File QG Pac, Box 97, WPD Files. Moore, oral history, 647-48.

43) V. R. Murphy to McMorris, Questions & Answers on Wake, 19 Apr 41, File EG61, Box 4849, Entry 109, RG 313,

NA(Suitland, MD.). Hill to Dir WPD, Wake I, 28 May 41, File QG Pac, Box 97, WPD Files.

44) Moore, Wake I, 24 May 41.

45) CinCPac to CNO, 12 Sep 41, PHH, Exhibits, pt. 16, 2248. CinCPac to CNO, 15 Nov 41, PHH, *Hearings*, pt. 5, 2156.

46) Kimmel, testimony, PHH, *Roberts Commission*, pt. 22, 397-98, 453-55.

47) Stark, testimony, PHH, *Hearings*, pt. 5, 2156.

48) Turner, testimony, ibid., pt. 26, 270, 278. Moore, oral history, 646-48.

49) CNO to Cdit 14th ND, Policies . . . Midway & Wake Is, 2 May 41.

50) Dir WPD to CNO, Organization of Additional Marine Def Battalions, 2 Dec 40; CNO to Maj Gen Cdt, 같은 제목, 10 Jan 41, KE/A16-1, Signed Ltrs, Box 80, WPD Files.

51) CinCPac, Wake I-Policy, 81 Apr 41. Hill, Wake I, 28 May 41, Heinl, Defense of Wake, 4, 8. CinCPac to CNO, Defs at Wake, 26 Aug 41, A16/EG60/(86), File A16, Box 4499, Entry 106, RG 313, NA(Suitland, Md.). CNO to CinCPac et al., Employment of Marine Def Battalions in Pac Area, 12 Aug 41, KE/A16-1, Signed Ltrs, Box 82, WPD Files.

52) Dir WPD to Dir Nav Districts Div, Wake I Channel & Turning Basin, 6 Sep 41, Signed Ltrs, Box 82, WPD Files. Cdt 14th ND to Greenslade Bd, Annual Rept on Program for Wake I, 28 Nov 41; Wake I Base Blueprint, 27 Nov 41, NNO 730051, Entry 275, Box 40, RG 38, NA. CinCPac to ComSubScoFor, 17 Oct 41, 170354, PHH, *Exhibits*, pt. 17, 2478. CinCPac Opn Order #36-41, 17 Oct 41, Ser 01681, Box CinCPac Jul-Dec 41; Submarines, ScoFor, Opn Order 28-41, 17 Nov 41; various Opns Orders Jul-Dec 41, Box Scouting Force, Sqn 40T, CNO Plans Files.

53) Cdr Forrest Sherman to Pres NWC, Def of outlying air bases, 13 Jul 40, A16-3/KK, CNO to All Bureaus & Offices, Avn Shore Facilities to support 10,000 plane program, 22 Jul 40, A21-1; CNO to All Bureaus & Offices, Avn shore facilities to sopport 15,000 plane program, 18 Mar 41, A21-1, Signed Ltrs, Box 79-81, WPD Files.

54) WPD, Wake I, Channel, 6 Sep 41, CinCPac, Defs, Outlying Bases, 4 Dec 41.

55) Cdg Gen Wawn Dept to AG, 3 Dec 41, Radiogram 1018, in AAF Historical Office, "South Pacific Route," 58-59. CinCPac to CNO, Defs, Outlying Bases, 2 Dec 41. CNO to CinCPac 26 Nov 41, 270038; CinCPac to CNO, 28 Nov 41, 280627, PHH, *Exhibits*, pt. 17, 2479-80.

56) PHH, *Hewitt Report*, summary, pt. 16, 2287.

57) CinCPac to CNO, 12 Sep & 15 Nov 41.

58) CNO, Plan Dog, 12 Nov 40.

59) CNO to CinCUS, 10 Feb 41.

60) Meeting 11, 26 Feb 41, ABC-1 Conference, Jan-Mar 1941.

61) WPPac-46, 25 Jul 41, Annex II, 3, 9.

62) Draft WPUSF-44, 24 Mar 41. 저자는 메릴랜드주 쇼틀랜드에 있는 미국국립기록청에서 Draft WPUSF-44를 찾아냈는데, 이 문서는 그전까지 한번도 열람된 적이 없음이 확실하였다. Draft WPUSF-44에는 몇 달 후에 공포되는 WPPac-46보다 좀 더 세부적인 내용이 수록되어 있다.

63) 1989년 현재, 미의회도서관 도서목록을 검색했을 때 진주만 기습에 관한 책자는 총 163종을 확인할 수 있었다.

64) Draft WPUSF-44, 24 Mar 41, Annex D.

65) WPPac-46, 25 Jul 41, 12-13, 27, 45-47, Annex I, 7-9, Annex II, 8.

66) Morisson, *History of U.S. Naval Operations in WWII*, Vol. 4, *Coral Sea, Midway and Submarine Actions, May 1942-August 1942*, 190-91. Blair, *Silent Victory*, 1:84-90, 97.

67) WPPac-46, 25 Jul 41, 45.

68) Kimmel, testimony, PHH, Hearings, pt. 6, 2530.

69) WPPac-46, 25 Jul 41, 45-48.

70) Moore, CinCPac Plan Dog Comments, 3 Jul 41.

71) ComSubScoFor to CinCPac, Submarines Available for War Service, 22 Oct 41, FF12-10/A16; Subordinate Supporting Plan to O-1, 12 Nov 41, Opns Plan O-1, 7.

72) WPPac-46, 15 Jul 41, 44, Annex II, 7. Draft WPUSF-44, 24 Mar 41, Opns Plan O-1, 7.

73) WPPac-46, 25 Jul 41, Annex II, 8.

74) Cooke, Memo for CinC, 7 Apr 41.

75) Draft WPUSF-44, 24 Mar 41, Annex E, 5. Kimmel, testimony, PHH, *Hearings*, pt. 6, 2530.

76) Cdr TF 9, Tentative Organization & Plans, 15 Nov 41. Patwing Two Opn Order, 10 Oct 41.

77) Draft WPUSF-44, 24 Mar 41, Opns Plan O-1, Annex E, 5-6.

78) Pac Flt Chart Maneuver, Autumn 41.

79) WPPac-46, 25 Jul 41, Annex Ⅱ, 3-5, 7-8.

80) WPPac-46, 25 Jul 41, Annex Ⅰ, 4, 6. Pac Flt Chart Maneuver, Autumn 41. 1941년 12월 6일 당일, 기동훈련을 위해 순양 함이 여러 해역에 흩어져 있던 관계로 맥모리스는 전쟁발발시 순양함의 정찰임무 자동시행을 일시적으로 연기하였다(CinCPac, Steps to be taken in case of American-Japanese war within next 24 hrs, 6 Dec 41; Kimmel, testimony, PHH, Hearings, pt. 6, 2529-37).

81) Draft WPUSF-44, 24 Mar 41, Annex F.

82) Cooke, Memo for CinC, 7 Apr 41.

83) WPPac-46, 25 Jul 41, Annex Ⅱ, passim.

84) Draft WPUSF-44, 24 Mar 41, 7-8, Annex G, 2-4. WPPac-46, 25 Jul 41, Annex Ⅱ, 1-9.

85) CinCPac, Steps to be taken, 6 Dec 41. Kimmel, testimony, PHH, *Hearings*, pt. 6, 2529-32. Murphy, testimony, PHH, *Hart Inquiry*, pt. 26, 204-5.

86) Draft WPUSF-44, 24 Mar 41, 7-8, Annex G, 2-4. WPPac-46, 25 Jul 41, Annex Ⅱ, 1-9.

87) Pac Flt Manuever, Autumn 41.

88) CNO to CinCPac, Opn Plans O-1, Rainbow 3, 13 May 41.

89) CinCPac to CNO, WPL 44, 28 Mar 41, Serial 019W, File CinCPac Tentative Opns in Case of War, Box 91, WPD Files.

90) WPPac-46, 25 Jul 41, Annex Ⅱ, 4.

91) Summary of testimony, PHH, *Hearings*, pt. 36, 420.

92) Cpt Edwin T. Layton, testimony, PHH, *Hewitt Inquiry*, pt. 36, 158-60. Summary of Hewitt Inquiry, PHH, *Exhibits*, pt. 16, 2339-40.

93) Layton to CinCPac, Projected Reconn Flight over Mandates Is, 28 Nov 41, PHH, Exhibit 28, *Hewitt Inquiry*, pt. 37, 801-2. Maj Gen E. S. Adams to Cdg Gen, 26 Nov 41, PHH, *Hearings*, pt. 14, 1328. JB, Minutes, of Meeting, 26 Nov 41, PHH, *Exhibits*, pt. 18, 1642.

94) Summary of Hewitt Inquiry, PHH, *Exhibits*, pt. 16, 2339-40.

95) WPPac-46, 25 Jul 41, 23.

96) Husband E. Kimmel, Flag Officer Biog Files. Reynolds, *Admirals*, 175-76. Prange, *At Dawn We Slept*, 49-52.

97) Kimmel, testimony, PHH, *Hearings*, pt. 6, 2566.

98) CinCPac to CNO, 12 Sep 41. Prange, *At Dawn We Slept*, 139-40, 292, 337.

99) Kimmel, Interview with the Pres, 9 Jul 41(Op-12-D-2), in Prange, *At Dawn We Slept*, 139-40.

100) Draft WPUSF-44, 24 Mar 41, Annex F. WPPac-46, 25 Jul 41, 11, Annex Ⅱ, 3-9. Pac Flt Chart Maneuver, Autumn 41.

101) McMorris, testimony, PHH, Hart Inquiry, pt. 26, 250.

102) WPPac-46, 25 Jul 41, 59.

103) Draft WPUSF-44, 24 Mar 41, Annexes F, G. WPPac-46, 25 Jul 41, 11, Annex Ⅱ, 3-9.

104) CinCPac, Steps to be taken, 6 Dec 41.

105) 당시 함대작전계획에는 포인트 테어의 위치가 북위 16도, 동경 177도로 기록되어 있는데, 이를 그대로 적용한다면 포인트 테어 는 미드웨이와 존스턴 환초의 항공정찰반경 밖에 있다는 말이 되므로 신빙성이 떨어진다. 그리고 이 위치는 이론적으로는 웨이크 의 항공정찰반경에 간신히 포함되기는 하지만 당시 웨이크에 배치된 항공기의 실제 성능을 고려하였을 때는 거의 항공지원을 받 을 수 없는 위치였다(태평양전쟁 발발 이전 미 해군에서는 카탈리나 비행정의 작전반경을 800 마일로 판단하고 있었지만 진주만 기습을 거친 이후 실제 작전반경은 600 - 700마일 밖에 되지 않는 것으로 증명되었다. Bellinger, testimony, PHH, Navy Court of Inquiry, pt. 34, 505-6을 보라). 반면 이 위치는 일본 해군의 근거지인 워체로부터는 불과 585마일 밖에 떨어져 있지 않았다. 맥모리스는 일본이 이미 웨이크에서 530마일 떨어진 위치에 3~4개의 장거리 폭격기전대를 배치하였을 것이라 판단하고 있었기 때문에 당연히 이 위치에서 함대가 집결할 경우에는 적의 공격을 받게 될 것이라 예상하였을 것이다. 가장 가능성 있는 설명은 문 서 작성 시 서경 177도를 동경 177도로 잘못 기록했다는 것이다. 상봉점의 위치를 동경 177도가 아닌 서경 177도로 기점할 경우 존스턴 환초에서 서쪽으로 450마일 밖에 떨어져 있지 않을 뿐 아니라 미드웨이의 항공정찰반경 안에도 포함된다. 맥모리스는 존 스턴 환초에 배치된 정찰기의 작전제한선을 '수정된' 상봉점으로부터 서쪽으로 60마일 가량 떨어진 서경 178도로 설정하였는데, 그 이유는 아마도 상봉점에 집결할 함대를 지원하되 서쪽으로 너무 많이 진출하여 일본 항공전력의 공격을 받는 것을 방지하기 위 함이었을 것이다. '수정된' 상봉점은 가장 가까운 일본군 항공기지로부터 950마일 이상 떨어져 있었는데, 1941년 당시 이정도 작 전반경을 갖춘 것은 4발 육상기지 항공기 밖에 없었고 일본은 이러한 항공기를 보유하지 못하고 있는 상태였다. 마지막으로 기

존 포인트 테어 위치를 그대로 적용할 경우 유류지원함이 개전과 동시에 하와이를 출항하여 최대속력으로 이동한다 하더라도 헬시 제독이 지휘하는 기동부대의 보급일까지 상봉점에 도착하는 것이 불가능하였다. Draft WPUSF-44, 24 Mar 41, Plan O-1, 6; WPPac-46, 25 Jul 41, 45, Annex II, 7-8. 이 책의 본문 및 지도에는 저자가 '수정한' 포인트테어의 위치를 적용하였다.

106) WPPac-46, 25 Jul 41, Annex I, 2-3.

107) Kimmel, testimony, PHH, Hearings, pt. 6, 2529, McCormick, testimony, PHH, *Hart Inquiry*, pt. 26, 74-75.

108) WPPac-46, 25 Jul 41, Annex II, 3.

109) Prange, *At Dawn We Slept*, 401. Kimmel, Story, 72-73.

110) WPUSF-44, 24 Mar 41, Plan O-1, 10. WPPac-46, 25 Jul 41, 8.

111) Pye, testimony, PHH, Hearings, pt. 26, 157.

112) Halsey, testimony, PHH, *Hart Inquiry*, pt. 26, 323.

113) Draft WPUSF-44, 24 Mar 41, Annex G, 4.

114) WPPac-46, 25 Jul 41, Annex II, 6.

115) Ibid., Annex I, 2-3.

116) Moore, CinCPac Plan Dog Comments, 3 Jul 41.

117) WPPac-46, 25 Jul 41, Annex II, 2.

118) Bellinger, testimony, PHH, *Navy Court of Inquiry*, pt. 34, 498.

119) WPPac-46, 25 Jul 41, Annex II, 7.

120) Morison, History of U.S. Naval Operations, in WWII, 4:92-93.

121) Lt Gen Walter C. Short, testimony, PHH, *Roberts Commission*, pt .23, 988.

122) Bellinger, testimony, *Hart Inquiry*, pt. 26, 124-25, and *Navy Court of Inquiry*, pt. 34, 505-6.

123) Draft WPUSF-44, 24 Mar 41, Opns Plan O-1, Annex E, 5-6, WPPac-46, 25 Jul 41, 43-44.

124) Richardson, *On the Treamill*, 249-250.

125) WPPac-46, 25 Jul 41, Annex II, 5-6.

126) Kimmel, testimony, PHH, Hearings, pt. 6, 2531.

127) Draft WPUSF-44, 21 Mar 41, Opns Plan O-1, 3, Annex F, 6-7.

128) J. Rohwer and G. Hummelchen, *Chronology of the War at Sea*, 1939-1945, trans. Derek Masters, 2 vols.(New York: Arco Publishing, 1972), 1:183-84.

129) WPPac-46, 25 Jul 41, 19.

130) Anthony J. Watts and Brian G. Gordon, The Imperial Japanese Navy(London: Macdonald, 1971), 167-209.

131) GB #425, Ser 144, 14 Jun 41, cited in "US Naval Administrative Histories of WWII," No. 52, BuAer, 5:28.

132) Kimmel, testimony, PHH, *Roberts Commission*, pt. 22, 429.

133) Prange with Goldstein and Dillon, *Pearl Harbor: The Verdict*, 471, 507. CinCUS, US Flt Memorandum 4USM-41, 25 Jun 41, File A2-11/FF1(1) 1941, RG 313, NA(Suitland, Md.).

134) Hoyt, *How They Won*, 322-23.

135) Kimmel, testimony, PHH, Hearings, pt. 6, 2565.

136) Ibid., 2536.

137) Turner, testimony, PHH, Hearings, pt. 4, 1951.

138) WPPac-46, 25 Jul 41, 17.

139) Prange with Goldstein and Dillon, Pearl Harbor: The Verdict, 475.

140) CNO to CinCPac, US Flt Operating Plan, Rainbow 5(Navy Plan O-1, Rainbow 5), WPPac-46, review & acceptance of, 9 sep 41, File QC Pac, Box 97, WPD Files.

141) CinCPac, Steps to be taken, 6 Dec 41; Kimmel, testimony, PHH, *Hearings*, pt. 6, 2529-37.

142) W. Simith, testimony, PHH, Hart Inquiry, pt .26, 66-68. McCormick, ibid., 75. Pye, ibid., 157-160, 168-69. McMorris, testimony, ibid., 245-48, and Hewitt Inquiry, pt. 36, 177. Kimmel, testimony, PHH, Hearings, pt. 6, 2543.

143) Bellinger, testimony, PHH, *Navy Court of Inquiry*, pt. 34, 567.

144) Pye, testimony, PHH, Amry Pearl Harbor Board, pt. 27, 537.

145) Murphy, testimony, PHH, Hart Inquiry, pt .26, 205. McCormick, ibid., 76.

146) Kimmel, *Story*, 182.

147) CinCPac, Steps to be taken, 6 Dec 41. Kimmel, testimony, PHH, Hearings, pt. 6, 2536. Kimmel, *Story*, 72-73.

148) McMorris, testimony, PHH, *Hart Inquiry*, pt. 26, 245-48.

149) McMorris, testimony, PHH, *Navy Court of Inquiry*, pt. 34, 573, *Hart Inquiry*, pt. 26, 260, *Army Pearl Harbor Board*, pt. 28, 1500, 1506-7.

150) Prange, *At Dawn We Slept*, 406.

151) Stark, testimony, PHH, Hearings, pt. 5, 2152-55, 2376-77. Turner, ibid., pt. 26, 282.

152) Ingersoll, testimony, PHH, *Hart Inquiry*, pt. 26, 461.

153) Glover, ibid., 180-83.

154) Turner, ibid., 265.

155) Kimmel, testimony, PHH, *Hearings*, pt. 6, 2529-37, 2543.

156) McMorris, testimony, PHH, *Hart Inquiry*, pt. 26, 229, 259, *Hewitt Inquiry*, pt. 36, 191.

157) W. Smith, testimony, PHH, *Hart Inquiry*, pt. 26, 66-68.

158) Prange, *At Dawn We Slept*, 139.

159) Interview with Edward P. Morgan, 26 Oct 1976, ibid, 475.

제 26 장

1) 1946년, 합동계획담당자들은 태평양전쟁이 이미 종료되어 계획에 수록된 가정들의 유용성이 사라졌기 때문에 레인보우계획-5는 더 이상 유용성이 없다고 판단하였다(Jt Staff Planners, JCS, to various officers, Cancellation of Jt A&N Basic WP Rainbow No. 5, 25 Mar 46, reel 11, Microfilm Series M1421, JB Boards).

2) Rainbow 5, May 1941, passim Mead, "United States Peacetime Planning," 301-6. 당시 계획에서는 1개 육군사단의 규모를 전투병력 15,000명과 전투근무지원병력 15,000명, 도합 3만 명으로 계산하였다.

3) Yarnell to Col. J. W. Gulick, National Policy & War Plans, 28 Oct 19, JB Ser Misc 18, in Morton, "War Plan Orange," 225.

4) AWPD, Memo, Some Thoughts on Jt Basic WP Orange, 22 Nov 37, File 225; JPC to JB, Jt A&N Basic WP-Orange, 27 Dec 37, Ser 618, File 365; AWPD, Redraft of . . . Opns in Western Pac, 1 Feb 38; Author unknown, Memo for Gen Krueger, New Orange Plan, 24 Nov 37, File 225, Box 68, JB #325, AWPD Color Plans.

5) JB Plan, 21 Feb 38.

6) JPC, Exploratory studies, 21 Apr 39, pt. 3, 8-9, 11, 16-22.

7) AWPD, Rainbow 2 Outline, 1st draft, Aug 1939, Rainbow 2 1939-40.

8) WPD, Supplement 1, Jt Basic WP Rainbow 2. Outline, Additional Est & Assumptions on which to base provisions of Jt . . . Rainbow 2, 22 Mar 40, Tab 8, JB Rainbow 2 Dev File 1939-40.

9) AWPD, 1st Army draft, Annex "A" to Jt A&N Basic WP Rainbow 3, A Study of Sitn Presented by Directive of JB for Prepn of . . . Jt Rainbow 3, 15 Apr 40 w updates through late May, Tab 13, Rainbow 3, early 1940.

10) Richardson, *On the Treadmill*, 279.

11) CNO, Plan Dog, 12 Nov 40.

12) Turner & Col Joseph T. McNarney, Study of Immediate Problems concerning involvement in War, 21 Dec 40, JB #325, Ser 670, in Dyer, *Amphibians*, 1:157-60.

13) WPL-44, Dec 1940. CinCUS to CNO, WPL-44, 28 Jan 41, CNO-CinCUS-CinCAF WPL-44 corresp, Jan-Feb 1941.

14) Plan Dog, 12 Nov 40.

15) Meeting 11, 26 Feb 41, ABC-1 Conference, Jan-Mar 1941.

16) Cooke, Memo for CinC, 7 Apr 41, Cooke Papers.

17) Draft WPUSF-44, 24 Mar 41, 8. CinCPac to CNO, Wake I-Policy . . . construction on & protection of, 18 Apr 41, File CinCPac Plan Dog Comments, Box 91, WPD Files. CNO to CinCUS, 10 Feb 41, CNO-CinCUS-CinCAF WPL-44 corresp, Jan-Feb 1941. CinCPac to CNO, Initial Deployment of Pac Flt under Plan Dog, 14 May 41, File CinCPac Plan Dog Comments, A16-3/FF Warfare US Flt, Box 91, WPD Files. ComBatFor, Mining Plan-Approaches to Chichi Jima, 5 May 41(file slip only), File A16, Box 4499, Entry 106, CinCUS Secret Corresp.

18) Draft WPUSF-44, 24 Mar 41, 8. WPPac-46, 25 Jul 41, 46.

19) Meeting 11, 26 Feb 41, ABC-1 Conference, Jan-Mar 1941.

20) CinCPac to CNO, 15 Nov 41; CNO to CinCPac, 25 Nov 41, PHH, *Hearings*, pt. 5. 2103-5.

21) Kimmel, testimony, PHH, Hearings, pt. 6, 2565.
22) NWC 1911 Plan, 2(c):39-40. AWPD to ACOS G-2, War Plan Orange, 6 Mar 23, File Orange 1039-1, AWPD Files.
23) A reference by a War College strategist appears in D. Staton(?) to Koch, 31 May 33, UNOpP, Box 49, RG 8, NHC, NWC.
24) AWPD, Rainbow 2 Outline, 1st draft, Aug 1939.
25) AWPD, 1st Army draft, Annex "A" to Jt A&N Basic WP Rainbow 3, 15 Apr 40 w updates.
26) COS and CNO, Memorandum for the Pres, Est Concerning Far East Sitn, 5 Nov 41, File Planning Misc, Box 67, WPD Files.
27) WPD, Quick Movement, 1932.
28) AWPD, Jt Basic WP Rainbow 2, Outline Additional Est & Assumptions on which to base provisions of Jt . . . Rainbow 2, Sep 1939, Tab 2, Rainbow 2 1939-40.
29) AWPD, Memo, Some Thoughts on Jt Basic WP Orange, 22 Nov 37. CinCUS to CNO, War Plans-Status & readiness in view current international sitn, 22 Oct 40, File A16/FF1, Box 233, SecNav & CNO Secret Corresp.
30) Cited in PHH, *Hearings*, pt. 1, 294.
31) Dewey to Pres NWC, 19 Jun 12, GB Records, in Spector, *Professors of War*, 110. Mahan, "Preparedness for Naval War," Harpers 94(1897), in Brune, *Origins of Security Policy*, 4.
32) Talbott, "Weapons Development," 53-71.
33) US Secy for Collaboration to Jt Secys, Brit Staff Mission, Action by Submarines against merchant ships, A16-1/EF13, 20 Oct 41, Section Aid to China.
34) CNO to CinCAF, #271422, 27 Nov 41, Flt dispatches, in Talbott, "Weapons Development," 55.
35) WPPac-46, 35 Jul 41, Opns Plan O-1, 44, 46, 72.
36) Blair, *Silent Victory*, 84.
37) CinCUS to CNO, Information for cdr of a raiding force operating against Japanese territory from a base in Eastern Pac, 28 Sep 38, A8(01354), File EF37 Japan, Box 4438, CinCUS Records, RG 313, NA(Suitland, Md.)
38) WPD, Supplement 1, Rainbow 2, 22 Mar 40.
39) Brune, *Origins of Security Policy*, 44.
40) CNO to CinCPac, 25 Feb 41, PHH, *Exhibits*, pt. 16, 2149.
41) Meeting 3, 3 Feb; Meeting 11, 26 Feb; UK Far East Appreciation 11 Feb; UK Reply to Navy Section, 15 Mar 41, ABC-1 Conference, Jan-Mar 1941. ABC-1, Rept, 27 Mar 41. Draft WPUSF-44, 24 Mar 41, 8.
42) Dir WPD to Dir Flt Maintenance Div, Incendiary Bombs, 10 May 41, F41-C; same 2 Aug 41, F41-6, Signed Ltrs, Boxes 81 & 82, WPD Files.
43) JPC, Exploratory Studies, 21 Apr 39, pt. 3, 1-5, 7-8.
44) Adm H. E. Kimmel, Memorandum of Conversation with thr Pres, 9 Jun 41, File A3-2, CNO Corresp 1940-41, cited in Heinrichs, "Role of US Navy," 223.
45) CNO to CinCPac, Adv Flt Base in Caroline Is, 9 Apr 41, A16(R-3)(1941), Box 241, CNO Secret Corresp.
46) Richardson, *On the Treadmill*, 278. CinCUS to CNO, 26 Jan 40, PHH, *Hearings*, pt. 14, 924-25.

제27장

1) 태평양전쟁 시 전략계획의 수립에 관한 내용을 다룬 연구물들은 상당히 많이 존재한다. 그 중 대표적인 연구성과물을 살펴보면 아래와 같다.
연합/합동 태평양전구계획 관련 : Hayes, Joint Chiefs. Morgan, "Planing the Defeat of Japan." United States Strategic Bombing Survey, various divisions, many reports on campaigns of the Pacific War(Washington: U.S. Goverment Printing Office, various dates, mostly late 1940s)
육군 태평양전구계획 관련 : Office of the Chief of Militray History, Department fo the Army, *United States Army in World War II*(Washington: U.S. Goverment Printing Office, various dates), espeially Morton, *Strategy and Command: Cline, War Department, Washington Command Post*; Matloff and Snell, *War Department: Strategic Planning, 1941-1942*; Matloff, War Department: *Strategic Planning, 1943-1944*; Leighton and Coakley, *War Department: Global Logistics and Strategy, 1940-1943*; and all volumes of *The War in the Pacific*, much about campaign plans.

해군 태평양전구계획 관련 : Morison, *History of U.S. Naval Operations in WWII*, 15 vols., of which 9 deal with the Pacific , all with planning information on specific campaigns. Crawley, "Checklist of Strategic Plans.," guide to naval operational plans. Hoyt, *How They Won*, informal but much information on Pacific Fleet Planning. Moore, oral history, 7 vols., recollections of a war planner with excellent recall.

육군항공군 태평양전구계획 관련 : Craven and Cate, eds., *Army Air Forces in WWII*, 7 vols., with details of air planning.

해병대 태평양전구계획 관련 : Various Authors, Historical Branch, G-3 Division, U.S. Marine Corps, *Operational Narratives of the Marine Corps in World War II*, also known as Marine Corps Monographs(Washington: U.S. Goverment Printing Office, various dates), 14 vols., with details of planning of Marine Corps campaigns.

이밖에도 태평양전쟁 일반, 전역 및 전투경과를 서술한 다양한 전쟁사 서적, 참전 지휘관의 전기 및 자서전에서도 태평전쟁 시 계획수립에 관한 유용한 정보를 찾아볼 수 있다.

2) Morgan, "Planning the Defeat of Japan," 75.

3) Lowenthal, *Leadership and Indecision*, 1:532.

4) Albion, *Makers of Policy*, 392.

5) Cooke to Actg Chief Mil History, 14 Aug 59, in Morgan, "Planning the Defeat of Japan," 78.

6) Hoyt, *How They Won*, 214.

7) WPPac-46, 25 Jul 41, chechout card, Plans Files copy, OA, NHD.

8) 가장 좋은 예는 1944년 태평양함대에서 작성한 "화강암"계획이다(CinCPac(by McMorris, COS), Granite, 13 Jan 44, Ser 004, Pac-1-op, Folder Granite, Box 138, WPD Files). 이 계획에서 트루크 제도 상륙작전방안(로드메이커 작전)은 1937년 해병대에서 작성한 트루크제도 상륙작전계획과 동일하게 톨(Tol) 섬부터 시작하여 다른 주변 섬들 순차적으로 점령해나가는 것으로 되어 있었다.

9) Morgan, "Planning the Defeat of Japan," 71.

제 28 장

1) 오렌지계획에 관해 역사학자들이 가장 많이 인용하는 연구성과는 미 육군 역사국 소속 역사학자들의 저작물, 특히 모턴(Morton)이 저술한 "War Plan Orange" 과 *Strategy and Command*, chap. 1. 이다. 그리고 모턴의 도움을 받아 헨리 모간 2세(Henry G. Morgan, Jr.) 중령이 저술한 "Planning the Defeat of Japan"은 상기 연구성과보다는 덜 알려져 있긴 하지만 전시 오렌지계획의 역할을 중점적으로 서술하고 있다. 또한 마틴(Martin)이 저술한 "War Plan Orange"는 육군의 관점에서 오렌지계획의 부정적으로 평가하고 있다. 해군의 입장에서 오렌지계획의 유용성을 비판한 저작으로는 도일(Doyle), "The U.S. Navy and War Plan Orange"가 있으며, 하인리히스(Heinrichs)도 "Role of the United States Navy"에서 오렌지계획에 대해 비판적 입장을 유지하고 있다. 특히 오렌지계획을 적극적으로 비판한 연구는 모턴(Morton) "Military and Naval Preparations for the Defense of the Philippines"과 블라호스(Vlahos) "Naval War College"이다. 한편 크로울(Crowl), "Pacific War"(강의 녹음자료)는 오렌지계획에 대해 균형잡힌 시각을 보여주는 몇 안되는 연구 중 하나이다.

2) Morton, "War Plan Orange," 222. Doyle, "US Navy and War Plan Orange," 49-50.

3) Martin, "War Plan Orange," 33-34.

4) Heinrichs, "Role of the Unitesd States Navy," 201-6. Doyle, "US Navy and War Plan Orange," 50-51.

5) Morton, "War Plan Orange," 221, 232, 249. Doyle, "US Navy and War Plan Orange," 58. Morgan, "Planning the Defeat of Japan," 55.

6) Martin, "War Plan Orange," 33-34.

7) Doyle, "US Navy and War Plan Orange," 50-51.

8) Morgan, "Planning the Defeat of Japan," 63, 183-85.

9) Ibid., 70-71, 174.

10) Allen, War Games, 139.

11) Morgan, "Planning the Defeat of Japan," 177.

12) Admiral Ernest J. King, "Our Navy at War: Report Covering Combat Operations up to March 1, 1944," reprint, *United States News*, 27 Mar 1944, 25.

13) Hayes, *Joint Chiefs*, 289, 415-17, 421-24. Philp A. Crowl and Edmund G. Love, Office of the Chief of Military History, *Seizure of the Gilberts and Marshalls*(Washington: U.S. Government Printing Office, 1955), 54, 69, 167. Morison, *History*

of U.S. Naval Operations in WWII, vol. 7, Aleutians, Gilberts and Marshalls, 201-8, Hoyt, How They Won, 310.

14) Hayes, Joint Chiefs, 416, 424, Hoyt, How They Won, 315.

15) Hoyt, How They Won, 328, 414.

16) Hayes, Joint Chiefs, 289, 372-73, 428, 545-47. Moore, oral history, 908.

17) The United States Strategic Bombing Survey, Naval Analysis Div, The Reduction of Truk(Washington: U.S. Government Printing Office, 1946), passim; United States Strategic Bombing Survey, Naval Analysis Div, the Allied Campaign against Rabaul(Washington: U.S. Government Printing Office, 1947).

18) 해군은 마누스 기지건설에 1억 3,200만 달러를 쏟아 부었다. 마누스 이전 전진기지 건설에 소요된 금액은 에스피리투 산토 (Espiritu Santo)에 3,600만 달러; 누메아(Noumea)에 2,400만 달러; 에니웨톡에 2,300만 달러; 마일른만(Milne Bay)에 1,100만 달러였다(BuDocks, Building the Navy's Bases, 2:iii, 124, 234, 295, 299-301).

19) John, Toland, The Rising Sun(New York: Random House, 1970), 523.

20) Hayes, Joint Chiefs, 280.

제 29 장

1) 제2차 세계대전 이전 존재했던 항공모함간 해전구상에 관한 분석은 Hughes, Fleet Tactics를 보라. 전쟁 이전, 특히 항공모함의 항속거리가 비약적으로 증대되고 항공기 이송용 엘리베이터가 실용화되기 이전인 1930년대 후반까지는 야간 및 기상불량 시에는 항공모함이 제 능력을 발휘하기가 어렵다고 판단되었다.

2) Hoyt, How They Won, 288.

3) U.S. Strategic Bombing Survey, The War against Japanese Transportation, 1941-1945(Washington: U.S. Government Printing Office, 1947), 6, 47, fig. 44.

4) Vlahos and Pace, "War Experience and Force Requirements," 30-31.

5) Moore, oral history, 64.

6) Heinrichs, "Role of US Navy," 200.

7) VAdm C. A. Lockwood to CNO, Communications Intelligence against the Japanese in WWII, 17 Jun 47, cited in Ronald H. Spector, ed., Listening to the Ememy: Key Documents on the Role of Communications Intelligence in the War with Japan(Wilmington, Del.: Scholarly Resources, 1988), 135.

8) GB 1914 Plan, 36.

9) Cited in Naval War College Foundation, Newport, R.I., "Foundation Briefs," #15, Apr 1990, 4.

10) 1945년 6월 1일 갤럽에서 미국민들을 대상으로 실시한 여론조사 결과 90% 가량이 일본 본토를 점령하지 않는 한 일본은 전쟁은 계속할 것이라는 내용에 찬성하였다(Leon V. Sigal, Fighting to a Finish: The Politics of War Termination in the United States and Japan, 1945[Ithaca: Cornell University Press, 1988], 95).

제 30 장

1) Morgan, "Planning the Defeat of Japan," 88-89, 127-28, 180. Hayes, Joint Chiefs, chap. 19.

2) Morgan, "Planning the Defeat of Japan," 124-25.

3) Hayes, Joint Chiefs, 728.

4) Ibid., 459-60, 470, 492-98, 728-29.

5) Morgan, "Planning the Defeat of Japan," 120-21, 142-43.

6) 전쟁이 끝날 때까지 미군이 루존섬 해군기지 건설에 투자한 금액은 4,800만 달러에 불과하였다. 당시 서태평양의 핵심 해군기지였던 괌-사이판-티니안 기지 건설에는 3억 7,900만 달러를, 레이테-기지 건설에는 2억 1,600만 달러를, 그리고 오키나와에는 1억 1,400만 달러를 투자한 것에 비하면 상당 적은 금액이다(BuDocks, Building the Navy's Bases, 2:iii).

7) Rainbow 5, May 1941, App. 1.

8) Hayes, Joint Chiefs, 461-62.

9) Ibid., 707.

10) Rufus E. Miles, Jr., "Hiroshima: The Strange Myth of Half a Million American Lives Saved," International Security 10(Fall

1985): 121-40.

11) David A. Resenberh, commentary at joint session of American Historical Association and American Committee on the History of the Second World War, New York, December 1985(이후부터 AHA-ACHSWW Dec 1985로 약칭)

12) United States Strategic Bombing Survey, *The War against Japanese Transportation, 1941-1945*(Washington: U.S. Government Printing Office, 1947), 3-4.

13) Hayes, *Joint Chiefs*, 493.

14) Miles, "Hiroshima."

15) Paul Fussell, Thank God for the Atom Bomb and Other Essays(New York: Summit Books, 1988), 13-37.

16) United States Strategic Bombing Survey, Summary Report(Pacific War), 26, cited in Morgan, "Planning the Defeat of Japan," 188-89.

17) Herbert Feis, *The Atomic Bomb and the End of World War II*(Princeton: Princeton University Press, 1966), 9.

18) Morgan, "Planning the Defeat of Japan," 183-91.

19) E. B. Potter, *Nimitz*(Annapolis: Naval Institute Press, 1976), 381. Thomas B. Buell, *The Quiet Warrior: A Biography of Admiral Raymond A. Spruance*(Boston: Little, Brown, 1974), 367. Barton J. Bernstein, commentary, AHA-ACHSWW Dec 1985. Admiral William D. Leahy, *I Was There*(New York: Whittlesey House, 1950), 259. King and Whitehill, *Fleet Admiral King*, 605n.

20) Miles, "Hiroshima."

21) NWC 1911 Plan, 2(a):1.

오렌지전쟁계획
태평양전쟁을 승리로 이끈 미국의 전략, 1897-1945

1쇄 발행일 2015년 6월 17일
2쇄 발행일 2017년 1월 9일
지은이 에드워드 S. 밀러(Edward S. Miller)
옮긴이 김현승
펴낸이 이정수
책임 편집 최민서·신지항
펴낸곳 연경문화사
등록 1-995호
주소 서울시 강서구 양천로 551-24 한화비즈메트로 2차 807호
대표전화 02-332-3923
팩시밀리 02-332-3928
이메일 ykmedia@naver.com
값 30,000원
ISBN 978-89-8298-170-8 (93390)

본서의 무단 복제 행위를 금하며, 잘못된 책은 바꾸어 드립니다.

「이 도서의 국립중앙도서관 출판예정도서목록(CIP)은 서지정보유통지원시스템 홈페이지
(http://seoji.nl.go.kr)와 국가자료공동목록시스템(http://www.nl.go.kr/kolisnet)에서 이용하실 수
있습니다.(CIP제어번호: CIP2015015982)」